全国典型发明专利撰写案例选编

电学

中华全国专利代理师协会 ◎ 编

知识产权出版社
全国百佳图书出版单位
—北京—

图书在版编目（CIP）数据

全国典型发明专利撰写案例选编. 电学/中华全国专利代理师协会编. —北京：知识产权出版社，2025.3.
ISBN 978－7－5130－9756－7

Ⅰ.G306.3

中国国家版本馆 CIP 数据核字第 2025BV8074 号

内容提要

为深入贯彻《知识产权强国建设纲要（2021—2035 年）》和《"十四五"国家知识产权保护和运用规划》，认真落实《推进专利代理行业高质量发展行动计划（2022—2025 年）》任务要求，推动专利代理行业高质量发展，不断提升专利申请文件的撰写水平，为专利代理业务的全面提高奠定良好基础，中华全国专利代理师协会于 2023 年开展了全国典型发明专利撰写案例推荐活动，经过初审、终审等评选环节，从机械、电学、化学三个领域共选出 60 篇典型案例。本书为此次评选出的电学领域典型发明专利撰写案例及其部分案例的撰写经验分享文章汇编。

责任编辑：王祝兰	责任校对：谷　洋
封面设计：杨杨工作室·张　冀	责任印制：孙婷婷

全国典型发明专利撰写案例选编·电学

中华全国专利代理师协会　编

出版发行：**知识产权出版社**有限责任公司	网　　址：http://www.ipph.cn
社　　址：北京市海淀区气象路 50 号院	邮　　编：100081
责编电话：010－82000860 转 8555	责编邮箱：wzl_ipph@163.com
发行电话：010－82000860 转 8101/8102	发行传真：010－82000893/82005070/82000270
印　　刷：北京九州迅驰传媒文化有限公司	经　　销：新华书店、各大网上书店及相关专业书店
开　　本：880mm×1230mm　1/16	印　　张：37.75
版　　次：2025 年 3 月第 1 版	印　　次：2025 年 3 月第 1 次印刷
字　　数：1165 千字	定　　价：198.00 元
ISBN 978－7－5130－9756－7	

出版权专有　侵权必究
如有印装质量问题，本社负责调换。

全国典型发明专利撰写案例
评审委员会

主　任：贺　化

副主任：马　浩　王达佐　龙　淳　吴大建　汪旭东
　　　　陈　浩　郝传鑫　党晓林　徐　宏　谢顺星
　　　　蹇　炜　赵建军　寿　宏　曾凡夫　孙大龙

委　员：（按姓氏笔画排序）
　　　　丁君军　于泽辉　王　勇　王京霞　王春光
　　　　王莉莉　王霄蕙　石腾飞　卢　宏　田　虹
　　　　冯小兵　邢明浩　巩同海　任　重　刘　丰
　　　　刘　芳　刘　建　刘　铭　刘新民　闫　冬
　　　　汤茂盛　汤建武　麦小婵　李雁翔　吴红秀
　　　　邱　军　邱绛雯　张敬强　陆锦华　陈　巍
　　　　范　征　岳宗全　周　磊　赵　亮　赵向阳
　　　　赵秀芹　胡建平　段晓玲　秦　奋　黄书凯
　　　　崔　军　尉伟敏　董文倩　蒋　彤　韩　雪
　　　　程　伟　裘　晖　阙东平　蔡胜利　熊　剑

秘书组

组　长：张　炜

组　员：许立瑶

前 言

近年来，党中央、国务院高度重视知识产权保护工作。习近平总书记在中央政治局第二十五次集体学习时指出，创新是引领发展的第一动力，保护知识产权就是保护创新。当前，我国正在从知识产权引进大国向知识产权创造大国转变，知识产权工作正在从追求数量向提高质量转变。可以说，从国家战略高度和进入新发展阶段要求出发，全面提升专利质量已经成为广泛共识。

高质量专利申请，是高价值专利培育的基础；高质量专利申请，是高效益专利运用的前提。专利质量是彰显创新驱动发展质量效益的重要指标之一。专利质量由发明创造质量、专利代理质量、专利审查质量、专利运用效益等多个维度综合构成，专利代理质量是其中非常关键的一环。为积极培育高价值专利，提升知识产权创造质量和运用效益，中华全国专利代理师协会于2023年组织开展了典型发明专利撰写案例的评选活动，对于在全行业营造质量导向的良好氛围，积极弘扬精益求精、质量优先的工匠精神，具有重要意义。

此次活动共评选出60篇典型发明专利撰写案例，涵盖机械、电学、化学等多个技术领域。通过典型撰写案例评选，一方面激励参评代理机构对撰写经验进行梳理总结，进一步完善撰写流程，另一方面树立行业标杆，为广大从业者提供经验借鉴和撰写参考。相信这些典型发明专利撰写案例的汇编出版，将有助于提升专利代理师的撰写水平，有助于在全行业营造"以追求质量为魂、以诚信服务为本"的文化理念，促进专利代理行业高质量发展，为知识产权强国建设作出新的更大贡献。

编 者
2024 年 12 月

出版说明

本书是对中华全国专利代理师协会 2023 年组织开展的典型发明专利撰写案例评选活动评选出的优秀撰写案例的集中呈现，其中专利撰写文件来自入选案例的专利授权文本。评选活动和本书出版的重要目的之一，即是激励代理机构对撰写经验进行总结，完善撰写流程，为广大从业者提供经验借鉴和撰写参考，进一步提升专利代理师的撰写水平，促进专利代理行业高质量发展。有鉴于此目的，在本书编辑出版过程中，确立了以下处理原则：尊重专利文件的撰写特点，尽量保留授权文件的原貌，同时兼顾图书出版行业的规范化要求，对文件中的明显笔误予以改正并对形式问题作必要处理。因此，本书中的专利文件非标准授权文件，读者如需使用各案例的授权文件，可在国家知识产权局专利检索及分析系统下载。

目 录

撰写文件篇

投屏方法、装置及投送端 / 3
　　深圳中一联合知识产权代理有限公司
触控屏显示方法、装置及存储介质 / 26
　　北京同立钧成知识产权代理有限公司
自动泊车控制方法及电子设备 / 57
　　北京信诺创成知识产权代理有限公司
获取应用的下载信息的方法、系统、服务器以及存储介质 / 68
　　上海音科专利商标代理有限公司
支持交互式观看的视频数据处理方法、设备及系统 / 103
　　北京市柳沈律师事务所
虚拟蹦迪活动数据交换方法、装置、介质及电子设备 / 133
　　广州利能知识产权代理事务所（普通合伙）
柔性显示装置及其控制方法 / 154
　　北京汇思诚业知识产权代理有限公司
基于栅极外悬量调制晶体管的新型熵源结构及其制造方法 / 184
　　深圳市精英专利事务所
耳机组件及控制方法 / 199
　　上海隆天律师事务所
基于神经网络模型的穿刺位置验证方法及设备 / 214
　　北京力致专利代理事务所（特殊普通合伙）
显示信息流的方法、装置、设备和介质 / 229
　　北京市汉坤律师事务所
视频通信协同控制、请求、反馈方法及装置、设备与介质 / 250
　　广州利能知识产权代理事务所（普通合伙）
录音方法、装置、电子设备及计算机可读介质 / 276
　　深圳市智圈知识产权代理事务所（普通合伙）
光源系统以及激光投影显示设备 / 296
　　深圳中一联合知识产权代理有限公司
汽车滑门与加油小门电子互锁方法、系统及汽车 / 310
　　北京信诺创成知识产权代理有限公司
一种 CMOS 图像传感器及其制作方法 / 320
　　上海光华专利事务所（普通合伙）
对象的处理方法、系统和处理器 / 337
　　北京博浩百睿知识产权代理有限责任公司

权限校验方法、权限校验装置、存储介质与电子设备 / 372
  北京律智知识产权代理有限公司
建筑外墙火灾探测控火方法及系统 / 391
  北京力致专利代理事务所（特殊普通合伙）
语音关键词识别方法、装置、电子设备和存储介质 / 402
  北京路浩知识产权代理有限公司
一种波长锁定系统 / 418
  北京三聚阳光知识产权代理有限公司
绕障轨迹规划方法、装置、存储介质、控制单元和设备 / 427
  北京超凡宏宇专利代理事务所（特殊普通合伙）
参考信号传输方法及设备 / 446
  北京同立钧成知识产权代理有限公司
动态随机存储器刷新电路和刷新方法、工作量证明芯片 / 472
  北京安信方达知识产权代理有限公司
可行驶区域检测方法、装置、设备及计算机可读存储介质 / 485
  北京同立钧成知识产权代理有限公司

撰写经验分享篇

关于发明专利"自动泊车控制方法及电子设备"（专利申请号 202011537869.1）的撰写经验分享 / 509
  北京信诺创成知识产权代理有限公司
关于发明专利"支持交互式观看的视频数据处理方法、设备及系统"（专利申请号 202111505299.2）的撰写经验分享 / 515
  戚 乐 胡 琪
关于发明专利"虚拟蹦迪活动数据交换方法、装置、介质及电子设备"（专利申请号 202010477827.7）的撰写经验分享 / 522
  王增鑫
关于发明专利"柔性显示装置及其控制方法"（专利申请号 202011179382.0）的撰写经验分享 / 528
  北京汇思诚业知识产权代理有限公司
关于发明专利"基于栅极外悬量调制晶体管的新型熵源结构及其制造方法"（专利申请号 202210031829.2）的撰写经验分享 / 533
  涂年影
关于发明专利"耳机组件及控制方法"（专利申请号 202110279167.6）的撰写经验分享 / 539
  夏 彬
关于发明专利"显示信息流的方法、装置、设备和介质"（专利申请号 202111012142.6）的撰写经验分享 / 544
  北京市汉坤律师事务所
关于发明专利"汽车滑门与加油小门电子互锁方法、系统及汽车"（专利申请号 202011320681.1）的撰写经验分享 / 550
  北京信诺创成知识产权代理有限公司

关于发明专利"一种CMOS图像传感器及其制作方法"（专利申请号202110379347.1）的
撰写经验分享 / 555
  刘　星
关于发明专利"对象的处理方法、系统和处理器"（专利申请号202210745674.9）的
撰写经验分享 / 560
  谢湘宁
关于发明专利"权限校验方法、权限校验装置、存储介质与电子设备"（专利申请号
201911111783.X）的撰写经验分享 / 567
  北京律智知识产权代理有限公司
关于发明专利"一种波长锁定系统"（专利申请号202210103648.6）的撰写经验
分享 / 572
  北京三聚阳光知识产权代理有限公司
关于发明专利"绕障轨迹规划方法、装置、存储介质、控制单元和设备"（专利申请号
202011309053.3）的撰写经验分享 / 576
  张欣欣
关于发明专利"参考信号传输方法及设备"（专利申请号201810893426.2）的撰写经验
分享 / 582
  北京同立钧成知识产权代理有限公司
关于发明专利"动态随机存储器刷新电路和刷新方法、工作量证明芯片"（专利申请号
202111645658.4）的撰写经验分享 / 587
  栗若木

撰写文件篇

(19) 国家知识产权局

(12) 发明专利

(10) 授权公告号 CN 114125513 B
(45) 授权公告日 2022.10.11

(21) 申请号 202010892847.0

(22) 申请日 2020.08.28

(65) 同一申请的已公布的文献号
申请公布号 CN 114125513 A

(43) 申请公布日 2022.03.01

(73) 专利权人 华为终端有限公司
地址 523808 广东省东莞市松山湖高新技术产业开发区新城大道2号南方工厂厂房（一期）项目B2区生产厂房-5

(72) 发明人 朱冲　吴志鹏

(74) 专利代理机构 深圳中一联合知识产权代理有限公司 44414
专利代理师 左婷兰

(51) Int. Cl.
H04N 21/41 (2011.01)
H04N 21/4363 (2011.01)

(56) 对比文件
CN 103338139 A, 2013.10.02
CN 109542377 A, 2019.03.29
CN 106936671 A, 2017.07.07
US 2013138728 A1, 2013.05.30
US 2016100097 A1, 2016.04.07

审查员 闫昱琪

(54) 发明名称
投屏方法、装置及投送端

(57) 摘要
本申请提供了投屏方法、装置及投送端，适用于投屏技术领域，该方法包括：若投屏功能被启动，投送端确定待投送数据。若待投送数据为媒体数据，则投送端获取自身对待投送数据的第一数据权限，以及接收端对待投送数据的第二数据权限。若第一数据权限高于第二数据权限，则投送端通过屏幕镜像的方式，将待投送数据投送至接收端。若第一数据权限低于第二数据权限，则投送端通过数字生活网络联盟的方式，将待投送数据投送至接收端。通过本申请实施例，可以实现对投屏方式的自动选取，并始终为用户提供对待投送数据的较高数据权限进行媒体数据播放。因此实际投屏过程中可以达到更好的投屏效果，提升用户体验。

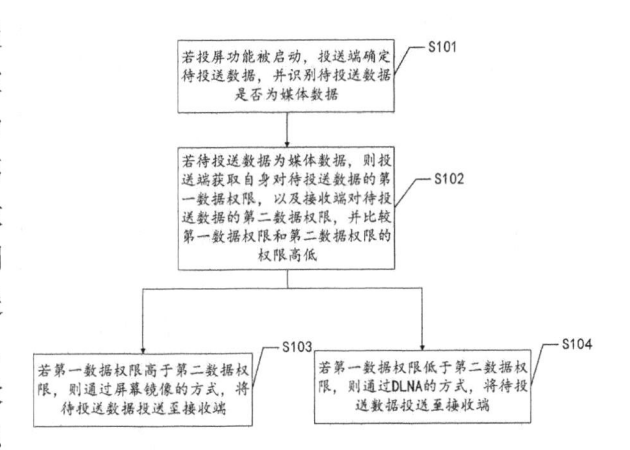

权 利 要 求 书

1. 一种投屏方法，其特征在于，包括：

若投屏功能被启动，投送端确定待投送数据；

若所述待投送数据为媒体数据，则所述投送端获取自身对所述待投送数据的第一数据权限，以及接收端对所述待投送数据的第二数据权限；

若所述第一数据权限高于所述第二数据权限，则所述投送端通过屏幕镜像的方式，将所述待投送数据投送至所述接收端；

若所述第一数据权限低于所述第二数据权限，则所述投送端通过数字生活网络联盟的方式，将所述待投送数据投送至所述接收端。

2. 根据权利要求1所述的投屏方法，其特征在于，还包括：

若所述待投送数据不为媒体数据，则所述投送端通过屏幕镜像的方式，将所述待投送数据投送至所述接收端。

3. 根据权利要求1或2所述的投屏方法，其特征在于，还包括：

若所述第一数据权限与所述第二数据权限相同，则所述投送端通过数字生活网络联盟的方式，将所述待投送数据投送至接收端。

4. 根据权利要求1或2所述的投屏方法，其特征在于，还包括：

若所述第一数据权限与所述第二数据权限相同，则所述投送端获取自身对所述待投送数据的第一解码质量，以及接收端对所述待投送数据的第二解码质量；

若所述第一解码质量高于所述第二解码质量，则所述投送端通过屏幕镜像的方式，将所述待投送数据投送至所述接收端；

若所述第一解码质量低于所述第二解码质量，则所述投送端通过数字生活网络联盟的方式，将所述待投送数据投送至所述接收端。

5. 根据权利要求4所述的投屏方法，其特征在于，还包括：

若所述第一解码质量与所述第二解码质量相同，则所述投送端通过数字生活网络联盟的方式，将所述待投送数据投送至接收端。

6. 根据权利要求1或2所述的投屏方法，其特征在于，获取所述第一数据权限的操作，包括：

所述投送端从已安装的应用程序中确定出可以播放所述待投送数据的第一应用程序；

获取所述第一应用程序中的用户账号，并根据所述用户账号确定所述第一数据权限。

7. 根据权利要求1或2所述的投屏方法，其特征在于，获取所述第二数据权限的操作，包括：

所述投送端向所述接收端发送所述待投送数据的第一信息；

所述投送端接收所述接收端针对所述第一信息返回的所述第二数据权限。

8. 一种投屏装置，其特征在于，包括：

数据确定模块，用于在投屏功能被启动时，确定待投送数据；

权限获取模块，用于在所述待投送数据为媒体数据时，获取投送端对所述待投送数据的第一数据权限，以及接收端对所述待投送数据的第二数据权限；

镜像投屏模块，用于在所述第一数据权限高于所述第二数据权限时，通过屏幕镜像的方式，将所述待投送数据投送至所述接收端；

数字投屏模块，用于在所述第一数据权限低于所述第二数据权限时，通过数字生活网络联盟的方式，将所述待投送数据投送至所述接收端。

9. 一种投送端，其特征在于，所述投送端包括存储器、处理器，所述存储器上存储有可在所述处理器上运行的计算机程序，所述处理器执行所述计算机程序时实现根据权利要求1至7任一项所述方法的步骤。

10. 一种计算机可读存储介质，所述计算机可读存储介质存储有计算机程序，其特征在于，所述计算机程序被处理器执行时实现根据权利要求1至7任一项所述方法的步骤。

11. 一种芯片系统，其特征在于，所述芯片系统包括处理器，所述处理器与存储器耦合，所述处理器执行存储器中存储的计算机程序，以实现如权利要求1至7任一项所述的投屏方法。

说　明　书

投屏方法、装置及投送端

技术领域

[0001]　本申请属于投屏技术领域，尤其涉及投屏方法、装置及投送端。

背景技术

[0002]　随着科技的进步，用户拥有的终端设备数量日益增多。终端设备之间的投屏分享，已经成为了用户的一种日常需求。

[0003]　投屏系统中的终端设备包括投送端和接收端。常见的投屏方式包括屏幕镜像（Miracast）和数字生活网络联盟（Digital Live Network Alliance，DLNA）。其中，屏幕镜像是指投送端将自身整个屏幕的内容镜像投送到对应的接收端。而DLNA则是一种投屏解决方案。基于一套电脑、移动终端和消费电器之间互联互通的协议，DLNA可以让投送端将媒体数据投送至接收端，由接收端进行播放进而实现投屏。其中，媒体数据包括音频、视频和图片等。

[0004]　实际应用中，用户可以自行选择使用屏幕镜像或DLNA的方式来实现投屏。然而实践发现，无论是屏幕镜像还是DLNA，都经常会出现投屏后媒体数据无法正常播放或者播放质量较差的问题，进而导致最终的投屏效果较差，无法满足用户的实际需求。

发明内容

[0005]　有鉴于此，本申请实施例提供了投屏方法、装置及投送端，可以解决现有技术中投屏效果较差的问题。

[0006]　本申请实施例的第一方面提供了一种投屏方法，应用于投送端，包括：

[0007]　若投屏功能被启动，投送端确定待投送数据。

[0008]　若待投送数据为媒体数据，则投送端获取自身对待投送数据的第一数据权限，以及接收端对待投送数据的第二数据权限。

[0009]　若第一数据权限高于第二数据权限，则投送端通过屏幕镜像的方式，将待投送数据投送至接收端。

[0010]　若第一数据权限低于第二数据权限，则投送端通过数字生活网络联盟的方式，将待投送数据投送至接收端。

[0011]　在本申请实施例中，针对待投送数据是媒体数据的情况，会比较投送端和接收端对待投送数据的数据权限。若投送端权限更高，则采用屏幕镜像的方式进行待投送数据的投屏。此时可以充分使用投送端较高的数据权限来对待投送数据进行播放操作。而当接收端数据权限较高时，则采用DLNA的方式进行待投送数据的投屏。此时则可以充分使用接收端较高的数据权限来对待投送数据进行播放操作。通过本申请实施例，可以实现对投屏方式的自动选取，并始终为用户提供对待投送数据的较高数据权限。因此实际投屏过程中，可以使用较高的数据权限进行待投送数据的播放，使得出现因数据权限导致待投送数据无法正常播放的可能性大大降低。最终呈现给用户更为流畅的投屏效果。

[0012]　在第一方面的第一种可能的实现方式中，还包括：

[0013]　若待投送数据不为媒体数据，则投送端通过屏幕镜像的方式，将待投送数据投送至接收端。

[0014]　当用户需要进行游戏或桌面等界面投屏，或者需要进行文档等投屏时。本申请实施例会自动选用屏幕镜像的方式，对游戏、桌面或文档等界面进行屏幕录制，并将录制的截屏数据以视频流等方式发送给接收端，以实现对非媒体数据的自适应投屏。

[0015]　在第一方面的第二种可能的实现方式中，还包括：

[0016] 若第一数据权限与第二数据权限相同，则投送端通过数字生活网络联盟的方式，将待投送数据投送至接收端。

[0017] 由于DLNA采用的是推送待投送数据URL的方式实现投屏。因此理论上投送端自身可以不用播放待投送数据。且用户可以将投屏功能放在后台运行，并正常使用投屏功能以外的其他功能。另外DLNA的方式下，接收端可以实现对待投送数据的播放操作。因此用户可以在接收端观看待投送数据时，直接操作接收端，使得投屏效果更佳。最后，DLNA方式投屏时，可以投送端可以不保持亮屏，因此更加节能省电，减少资源浪费。

[0018] 在第一方面的第一种和第二种可能实现方式的基础上，在第一方面的第三种可能的实现方式中，还包括：

[0019] 若第一数据权限与第二数据权限相同，则投送端获取自身对待投送数据的第一解码质量，以及接收端对待投送数据的第二解码质量。

[0020] 若第一解码质量高于第二解码质量，则投送端通过屏幕镜像的方式，将待投送数据投送至接收端。

[0021] 若第一解码质量低于第二解码质量，则投送端通过数字生活网络联盟的方式，将待投送数据投送至接收端。

[0022] 在本申请实施例中，通过先比较投送端和接收端对待投送数据的数据权限。在数据权限相同的情况下，再比较两者对待投送数据的解码能力。若投送端解码能力更强，则采用屏幕镜像的方式进行投屏。此时可以充分利用投送端较强的解码能力来进行待投送数据的解码播放。而在接收端解码能力更强时，则选用DLNA的方式来进行投屏，此时可以充分利用接收端较强的解码能力来进行待投送数据的解码播放。通过本申请实施例，可以实现在数据权限相同的情况下对投放方式的自动选取，并始终为用户提供对待投屏数据较强的解码能力。因此在实际投屏过程中，用户可以看到在较强解码能力下对待投送数据的播放效果，防止了低解码能力对待投送数据解码不流畅甚至出错的情况，使得整个投屏的效果更为清晰流畅。因此可以实现更好的投屏效果，提升用户体验。

[0023] 在第一方面的第三种可能实现方式的基础上，在第一方面的第四种可能的实现方式中，还包括：

[0024] 若第一解码质量与第二解码质量相同，则投送端通过数字生活网络联盟的方式，将待投送数据投送至接收端。

[0025] 当投送端和接收端解码能力相同时，理论上采用投送端和接收端播放待投送数据的显示基本相同。但屏幕镜像和DLNA对于用户实际投屏过程中的操作体验可能会有较大差异，因此为了提升整体投屏的效果，方便用户的操作，本申请实施例会采用DLNA的方式来进行投屏，使得投屏效果更佳。

[0026] 在第一方面的第一种和第二种可能实现方式的基础上，在第一方面的第五种可能的实现方式中，获取第一数据权限的操作，包括：

[0027] 投送端从已安装的应用程序中确定出可以播放待投送数据的第一应用程序。

[0028] 获取第一应用程序中的用户账号，并根据用户账号确定第一数据权限。

[0029] 在本申请实施例中，通过投送端中应用程序内的用户账号，确定投送端对待投送数据的数据权限，使得本申请实施例可以明确出投送端是否有具有播放待投送数据的用户账号。

[0030] 在第一方面的第一种和第二种可能实现方式的基础上，在第一方面的第六种可能的实现方式中，获取第二数据权限的操作，包括：

[0031] 投送端向接收端发送待投送数据的第一信息。

[0032] 投送端接收接收端针对第一信息返回的第二数据权限。

[0033] 为了获取接收端对待投送数据的数据权限，本申请实施例中，投送端会将待投送数据的相关信息（即第一信息）发送至接收端。由接收端根据相关信息自行确定对待投送数据的数据权限。再反馈给投送端，从而实现对第二数据权限的有效获取。

[0034] 本申请实施例的第二方面提供了一种投屏装置，包括：

[0035] 数据确定模块，用于在投屏功能被启动时，确定待投送数据。

[0036] 权限获取模块，用于在待投送数据为媒体数据时，获取投送端对待投送数据的第一数据权限，以及接收端对待投送数据的第二数据权限。

[0037] 镜像投屏模块，用于在第一数据权限高于第二数据权限时，通过屏幕镜像的方式，将待投送数据投送至接收端。

[0038] 数字投屏模块，用于在第一数据权限低于第二数据权限时，通过数字生活网络联盟的方式，将待投送数据投送至接收端。

[0039] 本申请实施例的第三方面提供了一种投送端，投送端包括存储器、处理器，所述存储器上存储有可在所述处理器上运行的计算机程序，所述处理器执行所述计算机程序时，使得投送端实现如上述第一方面中任一项所述投屏方法的步骤。

[0040] 本申请实施例的第四方面提供了一种计算机可读存储介质，包括：存储有计算机程序，所述计算机程序被处理器执行时，使得投送端实现如上述第一方面中任一项所述投屏方法的步骤。

[0041] 本申请实施例的第五方面提供了一种计算机程序产品，当计算机程序产品在投送端上运行时，使得投送端执行上述第一方面中任一项所述投屏方法。

[0042] 本申请实施例的第六方面提供了一种芯片系统，所述芯片系统包括处理器，所述处理器与存储器耦合，所述处理器执行存储器中存储的计算机程序，以实现上述第一方面任一项所述的投屏方法。

[0043] 其中，芯片系统可以是单个芯片或者，多个芯片组成的芯片模组。

[0044] 可以理解的是，上述第二方面至第六方面的有益效果可以参见上述第一方面中的相关描述，在此不再赘述。

附图说明

[0045] 图1是本申请一实施例提供的投屏方法的流程示意图；

[0046] 图2是本申请一实施例提供的投屏方法的流程示意图；

[0047] 图3是本申请一实施例提供的投屏方法的流程示意图；

[0048] 图4是本申请一实施例提供的投屏方法的流程示意图；

[0049] 图5是本申请一实施例提供的投屏方法的流程示意图；

[0050] 图6是本申请一实施例提供的投屏方法的流程示意图；

[0051] 图7是本申请实施例提供的投屏装置的结构示意图；

[0052] 图8是本申请一实施例提供的投屏方法所适用于的手机的结构示意图。

具体实施方式

[0053] 以下描述中，为了说明而不是为了限定，提出了诸如特定系统结构、技术之类的具体细节，以便透彻理解本申请实施例。然而，本领域的技术人员应当清楚，在没有这些具体细节的其他实施例中也可以实现本申请。在其他情况中，省略对众所周知的系统、装置、电路以及方法的详细说明，以免不必要的细节妨碍本申请的描述。

[0054] 为了便于理解本申请，此处先对本申请实施例进行简要说明：

[0055] 投屏系统中的终端设备包括投送端和接收端。待投送数据（即需要进行投屏的数据）可以分为媒体数据和非媒体数据两种类型。其中媒体数据包括音频、视频和图片等。非媒体数据，则包括媒体数据以外的所有类型数据，例如界面和文档等。常见的投屏方式包括屏幕镜像和DLNA。

[0056] 其中，屏幕镜像是指投送端对自身屏幕显示的内容进行截屏录制，并将录制的截屏数据同步发送至接收端，由接收端进行播放以完成投屏。

[0057] DLNA是一种投屏解决方案，旨在解决电脑、消费电器（如电视）和移动终端在内的无线

网络和有线网络的互联互通，使得数字媒体和内容服务的无限制的共享和增长成为可能。DLNA 内包含多种电脑、移动终端和消费电器之间互联互通的协议，通过遵守并使用这些协议，可以将投送端的媒体数据以数据地址（Uniform Resource Locator，URL）的形式推送到接收端，由接收端根据接收到的地址进行播放，从而实现媒体数据的投屏。在使用 DLNA 投屏时，投送端自身可以退出播放界面，并进行其他操作。

[0058] 对屏幕镜像和 DLNA 进行比较发现：

[0059] 一方面，在屏幕镜像的方式中，接收端只需播放接收到的截屏数据即可，因此对接收端对媒体数据的解码能力要求较低。但相应地，屏幕镜像需要投送端具有较强的媒体数据解码能力，使得投送端可以实现对媒体数据的解码播放，以及对非媒体数据的显示。而 DLNA 中，由于是由接收端通过 URL 获取媒体数据并进行播放，因此接收端需要具有一定的解码能力。此时对投送端的解码能力要求较低。

[0060] 另一方面，不同终端设备对待投送数据的数据权限可能会存在一定的差异。其中，数据权限是指终端设备对媒体数据的播放权限。数据权限包括终端设备是否具有完整播放待投送数据的权限，以及若待投送数据被加密，终端设备是否具有解密权限等。数据权限会决定着终端设备是否可以正常播放待投送数据。在此基础上，在投送端对待投送数据的数据权限高于接收端时，若选用 DLNA 的方式进行待投送数据的投屏，会导致用户只能以低权限的方式播放待投送数据。反之，在投送端对待投送数据的数据权限低于接收端时，若选用屏幕镜像的方式进行待投送数据的投屏，用户也只能以低权限的方式播放待投送数据。例如假设待投送数据为网络视频，投送端为手机，接收端为电脑。其中若手机内具有视频平台（用于播放该网络视频）的贵宾（Very Important Person，VIP）账号，电脑内具有视频平台的普通账号。假设 VIP 账号可以完整播放该网络视频，而普通账号仅能播放前 30 秒。此时若采用 DLNA 的方式进行网络视频的投屏，会导致用户在接收端仅能播放前 30 秒的网络视频。反之，若手机内具有普通账号，而电脑内具有 VIP 账号。此时若采用屏幕镜像的方式进行投屏，则用户在接收端仅能看到前 30 秒的网络视频。

[0061] 由上述对屏幕镜像和 DLNA 的比较分析可知，投送端和接收端的数据权限及解码能力都会影响最终对待投送数据的投屏效果，即对最终待投送数据在接收端中是否可以正常播放、流畅度如何以及清晰度如何等造成影响。实际应用中，用户可以自行选择使用屏幕镜像或 DLNA 的方式来实现投屏。但无论何种方式，均仅能使用到投送端或接收端一端的数据权限和解码能力。如屏幕镜像使用的是投送端的数据权限和解码能力，而 DLNA 使用的是接收端的数据权限和解码能力。因此若用户选取的投屏方式不当，则会导致最终出现无法正常播放投屏数据，或者播放的音质、清晰度和流畅度较差的情况，即导致投屏效果较差，用户体验下降。

[0062] 为了提升投屏效果，本申请实施例中，投送端在进行投屏时首先会识别待投送数据是否为媒体数据。当为媒体数据时，则会获取自身对待投送数据的数据权限以及接收端对待投送数据的数据权限，并进行权限比对。若投送端的数据权限更高，则采用屏幕镜像的方式进行投屏。此时可以充分利用投送端数据权限来播放待投送数据。而若接收端数据权限更高，则采用 DLNA 的方式进行投屏。此时则可以充分利用接收端的数据权限来播放待投送数据。通过本申请实施例，可以实现对投屏方式的自动选取，并始终为用户提供对待投送数据的较高数据权限。因此实际投屏过程中，用户可以使用较高的数据权限进行待投送数据的播放，防止了由于低数据权限导致待投送数据无法正常播放的情况出现。因此本申请实施例可以达到更好的投屏效果，提升用户体验。

[0063] 同时，对本申请实施例中可能涉及的一些名词进行说明如下：

[0064] 待投送数据：待投送数据是指需要进行投屏的数据。在本申请实施例中，将待投送数据分为媒体数据和非媒体数据两种类型。其中媒体数据包括音频、视频和图片等数据。而非媒体数据，则包括除媒体数据以外的所有数据，例如显示界面和文档等数据。待投送数据的实际类型，需根据实际应用场景确定。

[0065] 投送端和接收端：在本申请实施例中，投送端是指投送待投送数据的终端设备。接收端

则是指接收待投送数据并进行播放或显示的终端设备。在支持DLNA的基础上，本申请实施例不对投送端和接收端的设备类型进行过多限定，均可以是手机、电视、个人电脑、平板电脑或可穿戴设备等终端设备，具体可根据实际的应用场景确定。例如，当实际场景中是由手机向智能手表和电视进行投屏时，此时手机就是投送端，智能手表和电视均为接收端。其中，投送端为各个本申请实施例提供的投屏方法的执行主体。

[0066] 数据权限（包括第一数据权限和第二数据权限）：出于为用户提供差异化的媒体服务，或者为了保障媒体数据的安全性等目的，实际应用中，经常会对不同终端设备设置不同的数据权限，以灵活控制不同终端设备对媒体数据的播放操作。例如一些视频平台中，会为用户提供普通账号和VIP账号，其中VIP账号具有完整播放VIP视频的权限，而普通账号仅能观看VIP视频的部分内容。用户在终端设备内观看视频平台内的VIP视频时，根据用户的账号不同，终端设备所具有的视频数据权限也会存在差异。又例如，对于一些安全级别较高的媒体数据而言，可能会进行加密处理，并会对不同的终端设备设置相应的安全等级。仅在安全级别达到一定阈值时，终端设备才有权限进行解密和播放。或者不对媒体数据进行加密，但对不同的终端设备设置相应的安全级别。并仅在安全级别达到一定阈值时，终端设备才有权限进行访问和播放。因此对于单个媒体数据而言，即使终端设备拥有播放该媒体数据的软硬件配置。若没有相应的数据权限，理论上也难以正常播放媒体数据。在本申请实施例中，数据权限包含的具体权限内容，可由技术人员根据实际情况设定。例如可以仅包含"是否具有VIP账号"或者"终端设备的安全级别"。也可以同时包含"是否具有VIP账号"以及"终端设备的安全级别"。亦可以包含更多的其他权限，例如"是否可以对已加密的媒体数据进行解密"等。

[0067] 应当说明地，数据权限可以与终端设备进行绑定，也可以与终端设备中的用户账号绑定，或者是与终端设备中应用程序的账号进行绑定。具体需根据实际的媒体数据情况确定。例如当媒体数据为离线媒体数据（如终端设备本地存储的媒体数据，或者对于接收端而言，接收到的投送端本地存储的媒体数据）时，此时可以与终端设备的物理地址进行绑定，或者与终端设备登录的用户账号绑定。而当媒体数据为在线媒体数据（如一些视频平台提供的网络视频，此时需要使用特定的应用程序进行在线媒体数据的访问和播放。例如使用视频平台的客户端或者利用浏览器等进行在线媒体数据的访问和播放）时，则可以与终端设备内特定应用程序中登录的账号进行绑定。

[0068] 解码能力：随着科技的进步，用户对媒体数据的质量要求越来越高，导致市面上出现越来越多的高质量媒体数据。例如无损音乐、4k电影和8k图片，其中4k是指分辨率为3840×2160，8k是指分辨率为7680×4320。而为了实现对这些高质量媒体数据的播放，需要终端设备具有相应的解码能力，即将数据还原成可播放的音频、视频或图片的能力。

[0069] 实际应用中，不同终端设备对媒体数据的解码能力会存在一定的差异。当终端设备的解码能力弱于所需解码的数据时，极有可能会出现解码失败无法播放，或者虽然可以解码但音质、清晰度和流畅度等指标下降的情况。例如当终端设备视频解码能力较弱时，如支持1080P视频解码。若需要对4k电影进行解码播放，可能会出现播放卡顿，或者只有声音没有图像，甚至完全无法播放视频的情况。同理，若终端设备对音频的解码能力较弱，此时对高质量音频进行解密时，亦有可能出现音频播放卡顿甚至无法播放的情况。由此可知，投送端和接收端对媒体数据的解码能力如何，会影响最终投屏时媒体数据播放的音质、清晰度和流畅度等指标，进而对最终投屏的质量造成一定的影响。因此，本申请的一些实施例中，会比较投送端和接收端对待投送数据的解码能力，以协助投屏方式的自动选择。

[0070] 为了说明本申请所述的技术方案，通过具体实施例来进行说明。

[0071] 图1示出了本申请实施例一提供的投屏方法的实现流程图，详述如下：

[0072] S101，若投屏功能被启动，投送端确定待投送数据，并识别待投送数据是否为媒体数据。

[0073] 在本申请实施例中，投送端之中具有投屏功能。该功能可以是投送端软件系统内置的功能，也可以是投送端内安装的应用程序的功能。具体可根据实际场景确定。同时，本申请实施例亦

不对投屏功能的启动方式进行过多限定，亦可根据实际场景确定。可以是用户通过对投送端进行操作，启动投屏功能。也可以是以其他设备向投送端发送启动指令的方式，来远程启动投送端的投屏功能。例如，当投屏功能是投送端软件系统内置的功能时，可以将投屏功能设置于软件系统的系统设置功能之中。用户在使用时，可以在系统设置之中进行操作启动投屏功能。或者也可以通过桌面图标、悬浮窗或者下拉通知栏等方式，为投屏功能提供快捷启动方式。用户在使用时，可以通过点击对应的图标或区域实现对投屏功能的快捷启动。当投屏功能是应用程序内的功能时，可由应用程序开发方根据实际需求，对投屏功能的启动方式进行设定。例如对于视频平台而言，可以在视频播放界面设置一个投屏图标。用户通过点击该图标，实现对投屏功能的启动。

[0074] 在投屏功能被启动后，投送端首先会确定此次需要进行投屏的数据（即待投送数据）。根据实际对投屏功能设置的不同，对待投送数据的确定方式亦可以存在一定的差异。具体可根据实际场景情况确定，此处不做过多限定。例如，可以设置为在启动投屏功能的过程中，需要先选定待投送数据。如选定一个视频、音频或者图片，亦或者选择投屏界面或某个文档等。在选定待投送数据之后，才开启投屏功能。此时，若投屏功能被启动，即可根据选定的情况来确定待投送数据。又例如，针对视频平台等应用程序，可以在对媒体数据的播放界面设置投屏图标，并将当前界面播放的媒体数据设置为对应的待投送数据。此时若投屏功能被开启，将当前界面播放的媒体数据作为待投送数据即可。

[0075] 在确定出待投送数据之后，本申请实施例会识别待投送数据是否为媒体数据。即识别待投送数据是否为音频、视频或图片。若是其中任意一种数据，则可判定为待投送数据为媒体数据。反之，若不是音频、视频或图片，则可判定为不是媒体数据（即是非媒体数据）。

[0076] S102，若待投送数据为媒体数据，则投送端获取自身对待投送数据的第一数据权限，以及接收端对待投送数据的第二数据权限，并比较第一数据权限和第二数据权限的权限高低。

[0077] 当待投送数据是媒体数据时，为了可以实现对媒体数据最大权限的播放，以使得投屏效果较佳，在本申请实施例中会获取投送端和接收端对待投送数据的数据权限（即第一数据权限和第二数据权限）。其中，投送端可以通过读取自身对待投送数据的数据权限的方式，实现对第一数据权限的获取。例如，在一些可选实施例中，当以"是否具有VIP账号"来判断数据权限时。可以先从投送端已安装的应用程序中，确定出可播放待投送数据的应用程序（即第一应用程序），如某个视频播放器。再获取该应用程序中的用户账号，并根据该用户账号确定投送端是否有播放待投送数据的数据权限。而针对接收端对待投送数据的第二数据权限，则需投送端向接收端请求相应的数据。

[0078] 为了实现对第二数据权限的请求，在本申请实施例中，可由投送端向接收端发送待投送数据的相关信息（即第一信息）。并由接收端在接收到该相关信息之后，读取自身对待投送数据的数据权限（即第二数据权限）发送给投送端。该相关信息可以是待投送数据自身的数据属性数据，如数据类型、数据大小以及分辨率等。也可以是待投送数据相关的播放信息。例如当待投送数据对终端设备有安全级别要求，仅终端设备安全级别达到某一预设级别以上才能播放时。此时播放信息可以是安全级别要求。又例如，当待投送数据为视频平台的在线视频时，播放信息可以是该视频平台的视频平台信息，如可以是视频平台的名称或者视频平台应用程序的唯一标识等，以使得接收端可以唯一确定出视频平台，并确定是否具有对应的视频平台VIP账号，或者是否有对应的点播权限等。

[0079] 相应地，参考图2，对第二数据权限的请求操作可以如下：

[0080] S201，投送端向接收端发送待投送数据的第一信息。

[0081] S202，接收端在接收到第一信息后，根据第一信息获取自身对待投送数据的第二数据权限，并将第二数据权限发送至投送端。

[0082] 此时对投送端而言，获取接收端对待投送数据的第二数据权限，可以替换为：发送待投送数据的第一信息至接收端，并接收由接收端针对第一信息返回的第二数据权限。

[0083] 为了获取接收端对待投送数据的数据权限，本申请实施例中，投送端会将待投送数据的相关信息（即第一信息）发送至接收端。例如，当待投送数据为视频平台的在线视频，且数据权限中仅包含"是否具有VIP账号"时。相关信息可以是播放待投送数据的视频平台信息。接收端在接收到视频平台信息后，读取自身在视频平台中的账号情况（可以通过启动视频平台应用程序等方式实现账号获取），并返回是否是VIP账号的结果给投送端。或者亦可以是在线视频的URL。接收端在接收到URL的时候，根据URL确定对应的视频平台或视频平台应用程序，再获取自身在视频平台中的账号情况，并返回是否是VIP账号的结果给投送端。

[0084] 又例如，当待投送数据为投送端内的本地媒体数据时（如本地音频、视频或图片），假设该本地媒体数据是机密性较高的数据，要求安全级别较高的终端设备才能进行播放。即数据权限中包含"终端设备的安全级别"。此时相关信息可以包含该本地媒体数据的安全级别要求。例如假设要求为：二级及以上。接收端在接收到安全级别要求之后，将自身的安全级别发送给投送端。或者接收端自行判断自身安全级别是否满足安全级别要求，并返回判断结果至投送端。

[0085] 应当说明地，根据投屏功能在终端设备（包括投送端和接收端）中存在形式的不同，获取数据权限的方式亦可存在一定的差异。例如在一些可选实施例中，当投屏功能是存在于软件系统中时，则可以读取终端设备软件系统及硬件组件对待投送数据的数据权限。例如软件系统和硬件组件的安全级别。而当投屏功能是存在于应用程序中时，则可以根据需要，获取终端设备软件系统和硬件组件对待投送数据的数据权限，以及应用程序对待投送数据的数据权限中的任意一个或两个数据权限。比如可以获取两个数据权限，并将获取到的两个数据权限合并，确定为终端设备对待投送数据最终的数据权限。例如，当待投送数据被加密，要求获取终端设备对待投送数据的解密权限时。终端设备可以获取自身软件系统和硬件组件对待投送数据的解密权限，以及自身已安装的应用程序对待投送数据的数据权限，并进行合并。若均为无法解密，则判定为终端设备自身无解密权限。若其中存在一个或两个数据权限为可以解密，则判定为终端设备自身具有解密权限。

[0086] 在获取到投送端和接收端各自对待投送数据的数据权限之后，本申请实施例会比较两个数据权限的高低，并确定出其中数据权限较高的一端。其中，本申请实施例不对数据权限高低的比较方法进行过多限定，可由技术人员自行设定。例如，在一些可选实施例中，当数据权限中仅包含一项内容时，可以直接比较该项内容的高低。如当数据权限中仅包含"是否具有VIP账号"时，可以直接比较投送端和接收端的VIP账号情况。若均具有VIP账号或者均不具有VIP账号，均可以判定为数据权限相同。若一端具有VIP账号，但另一端不具有，则可以判定为具有VIP账号的一端数据权限较高。而在另一些可选实施例中，当数据权限中包含多项内容时，则可以为不同内容设置权重系数。再逐一比较各项内容之后，再根据权重系数来确定最终数据权限的高低。其中，当各项内容的权重系数相同时，则相当于采用投票法来进行数据权限比较。

[0087] S103，若第一数据权限高于第二数据权限，则通过屏幕镜像的方式，将待投送数据投送至接收端。

[0088] 当第一数据权限高于第二数据权限时，说明投送端的数据权限较高。因此此时本申请实施例会选用屏幕镜像的方式来进行投屏。即由投送端根据自身的数据权限播放待投送数据，例如使用VIP账号来播放在线视频，或者先对已加密的待投送数据进行解密再进行播放。同时对播放待投送数据时的屏幕界面进行截屏录制。再将录制的截屏数据以视频流等方式发送给接收端。相应地，接收端可以通过播放接收到的截屏数据的方式，实现对待投送数据的投屏播放。此时，用户可以在接收端观看待投送数据，并可以在投送端控制对待投送数据的播放操作。例如控制视频播放进度、音频音量或者图片缩放比例等。本申请实施例不对屏幕镜像的操作细节进行过多的限定，可由技术人员根据需求设定。

[0089] S104，若第一数据权限低于第二数据权限，则通过DLNA的方式，将待投送数据投送至接收端。

[0090] 当第二数据权限高于第一数据权限时，说明接收端的数据权限较高。因此此时本申请实

施例会选用DLNA的方式来进行投屏。即由投送端将待投送数据的URL发送至接收端。由接收端根据该URL获取待投送数据，并根据自身的数据权限播放待投送数据，例如使用VIP账号来播放在线视频，或者先对已加密的待投送数据进行解密再进行播放。此时，用户可以在接收端观看待投送数据，并可以在接收端端控制对待投送数据的播放操作。例如控制视频播放进度、音频音量或者图片缩放比例等。本申请实施例不对DLNA的操作细节进行过多的限定，可由技术人员根据需求设定。

[0091] 在本申请实施例中，针对待投送数据是媒体数据的情况，会比较投送端和接收端对待投送数据的数据权限。若投送端权限更高，则采用屏幕镜像的方式进行待投送数据的投屏。此时可以充分使用投送端较高的数据权限来对待投送数据进行播放操作。而当接收端数据权限较高时，则采用DLNA的方式进行待投送数据的投屏。此时则可以充分使用接收端较高的数据权限来对待投送数据进行播放操作。通过本申请实施例，可以实现对投屏方式的自动选取，并始终为用户提供对待投送数据的较高数据权限。因此实际投屏过程中，可以使用较高的数据权限进行待投送数据的播放，使得出现因数据权限导致待投送数据无法正常播放的可能性大大降低。最终呈现给用户更为流畅的投屏效果。

[0092] 作为本申请的一个可选实施例，实际应用中投送端和接收端对待投送数据的数据权限也可能会相同。即S102的结果可能是第一数据权限与第二数据权限相同。此时无论选取哪一端进行待投送数据的播放，理论上权限方面对播放的影响均一样。在此基础上，本申请实施例在S102之后，可以采用屏幕镜像或者DLNA的方式实现待投送数据的投屏。

[0093] 考虑到实际投屏的应用场景中，若采用屏幕镜像的方式进行投屏，会导致用户需在投送端进行播放操作，且需保持投送端中对待投送数据的播放界面。此时会存在以下几个问题：

[0094] 1. 会导致用户难以正常使用投送端投屏以外的其他功能。例如当投送端为手机，待投送数据为视频时，屏幕镜像会要求用户在手机中保持对视频的播放界面。此时若用户退出播放界面使用其他功能，如使用电话或短信功能，会导致无法正常对视频进行投屏。

[0095] 2. 投送端和接收端可能相距较远，此时用户在空间上不方便操作投送端。例如当利用卧室的台式电脑对客厅的电视进行投屏时，若用户需要对待投送数据进行暂停或快进等操作，则需要跑到卧室内去操作。因此十分不便。

[0096] 3. 屏幕镜像一般要求投送端的屏幕持续亮屏，此时会导致投送端功耗较高，造成资源浪费。

[0097] 为了解决上述几个问题，提升投屏的效果以及用户的体验，作为本申请的一个可选实施例，参考图3，在S102之后，还包括：

[0098] S105，若第一数据权限与第二数据权限相同，则通过DLNA的方式，将待投送数据投送至接收端。

[0099] 由于DLNA采用的是推送待投送数据URL的方式实现投屏。因此理论上投送端自身可以不用播放待投送数据。且用户可以将投屏功能放在后台运行，并正常使用投屏功能以外的其他功能。另外DLNA的方式下，接收端可以实现对待投送数据的播放操作。例如音频和视频的暂停、快进和音量调节，以及图片的放大缩小等。因此用户可以在接收端观看待投送数据时，直接操作接收端，而无需再跑到投送端处进行操作。最后，DLNA方式投屏时，可以投送端可以不保持亮屏，因此更加节能省电，减少资源浪费。基于这些理由，本申请实施例会在确定出投送端和接收端的数据权限相同时，会采用DLNA的方式来进行待投送数据的投屏。此时对用户而言，投屏的效果更佳。

[0100] 相应地，在图1所示实施例的基础上，本申请实施例对应的投屏方法决策表格可以如下表1：

[0101] 表1

投送端＼接收端	第二数据权限	第二数据权限
[0102] 第一数据权限	两个数据权限相同，采用DLNA方式投屏	投送端数据权限较高，采用屏幕镜像方式投屏
第一数据权限	接收端数据权限较高，采用DLNA方式投屏	两个数据权限相同，采用DLNA方式投屏

[0103] 表1中，会将投送端和接收端的数据权限比较结果分为4种：投送端数据权限较高、投送端和接收端数据权限均较高且相同、接收端数据权限较高以及投送端和接收端数据权限均较低且相同，并设置了相应的投屏方式。实际应用中，可以根据比较结果的情况来确定投屏方式，实现对投屏方式的自动决策。

[0104] 在本申请实施例中，S104和S105可以合并为：若第一数据权限低于或等于第二数据权限，则通过DLNA的方式，将待投送数据投送至接收端。

[0105] 作为本申请的另一个可选实施例，实际应用中投送端和接收端对待投送数据的数据权限可能会相同。即S102的结果可能是第一数据权限与第二数据权限相同。此时无论选取哪一端进行待投送数据的播放，理论上权限方面对播放的影响均一样。实际应用中发现，除数据权限外，投送端对媒体数据的解码能力，也会极大地影响对媒体数据的播放效果。如是否卡顿以及清晰度如何等。在投屏场景之中，即会影响最终对媒体数据的投屏效果。因此在两端数据权限相同的情况下，为了使得最终可以实现对待投送数据较好的解码播放，本申请实施例会继续比较投送端和接收端对待投送数据的解码能力。参考图4，在S102之后，还包括：

[0106] S106，若第一数据权限与第二数据权限相同，则获取投送端对待投送数据的第一解码能力，以及接收端对待投送数据的第二解码能力，并比较第一解码能力和第二解码能力的高低。

[0107] 实际应用中，解码分为硬件解码和软件解码。其中，软件解码是指利用CPU进行媒体数据解码，需要消耗CPU的运算资源。硬件解码是利用CPU以外的其他硬件实现对媒体数据的解码。例如使用GPU或者硬件解码器等实现媒体数据的解码。

[0108] 为了可以更好地对待投送数据进行解码，使得最终可以呈现更好地投屏效果给用户，在本申请实施例中，会获取投送端和接收端两端对待投送数据的解码能力（即第一解码能力和第二解码能力），并会比较两者的高低。其中，第一解码能力可由投送端读取对待投送数据类型数据的硬件解码能力和软件解码能力得到。例如，当待投送数据的类型是视频时，投送端读取自身对视频支持的解码能力，如1080P和4k。对于第二解码能力，则需要接收端根据待投送数据的数据类型，来读取自身对待投送数据的硬件解码能力和软件解码能力，得到最终的解码能力并反馈该投送端。为了使得接收端获取到待投送数据的类型，可以由投送端将待投送数据的类型发送给接收端。其中，在与图2所示实施例进行结合应用时，若接收端可以通过第一信息确定出待投送数据的类型。例如第一信息中带有待投送数据的类型，或者第一信息为URL，接收端以通过URL确定出待投送数据的类型。则此时无需再发送待投送数据的类型给接收端。

[0109] 在一些可选实施例中，考虑到硬件解码能力和软件解码能力有时难以都获取到。因此在投送端和接收端获取自身解码能力时，也可以仅获取硬件解码能力或者软件解码能力。具体可由技术人员根据实际情况设定，此处不做限定。

[0110] S107，若第一解码能力高于第二解码能力，则对待投送数据进行解码，并将解码后的待投送数据通过屏幕镜像的方式投送至接收端。

[0111] 当第一解码能力高于第二解码能力时，说明投送端具有对待投送数据更高的解码能力。例如假设待投送数据的类型是视频，同时假设投送端同时支持对视频的1080P解码播放和4k解码

播放，而接收端仅支持对视频的1080P解码播放。此时投送端具有较高的4k解码能力。此时使用投送端进行待投送数据的解码播放，理论上其解码播放时的流畅度和清晰度等指标，会高于解码能力较弱的接收端。因此本申请实施例会选用屏幕镜像的方式进行待投送数据的投屏。即由投送端利用自身的解码能力对待投送数据进行解码播放，并在播放的同步进行屏幕录制和传输。具体的屏幕镜像投屏说明，可参考S103中的说明，此处不予赘述。

[0112] S108，若第一解码能力低于第二解码能力，则通过DLNA的方式，将待投送数据投送至接收端。

[0113] 当第二解码能力高于第一解码能力时，说明接收端具有对待投送数据更高的解码能力。例如假设待投送数据的类型是视频，同时假设投送端仅支持对视频的1080P解码播放，但而接收端同时支持对视频的1080P解码播放和4k解码播放。此时接收端具有较高的4k解码能力。此时使用接收端进行待投送数据的解码播放，理论上其解码播放时的流畅度和清晰度等指标，会高于解码能力较弱的投送端。因此本申请实施例会选用DLNA的方式进行待投送数据的投屏。即由接收端端利用自身的解码能力对待投送数据进行解码播放。其中，具体的DLNA投屏说明，可参考S104中的说明，此处不予赘述。

[0114] 作为本申请的一个可选实施例，为了实现对解码能力的有效量化和比较，参考图5，在本申请实施例中，S106可以被替换为：

[0115] S1061，若第一数据权限与第二数据权限相同，则获取投送端对待投送数据的第一解码质量，以及接收端对待投送数据的第二解码质量，并比较第一解码质量和第二解码质量的高低。

[0116] 在本申请实施例中，解码质量（包括第一解码质量和第二解码质量），是指终端设备（包括投送端和接收端）对待投送数据类型的数据，以最高解码能力进行解码播放时支持的最高播放质量，是对解码能力的一种量化表征方式。以一实例进行说明，假设待投送数据的类型是视频，同时假设终端设备同时支持对视频的1080P解码播放和4k解码播放。此时若利用终端设备最高解码能力进行视频解码播放，理论上支持视频最高播放质量为4k。因此此时的终端设备解码质量即为4k。在本申请实施例中，接收端只需返回对待投送数据的解码质量（即第二解码质量）即可。

[0117] 相应地，S107和S108可以被替换为：

[0118] S1071，若第一解码质量高于第二解码质量，则对待投送数据进行解码，并将解码后的待投送数据通过屏幕镜像的方式投送至接收端。

[0119] S1081，若第一解码质量低于第二解码质量，则通过DLNA的方式，将待投送数据投送至接收端。

[0120] 作为本申请的一个可选实施例，考虑到投送端和接收端的解码能力也可能会相同。此时，为了有更好的投屏效果，本申请实施例会优先采用DLNA的方式来进行投屏，即在S106之后还包括：

[0121] S109，若第一解码能力与第二解码能力相同，则采用通过DLNA的方式，将待投送数据投送至接收端。

[0122] 当第一解码能力与第二解码能力相同时，理论上采用投送端和接收端播放待投送数据的显示基本相同。但屏幕镜像和DLNA对于用户实际投屏过程中的操作体验可能会有较大差异，因此为了提升整体投屏的效果，方便用户的操作，本申请实施例会采用DLNA的方式来进行投屏。其中，具体的选取原因和有益效果等说明，可以参考图3所示实施例内容说明，此处不予赘述。

[0123] 对应于图5所示实施例，此时S109可以被替换为：若第一解码质量与第二解码质量相同，则采用通过DLNA的方式，将待投送数据投送至接收端。

[0124] 此时可以与S1081进行合并，得到：若第一解码质量低于第二解码质量，或者第一解码质量与第二解码质量相同，则通过DLNA的方式，将待投送数据投送至接收端。

[0125] 相应地，本申请实施例中，在投送端和接收端对待投送数据的数据权限相同的基础上，对应的投屏方法决策表格可以如表2：

[0126] 表2

投送端 \ 接收端	第二解码质量	第二解码质量
第一解码质量	两个解码质量相同，采用DLNA方式投屏	投送端解码质量较高，采用屏幕镜像方式投屏
第一解码质量	接收端解码质量较高，采用DLNA方式投屏	两个解码质量相同，采用DLNA方式投屏

[0128] 表2中，会将投送端和接收端的解码质量比较结果分为4种：投送端解码质量较高、投送端和接收端解码质量均较高且相同、接收端解码质量较高以及投送端和接收端解码质量均较低且相同，并设置了相应的投屏方式。实际应用中，可以根据比较结果的情况来确定投屏方式，实现对投屏方式的自动决策。

[0129] 在本申请实施例中，通过先比较投送端和接收端对待投送数据的数据权限。在数据权限相同的情况下，再比较两者对待投送数据的解码能力。若投送端解码能力更强，则采用屏幕镜像的方式进行投屏。此时可以充分利用投送端较强的解码能力来进行待投送数据的解码播放。而在接收端解码能力更强时，则选用DLNA的方式来进行投屏，此时可以充分利用接收端较强的解码能力来进行待投送数据的解码播放。通过本申请实施例，可以实现在数据权限相同的情况下对投放方式的自动选取，并始终为用户提供对待投屏数据较强的解码能力。因此在实际投屏过程中，用户可以看到在较强解码能力下对待投送数据的播放效果，防止了低解码能力对待投送数据解码不流畅甚至出错的情况，使得整个投屏的效果更为清晰流畅。因此可以实现更好的投屏效果，提升用户体验。另外，通过先比较数据权限再比较解码能力的方式，可以首先保障对待投送数据的正常播放。再选用更加适宜的解码操作，使得整个投屏的过程效果更佳。因此，本申请实施例可以实现对投屏方式的自适应选取，实现更好的投屏效果。

[0130] 作为本申请的一个可选实施例，考虑到实际应用中，待投送数据也可能是非媒体数据。例如文档和游戏界面等。这些非媒体数据无法采用DLNA的方式进行投屏，因此在本申请实施例中，会采用屏幕镜像的方式进行投屏。参考图6，本申请实施例包括：

[0131] S110，若待投送数据不为媒体数据，则通过屏幕镜像的方式，将待投送数据投送至接收端。

[0132] 当用户需要进行游戏或桌面等界面投屏，或者需要进行文档等投屏时，本申请实施例会自动选用屏幕镜像的方式，对游戏、桌面或文档等界面进行屏幕录制，并将录制的截屏数据以视频流等方式发送给接收端，以实现投屏。其中，屏幕镜像的投屏方式说明，可参考S103中的说明，此处不予赘述。

[0133] 对应于上文实施例的投屏方法，图7示出了本申请实施例提供的投屏装置的结构示意图，为了便于说明，仅示出了与本申请实施例相关的部分。

[0134] 参照图7，该投屏装置包括：

[0135] 数据确定模块71，用于在投屏功能被启动时，确定待投送数据。

[0136] 权限获取模块72，用于在待投送数据为媒体数据时，获取投送端对待投送数据的第一数据权限，以及接收端对待投送数据的第二数据权限。

[0137] 镜像投屏模块73，用于在第一数据权限高于第二数据权限时，通过屏幕镜像的方式，将待投送数据投送至接收端。

[0138] 数字投屏模块74，用于在第一数据权限低于第二数据权限时，通过DLNA的方式，将待投送数据投送至接收端。

[0139] 作为本申请的一个实施例，镜像投屏模块73，还用于：

[0140] 在待投送数据不为媒体数据时，通过屏幕镜像的方式，将待投送数据投送至接收端。

[0141] 作为本申请的一个实施例，数字投屏模块74，还用于：

[0142] 在第一数据权限与第二数据权限相同时，通过DLNA的方式，将待投送数据投送至接收端。

[0143] 作为本申请的一个实施例，该投屏装置，还包括：

[0144] 解码能力获取模块，用于在第一数据权限与第二数据权限相同时，获取投送端对待投送数据的第一解码质量，以及接收端对待投送数据的第二解码质量。

[0145] 镜像投屏模块73，还用于在第一解码质量高于第二解码质量时，通过屏幕镜像的方式，将待投送数据投送至接收端。

[0146] 数字投屏模块74，用于在第一解码质量低于第二解码质量时，通过数字生活网络联盟的方式，将待投送数据投送至接收端。

[0147] 作为本申请的一个实施例，数字投屏模块74，还用于：

[0148] 在第一解码质量与第二解码质量相同时，通过DLNA的方式，将待投送数据投送至接收端。

[0149] 作为本申请的一个实施例，权限获取模块72，包括：

[0150] 程序确定模块，用于从投送端已安装的应用程序中确定出可以播放待投送数据的第一应用程序。

[0151] 权限获取子模块，用于获取第一应用程序中的用户账号，并根据用户账号确定第一数据权限。

[0152] 作为本申请的一个实施例，权限获取模块72，包括：

[0153] 信息发送模块，用于向接收端发送待投送数据的第一信息。

[0154] 权限接收模块，用于接收接收端针对第一信息返回的第二数据权限。

[0155] 本申请实施例提供的投屏装置中各模块实现各自功能的过程，具体可参考前述图1至图6所示实施例以及其他相关方法实施例的描述，此处不再赘述。

[0156] 需要说明的是，上述装置/单元之间的信息交互、执行过程等内容，由于与本申请方法实施例基于同一构思，其具体功能及带来的技术效果，具体可参见方法实施例部分，此处不再赘述。

[0157] 应理解，上述实施例中各步骤的序号的大小并不意味着执行顺序的先后，各过程的执行顺序应以其功能和内在逻辑确定，而不应对本申请实施例的实施过程构成任何限定。

[0158] 应当理解，当在本申请说明书和所附权利要求书中使用时，术语"包括"指示所描述特征、整体、步骤、操作、元素和/或组件的存在，但并不排除一个或多个其他特征、整体、步骤、操作、元素、组件和/或其集合的存在或添加。

[0159] 还应当理解，在本申请说明书和所附权利要求书中使用的术语"和/或"是指相关联列出的项中的一个或多个的任何组合以及所有可能组合，并且包括这些组合。

[0160] 如在本申请说明书和所附权利要求书中所使用的那样，术语"如果"可以依据上下文被解释为"当……时"或"一旦"或"响应于确定"或"响应于检测到"。类似地，短语"如果确定"或"如果检测到［所描述条件或事件］"可以依据上下文被解释为意指"一旦确定"或"响应于确定"或"一旦检测到［所描述条件或事件］"或"响应于检测到［所描述条件或事件］"。

[0161] 另外，在本申请说明书和所附权利要求书的描述中，术语"第一"、"第二"、"第三"等仅用于区分描述，而不能理解为指示或暗示相对重要性。还应理解的是，虽然术语"第一"、"第二"等在文本中在一些本申请实施例中用来描述各种元素，但是这些元素不应该受到这些术语的限制。这些术语只是用来将一个元素与另一元素区分开。例如，第一表格可以被命名为第二表格，并且类似地，第二表格可以被命名为第一表格，而不背离各种所描述的实施例的范围。第一表格和第二表格都是表格，但是它们不是同一表格。

[0162] 在本申请说明书中描述的参考"一个实施例"或"一些实施例"等意味着在本申请的一

个或多个实施例中包括结合该实施例描述的特定特征、结构或特点。由此，在本说明书中的不同之处出现的语句"在一个实施例中"、"在一些实施例中"、"在其他一些实施例中"、"在另外一些实施例中"等不是必然都参考相同的实施例，而是意味着"一个或多个但不是所有的实施例"，除非是以其他方式另外特别强调。术语"包括"、"包含"、"具有"及它们的变形都意味着"包括但不限于"，除非是以其他方式另外特别强调。

[0163] 本申请实施例提供的投屏方法可以应用于手机、平板电脑、可穿戴设备、车载设备、增强现实（augmented reality，AR）/虚拟现实（virtualreality，VR）设备、笔记本电脑、超级移动个人计算机（ultra-mobile personal computer，UMPC）、上网本、个人数字助理（personal digital assistant，PDA）等投送端上，本申请实施例对投送端的具体类型不作任何限制。

[0164] 例如，所述投送端可以是WLAN中的站点（STAION，ST），可以是蜂窝电话、个人数字处理（Personal Digital Assistant，PDA）设备、具有无线通信功能的手持设备、计算设备或连接到无线调制解调器的其他处理设备、车载设备、车联网终端、电脑、膝上型计算机、手持式通信设备、手持式计算设备、电视顶盒（settopbox，STB）、用户驻地设备（customer premise equipment，CPE）和/或用于在无线系统上进行通信的其他设备以及下一代通信系统，例如，5G网络中的终端设备或者未来演进的公共陆地移动网络（Public Land Mobile Network，PLMN）中的终端设备等。

[0165] 作为示例而非限定，当所述投送端为可穿戴设备时，该可穿戴设备还可以是应用穿戴式技术对日常穿戴进行智能化设计、开发出可以穿戴的设备的总称，如眼镜、手套、手表、服饰及鞋等。可穿戴设备即直接穿在身上，或是整合到用户的衣服或配件的一种便携式设备。可穿戴设备不仅仅是一种硬件设备，更能通过软件支持以及数据交互、云端交互来实现强大的功能。广义穿戴式智能设备包括功能全、尺寸大、可不依赖智能手机实现完整或者部分的功能，如智能手表或智能眼镜等，以及只专注于某一类应用功能，需要和其他设备如智能手机配合使用，如各类进行体征监测的智能手环、智能首饰等。

[0166] 下文以投送端是手机为例，图8示出了手机100的结构示意图。

[0167] 手机100可以包括处理器110、外部存储器接口120、内部存储器121、通用串行总线（universal serial bus，USB）接口130、充电管理模块140、电源管理模块141、电池142、天线1、天线2、移动通信模块150、无线通信模块160、音频模块170、扬声器170A、受话器170B、麦克风170C、耳机接口170D、传感器模块180、按键190、马达191、指示器192、摄像头193、显示屏194，以及SIM卡接口195等。其中传感器模块180可以包括陀螺仪传感器180A、加速度传感器180B、气压传感器180C、磁传感器180D、环境光传感器180E、接近光传感器180G、指纹传感器180H、温度传感器180J、触摸传感器180K（当然，手机100还可以包括其他传感器，比如温度传感器、压力传感器、距离传感器、气压传感器、骨传导传感器等，图中未示出）。

[0168] 可以理解的是，本发明实施例示意的结构并不构成对手机100的具体限定。在本申请另一些实施例中，手机100可以包括比图示更多或更少的部件，或者组合某些部件，或者拆分某些部件，或者不同的部件布置。图示的部件可以以硬件、软件或软件和硬件的组合实现。

[0169] 处理器110可以包括一个或多个处理单元，例如：处理器110可以包括应用处理器（application processor，AP）、调制解调处理器、图形处理器（graphics processing unit，GPU）、图像信号处理器（imagesignal processor，ISP）、控制器、存储器、视频编解码器、数字信号处理器（digitalsignal processor，DSP）、基带处理器，和/或神经网络处理器（Neural-network Processing Unit，NPU）等。其中，不同的处理单元可以是独立的器件，也可以集成在一个或多个处理器中。其中，控制器可以是手机100的神经中枢和指挥中心。控制器可以根据指令操作码和时序信号，产生操作控制信号，完成取指令和执行指令的控制。

[0170] 处理器110中还可以设置存储器，用于存储指令和数据。在一些实施例中，处理器110中的存储器为高速缓冲存储器。该存储器可以保存处理器110刚用过或循环使用的指令或数据。如果处理器110需要再次使用该指令或数据，可从所述存储器中直接调用，避免了重复存取，减少了处

理器 110 的等待时间，因而提高了系统的效率。

[0171] 处理器 110 可以运行本申请实施例提供的投屏方法，以便于丰富投屏功能，提升投屏的灵活度，提升用户的体验。处理器 110 可以包括不同的器件，比如集成 CPU 和 GPU 时，CPU 和 GPU 可以配合执行本申请实施例提供的投屏方法，比如投屏方法中部分算法由 CPU 执行，另一部分算法由 GPU 执行，以得到较快的处理效率。

[0172] 显示屏 194 用于显示图像、视频等。显示屏 194 包括显示面板。显示面板可以采用液晶显示屏（liquidcrystaldisplay，LCD）、有机发光二极管（organic light－emitting diode，OLED）、有源矩阵有机发光二极体或主动矩阵有机发光二极体（active－matrix organic light emitting diode 的，AMOLED）、柔性发光二极管（flexlight－emitting diode，FLED）、Miniled、MicroLed、Micro－oLed、量子点发光二极管（quantum dot light emitting diodes，QLED）等。在一些实施例中，手机 100 可以包括 1 个或 N 个显示屏 194，N 为大于 1 的正整数。显示屏 194 可用于显示由用户输入的信息或提供给用户的信息以及各种图形用户界面（graphical user interface，GUI）。例如，显示器 194 可以显示照片、视频、网页或者文件等。再例如，显示器 194 可以显示图形用户界面。其中图形用户界面上包括状态栏、可隐藏的导航栏、时间和天气小组件（widget）以及应用的图标，例如浏览器图标等。状态栏中包括运营商名称（例如中国移动）、移动网络（例如 4G）、时间和剩余电量。导航栏中包括后退（back）键图标、主屏幕（home）键图标和前进键图标。此外，可以理解的是，在一些实施例中，状态栏中还可以包括蓝牙图标、Wi－Fi 图标、外接设备图标等。还可以理解的是，在另一些实施例中，图形用户界面中还可以包括 Dock 栏，Dock 栏中可以包括常用的应用图标等。当处理器检测到用户的手指（或触控笔等）针对某一应用图标的触摸事件后，响应于该触摸事件，打开与该应用图标对应的应用的用户界面，并在显示器 194 上显示该应用的用户界面。

[0173] 在本申请实施例中，显示屏 194 可以是一个一体的柔性显示屏，也可以采用两个刚性屏以及位于两个刚性屏之间的一个柔性屏组成的拼接显示屏。当处理器 110 运行本申请实施例提供的投屏方法后，处理器 110 可以控制外接的音频输出设备切换输出的音频信号。

[0174] 摄像头 193（前置摄像头或者后置摄像头，或者一个摄像头既可作为前置摄像头，也可作为后置摄像头）用于捕获静态图像或视频。通常，摄像头 193 可以包括感光元件比如镜头组和图像传感器，其中，镜头组包括多个透镜（凸透镜或凹透镜），用于采集待拍摄物体反射的光信号，并将采集的光信号传递给图像传感器。图像传感器根据所述光信号生成待拍摄物体的原始图像。

[0175] 内部存储器 121 可以用于存储计算机可执行程序代码，所述可执行程序代码包括指令。处理器 110 通过运行存储在内部存储器 121 的指令，从而执行手机 100 的各种功能应用以及数据处理。内部存储器 121 可以包括存储程序区和存储数据区。其中，存储程序区可存储操作系统、应用程序（比如相机应用、微信应用等）的代码等。存储数据区可存储手机 100 使用过程中所创建的数据（比如相机应用采集的图像、视频等）等。

[0176] 内部存储器 121 还可以存储本申请实施例提供的投屏方法对应的一个或多个计算机程序 1210。该一个或多个计算机程序 1210 被存储在上述存储器 121 中并被配置为被该一个或多个处理器 110 执行，该一个或多个计算机程序 1210 包括指令，上述指令可以用于执行如图 1 至图 6 相应实施例中的各个步骤，该计算机程序 1210 可以包括账号验证模块 1211、优先级比较模块 1212。其中，账号验证模块 1211，用于对局域网内的其他投送端的系统认证账号进行认证；优先级比较模块 1212，可用于比较音频输出请求业务的优先级和音频输出设备当前输出业务的优先级。状态同步模块 1213，可用于将投送端当前接入的音频输出设备的设备状态同步至其他投送端，或者将其他设备当前接入的音频输出设备的设备状态同步至本地。当内部存储器 121 中存储的投屏方法的代码被处理器 110 运行时，处理器 110 可以控制投送端进行投屏数据处理。

[0177] 此外，内部存储器 121 可以包括高速随机存取存储器，还可以包括非易失性存储器，例如至少一个磁盘存储器件、闪存器件、通用闪存存储器（universal flash storage，UFS）等。

[0178] 当然，本申请实施例提供的投屏方法的代码还可以存储在外部存储器中。这种情况下，

处理器 110 可以通过外部存储器接口 120 运行存储在外部存储器中的投屏方法的代码，处理器 110 可以控制投送端进行投屏数据处理。

[0179] 下面介绍传感器模块 180 的功能。

[0180] 陀螺仪传感器 180A，可以用于确定手机 100 的运动姿态。在一些实施例中，可以通过陀螺仪传感器 180A 确定手机 100 围绕三个轴（即，x、y 和 z 轴）的角速度。即陀螺仪传感器 180A 可以用于检测手机 100 当前的运动状态，比如抖动还是静止。

[0181] 当本申请实施例中的显示屏为可折叠屏时，陀螺仪传感器 180A 可用于检测作用于显示屏 194 上的折叠或者展开操作。陀螺仪传感器 180A 可以将检测到的折叠操作或者展开操作作为事件上报给处理器 110，以确定显示屏 194 的折叠状态或展开状态。

[0182] 加速度传感器 180B 可检测手机 100 在各个方向上（一般为三轴）加速度的大小。即陀螺仪传感器 180A 可以用于检测手机 100 当前的运动状态，比如抖动还是静止。当本申请实施例中的显示屏为可折叠屏时，加速度传感器 180B 可用于检测作用于显示屏 194 上的折叠或者展开操作。加速度传感器 180B 可以将检测到的折叠操作或者展开操作作为事件上报给处理器 110，以确定显示屏 194 的折叠状态或展开状态。

[0183] 接近光传感器 180G 可以包括例如发光二极管（LED）和光检测器，例如光电二极管。发光二极管可以是红外发光二极管。手机通过发光二极管向外发射红外光。手机使用光电二极管检测来自附近物体的红外反射光。当检测到充分的反射光时，可以确定手机附近有物体。当检测到不充分的反射光时，手机可以确定手机附近没有物体。当本申请实施例中的显示屏为可折叠屏时，接近光传感器 180G 可以设置在可折叠的显示屏 194 的第一屏上，接近光传感器 180G 可根据红外信号的光程差来检测第一屏与第二屏的折叠角度或者展开角度的大小。

[0184] 陀螺仪传感器 180A（或加速度传感器 180B）可以将检测到的运动状态信息（比如角速度）发送给处理器 110。处理器 110 基于运动状态信息确定当前是手持状态还是脚架状态（比如，角速度不为 0 时，说明手机 100 处于手持状态）。

[0185] 指纹传感器 180H 用于采集指纹。手机 100 可以利用采集的指纹特性实现指纹解锁，访问应用锁，指纹拍照，指纹接听来电等。

[0186] 触摸传感器 180K，也称"触控面板"。触摸传感器 180K 可以设置于显示屏 194，由触摸传感器 180K 与显示屏 194 组成触摸屏，也称"触控屏"。触摸传感器 180K 用于检测作用于其上或附近的触摸操作。触摸传感器可以将检测到的触摸操作传递给应用处理器，以确定触摸事件类型。可以通过显示屏 194 提供与触摸操作相关的视觉输出。在另一些实施例中，触摸传感器 180K 也可以设置于手机 100 的表面，与显示屏 194 所处的位置不同。

[0187] 示例性地，手机 100 的显示屏 194 显示主界面，主界面中包括多个应用（比如相机应用、微信应用等）的图标。用户通过触摸传感器 180K 点击主界面中相机应用的图标，触发处理器 110 启动相机应用，打开摄像头 193。显示屏 194 显示相机应用的界面，例如取景界面。

[0188] 手机 100 的无线通信功能可以通过天线 1、天线 2、移动通信模块 150、无线通信模块 160、调制解调处理器以及基带处理器等实现。

[0189] 天线 1 和天线 2 用于发射和接收电磁波信号。手机 100 中的每个天线可用于覆盖单个或多个通信频带。不同的天线还可以复用，以提高天线的利用率。例如：可以将天线 1 复用为无线局域网的分集天线。在另外一些实施例中，天线可以和调谐开关结合使用。

[0190] 移动通信模块 150 可以提供应用在手机 100 上的包括 2G/3G/4G/5G 等无线通信的解决方案。移动通信模块 150 可以包括至少一个滤波器、开关、功率放大器、低噪声放大器（low noise amplifier，LNA）等。移动通信模块 150 可以由天线 1 接收电磁波，并对接收的电磁波进行滤波、放大等处理，传送至调制解调处理器进行解调。移动通信模块 150 还可以对经调制解调处理器调制后的信号放大，经天线 1 转为电磁波辐射出去。在一些实施例中，移动通信模块 150 的至少部分功能模块可以被设置于处理器 110 中。在一些实施例中，移动通信模块 150 的至少部分功能模块可以

与处理器110的至少部分模块被设置在同一个器件中。在本申请实施例中，移动通信模块150还可以用于与其他投送端进行信息交互，即向其他投送端发送投屏相关数据，或者移动通信模块150可用于接收投屏请求，并将接收的投屏请求封装成指定格式的消息。

[0191] 调制解调处理器可以包括调制器和解调器。其中，调制器用于将待发送的低频基带信号调制成中高频信号。解调器用于将接收的电磁波信号解调为低频基带信号。随后解调器将解调得到的低频基带信号传送至基带处理器处理。低频基带信号经基带处理器处理后，被传递给应用处理器。应用处理器通过音频设备（不限于扬声器170A、受话器170B等）输出声音信号，或通过显示屏194显示图像或视频。在一些实施例中，调制解调处理器可以是独立的器件。在另一些实施例中，调制解调处理器可以独立于处理器110，与移动通信模块150或其他功能模块设置在同一个器件中。

[0192] 无线通信模块160可以提供应用在手机100上的包括无线局域网（wireless local area networks，WLAN）[如无线保真（wireless fidelity，Wi-Fi）网络]、蓝牙（bluetooth，BT）、全球导航卫星系统（global navigation satellite system，GNSS）、调频（frequency modulation，FM）、近距离无线通信技术（near field communication，NFC）、红外技术（infrared，IR）等无线通信的解决方案。无线通信模块160可以是集成至少一个通信处理模块的一个或多个器件。无线通信模块160经由天线2接收电磁波，将电磁波信号调频以及滤波处理，将处理后的信号发送到处理器110。无线通信模块160还可以从处理器110接收待发送的信号，对其进行调频，放大，经天线2转为电磁波辐射出去。本申请实施例中，无线通信模块160可以用于接入接入点设备，向其他投送端发送和接收消息。

[0193] 另外，手机100可以通过音频模块170、扬声器170A、受话器170B、麦克风170C、耳机接口170D，以及应用处理器等实现音频功能，例如音乐播放、录音等。手机100可以接收按键190输入，产生与手机100的用户设置以及功能控制有关的键信号输入。手机100可以利用马达191产生振动提示（比如来电振动提示）。手机100中的指示器192可以是指示灯，可以用于指示充电状态、电量变化，也可以用于指示消息、未接来电、通知等。手机100中的SIM卡接口195用于连接SIM卡。SIM卡可以通过插入SIM卡接口195，或从SIM卡接口195拔出，实现和手机100的接触和分离。

[0194] 应理解，在实际应用中，手机100可以包括比图8所示的更多或更少的部件，本申请实施例不作限定。图示手机100仅是一个范例，并且手机100可以具有比图中所示出的更多的或者更少的部件，可以组合两个或更多的部件，或者可以具有不同的部件配置。图中所示出的各种部件可以在包括一个或多个信号处理和/或专用集成电路在内的硬件、软件或硬件和软件的组合中实现。

[0195] 另外，在本申请各个实施例中的各功能单元可以集成在一个处理单元中，也可以是各个单元单独物理存在，也可以两个或两个以上单元集成在一个单元中。上述集成的单元既可以采用硬件的形式实现，也可以采用软件功能单元的形式实现。

[0196] 本申请实施例还提供了一种计算机可读存储介质，所述计算机可读存储介质存储有计算机程序，所述计算机程序被处理器执行时实现可实现上述各个方法实施例中的步骤。

[0197] 本申请实施例提供了一种计算机程序产品，当计算机程序产品在投送端上运行时，使得投送端执行时可实现上述各个方法实施例中的步骤。

[0198] 本申请实施例还提供了一种芯片系统，所述芯片系统包括处理器，所述处理器与存储器耦合，所述处理器执行存储器中存储的计算机程序，以实现上述各个方法实施例中的步骤。

[0199] 所述集成的模块/单元如果以软件功能单元的形式实现并作为独立的产品销售或使用时，可以存储在一个计算机可读取存储介质中。基于这样的理解，本申请实现上述实施例方法中的全部或部分流程，也可以通过计算机程序来指令相关的硬件来完成，所述的计算机程序可存储于一计算机可读存储介质中，该计算机程序在被处理器执行时，可实现上述各个方法实施例的步骤。其中，所述计算机程序包括计算机程序代码，所述计算机程序代码可以为源代码形式、对象代码形式、可

执行文件或某些中间形式等。所述计算机可读存储介质可以包括：能够携带所述计算机程序代码的任何实体或装置、记录介质、U盘、移动硬盘、磁碟、光盘、计算机存储器、只读存储器（Read-Only Memory，ROM）、随机存取存储器（Random Access Memory，RAM）、电载波信号、电信信号以及软件分发介质等。

[0200]　在上述实施例中，对各个实施例的描述都各有侧重，某个实施例中没有详述或记载的部分，可以参见其他实施例的相关描述。

[0201]　本领域普通技术人员可以意识到，结合本文中所公开的实施例描述的各示例的单元及算法步骤，能够以电子硬件或者计算机软件和电子硬件的结合来实现。这些功能究竟以硬件还是软件方式来执行，取决于技术方案的特定应用和设计约束条件。专业技术人员可以对每个特定的应用来使用不同方法来实现所描述的功能，但是这种实现不应认为超出本申请的范围。

[0202]　所述作为分离部件说明的单元可以是或者也可以不是物理上分开的，作为单元显示的部件可以是或者也可以不是物理单元，即可以位于一个地方，或者也可以分布到多个网络单元上。可以根据实际的需要选择其中的部分或者全部单元来实现本实施例方案的目的。

[0203]　以上所述实施例仅用以说明本申请的技术方案，而非对其限制；尽管参照前述实施例对本申请进行了详细的说明，本领域的普通技术人员应当理解：其依然可以对前述各实施例所记载的技术方案进行修改，或者对其中部分技术特征进行等同替换；而这些修改或者替换，并不使对应技术方案的本质脱离本申请各实施例技术方案的精神和范围，均应包含在本申请的保护范围之内。

[0204]　最后应说明的是：以上所述，仅为本申请的具体实施方式，但本申请的保护范围并不局限于此，任何在本申请揭露的技术范围内的变化或替换，都应涵盖在本申请的保护范围之内。因此，本申请的保护范围应以所述权利要求的保护范围为准。

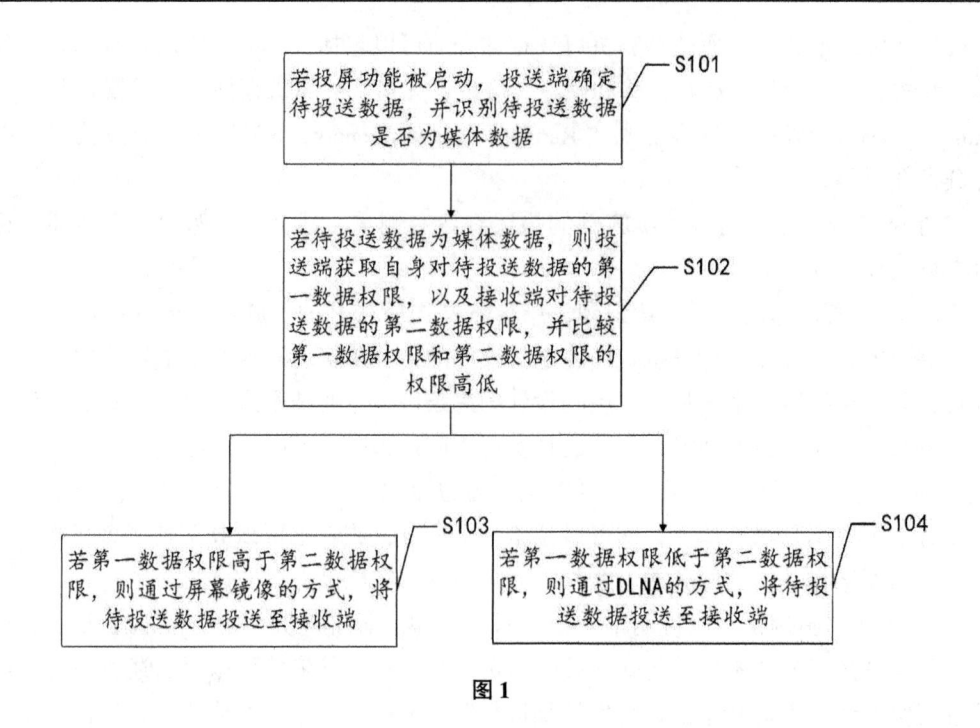

说 明 书 附 图

```
┌─────────────────────────┐
│ 若投屏功能被启动，投送端确定 │─── S101
│ 待投送数据，并识别待投送数据 │
│     是否为媒体数据        │
└─────────────────────────┘
           ↓
┌─────────────────────────┐
│ 若待投送数据为媒体数据，则投 │
│ 送端获取自身对待投送数据的第 │─── S102
│ 一数据权限，以及接收端对待投 │
│ 送数据的第二数据权限，并比较 │
│ 第一数据权限和第二数据权限的 │
│         权限高低          │
└─────────────────────────┘
        ↓           ↓
┌──────────────┐  ┌──────────────┐
│若第一数据权限高于│  │若第一数据权限低于│
│第二数据权限，则通│S103│第二数据权限，则通│S104
│过屏幕镜像的方式，│  │过DLNA的方式，将待│
│将待投送数据投送至│  │投送数据投送至接收│
│    接收端     │  │      端       │
└──────────────┘  └──────────────┘
```

图 1

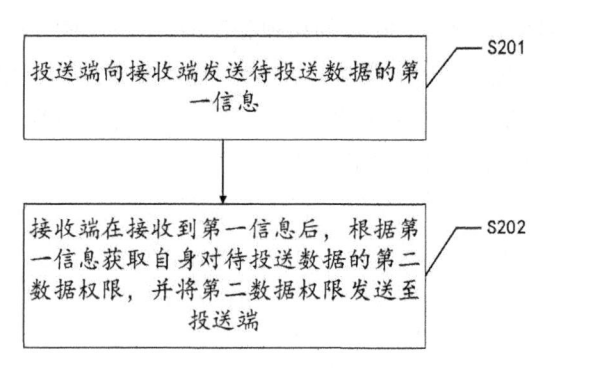

```
┌─────────────────────────┐
│ 投送端向接收端发送待投送数据的│─── S201
│         第一信息          │
└─────────────────────────┘
              ↓
┌─────────────────────────┐
│ 接收端在接收到第一信息后，根据第│
│ 一信息获取自身对待投送数据的第二│─── S202
│ 数据权限，并将第二数据权限发送至│
│         投送端           │
└─────────────────────────┘
```

图 2

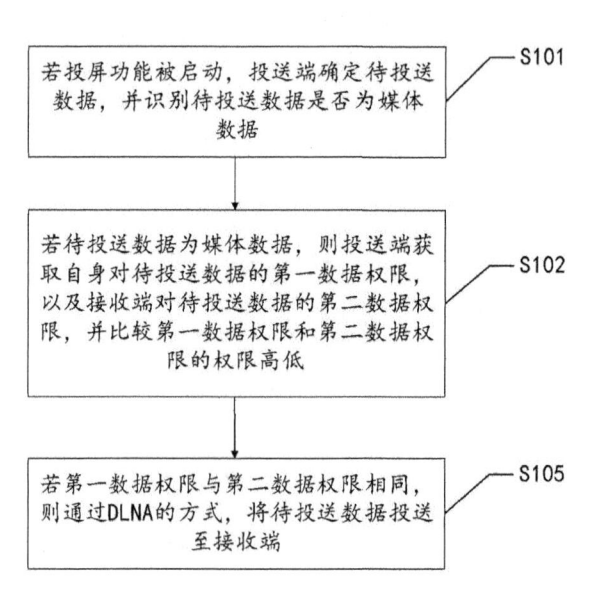

```
┌─────────────────────────┐
│ 若投屏功能被启动，投送端确定待送│─── S101
│ 数据，并识别待投送数据是否为媒体│
│         数据             │
└─────────────────────────┘
              ↓
┌─────────────────────────┐
│ 若待投送数据为媒体数据，则投送端获│
│ 取自身对待投送数据的第一数据权限，│─── S102
│ 以及接收端对待投送数据的第二数据权│
│ 限，并比较第一数据权限和第二数据权│
│         限的权限高低       │
└─────────────────────────┘
              ↓
┌─────────────────────────┐
│ 若第一数据权限与第二数据权限相同，│─── S105
│ 则通过DLNA的方式，将待投送数据投送│
│         至接收端          │
└─────────────────────────┘
```

图 3

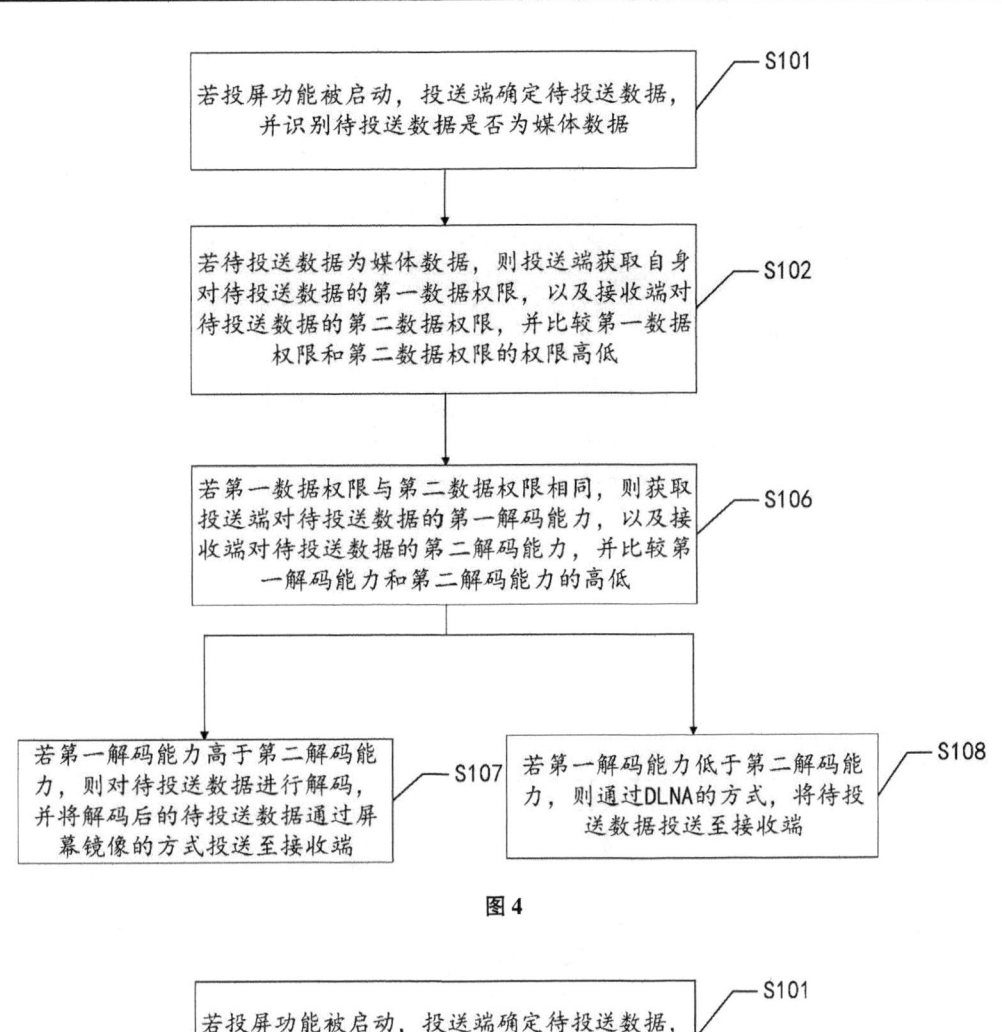

```
┌─────────────────────────────────┐
│ 若投屏功能被启动，投送端确定待投送数据， │──S101
│ 并识别待投送数据是否为媒体数据          │
└─────────────────────────────────┘
              │
              ▼
┌─────────────────────────────────┐
│ 若待投送数据为媒体数据，则投送端获取自身  │
│ 对待投送数据的第一数据权限，以及接收端对  │──S102
│ 待投送数据的第二数据权限，并比较第一数据  │
│ 权限和第二数据权限的权限高低            │
└─────────────────────────────────┘
              │
              ▼
┌─────────────────────────────────┐
│ 若第一数据权限与第二数据权限相同，则获取  │
│ 投送端对待投送数据的第一解码能力，以及接  │──S106
│ 收端对待投送数据的第二解码能力，并比较第  │
│ 一解码能力和第二解码能力的高低          │
└─────────────────────────────────┘
        │                    │
        ▼                    ▼
┌──────────────────┐   ┌──────────────────┐
│若第一解码能力高于第二解码能│   │若第一解码能力低于第二解码能│
│力，则对待投送数据进行解码， │──S107  │力，则通过DLNA的方式，将待投│──S108
│并将解码后的待投送数据通过屏│   │送数据投送至接收端        │
│幕镜像的方式投送至接收端    │   │                   │
└──────────────────┘   └──────────────────┘
```

图 4

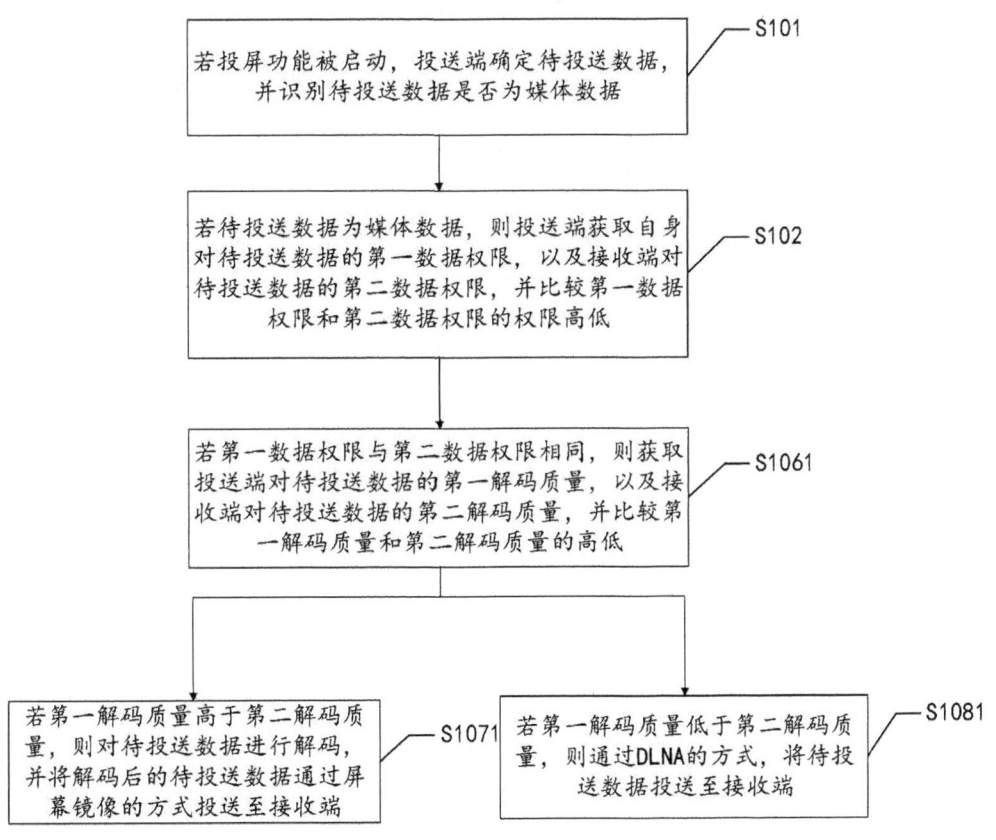

```
┌─────────────────────────────────┐
│ 若投屏功能被启动，投送端确定待投送数据， │──S101
│ 并识别待投送数据是否为媒体数据          │
└─────────────────────────────────┘
              │
              ▼
┌─────────────────────────────────┐
│ 若待投送数据为媒体数据，则投送端获取自身  │
│ 对待投送数据的第一数据权限，以及接收端对  │──S102
│ 待投送数据的第二数据权限，并比较第一数据  │
│ 权限和第二数据权限的权限高低            │
└─────────────────────────────────┘
              │
              ▼
┌─────────────────────────────────┐
│ 若第一数据权限与第二数据权限相同，则获取  │
│ 投送端对待投送数据的第一解码质量，以及接  │──S1061
│ 收端对待投送数据的第二解码质量，并比较第  │
│ 一解码质量和第二解码质量的高低          │
└─────────────────────────────────┘
        │                    │
        ▼                    ▼
┌──────────────────┐   ┌──────────────────┐
│若第一解码质量高于第二解码质│   │若第一解码质量低于第二解码质│
│量，则对待投送数据进行解码， │──S1071 │量，则通过DLNA的方式，将待投│──S1081
│并将解码后的待投送数据通过屏│   │送数据投送至接收端        │
│幕镜像的方式投送至接收端    │   │                   │
└──────────────────┘   └──────────────────┘
```

图 5

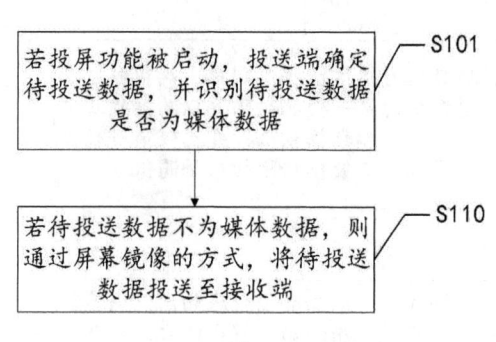

说 明 书 附 图

```
┌─────────────────────────┐
│ 若投屏功能被启动，投送端确定 │──S101
│ 待投送数据，并识别待投送数据 │
│     是否为媒体数据        │
└─────────────────────────┘
            │
            ▼
┌─────────────────────────┐
│ 若待投送数据不为媒体数据，则 │──S110
│ 通过屏幕镜像的方式，将待投送 │
│     数据投送至接收端      │
└─────────────────────────┘
```

图 6

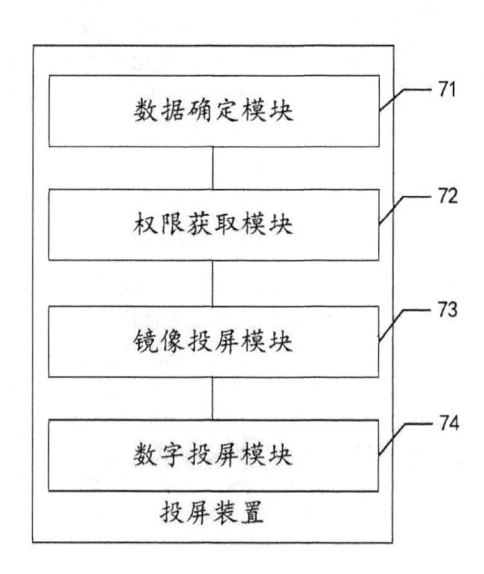

```
┌─────────────────────┐
│  ┌───────────────┐  │
│  │  数据确定模块  │──┼── 71
│  └───────────────┘  │
│         │           │
│  ┌───────────────┐  │
│  │  权限获取模块  │──┼── 72
│  └───────────────┘  │
│         │           │
│  ┌───────────────┐  │
│  │  镜像投屏模块  │──┼── 73
│  └───────────────┘  │
│         │           │
│  ┌───────────────┐  │
│  │  数字投屏模块  │──┼── 74
│  └───────────────┘  │
│      投屏装置        │
└─────────────────────┘
```

图 7

手机100

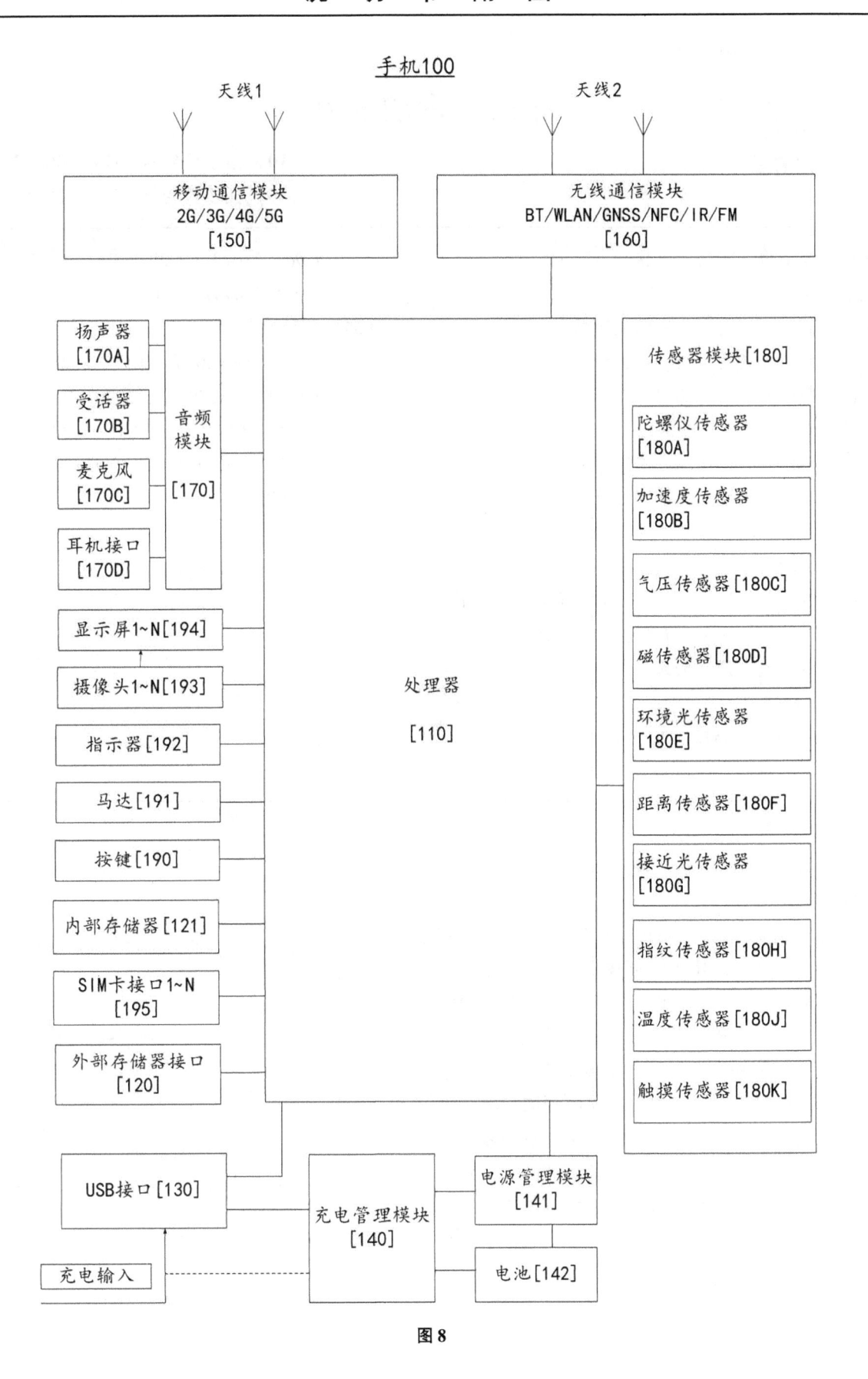

- 天线1 → 移动通信模块 2G/3G/4G/5G [150]
- 天线2 → 无线通信模块 BT/WLAN/GNSS/NFC/IR/FM [160]

音频模块 [170]
- 扬声器 [170A]
- 受话器 [170B]
- 麦克风 [170C]
- 耳机接口 [170D]

- 显示屏1~N [194]
- 摄像头1~N [193]
- 指示器 [192]
- 马达 [191]
- 按键 [190]
- 内部存储器 [121]
- SIM卡接口1~N [195]
- 外部存储器接口 [120]

处理器 [110]

传感器模块 [180]
- 陀螺仪传感器 [180A]
- 加速度传感器 [180B]
- 气压传感器 [180C]
- 磁传感器 [180D]
- 环境光传感器 [180E]
- 距离传感器 [180F]
- 接近光传感器 [180G]
- 指纹传感器 [180H]
- 温度传感器 [180J]
- 触摸传感器 [180K]

- USB接口 [130]
- 充电管理模块 [140]
- 电源管理模块 [141]
- 电池 [142]
- 充电输入

图 8

(19) 国家知识产权局

(12) 发明专利

(10) 授权公告号 CN 114035721 B
(45) 授权公告日 2022.11.08

(21) 申请号 202210012992.4

(22) 申请日 2022.01.07

(65) 同一申请的已公布的文献号
申请公布号 CN 114035721 A

(43) 申请公布日 2022.02.11

(73) 专利权人 荣耀终端有限公司
地址 518040 广东省深圳市福田区香蜜湖街道东海社区红荔西路8089号深业中城6号楼A单元3401

(72) 发明人 聂光　高杨

(74) 专利代理机构 北京同立钧成知识产权代理有限公司 11205
专利代理师 余娜　黄健

(51) Int. Cl.
G06F 3/04812 (2022.01)
G06F 3/04883 (2022.01)
G06F 3/04817 (2022.01)

(56) 对比文件
CN 106980456 A, 2017.07.25
US 2020336650 A1, 2020.10.22
CN 111061445 A, 2020.04.24
CN 113835664 A, 2021.12.24

审查员 李小娅

(54) 发明名称
触控屏显示方法、装置及存储介质

(57) 摘要
本申请实施例提供一种触控屏显示方法、装置及存储介质，应用于终端技术领域，包括：当终端设备处于第一模式时，接收来自触控对象的触发操作；响应于触发操作，终端设备显示处于第二模式下的悬浮光标；当终端设备处于第二模式时，若终端设备在用户界面接收到第二滑动操作，终端设备控制悬浮光标随着第二滑动操作的滑动位置移动，且用户界面中的页面内容不发生改变。这样可以减少终端设备误响应用户的触控操作后显示其他不相关界面的几率，提升了用户的使用体验感。

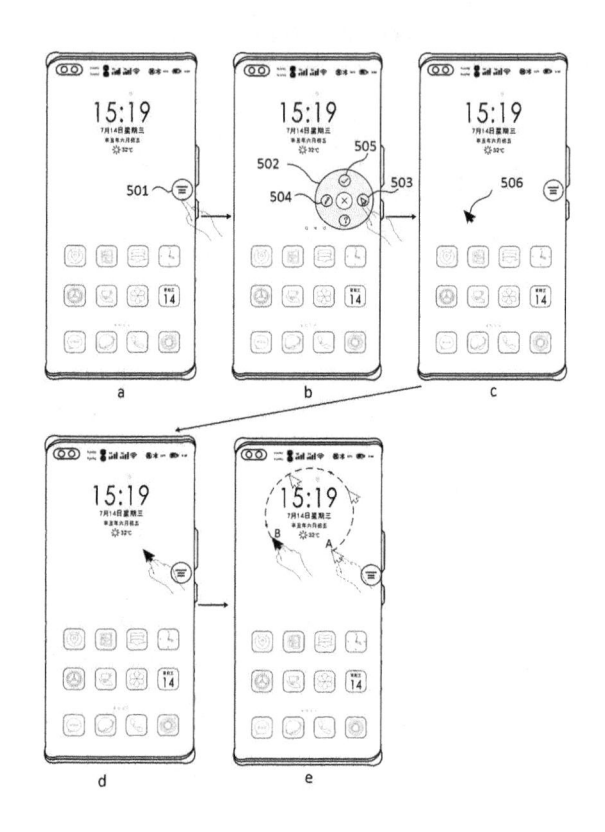

权 利 要 求 书

1. 一种触控屏显示方法，其特征在于，应用于包括触控屏的终端设备，所述方法包括：

所述终端设备与大屏设备建立连接，并将所述触控屏中显示的内容投屏在所述大屏设备；

当所述终端设备处于第一模式时，显示第一用户界面，其中，在所述第一模式下，若所述终端设备在第一用户界面接收到第一滑动操作，则所述终端设备通过执行翻页操作，显示第二用户界面；

所述终端设备接收来自触控对象的触发操作；

响应于所述触发操作，所述终端设备在所述第二用户界面显示处于第二模式下的悬浮光标；

当所述终端设备处于所述第二模式时，若所述终端设备在所述第二用户界面接收到第二滑动操作，则所述终端设备控制所述悬浮光标随着所述第二滑动操作的滑动位置移动，且所述第二用户界面中的页面内容不发生改变；

当所述终端设备处于所述第二模式时，若所述终端设备在所述第二用户界面接收到针对目标控件的点击操作，则所述终端设备将所述悬浮光标移动至所述点击操作在所述触控屏中触发的位置，且所述第二用户界面中的页面内容不发生改变。

2. 根据权利要求1所述的方法，其特征在于，还包括：

当所述终端设备处于所述第一模式时，若所述终端设备在所述用户界面接收到针对目标控件的点击操作，所述终端设备跳转至所述目标控件对应的页面。

3. 根据权利要求1或2所述的方法，其特征在于，所述若所述终端设备在所述用户界面接收到第二滑动操作，所述终端设备控制所述悬浮光标随着所述第二滑动操作的滑动位置移动，包括：

所述终端设备检测到所述触控对象的第一接触事件时，所述终端设备进入第一状态；

在所述终端设备处于第一状态时，若所述终端设备检测到所述触控对象未离开所述触控屏且所述触控对象在所述触控屏中产生位移，所述终端设备进入第二状态；

在所述终端设备处于第二状态时，所述终端设备根据所述触控对象的报点位移控制所述悬浮光标移动。

4. 根据权利要求3所述的方法，其特征在于，所述终端设备根据所述触控对象的报点位移控制所述悬浮光标移动，包括：

所述终端设备将所述触控对象的报点信息转换为坐标信息；

所述终端设备根据所述坐标信息控制所述悬浮光标移动。

5. 根据权利要求4所述的方法，其特征在于，所述终端设备将所述触控对象的报点信息转换为坐标信息，包括：

所述终端设备去除所述报点信息中除所述坐标信息外的其他信息，得到所述坐标信息。

6. 根据权利要求3所述的方法，其特征在于，所述终端设备进入第一状态之后，所述方法还包括：

在所述终端设备处于所述第一状态时，若所述终端设备检测到所述触控对象未在所述触控屏产生位移即离开所述触控屏，所述终端设备进入第三状态；

在所述终端设备处于所述第三状态时，若所述终端设备检测到所述触控对象的第二接触事件，且所述第二接触事件与所述第一接触事件之间的时间间隔小于时间阈值，以及所述第二接触事件与所述第一接触事件各自在所述触控屏所对应位置之间的距离小于距离阈值时，所述终端设备进入第四状态；

在所述终端设备处于所述第四状态时，若所述终端设备检测到所述触控对象在所述触控屏产生位移，所述终端设备所述触控屏产生位移处的显示内容突出显示；或者，若所述终端设备检测到所述触控对象离开所述触控屏，所述终端设备在所述第二接触事件的位置显示焦点光标。

7. 根据权利要求1或2所述的方法，其特征在于，所述当所述终端设备处于第一模式时，接收来自触控对象的触发操作，包括：

当所述终端设备处于所述第一模式时，所述终端设备显示第一界面，所述第一界面包括悬浮按钮；

在接收到对所述悬浮按钮的触发时，所述终端设备在所述第一界面中展开所述悬浮按钮，展开后的悬浮按钮包括与所述第一模式对应的第一控件以及与所述第二模式对应的第二控件；

所述终端设备接收对所述第二控件的触发操作。

8. 根据权利要求1或2所述的方法，其特征在于，所述终端设备显示处于第二模式下的悬浮光标之前，包括：

所述终端设备从所述第一模式切换到所述第二模式。

9. 根据权利要求8所述的方法，其特征在于，所述终端设备从所述第一模式切换到所述第二模式包括：

所述终端设备注册虚拟光标设备；

所述终端设备将处理所述触控屏中产生的事件的模块从手写事件转换模块切换到事件适配加工模块；其中，所述手写事件转换模块用于处理所述触控屏中的手写事件，所述事件适配加工模块用于处理所述触控屏中的光标输入事件。

10. 根据权利要求9所述的方法，其特征在于，所述终端设备注册虚拟光标设备，包括：

所述终端设备创建虚拟的设备标识符；

所述终端设备使用所述虚拟的设备标识符创建虚拟的输入设备；

所述终端设备将所述输入设备设置为触控对象。

11. 根据权利要求9所述的方法，其特征在于，所述终端设备将处理所述触控屏中产生的事件的模块从手写事件转换模块切换到事件适配加工模块，包括：

所述终端设备删除所述手写事件转换模块，以及增加所述事件适配加工模块。

12. 根据权利要求9所述的方法，其特征在于，还包括：

在所述终端设备从所述第二模式切换到所述第一模式时，所述终端设备解注册所述虚拟光标设备。

13. 根据权利要求12所述的方法，其特征在于，所述终端设备解注册所述虚拟光标设备，包括：

所述终端设备删除所述事件适配加工模块，以及增加所述手写事件转换模块。

14. 根据权利要求1或2所述的方法，其特征在于，所述当所述终端设备处于第一模式时，接收来自触控对象的触发操作包括：

当所述终端设备处于所述第一模式时，接收来自手写笔的触发指令；所述触发指令为：所述手写笔的目标按钮接收到用户的单击操作、双击操作或长按操作时产生的，或者，所述手写笔执行预设笔势动作时产生的。

15. 根据权利要求1或2所述的方法，其特征在于，还包括：

当所述终端设备处于所述第二模式时，若接收到所述触控对象的用于向所述第一模式切换的操作，所述终端设备取消所述悬浮光标的显示以及进入所述第一模式；

当所述终端设备处于所述第一模式时，若所述终端设备在所述用户界面接收到滑动操作，则所述终端设备基于所述滑动操作实现下述一项或多项功能：页面翻页、页面滑动、页面上显示滑动轨迹、显示动效或者显示用于删除消息的提示框。

16. 根据权利要求1或2所述的方法，其特征在于，所述终端设备与大屏设备建立连接，包括：

在所述终端设备处于所述第一模式时，所述终端设备与大屏设备建立连接；或者，

在所述终端设备处于所述第二模式时，所述终端设备与大屏设备建立连接。

17. 一种电子设备，其特征在于，包括：处理器和存储器，所述处理器用于调用所述存储器中的程序以使所述电子设备执行权利要求1—16任一项所述的方法。

18. 一种计算机可读存储介质，其特征在于，所述计算机可读存储介质存储有指令，当所述指令被执行时，使得计算机执行如权利要求1—16任一项所述的方法。

说明书

触控屏显示方法、装置及存储介质

技术领域

[0001]　本申请涉及终端技术领域，尤其涉及一种触控屏显示方法、装置及存储介质。

背景技术

[0002]　随着电子技术的发展，配备有触控屏的电子设备被广泛应用于各个领域，用户可以通过触控操作对电子设备进行控制。

[0003]　示例性地，触控操作可以包括点击操作以及滑动操作。例如，执行点击操作时，用户可以使用手指或手写笔点击触控屏上的图标，图标可以包括：应用程序（application，APP）、网址链接或文本文档等，电子设备响应该点击操作可以实现例如打开APP、打开网页或打开文档等。当然，用户还可以对触控屏进行滑动操作以实现屏幕界面翻页或者上下滑动等。

[0004]　但是，在用户在利用电子设备进行演示讲解或投屏的场景中，用户为了向倾听者指出希望关注的内容，可能习惯性地使用手指或手写笔在触控屏中指出该内容的具体位置，例如，用户可能会点击触控屏的某位置，或在触控屏的某区域中滑动，该操作可能会导致终端设备检测到触发操作而执行界面跳转等，从而导致演示讲解中断，不利于演示者的使用，同时降低了倾听者的观看体验。

发明内容

[0005]　本申请实施例提供一种触控屏显示方法、装置及存储介质，终端设备中设置第二模式，第二模式中触控屏可以显示悬浮光标，悬浮光标可以随着触控屏中的滑动操作而移动，且移动时终端设备的触控屏中页面内容不发生改变，这样可以减少终端设备误响应用户的触控操作后显示其他不相关界面的几率，提升了用户的使用体验感。

[0006]　第一方面，本申请实施例提供一种触控屏显示方法，包括：当终端设备处于第一模式时，接收来自触控对象的触发操作；其中，在第一模式下，若终端设备在用户界面接收到第一滑动操作，则用户界面的页面内容随着第一滑动操作发生改变；响应于触发操作，终端设备显示处于第二模式下的悬浮光标；当终端设备处于第二模式时，若终端设备在用户界面接收到第二滑动操作，终端设备控制悬浮光标随着第二滑动操作的滑动位置移动，且用户界面中的页面内容不发生改变。这种实现方式中，终端设备中设置第一模式与第二模式，用户可基于第一模式正常操控终端设备，终端设备处于第二模式时，悬浮光标可减少终端设备误响应触控操作后显示其他不相关界面的几率，提升了用户的使用体验感。

[0007]　需要说明的是，本申请实施例为便于描述采用手写模式（也称为第一模式）和光标模式（也称为第二模式）进行示例说明，实际实现中，终端设备中不必须以该两种模式限定。

[0008]　例如，终端设备处于手写模式，可以理解终端设备执行手写功能，在触控屏中接收到触控操作时，终端设备可以基于触控操作改变用户界面中显示的内容。例如，当终端设备接收到手写笔或手指在屏幕中的滑动操作时，终端设备可以实现页面翻页、页面滑动、页面上显示滑动轨迹、显示动效或者显示用于删除消息的提示框等；当终端设备接收到手写笔或手指在屏幕中的点击操作时，终端设备可以实现向控件对应的页面的跳转等。

[0009]　终端设备处于光标模式，可以理解为终端设备类似于接收到鼠标的操作时执行的功能。在触控屏中接收到触控操作时，终端设备可以基于触控操作改变悬浮光标的位置，而不改变用户界面中显示的内容。例如，终端设备处于光标模式时，可以在屏幕显示悬浮光标，终端设备的触控屏接收到手写笔或手指的滑动操作时，终端设备可以控制悬浮光标随着滑动操作移动；当终端设备接收到手写笔或手指在屏幕中的点击操作时，终端设备可以实现将悬浮光标移动至点击操作所处的位

置等。

[0010] 在一种可能的实现方式中，当终端设备处于第一模式时，若终端设备在用户界面接收到针对目标控件的点击操作，终端设备跳转至目标控件对应的页面；和/或，当终端设备处于第二模式时，若终端设备在用户界面接收到针对目标控件的点击操作，终端设备将悬浮光标移动至点击操作在触控屏中触发的位置。这样，终端设备中设置第一模式与第二模式，用户可基于第一模式正常操控终端设备，终端设备处于第二模式时，悬浮光标可减少终端设备误响应触控操作后显示其他不相关界面的几率，提升了用户的使用体验感。

[0011] 在一种可能的实现方式中，若终端设备在用户界面接收到第二滑动操作，终端设备控制悬浮光标随着第二滑动操作的滑动位置移动，包括：终端设备检测到触控对象的第一接触事件时，终端设备进入第一状态；在终端设备处于第一状态时，若终端设备检测到触控对象未离开触控屏且触控对象在触控屏中产生位移，终端设备进入第二状态；在终端设备处于第二状态时，终端设备根据触控对象的报点位移控制悬浮光标移动。这样，在第二模式下，用户可基于第一接触事件进入第一状态与第二状态，并在第二状态下实现悬浮光标的移动，提升用户体验。

[0012] 在一种可能的实现方式中，终端设备根据触控对象的报点位移控制悬浮光标移动，包括：终端设备将触控对象的报点信息转换为坐标信息；终端设备根据坐标信息控制悬浮光标移动。这样，通过坐标信息精确定位悬浮光标的位置，实现终端设备对悬浮光标移动的精确控制，提升用户体验。

[0013] 需要说明的是，本申请对终端设备根据坐标信息控制悬浮光标移动的具体方式不做限制。在一种可能的实现方式中，坐标信息为位移信息，终端设备可基于位移信息计算光标实际位置后，在光标实际位置绘制光标。在另一种可能的实现方式中，坐标信息为真实的坐标信息，即终端设备可基于坐标信息定位到具体的光标实际位置，并在该位置绘制光标。从而实现悬浮光标随触控对象的报点位移控制悬浮光标移动。

[0014] 在一种可能的实现方式中，终端设备将触控对象的报点信息转换为坐标信息，包括：终端设备去除报点信息中除坐标信息外的其他信息，得到坐标信息。这样，终端设备可得到坐标信息，以使终端设备根据坐标信息精确定位悬浮光标的位置，实现终端设备对悬浮光标移动的精确控制，提升用户体验。

[0015] 在一种可能的实现方式中，在终端设备处于第一状态时，若终端设备检测到触控对象未在触控屏产生位移即离开触控屏，终端设备进入第三状态；在终端设备处于第三状态时，若终端设备检测到触控对象的第二接触事件，且第二接触事件与第一接触事件之间的时间间隔小于时间阈值，以及第二接触事件与第一接触事件各自在触控屏所对应位置之间的距离小于距离阈值时，终端设备进入第四状态；在终端设备处于第四状态时，若终端设备检测到触控对象在触控屏产生位移，终端设备触控屏产生位移处的显示内容突出显示；或者，若终端设备检测到触控对象离开触控屏，终端设备在第二接触事件的位置显示焦点光标。这样，终端设备处于第二模式时，还可以通过触控对象的双击以及双击滑动操作模拟鼠标的单击以及左键拖拽行为，丰富了第二模式下光标的应用形式，提升了用户体验。

[0016] 在一种可能的实现方式中，当终端设备处于第一模式时，接收来自触控对象的触发操作，包括：当终端设备处于第一模式时，终端设备显示第一界面，第一界面包括悬浮按钮；在接收到对悬浮按钮的触发时，终端设备在第一界面中展开悬浮按钮，展开后的悬浮按钮包括与第一模式对应的第一控件以及与第二模式对应的第二控件；终端设备接收对第二控件的触发操作。这样，可通过悬浮按钮将终端设备简便快速地切换至第二模式，缩短了模式切换的时间，提升用户使用体验。

[0017] 在一种可能的实现方式中，终端设备显示处于第二模式下的悬浮光标之前，包括：终端设备从第一模式切换到第二模式。这样，终端设备可实现第一模式与第二模式之间的切换，提升用户体验。

[0018] 在一种可能的实现方式中，终端设备从第一模式切换到第二模式，包括：终端设备注册

虚拟光标设备；终端设备将处理触控屏中产生的事件的模块从手写事件转换模块切换到事件适配加工模块；其中，手写事件转换模块用于处理触控屏中的手写事件，事件适配加工模块用于处理触控屏中的光标输入事件。这样，在软件层面设置虚拟光标设备并切换事件适配加工模块，在第一模式向第二模式切换时不依赖硬件实现，也不会触发底层设备的重新连接以及设备节点的变化，提升用户体验。

[0019] 在一种可能的实现方式中，终端设备注册虚拟光标设备，包括：终端设备创建虚拟的设备标识符；终端设备使用虚拟的设备标识符创建虚拟的输入设备；终端设备将输入设备设置为触控对象。这样，在软件层面设置虚拟光标设备，以使终端设备在从第一模式向第二模式切换时不依赖硬件实现，也不会触发底层设备的重新连接以及设备节点的变化，提升用户体验。

[0020] 在一种可能的实现方式中，终端设备将处理触控屏中产生的事件的模块从手写事件转换模块切换到事件适配加工模块，包括：终端设备删除手写事件转换模块，以及增加事件适配加工模块。这样，终端设备在处理触控屏中产生的光标事件时，终端设备中保留一个使用中的事件适配加工模块，并删除未使用的手写事件转换模块，减少了终端设备的内存。

[0021] 在一种可能的实现方式中，在终端设备从第二模式切换到第一模式时，终端设备解注册虚拟光标设备。这样，终端设备可根据用户需求实现从第二模式切换回第一模式，提升用户体验。

[0022] 在一种可能的实现方式中，终端设备解注册虚拟光标设备，包括：终端设备删除事件适配加工模块，以及增加手写事件转换模块。这样，终端设备在处理触控屏中产生的手写事件时，终端设备中保留一个使用中的手写事件转换模块，并删除未使用的事件适配加工模块，减少了终端设备的内存。

[0023] 在一种可能的实现方式中，当终端设备处于第一模式时，接收来自触控对象的触发操作包括：当终端设备处于第一模式时，接收来自手写笔的触发指令；触发指令为：手写笔的目标按钮接收到用户的单击操作、双击操作或长按操作时产生的，或者，手写笔执行预设笔势动作时产生的。这样，当触控对象为手写笔时，用户可基于手写笔快速、便捷地由第一模式切换至第二模式，提升用户体验。

[0024] 在一种可能的实现方式中，当终端设备处于第二模式时，若接收到触控对象的用于向第一模式切换的操作，终端设备取消悬浮光标的显示以及进入第一模式；当终端设备处于第一模式时，若终端设备在用户界面接收到滑动操作，则终端设备基于滑动操作实现下述一项或多项功能：页面翻页、页面滑动、页面上显示滑动轨迹、显示动效或者显示用于删除消息的提示框。这样，终端设备可根据用户需求实现从第二模式切换至第一模式，提升用户体验。

[0025] 在一种可能的实现方式中，在终端设备处于第二模式时，终端设备与大屏设备建立连接，以及将终端设备中显示的内容投屏在大屏设备；或者，在终端设备与大屏设备建立连接后，终端设备进入第二模式，以及将终端设备中显示的内容投屏在大屏设备。这样，终端设备可与大屏设备连接后，用户基于终端设备第二模式进行触控操作，大屏设备可展示终端设备的显示界面，提升用户体验。

[0026] 第二方面，本申请实施例提供一种触控屏显示装置，该触控屏显示装置可以是终端设备，也可以是终端设备内的芯片或者芯片系统。该触控屏显示装置可以包括通信单元、显示单元和处理单元。当该触控屏显示装置是终端设备时，该处显示单元可以是触控屏。该显示单元用于执行显示的步骤，以使该终端设备实现第一方面或第一方面的任意一种可能的实现方式中描述的一种触控屏显示方法。当该触控屏显示装置是终端设备时，该处理单元可以是处理器。该触控屏显示装置还可以包括存储单元，该存储单元可以是存储器。该存储单元用于存储指令，该处理单元执行该存储单元所存储的指令，以使该终端设备实现第一方面或第一方面的任意一种可能的实现方式中描述的一种触控屏显示方法。当该触控屏显示装置是终端设备内的芯片或者芯片系统时，该处理单元可以是处理器。该处理单元执行存储单元所存储的指令，以使该终端设备实现第一方面或第一方面的任意一种可能的实现方式中描述的一种触控屏显示方法。该存储单元可以是该芯片内的存储单元（例

如，寄存器、缓存等），也可以是该终端设备内的位于该芯片外部的存储单元（例如，只读存储器、随机存取存储器等）。

[0027] 示例性地，处理器，用于获取用户相关的触控屏显示信息，并在满足条件时，推送至触控屏；触控屏，用于接收触控对象的触控操作以及显示用户页面。

[0028] 在一种可能的实现方式中，当终端设备处于第一模式时，触控屏接收来自触控对象的触发操作；其中，在第一模式下，若触控屏接收到第一滑动操作，处理器控制用户显示页面内容随着第一滑动操作发生改变；响应于触发操作，触控屏显示处于第二模式下的悬浮光标；当终端设备处于第二模式时，若触控屏在用户界面接收到第二滑动操作，处理器控制悬浮光标随着第二滑动操作的滑动位置移动，且触控屏显示的用户界面中的页面内容不发生改变。

[0029] 在一种可能的实现方式中，当终端设备处于第一模式时，若触控屏接收到针对目标控件的点击操作，终端设备跳转至目标控件对应的页面；和/或，当终端设备处于第二模式时，若触控屏接收到针对目标控件的点击操作，处理器将悬浮光标移动至点击操作在触控屏中触发的位置。

[0030] 在一种可能的实现方式中，若触控屏接收到第二滑动操作，处理器控制悬浮光标随着第二滑动操作的滑动位置移动，包括：处理器检测到触控对象的第一接触事件时，终端设备进入第一状态；在终端设备处于第一状态时，若处理器检测到触控对象未离开触控屏且触控对象在触控屏中产生位移，终端设备进入第二状态；在终端设备处于第二状态时，处理器根据触控对象的报点位移控制触控屏中悬浮光标移动。

[0031] 在一种可能的实现方式中，处理器根据触控对象的报点位移控制触控屏中悬浮光标移动，包括：处理器将触控对象的报点信息转换为坐标信息；处理器根据坐标信息控制触控屏中悬浮光标移动。

[0032] 在一种可能的实现方式中，处理器将触控对象的报点信息转换为坐标信息，包括：处理器去除报点信息中除坐标信息外的其他信息，得到坐标信息。

[0033] 在一种可能的实现方式中，终端设备进入第一状态之后，在终端设备处于第一状态时，若处理器检测到触控对象未在触控屏产生位移即离开触控屏，终端设备进入第三状态；在终端设备处于第三状态时，若处理器检测到触控对象的第二接触事件，且第二接触事件与第一接触事件之间的时间间隔小于时间阈值，以及第二接触事件与第一接触事件各自在触控屏所对应位置之间的距离小于距离阈值时，终端设备进入第四状态；在终端设备处于第四状态时，若处理器检测到触控对象在触控屏产生位移，触控屏产生位移处的显示内容突出显示；或者，若处理器检测到触控对象离开触控屏，触控屏在第二接触事件的位置显示焦点光标。

[0034] 在一种可能的实现方式中，当终端设备处于第一模式时，触控屏接收来自触控对象的触发操作，包括：当终端设备处于第一模式时，触控屏显示第一界面，第一界面包括悬浮按钮；在接收到对悬浮按钮的触发时，触控屏在第一界面中展开悬浮按钮，展开后的悬浮按钮包括与第一模式对应的第一控件以及与第二模式对应的第二控件；触控屏接收对第二控件的触发操作。

[0035] 在一种可能的实现方式中，触控屏显示处于第二模式下的悬浮光标之前，包括：终端设备从第一模式切换到第二模式。

[0036] 在一种可能的实现方式中，终端设备从第一模式切换到第二模式，包括：处理器注册虚拟光标设备；处理器将处理触控屏中产生的事件的模块从手写事件转换模块切换到事件适配加工模块；其中，手写事件转换模块用于处理触控屏中的手写事件，事件适配加工模块用于处理触控屏中的光标输入事件。

[0037] 在一种可能的实现方式中，处理器注册虚拟光标设备，包括：处理器创建虚拟的设备标识符；处理器使用虚拟的设备标识符创建虚拟的输入设备；处理器将输入设备设置为触控对象。

[0038] 在一种可能的实现方式中，处理器将处理触控屏中产生的事件的模块从手写事件转换模块切换到事件适配加工模块，包括：处理器删除手写事件转换模块，以及增加事件适配加工模块。

[0039] 在一种可能的实现方式中，在终端设备从第二模式切换到第一模式时，处理器解注册虚

拟光标设备。

[0040] 在一种可能的实现方式中,处理器解注册虚拟光标设备,包括:处理器删除事件适配加工模块,以及增加手写事件转换模块。

[0041] 在一种可能的实现方式中,当终端设备处于第一模式时,接收来自触控对象的触发操作包括:当终端设备处于第一模式时,接口电路接收来自手写笔的触发指令;触发指令为:手写笔的目标按钮接收到用户的单击操作、双击操作或长按操作时产生的,或者,手写笔执行预设笔势动作时产生的。

[0042] 在一种可能的实现方式中,当终端设备处于第二模式时,若触控屏接收到触控对象的用于向第一模式切换的操作,触控屏取消悬浮光标的显示以及进入第一模式;当终端设备处于第一模式时,若触控屏在用户界面接收到滑动操作,则处理器基于滑动操作实现下述一项或多项功能:页面翻页、页面滑动、页面上显示滑动轨迹、显示动效或者显示用于删除消息的提示框。

[0043] 在一种可能的实现方式中,在终端设备处于第二模式时,接口电路与大屏设备建立连接,以及将触控屏中显示的内容投屏在大屏设备;或者,在接口电路与大屏设备建立连接后,终端设备进入第二模式,以及将触控屏中显示的内容投屏在大屏设备。

[0044] 第三方面,本申请实施例提供一种电子设备,包括:处理器和存储器,处理器用于调用存储器中的程序以使终端设备执行用于执行第一方面或第一方面任意可能的实现方式的任一方法。

[0045] 第四方面,本申请实施例提供一种电子设备,包括:处理器、触控屏和接口电路,接口电路用于与其他装置通信;触控屏用于接收触控对象的触控操作以及执行显示的步骤;处理器用于运行代码指令,以实现第一方面或第一方面任意可能的实现方式的任一方法。

[0046] 第五方面,本申请实施例提供一种计算机可读存储介质,该计算机可读存储介质存储有指令,当指令被执行时,以实现第一方面或第一方面任意可能的实现方式的任一方法。

[0047] 第六方面,本申请实施例提供一种包括计算机程序的计算机程序产品,当计算机程序在计算机上运行时,使得计算机执行第一方面或第一方面的任意一种可能的实现方式中描述的方法。

[0048] 应当理解的是,本申请的第二方面至第六方面与本申请的第一方面的技术方案相对应,各方面及对应的可行实施方式所取得的有益效果相似,不再赘述。

附图说明

[0049] 图1为可能的实现中触控屏的一种场景示意图;

[0050] 图2为可能的实现中触控屏的一种场景示意图;

[0051] 图3为本申请实施例提供的终端设备100的结构示意图;

[0052] 图4为本申请实施例提供的终端设备100的软件结构示意图;

[0053] 图5为本申请实施例提供的一种进入光标模式的界面示意图;

[0054] 图6为本申请实施例提供的一种进入光标模式的界面示意图;

[0055] 图7为本申请实施例提供的一种处于光标模式的界面示意图;

[0056] 图8为本申请实施例提供的一种投屏时光标模式的界面示意图;

[0057] 图9为本申请实施例提供的一种手写模式的界面示意图;

[0058] 图10为本申请实施例提供的一种触控屏显示方法的流程示意图;

[0059] 图11为本申请实施例提供的一种终端设备内部交互示意图;

[0060] 图12为本申请实施例提供的一种光标输入事件的处理流程示意图;

[0061] 图13为本申请实施例提供的一种触控屏显示装置的结构示意图。

具体实施方式

[0062] 在本申请的实施例中,采用了"第一"、"第二"等字样对功能和作用基本相同的相同项或相似项进行区分。例如,第一芯片和第二芯片仅仅是为了区分不同的芯片,并不对其先后顺序进

行限定。本领域技术人员可以理解"第一"、"第二"等字样并不对数量和执行次序进行限定，并且"第一"、"第二"等字样也并不限定一定不同。

[0063] 需要说明的是，本申请实施例中，"示例性地"或者"例如"等词用于表示作例子、例证或说明。本申请中被描述为"示例性地"或者"例如"的任何实施例或设计方案不应被解释为比其他实施例或设计方案更优选或更具优势。确切而言，使用"示例性地"或者"例如"等词旨在以具体方式呈现相关概念。

[0064] 本申请实施例中，"至少一个"是指一个或者多个，"多个"是指两个或两个以上。"和/或"，描述关联对象的关联关系，表示可以存在三种关系，例如，A和/或B，可以表示：单独存在A，同时存在A和B，单独存在B的情况，其中A，B可以是单数或者复数。字符"/"一般表示前后关联对象是一种"或"的关系。"以下至少一项（个）"或其类似表达，是指的这些项中的任意组合，包括单项（个）或复数项（个）的任意组合。例如，a、b或c中的至少一项（个），可以表示：a、b、c、a-b、a-c、b-c或a-b-c，其中a、b、c可以是单个，也可以是多个。

[0065] 操作方便的触控屏被广泛应用于各个领域，手机、电脑和车载终端等电子设备中通常配置有触控屏，用户通过触控操作实现对电子设备的控制。触控操作可以包括点击操作以及滑动操作。用户可以使用手指或手写笔点击触控屏上的图标，图标可以包括：APP、网址链接或文本文档等，电子设备响应该点击操作可以实现例如打开APP、打开网页或打开文档等。用户还可以对触控屏进行滑动操作以实现屏幕界面翻页或者上下滑动等。

[0066] 但是，在用户利用电子设备进行演示讲解或投屏的场景中，用户为了向倾听者指出希望关注的内容，可能习惯性地使用手指或手写笔在触控屏中指出该内容的具体位置。例如，用户可能会点击触控屏的某位置，或在触控屏的某区域中滑动，该操作可能会导致终端设备检测到触发操作而执行界面跳转等，从而导致演示讲解中断。

[0067] 示例性地，如图1所示，在使用配置有触控屏的电子设备进行线上教学的过程中，用户讲解到"生活中常见的形状包括圆形、长方形、正方形……"念到"正方形"时，用户希望向倾听者指出哪个形状是正方形，这时，手写笔或手指可能误点击了正方形图标的链接101，电子终端响应了该次点击操作，导致触控屏从显示的"常见形状"界面变成了"正方形性质"的界面，中断了用户的讲课过程。

[0068] 示例性地，如图2所示，用户正基于"正方形性质"界面的性质2进行朗读，并根据朗读的内容使用手写笔在触控屏上进行滑动，以向倾听者指出正在讲解的相关文字，此时手写笔的滑动操作被终端设备响应为"翻到下一页"，触控屏由显示当前的"正方形性质"界面变成了显示下一页的"三角形性质"界面，中断了用户的讲课过程。因此，点击触摸与滑动触摸在当前的演示场景中，可能出现电子设备响应对应触控操作，误唤醒其他界面的情况，从而中断用户的讲解过程，降低了用户与倾听者的使用体验。

[0069] 有鉴于此，本申请实施例提出了一种触控屏显示方法，该方法在终端设备中设置了光标模式，以减少终端设备误响应用户的触控操作、触控屏显示其他不相关界面的几率。可选地，当终端设备处于光标模式时，触控屏上出现悬浮状态的光标指针，用户的手指或手写笔可模拟鼠标，对触控屏进行触控操作。触控屏接收到用户的单次点击以及滑动操作后，终端设备执行光标事件处理流程，将悬浮光标移动到触控屏的相应位置，从而实现用户在演示场景中向倾听者指出重点关注内容的作用。

[0070] 电子设备包括终端设备，终端设备也可以称为终端（terminal）、用户设备（user equipment，UE）、移动台（mobile station，MS）、移动终端（mobile terminal，MT）等。终端设备可以是手机（mobile phone）、智能电视、穿戴式设备、平板电脑（Pad）、带无线收发功能的电脑、虚拟现实（virtual reality，VR）终端设备、增强现实（augmented reality，AR）终端设备、工业控制（industrial control）中的无线终端、无人驾驶（self-driving）中的无线终端、远程手术（remote medical surgery）中的无线终端、智能电网（smartgrid）中的无线终端、运输安全（transportation safety）中的无线终

端、智慧城市（smart city）中的无线终端、智慧家庭（smart home）中的无线终端等等。本申请的实施例对终端设备所采用的具体技术和具体设备形态不作限定。

[0071] 为了能够更好地理解本申请实施例，下面对本申请实施例的终端设备的结构进行介绍：

[0072] 图3示出了终端设备100的结构示意图。终端设备100可以包括处理器110、外部存储器接口120、内部存储器121、通用串行总线（universal serial bus，USB）接口130、充电管理模块140、电源管理模块141、电池142、天线1、天线2、移动通信模块150、无线通信模块160、音频模块170、扬声器170A、受话器170B、麦克风170C、耳机接口170D、传感器模块180、按键190、马达191、指示器192、摄像头193、显示屏194，以及用户标识模块（subscriber identification module，SIM）卡接口195等。

[0073] 其中，传感器模块180可以包括压力传感器180A、陀螺仪传感器180B、气压传感器180C、磁传感器180D、加速度传感器180E、距离传感器180F、接近光传感器180G、指纹传感器180H、温度传感器180J、触摸传感器180K、环境光传感器180L、骨传导传感器180M等。

[0074] 可以理解的是，本申请实施例示意的结构并不构成对终端设备100的具体限定。在本申请另一些实施例中，终端设备100可以包括比图示更多或更少的部件，或者组合某些部件，或者拆分某些部件，或者不同的部件布置。图示的部件可以以硬件、软件或软件和硬件的组合实现。

[0075] 处理器110可以包括一个或多个处理单元，例如：处理器110可以包括应用处理器（application processor，AP）、调制解调处理器、图形处理器（graphics processing unit，GPU）、图像信号处理器（image signal processor，ISP）、控制器、视频编解码器、数字信号处理器（digital signal processor，DSP）、基带处理器，和/或神经网络处理器（neural-network processing unit，NPU）等。其中，不同的处理单元可以是独立的器件，也可以集成在一个或多个处理器中。

[0076] 控制器可以根据指令操作码和时序信号，产生操作控制信号，完成取指令和执行指令的控制。

[0077] 处理器110中还可以设置存储器，用于存储指令和数据。在一些实施例中，处理器110中的存储器为高速缓冲存储器。该存储器可以保存处理器110刚用过或循环使用的指令或数据。如果处理器110需要再次使用该指令或数据，可从存储器中调用，避免了重复存取，减少了处理器110的等待时间，因而提高了系统的效率。

[0078] 在一些实施例中，处理器110可以包括一个或多个接口。接口可以包括集成电路（inter-integrated circuit，I2C）接口、集成电路内置音频（inter-integrated circuit sound，I2S）接口、脉冲编码调制（pulse code modulation，PCM）接口、通用异步收发传输器（universal asynchronous receiver/transmitter，UART）接口、移动产业处理器接口（mobile industry processor interface，MIPI）、通用输入输出（general-purpose input/output，GPIO）接口、用户标识模块（subscriber identity module，SIM）接口，和/或通用串行总线（universal serial bus，USB）接口等。

[0079] 可以理解的是，本申请实施例示意的各模块间的接口连接关系，是示意性说明，并不构成对终端设备100的结构限定。在本申请另一些实施例中，终端设备100也可以采用上述实施例中不同的接口连接方式，或多种接口连接方式的组合。

[0080] 充电管理模块140用于从充电器接收充电输入。其中，充电器可以是无线充电器，也可以是有线充电器。在一些有线充电的实施例中，充电管理模块140可以通过USB接口130接收有线充电器的充电输入。在一些无线充电的实施例中，充电管理模块140可以通过终端设备100的无线充电线圈接收无线充电输入。充电管理模块140为电池142充电的同时，还可以通过电源管理模块141为终端设备供电。

[0081] 电源管理模块141用于连接电池142，充电管理模块140与处理器110。电源管理模块141接收电池142和/或充电管理模块140的输入，为处理器110、内部存储器121、显示屏194、摄像头193和无线通信模块160等供电。电源管理模块141还可以用于监测电池容量，电池循环次数、电池健康状态（漏电、阻抗）等参数。在其他一些实施例中，电源管理模块141也可以设置于处理

器110中。在另一些实施例中，电源管理模块141和充电管理模块140也可以设置于同一个器件中。

[0082] 终端设备100的无线通信功能可以通过天线1、天线2、移动通信模块150、无线通信模块160、调制解调处理器以及基带处理器等实现。

[0083] 天线1和天线2用于发射和接收电磁波信号。终端设备100中的天线可用于覆盖单个或多个通信频带。不同的天线还可以复用，以提高天线的利用率。例如：可以将天线1复用为无线局域网的分集天线。在另外一些实施例中，天线可以和调谐开关结合使用。

[0084] 移动通信模块150可以提供应用在终端设备100上的包括2G/3G/4G/5G等无线通信的解决方案。移动通信模块150可以包括至少一个滤波器、开关、功率放大器、低噪声放大器（low noise amplifier，LNA）等。移动通信模块150可以由天线1接收电磁波，并对接收的电磁波进行滤波、放大等处理，传送至调制解调处理器进行解调。移动通信模块150还可以对经调制解调处理器调制后的信号放大，经天线1转为电磁波辐射出去。在一些实施例中，移动通信模块150的至少部分功能模块可以被设置于处理器110中。在一些实施例中，移动通信模块150的至少部分功能模块可以与处理器110的至少部分模块被设置在同一个器件中。

[0085] 调制解调处理器可以包括调制器和解调器。其中，调制器用于将待发送的低频基带信号调制成中高频信号。解调器用于将接收的电磁波信号解调为低频基带信号。随后解调器将解调得到的低频基带信号传送至基带处理器处理。低频基带信号经基带处理器处理后，被传递给应用处理器。应用处理器通过音频设备（不限于扬声器170A、受话器170B等）输出声音信号，或通过显示屏194显示图像或视频。在一些实施例中，调制解调处理器可以是独立的器件。在另一些实施例中，调制解调处理器可以独立于处理器110，与移动通信模块150或其他功能模块设置在同一个器件中。

[0086] 无线通信模块160可以提供应用在终端设备100上的包括无线局域网（wirelesslocal area networks，WLAN）[如无线保真（wireless fidelity，Wi-Fi）网络]、蓝牙（bluetooth，BT）、全球导航卫星系统（global navigation satellite system，GNSS）、调频（frequency modulation，FM）、近距离无线通信技术（near field communication，NFC）、红外技术（infrared，IR）等无线通信的解决方案。无线通信模块160可以是集成至少一个通信处理模块的一个或多个器件。无线通信模块160经由天线2接收电磁波，将电磁波信号调频以及滤波处理，将处理后的信号发送到处理器110。无线通信模块160还可以从处理器110接收待发送的信号，对其进行调频，放大，经天线2转为电磁波辐射出去。

[0087] 在一些实施例中，终端设备100的天线1和移动通信模块150耦合，天线2和无线通信模块160耦合，使得终端设备100可以通过无线通信技术与网络以及其他设备通信。无线通信技术可以包括全球移动通信系统（global system for mobile communications，GSM）、通用分组无线服务（general packet radio service，GPRS）、码分多址接入（code division multiple access，CDMA）、宽带码分多址（wideband code division multiple access，WCDMA）、时分码分多址（time-division code division multiple access，TD-SCDMA）、长期演进（long term evolution，LTE）、BT、GNSS、WLAN、NFC、FM和/或IR技术等。GNSS可以包括全球卫星定位系统（global positioning system，GPS）、全球导航卫星系统（global navigation satellite system，GLONASS）、北斗卫星导航系统（beidou navigation satellite system，BDS）、准天顶卫星系统（quasi-zenith satellite system，QZSS）和/或星基增强系统（satellite based augmentation systems，SBAS）。

[0088] 终端设备100通过GPU、显示屏194，以及应用处理器等实现显示功能。GPU为图像处理的微处理器，连接显示屏194和应用处理器。GPU用于执行数学和几何计算，用于图形渲染。处理器110可包括一个或多个GPU，其执行程序指令以生成或改变显示信息。

[0089] 显示屏194用于显示图像、视频等。显示屏194包括显示面板。显示面板可以采用液晶显示屏（liquid crystal display，LCD）、有机发光二极管（organic light-emitting diode，OLED）、有源矩阵有机发光二极体或主动矩阵有机发光二极体（active-matrix organic light emitting diode，

AMOLED)、柔性发光二极管（flex light-emitting diode，FLED）、MiniLEd、MicroLEd、Micro-OLEd、量子点发光二极管（quantum dot light emitting diodes，QLED）等。在一些实施例中，终端设备100可以包括1个或N个显示屏194，N为大于1的正整数。

[0090] 终端设备100可以通过ISP、摄像头193、视频编解码器、GPU、显示屏194以及应用处理器等实现拍摄功能。

[0091] ISP用于处理摄像头193反馈的数据。例如，拍照时，打开快门，光线通过镜头被传递到摄像头感光元件上，光信号转换为电信号，摄像头感光元件将电信号传递给ISP处理，转化为肉眼可见的图像。ISP还可以对图像的噪点、亮度、肤色进行算法优化。ISP还可以对拍摄场景的曝光、色温等参数优化。在一些实施例中，ISP可以设置在摄像头193中。

[0092] 摄像头193用于捕获静态图像或视频。物体通过镜头生成光学图像投射到感光元件。感光元件可以是电荷耦合器件（charge coupled device，CCD）或互补金属氧化物半导体（complementary metal-oxide-semiconductor，CMOS）光电晶体管。感光元件把光信号转换成电信号，之后将电信号传递给ISP转换成数字图像信号。ISP将数字图像信号输出到DSP加工处理。DSP将数字图像信号转换成标准的RGB、YUV等格式的图像信号。在一些实施例中，终端设备100可以包括1个或N个摄像头193，N为大于1的正整数。

[0093] 数字信号处理器用于处理数字信号，除了可以处理数字图像信号，还可以处理其他数字信号。例如，当终端设备100在频点选择时，数字信号处理器用于对频点能量进行傅里叶变换等。

[0094] 视频编解码器用于对数字视频压缩或解压缩。终端设备100可以支持一种或多种视频编解码器。这样，终端设备100可以播放或录制多种编码格式的视频，例如：动态图像专家组（moving picture experts group，MPEG）1、MPEG2、MPEG3、MPEG4等。

[0095] NPU为神经网络（neural-network，NN）计算处理器，通过借鉴生物神经网络结构，例如借鉴人脑神经元之间传递模式，对输入信息快速处理，还可以不断地自学习。通过NPU可以实现终端设备100的智能认知等应用，例如：图像识别、人脸识别、语音识别、文本理解等。

[0096] 外部存储器接口120可以用于连接外部存储卡，例如Micro SD卡，实现扩展终端设备100的存储能力。外部存储卡通过外部存储器接口120与处理器110通信，实现数据存储功能。例如将音乐、视频等文件保存在外部存储卡中。

[0097] 内部存储器121可以用于存储计算机可执行程序代码，可执行程序代码包括指令。内部存储器121可以包括存储程序区和存储数据区。其中，存储程序区可存储操作系统，至少一个功能所需的应用程序（比如声音播放功能、图像播放功能等）等。存储数据区可存储终端设备100使用过程中所创建的数据（比如音频数据、电话本等）等。此外，内部存储器121可以包括高速随机存取存储器，还可以包括非易失性存储器，例如至少一个磁盘存储器件、闪存器件、通用闪存存储器（universal flash storage，UFS）等。处理器110通过运行存储在内部存储器121的指令，和/或存储在设置于处理器中的存储器的指令，执行终端设备100的各种功能应用以及数据处理。

[0098] 终端设备100可以通过音频模块170、扬声器170A、受话器170B、麦克风170C、耳机接口170D，以及应用处理器等实现音频功能，例如音乐播放、录音等。

[0099] 音频模块170用于将数字音频信息转换成模拟音频信号输出，也用于将模拟音频输入转换为数字音频信号。音频模块170还可以用于对音频信号编码和解码。在一些实施例中，音频模块170可以设置于处理器110中，或将音频模块170的部分功能模块设置于处理器110中。

[0100] 扬声器170A，也称"喇叭"，用于将音频电信号转换为声音信号。终端设备100可以通过扬声器170A收听音乐，或收听免提通话。

[0101] 受话器170B，也称"听筒"，用于将音频电信号转换成声音信号。当终端设备100接听电话或语音信息时，可以通过将受话器170B靠近人耳接听语音。

[0102] 麦克风170C，也称"话筒""传声器"，用于将声音信号转换为电信号。当拨打电话或发送语音信息时，用户可以通过人嘴靠近麦克风170C发声，将声音信号输入到麦克风170C。终端设

备100可以设置至少一个麦克风170C。在另一些实施例中，终端设备100可以设置两个麦克风170C，除了采集声音信号，还可以实现降噪功能。在另一些实施例中，终端设备100还可以设置三个、四个或更多麦克风170C，实现采集声音信号，降噪，还可以识别声音来源，实现定向录音功能等。

[0103] 耳机接口170D用于连接有线耳机。耳机接口170D可以是USB接口130，也可以是3.5mm的开放移动电子设备平台（open mobile terminal platform，OMTP）标准接口，美国蜂窝电信工业协会（cellular telecommunications industry association of the USA，CTIA）标准接口。

[0104] 示例性的，终端设备100还可以包括按键190、马达191、指示器192、SIM卡接口195（eSIM卡）等一项或多项。

[0105] 终端设备100的软件系统可以采用分层架构、事件驱动架构、微核架构、微服务架构，或云架构，等。本申请实施例以分层架构的Android系统为例，示例性说明终端设备100的软件结构。

[0106] 图4是本申请实施例的终端设备100的软件结构框图。

[0107] 分层架构将软件分成若干个层，每一层都有清晰的角色和分工。层与层之间通过软件接口通信。在一些实施例中，将Android系统分为四层，从上至下分别为应用程序层、应用程序框架层、安卓运行时（Android runtime）和系统库，以及内核层。

[0108] 应用程序层可以包括一系列应用程序包。

[0109] 如图4所示，应用程序包可以包括相机、日历、地图、电话、音乐、设置、邮箱、视频、手写笔应用等应用程序。

[0110] 应用程序框架层为应用程序层的应用程序提供应用编程接口（application programm interface，API）和编程框架。应用程序框架层包括一些预先定义的函数。

[0111] 如图4所示，应用程序框架层可以包括输入管理服务器与输入事件读取器，输入管理服务器包括输入事件分发器与输入管理服务接口，输入事件读取器包括事件中心（Event hub）输入设备管理器与报点处理模块。

[0112] 输入管理服务接口，用于接收应用程序层发送的输入事件，并将输入事件通知到其他处理模块以进行具体的处理流程。

[0113] Event hub输入设备管理器，用于创建和管理输入输出设备。

[0114] 报点处理模块，用于接收输入事件，执行相应的报点转换处理流程。报点处理模块可以包括事件适配加工模块和/或手写事件转换模块。

[0115] 其中，事件适配加工模块用于处理触控屏中的光标输入事件，例如，在事件适配加工模块接收到触控屏中的滑动操作时，事件适配加工模块可以基于滑动操作的报点信息处理得到坐标信息，将坐标信息赋值给触控屏中的悬浮光标，使得悬浮光标可以随着滑动操作移动；在事件适配加工模块接收到触控屏中的点击操作时，事件适配加工模块可以基于点击操作的报点信息处理得到坐标信息，将坐标信息赋值给触控屏中的悬浮光标，使得悬浮光标可以移动至点击操作所处的位置。

[0116] 手写事件转换模块用于处理触控屏中的手写事件，例如，在手写事件转换模块接收到触控屏中的滑动操作时，手写事件转换模块可以基于滑动操作的报点信息处理得到用于实现页面翻页、页面滑动、页面上显示滑动轨迹等的信息，从而实现页面翻页、页面滑动、页面上显示滑动轨迹、显示动效或者显示用于删除消息的提示框等；在手写事件转换模块接收到触控屏中的点击操作时，手写事件转换模块可以基于点击操作对应的报点信息，得到报点处对应的控件，以实现向控件对应的页面的跳转等。

[0117] 输入事件分发器，用于将光标报点处理末模块处理的结果分发到各线程进行相应处理。

[0118] Android runtime包括核心库和虚拟机。Android runtime负责安卓系统的调度和管理。

[0119] 核心库包含两部分：一部分是java语言需要调用的功能函数，另一部分是安卓的核心库。

[0120] 应用程序层和应用程序框架层运行在虚拟机中。虚拟机将应用程序层和应用程序框架层的java文件执行为二进制文件。虚拟机用于执行对象生命周期的管理、堆栈管理、线程管理、安全

和异常的管理，以及垃圾回收等功能。

[0121] 系统库可以包括多个功能模块。例如：表面管理器（surface manager）、媒体库（Media Libraries）、三维图形处理库（例如：OpenGLES）、2D图形引擎（例如：SGL）等。

[0122] 表面管理器用于对显示子系统进行管理，并且为多个应用程序提供了2D和3D图层的融合。

[0123] 媒体库支持多种常用的音频、视频格式回放和录制，以及静态图像文件等。媒体库可以支持多种音视频编码格式，例如：MPEG4、H.264、MP3、AAC、AMR、JPG、PNG等。

[0124] 三维图形处理库用于实现三维图形绘图、图像渲染、合成和图层处理等。

[0125] 2D图形引擎是2D绘图的绘图引擎。

[0126] 内核层是硬件和软件之间的层。内核层至少包含显示驱动、摄像头驱动、音频驱动、传感器驱动。

[0127] 下面结合应用程序启动或应用程序中发生界面切换的场景，示例性说明终端设备100软件以及硬件的工作流程。

[0128] 当触摸传感器180K接收到触控操作，相应的硬件中断被发给内核层。内核层将触控操作加工成原始输入事件（包括触摸坐标、触摸力度、触控操作的时间戳等信息）。原始输入事件被存储在内核层。应用程序框架层从内核层获取原始输入事件，识别该输入事件所对应的控件。应用程序调用应用框架层的接口，启动应用程序，进而通过调用内核层启动显示驱动，显示应用程序的功能界面。

[0129] 下面结合附图对本申请实施例提供的终端设备的光标模式的显示过程进行详细的介绍。需要说明的是，本申请实施例中的"在……时"，可以为在某种情况发生的瞬时，也可以为在某种情况发生后的一段时间内，本申请实施例对此不作具体限定。

[0130] 本申请实施例对能够实现光标模式的应用软件不做限制，例如，应用软件可以包括终端设备系统应用或者用户无法自行删除的第三方预装应用软件，也可以包括支持用户安装或卸载的第三方应用软件。

[0131] 需要说明的是，本申请实施例为便于描述采用手写模式（也称为第一模式）和光标模式（也称为第二模式）进行示例说明，实际实现中，终端设备中不必须以该两种模式限定。

[0132] 例如，终端设备处于手写模式，可以理解为终端设备执行手写功能，在触控屏中接收到触控操作时，终端设备可以基于触控操作改变用户界面中显示的内容。例如，当终端设备接收到手写笔或手指在屏幕中的滑动操作时，终端设备可以实现页面翻页、页面滑动、页面上显示滑动轨迹、显示动效或者显示用于删除消息的提示框等；当终端设备接收到手写笔或手指在屏幕中的点击操作时，终端设备可以实现向控件对应的页面的跳转等。

[0133] 终端设备处于光标模式，可以理解为终端设备类似于接收到鼠标的操作时执行的功能。在触控屏中接收到触控操作时，终端设备可以基于触控操作改变悬浮光标的位置，而不改变用户界面中显示的内容。例如，终端设备处于光标模式时，可以在屏幕显示悬浮光标，终端设备的触控屏接收到手写笔或手指的滑动操作时，终端设备可以控制悬浮光标随着滑动操作移动；当终端设备接收到手写笔或手指在屏幕中的点击操作时，终端设备可以实现将悬浮光标移动至点击操作所处的位置等。

[0134] 终端设备从手写模式进入光标模式的具体实现较多，本申请实施例结合图5–图6示例性说明几种可能的终端设备进入光标模式的界面示意图。

[0135] 示例性地，图5为本申请实施例提供的一种进入光标模式的界面示意图。

[0136] 如图5中的a所示，终端设备的第一界面中可以显示悬浮按钮501，悬浮按钮501可以在界面的任意位置。

[0137] 可选地，悬浮按钮的显示位置可由用户自行调整至界面中空白位置，也可由终端设备检测并调整到当前界面的空白位置，使得悬浮按钮不遮挡当前界面其他功能性图标，以免影响用户开

启其他应用程序。

[0138] 终端设备接收到用户手指对悬浮按钮501的触发时，终端设备可以进入到如图5的b所示的界面。可以理解的是，附图以手指为例，手指可替换为任一能够触发触控屏的对象，例如，手写笔。

[0139] 可选地，图5中b所示的界面中包括展开状态的悬浮按钮502，悬浮按钮展开后可以包括光标模式应用控件503、手写模式应用控件504以及光标效果应用控件505，用户可基于展开状态的悬浮按钮502切换手写模式及光标模式。可选地，悬浮光标的形状可调和/或颜色可调。例如，终端设备显示的光标效果可通过光标效果应用控件505自定义设置，光标效果可包括颜色、大小、形状等，也可使用其他方式调整光标效果，此处不做限制。

[0140] 例如，当终端设备接收到用户触发光标模式应用控件503的操作时，终端设备进入到如图5中的c所示的光标模式的界面。可以理解的是，终端设备当前处于手写模式，用户点击触摸光标模式应用控件503后，终端设备对该次点击触摸进行响应，由手写模式切换至光标模式。若当前终端设备已处于光标模式，用户点击触摸光标模式应用控件503后，终端设备对该次操作可以不做响应并维持当前所处模式；可选地，终端设备当前处于光标模式，用户连续两次点击触摸手写模式应用控件504后，终端设备对该次点击触摸进行响应，由光标模式切换至手写模式。可选地，终端设备处于光标模式时，可通过单次点击操作模拟鼠标的悬浮状态，连续两次点击操作模拟鼠标的单击状态以及连续两次点击并滑动的操作模拟鼠标的拖拽状态。若当前终端设备已处于手写模式，用户连续两次点击触摸手写模式应用控件504，终端设备可对该次操作不做响应并维持当前所处模式。

[0141] 在经过图5中的b的设置操作后，终端设备进入光标模式，如图5中c所示，该界面中出现悬浮状态的光标指针，简称为悬浮光标506。悬浮光标506的初始位置可为上一次点击触摸的位置，如光标模式应用控件503对应的位置。初始位置还可以是上一次由光标模式切换至手写模式时，悬浮光标506的终止位置。初始位置还可以是随机悬浮于当前界面的任意位置，本申请对悬浮光标的初始位置不做限制。

[0142] 如图5中的d所示，终端设备处于光标模式时接收到用户的点击触控操作，设备终端触控屏上与用户点击触摸的位置相对应的位置处出现悬浮光标。当终端设备接收到用户的滑动触控操作时，终端设备控制悬浮光标随着触控操作的位置移动。例如，如图5中的e所示，用户在通过手机屏幕向其他人展示当前所处时间，为更清楚地指明时钟的位置，在触控屏上对"15∶19"进行了圈定。用户使用手指或者手写笔从初始位置A点滑动到终止位置B点的过程中，悬浮光标的位置随着触摸位置移动，用户停止滑动触摸后，光标指针停留在B点位置上。一种可能的情况，圈定轨迹为用户进行滑动触控操作的触摸轨迹，并非终端设备界面中出现的可显示滑动轨迹的线条。

[0143] 也就是说，本申请实施例中终端设备可以显示包括悬浮按钮的第一界面，在接收到对悬浮按钮的触发时，终端设备在第一界面显示展开的悬浮按钮。展开的悬浮按钮中包括用于触发手写模式的区域和用于触发光标模式的区域；在接收到对光标模式的触发时，终端设备从手写模式切换到光标模式。这样，可通过悬浮按钮将终端设备简便快速地切换至光标模式，缩短了模式切换的时间，提升用户使用体验。

[0144] 示例性地，图6为本申请实施例提供的一种进入光标模式的界面示意图。

[0145] 如图6中的a所示，终端设备的界面中可以显示光标模式应用软件601的图标，光标模式应用软件601的图标可以在界面的任意位置，本申请对光标模式应用软件601的样式不做限定。可以理解的是，光标模式应用软件可以包括上述示例的第三方应用软件，也可以包括终端设备中的系统应用。例如，在系统应用的设置程序中，用户可选择打开手写设置菜单，以使终端设备进入光标模式。

[0146] 终端设备接受到用户对光标模式应用软件601的触发时，终端设备可以进入到如图6中的b所示的界面。

[0147] 可选地，图6中的b所示界面中包括手写设置菜单，手写模式菜单可以包括光标模式的开

关选项602以及手写模式的开关选项603。用户可基于手写设置菜单切换手写模式及光标模式。

[0148] 例如：终端设备处于手写模式时，终端设备界面中手写模式的开关选项显示为开启状态，光标模式的开关选项显示为关闭状态。终端设备接收到用户触发光标模式的开关选项602的操作时，终端设备进入到如图6中的c所示的界面。该界面可包括光标模式的开关选项602、手写模式的开关选项603、悬浮光标506以及光标效果设置选项。可以理解的是，此时光标模式的开关选项602处于开启状态，手写模式的开关选项603处于关闭状态。可选地，终端设备显示的光标效果可通过光标效果选项自定义设置，光标效果可包括颜色、大小、形状等，也可使用其他方式调整光标效果，此处不做限制。

[0149] 一种可能的实现中，终端设备当前处于手写模式，用户点击触摸光标模式的开关选项602后，终端设备对该次点击触摸进行响应，由手写模式切换至光标模式。若当前终端设备已处于光标模式，用户点击触摸光标模式的开关选项602，终端设备对该次操作可以不做响应并维持当前所处状态模式；可选地，终端设备当前处于光标模式，用户连续两次点击触摸手写模式的开关选项603后，终端设备对该次点击触摸进行响应，由光标模式切换至手写模式。若当前终端设备处于已手写模式，用户连续两次点击触摸手写模式的开关选项603，终端设备对该次操作不做响应并维持当前所处模式。

[0150] 在经过图6中的b所示的设置操作后，终端设备进入光标模式，如图5中c所示，界面中出现悬浮光标506。用户点击触控屏上任一位置后，悬浮光标506出现在当前点击触摸的位置上。用户在屏幕上滑动触摸时，悬浮光标的位置随着用户触摸位置的改变而相应的改变。如图6中的d与e所示，终端设备处于光标模式的操作流程与图5中的d与图5中e类似，此处不作赘述。

[0151] 可以理解的是，图5和图6示出了一种利用终端设备实现手写模式和光标模式的切换的方式。可能的实现中，终端设备通过蓝牙模块等连接有手写笔时，也可通过手写笔通知终端设备侧开启光标模式。

[0152] 一种可能的实现方式中，手写笔中可自定义设置切换光标模式的指令。手写笔接收到用户的单击、双击或长按笔身侧按钮的操作后，将切换光标模式的指令通过蓝牙模块上报给终端设备。终端设备接收到指令后进入光标模式。例如，终端设备接收到指令后，可以将应用程序层的用于执行手写模式的相关模块替换为用于执行光标模式的相关模块，以执行光标处理逻辑，具体实现将在后续实施例详细说明，在此不做赘述。

[0153] 再一种可能的实现方式中，手写笔也可以通过特定的笔势动作解锁切换光标模式的指令，并将其发送给终端设备。特定的笔势动作可以包括笔尖朝上或笔身旋转特定的角度。

[0154] 又一种可能的实现方式中，手写笔中可自定义设置唤醒手写设置菜单的指令。手写笔接收到用户按压手写笔的按钮或执行特定笔势动作的操作后，将唤醒手写设置菜单的指令发送至终端设备。终端设备接收指令后激活手写设置菜单界面，用户使用手写笔在该界面上手动开启光标模式。此处对终端设备进入光标模式的实现方式不做限制。

[0155] 可以理解的是，图5中d和图5中e以及图6中d和图6中e示出的终端设备处于光标模式的一种实现方式。可能的实现中，终端设备处于光标模式时，还可执行以下操作。

[0156] 示例性地，图7为本申请实施例提供的一种终端设备处于光标模式的界面示意图。

[0157] 终端设备显示如图7所示的界面，该界面中包括显示内容，终端设备接收到用户连续两次点击操作后，光标指针由悬浮光标变为焦点光标。若用户连续两次点击触控屏后，手指离开触控屏，则终端设备控制焦点光标显示于点击触摸的位置上。若用户连续两次点击触控屏后滑动一定位移，则触控屏上产生位移处的显示内容突出显示。

[0158] 例如，如图7中的a所示界面，终端设备处于光标模式，界面中的显示内容包括文字。用户在"棉"字的位置进行了点击，悬浮光标出现在"棉"字下方。如图7中的b所示，用户向上抬起手指，使手指离开触控屏，悬浮光标的位置未发生变化。随后，用户在短暂的时间内第二次点击了一次"棉"字，如图7中的c所示。终端设备接收到用户连续两次点击的操作后，将悬浮光标变

为焦点光标701，焦点光标701如图7中的d所示，焦点光标显示于点击位置"棉"字的后方。在图7中的d所示的第二次点击操作之后，一种可能的情况下，用户手指未离开触控屏，且手指在触控屏上移动一段距离，手指从"棉"字滑动至"夏"字，则终端设备进入到图7中的e界面，手指在触控屏上产生位移处的显示内容"夏至不纳棉"被终端设备突出显示。另一种可能的情况下，用户手指离开触控屏，如图7中的f所示，终端设备接收到用户的抬起操作，则焦点光标停留在第二次点击的"棉"字后方的位置上。可以理解的是，本申请实施例中提供了终端设备进入光标模式的几种可能的实现方式，该实现并不对光标模式的具体实现造成限定。

[0159] 可选地，当终端设备处于光标模式时，也可用于与大屏仪器连接，终端设备在光标模式中显示的内容可以投屏在大屏设备。

[0160] 可选地，终端设备与大屏设备连接后，终端设备也可由手写模式切换至光标模式。终端设备可以将光标模式所显示的内容投屏至大屏设备。

[0161] 示例性地，图8为本申请实施例提供的一种投屏时光标模式的界面示意图。

[0162] 可选地，终端设备可将终端设备中显示的内容投屏在大屏设备。

[0163] 如图8所示，终端设备可连接大屏设备，大屏设备可以包括投影仪、智能家电以及区别于终端设备的其他电子设备。可选地，以终端设备为可触屏的平板电脑为例，平板电脑界面上的内容可投屏至与投影仪配套的幕布上，平板电脑可与电视机设备连接后投屏至电视机屏幕，平板电脑还可通过会议小程序、APP或远程连接等方式投屏至其他电子设备上，此处不做限制。

[0164] 示例性地，如图8中的a所示，终端设备处于光标模式，终端设备与大屏设备建立连接后，用户在终端设备上进行ppt文档演示。在讲解常见形状中的椭圆形状时，用户希望向倾听者指示出哪个形状是椭圆形，于是点击触摸了触控屏上椭圆形所在的位置。终端设备接收到该次触控操作，将悬浮光标的位置调整到触控屏上用户点击的位置处。终端设备的显示界面同步至大屏设备的显示界面，椭圆形下方显示悬浮光标。

[0165] 示例性地，如图8中的b所示，用户在向倾听者讲解椭圆形时，习惯性地圈出哪个是椭圆形。终端设备接收到用户的滑动触摸，显示界面中的悬浮光标会随触摸位置的变化而变化，倾听者可在大屏设备上清楚地看到悬浮光标在椭圆形附近的晃动情况。大屏设备中的虚线为悬浮光标的滑动轨迹，倾听者并不能够真实地观察到滑动轨迹的实际线条。

[0166] 上述实施例中给出了一种终端设备进入并使用光标模式的界面示例图，可以理解的是，终端设备也可以由光标模式切换到手写模式。

[0167] 可选地，图9为本申请实施例提供的一种手写模式的界面示意图。

[0168] 示例性地，如图9中的a所示，终端设备处于手写模式，当终端设备接收到用户点击"通话"图标901的操作后，终端设备响应该次触控操作，终端设备进入到如图9中的b所示的通话界面。用户可基于该界面进行拨号、通话或查询联系人等。

[0169] 示例性地，如图9中的c所示，终端设备处于手写模式，用户在"画板"界面进行绘画时，终端设备接收到由A点到B点的滑动触控操作，终端设备响应该次触控操作，终端设备进入到如图9中的d所示的界面。该界面中显示出由A点到B点的滑动触摸轨迹。

[0170] 以上是部分手写模式的应用场景，本申请对手写模式的应用场景不做限制。

[0171] 上面已对本申请实施例的光标模式的应用场景进行了说明，下面对本申请实施例提供的执行上述触控屏显示方法的流程进行描述。触控屏显示方法包括：

[0172] S901. 在终端设备从第一模式切换到第二模式时，终端设备显示悬浮光标；其中，终端设备在第一模式中接收到针对触控屏的操作时，终端设备执行手写事件处理。

[0173] 本申请实施例中，第一模式可以对应于上述的手写模式，第二模式可以对应于上述的光标模式。

[0174] 终端设备在第一模式中接收到针对触控屏的操作时，终端设备执行手写事件处理。其中，终端设备执行手写事件处理可以理解为终端设备接收到针对触控屏的触控操作后，终端设备确定触

控屏中接收到触控操作的位置，触发执行触摸位置处的应用的相应功能。例如，终端设备接收到针对触控屏上通话应用的操作后，终端设备打开通话应用并显示通话界面，从而实现终端设备的通话功能。终端设备可以从第一模式切换至第二模式。当终端设备从第一模式切换到第二模式时，终端设备显示悬浮光标。

[0175] 本申请实施例中，终端设备可以基于用户在终端设备中的触发从第一模式切换至第二模式，具体可以参照图5—图6的相关描述。终端设备也可以基于手写笔的触发从第一模式切换至第二模式，在此不再赘述。

[0176] S902. 终端设备在触控屏接收到第一触控操作时，终端设备控制悬浮光标随着第一触控操作的位置移动。

[0177] 示例性地，第一触控操作可以包括滑动操作。终端设备在触控屏接收到触控对象的滑动操作时，终端设备控制悬浮光标随着触控对象滑动的位置移动。

[0178] 其中，触控对象可以为手指或手写笔等任一能够触发触控屏的对象。触控对象在触控屏上进行滑动操作，终端设备可基于接收到滑动操作来控制悬浮光标随滑动操作的位置同步移动。

[0179] 示例性地，第一触控操作可以包括点击操作。终端设备在触控屏接收到触控对象的点击操作时，终端设备控制悬浮光标出现在触控对象点击的位置处。

[0180] 触控对象在触控屏上进行点击操作，终端设备可基于接收到的点击操作来控制悬浮光标出现在触控对象点击的位置处。可以理解的是，终端设备切换至第二模式后，悬浮光标的初始位置可以是任意位置，触控对象点击操作后，悬浮光标出现在触控对象点击的位置处。

[0181] 本申请实施例中，终端设备处于光标模式时，终端设备可以基于用户在终端设备中的触控操作改变悬浮光标位置，具体可以参照图5中d和图5中e至图6中d和图6中e的相关描述。终端设备处于手写模式时，终端设备可以基于用户在终端设备中的触控操作，触发执行触摸位置处的应用的相应功能，具体可以参照图9的相关描述，在此不再赘述。

[0182] 本申请实施例通过在终端设备中设置光标模式，减少了终端设备误响应用户的触控操作后显示其他不相关界面的几率，提升了用户的使用体验感。

[0183] 下面对本申请实施例提供的终端设备执行触控屏显示方法展开详细描述。图10为本申请实施例提供的一种触控屏显示方法的流程示意图，方法包括：

[0184] S1001. 终端设备的触控屏接收到从第一模式切换到第二模式的触控操作。

[0185] 本申请实施例中，终端设备可以接收从第一模式切换至第二模式的触控操作，具体可以参照图5中a和图5中b至图6中a和图6中b的相关描述。终端设备也可以基于手写笔的触发从第一模式切换至第二模式，在此不再赘述。

[0186] 本申请实施例中，终端设备的应用程序层接收到从第一模式切换到第二模式的触控操作后，应用程序层可以通过系统已有的接口能力，通知系统框架层进行手写设备到光标设备的切换，进一步向事件中心（Event hub）进行输入设备的切换。

[0187] 示例性地，图11示出了一种终端设备内部交互示意图。

[0188] 应用程序层的设置应用接收触控对象将终端设备切换为第二模式的触控操作，应用程序层通过系统框架层中的输入管理服务接口，通知系统框架层进行手写设备到光标设备的切换。Event hub输入设备管理模块将手写设备切换到光标设备，并管理报点处理模块中采用事件适配加工模块进行报点，从而使终端设备进入光标模式。

[0189] 终端设备在光标模式中接收到触控操作时，事件适配加工模块对应用程序层接收的触控操作进行处理，得到光标输入事件。输入事件分发对光标输入事件适应分发到各线程进行相应处理。应用程序层接收光标输入事件的处理结果，在触控屏进行相应显示。本申请实施例从软件层面在系统框架层中设置虚拟光标设备并切换事件适配加工模块，不依赖硬件实现，也不会触发底层设备的重新连接以及设备节点的变化。

[0190] 图11具体的详细流程实现可以参照下面步骤描述：

[0191] S1002. 终端设备注册虚拟光标设备。

[0192] 终端设备的触控屏接收到从第一模式切换到第二模式的触控操作后，终端设备的应用程序层通知应用程序框架层，准备切换到第二模式。终端设备可通过系统已有的接口能力，在系统框架中模拟注册光标设备的连接状态。以 Android 平台为例，可在输入阅读程序（Input Reader）或 Event hub 中添加一个虚拟光标设备，系统层可初始化光标状态。

[0193] 示例性地，终端设备注册虚拟光标设备，包括：终端设备创建并初始化虚拟的设备标识符；终端设备使用虚拟的设备标识符创建虚拟的输入设备；终端设备将输入设备设置为触控对象，触控对象可包括手指与手写笔，将虚拟光标设备添加到系统框架层。

[0194] 例如，终端设备创建并初始化虚拟设备的标识符可以基于下述内容实现：

[0195] Input Devic eIdentifieridentifier；//输入设备标识符

[0196] identifier. name = "Virtual – Stylus"；//为设备标识符命名

[0197] identifier. uniqueId = "＜virtual＞"；//标识符唯一 Id

[0198] assign Descriptor Locked（identifier）；//分配描述符已锁定（标识符）。

[0199] 例如，终端设备使用虚拟的设备标识符创建虚拟的输入设备可以基于下述内容实现：

[0200] std：：unique_ptr＜Device＞device =

[0201] std：：make_unique＜Device＞（ – 1，Reserved Input DeviceId：：VIRTUAL_KEYBOARD_ID，"＜virtual＞"，identifier）。

[0202] 例如，终端设备将输入设备设置为触控对象，触控对象可包括手指与手写笔可以基于下述内容实现：

[0203] device – ＞classes = Input Device Class：：STYLUS | Input Device Class：：VIRTUAL；

[0204] device – ＞loadKeyMapLocked（）。

[0205] 例如，将虚拟光标设备添加到系统框架层可以基于下述内容实现：

[0206] Add Device Locked（std：：move（device））。

[0207] 虚拟光标设备注册成功后，终端设备的系统框架层可查询到光标设备的连接，从而进行光标资源和状态的初始化显示。应用程序层也可查询到光标设备的连接。示例性地，终端设备成功注册虚拟光标设备后，应用程序层可查询到光标设备的连接，终端设备的触控屏上弹出"光标设备注册成功"或"光标设备已接入"等提示窗口。

[0208] 可以理解的是，本申请实施例中终端设备连接有手写笔设备时，触控对象为手写笔。终端设备在执行步骤 S1002 之前，还包括：

[0209] 示例性地，终端设备判断当前是否有手写笔设备连接，如果终端设备识别到手写笔设备，则执行步骤 S1002；如果终端设备未识别到手写笔设备，则通知应用接口返回失败。

[0210] S1003. 终端设备将处理触控屏中产生的事件的模块从手写事件转换模块切换到事件适配加工模块；其中，手写事件转换模块用于处理触控屏中的手写事件，事件适配加工模块用于处理触控屏中的光标输入事件。

[0211] 例如，终端设备可以在报点处理模块增加"事件适配加工"模块，切换掉原有的手写事件转换模块。

[0212] 终端设备处于第一模式时，终端设备通过手写事件转换模块处理触控屏中的手写事件。终端设备处于第二模式时，终端设备通过事件适配加工模块处理触控屏中的光标事件。

[0213] 其中，终端设备将处理触控屏中产生的事件的模块从手写事件转换模块切换到事件适配加工模块，可以包括下述几种可能的实现方式：

[0214] 第一种可能的实现方式中，终端设备删除手写事件转换模块，以及增加事件适配加工模块。终端设备处理触控屏中产生的光标事件时，终端设备中保留一个使用中的事件适配加工模块，终端设备中删除未使用的手写事件转换模块，以减少终端设备的内存。

[0215] 第二种可能的实现方式中，终端设备保留手写事件转换模块，以及增加事件适配加工

模块。

[0216] 第三种可能的实现方式中，终端设备设置有手写事件转换模块以及事件适配加工模块，无需新增事件适配加工模块。终端设备在切换至第二模式时，终端设备将处理触控屏中产生的事件的模块从手写事件转换模块切换到事件适配加工模块。

[0217] 终端设备中同时保留使用中的事件适配加工模块与未使用的手写事件转换模块，在终端设备由第二模式切回第一模式时，可直接调用手写事件转换模块，减少增加手写事件转换模块所使用的时间。

[0218] 本申请实施例在软件层面设置虚拟光标设备并切换事件适配加工模块，不依赖硬件实现，也不会触发底层设备的重新连接以及设备节点的变化。

[0219] S1004. 终端设备基于事件适配加工模块处理光标输入事件，以使终端设备在触控屏接收到触控对象的操作时，终端设备执行光标输入事件的处理流程。

[0220] 示例性地，终端设备可以采用状态机处理光标输入事件，图12示出了一种光标输入事件的处理流程。如图12所示，包括：

[0221] 终端设备由第一模式切换至第二模式时状态机处于初始状态（Initialization，Init状态）。

[0222] 终端设备在触控屏检测到触控对象的第一接触事件时，终端设备进入第一状态；第一状态也可以称为按下状态（Down状态）。Down状态下，终端设备的触控屏上可以显示静止状态的悬浮光标。

[0223] 在终端设备处于第一状态时，若终端设备检测到触控对象未离开触控屏且触控对象在触控屏中产生位移，终端设备进入第二状态；第二状态也可以称为指针悬浮状态（Hover状态），在终端设备处于第二状态时，终端设备根据触控对象的报点位移控制悬浮光标移动。Hover状态下，终端设备触控屏上的悬浮光标可以从静止状态变为随触控对象的位移而移动。本申请实施例提供的终端设备根据触控对象的报点位移控制悬浮光标移动方式，具体可以参照图5中d和图5中e至图6中d和图6中e的相关描述，在此不再赘述。

[0224] 可选地，终端设备处于第一状态时，若终端设备检测到触控对象未在触控屏产生位移即离开触控屏，终端设备进入第三状态；第三状态也可以称为暂态状态（Pending状态）。Pending状态下，终端设备未接收到触控对象的滑动操作，也未检测到触控对象离开触控屏，此时悬浮光标可以处于静止状态。第三状态用于进一步判断触控对象的手势是否为连续双击操作。

[0225] 可选地，在终端设备处于第二状态时，若终端设备检测到触控对象离开触控屏，则终端设备回退到Init状态，等待触控对象的下一次触控操作。

[0226] 可选地，在终端设备处于第三状态时，若终端设备在触控屏检测到触控对象的第二接触事件，且第二接触事件与第一接触事件之间的时间间隔小于时间阈值，以及第二接触事件与第一接触事件各自在触控屏所对应位置之间的距离小于距离阈值时，终端设备进入第四状态。第四状态也可以称为拖拽状态（Drag & Move状态）。时间阈值与距离阈值可由系统自动设置，时间阈值与距离阈值也可由用户手动调整，此处不做限制。

[0227] 可选地，在终端设备处于第三状态时，若终端设备在触控屏未接收到触控对象的第二接触事件，或者接收到的第二接触事件与第一接触事件之间的时间间隔未低于时间阈值，或者第二接触事件与第一接触事件各自在触控屏所对应位置之间的距离未低于距离阈值时，终端设备回退到Init状态。

[0228] 可选地，在终端设备处于第四状态时，若终端设备检测到触控对象在触控屏产生位移，终端设备触控屏产生位移处的显示内容突出显示。在Drag & Move状态下，光标由静止状态的悬浮光标转化为静止状态的焦点光标。若终端设备检测到触控对象的滑动操作，焦点光标将选中触控屏上触控对象滑动操作所经过的区域，从而将选中的显示内容突出显示。显示内容突出显示具体可以参照图7中e的相关描述，在此不再赘述。

[0229] 可选地，在终端设备处于第四状态时，若终端设备检测到触控对象离开触控屏，终端设

备在第二接触事件的位置显示焦点光标。在 Drag & Move 状态下，若终端设备检测到触控对象离开触控屏，焦点光标则停留在进入 Drag & Move 状态时的触控操作的坐标位置上。触控对象可基于当前坐标位置进行显示内容的编辑或修改等。焦点光标具体可以参照图 7 中 d 和图 7 中 f 的相关描述，在此不再赘述。终端设备检测到触控对象离开触控屏时，终端设备回退到 Pending 状态，等待触控对象的下一次触控操作。

[0230] 其中，终端设备由第三状态进入第四状态时，一种可能的方式中，若第三状态下的终端设备在触控屏检测到触控对象的第二接触事件，则终端设备记录第二接触事件的时间点以及位置坐标。终端设备判断第一接触事件的时间点与第二接触事件的时间点的时间差值是否小于预设的时间阈值，终端设备判断第一接触事件的位置坐标与第二接触事件的位置坐标的距离是否小于预设的距离阈值。若时间差值与距离均小于预设阈值，则确定第一接触事件与第二接触事件为连续双击，终端设备进入 Drag & Move 状态。若时间间隔与距离不满足均小于预设值的条件，则终端设备由 Pending 状态回退到 Init 状态。

[0231] 另一种可能的方式中，终端设备在触控屏检测到触控对象的第一接触事件后，终端设备记录下触控对象的触控位置并开始计时。终端设备在触控屏检测到触控对象的第二接触事件后，终端设备结束计时。终端设备判断计时时间间隔是否小于时间阈值，终端设备判断第二接触事件的触控位置是否在第一接触事件触控位置的预设范围内，预设范围可以是以第一接触事件的触控位置为圆心，预设值为半径的圆形区域。若时间间隔小于时间阈值且第二接触事件在预设范围内，则确定第一接触事件与第二接触事件为连续双击，终端设备进入 Drag & Move 状态。若时间间隔与距离不满足均小于预设值的条件，则终端设备由 Pending 状态回退到 Init 状态。

[0232] 本申请实施例提供的一种触控屏显示方法，终端设备基于触控对象的触控操作控制状态机在初始状态、第一状态、第二状态、第三状态以及第四状态之间转化，使得终端设备根据触控对象的报点位移控制悬浮光标移动、终端设备触控屏产生位移处的显示内容突出显示以及终端设备在第二接触事件的位置显示焦点光标，从而实现了光标模式下光标移动、点击和鼠标左键拖拽等操作。

[0233] S1005. 终端设备的触控屏接收到从第二模式切换到第一模式的触控操作。

[0234] 在终端设备处于第二模式时，若用户希望使用终端设备的某些手写功能，实现便捷的手写输入或点击操作等，此时用户可将终端设备由第二模式切换至第一模式。终端设备的触控屏接收到从第二模式切换到第一模式的触控操作后，终端设备可由第二模式切换至第一模式。终端设备的触控屏接收到从第二模式切换到第一模式的触控操作方法，具体可以参照图 5 和图 6 中的相关描述，在此不再赘述。

[0235] 例如，终端设备的应用程序层接收到从第二模式切换到第一模式的触控操作后，应用程序层通过系统已有的接口能力，通知系统框架层进行光标设备到手写设备的切换，进一步向事件中心（Event hub）进行输入设备的切换。

[0236] 具体实现可以参照下面步骤描述。

[0237] S1006. 在终端设备从第二模式切换到第一模式时，终端设备解注册虚拟光标设备。

[0238] 终端设备接收到从第二模式切换到第一模式的触控操作后，终端设备的应用程序层通知应用程序框架层，准备切换到第一模式。终端设备可通过系统已有的接口能力，在系统框架中解注册虚拟光标设备，光标设备从系统框架层中移除。

[0239] 终端设备的系统框架层可查询到光标设备断开连接，从而进行手写资源和状态的初始化显示，应用程序层也可查询到光标设备断开连接。示例性地，终端设备成功解注册虚拟光标设备后，应用程序层可查询到光标设备断开连接，终端设备的触控屏上弹出"光标设备解注册成功"或"光标设备已弹出"等提示窗口。

[0240] 终端设备将处理触控屏中产生的事件的模块从事件适配加工模块切换到手写事件转换模块。

[0241] 第一种可能的实现中终端设备删除事件适配加工模块，以及增加手写事件转换模块。终端设备处理触控屏中产生的手写事件时，终端设备中保留一个使用中手写事件转换的模块模块，终端设备中删除未使用的事件适配加工模块，以减少终端设备的内存。

[0242] 第二种可能的实现方式中，终端设备保留事件适配加工模块，以及增加手写事件转换模块。

[0243] 第三种可能的实现方式中，终端设备设置有手写事件转换模块以及事件适配加工模块，无需新增手写事件转换模块。终端设备在切换至第一模式时，终端设备将处理触控屏中产生的事件的模块从事件适配加工模块切换到手写事件转换模块。

[0244] S1007. 终端设备基于手写事件转换模块处理手写输入事件。

[0245] 本申请实施例中，终端设备基于手写事件转换模块处理手写输入事件，具体可以参照图9的相关描述。在此不再赘述。

[0246] 可选地，在本申请实施例的光标事件处理流程中（即步骤S1004中），终端设备可根据触控对象的报点位移控制悬浮光标移动，包括：终端设备将触控对象的报点信息转换为坐标信息，终端设备根据坐标信息控制悬浮光标移动。

[0247] 可以理解的是，终端设备获取到的触控对象的报点信息除坐标信息外，还包括其他信息。当终端设备处于光标模式时，悬浮光标的坐标定点需要的是报点信息中的坐标信息，因此，终端设备可以对报点信息进行处理后再进行后续步骤。示例性地，终端设备去除报点信息中除坐标信息外的其他信息，得到坐标信息。例如终端设备可保留触控对象的报点信息中的坐标信息，丢弃其他信息，之后终端设备可以根据坐标信息、Android原有的屏幕的分辨率及屏幕方向（横竖屏）等参数计算光标的实际位置之后，通过Pointer Controller光标显示模块在该坐标位置绘制光标。

[0248] 例如，当触控对象在终端设备的触控屏上进行触控操作时，终端设备生成一系列触控对象的报点信息，报点信息可包括：触控对象的X坐标、触控对象的Y坐标、触控对象感知的物理压力或触摸区域的信号强度、触摸区域或触控对象的横截面积或宽度、触控对象与触控屏表面的距离、触控对象沿触控屏表面X轴向的倾斜度以及触控对象沿触控屏表面Y轴向的倾斜度等。

[0249] 终端设备在使用事件适配加工模块处理光标输入事件时，终端设备在多个报点信息中保留触控对象的X坐标和触控对象的Y坐标并丢弃其他报点信息。事件适配加工模块将报点信息中的触控对象的X坐标和触控对象的Y坐标转换为光标输入事件的坐标信息。

[0250] 以触控对象为手写笔为例，手写笔的报点信息可以包括下述内容：

[0251] ABS_X：（必需）报告手写笔的X坐标。

[0252] ABS_Y：（必需）报告手写笔的Y坐标。

[0253] ABS_PRESSURE：（可选）报告应用于手写笔尖端的物理压力或触摸区域的信号强度。

[0254] ABS_TOOL_WIDTH：（可选）报告触摸区域或手写笔本身的横截面积或宽度。

[0255] ABS_DISTANCE：（可选）报告手写笔与触控屏表面之间的距离。

[0256] ABS_TILT_X：（可选）报告手写笔沿触控屏表面X轴方向的倾斜度。

[0257] ABS_TILT_Y：（可选）报告手写笔沿触控屏表面Y轴方向的倾斜度。

[0258] 终端设备将手写笔的报点信息转化为坐标信息后，可以得到ABS_X和ABS_Y，并对其他ABS_*事件进行丢弃。

[0259] 一种可能的实现中，ABS_X和ABS_Y可以为位移信息，终端设备可以基于ABS_X、ABS_Y、Android原有的屏幕的分辨率及屏幕方向（横竖屏）等参数计算光标实际位置，然后可以通过PointerController光标显示模块在该光标实际位置绘制光标。例如，手写笔在触控屏上滑动过程中，终端设备实时计算出当前时刻光标的实际位置，光标显示模块在该坐标位置绘制光标，从而实现光标的随手写笔移动。

[0260] 另一种可能的实现中，ABS_X和ABS_Y可以为真实的坐标信息，则终端设备可以基于ABS_X和ABS_Y定位到具体的光标实际位置，然后在该光标实际位置绘制光标。

[0261] 以触控对象为手指为例，手指的报点信息可以包括下述内容：

[0262] ABS_MT_POSITION_X（必需）报告手指的 X 坐标。

[0263] ABS_MT_POSITION_Y（必需）报告手指的 Y 坐标。

[0264] ABS_MT_PRESSURE（可选）报告手指在触屏上压力的信号强度。

[0265] ABS_MT_TRACKING_ID（可选）报告手指从触屏开始到释放过程的事件集合 ID。

[0266] ABS_MT_TOUCH_MAJOR（可选）报告手指接触区域主接触面的长轴长度。

[0267] ABS_MT_TOUCH_MINOR（可选）报告手指接触区域主接触面的短轴长度。

[0268] ABS_MT_ORIENTATION（可选）报告手指接触区域主接触面椭圆区域的方向。

[0269] 终端设备将手指的报点信息转化为坐标信息后，可以得到 ABS_MT_POSITION_X 和 ABS_MT_POSITION_Y，并对其他 ABS_MT_*事件进行丢弃。

[0270] 一种可能的实现中，ABS_MT_POSITION_X 和 ABS_MT_POSITION_Y 可以为位移信息，终端设备可以基于 ABS_MT_POSITION_X、ABS_MT_POSITION_Y、Android 原有的屏幕的分辨率及屏幕方向（横竖屏）等参数计算光标实际位置，然后通过光标显示模块 PointerController 在该光标实际位置绘制光标。例如，手指在触控屏上滑动过程中，终端设备实时计算出当前时刻光标的实际位置，光标显示模块在该坐标位置绘制光标，从而实现光标的随手指移动。

[0271] 另一种可能的实现中，ABS_MT_POSITION_X 和 ABS_MT_POSITION_Y 可以为真实的坐标信息，则终端设备可以基于 ABS_MT_POSITION_X 和 ABS_MT_POSITION_Y 定位到具体的光标实际位置，然后在该光标实际位置绘制光标。

[0272] 可以理解的是，本申请实施例提供的终端设备的界面仅作为一种示例，并不构成对本申请实施例的限定。

[0273] 上面结合图1—图12，对本申请实施例提供的方法进行了说明，下面对本申请实施例提供的执行上述方法的装置进行描述。如图13所示，图13为本申请实施例提供的一种触控屏显示装置的结构示意图，该触控屏显示装置可以是本申请实施例中的终端设备，也可以是终端设备内的芯片或芯片系统。

[0274] 如图13所示，触控屏显示装置130可以用于通信设备、电路、硬件组件或者芯片中，该触控屏显示装置包括：处理器1302、接口电路1303和触控屏1304。其中，触控屏1304用于支持触控屏显示方法执行的显示的步骤；处理器1302用于支持触控屏显示装置执行信息处理的步骤，接口电路1303用于支持触控屏显示装置执行接收或发送的步骤。触控屏1304用于接收触控对象的触控操作，也可称作显示单元；处理器1302也可称作处理单元，接口电路1303也可以称为通信单元。

[0275] 具体地，本申请实施例提供的一种触控屏显示装置130，当终端设备处于第一模式时，触控屏1304接收来自触控对象的触发操作；其中，在第一模式下，若触控屏1304接收到第一滑动操作，处理器1302控制用户显示页面内容随着第一滑动操作发生改变；响应于触发操作，触控屏1304显示处于第二模式下的悬浮光标；当终端设备处于第二模式时，若触控屏1304在用户界面接收到第二滑动操作，处理器1302控制悬浮光标随着第二滑动操作的滑动位置移动，且触控屏1304显示的用户界面中的页面内容不发生改变。

[0276] 在一种可能的实现方式中，当终端设备处于第一模式时，若触控屏1304接收到针对目标控件的点击操作，终端设备跳转至目标控件对应的页面；和/或，当终端设备处于第二模式时，若触控屏1304接收到针对目标控件的点击操作，处理器1302将悬浮光标移动至点击操作在触控屏1304中触发的位置。

[0277] 在一种可能的实现方式中，若触控屏1304接收到第二滑动操作，处理器1302控制悬浮光标随着第二滑动操作的滑动位置移动，包括：处理器1302检测到触控对象的第一接触事件时，终端设备进入第一状态；在终端设备处于第一状态时，若处理器1302检测到触控对象未离开触控屏且触控对象在触控屏中产生位移，终端设备进入第二状态；在终端设备处于第二状态时，处理器1302根据触控对象的报点位移控制触控屏1304中悬浮光标移动。

· 48 ·

[0278] 在一种可能的实现方式中，处理器1302根据触控对象的报点位移控制触控屏1304中悬浮光标移动，包括：处理器1302将触控对象的报点信息转换为坐标信息；处理器1302根据坐标信息控制触控屏1304中悬浮光标移动。

[0279] 在一种可能的实现方式中，处理器1302将触控对象的报点信息转换为坐标信息，包括：处理器1302去除报点信息中除坐标信息外的其他信息，得到坐标信息。

[0280] 在一种可能的实现方式中，终端设备进入第一状态之后，在终端设备处于第一状态时，若处理器1302检测到触控对象未在触控屏1304产生位移即离开触控屏1304，终端设备进入第三状态；在终端设备处于第三状态时，若处理器1302检测到触控对象的第二接触事件，且第二接触事件与第一接触事件之间的时间间隔小于时间阈值，以及第二接触事件与第一接触事件各自在触控屏1304所对应位置之间的距离小于距离阈值时，终端设备进入第四状态；在终端设备处于第四状态时，若处理器1302检测到触控对象在触控屏1304产生位移，触控屏1304产生位移处的显示内容突出显示；或者，若处理器1302检测到触控对象离开触控屏1304，触控屏1304在第二接触事件的位置显示焦点光标。

[0281] 在一种可能的实现方式中，当终端设备处于第一模式时，触控屏1304接收来自触控对象的触发操作，包括：当终端设备处于第一模式时，触控屏1304显示第一界面，第一界面包括悬浮按钮；在接收到对悬浮按钮的触发时，触控屏1304在第一界面中展开悬浮按钮，展开后的悬浮按钮包括与第一模式对应的第一控件以及与第二模式对应的第二控件；触控屏1304接收对第二控件的触发操作。

[0282] 在一种可能的实现方式中，触控屏1304显示处于第二模式下的悬浮光标之前，包括：终端设备从第一模式切换到第二模式。

[0283] 在一种可能的实现方式中，终端设备从第一模式切换到第二模式，包括：处理器1302注册虚拟光标设备；处理器1302将处理触控屏1304中产生的事件的模块从手写事件转换模块切换到事件适配加工模块；其中，手写事件转换模块用于处理触控屏1304中的手写事件，事件适配加工模块用于处理触控屏1304中的光标输入事件。

[0284] 在一种可能的实现方式中，处理器1302注册虚拟光标设备，包括：处理器1302创建虚拟的设备标识符；处理器1302使用虚拟的设备标识符创建虚拟的输入设备；处理器1302将输入设备设置为触控对象。

[0285] 在一种可能的实现方式中，处理器1302将处理触控屏1304中产生的事件的模块从手写事件转换模块切换到事件适配加工模块，包括：处理器1302删除手写事件转换模块，以及增加事件适配加工模块。

[0286] 在一种可能的实现方式中，在终端设备从第二模式切换到第一模式时，处理器1302解注册虚拟光标设备。

[0287] 在一种可能的实现方式中，处理器1302解注册虚拟光标设备，包括：处理器1302删除事件适配加工模块，以及增加手写事件转换模块。

[0288] 在一种可能的实现方式中，当终端设备处于第一模式时，接收来自触控对象的触发操作包括：当终端设备处于第一模式时，接口电路1303接收来自手写笔的触发指令；触发指令为：手写笔的目标按钮接收到用户的单击操作、双击操作或长按操作时产生的，或者，手写笔执行预设笔势动作时产生的。

[0289] 在一种可能的实现方式中，当终端设备处于第二模式时，若触控屏1304接收到触控对象的用于向第一模式切换的操作，触控屏1304取消悬浮光标的显示以及进入第一模式；当终端设备处于第一模式时，若触控屏1304在用户界面接收到滑动操作，则处理器1302基于滑动操作实现下述一项或多项功能：页面翻页、页面滑动、页面上显示滑动轨迹、显示动效或者显示用于删除消息的提示框。

[0290] 在一种可能的实现方式中，在终端设备处于第二模式时，接口电路1303与大屏设备建立

连接，以及将触控屏1304中显示的内容投屏在大屏设备；或者，在接口电路1303与大屏设备建立连接后，终端设备进入第二模式，以及将触控屏1304中显示的内容投屏在大屏设备。

[0291] 在一种可能的实施例中，触控屏显示装置130还可以包括：存储单元1301。存储单元1301、处理器1302、接口电路1303以及触控屏1304通过线路相连。

[0292] 存储单元1301可以包括一个或者多个存储器，存储器可以是一个或者多个设备、电路中用于存储程序或者数据的器件。

[0293] 存储单元1301可以独立存在，通过通信线路与触控屏显示装置具有的处理器1302相连。存储单元1301可以和处理器1302集成在一起。

[0294] 存储单元1301可以存储终端设备中的方法的计算机执行指令，以使处理器1302执行上述实施例中的方法。

[0295] 存储单元1301可以是寄存器、缓存或者RAM等，存储单元1301可以和处理器1302集成在一起。存储单元1301可以是只读存储器（read–onlymemory，ROM）或者可存储静态信息和指令的其他类型的静态存储设备，存储单元1301可以与处理器1302相独立。

[0296] 可能的实现方式中，本申请实施例中的计算机执行指令也可以称之为应用程序代码，本申请实施例对此不作具体限定。

[0297] 可选地，接口电路1303还可以包括发送器和/或接收器。可选地，上述处理器1302可以包括一个或多个CPU，还可以是其他通用处理器、数字信号处理器（digital signal processor，DSP）、专用集成电路（application specific integrated circuit，ASIC）等。通用处理器可以是微处理器或者该处理器也可以是任何常规的处理器等。结合本申请所公开的方法的步骤可以直接体现为硬件处理器执行完成，或者用处理器中的硬件及软件模块组合执行完成。

[0298] 本申请实施例还提供了一种计算机可读存储介质。上述实施例中描述的方法可以全部或部分地通过软件、硬件、固件或者其任意组合来实现。如果在软件中实现，则功能可以作为一个或多个指令或代码存储在计算机可读介质上或者在计算机可读介质上传输。计算机可读介质可以包括计算机存储介质和通信介质，还可以包括任何可以将计算机程序从一个地方传送到另一个地方的介质。存储介质可以是可由计算机访问的任何目标介质。

[0299] 一种可能的实现方式中，计算机可读介质可以包括RAM、ROM、只读光盘（compact disc read–only memory，CD–ROM）或其他光盘存储器、磁盘存储器或其他磁存储设备，或目标于承载的任何其他介质或以指令或数据结构的形式存储所需的程序代码，并且可由计算机访问。而且，任何连接被适当地称为计算机可读介质。例如，如果使用同轴电缆、光纤电缆、双绞线、数字用户线（Digital Subscriber Line，DSL）或无线技术（如红外、无线电和微波）从网站、服务器或其他远程源传输软件，则同轴电缆、光纤电缆、双绞线、DSL或诸如红外、无线电和微波之类的无线技术包括在介质的定义中。如本文所使用的磁盘和光盘包括光盘、激光盘、光盘*、数字通用光盘（Digital versatile disc，DVD）、软盘和蓝光盘，其中磁盘通常以磁性方式再现数据，而光盘利用激光光学地再现数据。上述的组合也应包括在计算机可读介质的范围内。

[0300] 本申请实施例是参照根据本申请实施例的方法、设备（系统）和计算机程序产品的流程图和/或方框图来描述的。应理解可由计算机程序指令实现流程图和/或方框图中的每一流程和/或方框以及流程图和/或方框图中的流程和/或方框的结合。可提供这些计算机程序指令到通用计算机、专用计算机、嵌入式处理机或其他可编程数据处理设备的处理单元以产生一个机器，使得通过计算机或其他可编程数据处理设备的处理单元执行的指令产生用于实现在流程图一个流程或多个流程和/或方框图一个方框或多个方框中指定的功能的装置。

[0301] 以上的具体实施方式，对本发明的目的、技术方案和有益效果进行了进一步详细说明，所应理解的是，以上仅为本发明的具体实施方式而已，并不用于限定本发明的保护范围，凡在本发明的技术方案的基础之上，所做的任何修改、等同替换、改进等，均应包括在本发明的保护范围之内。

---

* 原文件如此，疑为笔误。——编辑注

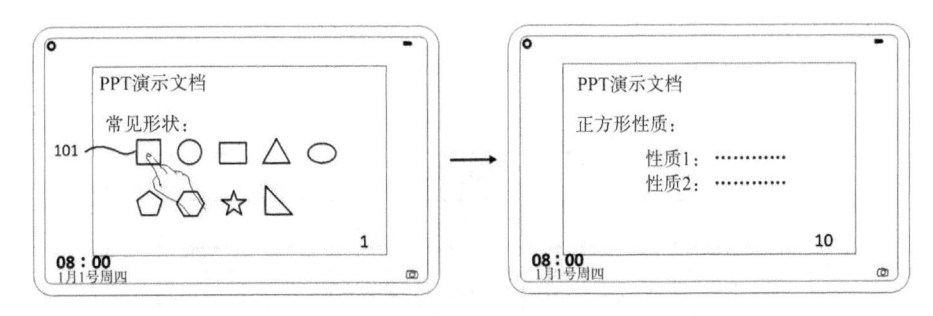

说 明 书 附 图

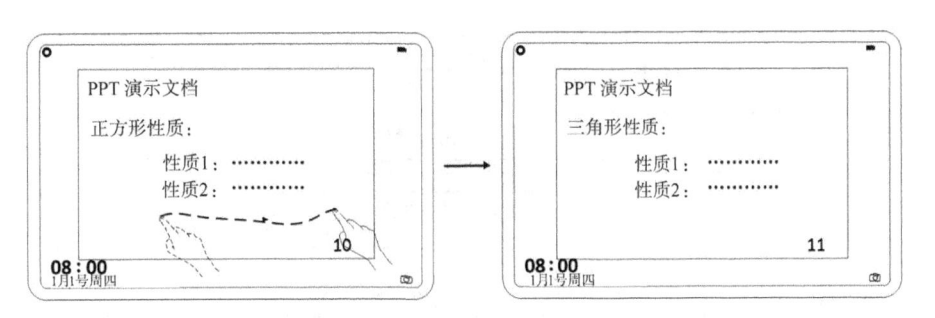

图 1

图 2

图 3

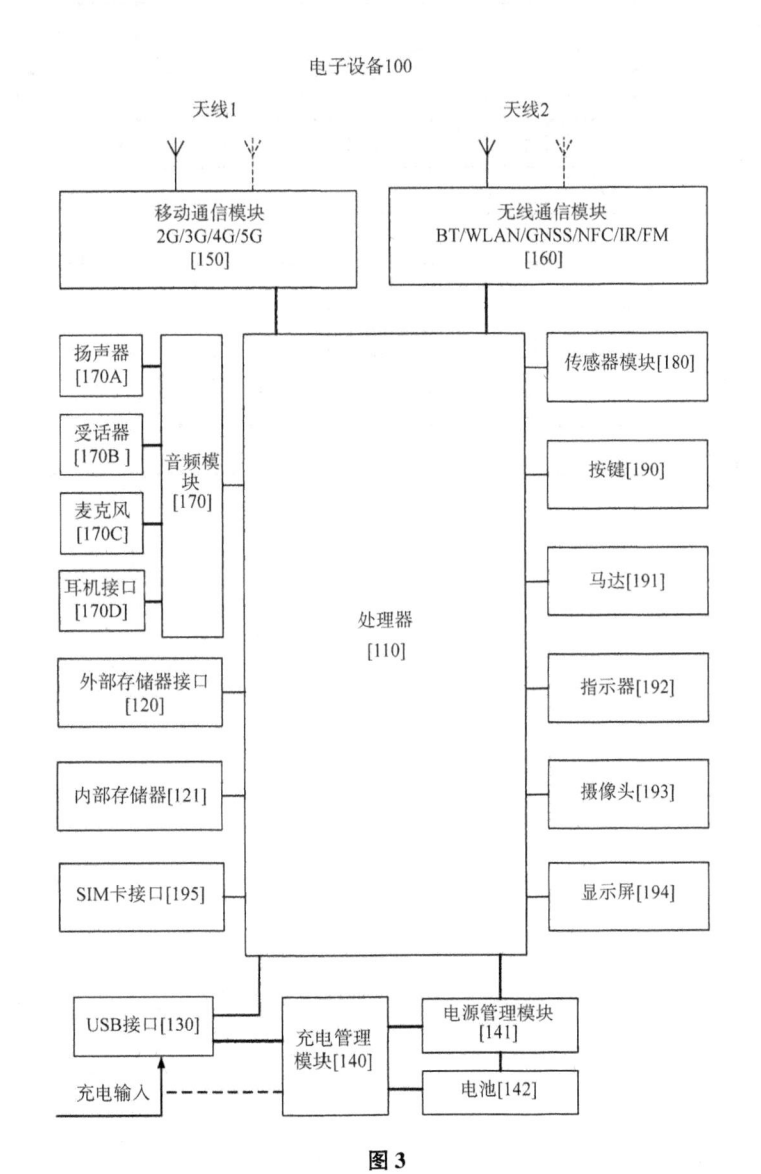

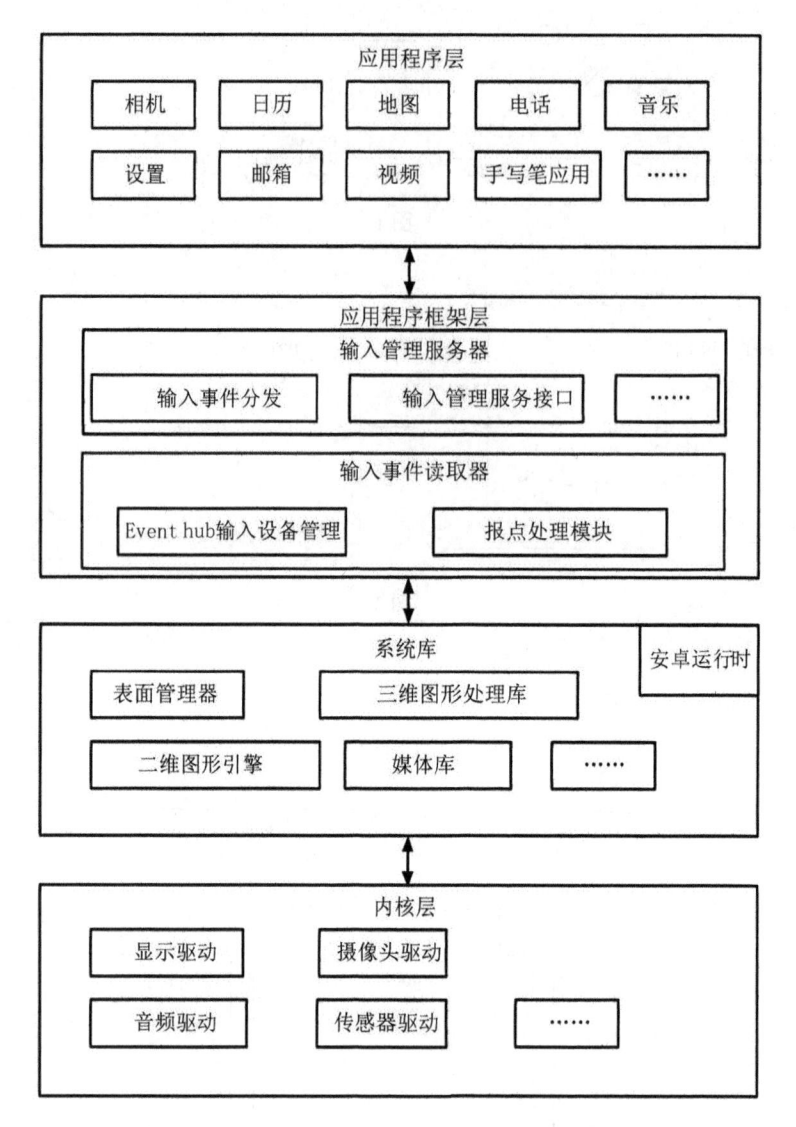

```
┌─────────────────────────────────────────────────────┐
│                    应用程序层                        │
│  ┌────┐  ┌────┐  ┌────┐  ┌────┐  ┌────┐            │
│  │相机│  │日历│  │地图│  │电话│  │音乐│            │
│  └────┘  └────┘  └────┘  └────┘  └────┘            │
│  ┌────┐  ┌────┐  ┌────┐  ┌────────┐ ┌────┐         │
│  │设置│  │邮箱│  │视频│  │手写笔应用│ │……  │        │
│  └────┘  └────┘  └────┘  └────────┘ └────┘         │
└─────────────────────────────────────────────────────┘
                        ↕
┌─────────────────────────────────────────────────────┐
│                  应用程序框架层                      │
│  ┌─────────────────────────────────────────────┐   │
│  │              输入管理服务器                  │   │
│  │  ┌──────────┐  ┌──────────────┐  ┌────┐    │   │
│  │  │输入事件分发│ │输入管理服务接口│ │……  │    │   │
│  │  └──────────┘  └──────────────┘  └────┘    │   │
│  └─────────────────────────────────────────────┘   │
│  ┌─────────────────────────────────────────────┐   │
│  │              输入事件读取器                  │   │
│  │  ┌──────────────────┐  ┌──────────────┐    │   │
│  │  │Event hub输入设备管理│ │报点处理模块  │    │   │
│  │  └──────────────────┘  └──────────────┘    │   │
│  └─────────────────────────────────────────────┘   │
└─────────────────────────────────────────────────────┘
                        ↕
┌─────────────────────────────────────┐ ┌───────────┐
│              系统库                 │ │ 安卓运行时 │
│  ┌──────────┐  ┌──────────────┐    │ │           │
│  │表面管理器│  │三维图形处理库│    │ │           │
│  └──────────┘  └──────────────┘    │ │           │
│  ┌──────────┐  ┌──────┐  ┌────┐    │ │           │
│  │二维图形引擎│ │媒体库│  │……  │    │ │           │
│  └──────────┘  └──────┘  └────┘    │ │           │
└─────────────────────────────────────┘ └───────────┘
                        ↕
┌─────────────────────────────────────────────────────┐
│                     内核层                          │
│  ┌──────────┐  ┌──────────┐                        │
│  │ 显示驱动 │  │摄像头驱动│                        │
│  └──────────┘  └──────────┘                        │
│  ┌──────────┐  ┌──────────┐  ┌────┐                │
│  │ 音频驱动 │  │传感器驱动│  │……  │                │
│  └──────────┘  └──────────┘  └────┘                │
└─────────────────────────────────────────────────────┘
```

图 4

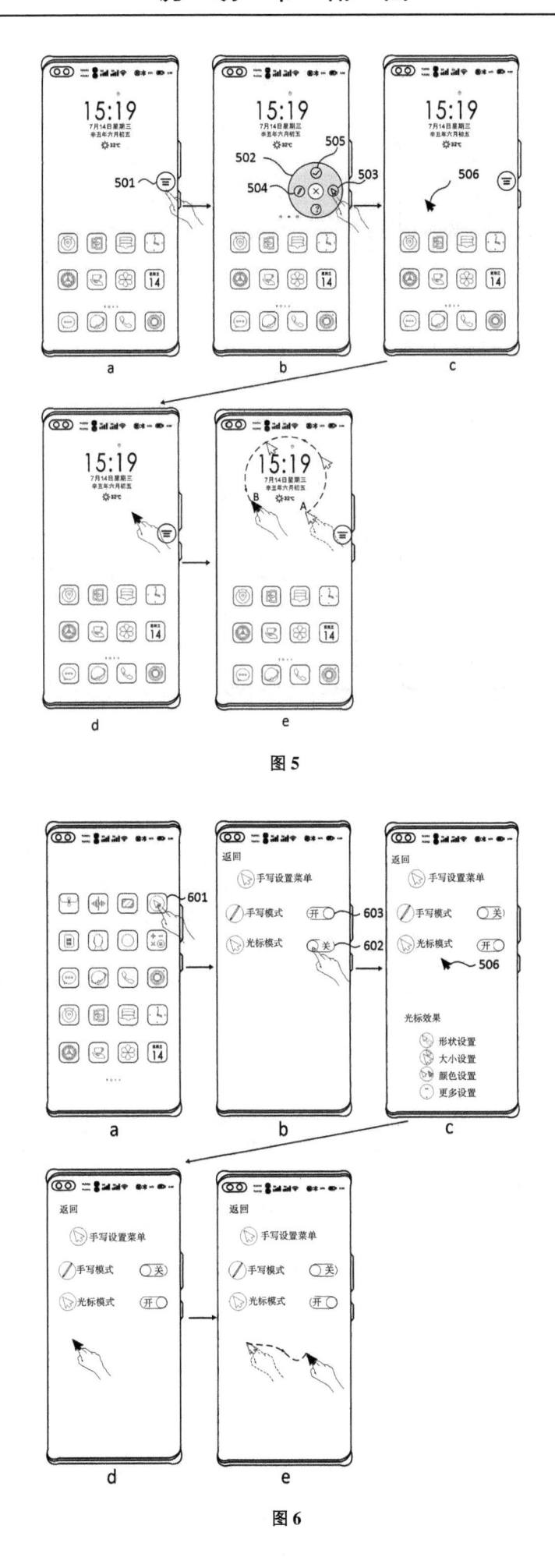

图 5

图 6

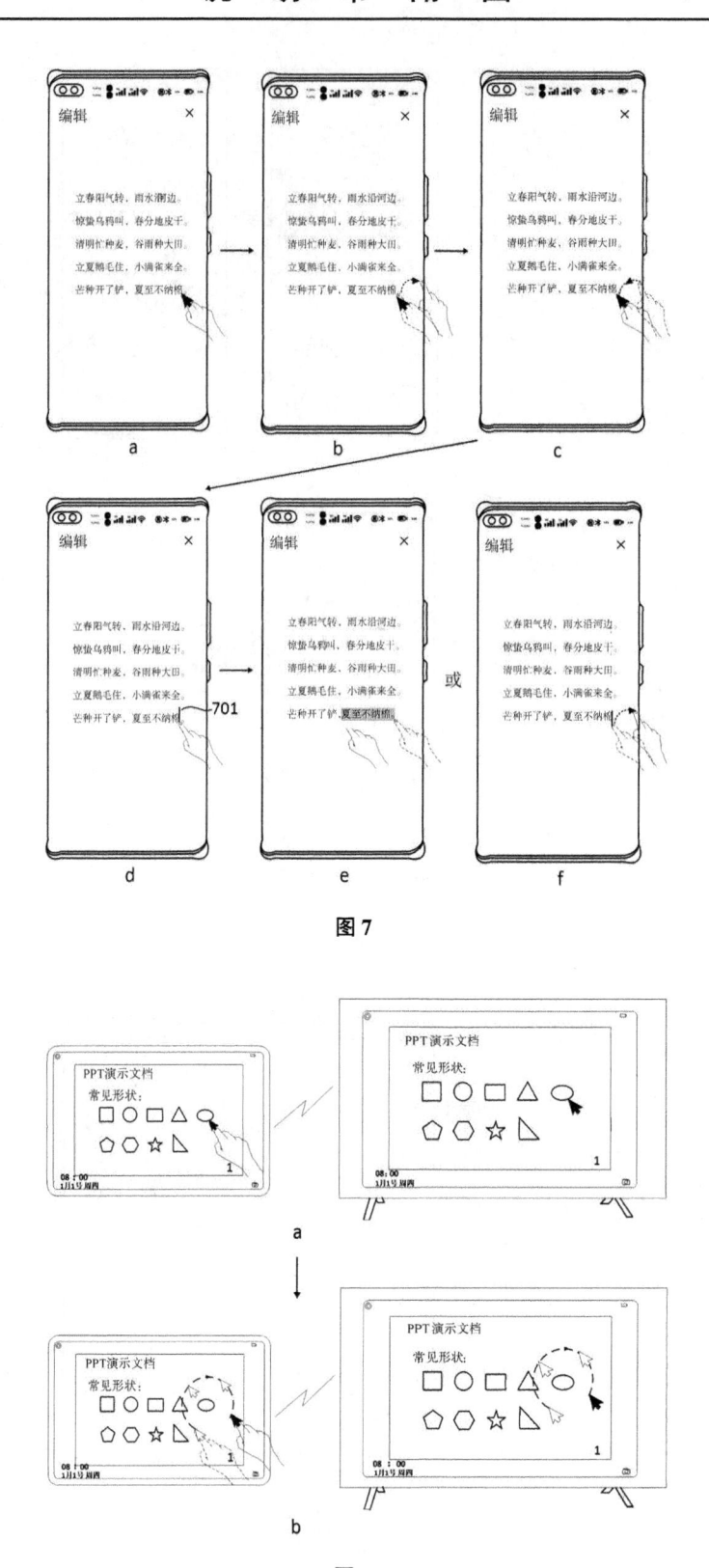

图 7

图 8

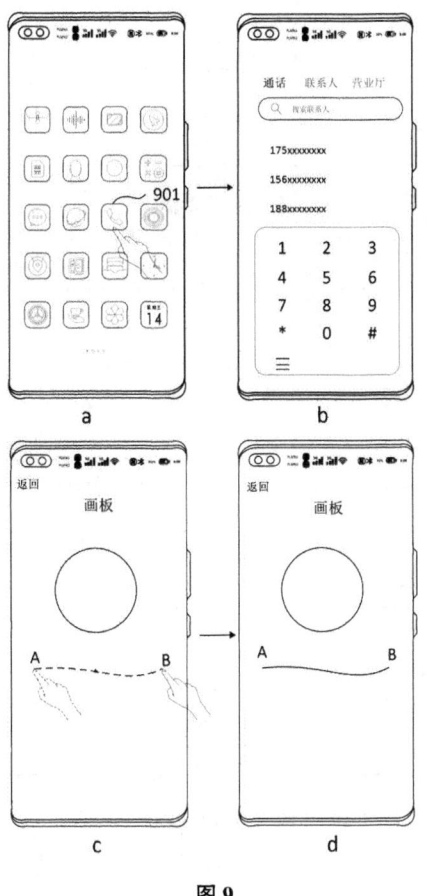

图 9

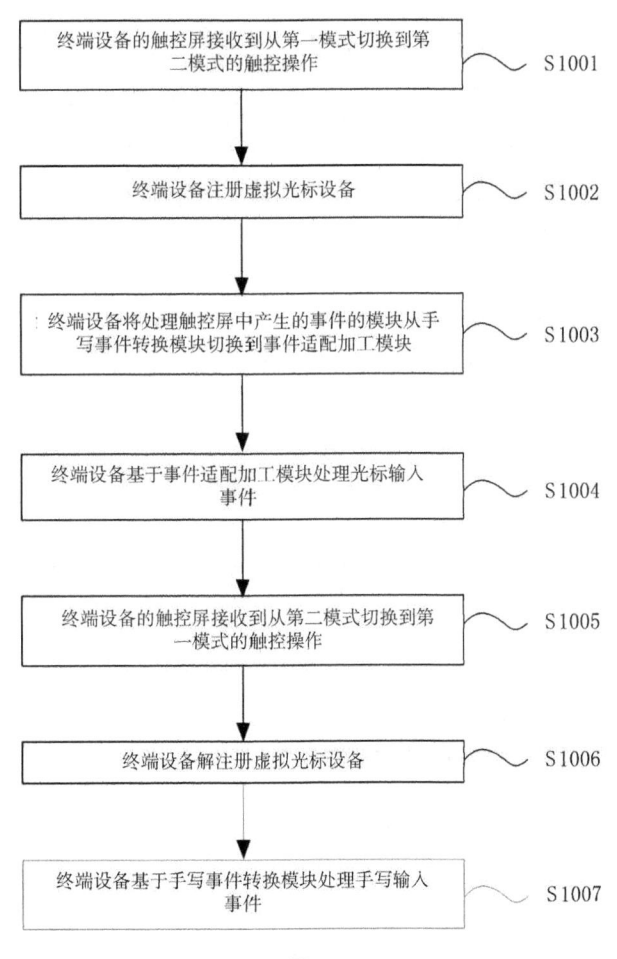

图 10

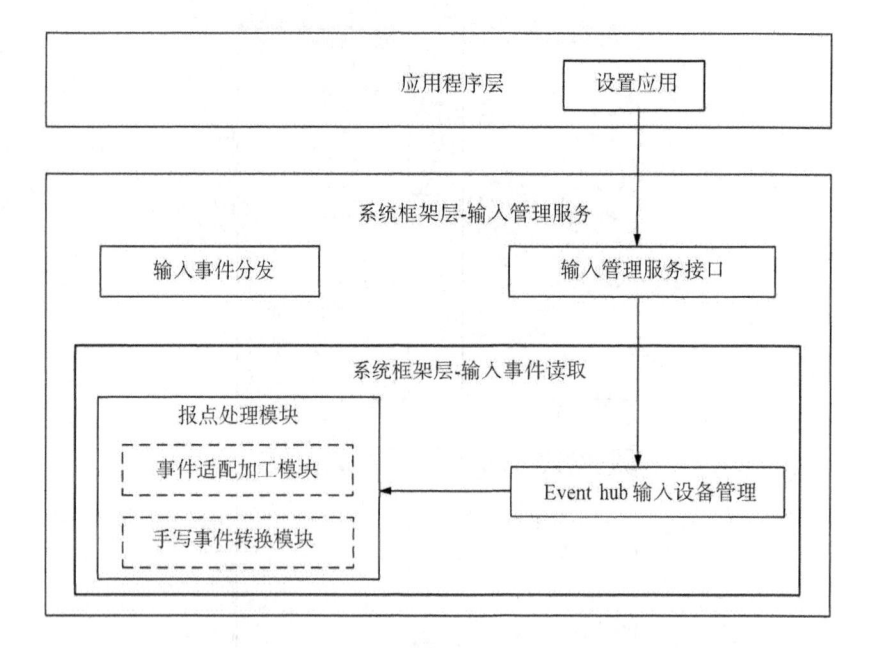

图 11

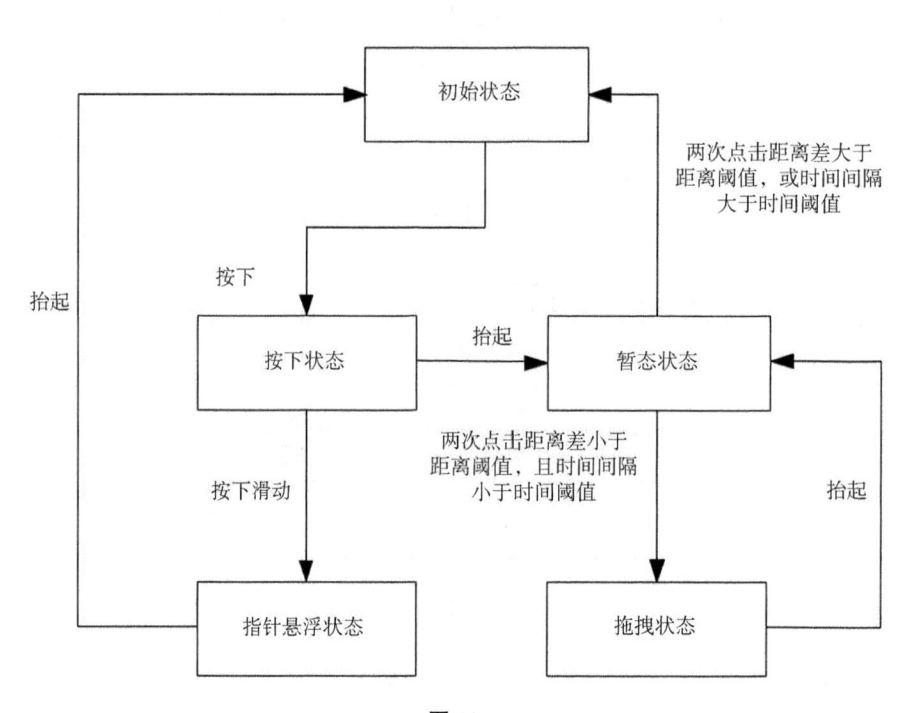

图 12

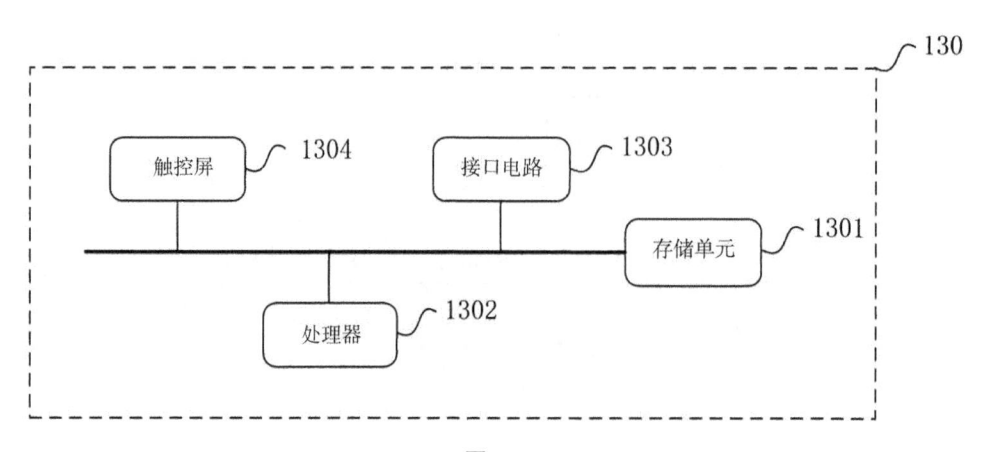

图 13

(19) 国家知识产权局

(12) 发明专利

(10) 授权公告号 CN 112537294 B
(45) 授权公告日 2022.05.17

(21) 申请号 202011537869.1

(22) 申请日 2020.12.23

(65) 同一申请的已公布的文献号
申请公布号 CN 112537294 A

(43) 申请公布日 2021.03.23

(73) 专利权人 上汽通用汽车有限公司
地址 201206 上海市浦东新区自由贸易试验区申江路1500号
专利权人 泛亚汽车技术中心有限公司

(72) 发明人 刘红星 范海波 严志明 雍建军

(74) 专利代理机构 北京信诺创成知识产权代理有限公司 11728
专利代理师 张伟杰 杨仁波

(51) Int. Cl.
B60W 30/06 (2006.01)

(56) 对比文件
CN 109843682 A, 2019.06.04
CN 109843681 A, 2019.06.04
审查员 李吉祥

(54) 发明名称
自动泊车控制方法及电子设备

(57) 摘要
本发明公开一种自动泊车控制方法及电子设备，方法包括：响应于自动泊车请求，查找车位，并规划泊入所述车位的泊车轨迹；在所述泊车轨迹上，确定多个路径控制点，所述路径控制点将所述泊车轨迹分为多段；在所述车位上，确定车位控制点，确定所述车位控制点的基准检测位置；控制车辆从泊车起点开始按照所述泊车轨迹泊入所述车位，每当车辆到达一所述路径控制点，基于所述车位控制点与车辆当前位置的相对位置关系，确定所述车位控制点的实际检测位置，基于所述车位控制点的实际检测位置与基准检测位置的差值，修正下一段泊车轨迹。本发明通过车位控制点的确立，给路径跟踪过程提供基于误差修正的控制策略，从而提升泊车成功率和泊车精度。

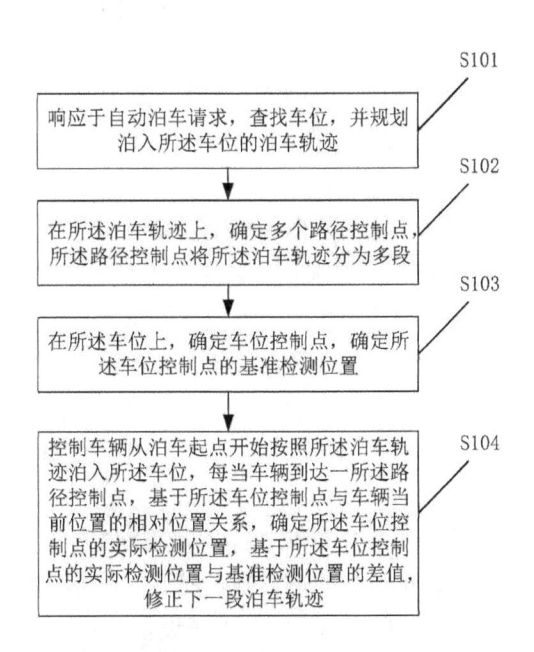

权 利 要 求 书

1. 一种自动泊车控制方法，其特征在于，包括：

响应于自动泊车请求，查找车位，并规划泊入所述车位的泊车轨迹；

在所述泊车轨迹上，确定多个路径控制点，所述路径控制点将所述泊车轨迹分为多段；在所述车位上，确定车位控制点，确定所述车位控制点的基准检测位置；

控制车辆从泊车起点开始按照所述泊车轨迹泊入所述车位，每当车辆到达一所述路径控制点，基于所述车位控制点与车辆当前位置的相对位置关系，确定所述车位控制点的实际检测位置，基于所述车位控制点的实际检测位置与基准检测位置的差值，修正下一段泊车轨迹。

2. 根据权利要求1所述的自动泊车控制方法，其特征在于：

所述确定所述车位控制点的基准检测位置，具体包括：

以所述泊车起点的位置作为原点建立坐标系，确定所述车位控制点在所述坐标系中的坐标作为基准检测位置；

所述基于所述车位控制点与车辆当前位置的相对位置关系，确定所述车位控制点相对于泊车起点的位置作为实际检测位置，具体包括：

获取所到达的路径控制点在所述坐标系中的坐标作为路径控制点坐标；

获取所述车位控制点与车辆当前位置的相对位置关系，基于所述路径控制点坐标、所述车位控制点与车辆当前位置的相对位置关系，确定所述车位控制点在所述坐标系中的坐标作为实际检测位置。

3. 根据权利要求1所述的自动泊车控制方法，其特征在于，所述车位控制点为所述车位靠近车辆一侧的顶点。

4. 根据权利要求3所述的自动泊车控制方法，其特征在于，所述在所述车位上，确定车位控制点，具体包括：

通过图像识别方式从所述车位上，识别所述车位靠近车辆一侧的顶点作为车位控制点。

5. 根据权利要求4所述的自动泊车控制方法，其特征在于，所述通过图像识别方式从所述车位上，识别所述车位靠近车辆一侧的顶点作为车位控制点，具体包括：

获取所述车位的图像；

从所述图像中提取颜色及角点信息，确定所述车位靠近车辆一侧的顶点作为车位控制点。

6. 根据权利要求1所述的自动泊车控制方法，其特征在于，所述在所述车位上，确定车位控制点，具体包括：

在所述车位上，确定多个车位控制点。

7. 根据权利要求6所述的自动泊车控制方法，其特征在于，所述在所述车位上，确定多个车位控制点，具体包括：

在所述车位的两侧，分别确定至少一个车位控制点。

8. 根据权利要求1所述的自动泊车控制方法，其特征在于，所述基于所述车位控制点的实际检测位置与基准检测位置的差值，修正下一段泊车轨迹，具体包括：

如果所述差值在预设差值允许范围内，则修正下一段泊车轨迹；

如果所述差值在预设差值运行范围外，则重新规划到所述车位的泊车轨迹。

9. 根据权利要求1至8任一项所述的自动泊车控制方法，其特征在于，所述修正下一段泊车轨迹，具体包括：

将泊车轨迹控制点向消除所述差值方向修正，得到新的泊车轨迹控制点；

基于新的泊车轨迹控制点和下一轨迹泊车控制点确定到达下一轨迹泊车控制点的泊车轨迹。

10. 一种自动泊车控制电子设备，其特征在于，包括：

至少一个处理器；以及，

与至少一个所述处理器通信连接的存储器；其中，

所述存储器存储有可被至少一个所述处理器执行的指令，所述指令被至少一个所述处理器执行，以使至少一个所述处理器能够执行如权利要求1至9任一项所述的自动泊车控制方法所有步骤。

说明书

自动泊车控制方法及电子设备

技术领域

[0001] 本发明涉及汽车相关技术领域，特别是一种自动泊车控制方法及电子设备。

背景技术

[0002] 随着车辆智能化的进一步提升，人们更加依赖于驾驶辅助系统来完成对车辆的一些操作。而自动泊车作为车辆智能化的一项重要功能，可以方便地协助驾驶员将车辆停靠于车位中来。该系统已被各大汽车企业广泛应用于实际车辆。

[0003] 现有的基于360°环视系统的自动泊车方法，均采用开环控制。在车位环境较为理想的情况下，初始车位识别较为精准时，可以实现自动泊车。但当初始车位信息存在偏差，则会出现概率性泊车偏移车位较多或泊车失败的情况。在目前成熟的技术方案中，存在借助超声波传感器做位姿修正，但其修正过程局限于泊车的最后阶段，且车位两端存在障碍车辆或障碍物的情况。

[0004] 如中国专利"一种基于超声波和视觉传感器相融合的泊车车位检测方法"（专利申请号：201810178138.9，公布号：CN108281041A）。该专利依靠超声波传感器进行空间车位检测，利用视觉传感器进行车位线计算，针对两种传感器进行车位判定以及决策级进行数据融合，从而判定车位情况。

[0005] 然而，该专利技术方案，只是针对车位进行判断，并未对泊车进行修正，对于初始车位识别较为精准时，可以实现自动泊车。但当初始车位信息存在偏差，则会出现概率性泊车偏移车位较多或泊车失败的情况。

[0006] 中国专利"一种自动泊车的控制方法及自动泊车系统"（专利申请号：201811493030.5，公布号：CN109501797A）。该专利通过搜索车位空间，判定合格泊车位，进入自动泊车模式。允许驾驶员在车辆揉库时踩踏油门踏板测量，满足特殊场景的泊车需求。

[0007] 然而该专利技术方案需要驾驶员踩踏油门踏板测量，并不能满足自动泊车需求。

[0008] 中国专利"基于全景视觉辅助系统的自动泊车停车位检测与识别系统"（专利申请号：201710864999.8，公布号：CN107738612A）。该专利重点在于对车位的识别方面，通过全景视觉检测停车线周长识别车位和车位有效判定，依据车位内部灰度变化值差异和障碍物高度完成车位是否为空检测，从而实现高效准确的停车位检测和识别。

[0009] 该专利同样未在泊车过程对泊车路径进行修正，当初始车位信息存在偏差，则会出现概率性泊车偏移车位较多或泊车失败的情况。

[0010] 中国专利"泊车路径设置方法及系统"（专利申请号：201811594913.5，公布号：CN109733384A）。该专利重点在于对泊车路径规划方面，通过确定好的泊车车位信息以及泊车初始位姿信息，生成至少包含两个参考点的泊车路径参考点，根据专家经验，为所述泊车路径中的各所述中间参考点预设浮动区域坐标及相应的航向角度阈值，实时检测待泊车辆的当前坐标及当前航向角度，根据所述当前坐标与所述浮动区域坐标的关系以及所述当前航向角度与所述航向角度阈值的关系，更新所述泊车路径。

[0011] 然而该专利是基于泊车路径参考点的预设浮动区域坐标及相应的航向角度阈值，来更新泊车路径。因此，其必须在开始泊车前为泊车路径参考点选择合适的浮动区域坐标及航向角度阈值。而该浮动区域坐标及航向角度阈值是根据专家经验得到的，因此其具有明显的局限性，专家无法针对所有的车位信息进行判断。一旦车位的情况不符合专家经验，则所设定的浮动区域坐标及航向角度阈值将失效。

发明内容

[0012] 基于此，有必要提供一种自动泊车控制方法及电子设备。

[0013] 本发明提供一种自动泊车控制方法，包括：

[0014] 响应于自动泊车请求，查找车位，并规划泊入所述车位的泊车轨迹；

[0015] 在所述泊车轨迹上，确定多个路径控制点，所述路径控制点将所述泊车轨迹分为多段；

[0016] 在所述车位上，确定车位控制点，确定所述车位控制点的基准检测位置；

[0017] 控制车辆从泊车起点开始按照所述泊车轨迹泊入所述车位，每当车辆到达一所述路径控制点，基于所述车位控制点与车辆当前位置的相对位置关系，确定所述车位控制点的实际检测位置，基于所述车位控制点的实际检测位置与基准检测位置的差值，修正下一段泊车轨迹。

[0018] 进一步地：

[0019] 所述确定所述车位控制点的基准检测位置，具体包括：

[0020] 以所述泊车起点的位置作为原点建立坐标系，确定所述车位控制点在所述坐标系中的坐标作为基准检测位置；

[0021] 所述基于所述车位控制点与车辆当前位置的相对位置关系，确定所述车位控制点相对于泊车起点的位置作为实际检测位置，具体包括：

[0022] 获取所到达的路径控制点在所述坐标系中的坐标作为路径控制点坐标；

[0023] 获取所述车位控制点与车辆当前位置的相对位置关系，基于所述路径控制点坐标、所述车位控制点与车辆当前位置的相对位置关系，确定所述车位控制点在所述坐标系中的坐标作为实际检测位置。

[0024] 进一步地，所述车位控制点为所述车位靠近车辆一侧的顶点。

[0025] 更进一步地，所述在所述车位上，确定车位控制点，具体包括：

[0026] 通过图像识别方式从所述车位上，识别所述车位靠近车辆一侧的顶点作为车位控制点。

[0027] 更进一步地，所述通过图像识别方式从所述车位上，识别所述车位靠近车辆一侧的顶点作为车位控制点，具体包括：

[0028] 获取所述车位的图像；

[0029] 从所述图像中提取颜色及角点信息，确定所述车位靠近车辆一侧的顶点作为车位控制点。

[0030] 进一步地，所述在所述车位上，确定车位控制点，具体包括：

[0031] 在所述车位上，确定多个车位控制点。

[0032] 更进一步地，所述在所述车位上，确定多个车位控制点，具体包括：

[0033] 在所述车位的两侧，分别确定至少一个车位控制点。

[0034] 进一步地，所述基于所述车位控制点的实际检测位置与基准检测位置的差值，修正下一段泊车轨迹，具体包括：

[0035] 如果所述差值在预设差值允许范围内，则修正下一段泊车轨迹；

[0036] 如果所述差值在预设差值运行范围外，则重新规划到所述车位的泊车轨迹。

[0037] 再进一步地，所述修正下一段泊车轨迹，具体包括：

[0038] 将泊车轨迹控制点向消除所述差值方向修正，得到新的泊车轨迹控制点；

[0039] 基于新的泊车轨迹控制点和下一轨迹泊车控制点确定到达下一轨迹泊车控制点的泊车轨迹。

[0040] 本发明提供一种自动泊车控制电子设备，包括：

[0041] 至少一个处理器；以及，

[0042] 与至少一个所述处理器通信连接的存储器；其中，

[0043] 所述存储器存储有可被至少一个所述处理器执行的指令，所述指令被至少一个所述处理器执行，以使至少一个所述处理器能够执行如前所述的自动泊车控制方法所有步骤。

[0044] 本发明在泊车轨迹上确定路径控制点，从泊车车位上确定车位上的车位控制点，在每一路径控制点，基于车位控制点与车辆当前位置的相对位置关系，确定车位控制点的实际检测位置，并计算车位控制点的实际检测位置与基准检测位置的差值，从而将差值用于车位调整逻辑和误差调

整量的计算。通过车位控制点的确立，给路径跟踪过程提供基于误差修正的控制策略，从而提升泊车成功率和泊车精度。

附图说明

[0045] 图1为本发明一实施例一种自动泊车控制方法的工作流程图；

[0046] 图2为本发明误差消除的原理说明图；

[0047] 图3为本发明最佳实施例实现自动泊车控制方法的系统的系统原理图；

[0048] 图4为泊车路径及路径控制点示意图；

[0049] 图5为泊车过程示意图；

[0050] 图6为本发明一实施例一种自动泊车控制电子设备的硬件结构示意图。

具体实施方式

[0051] 下面结合附图和具体实施例对本发明做进一步详细的说明。

[0052] 实施例一

[0053] 如图1所示为本发明一种自动泊车控制方法的工作流程图，包括：

[0054] 步骤S101，响应于自动泊车请求，查找车位，并规划泊入所述车位的泊车轨迹；

[0055] 步骤S102，在所述泊车轨迹上，确定多个路径控制点，所述路径控制点将所述泊车轨迹分为多段；

[0056] 步骤S103，在所述车位上，确定车位控制点，确定所述车位控制点的基准检测位置；

[0057] 步骤S104，控制车辆从泊车起点开始按照所述泊车轨迹泊入所述车位，每当车辆到达一所述路径控制点，基于所述车位控制点与车辆当前位置的相对位置关系，确定所述车位控制点的实际检测位置，基于所述车位控制点的实际检测位置与基准检测位置的差值，修正下一段泊车轨迹。

[0058] 具体来说，本发明可以应用于车载电子控制器单元（Electronic Control Unit, ECU）。

[0059] 当驾驶员启动自动泊车功能，例如点击自动泊车按键，则产生自动泊车请求，触发步骤S101，查找车位，并规划泊车轨迹。然后，在步骤S102中，在所述泊车轨迹上，确定多个路径控制点，所述路径控制点将所述泊车轨迹分为多段。路径控制点的选择可以采用多种方式选择。例如将泊车路径平分为多段，将相邻两段泊车路径的衔接点作为泊车控制点。在步骤S103中，基于驾驶员所确定的车位，在所述车位上选定车位控制点，并确定车位控制点的基准检测位置。

[0060] 然后步骤S104控制车辆自动泊入车位。在泊入车位的过程中，每当车辆到达一所述路径控制点，基于所述车位控制点与车辆当前位置的相对位置关系，确定所述车位控制点的实际检测位置，基于所述车位控制点的实际检测位置与基准检测位置的差值，修正下一段泊车轨迹。所述车位控制点与车辆当前位置的相对位置关系包括车位控制点与车辆当前位置的距离及方向。

[0061] 在规划泊车路径时，确定了路径控制点。然而，在实际的泊车过程中，车辆可能会出现偏离，即实际的泊车轨迹与规划的泊车轨迹有偏差。因此，当车辆到达规划的路径控制点时，其会有一定的偏差。而车位是不变的。因此，在车辆到达路径控制点时，通过检测车位控制点的实际检测位置与基准检测位置的差值，从而判断车辆的当前位置与规划的路径控制点是否有偏差。并基于差值，修正泊车路径。每当车辆到达路径控制点，则根据车位控制点的实际检测位置与基准检测位置的差值，修正到达下一路径控制点的泊车轨迹。

[0062] 本发明在泊车轨迹上确定路径控制点，从泊车车位上确定车位上的车位控制点，在每一路径控制点，基于车位控制点与车辆当前位置的相对位置关系，确定车位控制点的实际检测位置，并计算车位控制点的实际检测位置与基准检测位置的差值，从而将差值用于车位调整逻辑和误差调整量的计算。通过车位控制点的确立，给路径跟踪过程提供基于误差修正的控制策略，从而提升泊车成功率和泊车精度。

[0063] 在其中一个实施例中：

[0064] 所述确定所述车位控制点的基准检测位置，具体包括：

[0065] 以所述泊车起点的位置作为原点建立坐标系，确定所述车位控制点在所述坐标系中的坐标作为基准检测位置；

[0066] 所述基于所述车位控制点与车辆当前位置的相对位置关系，确定所述车位控制点相对于泊车起点的位置作为实际检测位置，具体包括：

[0067] 获取所到达的路径控制点在所述坐标系中的坐标作为路径控制点坐标；

[0068] 获取所述车位控制点与车辆当前位置的相对位置关系，基于所述路径控制点坐标、所述车位控制点与车辆当前位置的相对位置关系，确定所述车位控制点在所述坐标系中的坐标作为实际检测位置。

[0069] 具体来说，如图2所示，以泊车起点的位置21为原点建立坐标系，确定车位控制点22的坐标作为基准检测位置。在泊车轨迹23上确定路径控制点24，当车辆到达路径控制点24时，检测车辆当前位置与车位控制点22的相对位置关系。当车辆的实际泊车轨迹与规划的泊车轨迹23有偏差时，车辆当前位置将不在路径控制点24，而在实际位置25。因此，此时测量到车辆当前位置与车位控制点22的相对位置关系为线段26。而由于车辆认为自己到达了路径控制点24，因此，将以路径控制点24的坐标计算车位控制点22的坐标，因此，以路径控制点24的坐标为基准，以平行且长度相等的线段27延伸，则得到车位控制点22此时的实际检测位置28。因此得到实际检测位置28与基准检测位置的差值29。基于该差值29，将到达下一路径控制点210的泊车路径211，修正为新的泊车路径212，最终停入车位214。

[0070] 本实施例通过坐标变换，实现对车位控制点的比较。

[0071] 在其中一个实施例中，所述车位控制点为所述车位靠近车辆一侧的顶点。

[0072] 本实施例采用顶点作为车位控制点，更为容易识别。

[0073] 在其中一个实施例中，所述在所述车位上，确定车位控制点，具体包括：

[0074] 通过图像识别方式从所述车位上，识别所述车位靠近车辆一侧的顶点作为车位控制点。

[0075] 本实施例通过图像识别车位控制点，具体可以通过安装于车辆四周的鱼眼镜头，采集周围环境信息，结合机器视觉方法对驾驶员选定的某一边车位进行检测与识别。

[0076] 在其中一个实施例中，所述通过图像识别方式从所述车位上，识别所述车位靠近车辆一侧的顶点作为车位控制点，具体包括：

[0077] 获取所述车位的图像；

[0078] 从所述图像中提取颜色及角点信息，确定所述车位靠近车辆一侧的顶点作为车位控制点。

[0079] 本实施例通过颜色和角点信息，确定车位控制点，更为准确有效。

[0080] 在其中一个实施例中，所述在所述车位上，确定车位控制点，具体包括：

[0081] 在所述车位上，确定多个车位控制点。

[0082] 本实施例设置多个车位控制点，在其中一个车位控制点处于检测盲区时，可以采用另外的车位控制点进行检测，避免部分车位控制点处于检测盲区无法检测，从而提高检测效率。

[0083] 在其中一个实施例中，所述在所述车位上，确定多个车位控制点，具体包括：

[0084] 在所述车位的两侧，分别确定至少一个车位控制点。

[0085] 本实施例在车位的左右两侧，分别确定车位控制点，进一步避免检测盲区，提高检测效率。

[0086] 在其中一个实施例中，所述基于所述车位控制点的实际检测位置与基准检测位置的差值，修正下一段泊车轨迹，具体包括：

[0087] 如果所述差值在预设差值允许范围内，则修正下一段泊车轨迹；

[0088] 如果所述差值在预设差值运行范围外，则重新规划到所述车位的泊车轨迹。

[0089] 本实施例设定差值允许范围，对于差值过大的情况，重新规划泊车车位，有效克服差值过大的情况。

[0090] 在其中一个实施例中，所述修正下一段泊车轨迹，具体包括：

[0091] 将泊车轨迹控制点向消除所述差值方向修正，得到新的泊车轨迹控制点；

[0092] 基于新的泊车轨迹控制点和下一轨迹泊车控制点确定到达下一轨迹泊车控制点的泊车轨迹。

[0093] 具体来说，如图2所示，将泊车轨迹控制点24向消除差值29方向修正，即以线段213的方向即长度修正，使得新的泊车轨迹控制点位于车辆当前位置25。

[0094] 本实施例基于新的泊车轨迹控制点所规划的泊车轨迹，即以车辆当前位置进行规划，使得所修正的泊车轨迹更为准确。

[0095] 如图3所示为本发明最佳实施例实现自动泊车控制方法的系统的系统原理图，包括：图像采集单元31、车载中央控制单元32、整车单元33。

[0096] 其中，上述图像采集单元31包含分布于车辆四周的四颗鱼眼镜头，鱼眼镜头311用于采集前向图像，鱼眼镜头312用于采集车辆左向图像，鱼眼镜头313用于采集车辆右向图像。鱼眼镜头314用于采集车辆后向图像，通过车载中央控制单元32中的接口控制模块321传输到图像处理模块322，用于车位及车位控制点的识别。四颗鱼眼镜头视角范围可覆盖整个车辆周围环境。

[0097] 上述车载中央控制单元32，包含接口控制模块321，其负责外部通信及协议转换功能，用于进行通信及协议转换，输出图形图像信息。

[0098] 上述车载中央控制单元32，包含图像处理模块322，其利用计算机视觉处理技术，从环视图像中提取车位信息和车位控制点坐标。通过驾驶员对车位的选择，使用图像采集单元的某单一摄像头的图像进行预处理，然后对预处理后的图像提取颜色及角点信息，从而判定车位是否可泊并提供车位控制点信息。

[0099] 上述车载中央控制单元32，包含路径规划模块323，该模块隶属于自动泊车系统，用于泊车系统生成泊车路径。路径规划模块计算出分段路径后，根据分段衔接点定义路径控制点，并可根据误差反馈重新规划路径。

[0100] 上述车载中央控制单元32，包含车辆控制模块324，其作用是根据生成的路径，计算出给到不同模块的对应控制量，将实时生成控制量发送到整车单元，并计算车辆走行状态。

[0101] 上述车载中央控制单元32，包含反馈计算模块325，根据实时泊车路径，计算车辆走行过程误差，并在每个路径控制点进行误差反馈。当车辆走行到路径控制点时，触发该模块。该模块通过请求图像处理模块数据输出进行坐标点重构，利用新的坐标点来计算控制误差，如误差较大无法通过控制调节，则通过路径规划模块重新生成路径。

[0102] 上述整车单元33，包含电子辅助转向系统331、电子制动控制模块332、电子档位控制模块333。用于接收车载中央控制单元发送过来的控制信号，并执行车辆控制。

[0103] 如图4所示，为泊车路径及路径控制点示意图。

[0104] 参照图4，图示41为虚拟车位，图示42为车辆后轴中心点，图示43为路径规划模块323所生成的路径，图示44为标记的分段路径控制点，图示45为通过图像处理模块322识别到的车位控制点。

[0105] 本发明最佳实施例提供的一种基于360°的自动泊车控制点识别及闭环控制方法，其中：

[0106] （一）基于360°环视的泊车车位控制点识别

[0107] 参照图4，以纵向停车位为例进行叙述。车位控制点通常位于车位顶点，图4中以45标识。

[0108] 上述车位控制点识别涉及图像采集单元31和车载中央控制单元32中322图像处理模块的协同工作。

[0109] 具体过程为：

[0110] 1.根据驾驶员对车位的选择，判断需要图像采集单元所配合的鱼眼镜头，并对原图像进行处理，以降低由于图像拉伸拼接过程对车位控制点的坐标转换产生影响。

[0111] 2. 图像采集单元将采集的图像通过接口控制模块，传输到图像处理模块。

[0112] 首先，步骤3001对图像进行预处理，步骤3002获取图像的颜色信息，并生成灰度图。其次步骤3003利用Canny算子提取灰度图的边缘信息，生成仅包含边缘信息的灰度图像。根据控制点在不同方向所观测的特征，步骤3003利用Harris算子提取角点信息并与匹配图进行比对，从而确定车位控制点位置。

[0113] 3. 步骤3004根据环视相机在整车安装位置，以及相机标定，通过坐标转换方式，计算出以车辆后轴中心为坐标原点的车位控制点坐标，并输出。

[0114] （二）依据车位控制点的自动泊车闭环控制方法

[0115] 参照图3，步骤3005由路径规划模块接收车位控制点坐标，步骤3006经过路径规划算法生成参照图4中的分段路径43。步骤3007根据路径，计算车辆跟踪路径所需要的横纵向控制量，通过车辆控制模块将控制信号传输至整车单元完成车辆控制操作。

[0116] 上述的分段路径43，每段路径的衔接点，定义为路径控制点44。车位控制点25通过前述的方法得到。

[0117] 参照图3，该闭环控制方法的控制步骤为：步骤3008，当车辆实际走行过程至控制点时，反馈计算模块325通过路径控制点定位，步骤3009将车位控制点坐标重构3009，步骤3010计算出车位控制点的基准检测位置和实际检测位置的偏差，即控制误差。

[0118] 根据泊车过程的车辆控制，车辆应在路径控制点给出下一阶段路径的横向控制量，通过反馈计算模块325计算出路径误差，经车辆控制模块324对原过程的控制量进行修正，传送至整车单元33中的电子辅助转向系统331，从而形成控制闭环。

[0119] 上述的反馈计算模块325在步骤3010计算出路径误差后，需进一步确定下一段路径是否需要重新规划，或通过车辆控制模块进行控制误差调节。两种方式均可以使车辆准确停入停车位。

[0120] 根据上述原理，将泊车过程示意如图5所示。在泊车过程中，通过生成的五个路径控制点，来获得五个车位控制点的偏差信息作为控制误差，通过坐标转换，为后续路径生成或跟踪过程提供参数修正，从而提高泊车成功率和准确度。

[0121] 本发明提出位于泊车车位上的两个控制点，与泊车路径控制点来进行车辆与车位间位置关系的确定，通过计算两者之间的差值，从而用于车位调整逻辑和误差调整量的计算。车位控制点位于车位顶点，可通过颜色信息定位和角点检测快速识别。泊车路径控制点为分段泊车路径的衔接点，在此衔接点会对车辆运动过程产生的误差进行控制消除或重新进行路径规划。通过两个控制点的确立，给路径跟踪过程提供基于误差修正的控制策略，从而提升泊车成功率和泊车精度。

[0122] 如图6所示为本发明一种自动泊车控制电子设备的硬件结构示意图，包括：

[0123] 至少一个处理器601；以及，

[0124] 与至少一个所述处理器601通信连接的存储器602；其中，

[0125] 所述存储器602存储有可被至少一个所述处理器执行的指令，所述指令被至少一个所述处理器执行，以使至少一个所述处理器能够：

[0126] 执行如前所述的自动泊车控制方法所有步骤。

[0127] 电子设备优选为车载电子控制器单元（Electronic Control Unit，ECU）。图6中以一个处理器601为例。

[0128] 电子设备还可以包括：输入装置603和显示装置604。

[0129] 处理器601、存储器602、输入装置603及显示装置604可以通过总线或者其他方式连接，图中以通过总线连接为例。

[0130] 存储器602作为一种非易失性计算机可读存储介质，可用于存储非易失性软件程序、非易失性计算机可执行程序以及模块，如本申请实施例中的自动泊车控制方法对应的程序指令/模块，例如，图1所示的方法流程。处理器601通过运行存储在存储器602中的非易失性软件程序、指令以及模块，从而执行各种功能应用以及数据处理，即实现上述实施例中的自动泊车控制方法。

[0131] 存储器602可以包括存储程序区和存储数据区，其中，存储程序区可存储操作系统、至少一个功能所需要的应用程序；存储数据区可存储根据自动泊车控制方法的使用所创建的数据等。此外，存储器602可以包括高速随机存取存储器，还可以包括非易失性存储器，例如至少一个磁盘存储器件、闪存器件或其他非易失性固态存储器件。在一些实施例中，存储器602可选包括相对于处理器601远程设置的存储器，这些远程存储器可以通过网络连接至执行自动泊车控制方法的装置。上述网络的实例包括但不限于互联网、企业内部网、局域网、移动通信网及其组合。

[0132] 输入装置603可接收输入的用户点击，以及产生与自动泊车控制方法的用户设置以及功能控制有关的信号输入。显示装置604可包括显示屏等显示设备。

[0133] 在所述一个或者多个模块存储在所述存储器602中，当被所述一个或者多个处理器601运行时，执行上述任意方法实施例中的自动泊车控制方法。

[0134] 本发明在泊车轨迹上确定路径控制点，从泊车车位上确定车位上的车位控制点，在每一路径控制点，基于车位控制点与车辆当前位置的相对位置关系，确定车位控制点的实际检测位置，并计算车位控制点的实际检测位置与基准检测位置的差值，从而将差值用于车位调整逻辑和误差调整量的计算。通过车位控制点的确立，给路径跟踪过程提供基于误差修正的控制策略，从而提升泊车成功率和泊车精度。

[0135] 以上所述实施例仅表达了本发明的几种实施方式，其描述较为具体和详细，但并不能因此而理解为对本发明专利范围的限制。应当指出的是，对于本领域的普通技术人员来说，在不脱离本发明构思的前提下，还可以做出若干变形和改进，这些都属于本发明的保护范围。因此，本发明专利的保护范围应以所附权利要求为准。

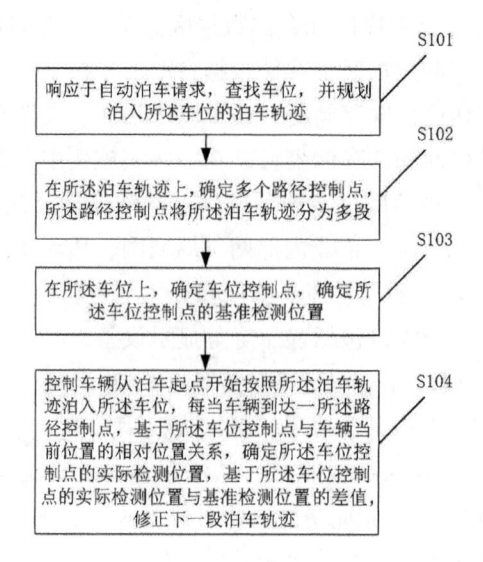

说 明 书 附 图

```
响应于自动泊车请求，查找车位，并规划     S101
泊入所述车位的泊车轨迹

在所述泊车轨迹上，确定多个路径控制点，   S102
所述路径控制点将所述泊车轨迹分为多段

在所述车位上，确定车位控制点，确定所     S103
述车位控制点的基准检测位置

控制车辆从泊车起点开始按照所述泊车轨     S104
迹泊入所述车位，每当车辆到达一所述路
径控制点，基于所述车位控制点与车辆当
前位置的相对位置关系，确定所述车位控
制点的实际检测位置，基于所述车位控制
点的实际检测位置与基准检测位置的差值，
修正下一段泊车轨迹
```

图 1

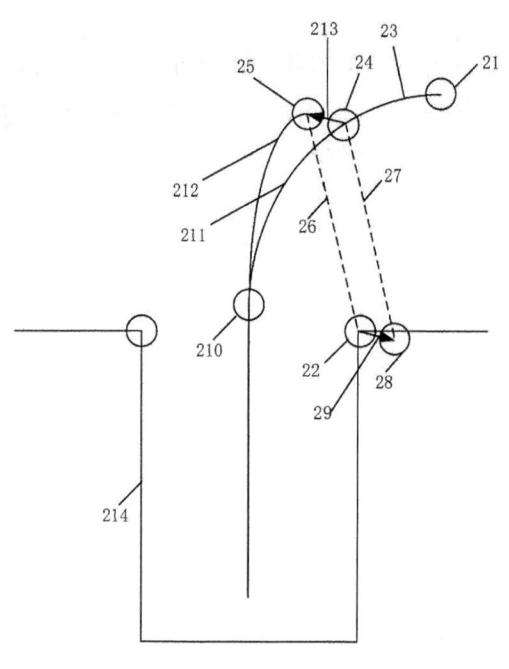

图 2

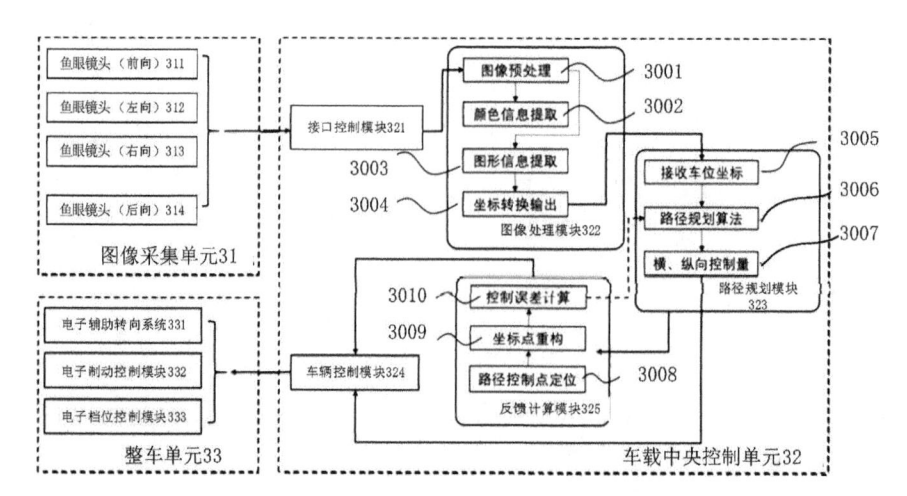

图 3

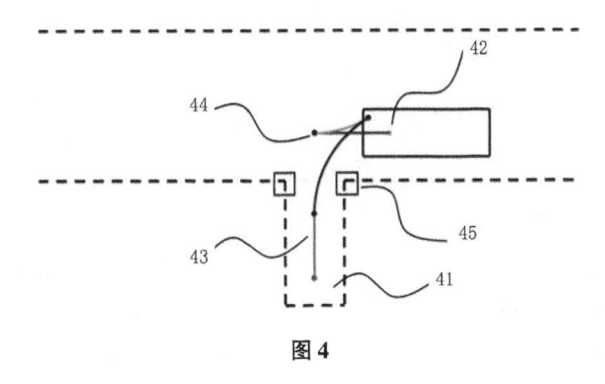

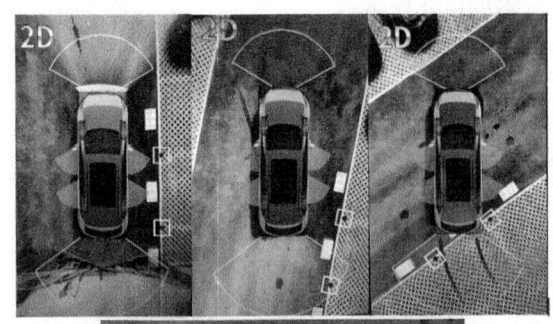

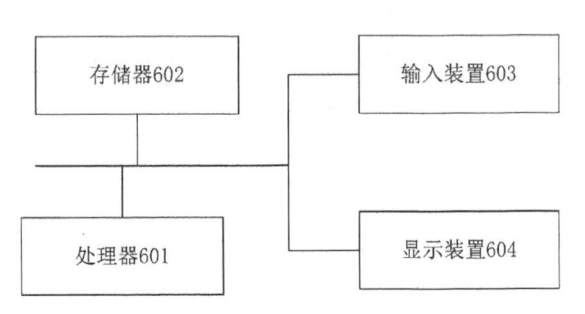

图 4

图 5

图 6

(19) 国家知识产权局

(12) 发明专利

(10) 授权公告号 CN 113572800 B
(45) 授权公告日 2022.09.16

(21) 申请号 202010948753.0

(22) 申请日 2020.08.10

(65) 同一申请的已公布的文献号
申请公布号 CN 113572800 A

(43) 申请公布日 2021.10.29

(73) 专利权人 华为技术有限公司
地址 518129 广东省深圳市龙岗区坂田华为总部办公楼

(72) 发明人 刘邦洪

(74) 专利代理机构 上海音科专利商标代理有限公司 31267
专利代理师 夏峰

(51) Int. Cl.
H04L 67/06 (2022.01)
H04L 67/146 (2022.01)
H04L 67/12 (2022.01)
H04W 4/80 (2018.01)
H04W 76/11 (2018.01)

(56) 对比文件
CN 103347258 A, 2013.10.09
CN 109871217 A, 2019.06.11
CN 110752976 A, 2020.02.04

审查员 曹荣珍

(54) 发明名称
获取应用的下载信息的方法、系统、服务器以及存储介质

(57) 摘要
本申请实施方式提供了一种获取应用的下载信息的方法以及系统、提供应用的下载信息的方法、服务器以及计算机可读存储介质，获取应用的下载信息的方法包括：第一设备读取第二设备的标签数据；第二服务器接收第一请求，第一请求中携带有第二设备的标识信息和第一设备的应用支持能力信息，标识信息与标签数据相关联，第一请求用于从第二服务器获取设备管理应用的下载信息；第二服务器根据标识信息和第一设备的应用支持能力信息，确定设备管理应用；第二服务器发送第一请求响应，第一请求响应中携带有设备管理应用的下载信息；第一设备至少获取第二服务器发送的设备管理应用的下载信息。本申请可以解决应用下载信息维护不灵活的问题。

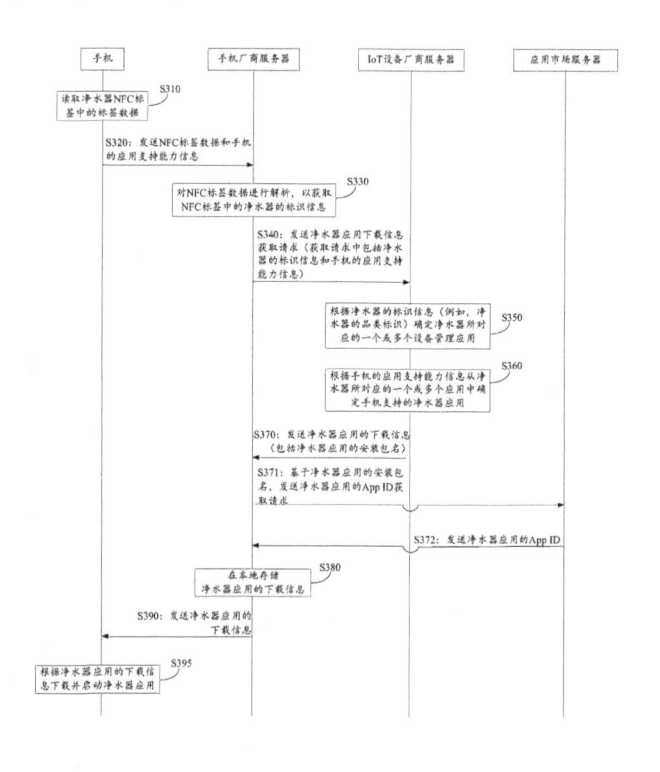

权 利 要 求 书

1. 一种获取应用的下载信息的方法,其特征在于,所述方法应用于至少包括第一设备、第二设备、第二服务器和第三服务器的系统,所述第二服务器与所述第二设备相关联,所述方法包括:

所述第一设备读取所述第二设备的标签数据;

所述第二服务器接收第一请求,所述第一请求中携带有所述第二设备的标识信息和所述第一设备的应用支持能力信息,所述标识信息与所述标签数据相关联,所述第一请求用于从所述第二服务器获取设备管理应用的下载信息,其中,所述设备管理应用用于管理所述第二设备;

响应于所述第一请求,所述第二服务器根据所述标识信息和所述第一设备的应用支持能力信息,确定所述设备管理应用;

所述第二服务器发送第一请求响应,所述第一请求响应中携带有所述设备管理应用的下载信息;所述下载信息中包括所述设备管理应用的安装包名;

所述第一设备至少获取所述第二服务器发送的所述设备管理应用的下载信息;

所述第一设备向所述第三服务器发送第三请求,所述第三请求中携带有所述设备管理应用的安装包名,所述第三请求用于获取所述设备管理应用的应用 ID;

响应于所述第三请求,所述第三服务器根据所述设备管理应用的安装包的安装包名,确定所述设备管理应用的应用 ID;

所述第三服务器向所述第一设备发送第三请求响应,所述第三请求响应中携带有所述设备管理应用的应用 ID;

所述第一设备接收所述第三服务器发送的所述设备管理应用的应用 ID。

2. 根据权利要求 1 所述的方法,其特征在于,所述第一设备中包含有第一 SDK,所述第二服务器接收第一请求之前,所述方法还包括:

所述第一设备通过所述第一 SDK 对所述标签数据进行解析;

所述第一设备解析出所述标签数据中包括的所述标识信息,其中,所述标识信息包括所述第二设备的品类标识、型号标识和/或第一序列号;

所述第一设备向所述第二服务器发送所述第一请求。

3. 根据权利要求 2 所述的方法,其特征在于,所述第二服务器发送的所述设备管理应用的下载信息中包括下述一个或多个:所述设备管理应用的应用 ID;所述设备管理应用的安装包名;所述设备管理应用的 URL 下载地址。

4. 根据权利要求 3 所述的方法,其特征在于,所述第二服务器发送第一请求响应,具体为:

所述第二服务器向所述第一设备发送所述第一请求响应;

所述第一设备至少获取所述第二服务器发送的所述设备管理应用的下载信息,包括:

所述第一设备接收所述第二服务器发送的所述设备管理应用的下载信息。

5. 根据权利要求 4 所述的方法,其特征在于,所述第一设备存储所述标签数据与所述设备管理应用的下载信息之间的关联关系。

6. 根据权利要求 5 所述的方法,其特征在于,所述第一设备存储所述标签数据与所述设备管理应用的下载信息之间的关联关系之后,所述方法还包括:

所述第一设备读取所述第二设备的标签数据;

所述第一设备根据所述关联关系,确定读取到的标签数据所关联的下载信息;

所述第一设备根据读取到的标签数据所关联的下载信息,下载并启动所述设备管理应用。

7. 一种获取应用的下载信息的方法,其特征在于,所述方法应用于至少包括第一设备、第二设备、第一服务器、第二服务器和第三服务器的系统,所述第一服务器和所述第一设备相关联,所述第二服务器与所述第二设备相关联,所述方法包括:

所述第一设备读取所述第二设备的标签数据;

所述第二服务器接收第一请求,所述第一请求中携带有所述第二设备的标识信息和所述第一设备的应用支持能力信息,所述标识信息与所述标签数据相关联,所述第一请求用于从所述第二服务器获取设备管理应用的下载信息，其中，所述设备管理应用用于管理所述第二设备；

响应于所述第一请求，所述第二服务器根据所述标识信息和所述第一设备的应用支持能力信息，确定所述设备管理应用；

所述第二服务器发送第一请求响应，所述第一请求响应中携带有所述设备管理应用的下载信息；

所述第一服务器接收所述第二服务发送的所述设备管理应用的下载信息，所述下载信息中包括所述设备管理应用的安装包名；

所述第一服务器向所述第三服务器发送第四请求，所述第四请求中携带有所述设备管理应用的安装包名，所述第四请求用于获取所述设备管理应用的应用 ID；

响应于所述第四请求，所述第三服务器根据所述设备管理应用的安装包的安装包名，确定所述设备管理应用的应用 ID；

所述第三服务器向所述第一服务器发送第四请求响应，所述第四请求响应中携带有所述设备管理应用的应用 ID；

所述第一服务器向所述第一设备发送所述设备管理应用的应用 ID 以及所述第二服务器发送的所述设备管理应用的下载信息；

所述第一设备获取所述设备管理应用的应用 ID 以及所述第二服务器发送的所述设备管理应用的下载信息。

8. 根据权利要求 7 所述的方法，其特征在于，所述第二服务器接收第一请求之前，所述方法还包括：

所述第一设备向所述第一服务器发送第二请求，所述第二请求中携带有所述标签数据和所述第一设备的应用支持能力信息；

所述第一服务器对所述标签数据进行解析；

所述第一服务器解析出所述标签数据中包括的所述标识信息，其中，所述标识信息包括所述第二设备的品类标识、型号标识和/或第一序列号；

所述第一服务器向所述第二服务器发送所述第一请求。

9. 根据权利要求 8 所述的方法，其特征在于，所述第二服务器发送的所述设备管理应用的下载信息中包括下述一个或多个：所述设备管理应用的应用 ID；所述设备管理应用的安装包名；所述设备管理应用的 URL 下载地址。

10. 根据权利要求 9 所述的方法，其特征在于，所述第一服务器存储所述标签数据、所述第一设备的应用支持能力信息与所述设备管理应用的下载信息之间的关联关系。

11. 根据权利要求 7 所述的方法，其特征在于，所述第一设备的应用支持能力信息包括用于识别所述第一设备的产品型号的信息和/或第一设备的操作系统的信息；其中，所述用于识别所述第一设备的产品型号的信息包括所述第一设备的产品品牌、产品型号、产品类别、产品序列号中至少一个；所述第一设备的操作系统的信息包括所述第一设备的操作系统的名称、所述第一设备的操作系统的版本号中至少一个。

12. 一种获取应用的下载信息的方法，其特征在于，用于与第一设备关联的第一服务器，所述方法包括：

接收所述第一设备发送的第二请求，所述第二请求中携带有第二设备的标签数据和所述第一设备的应用支持能力信息；

从所述标签数据中解析出所述第二设备的标识信息，其中，所述标识信息包括所述第二设备的品类标识、型号标识和/或第一序列号；

向第二服务器发送第一请求，所述第一请求携带有所述第二设备的标识信息和所述第一设备的应用支持能力信息，其中，所述第一请求用于从所述第二服务器获取用于管理所述第二设备的设备管理应用的下载信息；

接收所述第二服务器发送的第一请求响应，所述第一请求响应中携带有所述设备管理应用的下载信息；所述下载信息中包括所述设备管理应用的安装包名；

向第三服务器发送第四请求，所述第四请求中携带有所述设备管理应用的安装包名，所述第四请求用于获取所述设备管理应用的应用 ID；

接收所述第三服务器发送的第四请求响应，所述第四请求响应中携带有所述设备管理应用的应用 ID；

向所述第一设备发送第二请求响应，所述第二请求响应中携带有所述第二服务器发送的所述设备管理应用的下载信息以及所述设备管理应用的应用 ID。

13. 根据权利要求 12 所述的方法，其特征在于，所述第二服务器发送的所述设备管理应用的下载信息中包括下述一个或多个：所述设备管理应用的应用 ID；所述设备管理应用的安装包名；所述设备管理应用的 URL 下载地址。

14. 根据权利要求 12 所述的方法，其特征在于，所述方法还包括：

存储所述标签数据、所述第一设备的应用支持能力信息与所述设备管理应用的下载信息之间的关联关系。

15. 一种获取应用的下载信息的系统，其特征在于，所述系统包括第一设备、第二设备、第二服务器和第三服务器，所述第二服务器与所述第二设备相关联，其中，

所述第一设备用于执行权利要求 1~6 任一项所述的方法由第一设备执行的步骤，所述第二服务器用于执行权利要求 1~6 任一项所述的方法由第二服务器执行的步骤；所述第三服务器用于执行权利要求 1~6 任一项所述的方法由第三服务器执行的步骤。

16. 一种获取应用的下载信息的系统，其特征在于，所述系统包括第一设备、第一服务器、第二设备、第二服务器和第三服务器，所述第一设备和所述第二设备相关联，所述第二服务器与所述第二设备相关联，其中，

所述第一设备用于执行权利要求 7~11 任一项所述的方法由第一设备执行的步骤，所述第一服务器用于执行权利要求 7~11 任一项所述的方法由第一服务器执行的步骤，所述第二服务器用于执行权利要求 7~11 任一项所述的方法由第二服务器执行的步骤；所述第三服务器用于执行权利要求 7~11 任一项所述的方法由第三服务器执行的步骤。

17. 一种服务器，其特征在于，包括：

存储器，用于存储由所述服务器的一个或多个处理器执行的指令；

处理器，当所述处理器执行所述存储器中的所述指令时，可使得所述服务器执行权利要求 12~14 任一项所述的方法。

18. 一种计算机可读存储介质，其特征在于，所述计算机可读存储介质中存储有指令，该指令在计算机上执行时，可使所述计算机执行权利要求 1~14 任一所述的方法。

说 明 书

获取应用的下载信息的方法、系统、服务器以及存储介质

技术领域

[0001] 本申请涉及软件技术领域,尤其涉及一种获取应用的下载信息的方法以及系统、提供应用的下载信息的方法、服务器以及计算机可读存储介质。

背景技术

[0002] 目前,物联网(Internet of Things, IoT)技术的发展方兴未艾,不论是在生产还是生活领域,物联网都对传统的模式产生着深刻的影响。

[0003] 智能家居是物联网技术的一个重要应用场景。在智能家居生活场景中,各智能家居设备通过网络(例如,蓝牙、WiFi等无线网络)与控制终端进行连接,从而,用户可以通过控制终端对智能家居设备进行控制和管理,以构造智能化的生活场景。

[0004] 在智能家居生活场景中,当用户通过手机读取智能家居设备上的设备标签[例如,近场通信(Near Field Communication, NFC)标签等]时,可以启动与智能家居设备相对应的设备管理应用。这样,人们可以通过手机上的设备管理应用对智能家居设备进行控制(例如,启动智能家居设备),从而为生活带来便利。

[0005] 现有技术中,手机通过写在设备标签中的应用下载信息(例如,设备管理应用的URL下载地址、设备管理应用的安装包名)下载并安装设备设备管理应用,即,设备管理应用的下载信息是写在设备标签中的,由此存在不能灵活维护应用下载信息的问题。

发明内容

[0006] 本申请的一些实施方式提供了一种获取应用的下载信息的方法以及系统、提供应用的下载信息的方法、服务器以及计算机可读存储介质,以下从多个方面介绍本申请,以下多个方面的实施方式和有益效果可互相参考。

[0007] 第一方面,本申请实施方式提供了一种获取应用的下载信息的方法,方法应用于至少包括第一设备、第二设备和第二服务器的系统,第二服务器与第二设备相关联,方法包括:第一设备读取第二设备的标签数据;第二服务器接收第一请求,第一请求中携带有第二设备的标识信息和第一设备的应用支持能力信息,标识信息与标签数据相关联,第一请求用于从第二服务器获取设备管理应用的下载信息,其中,设备管理应用用于管理第二设备;响应于第一请求,第二服务器根据标识信息和第一设备的应用支持能力信息,确定设备管理应用;第二服务器发送第一请求响应,第一请求响应中携带有设备管理应用的下载信息;第一设备至少获取第二服务器发送的设备管理应用的下载信息。

[0008] 根据本申请的实施方式,设备管理应用的下载信息是从第二服务器获取的,而非固定写在设备标签中的。本申请是通过第二服务器维护设备管理应用的下载信息,而非通过设备标签维护净水器应用的下载信息,这样,无论设备管理应用的下载信息如何更新,第二服务器都可以向第一设备返回实时有效的应用下载信息,从而解决应用下载信息维护不灵活的问题。

[0009] 在一些实施方式中,第一设备中包含有第一SDK,第二服务器接收第一请求之前,方法还包括:第一设备通过第一SDK对标签数据进行解析;第一设备解析出标签数据中包括的标识信息,其中,标识信息包括第二设备的品类标识、型号标识和/或第一序列号;第一设备向第二服务器发送第一请求。

[0010] 在一些实施方式中,第二服务器发送的设备管理应用的下载信息中包括下述一个或多个:设备管理应用的应用ID;设备管理应用的安装包名;设备管理应用的URL下载地址。

[0011] 本申请实施方式中,设备管理应用的应用ID为设备管理应用在应用市场中的唯一性标识,

例如，App ID。

[0012] 在一些实施方式中，第二服务器发送第一请求响应，具体为：第二服务器向第一设备发送第一请求响应；第一设备至少获取第二服务器发送的设备管理应用的下载信息，包括：第一设备接收第二服务器发送的设备管理应用的下载信息。

[0013] 在一些实施方式中，系统包括第三服务器，第二服务器发送的设备管理应用的下载信息中包括设备管理应用的安装包名，第一设备接收第二服务器发送的设备管理应用的下载信息之后，方法还包括：第一设备向第三服务器发送第三请求，第三请求中携带有设备管理应用的安装包名，第三请求用于获取设备管理应用的应用ID；响应于第三请求，第三服务器根据设备管理应用的安装包的安装包名，确定设备管理应用的应用ID；第三服务器向第一设备发送第三请求响应，第三请求响应中携带有设备管理应用的应用ID；第一设备接收第三服务器发送的设备管理应用的应用ID。

[0014] 在一些实施方式中，第一设备存储标签数据与设备管理应用的下载信息之间的关联关系。

[0015] 这样，当第一设备在下次读取第二设备的标签数据时，可根据第一设备中存储的设备管理应用的下载信息启动设备管理应用，以提高第一设备的应用启动速度。

[0016] 在一些实施方式中，第一设备存储标签数据与设备管理应用的下载信息之间的关联关系之后，方法还包括：第一设备读取第二设备的标签数据；第一设备根据关联关系，确定读取到的标签数据所关联的下载信息；第一设备根据读取到的标签数据所关联的下载信息，下载并启动设备管理应用。

[0017] 在一些实施方式中，第一设备的应用支持能力信息包括用于识别第一设备的产品型号的信息和/或第一设备的操作系统的信息；其中，用于识别第一设备的产品型号的信息包括第一设备的产品品牌、产品型号、产品类别、产品序列号中至少一个；第一设备的操作系统的信息包括第一设备的操作系统的名称、第一设备的操作系统的版本号中至少一个。

[0018] 第二方面，本申请实施方式提供了一种获取应用的下载信息的方法，方法应用于至少包括第一设备、第二设备和第二服务器的系统，第二服务器与第二设备相关联，方法包括：第一设备读取第二设备的标签数据；第二服务器接收第一请求，第一请求中携带有第二设备的标识信息和第一设备的应用支持能力信息，标识信息与标签数据相关联，第一请求用于从第二服务器获取设备管理应用的下载信息，其中，设备管理应用用于管理第二设备；响应于第一请求，第二服务器根据标识信息和第一设备的应用支持能力信息，确定设备管理应用；第二服务器发送第一请求响应，第一请求响应中携带有设备管理应用的下载信息；第一设备至少获取第二服务器发送的设备管理应用的下载信息。

[0019] 根据本申请的实施方式，设备管理应用的下载信息是从第二服务器获取的，而非固定写在设备标签中的。本申请是通过第二服务器维护设备管理应用的下载信息，而非通过设备标签维护净水器应用的下载信息，这样，无论设备管理应用的下载信息如何更新，第二服务器都可以向第一设备返回实时有效的应用下载信息，从而解决应用下载信息维护不灵活的问题。

[0020] 在一些实施方式中，系统中还包含第一服务器，第一服务器与第一设备相关联，第二服务器接收第一请求之前，方法还包括：第一设备向第一服务器发送第二请求，第二请求中携带有标签数据和第一设备的应用支持能力信息；第一服务器对标签数据进行解析；第一服务器解析出标签数据中包括的标识信息，其中，标识信息包括第二设备的品类标识、型号标识和/或第一序列号；第一服务器向第二服务器发送第一请求。

[0021] 根据本申请的实施方式，通过第一服务器解析第二设备的标签数据，并向第二服务器发送第一请求，这样，第一设备无需解析第二设备标签数据，也无需与第二设备服务器进行直接通信，只需与第一服务器通信即可。这样，第一设备中无需集成第一SDK，可以节省第一设备本地存储空间。

[0022] 在一些实施方式中，第二服务器发送的设备管理应用的下载信息中包括下述一个或多个：设备管理应用的应用ID；设备管理应用的安装包名；设备管理应用的URL下载地址。

[0023] 在一些实施方式中,第一设备至少获取第二服务器发送的设备管理应用的下载信息之前,方法还包括:第一服务器接收第二服务发送的设备管理应用的下载信息;第一服务器向第一设备发送第二请求响应,第二请求响应中包括第二服务器发送的设备管理应用的下载信息;第一设备至少获取第二服务器发送的设备管理应用的下载信息,包括:响应于接收第二请求响应,第一设备获取第二服务器发送的设备管理应用的下载信息。

[0024] 在一些实施方式中,系统包括第三服务器,第一服务器接收的来自第二服务器的设备管理应用的下载信息中包括设备管理应用的安装包名;第一服务器向第一设备发送第二请求响应之前,方法还包括:第一服务器向第三服务器发送第四请求,第四请求中携带有设备管理应用的安装包名,第四请求用于获取设备管理应用的应用 ID;响应于第四请求,第三服务器根据设备管理应用的安装包的安装包名,确定设备管理应用的应用 ID;第三服务器向第一服务器发送第四请求响应,第四请求响应中携带有设备管理应用的应用 ID;第一服务器接收第三服务器发送的设备管理应用的应用 ID;第一服务器向第一设备发送第二请求响应,具体为:第一服务器向第一设备发送第二请求响应,其中,第二请求响应中包括设备管理应用的应用 ID 以及第二服务器发送的设备管理应用的下载信息;第一设备至少获取第二服务器发送的设备管理应用的下载信息,包括:响应于接收第二请求响应,第一设备获取设备管理应用的应用 ID 以及第二服务器发送的设备管理应用的下载信息。

[0025] 在一些实施方式中,第一服务器存储标签数据、第一设备的应用支持能力信息与设备管理应用的下载信息之间的关联关系。

[0026] 这样,当第一服务器接收到第一设备的第二请求,但第一服务器从第二服务器获取设备管理应用的下载信息失败时(例如,出现通信故障时),第一服务器可以将本地存储的设备管理应用的下载信息发送至第一设备。

[0027] 在一些实施方式中,第一设备的应用支持能力信息包括用于识别第一设备的产品型号的信息和/或第一设备的操作系统的信息;其中,用于识别第一设备的产品型号的信息包括第一设备的产品品牌、产品型号、产品类别、产品序列号中至少一个;第一设备的操作系统的信息包括第一设备的操作系统的名称、第一设备的操作系统的版本号中至少一个。

[0028] 第三方面,本申请实施方式提供了一种提供应用的下载信息的方法,用于与第二设备关联的第二服务器,方法包括:接收第一请求,第一请求中携带有第二设备的标识信息和第一设备的应用支持能力信息,标识信息与第二设备的标签数据相关联,第一请求用于从第二服务器获取设备管理应用的下载信息,其中,设备管理应用用于管理第二设备;响应于第一请求,根据标识信息和第一设备的应用支持能力信息,确定设备管理应用;发送第一请求响应,第一请求响应中携带有设备管理应用的下载信息。

[0029] 根据本申请的实施方式,设备管理应用的下载信息是从第二服务器获取的,而非固定写在设备标签中的。本申请是通过第二服务器维护设备管理应用的下载信息,而非通过设备标签维护净水器应用的下载信息,这样,无论设备管理应用的下载信息如何更新,第二服务器都可以向第一设备返回实时有效的应用下载信息,从而解决应用下载信息维护不灵活的问题。

[0030] 另外,根据本申请的实施方式,通过第一服务器解析第二设备的标签数据,并向第二服务器发送第一请求,这样,第一设备无需解析第二设备标签数据,也无需与第二设备服务器进行直接通信,只需与第一服务器通信即可。这样,第一设备中无需集成第一 SDK,可以节省第一设备本地存储空间。

[0031] 在一些实施方式中,第二设备的标识信息包括第二设备的品类标识、型号标识和/或第一序列号。

[0032] 在一些实施方式中,第二设备的标识信息包括第二设备的品类标识,根据标识信息和第一设备的应用支持能力信息,确定设备管理应用,包括:根据第二设备的品类标识确定用于管理第二设备的一个或多个应用;根据第一设备的应用支持能力信息从一个或多个应用中确定能够在第一设备上运行的设备管理应用。

[0033] 在一些实施方式中，第二设备的标识信息包括第二设备的第一序列号，第一序列号为与第二设备的产品序列号不同的且与第二设备的产品序列号相关联的序列号；根据标识信息和第一设备的应用支持能力信息，确定设备管理应用，包括：根据第一序列号确定与第一序列号相关联的产品序列号，并根据与第一序列号相关联的产品序列号确定用于管理第二设备的一个或多个应用；根据第一设备的应用支持能力信息从一个或多个应用中确定能够在第一设备上运行的设备管理应用。

[0034] 在一些实施方式中，第二服务器发送的设备管理应用的下载信息中包括下述一个或多个：设备管理应用的应用ID；设备管理应用的安装包名；设备管理应用的URL下载地址。

[0035] 在一些实施方式中，第一设备的应用支持能力信息包括用于识别第一设备的产品型号的信息和/或第一设备的操作系统的信息；其中，用于识别第一设备的产品型号的信息包括第一设备的产品品牌、产品型号、产品类别、产品序列号中至少一个；第一设备的操作系统的信息包括第一设备的操作系统的名称、第一设备的操作系统的版本号中至少一个。

[0036] 第四方面，本申请实施方式提供了一种获取应用的下载信息的方法，用于与第一设备关联的第一服务器，方法包括：接收第一设备发送的第二请求，第二请求中携带有第二设备的标签数据和第一设备的应用支持能力信息；从标签数据中解析出第二设备的标识信息，其中，标识信息包括第二设备的品类标识、型号标识和/或第一序列号；向第二服务器发送第一请求，第一请求携带有第二设备的标识信息和第一设备的应用支持能力信息，其中，第一请求用于从第二服务器获取用于管理第二设备的设备管理应用的下载信息；接收第二服务器发送的第一请求响应，第一请求响应中携带有设备管理应用的下载信息；向第一设备发送第二请求响应，第二请求响应中携带有第二服务器发送的设备管理应用的下载信息。

[0037] 根据本申请的实施方式，设备管理应用的下载信息是从第二服务器获取的，而非固定写在设备标签中的。本申请是通过第二服务器维护设备管理应用的下载信息，而非通过设备标签维护净水器应用的下载信息，这样，无论设备管理应用的下载信息如何更新，第二服务器都可以向第一设备返回实时有效的应用下载信息，从而解决应用下载信息维护不灵活的问题。

[0038] 在一些实施方式中，第二服务器发送的设备管理应用的下载信息中包括下述一个或多个：设备管理应用的应用ID；设备管理应用的安装包名；设备管理应用的URL下载地址。

[0039] 在一些实施方式中，第二服务器发送的设备管理应用的下载信息中包括设备管理应用的安装包名，向第一设备发送第二请求响应之前，方法还包括：向第三服务器发送第四请求，第四请求中携带有设备管理应用的安装包名，第四请求用于获取设备管理应用的应用ID；接收第三服务器发送的第四请求响应，第四请求响应中携带有设备管理应用的应用ID；向第一设备发送第二请求响应，其中，第二请求响应中包括第二服务器发送的设备管理应用的下载信息以及设备管理应用的应用ID。

[0040] 在一些实施方式中，方法还包括：存储标签数据、第一设备的应用支持能力信息与设备管理应用的下载信息之间的关联关系。

[0041] 这样，当第一服务器接收到第一设备的第二请求，但第一服务器从第二服务器获取设备管理应用的下载信息失败时（例如，出现通信故障时），第一服务器可以将本地存储的设备管理应用的下载信息发送至第一设备。

[0042] 第五方面，本申请实施方式提供了一种获取应用的下载信息的系统，系统包括第一设备、第二设备和第二服务器，第二服务器与第二设备相关联，其中，第一设备用于执行本申请第一方面任一实施方式提供的方法中由第一设备执行的步骤，第二服务器用于执行本申请第一方面任一实施方式提供的方法中由第二服务器执行的步骤。第五方面能达到的有益效果可参考本申请第一方面任一实施方式的有益效果，此处不再赘述。

[0043] 第六方面，本申请实施方式提供了一种获取应用的下载信息的系统，系统包括第一设备、第一服务器、第二设备和第二服务器，第一设备和第二设备相关联，第二服务器与第二设备相关联，其中，第一设备用于执行本申请第二方面任一实施方式提供的方法中由第一设备执行的步骤，

第一服务器用于执行本申请第二方面任一实施方式提供的方法中由第一服务器执行的步骤，第二服务器用于执行本申请第二方面任一实施方式提供的方法中由第二服务器执行的步骤。第六方面能达到的有益效果可参考本申请第二方面任一实施方式的有益效果，此处不再赘述。

[0044] 第七方面，本申请实施方式提供了一种服务器，包括：存储器，用于存储由服务器的一个或多个处理器执行的指令；处理器，当处理器执行存储器中的指令时，可使得服务器执行本申请第三方面任一实施方式提供的方法。第七方面能达到的有益效果可参考本申请第三方面任一实施方式的有益效果，此处不再赘述。

[0045] 第八方面，本申请实施方式提供了一种服务器，包括：存储器，用于存储由服务器的一个或多个处理器执行的指令；处理器，当处理器执行存储器中的指令时，可使得服务器执行本申请第四方面任一实施方式提供的方法。第八方面能达到的有益效果可参考本申请第四方面任一实施方式的有益效果，此处不再赘述。

[0046] 第九方面，本申请实施方式提供了一种计算机可读存储介质，计算机可读存储介质中存储有指令，该指令在计算机上执行时，可使计算机执行本申请第一方面任一实施方式、本申请第二方面任一实施方式、本申请第三方面任一实施方式或本申请第四方面任一实施方式提供的方法。第九方面能达到的有益效果可参考本申请第一方面任一实施方式、本申请第二方面任一实施方式、本申请第三方面任一实施方式或本申请第四方面任一实施方式的有益效果，此处不再赘述。

附图说明

[0047] 图1为本申请实施方式的示例性应用场景；

[0048] 图2为本申请实施例提供的手机的构造示意图；

[0049] 图3为本申请实施例提供的手机的软件架构图；

[0050] 图4为本申请实施例提供的NFC标签数据的数据结构示意图；

[0051] 图5为本申请实施例提供的设备管理应用下载信息获取方法的流程示意图一；

[0052] 图6为本申请实施例提供的手机NFC开关示意图；

[0053] 图7为本申请实施例提供的标签解析SDK设置示意图；

[0054] 图8为本申请实施例提供的方法的实施效果示意图；

[0055] 图9为本申请实施例提供的设备管理应用下载信息获取方法的流程示意图二；

[0056] 图10为本申请实施例提供的设备管理应用下载信息获取方法的流程示意图三；

[0057] 图11示出了本申请实施方式提供的电子设备的框图；

[0058] 图12示出了本申请实施方式提供的片上系统（system on chip，SoC）的结构示意图。

具体实施方式

[0059] 以下将参考附图详细说明本申请的具体实施方式。

[0060] 本申请中，智能家居设备可以为智能音视频设备、智能音箱、智能电灯、智能冰箱、智能电视等具有一定计算能力和通信功能的家居设备，以下以智能净水器为例进行介绍。

[0061] 图1示出了一个智能家居生活场景。图1中包括手机100和净水器200，其中，手机100作为控制终端的示例，净水器200作为智能家居设备的示例。手机100和净水器200通过各自的WiFi通信模块接入到家庭WiFi局域网中，以实现两者的相互通信。在其他场景中，手机100和净水器200还可以通过蓝牙、NFC、蜂窝网等方式进行通信，本申请不进行限定。

[0062] 其中，手机100上装有用于对净水器200进行管理的设备管理应用（本文中，将用于对净水器200进行管理的设备管理应用简称为"净水器应用"），这样，用户通过操作净水器应用，可对净水器200进行访问和操作，例如，查看净水器200的滤芯使用寿命和净水量统计曲线，启动/关闭净水器200等。

[0063] 参考图1，净水器200上贴有NFC标签201。当用户需要打开净水器应用时，通过将手机

100靠近NFC标签201，手机100可读取NFC标签201中的标签数据，从而启动手机100中的净水器应用。通过读取NFC标签的方式启动净水器应用，一方面，用户可以省去在众多应用图标中查找智能净水器图标的过程，从而简化操作；另一方面，当净水器应用为快应用、小程序时，手机100可能并不会在其桌面上显示净水器应用的图标，通过读取NFC标签启动应用的方式可以为用户提供启动净水器应用的途径。

[0064] 图1所示场景中，标签数据的载体为NFC标签。在其他场景中，标签数据的载体可以为二维码标签、条形码标签、射频识别（radio frequency identification，RFID）标签等具有数据承载功能的载体，本申请不作限定。

[0065] 一种实现方式中，NFC标签中写有净水器应用的URL下载地址，手机100通过读取NFC标签可获取该URL下载地址，并进一步通过该URL下载地址下载并安装净水器应用。一般地，通过该方式获取的净水器应用为传统APP，其安装过程需要用户参与，即，在净水器应用安装包下载完成后，用户需要点击"安装"，手机100才会执行应用的安装，操作较为烦琐。

[0066] 另外，该实现方式中，NFC标签中的URL下载地址是固定不变的，由此会带来不能灵活维护应用下载信息的问题。例如，当净水器应用的URL下载地址发生变更时（例如，当提供净水器应用下载的服务器地址发生变更时），通过NFC标签中的URL下载地址将难以获取到净水器应用。

[0067] 在另一种实现方式中，NFC标签中写有净水器应用的安装包名，手机100通过读取NFC标签可获取净水器应用的安装包名，并进一步通过该安装包名在应用市场中下载并安装净水器应用。一般地，通过该方式获取的净水器应用为快应用或小程序，因此，该实现方式中，手机100可以以用户无感知的方式安装净水器应用。但是，该实现方式也存在不能灵活维护应用下载信息的问题。例如，当净水器应用的安装包名发生变更时（例如，当提供净水器应用的厂商的名称发生变更时，净水器应用安装包名中的"厂商标识符"字段会进行相应变更），此时，通过NFC标签中的安装包名将难以获取净水器应用。

[0068] 另外，可以理解，使用不同操作系统的手机或者不同品牌的手机支持的净水器应用可能并不相同［例如，苹果iOS系统手机与安卓（Andriod）系统手机支持的净水器应用不同，有可能，同属安卓系统的不同品牌的手机支持的净水器应用也会有差异］。为支持多品牌手机应用信息的分发，标签数据中需要包括与各品牌相对应的应用信息。但NFC标签由于存储的数据量有限，因此难以支持多品牌手机应用信息的分发。

[0069] 为此，本申请实施方式提供了获取设备管理应用的下载信息的方法，以解决上述技术问题。为便于理解，仍以图1中所示场景为例进行介绍。本申请中，手机100不是从净水器200的NFC标签中获取净水器应用的下载信息，而是从净水器200的生产厂商服务器（本文称"IoT设备厂商服务器"）获取净水器应用的下载信息。具体地，净水器200（作为第二设备）的NFC标签201中写有净水器200的标识信息［例如，净水器200的品类标识、型号标识、虚拟序列号（作为第一序列号，下文将解释虚拟序列号的含义）］。手机100（作为第一设备）在读取净水器200的NFC标签之后，在手机100本地或通过手机厂商服务器（作为第一服务器）解析NFC标签数据，以获取写在NFC标签中的净水器200的标识信息。之后，手机或手机厂商服务器将净水器200的标识信息以及手机100的应用支持能力信息（例如，手机100的生产厂商信息、品牌信息、操作系统名称和版本信息等）发送至该净水器设备厂商对应的IoT设备厂商服务器（作为第二服务器），IoT设备厂商服务器在接收到手机100发送的信息后，根据净水器100的标识信息以及手机100的应用支持能力信息确定能够在手机100上运行的净水器应用，并向手机100返回净水器应用的下载信息（例如，URL下载地址、安装包名、App ID）。手机100在获取净水器应用的下载信息后可以下载并启动净水器应用。

[0070] 本申请实施方式中，净水器应用的下载信息是IoT设备厂商服务器基于净水器200的标识信息和手机100的应用支持能力信息确定的，而非固定写在NFC标签中的。即，本申请是通过IoT

设备厂商服务器维护净水器应用的下载信息，而非通过 NFC 标签维护净水器应用的下载信息，这样，无论净水器应用的下载信息如何更新，IoT 设备厂商服务器都可以向手机 100 返回实时有效的应用下载信息，从而解决现有技术中应用下载信息维护不灵活的问题。

[0071] 需要说明的是，以上叙述中，由 IoT 设备厂商服务器向手机 100 提供净水器应用的下载信息，即，以上叙述中，将 IoT 设备厂商服务器作为维护净水器应用下载信息的服务器。但本申请不限于此，在其他实施例中，可以将其他设备［例如，手机厂商服务器、华为快服务智慧平台（HUAWEI ability gallery，HAG）］作为维护净水器应用下载信息的服务器，此时，通过其他设备（例如，手机厂商服务器、HAG）向手机 100 提供净水器应用的下载信息。

[0072] 以上以图 1 所示场景为例，对本申请的技术方案进行了介绍，本申请不限于此。本申请的技术方案可以应用于除净水器 200 以外的智能家居设备（例如，智能空调、智能洗衣机等），以及除智能家居设备之外的其他 IoT 设备，例如，城市公共设施（例如，道路监控摄像头、消防设备）、工厂流水线设备（例如，各类位置传感器、驱动电机）、建筑施工设备（例如，卷扬机、电焊机）、办公设备（例如，投影仪、打印机、鼠标）等，不一一赘述。

[0073] 本申请中，服务器（例如，IoT 设备厂商服务器）可以为分布式服务器。对于分布式服务器，其数据和程序不位于同一个服务器上，而是分散到多个服务器上，通过多个服务器的共同协作完成目标任务（例如，存储下文提及的"标签－应用"映射表，确定用于手机的净水器应用等）。

[0074] 本申请中，对 IoT 设备进行控制的控制终端不限于手机，还可以是其他具有计算以及显示能力的设备，例如，智慧屏、平板、笔记本电脑等，本申请不进行限定。以下以手机 100 为例进行介绍。

[0075] 本申请中，控制终端的应用支持能力信息包括用于识别控制终端的产品型号的信息和/或控制终端的操作系统的信息。其中，用于识别控制终端的产品型号的信息包括任何可以识别产品的信息，包括不限于，产品品牌、产品型号、产品序列号、产品类别等。控制终端的产品品牌例如华为、苹果；控制终端的产品型号包括产品代号和数字字母构成的，如 iPhone 11、mate 40，也可以是单纯由字母和数字构成的产品型号，如 A2234；控制终端的产品序列号是控制终端的唯一标识码，根据该标识码可以查询获得产品的型号。控制终端的产品类型是指产品属于哪一种类型的，诸如手机、平板、手表等。

[0076] 图 2 示出了手机 100 的结构示意图。

[0077] 手机 100 可以包括处理器 110、外部存储器接口 120、内部存储器 121、通用串行总线（universal serial bus，USB）接头 130、充电管理模块 140、电源管理模块 141、电池 142、天线 1、天线 2、移动通信模块 150、无线通信模块 160、音频模块 170、扬声器 170A、受话器 170B、麦克风 170C、耳机接口 170D、传感器模块 180、按键 190、马达 191、指示器 192、摄像头 193、显示屏 194，以及用户标识模块（subscriber identification module，SIM）卡接口 195 等。其中传感器模块 180 可以包括压力传感器 180A、陀螺仪传感器 180B、气压传感器 180C、磁传感器 180D、加速度传感器 180E、距离传感器 180F、接近光传感器 180G、指纹传感器 180H、温度传感器 180J、触摸传感器 180K、环境光传感器 180L、骨传导传感器 180M 等。

[0078] 可以理解的是，本发明实施例示意的结构并不构成对手机 100 的具体限定。在本申请另一些实施例中，手机 100 可以包括比图示更多或更少的部件，或者组合某些部件，或者拆分某些部件，或者不同的部件布置。图示的部件可以以硬件、软件或软件和硬件的组合实现。

[0079] 处理器 110 可以包括一个或多个处理单元，例如：处理器 110 可以包括应用处理器（application processor，AP）、调制解调处理器、图形处理器（graphics processing unit，GPU）、图像信号处理器（image signal processor，ISP）、控制器、视频编解码器、数字信号处理器（digital signal processor，DSP）、基带处理器，和/或神经网络处理器（neural－network processing unit，NPU）等。其中，不同的处理单元可以是独立的器件，也可以集成在一个或多个处理器中。

[0080] 处理器可以根据指令操作码和时序信号，产生操作控制信号，完成取指令和执行指令的

控制。

[0081] 处理器110中还可以设置存储器，用于存储指令和数据。在一些实施例中，处理器110中的存储器为高速缓冲存储器。该存储器可以保存处理器110刚用过或循环使用的指令或数据。如果处理器110需要再次使用该指令或数据，可从所述存储器中直接调用，避免了重复存取，减少了处理器110的等待时间，因而提高了系统的效率。

[0082] 在一些实施例中，处理器110可以包括一个或多个接口。接口可以包括集成电路（inter - integrated circuit, I2C）接口、集成电路内置音频（inter - integrated circuit sound, I2S）接口、脉冲编码调制（pulse code modulation, PCM）接口、通用异步收发传输器（universal asynchronous receiver/transmitter, UART）接口、移动产业处理器接口（mobile industry processor interface, MIPI）、通用输入输出（general - purpose input/output, GPIO）接口、用户标识模块（subscriber identity module, SIM）接口。

[0083] I2C接口是一种双向同步串行总线，包括一根串行数据线（serial data line, SDA）和一根串行时钟线（derail clock line, SCL）。在一些实施例中，处理器110可以包含多组I2C总线。处理器110可以通过不同的I2C总线接口分别耦合触摸传感器180K、充电器、闪光灯、摄像头193等。例如：处理器110可以通过I2C接口耦合触摸传感器180K，使处理器110与触摸传感器180K通过I2C总线接口通信，实现手机100的触摸功能。

[0084] I2S接口可以用于音频通信。在一些实施例中，处理器110可以包含多组I2S总线。处理器110可以通过I2S总线与音频模块170耦合，实现处理器110与音频模块170之间的通信。在一些实施例中，音频模块170可以通过I2S接口向无线通信模块160传递音频信号，实现通过蓝牙耳机接听电话的功能。

[0085] PCM接口也可以用于音频通信，将模拟信号抽样、量化和编码。在一些实施例中，音频模块170与无线通信模块160可以通过PCM总线接口耦合。在一些实施例中，音频模块170也可以通过PCM接口向无线通信模块160传递音频信号，实现通过蓝牙耳机接听电话的功能。所述I2S接口和所述PCM接口都可以用于音频通信。

[0086] UART接口是一种通用串行数据总线，用于异步通信。该总线可以为双向通信总线。它将要传输的数据在串行通信与并行通信之间转换。在一些实施例中，UART接口通常被用于连接处理器110与无线通信模块160。例如：处理器110通过UART接口与无线通信模块160中的蓝牙模块通信，实现蓝牙功能。在一些实施例中，音频模块170可以通过UART接口向无线通信模块160传递音频信号，实现通过蓝牙耳机播放音乐的功能。

[0087] MIPI接口可以被用于连接处理器110与显示屏194、摄像头193等外围器件。MIPI接口包括摄像头串行接口（camera serial interface, CSI）、显示屏串行接口（display serial interface, DSI）等。在一些实施例中，处理器110和摄像头193通过CSI接口通信，实现手机100的拍摄功能。处理器110和显示屏194通过DSI接口通信，实现手机100的显示功能。

[0088] GPIO接口可以通过软件配置。GPIO接口可以被配置为控制信号，也可被配置为数据信号。在一些实施例中，GPIO接口可以用于连接处理器110与摄像头193、显示屏194、无线通信模块160、音频模块170、传感器模块180等。GPIO接口还可以被配置为I2C接口、I2S接口、UART接口、MIPI接口等。

[0089] 可以理解的是，本发明实施例示意的各模块间的接口连接关系，只是示意性说明，并不构成对手机100的结构限定。在本申请另一些实施例中，手机100也可以采用上述实施例中不同的接口连接方式，或多种接口连接方式的组合。

[0090] 手机100的无线通信功能可以通过天线1、天线2、移动通信模块150、无线通信模块160、调制解调处理器以及基带处理器等实现。

[0091] 天线1和天线2用于发射和接收电磁波信号。手机100中的每个天线可用于覆盖单个或多个通信频带。不同的天线还可以复用，以提高天线的利用率。例如：可以将天线1复用为无线局域

网的分集天线。在另外一些实施例中，天线可以和调谐开关结合使用。

[0092] 移动通信模块 150 可以提供应用在手机 100 上的包括 2G/3G/4G/5G 等无线通信的解决方案。移动通信模块 150 可以包括至少一个滤波器、开关、功率放大器、低噪声放大器（low noise amplifier，LNA）等。移动通信模块 150 可以由天线 1 接收电磁波，并对接收的电磁波进行滤波、放大等处理，传送至调制解调处理器进行解调。移动通信模块 150 还可以对经调制解调处理器调制后的信号放大，经天线 1 转为电磁波辐射出去。在一些实施例中，移动通信模块 150 的至少部分功能模块可以被设置于处理器 110 中。在一些实施例中，移动通信模块 150 的至少部分功能模块可以与处理器 110 的至少部分模块被设置在同一个器件中。

[0093] 调制解调处理器可以包括调制器和解调器。其中，调制器用于将待发送的低频基带信号调制成中高频信号。解调器用于将接收的电磁波信号解调为低频基带信号。随后解调器将解调得到的低频基带信号传送至基带处理器处理。低频基带信号经基带处理器处理后，被传递给应用处理器。应用处理器通过音频设备（不限于扬声器 170A、受话器 170B 等）输出声音信号，或通过显示屏 194 显示图像或视频。在一些实施例中，调制解调处理器可以是独立的器件。在另一些实施例中，调制解调处理器可以独立于处理器 110，与移动通信模块 150 或其他功能模块设置在同一个器件中。

[0094] 无线通信模块 160 可以提供应用在手机 100 上的包括无线局域网（wireless local area networks，WLAN）[如无线保真（wireless fidelity，Wi-Fi）网络]、蓝牙（bluetooth，BT）、全球导航卫星系统（global navigation satellite system，GNSS）、调频（frequency modulation，FM）、近距离无线通信技术（near field communication，NFC）、红外技术（infrared，IR）等无线通信的解决方案。无线通信模块 160 可以是集成至少一个通信处理模块的一个或多个器件。无线通信模块 160 经由天线 2 接收电磁波，将电磁波信号调频以及滤波处理，将处理后的信号发送到处理器 110。无线通信模块 160 还可以从处理器 110 接收待发送的信号，对其进行调频，放大，经天线 2 转为电磁波辐射出去。

[0095] 在一些实施例中，手机 100 的天线 1 和移动通信模块 150 耦合，天线 2 和无线通信模块 160 耦合，使得手机 100 可以通过无线通信技术与网络以及其他设备通信。所述无线通信技术可以包括全球移动通讯系统（global system for mobile communications，GSM）、通用分组无线服务（general packet radio service，GPRS）、码分多址接入（code division multiple access，CDMA）、宽带码分多址（wideband code division multiple access，WCDMA）、时分码分多址（time-division code division multiple access，TD-SCDMA）、长期演进（long term evolution，LTE）、BT、GNSS、WLAN、NFC、FM、和/或 IR 技术等。所述 GNSS 可以包括全球卫星定位系统（global positioning system，GPS）、全球导航卫星系统（global navigation satellite system，GLONASS）、北斗卫星导航系统（beidou navigation satellite system，BDS）、准天顶卫星系统（quasi-zenith satellite system，QZSS）和/或星基增强系统（satellite based augmentation systems，SBAS）。

[0096] 手机 100 通过 GPU、显示屏 194，以及应用处理器等实现显示功能。GPU 为图像处理的微处理器，连接显示屏 194 和应用处理器。GPU 用于执行数学和几何计算，用于图形渲染。处理器 110 可包括一个或多个 GPU，其执行程序指令以生成或改变显示信息。

[0097] 显示屏 194 用于显示图像、视频等。显示屏 194 包括显示面板。显示面板可以采用液晶显示屏（liquid crystal display，LCD）、有机发光二极管（organic light-emitting diode，OLED）、有源矩阵有机发光二极体或主动矩阵有机发光二极体（active-matrix organic light emitting diode 的，AMOLED）、柔性发光二极管（flex light-emitting diode，FLED）、MiniLEd、MicroLEd、Micro-OLEd、量子点发光二极管（quantum dot light emitting diodes，QLED）等。在一些实施例中，手机 100 可以包括 1 个或 N 个显示屏 194，N 为大于 1 的正整数。

[0098] 外部存储器接口 120 可以用于连接外部存储卡，例如 Micro SD 卡，实现扩展手机 100 的存储能力。外部存储卡通过外部存储器接口 120 与处理器 110 通信，实现数据存储功能。例如将音乐、视频等文件保存在外部存储卡中。

[0099] 内部存储器121可以用于存储计算机可执行程序代码，所述可执行程序代码包括指令。内部存储器121可以包括存储程序区和存储数据区。其中，存储程序区可存储操作系统，至少一个功能所需的应用程序（比如声音播放功能、图像播放功能等）等。存储数据区可存储手机100使用过程中所创建的数据（比如音频数据、电话本等）等。此外，内部存储器121可以包括高速随机存取存储器，还可以包括非易失性存储器，例如至少一个磁盘存储器件、闪存器件、通用闪存存储器（universal flash storage，UFS）等。处理器110通过运行存储在内部存储器121的指令，和/或存储在设置于处理器中的存储器的指令，执行手机100的各种功能应用以及数据处理。内部存储器121中存储的指令可以包括：由处理器中的至少一个执行时导致手机100实施本申请实施例提供的设备管理应用下载信息获取方法中由手机执行的步骤的指令。

[0100] 手机100的软件系统可以采用分层架构、事件驱动架构、微核架构、微服务架构，或云架构。本发明实施例以分层架构的Android系统为例，示例性说明手机100的软件结构。

[0101] 图3是本发明实施例的手机100的软件结构框图。

[0102] 分层架构将软件分成若干个层，每一层都有清晰的角色和分工。层与层之间通过软件接口通信。在一些实施例中，将Android系统分为四层，从上至下分别为应用程序层、应用程序框架层、安卓运行时（Android runtime）和系统库，以及内核层。

[0103] 应用程序层可以包括一系列应用程序包。

[0104] 如图3所示，应用程序包可以包括相机、图库、日历、通话、地图、导航、WLAN、蓝牙、音乐、视频、碰一碰等应用程序。其中，碰一碰应用为NFC标签阅读应用，用于阅读NFC标签中的标签数据。

[0105] 应用程序框架层为应用程序层的应用程序提供应用编程接口（application programm inginterface，API）和编程框架。应用程序框架层包括一些预先定义的函数。

[0106] 如图3所示，应用程序框架层可以包括窗口管理器、内容提供器、视图系统、电话管理器、资源管理器、通知管理器等。

[0107] 窗口管理器用于管理窗口程序。窗口管理器可以获取显示屏大小，判断是否有状态栏，锁定屏幕，截取屏幕等。

[0108] 内容提供器用来存放和获取数据，并使这些数据可以被应用程序访问。所述数据可以包括视频、图像、音频、拨打和接听的电话、浏览历史和书签、电话簿等。

[0109] 视图系统包括可视控件、例如显示文字的控件、显示图片的控件等。视图系统可用于构建应用程序。显示界面可以由一个或多个视图组成的。例如，包括短信通知图标的显示界面，可以包括显示文字的视图以及显示图片的视图。

[0110] 电话管理器用于提供手机100的通信功能。例如通话状态的管理（包括接通、挂断等）。

[0111] 资源管理器为应用程序提供各种资源，比如本地化字符串、图标、图片、布局文件、视频文件等等。

[0112] 通知管理器使应用程序可以在状态栏中显示通知信息，可以用于传达告知类型的消息，可以短暂停留后自动消失，无需用户交互。比如通知管理器被用于告知下载完成，消息提醒等。通知管理器还可以是以图表或者滚动条文本形式出现在系统顶部状态栏的通知，例如后台运行的应用程序的通知，还可以是以对话窗口形式出现在屏幕上的通知。例如在状态栏提示文本信息、发出提示音、电子设备振动、指示灯闪烁等。

[0113] Android runtime包括核心库和虚拟机。Android runtime负责安卓系统的调度和管理。

[0114] 核心库包含两部分：一部分是java语言需要调用的功能函数，另一部分是安卓的核心库。

[0115] 应用程序层和应用程序框架层运行在虚拟机中。虚拟机将应用程序层和应用程序框架层的java文件执行为二进制文件。虚拟机用于执行对象生命周期的管理、堆栈管理、线程管理、安全和异常的管理，以及垃圾回收等功能。

[0116] 系统库可以包括多个功能模块。例如：表面管理器（surface manager）、媒体库（media libraries)、三维图形处理库（例如：OpenGL ES）、2D 图形引擎（例如：SGL）等。

[0117] 表面管理器用于对显示子系统进行管理，并且为多个应用程序提供了 2D 和 3D 图层的融合。

[0118] 媒体库支持多种常用的音频、视频格式回放和录制，以及静态图像文件等。媒体库可以支持多种音视频编码格式，例如：MPEG4、H.264、MP3、AAC、AMR、JPG、PNG 等。

[0119] 三维图形处理库用于实现三维图形绘图、图像渲染、合成和图层处理等。

[0120] 2D 图形引擎是 2D 绘图的绘图引擎。

[0121] 内核层是硬件和软件之间的层。内核层至少包含显示驱动、摄像头驱动、音频驱动、传感器驱动。

[0122] 本申请实施例用于提供一种获取应用的下载信息的方法。以下仍然结合图 1 示出的示例性场景，介绍本申请实施例的技术方案。

[0123] 在讲述手机 100 和净水器 200 的交互过程之前，先介绍一下在本申请的实施例中使用的一种 NFC 标签数据的示例性数据结构 [该数据结构符合 NFC 的应用层协议（NDEF 协议）]。参考图 4，NFC 标签数据包括 NDEF 数据头部分（NDEF record header）和 NDEF 有效载荷部分（NDEF record payload），其中，NDEF 数据头部分具有固定的格式，NDEF 有效载荷部分则由用户自定义格式。

[0124] NDEF 有效载荷部分又分为固定数据字段和设备厂商自定义数据字段，其中，固定数据字段具有固定的格式，设备厂商自定义字段则由各设备厂商根据其具体业务自定义格式。

[0125] 表 1 示出了本实施例提供的 NFC 标签数据的数据结构以及各字段的含义。其中，固定数据字段包括 IoT 设备厂商的厂商信息。

[0126] 表 1

[0127]

分区	字段含义	长度	字段值	解释
NDEF 数据头	头字节	1	0xD2	表示此 record 在 NFC 标签数据中的位置，取值 D2 表示此 record 为 NFC 标签中的第一个 record
	类型长度	1	0x02	表示数据头中"类型"字段的长度为 2 个字节
	负载长度	1	0x1E	表示有效载荷部分的数据长度为 32 个字节
	类型	2	0x0000	表示适用的手机厂商，取值 0000 表示适用于所有手机厂商
固定数据字段	协议版本	1	0x20	表示通信协议的协议版本（可以是用户在 NFC 通信协议的基础上自定义的协议）
	功能选项	1	0x03	表示上一字段的通信协议中的选项信息
	芯片类型	1	0x00	表示 NFC 标签的类型为无源标签
	保留字	1	0x00	保留字段，用于后续功能扩展
	保留字	1	0x00	保留字段，用于后续功能扩展
	厂商与设备信息	4	0x4D445186	表示净水器 200 的生产厂商、品类和型号信息，其中，前两个字节 "4D44" 对应于 ASCII 码的 "MD"，表示净水器 200 的生产厂商为 "美的"；后两个字节 "5186" 表示净水器 200 的品类型号标识

[0128]

设备厂商自定义字段	Tag	1	0x81	设备厂商自定义字段
	Length	1	0x06	
	模板编号	2	0x0203	表示NFC标签数据格式采用的模板编号（该模板可以是设备厂商自定义的模板）
	保留字	2	0x0000	保留暂时不用的字段
	业务信息	1	0x12	生产批次的标识
		1	0x91	虚拟序列号的标识
	Tag	1	0x12	标识生产批次
	Length	1	0x04	Value－1的长度
	Value－1	4	0x00000012	表示净水器200的生产批次为18
	Tag	1	0x91	标识虚拟序列号
	Length	1	0x07	Value－2的长度
	Value－2	7	0x4D441783255425	净水器200的虚拟序列号（serial number，SN）

[0129] 表1为NFC标签数据格式的示例性说明，本申请不限于此，本领域技术人员可以按照其他方式设定NFC标签数据的格式。例如，增加或删减某些字段（例如，删除"芯片类型"字段，将"厂商与设备信息"字段拆分成"厂商信息"和"设备信息"两个字段），更改字段的长度（例如，增加厂商与设备信息字段的长度，以表示更丰富的品类/型号信息），变更字段的定义（例如，将NDEF数据头"类型"字段的含义更改为表示IoT设备厂商信息）等。

[0130] NFC标签中写有IoT设备的虚拟序列号，对于不同的NFC标签，其写入的虚拟序列号为不同的值，这样，各NFC标签数据都是彼此不同，因此，NFC标签可以作为IoT设备的"标签"使用。

[0131] 本实施例中，设备的"虚拟序列号"为与设备的"产品序列号"彼此不同且相关联的术语，以下首先介绍产品序列号的含义，再介绍两者的关系。

[0132] 产品序列号为IoT设备生产过程中，IoT设备厂商会为该IoT设备分配的用于对该IoT设备进行唯一标识的号码。在IoT设备出售以后，用户可以根据IoT设备的产品序列号对IoT设备进行合法性验证，或对IoT设备进行防伪认证等。通常地，用户可以在IoT设备的机身上看到IoT设备的产品序列号（可能是以条形码形式表示的序列号），或者从IoT设备的嵌入式控制芯片中读取到IoT设备的产品序列号。

[0133] 示例性地，IoT设备厂商根据IoT设备的厂商标识、品类标识、型号标识以及生产序号为IoT设备分配产品序列号。以净水器200为例，IoT设备厂商为净水器200分配的产品序列号为Mros－41002，其中，M为净水器200的生产厂商标识，ros－4为净水器200的品类型号标识（其中，"ros"表示反渗透过滤净水器，"4"表示4级滤芯过滤），1002表示净水器200的生产序号。

[0134] 本文中，通过IoT设备的属性"标识"可以唯一确定IoT设备的该属性。例如，通过IoT设备的品类标识可以唯一确定IoT设备所属的品类，通过IoT设备的生产厂商标识可以为一确定IoT设备的生产厂商。在此基础上，本文对"标识"的具体实现形式不进行限定。"标识"可以为明文的形式（例如，生产厂商标识"MD"表示"美的"），也可以为密文的方式（例如，表1"厂商与设备信息"字段中的"5186"为以密文形式呈现的品类型号标识，IoT设备厂商对"5186"进行解码后，可唯一确定净水器200的品类和型号）。"标识"可包含数字、字母、符号或者其组合，本申请不进行限定。

[0135] 另外，IoT设备的品类标识和型号标识可以以合二为一的形式呈现，本文将以该形式呈现的标识称为"品类型号标识"。品类型号标识中没有明确的品类标识字段和型号标识字段，而是作为一个整体标识IoT设备的品类和型号。例如，"ros-4"作为一个整体标识其对应的IoT设备为4级滤芯过滤、反渗透过滤净水器。

[0136] 以下结合净水器的生产过程，介绍设备的"虚拟序列号"为与设备的"产品序列号"之间的关系。

[0137] 在生产过程中，净水器与NFC标签是在不同的工厂或者不同的生产线上完成的。在净水器出厂之前，需要将净水器与NFC标签组合在一起（例如，将NFC标签贴在净水器机身上，或将NFC标签放入净水器的包装中），然后将两者组装出厂。

[0138] 如果NFC标签的"Value-2"字段中写入的净水器的产品序列号，那么，在将净水器与NFC标签进行组合时，存在如何将两者进行一一对应的问题。例如，对于1000台产品序列号分别为Mros-4 1001~Mros-4 2000的净水器，以及1000片"Value-2"分别为Mros-4 1001~Mros-4 2000的NFC标签，需要将产品序列号为Mros-4 1001的净水器与"Value-2"为Mros-4 1001的NFC标签组合在一起，然后将产品序列号为Mros-4 1002的净水器与"Value-2"为Mros-4 1002的NFC标签组合在一起，依次类推。可以理解，在实际生产过程中，这样的操作将导致生产效率极大降低。

[0139] 为此，本实施例采用了在NFC标签写入的IoT设备的虚拟序列号的方式。本实施例采用厂商标识+品类标识+随机数的方式确定NFC标签中的虚拟序列号。例如，净水器200的NFC标签中的虚拟序列号为0x4D441783255425，其中，前两个字节"4D44"对应于ASCII码的"MD"，表示净水器生产厂商的厂商标识；第三个字节"17"为净水器200的品类标识，后续字节"83255425"为根据随机数生成算法生成的随机数。本实施例提供的虚拟序列号编制规则，不仅有利于快速将虚拟序列号映射到设备的产品序列号（下文步骤S130将具体介绍原因），而且虚拟序列号包括随机数部分，这样有利于提高信息的安全性。

[0140] 在其他实施例中，可以根据其他方式确定NFC标签中的虚拟序列号。例如，在虚拟序列号中写入比品类信息更细化的设备分类信息（例如，设备型号信息）；或者，虚拟序列号中不包括厂商标识和品类标识，虚拟序列号的所有字节都通过随机数算法生成；或者，将虚拟序列号的随机数部分替换为标签数据的写入时间等，不一一赘述，只要各NFC标签的虚拟序列号彼此不同即可。

[0141] 通过本申请提供的虚拟序列号的确定方法，在将净水器与NFC标签进行组合时，可以将用于净水器的任一片NFC标签（即虚拟序列号的前两个字节为"17"的NFC标签）与任一台净水器进行组合，从而可以大大降低组合难度，提高组合效率。在净水器200与NFC标签组合完成后，将净水器的产品序列号与虚拟序列号录入IoT设备厂商服务器，并建立各台净水器的产品序列号与虚拟序列号的映射关系（请参考表2）。通过本实施例提供的方法，可以方便地建立净水器的产品序列号与虚拟序列号之间的关联，相对于在NFC中写入净水器产品序列号的方式，可显著降低操作难度。

[0142] 以条形码形式的产品序列号为例，介绍将净水器产品序列号与虚拟序列号进行关联的方法。本示例中，净水器机身上贴有条形码，该条形码中写有净水器的产品序列号。当净水器和NFC标签组合完成后，操作人员可通过条形码扫描枪读取净水器的产品序列号，并将读取到的产品序列号写入表2的"产品序列号"一栏的第i行中；通过NFC标签阅读器读取NFC标签数据，并将读取到的NFC标签数据写入表2的"虚拟序列号"一栏的第i行中，从而建立净水器的产品序列号与虚拟序列号之间的关联，操作方便。

[0143] 需要说明的是，本实施例中，通过表格的形式建立产品序列号与虚拟序列号之间的映射关系（表2中，位于同一行的产品序列号和虚拟序列号是相互关联的），但本申请不限于此，还可以通过其他形式建立产品序列号和虚拟序列号之间的映射关系，例如，相互关联的产品序列号和虚拟序列号指向同一个关联码，通过该关联码可以确定相互关联的产品序列号和虚拟序列号。

[0144] 表2

[0145]

品类	产品序列号	虚拟序列号
净水器	Mros－4 1001	0x1724862546
	Mros－4 1002	0x1783255425
	Mros－4 1003	0x1724057104
	……	……
	Mros－4 2000	0x1745145202
空调	Mkl－2 5001	0x2754842665
	Mkl－2 5001	0x2714532245
	……	……
	Mkl－2 5500	0x2714523554

[0146] 以上对本实施例提供的NFC标签中的标签数据的数据结构进行了说明。下文介绍本实施例提供的获取应用的下载信息的方法。

[0147] 【实施例一】

[0148] 参考图5，本实施例用于提供一种获取应用的下载信息的方法，包括以下步骤：

[0149] S110：手机100（作为第一设备）读取净水器200（作为第二设备）的NFC标签201中的标签数据。

[0150] 手机100通过其安装的NFC标签阅读应用读取NFC标签201中的标签数据。在手机100的NFC开关开启的情况下（用户可以通过如图6所示的方式打开NFC开关，或者在系统应用菜单"设置"中打开NFC开关），将手机100接近净水器200的NFC标签201或轻碰净水器200的NFC标签201（如图1所示），手机100中的NFC标签阅读应用可读取NFC标签201中的标签数据（即表1"字段值"一栏中的数据）。

[0151] NFC标签阅读应用在读取到NFC标签中的标签数据之后，从标签数据的"厂商与设备信息"字段中解析出净水器200的设备厂商标识（本文称该设备厂商为厂商A）。

[0152] S120：手机100向IoT设备厂商服务器（作为第二服务器）发送净水器应用下载信息获取请求（作为第一请求），获取请求中包括NFC标签数据中的净水器200的标识信息和手机100的应用支持能力信息。

[0153] 首先，NFC标签阅读应用获取手机100的应用支持能力信息。例如，NFC标签阅读应用从手机100的操作系统中，或者从手机100的系统应用"设置"中获取手机100的应用支持能力信息。本实施例中，手机100的应用支持能力信息用于确定手机100上可以运行的应用，具体为下述一个或多个：手机100的生产厂商信息（例如，华为）、手机100的品牌信息（例如，P40）、手机100的操作系统名称和/或版本信息（例如，EMUI 11.0）等。

[0154] 然后，NFC标签阅读应用将手机100的应用支持能力信息和净水器200的标识信息发送至IoT设备厂商服务器，以向IoT设备厂商服务器发送净水器应用下载信息获取请求。具体地，NFC标签阅读应用通过其内集成的标签解析SDK（作为第一SDK）将上述信息发送至IoT设备厂商服务器。

[0155] 其中，标签转送SDK可以解析NFC标签中的标签数据，并可作为NFC标签阅读应用与外界进行通信的通信接口。标签解析SDK中包括IoT设备厂商服务器的服务请求地址，NFC标签阅读应用可以通过标签解析SDK将信息发送至该服务请求地址所对应的IoT设备厂商服务器。本实施例中，标签解析SDK为IoT设备厂商提供给手机厂商的SDK，手机厂商在接收到来自IoT设备厂商的便签解析SDK后，将其集成在手机100上的NFC标签阅读应用中。

[0156] 参考图7，NFC标签阅读应用中可以集成有多个标签解析SDK，各标签解析SDK对应于

不同的IoT设备厂商（写有不同IoT设备厂商服务器的服务请求地址），以向不同IoT设备厂商服务器发送数据。

[0157] 另外，标签解析SDK还具有标签解析功能，可解析标签解析SDK所对应的IoT设备厂商的NFC标签。例如，1#标签解析SDK可解析厂商A生产的净水器200的NFC标签201，以获取写在NFC标签201中的净水器200的标识信息。本实施例中，净水器200的标识信息包括净水器200的厂商标识和品类型号标识（即表1"厂商与设备信息"字段中的数据），以及净水器200的虚拟序列号。本申请不限于此，在其他实施例中，净水器200的标识信息包括下述一个或多个：净水器200的品类标识、净水器200的型号标识、净水器200的虚拟序列号。

[0158] 在向IoT设备厂商服务器发送数据时，NFC标签阅读应用根据步骤S110中解析出的IoT设备厂商标识确定用于接收数据的目的IoT设备厂商（即厂商A），从而将NFC标签201中的标签数据传递至与厂商A对应的1#标签解析SDK。1#标签解析SDK在接收到标签数据后，对标签数据进行解析，以获取写在NFC标签201中的净水器200的标识信息。之后，1#标签解析SDK向"厂商A"的服务器发送净水器200的标识信息和手机100的应用支持能力信息。

[0159] S130：IoT设备厂商服务器根据净水器200的标识信息确定净水器200所对应的设备管理应用。

[0160] 本实施例中，相同品类的IoT设备对应于相同的设备管理应用（可以是对应于同一个设备管理应用，可以是对应于同一组设备管理应用），也就是说，当多台IoT设备属于同一个品类时（例如，同属于净水器品类时），即使其相互之间型号不同（例如，一些净水器为反渗透净水器，另一些净水器为超滤净水器），该多台IoT设备仍对应相同的设备管理管理应用。但是，当IoT设备所属的品类不同时，其对应于不同的设备管理应用，例如，净水器和空调对应于不同的设备管理应用。

[0161] IoT设备厂商服务器中存储有IoT设备的品类与设备管理应用之间的映射关系，这样，当IoT设备厂商服务器确定IoT设备所属的品类后，可根据该映射关系确定IoT设备所对应的设备管理应用。

[0162] IoT设备厂商服务器在接收到净水器200的标识信息后，根据净水器200的标识信息确定净水器200所对应的一个或多个（一组）设备管理应用。本实施例中，净水器200的标识信息包括净水器200的虚拟序列号以及净水器200的品类型号标识，以下给出IoT设备厂商服务器确定净水器200所对应的设备管理应用的具体示例。

[0163] 示例一：IoT设备厂商服务器根据净水器200的品类型号标识确定净水器200对应的设备管理应用。

[0164] 参考表1，在净水器200的NFC标签中，净水器200的品类型号标识为"5186"，如上文所述，该标识为以密文形式呈现的标识。IoT设备厂商服务器在接收到净水器200的标识信息后，通过厂商自定义的编码规则对"5186"进行解码，以确定"5186"对应的IoT设备为型号"ros-4"的净水器。然后IoT设备厂商服务器根据本地存储的IoT设备的品类与设备管理应用之间的映射关系，确定"净水器"品类所对应的设备管理应用为表3中的应用（即净水器200所对应的设备管理应用）。

[0165] 示例二：IoT设备厂商服务器根据净水器200的虚拟序列号确定设备管理应用。

[0166] IoT设备厂商服务器在接收到净水器200的虚拟序列号后，通过查询设备的产品序列号与虚拟序列号的映射关系表（表2），确定与该虚拟序列号对应的产品序列号（Mros-4 1002）。在确定IoT设备的产品序列号后，根据IoT设备的所属的品类（即净水器），确定该IoT设备所对应的设备管理应用（表3列出的应用）。

[0167] 在查询产品序列号的过程中，可以先根据虚拟序列号第三个字节"17（即品类标识）"确定IoT设备的品类为"净水器"，从而可以将查询范围缩小至"净水器200"所对应的条目中，以加快将虚拟序列号映射至产品序列号的速度。

[0168] 在另一些实施例中，IoT设备厂商服务器在接收到净水器200的虚拟序列号后，根据虚拟序列号第三个字节"17（即品类标识）"确定IoT设备的品类为"净水器"，从而根据该IoT设备所属的品类确定该IoT设备所对应的设备管理应用为表3列出的应用。

[0169] 在另一些实施例中，IoT设备厂商服务器中存储有虚拟序列号与设备管理应用之间的映射关系，此时可以直接根据虚拟序列号查询IoT设备所对应的设备管理应用。

[0170] 示例三：IoT设备厂商服务器并行执行示例一和示例二提供的方式，当其中一者快于另一者得到设备管理应用的确定结果时，将该确定结果作为IoT设备所对应的设备管理应用。本示例通过并行执行示例一和示例二的方式，可以以尽可能快的速度确定设备管理应用。

[0171] 本实施例中，相同品类的IoT设备对应于相同的设备管理应用，但本申请不限于此。在其他实施例中，设备管理应用可以进行进一步细分，即，同一品类下不同型号的IoT设备对应于不同的设备管理应用，例如，反渗透净水器和超滤净水器对应于不同的设备管理应用。此时，IoT设备厂商服务器中存储有IoT设备的型号与设备管理应用之间的映射关系，相应地，IoT设备厂商服务器根据IoT设备的型号来确定IoT设备所对应的设备管理应用。

[0172] 例如，IoT设备厂商服务器对净水器200的品类型号标识"5186"解码后，根据净水器200的型号"ros-4（反渗透型净水器）"确定净水器200所对应的设备管理应用；又如，IoT设备厂商服务器根据净水器200的虚拟序列号确定净水器200的产品序列号（Mros-4 1002），根据净水器200的产品序列号确定净水器200的型号"ros-4（反渗透型净水器）"，从而确定净水器200所对应的设备管理应用。

[0173] 本实施例中，IoT设备厂商服务器确定的净水器200所对应的设备管理应用见表3。

[0174] 表3

[0175]

应用名称以及版本	应用安装包名	应用类型	适用的操作系统	手机品牌	手机厂商
净水宝 EMUI 版	com.companyname.purifier01	快应用	EMUI	Mate	华为
净水宝 MIUI 版	com.companyname.purifier03	快应用	MIUI	Redmi	小米
智能家居 iOS 版	com.companyname.smartpd03	传统APP	iOS	iPhone	苹果

[0176]

智能家居 安卓2.0版	com.companyname.smartpd02	传统APP	Android 9.0及以上	Galaxy	三星
智能家居 安卓1.0版	com.companyname.smartpd01	传统APP	Android 9.0以下		

[0177] 其中，"传统APP"为iOS系统、Android原生系统能够支持的APP（例如，微信™、支付宝™等），其为用户参与安装的APP。安装该类APP的过程一般为：用户在应用市场中下载该类APP的安装包后，点击"安装"按钮，从而将其安装在手机中。

[0178] "快应用"，为用户免安装的应用，手机在下载完此类应用的安装包之后自动安装应用，从而为用户提供"即点即用"的使用体验。

[0179] 另外，应用安装包名中的"companyname"为厂商标识符，通过厂商标识符可以识别提供该应用的厂商。

[0180] S140：IoT设备厂商服务器根据手机100的应用支持能力信息确定适于手机100的净水器应用。

[0181] 如表3所示，基于系统兼容性（例如，用于安卓系统的应用可能与iOS系统不兼容，快应用可能与安卓原生系统不兼容）、商业目的等方面的考虑，一台IoT设备可能对应于多款设备管理应用。本实施例中，在确定净水器200对应的多款净水器应用后，IoT设备厂商服务器再根据手机100的应用支持能力信息从多款净水器应用中选择适用于手机100的应用（即手机100可以安装并运行的应用）。

[0182] 本实施例中，根据手机100的操作系统确定适用于手机100的应用，例如，手机100的操

作系统为 EMUI，因此，IoT 设备厂商服务器确定适用于手机 100 的净水器应用为"净水宝 EMUI 版（该应用为快应用）"。

[0183] 本申请不限于此，在其他实施例中，IoT 设备厂商服务器可根据其他应用支持能力信息确定适用于手机 100 的设备管理应用。例如，在一些情况下，手机品牌与其操作系统有明确对应关系，此时，可根据手机 100 的品牌确定适用于手机 100 的设备管理应用；在另一些情况下，手机 100 的生产厂商与其操作系统有明确对应关系，此时，可根据手机 100 的生产厂商确定适用于手机 100 的设备管理应用（例如，根据生产厂商"苹果"将设备管理应用确定为"智能家居 iOS 版"）。

[0184] 以上为确定净水器应用的示例性说明，本领域技术人员可以进行其他变形，例如，交换步骤 S130 和步骤 S140 的次序，即先根据手机 100 的应用支持能力信息确定适用于手机 100 的应用，再根据净水器 200 的标识信息从适于手机 100 的应用中选择净水器 200 所对应的应用。

[0185] S150：IoT 设备厂商服务器向手机 100 发送净水器应用（"净水宝"）的下载信息（作为第一请求响应）。

[0186] 本实施例中，IoT 设备厂商服务器向手机 100 发送的下载信息用于为手机 100 提供"净水宝"的下载途径，即，手机 100 可根据接收自 IoT 设备厂商服务器的下载信息下载"净水宝"的安装包，在此基础上，本实施例对下载信息的具体形式不进行限定，以下给出几种具体示例。

[0187] 示例一：IoT 设备厂商服务器向手机 100 发送的下载信息为"净水宝"的安装包名（com.companyname.purifier01.apk）。当"净水宝"为传统 App 时，手机 100 可根据"净水宝"的安装包名下载"净水宝"的安装包。

[0188] 示例二：IoT 设备厂商服务器向手机 100 发送的下载信息为"净水宝"的安装包名以及"净水宝"的 URL 下载地址（例如，"净水宝"的 URL 下载地址为"净水包"应用在净水器厂商官网上的下载地址）。本示例中，手机 100 可以从"净水宝"的 URL 下载地址下载"净水宝"的安装包。

[0189] 对于示例一和示例二，当手机 100 接收到来自 IoT 设备厂商服务器的"净水宝"下载信息后，还可以根据"净水宝"的安装包名向应用市场服务器（例如，华为应用市场服务器）请求"净水宝"在应用市场中的唯一性标识——App ID（作为应用 ID）。具体地，手机 100 接收到来自 IoT 设备厂商服务器的"净水宝"安装包名后，向应用市场服务器（作为第三服务器）发送携带"净水宝"安装包名的 App ID 获取请求（图 5 中步骤 S151，作为第三请求）。应用市场服务器在接收到 App ID 获取请求后，根据"净水宝"的安装包名查询"净水宝"在应用市场中的 App ID，并向手机返回"净水宝"的 App ID（图 5 中步骤 S152，作为第三请求响应）。手机 100 在获取到"净水宝"的 App ID 后，可根据 App ID 从应用市场下载"净水宝"的安装包。

[0190] 本实施例中，手机 100 可以通过标签解析 SDK（具体为 1#标签解析 SDK）接收 IoT 设备厂商服务器发送的"净水宝"的下载信息，向应用市场服务器发送 App ID 获取请求，以及接收应用市场服务器向手机返回的"净水宝"的 App ID。

[0191] 示例三：IoT 设备厂商服务器向手机 100 发送的下载信息为"净水宝"的安装包名以及"净水宝"的 App ID。本示例中，手机 100 可根据 App ID 从应用市场下载"净水宝"的安装包。

[0192] 示例四：IoT 设备厂商服务器向手机 100 发送的下载信息为"净水宝"的安装包名、"净水宝"的 App ID 以及"净水宝"的 URL 下载地址。本示例中，手机 100 可根据 App ID 从应用市场下载"净水宝"的安装包，或者，根据"净水宝"的 URL 下载地址下载"净水宝"的安装包。为提高应用下载的安全性，手机 100 优先从应用市场下载"净水宝"的安装包。

[0193] 对于示例三和示例四，IoT 设备厂商服务器向手机 100 发送的 App ID 可以是存储在 IoT 设备厂商服务器本地的 App ID，也可以是 IoT 设备厂商服务器在向手机 100 发送"净水宝"的下载信息之前，根据"净水宝"的安装包名向应用市场服务器请求的 App ID。

[0194] 另外，对于上述示例一至示例四，IoT 设备厂商服务器向手机 100 发送的下载信息还可包括"净水宝"的版本信息，以便于手机 100 对"净水宝"的版本进行更新。

[0195] S160：手机100根据"净水宝"的下载信息下载并启动"净水宝"。具体地，手机100接收到"净水宝"的下载信息后，通过NFC标签阅读应用启动"净水宝"。NFC标签阅读应用启动"净水宝"的方法可以参考现有技术中手机启动应用的方法，例如，Android原生系统通过应用的安装包名下载并启动应用（此时，应用为传统App）的方法；或者，EMUI或MIUI系统通过应用的App ID或URL下载地址下载并启动应用（此时，应用为小程序或快应用）的方法等。

[0196] 以下对手机100启动"净水宝"的过程进行示例性说明。本实施例中，"净水宝"为快应用，因此手机100通过"净水宝"的App ID或URL下载地址下载并启动"净水宝"。

[0197] 为提高应用下载过程的安全性，手机100优先通过"净水宝"的App ID下载并启动"净水宝"。也就是说，当IoT设备发送给手机100的下载信息中包括"净水宝"的App ID时，或者，手机100成功从应用市场服务器获取"净水宝"的App ID时，手机100通过"净水宝"的App ID下载并启动"净水宝"；否则，手机100通过"净水宝"的URL下载地址下载并启动"净水宝"。

[0198] 以下示例性地介绍手机100通过"净水宝"的App ID下载并启动"净水宝"的过程。该过程具体为：NFC标签阅读应用将"净水宝"的App ID以及安装包名传递至操作系统，并通过调用操作系统提供的API函数［例如，startActivity（）函数，或startAbility（）函数］向操作系统发送启动"净水宝"应用的请求。操作系统在接收到启动"净水宝"应用的请求后，判断手机100本地是否存在"净水宝"的安装包，如存在的话，通过"净水宝"的安装包名启动"净水宝"应用；如不存在的话，操作系统会通过"净水宝"的App ID在应用市场中下载"净水宝"的安装包，并在下载完成后根据"净水宝"的安装包名启动"净水宝"应用。

[0199] 本实施例中，"净水宝"为快应用，因此，通过本实施例提供的方法，当用户用手机100轻碰净水器200的NFC标签之后，手机100以用户无感知的方式下载并自动启动净水器应用，从而可以给用户"一碰启动应用"的体验。例如，参考图8，在手机100的解锁状态下，当用户用手机100碰触净水器200的NFC标签201时，手机100自动下载并打开"净水宝"。在其他实施例中，用户也可以在手机100的其他状态下（例如，显示其他APP的界面时、手机锁屏时）使手机100碰触净水器200的NFC标签201以打开"净水宝"。

[0200] 另外，手机100在下载"净水宝"后，还可以在手机100桌面上显示"净水宝"的图标（通常显示在手机100的负一屏），从而，用户可以通过点击"净水宝"的图标启动应用，以增加启动应用的途径。但本申请不限于此，在其他实施例中，"净水宝"也可以是传统的APP。

[0201] 本实施例中，用户还可以根据需要将净水器200的NFC标签贴在净水器200之外的地方（例如，餐桌、茶几、写字台等），或者，用户还可以随身携带净水器200的NFC标签，这样，用户可以随时操作手机100读取净水器NFC标签201启动"净水宝"，提高用户体验。

[0202] 另外，手机100在获取到"净水宝"的下载信息（包括IoT设备厂商服务器向手机100发送的"净水宝"的下载信息和/或手机100从应用市场服务器获取的"净水宝"的App ID）后，可以将净水器200的NFC标签数据与"净水宝"的下载信息的映射关系存储在手机100本地的"标签－应用"映射表中。其中，"标签－应用"中的"标签"表示NFC标签中的标签数据，"应用"表示"净水宝"应用的下载信息。这样，当手机100在下次读取NFC标签时，可根据"标签－应用"映射表中存储的"净水宝"的下载信息启动"净水宝"，以提高手机100的应用启动速度。

[0203] 综上，本实施例中，当IoT设备厂商服务器收到来自手机100的应用下载信息获取请求后，根据净水器200的标识信息和手机100的应用支持能力信息确定手机100能够运行的净水器应用，并向手机100返回该净水器应用的下载信息。也就是说，本申请中，净水器应用的下载信息是通过IoT设备厂商服务器维护的，而非像现有技术那样是通过NFC标签维护的，这样，无论净水器应用的下载信息如何更新，IoT设备厂商服务器都可以向手机100返回实时有效的应用下载信息，从而解决现有技术中应用下载信息维护不灵活的问题。

[0204] 另外，本申请中，IoT设备厂商服务器根据净水器200的标识信息和手机100的应用支持能力信息确定净水器应用的当前版本，因而用户可不必要关心版本升级的问题，提高用户体验。

[0205] 需要说明的是，本实施例提供的设备管理应用的下载信息的获取方法为本申请技术方案的示例性说明，本领域技术人员可以进行其他变形。

[0206] 例如，在一些实施例中，标签数据的载体可以是NFC之外的其他数据载体，例如，二维码、条形码、RFID标签等。相应地，手机100可以通过其他应用读取标签中的标签数据，例如，当标签数据的载体为二维码时，手机100可以通过二维码图像阅读应用（例如，"扫一扫"应用）读取标签中的标签数据。

[0207] 又如，在一些实施例中，当IoT设备厂商服务器根据NFC标签数据确定净水器200的产品序列号之后（例如，通过步骤S130确定净水器200的产品序列号），将净水器200的产品序列号发送至手机100，以便手机100在其他净水器关联业务中使用。例如，在配网业务中，根据IoT设备厂商服务器发送的产品序列号对当前请求与手机100进行配对的设备进行校验。

[0208] 【实施例二】

[0209] 本实施例基于实施例一。本实施例在实施例一的基础上进行如下变形：当手机100读取净水器NFC标签中的标签数据之后，在本地存储的"标签－应用"映射表中查询是否有与NFC标签数据相对应的应用下载信息。当"标签－应用"映射表中存在与NFC标签数据相对应的应用下载信息时，则通过该应用下载信息启动净水器应用，以提高手机100的应用启动速度，从而提高用户体验。

[0210] 具体地，参考图9，本实施例提供的方法包括下述步骤：

[0211] S210：手机100读取净水器NFC标签201中的标签数据。具体地，手机100通过NFC标签阅读应用读取净水器NFC标签201中的标签数据。步骤S210与实施例一步骤S110的过程实质相同，因此，步骤S210的其他未述细节可参考实施例一中的叙述，不再赘述。

[0212] S220：手机100查询"标签－应用"映射表中是否有与NFC标签数据相对应的应用下载信息。

[0213] 本申请实施例中，当手机100获取到来自IoT设备厂商服务器的净水器应用的下载信息之后，可以将净水器200的NFC标签数据与净水器应用的下载信息的映射关系存储在手机100本地的"标签－应用"映射表中。其中，"标签－应用"中的"标签"表示NFC标签中的标签数据，"应用"表示"净水宝"应用的下载信息。

[0214] 这样，当手机100在下次读取NFC标签时，可根据"标签－应用"映射表中存储的净水器应用的下载信息启动净水器应用，以提高手机100的应用启动速度，从而提高用户体验。

[0215] 具体地，手机100通过NFC标签阅读应用查询"标签－应用"映射表中是否有与NFC标签数据相对应的应用下载信息，如有，则执行步骤S230，以启动净水器应用；否则，执行步骤S240，以从IoT设备厂商服务器获取净水器应用的下载信息。

[0216] 在一些实施例中，当手机100判断其为第一次读取净水器200的NFC标签时，可以不执行本步骤，而直接执行步骤S240。

[0217] S230：手机100根据"标签－应用"映射表中的下载信息启动净水器应用。

[0218] 当"标签－应用"映射表中存储有与NFC标签数据相对应的下载信息时，手机100通过该下载信息启动净水器应用。手机100启动净水器应用的过程与实施例一步骤S160的过程实质相同，因此，步骤S230的实施细节可参考实施例一中的叙述，不再赘述。

[0219] S240：手机100向IoT设备厂商服务器获取净水器应用的下载信息。

[0220] 当"标签－应用"映射表中未存储与NFC标签数据相对应的下载信息时，手机100通过向IoT设备厂商服务器发送NFC标签数据和手机100的应用支持能力信息，以从IoT设备厂商服务器获取净水器应用的下载信息。步骤S240的实施细节可参考实施例一步骤S120至步骤S152的叙述，不再赘述。

[0221] 手机100在获取到净水器应用的下载信息后，将NFC标签数据与下载信息的映射关系存储在手机100本地的"标签－应用"映射表中。

[0222] S250：手机100向IoT设备厂商服务器获取新净水器应用的下载信息，并在本地的"标签－

应用"映射表中更新该下载信息。

[0223] 本实施例中，当手机100读取净水器NFC标签201时，即使手机100中存储有与NFC标签数据相对应的应用下载信息，手机100仍向IoT设备厂商服务器获取净水器应用的最新下载信息（获取下载信息的步骤可参考实施例一步骤S120至步骤S152的叙述，不再赘述），以对"标签-应用"映射表进行更新。

[0224] 具体地，手机100从IoT标签管理服务中获取到净水器应用的下载信息后，与"标签-应用"映射表中存储的下载信息进行比较，如两者不一致，则将"标签-应用"映射表中的下载信息替换为通过本步骤获取到的下载信息。因此，通过本实施例的技术方案，当手机100下次读取净水器200的NFC标签201时，即可根据"标签-应用"映射表中的下载信息启动最新版本的净水器应用，用户可不必关心应用升级的问题，提高用户体验。

[0225] 在本实施例的一些变形例中，步骤S250可不必要在每次读取净水器NFC标签201时都执行，而是根据设定的条件执行。例如，当距离上次读取净水器NFC标签201的时间超过设定时长（例如，3天）时，执行步骤S250。

[0226] 需要说明的是，本申请各实施例中的步骤序号并非用于对步骤的执行次序进行限定，在满足发明目的的前提下，本领域技术人员可以对各步骤的执行次序进行调整。例如，互换步骤S230和S250的次序，或者，并行执行步骤S230和步骤S250等。

[0227] 【实施例三】

[0228] 本实施例基于实施例一。本实施例在实施例一的基础上进行如下变形：当手机100读取净水器200的NFC标签后，不是直接向IoT设备厂商服务器发送净水器应用下载信息获取请求，而是将净水器200的NFC标签数据发送至通过手机厂商服务器（作为第一服务器），由手机厂商服务器从NFC标签数据中解析出净水器200的标识信息，并向IoT设备厂商服务器发送携带有净水器200的标识信息的净水器应用下载信息获取请求。因此，本实施例中，手机100无需解析NFC标签数据，也无需与各IoT设备厂商服务器进行直接通信，只需与手机厂商服务器通信即可。这样，手机100的NFC标签阅读应用中无需集成各IoT设备厂商服务器的标签解析SDK，不仅可以使NFC标签阅读应用轻量化，也可以节省手机100本地存储空间。

[0229] 参考图10，本实施例包括以下步骤：

[0230] S310：手机100读取净水器NFC标签201中的标签数据。

[0231] 手机100通过其安装的NFC标签阅读应用读取NFC标签201中的标签数据。在手机100的NFC开关开启的情况下（用户可以通过如图6所示的方式打开NFC开关，或者在系统应用菜单"设置"中打开NFC开关），将手机100接近净水器200的NFC标签201或轻碰净水器200的NFC标签201（如图1所示），手机100中的NFC标签阅读应用可读取NFC标签201中的标签数据（即表1"字段值"一栏中的数据）。

[0232] S320：手机100向手机厂商服务器发送NFC标签201的标签数据，以及手机100的应用支持能力信息（作为第二请求）。

[0233] 具体地，手机100通过NFC标签阅读应用向手机厂商服务器发送净水器200的NFC标签数据和手机100的应用支持能力信息。其中，NFC标签阅读应用获取手机100的应用支持能力信息的过程请参考实施例一步骤S120中的叙述。

[0234] S330：手机厂商服务器对净水器NFC标签数据进行解析，以获取NFC标签中净水器200的标识信息。

[0235] 当手机厂商服务器接收到手机100发送的NFC标签数据后，对NFC标签数据进行解析，以获取NFC标签中净水器200的标识信息。本实施例中，净水器200的标识信息包括净水器200的厂商标识和品类型号标识（即表1"厂商与设备信息"字段中的数据），以及净水器200的虚拟序列号。本申请不限于此，在其他实施例中，净水器200的标识信息包括下述一个或多个：净水器200的品类标识、净水器200的型号标识、净水器200的虚拟序列号。

[0236] S340：手机厂商服务器向IoT设备厂商服务器发送净水器应用下载信息获取请求（作为第一请求），获取请求中包括净水器NFC标签数据中的净水器200的标识信息和手机100的应用支持能力信息。通过步骤S330对NFC标签数据进行解析，手机厂商服务器可以在NFC标签数据的"厂商与设备信息"字段中获取净水器200的生产厂商标识"4D44（对应于ASCII码的'MD'）"，从而确定净水器200的生产厂商为厂商A。因此，手机厂商服务器将净水器200的标识信息和手机100的应用支持能力信息发送至厂商A的IoT设备厂商服务器。

[0237] S350：IoT设备厂商服务器根据净水器200的标识信息确定净水器200所述对应的设备管理应用。

[0238] 步骤S350与实施例一步骤S130的过程实质相同，因此，步骤S350的实施细节可参考实施例一中的叙述，不再赘述。

[0239] S360：IoT设备厂商服务器根据手机100的应用支持能力信息确定适于手机100的净水器应用。

[0240] 步骤S360与实施例一步骤S140的过程实质相同，因此，步骤S360的实施细节可参考实施例一中的叙述，不再赘述。

[0241] S370：IoT设备厂商服务器向手机厂商服务器发送净水器应用（"净水宝"）的下载信息（作为第一请求响应）。

[0242] 本实施例对下载信息的具体形式不进行限定，以下给出几种具体示例。

[0243] 示例一：IoT设备厂商服务器向手机厂商服务器发送的下载信息为"净水宝"的安装包名（com.companyname.purifier01.apk）。

[0244] 示例二：IoT设备厂商服务器向手机厂商服务器发送的下载信息为"净水宝"的安装包名以及"净水宝"的URL下载地址（例如，"应用宝"的URL下载地址为"净水包"应用在净水器厂商官网上的下载地址）。

[0245] 对于示例一和示例二，当手机厂商服务器接收到来自IoT设备厂商服务器的"净水宝"下载信息后，还可以根据"净水宝"的安装包名向应用市场服务器（例如，华为应用市场服务器）请求"净水宝"在应用市场中的唯一性标识——App ID。具体地，手机厂商服务器接收到来自IoT设备厂商服务器的"净水宝"安装包名后，向应用市场服务器发送携带"净水宝"安装包名的App ID获取请求（图10中步骤S371，作为第四请求）。应用市场服务器在接收到App ID获取请求后，根据"净水宝"的安装包名查询"净水宝"在应用市场中的App ID，并向手机厂商服务器返回"净水宝"的App ID（图10中步骤S372，作为第四请求响应）。

[0246] 在另一些实施例中，当应用市场服务器向手机厂商服务器返回"净水宝"的App ID时，还一并将"净水宝"的安装包发送至手机厂商服务器。手机厂商服务器可将"净水宝"的安装包发送至手机100，这样，手机100在启动"净水包"应用时，可省去从应用市场服务器下载"净水器"的安装包的步骤。

[0247] 示例三：IoT设备厂商服务器向手机厂商服务器发送的下载信息为"净水宝"的安装包名以及"净水宝"的App ID。

[0248] 示例四：IoT设备厂商服务器向手机厂商服务器发送的下载信息为"净水宝"的安装包名、"净水宝"的App ID以及"净水宝"的URL下载地址。

[0249] 对于示例三和示例四，IoT设备厂商服务器向手机厂商服务器发送的App ID可以是存储在IoT设备厂商服务器本地的App ID，也可以是IoT设备厂商服务器在向手机100发送"净水宝"的下载信息之前，根据"应用宝"的安装包名向应用市场服务器请求的App ID。

[0250] 另外，对于上述示例一至示例四，IoT设备厂商服务器向手机厂商服务器发送的下载信息还可包括"净水宝"的版本信息，以便于手机100对"净水宝"的版本进行更新。

[0251] S380：手机厂商服务器在本地存储"净水宝"的下载信息。

[0252] 手机厂商服务器接收到"净水宝"的下载信息后，将其在本地进行存储。具体地，IoT设

备厂商服务器在本地关联地存储净水器 200 的 NFC 标签数据、手机 100 的应用支持能力信息与"净水宝"的下载信息，这样，当手机厂商服务器接收到手机 100 的应用下载信息获取请求，但手机厂商服务器从 IoT 设备厂商服务器获取应用下载信息失败时（例如，出现通信故障时），手机厂商服务器可以将本地存储的"净水宝"的下载信息发送至手机 100。

[0253] S390：手机厂商服务器向手机 100 发送净水器应用（"净水宝"）的下载信息（作为第二请求响应）。

[0254] 本步骤中，手机厂商服务器将接自 IoT 设备厂商服务器的"净水宝"下载信息，以及从应用市场服务器请求的"净水宝"的 App ID 发送至手机 100，以向手机 100 发送净水器应用（"净水宝"）的下载信息。

[0255] S395：手机 100 根据"净水宝"的下载信息启动"净水宝"。

[0256] 步骤 S395 与实施例一步骤 S160 的过程实质相同，因此，步骤 S395 的实施细节可参考实施例一中的叙述，不再赘述。

[0257] 本实施例中，手机 100 不是直接向 IoT 设备厂商服务器发送净水器应用下载信息获取请求，而是通过手机厂商服务器转发该请求。因此，本实施例中，无需与各 IoT 设备厂商服务器进行直接通信。这样，手机 100 的 NFC 标签阅读应用中无需集成各 IoT 设备厂商服务器的标签解析 SDK，不仅可以使 NFC 标签阅读应用轻量化，也可以节省手机 100 本地存储空间。

[0258] 在本实施例的一些变形例中，当手机厂商服务器接收到来自手机 100 的净水器应用下载信息获取请求时，首先查询本地是否存储有与该获取请求相对应的下载信息（即，与净水器 NFC 标签数据以及手机 100 的应用支持能力信息相对应的下载信息），如有的话，手机厂商服务器先将该下载信息返回至手机 100，以使手机 100 根据该下载信息启动净水器应用，从而加快手机 100 的应用启动速度，提高用户体验。

[0259] 需要说明的是，本申请各实施例中的步骤序号并非用于对步骤的执行次序进行限定，在满足发明目的的前提下，本领域技术人员可以对各步骤的执行次序进行调整，例如，互换步骤 S350 和步骤 S360 的次序。现在参考图 11，所示为根据本申请的一个实施例的电子设备 400 的框图。电子设备 400 可以包括耦合到控制器中枢 403 的一个或多个处理器 401。对于至少一个实施例，控制器中枢 403 经由诸如前端总线（FSB，Front Side Bus）之类的多分支总线、诸如快速通道连（QPI，QuickPath Interconnect）之类的点对点接口，或者类似的连接 406 与处理器 401 进行通信。处理器 401 执行控制一般类型的数据处理操作的指令。在一实施例中，控制器中枢 403 包括，但不局限于，图形存储器控制器中枢（GMCH，Graphics & Memory Controller Hub）（未示出）和输入/输出中枢（IOH，Input Output Hub）（其可以在分开的芯片上）（未示出），其中 GMCH 包括存储器和图形控制器并与 IOH 耦合。

[0260] 电子设备 400 还可包括耦合到控制器中枢 403 的协处理器 402 和存储器 404。或者，存储器和 GMCH 中的一个或两者可以被集成在处理器内（如本申请中所描述的），存储器 404 和协处理器 402 直接耦合到处理器 401 以及控制器中枢 403，控制器中枢 403 与 IOH 处于单个芯片中。

[0261] 存储器 404 可以是例如动态随机存取存储器（DRAM，Dynamic Random Access Memory）、相变存储器（PCM，Phase Change Memory）或这两者的组合。存储器 404 中可以包括用于存储数据和/或指令的一个或多个有形的、非暂时性计算机可读介质。计算机可读存储介质中存储有指令，具体而言，存储有该指令的暂时和永久副本。该指令可以包括：由处理器中的至少一个执行时导致电子设备 400 实施如图 5、图 9、图 10 所示方法中由手机执行的步骤的指令。当指令在计算机上运行时，使得计算机执行上述实施例一、实施例二和/或实施例三公开的方法。

[0262] 在一个实施例中，协处理器 402 是专用处理器，诸如例如高吞吐量 MIC（Many Integrated Core，集成众核）处理器、网络或通信处理器、压缩引擎、图形处理器、GPGPU（General - Purpose Computing on Graphics Processing Units，图形处理单元上的通用计算）或嵌入式处理器等等。协处理器 402 的任选性质用虚线表示在图 11 中。

[0263] 在一个实施例中,电子设备400可以进一步包括网络接口(NIC, Network Interface Controller)406。网络接口406可以包括收发器,用于为电子设备400提供无线电接口,进而与任何其他合适的设备(如前端模块、天线等)进行通信。在各种实施例中,网络接口406可以与电子设备400的其他组件集成。网络接口406可以实现上述实施例中的通信单元的功能。

[0264] 电子设备400可以进一步包括输入/输出(I/O, Input/Output)设备405。I/O 405可以包括:用户界面,该设计使得用户能够与电子设备400进行交互;外围组件接口的设计使得外围组件也能够与电子设备400交互;和/或传感器设计用于确定与电子设备400相关的环境条件和/或位置信息。

[0265] 值得注意的是,图11仅是示例性的。即虽然图11中示出了电子设备400包括处理器401、控制器中枢403、存储器404等多个器件,但是,在实际的应用中,使用本申请各方法的设备,可以仅包括电子设备400各器件中的一部分器件,例如,可以仅包含处理器401和网络接口406。图11中可选器件的性质用虚线示出。

[0266] 现在参考图12,所示为根据本申请的一实施例的SoC(System on Chip,片上系统)500的框图。在图12中,相似的部件具有同样的附图标记。另外,虚线框是更先进的SoC的可选特征。在图12中,SoC500包括:互连单元550,其被耦合至处理器510;系统代理单元580;总线控制器单元590;集成存储器控制器单元540;一组或一个或多个协处理器520,其可包括集成图形逻辑、图像处理器、音频处理器和视频处理器;静态随机存取存储器(SRAM, Static Random - Access Memory)单元530;直接存储器存取(DMA, Direct Memory Access)单元560。在一个实施例中,协处理器520包括专用处理器,诸如例如网络或通信处理器、压缩引擎、GPGPU(General - Purpose Computing on Graphics Processing Units,图形处理单元上的通用计算)、高吞吐量MIC处理器或嵌入式处理器等。

[0267] 静态随机存取存储器(SRAM)单元530可以包括用于存储数据和/或指令的一个或多个有形的、非暂时性计算机可读介质。计算机可读存储介质中存储有指令,具体而言,存储有该指令的暂时和永久副本。该指令可以包括:由处理器中的至少一个执行时导致SoC实施如图5、图9、图10所示方法中由手机执行的步骤的指令。当指令在计算机上运行时,使得计算机执行上述实施例一、实施例二和/或实施例三中公开的方法。

[0268] 本文中术语"和/或",仅仅是一种描述关联对象的关联关系,表示可以存在三种关系,例如,A和/或B,可以表示:单独存在A、同时存在A和B、单独存在B这三种情况。

[0269] 本申请的各方法实施方式均可以以软件、磁件、固件等方式实现。

[0270] 可将程序代码应用于输入指令,以执行本文描述的各功能并生成输出信息。可以按已知方式将输出信息应用于一个或多个输出设备。为了本申请的目的,处理系统包括具有诸如例如数字信号处理器(DSP, Digital Signal Processor)、微控制器、专用集成电路(ASIC)或微处理器之类的处理器的任何系统。

[0271] 程序代码可以用高级程序化语言或面向对象的编程语言来实现,以便与处理系统通信。在需要时,也可用汇编语言或机器语言来实现程序代码。事实上,本文中描述的机制不限于任何特定编程语言的范围。在任一情形下,该语言可以是编译语言或解释语言。

[0272] 至少一个实施例的一个或多个方面可以由存储在计算机可读存储介质上的表示性指令来实现,指令表示处理器中的各种逻辑,指令在被机器读取时使得该机器制作用于执行本文所述的技术的逻辑。被称为"IP(Intellectual Property,知识产权)核"的这些表示可以被存储在有形的计算机可读存储介质上,并被提供给多个客户或生产设施以加载到实际制造该逻辑或处理器的制造机器中。

[0273] 在一些情况下,指令转换器可用来将指令从源指令集转换至目标指令集。例如,指令转换器可以变换(例如使用静态二进制变换、包括动态编译的动态二进制变换)、变形、仿真或以其他方式将指令转换成将由核来处理的一个或多个其他指令。指令转换器可以用软件、硬件、固件或其组合实现。指令转换器可以在处理器上、在处理器外,或者部分在处理器上且部分在处理器外。

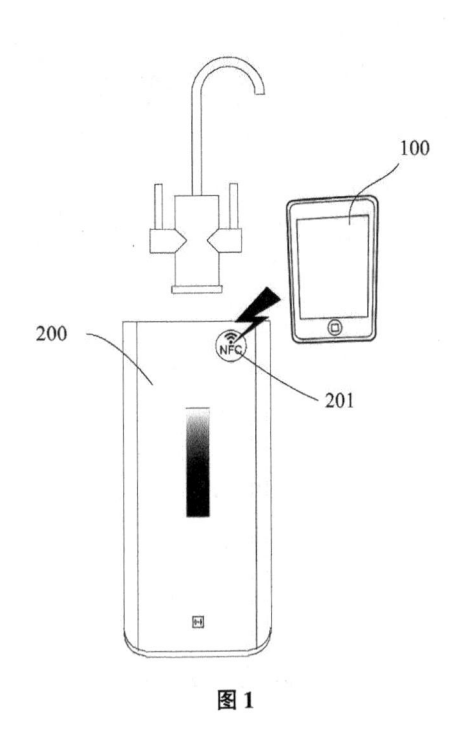

图1

说 明 书 附 图

手机100

天线1　　　　　　　　　天线2

移动通信模块	无线通信模块
2G/3G/4G/5G	BT/WLAN/GNSS/NFC/IR/FM
[150]	[160]

扬声器[170A]

受话器[170B]

麦克风[170C]

耳机接口[170D]

音频模块[170]

显示屏1~N[194]

摄像头1~N[193]

指示器[192]

马达[191]

按键[190]

内部存储器[121]

SIM卡接口1~N[195]

外部存储器接口[120]

USB接口[130]

充电管理模块[140]

电源管理模块[141]

电池[142]

充电输入

处理器[110]

传感器模块[180]

压力传感器[180A]

陀螺仪传感器[180B]

气压传感器[180C]

磁传感器[180D]

加速度传感器[180E]

距离传感器[180F]

接近光传感器[180G]

指纹传感器[180H]

温度传感器[180J]

触摸传感器[180K]

环境光传感器[180L]

骨传导传感器[180M]

图2

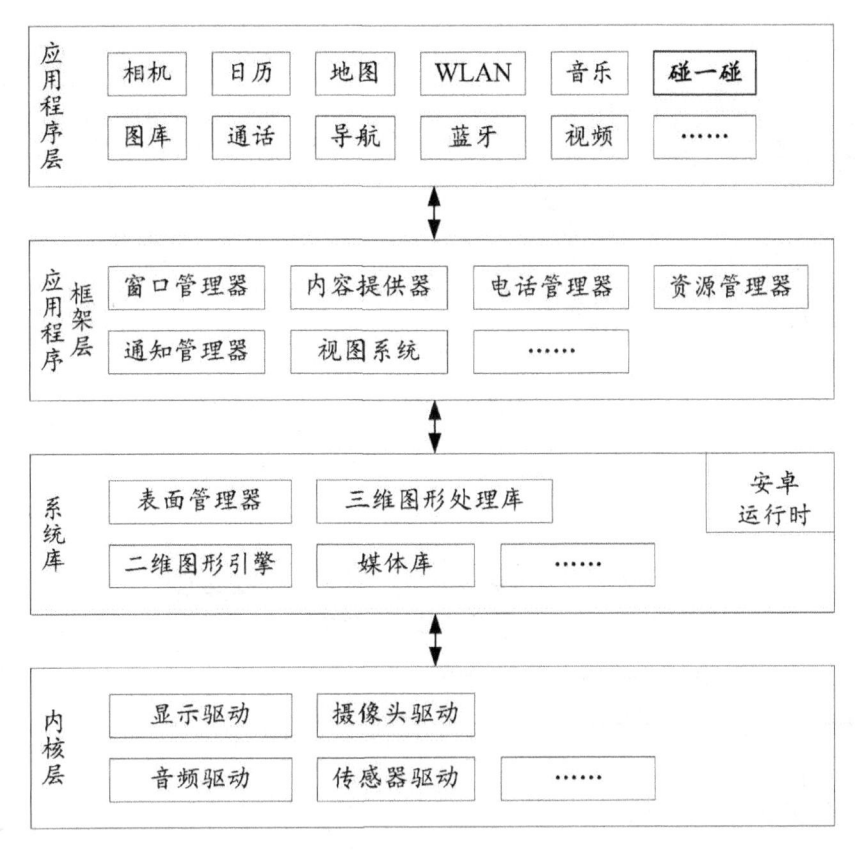

```
应用          ┌────┐ ┌────┐ ┌────┐ ┌─────┐ ┌────┐ ┌─────┐
程序   相机   日历   地图   WLAN   音乐   碰一碰
序层   ┌────┐ ┌────┐ ┌────┐ ┌────┐ ┌────┐ ┌────┐
       图库   通话   导航   蓝牙   视频   ……
```

应用程序层：相机、日历、地图、WLAN、音乐、碰一碰、图库、通话、导航、蓝牙、视频、……

应用程序框架层：窗口管理器、内容提供器、电话管理器、资源管理器、通知管理器、视图系统、……

系统库：表面管理器、三维图形处理库、二维图形引擎、媒体库、……　　安卓运行时

内核层：显示驱动、摄像头驱动、音频驱动、传感器驱动、……

图 3

| NDEF数据头 | 固定数据字段 | 设备厂商自定义数据字段 |

NDEF数据头部分　　　NDEF有效载荷部分

图 4

说 明 书 附 图

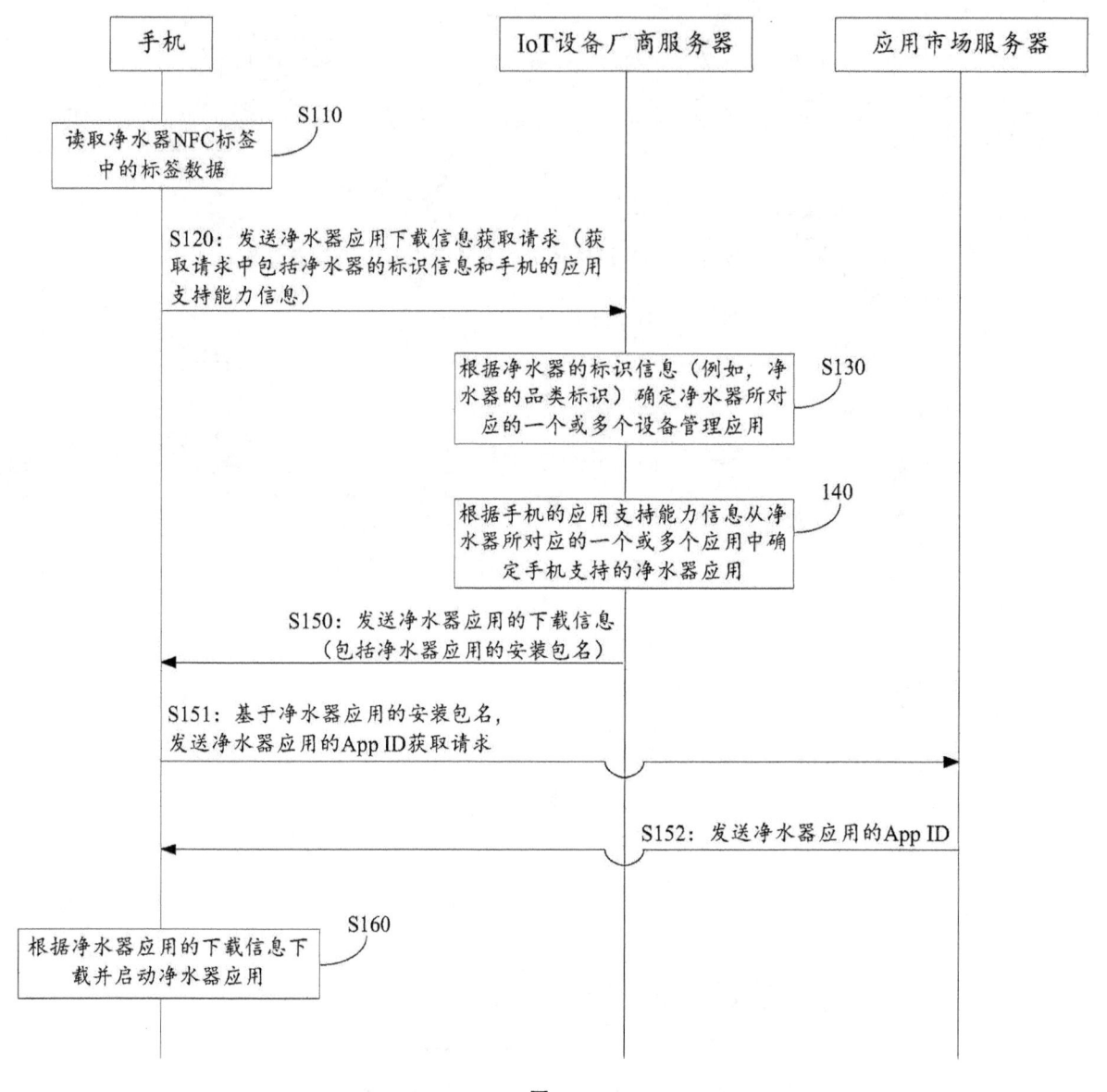

```
    手机              IoT设备厂商服务器         应用市场服务器
     |                      |                      |
  ┌──┴──────────┐ S110       |                      |
  │读取净水器NFC标签│           |                      |
  │中的标签数据    │           |                      |
  └──┬──────────┘           |                      |
     | S120：发送净水器应用下载信息获取请求（获 |                      |
     | 取请求中包括净水器的标识信息和手机的应用 |                      |
     | 支持能力信息）          |                      |
     |─────────────────────▶|                      |
     |                   ┌──┴──────────────┐ S130  |
     |                   │根据净水器的标识信息（例如，净│       |
     |                   │水器的品类标识）确定净水器所对│       |
     |                   │应的一个或多个设备管理应用   │       |
     |                   └──┬──────────────┘       |
     |                   ┌──┴──────────────┐ 140   |
     |                   │根据手机的应用支持能力信息从净│       |
     |                   │水器所对应的一个或多个应用中确│       |
     |                   │定手机支持的净水器应用      │       |
     |                   └──┬──────────────┘       |
     |  S150：发送净水器应用的下载信息    |                      |
     |  （包括净水器应用的安装包名）    |                      |
     |◀─────────────────────|                      |
     | S151：基于净水器应用的安装包名， |                      |
     | 发送净水器应用的App ID获取请求  |                      |
     |─────────────────────────────────────────────▶|
     |                      | S152：发送净水器应用的App ID    |
     |◀─────────────────────────────────────────────|
  ┌──┴──────────┐ S160       |                      |
  │根据净水器应用的下载信息下│       |                      |
  │载并启动净水器应用    │       |                      |
  └─────────────┘           |                      |
```

图 5

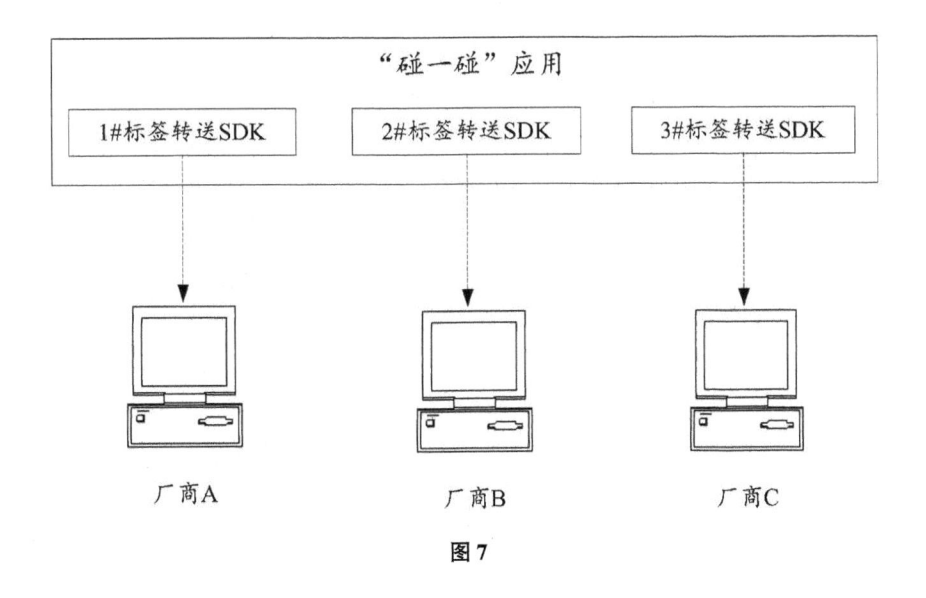

图 6

图 7

说 明 书 附 图

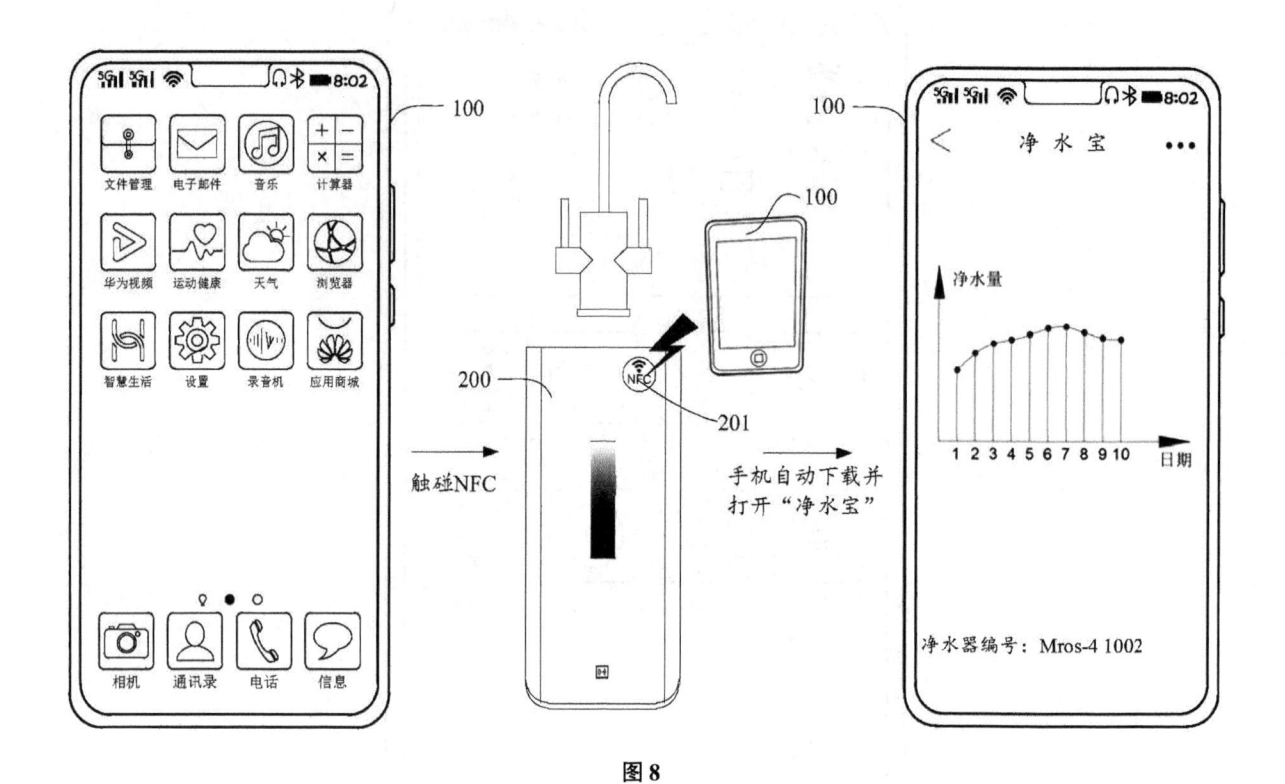

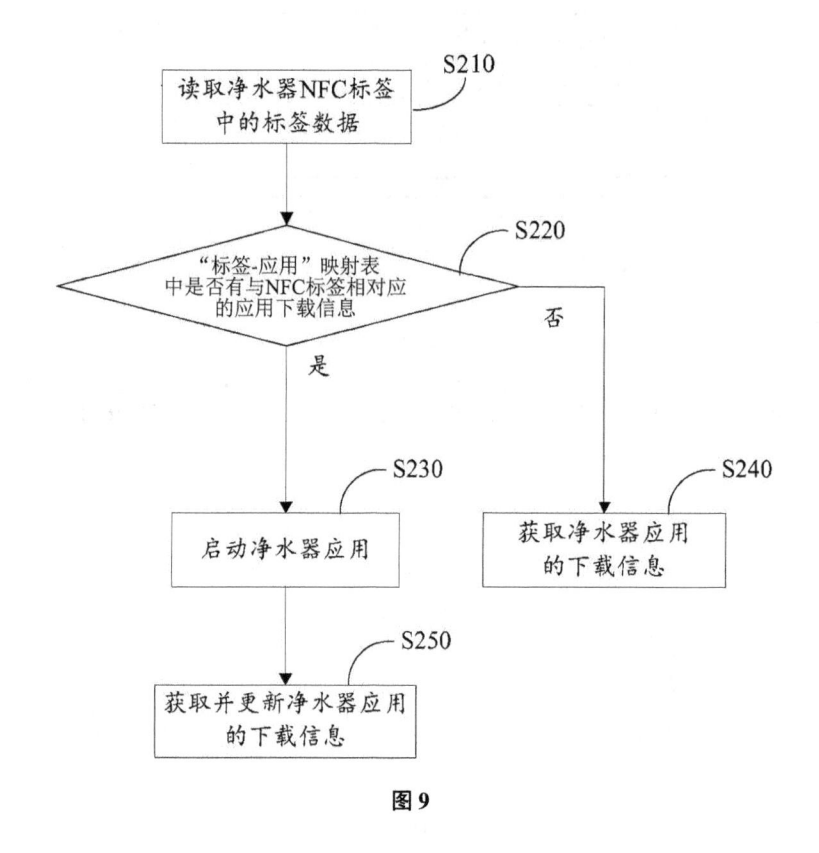

图 8

图 9

说 明 书 附 图

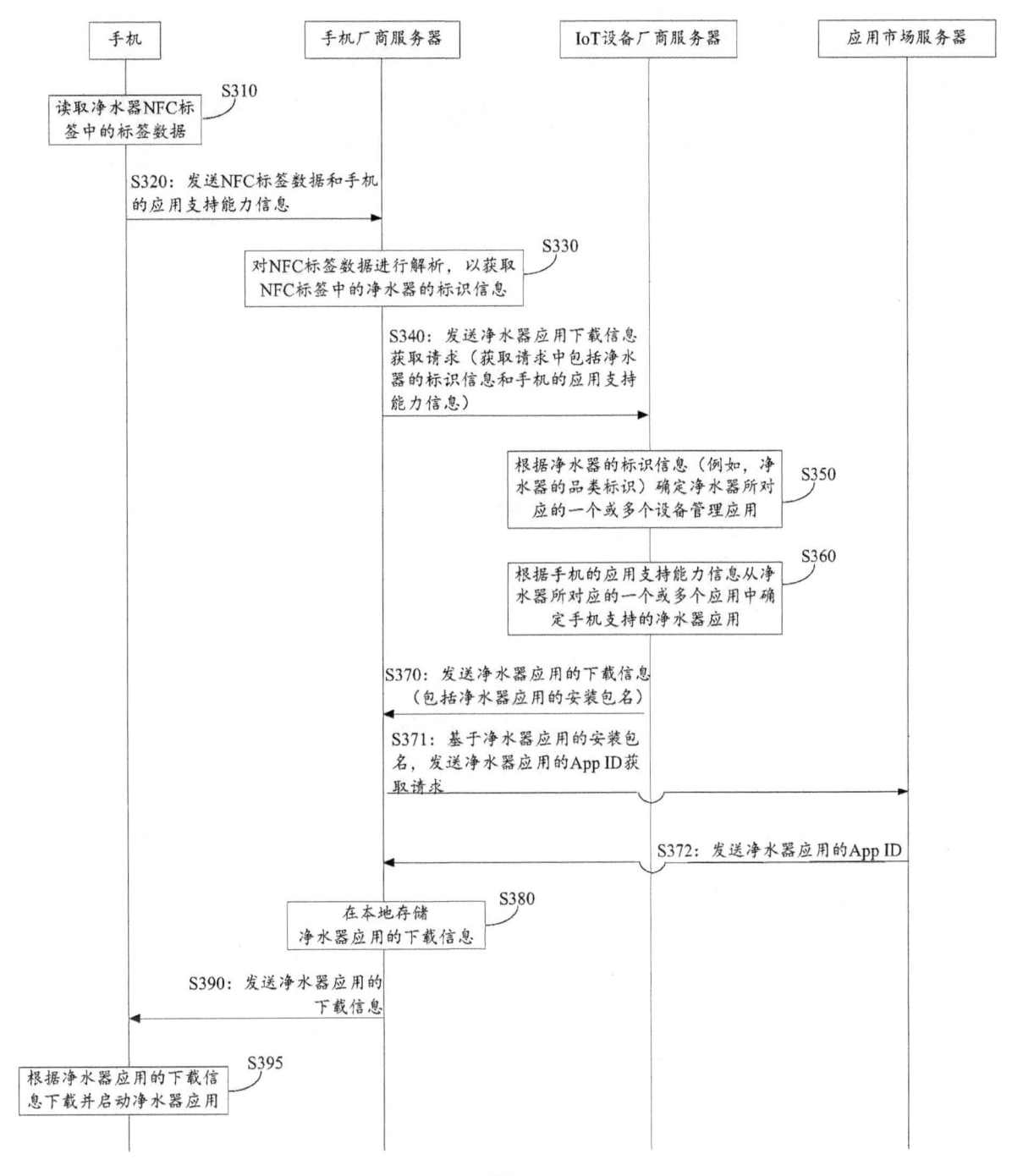

```
    手机            手机厂商服务器      IoT设备厂商服务器    应用市场服务器
     |                   |                   |                   |
 ┌────────┐ S310          |                   |                   |
 │读取净水器NFC标│          |                   |                   |
 │签中的标签数据 │          |                   |                   |
 └────────┘              |                   |                   |
     |   S320：发送NFC标签数据和手机               |                   |
     |   的应用支持能力信息  |                   |                   |
     |─────────────────>|                   |                   |
     |               ┌──────────────┐ S330  |                   |
     |               │对NFC标签数据进行解析，以获取│              |
     |               │NFC标签中的净水器的标识信息 │              |
     |               └──────────────┘       |                   |
     |                   |  S340：发送净水器应用下载信息         |
     |                   |  获取请求（获取请求中包括净水         |
     |                   |  器的标识信息和手机的应用支持         |
     |                   |  能力信息）        |                   |
     |                   |─────────────────>|                   |
     |                   |         ┌──────────────┐ S350        |
     |                   |         │根据净水器的标识信息（例如，净│ |
     |                   |         │水器的品类标识）确定净水器所对│ |
     |                   |         │应的一个或多个设备管理应用  │ |
     |                   |         └──────────────┘            |
     |                   |         ┌──────────────┐ S360        |
     |                   |         │根据手机的应用支持能力信息从净│ |
     |                   |         │水器所对应的一个或多个应用中确│ |
     |                   |         │定手机支持的净水器应用     │ |
     |                   |         └──────────────┘            |
     |                   |  S370：发送净水器应用的下载信息       |
     |                   |  （包括净水器应用的安装包名）         |
     |                   |<─────────────────|                   |
     |                   |  S371：基于净水器应用的安装包         |
     |                   |  名，发送净水器应用的App ID获        |
     |                   |  取请求           |                   |
     |                   |──────────────────────────────────>|
     |                   |  S372：发送净水器应用的App ID        |
     |                   |<──────────────────────────────────|
     |               ┌──────────┐ S380       |                   |
     |               │在本地存储   │           |                   |
     |               │净水器应用的下载信息│     |                   |
     |               └──────────┘           |                   |
     |  S390：发送净水器应用的 |                   |                   |
     |  下载信息          |                   |                   |
     |<─────────────────|                   |                   |
 ┌────────┐ S395         |                   |                   |
 │根据净水器应用的下载信│    |                   |                   |
 │息下载并启动净水器应用│    |                   |                   |
 └────────┘              |                   |                   |
```

图 10

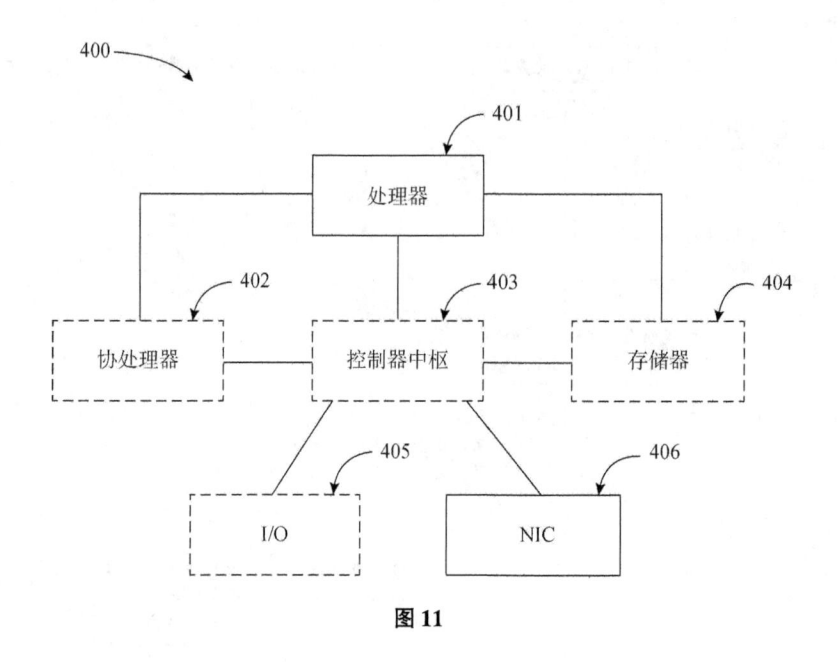

图11

- 400
- 401 处理器
- 402 协处理器
- 403 控制器中枢
- 404 存储器
- 405 I/O
- 406 NIC

图12

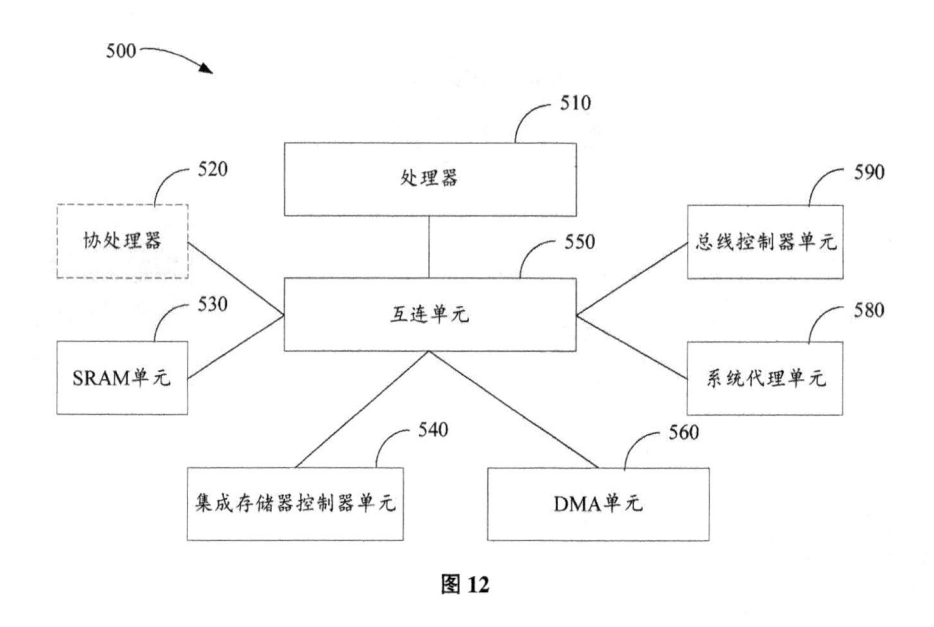

- 500
- 510 处理器
- 520 协处理器
- 530 SRAM单元
- 540 集成存储器控制器单元
- 550 互连单元
- 560 DMA单元
- 580 系统代理单元
- 590 总线控制器单元

(19) 中华人民共和国国家知识产权局

(12) 发明专利

(10) 授权公告号 CN 113905256 B
(45) 授权公告日 2022.04.12

(21) 申请号 202111505299.2
(22) 申请日 2021.12.10
(65) 同一申请的已公布的文献号
申请公布号 CN 113905256 A
(43) 申请公布日 2022.01.07
(73) 专利权人 北京拙河科技有限公司
地址 100083 北京市海淀区王庄路1号院清华同方科技大厦D座25层2501-1号
(72) 发明人 袁潮　温建伟
(74) 专利代理机构 北京市柳沈律师事务所 11105
代理人 胡琪　戚乐
(51) Int.Cl.
H04N 21/234 (2011.01)
H04N 21/2343 (2011.01)

(56) 对比文件
CN 102231859 A，2011.11.02
CN 102231859 A，2011.11.02
CN 107087212 A，2017.08.22
CN 104735464 A，2015.06.24
CN 112533005 A，2021.03.19
WO 2015103644 A1，2015.07.09

审查员　郎亦虹

(54) 发明名称
支持交互式观看的视频数据处理方法、设备及系统

(57) 摘要
本公开提供支持交互式观看的视频数据处理方法、设备及系统。所述支持交互式观看的视频数据处理方法包括：将视频画面分割为多个网格；对于所述多个网格中的每个网格，分配专用于该网格的视频编码器以对该网格的视频数据流进行编码；以及响应于客户端的视频播放请求，提供所述多个网格中的至少一个网格的经编码视频数据流。根据所述支持交互式观看的视频数据处理方法，只要网络带宽允许，就可以为无数客户端提供交互式视频观看服务，尤其是在进行交互式观看的客户端的设备数量众多的情况下，能够有效缓解服务端的视频编码器资源紧张问题。

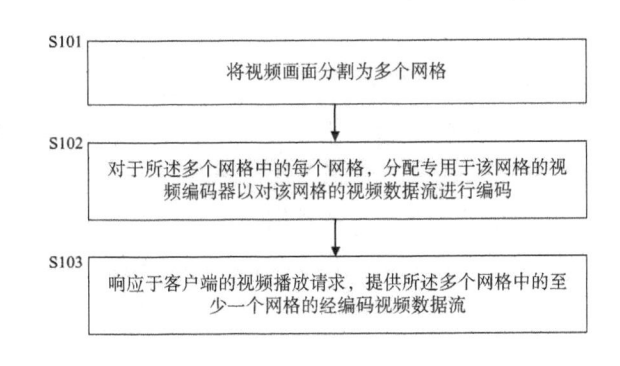

S101 将视频画面分割为多个网格
S102 对于所述多个网格中的每个网格，分配专用于该网格的视频编码器以对该网格的视频数据流进行编码
S103 响应于客户端的视频播放请求，提供所述多个网格中的至少一个网格的经编码视频数据流

权 利 要 求 书

1. 一种支持交互式观看的视频数据处理方法，包括：

将视频画面分割为多个网格；

对于所述多个网格中的每个网格，在单个视频数据处理设备内分配专用于该网格的视频编码器以对该网格的视频数据流进行编码；以及

响应客户端的视频播放请求，提供所述多个网格中的至少一个网格的经编码视频数据流，

其中，将视频画面分割为多个网格包括：

对所述视频画面下采样以获得具有不同分辨率的多级视频画面；以及

将所述多级视频画面中的每级视频画面分割为多个网格，且在所述单个视频数据处理设备内，每个网格被分配专用于该网格的视频编码器，

其中，响应客户端的视频播放请求，提供所述多个网格中的至少一个网格的经编码视频数据流包括：

响应于客户端的视频播放请求，从具有最高分辨率的视频画面开始，依次在该视频画面的多个网格中确定与所述视频播放请求所请求的视频内容相对应的至少一个网格，并且确定所述至少一个网格的数量是否超出了所述客户端的解码能力，以从所述多级视频画面中选择尽可能高分辨率的并且与所述客户端的解码能力相匹配的视频画面以及所选择的视频画面中的所述至少一个网格，其中所述客户端的解码能力指示所述客户端对于各种网格大小能够同时解码的网格数量；以及

向所述客户端提供所述至少一个网格的经编码视频数据流。

2. 根据权利要求 1 所述的方法，其中，响应于客户端的视频播放请求，提供所述多个网格中的至少一个网格的经编码视频数据流包括：

根据客户端指定的视频画面中的感兴趣区域，从所述多个网格中确定与所述感兴趣区域对应的所述至少一个网格；以及

提供所述至少一个网格的经编码视频数据流。

3. 根据权利要求 2 所述的方法，其中，根据客户端指定的视频画面中的感兴趣区域，从所述多个网格中确定与所述感兴趣区域对应的所述至少一个网格包括：

从所述客户端获取所述客户端的解码能力；

确定各级视频画面中用于覆盖所述感兴趣区域所需的最少网格数量；

确定所述最少网格数量不超过所述客户端的解码能力的各级视频画面，并从中选择分辨率最高的视频画面；以及

确定所选择的视频画面中覆盖所述感兴趣区域的所述至少一个网格。

4. 根据权利要求 2 所述的方法，其中，根据客户端指定的视频画面中的感兴趣区域，从所述多个网格中确定与所述感兴趣区域对应的所述至少一个网格包括：

在客户端处，从服务端获取各级视频画面的网格化信息；在客户端处，根据所述网格化信息，确定各级视频画面中用于覆盖所述感兴趣区域所需的最少网格数量；

确定所述最少网格数量不超过所述客户端的解码能力的各级视频画面，并从中选择分辨率最高的视频画面；以及

确定所选择的视频画面中覆盖所述感兴趣区域的所述至少一个网格。

5. 根据权利要求 4 所述的方法，其中，所述网格化信息包括以下中的一个或多个：所述多级视频画面的画面数量、各级视频画面的分辨率、各级视频画面的网格数量、各级视频画面的网格大小以及各个网格的网格坐标。

6. 一种视频数据处理方法，包括：

获得相同视频内容的具有不同分辨率的多级视频画面；

将所述多级视频画面中的每级视频画面分割为多个网格；

对于每级视频画面的多个网格中的每个网格，在单个视频数据处理设备内分配专用于该网格的视频编码器；以及

权 利 要 求 书

利用各个视频编码器对相应网格的视频数据流进行编码，以获得相应网格的经编码视频数据流，

所述方法还包括：

响应于客户端的视频播放请求，从具有最高分辨率的视频画面开始，依次在该视频画面的多个网格中确定与所述视频播放请求所请求的视频内容相对应的至少一个网格，并且确定所述至少一个网格的数量是否超出了所述客户端的解码能力，以从所述多级视频画面中选择尽可能高分辨率的并且与所述客户端的解码能力相匹配的视频画面以及所选择的视频画面中的所述至少一个网格，其中所述客户端的解码能力指示所述客户端对于各种网格大小能够同时解码的网格数量；以及

向所述客户端提供所述至少一个网格的经编码视频数据流。

7. 一种支持交互式观看的视频数据处理设备，包括：

处理器；以及

存储器，存储有计算机程序指令，

其中，在所述计算机程序指令被所述处理器运行时，使得所述处理器执行以下步骤：

获得相同视频内容的具有不同分辨率的多级视频画面；

将所述多级视频画面中的每级视频画面分割为多个网格；

对于每级视频画面的多个网格中的每个网格，在单个视频数据处理设备内分配专用于该网格的视频编码器；

利用各个视频编码器对相应网格的视频数据流进行编码，以获得相应网格的经编码视频数据流；

响应于客户端的视频播放请求，从具有最高分辨率的视频画面开始，依次在该视频画面的多个网格中确定与所述视频播放请求所请求的视频内容相对应的至少一个网格，并且确定所述至少一个网格的数量是否超出了所述客户端的解码能力，以从所述多级视频画面中选择尽可能高分辨率的并且与所述客户端的解码能力相匹配的视频画面以及所选择的视频画面中的所述至少一个网格，其中所述客户端的解码能力指示所述客户端对于各种网格大小能够同时解码的网格数量；以及

向所述客户端提供所述至少一个网格的经编码视频数据流。

8. 一种支持交互式观看的系统，包括：

服务端，被配置为：

获得相同视频内容的具有不同分辨率的多级视频画面；

将所述多级视频画面中的每级视频画面分割为多个网格；

对于每级视频画面的多个网格中的每个网格，在单个视频数据处理设备内分配专用于该网格的视频编码器；以及

利用各个视频编码器对相应网格的视频数据流进行编码，以获得相应网格的经编码视频数据流；以及

客户端，被配置为向服务端发送视频播放请求，

其中所述服务端还被配置为：

响应于客户端的视频播放请求，从具有最高分辨率的视频画面开始，依次在该视频画面的多个网格中确定与所述视频播放请求所请求的视频内容相对应的至少一个网格，并且确定所述至少一个网格的数量是否超出了所述客户端的解码能力，以从所述多级视频画面中选择尽可能高分辨率的并且与所述客户端的解码能力相匹配的视频画面以及所选择的视频画面中的所述至少一个网格，其中所述客户端的解码能力指示所述客户端对于各种网格大小能够同时解码的网格数量；以及

向所述客户端提供所述至少一个网格的经编码视频数据流。

说 明 书

支持交互式观看的视频数据处理方法、设备及系统

技术领域

[0001] 本公开涉及视频数据处理。更具体地，本公开涉及支持交互式观看的视频数据处理方法、设备及系统。

背景技术

[0002] 随着视频拍摄硬件性能的不断提升，8k（3300万像素）及更高像素的视频拍摄设备已经或将要出现，而且基于多路拍摄设备的多路拍摄画面来拼接全景超高清视频的技术也在不断发展。相应地，采用多种方式获得高分辨率视频源已成为可能。然而，与之对应的客户端受限于屏幕分辨率，无法充分展现高分辨率视频源的内容。图1示出了视频源的相对较高的原始视频分辨率与客户端的相对较低的屏幕分辨率的比较示意图。如图1中示意性所示，视频源的原始视频分辨率为3840×2160，而客户端的屏幕分辨率为1920×1080。由于客户端的屏幕分辨率小于视频源的分辨率，因此如果客户端屏幕以点对点的方式展现视频源画面时，只能显示视频源画面中的部分区域，导致影响用户对视频内容的观看体验。在这种情况下，客户端可以采用以下两种方式播放视频源内容。

[0003] 在第一种方式中，客户端可以对视频源画面进行下采样，降低分辨率从而适配客户端的屏幕分辨率，这也是目前常规系统所采用的方式。然而，该方式的问题是无法充分展现视频源内容的细节，从而降低了用户的视觉体验。

[0004] 在第二种方式中，客户端的用户可以与提供视频源的服务端进行实时交互，服务端可以根据客户端的请求提供其感兴趣区域的视频内容，从而使客户端可以按需展现视频源的任何区域的视频内容。然而，这种方式中，当与服务端交互的客户端的数量巨大时，服务端处存在视频编码器资源紧张的问题。

[0005] 因此，需要在视频源分辨率高于客户端屏幕分辨率的情况下，提供一种改进的视频数据处理技术，从而能够支持用户体验良好的交互式观看。

发明内容

[0006] 根据本公开的一个方面，提供了一种支持交互式观看的视频数据处理方法，包括：将视频画面分割为多个网格；对于所述多个网格中的每个网格，分配专用于该网格的视频编码器以对该网格的视频数据流进行编码；以及响应于客户端的视频播放请求，提供所述多个网格中的至少一个网格的经编码视频数据流。

[0007] 根据本公开的另一方面，提供了一种视频数据处理方法，包括：获得相同视频内容的具有不同分辨率的多级视频画面；将所述多级视频画面中的每级视频画面分割为多个网格；对于每级视频画面的多个网格中的每个网格，分配专用于该网格的视频编码器；以及利用各个视频编码器对相应网格的视频数据流进行编码，以获得相应网格的经编码视频数据流。

[0008] 根据本公开的另一方面，提供了一种支持交互式观看的视频数据处理设备，包括：处理器；以及存储器，存储有计算机程序指令，其中，在所述计算机程序指令被所述处理器运行时，使得所述处理器执行以下步骤：获得相同视频内容的具有不同分辨率的多级视频画面；将所述多级视频画面中的每级视频画面分割为多个网格；对于每级视频画面的多个网格中的每个网格，分配专用于该网格的视频编码器；以及利用各个视频编码器对相应网格的视频数据流进行编码，以获得相应网格的经编码视频数据流。

[0009] 根据本公开的另一方面，提供了一种支持交互式观看的系统，包括：服务端，被配置为：获得相同视频内容的具有不同分辨率的多级视频画面；将所述多级视频画面中的每级视频画面分割为多个网格；以及对于每级视频画面的多个网格中的每个网格，分配专用于该网格的视频编码器；

利用各个视频编码器对相应网格的视频数据流进行编码，以获得相应网格的经编码视频数据流。该系统还包括：客户端，被配置为向服务端发送视频播放请求。所述服务端还被配置为：响应于客户端的视频播放请求，从所述多级画面中选择与所述客户端的解码能力相匹配的视频画面；在所选择的视频画面的多个网格中确定与所述视频播放请求所请求的视频内容相对应的至少一个网格；以及向所述客户端提供所述至少一个网格的经编码视频数据流。

[0010] 根据本公开的再一方面，提供了一种计算机可读存储介质，其上存储有计算机程序指令，其中，所述计算机程序指令在被执行时实现上述支持交互式观看的视频数据处理方法。

附图说明

[0011] 从下面结合附图对本公开实施例的详细描述中，本公开的这些和/或其他方面和优点将变得更加清楚并更容易理解，其中：

[0012] 图1示出了视频源的原始分辨率与客户端的屏幕分辨率的比较示意图。

[0013] 图2示出了现有方法中客户端对视频源进行交互式观看的过程的示意图。

[0014] 图3是示出了根据本公开实施例的支持交互式观看的视频数据处理方法的流程图。

[0015] 图4示出了根据本公开实施例的支持交互式观看的视频数据处理方法的示意图。

[0016] 图5A示出了根据本公开实施例的支持交互式观看的视频数据处理方法中确定视频画面中的感兴趣区域的坐标信息的示意图。

[0017] 图5B示出了根据本公开实施例的支持交互式观看的视频数据处理方法中根据感兴趣区域的坐标信息确定与感兴趣区域对应的网格的示意图。

[0018] 图6示出了根据本公开实施例的支持交互式观看的视频数据处理方法中在客户端处呈现与感兴趣区域对应的视频画面的示意图。

[0019] 图7示出了根据本公开实施例的支持交互式观看的视频数据处理方法中客户端处指定了完整画面中的相对较大部分作为感兴趣区域的示意图。

[0020] 图8是示出了根据本公开实施例的支持交互式观看的视频数据处理方法的另一示例的流程图。

[0021] 图9示出了根据本公开实施例的支持交互式观看的视频数据处理方法中具有不同分辨率的多级视频画面的示意性视图。

[0022] 图10示出了根据本公开实施例的支持交互式观看的视频数据处理方法中在各级视频画面中确定与感兴趣区域对应的若干网格的示意性视图。

[0023] 图11示出了根据本公开实施例的支持交互式观看的视频数据处理方法中客户端与服务端之间交互的示例的示意图。

[0024] 图12示出了根据本公开实施例的支持交互式观看的视频数据处理方法中客户端与服务端之间交互的另一示例的示意图。

[0025] 图13示出了根据本公开实施例的支持交互式观看的视频数据处理方法中确定视频源中的高感兴趣区域和低感兴趣区域的示意图。

[0026] 图14示出了根据本公开实施例的支持交互式观看的视频数据处理方法中对视频画面进行非均匀网格化分割的示意图。

[0027] 图15示出了根据本公开实施例的支持交互式观看的视频数据处理设备的示意性硬件框图。

[0028] 图16示出了根据本公开实施例的支持交互式观看的视频数据处理设备的示意性结构框图。

具体实施方式

[0029] 为了使本领域技术人员更好地理解本公开，下面结合附图和具体实施方式对本公开作进一步详细说明。

[0030] 首先，对本公开的改进的视频数据处理技术的基本思想进行简要的概述。如前所述，虽

然某些技术可以基于客户端的请求来按需展现视频源的感兴趣区域的视频内容，然而，当与服务端交互的客户端的数量巨大时，服务端处存在视频编码器资源紧张的问题。图2示出了现有方法中客户端对超出其屏幕分辨率的视频源进行交互式观看的过程的示意图。如图2所示，该交互式观看的过程主要包括以下步骤：

[0031] 1. 客户端基于用户的操作，确定视频画面中的感兴趣区域。

[0032] 2. 客户端将包含有关该感兴趣区域的信息的播放请求发送至服务端。

[0033] 3. 服务端从完整视频源画面中切出与感兴趣区域对应的一部分。

[0034] 4. 服务端对切出的画面部分进行编码压缩以得到经编码视频数据。

[0035] 5. 服务端将经编码视频数据回传给客户端。

[0036] 6. 客户端对接收到的经编码视频数据进行解码并呈现感兴趣区域画面。

[0037] 在实际的观看过程中，由于每个用户想要观看的感兴趣区域并不相同，而且在观看过程中也会不断变化，因此每个客户端是独立操作的，并且会向服务端发送特定于该客户端的播放请求。相应地，服务端在接收到各个客户端发来的播放请求后，需要根据各个客户端指定的彼此不同的感兴趣区域，实时地从完整视频源画面中切出与之对应的多个彼此不同的画面部分并且编码压缩后回传给相应的客户端。为了实现真正的交互式观看效果，必须在服务端为每一个用户提供一个独立的视频编码器，从而满足该用户对于其感兴趣区域的独特观看需求。然而，例如对于大型直播场景（例如，世界杯足球赛）来说，客户端数量是极为巨大的，同时观看直播的客户端数量可达到亿级。而服务端的硬件视频编码器数量是有限的，比如电视台一个频道往往只需要一个视频编码器，一块高端显卡也只能内置20个左右的视频编码器，且视频编码器的价格昂贵，因此通过堆叠视频编码器的方式无法支撑大量客户端交互直播的业务。因此，现有的交互式观看方法无法解决"无限数量"客户端交互观看的业务应用场景。

[0038] 有鉴于此，本公开提出视频画面的网格化分割和特定于网格的视频编码器分配的思想，首先对高分辨率的视频源进行网格化分割，然后对于分割后得到的每个网格分配专用于该网格的视频编码器对视频数据进行编码。相比于现有的交互式观看方法中为每个客户端分配其专属视频编码器的方式而言，通过采用本公开所提出的方案对视频源的视频数据进行处理，能够缓解服务端的视频编码器资源紧张问题，尤其是在进行交互式观看的客户端的设备数量众多的情况下。可以理解，本公开描述的改进的视频数据处理技术可以应用于交互式直播/点播系统，从而支持大量客户端对超过客户端屏幕分辨率的直播视频或点播视频进行交互式观看。例如，用户可以通过客户端与提供视频直播内容或点播内容的服务端交互，从而从完整画面中获取其感兴趣的区域进行观看。需说明的是，在以下描述中可以将具有高分辨率的原始视频内容称为视频源或视频画面，并且该视频源或视频画面可以对应于直播视频或点播视频的视频内容，本公开不对视频源或视频画面中所描绘的具体画面内容进行限制。

[0039] 实施例1

[0040] 图3是示出了根据本公开实施例的支持交互式观看的视频数据处理方法的流程图。图4示出了根据本公开实施例的支持交互式观看的视频数据处理方法的示意图。下面具体结合图3和图4描述该视频数据处理方法。

[0041] 如图3所示，在步骤S101，将视频画面分割为多个网格。如以上所描述的，视频画面可以指分辨率高于客户端的常见分辨率的视频源的各帧画面，并且其可以具有直播或点播视频内容。另外，该视频画面可以采用多种方式获得。例如，可以通过多台拍摄设备进行拍摄，然后对多个拍摄画面进行拼接以获得全景高清视频画面。优选的，可以采用亿级及更高像素的拍摄设备直接进行拍摄以获得该视频画面，从而省去对多台拍摄设备的维护保养以及对多个视频画面的拼接等需要。可以理解，在本公开实施例中"视频画面"、"像素画面"等术语可以互换使用。需说明的是，本公开不对视频画面的获取方式进行限制。

[0042] 如图4所示，可以在服务端对亿级像素画面进行网格化分割处理，例如，可以将1亿像素

· 108 ·

的视频画面分割为10×10个网格，每个网格的分辨率为1000×1000，例如网格1、网格2、……、网格100。同时，在对视频画面进行网格化分割的过程中，可以生成并记录与网格化分割过程相关的网格化信息，例如：视频画面的原始分辨率、网格数量、网格大小以及网格坐标等等。举例而言，网格1的网格大小为1000×1000且网格坐标为（0,0），以此类推。可以理解，以上所描述的视频画面的分辨率、网格大小、网格数量等仅为示意性举例，本公开的网格化分割不限于上述具体的数值举例。

[0043] 优选的，服务端在对视频画面进行网格化分割时，可以考虑常见客户端的解码能力。例如，对视频画面进行网格化分割后的每个网格的大小应远小于常见客户端的解码能力，即，考虑到用户期望观看的视频画面可能对应于不止一个网格，因此网格化分割的结果应该使客户端能够同时对若干个网格的视频数据进行实时解码。基于现有的常见客户端设备的解码能力，可以以每个网格不超过10万像素为基准，对视频画面进行网格化分割。

[0044] 返回图3，在步骤S102，对于所述多个网格中的每个网格，分配专用于该网格的视频编码器以对该网格的视频数据流进行编码。如上所述，与现有交互式观看方法中为每个客户端分配专用于该客户端的视频编码器不同，本步骤S102中，在对视频画面进行了网格化分割的基础上，可以为每个网格分配专用于该网格的视频编码器。继续结合图4描述，可以为网格1分配其专属的视频编码器1，从而利用视频编码器1对网格1的视频数据流进行编码，以获得网格1的经编码视频数据流，以此类推。可以理解，在本公开实施例中，网格的"经编码视频数据流"、"视频流"、"视频数据"等术语可以互换使用。相应地，服务端可以对这些网格画面独立地进行编码，以网格为单位形成10×10个经编码视频流。

[0045] 在步骤S103，响应于客户端的视频播放请求，提供所述多个网格中的至少一个网格的经编码视频数据流。如上所述，在交互式观看的过程中，用户可以通过客户端与提供视频内容的服务端交互，例如用户可以实时对客户端的屏幕上显示的视频画面进行拖拽操作，从而从完整视频画面中获取其感兴趣的区域进行观看。相应地，客户端的视频播放请求中可以包括与客户指定的感兴趣区域相关的信息。由于用户期望观看的感兴趣区域的画面可能对应于不止一个网格，因此，在步骤S103中，可以首先根据客户端指定的视频画面中的感兴趣区域，从视频画面的多个网格中确定与感兴趣区域对应的至少一个网格，然后提供所确定的至少一个网格的经编码视频数据流。可以理解，可以采用多种方式来表征客户端指定的感兴趣区域，例如其坐标信息。

[0046] 为了说明的完整性，下面以用户指定了感兴趣区域的坐标信息为例，结合图5A—图5B来描述根据客户端指定的感兴趣区域从多个网格当中确定与之对应的若干网格的示意图，其中，图5A示出了根据本公开实施例的支持交互式观看的视频数据处理方法中确定视频画面中的感兴趣区域的坐标信息的示意图，图5B示出了根据本公开实施例的支持交互式观看的视频数据处理方法中根据感兴趣区域的坐标信息确定与感兴趣区域对应的若干网格的示意图。需说明的是，在本公开的实施例中，服务端可以从客户端接收其指定的感兴趣区域，然后基于先前的网格化分割过程中已记录的网格化信息来确定与感兴趣区域对应的若干网格，并将这些网格的经编码视频数据流回传给客户端进行观看。可替代地，客户端可以预先从服务端接收与网格化分割过程相关的网格化信息，然后基于所获得的网格化信息来确定与用户指定的感兴趣区域对应的若干网格，并向服务端请求这些网格的视频数据以便进行观看。

[0047] 根据上述第一方面，作为在服务端处确定多个网格中与感兴趣区域对应的若干网格的实现方式的示例，交互式观看过程主要可以包括以下步骤：

[0048] 首先，用户在进行交互式观看时可以指定视频画面中的感兴趣区域，相应地，客户端可以将感兴趣区域的坐标信息发送给服务端。在本公开的实施例中，客户端可以采用多种方式根据用户在客户端屏幕上的拖拽操作来确定与感兴趣区域相关的坐标信息。例如，在用户通过在客户端屏幕上的拖拽操作指定了视频画面中的感兴趣区域后，客户端可以确定该感兴趣区域在完整画面中的归一化坐标。如图5A所示，设客户端上显示的完整画面的左上角为原点（0,0），右下角的归一化

坐标为（1，1）。相应地，可以根据用户的拖拽操作所对应的区域占完整画面的比例，计算感兴趣区域在完整画面中的左上角和右下角归一化坐标分别为（0.22，0.24）和（0.56，0.42）。可以理解，虽然以上描述了以感兴趣区域的左上角和右下角的归一化坐标的方式来表征感兴趣区域，但本公开中不对表征感兴趣区域的坐标信息的方式进行限制。作为示意性举例，本公开实施例中还可以采用感兴趣区域的左上角的归一化坐标、感兴趣区域的归一化长度和宽度来表征。另外，在实践中，用户可能会从完整画面中任意选择一个区域作为感兴趣区域，为了避免用户选择的画面长宽比例过于不合理，可以设置默认画面比例大小为一个合理的固定值，例如保持与原始视频源的画面长宽比例相同。在此示例中，当用户指定的感兴趣区域的长宽比例与预设的画面长宽比例不同时，可以将所选择的感兴趣区域的长边或宽边其中一者作为基准，另一边的长度按照预设比例与之匹配即可。

[0049] 然后，服务端在接收到感兴趣区域的坐标信息后，可以将接收到的感兴趣区域的归一化坐标映射到服务端处的视频画面的坐标中，从而得到该感兴趣区域的像素级坐标。如图5B所示，由于本示例中视频画面的分辨率为1亿像素，因此感兴趣区域（如斜阴影线区域所示）的左上角和右下角的归一化坐标（0.22，0.24）和（0.56，0.42）映射到视频画面后的像素级坐标为（0.22×10000，0.24×10000）和（0.56×10000，0.42×10000），即（2200，2400）和（5600，4200）。相应地，服务端可以基于网格化分割过程中已记录的网格化信息，来确定该视频画面的多个网格中的哪些网格与感兴趣区域是对应的。例如，服务端可以确定视频画面中用于覆盖该感兴趣区域所需的最少网格。在本公开的实施例中，可以依据视频画面的原始分辨率、网格数量、网格大小以及网格坐标等中的一个或多个，确定视频画面中覆盖该感兴趣区域的最少数量的网格。如图5B所示，以灰色网格示出了覆盖该感兴趣区域的总共12个网格，这些网格的坐标依次是（2，2），（2，3）……（5，4）。另一方面，考虑到用户指定的感兴趣区域的边界与所确定的灰色网格区域的边界可能并不是对齐的，因此以上确定的总共12个网格中包括了非用户感兴趣的画面部分。有鉴于此，在本示例中，还可以确定感兴趣区域在这12个网格所构成的灰色区域内相对坐标，例如感兴趣区域的左上角和右下角在灰色区域内的相对坐标（$x1$，$y1$）和（$x2$，$y2$），从而有助于从这12个网格中抠除掉非用户感兴趣的画面部分，其过程在以下具体描述。

[0050] 最后，在从视频画面的多个网格中确定了与感兴趣区域对应的至少一个网格之后，服务端可以提供所确定的至少一个网格的经编码视频数据流，以供客户端进行交互式观看。例如，服务端可以将图5B所示的所确定的总共12个灰色网格的经编码视频数据流发送给客户端。可以理解，在本步骤中，如果是面向少量客户端的交互式观看应用场景，可以按需向各个客户端推送其需要的若干网格的视频流（即，与感兴趣区域对应的网格的视频流）；如果是面向大规模客户端的交互式观看应用场景，还可以将视频画面的所有网格的视频流推送到边缘服务端（例如CDN），再由边缘服务端根据不同客户端的视频播放请求将不同网格的各个视频流推送到客户端。另外，服务端可以将这些视频流按照某种标准（MPEG－TS或RTP等）或自定义格式，通过有线或无线网络等通信通道发送给客户端。需说明的是，本公开中不对视频数据流的推送方式、网络传输方式、视频数据编码方式等进行限制。

[0051] 可以理解，提供给客户端的各个网格的视频流必须以某种方式标识其网格编号，以便于客户端进行重组和拼接。因此，除所确定的至少一个网格的经编码视频数据流之外，服务端还需要将与这些网格有关的必要的位置信息发送给客户端，从而使得客户端能够将各个网格的经编码视频流重组拼接为感兴趣区域的视频画面。例如，服务端可以将结合图5B所描述的覆盖感兴趣区域的总共12个的灰色网格的坐标（2，2），（2，3）……（5，4）发送给客户端，以便客户端能够基于这些网格的网格坐标重组相应的视频画面。可选的，为了使得客户端能够从所确定的12个网格中抠除非用户感兴趣的画面部分，服务端还可以将感兴趣区域在灰色区域内的相对坐标（$x1$，$y1$）和（$x2$，$y2$）发送给客户端。

[0052] 根据上述第二方面，作为在客户端处确定多个网格中与感兴趣区域对应的若干网格的实

现方式的示例，交互式观看过程主要可以包括以下步骤：

[0053] 首先，为了能够进行交互式观看，客户端可以事先获得服务端处进行网格化分割过程中的网格化信息，以便为用户可能随时发起的交互式观看做好准备。例如，客户端可以在首次接入服务端时，向服务端请求网格化信息，从而获得服务端响应于该请求而提供的网格化信息。又例如，服务端在对视频画面进行了网格化分割之后，可以主动将其分割后得到的网格化信息推送给其服务的客户端以备不时之需。在本步骤中，所获得的网格化信息可以包括如上所描述的视频画面的原始分辨率、网格数量、网格大小以及网格坐标等。可以理解，为了减少数据通信考虑并且减少对带宽资源的过度占用，服务端可以仅传输视频画面的原始分辨率、网格数量、网格大小以及网格坐标的其中一部分，而客户端可以根据其接收到的部分网格化信息来自行推算其他网格化信息。网格化信息的具体细节可以参考图5A和图5B，在此不予赘述。

[0054] 然后，在用户通过对客户端的屏幕上的视频画面进行拖拽操作后，客户端可以确定交互式观看的感兴趣区域的坐标信息。在本公开的实施例中，客户端可以采用多种方式确定与感兴趣区域相关的坐标信息。例如，可以采用与以上结合图5A所描述的类似的方式，确定用户选择的感兴趣区域在完整画面中的归一化坐标，诸如感兴趣区域的左上角和右下角归一化坐标分别为（0.22，0.24）和（0.56，0.42）。另外，为了避免用户选择的画面长宽比例过于不合理，同样可以设置默认画面比例大小为一个合理的固定值。

[0055] 之后，客户端在确定了感兴趣区域的坐标信息后，可以采用与以上结合图5B所描述的类似的方式，将感兴趣区域的归一化坐标映射到其从服务端处获得的网格化信息中，得到该感兴趣区域在视频画面中的像素级坐标。例如，可以基于所获得的网格化信息来确定与用户指定的感兴趣区域对应的若干网格，例如确定视频画面中用于覆盖该感兴趣区域所需的最少网格。例如，客户端可以计算其归一化坐标（0.22，0.24）和（0.56，0.42）映射到视频画面后的像素级坐标为（2200，2400）和（5600，4200），并且通过其所获得的网格化信息，来确定该视频画面的多个网格中的哪些网格与感兴趣区域是对应的。在本公开的实施例中，客户端可以依据其所获得的和/或其自行推导的视频画面的一个或多个网格化信息，确定视频画面中覆盖该感兴趣区域的最少数量的网格，如图5B中以灰色网格示出的总共12个网格。另外，考虑到以上12个网格中包括了非用户感兴趣的画面部分，客户端还可以计算感兴趣区域在这12个网格所构成的灰色区域内的相对坐标，例如感兴趣区域的左上角和右下角在灰色区域内的相对坐标（x1，y1）和（x2，y2），从而后续抠除非用户感兴趣的画面。

[0056] 最后，在客户端在视频画面的多个网格中确定了与感兴趣区域对应的若干网格之后，客户端可以向服务端请求这些网格的视频流，即，向服务端请求以上确定的总共12个网格的经编码视频数据流。为减少数据通信考虑，也可以仅在该请求中传递左上角和右下角的网格编号，由服务端自行推算其他应该传输的网格编号。相应地，服务端可以将被请求的网格的视频流按照合适的数据传输方式提供给客户端。可以理解，提供给客户端的各个网格的视频流必须以某种方式标识其网格编号，以便于客户端进行重组和拼接。

[0057] 以上结合图5A和图5B描述了如何从视频画面的多个网格中确定与感兴趣区域对应的若干网格并且向客户端提供这些网格的视频流的示意图。此后，客户端可以根据接收到的这些网格的视频数据流，在其屏幕上呈现与感兴趣区域对应的视频画面。以下结合图6描述客户端处呈现感兴趣区域的视频画面的示例性处理，其中，图6示出了根据本公开实施例的支持交互式观看的视频数据处理方法中在客户端处呈现与感兴趣区域对应的视频画面的示意图。

[0058] 根据一个实现方式，图6的左侧示出了客户端所接收到的与感兴趣区域对应的各个网格的经编码视频流，例如以上结合图5B所描述的总共12个网格。在该示例中，客户端在接收到这些网格的经编码视频流后，可以对每个网格的经编码视频数据流分别进行解码，然后根据各个网格的网格坐标对各个经解码视频数据流进行拼接。最后，客户端可以直接在客户端的屏幕上呈现拼接后的经解码视频数据流以供用户进行交互式观看。可以理解，在不考虑这12个网格中可能包括非用户

感兴趣的画面从而可能影响观感的情况下，可以直接将这12个网格的视频数据进行解码和拼接后呈现给客户。例如，可以将拼接后的视频数据流强制全屏进行观看。

[0059] 根据另一个实现方式，如上所述，考虑到获得的多个网格中包括了非用户感兴趣的画面内容，因此可能导致用户的观看体验可能不佳。因此，与上述实现方式不同，在本示例中可以从所获得的网格中抠除这些非用户感兴趣的画面部分，以避免非感兴趣画面影响用户观看体验。具体地，在该示例中，与上述的实现方式类似，客户端在接收到这些网格的经编码视频流后，可以对每个网格的经编码视频数据流分别进行解码，然后根据各个网格的网格坐标对各个经解码视频数据流进行拼接。最后，并非直接在客户端的屏幕上呈现拼接后的经解码视频数据流，而是根据感兴趣区域（斜阴影线区域）在所获得的若干网格所构成区域（灰色区域）内的相对坐标，从拼接后的视频流中切割出与感兴趣区域对应的交互式视频数据流，从而在客户端的屏幕上呈现切割后的交互式视频数据流以供用户观看。例如，如图6的中间所示，可以从所获得的总共12个网格中扣除未被感兴趣区域覆盖的部分（即，非用户感兴趣区域），之后可以如图6的右侧所示，将切割后的经解码视频数据流呈现给客户，例如将其强制全屏进行观看。可以理解，上述的切割过程可以根据感兴趣区域在视频画面中覆盖感兴趣区域的最少数量网格内的相对坐标而进行，例如感兴趣区域的左上角和右下角在灰色区域内的相对坐标（$x1$，$y1$）和（$x2$，$y2$）。相对坐标例如可以是由服务器确定的并且回传给客户端的，或者其是客户端根据网格化信息自行确定的。

[0060] 根据本公开实施例的支持交互式观看的视频数据处理方法，通过采用对视频画面的网格化分割和特定于网格的视频编码器分配的思想，首先对视频画面的进行网格化分割，然后对于每个分割后的网格分配专用视频编码器对视频数据进行编码，从而可以根据用户的播放请求选择其中一部分网格的编码视频数据来实现交互式观看。本公开的上述实施例的优势在于，无论有多少个客户端与服务端进行交互，对服务端而言，其需要的视频编码器数量是固定的并且等于网格化分割的网格数量，从而只要网络带宽允许，就可以为无数客户端提供交互式视频观看服务，尤其是在进行交互式观看的客户端的设备数量众多的情况下，能够有效缓解服务端的视频编码器资源紧张问题。

[0061] 实施例2

[0062] 在实际交互式观看过程中，用户希望看到的感兴趣区域大小会有变化，有时需要看一个很大区域的全景（如体育赛事中赛场上整体形势），有时需要看一个很小区域的细节（如某个运动员的个人特写）。这就要求能够让用户对视频画面进行任意程度的灵活动态缩放。图7示出了根据本公开实施例的支持交互式观看的视频数据处理方法中客户端处指定了完整画面中的相对较大部分作为感兴趣区域的示意图。发明人注意到，如果服务端处只维护对高分辨率原始视频源内容进行网格化分割的一种视频画面，那么当用户需要观看相对全景的区域时，该感兴趣区域所覆盖的区域如图7中的斜阴影区域，即总共需要56个网格才能覆盖感兴趣区域，如此多数量的网格其实际视频分辨率已经超过总像素数的一半（如果完整视频画面的总像素1亿，则灰色网格部分总像素已达到5600万），如此高的分辨率无论对于网络传输，还是客户端解码都是不可承受的。在此情况下，当向客户端推送的若干网格的经编码视频的数据量超出了客户端的解码能力的上限值时，客户端在对接收到的经编码视频流进行解码和呈现时会出现画面卡顿或显示不完整等问题，导致影响客户端的观看体验。因此，需要进一步改进支持交互式观看的视频数据处理技术，从而考虑与服务端交互的客户端的解码能力上限的问题。

[0063] 有鉴于此，本公开实施例中提供一种基于视频画面的网格化分割与画质分级结合的思想对视频源的视频数据进行处理的技术，从而在接收到客户端的视频播放请求时，能够提供与客户端的解码能力相匹配的视频画质及该视频画质下的若干网格的视频数据，从而避免因解码能力不足导致画面卡顿、显示不全等问题。以下结合图8、图9和图10描述根据本公开实施例的基于网格化分割与画质分级思想的视频数据处理方法，其中图8是示出了根据本公开实施例的支持交互式观看的视频数据处理方法的另一示例的流程图，图9示出了根据本公开实施例的支持交互式观看的视频数据处理方法中具有不同分辨率的多级视频画面的示意性视图，图10示出了根据本公开实施例的支

持交互式观看的视频数据处理方法中在各级视频画面中确定与感兴趣区域对应的若干网格的示意性视图。

[0064] 如图8所示,在步骤S201,获得相同视频内容的具有不同分辨率的多级视频画面。在本公开实施例中,可以采用多种方式构造具有相同视频内容(即,描绘的相同的视频画面,例如同一体育赛事)但具有不同分辨率的多级视频画面。例如,可以对原始视频画面下采样以获得具有不同分辨率的多级视频画面,以供后续分别对其进行网格化分割。如图9所示,可以将视频源的原始分辨率作为第一级视频画面(全分辨率画面),下一级视频画面由前一级视频画面通过下采样得到,因此每一级视频画面的分辨率均低于其前一级视频画面的分辨率。作为示意性举例,第一级视频画面的原始分辨率是8000×4000,第二级视频画面的分辨率可以设为前一级视频画面的一半,即4000×2000,第三级视频画面的分辨率可设置为2000×1000,以此类推。需说明的是,最低一级视频画面可以等于或小于常见客户端设备可支持的单视频视频分辨率(例如800×600),从而能够兼容于各种常见的客户端的解码能力。

[0065] 需要说明的是,以上的各视频画面的分辨率和下采样比例的数值均为示意性举例,实践中,每一级视频画面从上一级视频画面进行下采样的比例不一定是2:1,还可以是其他合适的比例。另外,各级视频画面的分辨率之间的比例也可以不同,只要依次递减即可。优选的,为了减少视频画质分级数量,降低服务端压力,可以将每一级视频画面与前一级视频画面的长宽比例设置在1/4到3/4之间。通过此方式,可以获得如图9所示的第一级至第四级视频画面。如图9所示,第一级视频画面的分辨率可以为7680×4320,第二级视频画面的分辨率可以为5120×2880,第三级视频画面的分辨率可以为3840×2460,第四级视频画面的分辨率可以为1920×1080。

[0066] 返回图8,在步骤S202,将所述多级视频画面中的每级视频画面分割为多个网格。可以理解,在获得了多级视频画面之后,可以将每级视频画面分割为相应的多个网格。需说明的是,服务端对各级视频画面进行网格化分割时,每个网格的尺寸应远小于常见客户端的解码能力,即,分割结果应该使客户端能够同时对多个网格的视频进行实时解码。例如,可以以每个网格不超过10万像素为基准进行网格化分割。继续以图9为例,其中:

[0067] (1) 第一级视频画面以每个网格384×216大小进行分割,分割后的网格数量为$20 \times 20 = 400$个。

[0068] (2) 第二级视频画面以每个网格256×288大小进行分割,分割后的网格数量为$20 \times 10 = 200$个。

[0069] (3) 第三级视频画面以每个网格384×216大小进行分割,分割后的网格数量为$10 \times 10 = 100$个。

[0070] (4) 第四级视频画面以每个网格384×216大小进行分割,分割后的网格数量为$5 \times 5 = 25$个。

[0071] 当然理解,以上是以对于每个视频画面都是以相同的网格大小进行网格分割作为示例予以描述,当然每一级视频画面的网格的宽高尺寸也可以不相同,只要接近即可。此后,服务端完成对各级视频画面的网格化分割后,可以得到完整的多级视频画面的各个网格化信息,例如可以包括多级视频画面的画面数量(或称之为画面分级数量)、各级视频画面的分辨率、各级视频画面的网格数量(例如网格在水平方向和垂直方向的数量)、各级视频画面的网格大小以及各个网格的网格坐标等等。作为示意性举例,服务端在对各级视频画面进行网格化分割的过程中可以生成并且记录以下信息:

[0072] (1) 画面分级数量(视频画面数量):4。

[0073] (2) 每一级视频画面的总分辨率:7680×4320,5120×2880,3840×2160,1920×1080。

[0074] (3) 网格在水平方向和垂直方向的数量:20×20,20×10,10×10,5×5。

[0075] (4) 每一级视频进行网格化后每个网格的大小:384×216,256×288,384×216,384×216。

[0076] 可以理解,通过对各级视频画面进行网格化分割后得到的网格化信息可以以多种格式描

述，例如xml、json等。作为示意性举例，当采用json格式对网格化信息进行描述时，可以将多级视频画面的网格化信息表示如下：

[0077] {

[0078] "VideoLevelNum"：4，

[0079] "VideoLevel_1"：{

[0080] "VideoWidth"：7680，

[0081] "VideoHeight"：4320，

[0082] "GridHorNum"：20，

[0083] "GridVerNum"：20，

[0084] "GridWidth"：384，

[0085] "GridHeight"：216，

[0086] }，

[0087] "VideoLevel_2"：{

[0088] "VideoWidth"：5120，

[0089] "VideoHeight"：2880，

[0090] "GridHorNum"：20，

[0091] "GridVerNum"：10，

[0092] "GridWidth"：256，

[0093] "GridHeight"：288，

[0094] }，

[0095] "VideoLevel_3"：{

[0096] "VideoWidth"：3840，

[0097] "VideoHeight"：2160，

[0098] "GridHorNum"：10，

[0099] "GridVerNum"：10，

[0100] "GridWidth"：384，

[0101] "GridHeight"：216，

[0102] }，

[0103] "VideoLevel_4"：{

[0104] "VideoWidth"：1920，

[0105] "VideoHeight"：1080，

[0106] "GridHorNum"：5，

[0107] "GridVerNum"：5，

[0108] "GridWidth"：384，

[0109] "GridHeight"：216，

[0110] }

[0111] }

[0112] 需要说明的是，虽然以上以每级视频画面进行网格化分割后的每个网格的大小都是相同的作为示例予以描述，但这只是一种示意性举例。当然，某一级的视频画面的网格化后的网格大小可以不完全相同，例如在图像未能均匀切分的情况下，在图像边缘处的网格大小可能会与其他区域不同，这种情况被称为非均匀的网格化分割方式。在此情况下，对于以非均匀方式进行网格化分割的某级视频画面，则在该级视频画面的网格化信息中要包含更为详细的网格化信息，例如需要某行网格大小、某列网格大小或者指定位置的网格大小等。

[0113] 返回图8，在步骤S203，对于每级视频画面的多个网格中的每个网格，分配专用于该网格

的视频编码器。可以理解，在服务端对每一级视频画面进行网格化分割后，可以给每个网格（及其视频流）分配一个编号，该编号中至少包含该网格所属的视频画面画质级别编号和网格编号。以第三级视频画面为例，第三级视频画面共分为100个网格，以左上角网格为原点，则交叉阴影线所对应的网格的坐标为(2，1)，另外考虑到其属于第三级视频画面，因此可以将其编号为(3，2，1)。当然，也可以采取其他编号方式，只要在服务端中能够唯一标识该网格即可。相应地，对于每个网格，可以分配其专属的视频编码器，从而以网格为单位来独立地管理各个网格的视频数据流。

[0114] 在步骤S204，利用各个视频编码器对相应网格的视频数据流进行编码，以获得相应网格的经编码视频数据流。可以理解，在以网格为单位获得了各个网格的经编码视频数据流后，可以采用合适的方式将其推送给具有交互式观看需求的客户端。例如，如果是面向少量客户端的交互式观看应用场景，可以按需向各个客户端推送其需要的特定画质下的若干网格的视频流（即，与感兴趣区域对应的网格的视频流）；如果是面向大规模客户端的交互式观看应用场景，还可以将各级视频画面的所有网格的视频流推送到边缘服务端（例如CDN），再由边缘服务端根据不同客户端的视频播放请求将特定画质下的不同网格的各个视频流推送到客户端。需说明的是，本公开中不对视频数据流的推送方式、网络传输方式、视频数据编码方式等进行限制。

[0115] 可选的，如上所述的支持交互式观看的视频数据处理方法还可以包括：响应于客户端的视频播放请求，提供特定视频画面的多个网格中的至少一个网格的经编码视频数据流，以供用户进行交互式观看。如上所述，在交互式观看的过程中，用户可以通过客户端与提供视频内容的服务端交互，从完整视频画面中获取其感兴趣的区域进行观看。另外，由于服务端处维护了多级视频画面，因此本示例中还考虑客户端的具体解码能力来选择特定视频画面下的若干网格作为与用户指定的感兴趣区域对应的网格。与以上结合图5A和图5B所描述的类似的，在本公开的实施例中，服务端可以从客户端接收其指定的感兴趣区域以及与客户端的解码能力有关的信息，然后基于先前的网格化分割过程中已记录的各级视频画面的网格化信息，在不超出客户端的解码能力的前提下，选择特定视频画面下与感兴趣区域对应的若干网格，并将这些网格的经编码视频数据流回传给客户端进行观看。可替代地，客户端可以预先从服务端接收与网格化分割过程相关的各级视频画面的网格化信息，然后基于所获得的各级视频画面的网格化信息，在不超出客户端的解码能力的前提下，选择特定视频画面下与用户指定的感兴趣区域对应的若干网格，并向服务端请求这些网格的视频数据以便进行观看。

[0116] 作为在服务端处确定特定视频画面下与感兴趣区域对应的若干网格的实现方式的示例，交互式观看过程主要可以包括以下步骤：

[0117] 首先，用户在交互式观看的过程中可以指定视频画面中的感兴趣区域，相应的服务端可以接收来自客户端的视频播放请求，该视频播放请求可以包括与用户指定的感兴趣区域相关的坐标信息。另外，该视频播放请求中还可以包括客户端对于常见的各种网格大小能同时解码的网格数量，作为该客户端对于各种网格大小的解码能力。需说明的是，客户端可以主动将其对于常见的各种网格大小的解码能力均发给服务端，以供服务端在确定与感兴趣区域对应的网格时能够考虑相关的解码能力。可替代地，为了减少数据通信量，在客户端预先获得了各级视频画面的网格化分割过程中的网格化信息的情况下，客户端可以仅将其对于网格化分割过程中所涉及的几种网格大小的解码能力发送给服务端即可，而无需发送对于不相关的网格大小的解码能力。

[0118] 然后，服务端响应于客户端的视频播放请求，从多级画面中选择与客户端的解码能力相匹配的视频画面，并且在所选择的视频画面的多个网格中确定与视频播放请求所请求的视频内容相对应的至少一个网格。例如，服务端可以根据视频播放请求中所指定的感兴趣区域占完整画面的百分比，并且考虑客户端的解码能力，来从多级视频画质中选择合适级别的视频画质，然后再从该级别的视频画面的多个网格当中选取能覆盖该感兴趣区域的最少数量网格，以作为与感兴趣区域对应的网格。作为示意性举例，当客户端发送感兴趣区域的坐标信息以及其解码能力后，服务端可以从第一级视频画面开始，依次计算该感兴趣区域在各级视频画面中需要占用的网格数量，如果占用的

网格数量超过了客户端的解码能力,则计算下一级视频画面,直到在该级视频画面中需要的网格数量不大于客户端的解码能力,从而在不超出客户端的解码能力的前提下尽可能提供高分辨率的视频画面进行交互式观看。例如,如图10所示,可以从第一级视频画面开始,依次确定各级视频画面中用于覆盖感兴趣区域所需的最少数量的网格,并且可以确定第一级视频画面中的36个网格、第二级视频画面中的24个网格均已经超出客户端的解码能力,而第三级视频画面中的16个网格未超出客户端的解码能力,因此可以将第三级视频画面中以灰色示出的16个网格作为与感兴趣区域对应的网格。

[0119] 最后,服务端可以向客户端提供所确定的至少一个网格的经编码视频数据流。此后,客户端可以按照与以上结合图6所描述的类似的方法,根据接收到的若干个网格的经编码视频数据流,在对其分别进行解码、拼接以及可选的切割处理之后,在客户端的屏幕上呈现与感兴趣区域对应的视频画面。

[0120] 作为在客户端处确定特定视频画面下与感兴趣区域对应的若干网格的实现方式的示例,交互式观看过程主要可以包括以下步骤:

[0121] 首先,为了能够进行交互式观看,客户端可以事先获得服务端处对多级视频画面进行网格化分割过程中的多级网格化信息,以便为用户可能随时发起的交互式观看做好准备。在本步骤中,所获得的网格化信息可以包括如上所描述的各级视频画面的原始分辨率、网格数量、网格大小以及网格坐标等。可以理解,为了减少数据通信考虑并且减少对带宽资源的过度占用,服务端可以仅传输一部分网格化信息,而客户端可以根据其接收到的部分网格化信息来自行推算其他网格化信息。

[0122] 然后,客户端可以根据其对于网格化分割过程中产生的各个网格大小的解码能力,从多级画面中选择与客户端的解码能力相匹配的视频画面,并且在所选择的视频画面的多个网格中确定与感兴趣区域相对应的至少一个网格。例如,与上述示例类似的,客户端可以根据用户所指定的感兴趣区域占完整画面的百分比和其解码能力,来从多级视频画质中选择合适级别的视频画质,然后再从该级别的视频画面的多个网格当中选取能覆盖该感兴趣区域的最少数量网格。例如,与上述示例类似的,可以将第三级视频画面中以灰色示出的16个网格作为与感兴趣区域对应的网格。

[0123] 最后,在客户端在多级视频画面中选择了合适的视频画面,并且在所选定的视频画面的多个网格中确定了与感兴趣区域对应的若干网格之后,客户端可以向服务端请求这些网格的视频流。此后,客户端可以按照与以上结合图6所描述的类似的方法,根据接收到的若干个网格的经编码视频数据流,在对其分别进行解码、拼接以及可选的切割处理之后,在客户端的屏幕上呈现与感兴趣区域对应的视频画面。

[0124] 可以理解,以上是以客户端的解码能力作为考虑因素,描述了基于视频画面的网格化分割与画质分级结合思想对视频源的视频数据进行处理的技术。不限于此,本公开实施例中还可以将客户端的网络连接质量作为考虑因素,选择特定视频画面下的若干个网格作为与感兴趣区域对应的网格。例如,当客户端通过自身的数据流量联网并且网络数据传输速率较慢时,可以选择较低分辨率的视频画面下的若干网格作为感兴趣区域;而当客户端通过路由器等联网并且网络数据传输速率较快时,可以选择较高分辨率的视频画面下的若干网格作为感兴趣区域。关于从多个网格中确定与感兴趣区域对应的网格的具体方法可以参考以上描述,在此不予赘述。

[0125] 根据本公开实施例的支持交互式观看的视频数据处理方法,通过采用视频画面的网格化分割与画质分级结合的思想对视频源的视频数据进行处理,能够提供与客户端的解码能力相匹配的视频画质及该画质下的若干网格的视频数据,从而避免向客户端提供不合适画质的网格视频数据并且避免因客户端解码能力不足导致客户端处出现画面卡顿、显示不全等问题,从而有效提升用户的交互式观看体验。

[0126] 实施例3

[0127] 以上描述了在客户端处确定特定视频画面下与感兴趣区域对应的若干网格的实现方式的

示例。下面将结合图11对该示例的具体交互过程予以描述，其中，图11中示出了根据本公开实施例的支持交互式观看的视频数据处理方法中客户端与服务端之间交互的示例的示意图，其主要包括以下步骤：

[0128] 步骤1：服务端可以向客户端发送各级视频画面的网格化信息。

[0129] 可以理解，客户端可以事先获得服务端处进行网格化分割过程中的各级视频画面的网格化信息，以便为用户可能随时发起的交互式观看做好准备。例如，客户端可以向服务端请求该网格化信息，从而获得服务端响应于该请求而提供的网格化信息。又例如，服务端在对各级视频画面进行了网格化分割之后，可以主动将网格化信息推送给其服务的客户端。

[0130] 步骤2：客户端确定自己对各级视频画面的各种网格大小的解码能力。

[0131] 一般而言，客户端对常见网格的解码能力可以用该客户端能够同时解码该网格的数量来表征。作为示意性举例，目前常见的客户端设备（例如，手机、机顶盒等）的视频解码能力一般不低于$1920\times1080@30fps$。可以此为依据进行计算，将客户端解码每秒能解码的视频像素数除以每个视频网格每秒产生的像素数即可得到最大能够处理的网格数量。例如，设某客户端每秒可解码的视频像素数为$1920\times1080\times30=62208000$，每个网格每秒的像素数量为$384\times216\times30=2488320$，则理论上该客户端最多能同时解码的网格数量$62208000/2488320=25$个。考虑到同时解码多个视频比解码单个视频性能会有所降低，可以估算其能同时解码的网格数为$25\times0.8=20$个。可以采用多种方式获得客户端的上述解码能力信息，例如可以在软件开发时以此为初始值进行实际测试，得到实测值作为客户端的更准确的解码能力表征。本公开不对客户端解码能力的确定方式进行限制。

[0132] 步骤3：客户端确定感兴趣区域。

[0133] 如以上所讨论的，用户在进行交互式观看时可以指定视频画面中的感兴趣区域，相应地，客户端可以确定感兴趣区域的坐标信息。例如，在用户通过在客户端屏幕上的拖拽操作指定了视频画面中的感兴趣区域后，客户端可以确定该感兴趣区域在完整画面中的归一化坐标，以便后续将其映射到各级视频画面中。在该示例中，设感兴趣区域在完整画面中的左上角和右下角归一化坐标分别为（0.12，0.25）和（0.38，0.51）。为了避免用户选择的画面长宽比例过于不合理，同样可以设置默认画面比例大小为固定值。

[0134] 步骤4：计算各级视频画面中能够覆盖感兴趣区域的最少网格数量。

[0135] 如以上所讨论的，客户端在确定了感兴趣区域的坐标信息后，可以将感兴趣区域的归一化坐标映射到其从服务端处获得的各级网格化信息中，得到该感兴趣区域在各级视频画面中的像素级坐标。以图10中所示的各感兴趣区域在各级视频画面中的映射结果作为示例，计算结果如下：

[0136] （1）感兴趣区域的左上角和右下角在第一级视频画面中的像素级坐标为：（922，1080）和（2918，2203）。

[0137] （2）感兴趣区域的左上角和右下角在第二级视频画面中的像素级坐标为：（615，720）和（1946，1469）。

[0138] （3）感兴趣区域的左上角和右下角在第三级视频画面中的像素级坐标为：（461，540）和（1459，1102）。

[0139] （4）感兴趣区域的左上角和右下角在第四级视频画面中的像素级坐标为：（230，270）和（730，551）。

[0140] 相应地，根据感兴趣区域在各级视频画面中的像素级坐标以及各级视频画面中的网格坐标，即可确定各级视频画面中能够覆盖感兴趣区域的最少网格数量，如图10中各级视频画面中以灰色网格示出能够覆盖感兴趣区域的最少网格数量，即：第一级视频画面需要36个网格、第二级视频画面需要24个网格、第三级视频画面需要16个网格、第四级视频画面需要4个网格。

[0141] 步骤5：根据客户端的解码能力，选择尽可能高分辨率的视频画面，并且确定其中能覆盖感兴趣区域的网格。

[0142] 客户端可以根据其对于网格化分割过程中产生的各个网格大小的解码能力，从多级画面

中选择与客户端的解码能力相匹配的视频画面，并且在所选择的视频画面的多个网格中确定与感兴趣区域对应的网格。例如，继续结合图10的示例，可以确定第一级视频画面中的36个网格、第二级视频画面中的24个网格均已经超出客户端的解码能力，而第三级视频画面中的16个网格、第四级视频画面中的4个网格均未超出客户端的解码能力，因此可以将较高分辨率的第三级视频画面中以灰色示出的16个网格作为与感兴趣区域对应的网格。可选的，客户端还可以计算感兴趣区域在如上确定的16个网格所构成的灰色区域内的相对坐标，以供后续抠除掉非用户感兴趣区域的画面。

[0143] 步骤6：客户端向服务端请求视频流。

[0144] 在客户端在多级视频画面中选择了合适的视频画面，并且在所选定的视频画面的多个网格中确定了与感兴趣区域对应的若干网格之后，客户端可以向服务端请求这些网格的视频流。例如，继续结合图10的示例，客户端向服务端请求第三级视频画面的12个网格的视频数据，例如提供这些网格的编号，依次为：(3，1，2)，(3，2，2)，(3，3，2)，(3，1，3)，(3，2，3)，(3，3，3)，(3，1，4)，(3，2，4)，(3，3，4)，(3，1，5)，(3，2，5)，(3，3，5)。优选地，为减少数据通信考虑，也可以仅传递给服务端左上角和右下角的网格编号，由服务端自行推算其他应该传输的网格编号。相应地，服务端可以将这些视频流按照某种标准（MPEG－TS或RTP等）或自定义格式，通过有线或无线网络等通信通道发送给客户端。发送给客户端的视频流必须以某种方式标识其网格编号，以便于客户端进行拼接和重组。

[0145] 步骤7：客户端接收视频流后进行解码和呈现。

[0146] 此后，客户端可以按照与以上结合图6所描述的类似的方法，根据接收到的若干个网格的经编码视频数据流，在对其分别进行解码、拼接以及可选的切割处理之后，在客户端的屏幕上呈现与感兴趣区域对应的视频画面。

[0147] 实施例4

[0148] 以上在实施例2中描述了在服务端处确定特定视频画面下与感兴趣区域对应的若干网格的实现方式的示例。下面将结合图12对该示例的具体交互过程予以描述，其中，图12中示出了根据本公开实施例的支持交互式观看的视频数据处理方法中客户端与服务端之间交互的另一示例的示意图。实施例4与实施例3的区别在于客户端无需知道服务端的多级视频画面的网格化信息，而是仅仅向服务端发送包括感兴趣区域的坐标信息的播放请求，并且向服务端告知其解码能力，服务端根据客户端的解码能力向客户端推送特定视频画面中的相应网格的视频流。具体过程如下：

[0149] 步骤1：客户端向服务端提供其解码能力。

[0150] 与实施例3所描述的类似的，客户端对常见网格的解码能力可以用该客户端能够同时解码该网格的数量来表征。例如，客户端可以在收到服务端对客户端解码能力的查询后，向服务端提供其解码能力。又例如，客户端可以主动向服务端提供其解码能力，服务端将据此进行后续决策。

[0151] 步骤2：客户端发送感兴趣区域的信息。

[0152] 与实施例3所描述的类似的，用户在进行交互式观看时可以指定视频画面中的感兴趣区域，相应地，客户端可以确定感兴趣区域的坐标信息。例如，在用户通过在客户端屏幕上的拖拽操作指定了视频画面中的感兴趣区域后，客户端可以确定该感兴趣区域在完整画面中的归一化坐标，以便后续将其映射到各级视频画面中。客户端可以将该感兴趣区域的信息提供给服务端。

[0153] 步骤3：计算各级视频画面中能够覆盖感兴趣区域的最少网格数量。

[0154] 与实施例3所描述的类似的，服务端在收到感兴趣区域的坐标信息后，可以将感兴趣区域的归一化坐标映射到其对于多级视频画面的网格化分割过程中已记录的各级网格化信息中，得到该感兴趣区域在各级视频画面中的像素级坐标。相应地，服务端根据感兴趣区域在各级视频画面中的像素级坐标以及各级视频画面中的网格坐标，即可确定各级视频画面中能够覆盖感兴趣区域的最少网格数量，如图10中各级视频画面中以灰色网格示出能够覆盖感兴趣区域的最少网格数量所反映的。

[0155] 步骤4：根据客户端的解码能力，选择尽可能高分辨率的视频画面，并且确定其中能覆盖

感兴趣区域的网格。

[0156] 服务端可以根据从客户端接收到的客户端解码能力，从多级画面中选择与客户端的解码能力相匹配的视频画面，并且在所选择的视频画面的多个网格中确定与感兴趣区域对应的网格。例如，继续结合图10的示例，可以将第三级视频画面中以灰色示出的16个网格作为与感兴趣区域对应的网格。可选的，服务端还可以计算感兴趣区域在如上确定的16个网格所构成的灰色区域内的相对坐标，以供后续抠除掉非用户感兴趣区域的画面。

[0157] 步骤5：向客户端推送视频流。

[0158] 在服务端在多级视频画面中选择了合适的视频画面，并且在所选定的视频画面的多个网格中确定了与感兴趣区域对应的若干网格之后，可以向客户端推送这些网格的视频流。可以理解，发送给客户端的视频流必须以某种方式标识其网格编号，以便于客户端进行拼接和重组。继续结合图10的示例，服务端共向客户端发送12个网格，提供的信息包括：网格行数4，列数3，每个网格的大小384×288。另外，服务端发送各个网格的视频流时，要求每个视频流包含自己的网格坐标信息，即(0,0)、(0,1)、(0,2)、(1,0)、(1,2)、(1,2)、(2,0)、(2,1)、(2,2)、(3,0)、(3,1)、(3,1)这些值。可选的，还可以包括如上确定的感兴趣区域在这16个网格所构成的灰色区域内的相对坐标，以供后续抠除掉非用户感兴趣区域的画面。

[0159] 步骤6：客户端接收视频流后进行解码和呈现。

[0160] 与实施例3所描述的类似的，客户端可以根据接收到的若干个网格的经编码视频数据流，在对其分别进行解码、拼接以及可选的切割处理之后，在客户端的屏幕上呈现与感兴趣区域对应的视频画面。

[0161] 实施例5

[0162] 如以上所讨论的，可以采用多种方式来表征客户端指定的感兴趣区域。例如，以上描述了利用感兴趣区域的坐标信息来表征该感兴趣区域，并且通过用户的拖拽手势对感兴趣区域进行指定的操作方式。可以理解，以上表征感兴趣区域的方式和用户的拖拽手势操作方式仅为示意性举例，本公开不以此为限。例如，当用户利用手机、平板电脑、PDA等观看直播或点播视频并且希望以交互式方式进行观看时，可以通过用户的手指或其他操作体（诸如触控笔）的拖拽操作在屏幕上框选其感兴趣区域。作为响应，客户端可以通过其自己根据网格化信息和感兴趣区域的坐标信息来向服务端请求响应的网格的视频内容；或者客户端可以接收到服务端根据感兴趣区域而确定并且推送的网格的视频内容，从而进行交互式观看。又例如，当用户利用笔记本电脑、台式计算机、工作站等设备进行交互式观看时，可以通过鼠标、触控垫等输入设备在屏幕上选中一部分区域作为感兴趣区域，并且可以通过与上述类似的方式观看到与感兴趣区域画面对应的视频内容。又例如，当用户通过电视、投影仪等观看直播或点播视频时，可以通过遥控器等选择感兴趣区域，从而观看到感兴趣区域的细节信息。再例如，对于以上提到的设备中的任何一种，可以通过对用户输入的语音命令进行分析（例如，用户说出"我想看左上角画面的细节"的命令），通过对用户的肢体操作进行运动捕捉等方式，确定以其他方式输入的感兴趣区域的信息。再例如，用户可以通过文本输入、语音输入等方式指示其感兴趣的对象的名称（例如，直播体育赛事中的运动员名字或编号、高清街景拍摄视频中的指定建筑物名称），并且相应地，可以将该感兴趣对象及其周围预定范围作为感兴趣区域进行交互式观看。

[0163] 可以理解，如上所述，在实际的观看过程中，由于每个用户想要观看的感兴趣区域并不相同，而且在观看过程中也会不断变化，因此每个客户端是独立操作的，并且会向服务端发送特定于该客户端的播放请求。因此，对于相对静态的感兴趣区域而言，当用户想要改变期望观看的感兴趣区域时，用户只需在视频画面上再次对新的感兴趣区域进行选择，即可收看到新的感兴趣区域的视频画面。作为示意性举例，当视频源的画面内容为对街景拍摄的超高清监控画面时，用户（例如，安全员）可以最初仅关注于某个建筑物大楼的入口区域，并且可能在几分钟或几小时内保持不变，因此对于这种相对静态的感兴趣区域，服务端可以在这段时间内均向客户端推送固定的几个网

格的视频内容即可。若用户在后续时刻想要关注其他感兴趣区域，只需重新选择一个新的感兴趣区域，便可以再次向服务端请求新的一批网格的视频内容，或者接收到服务端推送的新的一批网格的视频内容。

[0164] 然而，发明人注意到，视频源内容中的某些感兴趣区域可能是相对动态的区域，例如其可能包含以一定速度移动的感兴趣对象。例如，对于一场直播体育赛事而言，某位运动员可能是用户的感兴趣对象，并且用户可能想要集中精力观看该运动员在赛事中的表现细节。在此情况下，考虑到运动员不断移动的动态特性，让用户随着时间推移而频繁地重新选择新的感兴趣区域是不切实际的，并且会给用户带来沉重的操作负担。有鉴于此，本公开对于可能具有动态特性的感兴趣区域，提出基于目标跟踪技术的网格确定方法以及相应的交互式观看方式。

[0165] 例如，对于客户指定的期望观看的感兴趣对象（包括可能具有动态运动特性的人或物体），可以采用光流分析算法、均值漂移算法、Kalman滤波算法、粒子滤波算法等对视频的连续画面进行分析，从而对该感兴趣对象在视频的连续画面之间的运动进行跟踪。作为补充或者替代，可以采用机器学习模型来对感兴趣对象在连续画面之间的运动进行跟踪，例如可以采用卷积神经网络、递归神经网络、逻辑回归、线性回归、随机森林、支持向量机模型、深度学习模型或任何其他形式的机器学习模型或算法来进行跟踪。可以理解，本公开可以采用其他合适的方式，通过对视频画面进行分析来自动确定感兴趣对象或感兴趣区域的位置，作为后续确定与感兴趣区域对应的网格的依据。

[0166] 可以理解，对于感兴趣对象的跟踪，可以由客户端本地通过对连续视频画面的分析来进行确定或预测，或者可以由服务端通过对连续视频画面的分析来进行确定或预测。相应地，对于在服务端处基于对连续视频画面的分析来跟踪感兴趣对象的方式，服务端可以根据其记录的网格化信息来确定与该感兴趣对象或者与包括该感兴趣对象的感兴趣区域相对应的若干网格（并且可选的，选择合适画质下的若干网格），并且此后向客户端推送相对应的网格的视频数据。为了减少服务端对于感兴趣对象的跟踪的计算负担，可以将感兴趣对象的跟踪任务分摊到客户端本地执行，在客户端跟踪到了感兴趣对象后，可以根据从服务端获得的网格化信息来确定与该感兴趣对象或者与包括该感兴趣对象的感兴趣区域相对应的若干网格（并且可选的，选择合适画质下的若干网格），并且向服务端请求相对应的网格的视频数据以便进行观看。

[0167] 需说明的是，对于移动速度可能相对较快的感兴趣对象，可以将该感兴趣对象以及其周围预定范围作为感兴趣区域，即为所确定的感兴趣对象在各个方向上均扩展一定的画面范围作为裕量，从而避免因感兴趣对象过于频繁移动而导致过于频繁地重新确定与感兴趣区域对应的网格的问题，从而以不同时刻之间的网格变动情况相对平稳的方式来向服务端请求所需网格的视频数据或者接收服务端推送的网格的视频数据，从而减轻对服务端施加的压力。

[0168] 根据本公开实施例的基于目标跟踪技术的网格确定方法以及相应的交互式观看方式，无论以何种方式进行跟踪，均可以获得与具有动态运动特性的感兴趣对象对应的网格的视频流，从而在客户端处进行解码和拼接后进行呈现，从而省去用户频繁地手动选择感兴趣区域的需要，减轻用户的操作负担。

[0169] 实施例6

[0170] 如以上所讨论的，可以采用均匀的网格化分割方式对于多级视频画面中的每一级视频画面进行网格化分割，因此同一视频画面内的各个网格的网格大小和分辨率都是相同的。当然，也可以采用非均匀的网格化分割方式对各个视频画面进行分割，从而多级视频画面中的任一级视频画面内的各个网格的网格大小和/或分辨率可以彼此不完全相同。在本公开的实施例中，可以考虑多种因素来决定是否要采用非均匀的网格化分割过程。例如，对于一场体育赛事的直播画面而言，全景画面的最上部分可能对应于户外情况下的天空或者室内情况下的场馆屋顶，全景画面的最下部分可能对应于观众席，而只有全景画面的中间部分可能对应于正在直播赛事的赛场和运动员。相应地，对于观看该直播赛事的众多用户而言，视频源或视频画面的中间部分的画面内容可能是大多数观众

都具有兴趣的并且有较高的概率被观众选择为感兴趣区域（例如，期望观看这些区域内的细节），而视频源中的最上部分和最下部分可能是仅少部分观众具有兴趣的并且有较低的概率被观众选择为感兴趣区域。因此，可以基于用户对于整个画面中的各个区域的感兴趣程度，来进行非均匀的网格化分割过程。例如，对于某场体育赛事，可以基于本次观看记录中各个区域被观众选择为感兴趣区域的次数和频率，来确定视频源整个画面中的高感兴趣区域和低感兴趣区域。作为补充或者替代，可以基于历史观看记录（例如，同一场地的先前赛事）中各个区域被观众选择为感兴趣区域的次数和频率，来确定视频源整个画面中的高感兴趣区域和低感兴趣区域。

[0171] 有鉴于此，本公开中可以基于通过用户感兴趣程度而确定的高感兴趣区域和低感兴趣区域，对视频画面进行非均匀的网格化分割过程。以下结合图 13 和图 14 来描述根据本公开实施例的支持交互式观看的视频数据处理方法中对视频画面进行非均匀网格化分割的示例，其中图 13 示出了根据本公开实施例的支持交互式观看的视频数据处理方法中确定视频源中的高感兴趣区域和低感兴趣区域的示意图，图 14 示出了根据本公开实施例的支持交互式观看的视频数据处理方法中对视频画面进行非均匀网格化分割的示意图。

[0172] 如图 13 所示，可以根据当前观看期间用户将视频源的各个区域选择为感兴趣区域的次数和/或根据同种赛事的历史观看期间用户将各个区域选择为感兴趣区域的次数，将视频源的整个画面分为位于整个画面中间的高感兴趣区域以及位于最上部分和最下部分的两个低感兴趣区域。在本公开实施例中，考虑到低感兴趣区域内的视频画面被选择为感兴趣区域的可能性较低，因此可以对低感兴趣区域采用较低的画质进行网格化分割；而对于高感兴趣区域可以保持相对较高的画质进行网格化分割，从而可以在牺牲非常少部分观众的观看需求的情况下将视频编码器尽量应用到相对更受到关注的区域，以便最大化视频编码器利用效率。

[0173] 作为示意性举例，如图 14 所示，对于原始视频画面的中间区域的高感兴趣区域，可以仍然采用与以上图 9 中结合第一级视频画面所描述的网格化分割方式对其进行分割，以得到对应于高感兴趣区域的网格化分割结果，如图 14 中第②部分所示。而对于两个低感兴趣区域，可以首先对原始视频画面的最上部分和最下部分进行下采样，以获得下采样版本的两个低感兴趣区域，然后，对下采样后的低感兴趣区域（而非对原始视频画面的两个低感兴趣区域）进行网格化分割，以得到对应于两个低感兴趣区域的网格化分割结果，如图 14 中第①部分和第③部分所示。在对于不同兴趣等级的区域分别进行了网格化分割处理之后，可以将分别进行的网格化分割结构拼凑为新的画面，例如可以将对原始画质的高感兴趣区域的网格化分割结果（如图 14 中第②部分所示）以及对下采样后的两个低感兴趣区域的网格化分割结果（如图 14 中第①部分和第③部分所示）作为新的视频画面。可以看出，由于对低感兴趣区域的网格化分割是以下采样的视频画面为基础进行的，因此，新拼凑的视频画面中的第②部分中的网格的分辨率与第①部分和第③部分中的网格的分辨率是不同的。作为补充或者替代，新拼凑的视频画面中的第②部分中的网格大小也可以与第①部分和第③部分中的网格大小是不同的。通过以此方式进行非均匀的网格化分割，可以有效节省这两个低感兴趣区域划分得到的网格数量，并且因此可以有效节省为这些网格所分配的专属视频编码器的数量。

[0174] 当然可以理解，可以以类似的方式，拼凑出新的下一级非均匀视频画面，以此类推。在此情况下，对于以非均匀方式进行网格化分割的某级视频画面，需要在该级视频画面的网格化信息中包含更为详细的网格化信息，例如某行网格数量、某列网格数量、某行网格大小、某列网格大小或者指定位置的网格大小等，从而使得能够准确可靠地标识出每个网格的细节数据。

[0175] 根据本公开实施例的对视频画面进行非均匀网格化分割技术，可以基于用户对于整个画面中不同区域的不同程度的兴趣，进行非均匀的网格化分割，从而能够对有限数量的视频编码器进行更合理的分配，提升视频编码器资源利用效率。

[0176] 实施例 7

[0177] 根据本公开的另一方面，提供一种支持交互式观看的视频数据处理设备，以下结合图 15

详细描述该设备 1500。图 15 示出了根据本公开实施例的设备的硬件框图。如图 15 所示，设备 1500 包括处理器 U1501 和存储器 U1502。

[0178] 处理器 U1501 可以是能够实现本公开各实施例的功能的任何具有处理能力的装置，例如其可以是设计用于进行在此所述的功能的通用处理器、数字信号处理器（DSP）、ASIC、场可编程门阵列（FPGA）或其他可编程逻辑器件（PLD）、离散门或晶体管逻辑、离散的硬件组件或者其任意组合。

[0179] 存储器 U1502 可以包括易失性存储器形式的计算机系统可读介质，例如随机存取存储器（RAM）和/或高速缓存存储器，也可以包括其他可移动/不可移动的、易失性/非易失性计算机系统存储器，例如硬盘驱动器、软盘、CD-ROM、DVD-ROM 或者其他光存储介质。

[0180] 在本实施例中，存储器 U1502 中存储有计算机程序指令，并且处理器 U1501 可以运行存储器 U1502 中存储的指令。在所述计算机程序指令被所述处理器运行时，使得所述处理器执行本公开实施例的支持交互式观看的视频数据处理方法。关于用于支持交互式观看的视频数据处理方法与上文中针对图 1—图 14 描述的基本相同，因此为了避免重复，不再赘述。作为设备的示例，可以包括计算机、服务端、工作站等等。

[0181] 根据本公开的另一方面，提供一种支持交互式观看的视频数据处理设备，以下结合图 16 详细描述该设备 1600。图 16 示出了根据本公开实施例的支持交互式观看的视频数据处理设备的结构框图。如图 16 所示，该设备 1600 包括视频画面构造单元 U1601、网格化分割单元 U1602 和视频编码单元 U1603。所述各个部件可分别执行上文中结合图 1—图 14 描述的支持交互式观看的视频数据处理方法的各个步骤/功能，因此为了避免重复，在下文中仅对所述设备进行简要的描述，而省略对相同细节的详细描述。

[0182] 视频画面构造单元 U1601 可以获得相同视频内容的具有不同分辨率的多级视频画面。在本公开实施例中，视频画面构造单元 U1601 可以采用多种方式构造具有相同视频内容（即，描绘的相同的视频画面，例如同一体育赛事）但具有不同分辨率的多级视频画面。例如，视频画面构造单元 U1601 可以对所述视频画面下采样以获得具有不同分辨率的多级视频画面，如以上结合图 9 所讨论的，以供后续分别对其进行网格化分割。

[0183] 网格化分割单元 U1602 可以将所述多级视频画面中的每级视频画面分割为多个网格。例如，网格化分割单元 U1602 可以将每级视频画面均分割为多个网格，如以上结合图 9 所讨论的。需说明的是，网格化分割单元 U1602 对各级视频画面进行网格化分割时，每个网格的尺寸应远小于常见客户端的解码能力，即，分割结果应该使客户端能够同时对多个网格的视频进行实时解码。此后，网格化分割单元 U1602 完成对各级视频画面的网格化分割后，可以得到完整的多级视频画面的各个网格化信息，例如可以包括多级视频画面的画面数量（或称之为画面分级数量）、各级视频画面的分辨率、各级视频画面的网格数量（例如网格在水平方向和垂直方向的数量）、各级视频画面的网格大小以及各个网格的网格坐标等等。

[0184] 视频编码单元 U1603 可以包括对于每级视频画面的多个网格中的每个网格而分配的专用于该网格的视频编码器。可以理解，在服务端对每一级视频画面进行网格化分割后，可以给每个网格（及其视频流）分配一个编号。相应地，对于每个网格，可以在视频编码单元 U1603 中为其分配专属的视频编码器，从而以网格为单位来独立地管理各网格的视频数据流。视频编码单元 U1603 中的各个视频编码器可以对相应网格的视频数据流进行编码，以获得相应网格的经编码视频数据流。

[0185] 可选的，该设备 1600 还可以包括视频流提供单元（未示出），该视频流提供单元可以被配置为响应于客户端的视频播放请求，从所述多级画面中选择与所述客户端的解码能力相匹配的视频画面；在所选择的视频画面的多个网格中确定与所述视频播放请求所请求的视频内容相对应的至少一个网格；以及向所述客户端提供所述至少一个网格的经编码视频数据流。

[0186] 根据本公开的支持交互式观看的视频数据处理技术还可以通过提供包含实现所述方法或者设备的程序代码的计算机程序产品来实现，或者通过存储有这样的计算机程序产品的任意存储介

质来实现。

[0187] 以上结合具体实施例描述了本公开的基本原理，但是，需要指出的是，在本公开中提及的优点、优势、效果等仅是示例而非限制，不能认为这些优点、优势、效果等是本公开的各个实施例必须具备的。另外，上述公开的具体细节仅是为了示例的作用和便于理解的作用，而非限制，上述细节并不限制本公开为必须采用上述具体的细节来实现。另外，来自一个实施例的特征可以与另一个或多个实施例的特征进行组合以获得更多的实施例。

[0188] 本公开中涉及的器件、装置、设备、系统的方框图仅作为例示性的例子并且不意图要求或暗示必须按照方框图示出的方式进行连接、布置、配置。如本领域技术人员将认识到的，可以按任意方式连接、布置、配置这些器件、装置、设备、系统。诸如"包括"、"包含"、"具有"等的词语是开放性词汇，指"包括但不限于"，且可与其互换使用。这里所使用的词汇"或"和"和"指词汇"和/或"，且可与其互换使用，除非上下文明确指示不是如此。这里所使用的词汇"诸如"指词组"诸如但不限于"，且可与其互换使用。

[0189] 另外，如在此使用的，在以"至少一个"开始的项的列举中使用的"或"指示分离的列举，例如"A、B或C的至少一个"的列举意味着A或B或C，或AB或AC或BC，或ABC（即A和B和C）。此外，措辞"示例的"不意味着描述的例子是优选的或者比其他例子更好。

[0190] 还需要指出的是，在本公开的装置和方法中，各部件或各步骤是可以分解和/或重新组合的。这些分解和/或重新组合应视为本公开的等效方案。

[0191] 对本领域的普通技术人员而言，能够理解本公开的方法和装置的全部或者任何部分，可以在任何计算装置（包括处理器、存储介质等）或者计算装置的网络中，以硬件、固件、软件或者它们的组合加以实现。所述硬件可以是利用被设计用于进行在此所述的功能的通用处理器、数字信号处理器（DSP）、ASIC、场可编程门阵列信号（FPGA）或其他可编程逻辑器件（PLD）、离散门或晶体管逻辑、离散的硬件组件或者其任意组合。通用处理器可以是微处理器，但是作为替换，该处理器可以是任何商业上可获得的处理器、控制器、微控制器或状态机。处理器还可以实现为计算设备的组合，例如DSP和微处理器的组合，多个微处理器、与DSP核协作的一个或多个微处理器或任何其他这样的配置。所述软件可以存在于任何形式的计算机可读的有形存储介质中。通过例子而不是限制，这样的计算机可读的有形存储介质可以包括RAM、ROM、EEPROM、CD-ROM或其他光盘存储、磁盘存储或其他磁存储器件或者可以用于携带或存储指令或数据结构形式的期望的程序代码并且可以由计算机访问的任何其他有形介质。如在此使用的，盘包括紧凑盘（CD）、激光盘、光盘、数字通用盘（DVD）、软盘和蓝光盘。

[0192] 可以不脱离由所附权利要求定义的教导的技术而进行对在此所述的技术的各种改变、替换和更改。此外，本公开的权利要求的范围不限于以上所述的处理、机器、制造、事件的组成、手段、方法和动作的具体方面。可以利用与在此所述的相应方面进行基本相同的功能或者实现基本相同的结果的当前存在的或者稍后要开发的处理、机器、制造、事件的组成、手段、方法或动作。因而，所附权利要求包括在其范围内的这样的处理、机器、制造、事件的组成、手段、方法或动作。

[0193] 提供所公开的方面的以上描述以使本领域的任何技术人员能够做出或者使用本公开。对这些方面的各种修改对于本领域技术人员而言是非常显而易见的，并且在此定义的一般原理可以应用于其他方面而不脱离本公开的范围。因此，本公开不意图被限制到在此示出的方面，而是按照与在此公开的原理和新颖的特征一致的最宽范围。

[0194] 为了例示和描述的目的已经给出了以上描述。此外，此描述不意图将本公开的实施例限制到在此公开的形式。尽管以上已经讨论了多个示例方面和实施例，但是本领域技术人员将认识到其某些变型、修改、改变、添加和子组合。

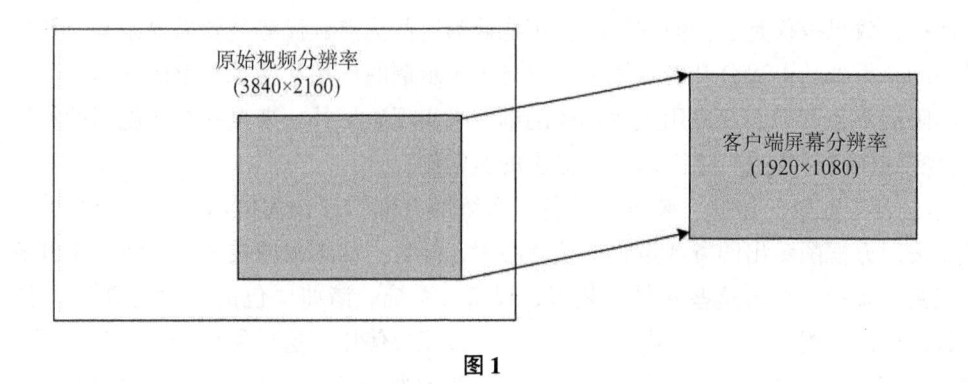

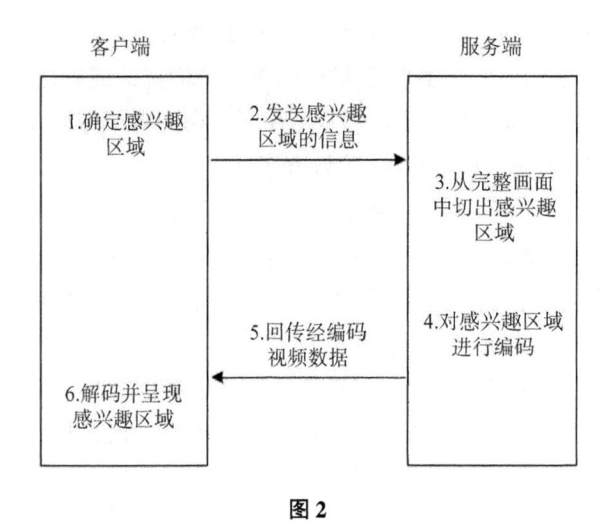

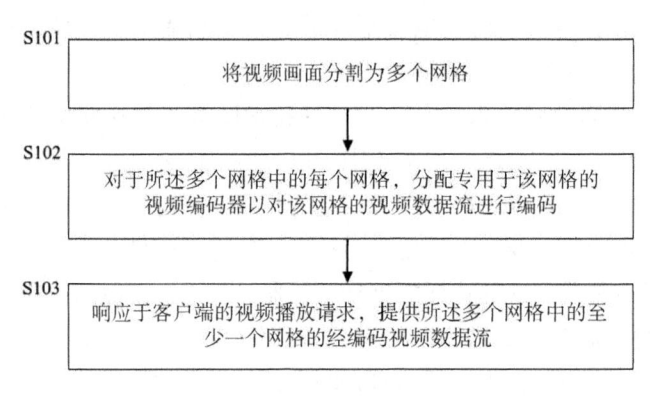

图 1

图 2

图 3

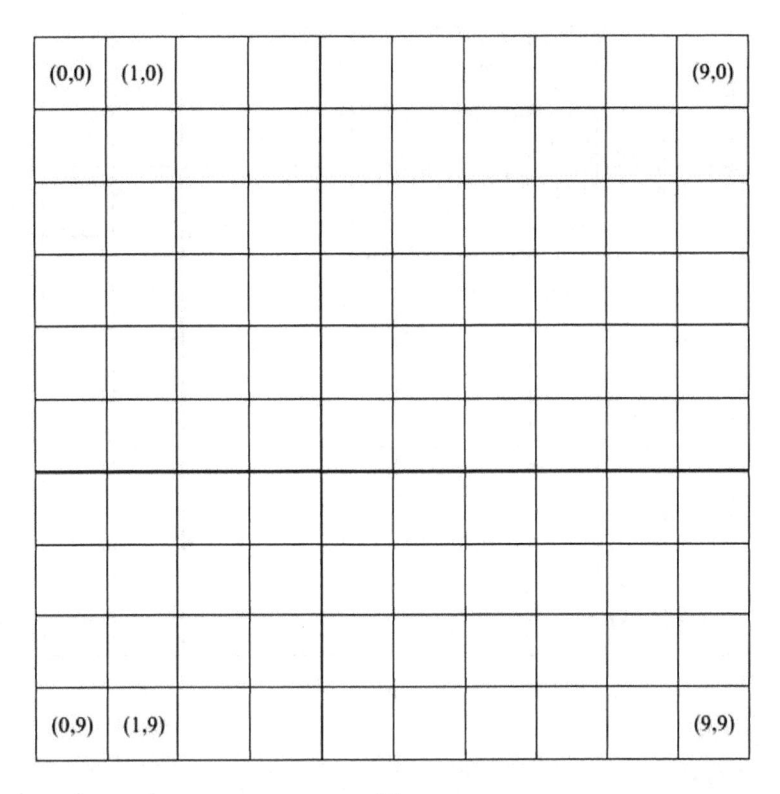

图 4

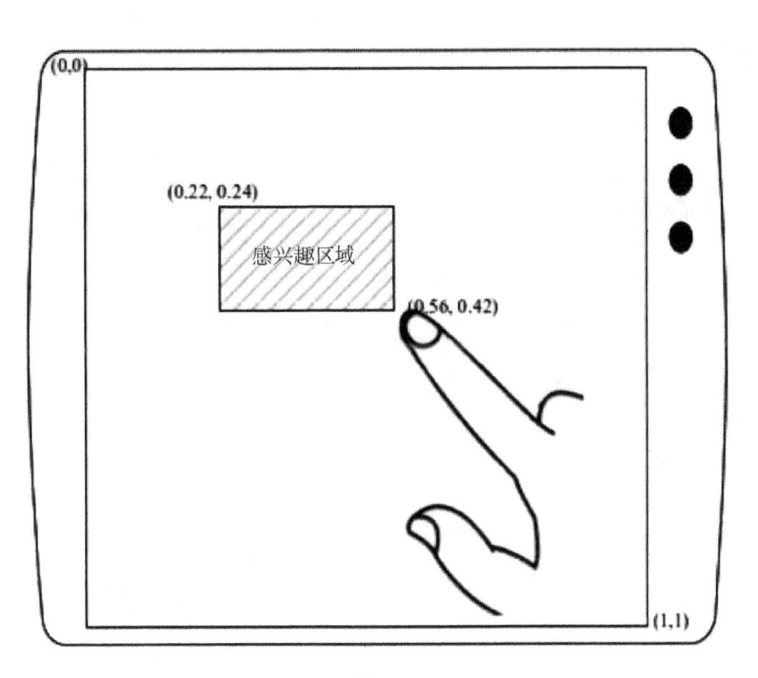

图 5A

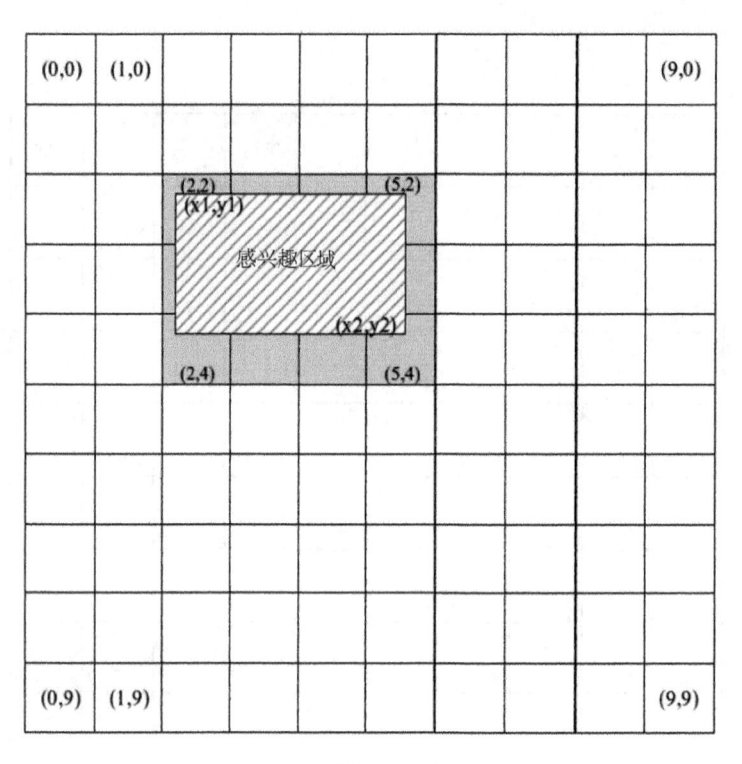

图 5B

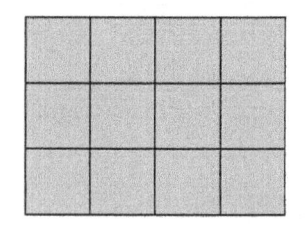

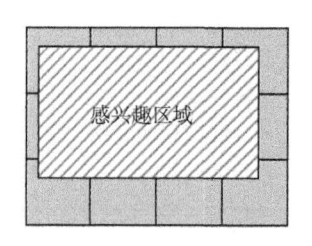

图 6

图 7

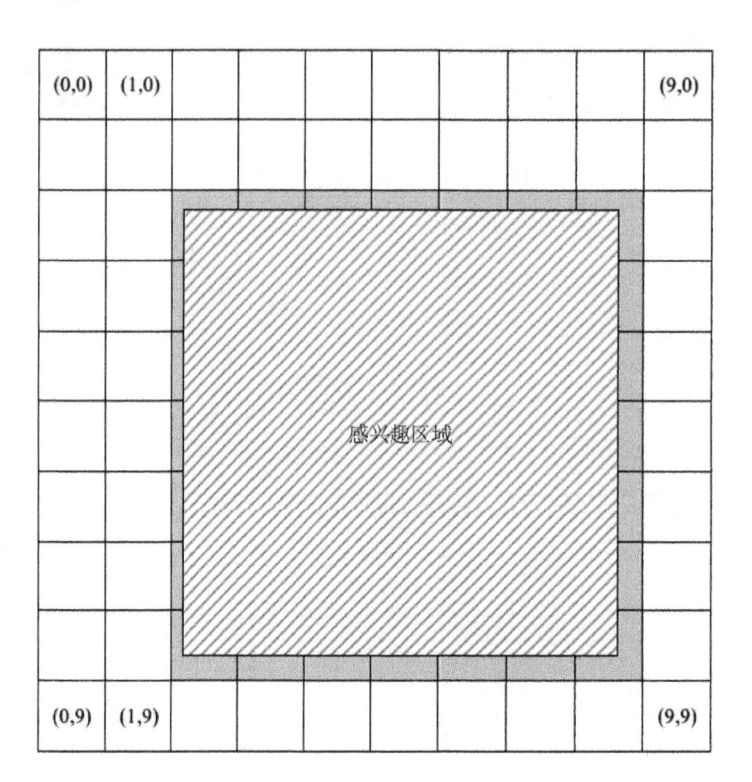

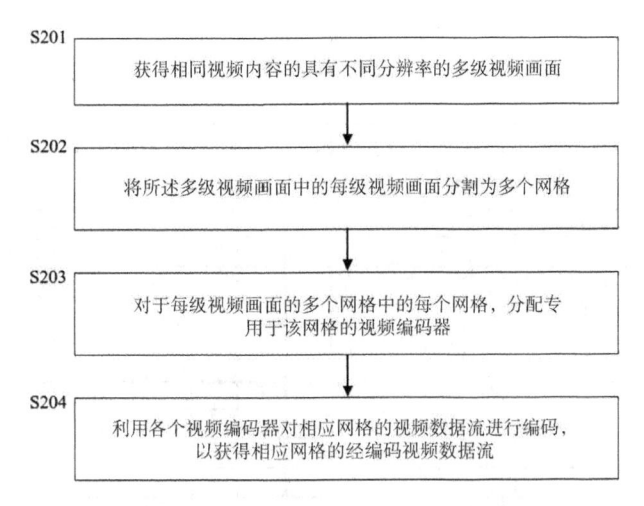

S201 获得相同视频内容的具有不同分辨率的多级视频画面

S202 将所述多级视频画面中的每级视频画面分割为多个网格

S203 对于每级视频画面的多个网格中的每个网格,分配专用于该网格的视频编码器

S204 利用各个视频编码器对相应网格的视频数据流进行编码,以获得相应网格的经编码视频数据流

图 8

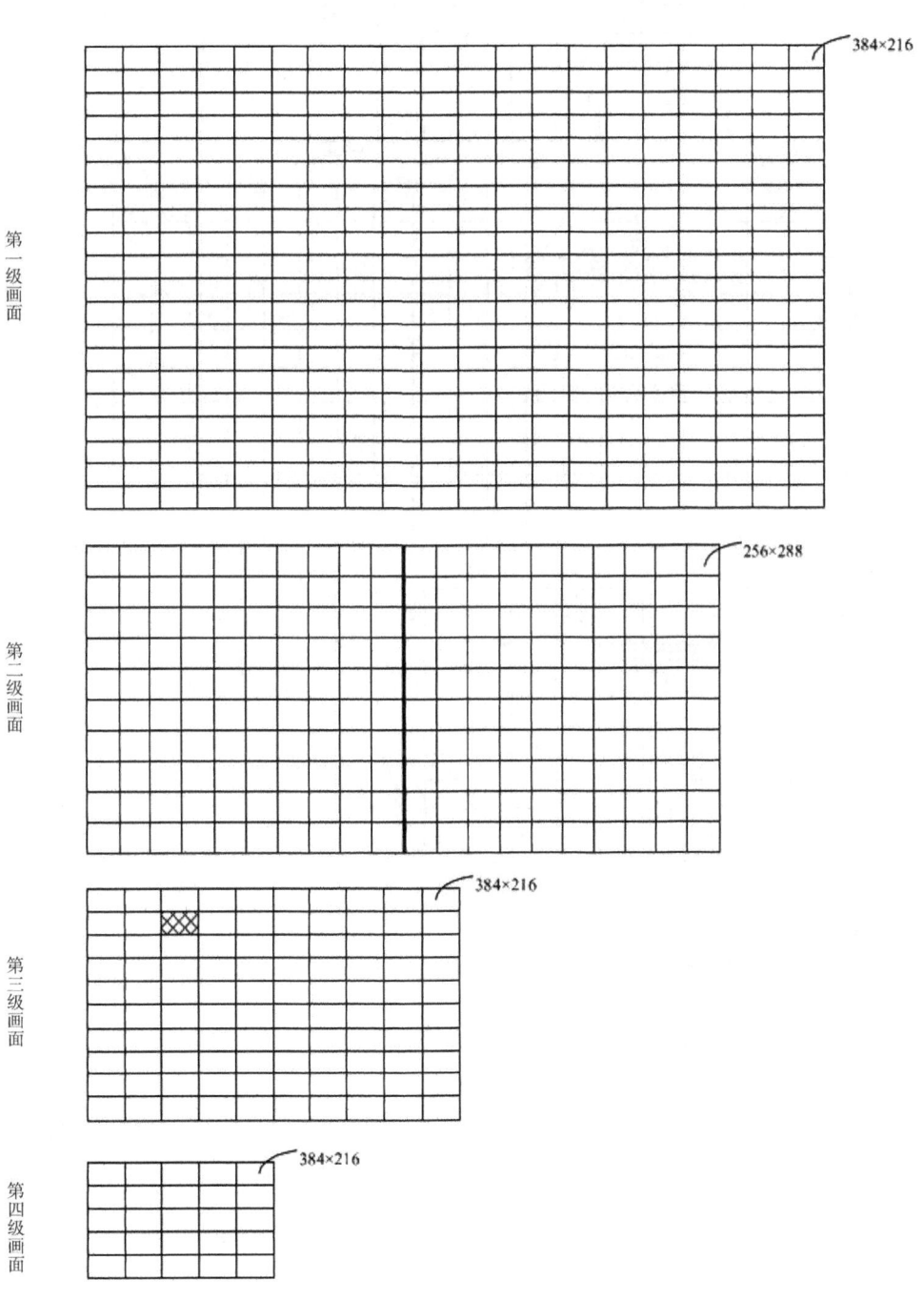

第一级画面 384×216

第二级画面 256×288

第三级画面 384×216

第四级画面 384×216

图 9

说 明 书 附 图

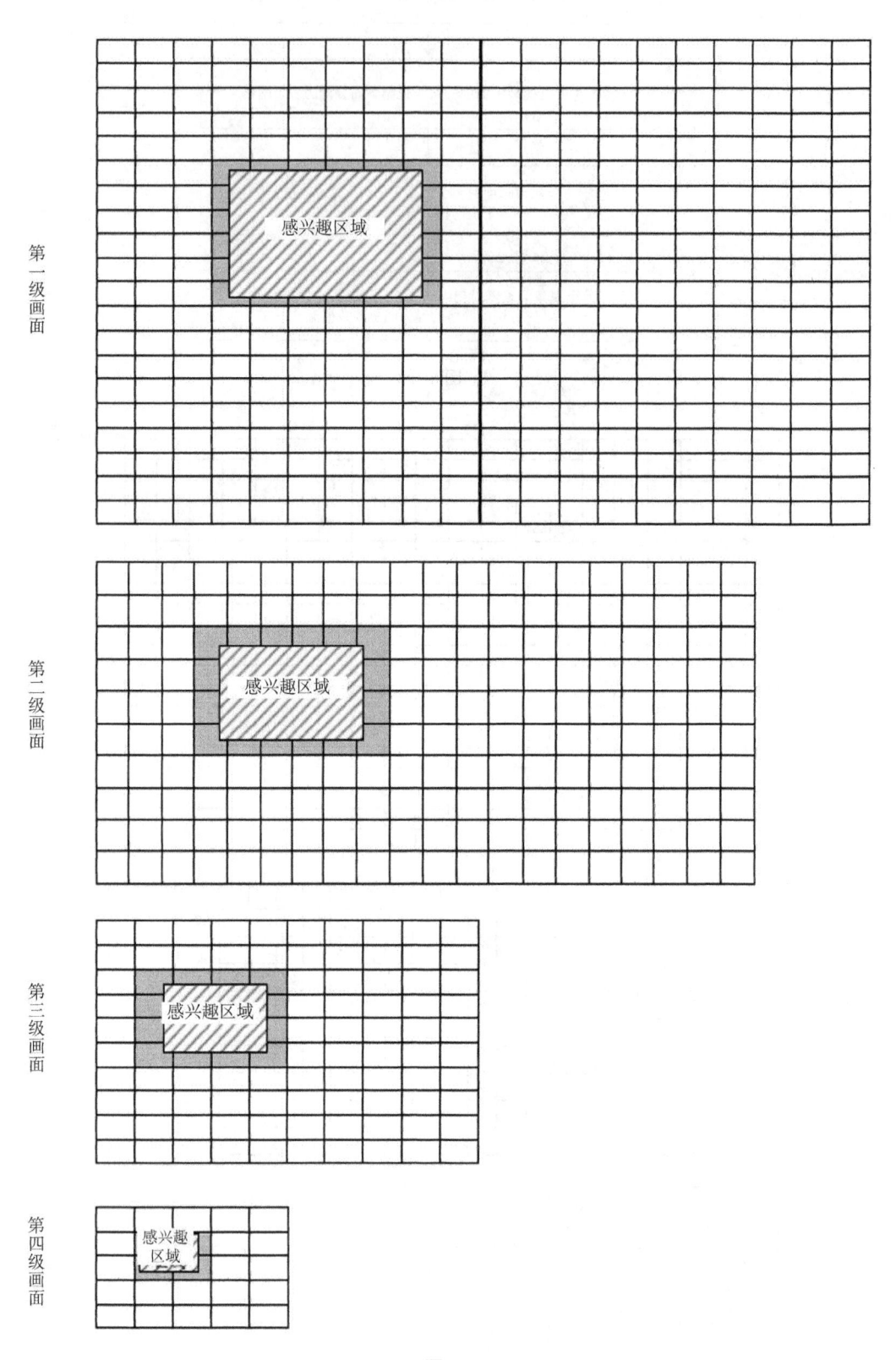

第一级画面 感兴趣区域

第二级画面 感兴趣区域

第三级画面 感兴趣区域

第四级画面 感兴趣区域

图 10

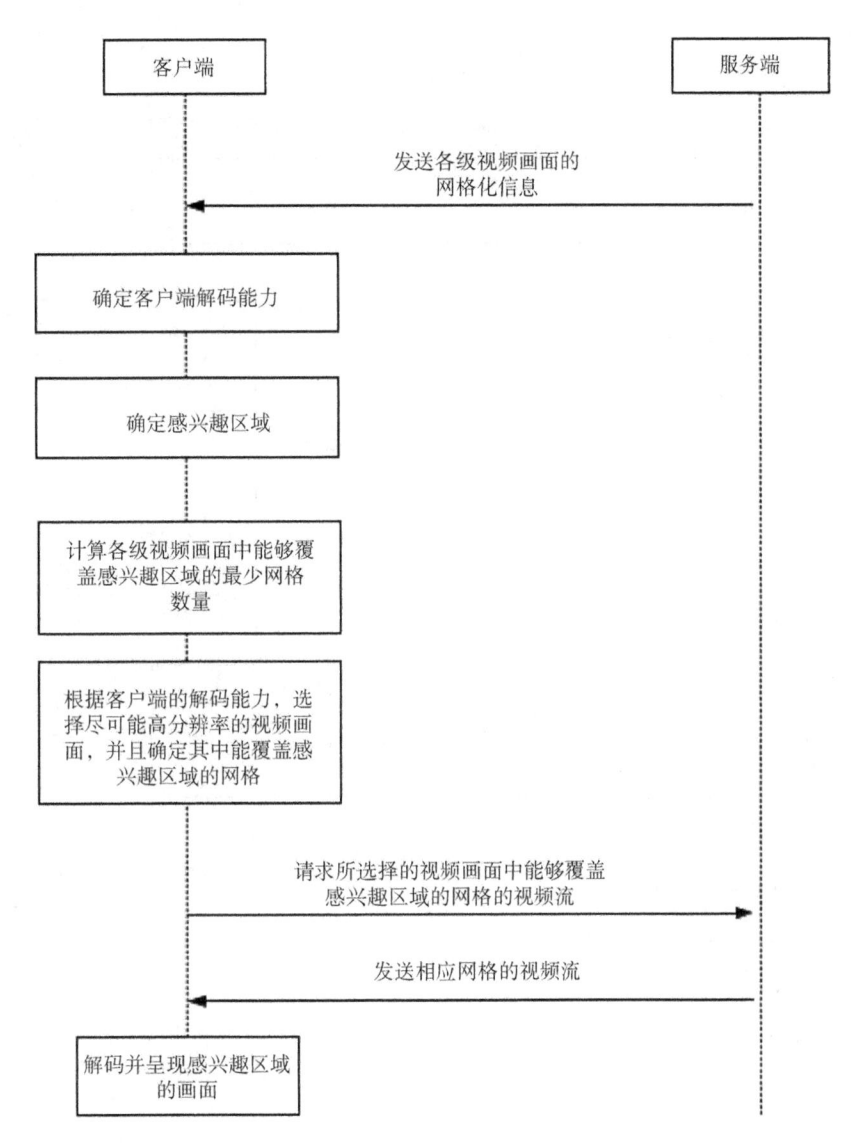

```
客户端                                          服务端
  │                                              │
  │          发送各级视频画面的                   │
  │◄─────────  网格化信息  ──────────────────────│
  │                                              │
┌─┴──────────────┐                               │
│ 确定客户端解码能力 │                              │
└─┬──────────────┘                               │
  │                                              │
┌─┴──────────┐                                   │
│ 确定感兴趣区域 │                                  │
└─┬──────────┘                                   │
  │                                              │
┌─┴──────────────────┐                           │
│ 计算各级视频画面中能够覆    │                      │
│ 盖感兴趣区域的最少网格      │                      │
│        数量            │                       │
└─┬──────────────────┘                           │
  │                                              │
┌─┴──────────────────┐                           │
│ 根据客户端的解码能力,选     │                       │
│ 择尽可能高分辨率的视频画    │                      │
│ 面,并且确定其中能覆盖感    │                      │
│ 兴趣区域的网格            │                      │
└─┬──────────────────┘                           │
  │                                              │
  │   请求所选择的视频画面中能够覆盖              │
  │───  感兴趣区域的网格的视频流  ──────────────►│
  │                                              │
  │◄─────── 发送相应网格的视频流 ────────────────│
  │                                              │
┌─┴──────────┐                                   │
│ 解码并呈现感兴趣区域 │                              │
│     的画面       │                              │
└────────────┘                                   │
```

图 11

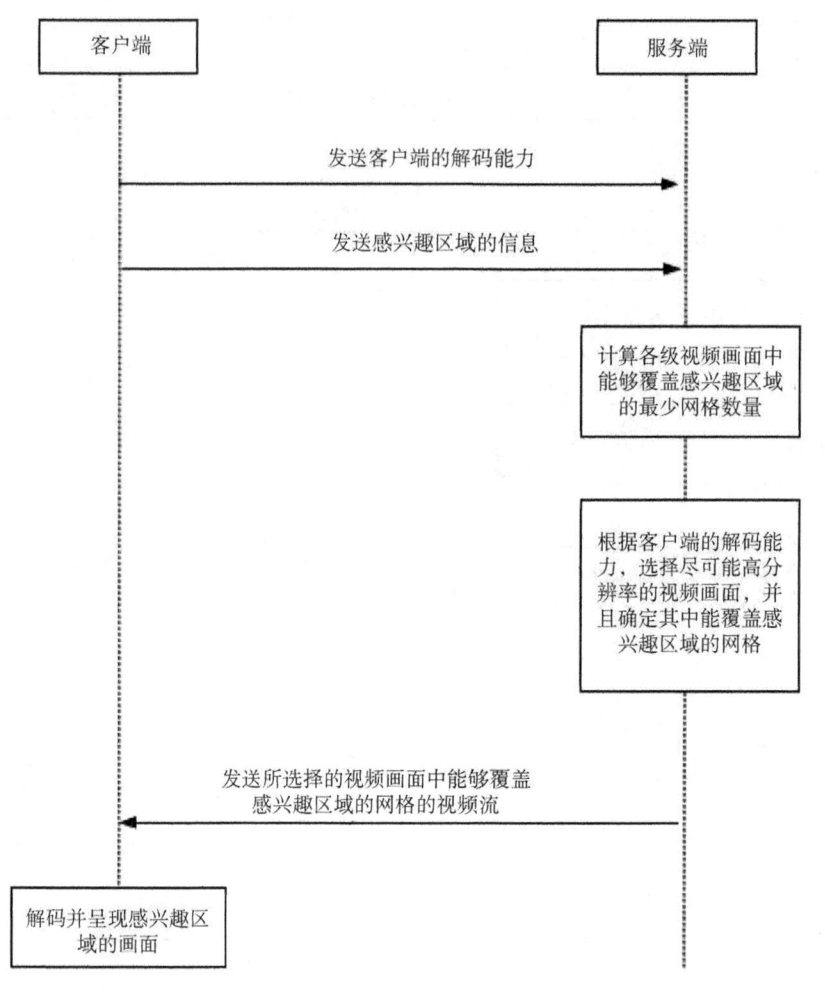

图 12

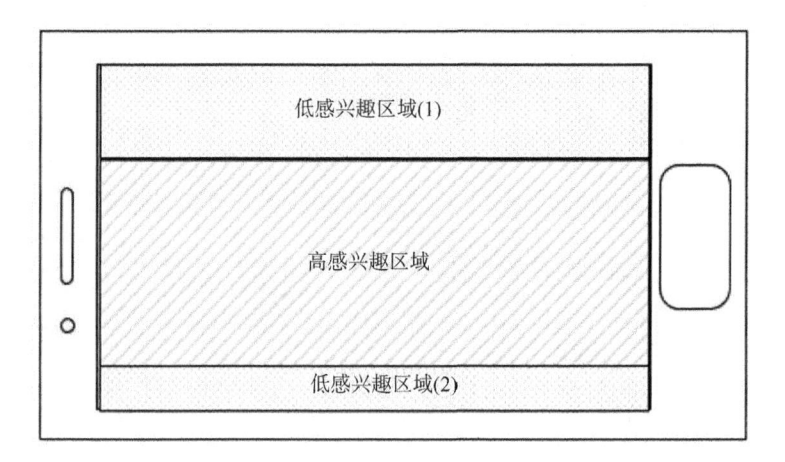

图 13

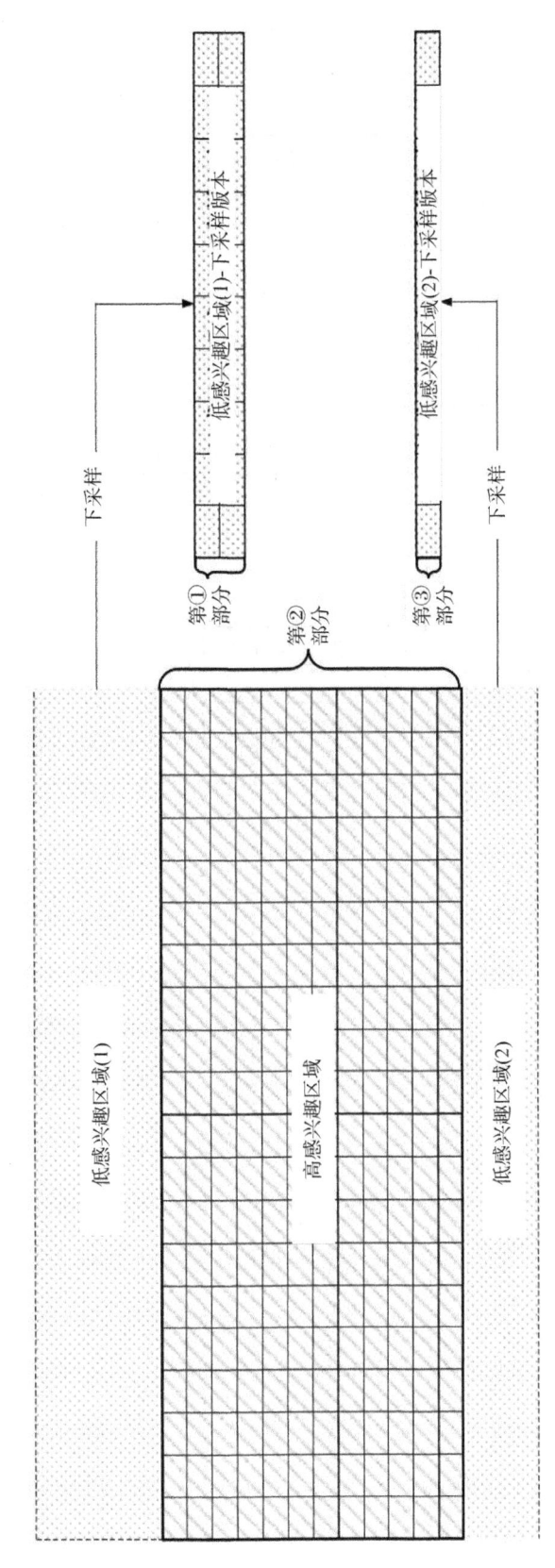

图 14

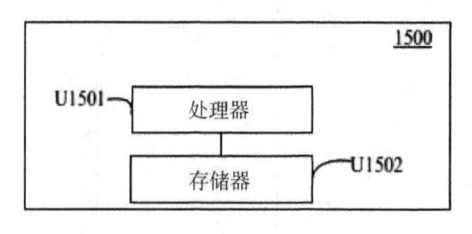

图 15

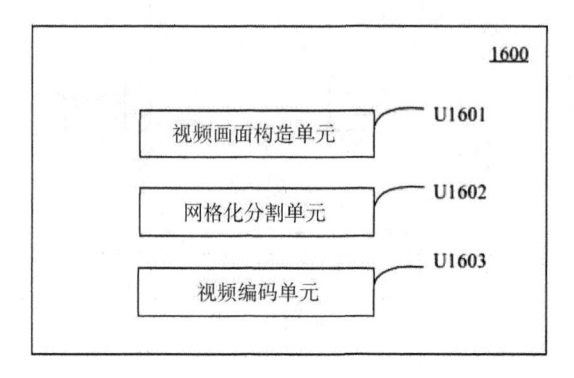

图 16

(19) 中华人民共和国国家知识产权局

(12) 发明专利

(10) 授权公告号 CN 111641841 B
(45) 授权公告日 2022.04.19

(21) 申请号 202010477827.7

(22) 申请日 2020.05.29

(65) 同一申请的已公布的文献号
申请公布号 CN 111641841 A

(43) 申请公布日 2020.09.08

(73) 专利权人 广州方硅信息技术有限公司
地址 511442 广东省广州市番禺区南村镇万博二路79号3108

(72) 发明人 余欣妮　包国林　卢培洪　王志盼

(74) 专利代理机构 广州利能知识产权代理事务所（普通合伙） 44673
代理人 王增鑫

(51) Int. Cl.
H04N 21/2187 (2011.01)
H04N 21/431 (2011.01)
H04N 21/44 (2011.01)
H04N 21/442 (2011.01)
H04N 21/478 (2011.01)
H04N 21/4788 (2011.01)
H04N 21/485 (2011.01)
A63F 13/211 (2014.01)
A63F 13/52 (2014.01)

(56) 对比文件
CN 106020440 A, 2016.10.12
CN 106162369 A, 2016.11.23
CN 106162369 A, 2016.11.23
CN 107185245 A, 2017.09.22
CN 110991482 A, 2020.04.10
US 2018096244 A1, 2018.04.05
US 2018101966 A1, 2018.04.12

审查员　张睿君

(54) 发明名称
虚拟蹦迪活动数据交换方法、装置、介质及电子设备

(57) 摘要
本申请涉及一种虚拟蹦迪活动数据交换方法、装置、介质及电子设备，该方法包括：终端设备持续获取加速度传感器产生的感应数据，将之与预构建的蹦迪模型相匹配，当实现匹配时确定为有效的蹦迪值；终端设备向远程服务器提交活动参与用户的有效的蹦迪值，以与其他活动参与用户共同实施在线多用户虚拟蹦迪活动；终端设备动态向用户界面输出所述虚拟蹦迪活动的实施信息，以展示与该虚拟蹦迪活动相关联的至少一个活动任务的完成进度。本申请通过识别用户有效行为而确定蹦迪值，解决了虚拟蹦迪活动所需的数据源获取的问题，确保能够利用有效的感应数据为虚拟蹦迪活动提供有效的蹦迪值。

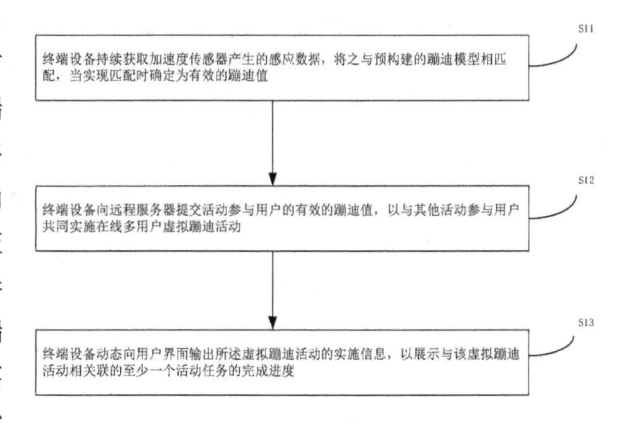

权 利 要 求 书

1. 一种虚拟蹦迪活动数据交换方法,其特征在于,包括如下步骤:

终端设备持续获取加速度传感器产生的感应数据,将之与预构建的蹦迪模型相匹配,当实现匹配时确定为有效的蹦迪值;

终端设备向远程服务器提交活动参与用户的有效的蹦迪值,以与其他活动参与用户共同实施在线多用户虚拟蹦迪活动,所述虚拟蹦迪活动在直播程序的直播间中举行;

终端设备动态向用户界面输出所述虚拟蹦迪活动的实施信息,以展示与该虚拟蹦迪活动相关联的至少一个活动任务的完成进度。

2. 根据权利要求1所述的方法,其特征在于:

所述蹦迪模型至少包含三个维度的数据基准,所述感应数据以加速度传感器在物理空间的三个维度产生的数据分别与之对应相比较以实现所述的匹配;

或者,所述蹦迪模型包含矢量数据基准,所述感应数据以加速度传感器在物理空间的三个维度产生的数据的矢量数据与之对应比较以实现所述的匹配。

3. 根据权利要求1所述的方法,其特征在于,所述蹦迪模型用于描述所述感应数据符合如下任意一个条件:所述感应数据表征加速度传感器在物理空间的任意方向上往返运动;所述感应数据表征加速度传感器在物理空间的垂直或水平方向上往返运动。

4. 根据权利要求1所述的方法,其特征在于,终端设备实时检测所述蹦迪值的产生频率或检测单位时间内产生的蹦迪值增量,当所述蹦迪值的产生频率或蹦迪值增量大于或等于相应的预设值时,按照预定规则处理该部分的蹦迪值。

5. 根据权利要求1所述的方法,其特征在于,终端设备根据所述远程服务器提供的灵敏度参数调节感应数据与蹦迪模型之间的匹配难度,和/或,所述实施信息包含与虚拟蹦迪活动中的活动参与用户的蹦迪值相关联的信息。

6. 根据权利要求1所述的方法,其特征在于,所述实施信息包括蹦迪值排行榜,所述终端设备在其用户界面展示蹦迪值排行榜,依据远程服务器推送的活动数据,在排行榜中显示累计蹦迪值最大的若干位活动参与用户的个人特征信息及其对应的蹦迪值,和/或,所述终端设备在其用户界面输出自身的累计蹦迪值。

7. 根据权利要求1所述的方法,其特征在于,所述实施信息包括虚拟蹦迪活动的蹦迪进度,所述终端设备在其用户界面展示虚拟蹦迪活动的蹦迪进度,可视化表征该虚拟蹦迪活动的预设目标值与当前所有参与虚拟蹦迪活动的在线用户所贡献的蹦迪值总和之间的相对关系。

8. 根据权利要求7所述的方法,其特征在于,所述预设目标值由远程服务器确定,其确定规则与该虚拟蹦迪活动进行期间的历史成功次数和成员总数相关联,和/或,所述蹦迪进度完成后,播放动画特效,且响应于远程服务器的指令而输出新一轮的蹦迪进度。

9. 根据权利要求1所述的方法,其特征在于,所述实施信息包括虚拟舞池区,所述虚拟舞池区的有限个数的位置用于根据远程服务器的布局数据显示虚拟蹦迪活动的活动参与用户的虚拟形象,每个虚拟形象携带相应的活动参与用户的个人特征信息和/或其当前蹦迪值。

10. 根据权利要求1至9中任意一项所述的方法,其特征在于,终端设备根据所述蹦迪值的确定而在其用户界面播放灯光特效,以使灯光特效中的多个色光渲染图层随蹦迪值的确定而交替显示。

11. 根据权利要求10所述的方法,其特征在于,所述灯光特效中的色光渲染图层为半透明的全屏图层,其被播放时遮罩于整个用户界面上方。

12. 一种电子设备,包括中央处理器和存储器,其特征在于,所述中央处理器用于调用运行存储于所述存储器中的计算机程序以执行如权利要求1至11中任意一项所述的虚拟蹦迪活动数据交换方法的步骤。

13. 一种非易失性存储介质,其特征在于,其存储有依据权利要求1至12中任意一项所述的虚拟蹦迪活动数据交换方法所实现的计算机程序,该计算机程序被计算机调用运行时,执行该方法所包括的步骤。

14. 一种虚拟蹦迪活动数据交换装置，其特征在于，其包括：

蹦迪值确定单元，被配置为通过终端设备持续获取加速度传感器产生的感应数据，将之与预构建的蹦迪模型相匹配，当实现匹配时确定为有效的蹦迪值；

蹦迪值提交单元，被配置为通过终端设备向远程服务器提交活动参与用户的有效的蹦迪值，以与其他活动参与用户共同实施在线多用户虚拟蹦迪活动，所述虚拟蹦迪活动在直播程序的直播间中举行；

信息输出单元，被配置为通过终端设备动态向用户界面输出所述虚拟蹦迪活动的实施信息，以展示与该虚拟蹦迪活动相关联的至少一个活动任务的完成进度。

说 明 书

虚拟蹦迪活动数据交换方法、装置、介质及电子设备

技术领域

[0001] 本申请涉及网络直播技术领域，尤其涉及一种虚拟蹦迪活动数据交换方法、装置、介质及电子设备。

背景技术

[0002] 互联网直播场景的直播间中，主要包括两类用户，即主播用户与观众用户。主播用户与观众用户之间的互动，多通过文字、语音、视频、控件等方式来进行人际的沟通和指令的交互，整个直播间中，主播用户向观众用户方向传递信息占整个直播间的信息总量的较大部分，这在某种程度上代表直播间内信息流量的流通性仍有可挖掘的空间。

[0003] 另一方面，作为直播间经济交易系统的一种固有机制，主播用户与观众用户之间正是通过交互来刺激消费、提升网络活跃度、降低单位网络成本，这是直播这一互联网经济形态的一种普遍模式。因而，有效地促进主播用户与观众用户之间的互动效果，虽涉经济问题，更是技术问题。

[0004] 现实中直播间应用场景的一种潜在需求是如何构造一种群体活动氛围，有效地将原来线下的集体活动迁移到线上，使得主播用户与观众用户之间能够强化交互，提升主播用户和观众用户的参与感，从而提升直播间内的交互频度，增强主播与观众双方对这种集体活动的现实感的沉浸认可。

[0005] 一种趋势技术是利用AR或VR来营造这种现实感。众所周知，无论是AR还是VR，涉及对现实的模拟，实现这种现实模拟满足用户感觉的代价就是高昂的设备成本、资源成本以及技术成本，而且，在目前相关配套资源、设备、技术以及网络带宽均未能尽善尽美的情况下，企图通过增强现实或虚拟现实来营造直播场景中的集体活动氛围，均是不现实的。

[0006] 进一步，技术层面上，借鉴于游戏领域，业内可以通过摄像头、手柄之类的辅助外设来增加对现实的模拟，显然，这种情况下，将导致技术开发复杂化，而且也给用户的使用带来更多不便。

[0007] 因此，如何将线下群体活动迁移到线上，营造直播间群体活动氛围，提升直播间内的交互频度和效果，从而吸引和提升用户流量，降低单位网络利用成本，是业内亟待克服的基础难题。

[0008] 目前有一种将"蹦迪"这一活动从线下向线上迁移的趋势，业内正在实施相关研究，设法通过技术手段构造虚拟蹦迪活动。

[0009] 本申请人在研究虚拟蹦迪活动的过程中发现，其中涉及如何在技术上低成本且有效地识别"蹦迪"这一行为以及在程序实现层面如何利用"蹦迪"相对应的技术结果，都为研发过程带来考验，而突破这些考验正是实现虚拟蹦迪活动的基础，为此，有必要针对这些课题提出适于实施的相关技术方案。

发明内容

[0010] 本申请的首要目的在于提供一种虚拟蹦迪活动数据交换方法，以便有效识别用户行为，为虚拟蹦迪活动提供数据层面的支持。

[0011] 作为本申请的另一目的，也基于前述各目的的方法而提供与之相适应的终端设备。

[0012] 作为本申请的又一目的，提供一种适于存储依据所述的方法实现的计算机程序的非易失性存储介质。

[0013] 作为本申请的再一目的，提供一种与前述的方法相适应的虚拟蹦迪活动数据交换装置。

[0014] 为满足本申请的各个目的，本申请采用如下技术方案：

[0015] 为本申请的第一目的而提出的一种虚拟蹦迪活动数据交换方法，包括如下步骤：

[0016] 终端设备持续获取加速度传感器产生的感应数据，将之与预构建的蹦迪模型相匹配，当实现匹配时确定为有效的蹦迪值；

[0017] 终端设备向远程服务器提交活动参与用户的有效的蹦迪值，以与其他活动参与用户共同实施在线多用户虚拟蹦迪活动；

[0018] 终端设备动态向用户界面输出所述虚拟蹦迪活动的实施信息。

[0019] 较佳的实施例中，所述蹦迪模型至少包含三个维度的数据基准，所述感应数据以加速度传感器在物理空间的三个维度产生的数据分别与之对应相比较以实现所述的匹配；

[0020] 另一实施例中，所述蹦迪模型包含矢量数据基准，所述感应数据以加速度传感器在物理空间的三个维度产生的数据的矢量数据与之对应比较以实现所述的匹配。

[0021] 依据多种实施例，所述蹦迪模型用于描述所述感应数据符合如下任意一个条件：所述感应数据表征加速度传感器在物理空间的任意方向上往返运动；所述感应数据表征加速度传感器在物理空间的垂直或水平方向上往返运动。

[0022] 进一步的实施例中，终端设备实时检测所述蹦迪值的产生频率或检测单位时间内产生的蹦迪值增量，当所述蹦迪值的产生频率或蹦迪值增量大于或等于相应的预设值时，按照预定规则处理该部分的蹦迪值。

[0023] 较佳的实施例中，终端设备根据所述远程服务器提供的灵敏度参数调节感应数据与蹦迪模型之间的匹配难度。

[0024] 进一步的实施例中，所述实施信息包含与虚拟蹦迪活动中的活动参与用户的蹦迪值相关联的信息。

[0025] 一种实施例中，所述实施信息包括蹦迪值排行榜，所述终端设备在其用户界面展示蹦迪值排行榜，依据远程服务器推送的活动数据，在排行榜中显示累计蹦迪值最大的若干位活动参与用户的个人特征信息及其对应的蹦迪值，和/或，所述终端设备在其用户界面输出自身的累计蹦迪值。

[0026] 另一实施例中，所述实施信息包括虚拟蹦迪活动的蹦迪进度，所述终端设备在其用户界面展示虚拟蹦迪活动的蹦迪进度，可视化表征该虚拟蹦迪活动的预设目标值与当前所有参与虚拟蹦迪活动的在线用户所贡献的蹦迪值总和之间的相对关系。

[0027] 进一步，所述预设目标值由远程服务器确定，其确定规则与该虚拟蹦迪活动进行期间的历史成功次数和成员总数相关联。

[0028] 进一步，所述蹦迪进度完成后，播放动画特效，且响应于远程服务器的指令而输出新一轮的蹦迪进度。

[0029] 再一实施例中，所述实施信息包括虚拟舞池区，所述虚拟舞池区的有限个数的位置用于根据远程服务器的布局数据显示虚拟蹦迪活动的活动参与用户的虚拟形象，每个虚拟形象携带相应的活动参与用户的个人特征信息和/或其当前蹦迪值。

[0030] 较佳的实施例中，所述加速度传感器为所述终端设备的固有部件或者为与所述终端设备无线通信的可穿戴设备的固有部件。

[0031] 进一步的实施例中，终端设备根据所述蹦迪值的确定而在其用户界面播放灯光特效，以使灯光特效中的多个色光渲染图层随蹦迪值的确定而交替显示。

[0032] 进一步，所述灯光特效中的色光渲染图层为半透明的全屏图层，其被播放时遮罩于整个用户界面上方。

[0033] 为满足本申请的另一目的，本申请提供的一种终端设备，包括中央处理器和存储器，所述中央处理器用于调用运行存储于所述存储器中的计算机程序以执行如第一目的所述的虚拟蹦迪活动数据交换方法的步骤。

[0034] 为满足本申请的又一目的，本申请提供的一种非易失性存储介质，其存储有依据所述的虚拟蹦迪活动数据交换方法所实现的计算机程序，该计算机程序被计算机调用运行时，执行该方法所包括的步骤。

[0035] 为满足本申请的再一目的，本申请提供的一种虚拟蹦迪活动数据交换装置，其包括：

[0036] 蹦迪值确定单元，被配置为通过终端设备持续获取加速度传感器产生的感应数据，将之与预构建的蹦迪模型相匹配，当实现匹配时确定为有效的蹦迪值；

[0037] 蹦迪值提交单元，被配置为通过终端设备向远程服务器提交活动参与用户的有效的蹦迪值，以与其他活动参与用户共同实施在线多用户虚拟蹦迪活动；

[0038] 信息输出单元，被配置为通过终端设备动态向用户界面输出所述虚拟蹦迪活动的实施信息，以展示与该虚拟蹦迪活动相关联的至少一个活动任务的完成进度。

[0039] 相对于现有技术，本申请的优势如下：

[0040] 首先，本申请通过预构建蹦迪模型，对"蹦迪"这一事实行为进行数据层面上的描述，然后通过终端设备获取加速度传感器的感应数据，将之与蹦迪模型进行匹配，从而确定有效的蹦迪值，也即确认用户的一个有效的事实上的蹦迪行为，将其量化后提交给远程服务器，与采用参与活动的其他活动参与用户共同实施虚拟蹦迪活动，并能够在用户界面获得虚拟蹦迪活动相关的实施信息，完成从数据获取、确认、提交到反馈的整个过程，有效地将线下的蹦迪行为量化虚拟到线上，为实现虚拟蹦迪活动提供必不可少的数据来源，使虚拟蹦迪活动成为可能。

[0041] 其次，本申请深入揭示了利用加速度传感器确认用户事实蹦迪行为的多种实现方式，利用多维度分别或者综合矢量来考察用户事实行为产生的数据，在最大程度上实现对用户事实蹦迪行为的量化确认，除此之外，通过考察蹦迪值产生的频率或蹦迪值增量的合理性可以排除外挂和设备故障，并且还通过为匹配过程提供灵敏度参数等手段来实现所有活动参与用户的匹配难度的协调，由此种种作用而产生的蹦迪值数据其可靠性较强。

[0042] 再者，本申请为蹦迪值的利用提供了多种解决方案，包括用于构造蹦迪值排行榜、用于构建虚拟舞池区、用于构造活动任务蹦迪进度等，这些技术手段被作为实施信息与蹦迪值相配合，可以使得虚拟蹦迪活动的虚拟活动场景可以得到更为丰富的信息展示，使虚拟蹦迪活动的沉浸感更强，最大程度达到线上虚拟现实场景的效果。

[0043] 此外，本申请的蹦迪值还可被利用于实现虚拟蹦迪活动的灯光特效，使灯光特效的展示与蹦迪值的确认保持一定的联动关系，由此，也即建立起虚拟活动场景中的灯光效果与用户事实蹦迪行为之间的关联，既加强了虚拟效果，又进一步挖掘了蹦迪值的技术价值。

[0044] 本申请附加的方面和优点将在下面的描述中部分给出，这些将从下面的描述中变得明显，或通过本申请的实践了解到。

附图说明

[0045] 本申请上述的和/或附加的方面和优点从下面结合附图对实施例的描述中将变得明显和容易理解，其中：

[0046] 图1为实施本申请的技术方案相关的一种典型的网络部署架构示意图；

[0047] 图2为本申请的虚拟蹦迪活动数据交换方法的典型实施例的流程示意图；

[0048] 图3为本申请的虚拟蹦迪活动数据获取方法的典型实施例的流程示意图；

[0049] 图4为本申请的虚拟蹦迪活动数据交换装置的典型实施例的原理框图；

[0050] 图5为实施本申请的虚拟蹦迪活动数据获取方法的一种终端设备的用户界面的一种示例；

[0051] 图6为对应于图5而提供的一种具体实现产品的图形用户界面的示意图。

具体实施方式

[0052] 下面详细描述本申请的实施例，所述实施例的示例在附图中示出，其中自始至终相同或类似的标号表示相同或类似的元件或具有相同或类似功能的元件。下面通过参考附图描述的实施例是示例性的，仅用于解释本申请，而不能解释为对本申请的限制。

[0053] 本技术领域技术人员可以理解，除非特意声明，这里使用的单数形式"一"、"一个"、

"所述"和"该"也可包括复数形式。应该进一步理解的是，本申请的说明书中使用的措辞"包括"是指存在所述特征、整数、步骤、操作、元件和/或组件，但是并不排除存在或添加一个或多个其他特征、整数、步骤、操作、元件、组件和/或它们的组合。应该理解，当我们称元件被"连接"或"耦接"到另一元件时，它可以直接连接或耦接到其他元件，或者也可以存在中间元件。此外，这里使用的"连接"或"耦接"可以包括无线连接或无线耦接。这里使用的措辞"和/或"包括一个或更多个相关联的列出项的全部或任一单元和全部组合。

[0054] 本技术领域技术人员可以理解，除非另外定义，这里使用的所有术语（包括技术术语和科学术语），具有与本申请所属领域中的普通技术人员的一般理解相同的意义。还应该理解的是，诸如通用字典中定义的那些术语，应该被理解为具有与现有技术的上下文中的意义一致的意义，并且除非像这里一样被特定定义，否则不会用理想化或过于正式的含义来解释。

[0055] 本技术领域技术人员可以理解，这里所使用的"客户端"、"终端"、"终端设备"既包括无线信号接收器的设备，其仅具备无发射能力的无线信号接收器的设备，又包括接收和发射硬件的设备，其具有能够在双向通信链路上，进行双向通信的接收和发射硬件的设备。这种设备可以包括：蜂窝或其他诸如个人计算机、平板电脑之类的通信设备，其具有单线路显示器或多线路显示器或没有多线路显示器的蜂窝或其他通信设备；PCS（Personal Communications Service，个人通信系统），其可以组合语音、数据处理、传真和/或数据通信能力；PDA（Personal Digital Assistant，个人数字助理），其可以包括射频接收器、寻呼机、互联网/内联网访问、网络浏览器、记事本、日历和/或GPS（Global Positioning System，全球定位系统）接收器；常规膝上型和/或掌上型计算机或其他设备，其具有和/或包括射频接收器的常规膝上型和/或掌上型计算机或其他设备。这里所使用的"客户端"、"终端"、"终端设备"可以是便携式、可运输、安装在交通工具（航空、海运和/或陆地）中的，或者适合于和/或配置为在本地运行，和/或以分布形式，运行在地球和/或空间的任何其他位置运行。这里所使用的"客户端"、"终端"、"终端设备"还可以是通信终端、上网终端、音乐/视频播放终端，例如可以是PDA、MID（Mobile Internet Device，移动互联网设备）和/或具有音乐/视频播放功能的移动电话，也可以是智能电视、机顶盒等设备。

[0056] 本申请所称的"服务器"、"客户端"、"服务节点"等名称所指向的硬件，本质上是具备个人计算机等效能力的设备，为具有中央处理器（包括运算器和控制器）、存储器、输入设备以及输出设备等冯诺依曼原理所揭示的必要构件的硬件装置，计算机程序存储于其存储器中，中央处理器将存储在外存中的程序调入内存中运行，执行程序中的指令，与输入输出设备交互，借此完成特定的功能。

[0057] 需要指出的是，本申请所称的"服务器"这一概念，同理也可扩展到适用于服务器机群的情况。依据本领域技术人员所理解的网络部署原理，所述各服务器应是逻辑上的划分，在物理空间上，这些服务器既可以是互相独立但可通过接口调用的，也可以是集成到一台物理计算机或一套计算机机群的。本领域技术人员应当理解这一变通，而不应以此约束本申请的网络部署方式的实施方式。

[0058] 本申请所称的"可穿戴设备"，包括具有适于与终端设备维持无线通信连接以交换数据的手环、腕表以及可以其他任意形式由人体日常佩戴的电子设备，例如为虚拟蹦迪活动（虚拟舞池）专门设计的适于人体腰部或下肢佩戴的"头套"、"腰环"、"脚环"等。这些可穿戴设备通常均会包括必要的一些部件，包括壳体、壳体内为整机供电的电源组件、控制整机运作的控制单元、用于获取外部环境或运动数据的各类传感器、用于与终端设备维持所述的无线通信连接的通信组件等。部分可穿戴设备甚至会为交互的便利而提供显示组件和相关功能按键。可穿戴设备通过其传感器获取到的数据，经其控制芯片处理后，经通信组件传输给相连接的终端设备，在终端设备上可以通过相关应用程序的用户界面来查看或处理，以此达到进一步利用该些数据的目的。其中的传感器通常包括加速度传感器，用于感知可穿戴设备本身在物理空间各个方向的运动数据，通过分析由于可穿戴设备运动而产生的变化数据，将这些变化数据与预设的运动模型数据相匹配，可以判定可穿戴设

备是否感知到人体的某种事实运动，例如人体跳动、跑步、倾斜等不同运作或姿态均可通过模型匹配的方式来判定。可穿戴设备通常通过WiFi、蓝牙之类的公知短距离无线通信技术来维持彼此之间的通信，当然也可借助运营商提供的公共移动通信网络来实现这种通信，前者主要出于成本的考虑，无论如何，均不影响本申请的实施。

[0059] 本申请可穿戴设备中的"头套"、"腰环"、"脚环"，可参照公知的"手环"来实现，"头套"可仅用于感知用户的摇头动作，"腰环"可仅用于感知用户的扭腰动作，"脚环"可仅用于感知用户的下肢的运动，例如，在虚拟蹦迪活动（虚拟舞池）中可以通过"头套"来识别用户是否发生了摇头动作，通过"腰环"来识别用户是否发生摇身动作，可以通过"脚环"来识别用户是否发生抖脚动作，如是则可确认为一个蹦迪行为，从而产生一个本申请所认可的有效的蹦迪值。

[0060] 请参阅图1，本申请相关技术方案实施时所需的硬件基础可按图中所示的架构进行部署。本申请所称的服务器80部署在云端，作为一个前端的业务服务器，其可以负责进一步连接起相关数据服务器、视频流服务器以及其他提供相关支持的服务器等，以此构成逻辑上相关联的服务机群，来为相关的终端设备例如图中所示的智能手机81和个人计算机82提供服务。所述的智能手机和个人计算机均可通过公知的网络接入方式接入互联网，与云端的服务器80建立数据通信链路，以便运行所述服务器所提供的服务相关的终端应用程序。在本申请的相关技术方案中，服务器80负责建立直播间运行服务，终端则对应运行与该直播间相对应的应用程序。

[0061] 本申请所称的直播间，是指依靠互联网技术实现的一种娱乐型聊天室，通常具备音视频播控功能，包括主播用户和观众用户，主播用户与观众用户之间可通过语音、视频、文字等公知的线上交互方式来实现互动，一般是主播用户以音视频流的形式为观众用户表演节目，并且在互动过程中还可产生经济交易行为。当然，直播间的应用形态并不局限于在线娱乐，也可推广到其他相关场景中，例如教育培训场景、视频会议场景以及其他任何需要类似互动的场景中。

[0062] 本申请所称的集体活动，是指基于同一目标或者围绕同一主题而由多人实施的活动。表现在线上，即为多个活动参与用户共同参与，旨在共同实现同一目标或者围绕同一主题而进行的活动。通常，集体活动为实现共同目标会设置一个或多个活动任务，这些活动任务可以先后进行或者并列进行。活动任务的任务目标达成时，该活动任务即告完成。集体活动中，不同时间的活动参与用户可以相同也可不同，也就是说，实现集体活动的活动任务的任务目标者，可以是特定的活动参与用户，也可以是非特定的活动参与用户，因此个别的活动参与用户加入或退出集体活动，并不影响集体活动这一概念的明确性。

[0063] 本申请所称的虚拟蹦迪活动（虚拟舞池），便是一种在线上虚拟实现的所述的集体活动。

[0064] 本申请所称的虚拟活动场景，是指为在线上仿真集体活动的活动环境而为该集体活动而构造的展示界面，通常可以通过包括动画、图片、视频、音乐、震动等不同形式的可以导致活动参与用户产生相应知觉的素材和/或技术手段来展现，例如，本申请后续将揭示的一种实施列中，针对蹦迪这一形态的集体活动，可以为其构造舞池和舞台，形成对现实蹦迪场景的虚拟效果。

[0065] 本申请所称的电子礼物，是非实体的，代表一定的有形或无形价值的电子形式的标记，这种标记的实现形式是广泛而灵活的，通常会以可视化的形式例如以图标和数量、价值的形式呈现给用户识别。电子礼物通常需要用户进行购买消费，也可以是互联网服务平台提供的赠品，但是，电子礼物一经产生后，其本身既可支持与现实证券相兑换，也可为非兑换品，视互联网服务平台技术实现而定，这本质上并不影响本申请的实施。

[0066] 本申请所称的特效，是一种计算机动画展现效果，在直播间中通常用于加强交互感知氛围。特效被触发播放时，用户界面可以看到相应的动画播放效果，从而感知该特效。特效的实现形式多种多样，可由本领域技术人员灵活实现。

[0067] 本申请的虚拟蹦迪活动相关的各种方法，通过一个应用程序在终端设备运行来实现，这种应用程序可以是直播间应用程序，即直播程序，也可以是其他适于有效利用本申请的方法的应用程序。应用程序运行后，通过与互联网服务平台提供的服务器交互，来为终端设备持有者服务，方

便直播间用户参与本申请所称的线上的集体活动，即虚拟蹦迪活动。

[0068] 本申请的各种方法，虽然基于相同的概念而进行描述而使其彼此间呈现共通性，但是，除非特别说明，否则这些方法都是可以独立执行的。本领域技术人员对此应当知晓。

[0069] 首先，请参阅图2，本申请的一种虚拟蹦迪活动数据交换方法，典型的实施例中，其包括如下步骤：

[0070] 步骤S11，终端设备持续获取加速度传感器产生的感应数据，将之与预构建的蹦迪模型相匹配，当实现匹配时确定为有效的蹦迪值；

[0071] 所述的直播程序，当其在终端设备运行后，便开始获取加速度传感器产生的感应数据。需要指出的是，加速度传感器可以是终端设备的固有部件，也可以是与终端设备维持着无线通信连接的可穿戴设备所固有的部件。当加速度传感器是终端设备本身的部件时，直播程序一般只需要获取加速度传感器数据的权限即可正常获得所述的感应数据。而当加速度传感器是可穿戴设备所固有的部件时，直播程序既可自行架构服务进程与可穿戴设备维持无线通信连接以获取感应数据，也可以借助本申请的虚拟蹦迪活动数据获取方法来实现所述感应数据的获取。

[0072] 无论如何，终端设备取得获取感应数据的能力之后，便可持续利用这些感应数据进行用户事实上的蹦迪行为的识别，对用户蹦迪行为进行量化，获取所述的蹦迪值。

[0073] 所述虚拟蹦迪活动一般在直播程序的直播间中举行，因此，当前用户，可以以游客身份，但一般是以已注册用户身份进入直播间的虚拟蹦迪活动中，成为虚拟蹦迪活动的活动参与用户。出于参与虚拟蹦迪活动的需要而对活动参与用户本身的事实行为进行量化，确定相应的蹦迪值。

[0074] 直播程序对于所获取的感应数据，在本申请中，将之与预构建的蹦迪模型进行匹配，当感应数据符合蹦迪模型的描述时，便可将依据这部分感应数据确定为一次蹦迪行为，从而便可视为一个蹦迪值单位，实现量化为蹦迪值。请注意，本领域技术人员可以理解，在本申请所揭示的量化原理的基础上，可以借助多种已知或未知算法，来将所述的感应数据转换为蹦迪值，只要这些算法未脱离本申请所述利用感应数据与预构建模型相匹配的原理范围，则仍应视为是本申请的创造精神可以合理涵盖的范围。

[0075] 构建所述的蹦迪模型，视乎对事实蹦迪行为应如何认定。本申请中，考察事实蹦迪行为通过可能产生摇头、摇腰、摇腿、摇臂等可能，抽象出若干优选动作，然后将蹦迪模型按照这些优先动作的相关数据特征进行描述，要求在感应数据与这些数据特征匹配时才确认为有效的蹦迪值。这样的优选动作不胜枚举，因此蹦迪模型所包括的描述信息也多种多样，所以因应不同的蹦迪动作的识别，会衍生出多种蹦迪模型，呈现多种不同的实现情况。

[0076] 例如，一种较为普遍的动作，用户主要在物理空间的水平方向上快速摇动终端设备或可穿戴设备，使其中的加速度传感器获得主要是水平方向上的来回运动相关的感应数据，这种运动情形下，可以理解，所述的感应数据中，以物理空间为坐标参考系，主要出现 X 轴（左右方向）上的较大位移，而在 Y 轴（高度方向）和 Z 轴（前后方向）上出现的运动变化会较小，当然，例如用户大幅度挥手时，其 Y 轴方向可能呈现一定的高度变化，类似的细节均可被考虑。通常，由于蹦迪行为是一个连续行为，因此，在考察这些数据特征时，一般会考虑将一次往返运动视为一个完整的动作单位，这种情况下，X 轴数据应当显示出朝一个方向渐增位移到达端点之后，又反向渐增位移至另一端点。因此，可以按照这一考察结果去建立所述蹦迪模型，在蹦迪模型上进行数据条件描述，以便后续进行匹配：当从加速度传感器处获取的感应数据符合这一数据条件描述时，视为用户执行了一次事实蹦迪行为，可计为一个单位的蹦迪值。这一动作一般更适宜在用户单纯使用终端设备、不具有可穿戴设备使用条件的情况下考虑，原因是当用户摇动终端设备时，将不便于其参与直播间中的其他交互。

[0077] 又如，另一动作，用户主要在物理空间的垂直方向上抖腿，如果通过佩戴于用脚上例如其脚踝的"脚环"来获取其感应数据，可以理解，数据将主要呈现出在 Y 轴方向上的变化，类似前例，用户的脚离地至高点的过程中，Y 轴加速度正向渐增，回落时，Y 轴加速度反向渐增，而 Z 轴

上的变化较小。因此同理可将一个这样的往返动作视为一个蹦迪单位，对应做出蹦迪模型的数据条件描述以供匹配。当从加速度传感器获取的感应数据符合这一数据条件描述时，视为用户执行了一次事实蹦迪行为，计为一个单位的蹦迪值。这一动作更适合于用户使用外部可穿戴设备的情况，包括市面已有的手环，也可作为"脚环"使用。考虑到虚拟蹦迪活动是一种在线集体活动，在蹦迪的同时，活动参与用户往往还需要通过终端设备进行其他交互，由此，采用可穿戴设备来获取用户抖腿动作产生的蹦迪值，将使虚拟蹦迪活动获得更佳的用户体验，用户可以坐在沙发上，一边创造蹦迪值，一边正常使用终端设备进行其他形式的交互。

[0078] 除以上两个示例外，本领域技术人员还可依据上述的原理，对各种可能的动作模型进行更为适应的考察，考察加速度传感器在 X 轴、Y 轴、Z 轴上产生的数据的特征与用户动作之间的对应关系，根据选定的用户动作来描述蹦迪模型，最终，当实施匹配时，便可按照蹦迪模型的条件描述来确定有效的蹦迪值。

[0079] 所述的蹦迪模型的构建，体现为在其中记载一个或多个所述的数据条件，要求感应数据符合其中的一个或数个数据条件的描述才构成一个有效的单位蹦迪值。结合上述的关于考察用户动作的示例，所述蹦迪模型，可以将其数据条件描述为要求所述感应数据表征加速度传感器在物理空间的任意方向上往返运动，或者要求所述感应数据表征加速度传感器在物理空间的垂直或水平方向上往返运动。可见，蹦迪模型的数据条件的描述，取决于前述要选取的用户动作，也即，何种用户动作可被视为蹦迪动作，需要程序开发人员在开发时考虑确定。一经确定，在应用程序运行时，应用程序便按照已经构建的蹦迪模型的数据条件来检验获取到的感应数据，当感应数据与蹦迪模型相匹配，具体是符合其数据条件的描述时，才确定一个单位的有效的蹦迪值。

[0080] 所述的蹦迪模型，其数据条件本身的描述方式也可依程序开发人员自身制定的规则来定义，例如一种方式中，为描述一个动作的感应数据是否匹配，适应三轴加速度传感器的三个维度的数据，可以将蹦迪模型的数据条件描述为包括三个维度的数据基准，分别与感应数据的三个维度相对应，由此，在实施匹配时，可以分别将感应数据中的三个维度的数据与蹦迪模型所描述的三个维度的数据基准相比较，前者满足后者的基准要求时，即视为两者相匹配。当然，该例是最为简单机械的方式。另一种方式中，如果通过考察各个动作所对应的感应数据随动作持续而产生的数据之间的矢量关系并且掌握其规律，便可将蹦迪模型的数据条件描述为矢量数据基准，在实施匹配比较时，将感应数据三个维度的数据与矢量数据相比较，当前者满足后者的基准要求时，即视为两者相匹配。

[0081] 可以理解，蹦迪模型的数据条件的具体描述，根据对用户蹦迪动作的认知的不同，以及数据筛选条件的轻重缓急，可以演变出无法穷举的多种情况，例如，即使现有较为成熟的计步算法也是不胜枚举，相关的计步算法理论上也适用于本申请中用于构建蹦迪模型、据之描述蹦迪模型的数据条件，从而可以用于确定蹦迪值，也就是说，穷举这些千变万化的办法和算法是不现实的，因此，本申请只要示例性地给出了利用蹦迪模型与感应数据进行匹配从而确定蹦迪值的原理，便应理解为本申请的保护范围理应涵盖所有这些不确定的办法和算法。

[0082] 需要说明的是，直播程序获取所述的感应数据，固然可以是针对每次变化的感应数据来逐个确定每个蹦迪值单位，自然也可以是按照一段时间段例如1秒来获取，然后将这1秒时长的感应数据与蹦迪值相匹配来确定其中包含多少个蹦迪值单元。这些情况都应被理解为本申请关于确认有效蹦迪值所属的范围之内。

[0083] 本申请的一个改进的实施例中，为了防止终端设备上存在外挂程序，防止用户作弊行为，可以在终端设备上实现安全检查。具体而言，可以增设一个校验的步骤来实现：一般而言，人体在实施事实蹦迪行为时，其单位时间内的运动次数是有限的，因此，对应到蹦迪值的产生，也应有一个合理的范围，程序开发人员可以通过这一原理来预先确定一个预设值，通过这个预设值来检验终端设备上产生的蹦迪值是否处于合理范围，如果超过这个合理范围，可以按照预定规则做出相应的应对处理。这具预设值的设置根据具体开发时的实际情况而定，例如可以是频率值，也可以是普通

数值等。当预设值为频率值时，根据开发人员预设的程序指令，终端设备实时检测所述蹦迪值的产生频率，若该产生的频率大于或等于预设值所载的频率值，则视为存在外挂或类似安全隐患，可按预定规则处理；同理，当预设值为普通数值时，表征单位时间内产生的蹦迪值的最大个数，这种情况下，终端设备实时检测单位时间内产生的蹦迪值增量，当所述蹦迪值蹦迪值增量大于或等于相应的预设值时，按照预定规则处理该部分的蹦迪值。至于所述的预定规则，也可由程序开发人员按需确定，例如将该部分蹦迪值全部作废，或者禁止用户继续参与虚拟蹦迪活动，或者同步通知直播间中的主播用户、同步在远程服务器中记载该活动参与用户的征信行为等。可见，通过提供这一安全措施，可以维持虚拟蹦迪活动的正常运行。

[0084] 举例说明，按照1秒内产生5次抖腿动作计，则所述的预设值可以设置为5，表示其产生蹦迪值的频率为5Hz，或表示1秒时间内蹦迪值个数的增量不应超过此限。

[0085] 本申请另一改进的实施例中，为蹦迪模型的灵活运用而由远程服务器提供一个灵敏度参数，该灵敏度参数可以包括在蹦迪模型的数据条件描述中，也可独立提供。该灵敏度可以是一个比例因子，用于在终端设备中按照比例提高或降低蹦迪模型的相关数据基准，从而提升或降低感应数据与蹦迪模型之间的匹配难度，提升或降低成就蹦迪值的门槛。对于远程服务器而言，这个灵敏度参数是统一给出的，因此，在虚拟蹦迪活动中，一般情况下所有活动参与用户将获得一个相同的灵敏度参数，当然，出于程序设计逻辑改进的需要，也可使具有不同身份权重的活动参与用户具有不同的灵敏度参数，这些身份权重可以同于活动参与用户的历史举行的虚拟蹦迪活动中累计的消费总额，也可以是该用户的身份等级等等，总之，终端设备均可按照远程服务器给出的灵敏度参数来调节蹦迪值的生成，这为远程服务器统一或局部控制活动参与用户的行为难度提供了技术支持。

[0086] 经过上述的揭示可以知晓，本步骤可以利用加速度传感器产生的感应数据来确定活动参与用户利用事实动作而产生的有效的蹦迪值，进而可以利用所产生的蹦迪值，用于参与虚拟蹦迪活动。

[0087] 步骤S12，终端设备向远程服务器提交活动参与用户的有效的蹦迪值，以与其他活动参与用户共同实施在线多用户虚拟蹦迪活动：

[0088] 当终端设备的活动参与用户获得有效的蹦迪值后，可以采取多种方式进行处理，例如，先按照一定的时间间隔对已产生的蹦迪值在本地进行累计，当时间到达时将累计的蹦迪值提交给远程服务器；或者，每产生一个蹦迪值便即行提交给所述的远程服务器。本申请的典型实施例优选前一种方式，以例如每秒钟由终端设备向远程服务器提交一次在本地累计出来的有效的蹦迪值，由此，一方面可以减小远程服务器的交互压力，另一方面，也给终端设备处理蹦迪值异常增加之类的行为预留出时间机会。

[0089] 可以理解，所述的远程服务器负责维护所述的虚拟蹦迪活动，由直播间的主播用户发送指令创建该虚拟蹦迪活动，后续观众用户陆续加入该虚拟蹦迪活动，所有参与该虚拟蹦迪活动的用户便成为活动参与用户，由此便实现了所有活动参与用户共同参与在线多用户虚拟蹦迪活动。

[0090] 在虚拟蹦迪活动的过程中，一个或多个活动参与用户会产生蹦迪值，所有产生的蹦迪值都会被提交给远程服务器，所以，远程服务器可以根据这些蹦迪值做进一步的处理，最终形成与单个、部分或所有活动参与用户的蹦迪值相关联的实施信息，推送给各活动参与用户所在的终端设备。

[0091] 远程服务器可以利用这些蹦迪值做多种应用，以下揭示几种典型的应用：

[0092] 其一，远程服务器负责对所有活动参与用户提交的蹦迪值进行排行，确定累计蹦迪值最多的前若干位活动参与用户进入蹦迪值排行榜，将这一蹦迪值排行榜相关的活动参与用户的个人特征信息和蹦迪值等活动数据包含在实施信息中推送给各活动参与用户的终端设备进行显示。

[0093] 其二，远程服务器负责维持一个活动任务，在虚拟蹦迪活动之初设置一个预设目标值，声明当所有活动参与用户产生的蹦迪值之和大于或等于该预设目标值时，视为成就该活动任务。由此，远程服务器可以将当前所有活动参与用户所产生的所有蹦迪值之和以及所述的预设目标值包含

于实施信息中，作为所述活动任务的蹦迪进度的描述，推送给各活动参与用户的终端设备进行可视化显示。

[0094] 需要说明的是，所述的预设目标值的确定非常灵活，既可以是主播用户自行设定，也可由远程服务器根据一定的规则来设定，例如，远程服务器可以使该预设目标值关联于该虚拟蹦迪活动进行期间的历史成功次数和成员总数相关联，由此可实现根据虚拟蹦迪活动的活跃情况来自动调节该预设目标值，进一步有效调节每场虚拟蹦迪活动的成功概率。

[0095] 其三，远程服务器负责维护一个虚拟舞池区，该虚拟舞池区可以根据各个活动参与用户的蹦迪值的高低来投放部分活动参与用户的虚拟形象，也即，利用一定的预设条件，使某些活动参与用户的虚拟形象得以被展示在舞池区中，其余活动参与用户则得不到这种展示，为此，远程服务器可将这些得以展示的活动参与用户的个人特征信息和/或其蹦迪值封装成布局数据包含到所述的实施信息中，推送给所有活动参与用户进行显示。这些个人特征信息可以是相应的用户的头像、昵称、身份等信息。

[0096] 以上的几种应用，远程服务器可以择一或择多地进行支持，或者全部支持，并不影响本申请的实施。在远程服务器具备支持能力的情况下，活动参与用户所在的终端设备也相应具备相关展示能力。

[0097] 步骤S13，终端设备动态向用户界面输出所述虚拟蹦迪活动的实施信息：

[0098] 请结合图5和图6，图中展示出一个终端设备应用程序中的直播间界面，其中上方为主播用户视频展示区71，下方展示了一个虚拟活动场景72，该虚拟活动场景72用于实现对线下集体活动的虚拟，将集体活动"迁移"到线上，使得直播间可以举行集体活动。该虚拟活动场景72以半窗状态示出第一类展示区和第二类展示区，其中第一类展示区包括蹦迪任务完成区725和消费任务完成区724，第二类展示区包括虚拟形象展示区、第一排行关系展示区以及第二排行关系展示区。所述虚拟形象展示区和第二排行关系展示区，在实际应用中被用于投放活动参与用户的虚拟形象，因此，实质上可视为虚拟的同一个蹦迪区，蹦迪区被划分为由虚拟形象展示区所呈现的舞池区721和由第二排行关系展示区所呈现的舞台区722。舞池区与舞台区均可依据一定的规则投放活动参与用户的虚拟形象（图中舞池区及舞台区内圆圈对象所示）。在蹦迪区的下方展示第一排行关系展示区（排行区）723，而在第一排行关系展示区的右侧以控件或其他形式展示一个属于第一类展示区的蹦迪任务完成区725，在舞台上方则展示出一个属于第一类展示区的消费任务完成区724。以下的说明将结合该虚拟活动场景的引用而进行，以便更清楚地阐述本申请的各个实施例，但是，本领域技术人员应当知晓，图3和图4的虚拟活动场景并不构成对本申请的发明创造精神和保护范围的限制，仅为说明的便利而提供。

[0099] 如前所述，远程服务器具备维持所述各种应用的能力，利用每台终端设备提交的蹦迪值实施各种应用，最终向各个活动参与用户推送所述的实施信息，终端设备持续接收这些实施信息，动态向直播程序的用户界面输出这些与虚拟蹦迪活动相关的实施信息，使活动参与用户实现远程交互。

[0100] 针对前述各种应用，终端设备可以分别做出如下的响应处理：

[0101] 当所述实施信息包括蹦迪值排行榜时，所述终端设备在其用户界面展示蹦迪值排行榜，依据远程服务器推送的活动数据，在排行榜中显示累计蹦迪值最大的若干位活动参与用户的个人特征信息及其对应的蹦迪值，一般地，所述终端设备在其用户界面会同步输出显示其自身的累计蹦迪值。

[0102] 当所述实施信息包括虚拟蹦迪活动的蹦迪进度时，所述终端设备在其用户界面展示虚拟蹦迪活动的蹦迪进度，可视化表征该虚拟蹦迪活动的预设目标值与当前所有参与虚拟蹦迪活动的在线用户所贡献的蹦迪值总和之间的相对关系，一般以进度条的形式加以表征，使活动任务的进度情况一目了然。

[0103] 当所述实施信息包括虚拟舞池区时，所述虚拟舞池区的有限个数的位置用于根据远程服

务器的布局数据显示虚拟蹦迪活动的活动参与用户的虚拟形象，每个虚拟形象携带相应的活动参与用户的个人特征信息和/或其当前蹦迪值。

[0104] 当以上各种应用均得以实施时，在终端设备的用户界面上，便呈现出一个生动的虚拟蹦迪活动场景，其上有若干虚拟形象在"蹦迪"，有蹦迪排行榜，还有蹦迪任务进度条，生动形象地实现了对现实虚拟蹦迪活动的线上虚拟。

[0105] 进一步改进的实施例中，终端设备可以利用蹦迪值的产生而在用户界面播放灯光特效。终端设备可以控制其用户界面跟随蹦迪值的产生而交替呈现不同颜色、亮度、饱和度的灯光渲染效果，使灯光特效的播放节奏与蹦迪值的产生保持同步。具体而言，可以预先设定若干个半透明的不同颜色的色光渲染图层，可以是全屏的，以产生一个单位蹦迪值为触发事件而播放一个色光渲染图层，其被播放时遮罩于整个直播间用户界面的上方或者其中一部分，下一蹦迪值出现时则按序播放另一色光渲染图层，以此类推，并循环播放显示各个色光渲染图层，直至虚拟蹦迪活动结束。由此可见，通过设置色光渲染图层构造灯光特效，使其与蹦迪值的产生相适应，可以加强直播间的灯光效果节奏感，可以进一步强化对现实蹦迪活动的氛围的虚拟效果。由于活动参与用户的人体的运动效果被灯光特效同步协同，通过这种即时的虚拟协同技术，更容易增强虚拟现实的沉浸感，从而刺激用户积极参与虚拟蹦迪活动。

[0106] 为了便于活动参与用户的个性化定制，允许包括一个额外步骤，可以在直播间的用户界面中设置一个切换控件，用户可通过该切换控件发送切换指令，控制直播间应用程序打开或关闭所述的灯光特效。

[0107] 可见，本申请的虚拟蹦迪活动数据交换方法，在活动参与用户终端侧实现了对事实蹦迪行为的数据量化，为实现线上虚拟蹦迪活动提供了关键数据支持，并为这些数据提供了各个层面的技术应用，成本低，虚拟效果佳。

[0108] 请参阅图3，本申请的虚拟蹦迪活动数据获取方法，主要用于解决感应数据的数据源的接入的问题，考虑到现实中存在大量的可穿戴设备，这些可穿戴设备的提供商通常会相应提供配套的第三方应用程序，以便用户在该第三方应用程序上实现对可穿戴设备的各种操作、利用和设置。

[0109] 一般来说，可以设法利用这些已有的可穿戴设备的资源来获取虚拟蹦迪活动所需的加速度传感器的数据，但这样需要解决一些技术上的问题，例如直播程序如何与可穿戴设备通信，如何利用从可穿戴设备获得的数据用于参与在线活动等。

[0110] 请参阅图3，本申请的虚拟蹦迪活动数据获取方法适于解决上述的问题，其典型实施例中，包括如下步骤：

[0111] 步骤S21，终端设备的直播程序通过第三方应用程序创建的服务进程所开放的数据接口获取与该终端设备维持无线通信的可穿戴设备固有的加速度传感器生成的感应数据；

[0112] 在本实施例中，所述第三方应用程序一般是为所述可穿戴设备而相应开发的，其通过与可穿戴设备绑定，在数据通信层面上建立自身与可穿戴设备之间的通信链路，可以获取该可穿戴设备产生的各种数据，其中包括该可穿戴设备所固有的加速度传感器。可穿戴设备与终端设备的底层通信，可以基于WiFi、蓝牙、移动通信网络等任意方式来实现，现时更为推荐的技术是蓝牙通信。第三方应用程序为了向操作系统开放数据接口，以便共享所述可穿戴设备的各种数据，可以设置一个服务进程来开放相应的数据接口，其他调用方只需与该服务进程绑定通信，即可经由调用该数据接口来实现获取可穿戴设备的相关数据的目的。

[0113] 以Android为例，基于其固有的进程通信机制，第三方应用程序向系统声明一个服务组件，以便在该第三方应用程序安装后可以启动相应的所述的服务进程，使其常驻内存。

[0114] 如果所述第三方应用程序的服务进程处于休眠或者退出内存的状态，或处于非启动状态，直播程序可以向系统发送广播消息，从而让第三方应用程序预先向操作系统声明的广播接收器能够接收该广播消息，据此启动或唤醒该服务进程，使该服务进程再度进入内存中运行，进入为直播程序服务以向其提供加速度传感器的感应数据及其变化数据的伺服状态。

[0115] 直播程序启动后，可以基于操作系统的进程通信机制，与该服务进程进行绑定，后续便可调用所述的数据接口，服务进程接受这一调用，而将可穿戴设备产生的感应数据作为调用结果反馈给直播程序，直播程序从该结果中便获得所述的感应数据。

[0116] 为了加强直播程序与可穿戴设备之间通信的安全性，一个改进的实施例中，可以采用绑定机制，让直播程序与第三方应用程序实施事先绑定。

[0117] 具体而言，直播程序可以提供一个用户设置界面供活动参与用户在其中进行与第三方应用程序绑定或解绑的设置。用户需要与某一能提供可穿戴设备感应数据支持的第三方应用程序绑定时，使一个开关控件处于指示绑定的状态，由此弹出可选的第三方应用程序列表，用户选定用户第三方应用程序后，触发产生一个用户指令，直播程序响应该用户指令而实施与选定的第三方应用程序的服务进程的绑定。

[0118] 通常，这些第三方应用程序可以是先经直播程序认证的，直播程序可以响应于该用户指令，将该第三方应用程序的包名甚至包括其服务进程名称之类的特征信息，提交给直播服务平台的远程服务器进行认证列表查询，当认证为合法的第三方应用程序时，完成合法性确认，远程服务器于是将合法性认证结果告知终端设备上的直播程序，直播程序才据此开始实施绑定。

[0119] 当直播程序与选定的应用程序实施绑定后，便建立起直播程序与所述第三方应用程序之间的进程通信通路，具体是通过直播程序的进程调用第三应用程序的服务进程所开放的相应数据接口来实现的。

[0120] 直播程序与服务进程进行绑定时所采用的接口调用相关的技术，为操作系统固有的开放技术，例如Android系统中的IPC（进程间通信）机制便公开了相应的技术细节，公开了可以基于其Binder事件实现进程间绑定通信等相关信息，各种操作系统本身固的相关技术为本领域技术人员所熟知，iOS以及其他操作系统为便于开发人员进行程序开发，其相关进程间通信技术也是开放的，故恕不赘述。

[0121] 至于直播程序需要解绑已经绑定的第三应用程序时，则可再度进入该用户设置页面，将所述的开关控件切换到指示解绑的状态，直播程序响应于该用户指令，删除此前已经生成的绑定第三方应用程序的相关数据即可。

[0122] 一个实施例中，为了使直播程序与可穿戴设备之间跨进程通信更为安全，可以在直播程序与第三方应用程序执行绑定的过程中，由直播程序向服务进程传递一个数字令牌（token），然后，第三方应用程序既可自身持有该数字令牌，也可将其共享给所述的可穿戴设备，由此，可穿戴设备产生的感应数据被封装时，可以从源头包含该数字令牌，或者由第三方应用程序本身封装包含该数字令牌，总之，使服务进程能够在直播程序调用其开放的数据接口时，对于该数据接口调用的反馈，向直播程序返回所述的包含了数字令牌的感应数据。至于感应数据的封装形式，是灵活的，不影响本申请的创造精神，故不赘述。直播程序获得携带了数字令牌的感应数据后，可以利用该数字令牌对感应数据的合法性进行校验，当感应数据所携带的数字令牌为合法令牌时，才接受其为合法的感应数据，用于后续进行蹦迪值确认。采用这一手段，使得直播程序与第三方应用程序之间，甚至使得直播程序、第三方应用程序、可穿戴设备三者通信通路之间，其通信过程更为安全。可以有效地防患外挂、篡改信息等非法入侵行为，更为安全。

[0123] 可以看出，通过执行这一步骤，使直播程序可以利用第三方应用程序接口获取第三方提供的可穿戴设备，直播服务平台不必自行投入开发可穿戴设备，通过技术共享即可使得用户已有的可穿戴设备的功能得以扩展，而可以用来在直播服务平台提供的虚拟蹦迪活动中作为数据源来参与虚拟蹦迪活动，这一举措也促进了不同互联网平台主体之间的技术规范的合作。无论如何，可以确保直播程序通过可穿戴设备获取其加速度传感器的感应数据。

[0124] 步骤S22，直播程序依据该感应数据匹配预设的蹦迪模型数据，当两者相匹配时，确定为有效的蹦迪值；

[0125] 通过执行前一步骤，已经使直播程序具备了通过第三方应用程序获取终端设备外部的可

穿戴设备的加速度传感器的感应数据的能力，因此，本步骤中便可利用感应数据来转换出蹦迪值。

[0126] 本步骤对感应数据的利用，与本申请的其他方法中所采用的技术手段同理且通用。具体而言，可按照如下揭示的方式来实现从感应数据到蹦迪值转换。

[0127] 所述虚拟蹦迪活动一般在直播程序的直播间中举行，因此，当前用户，可以以游客身份，但一般是以已注册用户身份进入直播间的虚拟蹦迪活动中，成为虚拟蹦迪活动的活动参与用户。出于参与虚拟蹦迪活动的需要而对活动参与用户本身的事实行为进行量化，确定相应的蹦迪值。

[0128] 直播程序对于所获取的感应数据，在本申请中，将之与预构建的蹦迪模型进行匹配，当感应数据符合蹦迪模型的描述时，便可将依据这部分感应数据确定为一次蹦迪行为，从而便可视为一个蹦迪值单位，实现量化为蹦迪值。请注意，本领域技术人员可以理解，在本申请所揭示的量化原理的基础上，可以借助多种已知或未知算法，来将所述的感应数据转换为蹦迪值，只要这些算法未脱离本申请所述利用感应数据与预构建模型相匹配的原理范围，则仍应视为是本申请的创造精神可以合理涵盖的范围。

[0129] 构建所述的蹦迪模型，视乎对事实蹦迪行为应如何认定。本申请中，考察事实蹦迪行为通过可能产生摇头、摇腰、摇腿、摇臂等可能，抽象出若干优选动作，然后将蹦迪模型按照这些优先动作的相关数据特征进行描述，要求在感应数据与这些数据特征匹配时才确认为有效的蹦迪值。这样的优选动作不胜枚举，因此蹦迪模型所包括的描述信息也多种多样，所以因应不同的蹦迪动作的识别，会衍生出多种蹦迪模型，呈现多种不同的实现情况。

[0130] 例如，一种较为普遍的动作，用户主要在物理空间的水平方向上快速摇动终端设备或可穿戴设备，使其中的加速度传感器获得主要是水平方向上的来回运动相关的感应数据，这种运动情形下，可以理解，所述的感应数据中，以物理空间为坐标参考系，主要出现 X 轴（左右方向）上的较大位移，而在 Y 轴（高度方向）和 Z 轴（前后方向）上出现的运动变化会较小，当然，例如用户大幅度挥手时，其 Y 轴方向可能呈现一定的高度变化，类似的细节均可被考虑。通常，由于蹦迪行为是一个连续行为，因此，在考察这些数据特征时，一般会考虑将一次往返运动视为一个完整的动作单位，这种情况下，X 轴数据应当显示出朝一个方向渐增位移到达端点之后，又反向渐增位移至另一端点。因此，可以按照这一考察结果去建立所述蹦迪模型，在蹦迪模型上进行数据条件描述，以便后续进行匹配；当从加速度传感器处获取的感应数据符合这一数据条件描述时，视为用户执行了一次事实蹦迪行为，可计为一个单位的蹦迪值。这一动作一般更适宜在用户单纯使用终端设备、不具有可穿戴设备使用条件的情况下考虑，原因是当用户摇动终端设备时，将不便于其参与直播间中的其他交互。

[0131] 又如，另一动作，用户主要在物理空间的垂直方向上抖腿，如果通过佩戴于脚上例如其脚踝的"脚环"来获取其感应数据，当然，也可以将现有的"手环"转用为"脚环"，由此可以理解，数据将主要呈现出在 Y 轴方向上的变化，类似前例，用户的脚离地至高点的过程中，Y 轴加速度正向渐增，回落时，Y 轴加速度反向渐增，而 Z 轴上的变化较小。因此同理可将一个这样的往返动作视为一个蹦迪单位，对应做出蹦迪模型的数据条件描述以供匹配。当从加速度传感器获取的感应数据符合这一数据条件描述时，视为用户执行了一次事实蹦迪行为，计为一个单位的蹦迪值。这一动作更适合于用户使用外部可穿戴设备的情况，包括市面已有的手环，也可作为"脚环"使用。考虑到虚拟蹦迪活动是一种在线集体活动，在蹦迪的同时，活动参与用户往往还需要通过终端设备进行其他交互，由此，采用可穿戴设备来获取用户抖腿动作产生的蹦迪值，将使虚拟蹦迪活动获得更佳的用户体验，用户可以坐在沙发上，一边创造蹦迪值，一边正常使用终端设备进行其他形式的交互。

[0132] 除以上两个示例外，本领域技术人员还可依据上述的原理，对各种可能的动作模型进行更为适应的考察，考察加速度传感器在 X 轴、Y 轴、Z 轴上产生的数据的特征与用户动作之间的对应关系，根据选定的用户动作来描述蹦迪模型，最终，当实施匹配时，便可按照蹦迪模型的条件描述来确定有效的蹦迪值。

[0133] 所述的蹦迪模型的构建，体现为在其中记载一个或多个所述的数据条件，要求感应数据符合其中的一个或数个数据条件的描述才构成一个有效的单位蹦迪值。结合上述的关于考察用户动作的示例，所述蹦迪模型，可以将其数据条件描述为要求所述感应数据表征加速度传感器在物理空间的任意方向上往返运动，或者要求所述感应数据表征加速度传感器在物理空间的垂直或水平方向上往返运动。可见，蹦迪模型的数据条件的描述，取决于前述要选取的用户动作，也即，何种用户动作可被视为蹦迪动作，需要程序开发人员在开发时考虑确定。一经确定，在应用程序运行时，应用程序便按照已经构建的蹦迪模型的数据条件来检验获取到的感应数据，当感应数据与蹦迪模型相匹配，具体是符合其数据条件的描述时，才确定一个单位的有效的蹦迪值。

[0134] 所述的蹦迪模型，其数据条件本身的描述方式也可依程序开发人员自身制定的规则来定义，例如一种方式中，为描述一个动作的感应数据是否匹配，适应三轴加速度传感器的三个维度的数据，可以将蹦迪模型的数据条件描述为包括三个维度的数据基准，分别与感应数据的三个维度相对应，由此，在实施匹配时，可以分别将感应数据中的三个维度的数据与蹦迪模型所描述的三个维度的数据基准相比较，前者满足后者的基准要求时，即视为两者相匹配。当然，该例是最为简单机械的方式。另一种方式中，如果通过考察各个动作所对应的感应数据随动作持续而产生的数据之间的矢量关系并且掌握其规律，便可将蹦迪模型的数据条件描述为矢量数据基准，在实施匹配比较时，将感应数据三个维度的数据与矢量数据相比较，当前者满足后者的基准要求时，即视为两者相匹配。

[0135] 可以理解，蹦迪模型的数据条件的具体描述，根据对用户蹦迪动作的认知的不同，以及数据筛选条件的轻重缓急，可以演变出无法穷举的多种情况，例如，即使现有较为成熟的计步算法也是不胜枚举，相关的计步算法理论上也适用于本申请中用于构建蹦迪模型、据之描述蹦迪模型的数据条件，从而可以用于确定蹦迪值，也就是说，穷举这些千变万化的办法和算法是不现实的，因此，本申请只要示例性地给出了利用蹦迪模型与感应数据进行匹配从而确定蹦迪值的原理，便应理解为本申请的保护范围理应涵盖所有这些不确定的办法和算法。

[0136] 需要说明的是，直播程序获取所述的感应数据，固然可以是针对每次变化的感应数据来逐个确定每个蹦迪值单位，自然也可以是按照一段时间段例如1秒来获取，然后将这1秒时长的感应数据与蹦迪值相匹配来确定其中包含多少个蹦迪值单元。这些情况都应被理解为本申请关于确认有效蹦迪值所属的范围之内。

[0137] 本申请的一个改进的实施例中，为了防止终端设备上存在外挂程序，防止用户作弊行为，可以在终端设备上实现安全检查。具体而言，可以增设一个校验的步骤来实现：一般而言，人体在实施事实蹦迪行为时，其单位时间内的运动次数是有限的，因此，对应到蹦迪值的产生，也应有一个合理的范围，程序开发人员可以通过这一原理来预先确定一个预设值，通过这个预设值来检验终端设备上产生的蹦迪值是否处于合理范围，如果超过这个合理范围，可以按照预定规则做出相应的应对处理。这具预设值的设置根据具体开发时的实际情况而定，例如可以是频率值，也可以是普通数值等。当预设值为频率值时，根据开发人员预设的程序指令，终端设备实时检测所述蹦迪值的产生频率，若该产生的频率大于或等于预设值所载的频率值，则视为存在外挂或类似安全隐患，可按预定规则处理；同理，当预设值为普通数值时，表征单位时间内产生的蹦迪值的最大个数，这种情况下，终端设备实时检测单位时间内产生的蹦迪值增量，当所述蹦迪值蹦迪值增量大于或等于相应的预设值时，按照预定规则处理该部分的蹦迪值。至于所述的预定规则，也可由程序开发人员按需确定，例如将该部分蹦迪值全部作废，或者禁止用户继续参与虚拟蹦迪活动，或者同步通知直播间中的主播用户、同步在远程服务器中记载该活动参与用户的征信行为等。可见，通过提供这一安全措施，可以维持虚拟蹦迪活动的正常运行。

[0138] 举例说明，按照一秒内产生5次抖腿动作计，则所述的预设值可以设置为5，表示其产生蹦迪值的频率为5Hz，或表示一秒时间内蹦迪值个数的增量不应超过此限。

[0139] 本申请另一改进的实施例中，为蹦迪模型的灵活运用而由远程服务器提供一个灵敏度参数，该灵敏度参数可以包括在蹦迪模型的数据条件描述中，也可独立提供。该灵敏度可以是一个比

例因子，用于在终端设备中按照比例提高或降低蹦迪模型的相关数据基准，从而提升或降低感应数据与蹦迪模型之间的匹配难度，提升或降低成就蹦迪值的门槛。对于远程服务器而言，这个灵敏度参数是统一给出的，因此，在虚拟蹦迪活动中，一般情况下所有活动参与用户将获得一个相同的灵敏度参数，当然，出于程序设计逻辑改进的需要，也可使具有不同身份权重的活动参与用户具有不同的灵敏度参数，这些身份权重可以同于活动参与用户的历史举行的虚拟蹦迪活动中累计的消费总额，也可以是该用户的身份等级等等，总之，终端设备均可按照远程服务器给出的灵敏度参数来调节蹦迪值的生成，这为远程服务器统一或局部控制活动参与用户的行为难度提供了技术支持。

[0140] 经过上述的揭示可以知晓，本步骤可以利用加速度传感器产生的感应数据来确定活动参与用户利用事实动作而产生的有效的蹦迪值，进而可以利用所产生的蹦迪值，用于参与虚拟蹦迪活动。

[0141] 步骤S23，直播程序将蹦迪值作为直播间发起的在线多用户虚拟蹦迪活动中当前活动参与用户的贡献数据，提交给远程服务器：

[0142] 当终端设备的活动参与用户获得有效的蹦迪值后，可以采取多种方式进行处理，例如，先按照一定的时间间隔对已产生的蹦迪值在本地进行累计，当时间到达时将累计的蹦迪值提交给远程服务器；或者，每产生一个蹦迪值便即行提交给所述的远程服务器。本申请的典型实施例优选前一种方式，以例如每秒钟由终端设备向远程服务器提交一次在本地累计出来的有效的蹦迪值，由此，一方面可以减小远程服务器的交互压力，另一方面，也给终端设备处理蹦迪值异常增加之类的行为预留出时间机会。

[0143] 可以理解，所述的远程服务器负责维护所述的虚拟蹦迪活动，由直播间的主播用户发送指令创建该虚拟蹦迪活动，后续观众用户陆续加入该虚拟蹦迪活动，所有参与该虚拟蹦迪活动的用户便成为活动参与用户，由此便实现了所有活动参与用户共同参与在线多用户虚拟蹦迪活动。

[0144] 在虚拟蹦迪活动的过程中，一个或多个活动参与用户会产生蹦迪值，所有产生的蹦迪值都会被提交给远程服务器，所以，远程服务器可以根据这些蹦迪值做进一步的处理，最终形成与单个、部分或所有活动参与用户的蹦迪值相关联的实施信息，推送给各活动参与用户所在的终端设备。

[0145] 远程服务器可以利用这些蹦迪值做多种应用，以下揭示几种典型的应用：

[0146] 其一，远程服务器负责对所有活动参与用户提交的蹦迪值进行排行，确定累计蹦迪值最多的前若干位活动参与用户进入蹦迪值排行榜，将这一蹦迪值排行榜相关的活动参与用户的个人特征信息和蹦迪值等活动数据包含在实施信息中推送给各活动参与用户的终端设备进行显示。

[0147] 其二，远程服务器负责维持一个活动任务，在虚拟蹦迪活动之初设置一个预设目标值，声明当所有活动参与用户产生的蹦迪值之和大于或等于该预设目标值时，视为成就该活动任务。由此，远程服务器可以将当前所有活动参与用户所产生的所有蹦迪值之和以及所述的预设目标值包含于实施信息中，作为所述活动任务的蹦迪进度的描述，推送给各活动参与用户的终端设备进行可视化显示。

[0148] 需要说明的是，所述的预设目标值的确定非常灵活，既可以是主播用户自行设定，也可由远程服务器根据一定的规则来设定，例如，远程服务器可以使该预设目标值关联于该虚拟蹦迪活动进行期间的历史成功次数和成员总数相关联，由此可实现根据虚拟蹦迪活动的活跃情况来自动调节该预设目标值，进一步有效调节每场虚拟蹦迪活动的成功概率。

[0149] 其三，远程服务器负责维护一个虚拟舞池区，该虚拟舞池区可以根据各个活动参与用户的蹦迪值的高低来投放部分活动参与用户的虚拟形象，也即，利用一定的预设条件，使某些活动参与用户的虚拟形象得以被展示在舞池区中，其余活动参与用户则得不到这种展示，为此，远程服务器可将这些得以展示的活动参与用户的个人特征信息和/或其蹦迪值封装成布局数据包含到所述的实施信息中，推送给所有活动参与用户进行显示。这些个人特征信息可以是相应的用户的头像、昵称、身份等信息。

[0150] 以上的几种应用，远程服务器可以择一或择多地进行支持，或者全部支持，并不影响本

申请的实施。在远程服务器具备支持能力的情况下，活动参与用户所在的终端设备也相应具备相关展示能力。

[0151] 如前所述，远程服务器具备维持所述各种应用的能力，利用每台终端设备提交的蹦迪值实施各种应用，最终向各个活动参与用户推送所述的实施信息，终端设备持续接收这些实施信息，动态向直播程序的用户界面输出这些与虚拟蹦迪活动相关的实施信息，使活动参与用户实现远程交互。

[0152] 针对前述各种应用，终端设备可以分别做出如下的响应处理：

[0153] 当所述实施信息包括蹦迪值排行榜时，所述终端设备在其用户界面展示蹦迪值排行榜，依据远程服务器推送的活动数据，在排行榜中显示累计蹦迪值最大的若干位活动参与用户的个人特征信息及其对应的蹦迪值，一般地，所述终端设备在其用户界面会同步输出显示其自身的累计蹦迪值。

[0154] 当所述实施信息包括虚拟蹦迪活动的蹦迪进度时，所述终端设备在其用户界面展示虚拟蹦迪活动的蹦迪进度，可视化表征该虚拟蹦迪活动的预设目标值与当前所有参与虚拟蹦迪活动的在线用户所贡献的蹦迪值总和之间的相对关系，一般以进度条的形式加以表征，使活动任务的进度情况一目了然。

[0155] 当所述实施信息包括虚拟舞池区时，所述虚拟舞池区的有限个数的位置用于根据远程服务器的布局数据显示虚拟蹦迪活动的活动参与用户的虚拟形象，每个虚拟形象携带相应的活动参与用户的个人特征信息和/或其当前蹦迪值。

[0156] 当以上各种应用均得以实施时，在终端设备的用户界面上，便呈现出一个生动的虚拟蹦迪活动场景，其上有若干虚拟形象在"蹦迪"，有蹦迪排行榜，还有蹦迪任务进度条，生动形象地实现了对现实蹦迪活动的线上虚拟。

[0157] 进一步改进的实施例中，终端设备可以利用蹦迪值的产生而在用户界面播放灯光特效。终端设备可以控制其用户界面跟随蹦迪值的产生而交替呈现不同颜色、亮度、饱和度的灯光渲染效果，使灯光特效的播放节奏与蹦迪值的产生保持同步。具体而言，可以预先设定若干个半透明的不同颜色的色光渲染图层，可以是全屏的，以产生一个单位蹦迪值为触发事件而播放一个色光渲染图层，其被播放时遮罩于整个直播间用户界面的上方或者其中一部分，下一蹦迪值出现时则按序播放另一色光渲染图层，以此类推，并循环播放显示各个色光渲染图层，直至虚拟蹦迪活动结束。由此可见，通过设置色光渲染图层构造灯光特效，使其与蹦迪值的产生相适应，可以加强直播间的灯光效果节奏感，可以进一步强化对现实蹦迪活动的氛围的虚拟效果。由于活动参与用户的人体的运动效果被灯光特效同步协同，通过这种即时的虚拟协同技术，更容易增强虚拟现实的沉浸感，从而刺激用户积极参与虚拟蹦迪活动。

[0158] 为了便于活动参与用户的个性化定制，允许包括一个额外步骤，可以在直播间的用户界面中设置一个切换控件，用户可通过该切换控件发送切换指令，控制直播间应用程序打开或关闭所述的灯光特效。

[0159] 根据以上关于本申请的虚拟蹦迪活动数据获取方法的步骤的说明可知，在本方法的一个执行流程中，通过直播程序从外部第三方应用程序相关联的可穿戴设备可以获取加速度传感器的感应数据，用来确定蹦迪值，最终提交给远程服务器以便参加各种在线的虚拟蹦迪活动。实际上，在虚拟蹦迪活动进行期间，本方法的各个步骤会被循环执行，以便动态向远程服务器提交当前活动参与用户的所述蹦迪值，这样才能成就远程服务器实时处理所有活动参与用户的蹦迪值数据，执行蹦迪值排行计算，维持任务进度计算等，并同步推送给各个活动参与用户的终端设备进行用户界面展示，营造出更为生动的虚拟活动场景，以最小化的成本以及可靠的技术手段，实现了对现实蹦迪活动的线上有效虚拟，在不额外增加终端设备内存开销的情况下，增强活动参与用户的沉浸感。

[0160] 可见，本申请的虚拟蹦迪活动数据获取方法，进一步解决了直播程序获取蹦迪值的问题，使用户得以借助可穿戴设备来获取事实蹦迪行为相关的感应数据，使客户不必依赖于终端设备的加速度传感器获取所述的感应数据，从而，确保用户可以一边利用触控方式操控终端设备，一边利用其他肢体实施或模仿蹦迪动作而产生参与蹦迪的效果。

[0161] 进一步，为便于本申请的执行，本申请提供一种终端设备，包括中央处理器和存储器，所述中央处理器用于调用运行存储于所述存储器中的计算机程序以执行如前所述的各实施例中所述虚拟蹦迪活动数据交换方法或虚拟蹦迪活动数据获取方法的步骤。可以看出，存储器适宜采用非易失性存储介质，通过将前述的方法实现为计算机程序，安装到手机之类电子设备中，相关程序代码和数据便被存储到电子设备的非易失性存储介质中，进一步通过电子设备的中央处理器运行该程序，将其从非易失性存储介质中调入内存中运行，便可实现本申请所期望的目的。因此，可以理解，本申请的一个实施例中，还可提供一种非易失性存储介质，其中存储有依据所述的直播间中虚拟蹦迪活动数据交换方法各个实施例所实现的计算机程序，该计算机程序被计算机调用运行时，执行该方法所包括的步骤。

[0162] 进一步，可以通过将上述各实施例所揭示的方法中的各个步骤进行功能化，构造出本申请的一种虚拟蹦迪活动数据交换装置，按照这一思路，请参阅图4，其中的一个典型实施例中，该装置包括：

[0163] 蹦迪值确定单元51，被配置为通过终端设备持续获取加速度传感器产生的感应数据，将之与预构建的蹦迪模型相匹配，当实现匹配时确定为有效的蹦迪值；

[0164] 蹦迪值提交单元52，被配置为通过终端设备向远程服务器提交活动参与用户的有效的蹦迪值，以与其他活动参与用户共同实施在线多用户虚拟蹦迪活动；

[0165] 信息输出单元53，被配置为通过终端设备动态向用户界面输出所述虚拟蹦迪活动的实施信息，以展示与该虚拟蹦迪活动相关联的至少一个活动任务的完成进度。

[0166] 综上所述，本申请通过识别用户有效行为而确定蹦迪值，解决了虚拟蹦迪活动所需的数据源获取的问题，确保能够利用有效的感应数据为虚拟蹦迪活动提供有效的蹦迪值。

[0167] 本技术领域技术人员可以理解，本申请包涉及用于执行本申请中所述操作、方法中的一项或多项的设备。这些设备可以为所需的目的而专门设计和制造，或者也可以包括通用计算机中的已知设备。这些设备具有存储在其存储器之内的计算机程序，这些计算机程序选择性地激活或重构。这样的计算机程序可以被存储在设备（例如，计算机）可读介质中或者存储在适于存储电子指令并分别耦联到总线的任何类型的介质中，所述计算机可读介质包括但不限于任何类型的盘（包括软盘、硬盘、光盘、CD‑ROM 和磁光盘）、ROM（Read‑Only Memory，只读存储器）、RAM（Random Access Memory，随机存储器）、EPROM（Erasable Programmable Read‑Only Memory，可擦写可编程只读存储器）、EEPROM（Electrically Erasable Programmable Read‑Only Memory，电可擦可编程只读存储器）、闪存、磁性卡片或光线卡片。也就是，可读介质包括由设备（例如，计算机）以能够读的形式存储或传输信息的任何介质。

[0168] 本技术领域技术人员可以理解，可以用计算机程序指令来实现这些结构图和/或框图和/或流图中的每个框以及这些结构图和/或框图和/或流图中的框的组合。本技术领域技术人员可以理解，可以将这些计算机程序指令提供给通用计算机、专业计算机或其他可编程数据处理方法的处理器来实现，从而通过计算机或其他可编程数据处理方法的处理器来执行本申请公开的结构图和/或框图和/或流图的框或多个框中指定的方案。

[0169] 本技术领域技术人员可以理解，本申请中已经讨论过的各种操作、方法、流程中的步骤、措施、方案可以被交替、更改、组合或删除。进一步地，具有本申请中已经讨论过的各种操作、方法、流程中的其他步骤、措施、方案也可以被交替、更改、重排、分解、组合或删除。进一步地，现有技术中的具有与本申请中公开的各种操作、方法、流程中的步骤、措施、方案也可以被交替、更改、重排、分解、组合或删除。

[0170] 以上所述仅是本申请的部分实施方式，应当指出，对于本技术领域的普通技术人员来说，在不脱离本申请原理的前提下，还可以做出若干改进和润饰，这些改进和润饰也应视为本申请的保护范围。

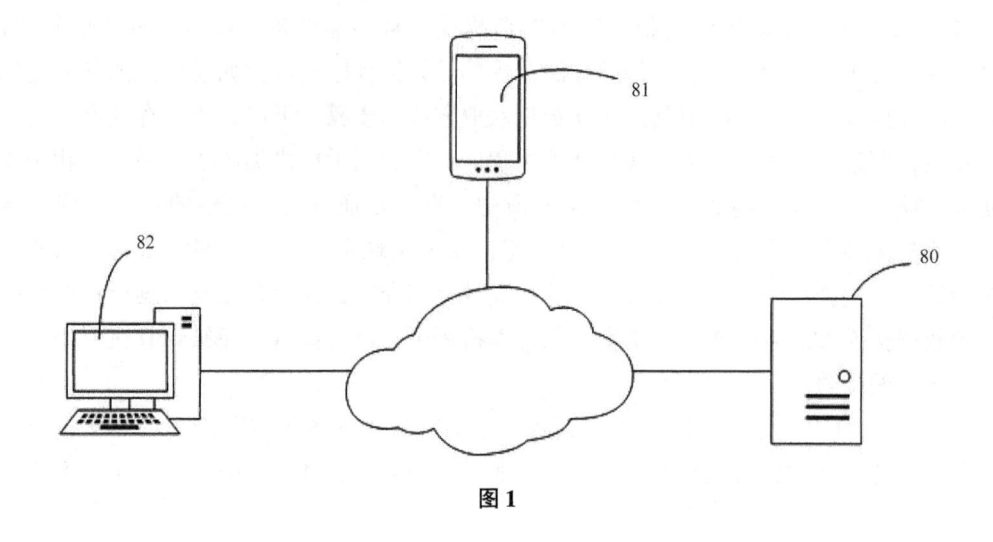

图 1

图 2

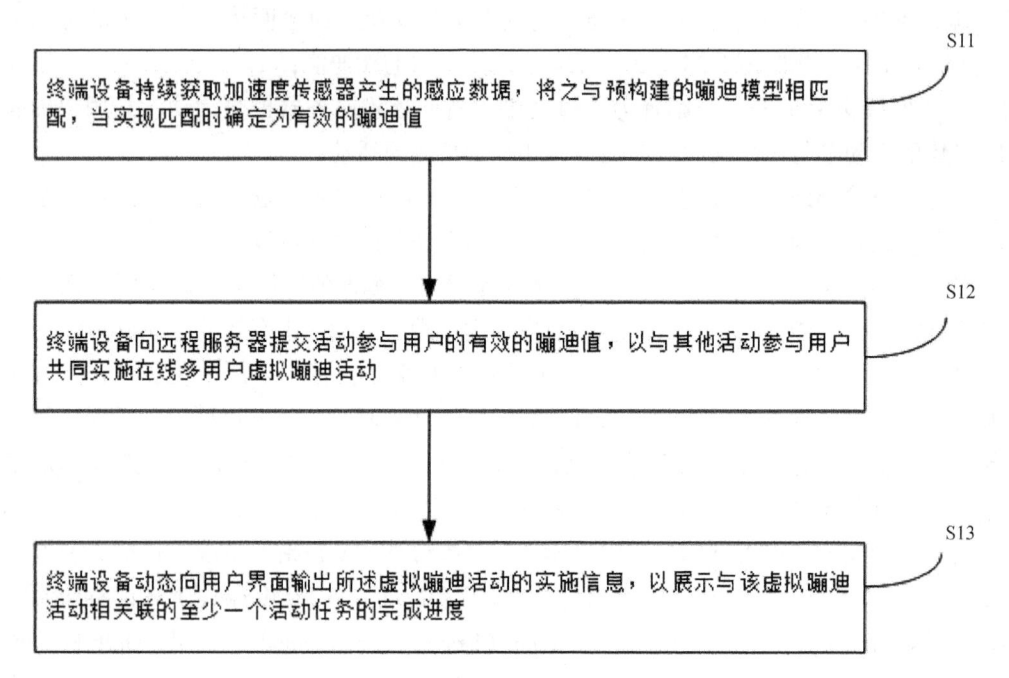

S11 终端设备持续获取加速度传感器产生的感应数据，将之与预构建的蹦迪模型相匹配，当实现匹配时确定为有效的蹦迪值

S12 终端设备向远程服务器提交活动参与用户的有效的蹦迪值，以与其他活动参与用户共同实施在线多用户虚拟蹦迪活动

S13 终端设备动态向用户界面输出所述虚拟蹦迪活动的实施信息，以展示与该虚拟蹦迪活动相关联的至少一个活动任务的完成进度

图 3

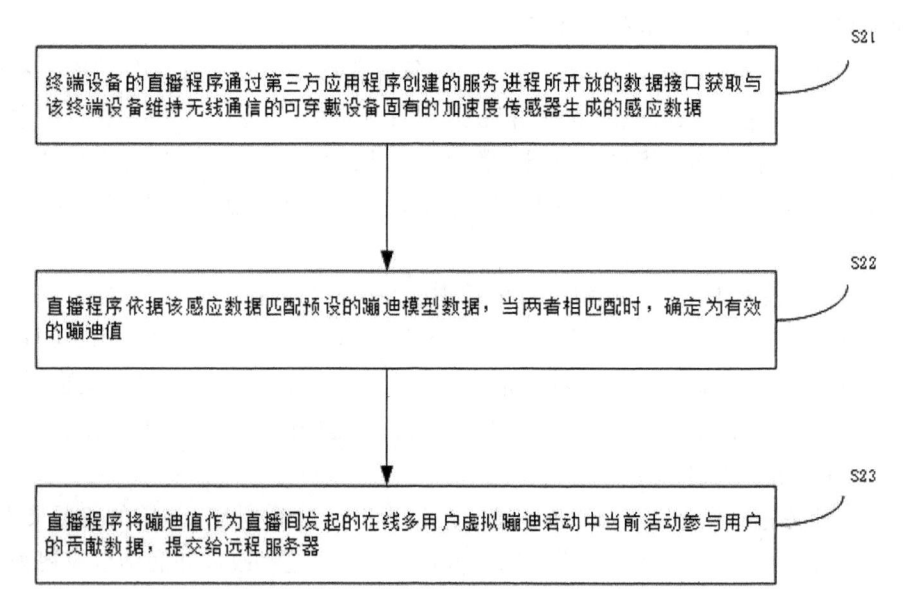

S21 终端设备的直播程序通过第三方应用程序创建的服务进程所开放的数据接口获取与该终端设备维持无线通信的可穿戴设备固有的加速度传感器生成的感应数据

S22 直播程序依据该感应数据匹配预设的蹦迪模型数据，当两者相匹配时，确定为有效的蹦迪值

S23 直播程序将蹦迪值作为直播间发起的在线多用户虚拟蹦迪活动中当前活动参与用户的贡献数据，提交给远程服务器

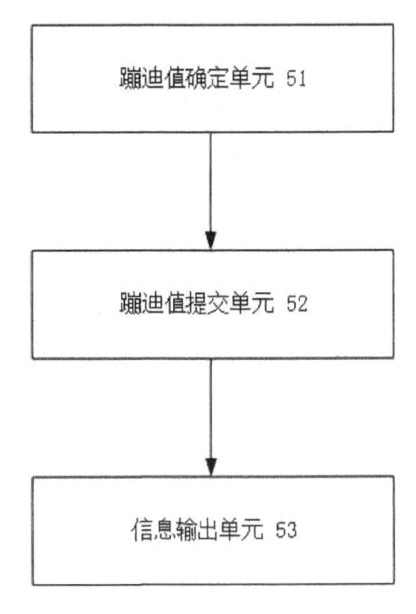

蹦迪值确定单元 51

↓

蹦迪值提交单元 52

↓

信息输出单元 53

图 4

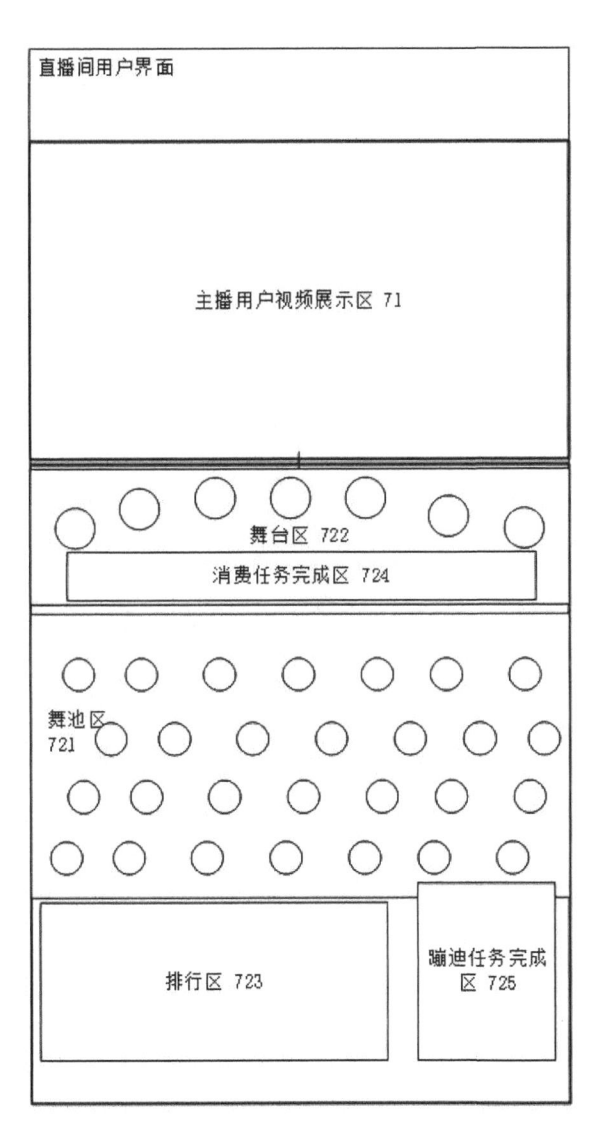

直播间用户界面

主播用户视频展示区 71

舞台区 722
消费任务完成区 724

舞池区 721

排行区 723
蹦迪任务完成区 725

图 5

图 6

(19) 国家知识产权局

(12) 发明专利

(10) 授权公告号 CN 112233557 B
(45) 授权公告日 2022.06.24

(21) 申请号 202011179382.0

(22) 申请日 2020.10.29

(65) 同一申请的已公布的文献号
申请公布号 CN 112233557 A

(43) 申请公布日 2021.01.15

(73) 专利权人 厦门天马微电子有限公司
地址 361101 福建省厦门市翔安区翔安西路6999号

(72) 发明人 冯鹤冰 禹少荣

(74) 专利代理机构 北京汇思诚业知识产权代理有限公司 11444
专利代理师 李晓霞

(51) Int. Cl.
G09F 9/30 (2006.01)

审查员 何艳

(54) 发明名称
柔性显示装置及其控制方法

(57) 摘要

本发明实施例提供一种柔性显示装置及其控制方法。本发明实施例提供的柔性显示装置包括显示面板，显示面板包括第一柔性区，柔性显示装置还包括多个支撑结构和承载多个支撑结构的第一支撑板；其中，多个支撑结构能够根据第一柔性区的使用状态对第一柔性区进行支撑，以保证在不同使用状态下第一柔性区都能够得到有效支撑，提升用户使用体验，同时确保第一柔性区的使用寿命，进而保证柔性显示装置性能稳定性。

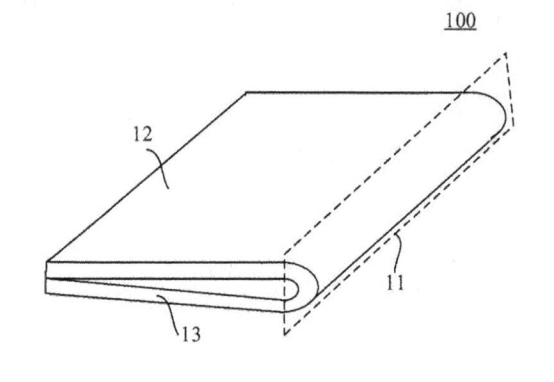

权 利 要 求 书

1. 一种柔性显示装置，其特征在于，所述柔性显示装置包括：

显示面板，所述显示面板包括第一柔性区、第二区域和第三区域，所述第一柔性区划分为多个子柔性区；

多个支撑结构，一个所述支撑结构对应一个所述子柔性区，所述支撑结构包括支撑体，所述支撑体包括靠近所述子柔性区一侧的支撑表面；

第一支撑板，所述第一支撑板用于承载多个所述支撑结构，所述第一支撑板为刚性支撑板；其中，

所述第一柔性区的使用状态包括展平状态和弯折状态，其中，在展平状态时，所述第二区域、所述第一柔性区和所述第三区域在第一方向上依次排列；在弯折状态时，所述第一柔性区发生弯折，所述显示面板具有弯折角度 θ，$0°\leq\theta<180°$，所述弯折角度 θ 为所述第二区域和所述第三区域相对形成的夹角的角度；

多个所述支撑结构用于根据所述第一柔性区的使用状态对所述第一柔性区进行支撑，包括：所述支撑表面的几何中心距所述第一支撑板的垂直距离随所述子柔性区的几何中心距所述第一支撑板的垂直距离的变化而变化。

2. 根据权利要求1所述的柔性显示装置，其特征在于，

所述支撑表面的几何中心距所述第一支撑板的垂直距离随所述子柔性区的几何中心距所述第一支撑板的垂直距离的变化而变化，包括：

所述支撑表面的几何中心距所述第一支撑板的垂直距离和所述子柔性区的几何中心距所述第一支撑板的垂直距离之间呈正相关。

3. 根据权利要求1所述的柔性显示装置，其特征在于，

所述弯折状态包括第一弯折状态和第二弯折状态；在所述第一弯折状态，所述显示面板具有弯折角度 $\theta1$；在所述第二弯折状态，所述显示面板具有弯折角度 $\theta2$；$\theta1<\theta2$；

对于相互对应的所述支撑结构和所述子柔性区：

在所述第一弯折状态和所述第二弯折状态下，所述支撑表面的几何中心距所述第一支撑板的垂直距离均随所述子柔性区的几何中心距所述第一支撑板的垂直距离的变化而变化；且在所述第一弯折状态下所述支撑表面的几何中心距所述第一支撑板的垂直距离与在所述第二弯折状态下所述支撑表面的几何中心距所述第一支撑板的垂直距离不同。

4. 根据权利要求1所述的柔性显示装置，其特征在于，

所述柔性显示装置还包括弯折感应器和支撑控制单元；

所述支撑结构包括微处理单元，所述微处理单元与所述支撑控制单元电连接；

所述弯折感应器用于感应所述显示面板在弯折状态时的弯折角度 θ，并将弯折角度感应结果发送给所述支撑控制单元；

所述支撑控制单元用于根据所述弯折角度感应结果在第一预设关系表中查找各个所述支撑结构的待支撑高度，并向各个所述支撑结构的所述微处理单元发送相应的待支撑高度，其中，所述第一预设关系表包括所述显示面板的弯折角度 θ 和每个所述支撑结构的支撑高度之间的对应关系；

所述微处理单元还用于根据所述待支撑高度，控制所述支撑结构对与其对应的所述子柔性区进行高度支撑。

5. 根据权利要求4所述的柔性显示装置，其特征在于，

所述第一预设关系还包括所述显示面板的弯折角度 θ 和每个所述支撑结构的支撑角度之间的对应关系；

所述支撑控制单元用于根据所述弯折角度感应结果在所述第一预设关系表中查找各个所述支撑结构的待支撑角度，并向各个所述支撑结构的所述微处理单元发送相应的待支撑角度；

所述微处理单元还用于根据所述待支撑角度，控制所述支撑结构对与其对应的所述子柔性区进行角度支撑。

权 利 要 求 书

6. 根据权利要求 1 所述的柔性显示装置，其特征在于，

所述支撑结构还包括高度感应器和微处理单元；

所述高度感应器，用于感应所述子柔性区的几何中心距所述第一支撑板的垂直距离，并将距离感应结果发送给所述微处理单元；

所述微处理单元，用于根据所述距离感应结果得到待支撑高度，并根据所述待支撑高度，控制所述支撑结构对与其对应的所述子柔性区进行高度支撑。

7. 根据权利要求 6 所述的柔性显示装置，其特征在于，

所述支撑结构还包括角度感应器，

所述角度感应器用于感应所述显示面板在弯折状态时，与所述支撑结构对应的所述子柔性区的状态角度，并将状态角度感应结果发送给所述微处理单元，其中，所述状态角度为所述子柔性区相对于所述第一支撑板的角度；

所述微处理单元用于根据所述状态角度感应结果在第二预设关系表中查找待支撑角度，并根据所述待支撑角度，控制所述支撑结构对与其对应的所述子柔性区进行角度支撑；其中，所述第二预设关系表包括所述子柔性区的状态角度和所述支撑结构的支撑角度之间的对应关系。

8. 根据权利要求 1 所述的柔性显示装置，其特征在于，

所述支撑结构包括高度调节机构，所述高度调节机构用于调节所述支撑表面的几何中心距所述第一支撑板的垂直距离。

9. 根据权利要求 8 所述的柔性显示装置，其特征在于，

所述支撑体包括顶部和侧部，所述侧部和所述顶部相连接，所述顶部包括所述支撑表面，在展平状态时，所述顶部平行于所述第一支撑板，所述侧部垂直于所述第一支撑板；

所述支撑结构包括本体，所述本体包括两个滑槽，所述滑槽的延伸方向与所述第一支撑板垂直；

所述高度调节机构包括滑柱，所述侧部的两侧分别连接有一个所述滑柱，所述滑柱卡合在所述滑槽内，所述滑柱在所述滑槽内滑动带动所述支撑体沿垂直于所述第一支撑板的方向运动。

10. 根据权利要求 8 所述的柔性显示装置，其特征在于，

所述支撑体包括顶部和侧部，所述侧部和所述顶部相连接，所述顶部包括所述支撑表面，在展平状态时，所述顶部平行于所述第一支撑板，所述侧部垂直于所述第一支撑板；

所述支撑结构包括本体，所述侧部和所述本体滑动连接，所述侧部能够相对于所述本体沿垂直于所述第一支撑板的方向进行滑动；

所述高度调节机构包括连杆，所述连杆垂直于所述第一支撑板，所述连杆用于支撑所述顶部沿垂直于所述第一支撑板的方向进行运动。

11. 根据权利要求 8 所述的柔性显示装置，其特征在于，

所述支撑结构还包括角度调节机构，所述角度调节机构用于使得所述支撑结构对与其对应的所述子柔性区进行角度支撑。

12. 根据权利要求 11 所述的柔性显示装置，其特征在于，

所述支撑体包括顶部和侧部，所述侧部和所述顶部相连接，所述顶部包括所述支撑表面，在展平状态时，所述顶部平行于所述第一支撑板，所述侧部垂直于所述第一支撑板；

所述支撑结构还包括转轴，所述转轴与所述第一支撑板平行，所述侧部和所述转轴转动连接；

所述角度调节机构用于控制所述侧部相对于所述转轴进行转动，实现所述支撑表面相对于所述第一支撑板的角度的变化。

13. 根据权利要求 12 所述的柔性显示装置，其特征在于，

所述角度调节机构包括弹性件和连接块，所述连接块与所述弹性件相连接；

所述弹性件用于向所述连接块施加弹性作用力，所述连接块用于将所述弹性作用力传递给所述侧部，以控制所述侧部相对于所述转轴进行转动。

14. 根据权利要求 9 或 10 或 12 所述的柔性显示装置，其特征在于，

所述第一柔性区具有虚拟弯折轴，

在展平状态时，所述虚拟弯折轴与所述第一方向相互垂直，所述侧部所在平面和所述顶部所在平面的交线与所述虚拟弯折轴平行。

15. 根据权利要求 14 所述的柔性显示装置，其特征在于，

所述支撑结构包括第一支撑结构和第二支撑结构；所述第一支撑结构和所述第二支撑结构在所述第一方向上分别位于所述虚拟弯折轴的两侧；其中，

所述第一支撑结构的所述顶部具有靠近所述虚拟弯折轴一侧的第一端和远离所述虚拟弯折轴一侧的第二端，所述第一支撑结构的所述侧部在所述第二端与所述顶部相连接；

所述第二支撑结构的所述顶部具有靠近所述虚拟弯折轴一侧的第三端和远离所述虚拟弯折轴一侧的第四端，所述第二支撑结构的所述侧部在所述第四端与所述顶部相连接。

16. 根据权利要求 1 所述的柔性显示装置，其特征在于，

所述柔性显示装置包括保护壳，所述保护壳位于所述第一支撑板的远离所述显示面板的一侧；所述第一支撑板与所述保护壳固定连接。

17. 根据权利要求 1 所述的柔性显示装置，其特征在于，

所述柔性显示装置还包括第二支撑板和第三支撑板，所述第二支撑板与所述第二区域连接，用于对所述第二区域进行支撑；所述第三支撑板与所述第三区域连接，用于对所述第三区域进行支撑；其中，

所述第二支撑板和所述第一支撑板转动连接，所述第三支撑板和所述第一支撑板转动连接。

18. 一种柔性显示装置的控制方法，所述柔性显示装置包括：显示面板，所述显示面板包括第一柔性区、第二区域和第三区域，所述第一柔性区划分为多个子柔性区；多个支撑结构，一个所述支撑结构对应一个所述子柔性区，所述支撑结构包括支撑体，所述支撑体包括靠近所述子柔性区一侧的支撑表面；第一支撑板，所述第一支撑板用于承载多个所述支撑结构，所述第一支撑板为刚性支撑板；

所述第一柔性区的使用状态包括展平状态和弯折状态，其中，在展平状态时，所述第二区域、所述第一柔性区和所述第三区域在第一方向上依次排列；在弯折状态时，所述第一柔性区发生弯折，所述显示面板具有弯折角度 θ，$0° \leq \theta < 180°$，所述弯折角度 θ 为所述第二区域和所述第三区域相对形成的夹角的角度；其特征在于，所述控制方法包括：

控制多个所述支撑结构根据所述第一柔性区的使用状态对所述第一柔性区进行支撑，包括：控制所述支撑表面的几何中心距所述第一支撑板的垂直距离随所述子柔性区的几何中心距所述第一支撑板的垂直距离的变化而变化。

19. 根据权利要求 18 所述的控制方法，其特征在于，

控制所述支撑表面的几何中心距所述第一支撑板的垂直距离随所述子柔性区的几何中心距所述第一支撑板的垂直距离的变化而变化，包括：控制所述支撑表面的几何中心距所述第一支撑板的垂直距离和所述子柔性区的几何中心距所述第一支撑板的垂直距离之间呈正相关。

20. 根据权利要求 18 所述的控制方法，其特征在于，所述弯折状态包括第一弯折状态和第二弯折状态；在所述第一弯折状态，所述显示面板具有弯折角度 $\theta1$；在所述第二弯折状态，所述显示面板具有弯折角度 $\theta2$；$\theta1 < \theta2$；

所述控制方法还包括：

分别在所述第一弯折状态和所述第二弯折状态下，控制所述支撑表面的几何中心距所述第一支撑板的垂直距离均随所述子柔性区的几何中心距所述第一支撑板的垂直距离的变化而变化；

且控制在所述第一弯折状态下所述支撑表面的几何中心距所述第一支撑板的垂直距离与在所述第二弯折状态下所述支撑表面的几何中心距所述第一支撑板的垂直距离不同。

21. 根据权利要求 18 所述的控制方法，其特征在于，

权 利 要 求 书

控制所述支撑表面的几何中心距所述第一支撑板的垂直距离随所述子柔性区的几何中心距所述第一支撑板的垂直距离的变化而变化,包括:

感应所述显示面板在弯折状态时的弯折角度 θ,并根据所述弯折角度感应结果在第一预设关系表中查找各个所述支撑结构的待支撑高度,其中,所述第一预设关系表包括所述显示面板的弯折角度和每个所述支撑结构的支撑高度之间的对应关系;

根据所述待支撑高度,控制所述支撑结构对与其对应的所述子柔性区进行高度支撑。

22. 根据权利要求 21 所述的控制方法,其特征在于,

所述第一预设关系还包括所述显示面板的弯折角度和每个所述支撑结构的支撑角度之间的对应关系;所述控制方法还包括:

根据所述弯折角度感应结果在所述第一预设关系表中查找各个所述支撑结构的待支撑角度;

根据所述待支撑角度,控制所述支撑结构对与其对应的所述子柔性区进行角度支撑。

23. 根据权利要求 18 所述的控制方法,其特征在于,

控制所述支撑表面的几何中心距所述第一支撑板的垂直距离随所述子柔性区的几何中心距所述第一支撑板的垂直距离的变化而变化,包括:

感应所述子柔性区的几何中心距所述第一支撑板的垂直距离,根据所述距离感应结果得到待支撑高度;

根据所述待支撑高度,控制所述支撑结构对与其对应的所述子柔性区进行高度支撑。

24. 根据权利要求 23 所述的控制方法,其特征在于,所述控制方法还包括:

感应所述显示面板在弯折状态时,与所述支撑结构对应的所述子柔性区的状态角度,所述状态角度为所述子柔性区相对于所述第一支撑板的角度;

根据所述状态角度感应结果在第二预设关系表中查找待支撑角度,所述第二预设关系表包括所述子柔性区的状态角度和所述支撑结构的支撑角度之间的对应关系;

根据所述待支撑角度,控制所述支撑结构对与其对应的所述子柔性区进行角度支撑。

25. 一种柔性显示装置,其特征在于,所述柔性显示装置包括:

显示面板,所述显示面板包括第一柔性区和第二柔性区,所述第一柔性区和所述第二柔性区相连,所述第一柔性区划分为多个子柔性区;

主支撑板和收纳仓;

多个支撑结构,一个所述支撑结构对应一个所述子柔性区;

第一支撑板,所述第一支撑板用于承载多个所述支撑结构,所述第一支撑板为刚性支撑板;

所述第一柔性区的使用状态包括拉出状态和未拉出状态;

在未拉出状态时,所述主支撑板支撑所述第一柔性区,所述第一支撑板和所述主支撑板交叠,且所述第一支撑板和多个所述支撑结构均位于所述主支撑板的远离所述第一柔性区的一侧,所述第二柔性区收纳在所述收纳仓内;

在拉出状态时,所述第一柔性区与所述主支撑板之间产生位移,至少部分所述第二柔性区随所述第一柔性区移动被拉出所述收纳仓,被拉出所述收纳仓的所述第二柔性区被所述主支撑板支撑;同时所述第一支撑板和所述主支撑板之间产生位移,所述支撑结构随所述第一柔性区的移动对与所述支撑结构对应的所述子柔性区进行支撑。

26. 根据权利要求 25 所述的柔性显示装置,其特征在于,

所述柔性显示装置包括位置感应器和位置处理单元;

所述支撑结构包括微处理单元,所述微处理单元与所述位置处理单元电连接;其中,

所述位置感应器,用于在拉出状态时感应所述第一柔性区的移动位置得到位置信息,并将所述位置信息发送给所述位置处理单元;

所述位置处理单元,用于根据所述位置信息在多个所述支撑结构中确定待控制支撑结构,并向相应的所述微处理单元发送控制指令,以对所述待控制支撑结构进行控制。

权 利 要 求 书

27. 根据权利要求 26 所述的柔性显示装置,其特征在于,

所述控制指令包括支撑控制指令和收纳控制指令;

所述第一柔性区的拉出状态还包括:所述第一柔性区位于所述主支撑板之外的部分面积逐渐变大的过程和所述第一柔性区位于所述主支撑板之外的部分面积逐渐变小的过程;其中,

在所述第一柔性区位于所述主支撑板之外的部分面积逐渐变大的过程中:所述位置处理单元向相应的所述微处理单元发送所述支撑控制指令,以控制所述待控制支撑结构对与其对应的所述子柔性区进行支撑;

在所述第一柔性区位于所述主支撑板之外的部分面积逐渐变小的过程中:所述位置处理单元向相应的所述微处理单元发送所述收纳控制指令,以控制所述待控制支撑结构不再对与其对应的所述子柔性区进行支撑。

28. 根据权利要求 26 所述的柔性显示装置,其特征在于,

所述支撑结构还包括支撑感应器,所述支撑感应器为高度感应器或者压力感应器;所述支撑感应器用于感应所述子柔性区的使用状态,并将状态感应结果发送给所述微处理单元;

所述微处理单元,用于根据所述状态感应结果控制所述支撑结构对所述子柔性区进行支撑。

29. 根据权利要求 26 所述的柔性显示装置,其特征在于,

所述支撑结构包括支撑体,所述支撑体包括靠近所述子柔性区一侧的支撑表面;

所述支撑结构包括高度调节机构,所述高度调节机构用于在所述微处理单元的控制下,调节所述支撑表面的几何中心距所述第一支撑板的垂直距离。

30. 一种柔性显示装置的控制方法,所述柔性显示装置包括:显示面板,所述显示面板包括第一柔性区和第二柔性区,所述第一柔性区和所述第二柔性区相连,所述第一柔性区划分为多个子柔性区;主支撑板和收纳仓;多个支撑结构,一个所述支撑结构对应一个所述子柔性区;第一支撑板,所述第一支撑板用于承载多个所述支撑结构,所述第一支撑板为刚性支撑板;

所述第一柔性区的使用状态包括拉出状态和未拉出状态;

在未拉出状态时,所述主支撑板支撑所述第一柔性区,所述第一支撑板和所述主支撑板交叠,且所述第一支撑板和多个所述支撑结构均位于所述主支撑板的远离所述第一柔性区的一侧,所述第二柔性区收纳在所述收纳仓内;

在拉出状态时,所述第一柔性区与所述主支撑板之间产生位移,至少部分所述第二柔性区随所述第一柔性区移动被拉出所述收纳仓,被拉出所述收纳仓的所述第二柔性区被所述主支撑板支撑;同时所述第一支撑板和所述主支撑板之间产生位移;其特征在于,所述控制方法包括:

在拉出状态时,控制所述支撑结构随所述第一柔性区的移动对与所述支撑结构对应的所述子柔性区进行支撑。

31. 根据权利要求 30 所述的控制方法,其特征在于,在拉出状态时,并控制所述支撑结构随所述第一柔性区的移动对与所述支撑结构对应的所述子柔性区进行支撑,包括:

在拉出状态时,根据所述第一柔性区的移动位置得到位置信息;

根据所述位置信息在多个所述支撑结构中确定待控制支撑结构,并控制所述待控制支撑结构对与其对应的所述子柔性区的支撑状态。

32. 根据权利要求 31 所述的控制方法,其特征在于,

所述第一柔性区的拉出状态包括:所述第一柔性区位于所述主支撑板之外的部分面积逐渐变大的过程和所述第一柔性区位于所述主支撑板之外的部分面积逐渐变小的过程;其中,

控制所述待控制支撑结构对与其对应的所述子柔性区的支撑状态,包括:

在所述第一柔性区位于所述主支撑板之外的部分面积逐渐变大的过程中,控制所述待控制支撑结构对与其对应的所述子柔性区进行支撑;

在所述第一柔性区位于所述主支撑板之外的部分面积逐渐变小的过程中:控制所述待控制支撑结构不再对与其对应的所述子柔性区进行支撑。

说 明 书

柔性显示装置及其控制方法

技术领域

[0001] 本发明涉及显示技术领域,尤其涉及一种柔性显示装置及其控制方法。

背景技术

[0002] 随着显示技术的发展,柔性显示技术成为目前研究的主流方向。目前柔性显示技术可实现多种应用,例如可折叠显示装置、卷曲装置等电子设备,可以利用显示面板的柔性性能,在不同的应用场景中对显示装置进行折叠或者卷曲,在应用中可以提升用户的感官体验以及使用舒适度。而目前柔性显示装置中的柔性区在不同的使用状态下不能得到有效的支撑,影响了用户体验,同时还会影响柔性区的使用寿命。

发明内容

[0003] 本发明实施例提供一种柔性显示装置及其控制方法,以解决提升柔性区的用户体验,保证柔性显示装置使用寿命的技术问题。

[0004] 第一方面,本发明实施例提供一种柔性显示装置,柔性显示装置包括:

[0005] 显示面板,显示面板包括第一柔性区、第二区域和第三区域,第一柔性区划分为多个子柔性区;

[0006] 多个支撑结构,一个支撑结构对应一个子柔性区,支撑结构包括支撑体,支撑体包括靠近子柔性区一侧的支撑表面;

[0007] 第一支撑板,第一支撑板用于承载多个支撑结构;其中,

[0008] 第一柔性区的使用状态包括展平状态和弯折状态,其中,在展平状态时,第二区域、第一柔性区和第三区域在第一方向上依次排列;在弯折状态时,第一柔性区发生弯折,显示面板具有弯折角度 θ,$0° \leq \theta < 180°$,弯折角度 θ 为第一区域和第二区域相对形成的夹角的角度;

[0009] 多个支撑结构用于根据第一柔性区的使用状态对第一柔性区进行支撑,包括:支撑表面的几何中心距第一支撑板的垂直距离随子柔性区的几何中心距第一支撑板的垂直距离的变化而变化。

[0010] 第二方面,本发明实施例提供一种柔性显示装置的控制方法,柔性显示装置包括:显示面板,显示面板包括第一柔性区、第二区域和第三区域,第一柔性区划分为多个子柔性区;多个支撑结构,一个支撑结构对应一个子柔性区,支撑结构包括支撑体,支撑体包括靠近子柔性区一侧的支撑表面;第一支撑板,第一支撑板用于承载多个支撑结构;

[0011] 第一柔性区的使用状态包括展平状态和弯折状态,其中,在展平状态时,第二区域、第一柔性区和第三区域在第一方向上依次排列;在弯折状态时,第一柔性区发生弯折,显示面板具有弯折角度 θ,$0° \leq \theta < 180°$,弯折角度 θ 为第一区域和第二区域相对形成的夹角的角度;其特征在于,控制方法包括:

[0012] 控制多个支撑结构根据第一柔性区的使用状态对第一柔性区进行支撑,包括:控制支撑表面的几何中心距第一支撑板的垂直距离随子柔性区的几何中心距第一支撑板的垂直距离的变化而变化。

[0013] 第三方面,本发明实施提供另一种柔性显示装置,柔性显示装置包括:

[0014] 显示面板,显示面板包括第一柔性区和第二柔性区,第一柔性区和第二柔性区相连,第一柔性区划分为多个子柔性区;

[0015] 主支撑板和收纳仓;

[0016] 多个支撑结构,一个支撑结构对应一个子柔性区;

[0017] 第一支撑板，第一支撑板用于承载多个支撑结构；

[0018] 第一柔性区的使用状态包括拉出状态和未拉出状态；

[0019] 在未拉出状态时，主支撑板支撑第一柔性区，第一支撑板和主支撑板交叠，且第一支撑板和多个支撑结构均位于主支撑板的远离第一柔性区的一侧，第二柔性区收纳在收纳仓内；

[0020] 在拉出状态时，第一柔性区与主支撑板之间产生位移，至少部分第二柔性区随第一柔性区移动被拉出收纳仓，被拉出收纳仓的第二柔性区被主支撑板支撑；同时第一支撑板和主支撑板之间产生位移，支撑结构随第一柔性区的移动对与支撑结构对应的子柔性区进行支撑。

[0021] 第四方面，本发明实施例还提供一种柔性显示装置的控制方法，柔性显示装置包括：显示面板，显示面板包括第一柔性区和第二柔性区，第一柔性区和第二柔性区相连，第一柔性区划分为多个子柔性区；主支撑板和收纳仓；多个支撑结构，一个支撑结构对应一个子柔性区；第一支撑板，第一支撑板用于承载多个支撑结构；

[0022] 第一柔性区的使用状态包括拉出状态和未拉出状态；

[0023] 在未拉出状态时，主支撑板支撑第一柔性区，第一支撑板和主支撑板交叠，且第一支撑板和多个支撑结构均位于主支撑板的远离第一柔性区的一侧，第二柔性区收纳在收纳仓内；

[0024] 在拉出状态时，第一柔性区与主支撑板之间产生位移，至少部分第二柔性区随第一柔性区移动被拉出收纳仓，被拉出收纳仓的第二柔性区被第二支撑板支撑；同时第一支撑板和主支撑板之间产生位移；其特征在于，控制方法包括：

[0025] 在拉出状态时，并控制支撑结构随第一柔性区的移动对与支撑结构对应的子柔性区进行支撑。

[0026] 本发明实施例提供的柔性显示装置及其控制方法，具有如下有益效果：

[0027] 对于折叠式柔性显示装置，设置多个支撑结构和承载多个支撑结构的第一承载板，支撑结构与子柔性区相对应，支撑结构的支撑表面的几何中心距第一承载板的距离随子柔性区的几何中心距第一承载板的距离的变化而变化，在显示面板弯折过程中支撑结构能够根据子柔性区的状态实时对子柔性区进行支撑，从而保证在第一柔性区为展平状态或者不同弯折状态时，各个子柔性区都能够得到有效的支撑，实现多个支撑结构能够根据第一柔性区的使用状态对第一柔性区进行支撑，提升了用户体验，能够改善第一柔性区多次弯折展平后导致展平状态下存在折痕、凹陷或者凸起的问题，也能够确保柔性显示装置的使用寿命。对于抽拉式柔性显示装置，设置在第一柔性区为拉出状态时，第一支撑板相对于主支撑板产生位移，第一支撑板承载的多个支撑结构也能够随第一柔性区的移动对与支撑结构对应的子柔性区进行支撑；同时被拉出收纳仓的第二柔性区被主支撑板所支撑。通过支撑结构和第一支撑板的设置，能够实现在第一柔性区为拉出状态时也能够得到有效的支撑，保证第一柔性区和第二柔性区能够共同用于显示时显示面板的平整性，提升用户体验。而且，通过支撑结构对拉出状态的第一柔性区进行支撑，也有利于实现拉出状态的第一柔性区实现触控等功能。

附图说明

[0028] 为了更清楚地说明本发明实施例或现有技术中的技术方案，下面将对实施例或现有技术描述中所需要使用的附图作一简单地介绍，显而易见地，下面描述中的附图是本发明的一些实施例，对于本领域技术人员来讲，在不付出创造性劳动性的前提下，还可以根据这些附图获得其他的附图。

[0029] 图1为本发明实施例提供的柔性显示装置的一种可选实施方式示意图；

[0030] 图2为本发明实施例提供的柔性显示装置的另一种可选实施方式示意图；

[0031] 图3为本发明实施例提供的柔性显示装置的一种弯折状态示意图；

[0032] 图4为本发明实施例提供的柔性显示装置由展平状态变化到弯折状态的示意图；

[0033] 图5为本申请实施例提供的柔性显示装置的另一种可选实施方式示意图；

[0034] 图6为本申请实施例提供的柔性显示装置的另一种可选实施方式示意图；
[0035] 图7为本申请实施例提供的柔性显示装置的另一种可选实施方式示意图；
[0036] 图8为本申请实施例提供的柔性显示装置中一种支撑结构的拆解示意图；
[0037] 图9为本申请实施例提供的柔性显示装置中另一种支撑结构示意图；
[0038] 图10为本申请实施例提供的柔性显示装置中支撑结构的另一种可选实施方式拆解示意图；
[0039] 图11为本申请实施例提供的柔性显示装置中支撑结构的另一种可选实施方式示意图；
[0040] 图12为本申请实施例提供的柔性显示装置中支撑结构的另一种可选实施方式拆解示意图；
[0041] 图13为本申请实施例提供的柔性显示装置中支撑结构的另一种可选实施方式示意图；
[0042] 图14为本发明实施例提供的柔性显示装置的另一种可选实施方式示意图；
[0043] 图15为本发明实施例提供的柔性显示装置的控制方法流程图；
[0044] 图16为本发明实施例提供的柔性显示装置的控制方法的一种可选实施方式流程图；
[0045] 图17为本发明实施例提供的柔性显示装置的控制方法的另一种可选实施方式流程图；
[0046] 图18为本发明实施例提供的柔性显示装置的控制方法的另一种可选实施方式流程图；
[0047] 图19为本发明实施例提供的柔性显示装置的控制方法的另一种可选实施方式流程图；
[0048] 图20为本发明实施例提供的柔性显示装置的一种拆解示意图；
[0049] 图21为本发明实施例提供的柔性显示装置的另一种示意图；
[0050] 图22为本发明实施例提供的柔性显示装置的另一种拆解示意图；
[0051] 图23为本发明实施例提供的柔性显示装置中支撑结构的一种结构框图；
[0052] 图24为本发明实施例提供的柔性显示装置中支撑结构的另一种可选实施方式示意图；
[0053] 图25为本发明实施例提供的柔性显示装置的控制方法的另一种可选实施方式流程图；
[0054] 图26为本发明实施例提供的柔性显示装置的控制方法的另一种可选实施方式流程图；
[0055] 图27为本发明实施例提供的柔性显示装置的控制方法的另一种可选实施方式流程图。

具体实施方式

[0056] 为使本发明实施例的目的、技术方案和优点更加清楚，下面将结合本发明实施例中的附图，对本发明实施例中的技术方案进行清楚、完整的描述，显然，所描述的实施例是本发明一部分实施例，而不是全部的实施例。基于本发明中的实施例，本领域普通技术人员在没有作出创造性劳动前提下所获得的所有其他实施例，都属于本发明保护的范围。

[0057] 在本发明实施例中使用的术语是仅仅出于描述特定实施例的目的，而非旨在限制本发明。在本发明实施例和所附权利要求书中所使用的单数形式的"一种"、"所述"和"该"也旨在包括多数形式，除非上下文清楚地表示其他含义。

[0058] 基于相关技术中柔性区在不同使用状态下不能得到有效支撑，而影响用户体验的问题。本发明实施例提供一种折叠式的柔性显示装置，柔性显示装置的显示面板包括第一柔性区，第一柔性区的不同程度的弯折实现柔性显示装置不同程度的折叠，设置多个支撑结构和承载多个支撑结构的第一支撑板，利用多个支撑结构根据第一柔性区的弯折状态或者展平状态对第一柔性区进行相应的支撑，以保证在不同使用状态下第一柔性区都能够得到有效支撑。本发明实施例还提供一种抽拉式的柔性显示装置，第一柔性区的使用状态包括拉出状态和未拉出状态，利用第一支撑板和其承载的多个支撑结构随时对处于拉出状态的第一柔性区进行支撑，以保证第一柔性区在拉出状态下也能够得到有效的支撑，在拉出状态下的第一柔性区也能够实现触控等功能，提升用户体验。

[0059] 下面首先对本发明实施例提供的折叠式柔性显示装置及其控制方法进行说明。

[0060] 图1为本发明实施例提供的柔性显示装置的一种可选实施方式示意图，图2为本发明实施例提供的柔性显示装置的另一种可选实施方式示意图，图3为本发明实施例提供的柔性显示装置的一种弯折状态示意图，图4为本发明实施例提供的柔性显示装置由展平状态变化到弯折状态的示意图。

[0061] 如图1和图2所示的，柔性显示装置100包括：显示面板10，显示面板10包括第一柔性区11、第二区域12和第三区域13，第一柔性区11划分为多个子柔性区111。图1和图2均示意了显示面板10的展平状态，在第一柔性区11为展平状态时，第二区域12、第一柔性区11和第三区域13在第一方向x上依次排列。图1中示意了第一柔性区11的一种划分方式，第一柔性区11划分为在第一方向x上排列的多个子柔性区111，子柔性区111为沿第二方向y延伸的长条状，第二方向y与第一方向x交叉，典型的，第二方向y与第一方向x相互垂直。图2中示意了第一柔性区11的另一种划分方式，第一柔性区11划分成阵列排布的多个子柔性区111，在阵列中，多个子柔性区111在第一方向x上排列成行，且多个子柔性区111在第二方向y上排列成列。

[0062] 图1和图2示意了第一柔性区11为展平状态，第一柔性区的使用状态还包括弯折状态。如图3示意的，在第一柔性区11为弯折状态时，柔性显示装置100整体为折叠状态。第一柔性区发生弯折，显示面板具有弯折角度θ，$0°\leq\theta<180°$，弯折角度θ为第二区域12和第三区域13相对形成的夹角的角度；第二区域12和第三区域13相对形成的夹角可以理解为在第一柔性区11弯折状态时，第二区域12和第三区域13相对的两个表面之间形成的夹角。图3示意的状态为第二区域12和第三区域13对折的情况，此种状态下弯折角度θ大约为0°。在第一柔性区11为展平状态时，第二区域12和第三区域13基本在同一个水平面上。随着第一柔性区11发生弯曲，能够实现柔性显示装置由展平状态变为折叠状态。在第一柔性区11由展平状态开始弯折时，显示面板的弯折角度θ最大，随着第一柔性区11的弯折程度变大，显示面板的弯折角度θ逐渐变小，最终能够实现第二区域12和第三区域13对折。第一柔性区11在不同弯折状态时，显示面板具有不同的弯折角度。

[0063] 继续参考图4示意的，柔性显示装置还包括多个支撑结构14和第一支撑板15，第一支撑板15用于承载多个支撑结构14。具体的，第一支撑板15为刚性支撑板，具有一定硬度。一个支撑结构14对应一个子柔性区111，其中，如图1中示意的，子柔性区111为长条状，则一个长条状的子柔性区111对应一个支撑结构14；如图2示意的子柔性区111相当于块状，则一个块状的子柔性区111对应一个支撑结构14。支撑结构14包括支撑体141，支撑体141包括靠近子柔性区111一侧的支撑表面141m。支撑结构14对应设置在与其对应的子柔性区111的下方。

[0064] 本发明实施例中多个支撑结构14用于根据第一柔性区11的使用状态对第一柔性区11进行支撑。支撑表面141m的几何中心（图中黑色实心示意）距第一支撑板15的垂直距离$h1$随子柔性区111的几何中心（图中黑色实心示意）距第一支撑板15的垂直距离$h2$的变化而变化。实际显示面板10具有一定厚度，图4中以子柔性区111的远离第一支撑板15一侧的表面的几何中心为子柔性区111的几何中心进行示意。在确定子柔性区111的几何中心距第一支撑板15的垂直距离的变化情况时，也可以以子柔性区111的靠近第一支撑板15一侧的表面的几何中心作为子柔性区111的几何中心，来确定距离的变化。

[0065] 在第一柔性区11为弯折状态时，由于不同位置处的子柔性区111的弯折情况不同，则不同位置处子柔性区111距第一支撑板15的垂直距离的变化情况不同，且第一柔性区11在不同弯折状态时，同一位置处的子柔性区111距第一支撑板15的垂直距离的变化情况不同。通过设置支撑表面141m的几何中心距第一支撑板15的垂直距离随子柔性区111的几何中心距第一支撑板15的垂直距离$h2$的变化而变化，则各个支撑结构14能够分别根据与其对应的子柔性区111的弯折情况对相应的子柔性区111进行支撑，以保证在第一柔性区11弯折时，不同弯折程度的各个子柔性区都能够得到有效的支撑。

[0066] 在第一柔性区11为展平状态时，随着各个子柔性区111的几何中心距第一支撑板15的垂直距离$h2$的变化，相应的支撑表面141m的几何中心距第一支撑板15的垂直距离发生变化，则各个支撑结构14分别对与其对应的子柔性区111进行支撑，从而多个支撑结构14支撑第一柔性区11以保证第一柔性区11的平整状态，能够改善相关技术中，柔性区多次弯折后导致展平状态下存在折痕、凹陷或者凸起的问题。

[0067] 上述以支撑表面141m的几何中心距第一支撑板15的垂直距离随子柔性区111的几何中

心距第一支撑板15的垂直距离的变化情况，来说明了支撑结构14根据第一柔性区11的使用状态对第一柔性区11进行支撑的情况。子柔性区111的几何中心距第一支撑板15的垂直距离能够反映第一柔性区11在不同的弯折状态时子柔性区111相应的状态，实际也可以采用子柔性区111的其他位置点距第一支撑板15的垂直距离，或者根据子柔性区111的多个位置点距第一支撑板15的垂直距离来反映在第一柔性区11弯折时子柔性区111的状态。也即本发明实施例中能够对任意一种通过距第一支撑板的垂直距离来表征子柔性区111的状态的度量方式进行应用，以实现支撑结构对子柔性区的实时支撑。

[0068] 支撑表面的几何中心和相应的子柔性区的几何中心为两个相应的固定位点，在实际中，支撑结构14与子柔性区111相对应，则在第一柔性区11为展平状态时，垂直于第一支撑板15的垂线穿过支撑体141的支撑表面141m和子柔性区111，同一条垂线与支撑表面141m的交点与子柔性区111的交点为两个相应的固定位点。以垂线与支撑表面141m的交点为第一位点，同一条垂线与子柔性区111的交点为第二位点，在本申请实施例中，第一位点距第一支撑板15的垂直距离随第二位点距第一支撑板15的垂直距离的变化而变化，从而支撑结构14能够根据第一柔性区11的使用状态对第一柔性区11进行支撑。

[0069] 在相关技术的折叠式柔性显示装置中，在显示面板的柔性区（对应本申请中的第一柔性区）对应设置有铰链结构，通过铰链结构实现柔性区弯折，使得显示面板在展平状态和折叠状态之间切换。铰接结构的设计并没有考虑对柔性区进行支撑，铰接结构不能对显示面板由展平状态向折叠状态过渡时的弯折过程中对柔性区进行有效支撑，而且在类似本发明实施例提供的柔性显示装置的外弯折过程（即折叠状态时显示面板的显示面位于外侧）中，显示面板的弯折半径较大，铰链结构可能会导致显示面板过度拉伸，而显示面板中走线可能会由于过度拉伸而断裂，或者显示面板中一些膜层结构由于过度拉伸而产生裂纹，进而影响柔性显示装置的性能可靠性。

[0070] 本发明实施例提供的柔性显示装置，设置多个支撑结构和承载多个支撑结构的第一承载板，支撑结构与子柔性区相对应，支撑结构的支撑表面的几何中心距第一承载板的距离随子柔性区的几何中心距第一承载板的距离而变化，在显示面板弯折过程中支撑结构能够根据子柔性区的状态实时对子柔性区进行支撑，从而保证在第一柔性区为展平状态或者不同弯折状态时，各个子柔性区都能够得到有效的支撑，实现多个支撑结构能够根据第一柔性区的使用状态对第一柔性区进行支撑，提升了用户体验，能够改善第一柔性区多次弯折展平后导致展平状态下存在折痕、凹陷或者凸起的问题，也能够确保柔性显示装置的使用寿命。而且，通过在弯折过程中支撑结构实时对子柔性区进行支撑，能够避免柔性显示装置在外弯折过程导致第一柔性区过度拉伸，从而提升柔性显示装置的性能可靠性。

[0071] 具体的，图5为本申请实施例提供的柔性显示装置的另一种可选实施方式示意图。如图5所示，柔性显示装置包括保护壳18，保护壳18位于第一支撑板15的远离显示面板10的一侧；第一支撑板15与保护壳18固定连接。保护壳18可以在显示面板10的背侧对显示面板10进行保护，其中，保护壳在对应第一柔性区11和第二区域12交界的位置，以及对应第一柔性区11和第三区域13交界的位置能够随第一柔性区11发生弯折时进行相应的弯折，以配合显示面板形成一定的弯折角度 θ。通过保护壳的设置，将第一支撑板以及支撑结构封闭在装置的内部，能够避免外界的灰尘或者空气中的水汽进入装置的内部，使得装置内部的器件与环境隔绝，保证装置内器件不受环境影响，进而确保装置使用寿命。

[0072] 进一步的，图6为本申请实施例提供的柔性显示装置的另一种可选实施方式示意图。如图6所示，柔性显示装置还包括第二支撑板16和第三支撑板17，第二支撑板16与第二区域12连接，用于对第二区域12进行支撑；第三支撑板17与第三区域13连接，用于对第三区域13进行支撑；其中，第二支撑板16和第一支撑板15转动连接，第三支撑板17和第一支撑板15转动连接。能够实现第二支撑板16和第一支撑板15之间相互转动，且第三支撑板17和第一支撑板15之间相互转动。在第一柔性区发生弯折时，第二支撑板16和第一支撑板15转动连接的位置以及第三支撑板17

和第一支撑板15转动连接的位置能够辅助显示面板进行相应的弯折。同时转动连接的位置也能够对第一支撑板起到一定的固定作用，能够保证显示装置整体结构的稳定性。

[0073] 具体的，第二支撑板16和第一支撑板15之间通过转轴连接，第三支撑板17和第一支撑板15之间通过转轴连接。

[0074] 具体的，支撑表面141m的几何中心距第一支撑板15的垂直距离和子柔性区111的几何中心距第一支撑板15的垂直距离之间呈正相关。也就是说，支撑结构14与子柔性区111相对应，子柔性区111的几何中心距第一支撑板15的垂直距离变大，则支撑表面141m的几何中心距第一支撑板15的垂直距离变大；相应地，子柔性区111的几何中心距第一支撑板15的垂直距离变小，则支撑表面141m的几何中心距第一支撑板15的垂直距离变小，从而各个支撑结构能够根据第一柔性区的使用状态对相应的子柔性区进行支撑，以保证第一柔性区的各个位置处都能够得到有效支撑。

[0075] 可选的，当以子柔性区111的靠近第一支撑板15一侧的表面的几何中心作为子柔性区111的几何中心时，支撑结构14对子柔性区111进行支撑时，支撑结构14的支撑表面141与子柔性区111的靠近第一支撑板15一侧的表面相接触，则支撑表面141m的几何中心距第一支撑板15的垂直距离和子柔性区111的几何中心距第一支撑板15的垂直距离相等。

[0076] 在相关技术中，在显示面板的柔性区（对应本申请中的第一柔性区）对应设置有铰链结构。设计显示面板的使用状态包括展平状态和折叠状态（类似上述图3中示意的状态），通过铰链结构实现柔性区弯折，使得显示面板在展平状态和折叠状态之间切换。在折叠状态和展平状态，这两个状态下铰链结构能够对柔性区进行支撑。但是在由展平状态向折叠状态过渡时，柔性区的不同弯折情况下，铰链结构并不能够对柔性区的不同位置进行不同的支撑。

[0077] 而本申请中，具体的，弯折状态包括第一弯折状态和第二弯折状态；在第一弯折状态，显示面板具有弯折角度$\theta1$；在第二弯折状态，显示面板具有弯折角度$\theta2$；$\theta1 < \theta2$；也就是说，在第一弯折状态和第二弯折状态下，第一柔性区的弯折程度不同，第一柔性区的同一子柔性区在第一弯折状态和第二弯折状态下弯折情况不同。对于相互对应的支撑结构和子柔性区：在第一弯折状态和第二弯折状态下，支撑表面的几何中心距第一支撑板的垂直距离均随子柔性区的几何中心距第一支撑板的垂直距离的变化而变化；且在第一弯折状态下支撑表面的几何中心距第一支撑板的垂直距离与在第二弯折状态下支撑表面的几何中心距第一支撑板的垂直距离不同。本发明实施例中，能够根据第一柔性区的不同的弯折状态下，支撑结构的支撑体能够对相应的子柔性区进行不同程度的高度支撑。则在第一柔性区由展平状态向折叠状态过渡时的各个不同的弯折状态下，支撑结构都能够对相应的子柔性区进行支撑，保证第一柔性区的各个位置处在不同的弯折状态下都能够得到有效的支撑。

[0078] 具体的，在一种实施例中，图7为本申请实施例提供的柔性显示装置的另一种可选实施方式示意图。如图7所示，柔性显示装置还包括弯折感应器21和支撑控制单元22（图中以框图进行示意）；支撑结构14包括微处理单元142，微处理单元142与支撑控制单元22电连接，即每个支撑结构14的微处理单元142均与支撑控制单元22电连接。图7中弯折感应器21的设置位置仅作示意性表示，不作为对本发明的限定。

[0079] 弯折感应器21用于感应显示面板10在弯折状态时的弯折角度θ，并将弯折角度感应结果发送给支撑控制单元22。也就是说，在第一柔性区11发生弯折时，弯折感应器21能够根据第一柔性区11的弯折情况，随时感应出显示面板10的弯折角度θ。

[0080] 支撑控制单元22用于根据弯折角度感应结果在第一预设关系表中查找各个支撑结构14的待支撑高度，并向各个支撑结构14的微处理单元142发送相应的待支撑高度，其中，第一预设关系表包括显示面板的弯折角度θ和每个支撑结构14的支撑高度之间的对应关系。其中，支撑控制单元22相当于一个能够控制所有的支撑结构的主控制器，在支撑控制单元22中存储有第一预设关系表，第一预设关系表中的支撑高度数据是通过大量的仿真试验得到的，在显示面板不同的弯折角度下对子柔性区进行有效支撑时需要的支撑高度的数据。在第一预设关系表中，一个弯折角度θ对

应有一组支撑高度的数据，其中，一个支撑高度的数据对应一个支撑结构14。具体的，显示面板的弯折角度θ的范围为$0°\leq\theta<180°$，第一预设关系表中包括多组对应关系的数据，在进行仿真试验时，显示面板的弯折角度θ每变化一定固定角度大小，则测试各个支撑结构的待支撑高度，得到相应的支撑高度数据，变化的固定角度可以是1°、2°、3°等任意角度大小。

[0081] 以第一预设关系表中的数据为显示面板的弯折角度θ每变化2°，测试各个支撑结构的待支撑高度，得到相应的支撑高度数据为例，则在实际应用中，弯折感应器21每感应到显示面板的弯折角度θ变化2°，则向支撑控制单元22发送一次弯折角度感应结果，进而支撑控制单元22根据弯折角度感应结果在第一预设关系表中查找相应的待支撑高度，并反馈给支撑结构的微处理单元。

[0082] 微处理单元142还用于根据待支撑高度，控制支撑结构14对与其对应的子柔性区111进行高度支撑。

[0083] 该实施方式提供的柔性显示装置中设置有弯折感应器和支撑控制单元，支撑控制单元与所有的支撑结构的微处理单元连接。弯折感应器能够随时感应显示面板的弯折角度，并将弯折角度感应结果发送给支撑控制单元，支撑控制单元中预设有弯折角度与每个支撑结构的支撑高度之间的对应关系表，支撑控制单元能够根据弯折角度在表中进行查找得到各个支撑结构的待支撑高度，并发送给相应的微处理单元。然后微处理单元根据待支撑高度控制支撑结构对子柔性区进行高度支撑。通过预设第一预设关系表，能够在感应到显示面板的弯折角度之后迅速查找各个支撑结构的待支撑高度并反馈给相应的支撑结构的微处理单元。能够简化微处理单元的数据处理过程，缩短各个支撑结构根据第一柔性区的使用状态对其进行支撑的响应时间。

[0084] 具体的，支撑结构包括高度调节机构，高度调节机构用于调节支撑表面的几何中心距第一支撑板的垂直距离。其中，高度调节机构与微处理单元连接，高度调节机构响应于微处理单元的控制，来调节支撑结构的支撑表面的几何中心距第一支撑板的垂直距离。在一种实施例中，微处理单元在接收到支撑控制单元向其发送的待支撑高度数据后，根据待支撑高度数据对高度调节机构进行控制，从而实现支撑结构对与其对应的子柔性区进行高度支撑。

[0085] 在一种实施例中，图8为本申请实施例提供的柔性显示装置中一种支撑结构的拆解示意图。如图8所示，支撑结构14包括支撑体141，支撑体141包括顶部1411和侧部1412，侧部1412和顶部1411相连接，顶部1411包括支撑表面141m，在展平状态时，顶部1411平行于第一支撑板，侧部1412垂直于第一支撑板。图中并未示出第一支撑板。其中，侧部1412可以在顶部1411的一端与顶部1411相连接，或者侧部1412在靠近顶部1411的中心区域与顶部1411相连接，本发明在此不做具体限定。

[0086] 支撑结构14包括本体142，本体142包括两个滑槽1421（图中为本体142的斜视角度，仅示意出一个滑槽1421），在柔性显示装置中，滑槽1421的延伸方向与第一支撑板垂直。

[0087] 高度调节机构包括滑柱143，侧部1412的两侧分别连接有一个滑柱143，滑柱143卡合在滑槽1421内，滑柱143在滑槽1421内滑动带动支撑体141沿垂直于第一支撑板的方向运动，运动方向如图中示意的方向e。

[0088] 图8中未示出微处理单元142，可选的，微处理单元142设置在本体142内部，滑柱143与微处理单元142连接。滑柱143响应于微处理单元142的控制，带动支撑体141沿垂直于第一支撑板的方向运动，从而实现支撑表面141m距第一支撑板的垂直距离的变化，进而实现支撑结构14根据第一柔性区的使用状态对相应的子柔性区进行有效的高度支撑。

[0089] 在另一种实施例中，图9为本申请实施例提供的柔性显示装置中另一种支撑结构示意图。如图9所示，高度调节机构包括可相对转动的两个调节件144，两个调节件144交叉设置，且转动件145依次贯穿两个调节件144的中部，以实现两个调节件144能够相对转动。在支撑体141上设置有滑槽146，在第一支撑板15上设置有滑槽147。高度调节机构的一个调节件144的一端与支撑体141固定连接（图中区域Q1示意的位置），另一端卡合在滑槽147内；高度调节机构的另一个调节件144的一端与第一支撑板15固定连接（图中区域Q2示意的位置），另一端卡合在滑槽146内。

通过两个调节件144的分别卡合在滑槽146和滑槽147内的两端，分别在滑槽146和滑槽147内滑动，实现支撑体141的支撑表面141m距第一支撑板15的垂直距离的变化。具体的，两个调节件144均与微处理单元（图9中未示出）连接。两个调节件144响应于微处理单元142的控制，卡合在滑槽146和滑槽147内的两端分别在滑槽146和滑槽147内滑动，从而实现支撑表面141m距第一支撑板15的垂直距离的变化，即如图中示意的支撑表面141m在方向e上距第一支撑板15的距离的变化，进而实现支撑结构14根据第一柔性区的使用状态对相应的子柔性区进行有效的高度支撑。

[0090] 在一种实施例中，图10为本申请实施例提供的柔性显示装置中支撑结构的另一种可选实施方式拆解示意图。如图10所示，支撑结构14包括支撑体141，支撑体141包括顶部1411和侧部1412，侧部1412和顶部1411相连接，顶部1411包括支撑表面141m，在展平状态时，顶部1411平行于第一支撑板，侧部1412垂直于第一支撑板。图中并未示出第一支撑板。

[0091] 支撑结构14包括本体142，侧部1412和本体142滑动连接，侧部1412能够相对于本体142沿垂直于第一支撑板的方向进行滑动。可选的，侧部1412和本体142的滑动连接方式可以与图8中示意的滑动连接方式相同，也即在侧部的两侧设置滑柱，在本体上设置滑槽，将滑柱卡合在滑槽内，实现侧部1412和本体142滑动连接。高度调节机构包括连杆148，连杆148垂直于第一支撑板，连杆148用于支撑顶部1411沿垂直于第一支撑板的方向进行运动，运动方向如图中示意的方向e。

[0092] 可选的，微处理单元142设置在本体142内部，连杆148与微处理单元142连接。连杆148响应于微处理单元142的控制，带动支撑体141沿垂直于第一支撑板的方向运动，同时带动支撑体141的侧部1412相对于本体142进行滑动，从而实现支撑表面141m距第一支撑板的垂直距离的变化，进而实现支撑结构14根据第一柔性区的使用状态对相应的子柔性区进行有效的高度支撑。

[0093] 进一步的，第一预设关系还包括显示面板的弯折角度θ和每个支撑结构14的支撑角度之间的对应关系；图7实施例示意的支撑控制单元22还用于根据弯折角度感应结果在第一预设关系表中查找各个支撑结构14的待支撑角度，并向各个支撑结构14的微处理单元142发送相应的待支撑角度；微处理单元142还用于根据待支撑角度，控制支撑结构14对与其对应的子柔性区111进行角度支撑。其中，第一预设关系表中包括支撑角度数据，支撑角度数据是通过大量的仿真试验得到的，是在显示面板不同的弯折角度下对子柔性区进行有效支撑时需要的支撑角度的数据。可参考上述图4中示意的，支撑结构14在对与其对应的子柔性区111进行支撑时，支撑体的支撑表面141m不仅几何中心距第一支撑板15垂直距离随子柔性区111的几何中心距第一支撑板15垂直距离而变化，同时支撑表面141m相对于第一支撑板15形成一定的倾斜角度，实现支撑结构对子柔性区111进行角度支撑，以支撑第一柔性区11弯折时子柔性区的状态角度（可以理解为子柔性区相对于第一支撑板形成的倾斜角度），使得不同位置处的子柔性区都能够得到有效的支撑。该实施方式中，将第一预设关系表存储在支撑控制单元中，通过支撑控制单元进行处理向各个支撑结构的微处理单元反馈待支撑高度和待支撑角度的信息，能够简化微处理单元的数据处理过程，缩短各个支撑结构根据第一柔性区的使用状态对其进行支撑的响应时间。

[0094] 具体的，支撑结构14还包括角度调节机构，角度调节机构用于使得支撑结构对与其对应的子柔性区进行角度支撑。其中，角度调节机构与微处理单元连接，角度调节机构响应于微处理单元的控制，来调节支撑结构的支撑表面相对于第一支撑板的倾斜角度。在一种实施例中，微处理单元在接收到支撑控制单元向其发送的待支撑角度数据后，根据待支撑角度数据对角度调节机构进行控制，从而实现支撑结构对与其对应的子柔性区进行角度支撑。

[0095] 在一种实施例中，图11为本申请实施例提供的柔性显示装置中支撑结构的另一种可选实施方式示意图。如图11所示，支撑结构14包括支撑体141，支撑体141包括顶部1411和侧部1412，侧部1412和顶部1411相连接，顶部1411包括支撑表面141m，在展平状态时，顶部1411平行于第一支撑板，侧部1412垂直于第一支撑板。图中并未示出第一支撑板。支撑结构14还包括转

轴149，在柔性显示装置中，转轴149与第一支撑板平行。侧部1412和转轴149转动连接。角度调节机构（图中未示意）用于控制侧部1412相对于转轴149进行转动，侧部1412相对于转轴149进行转动，则侧部1412带动顶部1411运动，则顶部1411的支撑表面141m相对于第一支撑板能够形成一定的倾斜角度，实现支撑表面141m相对于第一支撑板的角度的变化。控制支撑表面141m相对于第一支撑板能够形成的倾斜角度与第一柔性区11弯折时子柔性区的相对于第一支撑板形成的倾斜角度大致相同，从而在子柔性区弯曲时支撑表面141m也能够与子柔性区以接触的方式进行支撑，保证支撑结构对子柔性区的有效支撑。

[0096] 图11中还示出了连杆148，连杆148用于支撑顶部1411沿垂直于第一支撑板的方向进行运动，连杆148能够实现支撑结构14对子柔性区的高度支撑；而且，在支撑结构14对子柔性区进行角度支撑时，连杆148也能够同时对顶部1411进行支撑，以辅助角度支撑的稳定性。

[0097] 具体的，图12为本申请实施例提供的柔性显示装置中支撑结构的另一种可选实施方式拆解示意图。如图12所示，角度调节机构包括弹性件151和连接块152，连接块152与弹性件151相连接；弹性件151用于向连接块152施加弹性作用力，连接块152用于将弹性作用力传递给侧部1412，以控制侧部1412相对于转轴149进行转动。其中，弹性件151与微处理单元（图中未示出）连接，弹性件151响应于微处理单元的控制，向连接块152施加弹性作用力，连接块152将弹性作用力传递给侧部1412，从而侧部1412相对于转轴149进行转动，进而带动顶部1411相对于第一支撑板倾斜形成一定的倾斜角度。在一种实施例中，微处理单元在接收到支撑控制单元向其发送的待支撑角度数据后，根据待支撑角度数据对弹性件进行控制，从而实现支撑结构对与其对应的子柔性区进行角度支撑。

[0098] 在另一种实施例中，图13为本申请实施例提供的柔性显示装置中支撑结构的另一种可选实施方式示意图。如图13所示，支撑结构14还包括高度感应器153和微处理单元142；高度感应器153，用于感应子柔性区111的几何中心距第一支撑板15的垂直距离，并将距离感应结果发送给微处理单元142；相应地，在采用子柔性区的其他位置点距第一支撑板15的垂直距离来反映子柔性区的状态时，则高度感应器153能够感应该其他位置点距第一支撑板15的垂直距离；在采用子柔性区的多个位置点距第一支撑板15的垂直距离来反映子柔性区的状态时，则高度感应器153能够感应该多个位置点距第一支撑板15的垂直距离。本申请实施例对于高度感应器的设置位置不做具体限定。微处理单元142，用于根据距离感应结果得到待支撑高度，并根据待支撑高度，控制支撑结构14对与其对应的子柔性区111进行高度支撑。该实施方式中，在每个支撑结构中均设置有高度感应器和微处理单元，每个支撑结构都能够根据其自身的高度感应器对相应的子柔性区的几何中心距第一支撑板的垂直距离进行准确的感测，能够实现对各个子柔性区进行精准有效的高度支撑。

[0099] 具体的，图13实施例中，支撑结构还包括高度调节机构，其中，高度调节机构对支撑结构的支撑表面的几何中心距第一支撑板的垂直距离的调节方式可以参考上述图8至图10实施例中的示意。在图13实施例中，高度调节机构与微处理单元连接，微处理单元根据高度感应器的反馈对高度调节机构进行控制，以实现支撑结构对相应的子柔性区的高度支撑。

[0100] 进一步的，继续参考图13所示，支撑结构14还包括角度感应器154，角度感应器154用于感应显示面板在弯折状态时，与支撑结构14对应的子柔性区的状态角度，并将状态角度感应结果发送给微处理单元142，其中，状态角度为子柔性区111相对于第一支撑板15的角度，状态角度也就是在第一柔性区11弯折时，子柔性区111相对于第一支撑板15形成一定的倾斜角度。而在第一柔性区11为弯折状态时不同位置处的子柔性区111相对于第一支撑板15形成的倾斜角度不同。微处理单元用于根据状态角度感应结果在第二预设关系表中查找待支撑角度，并根据待支撑角度，控制支撑结构14对与其对应的子柔性区111进行角度支撑；其中，第二预设关系表包括子柔性区111的状态角度和支撑结构14的支撑角度之间的对应关系。第二预设关系表中的支撑角度数据是通过大量的仿真试验得到的，是第一柔性区在不同的弯折状态下对子柔性区进行有效支撑时需要的支撑角度的数据。将第二预设关系表存储在微处理单元中，微处理单元通过根据角度感应器的反馈在

第二预设关系表中查找相应的待支撑角度的信息,并对支撑结构进行角度支撑的控制。该实施方式中,各个支撑结构都能够根据自身的角度感应器的反馈来对相应的子柔性区进行有效的角度支撑,保证角度支撑的精准性。

[0101] 具体的,图13实施例中支撑结构还包括角度调节机构,其中,角度调节机构用于使得支撑结构对与其对应的子柔性区进行角度支撑。角度调节机构对支撑结构的角度支撑的实现方式可以参考上述图11或图12实施例中的示意。在图13实施例中,角度调节机构与微处理单元连接,微处理单元根据角度感应器的反馈对角度调节机构进行控制,以实现支撑结构对相应的子柔性区的角度支撑。

[0102] 在一种实施例中,图14为本发明实施例提供的柔性显示装置的另一种可选实施方式示意图。如图14所示,第一柔性区11具有虚拟弯折轴Z,在展平状态时,虚拟弯折轴Z与第一方向x相互垂直,支撑结构14的侧部1412所在平面和顶部1411所在平面的交线(未标示)与虚拟弯折轴Z平行。图中示意柔性显示装置的截面示意图,第二区域12、第一柔性区11和第三区域13沿第一方向x排列,虚拟弯折轴Z的延伸方向为垂直于纸面方向。支撑结构14的侧部1412所在平面和顶部1411所在平面的交线也垂直于纸面方向。在第一柔性区11沿虚拟弯折轴Z弯折时,能够实现显示面板形成一定的弯折角度θ,通过设置支撑结构14的侧部1412所在平面和顶部1411所在平面的交线与虚拟弯折轴Z平行,在侧部1412相对于转轴(如图11中示意)转动时能带动顶部1411相对于第一支撑板15形成一定倾斜角度,有利于实现支撑结构14适应第一柔性区11的弯折状态对相应的子柔性区进行角度支撑。

[0103] 继续参考图14所示的,支撑结构包括第一支撑结构14-1和第二支撑结构14-2;第一支撑结构14-1和第二支撑结构14-2在第一方向x上分别位于虚拟弯折轴Z的两侧;其中,第一支撑结构14-1的顶部1411具有靠近虚拟弯折轴Z一侧的第一端14-1a和远离虚拟弯折轴Z一侧的第二端14-1b,第一支撑结构14-1的侧部1412在第二端14-1b与顶部1411相连接;第二支撑结构14-2的顶部1411具有靠近虚拟弯折轴Z一侧的第三端14-2a和远离虚拟弯折轴Z一侧的第四端14-2b,第二支撑结构14-2的侧部1412在第四端14-2b与顶部1411相连接。在第一柔性区沿虚拟弯折轴进行弯折时,虚拟弯折轴左右两侧的第一柔性区相对于第一支撑板的倾斜方向相反,通过设置两种支撑结构,能够保证虚拟弯折轴左右两侧的支撑结构的侧部相对于转轴转动以带动顶部运动,使得顶部与第一支撑板形成一定的倾斜角度时,侧部能够有足够的转动空间,通过合理的设计使得支撑结构对子柔性区进行角度支撑时,单个支撑结构在第一方向上占据的长度最小,从而保证在第一方向上能够排布设置更多的支撑结构。则第一柔性区能够在第一方向上划分为更多个的子柔性区,使得每个支撑结构能够对更小面积的子柔性区进行高度和角度支撑,从而确保第一柔性区在使用状态时,各个位置处均能够得到精准有效的支撑。

[0104] 进一步的,本发明实施例还提供一种柔性显示装置的控制方法,能够适用于对上述折叠式柔性显示装置进行控制。对于柔性显示装置的结构可以参考上述图1至图14任意实施例的示意,柔性显示装置包括:显示面板10,显示面板10包括第一柔性区11、第二区域12和第三区域13,第一柔性区11划分为多个子柔性区111;多个支撑结构14,一个支撑结构14对应一个子柔性区111,支撑结构14包括支撑体141,支撑体141包括靠近子柔性区111一侧的支撑表面141m;第一支撑板15,第一支撑板15用于承载多个支撑结构14。第一柔性区11的使用状态包括展平状态和弯折状态,其中,在展平状态时,第二区域12、第一柔性区11和第三区域13在第一方向x上依次排列;在弯折状态时,第一柔性区11发生弯折,显示面板10具有弯折角度θ,$0°\leq\theta<180°$,弯折角度θ为第二区域12和第三区域13相对形成的夹角的角度。图15为本发明实施例提供的柔性显示装置的控制方法流程图。如图15所示,控制方法包括:

[0105] 步骤S101:控制多个支撑结构14根据第一柔性区11的使用状态对第一柔性区11进行支撑,包括:控制支撑表面14的几何中心距第一支撑板15的垂直距离随子柔性区111的几何中心距第一支撑板15的垂直距离的变化而变化。其中,在第一柔性区11为弯折状态或者展平状态时,支

撑结构14对第一柔性区的支撑的说明，可以参考上述图4实施例，在此不再赘述。

[0106] 本发明实施例提供的控制方法，控制支撑结构的支撑表面的几何中心距第一承载板的距离随子柔性区的几何中心距第一承载板的距离而变化，从而保证在第一柔性区为展平状态或者不同弯折状态时，各个子柔性区都能够得到有效的支撑，实现多个支撑结构能够根据第一柔性区的使用状态对第一柔性区进行支撑，提升了用户体验，能够改善第一柔性区多次弯折展平后导致展平状态下存在折痕、凹陷或者凸起的问题，也能够确保柔性显示装置的使用寿命。

[0107] 具体的，控制支撑表面141m的几何中心距第一支撑板15的垂直距离随子柔性区111的几何中心距第一支撑板15的垂直距离的变化而变化，包括：控制支撑表面141m的几何中心距第一支撑板15的垂直距离和子柔性区111的几何中心距第一支撑板15的垂直距离之间呈正相关。也就是说，子柔性区111的几何中心距第一支撑板15的垂直距离变大，则控制支撑表面141m的几何中心距第一支撑板15的垂直距离变大；相应地，子柔性区111的几何中心距第一支撑板15的垂直距离变小，则控制支撑表面141m的几何中心距第一支撑板15的垂直距离变小，从而各个支撑结构能够根据第一柔性区的使用状态对相应的子柔性区进行支撑，以保证第一柔性区的各个位置处都能够得到有效支撑。

[0108] 具体的，弯折状态包括第一弯折状态和第二弯折状态；在第一弯折状态，显示面板具有弯折角度$\theta 1$；在第二弯折状态，显示面板具有弯折角度$\theta 2$；$\theta 1 < \theta 2$；控制方法还包括：

[0109] 分别在第一弯折状态和第二弯折状态下，控制支撑表面141m的几何中心距第一支撑板15的垂直距离均随子柔性区111的几何中心距第一支撑板15的垂直距离的变化而变化；且控制在第一弯折状态下支撑表面141m的几何中心距第一支撑板15的垂直距离与在第二弯折状态下支撑表面141m的几何中心距第一支撑板15的垂直距离不同。

[0110] 该实施例提供的控制方法，能够根据第一柔性区的不同的弯折状态，控制支撑结构的支撑体对相应的子柔性区进行不同程度的高度支撑。则在第一柔性区由展平状态向折叠状态过渡时的各个不同的弯折状态下，支撑结构都能够对相应的子柔性区进行支撑，保证第一柔性区的各个位置处在不同的弯折状态下都能够得到有效的支撑。

[0111] 进一步的，在一种实施例中，图16为本发明实施例提供的柔性显示装置的控制方法的一种可选实施方式流程图。如图16所示，步骤S101中控制支撑表面的几何中心距第一支撑板的垂直距离随子柔性区的几何中心距第一支撑板的垂直距离的变化而变化，具体包括：

[0112] 步骤1011：感应显示面板10在弯折状态时的弯折角度θ，并根据弯折角度感应结果在第一预设关系表中查找各个支撑结构14的待支撑高度，其中，第一预设关系表包括显示面板10的弯折角度θ和每个支撑结构14的支撑高度之间的对应关系。

[0113] 步骤1012：根据待支撑高度，控制支撑结构对与其对应的子柔性区进行高度支撑。

[0114] 具体的，该实施方式提供的控制方法能够应用于对图7实施例提供的柔性显示装置进行控制，在柔性显示装置中设置有弯折感应器和支撑控制单元，通过弯折感应器感应显示面板在弯折状态时的弯折角度θ。支撑控制单元中存储第一预设关系表，第一预设关系表中的支撑高度数据是通过大量的仿真试验得到的，在显示面板不同的弯折角度下对子柔性区进行有效支撑时需要的支撑高度的数据。通过预设第一预设关系表，能够在感应到显示面板的弯折角度之后迅速查找各个支撑结构的待支撑高度，控制支撑结构根据待支撑高度对子柔性区进行高度支撑，能够简化高度支撑的数据处理过程，缩短各个支撑结构根据第一柔性区的使用状态对其进行支撑的响应时间。

[0115] 进一步的，第一预设关系还包括显示面板的弯折角度和每个支撑结构的支撑角度之间的对应关系；图17为本发明实施例提供的柔性显示装置的控制方法的另一种可选实施方式流程图。如图17所示，控制方法还包括：

[0116] 步骤1013：根据弯折角度感应结果在第一预设关系表中查找各个支撑结构14的待支撑角度。其中，第一预设关系表中包括支撑角度数据，支撑角度数据是通过大量的仿真试验得到的，是在显示面板不同的弯折角度下对子柔性区进行有效支撑时需要的支撑角度的数据。

[0117] 步骤1014：根据待支撑角度，控制支撑结构14对与其对应的子柔性区111进行角度支撑。

[0118] 该实施方式提供的控制方法，在感应到显示面板的弯折角度之后，能够根据弯折角度感应结果查找支撑结构的待支撑高度和待支撑角度，实现控制支撑结构对子柔性区同时进行高度支撑和角度支撑，从而使得不同位置处的子柔性区都能够得到有效的支撑。而且通过预设第一预设关系表，能够简化感应到弯折角度之后对待支撑数据的分析处理过程，缩短各个支撑结构根据第一柔性区的使用状态对其进行支撑的响应时间。

[0119] 在另一种实施例中，图18为本发明实施例提供的柔性显示装置的控制方法的另一种可选实施方式流程图。如图18所示，控制支撑表面141m的几何中心距第一支撑板15的垂直距离随子柔性区111的几何中心距第一支撑板15的垂直距离的变化而变化，包括：

[0120] 步骤1015：感应子柔性区111的几何中心距第一支撑板15的垂直距离，根据距离感应结果得到待支撑高度。

[0121] 步骤1016：根据待支撑高度，控制支撑结构14对与其对应的子柔性区111进行高度支撑。

[0122] 该实施方式提供的控制方法能够应用于对图13实施例提供的柔性显示装置进行控制，每个支撑结构中都设置有高度感应器和微处理单元，高度感应器用于感应子柔性区的几何中心距第一支撑板的垂直距离，微处理单元用于根据感应结果对支撑结构的高度支撑进行控制。该实施方式能够控制对每个支撑结构对应的子柔性区的几何中心距第一支撑板的垂直距离进行准确的感测，能够实现对各个子柔性区进行精准有效的高度支撑。

[0123] 进一步的，图19为本发明实施例提供的柔性显示装置的控制方法的另一种可选实施方式流程图。如图19所示，控制方法包括：

[0124] 步骤1017：感应显示面板10在弯折状态时，与支撑结构14对应的子柔性区111的状态角度，状态角度为子柔性区111相对于第一支撑板15的角度。状态角度也就是在第一柔性区11弯折时，子柔性区111相对于第一支撑板15形成一定的倾斜角度。而在第一柔性区11为弯折状态时不同位置处的子柔性区111相对于第一支撑板15形成的倾斜角度不同。

[0125] 步骤1018：根据状态角度感应结果在第二预设关系表中查找待支撑角度，第二预设关系表包括子柔性区111的状态角度和支撑结构14的支撑角度之间的对应关系。第二预设关系表中的支撑角度数据是通过大量的仿真试验得到的，是第一柔性区在不同的弯折状态下对子柔性区进行有效支撑时需要的支撑角度的数据。

[0126] 步骤1019：根据待支撑角度，控制支撑结构14对与其对应的子柔性区111进行角度支撑。

[0127] 该实施方式，首先感应子柔性区的状态角度，并通过状态角度感应结果在第二预设关系表中查找相应的待支撑角度的信息，控制各个支撑结构根据相应的待支撑角度信息对子柔性区进行有效的角度支撑，保证角度支撑的精准性。

[0128] 上述实施例对本发明实施例提供的折叠式柔性显示装置及其控制方法进行了说明。下面将对本发明实施例提供的抽拉式柔性显示装置及其控制方法进行了说明。

[0129] 图20为本发明实施例提供的柔性显示装置的一种拆解示意图，图21为本发明实施例提供的柔性显示装置的另一种示意图。

[0130] 同时参考图20和图21中的示意，柔性显示装置包括：显示面板20，显示面板20包括第一柔性区21和第二柔性区22，第一柔性区21和第二柔性区22相连，第一柔性区21划分为多个子柔性区211。第一柔性区21的使用状态包括拉出状态和未拉出状态。

[0131] 柔性显示装置包括：主支撑板23和收纳仓；多个支撑结构25，一个支撑结构25对应一个子柔性区211；第一支撑板26，第一支撑板26用于承载多个支撑结构25。

[0132] 图20示意的为第一柔性区21为未拉出状态时的示意图，在未拉出状态时，主支撑板23

支撑第一柔性区21，第一支撑板26和主支撑板23交叠，且第一支撑板26和多个支撑结构（图20未示出）均位于主支撑板23的远离第一柔性区21的一侧，第二柔性区22收纳在收纳仓内；图中还示意出了柔性显示装置的保护壳27。在一种实施例中，保护壳27即为用于收纳第二柔性区22的收纳仓。在另一种实施例中，保护壳27内设置有独立的与其他器件相互隔离的空间，而该空间作为收纳第二柔性区22的收纳仓。第一柔性区21的未拉出状态，也相当于第二柔性区22的收纳状态。

[0133] 图21示意的为第一柔性区21为拉出状态时的示意图以及柔性显示装置的截面示意图。在拉出状态时，第一柔性区21与主支撑板23之间产生位移，至少部分第二柔性区22随第一柔性区21移动被拉出收纳仓，被拉出收纳仓的第二柔性区22被主支撑板23支撑；同时第一支撑板26和主支撑板23之间产生位移，支撑结构25随第一柔性区21的移动对与支撑结构21对应的子柔性区211进行支撑。图21中还示意出了将第一柔性区21划分成多个子柔性区211，一个子柔性区211对应一个支撑结构25。可选的，图21中还示意出了柔性显示装置还包括保护板29，在第一柔性区21为拉出状态时，第一支撑板26与主支撑板23之间产生位移，同时保护板29也为拉出状态，用于对第一支撑板26起到支撑和保护的作用。第一柔性区21的拉出状态，也相当于第二柔性区22的展开状态。

[0134] 对于抽拉式柔性显示装置来说，当第一柔性区为拉出状态时，第二柔性区随着第一柔性区的移动而被拉出收纳仓，从而第一柔性区和第二柔性区能够共同用于显示，增大了显示面积。在第一柔性区为拉出状态时，由于其具有柔性，在没有支撑部件对其支撑的情况下，第一柔性区的平整性受到影响，影响用户体验。而本申请实施例中，设置在第一柔性区为拉出状态时，第一支撑板相对于主支撑板产生位移，第一支撑板承载的多个支撑结构也能够随第一柔性区的移动对与支撑结构对应的子柔性区进行支撑；同时被拉出收纳仓的第二柔性区被主支撑板所支撑。通过支撑结构和第一支撑板的设置，能够实现在第一柔性区为拉出状态时也能够得到有效的支撑，保证第一柔性区和第二柔性区能够共同用于显示时显示面板的平整性，提升用户体验。而且，通过支撑结构对拉出状态的第一柔性区进行支撑，也有利于实现拉出状态的第一柔性区实现触控等功能。

[0135] 进一步的，柔性显示装置包括位置感应器和位置处理单元；支撑结构包括微处理单元，微处理单元与位置处理单元电连接；其中，位置感应器，用于在拉出状态时感应第一柔性区21的移动位置得到位置信息，并将位置信息发送给位置处理单元；可选的，位置感应器可以设置在图20中示意的主支撑板23的端部231。位置处理单元，用于根据位置信息在多个支撑结构25中确定待控制支撑结构，并向相应的微处理单元发送控制指令，以对待控制支撑结构进行控制。

[0136] 本发明实施例中，将第一柔性区21划分为多个子柔性区211，一个子柔性区211对应一个支撑结构25。可以在微处理单元中预设各个子柔性区211在显示面板上的位置坐标信息，预设各个支撑结构25在第一支撑板26上的位置坐标信息，并预设子柔性区的位置信息与支撑结构位置信息的对应关系。当位置感应器，感应到第一柔性区21的移位位置后得到位置信息，根据位置信息能够确定第一柔性区21中被拉出的已经不能够被主支撑板23支撑的子柔性区211的位置坐标。然后再根据子柔性区211与支撑结构25的对应关系，将第一柔性区21中被拉出的已经不能够被主支撑板23支撑的子柔性区211对应的支撑结构25确定为待控制支撑结构，然后向待控制支撑结构发送控制指令，控制待控制支撑结构对相应的子柔性区211进行支撑。

[0137] 通过设置位置感应器与位置处理单元，能够根据感应到的第一柔性区的位置信息，通过位置处理单元对各个支撑结构的支撑状态进行控制，各个支撑结构中不需要分别设置位置感应器，简化了支撑结构的结构构造，同时增加了柔性显示装置的集成度，简化了控制方式。

[0138] 图22为本发明实施例提供的柔性显示装置的另一种拆解示意图。如图22所示，第一柔性区21处于拉出状态，但是第一柔性区21并没有完全被拉出，也就是说，部分未被拉出的第一柔性区21仍然由主支撑板23进行支撑。而第二柔性区22部分被拉出收纳仓，而剩余部分仍然收纳在收纳仓内。随着第一柔性区21与主支撑板2之间产生位移，同时第一支撑板26和主支撑

板23之间产生位移，根据位置处理单元的控制，待控制支撑结构251对被拉出的第一柔性区21进行支撑。

[0139] 进一步的，控制指令包括支撑控制指令和收纳控制指令；第一柔性区21的拉出状态还包括：第一柔性区21位于主支撑板23之外的部分面积逐渐变大的过程和第一柔性区21位于主支撑板23之外的部分面积逐渐变小的过程；其中，第一柔性区21位于主支撑板23之外的部分面积逐渐变大的过程也即为第二柔性区22逐渐展开的状态；第一柔性区21位于主支撑板23之外的部分面积逐渐变小的过程也即为第二柔性区22逐渐收纳的状态。

[0140] 在第一柔性区21位于主支撑板23之外的部分面积逐渐变大的过程中：位置处理单元向相应的微处理单元发送支撑控制指令，以控制待控制支撑结构25对与其对应的子柔性区211进行支撑。在第一柔性区21拉出的区域面积逐渐变大的过程中，位置处理单元实时向待支撑结构的微处理单元发送控制指令，以实现待支撑结构对相应的子柔性区进行支撑，以保证第一柔性区21位于主支撑板23之外的部分能够实时得到有效的支撑。

[0141] 在第一柔性区21位于主支撑板23之外的部分面积逐渐变小的过程中：位置处理单元向相应的微处理单元发送收纳控制指令，以控制待控制支撑结构25不再对与其对应的子柔性区211进行支撑。在第一柔性区21拉出的区域面积逐渐变小的过程中，位置处理单元实时向已经被主支撑板23支撑的第一柔性区21对应的待支撑结构的微处理单元发送控制指令，以实现该部分待支撑结构不再对相应的子柔性区进行支撑，从而配合完成第二柔性区22逐渐收纳的过程。

[0142] 进一步的，图23为本发明实施例提供的柔性显示装置中支撑结构的一种结构框图。如图23所示，支撑结构25还包括支撑感应器252，支撑感应器为252高度感应器或者压力感应器；支撑感应器252用于感应子柔性区211的使用状态，并将状态感应结果发送给微处理单元253；微处理单元253，用于根据状态感应结果控制支撑结构25对子柔性区211进行支撑。该实施方式中，在每个支撑结构25中都设置支撑感应器252，则每个支撑结构25都能够根据支撑感应器252的感应，在微处理单元253的控制下对相应的子柔性区211进行更加精准的支撑。应用在具有触控功能的柔性显示装置中时，当手指按压处于拉出状态的第一柔性区21时，手指的按压力可能会大于控制支撑结构25的支撑高度的控制力，导致支撑结构25对子柔性区211的支撑高度降低，在使用中可能会对显示面板造成损伤。本申请实施例中的支撑感应器能够对这种状态进行感应并反馈给微处理单元，从而微处理单元能够根据支撑感应器的感应结果对支撑结构的支撑高度进行微调，以保证支撑结构对子柔性区具有最佳的支撑高度，从而避免由于按压对显示面板造成损伤。

[0143] 进一步的，支撑结构包括支撑体，支撑体包括靠近子柔性区一侧的支撑表面；支撑结构包括高度调节机构，高度调节机构用于在微处理单元的控制下，调节支撑表面的几何中心距第一支撑板的垂直距离。

[0144] 具体的，在一种实施例中，图24为本发明实施例提供的柔性显示装置中支撑结构的另一种可选实施方式示意图。如图24所示，支撑结构25包括支撑体254，支撑体254包括靠近子柔性区一侧的支撑表面254m；高度调节机构包括至少一个伸缩部255，支撑体254和伸缩部255伸缩连接。其中，伸缩部255与微处理单元连接，伸缩部255响应于微处理单元的控制，能够调整伸缩部255的伸缩状态，从而调节支撑表面254m的几何中心距第一支撑板的垂直距离，以实现支撑结构25对子柔性区211的高度支撑。

[0145] 另外，本发明实施例提供的抽拉式柔性显示装置中，支撑结构25主要用于实现在第一柔性区为拉出状态时对子柔性区的高度支撑，支撑结构25的具体的结构也可以采用上述图8至图10实施例中能够实现高度支撑的结构进行设计。

[0146] 进一步的，本发明实施例还提供一种柔性显示装置的控制方法，能够应用于对图20或图21实施例提供的柔性显示装置进行控制。柔性显示装置包括：显示面板20，显示面板20包括第一柔性区21和第二柔性区22，第一柔性区21和第二柔性区22相连，第一柔性区21划分为多个子柔性区211；主支撑板23和收纳仓；多个支撑结构25，一个支撑结构25对应一个子柔性区211；第

一支撑板 26，第一支撑板 26 用于承载多个支撑结构 25。

[0147] 第一柔性区 21 的使用状态包括拉出状态和未拉出状态。

[0148] 在未拉出状态时，主支撑板 23 支撑第一柔性区 21，第一支撑板 26 和主支撑板 23 交叠，且第一支撑板 26 和多个支撑结构 25 均位于主支撑板 23 的远离第一柔性区 21 的一侧，第二柔性区 22 收纳在收纳仓内。

[0149] 在拉出状态时，第一柔性区 21 与主支撑板 23 之间产生位移，至少部分第二柔性区 22 随第一柔性区 21 移动被拉出收纳仓，被拉出收纳仓的第二柔性区 22 被主支撑板 23 支撑；同时第一支撑板 26 和主支撑板 23 之间产生位移。图 25 为本发明实施例提供的柔性显示装置的控制方法的另一种可选实施方式流程图。如图 25 所示，控制方法包括：

[0150] 步骤 S201：在拉出状态时，控制支撑结构 25 随第一柔性区 21 的移动对与支撑结构 15 对应的子柔性区 211 进行支撑。在第一柔性区为拉出状态时，第一支撑板相对于主支撑板产生位移，控制第一支撑板承载的多个支撑结构随第一柔性区的移动对与支撑结构对应的子柔性区进行支撑，能够实现在第一柔性区为拉出状态时也能够得到有效的支撑，保证第一柔性区和第二柔性区能够共同用于显示时显示面板的平整性，提升用户体验。而且，控制支撑结构对拉出状态的第一柔性区进行支撑，也有利于实现拉出状态的第一柔性区实现触控等功能。

[0151] 进一步的，图 26 为本发明实施例提供的柔性显示装置的控制方法的另一种可选实施方式流程图。如图 26 所示，在拉出状态时，并控制支撑结构 25 随第一柔性区 211 的移动对与支撑结构 25 对应的子柔性区 211 进行支撑，包括：步骤 S2011：在拉出状态时，根据第一柔性区 211 的移动位置得到位置信息；步骤 S2012：根据位置信息在多个支撑结构 25 中确定待控制支撑结构，并控制待控制支撑结构对与其对应的子柔性区 211 的支撑状态。

[0152] 具体的，可以预设各个子柔性区 211 在显示面板上的位置坐标信息、预设各个支撑结构 25 在第一支撑板 26 上的位置坐标信息，并预设子柔性区的位置信息与支撑结构位置信息的对应关系。通过设置位置感应器，感应到第一柔性区 21 的移位位置后得到位置信息，根据位置信息能够确定第一柔性区 21 中被拉出的已经不能够被主支撑板 23 支撑的子柔性区 211 的位置坐标。然后再根据子柔性区 211 与支撑结构 25 的对应关系，将第一柔性区 21 中被拉出的已经不能够被主支撑板 23 支撑的子柔性区 211 对应的支撑结构 25 确定为待控制支撑结构，然后控制待控制支撑结构对相应的子柔性区 211 进行支撑。能够根据第一柔性区的位置信息，对各个支撑结构的支撑状态进行控制，各个支撑结构中不需要分别设置位置感应器，简化了支撑结构的结构构造，同时增加了柔性显示装置的集成度，简化了控制方式。

[0153] 进一步的，第一柔性区的拉出状态包括：第一柔性区位于主支撑板之外的部分面积逐渐变大的过程和第一柔性区位于主支撑板之外的部分面积逐渐变小的过程。图 27 为本发明实施例提供的柔性显示装置的控制方法的另一种可选实施方式流程图。如图 27 所示，控制待控制支撑结构对与其对应的子柔性区的支撑状态，具体包括：

[0154] 步骤 S2012：在第一柔性区 211 位于主支撑板 23 之外的部分面积逐渐变大的过程中，控制待控制支撑结构对与其对应的子柔性区 211 进行支撑。

[0155] 步骤 S2013：在第一柔性区 211 位于主支撑板 23 之外的部分面积逐渐变小的过程中：控制待控制支撑结构不再对与其对应的子柔性区 211 进行支撑。

[0156] 在第一柔性区 21 拉出的区域面积逐渐变大的过程中，实时控制待支撑结构对相应的子柔性区进行支撑，以保证第一柔性区 21 位于主支撑板 23 之外的部分能够实时得到有效的支撑。同时，在第一柔性区 21 拉出的区域面积逐渐变小的过程中，实时控制已经被主支撑板 23 支撑的第一柔性区 21 对应的待支撑结构不再对相应的子柔性区进行支撑，从而配合完成第二柔性区 22 逐渐收纳的过程。

[0157] 以上所述仅为本发明的较佳实施例而已，并不用以限制本发明，凡在本发明的精神和原则之内，所做的任何修改、等同替换、改进等，均应包含在本发明保护的范围之内。

[0158] 最后应说明的是：以上各实施例仅用以说明本发明的技术方案，而非对其限制；尽管参照前述各实施例对本发明进行了详细的说明，本领域技术人员应当理解：其依然可以对前述各实施例所记载的技术方案进行修改，或者对其中部分或者全部技术特征进行等同替换；而这些修改或者替换，并不使相应技术方案的本质脱离本发明各实施例技术方案的范围。

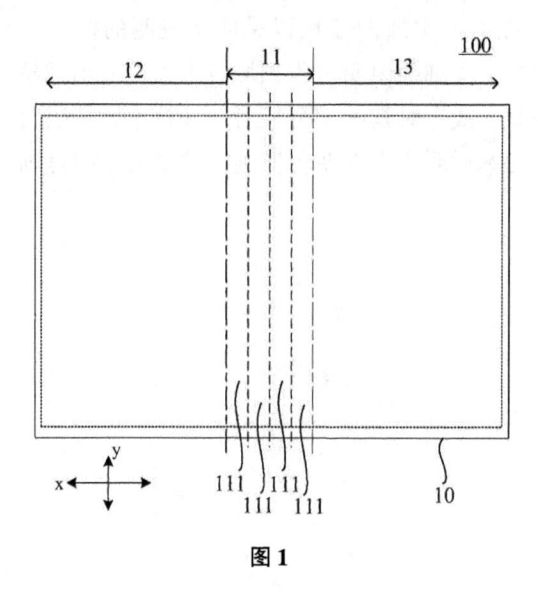

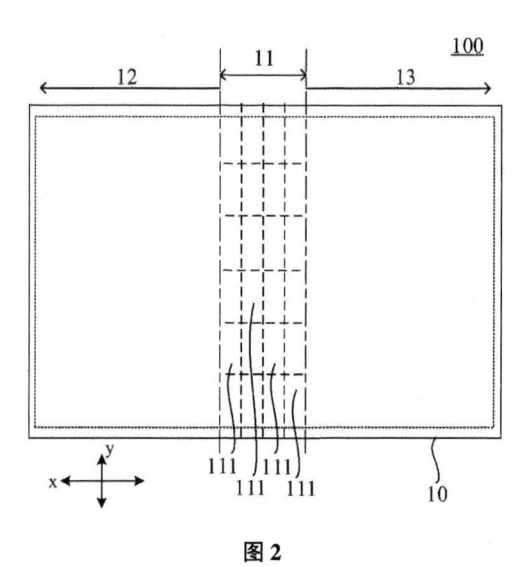

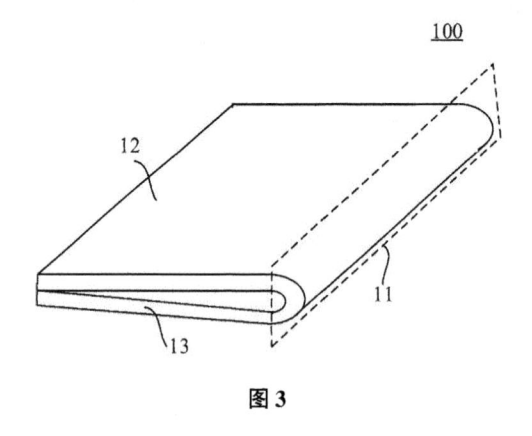

图1

图2

图3

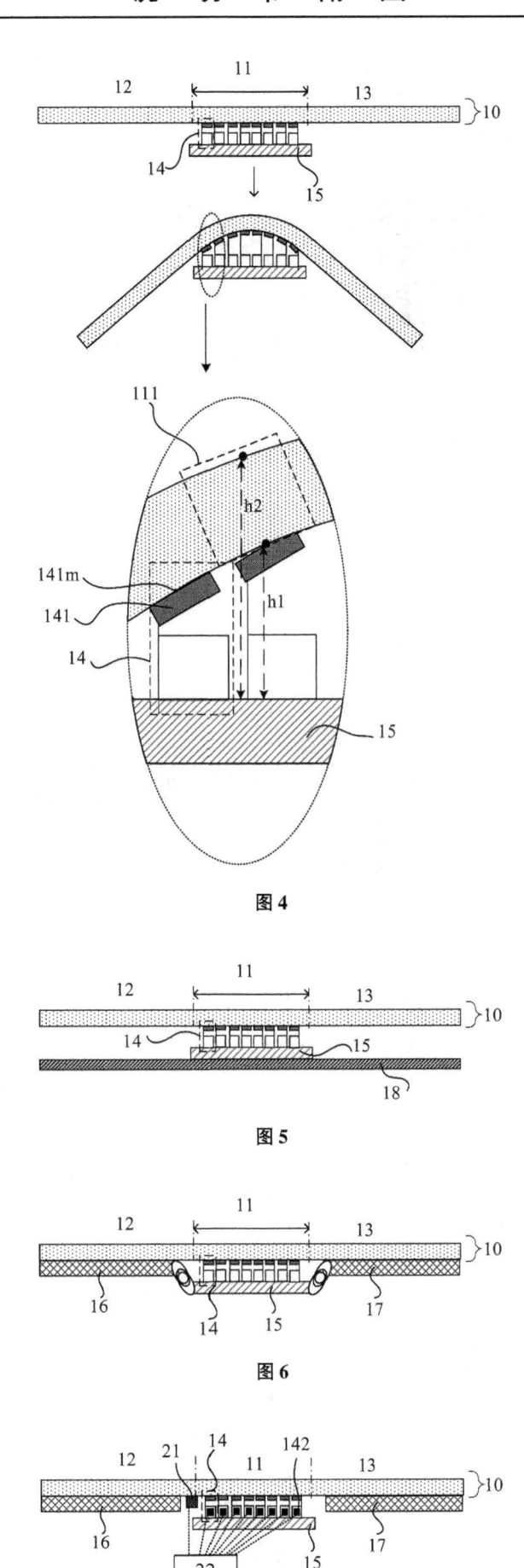

图 4

图 5

图 6

图 7

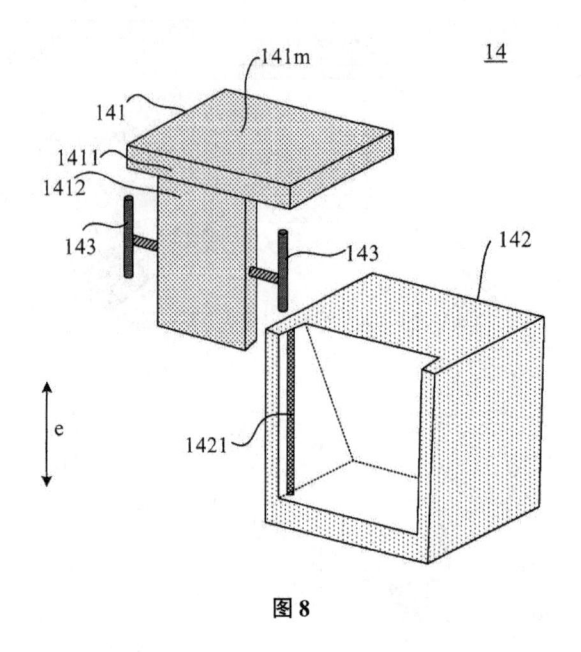

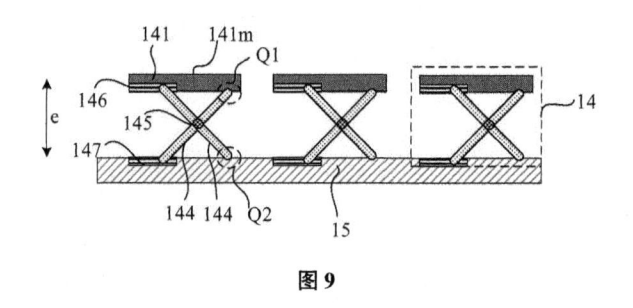

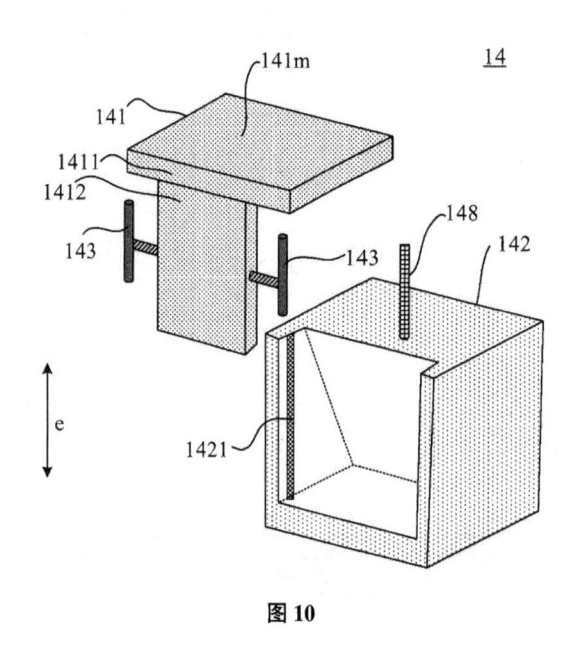

图 8

图 9

图 10

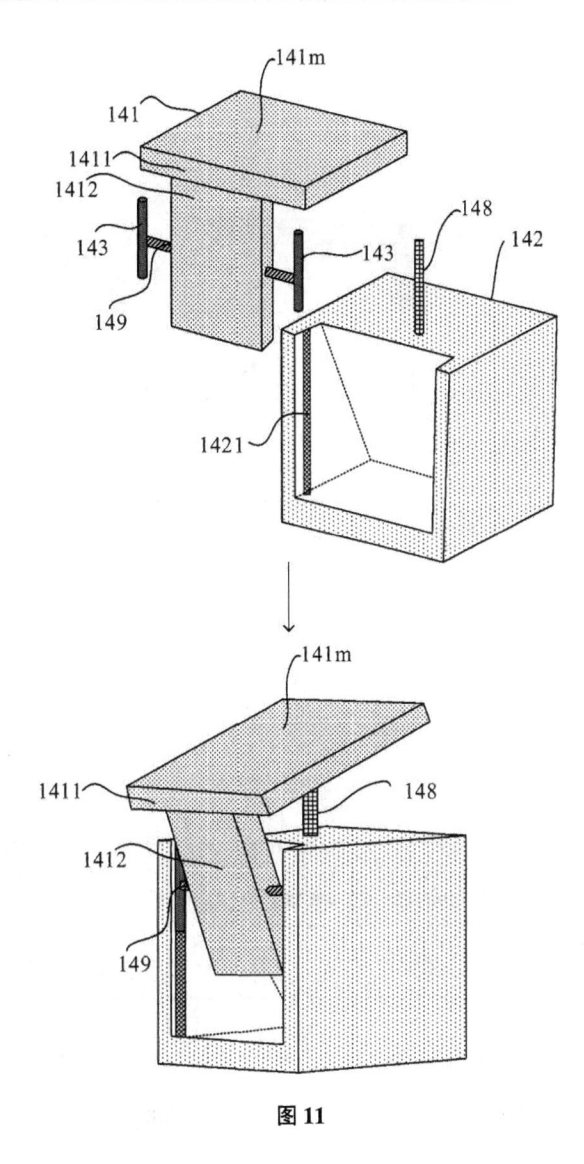

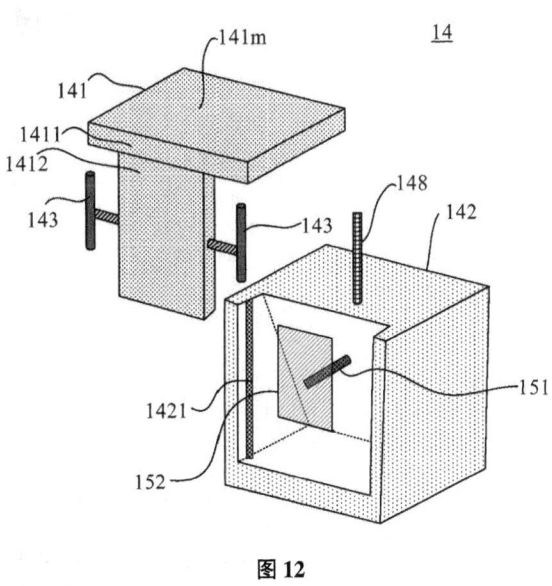

图 11

图 12

说 明 书 附 图

图 13

图 14

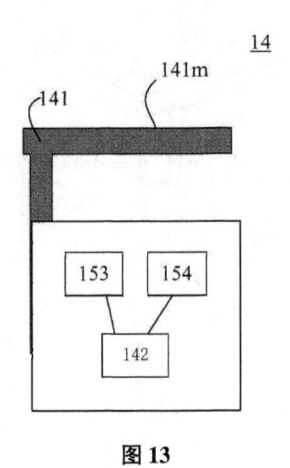

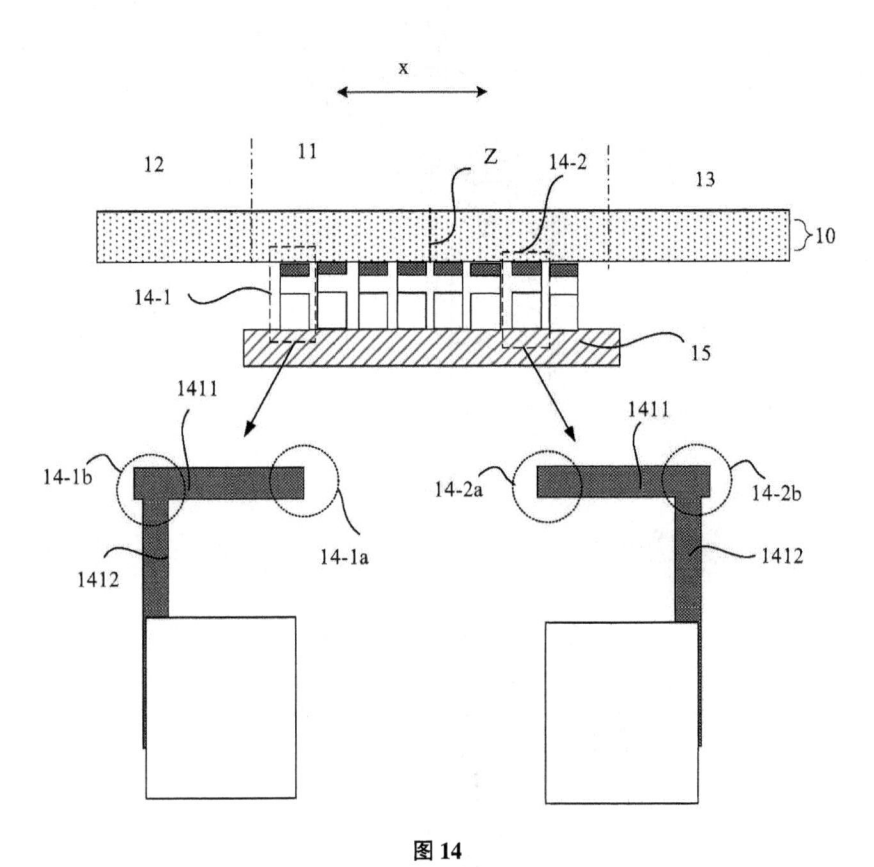

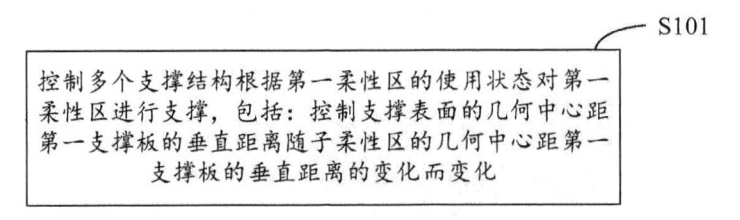

图 15

控制多个支撑结构根据第一柔性区的使用状态对第一柔性区进行支撑，包括：控制支撑表面的几何中心距第一支撑板的垂直距离随子柔性区的几何中心距第一支撑板的垂直距离的变化而变化

· 180 ·

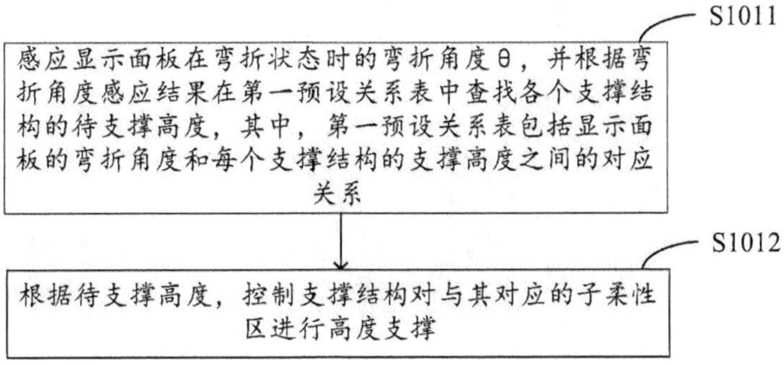

感应显示面板在弯折状态时的弯折角度θ，并根据弯折角度感应结果在第一预设关系表中查找各个支撑结构的待支撑高度，其中，第一预设关系表包括显示面板的弯折角度和每个支撑结构的支撑高度之间的对应关系 —— S1011

根据待支撑高度，控制支撑结构对与其对应的子柔性区进行高度支撑 —— S1012

图 16

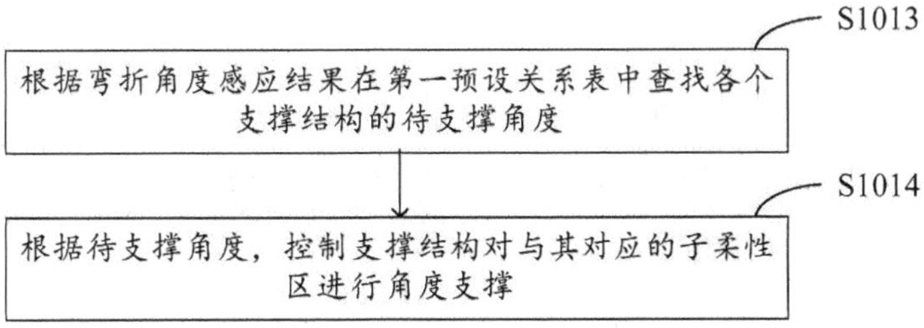

根据弯折角度感应结果在第一预设关系表中查找各个支撑结构的待支撑角度 —— S1013

根据待支撑角度，控制支撑结构对与其对应的子柔性区进行角度支撑 —— S1014

图 17

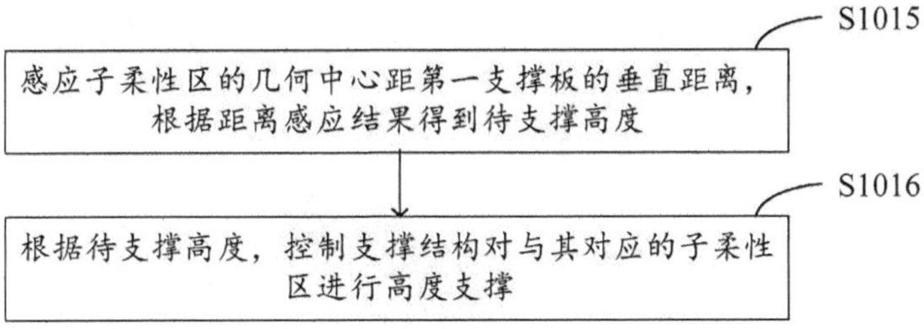

感应子柔性区的几何中心距第一支撑板的垂直距离，根据距离感应结果得到待支撑高度 —— S1015

根据待支撑高度，控制支撑结构对与其对应的子柔性区进行高度支撑 —— S1016

图 18

感应显示面板在弯折状态时，与支撑结构对应的子柔性区的状态角度，状态角度为子柔性区相对于第一支撑板的角度 —— S1017

根据状态角度感应结果在第二预设关系表中查找待支撑角度，第二预设关系表包括子柔性区的状态角度和支撑结构的支撑角度之间的对应关系 —— S1018

根据待支撑角度，控制支撑结构对与其对应的子柔性区进行角度支撑 —— S1019

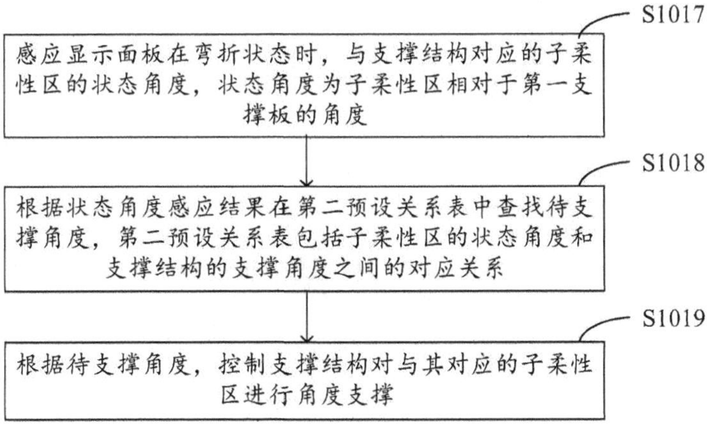

图 19

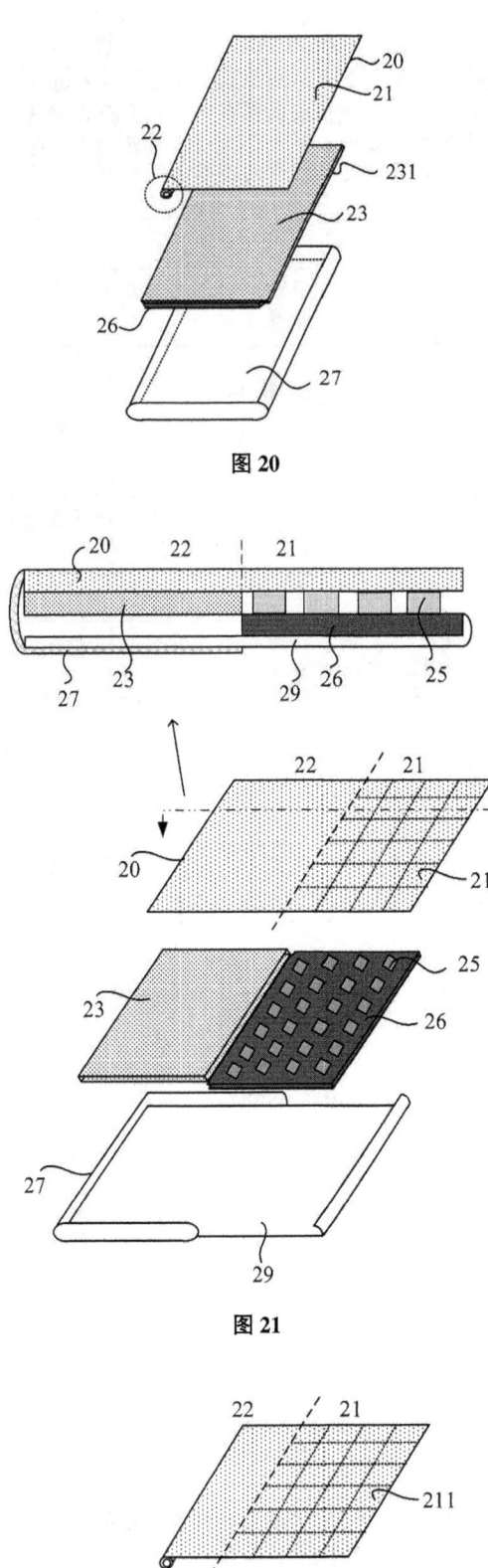

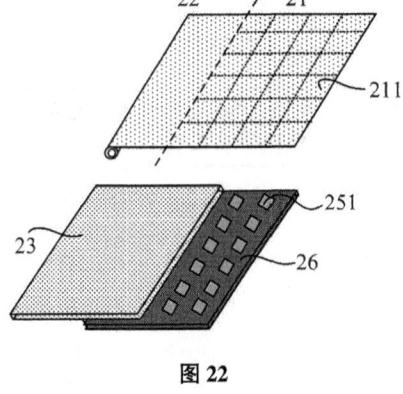

图 20

图 21

图 22

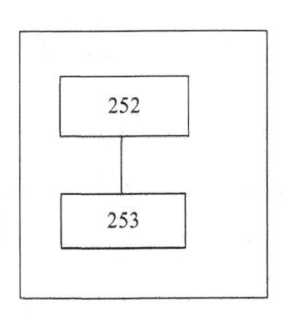

图 23

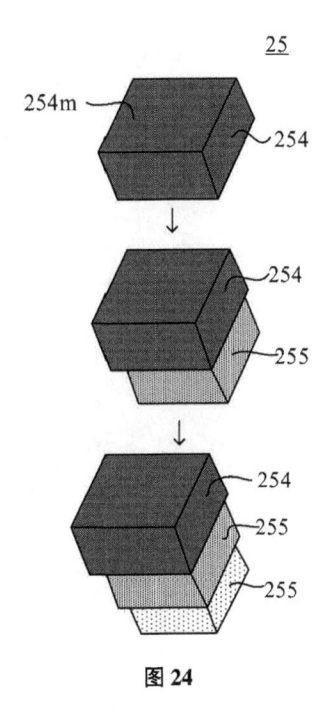

图 24

在拉出状态时，控制支撑结构随第一柔性区的移动对与支撑结构对应的子柔性区进行支撑 —— S201

图 25

在拉出状态时，根据第一柔性区的移动位置得到位置信息 —— S2011

根据位置信息在多个支撑结构中确定待控制支撑结构，并控制待控制支撑结构对与其对应的子柔性区的支撑状态 —— S2012

图 26

在第一柔性区位于主支撑板之外的部分面积逐渐变大的过程中，控制待控制支撑结构对与其对应的子柔性区进行支撑 —— S2013

在第一柔性区位于主支撑板之外的部分面积逐渐变小的过程中：控制待控制支撑结构不再对与其对应的子柔性区进行支撑 —— S2014

图 27

(19) 中华人民共和国国家知识产权局

(12) 发明专利

(10) 授权公告号 CN 114068689 B
(45) 授权公告日 2022.04.01

(21) 申请号 202210031829.2
(22) 申请日 2022.01.12
(65) 同一申请的已公布的文献号
申请公布号 CN 114068689 A
(43) 申请公布日 2022.02.18
(73) 专利权人 深圳大学
地址 518000 广东省深圳市南山区南海大道3688号
(72) 发明人 赵晓锦　陈俊锴　钟剑麟　许婷婷
(74) 专利代理机构 深圳市精英专利事务所 44242
代理人 涂年影
(51) Int. Cl.
H01L 29/423 (2006.01)
H01L 23/00 (2006.01)
H01L 29/78 (2006.01)
H01L 21/28 (2006.01)
H01L 21/336 (2006.01)
(56) 对比文件
CN 101964356 A，2011.02.02
CN 112417523 A，2021.02.26
CN 111352895 A，2020.06.30
CN 109842491 A，2019.06.04
US 2021358528 A1，2021.11.18
US 2018013431 A1，2018.01.11
CN 109427667 A，2019.03.05
CN 1645626 A，2005.07.27
CN 101764102 A，2010.06.30
US 2021320190 A1，2021.10.14
CN 112632891 A，2021.04.09

Xin Lu 等. A 4 - μm Diameter SPAD Using Less - Doped N - Well Guard Ring in Baseline 65 - nm CMOS. 《IEEE Transactions on Electron Devices》. 2020，第67卷（第5期），2223 - 2225.

Kun Cao 等. Influence of the interface. charges' location on the threshold voltage of pMOSFET. 《2014 12th IEEE International Conference on Solid - State and Integrated Circuit Technology (ICSICT)》. 2014，正文第1-3页.

审查员　黄宝莹

(54) 发明名称
基于栅极外悬量调制晶体管的新型熵源结构及其制造方法

(57) 摘要
本发明公开了基于栅极外悬量调制晶体管的新型熵源结构及其制造方法，新型熵源结构包括单晶硅衬底、设置于单晶硅衬底上侧的有源区及设置于有源区上侧的多晶硅，多晶硅覆盖有源区的部分形成沟道区，多晶硅由沟道区向外侧延伸的部分形成栅极外悬量；多晶硅两端的外悬量长度不相等，多晶硅外悬量较短的一端处的沟道区由于离子横向扩散而部分侵入形成漏电通道，且形成的漏电通道等效为并联在晶体管的源极和漏极之间的寄生电阻。上述新型熵源结构，多晶硅的外悬量的差异形成包含寄生电阻的熵源结构，寄生电阻的阻值呈随机分布，在电源电压及温度出现波动情况下熵源结构的电流具有较宽的分布及良好的分布均衡性，大幅提高了熵源结构的可靠性和随机性。

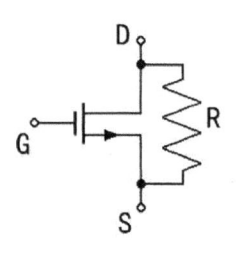

权 利 要 求 书

1. 一种基于栅极外悬量调制晶体管的新型熵源结构，其特征在于，所述新型熵源结构包括单晶硅衬底、设置于所述单晶硅衬底上侧的有源区及设置于所述有源区上侧的多晶硅；

所述多晶硅覆盖所述有源区的部分形成沟道区，所述多晶硅由所述沟道区向外侧延伸的部分形成栅极外悬量；

所述多晶硅的两端分别外悬于所述沟道区且两端的长度不相等，所述多晶硅外悬量较短的一端处的沟道区进行离子注入的过程中离子由于横向扩散而部分侵入，从而在所述多晶硅外悬量较短的一端处的沟道区形成漏电通道，且形成的所述漏电通道等效为并联在所述晶体管的源极与漏极之间的寄生电阻。

2. 根据权利要求1所述的基于栅极外悬量调制晶体管的新型熵源结构，其特征在于，所述多晶硅的长边方向与所述有源区的长边方向相垂直，且所述沟道区位于所述有源区的中段。

3. 根据权利要求2所述的基于栅极外悬量调制晶体管的新型熵源结构，其特征在于，所述沟道区的沟道宽度为沟道长度的1—4倍。

4. 根据权利要求2所述的基于栅极外悬量调制晶体管的新型熵源结构，其特征在于，所述有源区的长度为所述沟道区的沟道长度的5—10倍。

5. 根据权利要求1所述的基于栅极外悬量调制晶体管的新型熵源结构，其特征在于，所述新型熵源结构采用特征尺寸为28—350nm的互补型金属氧化物半导体工艺制作得到。

6. 根据权利要求5所述的基于栅极外悬量调制晶体管的新型熵源结构，其特征在于，所述多晶硅较长的一端的外悬长度为所述特征尺寸的1—3倍。

7. 根据权利要求5所述的基于栅极外悬量调制晶体管的新型熵源结构，其特征在于，所述多晶硅较短的一端的外悬量为所述特征尺寸的0.1—2.5倍。

8. 根据权利要求5所述的基于栅极外悬量调制晶体管的新型熵源结构，其特征在于，所述特征尺寸为180nm，所述多晶硅外悬较短的一端的栅极外悬量位于0—220nm之间。

9. 根据权利要求5所述的基于栅极外悬量调制晶体管的新型熵源结构，其特征在于，所述特征尺寸为65nm，所述多晶硅外悬较短的一端的栅极外悬量位于0—140nm之间。

10. 根据权利要求5所述的基于栅极外悬量调制晶体管的新型熵源结构，其特征在于，所述特征尺寸为40nm，所述多晶硅外悬较短的一端的栅极外悬量位于0—90nm之间。

11. 一种基于栅极外悬量调制晶体管的新型熵源结构的制造方法，其特征在于，所述制造方法包括：

在单晶硅衬底上通过光刻得到有源区，有源区以外为场区；

在所述有源区上覆盖多晶硅薄膜并对所述多晶硅薄膜进行蚀刻得到多晶硅栅；

所述多晶硅栅覆盖所述有源区的部分形成沟道区；所述多晶硅的两端分别外悬于所述沟道区且两端的长度不相等；

对所述有源区进行离子注入，以使离子在所述多晶硅外悬量较短的一端由于横向扩散而部分侵入所述沟道区以形成漏电通道；所述漏电通道等效为并联在所述晶体管的源极与漏极之间的寄生电阻。

基于栅极外悬量调制晶体管的新型熵源结构及其制造方法

技术领域

[0001] 本发明涉及集成电路硬件安全技术领域，尤其涉及一种基于栅极外悬量调制晶体管的新型熵源结构及其制造方法。

背景技术

[0002] 建设数字中国是推动经济社会发展、促进国家治理体系和治理能力现代化的必然要求，也是满足人民日益增长的美好生活需要的客观条件。因此，在全球信息化大潮兴起的时代，中国参与数字时代的建设已是势在必行。随着网络技术的发展，数字化建设已经逐步进入到国家、企业和公众的视野中。在当今的数字化建设中，政府、企业都将原有业务流程和关键信息内容以数据形式存在于"云网"，数据已经成为数字时代的新型生产要素。但是，大量的重要信息汇集于网络之后，如果数据安全防护不到位，就增大了数据泄露的风险。

[0003] 从软件层面实现信息安全的方式，主要是网络防御安全，这种方法易于实现、维护和更新，并且更加灵活。但是软件实现方法很大程度依赖于终端硬件设备的操作系统，如果该硬件设备受到物理层面的暴力攻击或者芯片层面的硬件漏洞攻击，那么就会存在代码或者数据被窃取、检索甚至篡改的危险。而在硬件层面实现信息安全的方式，与传统的密码学一致，可分为密钥的生成和密钥的存储。密钥的生成主要通过搭建硬件电路来实现传统的加密算法，例如公钥密码算法RSA等，相较于软件，此过程不依赖于操作系统，所以不存在软件层面上的逆向工程破解，但实现安全性越高的硬件电路通常意味着需要更加复杂的设计以及更加昂贵的制造成本。此外，传统密钥会存储在非易失性存储器（non-volatile memory，NVM）中。而非易失性存储器保存的数据在其掉电后并不会消失，如果使用暴力拆解芯片外部封装，使用微小的金属探针在特定条件下就可以读取存储器中的数据，从而导致数据泄露。

[0004] 物理不可克隆函数（physically unclonable function，PUF）作为一种新型的硬件安全模块电路，具有不可克隆和可靠性强等特点，是传统NVM较好的替代品，并且有望满足密钥存储的所有安全属性。PUF是通过其内部熵源结构随机地产生包含"0"和"1"的数字密钥，并且不会将密钥长时间存储于存储器中，这使得入侵者很难获取或者篡改PUF熵源结构中的随机数信息。我们知道，制造PUF芯片需要低成本、高可靠性的熵源，然而现有技术中的熵源对于电源电压、环境温度等变化较为敏感，使得熵源电压或电流分布的标准差变窄且不对称，从而导致最终产生的密钥可靠性较低，并且随机性较低（即"0"和"1"的分布不均衡）。

发明内容

[0005] 本发明实施例提供了一种基于栅极外悬量调制晶体管的新型熵源结构，旨在解决现有技术方法中熵源可靠性较差的问题。

[0006] 本发明实施例提供了基于栅极外悬量调制晶体管的新型熵源结构，其包括单晶硅衬底、设置于所述单晶硅衬底上侧的有源区及设置于所述有源区上侧的多晶硅；

[0007] 所述多晶硅覆盖所述有源区的部分形成沟道区，所述多晶硅由所述沟道区向外侧延伸的部分形成栅极外悬量；

[0008] 所述多晶硅的两端分别外悬于所述沟道区且两端的长度不相等，所述多晶硅外悬量较短的一端处的沟道区进行离子注入的过程中离子由于横向扩散而部分侵入，从而在所述多晶硅外悬量较短的一端处的沟道区形成漏电通道，且形成的所述漏电通道等效为并联在所述晶体管的源极与漏极之间的寄生电阻。

[0009] 所述的基于栅极外悬量调制晶体管的新型熵源结构，其中，所述多晶硅的长边方向与所

述有源区的长边方向相垂直，且所述沟道区位于所述有源区的中段。

[0010] 所述的基于栅极外悬量调制晶体管的新型熵源结构，其中，所述沟道区的沟道宽度为沟道长度的1—4倍。

[0011] 所述的基于栅极外悬量调制晶体管的新型熵源结构，其中，所述有源区的长度为所述沟道区的沟道长度的5—10倍。

[0012] 所述的基于栅极外悬量调制晶体管的新型熵源结构，其中，所述新型熵源结构采用特征尺寸为28—350nm的互补型金属氧化物半导体工艺制作得到。

[0013] 所述的基于栅极外悬量调制晶体管的新型熵源结构，其中，所述多晶硅较长的一端的外悬长度为所述特征尺寸的1—3倍。

[0014] 所述的基于栅极外悬量调制晶体管的新型熵源结构，其中，所述多晶硅较短的一端的外悬量为所述特征尺寸的0.1—2.5倍。

[0015] 所述的基于栅极外悬量调制晶体管的新型熵源结构，其中，所述特征尺寸为180nm，所述多晶硅外悬较短的一端的栅极外悬量位于0—220nm之间。

[0016] 所述的基于栅极外悬量调制晶体管的新型熵源结构，其中，所述特征尺寸为65nm，所述多晶硅外悬较短的一端的栅极外悬量位于0—140nm之间。

[0017] 所述的基于栅极外悬量调制晶体管的新型熵源结构，其中，所述特征尺寸为40nm，所述多晶硅外悬较短的一端的栅极外悬量位于0—90nm之间。

[0018] 本发明实施例还提供了一种基于栅极外悬量调制晶体管的新型熵源结构的制造方法，其中，所述制造方法包括：

[0019] 在所述单晶硅衬底上通过光刻得到有源区，有源区以外为场区；

[0020] 在所述有源区上覆盖多晶硅薄膜并对所述多晶硅薄膜进行蚀刻得到多晶硅栅；

[0021] 所述多晶硅栅覆盖所述有源区的部分形成沟道区；所述多晶硅的两端分别外悬于所述沟道区且两端的长度不相等；

[0022] 对所述有源区进行离子注入，以使离子在所述多晶硅外悬量较短的一端由于横向扩散而部分侵入所述沟道区以形成漏电通道；所述漏电通道等效为并联在所述晶体管的源极与漏极之间的寄生电阻。

[0023] 本发明实施例提供了一种基于栅极外悬量调制晶体管的新型熵源结构及其制造方法，新型熵源结构包括单晶硅衬底、设置于单晶硅衬底上侧的有源区及设置于有源区上侧的多晶硅；多晶硅覆盖有源区的部分形成沟道区，多晶硅由沟道区向外侧延伸的部分形成栅极外悬量；多晶硅两端的外悬量长度不相等，多晶硅外悬量较短的一端处的沟道区由于离子横向扩散而部分侵入形成漏电通道，且形成的漏电通道等效为并联在晶体管的源极和漏极之间的寄生电阻。上述的基于栅极外悬量调制晶体管的新型熵源结构，利用多晶硅的外悬量的差异形成包含寄生电阻的熵源结构，寄生电阻的阻值呈随机分布，在电源电压及温度出现波动情况下熵源结构的电流仍然具有较宽的分布及良好的分布均衡性，大幅提高了熵源结构的可靠性和随机性。

附图说明

[0024] 为了更清楚地说明本发明实施例技术方案，下面将对实施例描述中所需要使用的附图作简单的介绍。显而易见地，下面描述中的附图是本发明的一些实施例，对于本领域普通技术人员来讲，在不付出创造性劳动的前提下，还可以根据这些附图获得其他的附图。

[0025] 图1为本发明实施例提供的基于栅极外悬量调制晶体管的新型熵源结构的电路结构图；

[0026] 图2为本发明实施例提供的基于栅极外悬量调制晶体管的新型熵源结构的结构图；

[0027] 图3为本发明实施例提供的基于栅极外悬量调制晶体管的新型熵源结构的立体结构图；

[0028] 图4为本发明实施例提供的基于栅极外悬量调制晶体管的新型熵源结构的结构图；

[0029] 图5为本发明实施例提供的基于栅极外悬量调制晶体管的新型熵源结构的结构图；

[0030] 图6为本发明实施例提供的新型熵源结构的制造方法的流程示意图；
[0031] 图7为本发明实施例提供的基于栅极外悬量调制晶体管的新型熵源结构的效果示意图；
[0032] 图8为本发明实施例提供的基于栅极外悬量调制晶体管的新型熵源结构的效果示意图；
[0033] 图9为本发明实施例提供的基于栅极外悬量调制晶体管的新型熵源结构的效果示意图；
[0034] 图10为本发明实施例提供的基于栅极外悬量调制晶体管的新型熵源结构的效果示意图；
[0035] 图11为本发明实施例提供的基于栅极外悬量调制晶体管的新型熵源结构的效果示意图；
[0036] 图12为本发明实施例提供的基于栅极外悬量调制晶体管的新型熵源结构的效果示意图；
[0037] 图13为本发明实施例提供的基于栅极外悬量调制晶体管的新型熵源结构的效果示意图；
[0038] 图14为本发明实施例提供的基于栅极外悬量调制晶体管的新型熵源结构的效果示意图；
[0039] 图15为本发明实施例提供的基于栅极外悬量调制晶体管的新型熵源结构的效果示意图。

具体实施方式

[0040] 下面将结合本发明实施例中的附图，对本发明实施例中的技术方案进行清楚、完整的描述，显然，所描述的实施例是本发明一部分实施例，而不是全部的实施例。基于本发明中的实施例，本领域普通技术人员在没有做出创造性劳动前提下所获得的所有其他实施例，都属于本发明保护的范围。

[0041] 应当理解，当在本说明书和所附权利要求书中使用时，术语"包括"和"包含"指示所描述特征、整体、步骤、操作、元素和/或组件的存在，但并不排除一个或多个其他特征、整体、步骤、操作、元素、组件和/或其集合的存在或添加。

[0042] 还应当理解，在本发明说明书中所使用的术语仅仅是出于描述特定实施例的目的而并不意在限制本发明。如在本发明说明书和所附权利要求书中所使用的那样，除非上下文清楚地指明其他情况，否则单数形式的"一"、"一个"及"该"意在包括复数形式。还应当进一步理解，在本发明说明书和所附权利要求书中使用的术语"和/或"是指相关联列出的项中的一个或多个的任何组合以及所有可能组合，并且包括这些组合。

[0043] 请参阅图1至图5，如图所示，一种基于栅极外悬量调制晶体管的新型熵源结构，其中，所述新型熵源结构包括单晶硅衬底13、设置于所述单晶硅衬底13上侧的有源区12及设置于所述有源区12上侧的多晶硅11；所述多晶硅11的形状为长方体，所述多晶硅11覆盖所述有源区12的部分形成沟道区，所述多晶硅11由所述沟道区向外侧延伸的部分形成栅极外悬量；所述多晶硅11的两端分别外悬于所述沟道区且两端的长度不相等，所述多晶硅11外悬量较短的一端处的沟道区进行离子注入的过程中离子由于横向扩散而部分侵入，从而在所述多晶硅11外悬量较短的一端处的沟道区形成漏电通道，且形成的所述漏电通道等效为并联在所述晶体管的源极S与漏极D之间的寄生电阻R。

[0044] 在传统设计中，多晶硅外悬的两端栅极外悬量相等并超过一定阈值，以防止在注入过程中离子横向扩散侵入导致在所述沟道区形成漏电通道。在本设计中，多晶硅11一端的外悬量被缩短，导致两端栅极外悬量不相等，多晶硅11外悬较长的一端仍用来防止在注入过程中离子横向扩散侵入导致在所述沟道区形成漏电通道，而多晶硅11外悬较短的一端在沟道区形成漏电通道且等效为并联在晶体管的源极S和漏极D之间的寄生电阻R。正常情况下，外悬量需要足够长，以保证栅极电压低于阈值电压的时候，晶体管源极和漏极之间的漏电流足够小（即不存在漏电通道，等效的电阻阻值很大）。本发明中，我们提出在版图设计上缩短上述外悬量，使得：即使在栅极电压远低于阈值电压的情况下，晶体管源极和漏极之间的仍存在漏电通道和等效电阻，并且不同的晶体管之间，由于工艺偏差的存在，所表现出来的等效电阻都不相同，呈一个标准差很大的正态分布。不仅如此，我们还通过大量实验，来寻找可以使得上述标准差最大的最优外悬量值。在取到该最优外悬量值的情况下，由于等效电阻的标准差最大，其所对应的熵源随机性跟可靠性也都最高。

[0045] 具体的，所制作得到的新型熵源结构的电路结构如图1所示，新型熵源结构可表示为一个包含有源区寄生电阻R的栅极外悬量调制晶体管（gate-overhang-modulated-transistor，GOMT），有源区12由源区、沟道区、漏区构成，两端的源区和漏区分别连接两个电极，则有源区12的两端分别作为GOMT晶体管的源极S和漏极D，多晶硅11外悬量未被缩短的一端作为GOMT晶体管的栅极连接其他电路元器件，多晶硅11外悬量被缩短的一端形成并联在源极S和漏极D之间的漏电通道，等效为一个寄生电阻R。

[0046] 本实施中的GOMT晶体管的设计思路是在源极S和漏极D之间形成一个阻值随栅极外悬量W_0（多晶硅11外悬量被缩短的一段）变化的寄生电阻R，其结构如图2及图3所示，该有源区电阻R可以通过调节栅极外悬量得到，图2中箭头方向即为进行离子注入的方向，注入过程中离子的横向扩散方向与箭头方向相垂直。该型熵源结构可采用互补型金属氧化物半导体（CMOS，complementary-metal-oxide-semiconductor）工艺进行制造，其中，CMOS工艺的特征尺寸可以是28—350nm，特征尺寸就是半导体工艺中光刻的最小线宽；典型的特征尺寸如28nm、40nm、65nm、90nm、180nm或350nm，由于CMOS制造过程中存在着不可控制的工艺偏差会使得制造出来GOMT晶体管的栅极外悬量W_0形成一个随机统计分布，进而导致所并联在源极S和漏极D之间的寄生电阻阻值R也会呈现出相应的统计分布趋势。

[0047] 所述多晶硅11外悬较短的一端在180nm CMOS工艺下的栅极外悬量W_0位于0—220nm之间，在65nm CMOS工艺下的栅极外悬量W_0位于0—140nm之间，在40nm CMOS工艺下的栅极外悬量W_0位于0—90nm之间。

[0048] 在更具体的实施例中，所述多晶硅11的长边方向与所述有源区12的长边方向相垂直，且所述沟道区位于所述有源区12的中段。其中，所述沟道区的沟道宽度W为沟道长度L的1—4倍。具体的，所述有源区12的长度为所述沟道区的沟道长度L的5—10倍。

[0049] 目前的CMOS工艺无法刻蚀出尺寸完全没有偏差的多晶硅11，因此必须充分保证多晶硅11的长宽比具有足够的裕量用于抵消刻蚀过程所消耗掉的尺寸，即必须使多晶硅由沟道区向外侧延伸形成栅极外悬量。在对有源区12进行离子注入过程中，可利用已经刻蚀形成在有源区12上的多晶硅11作为掩模版，也即是多晶硅11可以阻挡离子注入，多晶硅11覆盖有源区12的部分形成沟道区，栅极外悬量缩短的一端，由于离子注入后高浓度离子的横向扩散，会部分侵入沟道区，形成漏电通道，漏电通道即等效为一个寄生电阻R。所述多晶硅11较长的一端的外悬长度W_S大于一定阈值，由于离子注入过程中离子的横向扩散距离有限，有源区12上与多晶硅11较短一端对应的位置会形成有源区电阻R，而多晶硅11较长的一端远离有源区12，因此所对应的沟道区一端不存在上述横向扩散，设置较长外悬长度W_S的一端大于一定阈值就是为了确保多晶硅11的这一端不会存在横向扩散。基于多晶硅11所具有的不同栅极外悬量，可以形成不同形态的熵源结构，如图4所示，在180nm CMOS工艺下一共可形成三种形态的熵源结构，三种形态的熵源结构的有源区电阻R也具有不同的特点，第一种形态[图4中的（a）]的GOMT晶体管中的栅极外悬量$W_0>100nm$，第二种形态[图4中的（b）]的GOMT晶体管中的栅极外悬量$0<W_0<100nm$，第三种形态[图4中的（c）]的GOMT晶体管中的栅极外悬量$W_0<0nm$（即外悬量为负值），图4中后两种形态的GOMT晶体管可形成一个导电性较高的有源区电阻R，且第二种形态的有源区电阻阻值大于第三种形态的有源区电阻。

[0050] 在更具体的实施例中，所述多晶硅11较短的一端的栅极外悬量W_0为所述特征尺寸的0.1—2.5倍，所述多晶硅11较长的一端的外悬量W_S为所述特征尺寸的1—3倍。

[0051] 例如，在选择特征尺寸为180nm的互补型金属氧化物半导体工艺时，多晶硅11较短的一端的栅极外悬量W_0为18—450nm；多晶硅11较长的一端的外悬量W_S为180—540nm；例如，在选择特征尺寸为65nm的互补型金属氧化物半导体工艺时，多晶硅11较短的一端的栅极外悬量W_0为6.5—162.5nm；多晶硅11较长的一端的外悬量W_S为65—195nm；例如，在选择特征尺寸为40nm的互补型金属氧化物半导体工艺时，多晶硅11较短的一端的栅极外悬量W_0为4—100nm；多晶硅

11较长的一端的外悬量W_s为40—120nm。

[0052] 本实施中的GOMT晶体管可作为熵源结构制作得到PUF芯片，除此之外，本实施例中的GOMT晶体管还可作为其他电路元器件（如反相器、耦合器等）的熵源，而不仅限于PUF芯片。为了探究GOMT管中栅极外悬量与该管的有源区电阻关系，本案基于180nm的CMOS工艺制作了18个不同尺寸的GOMT管阵列，每个阵列设计一种栅极外悬量W_0的尺寸，每一GOMT管阵列均由16×16个相同尺寸的基本单元以及外围电路组成，外围电路主要有用于4线—16线行寻址译码器和4线—16线列寻址译码器以及16选1多路选择器（MUX），其中每一基本单元即由一个NMOS管和一个GOMT管组成，NMOS管是作为选通管控制该基本单元的读取过程，其栅极连接行译码器，漏极连接MUX将基本单元与外部连接，源极连接GOMT管的漏极，GOMT管的栅极外接一个偏置电压V_{bias}（本实施例中除有特殊说明之外，V_{bias}均设置为0V，即GOMT管中的栅极下方不会形成沟道，因此基本单元所测试的电流为流过有源区寄生电阻的电流），GOMT管的源极接地。输入包含行地址信号及列地址信号的地址信号，行译码器接受相应的行地址信号并且将对应行中的基本单元的选通管打开，列译码器接受相应的列地址信号并且将对应列的信息传递给多路选择器，多路选择器将对应列的基本单元中选通管的漏极连接到外部端口，使用外部电源对基本单元供电（如$V_{DD}=1.8V$），同时使用高精度的器件电流波形分析仪（KEYSIGHTCX3322A）即可对流过基本单元的电流进行检测和采集，对18个不同栅极外悬量W_0尺寸的GOMT管阵列进行测试所得到的电流统计结果如表1、图7及图8所示。

[0053] 表1

[0054]

W_0 (nm)	-40	-20	0	20	40	60	80	100	220
I_{mean} (μA)	134.1	133.2	124.2	118.6	116.9	77.3	42.5	-0.377	-0.375
I_{std} (μA)	2.19	2.82	1.90	1.98	2.14	9.97	20.298	0.046	0.043
W_0 (nm)	-220	-200	-180	-160	-140	-120	-100	-80	-60
I_{mean} (μA)	131.2	134.3	131.0	134.4	134.3	134.2	134.6	134.2	133.8
I_{std} (μA)	1.89	1.99	1.89	1.96	1.87	1.99	1.67	2.04	2.07

[0055] 其中，每一个GOMT管阵列均包含256个基本单元分别对应的电流值，其中，I_{mean}为每一个GOMT管阵列所包含基本单元的电流均值，I_{std}为每一个GOMT管阵列所包含基本单元的电流标准差。将电流统计结果转换为直方图形式进行表示即可得到图7，图7中横坐标为电流，纵坐标为GOMT管阵列的栅极外悬量W_0，图中的直方图为每个尺寸下该阵列的电流均值I_{mean}，图中水平线段为每一阵列电流的主要波动范围（$I_{mean}-I_{std}$，$I_{mean}+I_{std}$）。将电流统计结果中部分尺寸阵列的电流值统计数量转换为折线形式进行表示即可得到图8，图8中横轴为电流，纵轴为基本单元的统计数量，图中的每条线代表一种尺寸的阵列电流分布情况，例如图中带圆点形标志物的曲线为$W_0=80nm$的GOMT管阵列的电流分布情况。

[0056] 由图6至图7可看出当栅极外悬量$W_0 \geq 100nm$时，该GOMT阵列所测得的电流基本等于0，且电流的波形性较小。这是因为当栅极外悬量$W_0 \geq 100nm$时，制造出来的GOMT管其栅极与有源区的形态为第一种形态[图4中的（a）]，这意味着栅极外悬量仍然较长，在进行离子注入时，能够通过横向扩散进入沟道区的离子仍然非常少，没有能够形成较为明显的漏电通道（即寄生电阻较大）。该GOMT管与正常的NMOS管较为类似，其源漏极电流仍只能通过栅极控制形成的沟道流过，而由于GOMT管的栅极所输入的偏置电压$V_{bias}=0$，即栅极下方并没有形成导电沟道，此时所测得电流为正常MOS管存在的漏电流。换句话说，当栅极外悬量$W_0 \geq 100nm$时，GOMT管的寄生电阻仍较大且电阻分布标准差很小，这并不是理想的熵源管尺寸。

[0057] 当栅极外悬量为负值（即$W_0 \leq 0nm$）时，该GOMT阵列所测得的电流基本约等于130μA，且电流的波动性较小。这是因为当栅极外悬量$W_0 \leq 0nm$时，制造出来的这些尺寸的GOMT管，其

栅极与有源区的形态如第三种形态［图4中的（c）］，这意味着刻蚀出来的栅极非但没有伸出有源区而且向反方向缩进一定长度，在进行离子注入时，部分源极S和漏极D中间的有源区因为没有多晶硅11进行遮挡而暴露在离子注入的环境中，从而使得离子注入以后，该GOMT管直接在源极S和漏极D之间形成有源区导电通道，且该导电通道的电阻R的大小与W_0有关。该GOMT管符合设想，但由于多晶硅向沟道区内部缩进（即外悬量为负值），使得GOMT管中受栅极控制的沟道区小于相同尺寸正常的NMOS管的栅极所控制沟道区的面积，即相当于GOMT管模型中的理想NMOS管的沟道长度不变，沟道宽度约减少了W_0。这使得虽然GOMT管的栅极所输入的偏置电压$V_{bias}=0$，即GOMT管中的受栅极控制的沟道区处于关闭状态，但由于多晶硅向沟道区内部缩进的部分在经过离子注入以后会形成较大的漏电通道，对应着较小的寄生电阻。当GOMT管源漏两端施加电压时，会由于上述漏电通道形成较大的漏电流。测试结果表明，该漏电流在不同GOMT管之间的分布标准差较小。换言之，当栅极外悬量$W_0 \leq 0$nm时，GOMT管的源漏电阻较小并且阻值变化性不大，这也不是理想的熵源管尺寸。

[0058] 当栅极外悬量$0 \leq W_0 \leq 40$nm时，该GOMT阵列所测得的电流基本约等于116—125μA，且电流的波动性较小，基本上下波动1μA左右。虽然从设计上看多晶硅栅与有源区的关系应该是第二种形态，但是从结果上看，很显然，制作出来的GOMT管的多晶硅栅与有源区的关系应该如第三种形态，也即是实际使用效果与第三种形态类似，这是因为上述离子注入过程中横向扩散导致的电流的波动性不大，即其对应的寄生电阻阻值变化性不大，所以$0 \leq W_0 \leq 40$nm也不是十分理想的熵源管尺寸。

[0059] 当栅极外悬量$60 \leq W_0 \leq 80$nm时，该GOMT阵列所测得的电流分布情况出现很大的改变，从测试结果来看，流过$W_0=60$nm的GOMT管的电流比$W_0=40$nm的GOMT管的电流减少约40uA，且其电流波动较上述讨论的尺寸大很多，可以看到其电流分布范围较更加大，这比较符合预期理想。而$W_0=80$nm的尺寸表现出更小的电流，且其电流波动更加剧烈，且测得电流分布较$W_0=60$nm的GOMT电流分布更加均匀。从测试结果来看，$60 \leq W_0 \leq 80$nm尺寸的GOMT管的多晶硅栅与有源区的关系更接近于第二种形态［图4中的（b）］。GOMT管的等效模型也如图1的符号所示，为一个理想的NMOS管并联一个寄生电阻。理想NMOS管在输入的偏置电压$V_{bias}=0$时处于关闭状态，此时流过理想NMOS管的电流几乎为0，即只有少量的漏电流存在于理想NMOS管中。所以流过$60<W_0<80$nm的GOMT管的总电流主要是依靠栅极外悬量调制形成了较大的源漏寄生电阻，且该电阻受制造工艺偏差的影响较大，呈现出较宽的分布（即标准差较大）。综上所述，当特征尺寸为180nm时，多晶硅较短的一端的外悬量W_0为50至90nm是较优的一种设计尺寸，而外悬量W_0设置为60至80nm是一种更为理想的GOMT管的设计尺寸，而从图7中可以看出外悬量$W_0=80$nm表现出极高随机的电流分布，所以$W_0=80$nm为栅极外悬量的最优选择。

[0060] 为避免一块PUF芯片的测试结果的偶然性，也为了证明上述设计尺寸的严谨性和合理性，本案另取9块芯片（编号为2—10），并对每一块芯片中的18个栅极外悬量W_0尺寸进行扫描，扫描结果中每块芯片上栅极外悬量W_0的大小与其所测得的电流数据变化之间的规律与上述第一块芯片（编号为1的芯片）的规律一致。对10块PUF芯片上栅极外悬量$W_0=80$nm的GOMT管阵列（每个阵列均包含256个基本单元）的电流进行测试，所得到的测试结果如图9及表2所示，图9中纵坐标即为芯片编号，从图表可以看出，$W_0=80$nm的GOMT管表现出极大的电流随机性，电流均值基本为20—46μA的范围内，且电流标准差都是接近于20μA的量级。

[0061] 表2

电流值（μA） \ 编号（数量）	1	2	3	4	5	6	7	8	9	10
-0.741	0	4	2	1	16	1	3	0	19	25
2.963	2	7	2	4	10	6	1	4	20	27
6.667	6	8	7	2	14	3	4	2	21	22
10.37	8	7	5	6	15	10	3	7	13	21
14.07	8	10	8	13	22	8	12	5	11	19
17.78	17	3	9	11	16	9	5	7	11	16
21.48	11	11	14	12	7	13	7	10	18	15
25.18	15	6	16	7	22	8	5	5	14	13
28.89	14	12	12	5	17	15	7	4	13	12
32.59	18	12	11	14	17	10	15	6	18	13
36.30	12	17	8	12	18	12	10	9	23	12
40.00	18	18	14	3	12	13	12	21	15	9
43.70	8	15	18	22	13	16	13	27	13	12
47.41	14	17	16	20	10	16	10	16	10	7
51.11	10	21	15	13	13	13	12	11	7	8
54.81	13	16	17	13	8	18	21	16	4	7
58.52	19	23	21	24	12	18	23	25	6	4
62.22	21	11	20	15	4	20	27	16	3	4
65.93	15	12	15	19	3	13	11	16	3	4
69.63	7	9	9	19	2	12	21	12	4	1
73.33	11	10	9	12	2	10	14	8	2	2
77.04	2	5	7	4	2	6	12	9	1	1
80.74	4	1	1	3	1	3	4	3	0	0
84.44	2	0	1	2	0	2	0	1	0	0
88.14	1	1	1	0	0	1	1	0	0	0

[0063] 对图9及表2中所得到的测试结果进行电流值统计，统计结果如表3所示，表3中I_{mean}为每一个GOMT管阵列所包含基本单元的电流均值，I_{std}为每一个GOMT管阵列所包含基本单元的电流标准差。

[0064] 表3

编号	1	2	3	4	5	6	7	8	9	10
I_{mean}（μA）	42.5	42.4	44.3	46.4	29.6	44.5	49.4	49.1	26.7	23.0
I_{std}（μA）	20.30	20.63	19.79	20.16	19.21	20.53	19.92	19.02	18.43	18.60

[0066] 然而由于芯片在制造过程中的工艺偏差，使得芯片与芯片之间的电流波动范围会出现小幅度的变化。综上分析可知，栅极外悬量 $W=80nm$ 的GOMT管等效于一个理想的NMOS管并联一个栅极外悬量调制形成的寄生电阻。当GOMT管的栅极施加0V的偏置电压时，其对应的理想

NMOS 管关闭，当对 GOMT 管的源极和漏极施加电压时，测得流过上述寄生电阻的电流较流过其他尺寸下的 GOMT 管的寄生电阻的电流波动性大，即 $W_0=80\text{nm}$ 的 GOMT 管的寄生电阻阻值呈现较宽的随机分布，满足 GOMT 管作为高性能 PUF 熵源的要求。

[0067] GOMT 管的偏置电压均为 0，即 GOMT 管等效模型中的理想 NMOS 管均为关闭状态。由于栅极外悬量 $W_0=80\text{nm}$ 的 GOMT 管的寄生电阻表现出较大的阻值随机性。因此可对第一个芯片（编号为 1 的芯片）中栅极外悬量 $W_0=80\text{nm}$ 的 GOMT 管阵列在不同栅极偏置电压下进行进一步测试，以获取不同栅极偏置电压下 GOMT 管阵列的电流数据，对电流数据进行统计所得到的结果如图 10、图 11 及表 4 所示。

[0068] 表 4

[0069]

V_{bias} (V)	-1.8	-1.5	-1	-0.8	-0.5	-0.3	0	0.3	0.6
I_{mean} (μA)	34.2	35.9	37.7	38.5	39.8	40.8	41.7	41.7	51.6
I_{std} (μA)	18.96	20.00	20.47	20.63	20.56	20.48	19.84	19.84	18.01

[0070] 从表 4 可以得知，当 GOMT 管的栅极偏置电压为负电压时，GOMT 管阵列的电流均值会随着偏置电压的增加而减小，这说明当 GOMT 管等效模型中的理想 NMOS 管的栅极电压为负电压时，会进一步遏制其产生漏电流。而从电流减小的幅值来看，当理想 NMOS 管的栅极施加负电压，还可能对栅极下方附近的寄生电阻起到一定的反作用，使得流过寄生电阻的电流变小，但是这种反作用的控制效用并不是很明显。同时观察到 GOMT 管阵列的电流的标准差基本上没有较大的变化，说明理想 NMOS 管的栅极负电压会引起寄生电阻变大，但是其电阻阻值的分布和随机性基本不受影响。

[0071] 当 GOMT 管施加栅极正偏置电压时，可以明显观察到 GOMT 管阵列的电流发生较大的变化。首先是 GOMT 管阵列的电流均值发生较大的变化，其会随着栅极电压的增加而明显增大；其次随着栅极电压的增加，电流的标准差变小，即电流的波形性变小，但在较小的偏置电压 V_{bias}（V_{bias} 不大于 0.6V）下标准差的变化程度仍较小。这是因为施加正向的栅极偏置电压之后，源极与漏极之间的导电通道分为两部分，一部分是离子注入横向扩散形成的寄生电阻，另一部分是由栅极控制的沟道区，其在栅极的正偏置电压控制下产生导电沟道。此时，GOMT 管是由两种机制共同作用产生电流，由于理想 NMOS 管在源极和漏极间的等效电阻变小，所以 GOMT 管的源极和漏极之间的阻值也会变小。如果理想 NMOS 的等效阻值小于外悬量调制形成的寄生电阻阻值时，其电流的波动则主要由理想 NMOS 管的工艺误差引起。

[0072] 综上可知，当栅极施加负的栅极偏置电压 V_{bias} 时，栅极偏振电压 V_{bias} 对于 GOMT 管的电流分布影响极小，当栅极施加正向的栅极偏置电压 V_{bias} 时（V_{bias} 不大于 0.6V），其对 GOMT 管的电流分布影响也极小。

[0073] 为了探究外部环境中的变量对于 GOMT 管电流分布的影响，本方案中分别测试了第一个芯片（编号为 1 的芯片）处于不同的温度或者不同的测试电压（即 GOMT 管的源漏极电压 V_{ds}）时的 GOMT 管阵列（$V_{\text{bias}}=0$，$W_0=80\text{nm}$）的电流。图 12 及图 13 即为 GOMT 管阵列在温度 T 为 -60—150℃下（$V_{\text{ds}}=0.2\text{V}$）的电流测试结果，图 14 及图 15 即为 GOMT 管阵列在源漏极电压 $V_{\text{ds}}=0.2$ 至 1.8V（$T=25℃$）下的电流测试结果。从图中可知，随着温度的增加，其电流的均值和标准差正在逐渐变小，但是变小的幅度并不大，GOMT 管的寄生电阻阻值仍可以表现出极大的随机性。此外，随着 GOMT 管的源漏极电压的减小，可以得知在不同源漏极电压下其电流基本保持了类似的随机性分布。由上述测试结果可以得出，当栅极外悬量 $W_0=80\text{nm}$、栅极偏压 $V_{\text{bias}}=0\text{V}$ 时，其 GOMT 管阵列的电流分布具有较强的随机性，且其在栅极偏压 V_{bias}、源漏极电压 V_{ds}、温度 T 的波动下，其电流具有较宽的分布宽幅及良好的分布均衡性，可作为构成 PUF 芯片的理想熵源进行使用。

[0074] 本发明实施例还提供了一种基于栅极外悬量调制晶体管的新型熵源结构的制造方法，如图 6 所示，该制造方法包括步骤 S110—S140。

[0075] S110. 在所述单晶硅衬底上通过光刻得到有源区，有源区以外为场区；

[0076] S120. 在所述有源区上覆盖多晶硅薄膜并对所述多晶硅薄膜进行蚀刻得到多晶硅栅。

[0077] S130. 所述多晶硅栅覆盖所述有源区的部分形成沟道区；所述多晶硅的两端分别外悬于所述沟道区且两端的长度不相等；

[0078] S140. 对所述有源区进行离子注入，以使离子在所述多晶硅外悬量较短的一端由于横向扩散而部分侵入所述沟道区以形成漏电通道；所述漏电通道等效为并联在所述晶体管的源极与漏极之间的寄生电阻。

[0079] 在本发明实施例所提供的基于栅极外悬量调制晶体管的新型熵源结构及其制造方法，新型熵源结构包括单晶硅衬底、设置于所述单晶硅衬底上侧的有源区及设置于所述有源区上侧的多晶硅；所述多晶硅覆盖所述有源区的部分形成沟道区，所述多晶硅由所述沟道区向外侧延伸的部分形成栅极外悬量；多晶硅两端的外悬量长度不相等，多晶硅外悬量较短的一端处的沟道区由于离子横向扩散而部分侵入形成漏电通道，且形成的漏电通道等效为并联在晶体管的源极和漏极之间的寄生电阻。上述的基于栅极外悬量调制晶体管的新型熵源结构，利用多晶硅的外悬量的差异形成包含寄生电阻的熵源结构，寄生电阻的阻值呈随机分布，在电源电压及温度出现波动情况下熵源结构的电流仍然具有较宽的分布及良好的分布均衡性，大幅提高了熵源结构的可靠性和随机性。

[0080] 以上所述，仅为本发明的具体实施方式，但本发明的保护范围并不局限于此，任何熟悉本技术领域的技术人员在本发明揭露的技术范围内，可轻易想到各种等效的修改或替换，这些修改或替换都应涵盖在本发明的保护范围之内。因此，本发明的保护范围应以权利要求的保护范围为准。

说 明 书 附 图

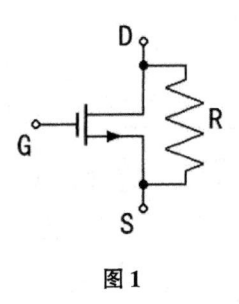

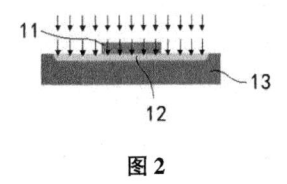

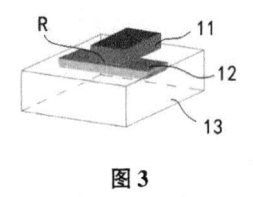

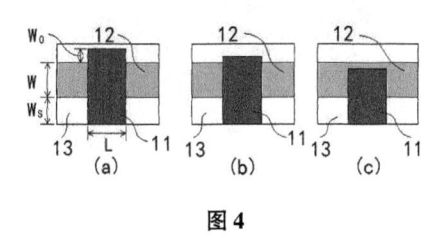

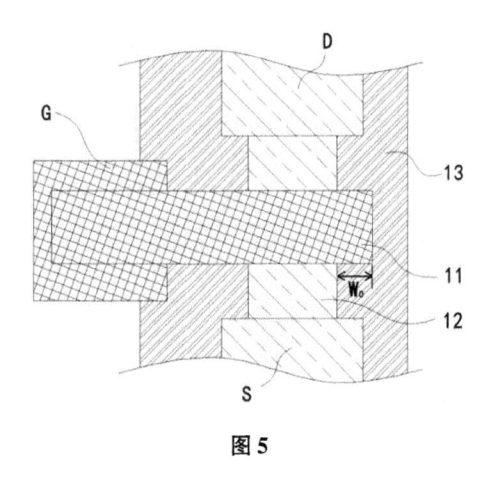

图 1

图 2

图 3

图 4

图 5

```
┌─ S110
│ 在所述单晶硅衬底上通过光刻得到有源
│ 区，有源区以外为场区
└─
    ↓
┌─ S120
│ 在所述有源区上覆盖多晶硅薄膜并对所
│ 述多晶硅薄膜进行蚀刻得到多晶硅栅
└─
    ↓
┌─ S130
│ 所述多晶硅栅覆盖所述有源区的部分形
│ 成沟道区；所述多晶硅的两端分别外悬
│ 于所述沟道区且两端的长度不相等
└─
    ↓
┌─ S140
│ 对所述有源区进行离子注入，以使离子
│ 在所述多晶硅外悬量较短的一端由于横
│ 向扩散而部分侵入所述沟道区以形成漏
│ 电通道；所述漏电通道等效为并联在所
│ 述晶体管的源极与漏极之间的寄生电阻
└─
```

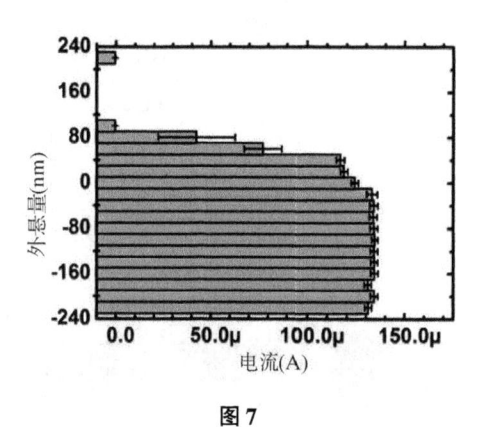

图 6

图 7

图 8

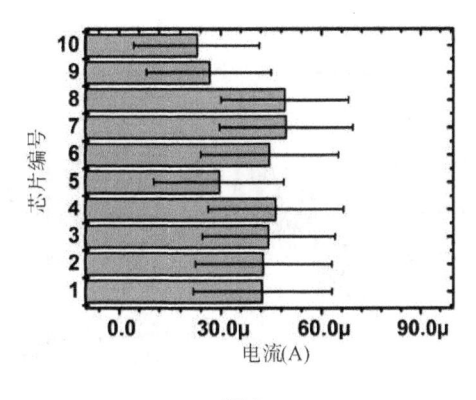

图 9

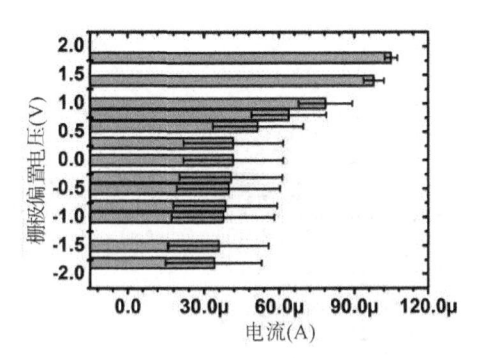

图 10

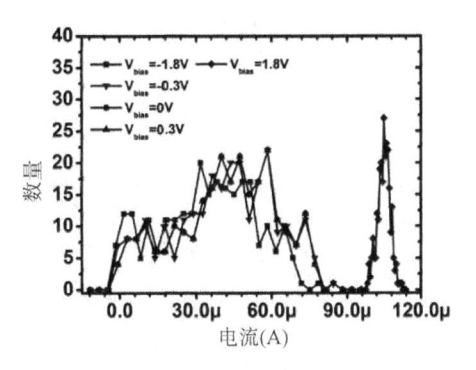

图 11

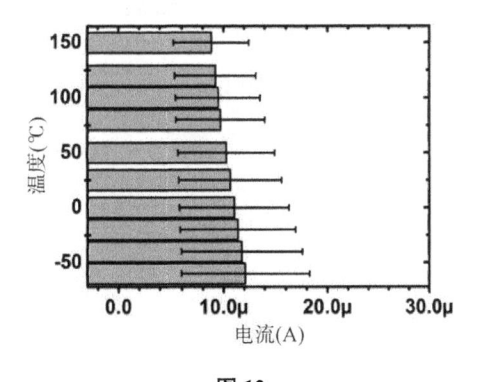

图 12

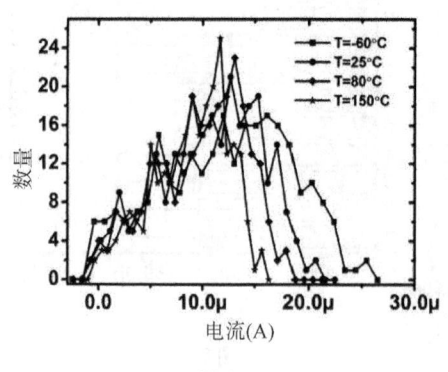

图 13

图 14

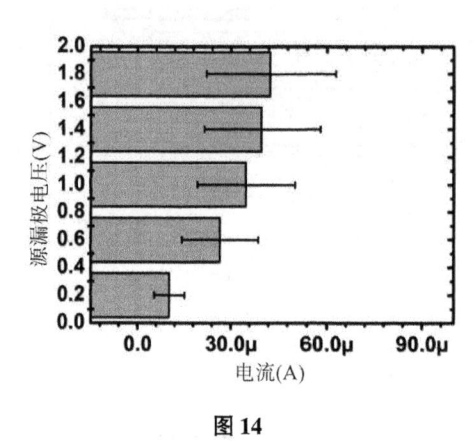

图 15

(19) **国家知识产权局**

(12) 发明专利

(10) 授权公告号 CN 113015056 B
(45) 授权公告日 2022.10.11

(21) 申请号 202110279167.6

(22) 申请日 2021.03.16

(65) 同一申请的已公布的文献号
申请公布号 CN 113015056 A

(43) 申请公布日 2021.06.22

(73) 专利权人 英华达（上海）科技有限公司
地址 201114 上海市闵行区浦星路789号
专利权人 英华达（上海）电子有限公司
英华达股份有限公司

(72) 发明人 王明光 洪智忠

(74) 专利代理机构 上海隆天律师事务所 31282
专利代理师 夏彬

(51) Int. Cl.
H04R 1/10 (2006.01)

(56) 对比文件
CN 206149456 U, 2017.05.03
JP 2016059429 A, 2016.04.25
CN 210491164 U, 2020.05.08
审查员 吴峰

(54) 发明名称
耳机组件及控制方法

(57) 摘要
本发明提供了一种耳机组件及控制方法，耳机组件包括第一耳机、第二耳机和耳机充电盒；第一耳机和第二耳机分别设置有多个第一磁铁和多个第二磁铁；耳机充电盒包括盒体以及盒盖；盒体设置有多个第一电磁铁、多个第二电磁铁和控制主板，控制主板用于控制多个第一电磁铁和多个第二电磁铁的通电状况，通电状况包括电磁铁处于断电状态和处于不同电流的通电状态；第一电磁铁通电时，第一电磁铁与第一磁铁相排斥；第二电磁铁通电时，第二电磁铁与第二磁铁相排斥。本发明的耳机和充电盒通过分别设置有多个磁铁和多个电磁铁，通过多个磁铁以及多个电磁铁位置的设定，以及各个电磁铁电流的调节，使得耳机在弹出过程中更平稳，方便用户拿取耳机。

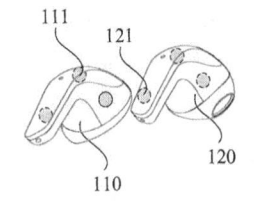

权 利 要 求 书

1. 一种耳机组件，其特征在于，包括第一耳机、第二耳机和耳机充电盒；

所述第一耳机和所述第二耳机分别设置有多个第一磁铁和多个第二磁铁；

所述耳机充电盒包括盒体以及可与所述盒体相扣合的盒盖；

所述盒体设置有多个第一电磁铁、多个第二电磁铁和控制主板，所述控制主板用于控制多个所述第一电磁铁和多个所述第二电磁铁的通电状况，所述通电状况包括电磁铁处于断电状态和处于不同电流的通电状态；

所述第一电磁铁通电时，所述第一电磁铁与所述第一磁铁相排斥；

所述第二电磁铁通电时，所述第二电磁铁与所述第二磁铁相排斥；

所述控制主板包括分别独立控制多个所述第一电磁铁和多个所述第二电磁铁的通电状况的第一控制电路和第二控制电路；

第一耳机检测装置，通过所述控制主板与第一控制电路电连接，所述第一耳机检测装置用于检测所述第一耳机的轴线与水平面的倾斜角度 $\beta1$，并且根据所述倾斜角度 $\beta1$ 向所述控制主板发送第一耳机正常升起或异常升起的信号；所述控制主板根据第一耳机升起的状态信号控制各个第一电磁铁的电流的大小；

第二耳机检测装置，通过所述控制主板与第二控制电路电连接，所述第二耳机检测装置用于检测所述第二耳机的轴线与水平面的倾斜角度 $\beta2$，并且根据所述倾斜角度 $\beta2$ 向所述控制主板发送第二耳机正常升起或异常升起的信号；所述控制主板根据第二耳机升起的状态信号控制各个第二电磁铁的电流的大小。

2. 根据权利要求1所述的耳机组件，其特征在于，所述盒体还设置有分别用于容置所述第一耳机和所述第二耳机的第一容置腔和第二容置腔；

多个所述第一电磁铁设置于所述第一容置腔背离容置所述第一耳机的一侧；和/或

多个所述第二电磁铁设置于所述第二容置腔背离容置所述第二耳机的一侧。

3. 根据权利要求1所述的耳机组件，其特征在于，

多个所述第一磁铁的位置与多个所述第一电磁铁的金属体的位置相对应；和/或

多个所述第二磁铁的位置与多个所述第二电磁铁的金属体的位置相对应。

4. 一种耳机组件，其特征在于，包括第一耳机、第二耳机和耳机充电盒；

所述第一耳机和所述第二耳机分别设置有一个或多个第一磁铁和一个或多个第二磁铁；

所述耳机充电盒包括盒体以及可与所述盒体相扣合的盒盖；

所述盒体设置有一个或多个第一电磁铁、一个或多个第二电磁铁、控制主板和开盖检测装置，所述控制主板用于控制一个或多个所述第一电磁铁和一个或多个所述第二电磁铁的通电状况，所述通电状况包括电磁铁处于断电状态和处于不同电流的通电状态；

所述第一电磁铁通电时，所述第一电磁铁与所述第一磁铁相排斥；

所述第二电磁铁通电时，所述第二电磁铁与所述第二磁铁相排斥；

所述开盖检测装置与所述控制主板电连接；所述开盖检测装置通过所述控制主板分别与一个或多个所述第一电磁铁以及一个或多个所述第二电磁铁电连接；

所述开盖检测装置用于检测所述盒体和所述盒盖的开合状态，并向所述控制主板传输开合状态信号；

所述控制主板包括分别独立控制一个或多个所述第一电磁铁和一个或多个所述第二电磁铁的通电状况的第一控制电路和第二控制电路；

第一耳机检测装置，通过所述控制主板与第一控制电路电连接，所述第一耳机检测装置用于检测所述第一耳机的轴线与水平面的倾斜角度 $\beta1$，并且根据所述倾斜角度 $\beta1$ 向所述控制主板发送第一耳机正常升起或异常升起的信号；所述控制主板根据第一耳机升起的状态信号控制各个第一电磁铁的电流的大小；

第二耳机检测装置，通过所述控制主板与第二控制电路电连接，所述第二耳机检测装置用于检

测所述第二耳机的轴线与水平面的倾斜角度 $β2$，并且根据所述倾斜角度 $β2$ 向所述控制主板发送第二耳机正常升起或异常升起的信号；所述控制主板根据第二耳机升起的状态信号控制各个第二电磁铁的电流的大小。

5. 根据权利要求 4 所述的耳机组件，其特征在于，所述盒体还设置有分别用于容置所述第一耳机和所述第二耳机的第一容置腔和第二容置腔；

一个或多个所述第一电磁铁设置于所述第一容置腔背离容置所述第一耳机的一侧；和/或

一个或多个所述第二电磁铁设置于所述第二容置腔背离容置所述第二耳机的一侧。

6. 根据权利要求 4 所述的耳机组件，其特征在于，一个或多个所述第一磁铁的位置与一个或多个所述第一电磁铁的金属体的位置相对应；和/或

一个或多个所述第二磁铁的位置与一个或多个所述第二电磁铁的金属体的位置相对应。

7. 根据权利要求 5 所述的耳机组件，其特征在于，还包括：

第一容置腔检测装置，通过所述控制主板与第一控制电路电连接，所述第一容置腔检测装置用于检测所述第一容置腔是否容置有所述第一耳机，并向所述控制主板传输是否容置所述第一耳机的信号；

第二容置腔检测装置，通过所述控制主板与第二控制电路电连接，所述第二容置腔检测装置用于检测所述第二容置腔是否容置有所述第二耳机，并向所述控制主板传输是否容置所述第二耳机的信号。

8. 根据权利要求 4 所述的耳机组件，其特征在于，还包括：

耳机充电盒检测装置，通过所述控制主板与所述第一控制电路以及所述第二控制电路电连接；所述耳机充电盒检测装置用于检测耳机充电盒相对于水平面的倾斜角度 $α$，并且根据所述倾斜角度 $α$ 向所述控制主板发送耳机充电盒处于正常状态或异常状态的信号。

9. 根据权利要求 4 所述的耳机组件，其特征在于，还包括：

时长检测装置，与所述控制主板电连接，所述时长检测装置用于检测通电的一个或多个所述第一电磁铁或一个或多个所述第二电磁铁的通电时长。

10. 一种耳机组件控制方法，其特征在于，包括以下步骤：

判断耳机充电盒的盒盖是否处于开启状态；

如果盒盖处于开启状态，则检测耳机充电盒是否容置有第一耳机和/或第二耳机；

如果耳机充电盒容置有第一耳机和/或第二耳机，则检测耳机充电盒相对于水平面的倾斜角度 $α$ 是否小于第一阈值；

如果倾斜角度 $α$ 小于第一阈值，则一个或多个第一电磁铁，和/或一个或多个第二电磁铁通电，所述第一电磁铁与第一耳机中设置的第一磁铁相排斥和/或所述第二电磁铁与第二耳机中设置的第二磁铁相排斥；

所述一个或多个第一电磁铁通电步骤后，还包括如下步骤：

检测第一耳机的轴线与水平面的倾斜角度 $β1$，判断所述倾斜角度 $β1$ 大于第二阈值；

如果倾斜角度 $β1$ 大于第二阈值，则调节各个第一电磁铁的电流大小直至所述倾斜角度 $β1$ 小于第二阈值；以及

所述一个或多个第二电磁铁通电步骤后，还包括如下步骤：

检测第二耳机的轴线与水平面的倾斜角度 $β2$，判断所述倾斜角度 $β2$ 大于第三阈值；

如果倾斜角度 $β2$ 大于第三阈值，则调节各个第二电磁铁的电流大小直至所述倾斜角度 $β2$ 小于第三阈值。

11. 根据权利要求 10 所述的耳机组件控制方法，其特征在于，所述一个或多个第一电磁铁通电步骤后，还包括如下步骤：

计算第一电磁铁的通电时间 $T1$；

判断所述通电时间 $T1$ 是否大于第一时间阈值；

如通电时间 $T1$ 大于第一时间阈值，则一个或多个第一电磁铁断电；以及
所述一个或多个第二电磁铁通电步骤后，还包括如下步骤：
计算第二电磁铁的通电时间 $T2$；
判断所述通电时间 $T2$ 是否大于第二时间阈值；
如通电时间 $T2$ 大于第二时间阈值，则一个或多个第二电磁铁断电。

说 明 书

耳机组件及控制方法

技术领域

[0001] 本发明涉及数据处理领域，具体地说，涉及一种耳机组件及控制方法。

背景技术

[0002] 入耳式无线耳机具有容积小、方便携带/收纳等优点。目前市面上的耳机大都是通过打开充电盒上盖后手动取出，但部分充电盒的耳机槽过深，导致耳机不易取出，使用上十分不便。

[0003] 为解决上述的问题，部分厂商在耳机上设置电磁线圈，通过充电盒给电磁线圈供电从而使耳机弹起，方便取出耳机。

[0004] 然而，充电盒配置给电磁线圈的电压是固定，由于每个耳机的重量、重心以及摩擦系数等因素，施加在电磁线圈的电压固定会使耳机弹起速度、弹起方向不可控，从而使得耳机在升起过程中出现歪斜、不能升起或者升起过度致使耳机掉落等问题。另外，电磁铁处于一直供电的情况，会产生不必要的耗电。

[0005] 需要说明的是，在上述背景技术部分公开的信息仅用于加强对本发明的背景的理解，因此可以包括不构成对本领域普通技术人员已知的现有技术的信息。

发明内容

[0006] 针对现有技术中的问题，本发明的目的在于提供一种耳机组件及控制方法，耳机组件的耳机和充电盒分别设置有多个磁铁和多个电磁铁，通过多个磁铁以及多个电磁铁位置的设定，以及各个电磁铁电流的调节，使得耳机在弹出过程中更平稳。

[0007] 本发明的实施例提供了一种耳机组件，包括第一耳机、第二耳机和耳机充电盒；

[0008] 所述第一耳机和所述第二耳机分别设置有多个第一磁铁和多个第二磁铁；

[0009] 所述耳机充电盒包括盒体以及可与所述盒体相扣合的盒盖；

[0010] 所述盒体设置有多个第一电磁铁、多个第二电磁铁和控制主板，所述控制主板用于控制多个所述第一电磁铁和多个所述第二电磁铁的通电状况，所述通电状况包括电磁铁处于断电状态和处于不同电流的通电状态；

[0011] 所述第一电磁铁通电时，所述第一电磁铁与所述第一磁铁相排斥；

[0012] 所述第二电磁铁通电时，所述第二电磁铁与所述第二磁铁相排斥。

[0013] 根据本发明的一些示例，所述控制主板包括分别独立控制多个所述第一电磁铁和多个所述第二电磁铁的通电状况的第一控制电路和第二控制电路。

[0014] 根据本发明的一些示例，所述盒体还设置有分别用于容置所述第一耳机和所述第二耳机的第一容置腔和第二容置腔；

[0015] 多个所述第一电磁铁设置于所述第一容置腔背离容置所述第一耳机的一侧；和/或

[0016] 多个所述第二电磁铁设置于所述第二容置腔背离容置所述第二耳机的一侧。

[0017] 根据本发明的一些示例，多个所述第一磁铁的位置与多个所述第一电磁铁的金属体的位置相对应；和/或

[0018] 多个所述第二磁铁的位置与多个所述第二电磁铁的金属体的位置相对应。

[0019] 根据本发明的一些示例，所述耳机组件还包括：

[0020] 第一耳机检测装置，通过所述控制主板与第一控制电路电连接，所述第一耳机检测装置用于检测所述第一耳机的轴线与水平面的倾斜角度 $β1$，并且根据所述倾斜角度 $β1$ 向所述控制主板发送第一耳机正常升起或异常升起的信号；所述控制主板根据第一耳机升起的状态信号控制各个第一电磁铁的电流的大小；

[0021] 第二耳机检测装置，通过所述控制主板与第二控制电路电连接，所述第二耳机检测装置用于检测所述第二耳机的轴线与水平面的倾斜角度$\beta2$，并且根据所述倾斜角度$\beta2$向所述控制主板发送第二耳机正常升起或异常升起的信号；所述控制主板根据第二耳机升起的状态信号控制各个第二电磁铁的电流的大小。

[0022] 本发明的实施例还提供了一种耳机组件，包括第一耳机、第二耳机和耳机充电盒；

[0023] 所述第一耳机和所述第二耳机分别设置有第一磁铁和第二磁铁；

[0024] 所述耳机充电盒包括盒体以及可与所述盒体相扣合的盒盖；

[0025] 所述盒体设置有第一电磁铁、第二电磁铁、控制主板和开盖检测装置，所述控制主板用于控制所述第一电磁铁和所述第二电磁铁的通电状况，所述通电状况包括电磁铁处于断电状态和处于不同电流的通电状态；

[0026] 所述第一电磁铁通电时，所述第一电磁铁与所述第一磁铁相排斥；

[0027] 所述第二电磁铁通电时，所述第二电磁铁与所述第二磁铁相排斥；

[0028] 所述开盖检测装置与所述控制主板电连接；所述开盖检测装置通过所述控制主板分别与一个或多个所述第一电磁铁以及一个或多个所述第二电磁铁电连接；

[0029] 所述开盖检测装置用于检测所述盒体和所述盒盖的开合状态，并向所述控制主板传输开合状态信号。

[0030] 根据本发明的一些示例，所述控制主板包括分别独立控制一个或多个所述第一电磁铁和一个或多个所述第二电磁铁的通电状况的第一控制电路和第二控制电路。

[0031] 根据本发明的一些示例，所述盒体还设置有分别用于容置所述第一耳机和所述第二耳机的第一容置腔和第二容置腔；

[0032] 一个或多个所述第一电磁铁设置于所述第一容置腔背离容置所述第一耳机的一侧；和/或

[0033] 一个或多个所述第二电磁铁设置于所述第二容置腔背离容置所述第二耳机的一侧。

[0034] 根据本发明的一些示例，一个或多个所述第一磁铁的位置与一个或多个所述第一电磁铁的金属体的位置相对应；和/或

[0035] 一个或多个所述第二磁铁的位置与一个或多个所述第二电磁铁的金属体的位置相对应。

[0036] 根据本发明的一些示例，所述耳机组件还包括：

[0037] 第一容置腔检测装置，通过所述控制主板与第一控制电路电连接，所述第一容置腔检测装置用于检测所述第一容置腔是否容置有所述第一耳机，并向所述控制主板传输是否容置所述第一耳机的信号；

[0038] 第二容置腔检测装置，通过所述控制主板与第二控制电路电连接，所述第二容置腔检测装置用于检测所述第二容置腔是否容置有所述第二耳机，并向所述控制主板传输是否容置所述第二耳机的信号。

[0039] 根据本发明的一些示例，所述耳机组件还包括：

[0040] 耳机充电盒检测装置，通过所述控制主板与第一控制电路以及一个或多个所述第二控制电路电连接；所述耳机充电盒检测装置用于检测耳机充电盒相对于水平面的倾斜角度α，并且根据所述倾斜角度α向所述控制主板发送耳机充电盒处于正常状态或异常状态的信号。

[0041] 根据本发明的一些示例，所述耳机组件还包括：

[0042] 时长检测装置，与所述控制主板电连接，所述时长检测装置用于检测通电的一个或多个所述第一电磁铁或一个或多个所述第二电磁铁的通电时长。

[0043] 根据本发明的一些示例，所述耳机组件还包括：

[0044] 第一耳机检测装置，通过所述控制主板与第一控制电路电连接，所述第一耳机检测装置用于检测所述第一耳机的轴线与水平面的倾斜角度$\beta1$，并且根据所述倾斜角度$\beta1$向所述控制主板发送第一耳机正常升起或异常升起的信号；所述控制主板根据第一耳机升起的状态信号控制各个第一电磁铁的电流的大小；

[0045] 第二耳机检测装置，通过所述控制主板与第二控制电路电连接，所述第二耳机检测装置用于检测所述第二耳机的轴线与水平面的倾斜角度$\beta2$，并且根据所述倾斜角度$\beta2$向所述控制主板发送第二耳机正常升起或异常升起的信号；所述控制主板根据第二耳机升起的状态信号控制各个第二电磁铁的电流的大小。

[0046] 本发明的实施例还提供一种耳机组件控制方法，包括以下步骤：

[0047] 判断耳机充电盒的盒盖是否处于开启状态；

[0048] 如果盒盖处于开启状态，则检测耳机充电盒是否容置有第一耳机和/或第二耳机；

[0049] 如果耳机充电盒容置有第一耳机和/或第二耳机，则检测耳机充电盒相对于水平面的倾斜角度α是否小于第一阈值；

[0050] 如果倾斜角度α小于第一阈值，则一个或多个第一电磁铁，和/或一个或多个第二电磁铁通电，所述第一电磁铁与第一耳机中设置的第一磁铁相排斥和/或所述第二电磁铁与第二耳机中设置的第二磁铁相排斥。

[0051] 根据本发明的一些示例，所述多个第一电磁铁通电步骤后，还包括如下步骤：

[0052] 检测第一耳机的轴线与水平面的倾斜角度$\beta1$，判断所述倾斜角度$\beta1$大于第二阈值；

[0053] 如果倾斜角度$\beta1$大于第二阈值，则调节各个第一电磁铁的电流大小直至所述倾斜角度$\beta1$小于第二阈值；以及

[0054] 所述一个或多个第二电磁铁通电步骤后，还包括如下步骤：

[0055] 检测第二耳机的轴线与水平面的倾斜角度$\beta2$，判断所述倾斜角度$\beta2$大于第三阈值；

[0056] 如果倾斜角度$\beta2$大于第三阈值，则调节各个第二电磁铁的电流大小直至所述倾斜角度$\beta2$小于第三阈值。

[0057] 根据本发明的一些示例，所述一个或多个第一电磁铁通电步骤后，还包括如下步骤：

[0058] 计算第一电磁铁的通电时间$T1$；

[0059] 判断所述通电时间$T1$是否大于第一时间阈值；

[0060] 如通电时间$T1$大于第一时间阈值，则一个或多个第一电磁铁断电；以及

[0061] 所述第二电磁铁通电步骤后，还包括如下步骤：

[0062] 计算第二电磁铁的通电时间$T2$；

[0063] 判断所述通电时间$T2$是否大于第二时间阈值；

[0064] 如通电时间$T2$大于第二时间阈值，则一个或多个第二电磁铁断电。

[0065] 本发明的耳机组件的耳机和充电盒通过分别设置磁铁和电磁铁，通过磁铁和电磁铁之间的排斥力达到将耳机弹出至充电盒外的作用，与现有技术不同的是，本发明中耳机和充电盒分别设置有多个磁铁和多个电磁铁，通过多个磁铁以及多个电磁铁位置的设定，以及各个电磁铁电流的调节，使得耳机在弹出过程中更平稳，减少耳机在弹出过程中出现歪斜、不能弹出或者弹出过度致使耳机掉落等状况，方便用户拿取耳机。

附图说明

[0066] 通过阅读参照以下附图对非限制性实施例所作的详细描述，本发明的其他特征、目的和优点将会变得更明显。

[0067] 图1至图3为本发明第一种实施例的耳机组件的结构示意图；

[0068] 图4为本发明第二种实施例的耳机组件的结构示意图；

[0069] 图5为本发明第三种实施例的耳机组件的装置示意图；

[0070] 图6本发明一实施例的耳机控制方法的流程图。

[0071] 附图标记

[0072] 110　　　　　　　　　第一耳机

[0073] 111　　　　　　　　　第一磁铁

[0074]	120	第二耳机
[0075]	121	第二磁铁
[0076]	130	控制主板
[0077]	131	第一控制电路
[0078]	132	第二控制电路
[0079]	200	耳机充电盒
[0080]	210	盒体
[0081]	211	第一电磁铁
[0082]	212	第二电磁铁
[0083]	213	第一容置腔
[0084]	214	第二容置腔
[0085]	220	盒盖
[0086]	300	开盖检测装置
[0087]	410	第一容置腔检测装置
[0088]	420	第二容置腔检测装置
[0089]	500	耳机充电盒检测装置
[0090]	600	时长检测装置
[0091]	710	第一耳机检测装置
[0092]	720	第二耳机检测装置

具体实施方式

[0093] 现在将参考附图更全面地描述示例实施方式。然而，示例实施方式能够以多种形式实施，且不应被理解为限于在此阐述的实施方式。相反，提供这些实施方式将使得本发明全面和完整，并将示例实施方式的构思全面地传达给本领域的技术人员。所描述的特征、结构或特性可以以任何合适的方式结合在一个或更多实施方式中。下面通过参考附图描述的实施例是示例性的，仅用于解释本发明，而不能理解为对本发明的限制。

[0094] 此外，附图仅为本公开的示意性图解，并非一定是按比例绘制。图中相同的附图标记表示相同或类似的部分，因而将省略对它们的重复描述。附图中所示的一些方框图是功能实体，不一定必须与物理或逻辑上独立的实体相对应。可以采用软件形式来实现这些功能实体，或在一个或多个硬件装置或集成电路中实现这些功能实体，或在不同网络和/或处理器装置和/或微控制器装置中实现这些功能实体。

[0095] 在本发明的描述中，需要理解的是，术语"第一"、"第二"仅用于描述目的，而不能理解为指示或暗示相对重要性或者隐含指明所指示的技术特征的数量。由此，限定有"第一"、"第二"的特征可以明示或者隐含地包括一个或者更多个特征。在本发明的描述中，"多个"的含义是两个或两个以上，除非另有明确具体的限定。

[0096] 在本发明的描述中，需要说明的是，除非另有明确的规定和限定，术语"设置"、"安装"、"相连"、"连接"应做广义理解，例如，可以是固定连接，也可以是可拆卸连接，或一体地连接；可以是机械连接，也可以是电连接或可以相互通信；可以是直接相连，也可以通过中间媒介间接相连，可以是两个元件内部的连通或两个元件的相互作用关系。对于本领域的普通技术人员而言，可以根据具体情况理解上述术语在本发明中的具体含义。

[0097] 下文提供了许多不同的实施例或例子用来实现本发明的不同结构。为了简化本发明的公开，下文中对特定例子的部件和设定进行描述。当然，它们仅仅为示例，并且目的不在于限制本发明。此外，本发明可以在不同例子中重复参考数字和/或参考字母，这种重复是为了简化和清楚的目的，其本身不指示所讨论各种实施例和/或设定之间的关系。此外，本发明提供了各种特定的工

艺和材料的例子，但是本领域普通技术人员可以意识到其他工艺的应用和/或其他材料的使用。

[0098] 图1至图3为本发明第一种实施例的耳机组件的结构示意图，具体地，耳机组件包括第一耳机110、第二耳机120和耳机充电盒200；

[0099] 图1为第一耳机和第二耳机的结构示意图，此处，第一耳机110为左耳机或右耳机，相应地，第二耳机120为右耳机或左耳机，由于此处第一耳机和第二耳机只是为了区分两个耳机，下文中的描述可能采用耳机110/120代表两个耳机中的任意一个耳机，上述描述同样适用于磁铁、电磁铁、容置腔、控制电路、容置腔检测装置、耳机检测装置等。

[0100] 所述第一耳机110和所述第二耳机120分别设置有多个第一磁铁111和多个第二磁铁121，图1的实施例中，第一耳机110设置有三个第一磁铁111，第二耳机120设置有三个第二磁铁121。三个第一磁铁111可分别设置于第一耳机110的头部、中部和柄部。

[0101] 图2为耳机充电盒的结构示意图，所述耳机充电盒200包括盒体210以及可与所述盒体210相扣合的盒盖220；

[0102] 所述盒体210设置有多个第一电磁铁211、多个第二电磁铁212和控制主板130，所述控制主板130用于控制多个所述第一电磁铁211和多个所述第二电磁铁212的通电状况。

[0103] 所述第一电磁铁211通电时，所述第一电磁铁211与所述第一磁铁111相排斥；

[0104] 所述第二电磁铁212通电时，所述第二电磁铁212与所述第二磁铁121相排斥。

[0105] 电磁铁通常包括金属体和缠绕于金属体的线圈，此处的通电状况指电磁铁的线圈的通电状况。通电状况包括电磁铁211/212的线圈处于断电状态，或者是各个电磁铁211/212的线圈处于不同电流的通电状态，由于不同的磁铁111/121设置在耳机110/120的不同位置，各个电磁铁211/212212与磁铁111/121之间的排斥力大小不同，因此，对于不同的耳机，或者是不同的耳机放置状态，各个电磁铁211/212的通电电流将不同。

[0106] 本发明的耳机110/120和耳机充电盒200分别设置有多个磁铁111/121和多个电磁铁211/212，通过磁铁和电磁铁之间的排斥力达到将耳机弹出至充电盒外的作用，方便耳机的取出。本发明的耳机之间可以根据实际场景中耳机的结构、重心以及与容置其的耳机充电盒之间的摩擦系数等因素设定多个磁铁以及多个电磁铁的位置，以及通过调节控制各个电磁铁电流，使得耳机的多个磁铁处的受力可以平稳的托起耳机，从而保证耳机弹出过程中的平稳性，改善现有技术中耳机弹出过程出现歪斜、不能弹出或者弹出过度致使耳机掉落等状况。

[0107] 如前文所述，多个第一电磁铁211与多个第一磁铁111作用，多个第二电磁铁212与多个第二磁铁121作用，在一些实施例中，所述控制主板130包括分别独立控制多个所述第一电磁铁211和多个所述第二电磁铁212的通电状况的第一控制电路131和第二控制电路132，即多个第一电磁铁211和多个第二电磁铁212分别具有独立的控制电路。

[0108] 通常，所述盒体210还设置有分别用于容置所述第一耳机110和所述第二耳机120的第一容置腔213和第二容置腔214；第一容置腔213和第二容置腔214可以看成是盒体210中相对于与盒盖220盖合的平面下陷的腔体，见图2，在此实施例中，盒体210水平放置，第一耳机110和第二耳机120分别容置于第一容置腔213和第二容置腔214时，耳机110/120的轴线与水平面小于一定的角度（如30°），耳机的轴线可以定义为耳机的头部的中心与耳机的柄部的中心之间的连线。

[0109] 多个所述第一电磁铁211设置于所述第一容置腔213背离容置所述第一耳机的一侧；和/或多个所述第二电磁铁212设置于所述第二容置腔214背离容置所述第二耳机的一侧。即磁铁111/121和电磁铁211/212分别设置于容置腔213/214的支撑耳机的支撑面的两侧。

[0110] 进一步的，多个所述第一磁铁111的位置与多个所述第一电磁铁211的金属体的位置相对应；和/或多个所述第二磁铁121的位置与多个所述第二电磁铁212的金属体的位置相对应。如当盒体210水平放置，第一耳机110和第二耳机120分别容置于第一容置腔213和第二容置腔214时，第一磁铁111和第一电磁铁211、第二磁铁121和第二电磁铁212分别相对于一水平面镜像对称。在另一些实施例中，多个电磁铁211/212其产生的磁场可以跟耳机110/120的中心位置对应，控制

电磁铁 211/212 的线圈的电流从而使耳机 110/120 缓慢平稳弹出耳机充电盒。

[0111] 本发明的耳机组件、磁铁 111/121 的数量和位置，以及电磁铁 211/212 的数量和位置可以根据实际的耳机结构、重量设定，同时，如图 4 所示的第二种实施例中的数量和位置。磁铁 111/121 的数量和电磁铁 211/212 的数量可以不相同。

[0112] 上述第一中实施例和第二种实施例的耳机组件还可以包括第一耳机检测装置和第二耳机检测装置，未在图中显示，第一耳机检测装置通过所述控制主板与第一控制电路电连接，所述第一耳机检测装置用于检测所述第一耳机的轴线与水平面的倾斜角度 $β1$，并且根据所述倾斜角度 $β1$ 向所述控制主板发送第一耳机正常升起或异常升起的信号；所述控制主板根据第一耳机升起的状态信号控制各个第一电磁铁的电流的大小；

[0113] 第二耳机检测装置通过所述控制主与第二控制电路电连接，所述第二耳机检测装置用于检测所述第二耳机的轴线与水平面的倾斜角度 $β2$，并且根据所述倾斜角度 $β2$ 向所述控制主板 130 发送第二耳机正常升起或异常升起的信号；所述控制主板根据第二耳机升起的状态信号控制各个第二电磁铁的电流的大小。

[0114] 耳机检测装置可以是耳机 110/120 内设置的 G－sensor，在检测到耳机充电盒盖打开时，耳机容置于容置腔且耳机充电盒处于正常状态时，控制主板可以并控制各个电磁铁的线圈增加电流大小使耳机平稳升起，具体的电磁铁的线圈电流大小视耳机的重量/电磁线圈的圈数等因素设定，此时若 G－sensor 检测到耳机发生倾斜，控制主板调整对应的电磁铁的线圈电流使其纠正耳机倾斜现象，本发明中多个可独立控制其线圈电流大小的设置使得上述步骤成为可能。耳机弹出过程中线圈电流大小的调整使耳机弹出更平稳，减少耳机在弹出过程中出现歪斜、不能弹出或者弹出过度致使耳机掉落等状况，提高用户体验。

[0115] 本发明的实施例还提供了一种耳机组件，图 5 为本发明第三种实施例的耳机组件的装置示意图，包括第一耳机、第二耳机和耳机充电盒，未在图中显示；

[0116] 所述第一耳机和所述第二耳机分别设置有一个或多个第一磁铁和一个或多个第二磁铁；

[0117] 所述耳机充电盒包括盒体以及可与所述盒体相扣合的盒盖；

[0118] 所述盒体设置有一个或多个第一电磁铁、一个或多个第二电磁铁、控制主板 130 和开盖检测装置 300，所述控制主板 130 用于控制一个或多个所述第一电磁铁和一个或多个所述第二电磁铁的通电状况，所述通电状况包括电磁铁处于断电状态和处于不同电流的通电状态；

[0119] 所述第一电磁铁通电时，所述第一电磁铁与所述第一磁铁相排斥；

[0120] 所述第二电磁铁通电时，所述第二电磁铁与所述第二磁铁相排斥；

[0121] 所述开盖检测装置 300 与所述控制主板 130 电连接；所述开盖检测装置 300 通过所述控制主板 130 分别与一个或多个所述第一电磁铁以及一个或多个所述第二电磁铁电连接；

[0122] 所述开盖检测装置 300 用于检测所述盒体和所述盒盖的开合状态，并向所述控制主板传输开合状态信号。

[0123] 需要指出的是，本发明还提供的上述耳机组件，与第一种实施例以及第二种实施例的耳机组件不同的是其包括了开盖检测装置，另外，在一些实施例中，第一耳机和第二耳机可以分别设置一个第一磁铁和一个第二磁铁，相应地，盒体可以设置有一个第一电磁铁和一个第二电磁铁。在另一些实施例中，第一耳机和第二耳机可以分别设置多个第一磁铁和多个第二磁铁，相应地，盒体可以设置有多个第一电磁铁和多个第二电磁铁。当然，亦可以是第一耳机和第二耳机可以分别设置多个第一磁铁和多个第二磁铁，盒体可以设置有一个第一电磁铁和一个第二电磁铁；或者是第一耳机和第二耳机分别设置一个第一磁铁和一个第二磁铁，盒体可设置有多个第一电磁铁好和多个第二电磁铁，在此不再赘述。

[0124] 本发明提供的两种耳机组件，还可以包括第一容置腔检测装置 410、第二容置腔检测装置 420、耳机充电盒检测装置 500、时长检测装置 600、第一耳机检测装置 710 和/或第二耳机检测装置 720。此处，可以理解的是，具有第一实施例、第二种实施例以及第三种实施例的耳机组件均可以

还包括上述装置。下面以第一种实施例中的各个部件的标号描述方便上述装置的作用。

[0125] 开盖检测装置300与所述控制主板130电连接；可以通过所述控制主板130与多个所述第一电磁铁211以及多个所述第二电磁铁212电连接；

[0126] 所述开盖检测装置300用于检测所述盒体210和所述盒盖220的开合状态，并向所述控制主板传输开合状态信号；

[0127] 所述控制主板用于根据所述开合状态信号，控制多个所述第一电磁铁和/或多个所述第二电磁铁通电或断电。

[0128] 当盒体210和盒盖220处于开启状态和闭合状态的时候，开盖检测装置300向所述控制主板传输开启状态信号和闭合状态信号，当控制主板接收到的为盒体210和盒盖220处于闭合的状态信号时，可认为弹出耳机的条件不具备，多个第一电磁铁211和/或多个第二电磁铁212处于断电状态，可以减少耗电量。

[0129] 第一容置腔检测装置410通过所述控制主板130与多个第一控制电路131电连接，所述第一容置腔检测装置410用于检测所述第一容置腔213是否容置有所述第一耳机110，并向所述控制主板130传输第一容置腔213是否容置所述第一耳机的信号；后续所述控制主板130则可以根据第一容置腔213是否容置所述第一耳机110的信号控制多个所述第一电磁铁211通电或断电；

[0130] 第二容置腔检测装置420通过所述控制主板130与多个第二控制电路132电连接，所述第二容置腔检测装置420用于检测所述第二容置腔214是否容置有所述第二耳机120，并向所述控制主板130传输第二容置腔214是否容置所述第二耳机的信号；后续所述控制主板130则可以根据第二容置腔214是否容置所述第二耳机120的信号控制多个所述第二电磁铁212通电或断电。如当控制主板130接收到的信号为容置腔213/214中未容置有耳机110/120，则控制电磁铁211/212的线圈处于断电状态。此时，用户如将耳机放置入容置腔，耳机内设置的磁铁111/121可直接与电磁铁的吸附达到稳定容置于容置腔的效果。

[0131] 耳机充电盒检测装置400可以通过所述控制主板130与多个所述第一电磁铁211以及多个所述第二电磁铁212电连接；

[0132] 所述耳机充电盒检测装置400用于检测耳机充电盒200相对于水平面的倾斜角度α，并且根据所述倾斜角度α向所述控制主板130发送耳机充电盒处于正常状态或异常状态的信号；如图3和图4的实施例中，盒体210与盒盖220盖合的平面与水平面的夹角可定义为耳机充电盒200的倾斜角度α，当倾斜角度α大于等于一定阈值，如阈值为45°，即当耳机充电盒200的倾斜角度α大于等于45°时，向控制主板130发送耳机充电盒处于异常状态的信号，控制主板控制电磁铁211/212的线圈处于断电状态。只有当耳机充电盒的倾斜角度α小于阈值时，控制主板130才控制电磁铁211/212的线圈通电使耳机平稳升出耳机充电盒，协助用户将耳机方便取出。耳机充电盒检测装置的作用在于检测耳机充电盒的位置状态，避免耳机充电盒倾斜的时候弹出耳机造成耳机的掉落。

[0133] 时长检测装置600与所述控制主板130电连接，可设置于耳机充电盒内，所述时长检测装置600用于检测通电的多个所述第一电磁铁或多个所述第二电磁铁的通电时长。时长检测装置也可以在耳机抬升后搜寻并连接蓝牙配对的设备中设置。

[0134] 第一耳机检测装置710通过所述控制主板130与第一控制电路131电连接，所述第一耳机检测装置710用于检测所述第一耳机110的轴线与水平面的倾斜角度$\beta 1$，并且根据所述倾斜角度$\beta 1$向所述控制主板130发送第一耳机正常升起或异常升起的信号；所述控制主板130根据第一耳机升起的状态信号控制各个第一电磁铁的电流的大小；

[0135] 第二耳机检测装置720通过所述控制主130与第二控制电路132电连接，所述第二耳机检测装置720用于检测所述第二耳机120的轴线与水平面的倾斜角度$\beta 2$，并且根据所述倾斜角度$\beta 2$向所述控制主板130发送第二耳机正常升起或异常升起的信号；所述控制主板130根据第二耳机升起的状态信号控制各个第二电磁铁的电流的大小。

[0136] 耳机检测装置710/720可以是耳机110/120内设置的G-sensor，在检测到耳机充电盒盖

打开时，耳机容置于容置腔且耳机充电盒处于正常状态时，控制主板可以并控制各个电磁铁的线圈增加电流大小使耳机平稳升起具体的电磁铁的线圈电流大小视耳机的重量/电磁线圈的圈数等因素设定，此时若G-sensor检测到耳机发生倾斜，如实施例的耳机装置包括多个第一电磁铁好和多个第二电磁铁，则可通过控制主板调整对应的电磁铁的线圈电流使其纠正耳机倾斜现象。

[0137] 本发明的实施例还提供了一种耳机组件控制方法，图6本发明一实施例的耳机控制方法的流程图，耳机组件控制方法包括以下步骤：

[0138] S100：判断耳机充电盒的盒盖是否处于开启状态；如果盒盖处于开启状态，则S200：检测耳机充电盒是否容置有第一耳机和/或第二耳机；

[0139] 如果耳机充电盒容置有第一耳机和/或第二耳机，则S300：检测耳机充电盒相对于水平面的倾斜角度α是否小于第一阈值；

[0140] 如果倾斜角度α小于第一阈值，则S400：一个或多个第一电磁铁和/或一个或多个第二电磁铁通电，所述第一电磁铁与第一耳机中设置的第一磁铁相排斥和/或所述第二电磁铁与第二耳机中设置的第二磁铁相排斥。

[0141] 需要说明的是，S100步骤可以通过开盖检测装置检测，控制主板判断实现；S200步骤可以通过容置腔检测装置检测，控制主板判断实现；S200步骤可以通过耳机充电盒检测装置检测，控制主板判断实现。S200步骤和S300的步骤不分先后，在一些实施例中，容置腔中容置有耳机和耳机充电盒的倾斜角度α小于一定阈值是电磁铁211/212的线圈通电（弹出耳机）的必要条件。上述步骤中可以同时检测；两个容置腔是否容置有两个耳机，两个电磁铁也可以同时通电，当然，为了节省电量，可以依次检测容置腔，逐个弹出耳机。

[0142] 在一些实施例中，本发明的耳机组件控制方法在一个或多个第一电磁铁通电步骤后，还包括如下步骤：

[0143] S410：检测第一耳机的轴线与水平面的倾斜角度$β1$，判断所述倾斜角度$β1$是否大于第二阈值，第二阈值可以取[-5°, 0°)∪(0°, 5°]的任一值，例如：第二阈值取值倾斜±5°、倾斜±4°、±3.3°、±2.87°、±1.111°、±0.1736°等；

[0144] 如果倾斜角度$β1$大于第二阈值，则调节各个第一电磁铁的电流大小直至所述倾斜角度$β1$小于第二阈值；以及

[0145] 在所述一个或多个第二电磁铁通电步骤后，还包括如下步骤：

[0146] S420：检测第二耳机的轴线与水平面的倾斜角度$β2$，判断所述倾斜角度$β2$是否大于第三阈值，第三阈值可以取[-5°, 0°)∪(0°, 5°]的任一值，例如：第二阈值取值倾斜±5°、倾斜±4°、±3.3°、±2.87°、±1.111°、±0.1736°等；

[0147] 如果倾斜角度$β2$大于第三阈值，则调节各个第二电磁铁的电流大小直至所述倾斜角度$β2$小于第三阈值。上述倾斜角度可以通过耳机检测装置710/720获得，而电磁铁的电流大小可以通过模糊算法等控制。

[0148] 另外的，本发明的耳机组件控制方法在所述一个或多个第一电磁铁通电步骤后，还可以包括如下步骤：

[0149] S510：计算第一电磁铁的通电时间$T1$；

[0150] 判断所述通电时间$T1$是否大于第一时间阈值，所述第一时间阈值可以取值30秒至180秒内的任一时间，可以是45秒、50秒、60秒、90秒、100秒、110秒、120秒、130秒、140秒、150秒、166秒、171秒等；

[0151] 如通电时间$T1$大于第一时间阈值，则多个第一电磁铁断电；以及

[0152] 所述一个或多个第二电磁铁通电步骤后，还包括如下步骤：

[0153] S520：计算第二电磁铁的通电时间$T2$；

[0154] 判断所述通电时间$T2$是否大于第二时间阈值，所述第二时间阈值可以取值30秒至180秒内的任一时间，可以是45秒、50秒、60秒、90秒、100秒、110秒、120秒、130秒、140秒、150

秒、166秒、171秒等；

[0155] 如通电时间 $T2$ 大于第二时间阈值，则多个第二电磁铁断电。

[0156] 上述通电时间可以通过时长检测装置获得，当时长检测装置判定耳机抬升超过预设的时间阈值时，则断开电磁铁的线圈的电路。

[0157] 耳机充电盒通常含有蓝牙装置，容置腔检测装置检测到耳机被取走时断开蓝牙，使耳机自动连接手机；若固定时间（时间阈值）内耳机充电盒检测装置检测到耳机未被取走，则断开线圈的电路。上述断开线圈的电路的过程可以是控制主板控制电磁铁的线圈电流从大到小降低，此时，若耳机检测装置（G-sensor）检测到耳机发生倾斜，则调整对应的电磁铁的线圈电流使其纠正耳机倾斜现象，最终使耳机缓慢降到充电盒。上述步骤为在实际中耳机被抬升而用户迟未取出耳机的情况下减少电量的消耗。本发明的耳机组件控制方法通过对耳机、充电盒状态的判断确定是否弹出耳机以方便使用者拿取耳机，减少了耳机在弹出过程中出现掉落等状况。

[0158] 综上所述，本发明的耳机组件的耳机和充电盒通过分别设置磁铁和电磁铁，通过磁铁和电磁铁之间的排斥力达到将耳机弹出至充电盒外的作用，与现有技术不同的是，本发明中耳机和充电盒分别设置有多个磁铁和多个电磁铁，通过多个磁铁以及多个电磁铁位置的设定，以及各个电磁铁电流的调节，使得耳机在弹出过程中更平稳，减少耳机在弹出过程中出现歪斜、不能弹出或者弹出过度致使耳机掉落等状况，方便用户拿取耳机。

[0159] 以上内容是结合具体的优选实施方式对本发明所作的进一步详细说明，不能认定本发明的具体实施只局限于这些说明。对于本发明所属技术领域的普通技术人员来说，在不脱离本发明构思的前提下，还可以做出若干简单推演或替换，都应当视为属于本发明的保护范围。

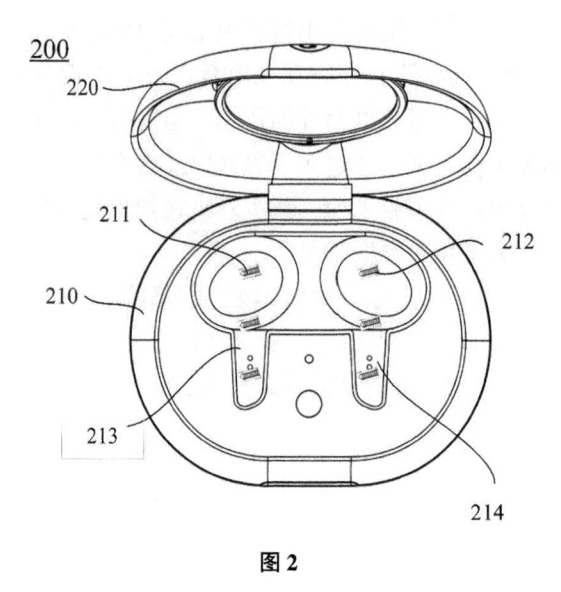

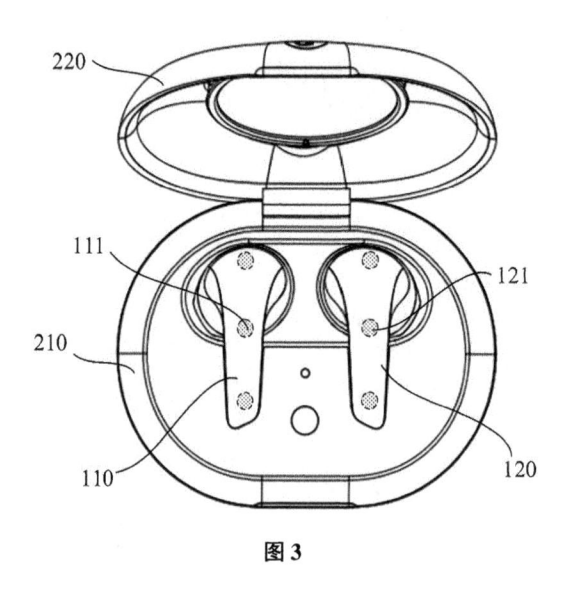

图 1

图 2

图 3

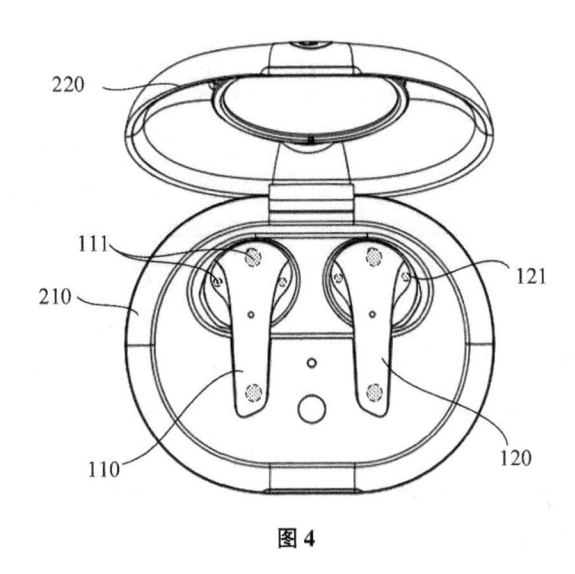

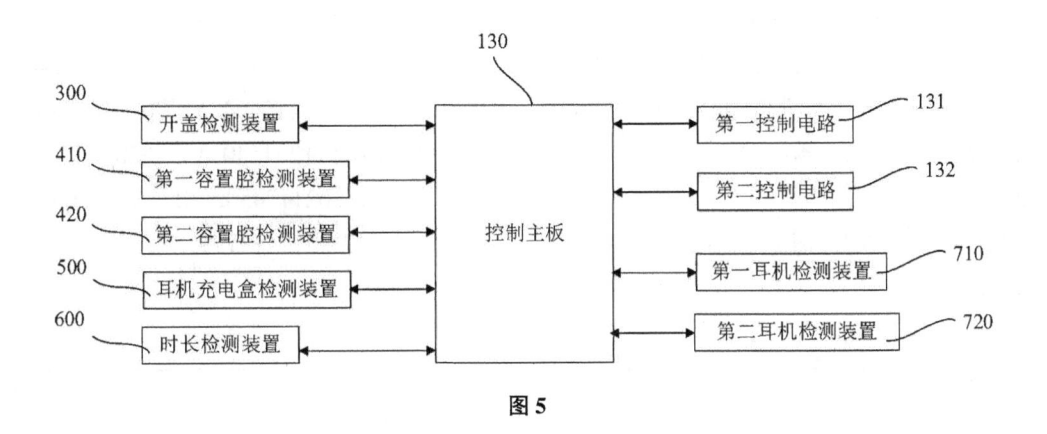

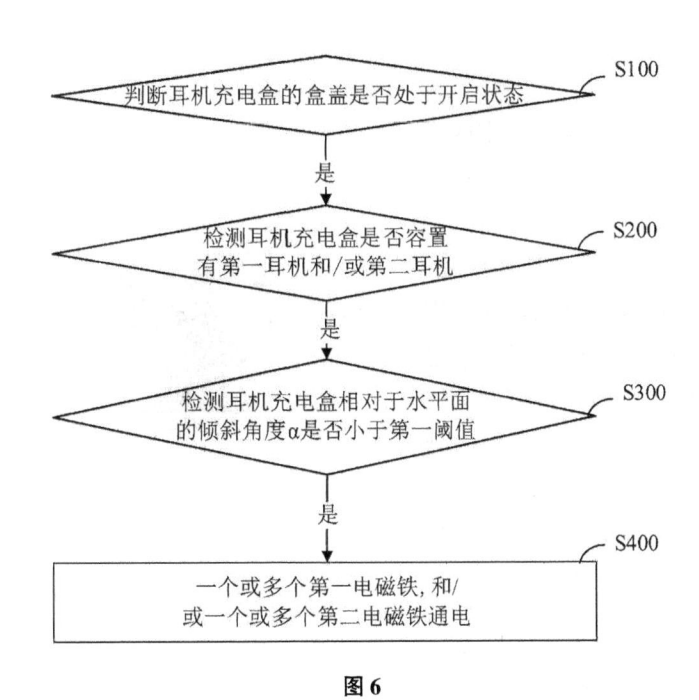

图 4

图 5

图 6

(19) **国家知识产权局**

(12) 发明专利

(10) 授权公告号 CN 114842004 B
(45) 授权公告日 2022.10.21

(21) 申请号 202210776332.3

(22) 申请日 2022.07.04

(65) 同一申请的已公布的文献号
申请公布号 CN 114842004 A

(43) 申请公布日 2022.06.02

(73) 专利权人 真健康（北京）医疗科技有限公司
地址 100192 北京市海淀区永泰庄北路1号天地邻枫2号楼3层308室

(72) 发明人 张昊任　陈向前　李爱玲　史纪鹏

(74) 专利代理机构 北京力致专利代理事务所（特殊普通合伙） 11900
专利代理师 陈博旸

(51) Int. Cl.
G06T 7/00 (2017.01)
G06T 7/11 (2017.01)
G06T 7/33 (2017.01)
G06T 3/00 (2006.01)
G06V 10/74 (2022.01)
G06V 10/774 (2022.01)
G06V 10/82 (2022.01)
G06N 3/04 (2006.01)
G06N 3/08 (2006.01)

(56) 对比文件
CN 113920178 A, 2022.01.11
CN 114652443 A, 2022.06.24
CN 111415404 A, 2020.07.14
CN 111281540 A, 2020.06.16
US 2021174502 A1, 2021.06.10
审查员　江梓琴

(54) 发明名称
基于神经网络模型的穿刺位置验证方法及设备

(57) 摘要
本发明提供一种基于神经网络模型的穿刺位置验证方法及设备，所述方法包括获取X光图像和CT图像序列，其中所述X光图像中包括穿刺针影像；根据预设重建参数和所述CT图像序列生成重建二维图像；利用神经网络模型对将所述重建二维图像和所述X光图像进行识别，输出重建参数；根据所述神经网络模型输出的重建参数，将基于所述CT图像序列确定的关键目标映射到所述X光图像中，所述关键目标用于表征体内定位器的预定植入位置。

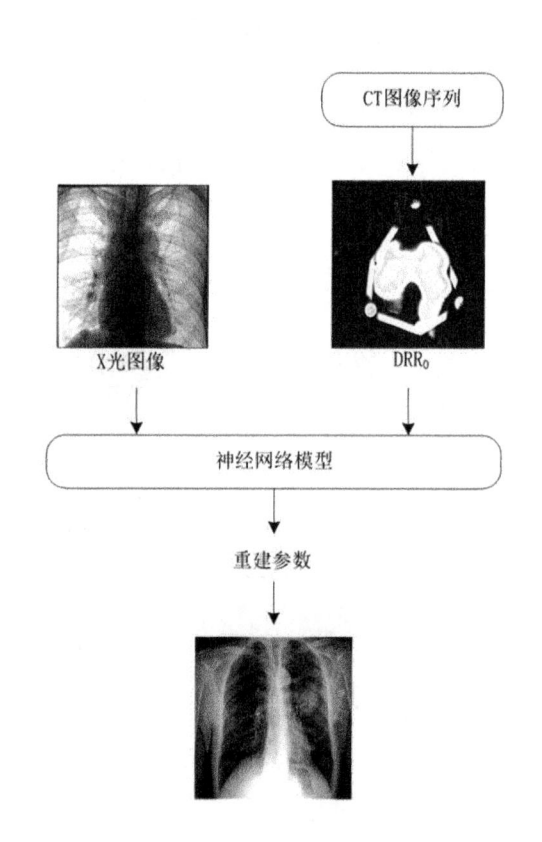

权 利 要 求 书

1. 一种基于神经网络模型的穿刺位置验证方法，其特征在于，包括：

训练模型的步骤：获取若干训练数据，所述训练数据包括训练用X光图像和根据预设重建参数和训练用CT图像序列生成的训练用重建二维图像；利用所述若干训练数据对神经网络模型进行训练，训练过程包括由所述神经网络模型对将所述训练用重建二维图像和所述训练用X光图像进行识别而输出训练用重建参数，根据输出的训练用重建参数和所述训练用CT图像序列生成训练用临时二维图像，对所述训练用临时二维图像和所述训练用X光图像进行配准，所述配准的过程包括调整所述训练用临时二维图像，使调整后的所述训练用临时二维图像与所述训练用X光图像的相似性测度符合预期，基于调整后的所述训练用临时二维图像与所述训练用X光图像的相似性测度计算损失函数，进而根据损失函数的计算结果优化所述神经网络模型的参数，直至所述相似性测度达到预设值；

验证步骤：获取验证用X光图像和验证用CT图像序列，其中所述验证用X光图像中包括穿刺针影像；根据预设重建参数和所述验证用CT图像序列生成验证用重建二维图像；利用训练后的神经网络模型对将所述验证用重建二维图像和所述验证用X光图像进行识别，输出验证用重建参数；利用所述神经网络模型输出的验证用重建参数和所述CT图像序列生成验证用临时二维图像；对所述验证用临时二维图像和所述验证用X光图像进行配准，所述配准的过程包括调整所述验证用临时二维图像，使调整后的所述验证用临时二维图像与所述验证用X光图像的相似性测度符合预期，进而确定调整后的所述验证用临时二维图像对应的优化重建参数；利用所述优化重建参数将基于所述验证用CT图像序列确定的关键目标映射到所述验证用X光图像中，在所述验证用X光图像中识别所述穿刺针影像和所述关键目标的映射影像的位置，根据位置信息输出穿刺针是否达到预期位置的结论。

2. 根据权利要求1所述的穿刺位置验证方法，其特征在于，在将关键目标映射到所述验证用X光图像中后还包括：

显示包括所述穿刺针影像和所述关键目标的映射影像的X光图像。

3. 根据权利要求1所述的穿刺位置验证方法，其特征在于，在生成验证用重建二维图像前还包括：

获取所述验证用X光图像的成像参数；

根据所述成像参数确定所述预设重建参数的值。

4. 根据权利要求3所述的穿刺位置验证方法，其特征在于，所述成像参数包括图像尺寸、像素间距、焦点信息、成像角度、成像对象体位信息、射线源沿射野中心轴到穿刺对象的距离。

5. 根据权利要求1所述的穿刺位置验证方法，其特征在于，所述关键目标为所述验证用CT图像序列中的病灶影像。

6. 根据权利要求5所述的穿刺位置验证方法，其特征在于，利用所述优化重建参数将基于所述验证用CT图像序列确定的关键目标映射到所述验证用X光图像中，具体包括：

从所述验证用CT图像序列中分割出病灶影像序列；

根据所述神经网络模型输出的验证用重建参数和所述病灶影像序列生成病灶重建二维图像；

将所述病灶重建二维图像叠加到所述验证用X光图像中。

7. 根据权利要求1所述的穿刺位置验证方法，其特征在于，所述关键目标为基于验证用CT图像序列所确定的针对病灶的穿刺路径的全部或者穿刺终点处。

8. 根据权利要求7所述的穿刺位置验证方法，其特征在于，利用所述优化重建参数将基于所述验证用CT图像序列确定的关键目标映射到所述验证用X光图像中，包括：

获取基于所述验证用CT图像序列所确定的穿刺路径数据；

利用所述优化重建参数和所述穿刺路径数据生成穿刺路径的全部或穿刺终点处的重建二维图像；

将所述穿刺路径的全部或穿刺终点处的重建二维图像叠加到所述验证用X光图像中。

权 利 要 求 书

9. 根据权利要求1所述的穿刺位置验证方法，其特征在于，所述验证用X光图像和验证用CT图像序列中的至少部分验证用CT图像中存在体表定位器影像，使得所述验证用重建二维图像中存在所述体表定位器影像，进而在对所述验证用重建二维图像和所述验证用X光图像进行配准时，将所述体表定位器影像作为关键目标。

10. 根据权利要求1—9中任一项所述的穿刺位置验证方法，其特征在于，所述验证用重建参数包括虚源位置信息、虚源变换信息、焦点信息、源图距、图像尺寸、图像像素间距、投影法向信息。

11. 一种适用于手术场景的穿刺位置验证方法，其特征在于，包括：

获取术前的CT图像序列和术中的至少两张X光图像，其中所述至少两张X光图像是在按照预定的穿刺路径将穿刺针置入患者体内后、放置体内病灶定位器之前，通过手术场景中的X光设备采集的图像，并且所述至少两张X光图像的扫描角度不同；

利用权利要求1—10中任一项所述的穿刺位置验证方法，将所述关键目标分别映射到所述至少两张X光图像中。

12. 根据权利要求11所述的穿刺位置验证方法，其特征在于，将所述关键目标分别映射到所述至少两张X光图像中后还包括：

判断是否所有的映射结果均指示穿刺针影像的位置符合预期；

当所有的映射结果均指示穿刺针影像的位置符合预期时，判定穿刺针的实际位置符合所述穿刺路径。

13. 根据权利要求12所述的方法，其特征在于，所述至少两张X光图像中至少包括冠状位X光图像和矢状位X光图像。

14. 一种基于X光图像的穿刺位置验证设备，其特征在于，包括：至少一个处理器；以及与所述至少一个处理器通信连接的存储器；其中，所述存储器存储有可被所述一个处理器执行的指令，所述指令被所述至少一个处理器执行，以使所述至少一个处理器执行如权利要求1—13中任意一项所述的穿刺位置验证方法。

说 明 书

基于神经网络模型的穿刺位置验证方法及设备

技术领域

[0001] 本发明涉及医学图像处理领域,具体涉及一种基于神经网络模型的穿刺位置验证方法及设备。

背景技术

[0002] 研究表明,肺癌是目前发病率最高、年度病死量最高的肿瘤,肺癌的治疗方法主要有外科手术、放射疗法和药物疗法,以及这三种方法的综合应用。各型肺癌如病灶较小,尚未发现远处转移,患者全身情况较好,均应采用手术疗法,并根据病理类型和手术发现,综合应用放射疗法和药物疗法,楔形切除和肺段切除是目前常用的早期肺癌治疗方法。

[0003] 早期肺癌根治主体是"胸腔镜肺段/亚段、楔形切除术",术前进行病灶穿刺定位标记是实施此项手术的常规操作,CT(Computed Tomography,电子计算机断层扫描)引导下穿刺植入定位标记是最方便易行的方式。虽然本领域学者也探索了各种其他以解剖结构毗邻关系、器官、血管三维重建引导等定位引导手术的方法,但由于实施难度和可靠性等多方面因素,都无法取代CT定位。

[0004] 在实际医疗场景中,CT引导下穿刺植入定位标记的工作显然需要在CT室进行,完成植入定位标记后,患者再被送入手术室接受切除手术,这一过程会给患者和医院等各方造成很大负担。目前植入定位标记的工作和实施切除手术这两项工作无法在手术室这一个环境下完成,其中的主要障碍是绝大多数医院的手术室内没有配备CT设备,手术室内常见的影像采集设备通常是X光机,而X光图像的清晰度非常有限,首先该图像是二维图像,所能够表达的深度信息十分有限,另外是对于一些较小的病灶,X光图像甚至不能显示出病灶影像,因此通过观察X光图像无法确认穿刺针是否准确抵达病灶位置。

[0005] 综上所述,现有技术无法通过X光图像来引导穿刺植入定位标记的工作。

发明内容

[0006] 有鉴于此,本申请提供一种基于神经网络模型的穿刺位置验证方法,包括:

[0007] 获取X光图像和CT图像序列,其中所述X光图像中包括穿刺针影像;

[0008] 根据预设重建参数和所述CT图像序列生成重建二维图像;

[0009] 利用神经网络模型对将所述重建二维图像和所述X光图像进行识别,输出重建参数;

[0010] 根据所述神经网络模型输出的重建参数,将基于所述CT图像序列确定的关键目标映射到所述X光图像中,所述关键目标用于表征体内定位器的预定植入位置。

[0011] 可选地,根据所述神经网络模型输出的重建参数,将基于所述CT图像序列确定的关键目标映射到所述X光图像中,具体包括:

[0012] 利用所述神经网络模型输出的重建参数和所述CT图像序列生成临时二维图像;

[0013] 对所述临时二维图像和所述X光图像进行配准,所述配准的过程包括调整所述临时二维图像,使调整后的所述临时二维图像与所述X光图像的相似性测度符合预期,进而确定调整后的所述临时二维图像对应的优化重建参数;

[0014] 利用所述优化重建参数将基于所述CT图像序列确定的关键目标映射到所述X光图像中。

[0015] 可选地,在将关键目标映射到所述X光图像中后还包括:

[0016] 显示包括所述穿刺针影像和所述关键目标的映射影像的X光图像。

[0017] 可选地,在将关键目标映射到所述X光图像中后还包括:

[0018] 在所述X光图像中识别所述穿刺针影像和所述关键目标的映射影像的位置,根据位置信

息输出穿刺针是否达到预期位置的结论。

[0019] 可选地，在生成重建二维图像前还包括：

[0020] 获取所述X光图像的成像参数；

[0021] 根据所述成像参数确定所述预设重建参数的值。

[0022] 可选地，所述成像参数包括图像尺寸、像素间距、焦点信息、成像角度、成像对象体位信息、射线源沿射野中心轴到穿刺对象的距离。

[0023] 可选地，所述关键目标为CT图像序列中的病灶影像。

[0024] 可选地，根据所述神经网络模型输出的重建参数，将基于所述CT图像序列确定的关键目标映射到所述X光图像中，具体包括：

[0025] 从所述CT图像序列中分割出病灶影像序列；

[0026] 根据所述神经网络模型输出的重建参数和所述病灶影像序列生成病灶重建二维图像；

[0027] 将所述病灶重建二维图像叠加到所述X光图像中。

[0028] 可选地，所述关键目标为基于CT图像序列所确定的针对病灶的穿刺路径的全部或者穿刺终点处。

[0029] 可选地，利用调整后的所述重建参数将基于所述CT图像序列确定的关键目标映射到所述X光图像中，包括：

[0030] 获取基于所述CT图像序列所确定的穿刺路径数据；

[0031] 利用调整后的所述重建参数和所述穿刺路径数据生成穿刺路径的全部或穿刺终点处的重建二维图像；

[0032] 将所述穿刺路径的全部或穿刺终点处的重建二维图像叠加到所述X光图像中。

[0033] 可选地，所述X光图像和CT图像序列中的至少部分CT图像中存在体表定位器影像，使得所述重建二维图像中存在所述体表定位器影像，进而在对所述重建二维图像和所述X光图像进行配准时，将所述体表定位器影像作为关键目标。

[0034] 可选地，所述重建参数包括虚源位置信息、虚源变换信息、焦点信息、源图距、图像尺寸、图像像素间距、投影法向信息。

[0035] 本申请还提供一种用于计算二维图像重建参数的神经网络模型训练方法，包括：

[0036] 获取若干训练数据，所述训练数据包括X光图像和根据预设重建参数和CT图像序列生成的重建二维图像；

[0037] 利用所述若干训练数据对神经网络模型进行训练，训练过程包括由所述神经网络模型对将所述重建二维图像和所述X光图像进行识别而输出重建参数，根据输出的重建参数和所述CT图像序列生成临时二维图像，基于所述临时二维图像与所述X光图像的相似性测度计算损失函数，进而根据损失函数的计算结果优化所述神经网络模型的参数，直至所述相似性测度达到预设值。

[0038] 可选地，基于所述临时二维图像与所述X光图像的相似性测度计算损失函数，具体包括：

[0039] 对所述临时二维图像和所述X光图像进行配准，所述配准的过程包括调整所述临时二维图像，使调整后的所述临时二维图像与所述X光图像的相似性测度符合预期；

[0040] 基于调整后的所述临时二维图像与所述X光图像的相似性测度计算损失函数。

[0041] 可选地，所述重建参数包括虚源位置信息、虚源变换信息、焦点信息、源图距、图像尺寸、图像像素间距、投影法向信息。

[0042] 本申请还提供一种适用于手术场景的穿刺位置验证方法，包括：

[0043] 获取术前的CT图像序列和术中的至少两张X光图像，其中所述至少两张X光图像是在按照预定的穿刺路径将穿刺针置入患者体内后、放置体内病灶定位器之前，通过手术场景中的X光设备采集的图像，并且所述至少两张X光图像的扫描角度不同；

[0044] 利用上述穿刺位置验证方法，将所述关键目标分别映射到所述至少两张X光图像中。

[0045] 可选地，将所述关键目标分别映射到所述至少两张X光图像中后还包括：

[0046] 判断是否所有的映射结果均指示穿刺针影像的位置符合预期；

[0047] 当所有的映射结果均指示穿刺针影像的位置符合预期时，判定穿刺针的实际位置符合所述穿刺路径。

[0048] 可选地，所述至少两张X光图像中至少包括冠状位X光图像和矢状位X光图像。

[0049] 相应地，本申请提供一种基于X光图像的穿刺位置验证设备，包括：至少一个处理器；以及与所述至少一个处理器通信连接的存储器；其中，所述存储器存储有可被所述一个处理器执行的指令，所述指令被所述至少一个处理器执行，以使所述至少一个处理器执行上述穿刺位置验证方法。

[0050] 相应地，本申请还提供一种神经网络模型训练设备，包括：至少一个处理器；以及与所述至少一个处理器通信连接的存储器；其中，所述存储器存储有可被所述一个处理器执行的指令，所述指令被所述至少一个处理器执行，以使所述至少一个处理器执行上述模型训练方法。

[0051] 根据本发明提供的穿刺位置验证方法及设备，借助术前的CT图像序列重建出与X光图像具有一定相似性测度的二维图像，在通过神经网络模型对这两个相应的图像进行识别，输出相对更准确的重建参数，利用这些参数即可将通过CT图像序列得到的用于表征预定植入位置的关键目标添加到X光图像中，无论病灶是否能清楚地在X光图像中显影，都可以通过X光图像中被添加的关键目标与穿刺针影像的情况来验证穿刺针是否到位，从而使在不配备CT扫描设备的手术室中执行穿刺定位成为可能。

附图说明

[0052] 为了更清楚地说明本发明具体实施方式或现有技术中的技术方案，下面将对具体实施方式或现有技术描述中所需要使用的附图作简单地介绍。显而易见地，下面描述中的附图是本发明的一些实施方式，对于本领域普通技术人员来讲，在不付出创造性劳动的前提下，还可以根据这些附图获得其他的附图。

[0053] 图1为本发明实施例中基于神经网络模型的穿刺位置验证方法的示意图；

[0054] 图2为本发明实施例中将关键目标影像映射到X光图像的可视化结果；

[0055] 图3为本发明实施例中一种优选的穿刺位置验证方法的示意图；

[0056] 图4为本发明实施例中的神经网络模型训练方法的示意图；

[0057] 图5和图6为本发明实施例的穿刺位置验证方法的应用场景示意图。

具体实施方式

[0058] 下面将结合附图对本发明的技术方案进行清楚、完整的描述。显然，所描述的实施例是本发明一部分实施例，而不是全部的实施例。基于本发明中的实施例，本领域普通技术人员在没有做出创造性劳动前提下所获得的所有其他实施例，都属于本发明保护的范围。

[0059] 此外，下面所描述的本发明不同实施方式中所涉及的技术特征只要彼此之间未构成冲突就可以相互结合。

[0060] 本发明实施例提供一种基于神经网络模型的穿刺位置验证方法，下面以胸外科的肝脏内病灶切除应用场景为例对本方法进行说明。在执行病灶切除手术前，需要将体内定位器放置在肝脏的病灶区域内，具体是通过穿刺针送入体内，为了确保定位器最终被固定在预期位置，所以要在穿刺针进入体内后、定位器送入体内前，验证穿刺针是否抵达预期位置。

[0061] 本实施例中的穿刺位置验证方法可以由计算机或服务器等电子设备执行，包括如下操作：

[0062] S1，获取X光图像和CT图像序列，其中X光图像中包括穿刺针影像。X光图像可以在手术室被快速或实时地获取并显示，从图像中能够看到穿刺针影像及肺部的位置关系。

[0063] CT图像序列可以在术前采集和存储，在本应用场景中CT图像中显然不包括穿刺针影像，但包括病灶影像。根据X光和CT成像原理可知，X光图像是一个二维图像，而CT图像序列可以被

视为一个三维对象，在可选的实施例中也可以确实利用 CT 图像序列重建出三维模型。

[0064] S2，根据预设重建参数和 CT 图像序列生成重建二维图像。此步骤的主要目的是利用 CT 图像序列或者三维模型，模仿 X 光的成像条件，得到一个相似的二维图像。利用重建参数对三维的 CT 数据应用射线影像数字重建技术，得到的重建二维图像被称为 DRR 图像（Digitally Reconstructed Radiograph，数字重建放射影像）。生成过程是从虚源沿类似 X 射线透视或照相方向，将虚源射线分成若干扇形线，每条扇形线对应 DRR 平面内一个像素。每条扇形线所通过的 CT 体素单元的交点，经插值后获得它的 CT 值。将每条扇形线上通过 CT 片上的交点的 CT 值转换成电子密度值并累加。求得每条扇形线通过患者体厚后相应的有效射线长。将射线长度按灰度分级并显示形成 DRR 图像。重建 DRR 图像时的虚源到肿瘤中心的距离与 X 光扫描机所采用的源瘤距相同。

[0065] 关于本申请所述的重建参数，在优选的实施例中具体包括虚源位置信息、虚源变换信息、焦点信息、源图距、图像尺寸、图像像素间距、投影法向信息。预设重建参数的值可以根据大量的真实图像进行实验得到，预先设定合适的重建参数，使根据 CT 图像序列得到的重建二维图像大致接近 X 光图像的内容。

[0066] 考虑到不同患者的情况，所采用的 X 光成像参数不同，所以在实际应用中可能无法预先固定重建参数的值，而是需要根据 X 光图像的实际情况实时地计算出合适的重建参数，因此在步骤 S2 之前可以先获取 X 光图像的成像参数，根据成像参数确定初始的重建参数。

[0067] X 光的成像参数包括多种，可以通过 X 光机读取这些信息，例如包括图像尺寸、像素间距、焦点信息、成像角度、成像对象体位信息（患者接受 X 光扫描时的体位）、射线源沿射野中心轴到穿刺对象的距离（对于肿瘤扫描，在本领域中简称为源瘤距）。

[0068] 利用 X 光的成像参数可以确定预设重建参数的值，以减少后续对重建二维图形与 X 光图像中进行配准时的调整量。

[0069] 虽然可以按照 X 光的扫描角度及扫描距离等关键成像参数，对 CT 图像序列或者重建的三维模型进行投影得到二维图像，经过实验发现得到的投影结果很接近 X 光图像，但二者的相似度测度不够高，不能满足临床的精度需要，所以还需要继续处理。

[0070] 另外需要说明的是，本申请所述预设重建参数，以及后续提及的神经网络模型输出的重建参数、优化重建参数，所指的是同一组参数只是具体的数值可能不同。

[0071] S3，利用神经网络模型对重建二维图像和 X 光图像进行识别，输出重建参数。如图 1 所示，输入神经网络的是冠状面 X 光图像和步骤 S2 得到的冠状面重建二维图像 DRR_0，输出的是一组重建参数。此步骤中使用的神经网络模型是预先经过样本数据训练的，其中的神经网络执行的是一种回归预测任务，提取重建二维图像和 X 光图像的特征向量进行回归计算，得出相比于步骤 S2 的预设重建参数更准确的重建参数。

[0072] S4，根据神经网络模型输出的重建参数，将基于 CT 图像序列确定的关键目标映射到所述 X 光图像中，关键目标用于表征体内定位器的预定植入位置。关键目标可以是病灶区域或者其轮廓，也可以是基于 CT 图像序列所确定的针对病灶的穿刺路径的全部或者穿刺终点处，或者是上述各种关键目标的结合，这些内容都可以表征预定植入位置。

[0073] 图 2 示出了关键目标为病灶本身的映射结果，图中用线条表示映射结果。至少有两种实施方式可以得到此结果。第一种是利用神经网络模型输出的重建参数和 CT 图像序列得到相应的重建图像 DRR_+，因为此时得到的重建参数相比于预设值更准确，所以由此得到的重建图像通常会比步骤 S2 中得到的重建图像更接近于 X 光图像，并且由于 CT 序列中是能够包括病灶影像的，所以此时得到的重建图像中也能够包括病灶影像。然后针对此重建图像，使用图像分割技术，甚至人工进行分割，即可提取出病灶区域或者其轮廓，进而将病灶区域或者其轮廓映射到 X 光图像中即可。

[0074] 第二种实施方式，为了使映射结果更准确，使用原始的 CT 图像序列来提取和映射病灶区域或者轮廓。S4 具体包括如下操作：

[0075] S41A，从 CT 图像序列中分割出病灶影像序列；

[0076] S42A，利用神经网络输出的重建参数和病灶影像序列生成病灶重建二维图像；

[0077] S43A，将病灶重建二维图像叠加到X光图像中。

[0078] 首先在CT图像序列中将病灶影像分割出来，可以使用基于图像视觉算法或者神经网络算法的方式，自动将病灶区域分割出来，也可以是人为的处理结果。由此得到的是病灶影像的图像序列，或者是病灶的三维模型。然后利用重建参数将这个病灶影像映射到X光图像中，实际上就是对其进行投影和形变处理，将得到二维图形添加到X光图像中相应的位置上。

[0079] 若将穿刺路径作为关键目标映射到X光图像中，则步骤S4具体包括如下操作：

[0080] S41B，获取基于CT图像序列所确定的穿刺路径数据，穿刺路径是指由体表到肺部病灶的路径。本实施例中的穿刺路径数据可以是利用算法自动计算出的数据，比如可以使用中国专利文件CN110619679A公开的路径自动规划方法自动计算穿刺路径；或者完全交由胸外科医生根据步骤S1中的CT图像序列或者重建的三维模型人为设计穿刺路径；或者采用半自动的方式，先由算法计算出至少一条穿刺路径，然后再通过人机交互方式对计算出的结果进行微调，得到最终的穿刺路径。

[0081] S42B，利用神经网络模型输出的重建参数和穿刺路径数据生成穿刺路径的全部或穿刺终点处的重建二维图像；

[0082] S43B，将穿刺路径的全部或穿刺终点处的重建二维图像叠加到X光图像中。

[0083] 本申请中的穿刺路径是指从人体体表到病灶（切除对象）的直线路径，所以穿刺路径是一个三维对象，其具有深度信息。穿刺路径可以被还原到CT图像序列中，也可以作为一个三维模型，比如三维空间中的一条线或者一个柱状物。在步骤S4中，可以使用重建参数将此三维对象映射得到X光图像中，实际上就是对其进行投影和形变处理，将得到的二维图形添加到X光图像中。

[0084] 在可选的实施例中，可以只将穿刺路径的终点处的影像映射到X光图像中，这是因为验证穿刺到位时主要关注的是穿刺针的尖端是否在预定位置上，所以可以只处理穿刺路径的终点附近的影像即可，这样还可以避免穿刺路径整体被投影到X光图像中可能会形成不必要的遮挡。当然也可以将穿刺路径全部映射到X光图像中，这样可以验证穿刺针是否完全按照预定的路径进入人体，避免破坏如血管等需要规避的组织。

[0085] 在完成映射处理后，可选的反馈方式有多种，通过屏幕显示映射结果并非必要且唯一的选择。显示映射结果可以作为一种选项，由医生来决定是否显示在屏幕中。在初始情况下医生仍可以看到X光图像的原始内容，在医生点击一个显示按钮时，才将映射结果标注在X光图像中，医生可以主观判断穿刺针是否达到了预期位置；另一个选项是，通过图像识别手段来判断穿刺针是否达到预期位置，进而对医生给出提示，即通过设备给出客观结论，由此医生可以通过主观结论和客观结论相结合作出最终判断。

[0086] 在步骤S4之后可能的处理还包括：

[0087] S5A，显示包括穿刺针影像和关键目标的映射影像的X光图像。即向用户显示图2所示的图像或者是将穿刺路径映射到X光图像中的结果，可以通过线条将映射内容的轮廓进行突出标注。

[0088] 在可选的实施例中，执行本方法的设备可以分别将病灶和穿刺路径映射到X光图像中，并允许用户选择想要看到的内容。例如医生可以点击按钮来切换显示图2和添加了穿刺路径的X光图像，或者将病灶和穿刺路径显示到同一张X光图像中。

[0089] S5B，在X光图像中识别穿刺针影像和关键目标的映射影像的位置，根据位置信息输出穿刺针是否达到预期位置的结论。通过图像分割算法，对添加了关键目标的X光图像进行识别，将其中的病灶影像和/或穿刺路径影像，以及穿刺针影像分割出来，并识别它们的位置关系。例如，当穿刺针影像的尖端位于病灶影像区域内时，判定穿刺针达到预期位置；或者，当穿刺针影像的尖端于穿刺路径的终点处重合时，判定穿刺针达到预期位置；或者，当穿刺针影像整体与穿刺路径重合时，判定穿刺针达到预期位置。

[0090] 在本发明的另一个实施例中，引入一个优化处理的过程，对神经网络模型输出的重建参数进行优化。如图3所示，在本实施例中仍采用与上述实施例中的S1—S3，在之前的步骤S4的基

础上执行图像配准操作，具体地：

[0091] 为了区分不同步骤中得到的重建图像，将步骤S2中利用预设重建参数得到的重建图像记为DRR0。在本实施例中，步骤S4中利用神经网络模型输出的重建参数和CT图像序列获得重建图像，记为临时二维图像DRR_+。此处仍是使用与步骤S2中相同的方式得到新的DRR图像，如前一实施例所述，此时得到的DRR_+比步骤S2中得到的DRR_0更加接近X光图像，但是二者间的相似性测度仍有提升空间，由此可通过图像配准手段得到更准确的重建参数。

[0092] 对临时二维图像DRR_+和X光图像进行配准，配准的过程包括调整临时二维图像DRR_+，使调整后的临时二维图像DRR_+与X光图像的相似性测度符合预期，进而确定调整后的临时二维图像对应的优化重建参数。经过对DRR图像进行调整，使其更加接近X光图像所呈现的内容，然后就可以得到此调整后的图像的重建参数，以此提高后续处理的精度。

[0093] 本申请中的图像配准是对DRR_+作调整使其更接近X光图像的过程，将配准后的图像记为DRR_{++}，然后可以确定的是DRR_{++}所对应的重建参数，称之为优化重建参数。在本实施例中是利用最终的优化重建参数将基于CT图像序列确定的关键目标映射到所述X光图像中。

[0094] 需要说明的是，在本方案的应用场景中，X光图像中有穿刺针的影像而CT图像中没有相应的目标，所以无论如何调整DRR_+的内容都不可能与X光图像完全一致，但本步骤中只需要得到与X光图像的相似性测度相对最高的结果即可。

[0095] 对重建二维图像和X光图像的配准和调整方案有多种，比如可以使用基于特征与基于灰度的图像配准算法，不同的算法的精度和效率有所区别，只要能够满足临床需要即可。

[0096] 进一步地，图像配准过程中的一个重要任务是在图像DRR_+和X光图像中找到相应的多个关键点（关键目标）。一些情况下，可以利用人体本身的组织间的位置关系来识别关键目标，比如可以将骨骼作为关键目标，分别在两个图像中识别同一骨骼。但实际情况是X光图像的清晰度有限，而且受到X光拍摄角度的影响，可能导致X光图像的深度信息难以识别，所以很可能出现无法识别到关键目标的问题。

[0097] 为解决此问题，可以引入一个辅助器械，即体表定位装置。这种装置常见于手术导航场景中，一般由多个不共线的球体组成，布置在人体体表。本方案可以借助现有的体表定位装置，患者佩戴体表定位装置接受扫描CT，并保持位置不变，再接受穿刺和X光扫描，所以得到的X光图像和CT图像序列中的至少部分CT图像中存在体表定位器影像，使得图像DRR_0、DRR_+和DRR_{++}中都存在体表定位器影像，进而在对DRR_+和X光图像进行配准时，将体表定位器影像作为关键目标，体表定位器影像很容易被识别，由此可以提高配准的效率和准确性。

[0098] 在两张图像中确定相对应的关键点之后，即可计算出当前两个图像的相似性测度，这时DRR_+与X光图像的相似性测度不够高，接下来对DRR_+进行一系列调整，最终使其与X光图像的相似性测度达到足够的高度即可。

[0099] 下面介绍一种优选的调整方式，本实施例采用两阶段处理，先是刚性粗配准，对重建二维图像中的像素点位置分别进行调整；然后再进行形变精配准，改变DRR图像中的物体的形状，做出相应的变形。通过分阶段的调整使最终结果更加接近X光图像内容。步骤S2具体包括：

[0100] S24，对当前的临时二维图像DRR_+进行仿射变换，将仿射变换后的临时二维图像DRR_+与X光图像进行比对以确定第一相似性测度，根据第一相似性测度的变化迭代进行仿射变换，直至第一相似性测度符合预期，仿射变换可以表示为

[0101] $$A = \begin{bmatrix} a_{00} & a_{01} \\ a_{10} & a_{11} \end{bmatrix}_{2 \times 2} \quad B = \begin{bmatrix} b_{00} \\ b_{10} \end{bmatrix}_{2 \times 1}$$

$$M = [AB] = \begin{bmatrix} a_{00} & a_{01} & b_{00} \\ a_{10} & a_{11} & b_{10} \end{bmatrix}_{2 \times 3}$$

[0102] 矩阵M为仿射变换矩阵，矩阵A控制旋转、矩阵B控制平移，其中a_{00}、a_{10}为绕X轴旋转

角度的 cos、sin 角度值，a_{01}、a_{11} 为绕 Y 轴旋转角度的 sin、cos 角度值，b_{00}、b_{10} 为 x、y 方向的偏移量。求解仿射变换矩阵的过程即为寻找 a_{00}—b_{10} 这 6 个参数的最优值的过程。

[0103] 在优选的实施例中，第一相似性测度为两图像间的均方差，当均方差达到极值时判定为符合预期。相似性测度用于表征图像 DRR_+ 和 X 光图像的相似或者差异，本实施例中的刚性粗配准过程中应用均方差实现。其中优化策略采用自适应梯度下降优化器，沿着梯度下降的方向求解相似性测度即均方差的极值，由于采取自适应学习率，因而可以加快互信息的搜索时间，并在每一维内使用拟牛顿迭代器进行迭代并估计配准参数。

[0104] S25，对仿射变换后的临时重建图像 DRR_+ 进行弹性变换，将弹性变换后的临时重建图像 DRR_+ 与 X 光图像进行比对以确定第二相似性测度，根据第二相似性测度的变化迭代进行弹性变换，直至第二相似性测度符合预期。

[0105] 在本实施例中，形变精配准采用基于 B 样条的 FFD（Free-Form Deformation）弹性变换。借助于操控一组由控制点组成的底层网格来对图像 DRR_+ 中的图形进行变形，调整控制该三维图形的形状，变换是光滑的、二阶连续的。首先这个空间由一个带控制顶点的网格表示，每个控制顶点都由一系列参数调整控制。然后将物体映射到网格空间中，并通过改变控制顶点的方式，改变物体的形状，做出相应的变形。

[0106] 在优选的实施例中，第二相似性测度为两图像间的马特斯互信息，当马特斯互信息值达到最大时判定为符合预期。形变精配准的过程中，采用马特斯互信息方法对 X 光图像和图像 DRR_+ 进行相似性测度计算，使用配准相似性测度对图像间的相似程度进行量化。同时，优化策略采用最速下降法。

[0107] 马特斯互信息方法是将像素值看作某个连续随机变量的采样，利用这些采样值估计出单个图像的概率密度和两幅图像的联合概率密度，再求出图像的互信息：

[0108]
$$I(x,y) = \sum_{x,y} p(x,y) \cdot \log \frac{p(x,y)}{p(x) \cdot p(y)}$$

[0109] 其中 $I(x,y)$ 表示图像 DRR_+ 与 X 光图像之间的互信息，$p(x,y)$ 为图像 DRR_+ 与 X 光图像的联合概率密度，$p(x)$、$p(y)$ 分别为图像 DRR_+ 与 X 光图像的边缘概率密度。两幅图像配准得越好，它们之间的相关性越大，互信息值也就越大。

[0110] 本实施例采用的配准方案先用均方差仿射变换作刚性粗配准，接下来用马特斯作形变精配准的分阶段配准方法，实现了 DRR 图像与 X 光图像的自动配准，配准性能优于传统的基于特征与基于灰度的图像配准算法，同时也提高了配准的精度与时效性。

[0111] 经过上述配准处理后得到配准结果的相似性测度足够高，调整后的 DRR 图像的重建参数发生了部分变化。

[0112] 下面结合图 4 介绍一种上述实施例中所使用的神经网络模型的训练方法，本实施例中使用 DNN 网络（Deep Neural Networks，深度神经网络），网络模型的搭建基于 Tensor Flow 框架，采用正态分布初始化模型参数。模型的训练包括如下操作：

[0113] 获取若干训练数据，训练数据包括 X 光图像和根据预设重建参数和 CT 图像序列生成的重建二维图像。具体地，可以采集真实人体的各个扫描角度的 X 光图像，如矢状位 X 光图像、冠状位 X 光图像以及如斜侧 45°等其他角度的 X 光图像。同时需要采集人体的 CT 图像序列，并按照这些 X 光图像的扫描角度（根据成像参数得到重建参数）来重建 DRR 图像。需要说明的是，在提供这些训练数据时所使用的重建参数只需要大致准确的数值，与上述实施例中的步骤 S2 类似。图 4 中的 X_{AP} 表示冠状面 X 光图像、X_{LAT} 表示矢状面 X 光图像、DRR_{AP} 表示冠状面 DRR 图像、DRR_{LAT} 表示矢状面 DRR 图像。

[0114] 每一组训练数据中，至少包括一个 X 光图像和相应角度的 DRR 图像，举例来说比如是一个矢状位 X 光图像和一个按照矢状位的成像参数得到的矢状位 DRR 图像。这些训练数据中的 X 光图像中可以但非必须包括穿刺针影像，一方面是因为在穿刺后拍摄 X 光的情形并不常见，所以样本

数量少；另一方面是训练方案是为了让神经网络模型更准确地学习 X 光图像和 DRR 图像的联系，X 光图像中不存在穿刺针影像会使训练效果更好。

[0115] 利用若干训练数据对神经网络模型进行训练，训练过程包括由所述神经网络模型对所述重建二维图像和所述 X 光图像进行识别而输出重建参数，根据输出的重建参数和所述 CT 图像序列生成临时二维图像，基于临时二维图像与所述 X 光图像的相似性测度计算损失函数，进而根据损失函数的计算结果优化神经网络模型的参数，直至所述相似性测度达到预设值。

[0116] 如图 4 所示，当一组训练数据输入神经网络后，将根据当前的网络参数提取特征向量，进行回归计算，输出一组重建参数；随后可以直接利用这组重建参数和 CT 数据再生成 DRR 图像，将此结果与 X 光图像作比对，如果相似性未达到预期，则通过损失函数反向传播给神经网络对网络进行调整，通过对大量的训练数据不断地迭代学习，即可得到与 X 光图像具有足够高相似性的 DRR 图像。

[0117] 模型的保存采用每个周期一次验证，通过最优模型的保存保证模型性能。其中优化策略采用自适应梯度下降优化器，沿着梯度下降的方向求解相似性测度即均方差的极值，由于采取自适应学习率，因而可以加快互信息的搜索时间。同时采用误差反向传播，优化网络参数，在误差反向传播过程，使用自适应矩估计梯度下降的优化算法，保证快速找到最小优化点。

[0118] 然而在优选的实施例中，为了提高模型的训练效率，可在模型训练过程中引入上述优化处理过程，具体实施方式包括：

[0119] 使用神经网络输出的重建参数和 CT 图像序列生成重建图像，记为临时二维图像 DRR_+；对临时二维图像 DRR_+ 和 X 光图像进行配准，所述配准的过程包括调整所述临时二维图像 DRR_+，使调整后的所述临时二维图像 DRR_+ 与所述 X 光图像的相似性测度符合预期，调整的结果记为 DRR_{++}。此处配准的方式具体参见上述实施例中的刚性粗配准和形变精配准。

[0120] 然后基于调整后的临时二维图像 DRR_{++} 与 X 光图像的相似性测度计算损失函数。

[0121] 下面结合图 5 和图 6 介绍一种适用于手术场景的穿刺位置验证方法，该方法可以与手术导航方案配合使用，并由手术导航系统中的电子终端执行，具体包括如下处理：

[0122] 获取术前的 CT 图像序列和术中的至少两张 X 光图像，这些 X 光图像是在按照预定的穿刺路径将穿刺针置入患者体内后、放置体内病灶定位器之前，通过手术场景中的 X 光设备采集的图像，并且至少两张 X 光图像的扫描角度不同。在优选的实施例中，X 光图像中至少包括冠状位 X 光图像、矢状位 X 光图像这两个角度的 X 光图像。

[0123] 在如图 5 和图 6 所示的具体实施例中，在手术导航系统中的机械臂 51 完成穿刺的状态下，采用手术室的 C 形臂 X 光机 52，采集了冠状位 X 光图像和矢状位 X 光图像，通过这两张 X 光图像来验证穿刺是否到位。

[0124] 采集冠状位、矢状位两张 X 光图像，可实现立体定位和避免不同组织相互遮挡，同时由于冠状位、矢状位的位移量同时包含三维空间中三个方向的位移量，可更全面地覆盖体内病灶的位置信息，且正、侧位进行扫面，它的辐射量比较小，操作比较简单、方便。

[0125] 得到多个扫描角度的 X 光图像后，针对每一个 X 光图像分别执行上述实施例提供的验证方法即步骤 S1—S4，将关键目标分别映射到至少两张 X 光图像中。需要说明的是，CT 图像序列只有一个，X 光图像有多个，只是成像参数不同，采集对象是相同的。在步骤 S2 中针对不同角度的 X 光图像，用 CT 图像序列生成 DRR 图像时所采用的重建参数会有相应的取值。

[0126] 然后可以显示每张 X 光图像的映射结果，也可以由设备进一步进行判断分别得到结果。具体地，判断是否所有的映射结果均指示穿刺针影像的位置符合预期；当所有的映射结果均指示穿刺针影像的位置符合预期时，判定穿刺针的实际位置符合穿刺路径，也就是判定穿刺针抵达了预期位置。当然，医生也可以通过观察映射结果作出主观判断，结合设备给出的结论作出最终判断。

[0127] 本领域内的技术人员应明白，本发明的实施例可提供为方法、系统或计算机程序产品。因此，本发明可采用完全硬件实施例、完全软件实施例或结合软件和硬件方面的实施例的形式。而

且，本发明可采用在一个或多个其中包含有计算机可用程序代码的计算机可用存储介质（包括但不限于磁盘存储器、CD-ROM、光学存储器等）上实施的计算机程序产品的形式。

[0128] 本发明是参照根据本发明实施例的方法、设备（系统）和计算机程序产品的流程图和/或方框图来描述的。应理解可由计算机程序指令实现流程图和/或方框图中的每一流程和/或方框，以及流程图和/或方框图中的流程和/或方框的结合。可提供这些计算机程序指令到通用计算机、专用计算机、嵌入式处理机或其他可编程数据处理设备的处理器以产生一个机器，使得通过计算机或其他可编程数据处理设备的处理器执行的指令产生用于实现在流程图一个流程或多个流程和/或方框图一个方框或多个方框中指定的功能的装置。

[0129] 这些计算机程序指令也可存储在能引导计算机或其他可编程数据处理设备以特定方式工作的计算机可读存储器中，使得存储在该计算机可读存储器中的指令产生包括指令装置的制造品，该指令装置实现在流程图一个流程或多个流程和/或方框图一个方框或多个方框中指定的功能。

[0130] 这些计算机程序指令也可装载到计算机或其他可编程数据处理设备上，使得在计算机或其他可编程设备上执行一系列操作步骤以产生计算机实现的处理，从而在计算机或其他可编程设备上执行的指令提供用于实现在流程图一个流程或多个流程和/或方框图一个方框或多个方框中指定的功能的步骤。

[0131] 显然，上述实施例仅仅是为清楚地说明所作的举例，而并非对实施方式的限定。对于所属领域的普通技术人员来说，在上述说明的基础上还可以作出其他不同形式的变化或变动。这里无需也无法对所有的实施方式予以穷举。而由此所引伸出的显而易见的变化或变动仍处于本发明创造的保护范围之中。

说 明 书 附 图

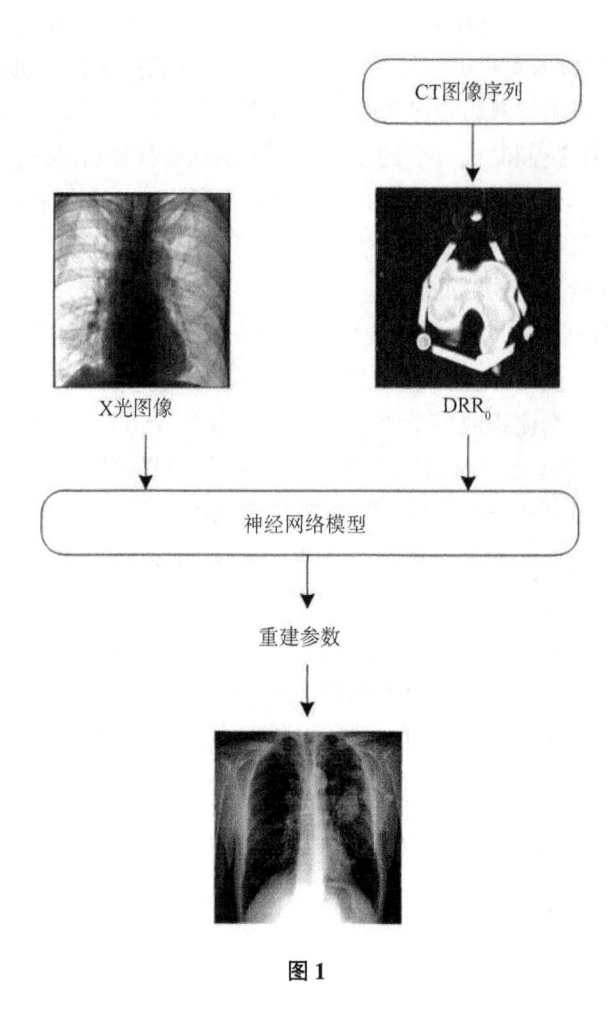

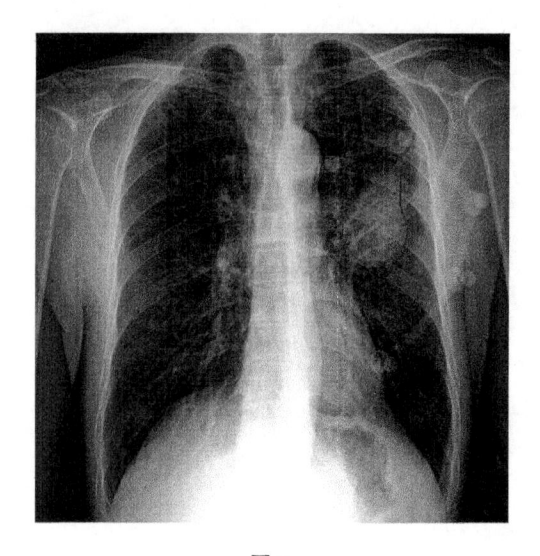

图 1

图 2

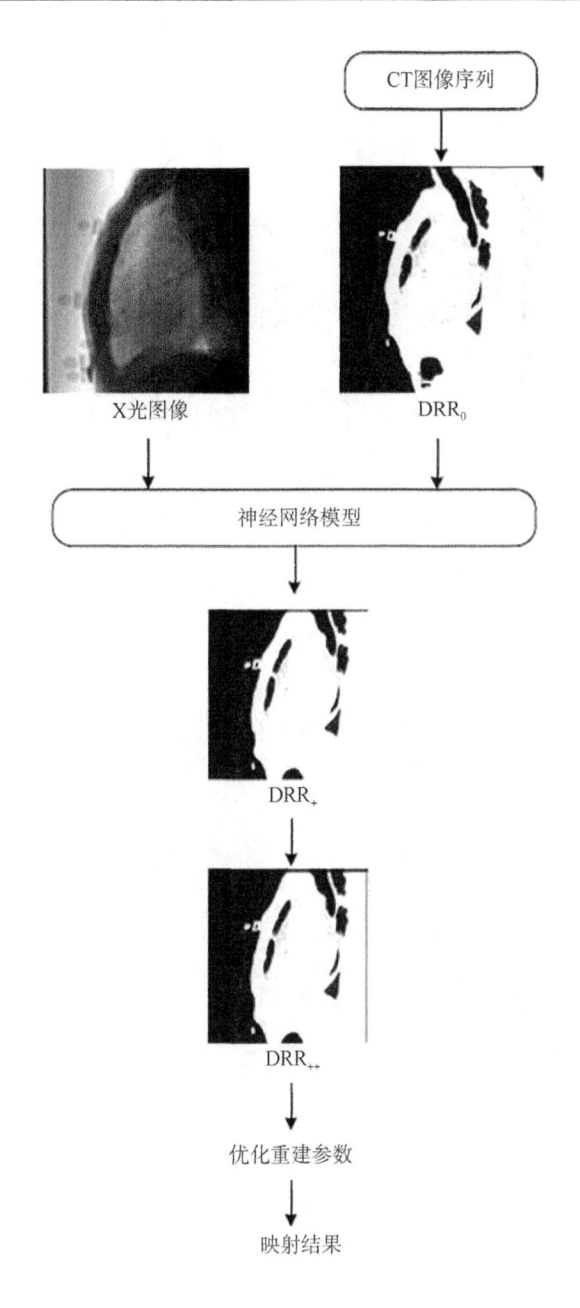

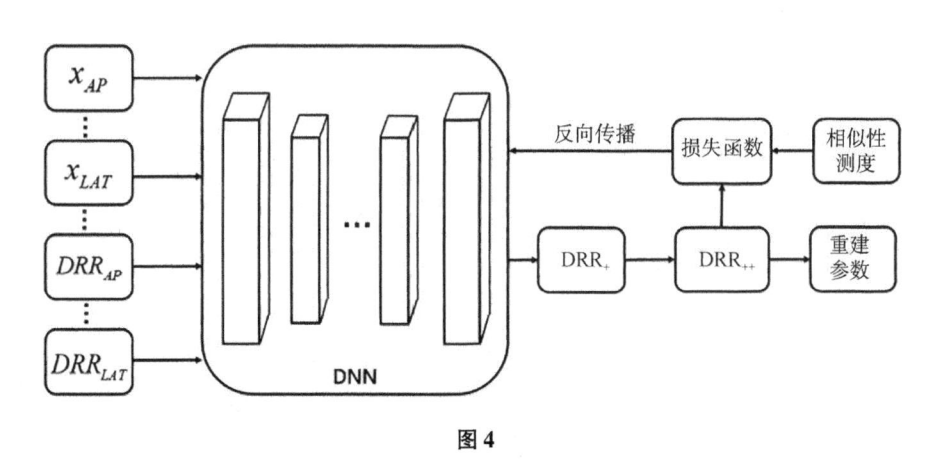

图 3

图 4

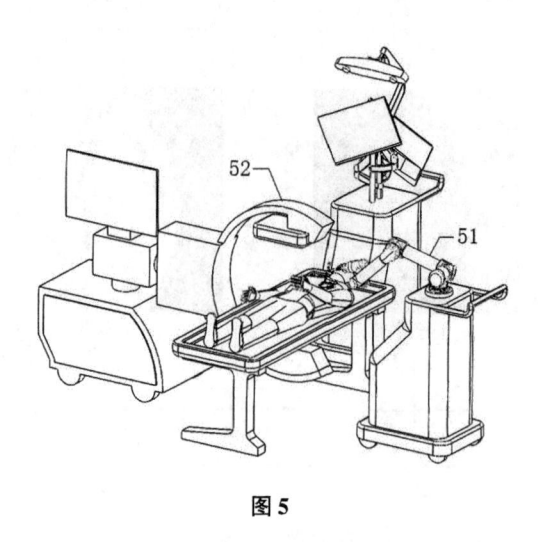

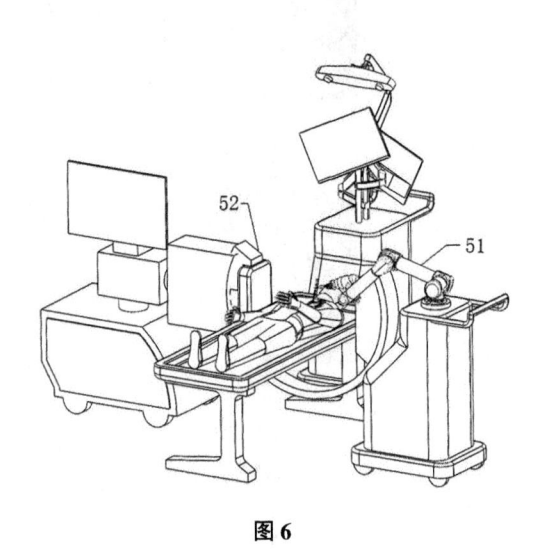

图 5

图 6

(19) 国家知识产权局

(12) 发明专利

(10) 授权公告号 CN 113722628 B
(45) 授权公告日 2022.10.28

(21) 申请号 202111012142.6

(22) 申请日 2021.08.31

(65) 同一申请的已公布的文献号
申请公布号 CN 113722628 A

(43) 申请公布日 2021.11.30

(73) 专利权人 北京百度网讯科技有限公司
地址 100085 北京市海淀区上地十街10号百度大厦2层

(72) 发明人 张一帆　王雨琪　褚林非　宁京
孙坤杰　郑宇航　宋乃飞　张书娟
刘林　鞠训卓　陈政委　张为
张华　周从军　吴挺康　吕腾非
刘瀚猛　王磊

(74) 专利代理机构 北京市汉坤律师事务所 11602
专利代理师 姜浩然　吴丽丽

(51) Int. Cl.
G06F 16/957 (2019.01)
G06F 16/955 (2019.01)

审查员 王莹

(54) 发明名称
显示信息流的方法、装置、设备和介质

(57) 摘要
本公开提供了一种用于在终端设备上显示信息流的方法、装置、电子设备、计算机可读存储介质和计算机程序产品，涉及计算机领域，尤其涉及信息流技术、智能推荐技术和软件应用技术。实现方案为：响应于检测到对用于显示信息流的应用程序的激活操作，在终端设备上重现应用程序上一次被切换至后台运行或被关闭时在终端设备上显示的第一页面；以及响应于确定激活操作距离应用程序上一次被切换至后台运行或被关闭的时间间隔不超过第一阈值，接续在第一页面中显示的内容条目显示第二页面，其中，第二页面中包括在激活操作之前已经缓存到终端设备中但未被显示在第一页面中的至少一个第一内容条目。

权 利 要 求 书

1. 一种用于在终端设备上显示信息流的方法，包括：

响应于检测到对用于显示信息流的应用程序的激活操作，在所述终端设备上重现所述应用程序上一次被切换至后台运行或被关闭时在所述终端设备上显示的第一页面；以及

响应于确定所述激活操作距离所述应用程序上一次被切换至后台运行或被关闭的时间间隔不超过第一阈值，接续在所述第一页面中显示的内容条目显示第二页面，其中，所述第二页面中包括在所述激活操作之前已经缓存到所述终端设备中但未被显示在所述第一页面中的至少一个第一内容条目，其中，所述接续在所述第一页面中显示的内容条目显示第二页面包括：

从所述第一页面以页面滑动的方式转换到所述第二页面，

其中，在所述第一页面中显示的所述内容条目包括位于所述第一页面底端的第二内容条目，并且其中，

所述接续在所述第一页面中显示的内容条目显示第二页面包括：

响应于确定所述第二内容条目在所述第一页面中的显示面积不超过第二阈值，在所述第二页面的顶端显示所述第二内容条目。

2. 根据权利要求1所述的方法，其中，所述接续在所述第一页面中显示的内容条目显示第二页面包括：

响应于确定所述第二内容条目在所述第一页面中的显示面积超过所述第二阈值，在所述第二页面在顶端显示所述第一内容条目而不显示所述第二内容条目。

3. 根据权利要求1或2所述的方法，其中，所述接续在所述第一页面中显示的内容条目显示第二页面是自动执行的。

4. 根据权利要求1或2所述的方法，其中，所述接续在所述第一页面中显示的内容条目显示第二页面是响应于检测到用户的第一手势输入而执行的。

5. 根据权利要求1或2中任一项所述的方法，还包括：

响应于确定所述时间间隔超过所述第一阈值，从服务器获取至少一个第三内容条目以替换所述至少一个第一内容条目；以及

接续所述第一页面中显示的内容条目显示第三页面，其中，所述第三页面中至少包括所述第三内容条目。

6. 根据权利要求5所述的方法，其中，所述接续在所述第一页面中显示的内容条目显示第三页面包括：

从所述第一页面以页面滑动的方式转换到所述第三页面。

7. 根据权利要求1或2中任一项所述的方法，还包括：

响应于检测到用户的第二手势输入，从服务器获取至少一个第四内容条目以替换已经缓存到所述终端设备中但未被显示的内容条目；以及

接续在当前页面中显示的内容条目显示第四页面，其中，所述第四页面中至少包括所述第四内容条目。

8. 根据权利要求1或2中任一项所述的方法，还包括：

响应于检测到用户的第三手势输入，从所述终端设备上显示的当前页面返回所述第一页面。

9. 一种用于在终端设备上显示信息流的装置，包括：

显示单元，被配置为响应于检测到对用于显示信息流的应用程序的激活操作，在所述终端设备上重现所述应用程序上一次被切换至后台运行或被关闭时在所述终端设备上显示的第一页面，

其中，所述显示单元被进一步配置为响应于确定所述激活操作距离所述应用程序上一次被切换至后台运行或被关闭的时间间隔不超过第一阈值，接续在所述第一页面中显示的内容条目显示第二页面，其中，所述第二页面中包括在所述激活操作之前已经缓存到所述终端设备中但未被显示在所述第一页面中的至少一个第一内容条目，

其中，所述显示单元被进一步配置为从所述第一页面以页面滑动的方式转换到所述第二页面，

其中，在所述第一页面中显示的所述内容条目包括位于所述第一页面底端的第二内容条目，并且其中，所述显示单元被进一步配置为响应于确定所述第二内容条目在所述第一页面中的显示面积不超过第二阈值，在所述第二页面的顶端显示所述第二内容条目。

10. 根据权利要求 9 所述的装置，其中，所述显示单元被进一步配置为响应于确定所述第二内容条目在所述第一页面中的显示面积超过所述第二阈值，在所述第二页面在顶端显示所述第一内容条目而不显示所述第二内容条目。

11. 根据权利要求 9 或 10 所述的装置，其中，所述接续在所述第一页面中显示的内容条目显示第二页面是自动执行的。

12. 根据权利要求 9 或 10 所述的装置，其中，所述接续在所述第一页面中显示的内容条目显示第二页面是响应于检测到用户的第一手势输入而执行的。

13. 根据权利要求 9 或 10 中任一项所述的装置，还包括：

第一获取单元，被配置为响应于确定所述时间间隔超过所述第一阈值，从服务器获取至少一个第三内容条目以替换所述至少一个第一内容条目，

其中，所述显示单元被进一步配置为接续所述第一页面中显示的内容条目显示第三页面，其中，所述第三页面中至少包括所述第三内容条目。

14. 根据权利要求 13 所述的装置，其中，所述显示单元被进一步配置为从所述第一页面以页面滑动的方式转换到所述第三页面。

15. 根据权利要求 9 或 10 中任一项所述的装置，还包括：

第二获取单元，被配置为响应于检测到用户的第二手势输入，从服务器获取至少一个第四内容条目以替换已经缓存到所述终端设备中但未被显示的内容条目，

其中，所述显示单元被进一步配置为接续在当前页面中显示的内容条目显示第四页面，其中，所述第四页面中至少包括所述第四内容条目。

16. 根据权利要求 9 或 10 中任一项所述的装置，其中，所述显示单元被进一步配置为响应于检测到用户的第三手势输入，从所述终端设备上显示的当前页面返回所述第一页面。

17. 一种电子设备，包括：

至少一个处理器；以及

与所述至少一个处理器通信连接的存储器；其中

所述存储器存储有可被所述至少一个处理器执行的指令，所述指令被所述至少一个处理器执行，以使所述至少一个处理器能够执行权利要求 1—8 中任一项所述的方法。

18. 一种存储有计算机指令的非瞬时计算机可读存储介质，其中，所述计算机指令用于使所述计算机执行根据权利要求 1—8 中任一项所述的方法。

说 明 书

显示信息流的方法、装置、设备和介质

技术领域

[0001] 本公开涉及计算机领域，尤其涉及信息流技术、智能推荐技术和软件应用技术，具体涉及一种用于在终端设备上显示信息流的方法、装置、电子设备、计算机可读存储介质和计算机程序产品。

背景技术

[0002] 目前的信息流技术中，对信息流的刷新行为通常可以根据执行者的不同分为用户主动刷新和自动刷新两种。其中，用户主动刷新是响应于用户的操作刷新信息流，而自动刷新是由信息流的显示载体（例如，终端设备或其上运行上的应用程序）或信息流的生产者（例如，服务器）实时地根据相应的预设规则进行判断，从而确定是否刷新信息流。自动刷新能够使得用户更频繁地接触到新内容，以提升用户的内容消费效率，但对于用户而言是一种"被迫"的选择，在一定程度上影响了用户体验。

[0003] 在此部分中描述的方法不一定是之前已经设想到或采用的方法。除非另有指明，否则不应假定此部分中描述的任何方法仅因其包括在此部分中就被认为是现有技术。类似地，除非另有指明，否则此部分中提及的问题不应认为在任何现有技术中已被公认。

发明内容

[0004] 本公开提供了一种用于在终端设备上显示信息流的方法、装置、电子设备、计算机可读存储介质和计算机程序产品。

[0005] 根据本公开的一方面，提供了一种用于在终端设备上显示信息流的方法。该方法包括：响应于检测到对用于显示信息流的应用程序的激活操作，在终端设备上重现应用程序上一次被切换至后台运行或被关闭时在终端设备上显示的第一页面；以及响应于确定激活操作距离应用程序上一次被切换至后台运行或被关闭的时间间隔不超过第一阈值，接续在第一页面中显示的内容条目显示第二页面，其中，第二页面中包括在激活操作之前已经缓存到终端设备中但未被显示在第一页面中的至少一个第一内容条目。

[0006] 根据本公开的另一方面，提供了一种用于在终端设备上显示信息流的装置。该装置包括：显示单元，被配置为响应于检测到对用于显示信息流的应用程序的激活操作，在终端设备上重现应用程序上一次被切换至后台运行或被关闭时在终端设备上显示的第一页面。其中，显示单元被进一步配置为响应于确定激活操作距离应用程序上一次被切换至后台运行或被关闭的时间间隔不超过第一阈值，接续在第一页面中显示的内容条目显示第二页面，其中，第二页面中包括在激活操作之前已经缓存到终端设备中但未被显示在第一页面中的至少一个第一内容条目。

[0007] 根据本公开的另一方面，提供了一种电子设备，包括：至少一个处理器；以及与至少一个处理器通信连接的存储器；其中存储器存储有可被至少一个处理器执行的指令，这些指令被至少一个处理器执行，以使至少一个处理器能够执行上述用于在终端设备上显示信息流的方法。

[0008] 根据本公开的另一方面，提供了一种存储有计算机指令的非瞬时计算机可读存储介质，其中，计算机指令用于使计算机执行上述用于在终端设备上显示信息流的方法。

[0009] 根据本公开的另一方面，提供了一种计算机程序产品，包括计算机程序，其中，计算机程序在被处理器执行时实现上述用于在终端设备上显示信息流的方法。

[0010] 根据本公开的一个或多个实施例，通过记录应用程序被切换至后台运行时或被关闭时在终端设备上所显示的第一页面，使得用户浏览过的历史信息流和历史浏览位置能够得以保存；而通过用户在切换回或重新打开应用程序时显示该第一页面，使得用户能够以低操作成本回到历史信息

流中查找有印象的或者感兴趣的内容，方便用户回溯浏览过的内容条目，提升了用户在信息流上的内容消费体验。此外，通过在第一页面之后接续显示第二页面，使得用户可以继续浏览历史信息流中的未浏览的内容，保持了用户浏览阅读的连续性，进一步提升用户体验。

[0011] 应当理解，本部分所描述的内容并非旨在标识本公开的实施例的关键或重要特征，也不用于限制本公开的范围。本公开的其他特征将通过以下的说明书而变得容易理解。

附图说明

[0012] 附图示例性地示出了实施例并且构成说明书的一部分，与说明书的文字描述一起用于讲解实施例的示例性实施方式。所示出的实施例仅出于例示的目的，并不限制权利要求的范围。在所有附图中，相同的附图标记指代类似但不一定相同的要素。

[0013] 图1示出了根据本公开的实施例的可以在其中实施本文描述的各种方法的示例性系统的示意图；

[0014] 图2示出了根据本公开的实施例的用于在终端设备上显示信息流的方法的流程图；

[0015] 图3A—3C示出了根据本公开的实施例的从第一页面以页面滑动的方式转换到第二页面的示意图；

[0016] 图4A—4B示出了根据本公开的实施例的从第一页面以页面滑动的方式转换到第二页面的示意图；

[0017] 图5A—5B示出了根据本公开的实施例的从第一页面以页面滑动的方式转换到第二页面的示意图；

[0018] 图6示出了根据本公开的实施例的用于在终端设备上显示信息流的方法的流程图；

[0019] 图7A—7C示出了根据本公开的实施例的从第一页面以页面滑动的方式转换到第三页面的示意图；

[0020] 图8示出了根据本公开的实施例的用于在终端设备上显示信息流的方法的流程图；

[0021] 图9示出了根据本公开的实施例的用于在终端设备上显示信息流的装置的结构框图；

[0022] 图10示出了根据本公开的实施例的用于在终端设备上显示信息流的装置的结构框图；

[0023] 图11示出了根据本公开的实施例的用于在终端设备上显示信息流的装置的结构框图；以及

[0024] 图12示出了能够用于实现本公开的实施例的示例性电子设备的结构框图。

具体实施方式

[0025] 以下结合附图对本公开的示范性实施例做出说明，其中包括本公开实施例的各种细节以助于理解，应当将它们认为仅仅是示范性的。因此，本领域普通技术人员应当认识到，可以对这里描述的实施例做出各种改变和修改，而不会背离本公开的范围。同样，为了清楚和简明，以下的描述中省略了对公知功能和结构的描述。

[0026] 在本公开中，除非另有说明，否则使用术语"第一"、"第二"等来描述各种要素不意图限定这些要素的位置关系、时序关系或重要性关系，这种术语只是用于将一个元件与另一元件区分开。在一些示例中，第一要素和第二要素可以指向该要素的同一实例，而在某些情况下，基于上下文的描述，它们也可以指代不同实例。

[0027] 在本公开中对各种所述示例的描述中所使用的术语只是为了描述特定示例的目的，而并非旨在进行限制。除非上下文另外明确地表明，如果不特意限定要素的数量，则该要素可以是一个也可以是多个。此外，本公开中所使用的术语"和/或"涵盖所列出的项目中的任何一个以及全部可能的组合方式。

[0028] 在本公开中，"信息流"指代能够以类似列表的方式在终端设备上所运行的信息流载体中进行呈现的一组内容条目。常见的信息流载体包括资讯类应用程序、社交类应用程序、浏览器或其

他具有内容浏览功能的程序。为方便表述，在本公开的实施例中将主要以"应用程序"作为信息流载体，但并不意图限定本公开的范围。可以理解的是，作为惯用手段直接置换，在其他信息流载体中使用本公开的显示信息流的方法均包含在本公开的保护范围内。

[0029]　　信息流的生成过程通常可以包括如下几个步骤。在服务器处，基于用户画像、上下文信息或时下热点等从信息池中筛选出一定数量的内容条目，并对这些内容条目进行排序，以生成原始信息流。信息流载体的后台分批次从服务器获取原始信息流中的部分内容条目。在信息流载体的特定显示区域中显示这些内容条目，这些内容条目的总长度通常大于显示区域的长度，因此用户可以通过滑动等方式进行翻页，以浏览尽这一批次的内容条目。在用户接近或已经浏览到这一批次的内容条目的底端时，信息流载体的后台从服务器获取下一批次的内容条目，以在显示界面上进行显示。信息流载体和服务器可以重复上述过程直至原始信息流中的全部内容条目均已被获取和浏览，也可以在检测到来自用户、服务器或信息流载体的刷新信息流的指令后，重新构建原始信息流，以向用户提供重新构建的信息流内容。需要注意的是，以上仅为一种示例性的信息流生成过程，其中的部分步骤和特征并不一定是必需的。本公开的方法可以用于显示利用上述方式生成的信息流，也可以用于显示利用其他方式生成的信息流，在此不做限定。

[0030]　　在本公开中，"浏览"和"阅读"用于指代两种不同程度的从信息流中的内容条目中获取信息的方式。其中，"浏览"可以指代用户在滑动信息流页面时在内容条目上的短暂视觉停留，这样的视觉停留可以给用户留下关于这些内容条目的印象。简单地，可以将所有在终端设备上显示过的内容条目作为用户"浏览"过的内容条目。而"阅读"可以指代用户在内容条目上的较长视觉停留和/或对内容条目的进一步操作（例如，打开相关页面、展开缩略内容、点击以进行播放等），以表明用户对这些内容条目感兴趣。需要注意的是，本公开中对"浏览"和"阅读"的区分仅为说明性目的，并不意图限定信息流与内容条目的具体呈现方式，也不意图限定用户与信息流的具体交互操作。在某些情况下，"浏览"和"阅读"也可以具有同一含义或可以互换使用。

[0031]　　相关技术中，现有的显示信息流的方法在用户返回信息流显示界面时会重新构建信息流，并展示首屏的默认内容，但这样的方式会打断用户上次浏览信息流的场景，从而使得用户很难甚至无法回到历史信息流中以查找的特定内容，或继续浏览历史信息流之后的未浏览的内容。

[0032]　　为解决上述问题，通过记录应用程序被切换至后台运行时或被关闭时在终端设备上所显示的第一页面，使得用户浏览过的历史信息流和历史浏览位置能够得以保存；而通过用户在切换回或重新打开应用程序时显示该第一页面，使得用户能够以低操作成本回到历史信息流中查找有印象的或者感兴趣的内容，方便用户回溯浏览过的内容条目，提升了用户在信息流上的内容消费体验。此外，通过在第一页面之后接续显示第二页面，使得用户可以继续浏览历史信息流中的未浏览的内容，保持了用户浏览阅读的连续性，进一步提升用户体验。

[0033]　　下面将结合附图详细描述本公开的实施例。

[0034]　　图1示出了根据本公开的实施例可以将本文描述的各种方法和装置在其中实施的示例性系统100的示意图。参考图1，该系统100包括一个或多个客户端设备101、102、103、104、105和106、服务器120以及将一个或多个客户端设备耦接到服务器120的一个或多个通信网络110。客户端设备101、102、103、104、105和106可以被配置为执行一个或多个应用程序。

[0035]　　在本公开的实施例中，服务器120可以运行使得能够执行用于在终端设备上显示信息流的方法的一个或多个服务或软件应用。

[0036]　　在某些实施例中，服务器120还可以提供可以包括非虚拟环境和虚拟环境的其他服务或软件应用。在某些实施例中，这些服务可以作为基于web的服务或云服务提供，例如在软件即服务（SaaS）模型下提供给客户端设备101、102、103、104、105和/或106的用户。

[0037]　　在图1所示的配置中，服务器120可以包括实现由服务器120执行的功能的一个或多个组件。这些组件可以包括可由一个或多个处理器执行的软件组件、硬件组件或其组合。操作客户端设备101、102、103、104、105和/或106的用户可以依次利用一个或多个客户端应用程序来与服务器

120进行交互以利用这些组件提供的服务。应当理解，各种不同的系统配置是可能的，其可以与系统100不同。因此，图1是用于实施本文所描述的各种方法的系统的一个示例，并且不旨在进行限制。

[0038] 用户可以使用客户端设备101、102、103、104、105和/或106来阅读浏览呈现在客户端设备（即，终端设备）上的信息流。客户端设备可以提供使客户端设备的用户能够与客户端设备进行交互的接口。客户端设备还可以经由该接口向用户输出信息。尽管图1仅描绘了六种客户端设备，但是本领域技术人员将能够理解，本公开可以支持任何数量的客户端设备。

[0039] 客户端设备101、102、103、104、105和/或106可以包括各种类型的计算机设备，例如便携式手持设备、通用计算机（诸如个人计算机和膝上型计算机）、工作站计算机、可穿戴设备、智能屏设备、自助服务终端设备、服务机器人、游戏系统、瘦客户端、各种消息收发设备、传感器或其他感测设备等。这些计算机设备可以运行各种类型和版本的软件应用程序和操作系统，例如Microsoft Windows、Apple iOS、类UNIX操作系统、Linux或类Linux操作系统（例如Google ChromeOS）；或包括各种移动操作系统，例如Microsoft Windows MobileOS、iOS、Windows Phone、Android。便携式手持设备可以包括蜂窝电话、智能电话、平板电脑、个人数字助理（PDA）等。可穿戴设备可以包括头戴式显示器（诸如智能眼镜）和其他设备。游戏系统可以包括各种手持式游戏设备、支持互联网的游戏设备等。客户端设备能够执行各种不同的应用程序，例如各种与Internet相关的应用程序、通信应用程序（例如电子邮件应用程序）、短消息服务（SMS）应用程序，并且可以使用各种通信协议。

[0040] 网络110可以是本领域技术人员熟知的任何类型的网络，其可以使用多种可用协议中的任何一种（包括但不限于TCP/IP、SNA、IPX等）来支持数据通信。仅作为示例，一个或多个网络110可以是局域网（LAN）、基于以太网的网络、令牌环、广域网（WAN）、因特网、虚拟网络、虚拟专用网络（VPN）、内部网、外部网、公共交换电话网（PSTN）、红外网络、无线网络（例如蓝牙、WIFI）和/或这些和/或其他网络的任意组合。

[0041] 服务器120可以包括一个或多个通用计算机、专用服务器计算机［例如PC（个人计算机）服务器、UNIX服务器、中端服务器］、刀片式服务器、大型计算机、服务器群集或任何其他适当的布置和/或组合。服务器120可以包括运行虚拟操作系统的一个或多个虚拟机，或者涉及虚拟化的其他计算架构（例如可以被虚拟化以维护服务器的虚拟存储设备的逻辑存储设备的一个或多个灵活池）。在各种实施例中，服务器120可以运行提供下文所描述的功能的一个或多个服务或软件应用。

[0042] 服务器120中的计算单元可以运行包括上述任何操作系统以及任何商业上可用的服务器操作系统的一个或多个操作系统。服务器120还可以运行各种附加服务器应用程序和/或中间层应用程序中的任何一个，包括HTTP服务器、FTP服务器、CGI服务器、Java服务器、数据库服务器等。

[0043] 在一些实施方式中，服务器120可以包括一个或多个应用程序，以分析和合并从客户端设备101、102、103、104、105和106的用户接收的数据馈送和/或事件更新。服务器120还可以包括一个或多个应用程序，以经由客户端设备101、102、103、104、105和106的一个或多个显示设备来显示数据馈送和/或实时事件。

[0044] 在一些实施方式中，服务器120可以为分布式系统的服务器，或者是结合了区块链的服务器。服务器120也可以是云服务器，或者是带人工智能技术的智能云计算服务器或智能云主机。云服务器是云计算服务体系中的一项主机产品，以解决传统物理主机与虚拟专用服务器（VPS，Virtual Private Server）服务中存在的管理难度大、业务扩展性弱的缺陷。

[0045] 系统100还可以包括一个或多个数据库130。在某些实施例中，这些数据库可以用于存储数据和其他信息。例如，数据库130中的一个或多个可用于存储诸如音频文件和视频文件的信息。数据存储库130可以驻留在各种位置。例如，由服务器120使用的数据存储库可以在服务器120本地，或者可以远离服务器120且可以经由基于网络或专用的连接与服务器120通信。数据存储库130可以是不同的类型。在某些实施例中，由服务器120使用的数据存储库可以是数据库，例如关系数据库。这些数据库中的一个或多个可以响应于命令而存储、更新和检索到数据库以及来自数据

库的数据。

[0046] 在某些实施例中，数据库 130 中的一个或多个还可以由应用程序使用来存储应用程序数据。由应用程序使用的数据库可以是不同类型的数据库，例如键值存储库、对象存储库或由文件系统支持的常规存储库。

[0047] 图 1 的系统 100 可以以各种方式配置和操作，以使得能够应用根据本公开所描述的各种方法和装置。

[0048] 根据本公开的一方面，提供了一种用于在终端设备上显示信息流的方法。如图 2 所示，该方法包括：步骤 S201，响应于检测到对用于显示信息流的应用程序的激活操作，在终端设备上重现应用程序上一次被切换至后台运行或被关闭时在终端设备上显示的第一页面；以及步骤 S202，响应于确定激活操作距离应用程序上一次被切换至后台运行或被关闭的时间间隔不超过第一阈值，接续在第一页面中显示的内容条目显示第二页面。第二页面中可以包括在激活操作之前已经缓存到终端设备中但未被显示在第一页面中的至少一个第一内容条目。

[0049] 由此，通过记录应用程序被切换至后台运行时或被关闭时在终端设备上所显示的第一页面，使得用户浏览过的历史信息流和历史浏览位置能够得以保存；而通过用户在切换回或重新打开应用程序时显示该第一页面，使得用户能够以低操作成本回到历史信息流中查找有印象的或者感兴趣的内容，方便用户回溯浏览过的内容条目，提升了用户在信息流上的内容消费体验。此外，通过在第一页面之后接续显示第二页面，使得用户可以继续浏览历史信息流中的未浏览的内容，保持了用户浏览阅读的连续性，进一步提升用户体验。

[0050] 根据一些实施例，步骤 S201 中的对用于显示信息流的应用程序的激活操作例如可以是将后台运行的应用程序切换至前台运行的操作，也可以是对未运行的应用程序的打开操作，还可以是其他能够激活用于显示信息流的应用程序以在前台运行的操作，在此不做限定。通过在终端设备上重现上次被切换至后台运行或关闭时所显示的第一页面，使得用户能够再次看到上一次浏览的历史信息流内容，以实现阅读浏览的连贯性，并帮助用户回忆在历史信息流中浏览或阅读过的有印象或感兴趣的内容，以便于用户在历史信息流中查找这些内容。

[0051] 根据一些实施例，步骤 S202 接续在第一页面中显示的内容条目显示第二页面，使得用户能够在历史信息流中从上次浏览到的位置之后继续阅读浏览。在一些实施例中，第二页面可以包括在激活操作之前已经缓存到终端设备中但未被显示在第一页面中的至少一个第一内容条目，从而使得用户在离线状态下仍可以继续阅读历史信息流中的未浏览的内容条目。在一些实施例中，第一内容条目例如可以为上一批次从服务器获取的、未在显示界面上显示过的内容条目。

[0052] 根据一些实施例，步骤 S202 接续在第一页面中显示的内容条目显示第二页面可以包括：从第一页面以页面滑动的方式转换到第二页面。如图 3A 所示，在应用程序的显示界面 300 中，第一页面 310 包括多个已浏览的内容条目 302。在一个示例性实施例中，图 3A 中的第一页面 310 向上滑动转换到图 3B 中的第二页面 320，第二页面 320 包括多个已浏览的内容条目 302 和两个第一内容条目 304。在另一个示例性实施例中，图 3A 中的第一页面滑动转换到图 3C 中的第二页面 330，第二页面 330 中仅包括多个第一内容条目 304。

[0053] 由此，通过以页面滑动的方式从第一页面转换到第二页面，从而向客户提供视觉提示以使用户感知到第一页面的内容条目和第二页面的内容条目之间是连续的，以提升用户浏览信息流的连贯性。

[0054] 根据一些实施例，第一页面中显示的内容条目可以包括位于第一页面底端的第二内容条目。步骤 S202、接续在第一页面中显示的内容条目显示第二页面可以包括：响应于确定第二内容条目在第一页面中的显示面积不超过第二阈值，在第二页面的顶端显示第二内容条目。由此，当第一页面底端的第二内容条目的显示面积不超过第二阈值时，应用程序判定用户未浏览过第二内容条目，从而在第二页面的顶端显示第二内容条目，以避免用户错过部分内容条目。

[0055] 在一个示例性实施例中，第二阈值为内容条目面积的 50%。如图 4A—4B 所示，在显示界

面400中，响应于确定第一页面410底端的第二内容条目402在第一页面410中的显示面积不超过第二阈值，在接续显示的第二页面420的顶端显示第二内容条目402，并在第二内容条目402的下方显示第一内容条目404。

[0056] 根据一些实施例，步骤S202、接续在第一页面中显示的内容条目显示第二页面还可以包括：响应于确定所述第二内容条目在所述第一页面中的显示面积超过所述第二阈值，在所述第二页面在顶端显示所述第一内容条目而不显示所述第二内容条目。由此，通过不显示在第一页面底端的显示面积超过阈值的内容条目，以避免重复显示用户已浏览的内容条目，提升用户的内容消费效率。

[0057] 在另一个示例性实施例中，第二阈值为内容条目面积的50%。如图5A—5B所示，在显示界面500中，响应于确定第一页面510底端的第二内容条目502在第一页面510中的显示面积不超过第二阈值50%，在第二页面520的顶端显示第一内容条目504而不显示第二内容条目502。

[0058] 根据一些实施例，第二阈值可以为内容条目面积的20%、25%、33.3%、50%、66.7%、75%、80%，或者其他面积大小，在此不做限定。在一些实施例中，内容条目可以包括位于上方的标题部分和位于下方的内容预览部分，而标题部分显示完全即可认为用户浏览了该内容条目，由此可以设置较小的第二阈值以避免重复显示用户已浏览的内容条目。在另一些实施例中，内容条目可能不包括标题部分，或者标题部分融合在了内容预览部分之中，则需要设置较大的第二阈值以确保用户获取到了与该内容条目相关的信息。在又一些实施例中，还可以根据内容条目的不同版式结构动态地调整第二阈值，以进一步调整用户对内容条目的信息获知程度与避免重复显示用户已浏览的内容条目之间的平衡关系。可以理解的是，本领域技术人员可以根据需求自行设置合适的第二阈值，以使得用户能够获知关于第二内容条目的信息。

[0059] 根据一些实施例，接续在第一页面中显示的内容条目显示第二页面是自动执行的。由此，通过自动翻页以接续第一页面中的内容条目显示第二页面，使得用户能够在返回应用程序后无需操作即可开始浏览未浏览过的内容条目，从而能够提升用户的内容消费效率，并节约用户操作成本。

[0060] 根据一些实施例，接续在第一页面中显示的内容条目显示第二页面可以是响应于检测到用户的第一手势输入而执行的。考虑到部分用户可能不期望自动执行对第二页面的接续显示，因此可以检测用户的手势输入，并在检测到与接续显示相对应的第一手势输入后接续显示第二页面，以呈现用户未浏览过的内容条目。由此，使得用户在返回应用程序后，对于是否浏览以及何时浏览未浏览过的内容条目具有更高的自主性，进一步提升了对具有此类需求的用户的浏览体验。

[0061] 根据一些实施例，第一手势输入例如可以是上划、下划、左划、右划页面，也可以是单击、双击或长按用于接续显示第二页面的虚拟按钮或显示界面中的特定区域，还可以是其他手势输入方式，在此不做限定。

[0062] 可以理解的是，除手势输入外，接续在第一页面中显示的内容条目显示第二页面还可以是响应于检测到用户的其他输入而执行的，例如由终端设备的音频采集单元检测到的语音输入、由终端设备的外接输入单元检测到的按键输入、由终端设备的加速度传感单元检测到的动作输入、由终端设备的图像采集单元检测到的姿态输入等，在此不做限定。

[0063] 根据一些实施例，如图6所示，显示信息流的方法还可以包括：步骤S603，响应于确定时间间隔超过所述第一阈值，从服务器获取至少一个第三内容条目以替换至少一个第一内容条目；以及步骤S604，接续第一页面中显示的内容条目显示第三页面。第三页面中至少包括第三内容条目。图6中的步骤S601—步骤S602的操作与图2中的步骤S201—步骤S202的操作类似，在此不做赘述。由此，在时间间隔超过第一阈值的情况下，通过从服务器获取新的内容条目以替代历史信息流之后的未浏览的内容条目，增强了信息流的实时性。

[0064] 根据一些实施例，如图7A所示，在显示界面700中，第一页面710包括多个已浏览的内容条目702。在一个示例性实施例中，图7A中的第一页面710滑动转换到图7B中的第三页面720，第三页面720包括多个已浏览的内容条目702和从服务器获取的、替换第一内容条目的多个第三内

容条目704。在另一个示例性实施例中，图7A中的第一页面710滑动转换至图7C中的第三页面730，第三页面730中仅包括第三内容条目704。

[0065] 根据一些实施例，第一阈值例如可以为5分钟、10分钟、15分钟、30分钟、45分钟、60分钟、90分钟、120分钟，或者其他时长，在此不做限定。在一些实施例中，更短的第一阈值使得用户能够更频繁地获取到新生成的内容，从而提升用户浏览的信息流的实时性，但终端设备需要长期保持与服务器的连接并占用一定的带宽资源，而在服务器侧频繁刷新信息流也会加重服务器的负担。此外，在服务器侧刷新后信息流和历史信息流可能部分重合，从而使得有一定几率会在终端设备上再次显示用户已浏览的内容条目。在另一些实施例中，更长的第一阈值使得用户在终端设备上浏览的内容条目之间更具有时间连续性，并且不再要求终端设备长期保持与服务器的连接，仅占用较少的带宽资源，同时减轻服务器的负担，但由于服务器更新信息流的频率降低，使得用户浏览的信息流的实时性随之下降。

[0066] 根据一些实施例，在生成原始信息流时，可以使用特别的"首屏策略"以确定用于在信息流首页显示的内容以及相应的版式，用以增强首页的质量，提高用户对于内容条目的点击率和转化率。通过使用首屏策略，可以在保留历史信息流的同时，尽可能多地向用户展示"首页"，从而能够在不打断用户对历史信息流的阅读浏览过程的同时向用户提供大量高质量内容，进一步提高了用户的内容消费效率，并提升了用户体验。

[0067] 根据一些实施例，步骤S604接续第一页面中显示的内容条目显示第三页面例如可以包括：从第一页面以页面滑动的方式转换到第三页面。由此，通过以页面滑动的方式从第一页面转换到第三页面，从而向用户提供视觉提示以使用户感知到第一页面的内容条目和第三页面的内容条目之间是连续的，以提升用户浏览信息流的连贯性。

[0068] 根据一些实施例，接续在第一页面中显示的内容条目显示第三页面是自动执行的。由此，通过自动翻页以接续第一页面中的内容条目显示第三页面，使得用户能够在返回应用程序后无需操作即可开始浏览从服务器获取的新内容条目，从而能够自动向用户展示新生成的内容条目，进一步提升用户的内容消费效率，并节约用户操作成本。

[0069] 根据一些实施例，如图6所示，显示信息流的方法还可以包括：步骤S605，响应于检测到用户的第三手势输入，从终端设备上显示的当前页面返回第一页面。由此，通过设计相应的页面返回机制，使得用户能够更便捷地返回上一次离开时的历史浏览位置，以便于在历史信息流中查找有印象的或者感兴趣的内容。

[0070] 根据一些实施例，第三手势输入例如可以是单击、双击或长按界面顶部的状态条，也可以是单击、双击或长按用于返回第一页面的虚拟按钮或显示界面中的特定区域，还可以是其他手势输入方式，在此不做限定。

[0071] 可以理解的是，除手势输入外，从当前页面返回第一页面还可以是响应于检测到用户的其他输入而执行的，例如由终端设备的音频采集单元检测到的语音输入、由终端设备的外接输入单元检测到的按键输入、由终端设备的加速度传感单元检测到的动作输入、由终端设备的图像采集单元检测到的姿态输入等，在此不做限定。

[0072] 根据一些实施例，如图8所示，显示信息流的方法还可以包括：步骤S803，响应于检测到用户的第二手势输入，从服务器获取至少一个第四内容条目以替换已经缓存到终端设备中但未被显示的内容条目；以及步骤S804，接续在当前页面中显示的内容条目显示第四页面。第四页面中至少包括第四内容条目。图8中的步骤S801—步骤S802的操作与图2中的步骤S201—步骤S202的操作类似，在此不做赘述。由此，在时间间隔未超过第一阈值的情况下，用户也可以通过手动方式启动对新内容的获取和显示，从而提升了用户的自主性操作空间，并提升了用户的浏览体验。

[0073] 根据一些实施例，第二手势输入例如可以是下划、上划、左划或右划页面，也可以是单击、双击或长按用于接续显示第四页面的虚拟按钮或显示界面中的特定区域，还可以是其他手势输入方式，在此不做限定。

[0074] 可以理解的是，除手势输入外，从服务器获取至少一个第四内容条目还可以是响应于检测到用户的其他输入而执行的，例如由终端设备的音频采集单元检测到的语音输入、由终端设备的外接输入单元检测到的按键输入、由终端设备的加速度传感单元检测到的动作输入、由终端设备的图像采集单元检测到的姿态输入等等，在此不做限定。

[0075] 根据本公开的另一方面，还提供了一种用于在终端设备上显示信息流的装置。如图9所示，装置900包括：显示单元910，被配置为响应于检测到对用于显示信息流的应用程序的激活操作，在终端设备上重现应用程序上一次被切换至后台运行或被关闭时在终端设备上显示的第一页面。显示单元被进一步配置为响应于确定激活操作距离应用程序上一次被切换至后台运行或被关闭的时间间隔不超过第一阈值，接续在第一页面中显示的内容条目显示第二页面，其中，第二页面中包括在激活操作之前已经缓存到终端设备中但未被显示在第一页面中的至少一个第一内容条目。装置900中的单元910的操作和图2中的步骤S201—步骤S202的操作类似，在此不做赘述。

[0076] 根据一些实施例，显示单元910可以被进一步配置为从第一页面以页面滑动的方式转换到第二页面。

[0077] 根据一些实施例，第一页面中显示的内容条目可以包括位于第一页面底端的第二内容条目。显示单元910可以被进一步配置为响应于确定第二内容条目在所述第一页面中的显示面积不超过第二阈值，在第二页面的顶端显示所述第二内容条目。

[0078] 根据一些实施例，显示单元910可以被进一步配置为响应于确定第二内容条目在第一页面中的显示面积超过第二阈值，在第二页面在顶端显示第一内容条目而不显示第二内容条目。

[0079] 根据一些实施例，接续在第一页面中显示的内容条目显示第二页面可以是自动执行的。

[0080] 根据一些实施例，接续在第一页面中显示的内容条目显示第二页面可以是响应于检测到用户的第一手势输入而执行的。

[0081] 根据一些实施例，如图10所示，装置1000还可以包括：第一获取单元1020，被配置为响应于确定时间间隔超过第一阈值，从服务器获取至少一个第三内容条目以替换至少一个第一内容条目。装置1000中的单元1010的操作与装置900中的单元910的操作类似，在此不再赘述。显示单元1010还可以被进一步配置为接续第一页面中显示的内容条目显示第三页面。其中，第三页面中至少包括第三内容条目。

[0082] 根据一些实施例，显示单元1010可以被进一步配置为从第一页面以页面滑动的方式转换到第三页面。

[0083] 根据一些实施例，显示单元1010可以被进一步配置为响应于检测到用户的第三手势输入，从终端设备上显示的当前页面返回第一页面。

[0084] 根据一些实施例，如图11所示，装置1100还可以包括：第二获取单元1120，被配置为响应于检测到用户的第二手势输入，从服务器获取至少一个第四内容条目以替换已经缓存到终端设备中但未被显示的内容条目。装置1100中的单元1110的操作与装置900中的单元910的操作类似，在此不再赘述。显示单元1110还可以被进一步配置为接续在当前页面中显示的内容条目显示第四页面。其中，第四页面中至少包括第四内容条目。

[0085] 根据本公开的实施例，还提供了一种电子设备、一种可读存储介质和一种计算机程序产品。

[0086] 参考图12，现将描述可以作为本公开的服务器或客户端的电子设备1200的结构框图，其是可以应用于本公开的各方面的硬件设备的示例。电子设备旨在表示各种形式的数字电子的计算机设备，诸如，膝上型计算机、台式计算机、工作台、个人数字助理、服务器、刀片式服务器、大型计算机和其他适合的计算机。电子设备还可以表示各种形式的移动装置，诸如，个人数字处理、蜂窝电话、智能电话、可穿戴设备和其他类似的计算装置。本文所示的部件、它们的连接和关系以及它们的功能仅仅作为示例，并且不意在限制本文中描述的和/或要求的本发明的实现。

[0087] 如图12所示，设备1200包括计算单元1201，其可以根据存储在只读存储器（ROM）

1202 中的计算机程序或者从存储单元 1208 加载到随机访问存储器（RAM）1203 中的计算机程序，来执行各种适当的动作和处理。在 RAM 1203 中，还可存储设备 1200 操作所需的各种程序和数据。计算单元 1201、ROM 1202 以及 RAM 1203 通过总线 1204 彼此相连。输入/输出（I/O）接口 1205 也连接至总线 1204。

[0088] 设备 1200 中的多个部件连接至 I/O 接口 1205，包括：输入单元 1206、输出单元 1207、存储单元 1208 以及通信单元 1209。输入单元 1206 可以是能向设备 1200 输入信息的任何类型的设备，输入单元 1206 可以接收输入的数字或字符信息，以及产生与电子设备的用户设置和/或功能控制有关的键信号输入，并且可以包括但不限于鼠标、键盘、触摸屏、轨迹板、轨迹球、操作杆、麦克风和/或遥控器。输出单元 1207 可以是能呈现信息的任何类型的设备，并且可以包括但不限于显示器、扬声器、视频/音频输出终端、振动器和/或打印机。存储单元 1208 可以包括但不限于磁盘、光盘。通信单元 1209 允许设备 1200 通过诸如因特网的计算机网络和/或各种电信网络与其他设备交换信息/数据，并且可以包括但不限于调制解调器、网卡、红外通信设备、无线通信收发机和/或芯片组，例如蓝牙 TM 设备、1302.11 设备、WiFi 设备、WiMax 设备、蜂窝通信设备和/或类似物。

[0089] 计算单元 1201 可以是各种具有处理和计算能力的通用和/或专用处理组件。计算单元 1201 的一些示例包括但不限于中央处理单元（CPU）、图形处理单元（GPU）、各种专用的人工智能（AI）计算芯片、各种运行机器学习模型算法的计算单元、数字信号处理器（DSP），以及任何适当的处理器、控制器、微控制器等。计算单元 1201 执行上文所描述的各个方法和处理，例如显示信息流的方法。例如，在一些实施例中，显示信息流的方法可被实现为计算机软件程序，其被有形地包含于机器可读介质，例如存储单元 1208。在一些实施例中，计算机程序的部分或者全部可以经由 ROM 1202 和/或通信单元 1209 而被载入和/或安装到设备 1200 上。当计算机程序加载到 RAM 1203 并由计算单元 1201 执行时，可以执行上文描述的显示信息流的方法的一个或多个步骤。备选地，在其他实施例中，计算单元 1201 可以通过其他任何适当的方式（例如，借助于固件）而被配置为执行显示信息流的方法。

[0090] 本文中以上描述的系统和技术的各种实施方式可以在数字电子电路系统、集成电路系统、场可编程门阵列（FPGA）、专用集成电路（ASIC）、专用标准产品（ASSP）、芯片上系统（SOC）、负载可编程逻辑设备（CPLD）、计算机硬件、固件、软件和/或它们的组合中实现。这些各种实施方式可以包括：实施在一个或者多个计算机程序中，该一个或者多个计算机程序可在包括至少一个可编程处理器的可编程系统上执行和/或解释，该可编程处理器可以是专用或者通用可编程处理器，可以从存储系统、至少一个输入装置和至少一个输出装置接收数据和指令，并且将数据和指令传输至该存储系统、该至少一个输入装置和该至少一个输出装置。

[0091] 用于实施本公开的方法的程序代码可以采用一个或多个编程语言的任何组合来编写。这些程序代码可以提供给通用计算机、专用计算机或其他可编程数据处理装置的处理器或控制器，使得程序代码当由处理器或控制器执行时使流程图和/或框图中所规定的功能/操作被实施。程序代码可以完全在机器上执行、部分地在机器上执行，作为独立软件包部分地在机器上执行且部分地在远程机器上执行或完全在远程机器或服务器上执行。

[0092] 在本公开的上下文中，机器可读介质可以是有形的介质，其可以包含或存储以供指令执行系统、装置或设备使用或与指令执行系统、装置或设备结合地使用的程序。机器可读介质可以是机器可读信号介质或机器可读储存介质。机器可读介质可以包括但不限于电子的、磁性的、光学的、电磁的、红外的或半导体系统、装置或设备，或者上述内容的任何合适组合。机器可读存储介质的更具体示例会包括基于一个或多个线的电气连接、便携式计算机盘、硬盘、随机存取存储器（RAM）、只读存储器（ROM）、可擦除可编程只读存储器（EPROM 或快闪存储器）、光纤、便捷式紧凑盘只读存储器（CD-ROM）、光学储存设备、磁储存设备或上述内容的任何合适组合。

[0093] 为了提供与用户的交互，可以在计算机上实施此处描述的系统和技术，该计算机具有：用于向用户显示信息的显示装置［例如，CRT（阴极射线管）或者 LCD（液晶显示器）监视器］；

以及键盘和指向装置（例如，鼠标或者轨迹球），用户可以通过该键盘和该指向装置来将输入提供给计算机。其他种类的装置还可以用于提供与用户的交互；例如，提供给用户的反馈可以是任何形式的传感反馈（例如，视觉反馈、听觉反馈或者触觉反馈）；并且可以用任何形式（包括声输入、语音输入或者触觉输入）来接收来自用户的输入。

[0094] 可以将此处描述的系统和技术实施在包括后台部件的计算系统（例如，作为数据服务器），或者包括中间件部件的计算系统（例如，应用服务器），或者包括前端部件的计算系统（例如，具有图形用户界面或者网络浏览器的用户计算机，用户可以通过该图形用户界面或者该网络浏览器来与此处描述的系统和技术的实施方式交互），或者包括这种后台部件、中间件部件或者前端部件的任何组合的计算系统中。可以通过任何形式或者介质的数字数据通信（例如，通信网络）来将系统的部件相互连接。通信网络的示例包括：局域网（LAN）、广域网（WAN）和互联网。

[0095] 计算机系统可以包括客户端和服务器。客户端和服务器一般远离彼此并且通常通过通信网络进行交互。通过在相应的计算机上运行并且彼此具有客户端－服务器关系的计算机程序来产生客户端和服务器的关系。服务器可以是云服务器，也可以为分布式系统的服务器，或者是结合了区块链的服务器。

[0096] 应该理解，可以使用上面所示的各种形式的流程，重新排序、增加或删除步骤。例如，本公开中记载的各步骤可以并行地执行，也可以顺序地或以不同的次序执行，只要能够实现本公开公开的技术方案所期望的结果，本文在此不进行限制。

[0097] 虽然已经参照附图描述了本公开的实施例或示例，但应理解，上述的方法、系统和设备仅仅是示例性的实施例或示例，本发明的范围并不由这些实施例或示例限制，而是仅由授权后的权利要求书及其等同范围来限定。实施例或示例中的各种要素可以被省略或者可由其等同要素替代。此外，可以通过不同于本公开中描述的次序来执行各步骤。进一步地，可以以各种方式组合实施例或示例中的各种要素。重要的是随着技术的演进，在此描述的很多要素可以由本发明之后出现的等同要素进行替换。

图 1

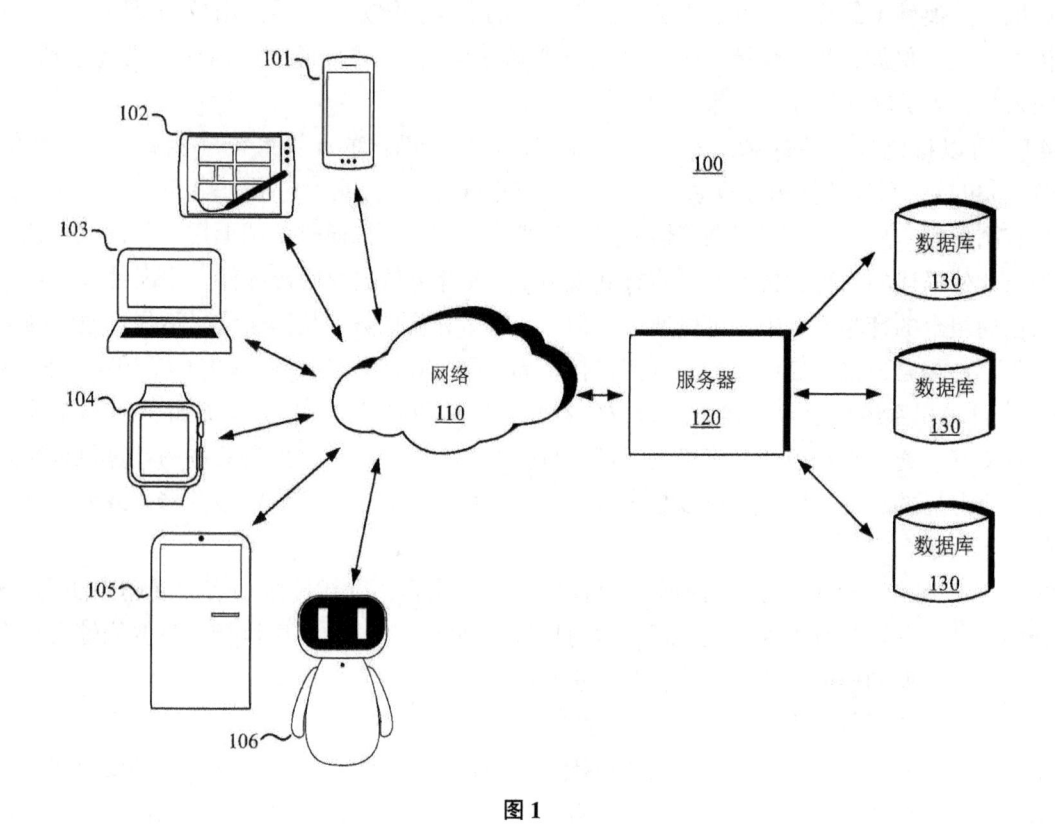

```
┌─────────────────────────────────┐
│ 响应于检测到对用于显示信息流的应用程序的激活 │
│ 操作，在终端设备上重现应用程序上一次被切换至 │──S201
│ 后台运行或被关闭时在终端设备上显示的第一页面 │
└─────────────────────────────────┘
                  │
                  ▼
┌─────────────────────────────────┐
│ 响应于确定激活操作距离应用程序上一次被切换至 │
│ 后台运行或被关闭的时间间隔不超过第一阈值，接 │──S202
│ 续在第一页面中显示的内容条目显示第二页面 │
└─────────────────────────────────┘
```

图 2

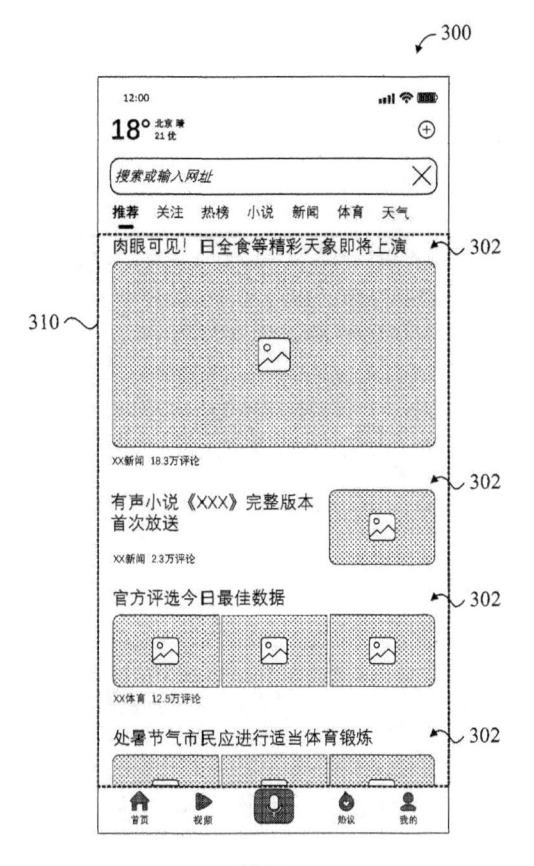

图 3A

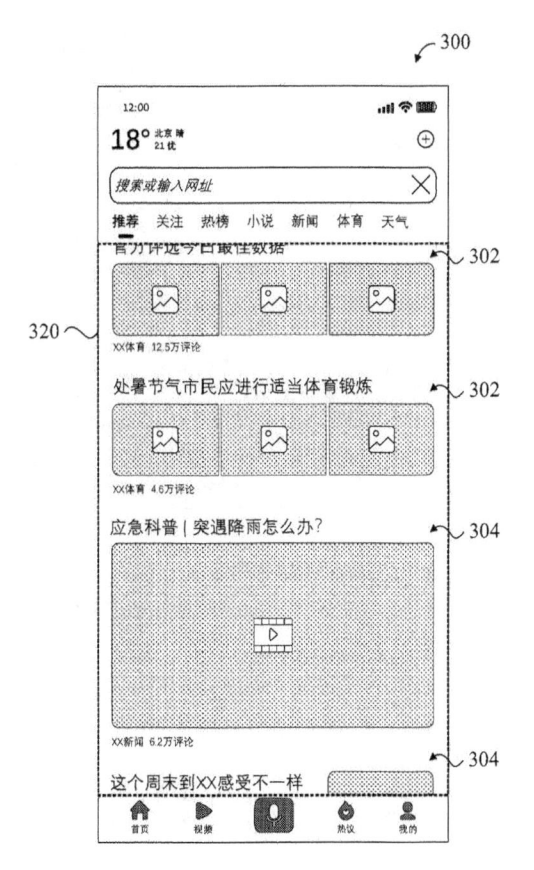

图 3B

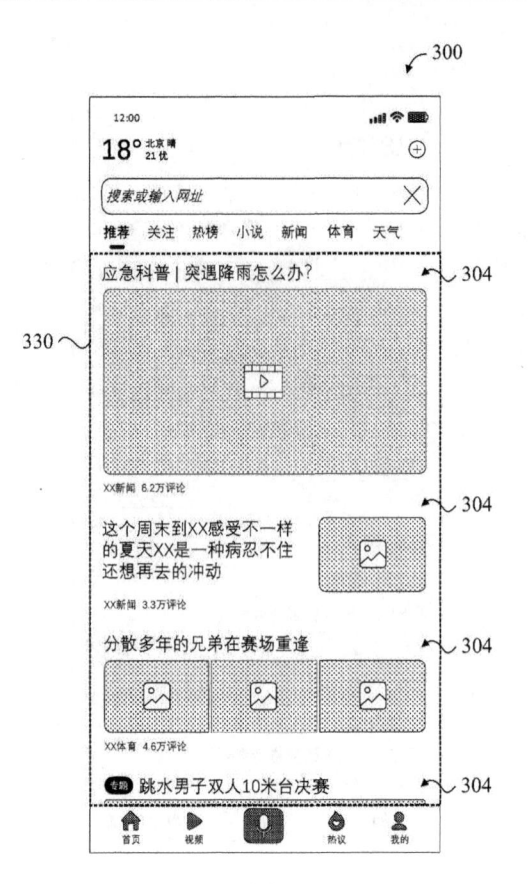

图 3C

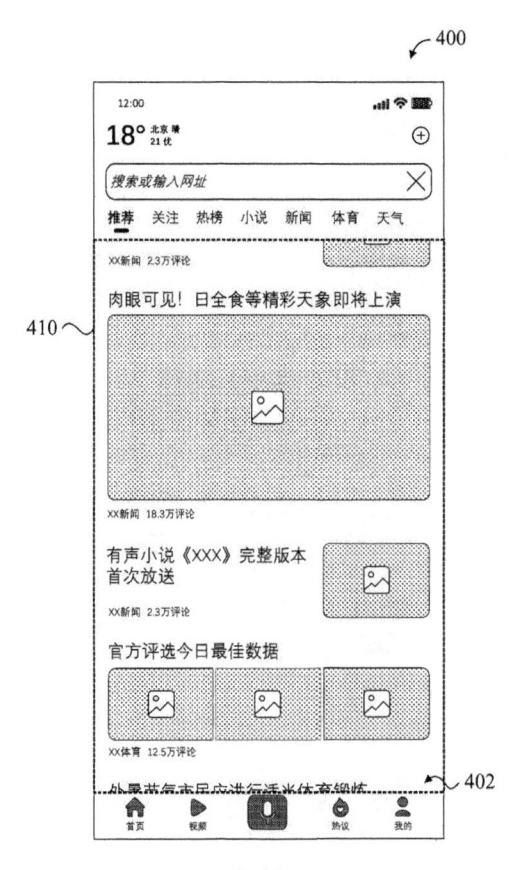

图 4A

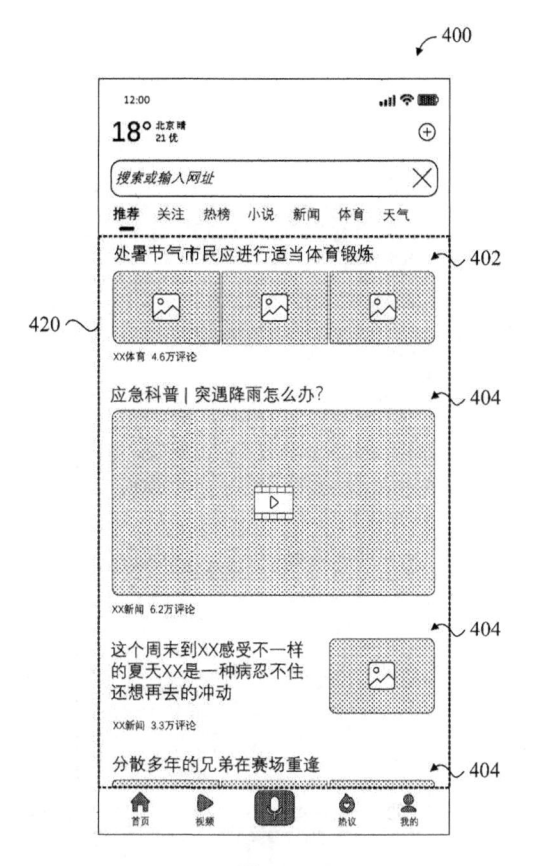

图 4B

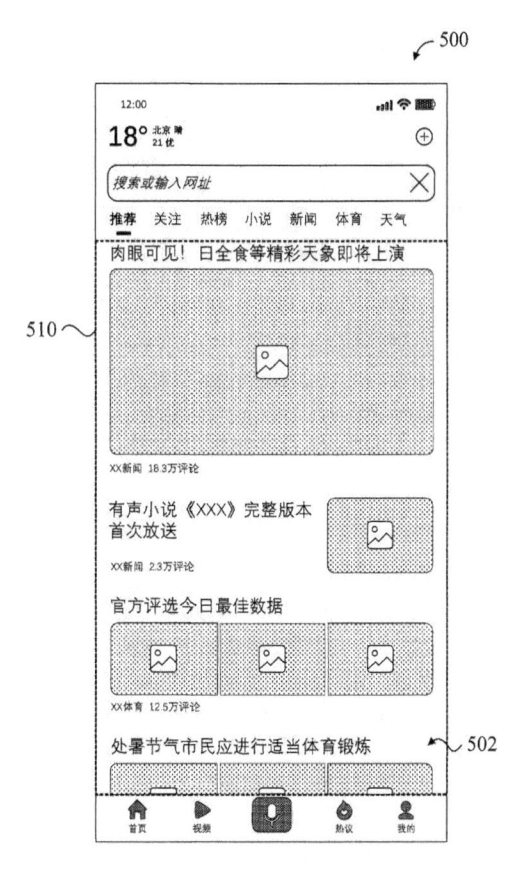

图 5A

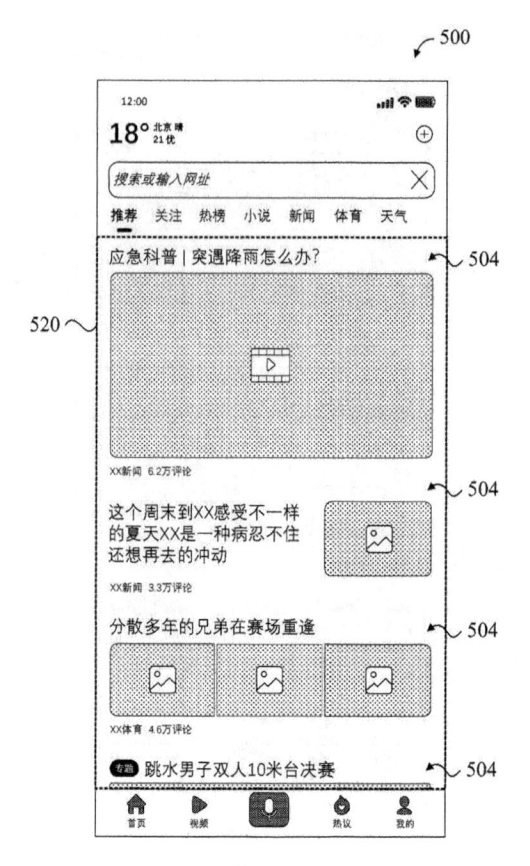

图 5B

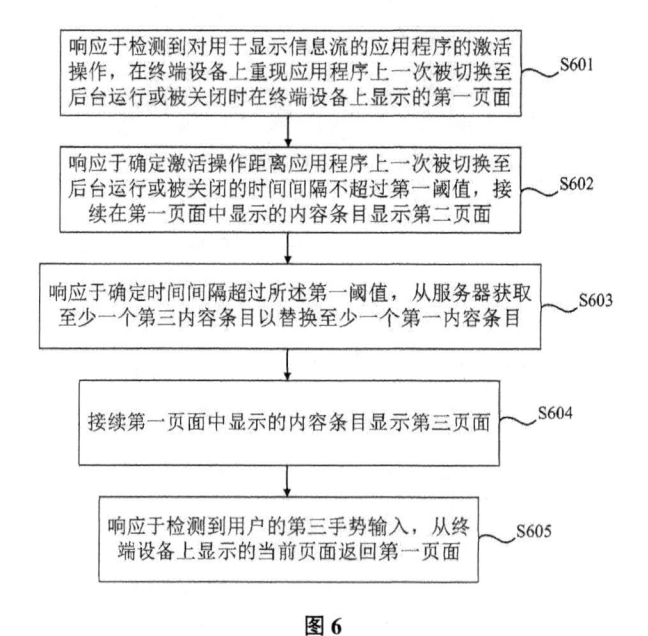

图 6

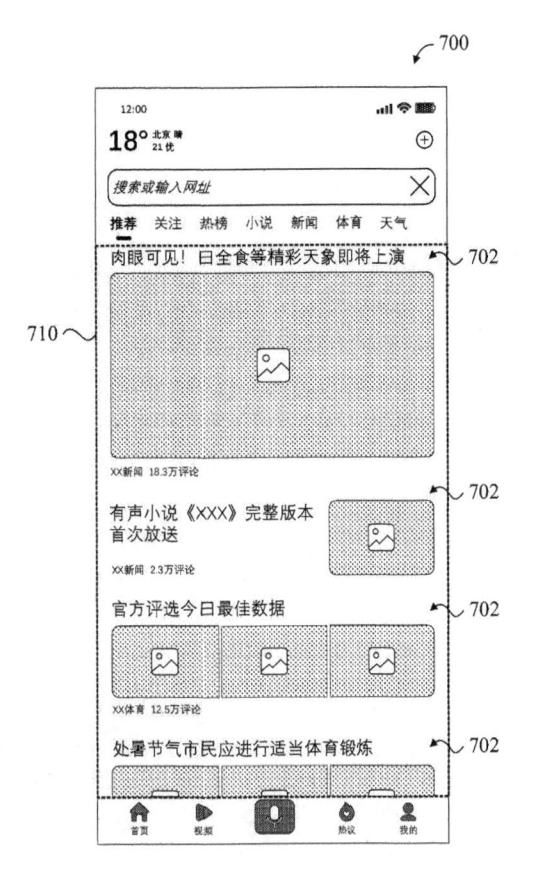

图7A

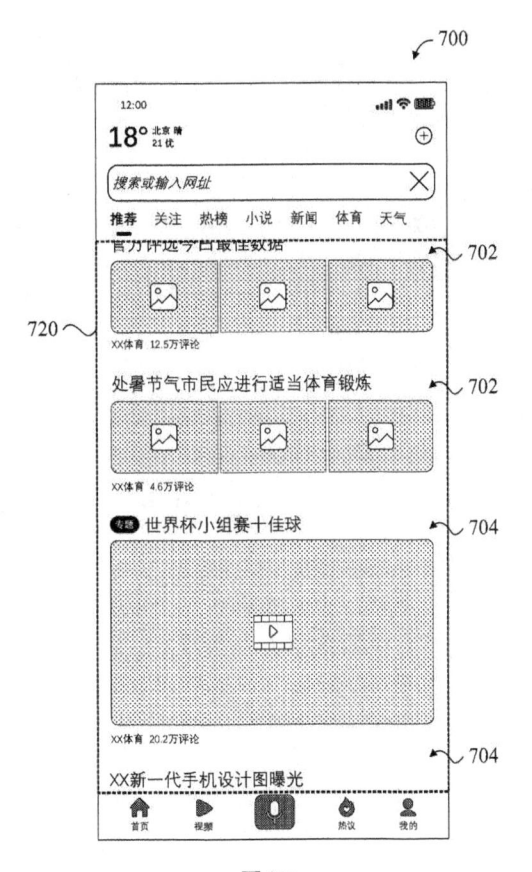

图7B

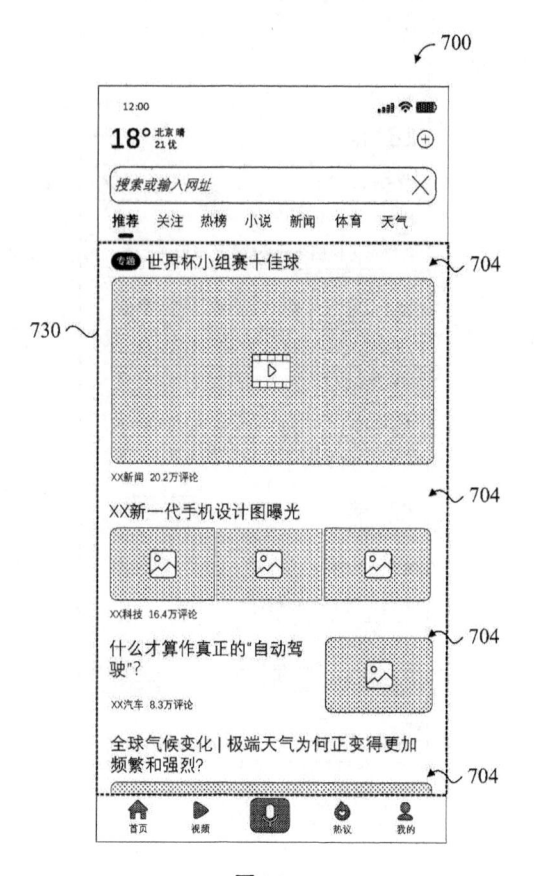

图 7C

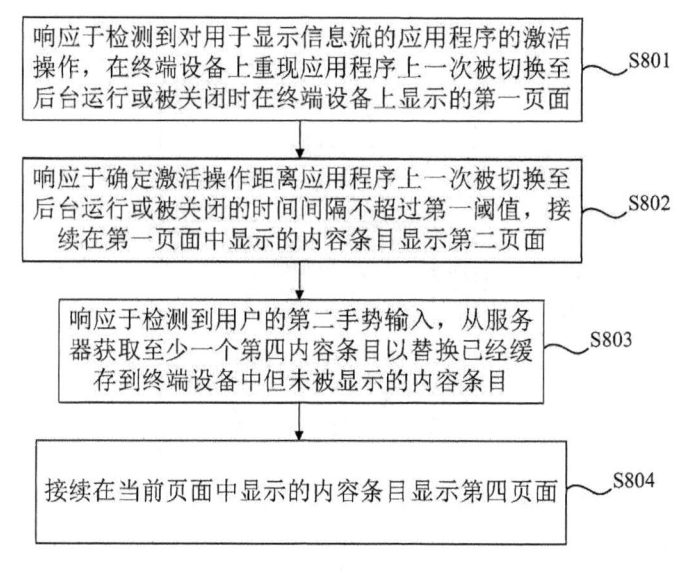

```
┌─────────────────────────────────────┐
│ 响应于检测到对用于显示信息流的应用程序的激活 │
│ 操作，在终端设备上重现应用程序上一次被切换至 │──S801
│ 后台运行或被关闭时在终端设备上显示的第一页面 │
└─────────────────────────────────────┘
                  │
                  ▼
┌─────────────────────────────────────┐
│ 响应于确定激活操作距离应用程序上一次被切换至 │
│ 后台运行或被关闭的时间间隔不超过第一阈值，接 │──S802
│ 续在第一页面中显示的内容条目显示第二页面   │
└─────────────────────────────────────┘
                  │
                  ▼
┌─────────────────────────────────────┐
│ 响应于检测到用户的第二手势输入，从服务    │
│ 器获取至少一个第四内容条目以替换已经缓    │──S803
│ 存到终端设备中但未被显示的内容条目      │
└─────────────────────────────────────┘
                  │
                  ▼
┌─────────────────────────────────────┐
│ 接续在当前页面中显示的内容条目显示第四页面  │──S804
└─────────────────────────────────────┘
```

图 8

```
┌───────────────────┐
│     装置900       │
│  ┌─────────────┐  │
│  │  显示单元910 │  │
│  └─────────────┘  │
└───────────────────┘
```

图 9

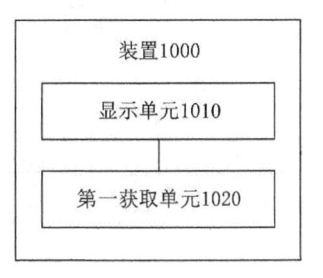

图 10

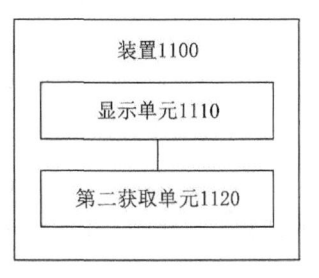

图 11

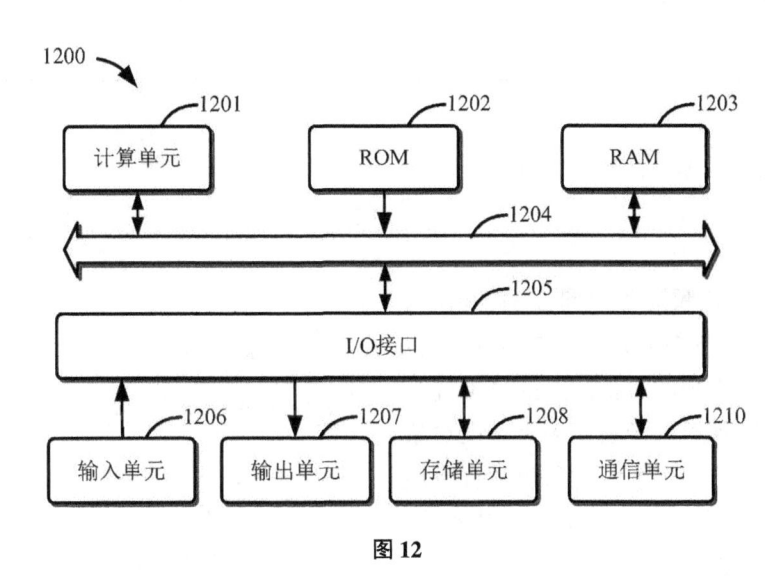

图 12

(19) 中华人民共和国国家知识产权局

(12) 发明专利

(10) 授权公告号 CN 112087641 B
(45) 授权公告日 2022.03.04

(21) 申请号 202010913872.2
(22) 申请日 2020.09.03
(65) 同一申请的已公布的文献号
申请公布号 CN 112087641 A
(43) 申请公布日 2020.12.15
(73) 专利权人 广州华多网络科技有限公司
地址 511442 广东省广州市番禺区南村镇万达广场B-1栋29层
(72) 发明人 郭锦荣
(74) 专利代理机构 广州利能知识产权代理事务所（普通合伙） 44673
代理人 王增鑫
(51) Int. Cl.
H04N 21/2187 (2011.01)
H04N 21/25 (2011.01)
H04N 21/254 (2011.01)
H04N 21/262 (2011.01)
H04N 21/466 (2011.01)
H04L 47/24 (2022.01)
G06Q 30/06 (2012.01)

(56) 对比文件
CN 106686392 A, 2017.05.17
CN 109151592 A, 2019.01.04
CN 107071584 A, 2017.08.18
CN 108184144 A, 2018.06.19

审查员 李芳

(54) 发明名称
视频通信协同控制、请求、反馈方法及装置、设备与介质

(57) 摘要
本申请公开一种视频通信协同控制、请求、反馈方法及装置、设备与介质，该控制方法包括：向第一主播用户在播的直播间广播对象排行榜单，所述对象排行榜单用于表征多个预设对象的相对排行关系，对应每个预设对象包括有所述预设对象及其对应的排行权重之间的映射关系；接收直播间观众用户发送的用于改变对象排行榜单中的一个预设对象的排行权重的调整指令，据该调整指令对所述对象排行榜单执行相应的更新；响应于第一主播用户基于所述对象排行榜单中满足预设条件的预设对象发起的连线请求，启动该预设对象所属的第二主播用户与第一主播用户之间的视频连线模式。本申请通过对网络直播视频通信协同，实现流量倾斜，提升流量的转化率。

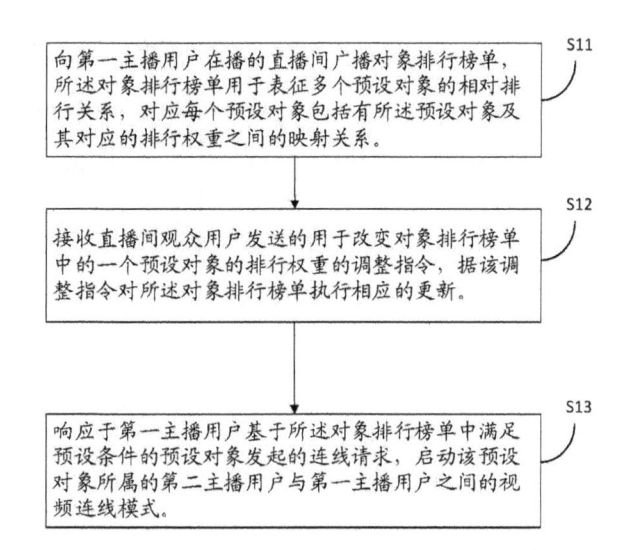

权 利 要 求 书

1. 一种视频通信协同控制方法，其特征在于，包括如下步骤：

向第一主播用户在播的直播间广播对象排行榜单，所述对象排行榜单用于表征多个预设对象的相对排行关系，所述预设对象为主播用户对象或商品对象，对应每个预设对象包括所述预设对象及其对应的排行权重之间的映射关系；

接收直播间观众用户发送的用于改变对象排行榜单中的一个预设对象的排行权重的调整指令，据该调整指令对所述对象排行榜单执行相应的更新；

响应于第一主播用户基于所述对象排行榜单中满足预设条件的预设对象发起的连线请求，启动该预设对象所属的第二主播用户与第一主播用户之间的视频连线模式。

2. 根据权利要求1所述的方法，其特征在于，其包括前置步骤：响应于第一主播用户的启动指令，查询预配置的白名单，当该白名单包含该第一主播用户时，执行后续步骤，否则拒绝执行后续步骤。

3. 根据权利要求1所述的方法，其特征在于，其包括前置步骤：响应于第一主播用户同意第二主播用户向对象排行榜单中添加预设对象的审核指令，将该预设对象添加到所述的对象排行榜单中。

4. 根据权利要求1所述的方法，其特征在于，所述的预设对象为商品对象或者主播用户对象，匹配有相应的用于界面显示以指示该预设对象的示意图片。

5. 根据权利要求1所述的方法，其特征在于，所述调整指令为发起指令的观众用户执行的关联于预设对象的触控事件、关联于预设对象而派发虚拟电子礼品的事件或者关联于预设对象而发起分享行为的事件而对应产生的调整指令。

6. 根据权利要求1所述的方法，其特征在于，据该调整指令对所述对象排行榜单执行相应的更新的步骤中，包括如下具体步骤：

根据所述调整指令包含的事件信息/数值信息确定其对应的权重调整值；

利用所述权重调整值调整相应的预设对象的排行权重；

按照调整后的排行权重对对象排行榜单中的预设对象进行排序；

向直播间广播推送排序后的所述对象排行榜单，以实现对所述对象排行榜单的更新。

7. 根据权利要求1所述的方法，其特征在于，响应于第一主播用户基于所述对象排行榜单中排行权重满足预设条件的预设对象发起的连线请求的步骤中，确定对象排行榜单中排行权重最高/最低的预设对象为满足预设条件的预设对象。

8. 根据权利要求1至7中任意一项所述的方法，其特征在于，其包括如下后续步骤：

响应于任意观众用户在视频连线模式中发起的针对该视频连线相关的预设对象的交易请求，为该观众用户启动该预设对象的交易业务流程。

9. 一种视频通信协同请求方法，其特征在于，包括如下步骤：

向服务器发送榜单请求以控制直播间接收相应的对象排行榜单，所述对象排行榜单用于表征多个预设对象的相对排行关系，所述预设对象为主播用户对象或商品对象，对应每个预设对象包括有所述预设对象及其对应的排行权重之间的映射关系；

在直播间图形用户界面可视化显示所述对象排行榜单，在该榜单中显示若干个所述预设对象的可视化信息以及其排行权重的可视化信息；

响应于服务器更新指令，更新所述对象排行榜单的显示，使其反映所述排行权重的最新动态；

基于所述对象排行榜单中满足预设条件的预设对象向服务器发起与该预设对象所属的第二主播用户进行连线的视频连线请求，使第二主播用户与当前直播间的第一主播用户启动视频连线模式。

10. 根据权利要求9所述的方法，其特征在于，所述响应于服务器更新指令，更新所述对象排行榜单的显示，使其反映所述排行权重的最新动态的步骤中，执行如下具体措施：

接收服务器推送的更新所述对象排行榜单中相应预设对象的排行权重的所述更新指令，对应修改该榜单中预设对象的排行权重的可视化信息，使对象排行榜单反映关联于所述排行权重的最新

权 利 要 求 书

动态；

或者，

接收服务器推送的更新所述对象排行榜单的更新指令，从中解析出已经反映了所述排行权重的最新动态的对象排行榜单，以此更新所述对象排行榜单的显示。

11. 根据权利要求 9 所述的方法，其特征在于，其包括前置步骤：

基于服务器提供的预设对象审核列表，向服务器发送审核指令，以将至少一个所述的预设对象添加到所述对象排行榜单中，所述预设对象审查列表中的预设对象由所述第二主播用户预先提交。

12. 根据权利要求 9 所述的方法，其特征在于，在直播间图形用户界面可视化显示所述对象排行榜单时，使所述对象排行榜单在直播间图形用户界面上按照排行权重对所述预设对象进行排序。

13. 一种视频通信协同反馈方法，其特征在于，包括如下步骤：

在第一主播用户的直播间显示服务器推送的对象排行榜单，所述对象排行榜单用于表征多个预设对象的相对排行关系，所述预设对象为主播用户对象或商品对象，对应每个预设对象包括有所述预设对象及其对应的排行权重之间的映射关系；

接收当前观众用户基于对象排行榜单中的预设对象发起的调整指令，将其提交给服务器，以使对象排行榜单中相应预设对象的排行权重实现更新；

在图形用户界面更新所述对象排行榜单，使所述对象排行榜单呈按照排行权重对所述预设对象进行排序的排列效果；

响应服务器的通知指令，使直播间切换为支持所述第一主播用户与所述对象排行榜单中的一个预设对象所属的第二主播用户进行连线直播的视频连线模式。

14. 根据权利要求 13 所述的方法，其特征在于，响应服务器的通知指令的步骤中，从所述通知指令中获取预设对象的推广信息及入口访问地址，在图形用户界面中显示所述推广信息及访问入口，所述访问入口链接有所述入口访问地址。

15. 一种视频通信协同控制装置，其特征在于，其包括：

广播榜单单元，用于向第一主播用户在播的直播间广播对象排行榜单；

更新榜单单元，接收直播间观众用户发送的用于改变对象排行榜单中的一个预设对象的排行权重的调整指令，据该调整指令对所述对象排行榜单执行相应的更新，所述预设对象为主播用户对象或商品对象；

视频连线单元，用于响应于第一主播用户基于所述对象排行榜单中满足预设条件的预设对象发起的连线请求，启动该预设对象所属的第二主播用户与第一主播用户之间的视频连线模式。

16. 一种视频通信协同请求装置，其特征在于，其包括：

请求榜单单元，用于向服务器发送榜单请求以控制直播间接收相应的对象排行榜单；

可视化单元，用于在直播间图形用户界面可视化显示所述对象排行榜单，所述对象排行榜单用于表征多个预设对象的相对排行关系，在该榜单中显示若干个所述预设对象的可视化信息以及其排行权重的可视化信息，所述预设对象为主播用户对象或商品对象；

更新榜单单元，用于响应于服务器更新指令，更新所述对象排行榜单的显示，使其反映所述排行权重的最新动态；

视频连线单元，基于所述对象排行榜单中满足预设条件的预设对象向服务器发起与该预设对象所属的第二主播用户进行连线的视频连线请求，使第二主播用户与当前直播间的第一主播用户启动视频连线模式。

17. 一种视频通信协同反馈装置，其特征在于，其包括：

接收榜单单元，用于在第一主播用户的直播间接收服务器推送的对象排行榜单；

调整权重单元，用于接收当前观众用户基于对象排行榜单中的预设对象发起的调整指令，将其提交给服务器，以使对象排行榜单中相应预设对象的排行权重实现更新，所述预设对象为主播用户对象或商品对象；

· 252 ·

权 利 要 求 书

更新榜单单元，用于更新榜单单元，用于响应于服务器更新指令，更新所述对象排行榜单的显示，使其反映所述排行权重的最新动态；

视频连线单元，用于响应服务器的通知指令，使直播间切换为支持所述第一主播用户与所述对象排行榜单中的一个预设对象所属的第二主播用户进行连线直播的视频连线模式。

18. 一种电子设备，包括中央处理器和存储器，其特征在于，所述中央处理器用于调用运行存储于所述存储器中的计算机程序以执行如权利要求1至8中任意一项所述的视频通信协同控制方法的步骤；或者执行根据权利要求9至12中任意一项所述的视频通信协同请求方法的步骤；或执行根据权利要求13至14中任意一项所述的视频通信协同反馈方法的步骤。

19. 一种非易失性存储介质，其特征在于，其存储有计算机程序，所述计算机程序被计算机调用运行时，执行权利要求1至8中任意一项所述的视频通信协同控制方法所包括的步骤；或执行权利要求9至12中任意一项所述的视频通信协同请求方法所包括的步骤；或执行权利要求13至14的中任意一项所述的视频通信协同反馈方法所包括的步骤。

说 明 书

视频通信协同控制、请求、反馈方法及装置、设备与介质

技术领域

[0001] 本申请涉及网络直播技术领域，尤其涉及一种视频通信协同控制、请求与反馈方法，以及涉及该些方法相应的装置、设备与非易失性存储介质。

背景技术

[0002] 互联网直播平台中，各大直播平台为吸引更多流量，争先恐后地花费大量资金来孵化头部主播，对于直播平台来说，头部主播可以吸引大量的蓝海用户进入直播平台进行观看与消费形成大量的流量。

[0003] 现有的直播平台为了对头部主播的巨大流量进行有效的分配，实现了让主播与主播之间进行网络视频通信的直播方式，即视频连线直播方式，通过此直播方式，将头部主播用户一部分的流量共享引流至新晋主播，或者是让头部主播与头部主播进行视频连线直播，以吸引更多的流量。

[0004] 但大部分直播平台现有的视频连线模式匹配机制，是将匹配对象权限完全交给主播用户，让其凭自己的意愿挑选通信对象，虽然主播用户可能因为直播间观众弹幕的引导而选择相应的通信对象，但直播间观众用户的意愿对于主播用户来说并不直观也不全面，因此部分情况下也并不能满足直播间观众用户的需求。

[0005] 其次，有的直播平台的视频连线模式匹配机制是通过为主播用户随机匹配通信对象来实现，虽然可能有一定的筛选机制，但实际上双方都处于被动状态，这将导致双方在视频连线模式过程中因互动的方式的选择上无法达成一致，从而使直播间观众用户的观看体验较差。

[0006] 另外，若视频连线直播方式被运用在现今流行的直播带货中，糟糕的匹配机制，将导致主播用户的销售受阻，无法有效地实现流量变现，从而降低直播平台的收益。

[0007] 由此可见，虽然视频连线模式对于直播平台来说是一种很新潮且能实现引流的直播方式，但因为匹配机制的问题，并无法有效的实现满足直播间观众用户的需求，导致实现的引流效果并不理想，无法有效地解决线上资源的合理分配的问题。

发明内容

[0008] 本申请的首要目的在于提供一种视频通信协同控制方法，以便为解决线上流量资源的匹配提供相关技术架构。

[0009] 本申请的第二目的，适应首要目的而提供一种视频通信协同请求方法，此方法由第一主播用户侧进行实施。

[0010] 本申请的第三目的，适应首要目的而提供一种视频通信协同反馈方法，此方法由第一主播用户直播间的观众用户侧进行实施。

[0011] 为满足本申请的各个目的，本申请采用如下技术方案：

[0012] 适应本申请的首要目的而提供的一种视频通信协同控制方法，包括如下步骤：

[0013] 向第一主播用户在播的直播间广播对象排行榜单，所述对象排行榜单用于表征多个预设对象的相对排行关系，对应每个预设对象包括所述预设对象及其对应的排行权重之间的映射关系；

[0014] 接收直播间观众用户发送的用于改变对象排行榜单中的一个预设对象的排行权重的调整指令，据该调整指令对所述对象排行榜单执行相应的更新；

[0015] 响应于第一主播用户基于所述对象排行榜单中满足预设条件的预设对象发起的连线请求，启动该预设对象所属的第二主播用户与第一主播用户之间的视频连线模式。

[0016] 部分实施例中，本方法包括如下的前置步骤：

[0017] 响应于第一主播用户的启动指令，查询预配置的白名单，当该白名单包含该第一主播用

户时，执行后续步骤，否则拒绝执行后续步骤。

[0018] 部分实施例中，本方法包括如下的前置步骤：

[0019] 响应于第一主播用户同意第二主播用户向对象排行榜单中添加预设对象的审核指令，将该预设对象添加到所述的对象排行榜单中。

[0020] 较佳的实施例中，所述的预设对象为商品对象或者主播用户对象，匹配有相应的用于界面显示以指示该预设对象的示意图片。

[0021] 进一步的实施例中，所述调整指令为发起指令的观众用户执行的关联于预设对象的触控事件、关联于预设对象而派发虚拟电子礼品的事件或者关联于预设对象而发起分享行为的事件而对应产生的调整指令。

[0022] 较佳的实施例中，据该调整指令对所述对象排行榜单执行相应的更新的步骤中，包括如下具体步骤：

[0023] 根据所述调整指令包含的事件信息/数值信息确定其对应的权重调整值；

[0024] 利用所述排行权重值调整相应的观众用户的排行权重；

[0025] 按照调整后的排行权重对对象排行榜单中的预设对象进行排序；

[0026] 向直播间广播推送排序后的所述对象排行榜单，以实现对所述对象排行榜单的更新。

[0027] 进一步的实施例中，响应于第一主播用户基于所述对象排行榜单中排行权重满足预设条件的预设对象发起的连线请求的步骤中，确定对象排行榜单中排行权重最高/最低的预设对象为满足预设条件的预设对象。

[0028] 较佳的实施例中，当完成对所述连线请求的响应后，从所述对象排行榜单中删除已连线的预设对象以更新所述对象排行榜单。

[0029] 部分实施例中，其包括如下后续步骤：

[0030] 响应于任意观众用户在视频连线模式中发起的针对该视频连线相关的预设对象的交易请求，为该观众用户启动该预设对象的交易业务流程。

[0031] 适应本申请的第二目的而提出的一种视频通信协同请求方法，其包括如下步骤：

[0032] 向服务器发送榜单请求以控制直播间接收相应的对象排行榜单，所述对象排行榜单用于表征多个预设对象的相对排行关系，对应每个预设对象包括有所述预设对象及其对应的排行权重之间的映射关系；

[0033] 在直播间图形用户界面可视化显示所述对象排行榜单，在该榜单中显示若干个所述预设对象的可视化信息以及其排行权重的可视化信息；

[0034] 响应于服务器更新指令，更新所述对象排行榜单的显示，使其反映所述排行权重的最新动态；

[0035] 基于所述对象排行榜单中满足预设条件的预设对象向服务器发起与该预设对象所属的第二主播用户进行连线的视频连线请求，使第二主播用户与当前直播间的第一主播用户启动视频连线模式。

[0036] 进一步的实施例中，所述响应于服务器更新指令，更新所述对象排行榜单的显示，使其反映所述排行权重的最新动态的步骤中，执行如下具体措施：

[0037] 接收服务器推送的更新所述对象排行榜单中相应预设对象的排行权重的所述更新指令，对应修改该榜单中预设对象的排行权重的可视化信息，使对象排行榜单反映关联于所述排行权重的最新动态；

[0038] 或者，

[0039] 接收服务器推送的更新所述对象排行榜单的更新指令，从中解析出已经反映了所述排行权重的最新动态的对象排行榜单，以此更新所述对象排行榜单的显示。

[0040] 进一步的实施例中，其包括前置步骤：

[0041] 基于服务器提供的预设对象审核列表，向服务器发送审核指令，以将至少一个所述的预

设对象添加到所述对象排行榜单中，所述预设对象审查列表中的预设对象由所述第二主播用户预先提交。

[0042] 较佳的实施例中，在直播间图形用户界面可视化显示所述对象排行榜单时，使所述对象排行榜单在直播间图形用户界面上按照排行权重对所述预设对象进行排序。

[0043] 进一步的实施例中，发起与该预设对象所属的第二主播用户的视频连线请求时，以所述对象排行榜单中排行权重最高/最低的预设对象为所述满足预设条件的预设对象。

[0044] 适应本申请的第三目的而提出的一种视频通信协同反馈方法，其包括如下步骤：

[0045] 在第一主播用户的直播间接收服务器推送的对象排行榜单，所述对象排行榜单用于表征多个预设对象的相对排行关系，对应每个预设对象包括有所述预设对象及其对应的排行权重之间的映射关系；

[0046] 接收当前观众用户基于对象排行榜单中的预设对象发起的调整指令，将其提交给服务器，以使对象排行榜单中相应预设对象的排行权重实现更新；

[0047] 在图形用户界面更新所述对象排行榜单，使所述对象排行榜单呈按照排行权重对所述预设对象进行排序的排列效果；

[0048] 响应服务器的通知指令，使直播间切换为支持所述第一主播用户与所述对象排行榜单中的一个预设对象所属的第二主播用户进行连线直播的视频连线模式。

[0049] 进一步的实施例中，响应服务器的通知指令的步骤中，从所述通知指令中获取预设对象的推广信息及入口访问地址，在图形用户界面中显示所述推广信息及访问入口，所述访问入口链接有所述入口访问地址。

[0050] 较佳的实施例中，所述对象排行榜单的所述排列效果由服务器/本机设备实施所述的排序而形成。

[0051] 适应本申请的首要目的而提出的一种视频通信协同控制装置，其包括：

[0052] 广播榜单单元，用于向第一主播用户在播的直播间广播对象排行榜单；

[0053] 更新榜单单元，接收直播间观众用户发送的用于改变对象排行榜单中的一个预设对象的排行权重的调整指令，据该调整指令对所述对象排行榜单执行相应的更新；

[0054] 视频连线单元，用于响应于第一主播用户基于所述对象排行榜单中满足预设条件的预设对象发起的连线请求，启动该预设对象所属的第二主播用户与第一主播用户之间的视频连线模式。

[0055] 适应本申请的第二目的而提出的一种视频通信协同请求装置，其包括：

[0056] 请求榜单单元，用于向服务器发送榜单请求以控制直播间接收相应的对象排行榜单；

[0057] 可视化单元，用于在直播间图形用户界面可视化显示所述对象排行榜单，在该榜单中显示若干个所述预设对象的可视化信息以及其排行权重的可视化信息；

[0058] 更新榜单单元，用于响应于服务器更新指令，更新所述对象排行榜单的显示，使其反映所述排行权重的最新动态；

[0059] 视频连线单元，基于所述对象排行榜单中满足预设条件的预设对象向服务器发起与该预设对象所属的第二主播用户进行连线的视频连线请求，使第二主播用户与当前直播间的第一主播用户启动视频连线模式。

[0060] 适应本申请的第三目的而提出的一种视频通信协同反馈装置，其包括：

[0061] 接收榜单单元，用于在第一主播用户的直播间接收服务器推送的对象排行榜单；

[0062] 调整权重单元，用于接收当前观众用户基于对象排行榜单中的预设对象发起的调整指令，将其提交给服务器，以使对象排行榜单中相应预设对象的排行权重实现更新；

[0063] 更新榜单单元，用于更新榜单单元，用于响应于服务器更新指令，更新所述对象排行榜单的显示，使其反映所述排行权重的最新动态；

[0064] 视频连线单元，用于响应服务器的通知指令，使直播间切换为支持所述第一主播用户与所述对象排行榜单中的一个预设对象所属的第二主播用户进行连线直播的视频连线模式。

[0065] 适应本申请的又一目的而提供的一种电子设备，包括中央处理器和存储器，所述中央处理器用于调用运行存储于所述存储器中的计算机程序以执行本申请所述的视频通信协同控制方法或所述的视频通信协同请求或者所述的视频通信协同反馈方法的步骤。

[0066] 适应本申请的再一目的而提供的一种非易失性存储介质，其存储有依据所述的视频通信协同方法所实现的计算机程序，该计算机程序被计算机调用运行时，执行相应的方法所包括的步骤。

[0067] 相对于现有技术，本申请的优势如下：

[0068] 首先，本申请为视频连线匹配所提供的技术框架，主要围绕着本申请所实现的对象排行榜单的方式进行构建，所述的对象排行榜单用于表征欲与第一主播用户进行视频连线的第二主播用户的预设对象及其预设对象的排行权重，对象排行榜单由服务器负责维护，通过接收第一主播用户所控制的直播间观众用户调整指令，获得各个观众用户对所述对象排行榜单中的各个预设对象的评价，统计出相关预设对象的排行权重，最后，第一主播用户的视频连线对象主要是所述对象排行榜单中排行权重满足预设条件的预设对象相对应的第二主播用户，例如是排行权重最高或最低的第二主播用户。据此，观众用户通过调整指令便可参与更改对象排行榜单中预设对象的排行权重，理论上，便可由观众用户投票来实现对所述待发起连线的第二主播用户的优选，在技术上辅助第一主播用户确定满足观众用户需求的待连线的第二主播用户，实现第一主播用户与第二主播用户连线的匹配。

[0069] 其次，本申请通过把对象排行榜单的中的预设对象进行对象化，可以利用该预设对象来表征多种现实实体，例如，预设对象可以表征第二主播用户本人的身份、表征某一将由某第二主播用户负责连线推广的待售商品等，由此来满足多种具体应用场景的需要，由此同理在技术上支持了多种应用场景的构建的实现，例如，对于待售商品而言，当观众用户可以通过所述的对象排行榜单共同决定各个预设对象的排行权重，第一主播用户根据该些排行权重便可优先与排行靠前的预设对象的第二主播用户连线，由此有助于网络直播技术和与电子商务技术的深度融合，从技术上提升预期订单的匹配效率，对于直播平台建设的各种网络资源来说，由此也能得到更为高效的利用。

[0070] 再者，本申请的实施，能更有效地解决线上流量资源均衡分配的问题，本申请通过提供视频连线匹配的技术架构，使视频连线直播模式更面向直播间观众用户的观看及消费需求，通过允许观众用户集体提交调整指令进行控制，针对性地为第一主播用户选择视频连线对象，可以防止产生没有效率的视频连线，有效地刺激了直播间观众用户的消费欲及增强观众用户对直播平台的黏性；同时直播平台服务器可根据调整指令收集直播间观众用户的观看兴趣及消费习惯，用于直播平台的推荐算法，以便通过数据挖掘向观众用户推荐相关的直播间及商品，将有效的提升直播平台的营收效率。

[0071] 综上所述，本申请在技术层面构建出一个面向于观众用户的视频连线直播模式的匹配机制，有助于正面影响用户流量走向，能更好地解决线上流量资源的合理分配的问题。

[0072] 本申请附加的方面和优点将在下面的描述中部分给出，这些将从下面的描述中变得明显，或通过本申请的实践了解到。

附图说明

[0073] 本申请上述的和/或附加的方面和优点从下面结合附图对实施例的描述中将变得明显和容易理解，其中：

[0074] 图1为实施本申请的技术方案相关的一种典型的网络部署架构示意图；

[0075] 图2为本申请的视频通信协同控制方法的典型实施例的流程示意图；

[0076] 图3为本申请的视频通信协同控制方法中步骤S12的具体流程示意图；

[0077] 图4为本申请的视频通信协同请求方法的典型实施例的流程示意图；

[0078] 图5为本申请的视频通信协同反馈方法的典型实施例的流程示意图；

[0079] 图6为本申请的视频通信协同控制装置的典型实施例的原理框图；
[0080] 图7为本申请的视频通信协同请求装置的典型实施例的原理框图；
[0081] 图8为本申请的视频通信协同反馈装置的典型实施例的原理框图；
[0082] 图9为本申请的第一主播用户与第二主播用户开启视频连线模式直播间的图形用户界面的示意图。

具体实施方式

[0083] 下面详细描述本申请的实施例，所述实施例的示例在附图中示出，其中自始至终相同或类似的标号表示相同或类似的元件或具有相同或类似功能的元件。下面通过参考附图描述的实施例是示例性的，仅用于解释本申请，而不能解释为对本申请的限制。

[0084] 本技术领域技术人员可以理解，除非特意声明，这里使用的单数形式"一"、"一个"、"所述"和"该"也可包括复数形式。应该进一步理解的是，本申请的说明书中使用的措辞"包括"是指存在所述特征、整数、步骤、操作、元件和/或组件，但是并不排除存在或添加一个或多个其他特征、整数、步骤、操作、元件、组件和/或它们的组。应该理解，当我们称元件被"连接"或"耦接"到另一元件时，它可以直接连接或耦接到其他元件，或者也可以存在中间元件。此外，这里使用的"连接"或"耦接"可以包括无线连接或无线耦接。这里使用的措辞"和/或"包括一个或更多个相关联的列出项的全部或任一单元和全部组合。

[0085] 本技术领域技术人员可以理解，除非另外定义，这里使用的所有术语（包括技术术语和科学术语），具有与本申请所属领域中的普通技术人员的一般理解相同的意义。还应该理解的是，诸如通用字典中定义的那些术语，应该被理解为具有与现有技术的上下文中的意义一致的意义，并且除非像这里一样被特定定义，否则不会用理想化或过于正式的含义来解释。

[0086] 本技术领域技术人员可以理解，这里所使用的"客户端"、"终端"、"终端设备"既包括无线信号接收器的设备，其仅具备无发射能力的无线信号接收器的设备，又包括接收和发射硬件的设备，其具有能够在双向通信链路上，进行双向通信的接收和发射硬件的设备。这种设备可以包括：蜂窝或其他诸如个人计算机、平板电脑之类的通信设备，其具有单线路显示器或多线路显示器或没有多线路显示器的蜂窝或其他通信设备；PCS（Personal Communications Service，个人通信系统），其可以组合语音、数据处理、传真和/或数据通信能力；PDA（Personal Digital Assistant，个人数字助理），其可以包括射频接收器、寻呼机、互联网/内联网访问、网络浏览器、记事本、日历和/或GPS（Global Positioning System，全球定位系统）接收器；常规膝上型和/或掌上型计算机或其他设备，其具有和/或包括射频接收器的常规膝上型和/或掌上型计算机或其他设备。这里所使用的"客户端"、"终端"、"终端设备"可以是便携式、可运输、安装在交通工具（航空、海运和/或陆地）中的，或者适合于和/或配置为在本地运行，和/或以分布形式，运行在地球和/或空间的任何其他位置运行。这里所使用的"客户端"、"终端"、"终端设备"还可以是通信终端、上网终端、音乐/视频播放终端，例如可以是PDA、MID（Mobile Internet Device，移动互联网设备）和/或具有音乐/视频播放功能的移动电话，也可以是智能电视、机顶盒等设备。

[0087] 本申请所称的"服务器"、"客户端"、"服务节点"等名称所指向的硬件，本质上是具备个人计算机等效能力的电子设备，为具有中央处理器（包括运算器和控制器）、存储器、输入设备以及输出设备等冯诺依曼原理所揭示的必要构件的硬件装置，计算机程序存储于其存储器中，中央处理器将存储在外存中的程序调入内存中运行，执行程序中的指令，与输入输出设备交互，借此完成特定的功能。

[0088] 需要指出的是，本申请所称的"服务器"这一概念，同理也可扩展到适用于服务器机群的情况。依据本领域技术人员所理解的网络部署原理，所述各服务器应是逻辑上的划分，在物理空间上，这些服务器既可以是互相独立但可通过接口调用的，也可以是集成到一台物理计算机或一套计算机机群的。本领域技术人员应当理解这一变通，而不应以此约束本申请的网络部署方式的实施

方式。

[0089] 请参阅图1，本申请相关技术方案实施时所需的硬件基础可按图中所示的架构进行部署。本申请所称的服务器80部署在云端，作为一个前端的应用服务器，其可以负责进一步连接起相关数据服务器、视频流服务器、针对即时视频流进行评分的评分服务器以及其他提供相关支持的服务器等，以此构成逻辑上相关联的服务机群，来为相关的终端设备例如图中所示的智能手机81和个人计算机82提供服务。所述的智能手机和个人计算机均可通过公知的网络接入方式接入互联网，与云端的服务器80建立数据通信链路，以便运行所述服务器所提供的服务相关的终端应用程序。在本申请的相关技术方案中，服务器80负责建立直播间运行服务，终端则对应运行与该直播间相对应的应用程序。

[0090] 本申请所称的网络直播，是指一种基于前述的网络部署架构所实现的一种直播间网络服务。

[0091] 本申请所称的直播间，是指依靠互联网技术实现的一种视频聊天室，通常具备音视频播控功能，包括主播用户和观众用户，主播用户与观众用户之间可通过语音、视频、文字等公知的线上交互方式来实现互动，一般是主播用户以音视频流的形式为观众用户表演节目，并且在互动过程中还可产生经济交易行为。当然，直播间的应用形态并不局限于在线娱乐，也可推广到其他相关场景中，例如教育培训场景、视频会议场景、产品推介销售场景以及其他任何需要类似互动的场景中。

[0092] 直播间的应用将产生相关数据，包括主播用户实施网络直播而生成的视频数据，以及伴随视频数据而产生的其他各种类型的用户活动数据，这些数据均被存储在云端的服务器上，以便随时进行访问调用。

[0093] 请注意，直播间中所述的用户可以是负责维持直播间运营和产生该直播间的视频流的主播用户，也可以是关注了该主播用户（直播间）的观众用户，还可以是虽未关注当前直播间的主播用户，但可通过直播间应用程序进入直播间的具有其他性质的用户，例如未在直播平台注册账号的游客用户等。

[0094] 直播间中会产生派发电子礼品的行为，本申请所称的电子礼品，是非实体的，代表一定的有形或无形价值的电子形式的标记，这种标记的实现形式是广泛而灵活的，通常会以可视化的形式例如以图标和数量、价值的形式呈现给用户识别。电子礼品通常需要用户进行购买消费，也可以是互联网服务平台提供的赠品，但是，电子礼品一经产生后，其本身既可支持与现实证券相兑换，也可为非兑换品，视互联网服务平台技术实现而定，这本质上并不影响本申请的实施。相应的，用户购买电子礼品的行为便构成了用户消费电子礼品的行为，会触发相应的计算机事件。

[0095] 通常，提供直播间网络直播服务的平台方会提供相关的应用程序，以便主播用户和观众用户可以通过各处相关应用程序接入云端服务器，来实现直播交互。这些应用程序当然还可以提供其他增值服务，例如提供一些访问视频连线模式的服务。

[0096] 通常，提供直播间网络直播服务的平台方会适应各种不同的终端设备设置相应的及不同的访问方式提供相关的应用程序或者包含相关程序代码的访问页面（均可被广义概括为应用程序），以便主播用户和观众用户可以通过各处相关应用程序或访问页面接入云端直播间服务器，来实现直播交互。

[0097] 直播间的后台服务器为直播间在终端设备的运行提供服务进程，以便向直播间应用程序开放所需的相关服务，提供相关技术支持，包括支持直播应用程序上运行的各类活动任务。相关的活动任务在直播间应用程序中常以插件的形式或以其他便利方式被调用，当其被调用后，便建立起与服务器的服务进程之间的数据通信，通过终端设备与服务器之间的正常数据通信，可以确保所述活动任务的健康运行。

[0098] 本申请所述的视频连线模式，俗称"连麦"，是指由第一主播用户向服务器发起与第二主播用户进行视频通信的请求后，由服务器负责支持而建立的基于网络视频通信进行的，使第一主播

用户与第二主播用户进入数据通信状态的直播模式。进入视频连线模式的双方在网络视频通信的过程中，服务器会把双方的网络视频通信视频流或彼此独立成两路，或相互合成为一路后，广播至双方的直播间，同时服务器也会把双方的直播间的部分其他信息例如用户发言数据等，广播至双方直播间以便显示在直播间用户的图形用户界面中。

[0099] 本申请中与视频通信协同相关的各种方法、装置，通过存储于非易失性存储介质的应用程序在电子设备运行来实现，这种应用程序运行后表现为进程，这种进程可以是服务进程，通过互联网开放相应的网络直播服务，来为终端设备侧的相对应的平台方提供的应用程序用户服务，也可以是运行于终端设备中的负责支持用户操作的应用程序进程。至于何种方法被实现为何种设备的进程，视其实现的具体功能而定。所述的用户可以是主播用户或者观众用户，以及任何可以运用该应用程序并受平台所认可的用户，包括游客用户。

[0100] 本领域技术人员对此应当知晓：本申请的各种方法，虽然基于相同的概念而进行描述而使其彼此间呈现共通性，但是，除非特别说明，否则这些方法都是可以独立执行的。同理，对于本申请所揭示的各个实施例而言，均基于同一发明构思而提出，因此，对于相同表述的概念，以及尽管概念表述不同但仅是为了方便而适当变换的概念，应被等同理解。

[0101] 请参阅图2，本申请的视频通信协同控制方法，被实现为适于在服务器运行，其表现为包括如下步骤：

[0102] 步骤S11，向第一主播用户在播的直播间广播对象排行榜单，所述对象排行榜单用于表征多个预设对象的相对排行关系，对应每个预设对象包括有所述预设对象及其对应的排行权重之间的映射关系。

[0103] 一种实施例中，对于所述第一主播用户的身份认定，可以运用一定的规则，事先确定。例如，商业上，直播平台方出于实现流量控制或者商业控制等目的，只允许部分主播用户可以成为有连线权限的第一主播用户。由此，可以对视频连线模式的发起者进行历史流量指标的审核。因应这样的需求，一种实施例中，可以将历史流量指标的主播用户的身份特征信息存放在白名单数据库中，此数据库位于服务器，进入该数据库的主播用户便被开放了连线权限，可以为其执行本申请的相关技术方案实现的程序步骤。当一个主播用户发起连线活动相关的请求时，服务器将响应该主播用户的启动指令，查询预配置的白名单数据库，当该白名单包含该主播用户时，该主播用户才能被服务器支持，作为所述的第一主播用户参与本申请的实施。

[0104] 当然，典型实施例中，亦可不对所述第一主播用户进行约束，可以允许全直播平台的所有用户都具备连线权限，省去对第一主播用户的身份认定的环节，而由本申请的技术方案所实现的进程为其开放相关的服务。

[0105] 本申请采用所述的对象排行榜单用于向直播间展示其中所列的各个预设对象，每个预设对象关联一个相对应的排行权重，预设对象与其排行权重之间的对应关系将体现在该对象排行榜单中，且通过该对象排行榜单也可以识别出各个预设对象之间的以所述排行权重为索引依据的相对排行关系。

[0106] 关于服务器对象排行榜单的生成，一种实施方式中，可以先根据各个第二主播用户上传的预设对象进行审核，审核通过的预设对象才能允许添加到所述对象排行榜单中。第二主播用户上传其欲上榜的预设对象后，服务器将其发送给第一主播用户审核，第一主播用户审核通过后向服务器回复，发出审核指令，服务器响应于所述的审核指令，将该第二主播用户的预设对象添加到所述的对象排行榜单中。在该实施例的基础上，可以做进一步的改进，即在第一主播用户审核通过后，先将审核通过的预设对象添加到一个候选数据库中，当需要构造所述的对象排行榜单时，再由第一主播用户从所述候选数据库中选中相关预设对象构造出所述的对象排行榜单。需要注意的是，预设对象并不一定需要第二主播用户来负责上传，而可以是由第一主播用户统一设置后上传的，只要预先建立好预设对象与相应的第二主播用户之间的对应关系，以便后续可与相应的第二主播用户建立连线即可。

[0107] 关于所述预设对象，如前所述通常是由第二主播用户上传至服务器，服务器可通过解析第二主播用户上传的关于添加预设对象的信息，获取其包含的预设对象的特征信息、预设对象的基本信息及预设对象的示意图片等，并存放到对象数据库中，以便服务器构建所述对象排行榜单时调用，也便于本申请相关后续步骤的实施。

[0108] 所述预设对象的特征信息，是用于唯一性确定该预设对象的关键字，通过传递所述特征信息便可实现传递所述预设对象。应用时，由于预设对象本身可以指代多种现实实体，例如指代主播用户或者待售商品，因此，因应计算机开发原理，预设对象可以是主播用户对象或者商品对象，所述预设对象的特征信息相应可以是主播用户的UID、待售商品的UID等，诸如此类，可演绎变化。

[0109] 所述预设对象的基本信息，可以包括该预设对象相关的简介信息、访问页面链接信息、购买页面链接信息等任意类型的信息，对象排行榜单中理论上也可嵌入这些基本信息，以便丰富对象排行榜单所能实现的功能，例如允许观众用户通过在对象排行榜单中触控一个预设对象而访问其相应的简介信息等。

[0110] 所述预设对象的示意图片，顾名思义，可以被用于在直播间的图形用户界面中展示所述对象排行榜单时，可视化显示指代该预设对象本身，用户通过该示意图片便可直观识别各个预设对象。

[0111] 关于预设对象的排行权重，其作用主要是为了反映对象排行榜单中多个预设对象之间的相对排行关系。服务器负责为对象排行榜单中的各个预设对象一一赋予排行权重，以便确定预设对象的排行位置。所述的排行权重来源于对直播间观众用户的调整指令的统计，本质上是统计观众用户对各个预设对象的投票结果，也是一种用户评价行为结果。

[0112] 对象排行榜单中各个预设对象之间的相对排行关系，本身便体现在所述的排行权重中，有多种方式可以表示这种相对排行关系，例如采用由浅到深的同一色系的颜色来相应表示由低到高的排行权重，或者直播在预设对象的示意图片中显示排行权重的数值，或者采用长度不等的进度条来表示各个预设对象的排行权重，如此种种，均可体现出各个预设对象之间的排行关系。

[0113] 一种实施例中，可以由服务器或观众用户所在的终端设备正在运行的直播间应用程序进程，依据所述的排行权重对各个预设对象进行排序，以便最终在图形用户界面中显示的对象排行榜单中，各个预设对象按其排行权重由高到低或由低到高地进行可视化展示。可以理解，排序所得的排序结果所体现的各预设对象之间的先位排列位置关系，本身也是各预设对象之间的相对排行关系的一种体现。

[0114] 服务器需要向第一主播用户的直播间广播所述对象排行榜单，以便每个观众用户乃至第一主播用户本身均可接收并显示。被服务器广播的对象排行榜单的数据形式是可以灵活实施的，既可以由服务器先依据相关信息进行图像格式化规范后形成所述对象排行榜单的图像后广播，由终端设备直接显示该图像而实现可视化显示，也可由服务器直接将相关信息封装后广播给所有用户，再由用户侧的直播间应用程序负责数据格式化规范以实现对象排行榜单的可视化显示。所述对象排行榜单将被输出到直播间图形用户界面进行可视化显示。由此可知，服务器需要在后台对对象排行榜单进行图像格式化规范或者数据格式化规范，以便向直播间所有用户同步对象排行榜单。适应不同类型的格式化规范，终端设备的分工也会相应变化，如下具体示例性说明：

[0115] 第一种方式，服务器负责将对象排行榜单中预设对象的相关信息进行图像格式化规范，其调用各预设对象对应的基本信息中的一项或多项、预设对象的示意图片、预设对象的排行权重等相关关键信息，将其合成为图像，甚至可通过图像合成的方式嵌入到直播用户的视频流中，然后将合成而得的图像或视频流广播给直播间的所有用户，由此，直播间用户接收到所述的图像或视频流后，无需进行额外的处理，即可显示该对象排行榜单。一个应用实例中，经服务器进行图像格式化规范后，对象排行榜单中可以显示预设对象的示意图片和名称（昵称），而所述可视权重也以数值形式予以显示。这种由服务器负责实施图像格式化规范的方式能降低直播间用户侧的设备运行压

力，以保证直播应用程序的流畅运行。

[0116] 第二种方式，服务器负责对象排行榜单中预设对象的相关信息进行数据格式化规范，广播至第一主播用户的直播间中，而将对象排行榜单在图形用户界面中的图像表现任务交给用户所在的终端设备去处理，直播间应用程序负责依据其接收到的相关信息将对象排行榜单以图文并茂的形式输出到其图形用户界面中实现可视化显示。具体而言，服务器只负责向用户所在的终端设备广播如前一方式所述的关键信息，然后终端设备便可按前一方式所述的格式化规范要求，在其图形用户界面中显示所述的对象排行榜单，同样，在图形用户界面中，该对象排行榜单中的预设对象可以其示意图片和/或名称（昵称）加以代表，预设对象的排行权重可以通过着色、进度条、数值化等多种显示方式在对象排行榜单中加以表征。此种方式能降低服务器的运行压力，防止服务器因运行压力过大导致崩溃。

[0117] 步骤S12，接收直播间观众用户发送的用于改变对象排行榜单中的一个预设对象的排行权重的调整指令，据该调整指令对所述对象排行榜单执行相应的更新。

[0118] 用户侧的直播间应用程序在接收到来自服务器广播的对象排行榜单后，无论该对象排行榜单是以图像的形式到达终端设备，还是嵌入到视频流中，抑或是由终端设备依据服务器传输来的相关信息进行展示，所述对象排行榜单在用户图形界面均会以榜单控件作为支撑，以便其适于响应用户作用在其中任意一个预设对象的触控操作，从而触发相对应的指令。

[0119] 由此，一个实施例中，观众用户通过触控对象排行榜单中的预设对象，便可触发生成所述的调整指令，该调整指令表征用户需要改变相应的预设对象的排行权重，可以是降低或者提升排行权重。这种情况下，该调整指令可被服务器解析为包含默认的数值信息，或被解析为特定的事件信息，从而根据这一数值信息或事件信息确定其对排行权重的作用幅度，也即排行权重的权重调整值，这个权重调整值可以是一单位的量，各个这样的调整指令均只对应一单位的权重调整值，使相应的预设对象的排行权重产生一单位的权重调整值的变化。

[0120] 另一实施例中，观众用户可以通过向所述第一主播用户发送电子礼品而触发另一种类型的调整指令，并且在该调整指令包含观众用户指定的预设对象，由此，当服务器接收到该观众用户的调整指令后，解析出其支付对象和指定的预设对象，根据调整指令所包含的数值信息而为该观众用户向第一主播用户支付相应数值的电子礼品，所述数值信息既可以是电子礼品的价值，也可以是电子礼品的数量，当完成支付操作后，则根据所述数值信息按照预设的量化对应规则，转换为观众用户指定的预设对象的排行权重的权重调整值，以该权重调整值相应修改该预设对象的排行权重。

[0121] 再一实施例中，在前一实施例的基础上，所述调整指令包含了所述电子礼品的具体类型信息，而未必需要包含所述数值信息，该具体类型信息因为与电子礼品的类型相对应，后续被服务器解析为事件信息，即观众用户发送不同的电子礼品即构成触发不同的事件。服务器预存有各种不同电子礼品类型与其所能转换的权重调整值之间的关系，在收到所述调整指令后，根据事件信息，便可确定出所述的权重调整值，从而用于修改所述的排行权重。

[0122] 同理而改进的一个实施例中，观众用户向直播间外部分享直播间或分享预设对象的行为触发的事件也可对应产生相应的事件信息，从而，服务器可以根据这些事件信息确定其相应的权重调整值以便相应修改预设对象的排行权重。

[0123] 由以上各种关于调整指令的实施方式可知，调整指令的构造是非常灵活的，其主要包括对预设对象的指定，关于调整指令对该预设对象的作用幅度，则可视服务器侧的解析机制而定，而服务器可以灵活设计这种解析机制，只要根据这种解析机制解析所述调整指令，然而根据调整指定确定相应的权重调整值即可，因此调整指令可以默认不给出任何事件信息或数值信息，也可通过给出事件信息或数值信息来指定服务器确定与之相应的权重调整值，最终作用于相应的预设对象的排行权重。

[0124] 参考图3，典型的实施例中，服务器接收到来自直播间观众用户发送的调整指令后，可以通过执行如下具体步骤实现对所述对象排行榜单执行相应的更新：

[0125] 步骤S121，根据所述调整指令包含的事件信息/数值信息确定其对应的权重调整值。

[0126] 服务器对直播间观众用户发送的调整指令进行解析，获取调整指令中包含的事件信息或数值信息，以便确定其对象的权重调整值。结合前文的各种示例可知，服务器通过识别其中的事件信息或者其中的数值信息，便可依相应的预设规则转换出对应的权重调整值。

[0127] 步骤S122，利用所述排行权重值调整相应的预设对象的排行权重。

[0128] 由于如前所述，该调整指令通常是针对预设对象而发起的，携带有对相应的预设对象的指定，因此，服务器可从调整指令中获取相应预设对象的特征信息，然后对相应预设对象的排行权重进行相应的调整，例如为其增加所述的权重调整值。

[0129] 步骤S123，按照调整后的排行权重对对象排行榜单中的预设对象进行排序。

[0130] 服务器完成根据排行权重调整值对预设对象进行更改后，根据对象排行榜单中所有预设对象的所述排行权重，对排行榜单中所有预设对象进行降序排序或升序排序。

[0131] 需要注意的是，关于对象排行榜单中预设对象进行排序的实现亦可交给直播间用户侧进行实施，此步骤只是本申请实施提出的一种方式。

[0132] 步骤S124，向直播间广播推送排序后的所述对象排行榜单，以实现对所述对象排行榜单的更新。

[0133] 服务器与直播间用户侧维持着一条不间断的推送链路，以确保实现实时地更新所述的对象排行榜单。

[0134] 当服务器完成对对象排行榜单中的预设对象进行降序或升序排序后，将把最新的对象排行榜单广播至直播间用户侧的直播间中。

[0135] 若不实施步骤S123，则服务器只需要在完成根据排行权重调整值对预设对象进行更改后，将对象排行榜单中所有预设对象的排行权重广播至直播间用户侧户，让直播间用户侧根据最新的排行权重对对象排行榜单中的预设对象进行排序即可。

[0136] 步骤S13，响应于第一主播用户基于所述对象排行榜单中满足预设条件的预设对象发起的连线请求，启动该预设对象所属的第二主播用户与第一主播用户之间的视频连线模式。

[0137] 典型的实施例中，由于对象排行榜单中的预设对象排行实时在更新，特别是被进行排序之后显示的对象排行榜单中，预设对象的排行权重顺序明确，因此，第一主播用户可以随时基于某一预设对象发起连线请求。一种方式中，第一主播用户可以任意选定一个预设对象发起连线请求；另一种方式中，第一主播用户只能默认针对其中排行权重最高或最低的预设对象发起连线请求。诸如此类，服务器并不做开放时间的限定，而允许主播用户在本方法执行过程中任意时间段针对对象排行榜单发起连线请求。

[0138] 为了维持一定的规则，可以为第一主播用户选择其要连线的第二主播用户对应的预设对象预设条件，限定第一主播用户只能选择满足预设条件的预设对象发起连线请求。所述的预设条件可以灵活设计，例如，可以限定第一主播用户只能发起针对当前排行权重最高或最低的预设对象所对应的第二主播用户的连线请求；又如，可以限定第一主播用户只能发起针对当前排行权重前三的任意一个预设对象所对应的第二主播用户的连线请求；再如，可以限定第一主播用户只能发起针对当前排行权重超过额定数值的任意一个预设对象所对应的第二主播用户的连线请求。诸如此类，也即，预设条件一般以排行权重为依据进行设置，可以是通过规则直接限定为默认的一个，也可以是给出一个范围，供用户选定一个。相应的，直播间应用程序侧，也可适应这两种情况做适当的对应设计。

[0139] 为了控制开放给第一主播用户发起连线请求的时间，在一个将本申请的方法用于实现虚拟活动的实施例中，本申请可设置一个计时器，用于限定服务器接收直播间观众用户发送的调整指令的有效时间；计时器将分为接收开启时间及接收停止时间，当到达所述接收开启时间后，服务器将开始接收直播间观众用户发送的调整指令，相反，当到达所述接收停止时间，服务器将停止接收直播间观众用户发送的调整指令。至此，服务器才允许第一主播用户发起连线请求。

[0140] 关于所述计时器的接收开启时间与接收停止时间，可由第一主播用户在开启直播间时进行设置。

[0141] 当到达接收停止时间后，服务器会广播调整指令时间结束的通知至第一主播用户直播间，并停止接收直播间观众用户发送的调整指令，之后根据所述对象排行榜单中满足预设条件的预设对象所属的第二主播用户信息生成的通知指令，并将其发送至第一主播用户，第一主播用户由此获得发起连线请求的权限，可针对对象排行榜单的相应预设对象发起所述的连线请求。

[0142] 服务器响应于第一主播用户发送的连线请求，向相应的第二主播用户发送连线邀请指令；第二主播用户有拒绝连线和接受连线的权限，若第二主播用户拒绝连线，服务器将通知第一主播用户连线失败；若第二主播用户接受连线，并将其连线请求发送至服务器，以便服务器执行后续步骤。

[0143] 服务器响应于第二主播用户发送的连线请求，为第一主播用户与第二主播用户构建一条用于双方进行视频通信的链路，并将双方视频通信的视频流广播至第一主播用户、第二主播用户及观众用户的直播间中；同时服务器也会从双方的直播间获取部分直播间的特征信息，包括直播间的观众用户数量信息与直播间的观众用户互动信息等，并将其格式化为可视化信息广播至第一主播用户与第二主播用户的直播间中，以调动双方直播间的气氛。关于直播间开启视频连线模式的用户图形界面效果，可参考图9的示意图。

[0144] 在第一主播用户与第二主播用户的视频连线模式进入或者结束后，服务器可从所述对象排行榜单中删除该连线请求相关联的预设对象并更新所述对象排行榜单，并将最新的对象排行榜单发送给第一主播用户。直播间应用程序在接收到来自服务器发送的所述最新的对象排行榜单后，直播间图形用户界面中对象排行榜单中删除已完成视频连线模式的预设对象。

[0145] 与此同时，服务器将发送通知指令至第一主播用户直播间观众用户端，所述的通知指令将包含所述预设对象的推广信息及入口访问地址，以便所述直播间观众用户端的直播间图形用户界面显示相关控件，为观众用户提供预设对象的推广信息及访问入口。

[0146] 为了完成观众用户启动针对完成视频连线模式的预设对象的交易业务流程，服务器将响应于任意观众用户在视频连线模式中发起的针对该视频连线相关的预设对象的交易请求，以便为观众用户完成该预设对象的交易业务流程。

[0147] 进一步，可以通过将上述各实施例所揭示的方法中的各个步骤进行功能化，构造出本申请的一种视频通信协同请求控制装置，按照这一思路，请参阅图6，其中的一个典型实施例中，该装置包括：

[0148] 广播榜单单元41，用于向第一主播用户在播的直播间广播对象排行榜单；

[0149] 更新榜单单元42，接收直播间观众用户发送的用于改变对象排行榜单中的一个预设对象的排行权重的调整指令，据该调整指令对所述对象排行榜单执行相应的更新；

[0150] 视频连线单元43，用于响应于第一主播用户基于所述对象排行榜单中满足预设条件的预设对象发起的连线请求，启动该预设对象所属的第二主播用户与第一主播用户之间的视频连线模式。

[0151] 请参阅图4，本申请的视频通信协同请求方法，被实现为适于在终端设备运行的直播间应用程序的部分功能，主要负责第一主播用户侧的运行表现，其表现为包括如下步骤：

[0152] 步骤S21，向服务器发送榜单请求以控制直播间接收相应的对象排行榜单，所述对象排行榜单用于表征多个预设对象的相对排行关系，对应每个预设对象包括有所述预设对象及其对应的排行权重之间的映射关系。

[0153] 第一主播用户在在播的直播间中，为了在直播间图形用户界面中显示所述的对象排行榜单，可通过触发直播间图形用户界面中相应的控件，向服务器发起榜单请求，实质上也是向服务器发出了启动活动的启动指令（参阅前文），以便控制直播间接收所述的对象排行榜单。此外，在第一主播用户开启直播间前，也可以向服务器发送榜单请求，以便在直播间开播后，在直播间图形用

户界面中显示所述的对象排行榜单。

[0154] 第一主播用户在向服务器发送榜单请求后，如前文所揭示的一种实施例中，服务器将响应该榜单请求对该第一主播用户进行白名单过滤，当确认该第一主播用户通过其白名单过滤后，才向其发送所述对象排行榜单。

[0155] 部分实施例中，为了方便第一主播用户对预设对象进行审核，可以增设前置步骤，在该步骤中：基于服务器提供的预设对象审核列表，向服务器发送审核指令，以将至少一个所述的预设对象添加到所述对象排行榜单中，所述预设对象审查列表中的预设对象由所述第二主播用户预先提交。

[0156] 具体而言，第一主播用户接收到来自服务器基于第二主播用户上传的预设对象所生成的审核列表，所述的审核列表将显示在第一主播用户直播间图形用户界面中，第一主播用户通过审核审核列表中的预设对象的详情信息，标记预设对象是否能够进入其后续将要调用的对象排行榜单，最后将通过审核的预设对象构造为审核指令发送给服务器，以便服务器根据审核指令将相关的预设对象添加到对象排行榜单中；或者，如前文所述，服务器先将审核通过的预设对象添加到一个候选数据库中，当需要构造所述的对象排行榜单时，再由第一主播用户从所述候选数据库中选中相关预设对象构造出所述的对象排行榜单。

[0157] 需要注意的是，其他实施例中，所述预设对象，也可以由第一主播用户统一设置后上传，只要预先建立好预设对象与相应的第二主播用户之间的对应关系，以便后续可与相应的第二主播用户建立连线即可。

[0158] 其他特别的实施例中，对象排行榜单中的预设对象甚至可以未经主播用户干预，而由服务器自行依据第二主播用户上传的预设对象信息匹配后推送，此举可便于直播平台方实施统筹。

[0159] 关于第一主播用户的审核，可由第一主播用户通过人工的发送进行审核，也可以是第一主播用户通过在直播应用程序的后台进行审核条件的设置，后台执行相应的过滤，将满足审核条件的预设对象上传至服务器，以便服务器根据审核指令将相关的预设对象添加到对象排行榜单中。

[0160] 第一主播用户在向服务器发起所述榜单请求后，即可从服务器获取对象排行榜单，以控制直播间图形用户界面中显示所述的对象排行榜单，以便后续步骤的实施。

[0161] 步骤S22，在直播间图形用户界面可视化显示所述对象排行榜单，在该榜单中显示若干个所述预设对象的可视化信息以及其排行权重的可视化信息。

[0162] 第一主播用户接收到来自服务器发送的对象排行榜单后，关于对象排行榜单在直播间图形用户界面的可视化显示实现方式，结合前文关于服务器侧的各种实施例可知，即对象排行榜单可视化显示实现可由服务器进行实施或由直播间应用程序进行实施。因为关于服务器将对象排行榜单进行可视化显示的实施已由步骤S11进行详细叙述，且关于服务器的叙述也不是本步骤的重点，所以本步骤将只针对步骤S11中关于对象排行榜单在直播间图形用户界面中实现方式的第二种方式，即由第一主播用户的终端设备处理的方式，本步骤将为此进行进一步的撰写。

[0163] 当第一主播用户接收到来自服务器发送的根据对象排行榜单中预设对象的相关信息进行数据格式化规范的信息后，将触发直播间生成表征对象排行榜单的榜单控件，以便将对象排行榜单可视化至直播间用户图形界面中。

[0164] 所述的榜单控件，是将对象排行榜单中的预设对象以列表形式进行可视化显示的控件；通过解析接收到的来自服务器发送的根据对象排行榜单中预设对象的相关信息进行数据格式化规范的信息，获取预设对象的相关信息及预设对象的排行权重，以便将对象排行榜单中的预设对象及预设对象排行权重进行可视化，并显示在直播间图形用户界面中。

[0165] 所述预设对象的相关信息，包含预设对象的特征信息、预设对象的基本信息及预设对象的示意图片等。

[0166] 关于直播间在榜单控件中显示若干个所述预设对象的可视化信息，可通过解析获取的预设对象的相关信息，并将对各项信息进行不一样的可视化显示方式，具体如下：

[0167] 所述预设对象的特征信息,是用于唯一性确定该预设对象的关键字,通过传递所述特征信息便可实现传递所述预设对象。应用时,由于预设对象本身可以指代多种现实实体,例如指代主播用户或者待售商品,因此,所述预设对象的特征信息相应可以是主播用户的UID、待售商品的UID等,诸如此类。直播间可将主播用户的UID或待售商品的UID显示在榜单控件中其所属的预设对象行头位置中,其可视化显示方式可由本领域技术人参考其他方案进行灵活设计,

[0168] 所述的对象基本信息,可以包括该预设对象相关的简介信息、访问页面链接信息、购买页面链接信息等任意类型的信息,直播间可将其嵌入到榜单控件中,以丰富榜单控件所能实现的功能,例如在于上述预设对象的特征信息结合,使观众用户通过触控预设对象的特征信息跳转到预设对象的直播间或购买页面等页面中。

[0169] 所述预设对象的示意图片,顾名思义,可以被用于在直播间的图形用户界面中展示所述对象排行榜单时,可视化显示指代该预设对象本身。直播间可将示意图片显示至其所属的预设对象的行中,以便直播间用户通过该示意图片便可直观识别各个预设对象。

[0170] 关于第一主播用户将预设对象的排行权重可视化的样式,可采用由浅到深的同一色系的颜色来相应表示由低到高的排行权重,或者直播在预设对象的示意图片中显示排行权重的数值,或者采用长度不等的进度条来表示各个预设对象的排行权重,如此种种样式,相关技术人员可灵活设计。关于预设对象排行权重的可视化在榜单控件中的位置,第一主播用户根据排行权重所述的预设对象,一一对应排行权重可视化信息与预设对象可视化信息的位置。

[0171] 关于对象排行榜单中预设对象的排序,第一主播用户根据对象排行榜单中预设对象的排行权重进行降序或升序排序,并将其显示在榜单控件中。当然,关于对象排行榜单中预设对象的排序也可以由服务器进行实施,详细的实施例,请参考步骤S123中关于对象排行榜单中预设对象的排序实施例。

[0172] 步骤S23,响应于服务器更新指令,更新所述对象排行榜单的显示,使其反映所述排行权重的最新动态。

[0173] 第一主播用户在直播间直播过程中,部分直播间的观众用户将会对其直播间中图形用户界面中显示的对象排行榜单中的预设对象进行投票、派发虚拟电子礼品或分享预设对象的行为,第一主播用户为了得到对象排行榜单中预设对象排行权重的最新情况,第一主播用户需不间断地接收服务器推送的更新指令,以便持续更新所述对象排行榜单的显示。

[0174] 一种实施例中,所述的更新指令,是指服务器通过解析直播间观众用户发送的调整指令,对相应的预设对象的排行权重进行修改后,将包含修改信息的规范化信息发送至第一主播用户,以便更新直播间图形用户界面中对象排行榜单中预设对象的排行权重可视化信息。

[0175] 关于直播间更新其图形用户界面中对象排行榜单中预设对象的排行权重可视化信息的实施,直播间将解析更新指令,获取其包含一个或多个的预设对象UID及预设对象的排行权重,以便一一对相应的预设对象的排行权重信息的可视化信息进行更新。

[0176] 另一种实施例中,所述的更新指令将包含最新的对象排行榜单,所述最新的对象排行榜单,是指服务器根据调整指令及第一主播用户上传的通过审核的预设对象所生成的对象排行榜单。

[0177] 关于直播间更新其图形用户界面中对象排行榜单,直播间将解析更新指令,获取最新的对象排行榜单,并将最新的对象排行榜单进行可视化处理,以替换直播间图形用户界面中已进行可视化显示的现有对象排行榜单。

[0178] 相比第一种实施例,此实施例中第二主播用户可在直播间开启视频连线模式前不限时地向第一主播用户上传预设对象。

[0179] 步骤S24,基于所述对象排行榜单中满足预设条件的预设对象向服务器发起与该预设对象所属的第二主播用户进行连线的视频连线请求,使第二主播用户与当前直播间的第一主播用户启动视频连线模式。

[0180] 如前文所述,在典型实施例中,一种方式中,第一主播用户可通过触发直播间图形用户

界面中的相应控件，任意选定一个预设对象发起连线请求，另一种方式中，第一主播用户只能默认针对其中排行权重最高或最低的预设对象发起连线请求，诸如此类，服务器并不做开放时间的限定，而允许第一主播用户在本方法执行过程中任意时间段针对对象排行榜单发起连线请求。

[0181] 为了维持一定的规则，如前文所述，服务器可以为第一主播用户选择其要连线的第二主播用户对应的预设对象预设条件，限定第一主播用户只能选择满足预设条件的预设对象发起连线请求。所述的预设条件可以灵活设计，但预设条件一般针对所述预设对象的排行权重为依据进行设置，可以是通过规则直接限定为默认的一个，也可以是给出一个范围，供第一主播用户选定一个。此外，所述预设条件也可由第一主播用户在发起所述的连线请求前进行设置。

[0182] 为了控制开放给第一主播用户发起连线请求的时间，本申请将设置一个计时器，用于限定服务器接收直播间观众用户发送的调整指令的时间。如前文所述，计时器将分为接收开启时间及接收停止时间，当到达所述接收开启时间后，服务器将开始接收直播间观众用户发送的调整指令，相反，当到达所述接收停止时间，服务器将停止接收直播间观众用户发送的调整指令。

[0183] 关于所述计时器的接收开启时间与接收停止时间，可由第一主播用户在开启直播间时进行设置。

[0184] 到达接收停止时间后，第一主播用户将接收到来自服务器根据在对象排行榜单中满足预设条件的预设对象所属第二主播用户信息生成的通信对象信息，以生成榜单结算页；第一主播用户可通过所述的榜单结算页选择连线对象，并向服务器发送相应的连线请求。

[0185] 本申请还有另外一种实施例，使第一主播用户获取可进行视频连线模式的第二主播用户信息；在到达接收结束时间后，第一主播用户接收到来自服务器发送最新的对象排行榜单及通信口令，所述的通信口令将触发直播间的榜单控件中满足预设条件的预设对象的控件生成邀请通信控件；第一主播用户可通过所述的邀请通信控件向服务器发送连线请求。

[0186] 发起与该预设对象所属的第二主播用户的视频连线请求时，默认针对所述对象排行榜单中满足预设条件的预设对象中排行权重最高或最低的预设对象所属的第二主播用户发起所述的视频连线请求。

[0187] 第一主播用户向服务器发送连线请求后，将等待服务器响应第二主播用户的连线请求，在此过程中，第一主播用户直播间将等待通知信息格式化为可视化信息，并广播至直播间，以通知观众用户第一主播用户正在向第二主播用户请求视频连线中。

[0188] 若第一主播用户将接收到服务器发送的连线失败指令，将触发直播间显示连线失败的特效动画。

[0189] 若第一主播用户将接收到服务器发送的连线成功指令，将接收来自服务器为第一主播用户与第二主播用户构建一条用于双方进行视频通信的链路中通信视频流，以便将直播间的视频流替换为通信视频流；同时也将接收来自服务器发送的第二主播用户直播间的特征信息，并将其格式化为可视化信息显示在直播间中，以调动直播间的气氛；关于直播间开启视频连线模式的用户图形界面效果，可参考图9的示意图。

[0190] 在与第二主播用户启动所述视频连线模式或在所述视频连线模式结束后，第一主播用户将接收来自服务器发送的最新对象排行榜单，以便删除所述对象排行榜单中已发送连线请求相关联的预设对象。

[0191] 第一主播用户可通过最新对象排行榜单中指定排行范围内排行权重最高或最低的预设对象所属的第二主播用户，发起所述的视频连线请求。

[0192] 当第一主播用户完成与所有指定排行范围内排行权重的预设对象所属的第二主播用户的视频连线模式后，可继续接收来自服务器基于第二主播用户上传的预设对象所生成的审核列表，重新执行此方法的所有步骤。

[0193] 进一步，可以通过将上述各实施例所揭示的方法中的各个步骤进行功能化，构造出本申请的一种视频通信协同请求装置，按照这一思路，请参阅图7，其中的一个典型实施例中，该装置

包括：

[0194] 请求榜单单元51，用于向服务器发送榜单请求以控制直播间接收相应的对象排行榜单；

[0195] 可视化单元52，用于在直播间图形用户界面可视化显示所述对象排行榜单，在该榜单中显示若干个所述预设对象的可视化信息以及其排行权重的可视化信息；

[0196] 更新榜单单元53，用于响应于服务器更新指令，更新所述对象排行榜单的显示，使其反映所述排行权重的最新动态；

[0197] 视频连线单元54，基于所述对象排行榜单中满足预设条件的预设对象向服务器发起与该预设对象所属的第二主播用户进行连线的视频连线请求，使第二主播用户与当前直播间的第一主播用户启动视频连线模式。

[0198] 请参阅图5，本申请的视频通信协同反馈方法，被实现为适于终端设备运行的直播间应用程序的部分功能，主要负责观众用户侧的运行表现，的典型实施例表现为包括如下步骤：

[0199] 步骤S31，在第一主播用户的直播间接收服务器推送的对象排行榜单，所述对象排行榜单用于表征多个预设对象的相对排行关系，对应每个预设对象包括有所述预设对象及其对应的排行权重之间的映射关系。

[0200] 观众用户在进入第一主播用户开播的直播间后，将接收到来自服务器发送的对象排行榜单后，结合前文关于服务器侧的各种实施例可知，关于所述对象排行榜单的可视化显示的实施，可由服务器侧或直播间用户侧进行实施，本步骤仅针对直播间用户侧进行叙述。

[0201] 观众用户接收到来自服务器发送的对象排行榜单后，将触发直播间在图形用户界面中显示表征对象排行榜单的榜单控件。

[0202] 所述的榜单控件大体上可结合前文关于第一主播用户侧的各种实施例中关于榜单控件的设计。一种实施例中，观众用户直播间图形用户界面中所述的榜单控件能提供给观众用户更改所述对象排行榜单中预设对象的排行权重的权限，通过触控对象排行榜单中的预设对象，便可触发生成包含相应数值信息或事件信息的调整指令，例如，观众用户可通过触控榜单控件中的相应预设对象，选择相应的票数给该预设对象，以便根据票数生成包含相应数值信息或事件信息的所述调整指令，并将其发送给服务器，以更改对象排行榜单中指定对象的排行权重。

[0203] 步骤S32，接收当前观众用户基于对象排行榜单中的预设对象发起的调整指令，将其提交给服务器，以使对象排行榜单中相应预设对象的排行权重实现更新。

[0204] 本申请为观众用户提供修改对象排行榜单中预设对象的排行权重的权限，可通过在直播间图形用户界面中显示一种或多种关联所述对象排行榜单中预设对象的排行权重的相应控件，例如，投票控件、礼品控件及分享控件等相关控件，以便观众用户通过触控所述的一种或多种控件生成相应的调整指令。

[0205] 关于所述的投票控件，在观众用户的直播间图形用户界面中，投票控件一般是显示在所述的榜单控件中，以便观众用户选择相应的预设对象进行投票，即所述的投票控件可与预设对象的可视化信息样式结合，而不需要额外的控件，可见投票控件的设计较为灵活，本领域技术人员可根据当前直播间的应用场景进行设计。关于投票控件所生成的调整指令，如前文所述，其生成的调整指令可根据观众用户选择的票数信息，生成相应的数值信息或事件信息。

[0206] 关于所述的礼品控件，是指显示在直播间图形用户界面中的礼品控件，观众用户可以通过所述的礼品控件，以便向第一主播用户或所述对象排行榜单中的预设对象发送电子礼品而触发生成包含相应数值信息或事件信息的调整指令，例如，观众用户可通过触控所述的礼品控件，选择给第一主播用户或对象排行榜单中的预设对象发送相应数值或相应类型的电子礼品。所述数值既可以是电子礼品的价值，也可以是电子礼品的数量，当完成支付操作后，则根据所述电子礼品的数值按照预设的量化对应规则，以便生成相应的包含数值信息的调整指令。所述的相应类型的电子礼品，是指观众用户发送相应的电子礼品，以便构成生成包含相应的事件类型的调整指令。

[0207] 关于所述的分享控件，是指，观众用户向直播间外部分享直播间或分享预设对象的行为

触发的事件，以便生成包含相应的事件信息或数值信息的调整指令。

[0208] 当观众用户通过触控关联对象排行榜单中预设对象的排行权重的控件，并生成相应的调整指令后，直播间将接收当前观众用户生成的调整指令，并将其发送给服务器，以便服务器根据调整指令修改对所述对象排行榜单中相应预设对象的排行权重。

[0209] 步骤S33，在图形用户界面更新服务器推送的所述对象排行榜单，使其反映所述排行权重的最新动态。

[0210] 关于观众用户直播间图形用户界面中对象排行榜单的更新，结合前文关于第一主播用户侧的各种实施例中，一种实施例中，观众用户可通过接收到服务器发送的更新指令，实现在图形用户界面更新服务器推送的所述对象排行榜单。所述的更新指令，结合前文关于第一主播用户侧的各种实施例可知，对于更新指令的具体实施有两种方式，即观众用户直播间将有两种方式对所述对象排行榜单进行更新。

[0211] 一种方式中，所述的更新指令，是指服务器通过解析直播间观众用户发送的调整指令，对相应的预设对象的排行权重进行修改后，将包含对应预设对象的排行权重修改信息的规范化信息发送至直播间观众用户，以便更新直播间图形用户界面中对象排行榜单中对应的预设对象的排行权重可视化信息。

[0212] 另一种方式中，所述的更新指令将包含最新的对象排行榜单，所述最新的对象排行榜单，是指服务器根据调整指令及第一主播用户上传的通过审核的预设对象所生成的对象排行榜单；直播间观众用户接收更新指令后，将最新的对象排行榜单进行可视化处理，以更新直播间图形用户界面中对象排行榜单。

[0213] 上述两种方式都可对观众用户直播间图形用户界面中的所述对象排行榜单进行更新，关于两种方式的具体实施步骤，可参考步骤S23中关于更新指令的两种实施例，本步骤不再对其进行赘述。

[0214] 步骤S34，响应服务器的通知指令，使直播间切换为支持所述第一主播用户与所述对象排行榜单中的一个预设对象所属的第二主播用户进行连线直播的视频连线模式。

[0215] 在典型实施例中，第一主播用户可随时向服务器发送与第二主播用户进行视频连线模式的连线请求，所述的第二主播用户，如前文所述，是指对象排行榜单中满足预设条件的预设对象所属的第二主播用户。当第一主播用户直播间开启所述的视频连线模式后，直播间观众用户将接收到服务器发送的通知指令，以便将观众用户直播间切换为所述的视频连线模式。

[0216] 在另一种实施例中，根据步骤S13中关于计时器的叙述，当到达接收停止时间后，直播间将不能向服务器发送调整指令，即观众用户将无法修改对象排行榜单中预设对象的排行权重，防止调整指令干扰服务器判断所述对象排行榜单中的所有预设对象是否满足预设条件的实施。同时，当到达接收停止时间后，第一主播用户直播间将开启所述的视频连线模式后，直播间观众用户将接收到服务器发送的通知指令，以便将观众用户直播间切换为所述的视频连线模式。

[0217] 所述的通知指令，是指观众用户端接收来自服务器为第一主播用户与第二主播用户构建一条用于双方进行视频通信的链路中通信视频流，以便将直播间的视频流替换为通信视频流；同时也接收来自服务器发送的第二主播用户直播间的特征信息，以显示相应的控件，使观众用户也能参与到第一主播用户与第二主播用户的视频连线中。

[0218] 当接收到来自服务器发送的通知指令后，直播间将切换为支持所述第一主播用户与所述对象排行榜单中的一个预设对象所属的第二主播用户进行连线直播的视频连线模式。

[0219] 在响应服务器的通知指令的步骤中，从所述通知指令中也将获取预设对象的推广信息及入口访问地址，在直播间图形用户界面中以特效动画或其他可视化效果显示所述推广信息及访问入口；所述访问入口链接有所述入口访问地址，观众用户可通过所述访问入口跳转至第二主播用户的直播间或其所属预设对象的购买页面等关于介绍所述预设对象的基本信息的页面中。关于直播间切换为视频连线模式，直播间图形用户界面所实现的界面效果，请参考图9。

[0220] 当预设对象为商品对象时，观众用户可通过触控所述的访问入口连接，跳转至所述商品对象的商品页面；观众用户通过在所述商品页面进行购物活动，并向服务器发送针对该视频连线相关的预设对象的交易请求，以便服务器启动该预设对象的交易业务流程。

[0221] 相应的，当预设对象为主播用户时，观众用户可通过触控所述的访问入口，跳转至与第一主播用户完成视频连线模式的第二主播用户的直播间中。

[0222] 进一步，可以通过将上述各实施例所揭示的方法中的各个步骤进行功能化，构造出本申请的一种视频通信协同反馈装置，按照这一思路，请参阅图8，其中的一个典型实施例中，该装置包括：

[0223] 接收榜单单元61，用于在第一主播用户的直播间接收服务器推送的对象排行榜单；

[0224] 调整权重单元62，用于接收当前观众用户基于对象排行榜单中的预设对象发起的调整指令，将其提交给服务器，以使对象排行榜单中相应预设对象的排行权重实现更新；

[0225] 更新榜单单元63，用于更新榜单单元，用于响应于服务器更新指令，更新所述对象排行榜单的显示，使其反映所述排行权重的最新动态；

[0226] 视频连线单元64，用于响应服务器的通知指令，使直播间切换为支持所述第一主播用户与所述对象排行榜单中的一个预设对象所属的第二主播用户进行连线直播的视频连线模式。

[0227] 进一步，为便于本申请的执行，本申请提供一种电子设备，包括中央处理器和存储器，所述中央处理器用于调用运行存储于所述存储器中的计算机程序以执行如前所述的各实施例中所述视频通信协同控制方法或视频通信协同请求方法或者视频通信协同反馈方法的步骤。

[0228] 可以看出，存储器适宜采用非易失性存储介质，通过将前述的方法实现为计算机程序，安装到手机之类电子设备中，相关程序代码和数据便被存储到电子设备的非易失性存储介质中，进一步通过电子设备的中央处理器运行该程序，将其从非易性存储介质中调入内存中运行，便可实现本申请所期望的目的。因此，可以理解，本申请的一个实施例中，还可提供一种非易失性存储介质，其中存储有依据所述的视频通信协同控制方法或视频通信协同请求方法或者视频通信协同反馈方法各个实施例所实现的计算机程序，该计算机程序被计算机调用运行时，执行该方法所包括的步骤。

[0229] 综上所述，本申请优化了现有直播平台主播与主播间进行视频通信的运作流程，更有效地实现了直播平台的流量引流，提高了直播平台的运作效率，同时也有利于吸引更多的网络直播的用户流量。除此之外，本申请也为现有的网络直播购物平台提供了另一种购物流程，为此提升了观众用户在直播间的购物体验，也提高了直播间主播用户的商品销量，有利于进一步提升直播平台的营收。

[0230] 本技术领域技术人员可以理解，本申请包涉及用于执行本申请中所述操作、方法中的一项或多项的设备。这些设备可以为所需的目的而专门设计和制造，或者也可以包括通用计算机中的已知设备。这些设备具有存储在其存储器之内的计算机程序，这些计算机程序选择性地激活或重构。这样的计算机程序可以被存储在设备（例如，计算机）可读介质中或者存储在适于存储电子指令并分别耦联到总线的任何类型的介质中，所述计算机可读介质包括但不限于任何类型的盘（包括软盘、硬盘、光盘、CD-ROM和磁光盘）、ROM（Read-Only Memory，只读存储器）、RAM（Random Access Memory，随机存储器）、EPROM（Erasable Programmable Read-Only Memory，可擦写可编程只读存储器）、EEPROM（Electrically Erasable Programmable Read-Only Memory，电可擦可编程只读存储器）、闪存、磁性卡片或光线卡片。也就是，可读介质包括由设备（例如，计算机）以能够读的形式存储或传输信息的任何介质。

[0231] 本技术领域技术人员可以理解，可以用计算机程序指令来实现这些结构图和/或框图和/或流图中的每个框以及这些结构图和/或框图和/或流图中的框的组合。本技术领域技术人员可以理解，可以将这些计算机程序指令提供给通用计算机、专业计算机或其他可编程数据处理方法的处理器来实现，从而通过计算机或其他可编程数据处理方法的处理器来执行本申请公开的结构图和/或

框图和/或流图的框或多个框中指定的方案。

[0232] 本技术领域技术人员可以理解，本申请中已经讨论过的各种操作、方法、流程中的步骤、措施、方案可以被交替、更改、组合或删除。进一步地，具有本申请中已经讨论过的各种操作、方法、流程中的其他步骤、措施、方案也可以被交替、更改、重排、分解、组合或删除。进一步地，现有技术中的具有与本申请中公开的各种操作、方法、流程中的步骤、措施、方案也可以被交替、更改、重排、分解、组合或删除。

[0233] 以上所述仅是本申请的部分实施方式，应当指出，对于本技术领域的普通技术人员来说，在不脱离本申请原理的前提下，还可以做出若干改进和润饰，这些改进和润饰也应视为本申请的保护范围。

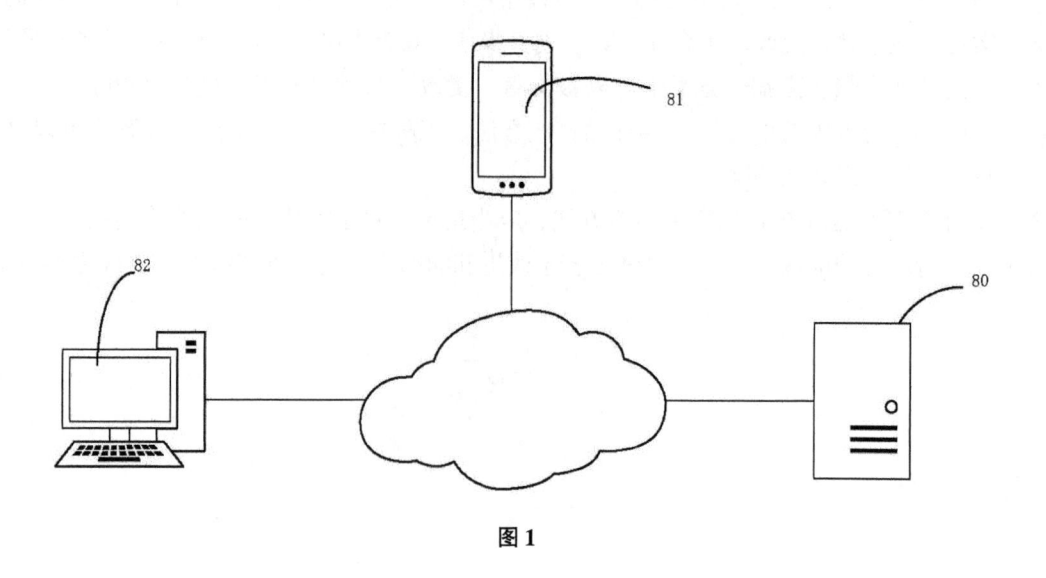

说 明 书 附 图

图 1

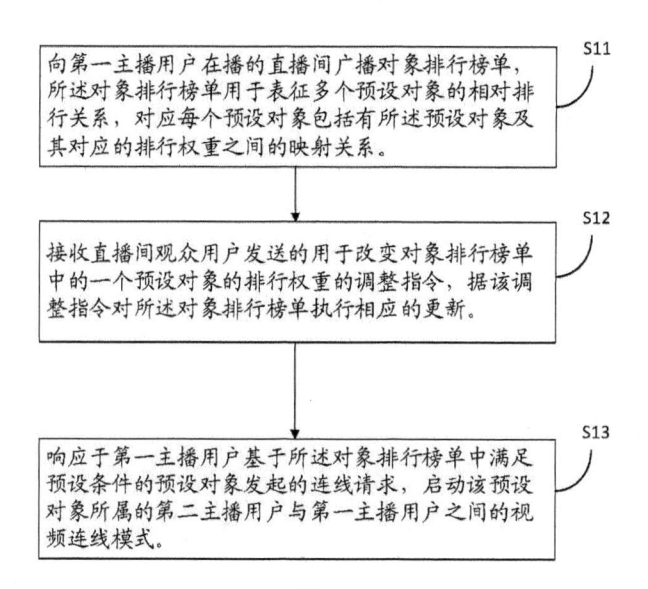

向第一主播用户在播的直播间广播对象排行榜单，所述对象排行榜单用于表征多个预设对象的相对排行关系，对应每个预设对象包括有所述预设对象及其对应的排行权重之间的映射关系。 S11

接收直播间观众用户发送的用于改变对象排行榜单中的一个预设对象的排行权重的调整指令，据该调整指令对所述对象排行榜单执行相应的更新。 S12

响应于第一主播用户基于所述对象排行榜单中满足预设条件的预设对象发起的连线请求，启动该预设对象所属的第二主播用户与第一主播用户之间的视频连线模式。 S13

图 2

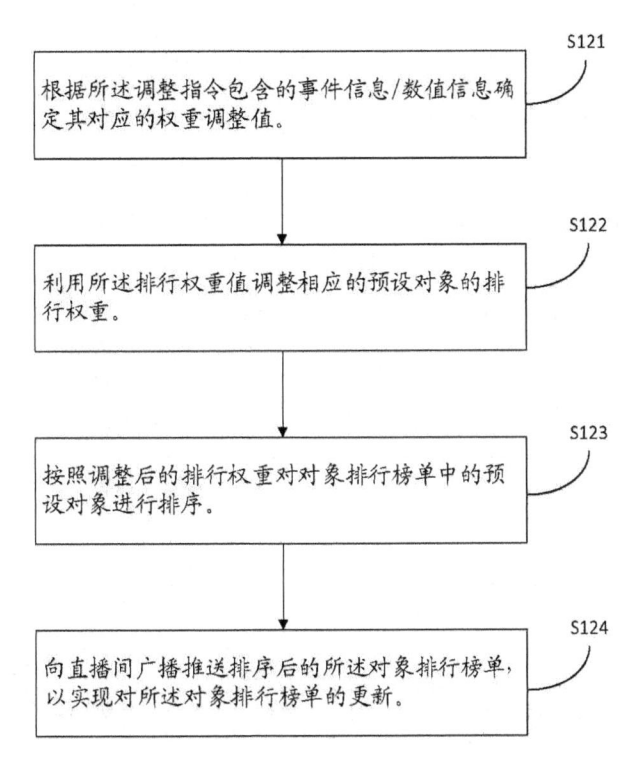

```
根据所述调整指令包含的事件信息/数值信息确    S121
定其对应的权重调整值。

利用所述排行权重值调整相应的预设对象的排    S122
行权重。

按照调整后的排行权重对对象排行榜单中的预    S123
设对象进行排序。

向直播间广播推送排序后的所述对象排行榜单，  S124
以实现对所述对象排行榜单的更新。
```

图 3

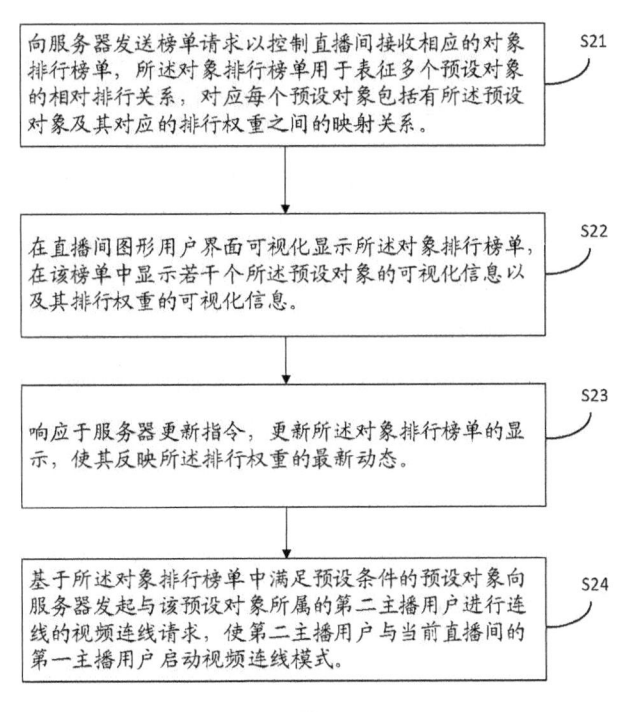

```
向服务器发送榜单请求以控制直播间接收相应的对象    S21
排行榜单，所述对象排行榜单用于表征多个预设对象
的相对排行关系，对应每个预设对象包括有所述预设
对象及其对应的排行权重之间的映射关系。

在直播间图形用户界面可视化显示所述对象排行榜单， S22
在该榜单中显示若干个所述预设对象的可视化信息以
及其排行权重的可视化信息。

响应于服务器更新指令，更新所述对象排行榜单的显   S23
示，使其反映所述排行权重的最新动态。

基于所述对象排行榜单中满足预设条件的预设对象向   S24
服务器发起与该预设对象所属的第二主播用户进行连
线的视频连线请求，使第二主播用户与当前直播间的
第一主播用户启动视频连线模式。
```

图 4

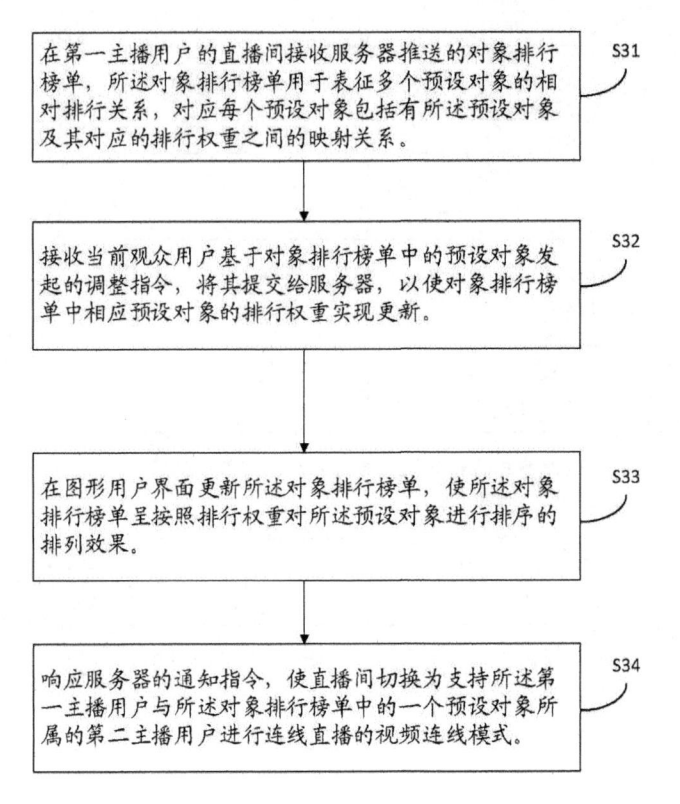

说 明 书 附 图

S31 在第一主播用户的直播间接收服务器推送的对象排行榜单，所述对象排行榜单用于表征多个预设对象的相对排行关系，对应每个预设对象包括有所述预设对象及其对应的排行权重之间的映射关系。

S32 接收当前观众用户基于对象排行榜单中的预设对象发起的调整指令，将其提交给服务器，以使对象排行榜单中相应预设对象的排行权重实现更新。

S33 在图形用户界面更新所述对象排行榜单，使所述对象排行榜单呈按照排行权重对所述预设对象进行排序的排列效果。

S34 响应服务器的通知指令，使直播间切换为支持所述第一主播用户与所述对象排行榜单中的一个预设对象所属的第二主播用户进行连线直播的视频连线模式。

图 5

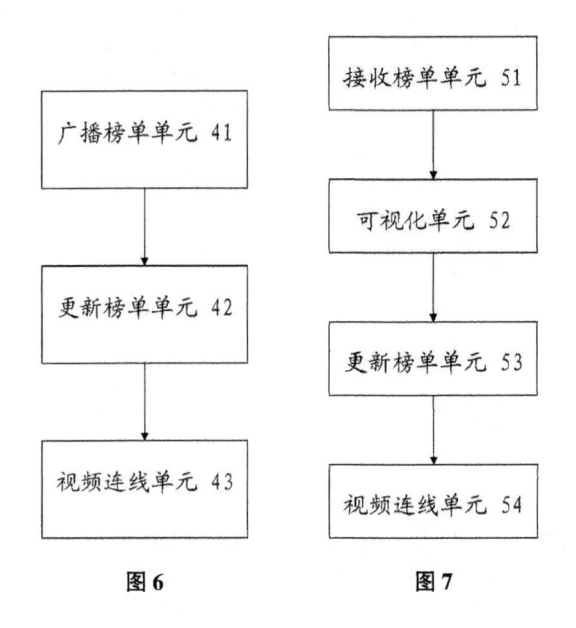

广播榜单单元 41

更新榜单单元 42

视频连线单元 43

图 6

接收榜单单元 51

可视化单元 52

更新榜单单元 53

视频连线单元 54

图 7

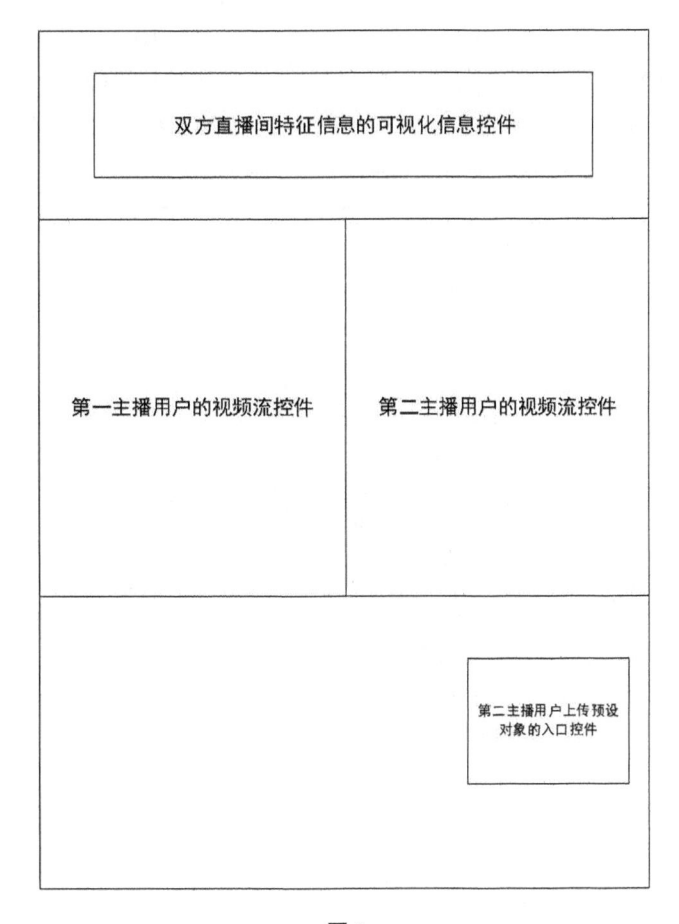

```
接收榜单单元 61
      ↓
调整权重单元 62
      ↓
更新榜单单元 63
      ↓
视频连线单元 64
```

图 8

```
┌─────────────────────────────────────────┐
│  ┌───────────────────────────────────┐  │
│  │   双方直播间特征信息的可视化信息控件    │  │
│  └───────────────────────────────────┘  │
│  ┌────────────────┬──────────────────┐  │
│  │                │                  │  │
│  │                │                  │  │
│  │  第一主播用户的  │  第二主播用户的    │  │
│  │   视频流控件    │   视频流控件      │  │
│  │                │                  │  │
│  │                │                  │  │
│  ├────────────────┴──────────────────┤  │
│  │                   ┌─────────────┐ │  │
│  │                   │第二主播用户上传预设│ │  │
│  │                   │  对象的入口控件   │ │  │
│  │                   └─────────────┘ │  │
│  └───────────────────────────────────┘  │
└─────────────────────────────────────────┘
```

图 9

(19) 国家知识产权局

(12) 发明专利

(10) 授权公告号 CN 113596240 B
(45) 授权公告日 2022.08.12

(21) 申请号 202110851047.9
(22) 申请日 2021.07.27
(65) 同一申请的已公布的文献号
   申请公布号 CN 113596240 A
(43) 申请公布日 2021.11.02
(73) 专利权人 OPPO广东移动通信有限公司
   地址 523860 广东省东莞市长安镇乌沙海
        滨路18号
(72) 发明人 郭华
(74) 专利代理机构 深圳市智圈知识产权代理事
                务所（普通合伙）44351
   专利代理师 吕静
(51) Int. Cl.
   H04M 1/72439 (2021.01)
   H04N 5/225 (2006.01)

H04R 1/26 (2006.01)
H04R 1/40 (2006.01)
H04R 3/00 (2006.01)
G10L 21/0208 (2013.01)
G10L 21/0316 (2013.01)
H04M 1/72433 (2021.01)
G06V 40/16 (2022.01)
G06V 20/40 (2022.01)

(56) 对比文件
   WO 2018076387 A1, 2018.05.03
   CN 108769400 A, 2018.11.06
   US 2019141445 A1, 2019.05.09
   CN 106338711 A, 2017.01.18
   CN 112165590 A, 2021.01.01
   审查员 杨晓曼

(54) 发明名称
　　录音方法、装置、电子设备及计算机可读介质

(57) 摘要

　　本申请公开了一种录音方法、装置、电子设备及计算机可读介质，涉及音频处理技术领域，方法包括：在电子设备执行视频录制操作的情况下，基于目标对象在图像采集装置所拍摄的视频画面内的图像位置，确定目标对象与音频采集装置之间的第一方位信息；基于第一方位信息，对第一方位信息对应的目标声源执行追焦录音操作；若未检测到目标对象在图像采集装置所拍摄的视频画面内，确定第二方位信息；对第二方位信息对应的目标声源执行追焦录音操作。因此，在目标对象在图像采集装置所拍摄的视频画面内消失时，确定新的方位信息，即第二方位信息，对第二方位信息对应的目标声源执行追焦录音操作，能够提高追焦录音操作的持续性。

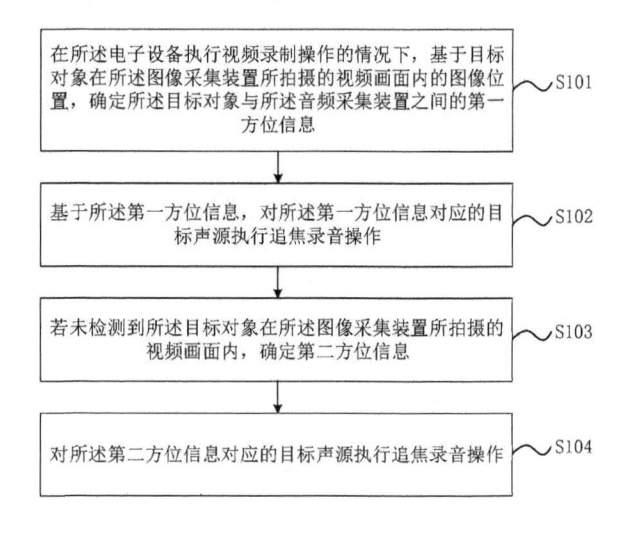

权 利 要 求 书

1. 一种录音方法，其特征在于，应用于电子设备，所述电子设备包括图像采集装置，所述方法包括：

在所述电子设备执行视频录制操作的情况下，基于目标对象在所述图像采集装置所拍摄的视频画面内的图像位置，确定所述目标对象与音频采集装置之间的第一方位信息；

基于所述第一方位信息，对所述第一方位信息对应的目标声源执行追焦录音操作，所述追焦录音操作用于对所述目标声源的音频信号优化处理；

若未检测到所述目标对象在所述图像采集装置所拍摄的视频画面内，确定第二方位信息；

对所述第二方位信息对应的目标声源执行所述追焦录音操作。

2. 根据权利要求1所述的方法，其特征在于，若未检测到所述目标对象在所述图像采集装置所拍摄的视频画面内，确定第二方位信息，包括：

若未检测到所述目标对象在所述图像采集装置所拍摄的视频画面内，基于预先获取的所述目标对象的运动轨迹，预测所述目标对象在指定位置之后的至少一个预估位置，所述指定位置为所述目标对象在所述图像采集装置所拍摄的视频画面内消失的时刻所在的位置；

基于所述至少一个预估位置确定所述目标对象与所述音频采集装置之间的第二方位信息。

3. 根据权利要求2所述的方法，其特征在于，所述若未检测到所述目标对象在所述图像采集装置所拍摄的视频画面内，基于预先获取的所述目标对象的运动轨迹，预测所述目标对象在指定位置之后的至少一个预估位置之前，还包括：

基于所述目标对象在所述图像采集装置所拍摄的多个视频画面内的图像位置确定所述目标对象的运动轨迹。

4. 根据权利要求2所述的方法，其特征在于，所述对所述第二方位信息对应的目标声源执行追焦录音操作之后，还包括：

获取所述目标对象在所述图像采集装置所拍摄的视频画面内消失的持续时长；

若所述持续时长小于预设时间长度，则基于所述运动轨迹获取新的预估位置并更新所述第二方位信息，执行对更新后的所述第二方位信息对应的目标声源执行追焦录音操作。

5. 根据权利要求4所述的方法，其特征在于，还包括：

若所述持续时长大于或等于预设时间长度，则停止执行追焦录音操作。

6. 根据权利要求5所述的方法，其特征在于，所述若所述持续时长大于或等于预设时间长度，则停止执行追焦录音操作，包括：

若所述持续时长大于或等于预设时间长度，判断所述目标声源的音频数据是否为有效数据；

若所述目标声源的音频数据是有效数据，基于所述运动轨迹获取新的预估位置并更新所述第二方位信息，执行对更新后的所述第二方位信息对应的目标声源执行追焦录音操作以及后续操作。

7. 根据权利要求6所述的方法，其特征在于，还包括：

若所述目标声源的音频数据非有效数据，则停止执行追焦录音操作。

8. 根据权利要求1所述的方法，其特征在于，若未检测到所述目标对象在所述图像采集装置所拍摄的视频画面内，确定第二方位信息，包括：

若未检测到所述目标对象在所述图像采集装置所拍摄的视频画面内，由所述图像采集装置当前所拍摄的视频画面内确定新的目标对象，并获取新的目标对象的新的目标位置，并基于新的目标位置确定第二方位信息。

9. 根据权利要求8所述的方法，其特征在于，所述由所述图像采集装置所拍摄的视频画面内确定新的目标对象，包括：

确定所述图像采集装置当前所拍摄的视频画面内的所有对象；

由所述所有对象中，确定在当前时段内输出语音的对象，作为备选对象；

基于所述备选对象确定新的目标对象。

10. 一种录音装置，其特征在于，应用于电子设备，所述电子设备包括图像采集装置，所述装置包括：

确定单元，用于在所述电子设备执行视频录制操作的情况下，基于目标对象在所述图像采集装置所拍摄的视频画面内的图像位置，确定所述目标对象与音频采集装置之间的第一方位信息；

第一追焦单元，用于基于所述第一方位信息，对所述第一方位信息对应的目标声源执行追焦录音操作，所述追焦录音操作用于由所述音频采集所采集的所有声源的音频信号中，对所述目标声源的音频信号优化处理；

获取单元，用于若未检测到所述目标对象在所述图像采集装置所拍摄的视频画面内，确定第二方位信息；

第二追焦单元，用于对所述第二方位信息对应的目标声源执行追焦录音操作。

11. 一种电子设备，其特征在于，包括：

一个或多个处理器；

存储器；

图像采集装置；

一个或多个应用程序，其中所述一个或多个应用程序被存储在所述存储器中并被配置为由所述一个或多个处理器执行，所述一个或多个应用程序配置用于执行如权利要求1—9任一项所述的方法。

12. 一种计算机可读介质，其特征在于，所述计算机可读介质存储有处理器可执行的程序代码，所述程序代码被所述处理器执行时使所述处理器执行权利要求1—9任一项所述方法。

说 明 书

录音方法、装置、电子设备及计算机可读介质

技术领域

[0001]　本申请涉及音频处理技术领域，更具体地，涉及一种录音方法、装置、电子设备及计算机可读介质。

背景技术

[0002]　目前，在使用手机录制视频时，进行人体追踪，根据影像反馈结果，可以利用麦克风波束成行原理对目标人物追焦录音。然而，目前的追焦方式的持续追焦能力不足。

发明内容

[0003]　本申请提出了一种录音方法、装置、电子设备及计算机可读介质，以改善上述缺陷。

[0004]　第一方面，本申请实施例提供了一种录音方法，应用于电子设备，所述电子设备包括图像采集装置，所述方法包括：在所述电子设备执行视频录制操作的情况下，基于目标对象在所述图像采集装置所拍摄的视频画面内的图像位置，确定所述目标对象与音频采集装置之间的第一方位信息；基于所述第一方位信息，对所述第一方位信息对应的目标声源执行追焦录音操作，所述追焦录音操作用于由所述音频采集所采集的所有声源的音频信号中，对所述目标声源的音频信号优化处理；若未检测到所述目标对象在所述图像采集装置所拍摄的视频画面内，确定第二方位信息；对所述第二方位信息对应的目标声源执行追焦录音操作。

[0005]　第二方面，本申请实施例还提供了一种录音装置，应用于电子设备，所述电子设备包括图像采集装置，所述装置包括：确定单元、第一追焦单元、获取单元和第二追焦单元。确定单元，用于在所述电子设备执行视频录制操作的情况下，基于目标对象在所述图像采集装置所拍摄的视频画面内的图像位置，确定所述目标对象与音频采集装置之间的第一方位信息。第一追焦单元，用于基于所述第一方位信息，对所述第一方位信息对应的目标声源执行追焦录音操作，所述追焦录音操作用于由所述音频采集所采集的所有声源的音频信号中，对所述目标声源的音频信号优化处理。获取单元，用于若未检测到所述目标对象在所述图像采集装置所拍摄的视频画面内，确定第二方位信息。第二追焦单元，用于对所述第二方位信息对应的目标声源执行追焦录音操作。

[0006]　第三方面，本申请实施例还提供了一种电子设备，包括：一个或多个处理器；存储器；图像采集装置；一个或多个应用程序，其中所述一个或多个应用程序被存储在所述存储器中并被配置为由所述一个或多个处理器执行，所述一个或多个应用程序配置用于执行上述方法。

[0007]　第四方面，本申请实施例还提供了一种计算机可读介质，所述可读存储介质存储有处理器可执行的程序代码，所述程序代码被所述处理器执行时使所述处理器执行上述方法。

[0008]　本申请提供的录音方法、装置、电子设备及计算机可读介质，在所述电子设备执行视频录制操作的情况下，基于目标对象在所述图像采集装置所拍摄的视频画面内的图像位置，确定所述目标对象与音频采集装置之间的第一方位信息。基于所述第一方位信息，对所述第一方位信息对应的目标声源执行追焦录音操作，从而能够基于图像采集装置所采集的目标对象的图像，对目标对象的目标声源执行追焦录音操作。然后，若未检测到所述目标对象在所述图像采集装置所拍摄的视频画面内，由于失去了目标对象在所述图像采集装置所拍摄的视频画面内的图像位置，从而无法确定目标对应的第一方位信息，然后此时，确定第二方位信息；对所述第二方位信息对应的目标声源执行追焦录音操作。因此，在目标对象在图像采集装置所拍摄的视频画面内消失时，即无法基于目标对象的图像对目标图像追焦录音的时候，确定新的方位信息，即第二方位信息，对所述第二方位信息对应的目标声源执行追焦录音操作，能够提高追焦录音操作的持续性。

[0009]　本申请实施例的其他特征和优点将在随后的说明书阐述，并且，部分地从说明书中变得

显而易见，或者通过实施本申请实施例而了解。本申请实施例的目的和其他优点可通过在所写的说明书、权利要求书以及附图中所特别指出的结构来实现和获得。

附图说明

[0010] 为了更清楚地说明本申请实施例中的技术方案，下面将对实施例描述中所需要使用的附图作简单的介绍。显而易见地，下面描述中的附图仅仅是本申请的一些实施例，对于本领域技术人员来讲，在不付出创造性劳动的前提下，还可以根据这些附图获得其他的附图。

[0011] 图1示出了本申请一实施例提供的录音方法的方法流程图；

[0012] 图2示出了本申请实施例提供的图像位置的示意图；

[0013] 图3示出了本申请另一实施例提供的录音方法的方法流程图；

[0014] 图4示出了本申请实施例提供的运动路线的示意图；

[0015] 图5示出了本申请实施例提供的运动的物体在视频画面内的不同位置的示意图；

[0016] 图6示出了本申请又一实施例提供的录音方法的方法流程图；

[0017] 图7示出了本申请再一实施例提供的录音方法的方法流程图；

[0018] 图8示出了本申请一实施例提供的视频录制画面的方法流程图；

[0019] 图9示出了本申请一实施例提供的录音装置的模块框图；

[0020] 图10示出了本申请一实施例提供的电子设备的示意图；

[0021] 图11示出了本申请实施例的存储单元的示意图。

具体实施方式

[0022] 为了使本技术领域的人员更好地理解本申请方案，下面将结合本申请实施例中附图，对本申请实施例中的技术方案进行清楚、完整地描述，显然，所描述的实施例仅仅是本申请一部分实施例，而不是全部的实施例。通常在此处附图中描述和示出的本申请实施例的组件可以以各种不同的配置来布置和设计。因此，以下对在附图中提供的本申请的实施例的详细描述并非旨在限制要求保护的本申请的范围，而是仅仅表示本申请的选定实施例。基于本申请的实施例，本领域技术人员在没有付出创造性劳动的前提下所获得的所有其他实施例，都属于本申请保护的范围。

[0023] 应注意到：相似的标号和字母在下面的附图中表示类似项，因此，一旦某一项在一个附图中被定义，则在随后的附图中不需要对其进行进一步定义和解释。同时，在本申请的描述中，术语"第一"、"第二"等仅用于区分描述，而不能理解为指示或暗示相对重要性。

[0024] 当前用户使用手机平板等电子设备拍摄视频的场景越来越多，跟随产品拍照能力的提升，相应的录音能力也需要同步提升，才不会出现音画不同步情况。针对目前使用手机平板等设备拍摄运动物体的场景时，需要同步录制对象的声音信息，使用人体追踪，根据影像反馈录制对象位置，再进行波束成形进行定向录音。

[0025] 具体地，定向录音也可以称为追焦录音，具体地，音频采集装置，在获取每个音频信号到达多个麦克风的相位差和幅值差后，可以基于该相位差、幅值差以及多个麦克风之间的位置关系，获取多个音频信号各自对应的声源位置，具体地，每个声源的音频信号与该声源与麦克风的相位信息对应，从而将该相位信息作为声源的声源位置，其中，该相位信息包括相位角度和距离，而距离可以根据幅值而确定。

[0026] 其中，多个音频信号各自对应的声源位置可以用于后续基于目标音频处理参数进行音频信号处理时提供参考依据。作为一种方式，由于电子设备的体积有限，多个麦克风之间的相对距离较小，可以默认忽略多个麦克风之间的相对距离，则可以基于相位差和幅值差，获取多个音频信号各自对应的声源位置。

[0027] 在一些实施方式中，可以通过预设空间分布函数对相位差和幅值差进行计算，获得多个音频信号各自对应的声源位置。其中，预设空间分布函数的获取方式可以包括：在预先进行视频拍

摄测试时，建立包括X轴、Y轴、Z轴的坐标系，电子设备位于该坐标系的原点，将声源分别放置在X轴、Y轴、Z轴区间的不同位置点（至少8个位置点，以保证每个轴的正负值都有一个测试的位置点），测试时，可以通过不同的声源点到达多个麦克风的相位差和幅值差，建立起声源的空间分布函数，作为预设空间分布函数。

[0028] 然而，发明人在研究中发现，上述的定向录音的过程容易出现录制对象突然在画面中丢失，而导致电子设备失去了追焦对象的位置，从而无法准确定位录制对象声音，导致追焦录音的持续性较差，进而导致最终的录制效果不理想。

[0029] 因此，为了克服上述缺陷，本申请实施例提供了一种录音方法、装置、电子设备及计算机可读介质，在目标对象在图像采集装置所拍摄的视频画面内消失时，即无法基于目标对象的图像对目标图像追焦录音的时候，确定新的方位信息，即第二方位信息，对所述第二方位信息对应的声源执行追焦录音操作，能够提高追焦录音操作的持续性。

[0030] 请参阅图1，图1示出了本申请实施例提供的一种录音方法，该方法应用于电子设备，该电子设备可以是智能手机、平板电脑、录像机等能够录制视频的设备，该电子设备可以包括图像采集装置。作为一种实施方式，该电子设备可以包括处理器，该处理器与图像采集装置连接，该方法的执行主体可以是处理器。具体地，该方法包括：S101至S104。

[0031] S101：在所述电子设备执行视频录制操作的情况下，基于目标对象在所述图像采集装置所拍摄的视频画面内的图像位置，确定所述目标对象与所述音频采集装置之间的第一方位信息。

[0032] 作为一种实施方式，音频采集装置所在的坐标系可以命名为空间声坐标系，其以音频采集装置的位置为坐标原点而建立的三维立体坐标系。视频画面内的每个位置点均与空间声坐标系的各个位置点建立了映射关系，具体地，该视频画面对应指定坐标系，所述指定坐标系为基于视频画面建立的坐标系。

[0033] 作为一种实施方式，该指定坐标系可以是图像坐标系，具体地，如图2所示，若电子设备在视频录制操作的情况下，目标对象在图像采集装置的取景范围内，则在视频录制的画面内。例如，在相机应用程序的预览界面内显示有目标对象的图像。作为一种实施方式，视频画面内的每个对象的图像都对应一个图像位置，具体地，该图像位置可以是视频画面内的每个图像的像素坐标。例如，以视频画面的左上角的像素点至右下角的像素点，一共包括$M \times N$个像素点，其中，M为画面的每一行的像素数量，N为画面的每一列的像素数量。从而每个物体的图像位置都可以由(a_i, b_j)来表示，其中，$0 < i \leq M$，$0 < j \leq N$，且，i和j均为正数。作为一种实施方式，每个对象的图像的图像位置可以是该对象的图像的中心点的像素点。

[0034] 作为一种实施方式，该图像坐标系为所述视频画面所在的坐标系，可以是基于该视频画面内的某个像素点为基准点而建立的坐标系，则每个对象的图像位置（即像素点坐标），就能够反映每个对象的图像在图像坐标系内的图像坐标。如图2所示，假设以视频画面的指定边为X轴，其中，指定边为电子设备处于横屏模式的时候，横向的两条边中底部的一条边。以该指定边的中心点作为基准点，即坐标系的原点，经过该中心点且垂直于X轴的方向为Y轴，则可以确定视频画面内的某个对象的图像坐标为(x_0, y_0)。基于预先确定的图像坐标系与空间声坐标系的映射关系，能够确定该图像坐标(x_0, y_0)在空间声坐标系内的空间坐标，进而能够确定目标对象与所述音频采集装置之间的第一方位信息。

[0035] 作为另一种实施方式，该指定坐标系为相机坐标系，所述相机坐标系为基于所述图像采集装置建立的空间坐标系。具体地，是以图像采集装置为坐标原点，以图像采集装置对应的深度方向为Z轴而建立的三维坐标系。基于该指定坐标系与空间声坐标系的映射关系，在确定了目标对象在相机坐标系内的坐标信息，即目标位置之后，可以得到该第一方位信息。具体地，在所述电子设备执行视频录制操作的情况下，基于目标对象在所述图像采集装置所拍摄的视频画面内的图像位置，确定所述目标对象在相机坐标系内的坐标信息，作为目标位置。基于所述目标对象的目标位置，确定所述目标对象与所述音频采集装置之间的第一方位信息。

[0036] 作为一种实施方式，电子设备内安装有相机应用程序，在电子设备执行视频录制操作时，相机应用程序被启动，并且该相机应用程序设置有预览界面，则在视频录制的时候，音频采集装置采集周围环境的音频信号，电子设备的图像采集装置采集其视野范围内的物体的图像，并且在相机应用程序的预览界面内显示，从而能够确定目标对象在视频录制的视频画面内的目标位置。以图2为例，以垂直于电子设备的屏幕方向为Z轴方向，其Z轴方向与图像采集装置的深度方向一致，则目标对象在相机坐标系内的坐标信息为 (x_0, y_0, z_0)，其中，z_0 为目标对象的深度信息。

[0037] 作为一种实施方式，可以是以人物的人脸区域的中心点的图像位置在相机坐标系内的坐标点，作为该人物的坐标信息。

[0038] 因此，在确定了目标对象之后，基于上述方法能够确定目标对象的目标位置。

[0039] 作为一种实施方式，可以预先建立相机坐标系与空间声坐标系的映射关系，从而在确定了目标对象在相机坐标系内的坐标信息的时候，能够将该坐标信息映射到空间声坐标系内，从而能确定目标对象在空间声坐标系内的坐标，即空间声坐标，基于该空间声坐标能够确定目标对象与空间声坐标系的原点即音频采集装置的位置之间的方位信息，即第一方位信息。作为一种实施方式，该方位信息可以包括相位角和距离等信息，该相位角用于表征目标对象与音频采集装置之间的方位。

[0040] 作为另一种实施方式，该音频采集装置可以是多个，则可以由多个音频采集装置确定一个等效位置，例如，将各个音频采集装置的位置的几何中心作为该等效位置，则该等效位置作为空间声坐标系的原点。

[0041] 作为一种实施方式，电子设备包括图像采集装置，用于采集视频画面，而视频录制的音频由音频采集装置采集，该音频采集装置可以不属于电子设备，即该音频采集装置未安装于电子设备。但是，该音频采集装置与电子设备的图像采集装置之间的位置关系可以预先确定，从而能够预先根据该位置关系确定空间声坐标系与相机坐标系或图像坐标系之间的映射关系，以便根据目标对象在视频画面内的图像位置确定目标对象的第一方位信息。

[0042] 作为另一种实施方式，该电子设备包括图像采集装置和音频采集装置，也同样可以确定该音频采集装置与电子设备的图像采集装置之间的位置关系可以预先确定，从而能够预先根据该位置关系确定空间声坐标系与相机坐标系或图像坐标系之间的映射关系。另外，若图像采集装置和音频采集装置之间的位置相近，例如，二者之间的距离小于指定距离，则可以认为图像采集装置和音频采集装置位于相同的位置，即二者的坐标系的原点相同。

[0043] 需要说明的是，本申请以电子设备包括图像采集装置和音频采集装置为例说明本申请的各个实施例，但是，该实施例也同样适用于该音频采集装置未安装于电子设备的情况，在此不做限定。

[0044] S102：基于所述第一方位信息，对所述第一方位信息对应的目标声源执行追焦录音操作。

[0045] 其中，所述追焦录音操作用于优化处理由所述音频采集装置所采集的所有声源中的目标声源的音频信号。具体地，音频采集装置可以采集周围的声音，所采集的音频可以对应多个声源，并且能够确定每个声源的方位信息，具体地，可以根据每个声源的音频信号的幅度确定该声源与音频采集装置之间的距离，根据音频信号与音频采集装置之间的到达角可以确定相位角，从而能够确定方位信息。从而就能确定每个声源所对应的方位信息。作为一种实施方式，可以参考上述的预设空间分布函数，确定每个声源对应的方位信息。

[0046] 然后，在获取到第一方位信息的时候，该第一方位信息可以作为目标声源在空间声坐标系内的位置，其中，该目标声源为与第一方位信息对应的目标对象的声源。然后，在音频采集装置所采集的所有的声源中，基于每个声源对应的方位信息，确定第一方位信息对应的声源，作为目标声源。从而，电子设备就能够从音频采集装置所采集的多个音频信号中确定目标声源对应的音频信号，然后，对目标声源的音频信号优化处理。

[0047] 在一些实施例中，若电子设备包括音频采集装置和图像采集装置，且还包括处理器，音

频采集装置和图像采集装置均与处理器连接，则处理器可以通过与音频采集装置和图像采集装置的预设接口获取音频采集装置采集的音频数据，以及获取图像采集装置采集的图像数据。在另一些实施例中，音频采集装置未安装于电子设备内，音频采集装置与电子设备通信连接。例如，电子设备包括通信模块，该通信模块与音频采集装置连接，该音频采集装置通过通信模块实现与电子设备的处理器的通信连接。

[0048] 音频采集装置采集的每个声源的音频数据的时候，对应获取每个声源的相位差和幅值差，在一些实施例中，可以由音频采集装置基于每个声源的相位差和幅值差确定每个声源的方位信息，将每个声源的音频信号和每个声源对应的方位信息发送至处理器。在另一些实施例中，音频采集装置将每个声源的音频信号和每个声源对应的相位差和幅值差发送至处理器，由处理器根据每个声源对应的相位差和幅值差，依据前述方法确定每个声源对应的方位信息。作为一种实施方式，确定音频采集装置与目标声源之间的目标波束角，则该目标波束角为前述的第一方位信息，基于该目标波束角将音频采集装置所采集的所有音频中，波束角与该目标波束角匹配的音频信号作为第一音频信号，即该第一音频信号为目标对象的音频信号，其他的音频信号作为第二音频信号。将第一音频信号优化处理，第二音频信号不执行优化处理。其中，波束角是指以音频采集装置与目标声源之间的中轴线，由此向外至能量强度减少一半（-3dB）处形成的角度。不同位置的声源与音频采集装置之间的波束角不同，因此，通过目标波束角能够筛选出目标声源的音频信号。

[0049] 作为一种实施方式，对目标声源的音频信号优化处理的方式为，对第一音频信号提高增益以及滤波，例如，增益调整处理和频率处理，其中，增益调整处理包括增益增大操作和动态范围调整（dynamic range control，DRC），其中，增益增大操作包括对目标声源的音频信号的整个频域或时域部分的增益增大，动态范围调整是指用来动态调整音频输出幅值，在音量大时压制音量在某一范围内，在音量小时适当提升音量。通常用于控制音频输出功率，使扬声器不破音，当处于低音量播放时也能清晰听到。频率处理用于对目标声源的音频信号的不同频率部分进行处理，例如，EQ和降噪，其中，EQ英文全称Equaliser，即均衡器，用于通过对音频信号的某一个或多个频段进行增益或衰减，从而达到调整音色的目的。降噪可以是滤波，即将音频信号中的部分频段的信号滤除等，以降低音频信号中的噪声。

[0050] 作为一种实施方式，对第二音频信号不执行优化处理的实施方式还可以是，对第二音频信号执行弱化处理，具体地，可以是将第二音频信号的幅值降低，从而降低第二音频信号的音量，具体地，降低幅度可以根据实际使用需求而设定，例如，可以将第二音频信号的音量的降低至小于指定音量，该指定音量可以是一个较小的音量值，以该指定音量播放音频信号的时候，用户几乎无法听见该音频信号，可以看作是静音。

[0051] S103：若未检测到所述目标对象在所述图像采集装置所拍摄的视频画面内消失，确定第二方位信息。

[0052] 作为一种实施方式，该目标对象可以是所关注的区域。例如，该目标对象可以是目标人物的指定区域，该指定区域可以是人脸区域或嘴部区域等。于本申请实施例中，该目标对象可以是人脸区域，当然，也可以是其他区域，在此不做限定。

[0053] 在确定了第一方位信息之后，持续确定是否能够检测到目标对象在所述图像采集装置所拍摄的视频画面内，若未检测到目标对象在所述图像采集装置所拍摄的视频画面内，则确定第二方位信息。其中，未检测到目标对象在所述图像采集装置所拍摄的视频画面内可以是，确定图像采集装置所拍摄的视频画面内目标对象的完整度，例如，可以根据所采集的目标对象的图像的各个特征点是否能够被检测到的判定结果来确定目标对象的完整度。例如，目标对象为人脸区域，则该各个特征点可以是五官特征点。

[0054] 若完整度低于指定完整度，则判定未检测到目标对象在所述图像采集装置所拍摄的视频画面内。

[0055] 由前述内容可以看出，确定第一方位信息的时候，需要基于目标对象在图像采集装置所

拍摄的视频画面内的位置来确定，即需要根据目标对象在图像采集装置所拍摄的视频画面内的位置，确定目标对象在空间声坐标系内的位置，进而确定第一方位信息。因此，如果目标对象在所述图像采集装置所拍摄的视频画面内消失，则会导致无法基于视频画面确定目标对象的目标位置，进而无法确定第一方位信息。因此，为了避免在目标对象在所述图像采集装置所拍摄的视频画面内消失之后，无法追焦目标对象，从而导致追焦效果中断，可以确定第二方位信息，以便后续基于第二方位信息追焦录音。具体地，确定第二方位信息的方式可以是基于目标对象的运动轨迹而预测目标对象的后续位置，进而预测目标对象的第二方位信息，还可以是更换追焦对象，基于新的追焦对象确定新的方位信息，即第二方位信息。

[0056] S104：对所述第二方位信息对应的目标声源执行追焦录音操作。

[0057] 其中，基于第二方位信息对第二方位信息对应的目标声源进行追焦录音的操作可以参考前述针对第一方位信息对应的目标声源的追焦录音的操作，在此不再赘述。

[0058] 因此，本申请实施例提供的录音方法，在所述电子设备执行视频录制操作的情况下，基于目标对象在所述图像采集装置所拍摄的视频画面内的图像位置，确定所述目标对象在相机坐标系内的坐标信息，基于所述目标对象的目标位置，确定所述目标对象与所述音频采集装置之间的第一方位信息。基于所述第一方位信息，对所述第一方位信息对应的目标声源执行追焦录音操作，从而能够基于图像采集装置所采集的目标对象的图像，对目标对应的目标声源执行追焦录音操作。然后，若未检测到所述目标对象在所述图像采集装置所拍摄的视频画面内，由于失去了目标对象在所述图像采集装置所拍摄的视频画面内的图像位置，从而无法确定目标对象的第一方位信息，然后，确定第二方位信息；对所述第二方位信息对应的目标声源执行追焦录音操作。因此，在目标对象在图像采集装置所拍摄的视频画面内消失时，即无法基于目标对象的图像对目标图像追焦录音的时候，确定新的方位信息，即第二方位信息，对所述第二方位信息对应的目标声源执行追焦录音操作，能够提高追焦录音操作的持续性。

[0059] 请参阅图3，图3示出了本申请实施例提供的一种录音方法，该方法应用于上述的电子设备，可以在目标对象在所述图像采集装置所拍摄的视频画面内消失之后，基于目标对象的运动轨迹，预测目标对象的位置，进而继续追焦录音。具体地，该方法包括：S301至S305。

[0060] S301：在所述电子设备执行视频录制操作的情况下，基于目标对象在所述图像采集装置所拍摄的视频画面内的图像位置，确定所述目标对象与所述音频采集装置之间的第一方位信息。

[0061] S302：基于所述第一方位信息，对所述第一方位信息对应的目标声源执行追焦录音操作。

[0062] S303：若未检测到所述目标对象在所述图像采集装置所拍摄的视频画面内，基于预先获取的所述目标对象的运动轨迹，预测所述目标对象在指定位置之后的至少一个预估位置。

[0063] 其中，所述指定位置为目标对象在所述图像采集装置所拍摄的视频画面内消失的时刻所在的位置。具体地，假设目标对象在所述图像采集装置所拍摄的视频画面内消失的时刻为消失时刻，目标对象的位置位于指定坐标系内，该指定坐标系可以是图像坐标系，也可以是相机坐标系。于本申请实施例中，假设该指定坐标系为相机坐标系，则预测所述目标对象在指定位置之后的至少一个预估位置，可以是预估所述目标对象的指定时刻在指定坐标系内的至少一个预估位置。

[0064] 所述指定时刻为所述目标对象在所述图像采集装置所拍摄的视频画面内消失后的至少一个时刻。

[0065] 作为一种实施方式，该目标对象的运动轨迹可以是基于图像采集装置所拍摄的视频画面确定的，例如，用户在录制目标对象的视频的时候，预先设定目标对象的运动路线，该运动路线能够被电子设备的图像采集装置采集到，例如，该运动路线可以是道路或轨道等，在图像采集装置录制视频的时候，不仅可以采集到目标对象的图像，还能够采集到运动路线的图像，即目标对象在运动路线上运动，图像采集装置能够录制该运动过程。电子设备基于图像采集装置采集的运动路线的图像，能够分析出该运动路线在图像采集装置视野范围之外的延长线，从而能够预估目标对象在该延长线运动的时候，该目标对象的位置。

[0066] 如图4所示，图4示出了图像采集装置在视频录制时所拍摄的视频画面，在该视频画面内包括道路，并且能够确定目标对象在该道路上移动。例如，基于图像采集装置在视频录制时所拍摄的连续多帧视频画面，能够确定目标对象在该道路上移动。然后，确定该道路的曲线401，将该曲线401作为目标对象的运动轨迹，由于在该视频画面内仅能拍摄到道路的部分，其余的部分在图像采集装置的视野范围外，所以，目标对象沿着道路移动的时候，比如会移动到图像采集装置的视野范围外。

[0067] 因此，基于该道路的曲线预估出该道路的延长线，从而确定出曲线的延长线，进而能够确定目标对象在图像采集装置的视野范围外的运动轨迹。基于该运动轨迹就能够确定目标对象在指定时刻的预估位置。

[0068] 另外，在确定了运动轨迹之后，还需要确定目标对象的运动速度和运动方向，图像采集装置在视频录制时所拍摄的视频画面内的道路等路线可能包括多个消失点，例如，画面的从左到右的道路会存在左侧和右侧的两个消失点，基于该图像采集装置在视频录制时所拍摄的连续多帧视频画面，能够确定目标对象的运动速度和运动方向，基于该运动方向确定消失点，由该消失点处确定延长线，进而确定目标对象在图像采集装置的视野范围外的运动轨迹，然后，在基于该运动速度确定在指定时刻时在该延长线上的预估位置。

[0069] 需要说明的是，该运动路线可以位于相机坐标系内，即目标对象在该运动路线上的运动位置点均位于相机坐标系内，从而该延长线也位于相机坐标系内，也就是说，该预估位置也对应于相机坐标系内的坐标。

[0070] 另外，指定时刻可以是目标对象在所述图像采集装置所拍摄的视频画面内消失后的时刻，具体地，该指定时刻可以是以确定目标对象在所述图像采集装置所拍摄的视频画面内消失的时刻之后的间隔指定时间长度的时刻，该指定时间长度可以根据实际使用而设定，例如，可以是0.5s。在一些实施例中，该指定时刻可以是多个，从而可以确定多个预估位置，从而能够对每个预估位置的声源追焦录音。

[0071] 作为另一种实施方式，还可以基于图像采集装置在视频录制时所拍摄的连续多帧视频画面内的目标对象的图像位置确定目标对象的运动轨迹。具体地，基于所述目标对象在所述图像采集装置所拍摄的多个视频画面内的图像位置确定所述目标对象的运动轨迹。

[0072] 在一些实施例中，将确定目标对象在所述图像采集装置所拍摄的视频画面内消失的时刻，即确定目标对象位于图像采集装置的视野范围外的时刻，记为消失时刻。将本次电子设备开始执行视频录制操作的时刻记为起始时刻。则获取起始时刻与消失时刻之间的多个视频画面内的目标对象的图像位置，记为参考图像位置，然后，进一步确定每个参考图像位置对应的在相机坐标系内的坐标信息，即参考坐标信息，然后，基于该多个参考坐标信息能够拟合出目标对象的运动轨迹，基于该运动轨迹能够预测在消失时刻之后的某个时刻的坐标信息，即预估位置。

[0073] 作为一种实施方式，可以自起始时刻开始，每采集到一帧包含有目标对象的视频画面的时候，就记录该视频画面内的目标对象的图像位置，即参考图像位置，进而确定该参考图像位置对应的参考坐标信息，然后，将该参考坐标信息与采集时间对应存储，该采集时间为采集到该视频画面的时刻。从而，能够将每次采集到目标对象的图像的时候，该目标对象的坐标信息和时间被记录下来。然后，在录制视频的过程中，不断去获取新的参考坐标信息与采集时间。基于多个参考坐标信息能够拟合成目标对象的运动曲线，即运动轨迹。

[0074] 如图5所示，依次获取连续的三帧视频画面，每个视频画面内的目标对象的图像位置依次为(x_1, y_1)、(x_1, y_1)、(x_1, y_1)，三个图像位置对应的采集时刻依次为$t1$、$t2$和$t3$，基于该三个图像位置能够确定目标对象的运动轨迹，如图5所示，该目标对象的运动轨迹为从右至左的移动，且运动方向与屏幕的平面平行，可以看出$t3$的下一个时刻，目标对象的图像将移出视频画面，那么根据该运动轨迹则在消失时刻之后的下一个时刻，将出现在屏幕的左侧的某个位置点，从而基于该运动轨迹和目标对象的运动速度可以确定目标对象由图像采集装置的视野范围内消失的时候，可能

出现的位置点。

[0075] 然后，通过不断地获取新的参考坐标信息与采集时间校正该运动曲线，使得基于该运动曲线预估时刻 $t1$ 的位置点的坐标信息与该时刻 $t1$ 的实际位置点的坐标信息之间的差值小于指定值，具体地，可以基于该差值修改该运动曲线的参数，使得预估的坐标点与实际的坐标点更加接近。

[0076] S304：基于所述至少一个预估位置确定所述目标对象与所述音频采集装置之间的第二方位信息。

[0077] S305：对所述第二方位信息对应的目标声源执行追焦录音操作。

[0078] 在确定了预估位置，该预估位置为相机坐标系内的位置点，然后再确定第二方位信息，具体的确定方式可以参考前述确定第一方位信息的实施方式，然后，对所述第二方位信息对应的目标声源执行追焦录音操作，具体的实施方式参考前述实施例，在此不再赘述。

[0079] 因此，通过目标对象的运动轨迹预估在目标对象由图像采集装置的视野范围内消失之后的预估位置，使得根据该预估位置所确定的第二方位信息对应的目标声源极有可能依然是目标对象的声源，从而能够继续对目标对象的声源追踪录音，能够避免由于失去了目标对象的图像而导致无法对目标对象追踪录音。

[0080] 另外，需要说明的是，上述确定预估位置的实施方式，可以是基于图像采集装置所采集的视频画面内的运动路线的图像确定运动轨迹，也可以是基于所述目标对象在所述图像采集装置所拍摄的多个视频画面内的图像位置确定所述目标对象的运动轨迹，该两种方式还可以混合使用。例如，先确定图像采集装置所采集的视频画面内是否存在运动路线的图像：如果存在，则基于图像采集装置所采集的视频画面内的运动路线的图像确定运动轨迹；如果不存在，则基于所述目标对象在所述图像采集装置所拍摄的多个视频画面内的图像位置确定所述目标对象的运动轨迹。还可以是，先确定图像采集装置所采集的视频画面内是否存在运动路线的图像。如果存在，确定目标对象是否在运动路线上移动：如果是，则基于图像采集装置所采集的视频画面内的运动路线的图像确定运动轨迹；若否，则基于所述目标对象在所述图像采集装置所拍摄的多个视频画面内的图像位置确定所述目标对象的运动轨迹。

[0081] 再者，考虑到通过运动轨迹预测目标对象的预估位置可能存在一个时效，因为，时间越长，则越可能会导致预估位置不准确，则可以确定一个预设时间长度，基于该预设时间长度确定是否追焦录音。具体地，请参阅图6，图6示出了本申请实施例提供的一种录音方法，该方法应用于上述的电子设备。具体地，该方法包括：S601 至 S609。

[0082] S601：在所述电子设备执行视频录制操作的情况下，基于目标对象在所述图像采集装置所拍摄的视频画面内的图像位置，确定所述目标对象与所述音频采集装置之间的第一方位信息。

[0083] S602：基于所述第一方位信息，对所述第一方位信息对应的目标声源执行追焦录音操作。

[0084] S603：若未检测到所述目标对象在所述图像采集装置所拍摄的视频画面内，基于预先获取的所述目标对象的运动轨迹，预测所述目标对象在指定位置之后的至少一个预估位置。

[0085] S604：基于所述至少一个预估位置确定所述目标对象与所述音频采集装置之间的第二方位信息。

[0086] S605：对所述第二方位信息对应的目标声源执行追焦录音操作。

[0087] 其中，步骤 S601 至 S605 的实施方式可以参考前述实施例，在此不再赘述。

[0088] S606：获取所述目标对象在所述图像采集装置所拍摄的视频画面内消失的持续时长。

[0089] 在确定目标对象在所述图像采集装置所拍摄的视频画面内消失的时刻起，实时检测目标对象是否再次在图像采集装置所拍摄的视频画面内出现，然后统计所述目标对象在所述图像采集装置所拍摄的视频画面内消失的持续时长，同时，基于目标对象的运动轨迹预估目标对象的预估位置，继续对目标对象追踪录音。

[0090] S607：判断持续时长是否小于预设时间长度。

[0091] 其中，预设时间长度可以是预先设定的，也可以是基于历史数据而设定的，例如，在多

次对不同的对象录制的时候，在对象在图像采集装置的视野内消失之后，基于对象的运动轨迹预计对象的位置，统计每个对象的位置的准确性高于指定阈值的时间长度，从而获取多个历史时间长度，基于该多个历史时间长度确定预设时间长度，例如，可以是基于该多个历史时间长度的平均值作为预设时间长度。于本申请实施例中，该预设时间长度的取值范围是6—12秒，例如，可以是10秒。

[0092] S608：基于所述运动轨迹获取新的预估位置并更新所述第二方位信息。

[0093] 如果该持续时长小于预设时间长度，则基于所述运动轨迹获取新的预估位置。具体地，假设当前的预估位置为第一位置，该第一位置对应的持续时长为T1，则如果该T1小于预设时间长度，则基于该第一位置和运动轨迹确定该第一位置的下一个位置，即新的预估位置，然后，基于该新的预估位置确定新的第二方位信息，并返回执行S605。

[0094] S609：停止执行追焦录音操作。

[0095] 如果该持续时长大于或等于预设时间长度，则可以停止执行追焦录音操作，具体地，可以是执行全局录音操作，即可以是对所有的方位信息对应的声源执行相同的音频处理操作，例如，可以对所有的声源都执行上述的优化处理，即不会只针对第一方位信息或第二方位信息对应的目标声源执行优化处理，而是对所有声源的音频信号统一处理。

[0096] 作为一种实施方式，如果该持续时长大于或等于预设时间长度，可以先确定目标声源的音频信号是否为有效，从而能够进一步确定预测的预估位置处是否对应有目标对象，具体地，判断所述目标声源的音频数据是否为有效数据，若所述目标声源的音频数据是有效数据，基于所述运动轨迹获取新的预估位置并更新所述第二方位信息，执行对更新后的所述第二方位信息对应的目标声源执行追焦录音操作以及后续操作。

[0097] 具体地，确定目标声源的音频数据是否为有效数据的实施方式可以是，获取目标声源的音频数据的幅度值，确定该幅度值是否大于指定幅度值，如果大于指定幅度值，则确定该目标声源的音频数据为有效数据，进而能够确定预估位置处确实存在声源，然后，更新第二方位信息并返回执行S606。若所述目标声源的音频数据非有效数据，则停止执行追焦录音操作，即执行全局录音操作。

[0098] 另外，需要说明的是，在确定目标对象在所述图像采集装置所拍摄的视频画面内消失的时刻起，实时检测目标对象是否再次在图像采集装置所拍摄的视频画面内出现，如果检测到目标对象再次在图像采集装置所拍摄的视频画面内出现，则停止确定第二方位信息以及对所述第二方位信息对应的目标声源执行追焦录音操作的操作，返回执行S601。因此，在该持续时长大于或等于预设时间长度，在目标声源的音频信号有效的情况下，继续基于目标对象的运动轨迹确定新的第二方位信息并继续追焦录音，直至目标对象再次在图像采集装置所拍摄的视频画面内出现。

[0099] 另外，若所述目标声源的音频数据非有效数据，可以统计判定目标声源的音频数据非有效数据的次数，记为无效次数。如果该无效次数大于指定次数，则停止执行追焦录音操作，即执行全局录音操作；如果该无效次数小于或等于指定次数，则更新第二方位信息并返回执行S606。

[0100] 请参阅图7，图7示出了本申请实施例提供的一种录音方法，该方法应用于上述的电子设备，可以在目标对象在所述图像采集装置所拍摄的视频画面内消失之后，在图像采集装置所拍摄的视频画面内确定新的目标对象，对新的目标对象追焦录音。具体地，该方法包括：S701至S704。

[0101] S701：在所述电子设备执行视频录制操作的情况下，基于目标对象在所述图像采集装置所拍摄的视频画面内的图像位置，确定所述目标对象与所述音频采集装置之间的第一方位信息。

[0102] S702：基于所述第一方位信息，对所述第一方位信息对应的目标声源执行追焦录音操作。

[0103] S703：若未检测到所述目标对象在所述图像采集装置所拍摄的视频画面内，由所述图像采集装置当前所拍摄的视频画面内确定新的目标对象，并获取新的目标对象的新的目标位置，并基于新的目标位置确定第二方位信息。

[0104] S704：对所述第二方位信息对应的目标声源执行追焦录音操作。

[0105] 具体地，在确定新的目标位置之后，该新的目标位置对应的新的目标对象，具体地，将S703之前的目标对象作为第一对象，将新的目标对象作为第二对象。

[0106] 在目标对象离开图像采集装置的视野范围的情况下，即在所述图像采集装置所拍摄的视频画面内消失的情况下，在图像采集装置所拍摄的视频画面内仍然存在其他的对象，则可以从当前拍摄画面内确定新的对象，作为新的目标对象，即第二对象。

[0107] 作为一种实施方式，可以基于用户的选择确定第二对象。具体地，可以检测用户在电子设备的显示界面上所选中的对象，作为第二对象，其中，该显示界面可以是用于显示图像采集装置所拍摄的视频画面的界面。确定用户选中的对象的实施方式可以是获取输入的指定触控手势，确定该指定触控手势对应的显示区域，确定当前拍摄画面内的每个对象的显示位置，将显示位置位于该显示区域内的对象作为新的目标对象，即第二对象。

[0108] 作为另一种实施方式，该对象可以是能够发出声音的物体，进一步，该物体是活物。作为一种实施方式，该第二对象与第一对象的类型相同。例如，该第一对象是人体，则第二对象也是人体，则在所述目标对象在所述图像采集装置所拍摄的视频画面内消失的情况下，确定图像采集装置当前所拍摄的视频画面内的所有对象中与第一对象的类型相同的对象，作为新的目标对象，即第二对象。

[0109] 作为又一种实施方式，还可以是在所述目标对象在所述图像采集装置所拍摄的视频画面内消失的情况下，确定图像采集装置当前所拍摄的视频画面内的所有对象，从中选择处于发声状态的对象，作为新的目标对象。

[0110] 具体地，确定图像采集装置当前所拍摄的视频画面内的所有对象，并确定每个对象与音频采集装置之间的方位信息，作为待选方位信息。由音频采集装置采集的所有的音频信号中，基于声源与相位角之间的对应关系，确定视频画面内的每个对象的音频信号，从而就能确定所有对象中，在当前时段内输出语音的对象，作为备选对象。其中，当前时间段可以是包含当前时刻的时间段。例如，可以是以当前时刻为终点的第一时间长度的时间段，也可以是以当前时刻为起点的第一时间长度的时间段，还可以是当前时刻位于起点和终点之间的第三时间长度的时间段。

[0111] 作为一种实施方式，可以是将图像采集装置当前所拍摄的视频画面内的所有对象，在当前时段内输出语音的对象作为新的目标对象，即备选对象为1个的时候，可以直接将备选对象作为新的目标对象。

[0112] 作为另一种实施方式，在备选对象为多个的时候，可以基于由备选对象中确定一个对象作为新的目标对象。在一些实施例中，考虑到之前的目标对象，即第一对象与电子设备的使用者可能存在较亲密的关系，具体地，确定当前登录电子设备的用户账号，用户账号对应有亲密对象，该亲密对象可以是与用户账号之间的亲密度大于指定阈值的用户，该亲密度可以基于用户账号与其他账号之间的交互操作而确定。例如，基于交互的频率而确定亲密度，其中，交互操作包括发送消息、评论、点赞、转发等操作。则在所述备选对象中查找与用户账号的亲密对象匹配的对象，作为新的目标对象。

[0113] 作为又一种实施方式，还可以是在所述备选对象中基于每个对象与电子设备之间的距离确定新的目标对象，具体地，获取每个所述备选对象的景深信息，基于所述景深信息确定新的目标对象。具体地，可以基于景深信息确定每个备选对象与电子设备之间的距离，可以将距离最近的对象作为备选对象。具体地，该景深信息可以是每个对象的头部的深度信息，从而能确定每个对象的头部与电子设备之间的距离，然后查找距离最近的对象，作为新的目标对象，当然，也可以查找其他的距离的对象作为新的目标对象。例如，查找距离最远的对象，在此不做限定。

[0114] 另外，考虑到有些对象的距离虽然满足确定新的目标对象的要求，但是，其人脸的清晰度较差，则可能是该用户未看向电子设备，还可以是该用户的人脸遮挡过多，则需要结合每个对象的人脸信息确定新的目标对象。

[0115] 具体地，基于每个所述备选对象的所述景深信息确定每个所述备选对象与所述图像采集

装置之间的距离；然后，确定每个对象的人脸信息，基于每个备选对象的距离和人脸信息确定新的目标对象。

[0116] 具体地，该人脸信息可以包括对象的头部区域的图像，则基于该人脸信息确定头部区域内的图像中人的面部区域的占比，将占比大于指定占比的对象作为待选对象，然后，由待选对象中确定距离最近的对象作为新的目标对象。如图8所示，在图像采集装置当前所拍摄的视频画面内包括第一用户801、第二用户802、第三用户803、第四用户804、第五用户805，假设第三用户803在当前时段内未输出语音的对象，其他的用户在当前时段内输出语音的对象，第一用户801为之前的目标对象，即第一对象，由图8可以看出，第一用户801即将完全消失在图像采集装置所拍摄的视频画面内，而由于第一用户801的头部区域的图像不能被图像采集装置所采集到，则可以判定第一用户801在图像采集装置所拍摄的视频画面内消失，由此，可以确定备选对象包括：第二用户802、第四用户804、第五用户805。然后，再确定每个备选对象的面部区域的占比，将占比大于指定占比的对象作为待选对象，即待选对象可以是第二用户802和第四用户804，其中，指定占比可以根据实际需求而设定，于本申请实施例中，该指定占比可以是30%，以便能够筛选出背对电子设备或者低头以及侧面对着电子设备的用户。然后，再由待选对象中确定距离电子设备最近的对象，作为新的目标对象，即将第二用户802作为新的目标对象。

[0117] 作为另一种实施方式，可以基于该人脸信息确定人脸图像清晰度，将所述距离小于指定距离且所述人脸图像清晰度大于指定清晰度的备选对象作为新的目标对象，其中，距离小于指定距离可以是确定每个对象与电子设备之间的距离，将每个对象按照距离由大到小排序，将排序靠前的N个对象作为距离小于指定距离的对象，其中，N为大于或等于1且小于备选对象的总数的整数。另外，可以通过对比度、均值或方差等方法确定每个备选对象的人脸图像的清晰度，将每个对象按照人脸图像的清晰度由大到小排序，将排序靠前的M个对象作为人脸图像的清晰度大于指定清晰度的对象，其中，M为大于或等于1且小于备选对象的总数的整数。

[0118] 作为一种实施方式，可以将基于运动轨迹确定第二方位信息的方式命名为第一方式，将由所述图像采集装置当前所拍摄的视频画面内确定新的目标对象的方式命名为第二方式。于本申请实施例中，可以基于第一方式继续追焦录音，也可以基于第二方式继续追焦录音。但是，不论是第一方式还是第二方式，在执行的时候，均可以继续检测目标对象（即第一对象）是否回到图像采集装置所拍摄的视频画面内；如果回到，则停止执行第一方式或第二方式，继续确定第一方位信息，并继续对所述第一方位信息对应的目标声源执行追焦录音操作。

[0119] 作为一种实施方式，可以结合第一方式和第二方式确定第二方位信息。具体地，若未检测到所述目标对象在所述图像采集装置所拍摄的视频画面内，先基于第一方式确定第二方位信息。具体地，基于预先获取的所述目标对象的运动轨迹，预测所述目标对象在指定位置之后的至少一个预估位置，基于所述至少一个预估位置确定所述目标对象与所述音频采集装置之间的第二方位信息。对所述第二方位信息对应的目标声源执行追焦录音操作，获取所述目标对象在所述图像采集装置所拍摄的视频画面内消失的持续时长。若所述持续时长小于预设时间长度，则基于所述运动轨迹获取新的预估位置并更新所述第二方位信息，执行对更新后的所述第二方位信息对应的目标声源执行追焦录音操作；若所述持续时长大于或等于预设时间长度，则由所述图像采集装置当前所拍摄的视频画面内确定新的目标对象，并获取新的目标对象的新的目标位置，并基于新的目标位置确定新的第二方位信息，并对新的第二方位信息对应的目标声源追焦录音。

[0120] 当然，还可以是，若未检测到所述目标对象在所述图像采集装置所拍摄的视频画面内，基于预先获取的所述目标对象的运动轨迹，预测所述目标对象在指定位置之后的至少一个预估位置，基于所述至少一个预估位置确定所述目标对象与所述音频采集装置之间的第二方位信息。判断所述目标声源的音频数据是否为有效数据。如果不是，则由所述图像采集装置当前所拍摄的视频画面内确定新的目标对象，并获取新的目标对象的新的目标位置，并基于新的目标位置确定新的第二方位信息，并对新的第二方位信息对应的目标声源追焦录音；如果是，则基于所述运动轨迹获取新

的预估位置并更新所述第二方位信息，执行对更新后的所述第二方位信息对应的目标声源执行追焦录音操作以及后续操作。

[0121] 请参阅图9，其示出了本申请实施例提供的一种录音装置900的结构框图，该装置可以包括：确定单元901、第一追焦单元902、获取单元903和第二追焦单元904。

[0122] 确定单元901，用于在所述电子设备执行视频录制操作的情况下，基于目标对象在所述图像采集装置所拍摄的视频画面内的图像位置，确定所述目标对象与所述音频采集装置之间的第一方位信息。

[0123] 进一步地，第一追焦单元902，用于基于所述第一方位信息，对所述第一方位信息对应的目标声源执行追焦录音操作，所述追焦录音操作用于优化处理由所述音频采集装置所采集的所有声源中的目标声源的音频信号。

[0124] 获取单元903，用于若未检测到所述目标对象在所述图像采集装置所拍摄的视频画面内，确定第二方位信息。

[0125] 进一步地，获取单元903还用于若未检测到所述目标对象在所述图像采集装置所拍摄的视频画面内，基于预先获取的所述目标对象的运动轨迹，预测所述目标对象在指定位置之后的至少一个预估位置，所述指定位置为所述目标对象在所述图像采集装置所拍摄的视频画面内消失的时刻所在的位置；基于所述至少一个预估位置确定所述目标对象与所述音频采集装置之间的第二方位信息。

[0126] 进一步地，获取单元903还用于基于所述目标对象在所述图像采集装置所拍摄的多个视频画面内的图像位置确定所述目标对象的运动轨迹。

[0127] 进一步地，获取单元903还用于对所述第二方位信息对应的目标声源执行追焦录音操作之后，获取所述目标对象在所述图像采集装置所拍摄的视频画面内消失的持续时长；若所述持续时长小于预设时间长度，则基于所述运动轨迹获取新的预估位置并更新所述第二方位信息，执行对更新后的所述第二方位信息对应的目标声源执行追焦录音操作。

[0128] 进一步地，获取单元903还用于若所述持续时长大于或等于预设时间长度，则停止执行追焦录音操作。具体地，若所述持续时长大于或等于预设时间长度，判断所述目标声源的音频数据是否为有效数据；若所述目标声源的音频数据是有效数据，基于所述运动轨迹获取新的预估位置并更新所述第二方位信息，执行对更新后的所述第二方位信息对应的目标声源执行追焦录音操作以及后续操作。若所述目标声源的音频数据非有效数据，则停止执行追焦录音操作。

[0129] 进一步地，获取单元903还用于若未检测到所述目标对象在所述图像采集装置所拍摄的视频画面内，由所述图像采集装置当前所拍摄的视频画面内确定新的目标对象，并获取新的目标对象的新的目标位置，并基于新的目标位置确定第二方位信息。

[0130] 进一步地，获取单元903还用于确定所述图像采集装置当前所拍摄的视频画面内的所有对象；由所述所有对象中，确定在当前时段内输出语音的对象，作为备选对象；基于所述备选对象确定新的目标对象。

[0131] 第二追焦单元904，用于对所述第二方位信息对应的目标声源执行追焦录音操作。

[0132] 所属领域的技术人员可以清楚地了解到，为描述的方便和简洁，上述描述装置和模块的具体工作过程，可以参考前述方法实施例中的对应过程，在此不再赘述。

[0133] 在本申请所提供的几个实施例中，模块相互之间的耦合可以是电性、机械或其他形式的耦合。

[0134] 另外，在本申请各个实施例中的各功能模块可以集成在一个处理模块中，也可以是各个模块单独物理存在，也可以两个或两个以上模块集成在一个模块中。上述集成的模块既可以采用硬件的形式实现，也可以采用软件功能模块的形式实现。

[0135] 请参考图10，其示出了本申请实施例提供的一种电子设备的结构框图。该电子设备100可以是智能手机、平板电脑、电子书等能够运行应用程序的电子设备。本申请中的电子设备100可

以包括一个或多个如下部件：处理器110、存储器120、音频采集装置130、图像采集装置140以及一个或多个应用程序，其中一个或多个应用程序可以被存储在存储器120中并被配置为由一个或多个处理器110执行，一个或多个程序配置用于执行如前述方法实施例所描述的方法。其中，音频采集装置130可以是麦克风，例如，可以是多个麦克风组成的麦克风阵列，图像采集装置140可以是摄像头等装置。

[0136] 处理器110可以包括一个或者多个处理核。处理器110利用各种接口和线路连接整个电子设备100内的各个部分，通过运行或执行存储在存储器120内的指令、程序、代码集或指令集，以及调用存储在存储器120内的数据，执行电子设备100的各种功能和处理数据。可选地，处理器110可以采用数字信号处理（digital signal processing，DSP）、现场可编程门阵列（field-programmable gate array，FPGA）、可编程逻辑阵列（programmable logic array，PLA）中的至少一种硬件形式来实现。处理器110可集成中央处理器（central processing unit，CPU）、图像处理器（graphics processing unit，GPU）和调制解调器等中的一种或几种的组合。其中，CPU主要处理操作系统、用户界面和应用程序等，GPU用于负责显示内容的渲染和绘制，调制解调器用于处理无线通信。可以理解的是，上述调制解调器也可以不集成到处理器110中，单独通过一块通信芯片进行实现。

[0137] 存储器120可以包括随机存储器（random access memory，RAM），也可以包括只读存储器（read-only memory，ROM）。存储器120可用于存储指令、程序、代码、代码集或指令集。存储器120可包括存储程序区和存储数据区，其中，存储程序区可存储用于实现操作系统的指令、用于实现至少一个功能的指令（比如触控功能、声音播放功能、图像播放功能等）、用于实现下述各个方法实施例的指令等。存储数据区还可以存储终端100在使用中所创建的数据（比如电话本、音视频数据、聊天记录数据）等。

[0138] 请参考图11，其示出了本申请实施例提供的一种计算机可读存储介质的结构框图。该计算机可读介质1100中存储有程序代码，所述程序代码可被处理器调用执行上述方法实施例中所描述的方法。

[0139] 计算机可读存储介质1100可以是诸如闪存、EEPROM（电可擦除可编程只读存储器）、EPROM、硬盘或者ROM之类的电子存储器。可选地，计算机可读存储介质1100包括非易失性计算机可读介质（non-transitory computer-readable storage medium）。计算机可读存储介质1100具有执行上述方法中的任何方法步骤的程序代码1110的存储空间。这些程序代码可以从一个或者多个计算机程序产品中读出或者写入到这一个或者多个计算机程序产品中。程序代码1110可以例如以适当形式进行压缩。

[0140] 最后应说明的是：以上实施例仅用以说明本申请的技术方案，而非对其限制；尽管参照前述实施例对本申请进行了详细的说明，本领域的普通技术人员当理解：其依然可以对前述各实施例所记载的技术方案进行修改，或者对其中部分技术特征进行等同替换；而这些修改或者替换，并不驱使相应技术方案的本质脱离本申请各实施例技术方案的精神和范围。

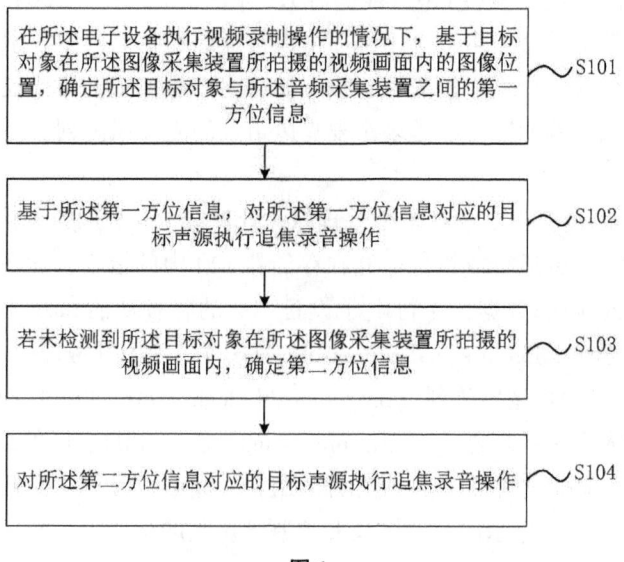

说 明 书 附 图

在所述电子设备执行视频录制操作的情况下，基于目标对象在所述图像采集装置所拍摄的视频画面内的图像位置，确定所述目标对象与所述音频采集装置之间的第一方位信息 —— S101

↓

基于所述第一方位信息，对所述第一方位信息对应的目标声源执行追焦录音操作 —— S102

↓

若未检测到所述目标对象在所述图像采集装置所拍摄的视频画面内，确定第二方位信息 —— S103

↓

对所述第二方位信息对应的目标声源执行追焦录音操作 —— S104

图 1

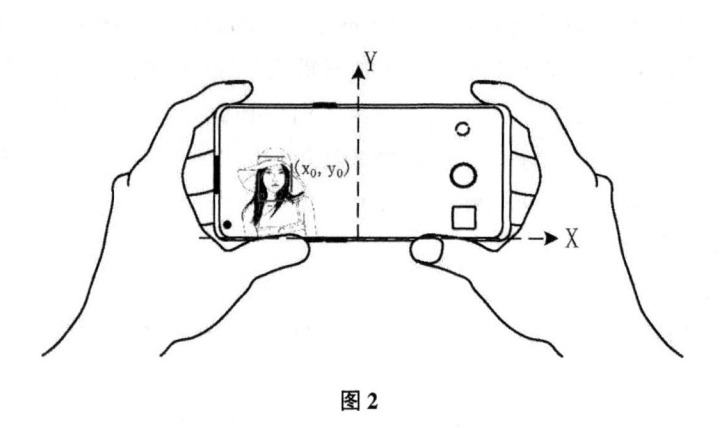

图 2

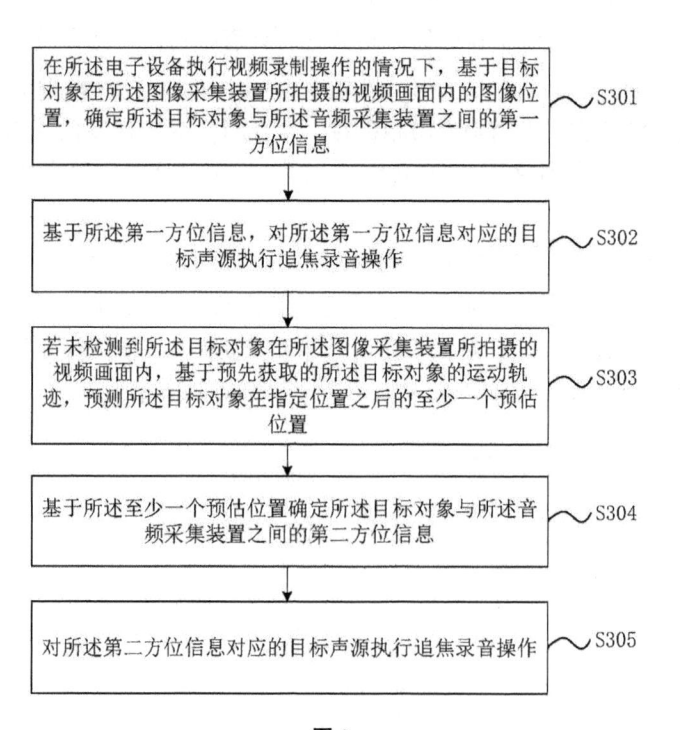

在所述电子设备执行视频录制操作的情况下，基于目标对象在所述图像采集装置所拍摄的视频画面内的图像位置，确定所述目标对象与所述音频采集装置之间的第一方位信息 —— S301

↓

基于所述第一方位信息，对所述第一方位信息对应的目标声源执行追焦录音操作 —— S302

↓

若未检测到所述目标对象在所述图像采集装置所拍摄的视频画面内，基于预先获取的所述目标对象的运动轨迹，预测所述目标对象在指定位置之后的至少一个预估位置 —— S303

↓

基于所述至少一个预估位置确定所述目标对象与所述音频采集装置之间的第二方位信息 —— S304

↓

对所述第二方位信息对应的目标声源执行追焦录音操作 —— S305

图 3

· 292 ·

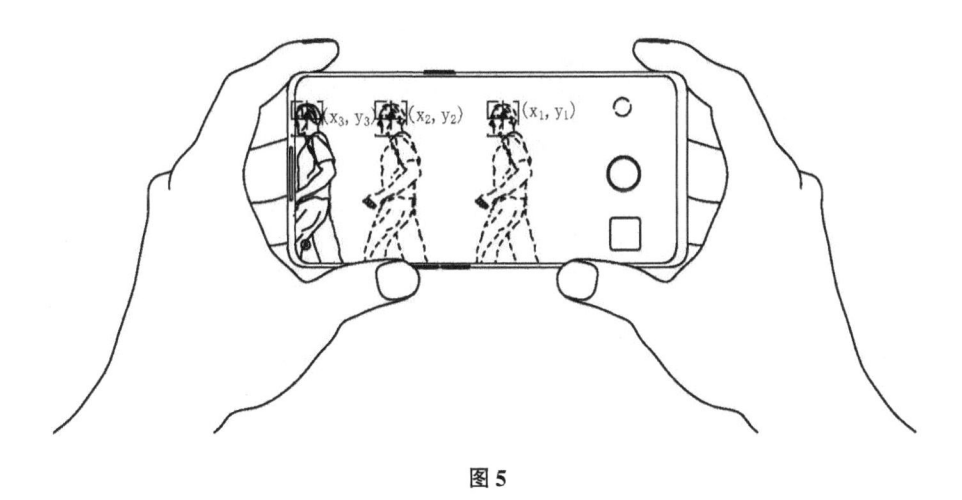

图 4

图 5

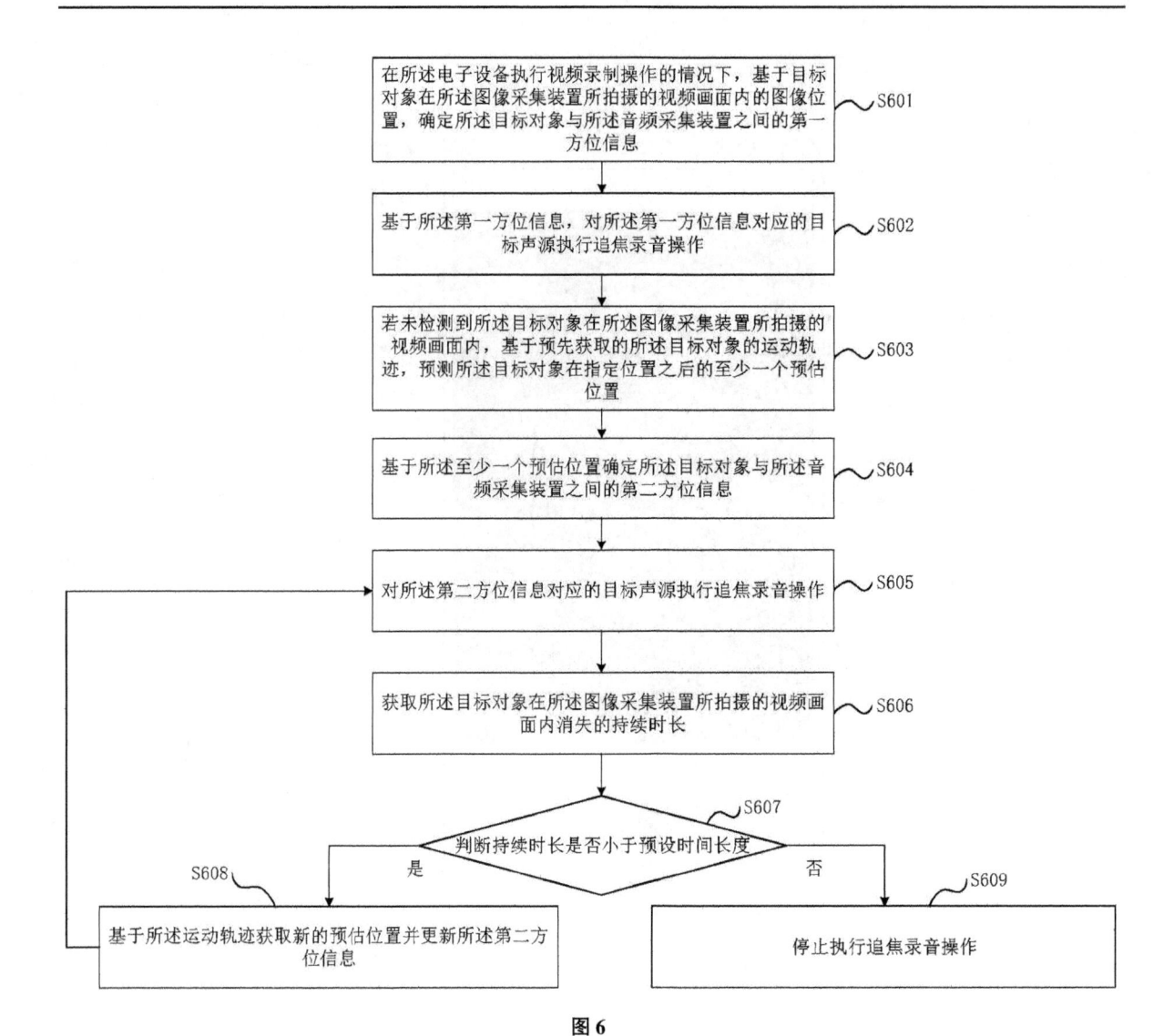

说 明 书 附 图

```
┌─────────────────────────────────┐
│ 在所述电子设备执行视频录制操作的情况下，基于目标 │
│ 对象在所述图像采集装置所拍摄的视频画面内的图像位 │ ～S601
│ 置，确定所述目标对象与所述音频采集装置之间的第一 │
│              方位信息              │
└─────────────────────────────────┘
                 ↓
┌─────────────────────────────────┐
│ 基于所述第一方位信息，对所述第一方位信息对应的目 │ ～S602
│         标声源执行追焦录音操作         │
└─────────────────────────────────┘
                 ↓
┌─────────────────────────────────┐
│ 若未检测到所述目标对象在所述图像采集装置所拍摄的 │
│ 视频画面内，基于预先获取的所述目标对象的运动轨 │ ～S603
│ 迹，预测所述目标对象在指定位置之后的至少一个预估 │
│              位置              │
└─────────────────────────────────┘
                 ↓
┌─────────────────────────────────┐
│ 基于所述至少一个预估位置确定所述目标对象与所述音 │ ～S604
│     频采集装置之间的第二方位信息     │
└─────────────────────────────────┘
                 ↓
┌─────────────────────────────────┐
│ 对所述第二方位信息对应的目标声源执行追焦录音操作 │ ～S605
└─────────────────────────────────┘
                 ↓
┌─────────────────────────────────┐
│ 获取所述目标对象在所述图像采集装置所拍摄的视频画 │ ～S606
│            面内消失的持续时长            │
└─────────────────────────────────┘
                 ↓
              ╱  S607  ╲
         ╱ 判断持续时长是否小于预设时间长度 ╲
  是   ╱                                     ╲   否
   ┌─╱                                        ╲─┐
   ↓                                              ↓
┌─────────────────┐                    ┌─────────────────┐
│ S608            │                    │      S609       │
│ 基于所述运动轨迹获取新的预估位置并更新所述第二方 │    │  停止执行追焦录音操作  │
│         位信息          │                    │                 │
└─────────────────┘                    └─────────────────┘
```

图 6

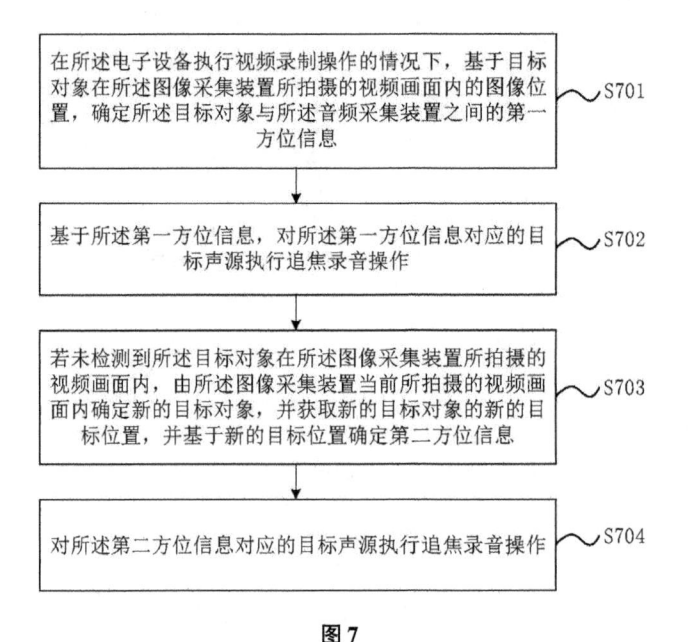

```
┌─────────────────────────────────┐
│ 在所述电子设备执行视频录制操作的情况下，基于目标 │
│ 对象在所述图像采集装置所拍摄的视频画面内的图像位 │ ～S701
│ 置，确定所述目标对象与所述音频采集装置之间的第一 │
│              方位信息              │
└─────────────────────────────────┘
                 ↓
┌─────────────────────────────────┐
│ 基于所述第一方位信息，对所述第一方位信息对应的目 │ ～S702
│         标声源执行追焦录音操作         │
└─────────────────────────────────┘
                 ↓
┌─────────────────────────────────┐
│ 若未检测到所述目标对象在所述图像采集装置所拍摄的 │
│ 视频画面内，由所述图像采集装置当前所拍摄的视频画 │ ～S703
│ 面内确定新的目标对象，并获取新的目标对象的新的目 │
│ 标位置，并基于新的目标位置确定第二方位信息       │
└─────────────────────────────────┘
                 ↓
┌─────────────────────────────────┐
│ 对所述第二方位信息对应的目标声源执行追焦录音操作 │ ～S704
└─────────────────────────────────┘
```

图 7

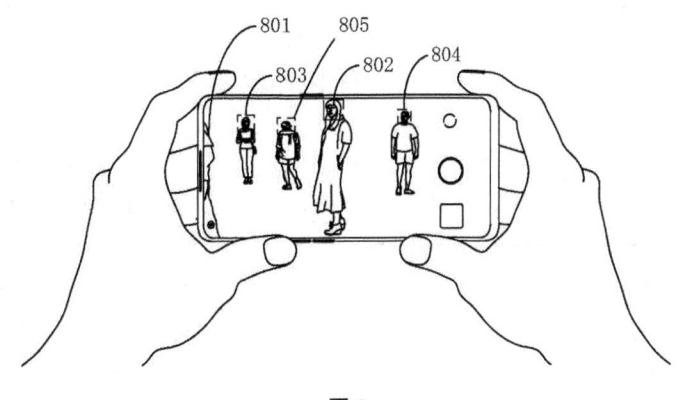

图 8

图 9

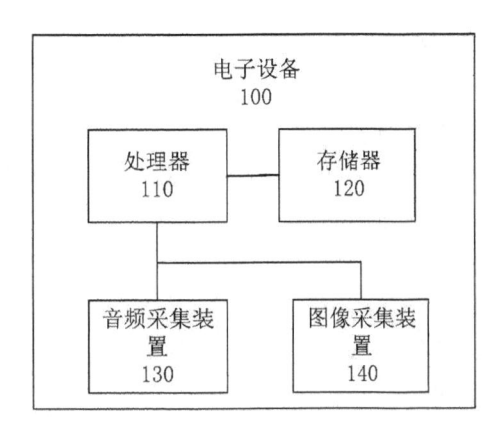

图 10

图 11

(19) 国家知识产权局

(12) 发明专利

(10) 授权公告号 CN 113759644 B
(45) 授权公告日 2022.12.27

(21) 申请号 202010491313.7
(22) 申请日 2020.06.02
(65) 同一申请的已公布的文献号
申请公布号 CN 113759644 A
(43) 申请公布日 2021.12.07
(73) 专利权人 华为技术有限公司
地址 518129 广东省深圳市龙岗区坂田华为总部办公楼
(72) 发明人 朱定军 谢振霖
(74) 专利代理机构 深圳中一联合知识产权代理有限公司 44414
专利代理师 张瑞志
(51) Int. Cl.
G03B 21/20 (2006.01)
G02F 1/35 (2006.01)
G02F 1/355 (2006.01)
G02F 1/39 (2006.01)

(56) 对比文件
CN 101485210 A, 2009.07.15
CN 1900805 A, 2007.01.24
CN 1694318 A, 2005.11.09
CN 1713691 A, 2005.12.28
US 5894489 A, 1999.04.13
CN 106992429 A, 2017.07.28
CN 102263374 A, 2011.11.30

审查员 刘长莉

(54) 发明名称
光源系统以及激光投影显示设备

(57) 摘要
本申请提供了一种光源系统以及激光投影显示设备，应用于激光投影显示领域中，该光源系统包括：红外激光光源和非线性光学晶体阵列，非线性光学晶体阵列的输入端连接红外激光光源的输出端，非线性光学晶体阵列用于将红外激光光源产生的红外激光进行频率转换后并输出，红外激光光源为泵浦光源，非线性光学晶体阵列包括至少一个非线性光学晶体，每个非线性晶体用于输出单模高斯光束，非线性光学晶体阵列的输出端输出的为同轴可见高斯激光光束，同轴可见高斯激光光束为激光投影显示提供光源。本申请提供的光源系统，结构简单，体积小、功耗比较低，从根本上满足了高光束质量、低功耗、极简封装架构和低成本封装工艺的要求。

权 利 要 求 书

1. 一种光源系统，应用于激光投影显示设备中，其特征在于，包括：

红外激光光源和非线性光学晶体阵列，所述非线性光学晶体阵列的输入端连接所述红外激光光源的输出端，所述非线性光学晶体阵列用于将所述红外激光光源产生的红外激光进行频率转换后并输出，所述红外激光光源为泵浦光源，所述非线性光学晶体阵列包括一个或多个非线性光学晶体，每个非线性晶体用于输出单模高斯光束，所述非线性光学晶体阵列的输出端输出的为同轴可见高斯激光光束，所述同轴可见高斯激光光束为激光投影显示提供光源。

2. 根据权利要求 1 所述的光源系统，其特征在于，在所述非线性光学晶体阵列包括多个非线性光学晶体的情况下，所述多个非线性光学晶体为串联连接方式。

3. 根据权利要求 1 或 2 所述的光源系统，其特征在于，在所述非线性光学晶体阵列包括多个非线性光学晶体的情况下，任意两个非线性光学晶体进行频率转换的红外激光的波长不同。

4. 根据权利要求 1 或 2 所述的光源系统，其特征在于，

所述非线性光学晶体阵列包括倍频晶体、和频晶体、差频晶体、光学参量产生晶体、光学参量放大晶体或者光学参量震荡晶体中的一种或者多种。

5. 根据权利要求 1 或 2 所述的光源系统，其特征在于，在所述红外激光光源为一个的情况下，所述红外激光光源产生的红外激光的波长范围包括所述非线性光学晶体阵列包括的一个或者多个非线性光学晶体进行频率转换前的波长。

6. 根据权利要求 1 或 2 所述的光源系统，其特征在于，

在所述红外激光光源为多个的情况下，不同的红外激光光源产生的红外激光的波长不同，所述光源系统还包括：多光束合束模块，所述多光束合束模块的输入端连接多个红外激光光源的输出端，所述多光束合束模块的输出端连接所述非线性光学晶体阵列的输入端，所述多光束合束模块用于将所述多个红外激光光源发出的红外激光合为一束红外激光，并将所述一束红外激光传输至所述非线性光学晶体阵列。

7. 根据权利要求 1 或 2 所述的光源系统，其特征在于，

当所述红外激光光源为一个时，所述光源系统还包括：准直透镜，所述准直透镜的输入端连接所述红外激光光源的输出端，所述准直透镜的输出端连接所述非线性光学晶体阵列的输入端，所述准直透镜用于准直所述红外激光光源发出的红外激光，并将准直后的红外激光传输至所述非线性光学晶体阵列。

8. 根据权利要求 1 或 2 所述的光源系统，其特征在于，在每个非线性光学晶体前设置可变光学衰减片，所述可变光学衰减片用于调节与非线性光学晶体对应的波长的红外激光的功率。

9. 根据权利要求 1 或 2 所述的光源系统，其特征在于，所述光源系统还包括：消色差准直透镜，所述消色差准直透镜的输入端连接所述非线性光学晶体阵列的输出端，所述消色差准直透镜用于将所述非线性光学晶体阵列输出的光束进行准直。

10. 根据权利要求 1 或 2 所述的光源系统，其特征在于，所述光源系统还包括：滤光片，所述滤光片设置于所述非线性光学晶体阵列的输出端，所述滤光片用于将所述非线性光学晶体阵列输出的光束进行滤光。

11. 根据权利要求 1 或 2 所述的光源系统，其特征在于，所述非线性光学晶体阵列包括：红光倍频晶体、蓝光倍频晶体和绿光倍频晶体。

12. 一种激光投影显示设备，其特征在于，包括投影物镜和权利要求 1 至 11 中任一项所述的光源系统，所述光源系统的输出端连接所述投影物镜，所述投影物镜用于将所述光源系统输出的同轴可见高斯激光光束透射到投影显示幕布上。

说 明 书

光源系统以及激光投影显示设备

技术领域

[0001] 本申请涉及激光投影显示领域，更为具体地，涉及一种光源系统和激光投影显示设备。

背景技术

[0002] 激光投影显示技术（laser projection display technology，LPDT），是以红（red，R）、绿（green，G）、蓝（blue，B）三基色（RGB）激光为光源的显示技术，可以最真实地再现客观世界丰富、艳丽的色彩，提供更具震撼的表现力。

[0003] 目前激光投影显示设备的激光光源主要包括边发射激光器（edge-emitting laser，EEL）和垂直腔面发射激光器（vertical cavity surface emitting laser，VCSEL）。但是这种激光光源结构比较复杂、功耗较高、体积较大、封装过程比较复杂，其光束质量较差，很难满足便携式、可穿戴式等激光投影显示设备的实际需要。

发明内容

[0004] 本申请提供了一种光源系统以及激光投影显示设备，该光源系统结构简单，体积小、易于封装，并且功耗比较低。从根本上满足了高光束质量、低功耗、极简封装架构和低成本封装工艺的要求。

[0005] 第一方面，提供了一种光源系统，该光源系统包括：红外激光光源和非线性光学晶体阵列，该非线性光学晶体阵列的输入端连接该红外激光光源的输出端，该非线性光学晶体阵列用于将该红外激光光源产生的红外激光进行频率转换后并输出，该红外激光光源为泵浦光源，该非线性光学晶体阵列包括一个或者多个非线性光学晶体，每个非线性晶体用于输出单模高斯光束，该非线性光学晶体阵列的输出端输出的为同轴可见高斯激光光束，该同轴可见高斯激光光束为激光投影显示提供光源。

[0006] 第一方面提供的光源系统，将红外激光可以作为泵浦光源，泵浦光源可以理解为能激励非线性晶体发生波长转换的光源。采用红外激光光源替代可见光半导体激光光源可以大幅度降低了激光光源的功耗，通过采用多个非线性光学晶体对该红外激光光源产生的红外激光进行频率转化。不同的非线性光学晶体可以进行频率转换的红外激光的相位是不同的。通过非线性晶体输出可见同轴高斯光束，其光斑呈圆形，具有较高的光束质量，有利于投影显示分辨率的提高，可以作为激光显示设备的光源，并且，该光源系统结构简单，体积较小，从根本上满足了高光束质量、低功耗、极简封装和低成本封装工艺的要求。

[0007] 在本申请实施例中，可选的，红外激光光源产生的红外激光可以使得非线性晶体中的电子从原子或分子中的较低能级升高（或"泵"）到较高能级，从而使得红外激光可以在非线性晶体发生波长或者频率转换。

[0008] 可选的，红外激光光源的功耗可以小于或者等于20毫瓦（mW）。

[0009] 可选的，每一个非线性光学晶体的输出的光束为可见高斯光束，其光斑呈圆形。

[0010] 可选的，在非线性光学晶体阵列包括多个非线性光学晶体的情况下，任意两个非线性光学晶体进行频率转换的红外激光的波长不同。

[0011] 可选的，该红外激光光源可以为一个。在红外激光光源为一个的情况下，该红外激光光源产生的红外激光的波长范围包括非线性光学晶体阵列包括的一个或者多个非线性光学晶体进行频率转换前的波长。换句话说，该红外激光光源可以产生与一个或者多个非线性光学晶体匹配的波长的红外激光或者近红外光。例如，红外激光光源可以采用一个长带宽的泵浦光源（例如波长范围 $\Delta\lambda \geq 150nm$）。

[0012] 可选的，该红外激光光源为一个的情况下，该红外激光光源可以产生波长为波长范围为980nm～1280nm 的红外激光，或者，该红外激光光源可以产生波长为波长范围为980nm～1064nm 的红外激光。

[0013] 在第一方面一种可能的实现方式中，在该非线性光学晶体阵列包括多个非线性光学晶体的情况下，该多个非线性光学晶体为串联连接方式。串联连接方式可以理解为多个非线性光学晶体体成直线排列，第一个非线性光学晶体的输出端连接第二个非线性光学晶体的输入端，第二个非线性光学晶体的输出端连接第三个非线性光学晶体的输入端，即多个非线性光学晶体分别首尾相连，非线性光学晶体阵列整体上只有一个输入端和一个输出端。在该实现方式中，可以使得红外激光光源产生的红外激光直接可以依次传输至多个非线性光学晶体，不需要利用其它光学器件改变红外光的传输路径而使得红外激光通过每个非线性光学晶体，并且，通过非线性光学晶体合束成一束可见光传输，可以产生完全同轴可见高斯光束激光。结构简单，便于实现，进一步地降低光源系统的复杂性。

[0014] 可选的，多个非线性光学晶体也可以不是串联连接方式。在这种情况下，需要利用光学器件对红外激光光源产生的红外激光进行处理，使得激光光源产生的红外激光可以通过每个非线性光学晶体。

[0015] 在第一方面一种可能的实现方式中，该非线性光学晶体阵列包括倍频晶体、和频晶体、差频晶体、光学参量产生晶体、光学参量放大晶体或者光学参量震荡晶体中的一种或者多种。

[0016] 可选的，该多个非线性光学晶体光学晶体包括：红光倍频晶体、蓝光光倍频晶体和绿光倍频晶体。例如，红光倍频晶体可以将波长为1280nm 的激光倍频后产生波长为640nm 红光激光。绿光倍频晶体可以将波长为1064nm 激光倍频后产生波长为532nm 的绿光激光。蓝光倍频晶体可以将波长为980nm 激光倍频后产生波长为480nm 的绿光激光。

[0017] 在第一方面一种可能的实现方式中，当该红外激光光源为多个时，不同的红外激光光源产生的红外激光的波长不同，该光源系统还包括：多光束合束模块，该多光束合束模块的输入端连接多个红外激光光源的输出端，该多光束合束模块的输出端连接该非线性光学晶体阵列的输入端，该多光束合束模块用于将该多个红外激光光源发出的红外激光合为一束红外激光，并将该一束红外激光传输至该非线性光学晶体阵列。在该实现方式中，通过多光束合束模块，可以保障多个红外激光光源产生的红外激光均可以传输一个或者多个非线性光学晶体，保障了一个或者多个非线性光学晶体对该多个红外激光光源产生的红外激光的处理效率。

[0018] 可选的，该红外激光光源为3 个，其中，第一个红外激光光源可以产生波长为1280nm 的红外激光，第二个红外激光光源可以产生波长为1064nm 的红外激光，第三个红外激光光源可以产生波长为980nm 的红外激光。

[0019] 在第一方面一种可能的实现方式中，当该红外激光光源为一个时，该光源系统还包括：准直透镜，该准直透镜的输入端连接该红外激光光源的输出端，该准直透镜的输出端连接该非线性光学晶体阵列的输入端，该准直透镜用于准直该红外激光光源发出的红外激光，并将准直后的红外激光传输至该非线性光学晶体阵列。在该现实方式中，可以保障输入至该一个或者多个非线性光学晶体的红外激光的准直度，提高红外激光质量和一个或者多个非线性光学晶体进行频率转换的效率。

[0020] 可选的，准直透镜可以为快轴准直透镜。

[0021] 在第一方面一种可能的实现方式中，在每个非线性光学晶体前设置有可变光学衰减片，用于调节与非线性光学晶体对应的波长的红外激光的功率。在该实现方式中，可以实现对输入至每个非线性光学晶体的红外激光进行功率配比调制（例如对RGB 三色激光进行功率配比调制），使得可以达到控制红外激光功率输出的目的。

[0022] 可选的，该可变光学衰减片可以为电制可变光学衰减片。

[0023] 在第一方面一种可能的实现方式中，该光源系统还包括：消色差准直透镜，该消色差准

直透镜的输入端连接该非线性光学晶体阵列的输出端，该消色差准直透镜用于将该非线性光学晶体阵列输出的光束进行准直用。在该实现方式中，消色差准直透镜可以将该一个或者多个非线性光学晶体输出的光束进行准直，可以提高该光源系统输出的光束的质量。

[0024] 在第一方面一种可能的实现方式中，该光源系统还包括：该滤光片设置于该非线性光学晶体阵列的输出端，该滤光片用于将该非线性光学晶体阵列输出的光束进行滤光。在该实现方式中，通过连接滤光片，可以提高该光源系统输出的红外激光质量。

[0025] 第二方面，提供了一种激光投影显示设备，该激光投影显示设备包括上述第一方面或者第一方面任意一种可能的实现方式提供的光源系统。

[0026] 例如，本申请提供的激光投影显示设备包括投影物镜和上述第一方面或者第一方面任意一种可能的实现方式提供的光源系统，光源系统输出端连接该投影物镜，该投影物镜用于将该光源系统输出的同轴可见高斯激光光束透射到投影显示幕布上。

[0027] 例如，本申请提供的激光显示设备可以为AR设备、VR设备、HUD设备、手机投影显示设备、激光投影显示设备、微投影显示设备或者近眼显示设备等。

附图说明

[0028] 图1是本申请实施例提供的一例AR眼镜的示意性结构图。
[0029] 图2是本申请实施例提供的一例光源系统的示意性结构图。
[0030] 图3是本申请提供的另一例包括多个红外激光光源的光源系统的示意性结构图。
[0031] 图4是本申请提供的又一例光源系统的示意性结构图。
[0032] 图5是本申请提供的另一例光源系统的示意性结构图。
[0033] 图6是本申请提供的另一例光源系统的示意性结构图。
[0034] 图7是本申请提供的又一例光源系统的示意性结构图。
[0035] 图8是本申请提供的另一例光源系统的示意性结构图。

具体实施方式

[0036] 下面将结合附图，对本申请中的技术方案进行描述。

[0037] 在本申请实施例的描述中，除非另有说明，"/"表示或的意思，例如，A/B可以表示A或B；本文中的"和/或"仅仅是一种描述关联对象的关联关系，表示可以存在三种关系，例如，A和/或B，可以表示：单独存在A、同时存在A和B、单独存在B这三种情况。另外，在本申请实施例的描述中，"多个"是指两个或多于两个。

[0038] 以下，术语"第一"、"第二"仅用于描述目的，而不能理解为指示或暗示相对重要性或者隐含指明所指示的技术特征的数量。由此，限定有"第一"、"第二"的特征可以明示或者隐含地包括一个或者更多个该特征。在本实施例的描述中，除非另有说明，"多个"的含义是两个或两个以上。

[0039] 激光投影显示技术，也可以称为激光投影技术或者激光显示技术，是以红（red）、绿（green）、蓝（blue）三基色（RGB）激光为光源的显示技术，可以最真实地再现客观世界丰富、艳丽的色彩，提供更震撼的表现力。从色度学角度来看，激光投影显示的色域覆盖率可以达到人眼所能识别色彩空间的90%以上，是传统显示色域覆盖率的两倍以上，彻底突破之前显示技术色域空间的不足的限制，实现人类有史以来最完美色彩还原，使人们通过显示终端看到最真实、最绚丽的世界。表1所示的为激光投影显示技术与传统的发光二极管（light–emitting diode，LED）显示技术的相关参数的对比。

[0040] 表1

对比项目	传统的 LED 显示技术	激光投影显示技术
色域	<70%@Rec.2020	>90%@Rec.2020
对比度	<500:1	≥2000:1
功耗	≥4000mW	≤500mW
光引擎体积	≥10000mm^3	≤500mm^3

[0042] 从表1中可以看出，激光投影显示技术明显优于传统的 LED 显示技术。

[0043] 目前，基于激光和微机电系统（micro electro mechanical systems，MEMS）的扫描投影设备，由于其无需实体显示面、无需对焦、低功耗、小体积、长寿命的特点，在激光微投、增强现实（augmented reality，AR）、虚拟现实（virtual reality，VR）等领域越来越得到行业的重视，非常适合便携式、可穿戴式显示应用场景以及激光微投影领域等。例如，目前的 MP-CL1A 便携式投影仪，尺寸是 15cm×7.6cm×1.3cm，重量仅为 210 克。另一个厂商推出的机器人 ROBOHON，其投影系统仅位于约 40mm 外径大小的头部，还有市场上的用于视网膜医疗检查的 AR 眼镜、基于单色垂直腔面发射激光器（vertical cavity surface emitting laser，VCSEL）的极简架构的 AR 眼镜、基于 RGB 激光光源的三色极简架构 AR 眼镜等。

[0044] 目前能用于便携式、可穿戴激光投影显示的激光光源主要包括边发射激光器（edge-emitting laser，EEL）和垂直腔面发射激光器（vertical cavity surface emitting laser，VCSEL）。边发射激光器（或者也可以称为边发射半导体激光器）由于是边发射，其输出光束发散角大，且为椭圆光斑；进一步地，边发射半导体激光器的输出光束还需要进行合束整形，因此它的光路架构较为复杂，同时由于半导体材料的特性，功耗还比较高，所以，在成本、尺寸、功耗和光束质量要求很高的近眼显示领域，边发射半导体激光器缺乏竞争力。VCSEL 光源具有低功耗、高光束质量、圆形光斑的诸多优点，但由于技术的限制，现阶段只有红光 VCSEL 实现了商用，蓝光 VCSEL 和绿光 VCSEL 短期内还无法实现商用，故无法作为彩色激光显示光源。为了提升激光投影显示在未来产品应用上的竞争力，需要有低成本、更小尺寸、更低功耗、更高光束质量、高波长精度的 RGB 激光光源。

[0045] 目前，在相关技术中，有利用法布里-珀罗（Fabry-Perot，F-P）边发射半导体激光裸芯片作为 RGB 三色激光光源，通过准直透镜阵列实现三路光束准直，再通过带通滤光片进行光路合束。这种方案采用裸芯片直接焊接到陶瓷管壳内部，并直接将准直透镜和管壳一体化，压缩了器件体积。但是，在该方案中，准直透镜固定在激光光源的管壳上面，无法实现光束有源准直耦合，需要对激光芯片进行亚微米级无源贴装，光束量难以实现较高准直度要求，并且，F-P 光源本身具有快慢轴椭圆光斑的特性，导致准直后光束依然是椭圆，影响激光投影显示分辨率。目前业界芯片产业链能力，无法实现低功耗激光光源输出，且受制于激光芯片结构，也无法直接准直获取圆形高斯光斑和小光束发散角，导致这种方案效果很差。

[0046] 或者，还可以将硅基体进行精密加工制成，使得加工后的硅基体可以将不同波长的多个可见光引导到一个合束通道，其利用激光窄带宽和高偏振性的特性，设计不同波长对应的不同耦合通道，从而实现 RGB 激光源光束合束的目的。由于光束通过单模波导合束，合束后光束同轴性能实现完全一致，且光束质量能完全达到高斯光斑分布。但是，在该方案中，光源还是依赖于半导体激光光源，目前半导体 R/G/B 激光芯片的功耗依然还很高，对低功耗要求更高的可穿戴设备还是很难满足要求。

[0047] 此外，还可以将红绿蓝三色激光芯片等间距贴装于激光光源的管壳内部，利用阵列透镜（lens array）进行光束准直与各光束聚焦于一点，使得光束的聚焦夹角约为 2.75°，在做投影显示光源时，在三束光的聚焦点处放置一个微机电系统（micro electro mechanical systems，MEMS）扫描振镜，这样就在投影屏幕上出现三个颜色分离状态的图案，最后通过软件时序矫正获取和实际图像吻

合的画面。整个激光光源模组只有激光芯片和阵列透镜，可实现6mm×5mm×3.5mm激光模组封装，但是，在该方案中，虽然RGB激光模组实现小型化，极简化架构封装，但是由于光束聚焦时要求光束夹角不能太大（理论不能超过3°），根据这个要求，假设激光芯片的贴装间距为1.0mm，准直光束到达MEMS扫面振镜之前的光路长度为L-（1.0/tan3）-19mm。整个光路系统依然很长，且激光芯片功耗依然受限于现有激光芯片水平，无法获取更低功耗的光源模组。

[0048]　可见，目前还没有小体积、结构简单、易于封装、低功耗，具有高光束质量的RGB激光光源。

[0049]　有鉴于此，本申请提供了一种光源系统，采用低功耗的红外激光光源作为泵浦光源，并且利用可以实现单模高斯圆形光斑的非线性光学晶体作为产生激光的媒介，对该红外激光光源产生的红外激光频率转换，从而产生不同颜色的可见高斯光束激光，该可见高斯光束激光为激光显示设备提供光源。该光源系统结构简单，体积小、易于封装，并且功耗比较低。从根本上满足了高光束质量、低功耗、极简封装架构和低成本封装工艺的要求。

[0050]　本申请提供的光源系统可以应用于AR、VR、平视显示器（head up display，HUD）、手机投影显示、激光投影显示、微投影显示、近眼显示等领域和相关的设备中。

[0051]　首先简单介绍本申请实施例提供的激光投影显示设备，本申请实施例提供的激光投影显示设备包括本申请提供的光源系统。例如，本申请提供的激投影显示设备可以为HUD设备、手机投影显示设备、微投影显示设备、近眼显示设备（AR设备或VR设备）等，本申请实施例在此不作限制。本申请提供的激光投影显示设备，光源系统结构简单，体积小、易于封装，并且功耗比较低。

[0052]　下面将以激光投影显示设备为AR眼镜为例说明本申请提供的激光投影显示设备。图1所示的为本申请实施例提供的一种AR眼镜的示意性结构图。如图1所示的，该AR眼镜包括：支架134、光源系统135、聚光组件136、投影物镜137和138。其中，光源系统为下述本申请实施例提供的任一种光源系统，该光源系统135用于产生可见高斯光束激光光束。支架134用于用户佩戴该AR眼镜，聚光组件136用于将该可见高斯光束激光光束通过折射或者反射等方式传输至投影物镜137和138，投影物镜137和138用于将该可见高斯光束激光光束透射到投影显示幕布上或者显示墙面上。用户在佩戴该AR眼镜，打开该光源系统135的开关，并利用AR眼镜获取需要投影显示的图像或者图案信息后，该AR眼镜可以在投影显示幕布上或者显示墙面上显示图像或者图案。

[0053]　应理解，图1所示的例子仅仅为本申请提供的一例AR眼镜的结构示意图，并不应该对本申请提供的AR眼镜结构产生任何的限制。例如，本申请提供的AR眼镜的结构还可以包括更多的结构部件等。本申请实施例在此不作限制。

[0054]　下面将具体说明本申请实施例提供的光源系统。

[0055]　图2所示的为本申请提供的一例光源系统的示意性结构图。如图2所示的，该光源系统包括：

[0056]　一个或者多个红外激光光源，用于产生红外激光。在图2所示的例子中显示的为一个红外激光光源的示意图。图2中箭头所示方向为红外激光的传输方向。该红外激光光源发出的红外激光可以作为泵浦光源。换句话说，该红外激光光源可以理解为泵浦光源。光泵浦可以理解为：一种使用光将电子从原子或分子中的较低能级升高（或"泵"）到较高能级的过程。泵浦光源可以理解为某一个光源产生的光能激励非线性晶体，使得非线性晶体对激励该非线性晶体的光产生波长转换（或者频率转换）的作用，这种光源可以理解为泵浦光源。在本申请实施例中，红外激光光源产生的红外激光可以使得非线性晶体中的电子从原子或分子中的较低能级升高（或"泵"）到较高能级，从而使得红外激光可以在非线性晶体发生波长或者频率转换。该红外激光光源连接非线性光学晶体阵列的输入端，该非线性光学晶体阵列包括一个或者多个非线性光学晶体，每一个非线性晶体用于将红外激光进行频率转换和/或扩展红外激光的波长，该非线性光学晶体阵列的输出端输出的为可见高斯光束。

[0057] 可选的，在本申请实施例中，使用的红外激光光源的功耗可以小于或者等于20毫瓦（mW）。

[0058] 在本申请实施例中，该非线性光学晶体阵列包括多个非线性光学晶体的情况下，任意两个非线性光学晶体进行频率转换的红外激光的波长不同。换句话说，不同的非线性光学晶体进行频率转化的红外激光的频率（或者频率区间）是不同的，也就是说，不同的非线性光学晶体可以进行频率转换的红外激光的相位是不同的。当某一种波长的红外激光正好能匹配某一个非线性光学晶体的相位要求，从而使这种波长的红外激光实现了频率转换，形成频率转换后的可见光，而其它不能匹配该非线性光学晶体相位要求的红外激光继续传输，在可以与该波长的匹配的非线性光学晶体中进行频率转换。不同的非线性光学晶体可以进行频率转换的红外激光的波长是不同的，每一个非线性光学晶体可以实现单模高斯圆形光斑的输出。该红外激光光源可以产生满足一个或者多个非线性光学晶体进行频率转换的波长的红外光。已经经过频率转换的多束激光，可以通过非线性光学晶体阵列合束成一束同轴可见高斯光束。

[0059] 在本申请实施例中，非线性光学晶体阵列的输出端输出的光束为同轴可见高斯光束，其光斑呈圆形，具有较高的光束质量，有利于投影显示分辨率的提高，可以作为激光显示设备的光源。该光源系统采用红外激光光源替代可见光半导体激光光源可以大幅度降低激光光源的功耗，并且，该光源相对于现有技术中的EEL、VCSEL等，结构简单，体积较小，只需要微米（μm）级的泵浦光源芯片（用于产生红外激光）和非线性光学晶体阵列的无源封装，工艺简单，大大降低封装成本和提高封装效率和良率，从根本上满足了高光束质量、低功耗、极简封装和低成本封装工艺的要求。

[0060] 可选的，在本申请实施例中，如果该红外激光光源为一个的情况下，如图2所示的，该红外激光光源可以产生与一个或者多个非线性光学晶体匹配的波长的红外激光或者近红外光（near infra-red，NIR），即该红外激光光源产生的红外激光的波长范围包括一个或者多个非线性光学晶体进行频率转化前的波长。例如，在本申请实施例中，红外激光光源可以采用一个长带宽的泵浦光源（例如波长范围$\Delta\lambda \geq 150nm$），在这种情况下，该红外激光光源能匹配非线性光学晶体阵列包括的多个不同的非线性光学晶体。

[0061] 可选的，在本申请实施例中，该红外激光光源可以为多个，每个红外激光光源可以产生某一特定波长的红外激光或者近红外激光，该特定波长的红外激光或者近红外激光可以匹配该多个非线性光学晶体的中一个，使得与该波长匹配的非线性光学晶体可以对该波长的红外激光或者近红外激光进行频率转换。

[0062] 可选的，在本申请实施例中，该非线性光学晶体阵列包括倍频晶体、和频晶体、差频晶体、光学参量产生晶体、光学参量放大晶体或者光学参量震荡晶体中的一种或者多种。

[0063] 其中，倍频晶体可以包括：二倍频晶体、三倍频晶体、和频晶体、差频晶体中的一种或者多种等。其中，二倍频晶体具有二次谐波产生（second harmonic generation，SHG）功能，三倍频晶体具有三次谐波产生（third harmonic generation，THG）功能，和频晶体具有和频产生功能（sum-frequency generation，SFG），差频晶体具有差频产生（difference-frequency generation，DFG）功能。例如，二倍频晶体可以实现频率倍增、波长减半的功能，三倍频晶体可以实现频率增加2倍、波长为原来波长三分之一的功能。和频晶体的输入可以是两束或者更多束激光，输出的一束激光的频率为该两束或者更多束激光频率之和。差频晶体的输入可以是两束或者更多束激光，输出为一束激光的频率为该两束或者更多束激光频率之差。

[0064] 光学参量产生晶体可以为具有光学参量产生功能（optical parametric generation，OPG）的非线性光学晶体，例如。光学参量产生晶体的输入可以为一束激光，输出可以为多束激光，该多束激光的频率之和为输入的一束激光的频率。光学参量震荡产生晶体可以为具有光学参量震荡（optical parametric oscillation，OPO）功能的非线性光学晶体，可以将一个频率的激光转换为信号和空闲频率的相干输出。光学参量放大晶体可以为具有光学参量放大（optical parametric amplification，

OPA）功能的非线性光学晶体，可以将一束低频率的光进行频率放大后输出。

[0065] 例如，在本申请实施例中，多个非线性光学晶体包括多个倍频晶体。多个倍频晶体可以包括：红光倍频晶体、蓝光倍频晶体或者绿光倍频晶体中的至少两个。可选的，红光倍频晶体可以将波长为1280nm的激光倍频后产生波长为640nm的红光激光，绿光倍频晶体可以将波长为1064nm的激光倍频后产生波长为532nm的绿光激光，蓝光倍频晶体可以将波长为980nm的激光倍频后产生波长为480nm的绿光激光。

[0066] 例如，在本申请实施例中，该红外激光光源为一个的情况下，该红外激光光源可以产生波长为波长范围为980nm~1280nm的红外激光，或者，该红外激光光源可以产生波长为波长范围为980nm~1064nm的红外激光等。

[0067] 该红外激光光源为多个的情况下，每个红外激光光源可以产生不同波长的红外激光。例如，假设存在4个红外激光光源，第一个红外激光光源产生波长λ=900nm的近红外光，通过蓝光倍频晶体后获取450nm蓝光输出。第二个红外激光光源产生λ=1064nm的近红外光，通过绿光倍频晶体后得到532nm绿光输出。第三个红外光激光源产生波长λ=1065nm的近红外光，通过紫光三倍频晶体后得到355nm紫外光输出。第四个红外激光光源产生波长λ=1276nm的近红外光，通过红光倍频晶体后得到638nm红光输出。

[0068] 可选的，在本申请实施例中，非线性光学晶体的材料可以为：铌酸锂（$LiNbO_3$——LN）、磷酸二氢钾（KH_2PO_4——KDP）、磷酸二氘钾（KD_2PO_4——DKDP）、碘酸锂（$LiIO_3$——LI）、磷酸氧钛钾（$KTiOPO_4$——KTP）、偏硼酸钡（$\beta-BaB_2O_4$——BBO）、三硼酸锂（LiB_3O_5——LBO）、铌酸钾（$KNbO_3$——KN）、硼酸铯（CSB_3O_5——CBO）、硼酸铯锂（$Li\ CSB_6O_{10}$——CLBO）、氟硼酸钾铍（$KBe_2BO_3F_2$——KBBF）、硫银镓（$AgGaS_2$——AGS）、砷镉锗（$CdGeAs$——CGA）、磷锗锌（$ZnGeP_2$——ZGP）等非线性光学晶体中的一种或者多种，本申请实施例在此不作限制。

[0069] 本申请提供的光源系统，通过采用红外激光光源替代可见光半导体激光光源可以大幅度降低激光光源的功耗，并且，通过采用多个非线性光学晶体对该红外激光光源产生的红外激光进行频率转化等，进而输出可见光，输出光束质量呈高斯分布，极大改善输出光束质量，结构简单，体积小、易于封装，易于实现。

[0070] 可选的，在本申请实施例中，在非线性光学晶体阵列包括多个非线性光学晶体的情况下，该多个非线性光学晶体为串联连接方式。串联连接方式可以理解为多个非线性光学晶体呈直线排列，例如，第一个非线性光学晶体的输出端连接第二个非线性光学晶体的输入端，第二个非线性光学晶体的输出端连接第三个非线性光学晶体的输入端，即多个非线性光学晶体分别首尾相连，非线性光学晶体阵列整体上只有一个输入端和一个输出端，或者也可理解为多个非线性光学晶体呈条状分布。图1所示的例子中即为该多个非线性光学晶体呈串联分布方式的情况。将多个非线性光学晶体设置为串联连接方式，可以使得红外激光光源产生的红外激光直接可以依次传输至多个非线性光学晶体，不需要利用其它光学器件改变红外光的传输路径而使得红外激光通过每个非线性光学晶体，并且，通过非线性光学晶体合束成一束可见光传输，可以产生完全同轴可见高斯光束激光。其结构简单，便于实现，进一步地降低光源系统的复杂性。

[0071] 可选的，在本申请实施例中，非线性光学晶体阵列包括的多个非线性光学晶体也可以不是串联连接方式。在这种情况下，需要利用光学器件，例如准直透镜、折射镜等对红外激光光源产生的红外激光进行处理，使得激光光源产生的红外激光可以依次通过每个非线性光学晶体。

[0072] 可选的，在本申请实施例中，当该红外激光光源为多个时，不同的红外激光光源产生的红外激光的波长不同。图3所示的为包括多个红外激光光源的光源系统。图3中箭头所示方向为红外激光的传输方向。该光源系统还包括：多光束合束模块，该多光束合束模块的输入端连接多个红外激光光源的输出端，该多光束合束模块的输出端连接该非线性光学晶体阵列的输入端。该多光束合束模块用于将该多个红外激光光源发出的红外激光合为一束红外激光，并将该一束红外激光传输至该非线性光学晶体阵列。可选的，在本申请实施例中，多光束合束模块也可以称为多泵浦光束合

束模块（系统）。

[0073] 可选的，作为一种可能的实现方式，当该红外激光光源为一个时，该光源系统还包括：准直透镜，该准直透镜的输入端连接该红外激光光源的输出端，该准直透镜的输出端连接该非线性光学晶体阵列的输入端。该准直透镜用于准直该红外激光光源发出的红外激光，并将准直后的红外光传输并输入到非线性光学晶体阵列中。如图4所示的，在图2所示的基础上，在红外激光光源的输出端连接一个准直透镜，该准直透镜用于将该红外激光光源发出的红外激光进行快轴准直后输入到非线性光学晶体阵列，可以保证输入至该一个或者多个非线性光学晶体的红外激光的准直度，提高红外激光质量和一个或者多个非线性光学晶体进行频率转换的效率。例如，在本申请实施例中，该准直透镜可以为快轴准直透镜（fast axis collimator，FAC）。

[0074] 可选的，作为一种可能的实现方式，如图5所示的，在图2所示的基础上，在每个非线性光学晶体前可以设置有可变光学衰减片，用于调节与该非线性光学晶体对应的波长的红外激光的功率。即对输入至每个非线性光学晶体的红外激光进行功率配比调制（例如对RGB三色激光进行功率配比调制），可以达到控制红外激光功率输出的目的。例如，在本申请实施例中，该可变光学衰减片可以为电制可变光学衰减片。

[0075] 可选的，图3或者图4所示的光源系统也可以包括该多个可变光学衰减片。

[0076] 可选的，在本申请实施例中，还可以在每个非线性光学晶体激光输入和输出的两个端面上分别镀上增透膜，可以确保与该非线性光学晶体对应的波长范围内的激光能完全透过该非线性光学晶体，提高红外激光的传输质量和效率。

[0077] 可选的，作为一种可能的实现方式，如图6所示的，在图2所示的基础上，该激光系统还包括：消色差准直透镜，该消色差准直透镜的输入端连接该非线性光学晶体阵列的输出端，消色差准直透镜用于将该非线性光学晶体阵列输出的光束进行准直，可以提高该光源系统输出的光束的质量。

[0078] 可选的，图3、图4或者图5所示的光源系统也可以包括该消色差准直透镜。

[0079] 可选的，作为一种可能的实现方式，如图7所示的，在图2所示的基础上，该激光系统还包括：滤光片，该滤光片设置于该非线性光学晶体阵列的输出端，该滤光片用于将该非线性光学晶体阵列输出的光束进行滤光后并输出。

[0080] 可选的，图3至图6所示的光源系统也可以包括该滤光片。例如，该滤光片可以设置于消色差准直透镜的输出端。

[0081] 图8所示的为本申请提供的另一例光源系统的示意性结构图。如图8所示的，该光源系统包括一个宽带红外半导体激光芯片101，其为红外激光光源，用于产生大带宽的红外激光。例如，产生的红外激光的波长范围为980 nm～1280 nm。该红外半导体激光芯片101可以通过焊接（die bonding）预先贴装到承载底板110上。在红外半导体激光芯片101后连接一个FAC准直透镜102，用于将红外激光快轴准直。FAC准直透镜102的输出端连接红光倍频晶体103的输入端，红光倍频晶体103的输出端连接绿光倍频晶体104的输入端，绿光倍频晶体104的输出端连接蓝光倍频晶体105的输入端，即三个倍频晶体组成非线性光学晶体阵列，三个倍频晶体按照一列排列于承载底板110上。在各个不同的倍频晶体之间夹一个电制可变光学衰减器107、108和109，分别用于调节输入到不同的倍频晶体的红外激光。在蓝光倍频晶体105的输出端连接消色差准直透镜106，用于准直从蓝光倍频晶体105输出的光束，使之可以输出平行光束112。差准直透镜106的输出端连接滤光片113的输入端，滤光片113可以将平行光束112中多余的红外泵浦光滤掉，然后从光源系统的出光口输出可见的RGB合束平行光束。可选的，该光源系统可以无源封装在管壳111中。

[0082] 对于图8所示的光源系统，被FAC准直透镜102进行快轴准直后的宽带红外激光光源101输出波长范围为980nm～1280nm的红外激光（泵浦激光），当红外激光传输到红光倍频晶体103，其波长为1280nm的红外激光被红光倍频晶体103倍频后产生波长为640nm的红光激光，同时，可以在红光倍频晶体103两端分别镀波长范围为980nm～1070nm的范围的增透膜，确保该波长范围内

的红外激光能完全透过红光倍频晶体103。从红光倍频晶体103输出的泵浦激光到达绿光倍频晶体104时，其波长为1064nm波长段的红外激光被倍频产生波长为532nm的绿光激光，同时，在绿光倍频晶体104两端分别镀波长分别为640nm和980nm的增透膜，确保该波长段的激光完全透过绿光倍频晶体104。从绿光倍频晶体104输出的泵浦激光到达蓝光倍频晶体105，其波长为980nm波长段的激光被倍频产生波长为490nm的蓝光激光，同时，在蓝光倍频晶体105两端分别镀波长分别为640nm和532nm的增透膜，确保该波长段的激光完全透过蓝光倍频晶体105。这样在蓝光倍频晶体105的输出端就可以实现RGB三色倍频激光输出，再通过消色差准直透镜106对RGB三色倍频激光光束准直，然后通过滤光片113滤掉多余的红外泵浦光，从光源系统的出光口输出可见的RGB合束平行光束。

[0083] 如图8所示的，由于用于显示的光源系统需要对RGB三色激光进行功率配比调制，为了实现该功能，可以在三个倍频晶体前面各增加一个电制可变光学衰减片107、108、109，分别用于控制波长为1280nm、1064nm、980nm的红外激光的输出功率，从而达到控制RGB激光输出功率的目的。

[0084] 如图8所示的激光光源，首先可以将红外激光芯片无源和多个倍频晶体无源贴装于承载底板上，然后可以将FAC准直透镜和消色差准直透镜有源组装于承载底板上，最后进行管壳的无源封装，极大地简化了封装架构，只需要微米（μm）级的无源贴装（红外激光芯片的贴装和倍频晶体的贴装）和微米级的有源贴装（FAC准直透镜和消色差准直透镜的封装）工艺即可完成，大大降低封装成本和提高封装效率和良率。由于只需要一个红外激光芯片，大幅度地降低了激光光源的功耗和体积，非常有利于用于可穿戴电子设备上的投影显示光源。并且，非线性的倍频晶体可以输出的单模高斯光束，输出光斑呈圆形，非常有利于投影显示分辨率的提升。

[0085] 可选的，在本申请实施例中，例如在图8所示的例子中，还可以只用两个倍频晶体，例如，只集成蓝光倍频晶体和绿光倍频晶体，在这种情况下，红外半导体激光芯片输出的红外激光的波长范围可以为980nm~1064nm，该光源系统输出的光束只有蓝绿合束光束。

[0086] 应理解，在本申请实施例中，如果该红外激光光源为多个的情况下，还可以利用多个红外半导体激光芯片产生多个波长不同的红外激光，并利用光束合束系统将该多个波长不同的红外激光进行光束合束后传输至一个或者多个非线性晶体中进行频率转换。

[0087] 还应理解，在本申请实施例中，除了利用红外激光光源产生红外激光，还可以利用近红外激光光源代替上述的红外激光光源，从而产生近红外激光。例如，在本申请实施例中，可以利用多个近红外泵浦光源产生近红外激光，并利用光束合束系统将该多个波长不同的近红外激光进行光束合束后传输至一个或者多个非线性晶体进行频率转换。

[0088] 应理解，上述只是为了帮助本领域技术人员更好地理解本申请实施例，而非要限制本申请实施例的范围。本领域技术人员根据所给出的上述示例，显然可以进行各种等价的修改或变化，或者上述任意两种或者任意多种实施例的组合。这样的修改、变化或者组合后的方案也落入本申请实施例的范围内。

[0089] 还应理解，上文对本申请实施例的描述着重于强调各个实施例之间的不同之处，未提到的相同或相似之处可以互相参考，为了简洁，这里不再赘述。

[0090] 还应理解，本申请实施例中的方式、情况、类别以及实施例的划分仅是为了描述的方便，不应构成特别的限定，各种方式、类别、情况以及实施例中的特征在不矛盾的情况下可以相结合。

[0091] 还应理解，在本申请的各个实施例中，如果没有特殊说明以及逻辑冲突，不同的实施例之间的术语和/或描述具有一致性且可以相互引用，不同的实施例中的技术特征根据其内在的逻辑关系可以组合形成新的实施例。

[0092] 以上仅为本申请的具体实施方式，但本申请的保护范围并不局限于此，任何熟悉本技术领域的技术人员在本申请揭露的技术范围内，可轻易想到的变化或替换，都应涵盖在本申请的保护范围之内。因此，本申请的保护范围应以该权利要求的保护范围为准。

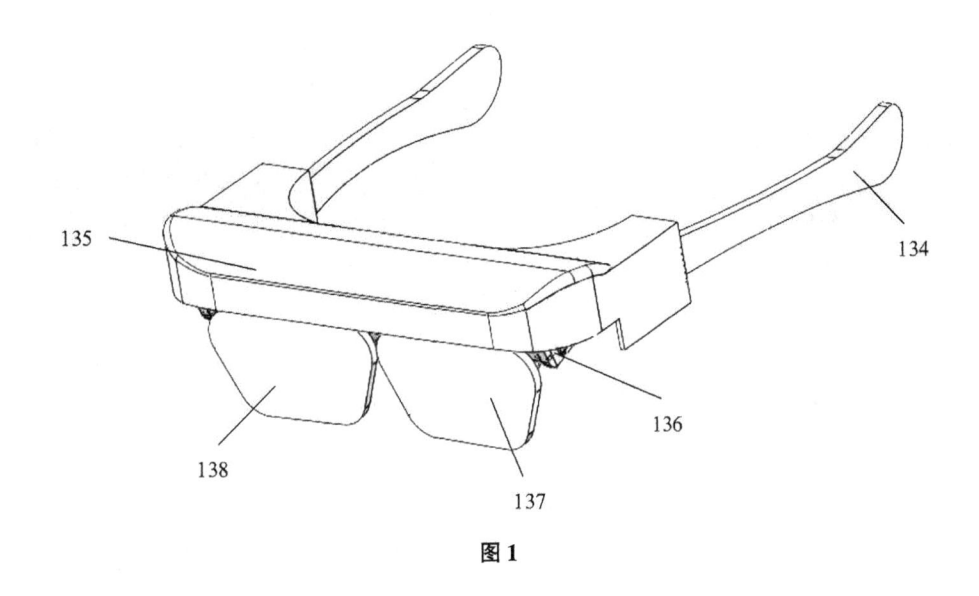

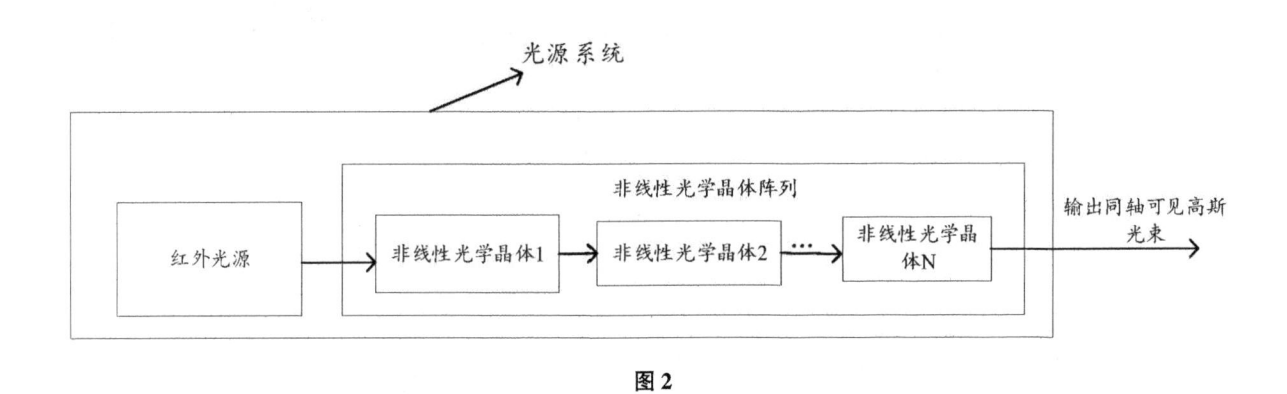

图1

图2

图3

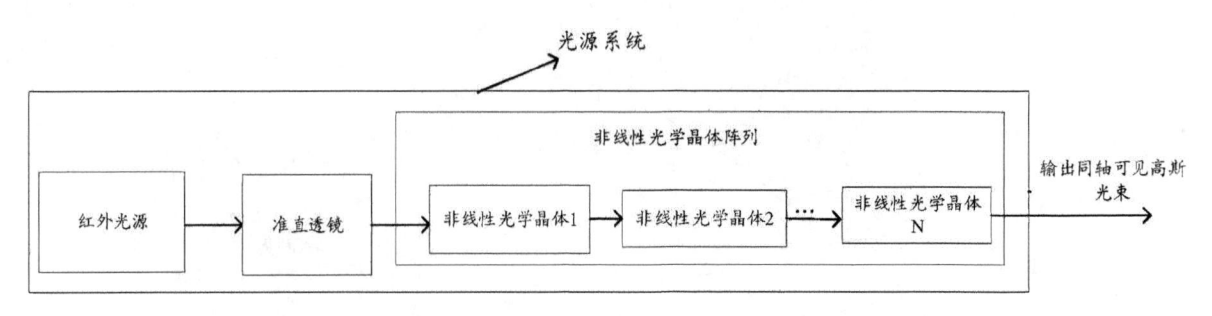

图 4

红外光源 → 准直透镜 → [非线性光学晶体阵列: 非线性光学晶体1 → 非线性光学晶体2 → … → 非线性光学晶体N] → 输出同轴可见高斯光束

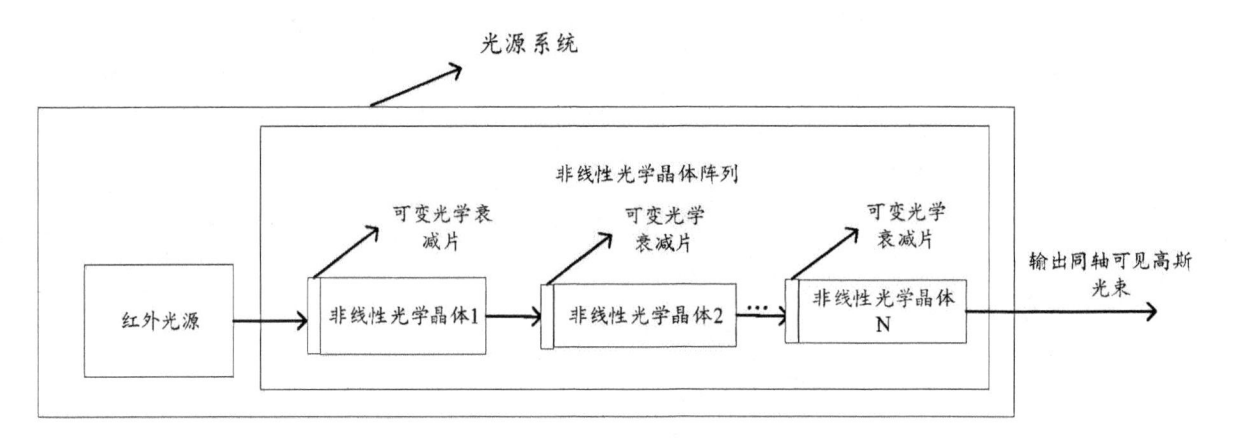

(光源系统)

图 5

红外光源 → [非线性光学晶体阵列: 非线性光学晶体1 (可变光学衰减片) → 非线性光学晶体2 (可变光学衰减片) → … → 非线性光学晶体N (可变光学衰减片)] → 输出同轴可见高斯光束

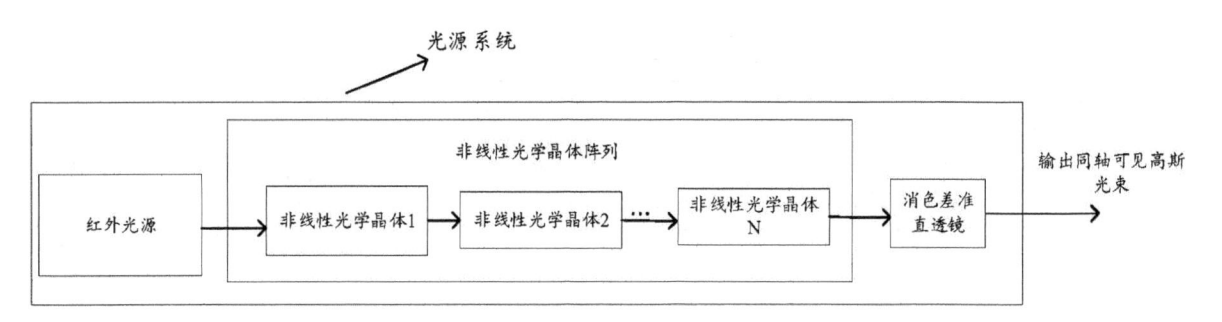

(光源系统)

图 6

红外光源 → [非线性光学晶体阵列: 非线性光学晶体1 → 非线性光学晶体2 → … → 非线性光学晶体N] → 消色差准直透镜 → 输出同轴可见高斯光束

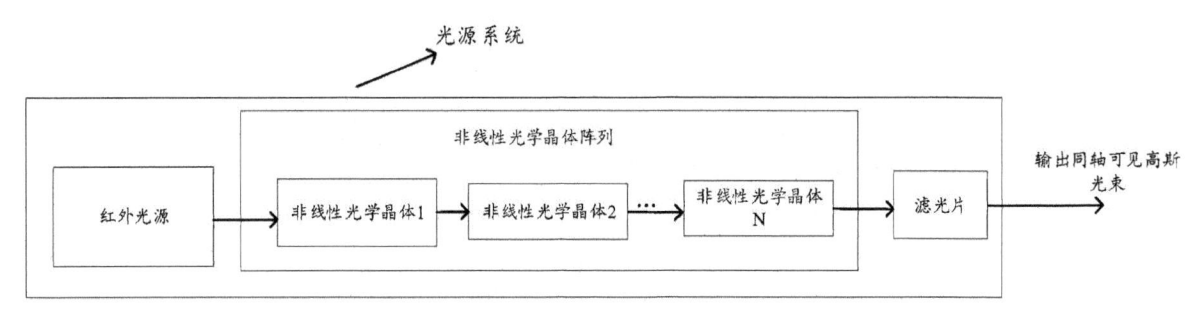

(光源系统)

图 7

红外光源 → [非线性光学晶体阵列: 非线性光学晶体1 → 非线性光学晶体2 → … → 非线性光学晶体N] → 滤光片 → 输出同轴可见高斯光束

(光源系统)

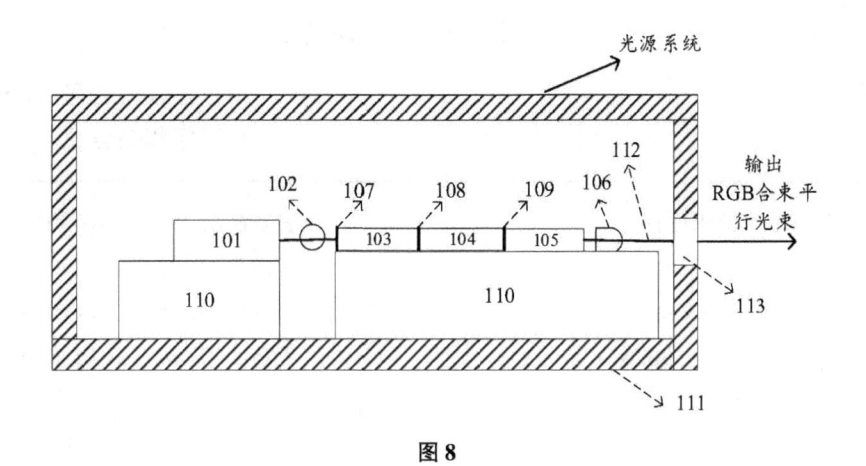

图 8

(19) 中华人民共和国国家知识产权局

(12) 发明专利

(10) 授权公告号 CN 112459626 B
(45) 授权公告日 2022.04.29

(21) 申请号 202011320681.1
(22) 申请日 2020.11.23
(65) 同一申请的已公布的文献号
申请公布号 CN 112459626 A
(43) 申请公布日 2021.03.09
(73) 专利权人 上汽通用汽车有限公司
地址 201206 上海市浦东新区自由贸易试验区申江路1500号
专利权人 泛亚汽车技术中心有限公司
(72) 发明人 周永祥 曾良才 吴申峰 明媚
(74) 专利代理机构 北京信诺创成知识产权代理有限公司 11728
代理人 任万玲 杨仁波
(51) Int. Cl.
E05B 77/00 (2014.01)
E05B 81/54 (2014.01)
E05B 81/72 (2014.01)
E05B 83/34 (2014.01)
E05B 83/40 (2014.01)
(56) 对比文件
CN 109484146 A, 2019.03.19
CN 106401325 A, 2017.02.15
CN 104775706 A, 2015.07.15
CN 201863689 U, 2011.06.15
审查员 艾立明

(54) 发明名称
汽车滑门与加油小门电子互锁方法、系统及汽车

(57) 摘要
本发明提供一种汽车滑门与加油小门电子互锁方法、系统及汽车，方法包括：响应于加油小门打开请求信号，若加油小门处于解保险状态，则执行加油小门开启动作；若滑门处于解保险状态，则执行加油小门所在侧滑门的上保险动作；响应于关闭加油小门的触发信号，若整车处于解保险状态同时加油小门所在侧滑门处于上保险状态，则执行加油小门所在侧滑门的解保险动作；响应于打开加油小门所在侧滑门的触发信号，若加油小门所在侧的滑门为解保险状态，则执行加油小门所在侧滑门打开动作，并执行加油小门上保险动作。上述方案实现了滑门与加油小门的互锁，适用于不同车型滑门和加油小门的布置状态，还具有成本低、质量轻和使用方便等优点。

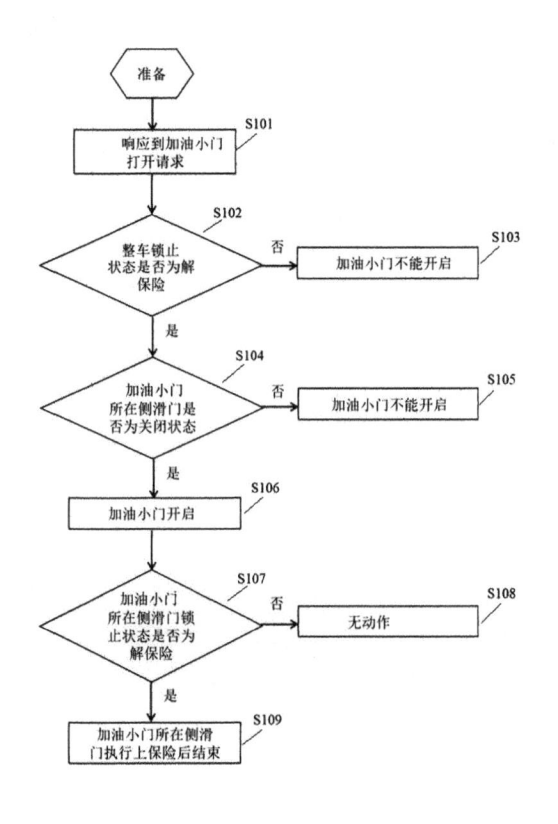

权 利 要 求 书

1. 一种汽车滑门与加油小门电子互锁方法，其特征在于，包括如下步骤：

加油小门开启步骤：响应于加油小门打开请求信号，获取加油小门锁止状态；若所述加油小门锁止状态表示加油小门处于解保险状态，则执行加油小门开启动作；获取加油小门所在侧的滑门锁止状态；若所述滑门锁止状态表示滑门处于解保险状态，则执行加油小门所在侧滑门的上保险动作；其中：

所述加油小门为电动开启的加油小门时，所述加油小门打开请求信号为加油小门的电子开关的打开触发信号；所述加油小门为机械开启的加油小门时，所述加油小门打开请求信号为加油小门的电机械机构的打开触发操作；

加油小门关闭步骤：响应于关闭加油小门的触发信号，获取整车锁止状态；若所述整车锁止状态表示整车处于解保险状态同时加油小门所在侧滑门处于上保险状态，则执行加油小门所在侧滑门的解保险动作；

加油小门所在侧滑门打开步骤：响应于打开加油小门所在侧滑门的触发信号，获取加油小门所在侧的滑门锁止状态，若所述滑门锁止状态表示加油小门所在侧的滑门为解保险状态，则执行加油小门所在侧滑门打开动作，并执行加油小门上保险动作。

2. 根据权利要求1所述的汽车滑门与加油小门电子互锁方法，其特征在于，通过如下方式判断所述加油小门锁止状态是否表示加油小门处于解保险状态：

获取整车锁止状态和加油小门所在侧的滑门开关状态；

若所述整车锁止状态表示整车处于解保险状态，且所述滑门开关状态表示加油小门所在侧的滑门为关闭状态，则执行加油小门解保险动作，加油小门处于解保险状态。

3. 根据权利要求1所述的汽车滑门与加油小门电子互锁方法，其特征在于，在所述加油小门开启步骤中还包括：

若所述加油小门锁止状态表示所述加油小门处于上保险状态，则不执行加油小门打开动作。

4. 根据权利要求3所述的汽车滑门与加油小门电子互锁方法，其特征在于，通过如下方式判断所述加油小门是否处于上保险状态：

获取整车锁止状态和加油小门所在侧的滑门开关状态；

若所述整车锁止状态表示整车处于上保险状态，或者所述滑门开关状态表示加油小门所在侧的滑门为打开状态，则执行加油小门上保险动作，加油小门处于上保险状态。

5. 根据权利要求1所述的汽车滑门与加油小门电子互锁方法，其特征在于，在加油小门开启步骤中：

实时且持续地监测加油小门所在侧的滑门锁止状态，直至加油小门处于关闭状态。

6. 一种存储介质，其特征在于，所述存储介质中存储有程序指令，计算机读取所述程序指令后执行权利要求1—5任一项所述的汽车滑门与加油小门电子互锁方法。

7. 一种汽车滑门与加油小门电子互锁系统，其特征在于，包括至少一个处理器和至少一个存储器，至少一个所述存储器中存储有程序指令，至少一个所述处理器读取所述程序指令后执行权利要求1—5任一项所述的汽车滑门与加油小门电子互锁方法。

8. 一种汽车，其特征在于，所述汽车包括权利要求7所述的汽车滑门与加油小门电子互锁系统。

说　明　书

汽车滑门与加油小门电子互锁方法、系统及汽车

技术领域

[0001]　本发明涉及汽车相关技术领域，具体地，涉及一种汽车滑门与加油小门电子互锁方法、系统及汽车。

背景技术

[0002]　目前对于带有滑门的车辆，当打开加油小门进行加油操作时，需要避免开启滑门撞击到加油小门和油枪。目前采用的方法是当加油小门打开时，加油小门连接的机械机构被触发，通过拉索再带动滑门下支架上的挡块，使挡块立起，阻挡加油小门侧的滑门向后滑动，需进一步保证加油小门打开前，滑门位置还未越过挡块位置，另外，在简化结构和轻量化整车重量的方面还可以进一步提升。

发明内容

[0003]　有鉴于此，本发明提供一种汽车滑门与加油小门电子互锁方法、系统及汽车，可实现滑门与加油小门的互锁，确保滑门开启过程中不会撞击到加油小门和油枪，且结构简单，不会给整车增加过多的重量。

[0004]　为此，本发明提供一种汽车滑门与加油小门电子互锁方法，包括如下步骤：

[0005]　加油小门开启步骤：响应于加油小门打开请求信号，获取加油小门锁止状态；若所述加油小门锁止状态表示加油小门处于解保险状态，则执行加油小门开启动作；获取加油小门所在侧的滑门锁止状态；若所述滑门锁止状态表示滑门处于解保险状态，则执行加油小门所在侧滑门的上保险动作；

[0006]　加油小门关闭步骤：响应于关闭加油小门的触发信号，获取整车锁止状态；若所述整车锁止状态表示整车处于解保险状态同时加油小门所在侧滑门处于上保险状态，则执行加油小门所在侧滑门的解保险动作；

[0007]　加油小门所在侧滑门打开步骤：响应于打开加油小门所在侧滑门的触发信号，获取加油小门所在侧的滑门锁止状态，若所述滑门锁止状态表示加油小门所在侧的滑门为解保险状态，则执行加油小门所在侧滑门打开动作，并执行加油小门上保险动作。

[0008]　可选地，上述的汽车滑门与加油小门电子互锁方法，通过如下方式判断所述加油小门锁止状态是否表示加油小门处于解保险状态：

[0009]　获取整车锁止状态和加油小门所在侧的滑门开关状态；

[0010]　若所述整车锁止状态表示整车处于解保险状态，且所述滑门开关状态表示加油小门所在侧的滑门为关闭状态，则执行加油小门解保险动作，加油小门处于解保险状态。

[0011]　可选地，上述的汽车滑门与加油小门电子互锁方法，在所述加油小门开启步骤中还包括：

[0012]　若所述加油小门锁止状态表示所述加油小门处于上保险状态，则不执行加油小门打开动作。

[0013]　可选地，上述的汽车滑门与加油小门电子互锁方法，通过如下方式判断所述加油小门是否处于上保险状态：

[0014]　获取整车锁止状态和加油小门所在侧的滑门开关状态；

[0015]　若所述整车锁止状态表示整车处于上保险状态，或者所述滑门开关状态表示加油小门所在侧的滑门为打开状态，则执行加油小门上保险动作，加油小门处于上保险状态。

[0016]　可选地，上述的汽车滑门与加油小门电子互锁方法，在加油小门开启步骤中：

[0017]　实时且持续地监测加油小门所在侧的滑门锁止状态，直至加油小门处于关闭状态。

[0018] 可选地，上述的汽车滑门与加油小门电子互锁方法，所述加油小门为电动开启的加油小门时，所述加油小门打开请求信号为加油小门的电子开关的打开触发信号。

[0019] 可选地，上述的汽车滑门与加油小门电子互锁方法，所述加油小门为机械开启的加油小门时，所述加油小门打开请求信号为加油小门的电机械机构的打开触发操作。

[0020] 本发明还提供一种存储介质，所述存储介质中存储有程序指令，计算机读取所述程序指令后执行以上任一项所述的汽车滑门与加油小门电子互锁方法。

[0021] 本发明还提供一种汽车滑门与加油小门电子互锁系统，包括至少一个处理器和至少一个存储器，至少一个所述存储器中存储有程序指令，至少一个所述处理器读取所述程序指令后执行以上任一项所述的汽车滑门与加油小门电子互锁方法。

[0022] 本发明还提供一种汽车，所述汽车包括以上所述的汽车滑门与加油小门电子互锁系统。

[0023] 本发明提供的以上技术方案，与现有技术相比，至少具有如下有益效果：通过监测加油小门的开关状态，结合整车锁止状态，对加油小门侧的滑门进行上解保险的控制，并通过判断滑门是否可以开启、根据整车锁止状态和加油小门侧的滑门开启状态，对加油小门进行上解保险控制，以此实现了滑门与加油小门的互锁。上述方案可以适用于不同车型滑门和加油小门的布置状态，不受限于普通机械互锁方案的布置限制。此外，还具有成本低、质量轻和使用方便等优点。

附图说明

[0024] 图1为本发明一个实施例所述汽车滑门与加油小门电子互锁方法的步骤流程图；

[0025] 图2为本发明另一个实施例所述汽车滑门与加油小门电子互锁方法的步骤流程图；

[0026] 图3为本发明一个实施例所述汽车滑门与加油小门电子互锁方法的加油小门所在侧滑门开启工作流程图；

[0027] 图4为本发明一个实施例所述汽车滑门与加油小门电子互锁系统的结构示意图；

[0028] 图5为本发明一个实施例所述加油小门开启工作流程图；

[0029] 图6为本发明一个实施例所述加油小门关闭工作流程图；

[0030] 图7为本发明一个实施例所述加油小门所在侧滑门开启工作流程图；

[0031] 图8为本发明一个实施例所述汽车滑门与加油小门电子互锁系统的硬件结构连接示意图。

具体实施方式

[0032] 下面将结合附图进一步说明本发明实施例。在本发明的描述中，需要说明的是，术语"中心"、"上"、"下"、"左"、"右"、"竖直"、"水平"、"内"、"外"等指示的方位或位置关系为基于附图所示的方位或位置关系，仅是为了便于描述本发明的简化描述，而不是指示或暗示所指的装置或组件必须具有特定的方位、以特定的方位构造和操作，因此不能理解为对本发明的限制。此外，术语"第一"、"第二"、"第三"仅用于描述目的，而不能理解为指示或暗示相对重要性。其中，术语"第一位置"和"第二位置"为两个不同的位置。

[0033] 本发明一些实施例中提供一种汽车滑门与加油小门电子互锁方法，包括如下步骤：

[0034] 加油小门开启步骤：响应于加油小门打开请求信号，获取加油小门锁止状态；若所述加油小门锁止状态表示加油小门处于解保险状态，则执行加油小门开启动作；获取加油小门所在侧的滑门锁止状态；若所述滑门锁止状态表示滑门处于解保险状态，则执行加油小门所在侧滑门的上保险动作；

[0035] 加油小门关闭步骤：响应于关闭加油小门的触发信号，获取整车锁止状态；若所述整车锁止状态表示整车处于解保险状态同时加油小门所在侧滑门处于上保险状态，则执行加油小门所在侧滑门的解保险动作；

[0036] 加油小门所在侧滑门打开步骤：响应于打开加油小门所在侧滑门的触发信号，获取加油小门所在侧的滑门锁止状态，若所述滑门锁止状态表示加油小门所在侧的滑门为解保险状态，则执

行加油小门所在侧滑门打开动作，并执行加油小门上保险动作。

[0037] 具体地，如图1所示，包括如下步骤：

[0038] 步骤S101，响应到加油小门打开请求。若所述加油小门为电动开启的加油小门时，所述加油小门打开请求信号为加油小门的电子开关的打开触发信号。若所述加油小门为机械开启的加油小门时，所述加油小门打开请求信号为加油小门的电机械机构的打开触发操作。

[0039] 步骤S102，判断整车锁止状态是否为解保险。如果否，则执行步骤S103加油小门不开启；如果是，则执行步骤S104。

[0040] 步骤S104，判断加油小门所在侧滑门是否为关闭状态。如果否，则执行步骤S105加油小门不开启；如果是，则执行步骤S106。

[0041] 步骤S106，开启加油小门，并执行步骤S107。

[0042] 步骤S107，判断加油小门所在侧滑门锁止状态是否为解保险。如果否，则不动作；如果是，则执行步骤S109，对加油小门所在侧滑门上保险后结束。

[0043] 以上方案中，如果整车处于解保险状态，且加油小门所在侧的滑门为关闭状态，则执行加油小门解保险动作，加油小门处于解保险状态，此时加油小门可以开启。如果整车处于上保险状态，或者加油小门所在侧的滑门为打开状态，则执行加油小门上保险动作，加油小门处于上保险状态，此时加油小门不能开启。

[0044] 进一步地，如图2所示为加油小门关闭工作流程图，其可以包括：

[0045] 步骤S201，响应到加油小门关闭状态的触发信号，执行步骤S202获取整车锁止状态，判断整车锁止状态是否为解保险。如果否，则执行步骤S203无动作；如果是，则执行步骤S204，对加油小门所在侧滑门解保险。

[0046] 如图3所示为加油小门所在侧滑门开启工作流程图，可以包括：

[0047] 步骤S301，响应到加油小门所在侧滑门打开信号。

[0048] 步骤S302，获取加油小门所在侧滑门的锁止状态，判断加油小门所在侧滑门是否为解保险状态。如果否，则执行步骤S303滑门不开启；如果是，则执行步骤S304加油小门所在侧滑门打开，并执行步骤S305加油小门上保险动作后结束。

[0049] 如图4所示，为本申请实施例所述车辆所应用的场景的结构示意图，包括：滑门1和车身2，安装在车身2上的加油小门3，控制加油小门所在侧滑门1的滑门驱动模块4，控制加油小门3开启的执行模块5，以及控制加油小门3关闭的执行模块6。上述实施例中的方案用于控制滑门1和加油小门3的互锁。

[0050] 如图5为加油小门开启工作流程图，其可以包括：

[0051] 步骤S501，接收到加油小门开启信号。

[0052] 步骤S502，加油小门开启执行模块判断整车锁止状态是否为解保险。如果否，则执行步骤S503加油小门不开启；如果是，则执行步骤S504。

[0053] 步骤S504，加油小门开启执行模块判断加油小门所在侧滑门是否为关闭状态。如果否，则执行步骤S505加油小门不开启；如果是，则执行步骤S506。

[0054] 步骤S506，加油小门开启执行模块开启加油小门，并执行步骤S507。

[0055] 步骤S507，加油小门开启执行模块判断加油小门所在侧滑门锁止状态是否为解保险。如果否，则不动作；如果是，则执行步骤S509，对加油小门所在侧滑门上保险后结束。

[0056] 在该实施例中，如果整车处于解保险状态，且加油小门所在侧的滑门为关闭状态，则执行加油小门解保险动作，加油小门处于解保险状态，此时加油小门可以开启。如果整车处于上保险状态，或者加油小门所在侧的滑门为打开状态，则执行加油小门上保险动作，加油小门处于上保险状态，此时加油小门不能开启。

[0057] 如图6所示为加油小门关闭工作流程图，可以包括：

[0058] 步骤S601，接收到加油小门关闭状态的触发信号，执行步骤S602加油小门关闭执行模块

获取整车锁止状态，判断整车锁止状态是否为解保险。如果否，则执行步骤 S603 无动作；如果是，则执行步骤 S604，对加油小门所在侧滑门解保险后结束。

[0059] 如图 7 为加油小门所在侧滑门开启工作流程图，可以包括：

[0060] 步骤 S701，接收到加油小门所在侧滑门打开信号，执行步骤 S702 滑门驱动模块获取加油小门所在侧滑门的锁止状态，判断加油小门所在侧滑门是否为解保险状态。如果否，则执行步骤 S703 滑门不开启；如果是，则执行步骤 S704 加油小门所在侧滑门打开，并执行步骤 S705 加油小门上保险动作后结束。

[0061] 本发明的以上实施例方案中，通过监测加油小门的开关状态，结合整车锁止状态，对加油小门侧的滑门进行上解保险的控制，并通过判断滑门是否可以开启、根据整车锁止状态和加油小门侧的滑门开启状态，对加油小门进行上解保险控制，以此实现了滑门与加油小门的互锁。上述方案可以适用于不同车型滑门和加油小门的布置状态，不受限于普通机械互锁方案的布置限制。此外，还具有成本低、质量轻和使用方便等优点。

[0062] 本发明一些实施例提供一种计算机可读存储介质，所述存储介质中存储有计算机程序，所述计算机程序被计算机执行后实现以上任一技术方案所述的汽车滑门与加油小门电子互锁方法。

[0063] 本发明一些本实施例提供一种汽车滑门与加油小门电子互锁系统，如图 8 所示，包括至少一个处理器 801 和至少一个存储器 802，至少一个所述存储器 802 中存储有指令信息，至少一个所述处理器 801 读取所述程序指令后可执行实施例 1 中任一方案所述的汽车滑门与加油小门电子互锁方法。上述装置还可以包括：输入装置 803 和输出装置 804。处理器 801、存储器 802、输入装置 803 和输出装置 804 可以通过总线或者其他方式连接。上述产品可执行本申请实施例所提供的方法，具备执行方法相应的功能模块和有益效果。未在本实施例中详尽描述的技术细节，可参见本申请实施例所提供的方法。

[0064] 本发明一些实施例还提供一种汽车，所述汽车包括以上所述的汽车滑门与加油小门电子互锁系统。

[0065] 最后应说明的是：以上实施例仅用以说明本发明的技术方案，而非对其限制；尽管参照前述实施例对本发明进行了详细的说明，本领域的普通技术人员应当理解：其依然可以对前述各实施例所记载的技术方案进行修改，或者对其中部分技术特征进行等同替换；而这些修改或者替换，并不使相应技术方案的本质脱离本发明各实施例技术方案的范围。

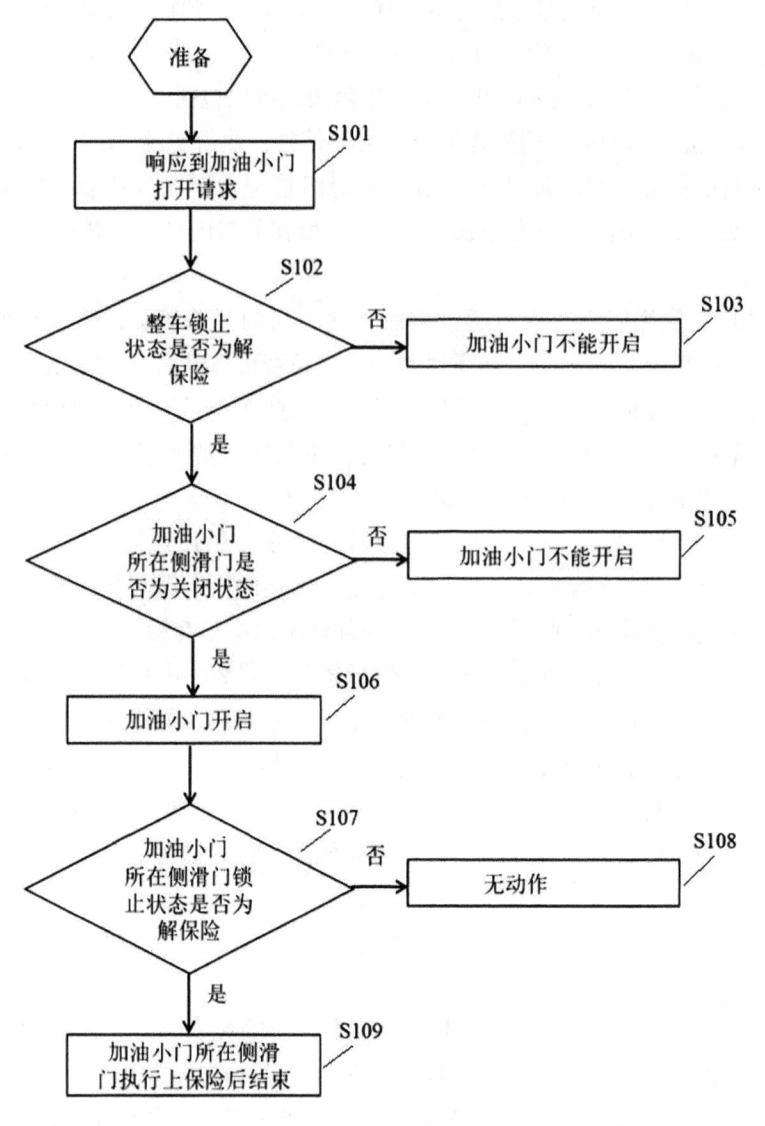

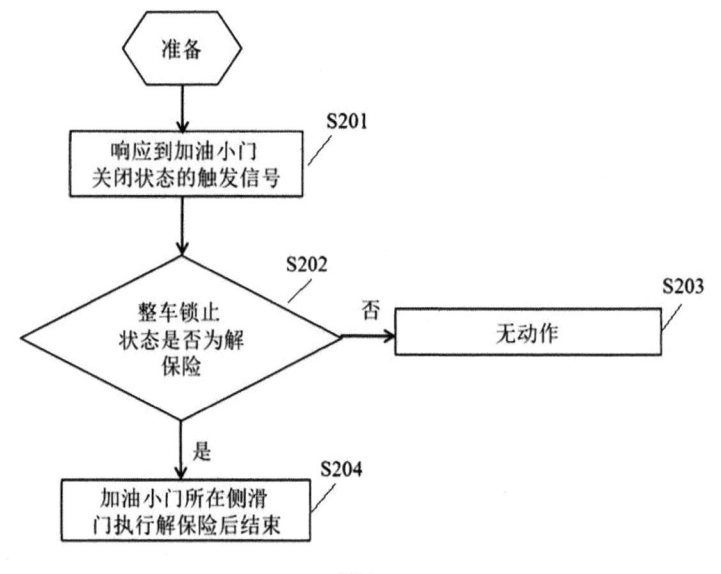

图 1

图 2

说 明 书 附 图

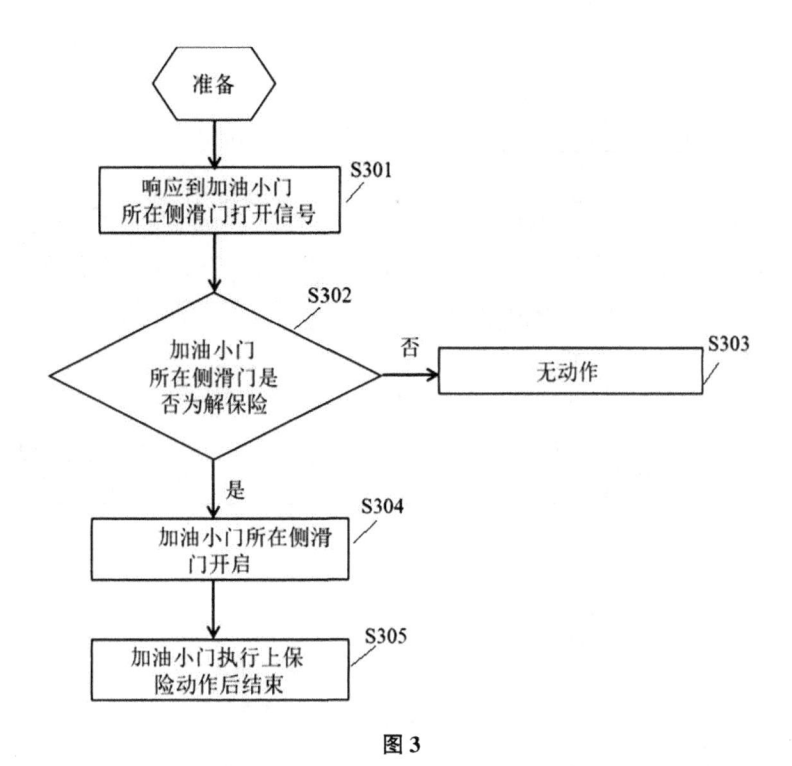

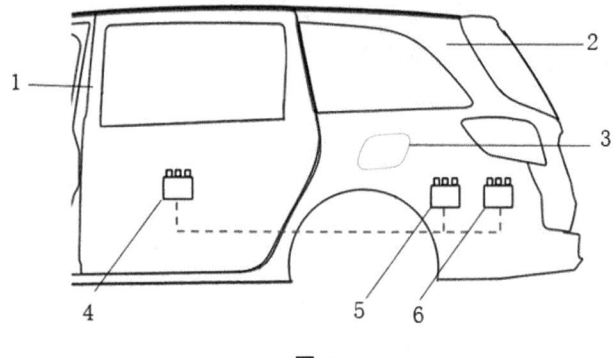

图 3

图 4

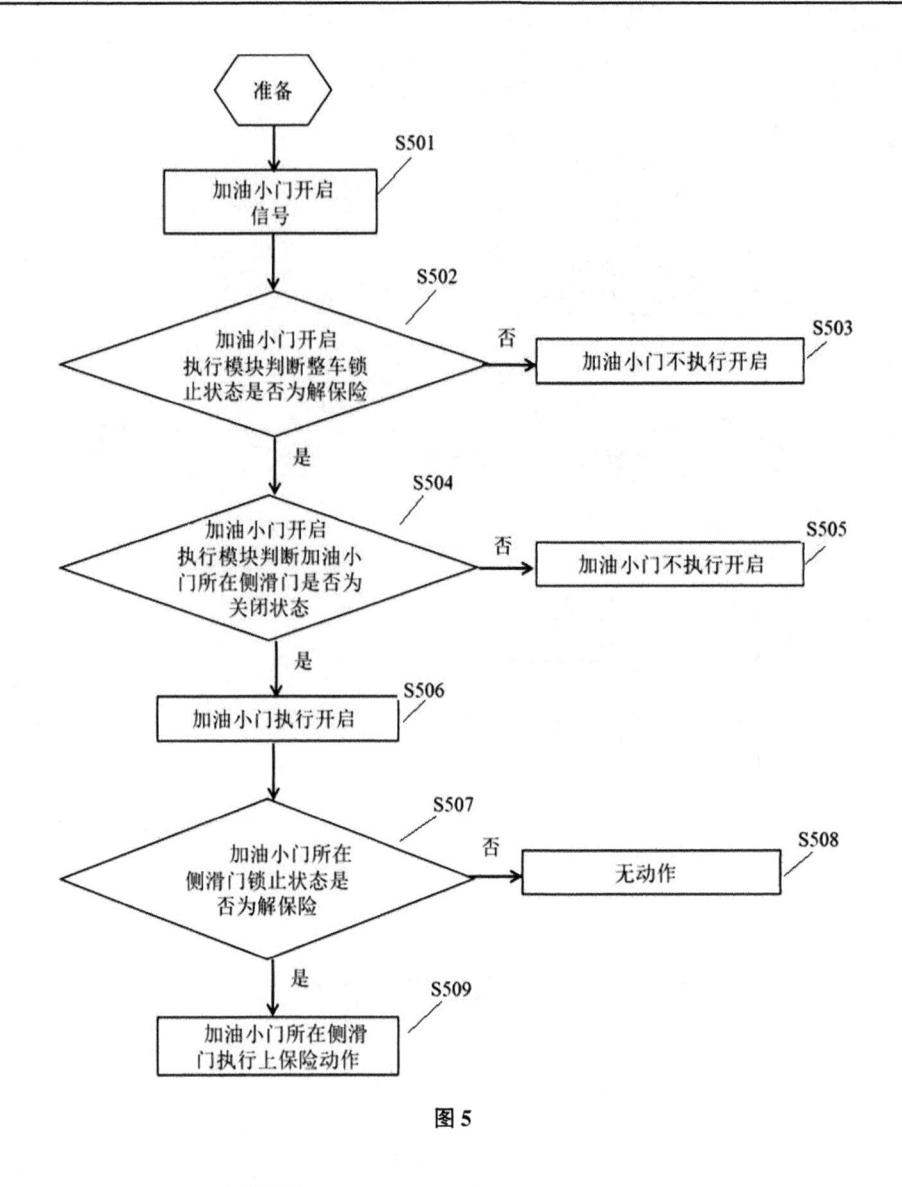

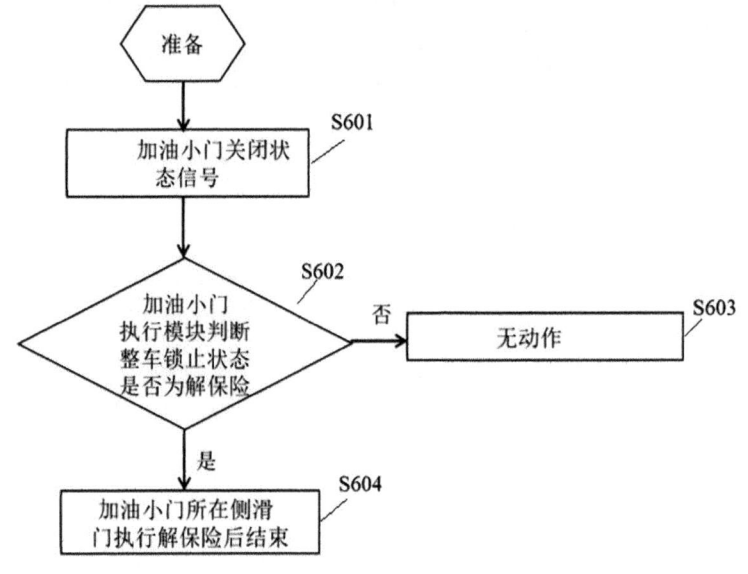

图 5

图 6

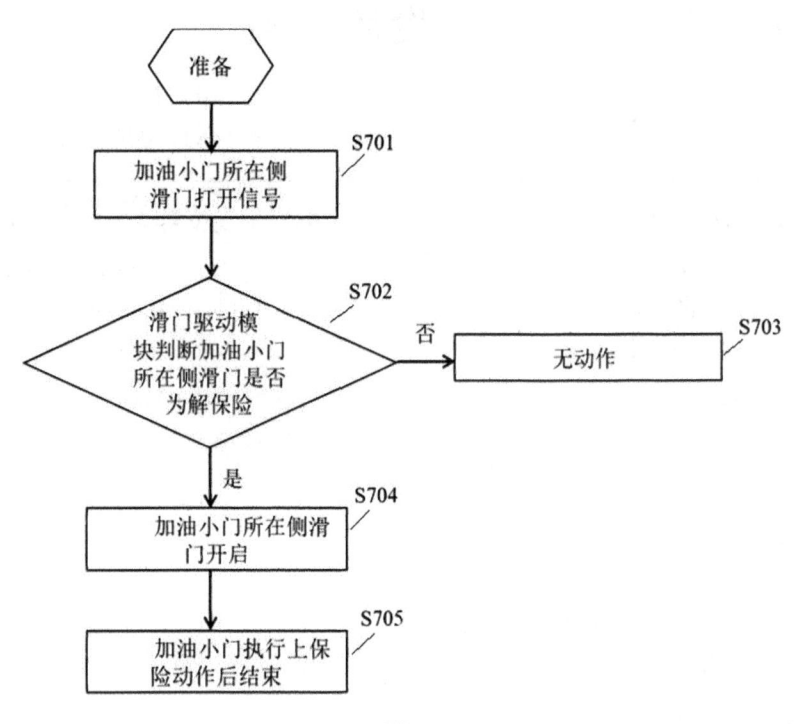

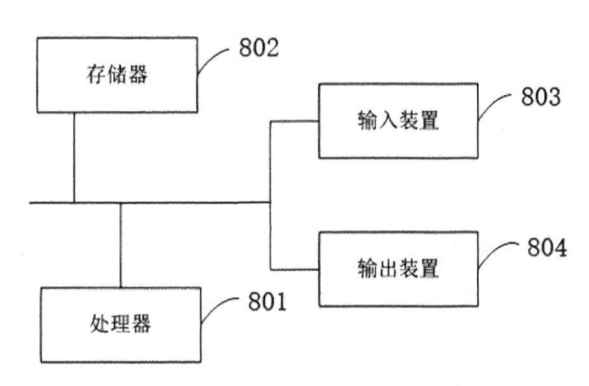

图 7

图 8

(19) 国家知识产权局

(12) 发明专利

(10) 授权公告号 CN 112885865 B
(45) 授权公告日 2022.06.21

(21) 申请号 202110379347.1
(22) 申请日 2021.04.08
(65) 同一申请的已公布的文献号
　　 申请公布号 CN 112885865 A
(43) 申请公布日 2021.06.01
(73) 专利权人 联合微电子中心有限责任公司
　　 地址 401332 重庆市沙坪坝区重庆市沙坪坝西园一路28号附2号
(72) 发明人 胡欢　朱克宝　陈世平　陈鹏堃
(74) 专利代理机构 上海光华专利事务所（普通合伙）31219
　　 专利代理师 刘星
(51) Int. Cl.
　　 H01L 27/146 (2006.01)

(56) 对比文件
CN 107017312 A, 2017.08.04
US 2018366519 A1, 2018.12.20
JP 2006066535 A, 2006.03.09
US 2016086985 A1, 2016.03.24
审查员 李晨雪

(54) 发明名称
一种CMOS图像传感器及其制作方法

(57) 摘要
本发明提供一种CMOS图像传感器及其制作方法，该方法包括以下步骤：提供基质层；形成感光单元于基质层中，感光单元包括在水平方向上依次排列的透明电极层、感光层及金属电极层。本发明中，感光单元可以作为像素结构中的感光部件以替代光电二极管，由于感光层的感光表面纵向设置，因此可以极大提高像素密度，且由于不需要额外的滤光板，像素尺寸易于进一步做小。感光单元也可以作为像素结构之间的隔离结构，一光电二极管四周的感光层可以吸收该光电二极管射向临近光电二极管的光线，并转化为光电信号，因此，入射光线的能量利用率较高，像素的满阱容量也较高，且光学串扰可以得到有效抑制，并且由于入射光线的能量利用率较高，像素尺寸可以做得更小。

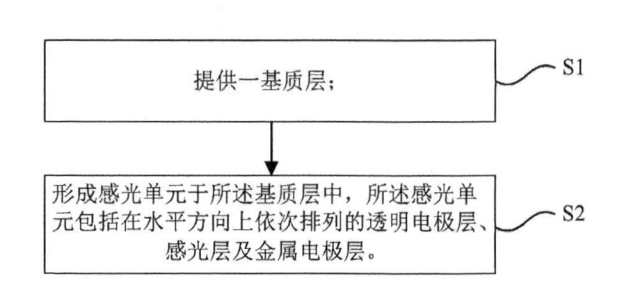

提供一基质层；—— S1

↓

形成感光单元于所述基质层中，所述感光单元包括在水平方向上依次排列的透明电极层、感光层及金属电极层。—— S2

权 利 要 求 书

1. 一种 CMOS 图像传感器的制作方法，其特征在于，包括以下步骤：

提供一基质层；

形成感光单元于所述基质层中，所述感光单元包括在水平方向上依次排列的透明电极层、感光层及金属电极层，所述感光层的感光表面纵向设置。

2. 根据权利要求 1 所述的 CMOS 图像传感器的制作方法，其特征在于，形成所述感光单元于所述基质层中包括以下步骤：

形成通孔于所述基质层中；

形成所述感光层于所述通孔中，所述感光层覆盖所述通孔的侧壁；

形成所述透明电极层于所述通孔中，所述透明电极层覆盖所述感光层的侧壁；

形成光疏介质层于所述通孔中，所述光疏介质层覆盖所述透明电极层的侧壁；

去除所述感光层四周的所述基质层；

形成所述金属电极层于所述感光层的四周。

3. 根据权利要求 2 所述的 CMOS 图像传感器的制作方法，其特征在于：形成多个所述感光单元于所述基质层中，相邻两个所述感光单元的所述金属电极层相连。

4. 根据权利要求 2 所述的 CMOS 图像传感器的制作方法，其特征在于：形成多个所述感光单元于所述基质层中，多个所述感光单元包括多个第一感光单元、多个第二感光单元及多个第三感光单元，所述第一感光单元包括第一感光层，所述第二感光单元包括第二感光层，所述第三感光单元包括第三感光层，所述第一感光层用于感应红光，所述第二感光层用于感应绿光，所述第三感光层用于感应蓝光。

5. 根据权利要求 4 所述的 CMOS 图像传感器的制作方法，其特征在于：多个所述第一感光单元、多个所述第二感光单元及多个所述第三感光单元呈拜耳阵列排布或蜂窝阵列排布。

6. 根据权利要求 2 所述的 CMOS 图像传感器的制作方法，其特征在于：还包括形成读出电路的步骤，所述读出电路与所述感光单元电连接以读出所述感光单元产生的光电信号。

7. 根据权利要求 2 所述的 CMOS 图像传感器的制作方法，其特征在于：还包括形成微结构及光线反射层的步骤，所述微结构位于所述感光单元的上表面以散射光线，所述光线反射层位于所述感光单元的下表面。

8. 根据权利要求 1 所述的 CMOS 图像传感器的制作方法，其特征在于，形成所述感光单元于所述基质层中包括以下步骤：

形成隔离槽于所述基质层中；

形成隔离层于所述隔离槽中，所述隔离层覆盖所述隔离槽的侧壁；

形成所述透明电极层于所述隔离槽中，所述透明电极层覆盖所述隔离层的侧壁；

形成所述感光层于所述隔离槽中，所述感光层覆盖所述透明电极层的侧壁；

形成所述金属电极层于所述隔离槽中，所述金属电极层覆盖所述感光层的侧壁。

9. 根据权利要求 8 所述的 CMOS 图像传感器的制作方法，其特征在于：所述基质层中设有在水平方向上间隔排列的多个光电二极管，所述隔离槽位于相邻所述光电二极管之间。

10. 根据权利要求 9 所述的 CMOS 图像传感器的制作方法，其特征在于：多个所述光电二极管包括第一光电二极管、第二光电二极管及第三光电二极管，所述第一光电二极管用于感应红光，所述第二光电二极管用于感应绿光，所述第三光电二极管用于感应蓝光，所述感光层用于感应可见光范围内的光线。

11. 根据权利要求 8 所述的 CMOS 图像传感器的制作方法，其特征在于：还包括形成读出电路的步骤，所述读出电路与所述感光单元电连接以读出所述感光单元产生的光电信号。

12. 根据权利要求 9 所述的 CMOS 图像传感器的制作方法，其特征在于：还包括形成滤光片及微透镜的步骤，所述滤光片位于所述光电二极管与所述微透镜之间。

13. 根据权利要求 1 所述的 CMOS 图像传感器的制作方法，其特征在于：所述感光层包括有机感光材料。

14. 根据权利要求 13 所述的 CMOS 图像传感器的制作方法，其特征在于：所述有机感光材料包括富勒烯衍生物。

15. 根据权利要求 1 所述的 CMOS 图像传感器的制作方法，其特征在于：所述感光层的厚度范围是 50—100nm。

16. 一种 CMOS 图像传感器，其特征在于，包括：

基质层；

感光单元，位于所述基质层中，所述感光单元包括在水平方向上依次排列的透明电极层、感光层及金属电极层，所述感光层的感光表面纵向设置。

17. 根据权利要求 16 所述的 CMOS 图像传感器，其特征在于：所述感光单元包括光疏介质层，所述透明电极层环绕于所述光疏介质层四周，所述感光层环绕于所述透明电极层四周，所述金属电极层环绕所述感光层四周。

18. 根据权利要求 17 所述的 CMOS 图像传感器，其特征在于：所述 CMOS 图像传感器包括多个所述感光单元，相邻两个所述感光单元的所述金属电极层相连。

19. 根据权利要求 17 所述的 CMOS 图像传感器，其特征在于：所述 CMOS 图像传感器包括多个所述感光单元，多个所述感光单元包括多个第一感光单元、多个第二感光单元及多个第三感光单元，所述第一感光单元包括第一感光层，所述第二感光单元包括第二感光层，所述第三感光单元包括第三感光层，所述第一感光层用于感应红光，所述第二感光层用于感应绿光，所述第三感光层用于感应蓝光。

20. 根据权利要求 19 所述的 CMOS 图像传感器，其特征在于：多个所述第一感光单元、多个所述第二感光单元及多个所述第三感光单元呈拜耳阵列排布或蜂窝阵列排布。

21. 根据权利要求 17 所述的 CMOS 图像传感器，其特征在于：所述 CMOS 图像传感器还包括读出电路，所述读出电路与所述感光单元电连接以读出所述感光单元产生的光电信号。

22. 根据权利要求 17 所述的 CMOS 图像传感器，其特征在于：所述 CMOS 图像传感器还包括微结构及光线反射层，所述微结构位于所述感光单元的上表面以散射光线，所述光线反射层位于所述感光单元的下表面。

23. 根据权利要求 16 所述的 CMOS 图像传感器，其特征在于：所述基质层中设有在水平方向上间隔排列的多个光电二极管，不同所述光电二极管分别被不同的所述感光单元所环绕，其中，所述透明电极层环绕于所述光电二极管四周，所述感光层环绕于所述透明电极层四周，所述金属电极层环绕于所述感光层四周，相邻两个所述感光单元的所述金属电极层相连。

24. 根据权利要求 23 所述的 CMOS 图像传感器，其特征在于：所述 CMOS 图像传感器还包括设于所述光电二极管与所述感光单元之间的隔离层。

25. 根据权利要求 23 所述的 CMOS 图像传感器，其特征在于：多个所述光电二极管包括第一光电二极管、第二光电二极管及第三光电二极管，所述第一光电二极管用于感应红光，所述第二光电二极管用于感应绿光，所述第三光电二极管用于感应蓝光，所述感光层用于感应可见光范围内的光线。

26. 根据权利要求 23 所述的 CMOS 图像传感器，其特征在于：所述 CMOS 图像传感器还包括读出电路，所述读出电路与所述感光单元电连接以读出所述感光单元产生的光电信号。

27. 根据权利要求 23 所述的 CMOS 图像传感器，其特征在于：所述 CMOS 图像传感器还包括滤光片及微透镜，所述滤光片位于所述光电二极管与所述微透镜之间。

28. 根据权利要求 16 所述的 CMOS 图像传感器，其特征在于：所述感光层包括有机感光材料。

29. 根据权利要求 28 所述的 CMOS 图像传感器，其特征在于：所述有机感光材料包括富勒烯衍生物。

30. 根据权利要求 16 所述的 CMOS 图像传感器，其特征在于：所述感光层的厚度范围是 50—100nm。

说　明　书

一种CMOS图像传感器及其制作方法

技术领域

[0001]　本发明属于光学技术领域，涉及一种CMOS图像传感器及其制作方法。

背景技术

[0002]　传统的基于拜尔滤色镜（Bayer filters）的彩色CMOS图像传感器（CIS），其色彩不同的感光单元顶部具有不同的滤光板，其感光单元为光电二极管。随着人们对成像分辨率要求的不断提高，CIS中感光二极管的面积越做越小。然而感光二极管的感光灵敏度以及满阱容量随着其面积越小而变差，因此像素（pixel）尺寸的缩小受到了限制；同时感光单元顶部的滤光板也进一步限制了像素尺寸的缩小。

[0003]　因此，如何在保证感光性能的同时进一步减小像素尺寸，成为本领域技术人员亟待解决的一个重要技术问题。

发明内容

[0004]　鉴于以上所述现有技术的缺点，本发明的目的在于提供一种CMOS图像传感器及其制作方法，用于解决传统光电二极管尺寸难以进一步缩小的问题。

[0005]　为实现上述目的及其它相关目的，本发明提供一种CMOS图像传感器的制作方法，包括以下步骤：

[0006]　提供一基质层；

[0007]　形成感光单元于所述基质层中，所述感光单元包括在水平方向上依次排列的透明电极层、感光层及金属电极层。

[0008]　可选地，形成所述感光单元于所述基质层中包括以下步骤：

[0009]　形成通孔于所述基质层中；

[0010]　形成所述感光层于所述通孔中，所述感光层覆盖所述通孔的侧壁；

[0011]　形成所述透明电极层于所述通孔中，所述透明电极层覆盖所述感光层的侧壁；

[0012]　形成光疏介质层于所述通孔中，所述光疏介质层覆盖所述透明电极层的侧壁；

[0013]　去除所述感光层四周的所述基质层；

[0014]　形成所述金属电极层于所述感光层的四周。

[0015]　可选地，形成多个所述感光单元于所述基质层中，相邻两个所述感光单元的所述金属电极层相连。

[0016]　可选地，形成多个所述感光单元于所述基质层中，多个所述感光单元包括多个第一感光单元、多个第二感光单元及多个第三感光单元，所述第一感光单元包括第一感光层，所述第二感光单元包括第二感光层，所述第三感光单元包括第三感光层，所述第一感光层用于感应红光，所述第二感光层用于感应绿光，所述第三感光层用于感应蓝光。

[0017]　可选地，多个所述第一感光单元、多个所述第二感光单元及多个所述第三感光单元呈拜耳阵列排布或蜂窝阵列排布。

[0018]　可选地，还包括形成读出电路的步骤，所述读出电路与所述感光单元电连接以读出所述感光单元产生的光电信号。

[0019]　可选地，还包括形成微结构及光线反射层的步骤，所述微结构位于所述感光单元的上表面以散射光线，所述光线反射层位于所述感光单元的下表面。

[0020]　可选地，形成所述感光单元于所述基质层中包括以下步骤：

[0021]　形成隔离槽于所述基质层中；

[0022] 形成隔离层于所述隔离槽中，所述隔离层覆盖所述隔离槽的侧壁；

[0023] 形成所述透明电极层于所述隔离槽中，所述透明电极层覆盖所述隔离层的侧壁；

[0024] 形成所述感光层于所述隔离槽中，所述感光层覆盖所述透明电极层的侧壁；

[0025] 形成所述金属电极层于所述隔离槽中，所述金属电极层覆盖所述感光层的侧壁。

[0026] 可选地，所述基质层中设有在水平方向上间隔排列的多个光电二极管，所述隔离槽位于相邻所述光电二极管之间。

[0027] 可选地，多个所述光电二极管包括第一光电二极管、第二光电二极管及第三光电二极管，所述第一光电二极管用于感应红光，所述第二光电二极管用于感应绿光，所述第三光电二极管用于感应蓝光，所述感光层用于感应可见光范围内的光线。

[0028] 可选地，还包括形成读出电路的步骤，所述读出电路与所述感光单元电连接以读出所述感光单元产生的光电信号。

[0029] 可选地，还包括形成滤光片及微透镜的步骤，所述滤光片位于所述光电二极管与所述微透镜之间。

[0030] 可选地，所述感光层包括有机感光材料。

[0031] 可选地，所述有机感光材料包括富勒烯衍生物。

[0032] 可选地，所述感光层的厚度范围是50—100nm。

[0033] 本发明还提供一种CMOS图像传感器，包括：

[0034] 基质层；

[0035] 感光单元，位于所述基质层中，所述感光单元包括在水平方向上依次排列的透明电极层、感光层及金属电极层。

[0036] 可选地，所述感光单元包括光疏介质层，所述透明电极层环绕于所述光疏介质层四周，所述感光层环绕于所述透明电极层四周，所述金属电极层环绕所述感光层四周。

[0037] 可选地，所述CMOS图像传感器包括多个所述感光单元，相邻两个所述感光单元的所述金属电极层相连。

[0038] 可选地，所述CMOS图像传感器包括多个所述感光单元，多个所述感光单元包括多个第一感光单元、多个第二感光单元及多个第三感光单元，所述第一感光单元包括第一感光层，所述第二感光单元包括第二感光层，所述第三感光单元包括第三感光层，所述第一感光层用于感应红光，所述第二感光层用于感应绿光，所述第三感光层用于感应蓝光。

[0039] 可选地，多个所述第一感光单元、多个所述第二感光单元及多个所述第三感光单元呈拜耳阵列排布或蜂窝阵列排布。

[0040] 可选地，所述CMOS图像传感器还包括读出电路，所述读出电路与所述感光单元电连接以读出所述感光单元产生的光电信号。

[0041] 可选地，所述CMOS图像传感器还包括微结构及光线反射层，所述微结构位于所述感光单元的上表面以散射光线，所述光线反射层位于所述感光单元的下表面。

[0042] 可选地，所述基质层中设有在水平方向上间隔排列的多个光电二极管，不同所述光电二极管分别被不同的所述感光单元所环绕，其中，所述透明电极层环绕于所述光电二极管四周，所述感光层环绕于所述透明电极层四周，所述金属电极层环绕于所述感光层四周，相邻两个所述感光单元的所述金属电极层相连。

[0043] 可选地，所述CMOS图像传感器还包括设于所述光电二极管与所述感光单元之间的隔离层。

[0044] 可选地，多个所述光电二极管包括第一光电二极管、第二光电二极管及第三光电二极管，所述第一光电二极管用于感应红光，所述第二光电二极管用于感应绿光，所述第三光电二极管用于感应蓝光，所述感光层用于感应可见光范围内的光线。

[0045] 可选地，所述CMOS图像传感器还包括读出电路，所述读出电路与所述感光单元电连接

说 明 书

以读出所述感光单元产生的光电信号。

[0046] 可选地，所述CMOS图像传感器还包括滤光片及微透镜，所述滤光片位于所述光电二极管与所述微透镜之间。

[0047] 可选地，所述感光层包括有机感光材料。

[0048] 可选地，所述有机感光材料包括富勒烯衍生物。

[0049] 可选地，所述感光层的厚度范围是50—100nm。

[0050] 如上所述，本发明的CMOS图像传感器及其制作方法中，感光单元包括在水平方向上依次排列的透明电极层、感光层及金属电极层，其中所述感光单元可以作为像素结构中的感光部件，用以替代传统的光电二极管，由于感光层的感光表面纵向设置，因此可以极大提高像素密度，且由于不需要额外的滤光板，像素的尺寸易于进一步做小。本发明中，所述感光单元也可以作为像素结构之间的隔离结构，一光电二极管四周的感光层可以吸收该光电二极管射向临近光电二极管的光线，并转化为光电信号，因此，入射光线的能量利用率较高，像素的满阱容量也较高，且光学串扰可以得到有效抑制，并且由于入射光线的能量利用率较高，像素的尺寸可以做得更小，使得CMOS图像传感器的像素密度得到提高。

附图说明

[0051] 图1显示为本发明的CMOS图像传感器的制作方法的工艺流程图。

[0052] 图2显示为本发明的CMOS图像传感器的制作方法制作读出电路的示意图。

[0053] 图3显示为本发明的CMOS图像传感器的制作方法形成基质层于读出电路上的示意图。

[0054] 图4显示为本发明的CMOS图像传感器的制作方法形成通孔于基质层中的示意图。

[0055] 图5显示为本发明的CMOS图像传感器的制作方法形成感光层于通孔中的示意图。

[0056] 图6显示为本发明的CMOS图像传感器的制作方法形成透明电极层于通孔中的示意图。

[0057] 图7显示为本发明的CMOS图像传感器的制作方法形成光疏介质层于所述通孔中的示意图。

[0058] 图8显示为本发明的CMOS图像传感器的制作方法去除感光层四周的基质层的示意图。

[0059] 图9显示为本发明的CMOS图像传感器的制作方法形成金属电极层于感光层的四周的示意图。

[0060] 图10显示为多个第一感光单元、多个第二感光单元及多个第三感光单元呈拜耳阵列排布的示意图。

[0061] 图11显示为多个第一感光单元、多个第二感光单元及多个第三感光单元呈蜂窝阵列排布的示意图。

[0062] 图12显示为本发明的CMOS图像传感器的制作方法形成顶层介质层以覆盖多个感光单元的顶面的示意图。

[0063] 图13显示为本发明的CMOS图像传感器的制作方法提供一基质层的示意图。

[0064] 图14显示为本发明的CMOS图像传感器的制作方法形成隔离槽于基质层中，并形成隔离层于隔离槽中的示意图。

[0065] 图15显示为本发明的CMOS图像传感器的制作方法形成透明电极层于隔离槽中的示意图。

[0066] 图16显示为本发明的CMOS图像传感器的制作方法形成感光层于隔离槽中的示意图。

[0067] 图17显示为本发明的CMOS图像传感器的制作方法形成金属电极层于隔离槽中的示意图。

[0068] 图18显示为本发明的CMOS图像传感器的制作方法形成读出电路有源区的示意图。

[0069] 图19显示为本发明的CMOS图像传感器的制作方法形成互连层的示意图。

[0070] 图20显示为本发明的CMOS图像传感器的制作方法形成滤光片的示意图。

[0071] 图21显示为本发明的CMOS图像传感器的制作方法形成微透镜的示意图。

[0072] 元件标号说明

[0073]	S1—S2	步骤
[0074]	101	基质层
[0075]	102	衬底层
[0076]	103	读出电路有源区
[0077]	104	层间介质层
[0078]	105	金属互连线
[0079]	106a	第一通孔
[0080]	106b	第二通孔
[0081]	106c	第三通孔
[0082]	107a	第一感光层
[0083]	107b	第二感光层
[0084]	107c	第三感光层
[0085]	108	透明电极层
[0086]	109	光疏介质层
[0087]	110	金属电极层
[0088]	111	顶层介质层
[0089]	201	基质层
[0090]	202a	第一光电二极管
[0091]	202b	第二光电二极管
[0092]	202c	第三光电二极管
[0093]	204	隔离层
[0094]	205	透明电极层
[0095]	206	感光层
[0096]	207	金属电极层
[0097]	208	读出电路有源区
[0098]	209	介质层
[0099]	210	金属互连线
[0100]	211a	红色滤光片
[0101]	211b	蓝色滤光片
[0102]	211c	绿色滤光片
[0103]	212	微透镜

具体实施方式

[0104] 以下通过特定的具体实例说明本发明的实施方式，本领域技术人员可由本说明书所揭露的内容轻易地了解本发明的其它优点与功效。本发明还可以通过另外不同的具体实施方式加以实施或应用，本说明书中的各项细节也可以基于不同观点与应用，在没有背离本发明的精神下进行各种修饰或改变。

[0105] 请参阅图1至图21。需要说明的是，本实施例中所提供的图示仅以示意方式说明本发明的基本构想，遂图式中仅显示与本发明中有关的组件而非按照实际实施时的组件数目、形状及尺寸绘制，其实际实施时各组件的型态、数量及比例可为一种随意的改变，且其组件布局型态也可能更为复杂。

[0106] 实施例一

[0107] 本实施例中提供一种CMOS图像传感器的制作方法，请参阅图1，显示为该方法的工艺流程图，包括以下步骤：

[0108] S1：提供一基质层；

[0109] S2：形成感光单元于所述基质层中，所述感光单元包括在水平方向上依次排列的透明电极层、感光层及金属电极层。

[0110] 首先请参阅图2及图3，执行所述步骤S1：提供一基质层101。

[0111] 作为示例，先制作读出电路，再形成所述基质层101于所述读出电路上。本实施例中，所述读出电路包括衬底层102、位于所述衬底层102中的读出电路有源区103及位于所述衬底层102上的互连层，所述互连层包括层间介质层104及金属互连线105。

[0112] 作为示例，所述衬底层102可采用硅衬底、锗衬底、绝缘体上硅衬底、Ⅲ—Ⅴ族化合物衬底或其它合适的半导体衬底，其可以是P型掺杂或N型掺杂。所述读出电路有源区103可通过离子注入或其它合适的工艺形成于所述衬底层102中。所述层间介质层104包括但不限于氧化硅、氮化硅等绝缘材料，所述金属互连线105包括但不限于Cu、W等导电金属。可通过溅射、电镀、刻蚀等合适的工艺形成所述金属互连线105，且所述互连层可包括一层或多层所述金属互连线105。

[0113] 作为示例，淀积光疏介质层于所述互连层上以作为所述基质层101。

[0114] 再请参阅图4至图9，执行所述步骤S2：形成感光单元于所述基质层101中，所述感光单元包括在水平方向上依次排列的透明电极层108、感光层及金属电极层110。

[0115] 具体的，如图4所示，采用光刻、刻蚀等图形化工艺形成通孔于所述基质层101中。本实施例中，形成多个通孔于所述基质层101中，一所述通孔对应一感光单元。

[0116] 作为示例，多个所述通孔包括间隔排列的第一通孔106a、第二通孔106b及第三通孔106c，分别对应第一感光单元、第二感光单元与第三感光单元。

[0117] 如图5所示，形成所述感光层于所述通孔中，所述感光层覆盖所述通孔的侧壁。本实施例中，于所述第一通孔106a的侧壁形成第一感光层107a，于所述第二通孔106b的侧壁形成第二感光层107b，于所述第三通孔106c中形成第三感光层107c。

[0118] 作为示例，所述感光层可包括有机感光材料，例如富勒烯衍生物或其它合适的可感光有机物。本实施例中，所述感光层优选包括富勒烯衍生物，其是一种在小尺寸下也能有效感光的有机材料，通过改变其连接的官能团，该材料能选择性地吸收不同波长的光线，并产生光电流。本实施例中，所述第一感光层107a、所述第二感光层107b及所述第三感光层107c的分子结构的官能团不同，进而可以实现对不同波长的光线进行感光。

[0119] 作为示例，所述第一感光层107a用于感应红光，所述第二感光层107b用于感应绿光，所述第三感光层107c用于感应蓝光。

[0120] 作为示例，所述富勒烯衍生物的一种分子结构如下所示，其中，Cy代表环状碳水化合物，X代表枝状烷基，R1、R2、R3、R4、R5、R6、R7、R8分别代表氢原子、卤素原子、羟基、烷氧基、硝基、氰基、氨基、叠氮基、脒基、肼基、腙基、羰基、氨基甲酰基、硫醇基、酯基、羧基或其盐、磺酸基或其盐、磷酸基或其盐、甲硅烷基、C1—C20烷基、C2—C20烯基、C2—C20炔基、C6—C30芳基、C7—C30芳烷基、C1—C30烷氧基、C1—C20杂烷基、C3—C20杂芳基、C3—C20杂芳烷基、C3—C30环烷基、C3—C15环烯基、C6—C15环炔基、C3—C30杂环烷基中的一种或其中至少两种的组合。当然，在其它实施例中，所述富勒烯衍生物的分子结构也可以是其它形式，只要能实现有效感光即可，此处不应过分限制本发明的保护范围。

[0121]

[0122] 作为示例，可将包含富勒烯衍生物的溶液涂覆于所述通孔的侧壁并干燥得到所述感光层。

[0123] 作为示例，所述感光层的厚度范围是50—100nm。

[0124] 如图6所示，采用磁控溅射法或其它合适的方法形成所述透明电极层108于所述通孔中，所述透明电极层108覆盖所述感光层的侧壁。所述透明电极层108的材质包括但不限于氧化铟锡（ITO）、掺铝氧化锌（AZO）、掺硼氧化锌（BZO）、掺氟二氧化锡（FTO）或其它合适的透明电极材料。

[0125] 如图7所示，采用化学气相沉积法、物理气相沉积方或其它合适的方法形成光疏介质层109于所述通孔中，所述光疏介质层109覆盖所述透明电极层108的侧壁。本实施例中，所述光疏介质层109填充满所述通孔剩余的空间。

[0126] 如图8所示，采用干法刻蚀、湿法刻蚀或其它合适的方案去除所述感光层四周的所述基质层101。

[0127] 如图9所示，采用溅射、电镀或其它合适的工艺形成所述金属电极层110于所述感光层的四周。

[0128] 作为示例，相邻两个所述感光单元的所述金属电极层110相连。

[0129] 至此，形成多个感光单元于所述基质层101中，本实施例中，多个所述感光单元包括多个所述第一感光单元、多个所述第二感光单元及多个所述第三感光单元，其可按照预设规则排列，例如图10所示的拜耳阵列排布、图11所示的蜂窝阵列排布或其它合适的排列方式。

[0130] 如图12所示，可进一步形成顶层介质层111以覆盖多个感光单元的顶面，所述顶层介质层111包括但不限于二氧化硅、氮化硅等绝缘材料。

[0131] 本实施例的CMOS图像传感器的制作方法中，在读出电路表面制作了周期性排列的多个像素结构，像素结构由光疏介质层－透明电极层－感光层－金属电极层组成，像素结构的感光面纵向设置，其中，入射光线进入所述光疏介质层之后，易发生折射进入所述透明电极层，从而进入所述感光层并产生光电信号，然后被所述读出电路读出。值得注意的是，为了促进入射光线在所述光疏介质层中发生折射进入所述感光层，在所述感光单元的上表面可以增加能散射光线的微结构，在所述感光单元的下表面可以增加光线反射层。

[0132] 本实施例的CMOS图像传感器的制作方法具有其优越性和可行性：（1）可以先完成读出电路制作，后通过一系列淀积刻蚀的过程制作感光单元；（2）在感光层平铺的方式中，像素尺寸不能做到极小，否则感光性能会降低，而本发明由于感光表面纵向设置，因此像素密度可以做到极高；（3）不需要额外的滤光板的制作，像素的尺寸易于进一步做小；（4）加入的光疏介质可有效地让入射光线发生折射进入感光层，从而提高入射光线的利用率。

[0133] 实施例二

[0134] 本实施例中提供一种CMOS图像传感器的制作方法，其执行与实施例一基本相同的步骤，不同之处在于，实施例一中感光单元作为像素结构的组成部分，而本实施例中，感光单元作为像素结构之间隔离结构的组成部分。

[0135] 首先请参阅图13，执行所述步骤S1：提供一基质层201。

[0136] 作为示例，所述基质层201可选用硅衬底、锗衬底、绝缘体上硅衬底、Ⅲ—Ⅴ族化合物衬底或其它合适的半导体衬底，其可以是P型掺杂或N型掺杂。

[0137] 作为示例，所述基质层201中设有在水平方向上间隔排列的多个光电二极管。本实施例中，多个所述光电二极管包括第一光电二极管202a、第二光电二极管202b及第三光电二极管202c，所述第一光电二极管202a用于感应红光，所述第二光电二极管202b用于感应绿光，所述第三光电二极管202c用于感应蓝光。

[0138] 再请参阅图14至图17，执行步骤S2：形成感光单元于所述基质层201中，所述感光单元包括在水平方向上依次排列的透明电极层205、感光层206及金属电极层207。

[0139] 具体地，如图14所示，采用光刻、刻蚀等图形化工艺形成隔离槽203于所述基质层201

中，并形成隔离层204于所述隔离槽203中，所述隔离层204覆盖所述隔离槽203的侧壁。本实施例中，所述隔离槽203位于相邻所述光电二极管之间，所述隔离层204还覆盖所述隔离槽203的底面。所述隔离层204包括但不限于氧化硅、氮化硅等绝缘材料。

[0140] 如图15所示，采用磁控溅射法或其它合适的方法形成所述透明电极层205于所述隔离槽203中，所述透明电极层205覆盖所述隔离层204的侧壁。所述透明电极层205的材质包括但不限于氧化铟锡（ITO）、掺铝氧化锌（AZO）、掺硼氧化锌（BZO）、掺氟二氧化锡（FTO）或其它合适的透明电极材料。

[0141] 如图16所示，形成所述感光层206于所述隔离槽203中，所述感光层206覆盖所述透明电极层205的侧壁。

[0142] 作为示例，所述感光层206可包括有机感光材料，例如富勒烯衍生物或其它合适的可感光有机物。本实施例中，所述感光层206优选包括富勒烯衍生物，其是一种在小尺寸下也能有效感光的有机材料，通过改变其连接的官能团，该材料能选择性地吸收不同波长的光线，并产生光电流。本实施例中，所述感光层206用于感应可见光范围内的光线。

[0143] 作为示例，可将包含富勒烯衍生物的溶液涂覆于所述透明电极层205的侧壁并干燥得到所述感光层203。

[0144] 作为示例，所述感光层206的厚度范围是50—100nm。

[0145] 如图17所示，采用溅射、电镀或其它合适的工艺形成所述金属电极层207于所述隔离槽203中，所述金属电极层207覆盖所述感光层206的侧壁。本实施例中，所述金属电极层207填充满所述隔离槽203剩余的空间。

[0146] 至此，形成感光单元于所述基质层201中，所述感光单元201包括在水平方向上依次排列的透明电极层205、感光层206及金属电极层207。

[0147] 请参阅图18及图19，可进一步形成读出电路，所述读出电路与所述感光单元电连接以读出所述感光单元产生的光电信号。本实施例中，所述读出电路包括位于所述基质层201中的读出电路有源区208及位于所述基质层201上的互连层，所述互连层包括介质层209及金属互连线210。

[0148] 作为示例，如图18所示，所述读出电路有源区208可通过离子注入或其它合适的工艺形成于所述基质层201中。如图19所示，所述介质层209包括但不限于氧化硅、氮化硅等绝缘材料，所述金属互连线210包括但不限于Cu、W等导电金属。可通过溅射、电镀、刻蚀等合适的工艺形成所述金属互连线210，且所述互连层可包括一层或多层所述金属互连线210。

[0149] 请参阅图20，可进一步形成滤光片于所述基质层201下方，所述滤光片可以是红色滤光片211a、蓝色滤光片211b或绿色滤光片211c。

[0150] 请参阅图21，可进一步形成微透镜212于所述滤光片下方，其中，入射光线经过所述微透镜212及所述滤光片进入所述基质层201中，并被所述光电二极管接收。

[0151] 本实施例的CMOS图像传感器的制作方法中，在光电二极管之间加入了隔离结构，隔离结构由隔离层–透明电极层–感光层–金属电极层–感光层–隔离层组成，可以有效地消除光电二极管之间的光学串扰。对于特定感光的光电二极管，与其最近的两层感光层可对可见光范围内的光线进行感光。以对红色感光的光电二极管为例，具有一定角度的红色的光线一方面被该光电二极管吸收，并产生光电信号；若是该光线未被光电二极管完全吸收，则会进入邻近的感光层中，并产生光电信号，通过透明电极层输出。

[0152] 本实施例的CMOS图像传感器的制作方法具有其优越性和可行性：（1）可以先完成光电二极管的制作，后制作隔离层–透明电极层–感光层–金属电极层–感光层–隔离层的多层结构；（2）由于光电二极管两侧的感光层可以吸收射向邻近光电二极管的光线，因此CMOS图像传感器的光学串扰可以得到有效抑制；（3）光电二极管两侧的感光层可以吸收射向邻近光电二极管的光线，并转化为光电信号，因此入射光线的能量利用率较高，像素的满阱容量也较高；（4）光学串扰可以得到有效抑制，且入射光线的能量利用率较高，因此像素的尺寸可以做到更低，CMOS图像传感器

的像素密度可以得到提高。

[0153] 实施例三

[0154] 本实施例中提供一种 CMOS 图像传感器，请参阅图 12，显示为该 CMOS 图像传感器的结构示意图，包括基质层（未图示）及感光单元，所述感光单元位于所述基质层中，所述感光单元包括在水平方向上依次排列的透明电极层 108、感光层及金属电极层 110。

[0155] 作为示例，所述感光单元包括光疏介质层 109，所述透明电极层 108 环绕于所述光疏介质层 109 四周，所述感光层环绕于所述透明电极层 108 四周，所述金属电极层 110 环绕于所述感光层四周。

[0156] 作为示例，所述 CMOS 图像传感器包括多个所述感光单元，相邻两个所述感光单元的所述金属电极层 110 相连。

[0157] 作为示例，所述 CMOS 图像传感器包括多个所述感光单元，多个所述感光单元包括多个第一感光单元、多个第二感光单元及多个第三感光单元，所述第一感光单元包括第一感光层 107a，所述第二感光单元包括第二感光层 107b，所述第三感光单元包括第三感光层 107c，所述第一感光层 107a 用于感应红光，所述第二感光层 107b 用于感应绿光，所述第三感光层 107c 用于感应蓝光。

[0158] 作为示例，多个所述第一感光单元、多个所述第二感光单元及多个所述第三感光单元呈拜耳阵列排布或蜂窝阵列排布。

[0159] 作为示例，所述 CMOS 图像传感器还包括读出电路，所述读出电路与所述感光单元电连接以读出所述感光单元产生的光电信号。本实施例中，所述读出电路包括衬底层 102、位于所述衬底层 102 中的读出电路有源区 103 及位于所述衬底层 102 上的互连层，所述互连层包括层间介质层 104 及金属互连线 105。

[0160] 作为示例，所述 CMOS 图像传感器还包括微结构及光线反射层（未图示），所述微结构位于所述感光单元的上表面以散射光线，所述光线反射层位于所述感光单元的下表面。

[0161] 作为示例，所述感光层可包括有机感光材料，例如富勒烯衍生物或其它合适的可感光有机物。本实施例中，所述感光层优选包括富勒烯衍生物，其是一种在小尺寸下也能有效感光的有机材料，通过改变其连接的官能团，该材料能选择性地吸收不同波长的光线，并产生光电流。本实施例中，所述第一感光层 107a、所述第二感光层 107b 及所述第三感光层 107c 的分子结构的官能团不同，进而可以实现对不同波长的光线进行感光。

[0162] 作为示例，所述感光层的厚度范围是 50—100nm。

[0163] 本实施例的 CMOS 图像传感器中，感光单元包括在水平方向上依次排列的透明电极层、感光层及金属电极层，其中所述感光单元作为像素结构中的感光部件，用以替代传统的光电二极管，由于感光层的感光表面纵向设置，因此可以极大提高像素密度，且由于不需要额外的滤光板，像素的尺寸易于进一步做小。

[0164] 实施例四

[0165] 本实施例中提供一种 CMOS 图像传感器，请参阅图 21，显示为该 CMOS 图像传感器的结构示意图，包括基质层 201 及感光单元，所述感光单元位于所述基质层 201 中，所述感光单元包括在水平方向上依次排列的透明电极层 205、感光层 206 及金属电极层 207。

[0166] 作为示例，所述基质层 201 中设有在水平方向上间隔排列的多个光电二极管，不同所述光电二极管分别被不同的所述感光单元所环绕，其中，所述透明电极层 205 环绕于所述光电二极管四周，所述感光层 206 环绕于所述透明电极层 205 四周，所述金属电极层 207 环绕于所述感光层 206 四周，相邻两个所述感光单元的所述金属电极层 207 相连。

[0167] 作为示例，所述 CMOS 图像传感器还包括设于所述光电二极管与所述感光单元之间的隔离层 204。

[0168] 作为示例，多个所述光电二极管包括第一光电二极管 202a、第二光电二极管 202b 及第三光电二极管 202c，所述第一光电二极管 202a 用于感应红光，所述第二光电二极管 202b 用于感应绿

光，所述第三光电二极管202c用于感应蓝光，所述感光层206用于感应可见光范围内的光线。

[0169] 作为示例，所述CMOS图像传感器还包括读出电路，所述读出电路与所述感光单元电连接以读出所述感光单元产生的光电信号。本实施例中，所述读出电路包括位于所述基质层201中的读出电路有源区208及位于所述基质层201上的互连层，所述互连层包括介质层209及金属互连线210。

[0170] 作为示例，所述CMOS图像传感器还包括滤光片及微透镜212，所述滤光片位于所述光电二极管与所述微透镜212之间。本实施例中，所述滤光片可以是红色滤光片211a、蓝色滤光片211b或绿色滤光片211c。

[0171] 作为示例，所述感光层206可包括有机感光材料，例如富勒烯衍生物或其它合适的可感光有机物。本实施例中，所述感光层206优选包括富勒烯衍生物，其是一种在小尺寸下也能有效感光的有机材料，通过改变其连接的官能团，该材料能选择性地吸收不同波长的光线，并产生光电流。本实施例中，通过调节富勒烯衍生物中官能团的成分，可使所述感光层206对可见光范围内的光线进行感光。

[0172] 作为示例，所述感光层206的厚度范围是50—100nm。

[0173] 本实施例的CMOS图像传感器中，感光单元包括在水平方向上依次排列的透明电极层、感光层及金属电极层，其中所述感光单元作为像素结构之间的隔离结构，一光电二极管四周的感光层可以吸收该光电二极管射向临近光电二极管的光线，并转化为光电信号，因此，入射光线的能量利用率较高，像素的满阱容量也较高，且光学串扰可以得到有效抑制，并且由于入射光线的能量利用率较高，像素的尺寸可以做得更小，使得CMOS图像传感器的像素密度得到提高。

[0174] 综上所述，本发明的CMOS图像传感器及其制作方法中，感光单元包括在水平方向上依次排列的透明电极层、感光层及金属电极层，其中所述感光单元可以作为像素结构中的感光部件，用以替代传统的光电二极管，由于感光层的感光表面纵向设置，因此可以极大提高像素密度，且由于不需要额外的滤光板，像素的尺寸易于进一步做小。本发明中，所述感光单元也可以作为像素结构之间的隔离结构，一光电二极管四周的感光层可以吸收该光电二极管射向临近光电二极管的光线，并转化为光电信号，因此，入射光线的能量利用率较高，像素的满阱容量也较高，且光学串扰可以得到有效抑制，并且由于入射光线的能量利用率较高，像素的尺寸可以做得更小，使得CMOS图像传感器的像素密度得到提高。所以，本发明有效克服了现有技术中的种种缺点而具高度产业利用价值。

[0175] 上述实施例仅例示性说明本发明的原理及其功效，而非用于限制本发明。任何熟悉此技术的人士皆可在不违背本发明的精神及范畴下，对上述实施例进行修饰或改变。因此，举凡所属技术领域中具有通常知识者在未脱离本发明所揭示的精神与技术思想下所完成的一切等效修饰或改变，仍应由本发明的权利要求所涵盖。

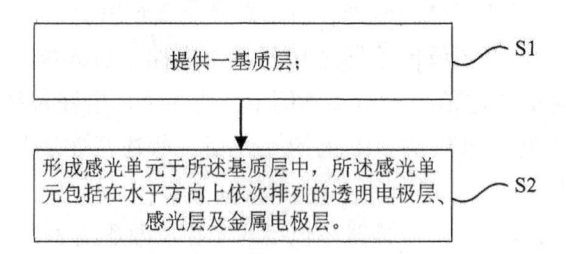

说 明 书 附 图

```
         ┌──────────────────────────┐
         │      提供一基质层;        │──S1
         └──────────────────────────┘
                      │
                      ▼
  ┌────────────────────────────────────┐
  │ 形成感光单元于所述基质层中,所述感光单 │
  │ 元包括在水平方向上依次排列的透明电极层、│──S2
  │        感光层及金属电极层。          │
  └────────────────────────────────────┘
```

图 1

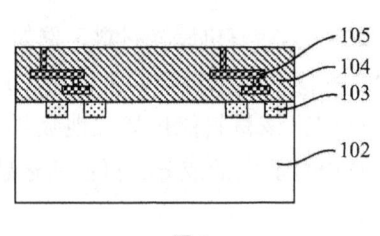

图 2

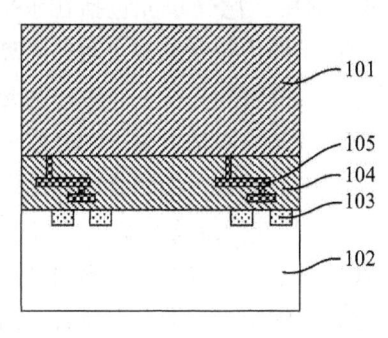

图 3

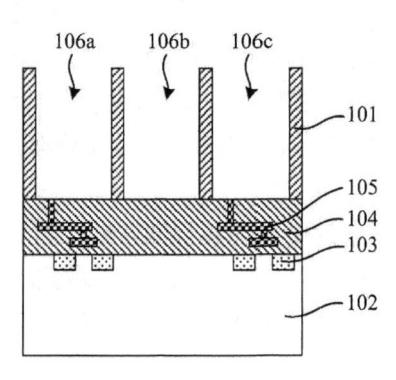

图 4

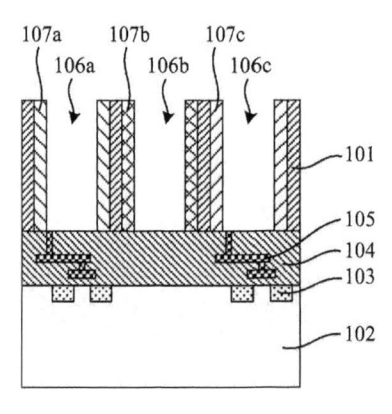

图 5

说 明 书 附 图

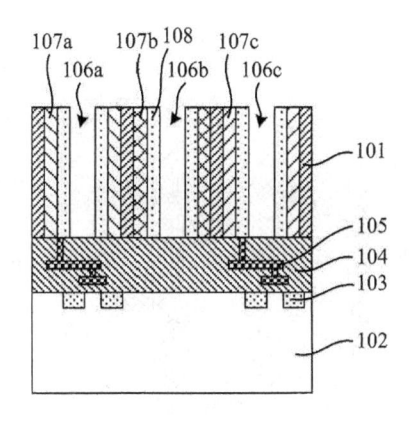

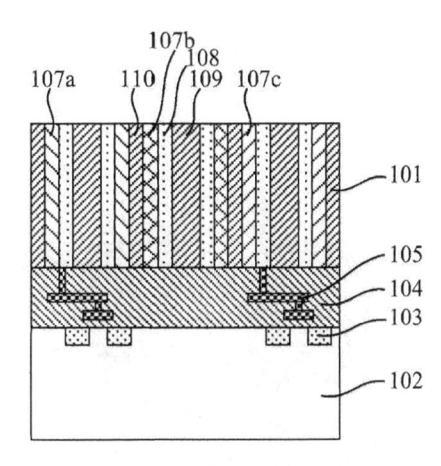

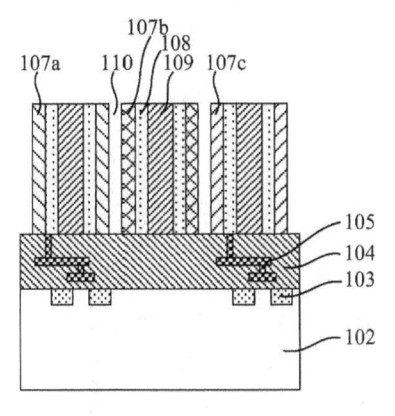

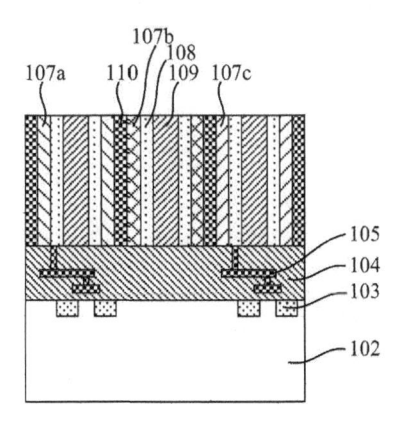

图 6

图 7

图 8

图 9

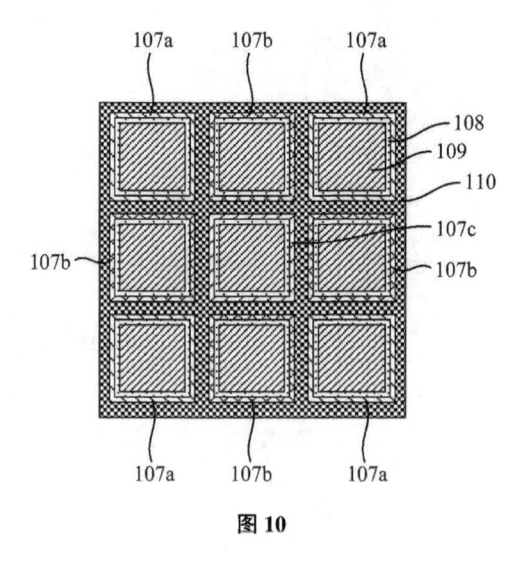

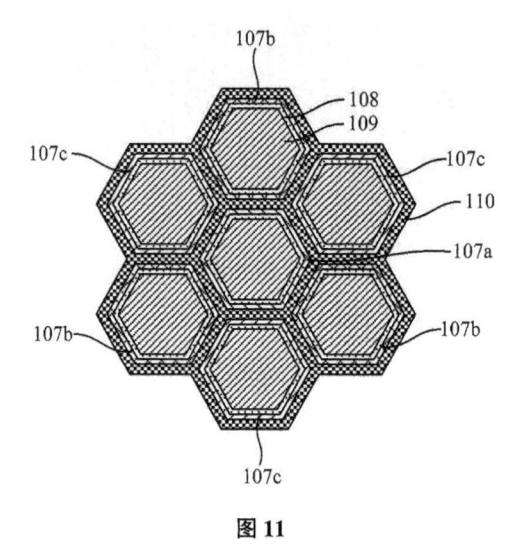

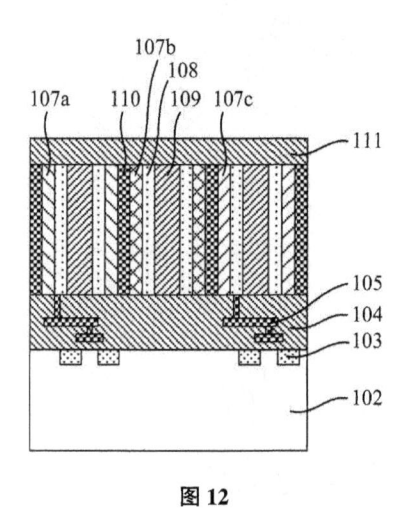

图 10

图 11

图 12

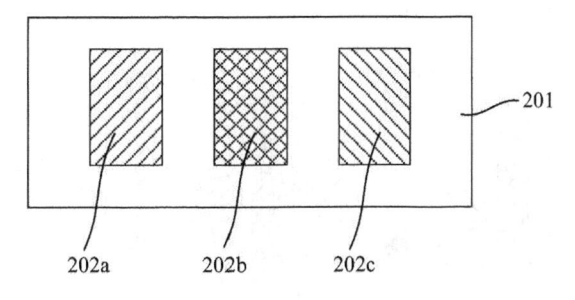

图 13

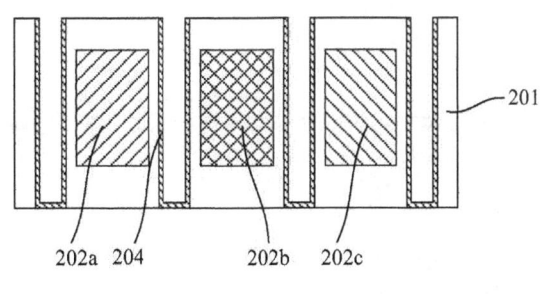

图 14

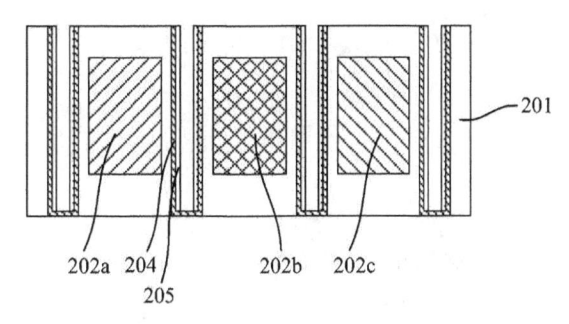

图 15

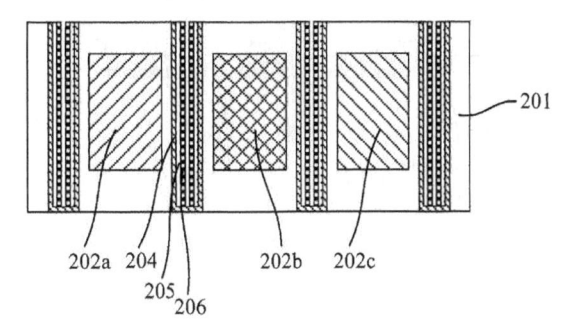

图 16

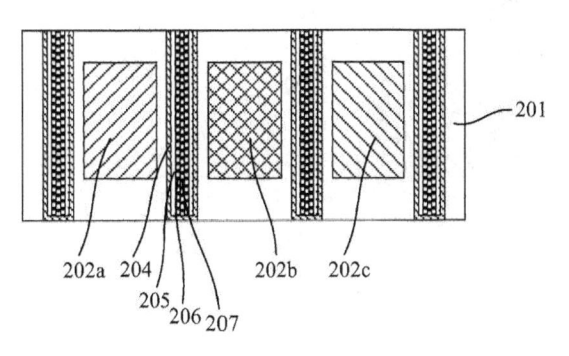

图 17

图 18

图 19

图 20

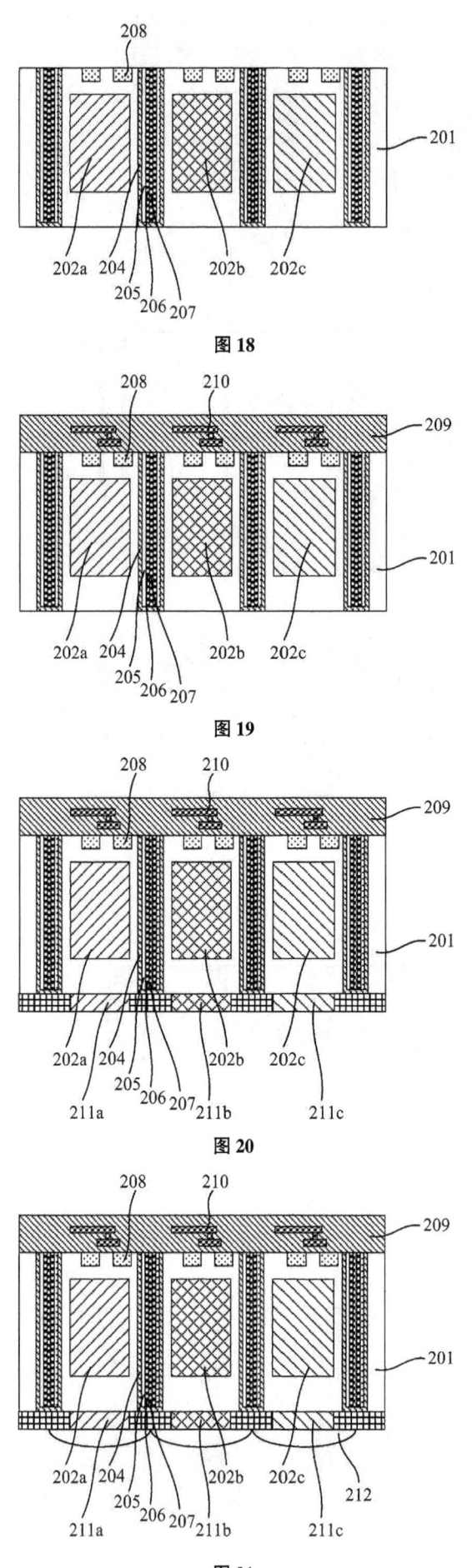

图 21

(19) 国家知识产权局

(12) 发明专利

(10) 授权公告号 CN 114821675 B
(45) 授权公告日 2022.11.15

(21) 申请号 202210745674.9
(22) 申请日 2022.06.29
(65) 同一申请的已公布的文献号
申请公布号 CN 114821675 A
(43) 申请公布日 2022.07.29
(73) 专利权人 阿里巴巴达摩院（杭州）科技有限公司
地址 310023 浙江省杭州市余杭区五常街道文一西路969号3幢5层516室
(72) 发明人 崔苗苗　谢宣松
(74) 专利代理机构 北京博浩百睿知识产权代理有限责任公司　11134
专利代理师 谢湘宁
(51) Int.Cl.
G06V 40/10 (2022.01)
G06V 40/70 (2022.01)
G06V 10/26 (2022.01)
G06V 10/774 (2022.01)
G06V 10/82 (2022.01)
G06T 19/00 (2011.01)
G06N 3/04 (2006.01)
G06N 3/08 (2006.01)

(56) 对比文件
CN 114049468 A, 2022.02.15
CN 114049468 A, 2022.02.15
CN 113223125 A, 2021.08.06
CN 111833457 A, 2020.10.27
CN 113658303 A, 2021.11.16
CN 113298858 A, 2021.08.24
CN 111744200 A, 2020.10.09

审查员 刘梦晨

(54) 发明名称
对象的处理方法、系统和处理器

(57) 摘要
本发明公开了一种对象的处理方法、系统和处理器。其中，该方法包括：获取生物对象的原始图像；对原始图像进行重建，得到生物对象的生物模型，其中，生物模型用于模拟得到生物对象在虚拟世界中的虚拟形象；分别驱动生物模型中多个部位模型执行与部位模型匹配的动效信息，其中，动效信息用于表征驱动后的部位模型产生的视觉动效；将驱动后的生物模型融合至虚拟世界的场景素材中，得到目标动像，其中，目标动像用于表示生物模型在虚拟世界中呈现出动效结果。本发明基于三维建模、模型驱动等手段，解决了对对象进行模拟的效果差的技术问题。

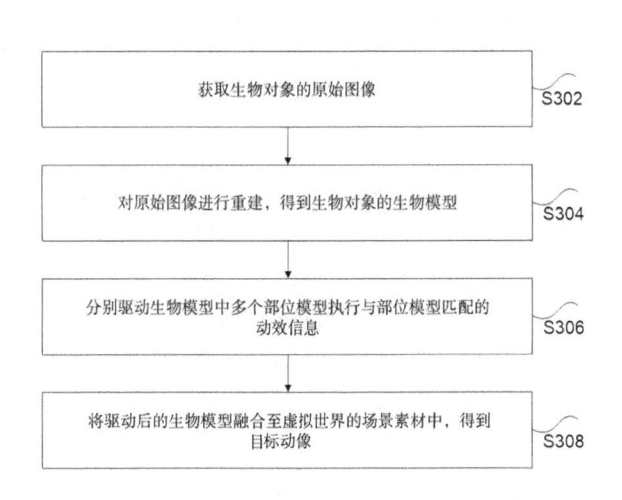

权 利 要 求 书

1. 一种对象的处理方法，其特征在于，包括：

获取生物对象的原始图像；

对所述原始图像进行重建，得到所述生物对象的生物模型，其中，所述生物模型用于模拟得到所述生物对象在虚拟世界中的虚拟形象；

分别驱动所述生物模型中多个部位模型执行与所述部位模型匹配的动效信息，其中，所述动效信息用于表征驱动后的所述部位模型产生的视觉动效；

将驱动后的所述生物模型融合至所述虚拟世界的场景素材中，得到目标动像，其中，所述目标动像用于表示所述生物模型在所述场景素材中呈现出动效结果；

其中，对所述原始图像进行重建，得到所述生物对象的生物模型，包括：对所述多个部位的部位图像进行重建，得到所述生物对象的多个部位的所述部位模型；将所述多个部位的部位模型进行合并，生成所述生物模型；

所述原始图像包括与躯干图像关联的躯干配饰图像，和/或，与肢体图像关联的肢体配饰图像，对所述多个部位的部位图像进行重建，得到所述生物对象的多个部位的所述部位模型，包括：对所述部位图像中的所述躯干图像和所述躯干配饰图像的配饰纹理进行重建，得到躯干模型；和/或对所述部位图像中的所述肢体图像和所述肢体配饰图像的肢体配饰纹理进行重建，得到肢体模型。

2. 根据权利要求 1 所述的方法，其特征在于，所述原始图像包括所述生物对象的多个部位的图像，其中，对所述多个部位的部位图像进行重建，得到所述生物对象的多个部位的所述部位模型，包括：

提取所述原始图像中所述生物对象的多个部位的部位图像，其中，所述部位图像包括：头部图像、所述躯干图像和所述肢体图像；

对所述多个部位的部位图像进行重建，得到所述生物对象的多个部位的所述部位模型，其中，所述部位模型包括：用于模拟所述生物对象的头部的头部模型、用于模拟所述生物对象的躯干的所述躯干模型、用于模拟所述生物对象的肢体的所述肢体模型。

3. 根据权利要求 2 所述的方法，其特征在于，分别驱动所述生物模型中多个部位模型执行与所述部位模型匹配的动效信息，包括以下至少之一：

驱动所述头部模型执行与所述头部模型匹配的头部动效信息，其中，所述动效信息包括所述头部动效信息，所述头部动效信息用于表征驱动后的所述头部模型产生的视觉功效；

驱动所述躯干模型执行与所述躯干模型匹配的躯干动效信息，其中，所述动效信息包括所述躯干动效信息，所述躯干动效信息用于表征驱动后的所述躯干模型产生的视觉功效；

驱动所述肢体模型执行与所述肢体模型匹配的肢体动效信息，其中，所述动效信息包括所述肢体动效信息，所述肢体动效信息用于表征驱动后的所述躯干模型产生的视觉功效。

4. 根据权利要求 3 所述的方法，其特征在于，所述方法还包括：

基于所述对象的媒体信息获取所述头部动效信息，其中，所述媒体信息与所述头部模型的视觉动效相关联，且所述头部模型的视觉动效包括所述对象的以下至少之一：面部表情的视觉动效、头部姿态的视觉动效和头部配饰的视觉动效。

5. 根据权利要求 3 所述的方法，其特征在于，所述方法还包括：

基于所述对象的躯干姿态信息和所述虚拟世界中的位置信息，获取所述躯干动效信息，其中，所述躯干姿态信息与所述躯干模型的视觉动效相关联，且所述躯干模型的视觉动效包括所述躯干模型的以下至少之一信息：躯干的视觉动效、躯干配饰的视觉动效，所述位置信息用于表示所述生物模型在所述虚拟世界中的位置；和/或

基于所述对象的肢体姿态信息和所述位置信息，获取所述肢体动效信息，其中，所述肢体姿态信息与所述肢体模型的视觉动效相关联，且所述肢体模型的视觉动效包括所述肢体模型的以下至少之一信息：肢体的视觉动效、肢体配饰的视觉动效。

6. 根据权利要求 5 所述的方法，其特征在于，将驱动后的所述生物模型融合至所述虚拟世界的

场景素材，得到目标动像，包括：

将驱动后的所述生物模型，添加至所述场景素材中与所述位置对应的图像位置，得到所述目标动像。

7. 根据权利要求2所述的方法，其特征在于，对所述多个部位的部位图像进行重建，得到所述生物对象的多个部位的所述部位模型，包括：

对所述头部图像进行识别，得到所述头部的几何信息；

基于所述头部的几何信息和所述头部的纹理贴图，生成所述头部模型。

8. 根据权利要求2所述的方法，其特征在于，对所述多个部位的部位图像进行重建，得到所述生物对象的多个部位的所述部位模型，包括：

对所述躯干图像进行识别，得到所述生物对象的躯干的关键点；基于所述躯干的关键点确定所述躯干的几何信息；基于所述躯干的几何信息和所述躯干的皮肤纹理生成所述躯干模型；和/或

对所述肢体图像进行识别，得到所述生物对象的肢体的关键点；基于所述肢体的关键点确定所述肢体的几何信息；基于所述肢体的几何信息和所述肢体的皮肤纹理生成所述肢体模型。

9. 根据权利要求1所述的方法，其特征在于，所述方法还包括：

获取虚拟现实VR场景或增强现实AR场景的原始场景图像或者视频；

基于所述原始场景图像或者视频对所述VR场景或所述AR场景进行重建，得到所述虚拟世界的场景素材。

10. 一种对象的处理方法，其特征在于，包括：

在虚拟现实VR设备或增强现实AR设备的呈现画面上展示生物对象的原始图像；

对所述原始图像进行重建，得到所述生物对象的生物模型，其中，所述生物模型用于在所述VR设备或所述AR设备中模拟得到所述生物对象在虚拟世界中的虚拟形象；

分别驱动所述生物模型中多个部位模型执行与所述部位模型匹配的动效信息，其中，所述动效信息用于表征驱动后的所述部位模型产生的视觉动效；

将驱动后的所述生物模型融合至所述虚拟世界的场景素材中，得到目标动像，其中，所述目标动像用于表示所述生物模型在所述虚拟世界中呈现出动效结果；

驱动所述VR设备或所述AR设备展示所述目标动像；

其中，对所述原始图像进行重建，得到所述生物对象的生物模型，包括：对所述多个部位的部位图像进行重建，得到所述生物对象的多个部位的所述部位模型；将所述多个部位的部位模型进行合并，生成所述生物模型；

所述原始图像包括与躯干图像关联的躯干配饰图像，和/或，与肢体图像关联的肢体配饰图像，对所述多个部位的部位图像进行重建，得到所述生物对象的多个部位的所述部位模型，包括：对所述部位图像中的所述躯干图像和所述躯干配饰图像的配饰纹理进行重建，得到躯干模型；和/或对所述部位图像中的所述肢体图像和所述肢体配饰图像的肢体配饰纹理进行重建，得到肢体模型。

11. 一种对象的处理方法，其特征在于，包括：

响应作用于虚拟现实VR设备或增强现实AR设备的操作界面上的图像输入指令，在所述操作界面上显示生物对象的原始图像；

响应作用于所述操作界面上的图像生成指令，驱动所述VR设备或所述AR设备在所述操作界面上显示所述生物对象的目标动像，其中，所述目标动像为将驱动后的生物模型融合至虚拟世界的场景素材中得到，且用于表示所述生物模型在所述虚拟世界中呈现出动效结果，分别驱动所述生物模型中多个部位模型执行与所述生物模型匹配的动效信息，所述动效信息用于表征驱动后的所述部位模型产生的视觉动效，所述生物模型为对所述原始图像进行重建得到，且用于模拟得到所述生物对象在虚拟世界中的虚拟形象；

其中，对所述原始图像进行重建，得到所述生物对象的生物模型，包括：对所述多个部位的部位图像进行重建，得到所述生物对象的多个部位的所述部位模型；将所述多个部位的部位模型进行

合并，生成所述生物模型；

所述原始图像包括与躯干图像关联的躯干配饰图像，和/或，与肢体图像关联的肢体配饰图像，对所述多个部位的部位图像进行重建，得到所述生物对象的多个部位的所述部位模型，包括：对所述部位图像中的所述躯干图像和所述躯干配饰图像的配饰纹理进行重建，得到躯干模型；和/或对所述部位图像中的所述肢体图像和所述肢体配饰图像的肢体配饰纹理进行重建，得到肢体模型。

12. 一种对象的处理系统，其特征在于，包括：第一处理端和第二处理端，所述第一处理端为云端或移动终端，所述第二处理端为云算法后台或移动终端算法后台，其中，

所述第一处理端，用于获取生物对象的原始图像；

所述第二处理端，用于对所述原始图像进行重建，得到所述生物对象的生物模型，其中，所述生物模型用于模拟得到所述生物对象在虚拟世界中的虚拟形象；分别驱动所述生物模型中多个部位模型执行与所述部位模型匹配的动效信息，其中，所述动效信息用于表征驱动后的所述部位模型产生的视觉动效；通过云算法模块将驱动后的所述生物模型融合至所述虚拟世界的场景素材中，并渲染得到目标动像，其中，所述目标动像用于表示所述生物模型在所述虚拟世界中呈现出动效结果；输出所述目标动像；

其中，对所述原始图像进行重建，得到所述生物对象的生物模型，包括：对所述多个部位的部位图像进行重建，得到所述生物对象的多个部位的所述部位模型；将所述多个部位的部位模型进行合并，生成所述生物模型；

所述原始图像包括与躯干图像关联的躯干配饰图像，和/或，与肢体图像关联的肢体配饰图像，所述第二处理端还通过以下步骤对所述多个部位的部位图像进行重建，得到所述生物对象的多个部位的所述部位模型，包括：对所述部位图像中的所述躯干图像和所述躯干配饰图像的配饰纹理进行重建，得到躯干模型；和/或对所述部位图像中的所述肢体图像和所述肢体配饰图像的肢体配饰纹理进行重建，得到肢体模型。

13. 一种对象的处理系统，其特征在于，包括：服务器和虚拟现实 VR 设备或增强现实 AR 设备，其中，

所述服务器，用于获取生物对象的原始图像；对所述原始图像进行重建，得到所述生物对象的生物模型，其中，所述生物模型用于在所述 VR 设备或所述 AR 设备中模拟得到所述生物对象在虚拟世界中的虚拟形象；分别驱动所述生物模型中多个部位模型执行与所述生物模型匹配的动效信息，其中，所述动效信息用于表征驱动后的所述部位模型产生的视觉动效；

所述 VR 设备或所述 AR 设备，用于接收所述服务器下发的驱动后的所述生物模型，且将驱动后的所述生物模型融合至所述虚拟世界的场景素材中，得到目标动像，其中，所述目标动像用于表示所述生物模型在所述虚拟世界中呈现出动效结果；

其中，对所述原始图像进行重建，得到所述生物对象的生物模型，包括：对所述多个部位的部位图像进行重建，得到所述生物对象的多个部位的所述部位模型；将所述多个部位的部位模型进行合并，生成所述生物模型；

所述原始图像包括与躯干图像关联的躯干配饰图像，和/或，与肢体图像关联的肢体配饰图像，所述服务器还通过以下步骤对所述多个部位的部位图像进行重建，得到所述生物对象的多个部位的所述部位模型，包括：对所述部位图像中的所述躯干图像和所述躯干配饰图像的配饰纹理进行重建，得到躯干模型；和/或对所述部位图像中的所述肢体图像和所述肢体配饰图像的肢体配饰纹理进行重建，得到肢体模型。

14. 一种处理器，其特征在于，所述处理器用于运行程序，其中，所述程序运行时执行权利要求 1 至 11 中任意一项所述的方法。

说 明 书

对象的处理方法、系统和处理器

技术领域

[0001] 本发明涉及计算机领域，具体而言，涉及一种对象的处理方法、系统和处理器。

背景技术

[0002] 目前，针对对对象的处理方案，通常是采取固定的场景动画，人物形象过于卡通、呆板，不带有用户本人的信息，无法将对象与场景进行融合，存在对对象进行模拟的效果差的技术问题。针对上述的问题，目前尚未提出有效的解决方案。

发明内容

[0003] 本发明实施例提供了一种对象的处理方法、系统和处理器，以至少基于三维建模、模型驱动等手段，解决对对象进行模拟的效果差的技术问题。

[0004] 根据本发明实施例的一个方面，提供了一种对象的处理方法，包括：获取生物对象的原始图像；对原始图像进行重建，得到生物对象的生物模型，其中，生物模型用于模拟得到生物对象在虚拟世界中的虚拟形象；分别驱动生物模型中多个部位模型执行与部位模型匹配的动效信息，其中，动效信息用于表征驱动后的部位模型产生的视觉动效；将驱动后的生物模型融合至虚拟世界的场景素材中，得到目标动像，其中，目标动像用于表示生物模型在虚拟世界中呈现出动效结果。

[0005] 根据本发明实施例的另一方面，还提供了一种对象的处理方法，包括：在虚拟现实VR设备或增强现实AR设备的呈现画面上展示生物对象的原始图像；对原始图像进行重建，得到生物对象的生物模型，其中，生物模型用于在VR设备或AR设备中模拟得到生物对象在虚拟世界中的虚拟形象；分别驱动生物模型中多个部位模型执行与部位模型匹配的动效信息，其中，动效信息用于表征驱动后的部位模型产生的视觉动效；将驱动后的生物模型融合至虚拟世界的场景素材中，得到目标动像，其中，目标动像用于表示生物模型在虚拟世界中呈现出动效结果；驱动VR设备或AR设备展示目标动像。

[0006] 根据本发明实施例的另一方面，还提供了一种对象的处理方法，包括：响应作用于虚拟现实VR设备或增强现实AR设备的操作界面上的图像输入指令，在操作界面上显示生物对象的原始图像；响应作用于操作界面上的图像生成指令，驱动VR设备或AR设备在操作界面上显示生物对象的目标动像，其中，目标动像为将驱动后的生物模型融合至虚拟世界的场景素材中得到，且用于表示生物模型在虚拟世界中呈现出动效结果，分别驱动生物模型中多个部位模型执行与部位模型匹配的动效信息，动效信息用于表征驱动后的部位模型产生的视觉动效，生物模型为对原始图像进行重建得到，且用于模拟得到生物对象在虚拟世界中的虚拟形象。

[0007] 根据本发明实施例的另一方面，还提供了一种对象的处理方法，包括：通过调用第一接口获取生物对象的原始图像，其中，第一接口包括第一参数，第一参数的参数值为原始图像；对原始图像进行重建，得到生物对象的生物模型，其中，生物模型用于模拟得到生物对象在虚拟世界中的虚拟形象；分别驱动生物模型中多个部位模型执行与部位模型匹配的动效信息，其中，动效信息用于表征驱动后的部位模型产生的视觉动效；将驱动后的生物模型融合至虚拟世界的场景素材中，得到目标动像，其中，目标动像用于表示生物模型在虚拟世界中呈现出动效结果；通过调用第二接口输出目标动像，其中，第二接口包括第二参数，第二参数的参数值为目标动像。

[0008] 本发明实施例还提供了一种对象的处理系统。该对象的处理系统包括：第一处理端和第二处理端，第一处理端为云端或移动终端，第二处理端为云算法后台或移动终端算法后台，其中，第一处理端，用于获取生物对象的原始图像；第二处理端，用于对原始图像进行重建，得到生物对象的生物模型，其中，生物模型用于模拟得到生物对象在虚拟世界中的虚拟形象；分别驱动生物模

型中多个部位模型执行与部位模型匹配的动效信息,其中,动效信息用于表征驱动后的部位模型产生的视觉动效;通过云算法模块将驱动后的生物模型融合至虚拟世界的场景素材中,并渲染得到目标动像,其中,目标动像用于表示生物模型在虚拟世界中呈现出动效结果;输出目标动像。

[0009] 本发明实施例还提供了另一种对象的处理系统,包括:服务器和虚拟现实VR设备或增强现实AR设备,其中,服务器用于获取生物对象的原始图像;对原始图像进行重建,得到生物对象的生物模型,其中,生物模型用于在VR设备或AR设备中模拟得到生物对象在虚拟世界中的虚拟形象;分别驱动生物模型中多个部位模型执行与部位模型匹配的动效信息,其中,动效信息用于表征驱动后的部位模型产生的视觉动效;VR设备或AR设备,用于接收服务器下发的驱动后的生物模型,且将驱动后的生物模型融合至虚拟世界的场景素材中,得到目标动像,其中,目标动像用于表示生物模型在虚拟世界中呈现出动效结果。

[0010] 本发明实施例还提供了一种对象的处理装置,包括:获取单元,用于获取生物对象的原始图像;第一重建单元,用于对原始图像进行重建,得到生物对象的生物模型,其中,生物模型用于模拟得到生物对象在虚拟世界中的虚拟形象;第一驱动单元,用于分别驱动生物模型中多个部位模型执行与部位模型匹配的动效信息,其中,动效信息用于表征驱动后的部位模型产生的视觉动效;第一融合单元,用于将驱动后的生物模型融合至虚拟世界的场景素材中,得到目标动像,其中,目标动像用于表示生物模型在虚拟世界中呈现出动效结果。

[0011] 本发明实施例还提供了一种对象的处理装置,包括:展示单元,用于在虚拟现实VR设备或增强现实AR设备的呈现画面上展示生物对象的原始图像;第二重建单元,用于对原始图像进行重建,得到生物对象的生物模型,其中,生物模型用于在VR设备或AR设备中模拟得到生物对象在虚拟世界中的虚拟形象;第二驱动单元,用于分别驱动生物模型中多个部位模型执行与部位模型匹配的动效信息,其中,动效信息用于表征驱动后的部位模型产生的视觉动效;第二融合单元,用于将驱动后的生物模型融合至虚拟世界的场景素材中,得到目标动像,其中,目标动像用于表示生物模型在虚拟世界中呈现出动效结果;第三驱动单元,用于驱动VR设备或AR设备展示目标动像。

[0012] 本发明实施例还提供了一种对象的处理装置,包括:第一显示单元,用于响应作用于虚拟现实VR设备或增强现实AR设备的操作界面上的图像输入指令,在操作界面上显示生物对象的原始图像;第二显示单元,用于响应作用于操作界面上的图像生成指令,驱动VR设备或AR设备在操作界面上显示生物对象的目标动像,其中,目标动像为将驱动后的生物模型融合至虚拟世界的场景素材中得到,且用于表示生物模型在虚拟世界中呈现出动效结果,分别驱动生物模型中多个部位模型执行与部位模型匹配的动效信息,动效信息用于表征驱动后的部位模型产生的视觉动效,生物模型为对原始图像进行重建得到,且用于模拟得到生物对象在虚拟世界中的虚拟形象。

[0013] 本发明实施例还提供了一种对象的处理装置,包括:第一调用单元,用于通过调用第一接口获取生物对象的原始图像,其中,第一接口包括第一参数,第一参数的参数值为原始图像;第三重建单元,用于对原始图像进行重建,得到生物对象的生物模型,其中,生物模型用于模拟得到生物对象在虚拟世界中的虚拟形象;第四驱动单元,用于分别驱动生物模型中多个部位模型执行与部位模型匹配的动效信息,其中,动效信息用于表征驱动后的部位模型产生的视觉动效;第三融合单元,用于将驱动后的生物模型融合至虚拟世界的场景素材中,得到目标动像,其中,目标动像用于表示生物模型在虚拟世界中呈现出动效结果;输出单元,用于通过调用第二接口输出目标动像,其中,第二接口包括第二参数,第二参数的参数值为目标动像。

[0014] 本发明实施例还提供了一种处理器。该处理器用于运行程序,其中,程序运行时执行本发明实施例的对象的处理方法。

[0015] 在本发明实施例中,获取生物对象的原始图像;对原始图像进行重建,得到生物对象的生物模型,其中,生物模型用于模拟得到生物对象在虚拟世界中的虚拟形象;分别驱动生物模型中多个部位模型执行与部位模型匹配的动效信息,其中,动效信息用于表征驱动后的部位模型产生的视觉动效;将驱动后的生物模型融合至虚拟世界的场景素材中,得到目标动像,其中,目标动像用

于表示生物模型在虚拟世界中呈现出动效结果。也就是说，本发明实施例基于重建生物对象的原始图像生成相对应的生物模型，通过驱动该生物模型执行相匹配的动效信息，进而将生物模型融合至虚拟世界，避免了对对象进行模拟的单调和固化，从而实现了提高对对象进行模拟的效果的技术效果，进而解决了对对象进行模拟的效果差的技术问题。

附图说明

[0016] 此处所说明的附图用来提供对本发明的进一步理解，构成本申请的一部分，本发明的示意性实施例及其说明用于解释本发明，并不构成对本发明的不当限定。在附图中：

[0017] 图1是根据本发明实施例的一种用于实现对象的处理方法的计算机终端（或移动设备）的硬件结构框图；

[0018] 图2是根据本发明实施例的一种用于实现对象的处理方法的虚拟现实设备的硬件结构框图；

[0019] 图3是根据本发明实施例的一种对象的处理方法的流程图；

[0020] 图4是根据本发明实施例的另一种对象的处理方法的流程图；

[0021] 图5是根据本发明实施例的另一种对象的处理方法的流程图；

[0022] 图6是根据本发明实施例的另一种对象的处理方法的流程图；

[0023] 图7是根据本发明实施例的一种对象的处理系统的示意图；

[0024] 图8是根据本发明实施例的一种在真人主播场景下的虚拟人的示意图；

[0025] 图9是根据本发明实施例的一种虚拟人的示意图；

[0026] 图10是根据本发明实施例的一种对象的处理框架的流程图；

[0027] 图11是根据本发明实施例的一种脸部重建方法的示意图；

[0028] 图12是根据本发明实施例的一种基于3D点云策略优化几何拓扑结构的示意图；

[0029] 图13是根据本发明实施例的一种重建人体图像的方法的示意图；

[0030] 图14是根据本发明实施例的一种建立通用服饰数据库的方法的示意图；

[0031] 图15是根据本发明实施例的一种实现头部动效的方法的流程图；

[0032] 图16是根据本发明实施例的一种实现身体动效的方法的流程图；

[0033] 图17是根据本发明实施例的一种场景融合的方法的示意图；

[0034] 图18是根据本发明实施例的一种场景与虚拟人融合后拟真效果的示意图；

[0035] 图19是根据本发明实施例的另一种对象的处理装置的示意图；

[0036] 图20是根据本发明实施例的另一种对象的处理装置的示意图；

[0037] 图21是根据本发明实施例的另一种对象的处理装置的示意图；

[0038] 图22是根据本发明实施例的另一种对象的处理装置的示意图；

[0039] 图23是根据本发明实施例的一种计算机终端的结构框图。

具体实施方式

[0040] 为了使本技术领域的人员更好地理解本发明方案，下面将结合本发明实施例中的附图，对本发明实施例中的技术方案进行清楚、完整的描述。显然，所描述的实施例仅仅是本发明一部分的实施例，而不是全部的实施例。基于本发明中的实施例，本领域普通技术人员在没有做出创造性劳动前提下所获得的所有其他实施例，都应当属于本发明保护的范围。

[0041] 需要说明的是，本发明的说明书和权利要求书及上述附图中的术语"第一"、"第二"等是用于区别类似的对象，而不必用于描述特定的顺序或先后次序。应该理解这样使用的数据在适当情况下可以互换，以便这里描述的本发明的实施例能够以除了在这里图示或描述的那些以外的顺序实施。此外，术语"包括"和"具有"以及它们的任何变形，意图在于覆盖不排他的包含，例如，包含了一系列步骤或单元的过程、方法、系统、产品或设备不必限于清楚地列出的那些步骤或单元，而是可包括没有清楚地列出的或对于这些过程、方法、产品或设备固有的其他步骤或单元。

[0042] 首先，在对本申请实施例进行描述的过程中出现的部分名词或术语适用于如下解释：

[0043] 视觉智能开放平台（AIME），通过对输入的个人图片（脸部+人体）进行数字化重建与内容创作，可以用于执行本发明实施例提供的一种对象的处理方法；

[0044] 虚拟形象（Avatar），网络虚拟人物（虚拟人）形象；

[0045] 三维网格（Three-Dimensional Mesh，简称为3DMesh），可以指对人物头部及身体的几何建模而输出的三维网格拓扑结果，主要表征身体的外形轮廓信息；

[0046] 参数化人体模型（Skinned Multi-Person Linear Model，简称为SMPL模型），可以用于进行任意的人体建模和动画驱动；

[0047] 纹理贴图（UV MAP），可以指将三维表面投射到二维上展开后的表面纹理贴图，主要用来表征3D重建物体的纹理信息；

[0048] 表情驱动，可以用于通过输入语音或者视频，实现对虚拟形象的面部表情进行变换驱动，实现虚拟形象说话时有表情的动态效果；

[0049] 人体驱动，可以用于通过预设一段动作序列，驱动一个虚拟形象生成各种各样的身体姿态，从而形成比较流畅的人体动态视频，其中，动作序列可以是由设计师设计好的，也可以是从一段动作视频中通过算法提取的，也可以是通过动作捕捉设备捕捉的；

[0050] 场景融合，可以用于将一个有表情有动作的虚拟形象，融合到一个真实的物理场景中，其中，真实的物理场景可以是3D虚拟设计的场景，也可以是现实拍摄的场景；

[0051] 生成对抗网络（Generative Adversarial Network，简称为GAN），可以用于自动地学习原始真实样本集的数据分布，建立相应的模型；

[0052] 神经辐射场（Neural Radiance Field，简称为NeRF），可以用于非显式地将复杂静态场景通过神经网络进行建模，也可以用于通过在已知视角下对场景进行一系列的捕获，合成新视角下的图像；

[0053] 中间文件存储，是基于渲染引擎构建的一套公共协议。

[0054] 实施例1

[0055] 根据本发明实施例，还提供了一种对象的处理方法实施例。需要说明的是，在附图的流程图示出的步骤可以在诸如一组计算机可执行指令的计算机系统中执行，并且，虽然在流程图中示出了逻辑顺序，但是在某些情况下，可以以不同于此处的顺序执行所示出或描述的步骤。

[0056] 本申请实施例1所提供的方法实施例可以在移动终端、计算机终端或者类似的运算装置中执行。图1示出了一种用于实现对象的处理方法的计算机终端（或移动设备）的硬件结构框图。如图1所示，计算机终端10（或移动设备10）可以包括一个或多个（图中采用102a、102b、……、102n来示出）处理器102（处理器可以包括但不限于微处理器MCU或可编程逻辑器件FPGA等的处理装置）、用于存储数据的存储器104、以及用于通信功能的传输模块106。除此以外，还可以包括：显示器、输入/输出接口（I/O接口）、通用串行总线（USB）端口（可以作为BUS总线的端口中的一个端口被包括）、网络接口、电源和/或相机。本领域普通技术人员可以理解，图1所示的结构仅为示意，其并不对上述电子装置的结构造成限定。例如，计算机终端10还可包括比图1中所示更多或者更少的组件，或者具有与图1所示不同的配置。

[0057] 应当注意到的是上述一个或多个处理器和/或其他对象的处理电路在本文中通常可以被称为"对象的处理电路"。该对象的处理电路可以全部或部分地体现为软件、硬件、固件或其他任意组合。此外，对象的处理电路可为单个独立的处理模块，或全部或部分的结合到计算机终端10（或移动设备）中的其他元件中的任意一个内。如本申请实施例中所涉及的，该对象的处理电路作为一种处理器控制（例如与接口连接的可变电阻终端路径的选择）。

[0058] 存储器104可用于存储应用软件的软件程序以及模块，如本发明实施例中的对象的处理方法对应的程序指令/数据存储装置，处理器通过运行存储在存储器104内的软件程序以及模块，从而执行各种功能应用以及数据处理，即实现上述的对象的处理方法。存储器104可包括高速随机存

储器，还可包括非易失性存储器，如一个或者多个磁性存储装置、闪存，或者其他非易失性固态存储器。在一些实例中，存储器104可进一步包括相对于处理器远程设置的存储器，这些远程存储器可以通过网络连接至计算机终端10。上述网络的实例包括但不限于互联网、企业内部网、局域网、移动通信网及其组合。

[0059] 传输装置106用于经由一个网络接收或者发送数据。上述的网络具体实例可包括计算机终端10的通信供应商提供的无线网络。在一个实例中，传输装置106包括一个网络适配器（Network Interface Controller，NIC），其可通过基站与其他网络设备相连从而可与互联网进行通信。在一个实例中，传输装置106可以为射频（Radio Frequency，RF）模块，其用于通过无线方式与互联网进行通信。

[0060] 显示器可以例如触摸屏式的液晶显示器（LCD），该液晶显示器可使得用户能够与计算机终端10（或移动设备）的用户界面进行交互。

[0061] 图2是根据本发明实施例的一种用于实现对象的处理方法的虚拟现实设备的硬件结构框图。如图2所示，虚拟现实设备204与终端206相连接，终端206与服务器202通过网络进行连接，上述虚拟现实设备204并不限定于：虚拟现实头盔、虚拟现实眼镜、虚拟现实一体机等，上述终端206并不限定于PC、手机、平板电脑等，服务器202可以为媒体文件运营商对应的服务器，上述网络包括但不限于：广域网、城域网或局域网。

[0062] 可选地，该实施例的虚拟现实设备204包括：存储器、处理器和传输装置。存储器用于存储应用程序，该应用程序可以用于执行：获取生物对象的原始图像；对原始图像进行重建，得到生物对象的生物模型，其中，生物模型用于模拟得到生物对象在虚拟世界中的虚拟形象；分别驱动生物模型中多个部位模型执行与部位模型匹配的动效信息，其中，动效信息用于表征驱动后的部位模型产生的视觉动效；将驱动后的生物模型融合至虚拟世界的场景素材中，得到目标动像，其中，目标动像用于表示生物模型在虚拟世界中呈现出动效结果，从而实现了提高对对象进行模拟的效果的技术效果，基于三维建模、模型驱动等手段，进而解决了对对象进行模拟的效果差的技术问题。

[0063] 该实施例的终端可以用于执行在虚拟现实VR（Virtual Reality，VR）设备或增强现实AR（Augmented Reality，AR）设备的呈现画面上展示生物对象的原始图像；对原始图像进行重建，得到生物对象的生物模型，其中，生物模型用于在VR设备或AR设备中模拟得到生物对象在虚拟世界中的虚拟形象；分别驱动生物模型中多个部位模型执行与部位模型匹配的动效信息，其中，动效信息用于表征驱动后的部位模型产生的视觉动效；将驱动后的生物模型融合至虚拟世界的场景素材中，得到目标动像，其中，目标动像用于表示生物模型在虚拟世界中呈现出动效结果；驱动VR设备或AR设备展示目标动像。

[0064] 可选地，该实施例的虚拟现实设备204带有的眼球追踪的头戴式显示器（Head Mount Display，HMD）与眼球追踪模块与上述实施例中的作用相同。也即，HMD头显中的屏幕，用于显示实时的画面；HMD中的眼球追踪模块，用于获取用户眼球的实时运动路径。该实施例的终端通过跟踪系统获取用户在真实三维空间的位置信息与运动信息，并计算出用户头部在虚拟三维空间中的三维坐标，以及用户在虚拟三维空间中的视野朝向。

[0065] 图2示出的硬件结构框图，不仅可以作为上述AR/VR设备（或移动设备）的示例性框图，还可以作为上述服务器的示例性框图。

[0066] 在上述运行环境下，本申请提供了如图3所示的对象的处理方法。需要说明的是，该实施例的对象的处理方法可以由图1所示实施例的移动终端执行。

[0067] 图3是根据本发明实施例的一种对象的处理方法的流程图。如图3所示，该方法可以包括以下步骤：

[0068] 步骤S302，获取生物对象的原始图像。

[0069] 在本发明上述步骤S302提供的技术方案中，获取生物对象的原始图像，可以是通过图像采集设备采集生物对象的原始图像。其中，生物对象可以是需要进行图像处理的对象，比如，为用

户；原始图像可以是生物对象的一张图像，也可以是生物对象的一组图像，也可以是生物对象的一段视频，该视频可以包括生物对象的动作行为，此处仅作举例说明，不做具体限定。

[0070] 步骤S304，对原始图像进行重建，得到生物对象的生物模型。

[0071] 在本发明上述步骤S304提供的技术方案中，在获取生物对象的原始图像之后，对原始图像进行重建，得到生物对象的生物模型，其中，生物模型用于模拟得到生物对象在虚拟世界中的虚拟形象。

[0072] 该实施例可以对获取到的原始图像进行图像处理，以对原始图像进行重建，生成生物对象的生物模型。其中，图像处理可以包括图像对齐、语义分割、姿态矫正、图像裁剪、压缩增强等；重建可以为通过对获取到的原始图像数据进行图像处理，得到该图像的三维影像；对原始图像进行重建可以是重建一个3D人体Mesh，也可以是重建其他的人体几何表征文件，例如，神经网络渲染等产出的基于体渲染的文件格式；生物模型可以是完整人体3D资产，可以用于模拟得到生物对象在虚拟世界中的虚拟形象；该虚拟世界可以是真实物理世界，也可以是3D虚拟环境；该虚拟形象可以是生物对象在虚拟世界中的生物形象。

[0073] 可选地，该实施例在实现对原始图像进行重建时，可以是对原始图像中生物对象的各个部位进行重建，也可以对原始图像中生物对象的服饰进行重建；原始图像可以通过获取原始图像的三维网格信息进行重建，也可以通过识别图像关键点进行重建。此处仅作举例说明，不做具体限定。

[0074] 步骤S306，分别驱动生物模型中多个部位模型执行与部位模型匹配的动效信息。

[0075] 在本发明上述步骤S306提供的技术方案中，在对原始图像进行重建，得到生物对象的生物模型之后，分别驱动生物模型中多个部位模型执行与部位模型匹配的动效信息，其中，动效信息用于表征驱动后的部位模型产生的视觉动效。

[0076] 在该实施例中，驱动所得到的生物模型中多个部位模型，使该生物模型中多个部位模型执行与对应的部位模型相匹配的动效信息，其中，动效信息用于表征驱动后的部位模型产生的视觉动效。在驱动生物模型中多个部位模型之后，得到驱动后的生物模型，其为执行上述动效信息后的生物模型，可以是执行上述动效信息的虚拟人，视觉动效可以为生物模型驱动后显示出来的动态效果，可以包括但不限于头部动效、身体动作和周围动效等，周围动效可以包括服饰和头发等的动态效果。

[0077] 可选地，驱动生物模型可以通过不同的方式分别驱动生物模型的不同部位模型，例如，可以通过对音频和/或视频进行处理来驱动生物模型的头部模型，也可以同时驱动生物模型所包含的所有部位模型。

[0078] 步骤S308，将驱动后的生物模型融合至虚拟世界的场景素材中，得到目标动像。

[0079] 在本发明上述步骤S308提供的技术方案中，在分别驱动生物模型中多个部位模型执行与部位模型匹配的动效信息之后，将驱动后的生物模型融合至虚拟世界的场景素材中，得到目标动像。

[0080] 在该实施例中，可以将驱动后的生物模型与虚拟世界的场景素材相融合，生成目标动像，虚拟世界可以是真实的物理场景，可以包括3D虚拟设计的场景和现实拍摄的场景等，虚拟世界的场景素材可以是场景图片，可以是一段场景素材，也可以是一个3D场景模型，目标动像用于表示生物模型在虚拟世界中呈现出动效结果。

[0081] 需要说明的是，该实施例在重建时输入的上述原始图像可以是生物对象的图片，也可以是生物对象的视频，此处不做具体限制。

[0082] 需要说明的是，可以是将驱动后的生物模型的图片或视频与场景素材进行融合，以得到目标动像，该目标动像最终的输出效果可以是以整体的视频输出的，可以驱动VR设备或AR设备展示包括目标动像的整体视频。

[0083] 通过本申请上述步骤S302至步骤S308，获取生物对象的原始图像；对原始图像进行重

建，得到生物对象的生物模型，其中，生物模型用于模拟得到生物对象在虚拟世界中的虚拟形象；分别驱动生物模型中多个部位模型执行与部位模型匹配的动效信息，其中，动效信息用于表征驱动后的部位模型产生的视觉动效；将驱动后的生物模型融合至虚拟世界的场景素材中，得到目标动像，其中，目标动像用于表示生物模型在虚拟世界中呈现出动效结果。也就是说，本发明实施例基于重建生物对象的原始图像生成相对应的生物模型，通过驱动该生物模型执行相匹配的动效信息，进而将生物模型融合至虚拟世界，避免了对对象进行模拟的单调和固化，达到了呈现对象在虚拟世界中的动效结果的目的，从而实现了提高对对象进行模拟的效果的技术效果，进而解决了对对象进行模拟的效果差的技术问题。

[0084] 下面对该实施例的上述方法进行进一步的介绍。

[0085] 作为一种可选的实施方式，原始图像包括生物对象的多个部位的图像，其中，步骤S304，对原始图像进行重建，得到生物对象的生物模型，包括：提取原始图像中生物对象的多个部位的部位图像，其中，部位图像包括如下至少之一：头部图像、躯干图像和肢体图像；对多个部位的部位图像进行重建，得到生物对象的多个部位的部位模型，其中，部位模型包括如下至少之一：用于模拟生物对象的头部的头部模型、用于模拟生物对象的躯干的躯干模型、用于模拟生物对象的肢体的肢体模型；将多个部位的部位模型进行合并，生成生物模型。

[0086] 在该实施例中，提取原始图像中生物对象的多个部位的部位图像，对提取到的多个部位的部位图像进行重建，得到生物对象的多个部位的部位模型，将多个部位的部位模型进行合并以生成与原始图像中生物对象相对应的生物模型，其中，原始图像包括生物对象的多个部位的图像，部位图像可以包括如下至少之一：头部图像、躯干图像和肢体图像；部位模型可以包括如下至少之一：用于模拟生物对象的头部的头部模型、用于模拟生物对象的躯干的躯干模型、用于模拟生物对象的肢体的肢体模型。此处仅作举例说明，不做具体限定。

[0087] 可选地，生物对象的部位图像可以与相同部位的部位模型相对应，例如，生物对象的头部图像可以与生物对象的头部的头部模型相对应。

[0088] 作为一种可选的示例，将多个部位的部位模型合并可以是多个部位的部位模型整体合并，也可以是多个部位的部位模型部分合并，例如，可以将生物对象的头部的头部模型整体、生物对象的躯干的躯干模型的上半部分和生物对象的肢体的肢体模型的上半部分进行合并，以得到生物对象的生物模型的上身部分。

[0089] 作为一种可选的实施例方式，步骤S306，分别驱动生物模型中多个部位模型执行与部位模型匹配的动效信息，包括以下至少之一：驱动头部模型执行与头部模型匹配的头部动效信息，其中，动效信息包括头部动效信息，头部动效信息用于表征驱动后的头部模型产生的视觉功效；驱动躯干模型执行与躯干模型匹配的躯干动效信息，其中，动效信息包括躯干动效信息，躯干动效信息用于表征驱动后的躯干模型产生的视觉功效；驱动肢体模型执行与肢体模型匹配的肢体动效信息，其中，动效信息包括肢体动效信息，肢体动效信息用于表征驱动后的躯干模型产生的视觉功效。

[0090] 在该实施例中，基于获取到的生物对象的生物模型和与该生物模型相匹配的动效信息，驱动头部模型执行与头部模型匹配的头部动效信息，驱动躯干模型执行与躯干模型匹配的躯干动效信息，驱动肢体模型执行与肢体模型匹配的肢体动效信息，以达到驱动生物模型中的不同部位模型执行与部位模型匹配的部位动效信息的目的。其中，动效信息可以包括头部动效信息、躯干动效信息和肢体动效信息。头部动效信息可以用于表征驱动后的头部模型产生的视觉功效；躯干动效信息可以用于表征驱动后的躯干模型产生的视觉功效；肢体动效信息可以用于表征驱动后的躯干模型产生的视觉功效，可以包括肢体肌肉动效、服饰动效等；躯干动效信息和肢体动效信息可以共同组成生物模型的身体动效信息。

[0091] 作为一种可选的实施例方式，该方法还包括：基于对象的媒体信息获取头部动效信息，其中，媒体信息与头部模型的视觉动效相关联，且头部模型的视觉动效包括对象的以下至少之一：面部表情的视觉动效、头部姿态的视觉动效和头部配饰的视觉动效。

[0092] 在该实施例中，基于输入的生物对象的媒体信息，获取生物模型的头部动效信息，其中，媒体信息与头部模型的视觉动效相关联，可以包括输入音频和目标脸部视频，此处仅作举例说明，不做具体限定；头部模型的视觉动效可以包括对象的以下至少之一：面部表情的视觉动效、头部姿态的视觉动效和头部配饰的视觉动效。

[0093] 举例而言，生物模型的头部动效信息可以通过神经网络模型，对提取到的媒体信息进行渲染、蒙版和融合处理进行获取。

[0094] 作为一种可选的实施例方式，该方法还包括：基于对象的躯干姿态信息和虚拟世界中的位置信息，获取躯干动效信息，其中，躯干姿态信息与躯干模型的视觉动效相关联，且躯干模型的视觉动效包括躯干模型的以下至少之一信息：躯干的视觉动效、躯干配饰的视觉动效，位置信息用于表示生物模型在虚拟世界中的位置；和/或基于对象的肢体姿态信息和位置信息，获取肢体动效信息，其中，肢体姿态信息与肢体模型的视觉动效相关联，且肢体模型的视觉动效包括肢体模型的以下至少之一信息：肢体的视觉动效、肢体配饰的视觉动效。

[0095] 在该实施例中，基于获取到的生物对象的躯干姿态信息和肢体姿态信息以及确定的虚拟世界中的位置信息，可以分别获取生物模型的躯干动效信息和肢体动效信息，其中，躯干姿态信息与躯干模型的视觉动效相关联，且躯干模型的视觉动效可以包括躯干模型的以下至少之一信息：躯干的视觉动效、躯干配饰的视觉动效；肢体姿态信息与肢体模型的视觉动效相关联，且肢体模型的视觉动效可以包括肢体模型的以下至少之一信息：肢体的视觉动效、肢体配饰的视觉动效；位置信息可以用于表示生物模型在虚拟世界中的位置，可以包括世界坐标系或相对坐标系。

[0096] 可选地，可以通过生成生物对象的躯干姿态和肢体姿态的四维（Four-Dimensional，简称为4D）信息来获取生物对象的躯干姿态信息和肢体姿态信息。

[0097] 作为一种可选的实施例方式，步骤S308，将驱动后的生物模型融合至虚拟世界的场景素材中，得到目标动像，包括：将驱动后的生物模型融合至虚拟世界的场景图像或者视频，得到目标动像，可以是将驱动后的生物模型，添加至场景图像或者视频中与位置对应的图像位置，得到目标动像。

[0098] 在该实施例中，确定虚拟世界的场景图像或者视频中与位置信息相对应的图像位置，将驱动后的生物模型添加至该图像位置，使得驱动后的生物模型与虚拟世界的场景图像或者视频相融合，从而获得了生物对象的目标动像，其中，位置信息可以用于表征场景图像或者视频中的某一具体位置。

[0099] 作为一种可选的实施例方式，对多个部位的部位图像进行重建，得到生物对象的多个部位的部位模型，包括：对头部图像进行识别，得到头部的几何信息；基于头部的几何信息和头部的纹理贴图，生成头部模型。

[0100] 在该实施例中，通过识别生物对象的头部图像，得到生物对象头部的几何信息，基于所得到的头部的几何信息生成头部的纹理贴图，从而根据重建头部图像，生成相对应的头部模型。其中，几何信息可以是几何拓扑结构信息或三维网格信息；纹理贴图可以是生物对象表面的二维图形，可以包括生物对象的皮肤纹理和头发贴图。此处仅作举例说明，不做具体限定。

[0101] 可选地，在生成头部模型之后还可以对头部模型进行微调，其中，微调可以包括几何调整和纹理调整。几何调整可以用于调整面部的形状，例如，鼻梁高低、脸型胖瘦、个头宽窄等；纹理调整可以用于调整头部的显示效果，例如，皮肤纹理和头发贴图等。

[0102] 作为一种可选的实施例方式，对多个部位的部位图像进行重建，得到生物对象的多个部位的部位模型，包括：对躯干图像进行识别，得到生物对象的躯干的关键点；基于躯干的关键点确定躯干的几何信息；基于躯干的几何信息和躯干的皮肤纹理生成躯干模型；和/或对肢体图像进行识别，得到生物对象的肢体的关键点；基于肢体的关键点确定肢体的几何信息；基于肢体的几何信息和肢体的皮肤纹理生成肢体模型。

[0103] 在该实施例中，识别躯干图像，提取躯干图像中的关键点，基于躯干的关键点确定躯干

的几何信息，同时获取躯干的皮肤纹理，从而生成生物对象的躯干模型；识别肢体图像，提取肢体图像中的关键点，基于肢体的关键点确定肢体的几何信息，同时获取肢体的皮肤纹理，从而生成生物对象的肢体模型，其中，关键点可以包括部位图像的2D（Two－Dimensional）关键点和3D关键点，此处仅作举例说明，不做具体限定；基于关键点确定几何信息可以采用深度学习的方法。

[0104] 作为一种可选的实施例方式，原始图像包括与躯干图像关联的躯干配饰图像，和/或，与肢体图像关联的肢体配饰图，对多个部位的部位图像进行重建，得到生物对象的多个部位的部位模型，包括：对躯干图像和躯干配饰图像的配饰纹理进行重建，得到躯干模型；和/或对肢体图像和肢体配饰图像的肢体配饰纹理进行重建，得到肢体模型。

[0105] 在该实施例中，除了对头部头像、躯干头像和肢体头像进行重建，还可以对躯干配饰图像、肢体配饰图像进行重建，其中，躯干配饰图像、肢体配饰图像可以是服饰图像。

[0106] 在该实施例中，可以通过重建躯干图像和躯干配饰图像的配饰纹理，生成躯干模型；通过重建肢体图像和肢体配饰图像的配饰纹理，生成肢体模型。其中，原始图像包括与躯干图像关联的躯干配饰图像，和/或，与肢体图像关联的肢体配饰图像。

[0107] 可选地，可以分别重建躯干配饰图像的配饰纹理，和/或，肢体配饰图像的配饰纹理，从而生成躯干配饰模型和/或肢体配饰模型；也可以将躯干配饰图像和肢体配饰图像进行合并重建，以生成整体的配饰模型，其中，配饰模型可以包括躯干配饰模型和肢体配饰模型，也可以包括通用配饰数据库。

[0108] 作为一种可选的实施例方式，该方法还包括：获取虚拟现实VR场景或增强现实AR场景的原始场景图像或者视频；基于原始场景图像或者视频对虚拟现实场景或增强现实场景进行重建，得到虚拟世界的场景图像或者视频。

[0109] 在该实施例中，获取与VR场景或AR场景相对应的原始场景图像或者视频，根据原始图像对VR场景或AR场景进行重建，生成虚拟世界的场景素材，其中，可以通过神经网络模型实现场景重建。

[0110] 在本发明实施例中，通过识别生物对象的原始图像中不同部位的部位图像，并提取不同部位的部位图像的信息，对不同部位的部位图像进行重建，生成相应的部位模型，同时对虚拟世界的原始场景图像或者视频进行场景重建，得到虚拟世界的场景素材，将生物对象的生物模型与虚拟世界的场景素材相融合，生成目标动效。也就是说，本发明实施例通过对生物对象的不同部位的部位图像进行重建，获取相对应的部位模型，将部位模型与基于场景重建获取到的虚拟世界的场景素材进行融合，生成目标动像，以达到呈现生物模型在虚拟世界中的动效结果的目的，从而实现了提高对象进行模拟的效果的技术效果，进而解决了对对象进行模拟的效果差的技术问题。

[0111] 本发明实施例还从应用场景侧提供了另一种对象的处理方法。

[0112] 图4是根据本发明实施例的另一种对象的处理方法的流程图。如图4所示，该方法可以包括以下步骤：

[0113] 步骤S402，在虚拟现实VR设备或增强现实AR设备的呈现画面上展示生物对象的原始图像。

[0114] 在本发明上述步骤S402提供的技术方案中，获取生物对象的原始图像，将该原始图像展示在虚拟现实VR设备或增强现实AR设备的呈现画面上。

[0115] 步骤S404，对原始图像进行重建，得到生物对象的生物模型。

[0116] 在本发明上述步骤S404提供的技术方案中，对原始图像进行重建，基于VR设备或AR设备，确定生物对象的生物模型，其中，生物模型用于在VR设备或AR设备中模拟得到生物对象在虚拟世界中的虚拟形象。

[0117] 步骤S406，分别驱动生物模型中多个部位模型执行与部位模型匹配的动效信息。

[0118] 在本发明上述步骤S406提供的技术方案中，驱动所得到的生物模型，使该生物模型执行与该生物模型相匹配的动效信息，其中，动效信息用于表征驱动后的部位模型产生的视觉动效。

[0119] 步骤S408，将驱动后的生物模型融合至虚拟世界的场景素材中，得到目标动像。

[0120] 在本发明上述步骤S408提供的技术方案中，将驱动后的生物模型与虚拟世界的场景素材相融合，生成目标动像，其中，目标动像用于表示生物模型在虚拟世界中呈现出动效结果。

[0121] 步骤S410，驱动VR设备或AR设备展示目标动像。

[0122] 在本发明上述步骤S410提供的技术方案中，驱动VR设备或AR设备，将确定的目标动像通过VR设备或AR设备展示出来。

[0123] 可选地，驱动VR设备或AR设备可以是向VR设备或AR设备发送驱动信号。

[0124] 举例而言，当确定目标动像后，可以是由用户端主动发送驱动信号，也可以是由服务器/终端发送驱动信号，响应于该驱动信号，VR设备或AR设备的显示界面展示所确定的目标动像。

[0125] 在本发明实施例中，通过对展示在虚拟现实VR设备或增强现实AR设备的呈现画面上的原始图像进行重建，首先确定生物对象的生物模型，再分别驱动生物模型中多个部位模型执行与部位模型匹配的动效信息，并将驱动后的生物模型融合至虚拟世界的场景素材中，得到目标动像，最后驱动VR设备或AR设备展示目标动像，从而实现了提高对对象进行模拟的效果的技术效果，进而解决了对对象进行模拟的效果差的技术问题。

[0126] 本发明实施例还从人机交互侧提供了另一种对象的处理方法。

[0127] 图5是根据本发明实施例的另一种对象的处理方法的流程图。如图5所示，该方法可以包括以下步骤：

[0128] 步骤S502，响应作用于虚拟现实VR设备或增强现实AR设备的操作界面上的图像输入指令，在操作界面上显示生物对象的原始图像。

[0129] 在本发明上述步骤S502提供的技术方案中，图像输入指令作用于虚拟现实VR设备或增强现实AR设备的操作界面，操作界面响应该指令，在操作界面上显示获取到的生物对象的原始图像。

[0130] 在该实施例中，图像输入指令可以用于输入生物对象的原始图像，比如，通过在操作界面上发出输入生物对象的原始图像的指令，响应该指令，实现输入生物对象的原始图像。

[0131] 步骤S504，响应作用于操作界面上的图像生成指令，驱动VR设备或AR设备在操作界面上显示生物对象的目标动像。

[0132] 在本发明上述步骤S504提供的技术方案中，图像生成指令作用于虚拟现实VR设备或增强现实AR设备的操作界面，操作界面响应该指令，在操作界面上显示生物对象的目标动像，其中，目标动像为将驱动后的生物模型融合至虚拟世界的场景素材中得到，且用于表示生物模型在虚拟世界中呈现出动效结果，分别驱动生物模型中多个部位模型执行与部位模型匹配的动效信息，动效信息用于表征驱动后的部位模型产生的视觉动效，生物模型为对原始图像进行重建得到，且用于模拟得到生物对象在虚拟世界中的虚拟形象。

[0133] 在该实施例中，图像生成指令可以用于生成生物对象的目标动像，比如，通过在操作界面上发出生成生物对象的目标动像的指令，响应该指令，实现生成生物对象的目标动像。

[0134] 在本发明实施例中，响应作用于虚拟现实VR设备或增强现实AR设备的操作界面上的图像输入指令，在操作界面上显示生物对象的原始图像；响应作用于操作界面上的图像生成指令，驱动VR设备或AR设备在操作界面上显示生物对象的目标动像，其中，目标动像为将驱动后的生物模型融合至虚拟世界的场景素材中得到，且用于表示生物模型在虚拟世界中呈现出动效结果，动效信息用于表征驱动后的部位模型产生的视觉动效，生物模型为对原始图像进行重建得到，且用于模拟得到生物对象在虚拟世界中的虚拟形象。也就是说，本发明实施例基于作用于操作界面上的图像输入指令和图像生成指令，在操作界面上显示生物对象的原始图像和生物对象的目标动像，以达到呈现生物模型在虚拟世界中的动效结果的目的，从而实现了提高对对象进行模拟的效果的技术效果，进而解决了对对象进行模拟的效果差的技术问题。

[0135] 本发明实施例还从交互侧提供了另一种对象的处理方法。

[0136] 图6是根据本发明实施例的另一种对象的处理方法的流程图。如图6所示，该方法可以包括以下步骤：

[0137] 步骤S602，通过调用第一接口获取生物对象的原始图像，其中，第一接口包括第一参数，第一参数的参数值为原始图像。

[0138] 在本发明上述步骤S602提供的技术方案中，第一接口可以是服务器与用户端之间进行数据交互的接口，可以将生物对象的原始图像传入第一接口，作为第一接口的一个第一参数，实现获取皮肤图像信息的目的。

[0139] 步骤S604，对原始图像进行重建，得到生物对象的生物模型。

[0140] 在本发明上述步骤S604提供的技术方案中，生物模型用于模拟得到生物对象在虚拟世界中的虚拟形象。

[0141] 步骤S606，分别驱动生物模型中多个部位模型执行与部位模型匹配的动效信息，其中，动效信息用于表征驱动后的部位模型产生的视觉动效。

[0142] 步骤S608，将驱动后的生物模型融合至虚拟世界的场景素材中，得到目标动像，其中，目标动像用于表示生物模型在虚拟世界中呈现出动效结果。

[0143] 步骤S610，通过调用第二接口输出目标动像，其中，第二接口包括第二参数，第二参数的参数值为目标动像。

[0144] 在本发明上述步骤S610提供的技术方案中，第二接口可以是服务器与用户端之间进行数据交互的接口，服务器可以通过调用第二接口，使得终端设备输出生物模型的目标动像，作为第二接口的一个参数，实现呈现生物模型在虚拟世界中的动效结果的目的。

[0145] 在本发明实施例中，通过调用第一接口获取生物对象的原始图像，其中，第一接口包括第一参数，第一参数的参数值为原始图像；对原始图像进行重建，得到生物对象的生物模型，其中，生物模型用于模拟得到生物对象在虚拟世界中的虚拟形象；分别驱动生物模型中多个部位模型执行与部位模型匹配的动效信息，其中，动效信息用于表征驱动后的部位模型产生的视觉动效；将驱动后的生物模型融合至虚拟世界的场景素材中，得到目标动像，其中，目标动像用于表示生物模型在虚拟世界中呈现出动效结果；通过调用第二接口输出目标动像，其中，第二接口包括第二参数，第二参数的参数值为目标动像。也就是说，本发明实施例通过调用第一接口获取生物对象的原始图像，对原始图像进行重建，确定生物对象的生物模型，再分别驱动生物模型中多个部位模型执行与部位模型匹配的动效信息，并将驱动后的生物模型融合至虚拟世界的场景素材中，得到目标动像，从而实现了提高对对象进行模拟的效果的技术效果，进而解决了对对象进行模拟的效果差的技术问题。

[0146] 本发明实施例还提供了一种对象的处理系统。需要说明的是，该对象的处理系统可以用于执行上述对象的处理方法。

[0147] 图7是根据本发明实施例的一种对象的处理系统的示意图。如图7所示，该对象的处理系统70可以包括：服务器702和虚拟现实VR设备或增强现实AR设备704。

[0148] 服务器702，用于获取生物对象的原始图像；对原始图像进行重建，得到生物对象的生物模型，其中，生物模型用于在VR设备或AR设备中模拟得到生物对象在虚拟世界中的虚拟形象；分别驱动生物模型中多个部位模型执行与部位模型匹配的动效信息，其中，动效信息用于表征驱动后的部位模型产生的视觉动效。

[0149] 在本发明实施例上述服务器702中，可以用于获取生物对象的原始图像，并对原始图像进行重建得到生物对象的生物模型，分别驱动生物模型中多个部位模型执行与部位模型匹配的动效信息，其中，生物模型用于在VR设备或AR设备中模拟得到生物对象在虚拟世界中的虚拟形象，动效信息用于表征驱动后的部位模型产生的视觉动效。

[0150] 虚拟现实VR设备或增强现实AR设备704，用于接收服务器下发的驱动后的生物模型，且将驱动后的生物模型融合至虚拟世界的场景素材中，得到目标动像，其中，目标动像用于表示生

物模型在虚拟世界中呈现出动效结果。

[0151] 在本发明实施例上述虚拟现实VR设备或增强现实AR设备704中，可以用于接收服务器702输出的驱动后的生物模型，并将驱动后的生物模型与虚拟世界的场景素材相融合，得到目标动像，其中，目标动像可以用于表示生物模型在虚拟世界中呈现出动效结果。

[0152] 在本发明实施例中，通过服务器对获取的原始图像进行重建得到生物模型，驱动生物模型执行相匹配的动效信息，通过虚拟现实VR设备或增强现实AR设备将驱动后的生物模型与虚拟世界的场景素材相融合得到目标动像，以达到呈现生物模型在虚拟世界中的动效结果的目的，从而实现了提高对对象进行模拟的效果的技术效果，进而解决了对对象进行模拟的效果差的技术问题。

[0153] 本发明实施例还提供了一种对象的处理系统。需要说明的是，该对象的处理系统可以用于执行上述对象的处理方法。

[0154] 该实施例的对象的处理系统可以包括：第一处理端和第二处理端，第一处理端为云端或移动终端，第二处理端为云算法后台或移动终端算法后台。

[0155] 第一处理端，用于获取生物对象的原始图像。

[0156] 在该实施例中，将生物对象的原始图像作为输入参数输入至第一处理端，比如，输入至云端或者移动终端，进而将其传输至第二处理端，比如，传输至云算法后台或移动终端算法后台。其中，原始图像可以为图片，也可以为视频，此处不做具体限制。

[0157] 第二处理端，用于对原始图像进行重建，得到生物对象的生物模型，其中，生物模型用于模拟得到生物对象在虚拟世界中的虚拟形象；分别驱动生物模型中多个部位模型执行与部位模型匹配的动效信息，其中，动效信息用于表征驱动后的部位模型产生的视觉动效；通过云算法模块将驱动后的生物模型融合至虚拟世界的场景素材中，并渲染得到目标动像，其中，目标动像用于表示生物模型在虚拟世界中呈现出动效结果；输出目标动像。

[0158] 在该实施例中，云算法后台或移动终端算法后台在接收到生物对象的原始图像之后，可以通过算法模块对原始图像进行重建，得到生物对象的生物模型。可选地，该实施例除了对原始图像中的头部头像、躯干图像、肢体图像进行重建，还可以对配饰图像进行重建，以得到生物对象的生物模型，其中，配饰图像可以为服饰图像，生物模型用于模拟得到生物对象在虚拟世界中的虚拟形象，进而分别驱动生物模型中多个部位模型执行与部位模型匹配的动效信息，其中，动效信息用于表征驱动后的部位模型产生的视觉动效，进而通过云算法模块将各个算法模块的输出结果进行整合，将驱动后的生物模型融合至虚拟世界的场景素材中，比如，可以将生物模型的图片与虚拟世界的场景素材进行融合，并渲染得到目标动像，其中，可以以整体视频的形式输出目标动效。可选地，该实施例可以在AR场景或VR场景中展现目标动效，从而实现了提高对对象进行模拟的效果的技术效果，进而解决了对对象进行模拟的效果差的技术问题。

[0159] 需要说明的是，对于前述的各方法实施例，为了简单描述，故将其都表述为一系列的动作组合，但是本领域技术人员应该知悉，本发明并不受所描述的动作顺序的限制，因为依据本发明，某些步骤可以采用其他顺序或者同时进行。其次，本领域技术人员也应该知悉，说明书中所描述的实施例均属于优选实施例，所涉及的动作和模块并不一定是本发明所必需的。

[0160] 通过以上的实施方式的描述，本领域的技术人员可以清楚地了解到根据上述实施例的方法可借助软件加必需的通用硬件平台的方式来实现，当然也可以通过硬件，但很多情况下前者是更佳的实施方式。基于这样的理解，本发明的技术方案本质上或者说对现有技术做出贡献的部分可以以软件产品的形式体现出来，该计算机软件产品存储在一个存储介质（如ROM/RAM、磁碟、光盘）中，包括若干指令用以使得一台终端设备（可以是手机、计算机、服务器，或者网络设备等）执行本发明各个实施例所述的方法。

[0161] 实施例2

[0162] 下面对该实施例的上述方法的优选实施方式进行进一步介绍，具体以一种虚拟人的生成方法进行说明。

[0163] 在相关技术中,针对虚拟人方案,一方面,行业主流设计都是独立其中的一些模块单独输出,且效果难以达到超写实逼真的效果,为了保证性能在实现效果方面作了一定的妥协;另一方面相关技术都聚焦在特定的应用功能。本发明实施例主要涉及一套通用的技术研发,可以覆盖目前市面上主流的应用范围,技术效果要求更高,融合的技术范围也更加广阔,包括2D和3D、图像和视频、GAN和NeRF、传统视觉算法和人工智能算法等,集成了检测识别、分割、生成、增强、关键点、补全等诸多视觉领域技术。

[0164] 在相关技术中,在直播场景下的虚拟人方案,通常是通过一个卡通形象实现虚拟人与场景的融合,上半身驱动效果良好,但该卡通形象距离真实场景效果差距较远,不带有个人信息,无法应用到个人分身领域,且背景是图像的方式,无法做到多角度效果,因而,存在对对象模拟的真实性和完整度低的问题。

[0165] 在另一种相关技术中,图8是根据本发明实施例的一种在真人主播场景下的虚拟人的示意图,如图8所示,通常是基于2D视频,对指定的人物形象进行数据收集并训练模型,以生成相对应的虚拟人;但该虚拟人仅能生成正面效果,且无法进行二次编辑,无法生成全身动作效果,因而,存在对对象模拟局限性大的问题。

[0166] 在另一种相关技术中,图9是根据本发明实施例的一种虚拟人的示意图,如图9所示,该方案将场景动画设置为固定的后期动画,通过对人体进行整体重建,并基于一些预先设定的模版,可以实现一定的动态效果,例如,实现对面部表情的驱动效果;但是该方案无法将虚拟人融合到真实场景,且面部重建效果难以达到商用的标准,因而,存在对对象进行模拟的效果差的问题。

[0167] 在另一种相关技术中,在会议场景下的虚拟人方案,具有多种不同的虚拟背景或虚拟会议场景,但是人像没有实现虚拟化,因而,存在无法对对象进行模拟的问题。

[0168] 在另一种相关技术中,对于面部表情驱动,通常是通过驱动目标视频或语音,提取该视频中的2D/3D关键点,或者将该视频或语音转化为脸部3D形变统计模型(Three-Dimensional Morphable Face Model,3DMM)的表情基系数,以驱动面部资产,但是2D信息会导致丢失过多的三维信息,3D信息对于脸部等表情效果丢失比较严重,导致驱动效果无法达到很好的自然流畅度,因而,存在对对象进行模拟的效果差的问题。

[0169] 在另一种相关技术中,对于脸部模型驱动,通常是基于3D脸部重建和表情系数回归的多模态驱动方式,但是在学习中间特征表征过程中容易出现信息折损,可能导致驱动信号与脸部形变的不匹配问题,同时也只能用于驱动固定的头部姿态和脸部区域,因而,存在对对象模拟局限性大的问题。

[0170] 为解决上述问题,本实施例提出了一种对象的处理方法,通过设计的对象的处理框架方案,对原始图像重建驱动后,基于场景精细理解后的融合策略,在融合真实场景的过程中通过碰撞检测等算法来保证融合效果更自然,从而实现用户只需要上传一张图像或者一段视频,就可以完成个人的数字分身构建。该方案可以应对非常多的工作和生活场景,其中,精细理解可以包括分割算法、深度估计算法、平面检测等各种算法。

[0171] 举例而言,该方案可以应用于会议场景,通过创建个人身份标识(Identity,ID)的数字分身,支持编辑更好的个性化形象,并进一步融合到一个合适的场景中代理开会。

[0172] 再举例而言,该方案可以应用于演讲场景,通过对真人形象进行模拟生成对应的数字分身,驱动该分身代理演讲。

[0173] 再举例而言,该方案可以应用于个人关怀领域,通过创建个人数字分身远程代理,对亲朋好友等进行人文关怀,可以提醒按时吃药、日常沟通等。

[0174] 再举例而言,该方案可以应用于为残疾人构建数字形象,通过创建个人数字分身代理聋哑人开口说话;为肢体残缺的人构建完整身体。

[0175] 图10是根据本发明实施例的一种对象的处理框架的流程图。如图10所示,该方法可以包括以下步骤:

[0176] 步骤S1002，对头部图像进行重建。

[0177] 输入一张或者一组高清脸部图像，对该图像中的脸部进行解析识别，通过深度学习模型对头部的几何信息进行预测，输出面部的三维Mesh输出。

[0178] 在面部基础上进一步补全头部mesh信息，并基于获取到的几何信息进一步生成纹理贴图，其中，头部Mesh信息可以是事先设计好的数字资产，也可以是从用户的照片中通过各种算法技术手段预测出来的头部mesh结构。

[0179] 图11是根据本发明实施例的一种脸部重建方法的示意图。如图11所示，获取原始图像的顶点位置和索引缓冲区，对获取到的顶点位置和索引缓冲区进行栅格化，将纹理贴图坐标插补进栅格化后的数据中，基于纹理贴图进行纹理查找得到图像，根据获取的图像和目标图像确定图像空间存在缺失，通过该方法实现对原始图像精确3D人脸重建图像结果，精确3D人脸重建且进行纹理优化。

[0180] 由上述可知，对于拍摄环境复杂等因素导致的信息丢失，可以进行必要的信息补全，例如，对遮挡区域、侧面区域等多区域以及纹理细节的补全，从而生成较为合适的UVMAP贴到已生成的几何拓扑结构上，然后进一步再补充头发、牙齿、眼珠、皮肤、脖子等其他维度，其中，几何拓扑结构可以由几何信息构成。

[0181] 由于基于3DMM拟合的策略对3DMM资产依赖严重，对于Mesh的重建效果有非常大的局限，为了优化几何Mesh的精准度，通过加入3D点云的策略来进行进一步辅助优化。

[0182] 图12是根据本发明实施例的一种基于3D点云策略优化几何拓扑结构的示意图。如图12所示，通过对获取的目标视频进行视频序列采样，基于运动恢复结构（Structure from Motion，SFM）和多视角立体视觉（Multiple View Stereo，MVS）得到带有背景噪声的稀疏点云，对带有背景噪声的稀疏点云进行预处理得到拓扑不一致的稀疏点云或者设备采集网格信息，通过关键点标记得到拓扑一致的网格信息。

[0183] 为了进一步提升相似度，补充加入面部语义分割来提升纹理贴图和几何对照的适配性，通过增加面部增强深度学习模型技术实现毛孔级的高清效果；为了进一步优化最终的呈现效果，通过进行光照解耦来实现更好的场景渲染效果，并引入了超精细的美肤算法提升最终的视觉效果，其中，可以通过事先训练好的面部语义分割神经网络结构预测补充加入面部语义分割，几何对照可以包括几何拓扑结构和几何信息。

[0184] 同时，生成的虚拟形象可以进行微调，也可以被进一步导出平台进行二次编辑。

[0185] 步骤S1004，对人体图像进行重建。

[0186] 在该实施例中，图13是根据本发明实施例的一种重建人体图像的方法的示意图。如图13所示，输入一张比较清晰且可识别的人体照片或者一段动作视频，对输入的图像进行必要的图像处理，重建符合对象身形比例和外观轮廓的人体3D资产，其中，必要的图像处理可以包括图像对齐、语义分割、姿态矫正、图像裁剪、压缩增强等。

[0187] 可选地，对于输入的图像，识别该图像的2D关键点和3D关键点，并基于获取到的关键点对整体身体姿态进行初步估计，其中，2D关键点的精准预测可以为3D人体几何Mesh提供更多维的信息，同时也相当于利用已经训练好的2D关键点来指导没有训练好的3D姿态预测。

[0188] 通过深度学习的方法，拟合或者直接生成对应的3D人体几何Mesh或者其他的用于表征人体几何信息的中间文件存储，其中，深度学习方法可以是基于SMPL模型，该模型提出了人体姿态影像体表形貌的方法，该方法可以用于模拟人的肌肉在肢体运动过程中的凸起和凹陷，可以避免人体在运动过程中的表面失真，精准刻画人的肌肉拉伸以及收缩运动的形貌；3D人体几何Mesh也属于一种中间文件形态。

[0189] 在对人体完成几何重建之后，对人体的皮肤纹理进行精细的重建，同时，对人体服饰进行重建。其中，对人体服饰进行重建可以是在已经对皮肤纹理进行精细重建的基础上将服饰纹理和皮肤整体重建，适用于贴身服饰场景，但对于非贴身服饰场景会导致无法进行进一步的编辑驱动，

例如，裙子类服饰使用整体重建后无法进行进一步的编辑驱动；也可以是将服饰和皮肤纹理分别重建。

[0190] 图14是根据本发明实施例的一种建立通用服饰数据库的方法的示意图。如图14所示，由于服饰的动态效果与服饰的材质、厚度等有非常大的关联，比起皮肤这类比较统一的纹理来说更具有调整型，因此，可以设计一个通用的服饰数据库，包含常见的服饰版型/白膜，可以根据不同的身型进行自动化调整，也可以更换材质和贴图纹理，以达到在生成服饰阶段具有更大的变换和适配空间的目的。

[0191] 首先对人体服饰进行裁片检索识别和缝合推断获得2D裁片，对2D裁片进行重采样和网格化生成服饰的三维网络，同时，基于确定人体语义标签生成人台模型，将服饰的三维网络自动放置在人台模型上生成服饰的3D裁片，再对3D裁片进行自动缝合得到3D服饰白模。

[0192] 与此同时，对人体服饰的纹理图像进行主色调提取和纹理拓展，得到该人体服饰的色卡和纹理拓展，再根据材质选择得到拓展材质数据，从而生成结构化3D服饰，同上述生成的3D服饰白模合并，生成多样性3D服饰。

[0193] 可选地，对于输入的动作视频，基于NeRF的重建驱动算法，通过对序列帧做迭代拟合约束，使得SMPL模型的精准度更好，并进一步提出在通用场景下的静物重建效果，为了利用分割等策略进行前后景拆分的逻辑。

[0194] 步骤S1006，驱动人体3D资产。

[0195] 经过重建可以获取一个比较完整的人体3D资产，驱动该人体3D资产可以得到相应部位的动效。

[0196] 举例而言，对于面部表情驱动，可以基于GAN、NeRF等策略来进行端到端的驱动生成策略，自主学习整个面部甚至头部的表情效果，通过大数据自动识别不自然的伪表情，从而进行迭代优化。

[0197] 图15是根据本发明实施例的一种实现头部动效的方法的流程图。如图15所示，该方法可以包括以下步骤：

[0198] 步骤S1501，输入目标音频。

[0199] 步骤S1502，将所输入的音频通过神经网络学习到表情基。

[0200] 步骤S1503，输入目标脸部视频。

[0201] 步骤S1504，同步提取目标视频逐帧的表情信息。

[0202] 在该实施例中，将所输入的视频通过重建模型，同步提取该视频中的逐帧的表情信息，其中，表情信息可以包含表情基、几何信息、纹理信息、头部姿态和光照信息，此处仅作举例说明，不做具体限定。

[0203] 步骤S1505，通过音频中的表情基替换视频中的表情基。

[0204] 在该实施例中，用从音频中提取到的表情基，替换视频中提取的表情基。

[0205] 步骤S1506，重新渲染替换后的表情信息。

[0206] 在该实施例中，对替换后的表情信息进行重新渲染，生成重新渲染的初步结果。

[0207] 步骤S1507，加入嘴部蒙版。

[0208] 在该实施例中，由于面部的整体重新渲染会导致整体的协调性和清晰度比较模糊，通过加入一个嘴部蒙版，指导目标视频中变更的区域约束到面部下半部区域。

[0209] 步骤S1508，获取嘴部动态效果。

[0210] 在该实施例中，将嘴部蒙版和重新渲染的初步结果通过像素内积的方式输入神经网络渲染模型，生成嘴部动态效果。

[0211] 步骤S1509，融合生成合成结果。

[0212] 在该实施例中，将目标视频、嘴部蒙版和嘴部动态效果输入融合模块，生成最终的合成结果。

[0213] 图16是根据本发明实施例的一种实现身体动效的方法的示意图。如图16所示，身体驱动效果如果要被进一步融合到场景图像中，则需要生成该身体的姿态的4D信息，对姿态效果进行拟合，以最终实现身体驱动效果，其中，姿态的4D信息可以包括三维信息和走动起来的世界坐标系或者相对坐标系。

[0214] 基于神经辐射场的表征方式，可以隐式地对说话人像场景进行建模，并对脸部细节进行渲染，提供端到端的驱动以及对更多新姿态的编辑渲染，其中，脸部细节可以包括牙齿和头发等。

[0215] 基于最先进的（State-of-the-Art，SOTA）技术语音驱动神经辐射场（Audio Driven Neural Radiance Field，AD-NeRF），将语音信息作为额外调节输入，分别对头部和躯干部分进行独立神经辐射场建模，并在推断（inference）阶段渲染合成。

[0216] 步骤S1008，对场景进行理解与融合。

[0217] 通过进行平面检测、平面参数估计、分割和深度信息估计等任务，对现实场景进行理解和重建，以达到将虚拟人融合到现实场景的目的。

[0218] 图17是根据本发明实施例的一种场景融合的方法的示意图。如图17所示，将一张图像或者一段视频输入神经网络，理解图像或者视频中的场景，生成场景信息，从而实现场景重建，其中，场景信息可以通过语义分割、深度信息预估等来生成。

[0219] 对场景进行理解和重建之后，可以在一定的图像/视频的场景位置放置虚拟人，达到拟真效果。图18是根据本发明实施例的一种场景与虚拟人融合后拟真效果的示意图。如图18所示，对场景素材A进行理解重建，将虚拟人X放置至场景素材A中，达到了场景素材A与虚拟人X相融合的拟真效果。

[0220] 本发明实施例中通过对原始图像中不同的部位图像进行重建，生成人体3D资产，驱动该人体3D资产执行相对应的动效信息，生成虚拟人；对场景进行精细理解后，将生成的虚拟人和场景进行融合，以达到虚拟人在虚拟世界的场景中准确流畅显示的目的，从而实现了提高对对象进行模拟的效果的技术效果，进而解决了对对象进行模拟的效果差的技术问题。

[0221] 通过以上的实施方式的描述，本领域的技术人员可以清楚地了解到根据上述实施例的对象的处理方法可借助软件加必需的通用硬件平台的方式来实现，当然也可以通过硬件，但很多情况下前者是更佳的实施方式。基于这样的理解，本发明的技术方案本质上或者说对现有技术做出贡献的部分可以以软件产品的形式体现出来，该计算机软件产品存储在一个存储介质（如ROM/RAM、磁碟、光盘）中，包括若干指令用以使得一台终端设备（可以是手机、计算机、服务器，或者网络设备等）执行本发明各个实施例的方法。

[0222] 实施例3

[0223] 根据本发明实施例，还提供了一种用于实施上述图3所示的对象的处理方法的对象的处理装置。

[0224] 图19是根据本发明实施例的一种对象的处理装置的示意图。如图19所示，该对象的处理装置190可以包括：获取单元1902、第一重建单元1904、第一驱动单元1906和第一融合单元1908。

[0225] 获取单元1902，用于获取生物对象的原始图像。

[0226] 第一重建单元1904，用于对原始图像进行重建，得到生物对象的生物模型，其中，生物模型用于模拟得到生物对象在虚拟世界中的虚拟形象。

[0227] 第一驱动单元1906，用于分别驱动生物模型中多个部位模型执行与部位模型匹配的动效信息，其中，动效信息用于表征驱动后的部位模型产生的视觉动效。

[0228] 第一融合单元1908，用于将驱动后的生物模型融合至虚拟世界的场景素材中，得到目标动像，其中，目标动像用于表示生物模型在虚拟世界中呈现出动效结果。

[0229] 此处需要说明的是，上述获取单元1902、第一重建单元1904、第一驱动单元1906和第一融合单元1908对应于实施例1中的步骤S302至步骤S308，四个单元与对应的步骤所实现的实例和

应用场景相同，但不限于上述实施例1所公开的内容。需要说明的是，上述单元作为装置的一部分可以运行在实施例1提供的计算机终端10中。

[0230] 根据本发明实施例，还提供了一种用于实施上述图4所示的对象的处理方法的对象的处理装置。

[0231] 图20是根据本发明实施例的一种对象的处理装置的示意图。如图20所示，该对象的处理装置200可以包括：展示单元2002、第二重建单元2004、第二驱动单元2006、第二融合单元2008和第三驱动单元2010。

[0232] 展示单元2002，用于在虚拟现实VR设备或增强现实AR设备的呈现画面上展示生物对象的原始图像。

[0233] 第二重建单元2004，用于对原始图像进行重建，得到生物对象的生物模型，其中，生物模型用于在VR设备或AR设备中模拟得到生物对象在虚拟世界中的虚拟形象。

[0234] 第二驱动单元2006，用于分别驱动生物模型中多个部位模型执行与部位模型匹配的动效信息，其中，动效信息用于表征驱动后的部位模型产生的视觉动效。

[0235] 第二融合单元2008，用于将驱动后的生物模型融合至虚拟世界的场景素材中，得到目标动像，其中，目标动像用于表示生物模型在虚拟世界中呈现出动效结果。

[0236] 第三驱动单元2010，用于驱动VR设备或AR设备展示目标动像。

[0237] 此处需要说明的是，上述展示单元2002、第二重建单元2004、第二驱动单元2006、第二融合单元2008和第三驱动单元2010对应于实施例1中的步骤S402至步骤S410，五个单元与对应的步骤所实现的实例和应用场景相同，但不限于上述实施例1所公开的内容。需要说明的是，上述单元作为装置的一部分可以运行在实施例1提供的计算机终端10中。

[0238] 根据本发明实施例，还提供了一种用于实施上述图5所示的对象的处理方法的对象的处理装置。

[0239] 图21是根据本发明实施例的一种对象的处理装置的示意图。如图21所示，该对象的处理装置210可以包括：第一显示单元2102和第二显示单元2104。

[0240] 第一显示单元2102，用于响应作用于虚拟现实VR设备或增强现实AR设备的操作界面上的图像输入指令，在操作界面上显示生物对象的原始图像。

[0241] 第二显示单元2104，用于响应作用于操作界面上的图像生成指令，驱动VR设备或AR设备在操作界面上显示生物对象的目标动像，其中，目标动像为将驱动后的生物模型融合至虚拟世界的场景素材中得到，且用于表示生物模型在虚拟世界中呈现出动效结果，分别驱动生物模型中多个部位模型执行与部位模型匹配的动效信息，动效信息用于表征驱动后的部位模型产生的视觉动效，生物模型为对原始图像进行重建得到，且用于模拟得到生物对象在虚拟世界中的虚拟形象。

[0242] 此处需要说明的是，上述第一显示单元2102和第二显示单元2104对应于实施例1中的步骤S502至步骤S504，两个单元与对应的步骤所实现的实例和应用场景相同，但不限于上述实施例1所公开的内容。需要说明的是，上述单元作为装置的一部分可以运行在实施例1提供的计算机终端10中。

[0243] 根据本发明实施例，还提供了一种用于实施上述图6所示的对象的处理方法的对象的处理装置。

[0244] 图22是根据本发明实施例的一种对象的处理装置的示意图。如图22所示，该对象的处理装置220可以包括：调用单元2202、第三重建单元2204、第四驱动单元2206、第三融合单元2208和输出单元2210。

[0245] 调用单元2202，用于通过调用第一接口获取生物对象的原始图像，其中，第一接口包括第一参数，第一参数的参数值为原始图像。

[0246] 第三重建单元2204，用于对原始图像进行重建，得到生物对象的生物模型，其中，生物模型用于模拟得到生物对象在虚拟世界中的虚拟形象。

[0247] 第四驱动单元2206，用于分别驱动生物模型中多个部位模型执行与部位模型匹配的动效信息，其中，动效信息用于表征驱动后的部位模型产生的视觉动效。

[0248] 第三融合单元2208，用于将驱动后的生物模型融合至虚拟世界的场景素材中，得到目标动像，其中，目标动像用于表示生物模型在虚拟世界中呈现出动效结果。

[0249] 输出单元2210，用于通过调用第二接口输出目标动像，其中，第二接口包括第二参数，第二参数的参数值为目标动像。

[0250] 此处需要说明的是，上述调用单元2202、第三重建单元2204、第四驱动单元2206、第三融合单元2208和输出单元2210对应于实施例1中的步骤S602至步骤S610，五个单元与对应的步骤所实现的实例和应用场景相同，但不限于上述实施例1所公开的内容。需要说明的是，上述单元作为装置的一部分可以运行在实施例1提供的计算机终端10中。

[0251] 在该实施例中，通过重建生物对象的原始图像得到相对应的生物模型，将驱动后的生物模型融合至虚拟世界的场景素材，生成目标动像，以达到呈现生物模型在虚拟世界中的动效结果的目的，从而实现了提高对对象进行模拟的效果的技术效果，进而解决了对对象进行模拟的效果差的技术问题。

[0252] 实施例4

[0253] 本发明的实施例可以提供一种计算机终端，该计算机终端可以是计算机终端群中的任意一个计算机终端设备。可选地，在本实施例中，上述计算机终端也可以替换为移动终端等终端设备。

[0254] 可选地，在本实施例中，上述计算机终端可以位于计算机网络的多个网络设备中的至少一个网络设备。

[0255] 在本实施例中，上述计算机终端可以执行对象的处理方法中以下步骤的程序代码：获取生物对象的原始图像；对原始图像进行重建，得到生物对象的生物模型，其中，生物模型用于模拟得到生物对象在虚拟世界中的虚拟形象；分别驱动生物模型中多个部位模型执行与部位模型匹配的动效信息，其中，动效信息用于表征驱动后的部位模型产生的视觉动效；将驱动后的生物模型融合至虚拟世界的场景素材中，得到目标动像，其中，目标动像用于表示生物模型在虚拟世界中呈现出动效结果。

[0256] 可选地，图23是根据本发明实施例的一种计算机终端的结构框图。如图23所示，该计算机终端A可以包括：一个或多个（图中仅示出一个）处理器2302、存储器2304以及传输装置2306。

[0257] 其中，存储器2304可用于存储软件程序以及模块，如本发明实施例中的对象的处理方法和装置对应的程序指令/模块，处理器通过运行存储在存储器内的软件程序以及模块，从而执行各种功能应用以及数据处理，即实现上述的对象的处理方法。存储器可包括高速随机存储器，还可以包括非易失性存储器，如一个或者多个磁性存储装置、闪存或者其他非易失性固态存储器。在一些实例中，存储器可进一步包括相对于处理器远程设置的存储器，这些远程存储器可以通过网络连接至计算机终端A。上述网络的实例包括但不限于互联网、企业内部网、局域网、移动通信网及其组合。

[0258] 处理器2302可以通过传输装置调用存储器存储的信息及应用程序，以执行下述步骤：获取生物对象的原始图像；对原始图像进行重建，得到生物对象的生物模型，其中，生物模型用于模拟得到生物对象在虚拟世界中的虚拟形象；分别驱动生物模型中多个部位模型执行与部位模型匹配的动效信息，其中，动效信息用于表征驱动后的部位模型产生的视觉动效；将驱动后的生物模型融合至虚拟世界的场景素材中，得到目标动像，其中，目标动像用于表示生物模型在虚拟世界中呈现出动效结果。

[0259] 可选地，上述处理器还可以执行如下步骤的程序代码：提取原始图像中生物对象的多个部位的部位图像，其中，部位图像包括如下至少之一：头部图像、躯干图像和肢体图像；对多个部

位的部位图像进行重建，得到生物对象的多个部位的部位模型，其中，部位模型包括如下至少之一：用于模拟生物对象的头部的头部模型、用于模拟生物对象的躯干的躯干模型、用于模拟生物对象的肢体的肢体模型；将多个部位的部位模型进行合并，生成生物模型。

[0260] 可选地，上述处理器还可以执行如下步骤的程序代码：驱动头部模型执行与头部模型匹配的头部动效信息，其中，动效信息包括头部动效信息，头部动效信息用于表征驱动后的头部模型产生的视觉功效；驱动躯干模型执行与躯干模型匹配的躯干动效信息，其中，动效信息包括躯干动效信息，躯干动效信息用于表征驱动后的躯干模型产生的视觉功效；驱动肢体模型执行与肢体模型匹配的肢体动效信息，其中，动效信息包括肢体动效信息，肢体动效信息用于表征驱动后的躯干模型产生的视觉功效。

[0261] 可选地，上述处理器还可以执行如下步骤的程序代码：基于对象的媒体信息获取头部动效信息，其中，媒体信息与头部模型的视觉动效相关联，且头部模型的视觉动效包括对象的以下至少之一：面部表情的视觉动效、头部姿态的视觉动效和头部配饰的视觉动效。

[0262] 可选地，上述处理器还可以执行如下步骤的程序代码：基于对象的躯干姿态信息和虚拟世界中的位置信息，获取躯干动效信息，其中，躯干姿态信息与躯干模型的视觉动效相关联，且躯干模型的视觉动效包括躯干模型的以下至少之一信息：躯干的视觉动效、躯干配饰的视觉动效，位置信息用于表示生物模型在虚拟世界中的位置；和/或基于对象的肢体姿态信息和位置信息，获取肢体动效信息，其中，肢体姿态信息与肢体模型的视觉动效相关联，且肢体模型的视觉动效包括肢体模型的以下至少之一信息：肢体的视觉动效、肢体配饰的视觉动效。

[0263] 可选地，上述处理器还可以执行如下步骤的程序代码：将驱动后的生物模型，添加至场景素材中与位置对应的图像位置，得到目标动像。

[0264] 可选地，上述处理器还可以执行如下步骤的程序代码：对头部图像进行识别，得到头部的几何信息；基于头部的几何信息和头部的纹理贴图，生成头部模型。

[0265] 可选地，上述处理器还可以执行如下步骤的程序代码：对躯干图像进行识别，得到生物对象的躯干的关键点；基于躯干的关键点确定躯干的几何信息；基于躯干的几何信息和躯干的皮肤纹理生成躯干模型；和/或对肢体图像进行识别，得到生物对象的肢体的关键点；基于肢体的关键点确定肢体的几何信息；基于肢体的几何信息和肢体的皮肤纹理生成肢体模型。

[0266] 可选地，上述处理器还可以执行如下步骤的程序代码：对躯干图像和躯干配饰图像的配饰纹理进行重建，得到躯干模型；和/或对肢体图像和肢体配饰图像的肢体配饰纹理进行重建，得到肢体模型。

[0267] 可选地，上述处理器还可以执行如下步骤的程序代码：获取虚拟现实VR场景或增强现实AR场景的原始场景图像或者视频；基于原始场景图像或者视频对虚拟现实场景或增强现实场景进行重建，得到虚拟世界的场景素材。

[0268] 作为一种可选的示例，处理器可以通过传输装置调用存储器存储的信息及应用程序，以执行下述步骤：在虚拟现实VR设备或增强现实AR设备的呈现画面上展示生物对象的原始图像；对原始图像进行重建，得到生物对象的生物模型，其中，生物模型用于在VR设备或AR设备中模拟得到生物对象在虚拟世界中的虚拟形象；分别驱动生物模型中多个部位模型执行与部位模型匹配的动效信息，其中，动效信息用于表征驱动后的部位模型产生的视觉动效；将驱动后的生物模型融合至虚拟世界的场景素材中，得到目标动像，其中，目标动像用于表示生物模型在虚拟世界中呈现出动效结果；驱动VR设备或AR设备展示目标动像。

[0269] 作为一种可选的示例，处理器可以通过传输装置调用存储器存储的信息及应用程序，以执行下述步骤：响应作用于虚拟现实VR设备或增强现实AR设备的操作界面上的图像输入指令，在操作界面上显示生物对象的原始图像；响应作用于操作界面上的图像生成指令，驱动VR设备或AR设备在操作界面上显示生物对象的目标动像，其中，目标动像为将驱动后的生物模型融合至虚拟世界的场景素材中得到，且用于表示生物模型在虚拟世界中呈现出动效结果；分别驱动生物模型

中多个部位模型执行与部位模型匹配的动效信息，动效信息用于表征驱动后的部位模型产生的视觉动效，生物模型为对原始图像进行重建得到，且用于模拟得到生物对象在虚拟世界中的虚拟形象。

[0270] 作为一种可选的示例，处理器可以通过传输装置调用存储器存储的信息及应用程序，以执行下述步骤：通过调用第一接口获取生物对象的原始图像，其中，第一接口包括第一参数，第一参数的参数值为原始图像；对原始图像进行重建，得到生物对象的生物模型，其中，生物模型用于模拟得到生物对象在虚拟世界中的虚拟形象；分别驱动生物模型中多个部位模型执行与部位模型匹配的动效信息，其中，动效信息用于表征驱动后的部位模型产生的视觉动效；将驱动后的生物模型融合至虚拟世界的场景素材中，得到目标动像，其中，目标动像用于表示生物模型在虚拟世界中呈现出动效结果；通过调用第二接口输出目标动像，其中，第二接口包括第二参数，第二参数的参数值为目标动像。

[0271] 本发明实施例，提供了一种对象的处理方法，通过重建生物对象的原始图像得到相对应的生物模型，将驱动后的生物模型融合至虚拟世界的场景素材，生成目标动像，以达到呈现生物模型在虚拟世界中的动效结果的目的，从而实现了提高对对象进行模拟的效果的技术效果，进而解决了对对象进行模拟的效果差的技术问题。

[0272] 本领域普通技术人员可以理解，图23所示的结构仅为示意，计算机终端也可以是智能手机（如Android手机、iOS手机等）、平板电脑、掌上电脑以及移动互联网设备（Mobile Internet Devices，MID）、PAD等终端设备。图23并不对上述电子装置的结构造成限定。例如，计算机终端还可包括比图23中所示更多或者更少的组件（如网络接口、显示装置等），或者具有与图中所示不同的配置。

[0273] 本领域普通技术人员可以理解上述实施例的各种方法中的全部或部分步骤是可以通过程序来指令终端设备相关的硬件来完成，该程序可以存储于一计算机可读存储介质中，存储介质可以包括：闪存盘、只读存储器（Read-Only Memory，ROM）、随机存取器（Random Access Memory，RAM）、磁盘或光盘等。

[0274] 实施例5

[0275] 本发明的实施例还提供了一种计算机可读存储介质。可选地，在本实施例中，上述计算机可读存储介质可以用于保存上述实施例1所提供的对象的处理方法所执行的程序代码。

[0276] 可选地，在本实施例中，上述计算机可读存储介质可以位于计算机网络中计算机终端群中的任意一个计算机终端中，或者位于移动终端群中的任意一个移动终端中。

[0277] 可选地，在本实施例中，计算机可读存储介质被设置为存储用于执行以下步骤的程序代码：获取生物对象的原始图像；对原始图像进行重建，得到生物对象的生物模型，其中，生物模型用于模拟得到生物对象在虚拟世界中的虚拟形象；分别驱动生物模型中多个部位模型执行与部位模型匹配的动效信息，其中，动效信息用于表征驱动后的部位模型产生的视觉动效；将驱动后的生物模型融合至虚拟世界的场景素材中，得到目标动像，其中，目标动像用于表示生物模型在虚拟世界中呈现出动效结果。

[0278] 可选地，上述计算机可读存储介质还可以执行如下步骤的程序代码：提取原始图像中生物对象的多个部位的部位图像，其中，部位图像包括如下至少之一：头部图像、躯干图像和肢体图像；对多个部位的部位图像进行重建，得到生物对象的多个部位的部位模型，其中，部位模型包括如下至少之一：用于模拟生物对象的头部的头部模型、用于模拟生物对象的躯干的躯干模型、用于模拟生物对象的肢体的肢体模型；将多个部位的部位模型进行合并，生成生物模型。

[0279] 可选地，上述计算机可读存储介质还可以执行如下步骤的程序代码：驱动头部模型执行与头部模型匹配的头部动效信息，其中，动效信息包括头部动效信息，头部动效信息用于表征驱动后的头部模型产生的视觉功效；驱动躯干模型执行与躯干模型匹配的躯干动效信息，其中，动效信息包括躯干动效信息，躯干动效信息用于表征驱动后的躯干模型产生的视觉功效；驱动肢体模型执行与肢体模型匹配的肢体动效信息，其中，动效信息包括肢体动效信息，肢体动效信息用于表征驱

动后的躯干模型产生的视觉功效。

[0280] 可选地，上述计算机可读存储介质还可以执行如下步骤的程序代码：基于对象的媒体信息获取头部动效信息，其中，媒体信息与头部模型的视觉动效相关联，且头部模型的视觉动效包括对象的以下至少之一：面部表情的视觉动效、头部姿态的视觉动效和头部配饰的视觉动效。

[0281] 可选地，上述计算机可读存储介质还可以执行如下步骤的程序代码：基于对象的躯干姿态信息和虚拟世界中的位置信息，获取躯干动效信息，其中，躯干姿态信息与躯干模型的视觉动效相关联，且躯干模型的视觉动效包括躯干模型的以下至少之一信息：躯干的视觉动效、躯干配饰的视觉动效，位置信息用于表示生物模型在虚拟世界中的位置；和/或基于对象的肢体姿态信息和位置信息，获取肢体动效信息，其中，肢体姿态信息与肢体模型的视觉动效相关联，且肢体模型的视觉动效包括肢体模型的以下至少之一信息：肢体的视觉动效、肢体配饰的视觉动效。

[0282] 可选地，上述计算机可读存储介质还可以执行如下步骤的程序代码：将驱动后的生物模型，添加至场景素材中与位置对应的图像位置，得到目标动像。

[0283] 可选地，上述计算机可读存储介质还可以执行如下步骤的程序代码：对头部图像进行识别，得到头部的几何信息；基于头部的几何信息和头部的纹理贴图，生成头部模型。

[0284] 可选地，上述计算机可读存储介质还可以执行如下步骤的程序代码：对躯干图像进行识别，得到生物对象的躯干的关键点；基于躯干的关键点确定躯干的几何信息；基于躯干的几何信息和躯干的皮肤纹理生成躯干模型；和/或对肢体图像进行识别，得到生物对象的肢体的关键点；基于肢体的关键点确定肢体的几何信息；基于肢体的几何信息和肢体的皮肤纹理生成肢体模型。

[0285] 可选地，上述计算机可读存储介质还可以执行如下步骤的程序代码：对躯干图像和躯干配饰图像的配饰纹理进行重建，得到躯干模型；和/或对肢体图像和肢体配饰图像的肢体配饰纹理进行重建，得到肢体模型。

[0286] 可选地，上述计算机可读存储介质还可以执行如下步骤的程序代码：获取虚拟现实VR场景或增强现实AR场景的原始场景图像或者视频；基于原始场景图像或者视频对虚拟现实场景或增强现实场景进行重建，得到虚拟世界的场景素材。

[0287] 作为一种可选的示例，计算机可读存储介质被设置为存储用于执行以下步骤的程序代码：在虚拟现实VR设备或增强现实AR设备的呈现画面上展示生物对象的原始图像；对原始图像进行重建，得到生物对象的生物模型，其中，生物模型用于在VR设备或AR设备中模拟得到生物对象在虚拟世界中的虚拟形象；分别驱动生物模型中多个部位模型执行与部位模型匹配的动效信息，其中，动效信息用于表征驱动后的部位模型产生的视觉动效；将驱动后的生物模型融合至虚拟世界的场景素材中，得到目标动像，其中，目标动像用于表示生物模型在虚拟世界中呈现出动效结果；驱动VR设备或AR设备展示目标动像。

[0288] 作为一种可选的示例，计算机可读存储介质被设置为存储用于执行以下步骤的程序代码：响应作用于虚拟现实VR设备或增强现实AR设备的操作界面上的图像输入指令，在操作界面上显示生物对象的原始图像；响应作用于操作界面上的图像生成指令，驱动VR设备或AR设备在操作界面上显示生物对象的目标动像，其中，目标动像为将驱动后的生物模型融合至虚拟世界的场景素材中得到，且用于表示生物模型在虚拟世界中呈现出动效结果；分别驱动生物模型中多个部位模型执行与部位模型匹配的动效信息，动效信息用于表征驱动后的部位模型产生的视觉动效，生物模型为对原始图像进行重建得到，且用于模拟得到生物对象在虚拟世界中的虚拟形象。

[0289] 作为一种可选的示例，计算机可读存储介质被设置为存储用于执行以下步骤的程序代码：通过调用第一接口获取生物对象的原始图像，其中，第一接口包括第一参数，第一参数的参数值为原始图像；对原始图像进行重建，得到生物对象的生物模型，其中，生物模型用于模拟得到生物对象在虚拟世界中的虚拟形象；分别驱动生物模型中多个部位模型执行与部位模型匹配的动效信息，其中，动效信息用于表征驱动后的部位模型产生的视觉动效；将驱动后的生物模型融合至虚拟世界的场景素材中，得到目标动像，其中，目标动像用于表示生物模型在虚拟世界中呈现出动效结果；

通过调用第二接口输出目标动像,其中,第二接口包括第二参数,第二参数的参数值为目标动像。

[0290] 上述本发明实施例序号仅仅为了描述,不代表实施例的优劣。

[0291] 在本发明的上述实施例中,对各个实施例的描述都各有侧重,某个实施例中没有详述的部分,可以参见其他实施例的相关描述。

[0292] 在本申请所提供的几个实施例中,应该理解到,所揭露的技术内容,可通过其他的方式实现。其中,以上所描述的装置实施例仅仅是示意性的,例如所述单元的划分,仅仅为一种逻辑功能划分,实际实现时可以有另外的划分方式,例如多个单元或组件可以结合或者可以集成到另一个系统,或一些特征可以忽略,或不执行。另一点,所显示或讨论的相互之间的耦合或直接耦合或通信连接可以是通过一些接口;单元或模块的间接耦合或通信连接,可以是电性或其他的形式。

[0293] 所述作为分离部件说明的单元可以是或者也可以不是物理上分开的,作为单元显示的部件可以是或者也可以不是物理单元,即可以位于一个地方,或者也可以分布到多个网络单元上。可以根据实际的需要选择其中的部分或者全部单元来实现本实施例方案的目的。

[0294] 另外,在本发明各个实施例中的各功能单元可以集成在一个处理单元中,也可以是各个单元单独物理存在,也可以两个或两个以上单元集成在一个单元中。上述集成的单元既可以采用硬件的形式实现,也可以采用软件功能单元的形式实现。

[0295] 所述集成的单元如果以软件功能单元的形式实现并作为独立的产品销售或使用时,可以存储在一个计算机可读取存储介质中。基于这样的理解,本发明的技术方案本质上或者说对现有技术做出贡献的部分或者该技术方案的全部或部分可以以软件产品的形式体现出来,该计算机软件产品存储在一个存储介质中,包括若干指令用以使得一台计算机设备(可为个人计算机、服务器或者网络设备等)执行本发明各个实施例所述方法的全部或部分步骤。而前述的存储介质包括:U盘、只读存储器(Read-Only Memory, ROM)、随机存取存储器(Random Access Memory, RAM)、移动硬盘、磁碟或者光盘等各种可以存储程序代码的介质。

[0296] 以上所述仅是本发明的优选实施方式。应当指出,对于本技术领域的普通技术人员来说,在不脱离本发明原理的前提下,还可以作出若干改进和润饰,这些改进和润饰也应视为本发明的保护范围。

说 明 书 附 图

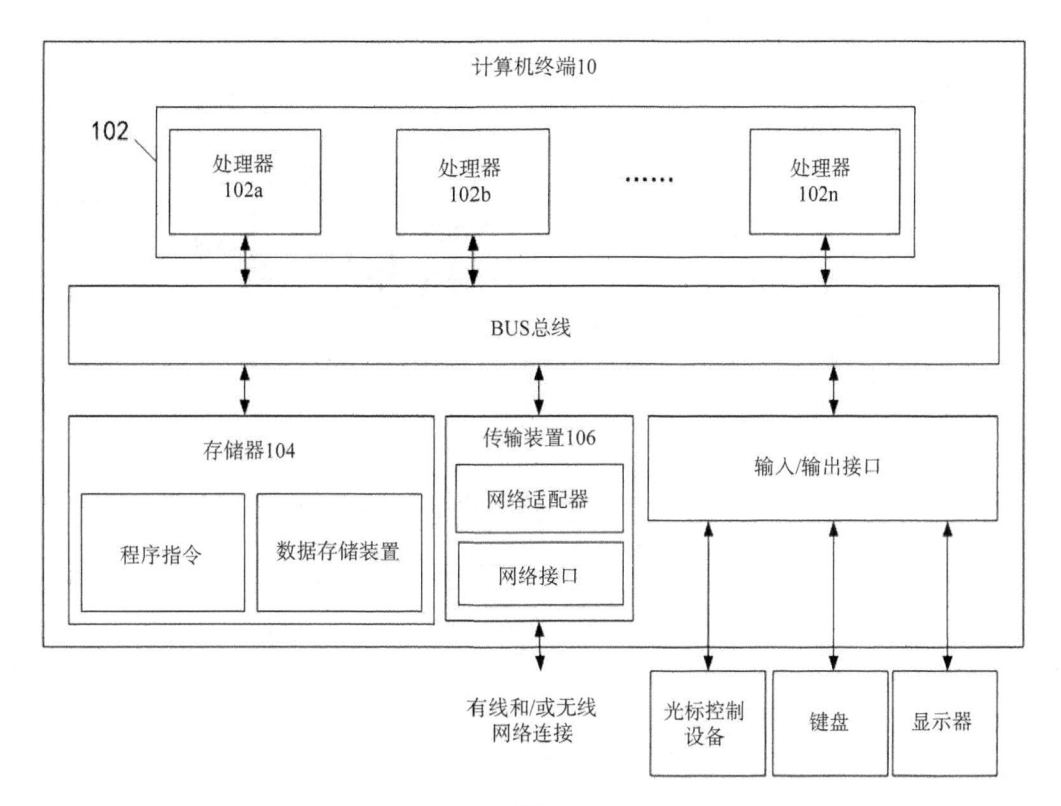

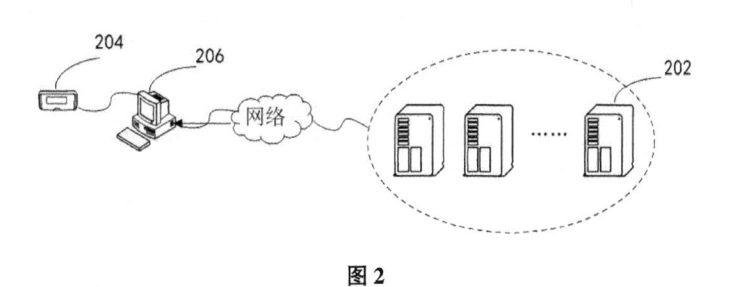

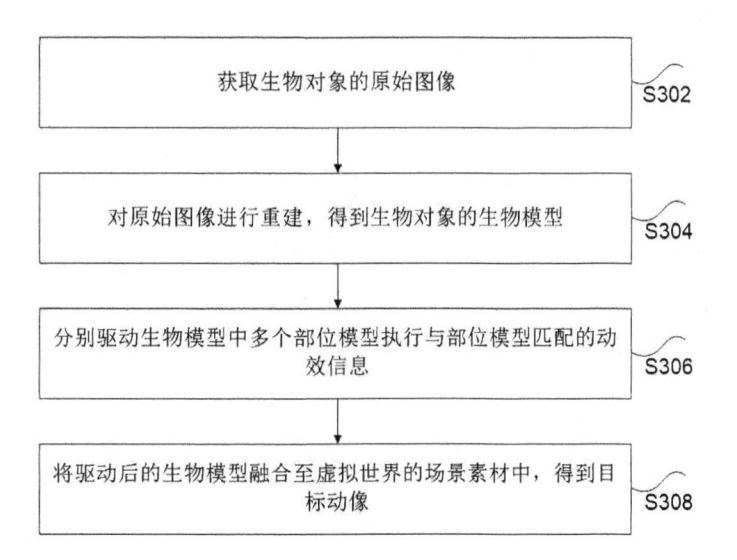

图 1

图 2

图 3

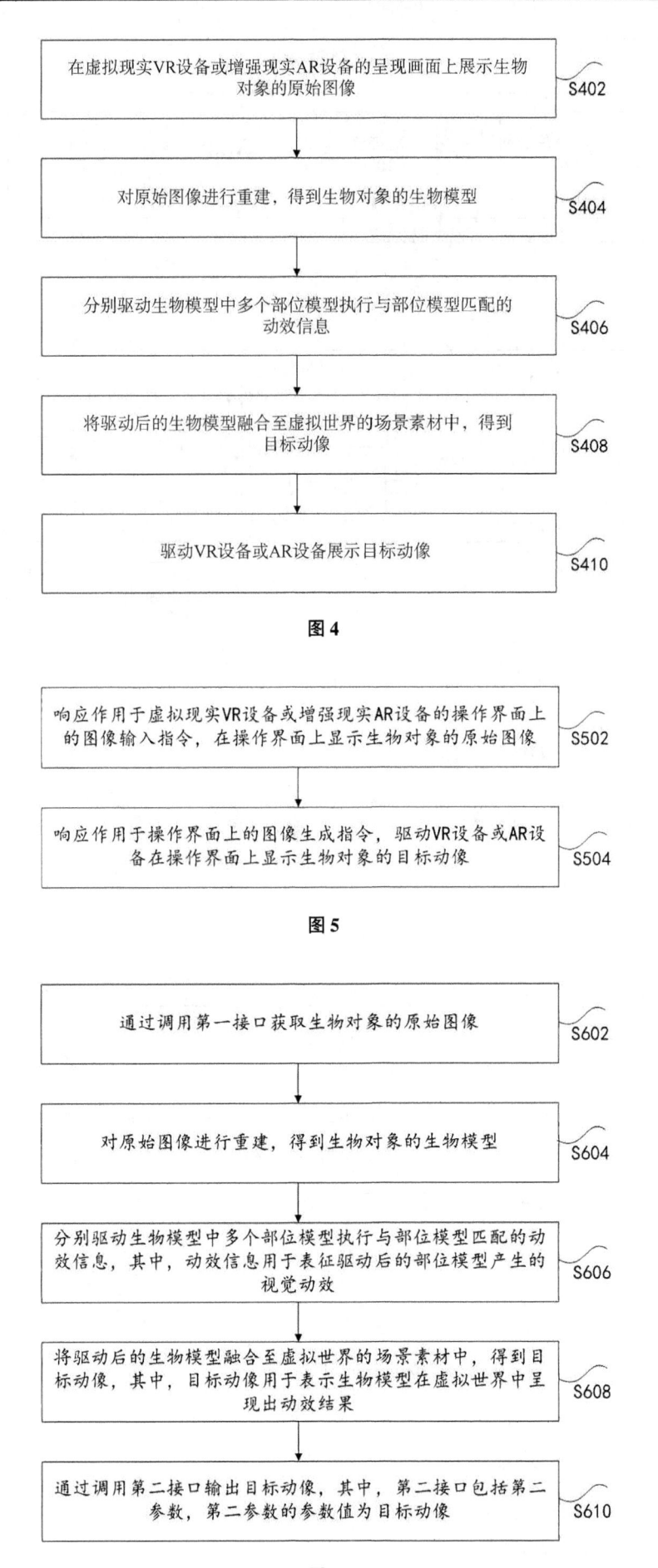

在虚拟现实VR设备或增强现实AR设备的呈现画面上展示生物对象的原始图像 —— S402

对原始图像进行重建，得到生物对象的生物模型 —— S404

分别驱动生物模型中多个部位模型执行与部位模型匹配的动效信息 —— S406

将驱动后的生物模型融合至虚拟世界的场景素材中，得到目标动像 —— S408

驱动VR设备或AR设备展示目标动像 —— S410

图 4

响应作用于虚拟现实VR设备或增强现实AR设备的操作界面上的图像输入指令，在操作界面上显示生物对象的原始图像 —— S502

响应作用于操作界面上的图像生成指令，驱动VR设备或AR设备在操作界面上显示生物对象的目标动像 —— S504

图 5

通过调用第一接口获取生物对象的原始图像 —— S602

对原始图像进行重建，得到生物对象的生物模型 —— S604

分别驱动生物模型中多个部位模型执行与部位模型匹配的动效信息，其中，动效信息用于表征驱动后的部位模型产生的视觉动效 —— S606

将驱动后的生物模型融合至虚拟世界的场景素材中，得到目标动像，其中，目标动像用于表示生物模型在虚拟世界中呈现出动效结果 —— S608

通过调用第二接口输出目标动像，其中，第二接口包括第二参数，第二参数的参数值为目标动像 —— S610

图 6

图 7

图 8

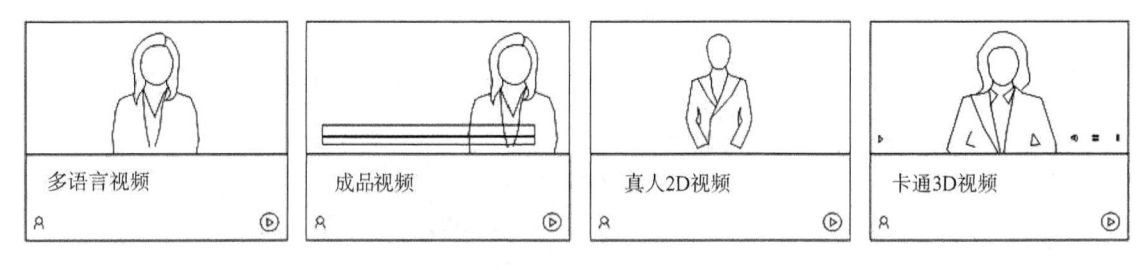

多语言视频　　成品视频　　真人2D视频　　卡通3D视频

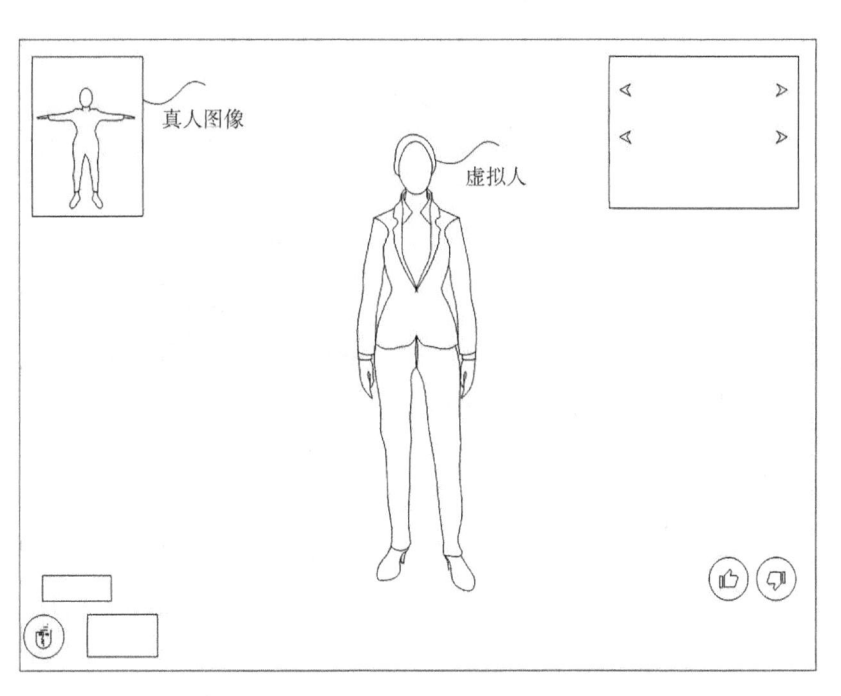

真人图像　　虚拟人

图 9

图 10

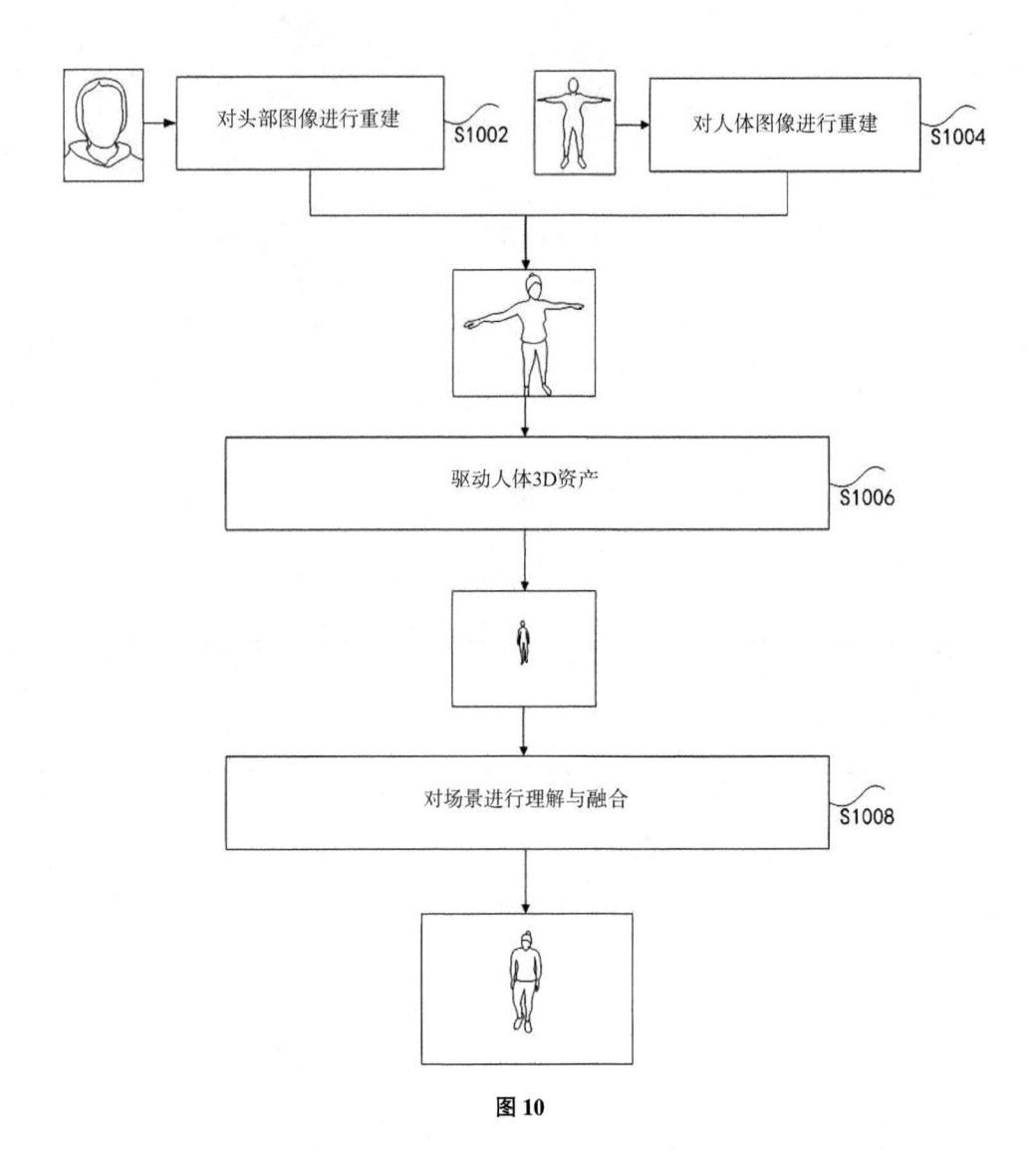

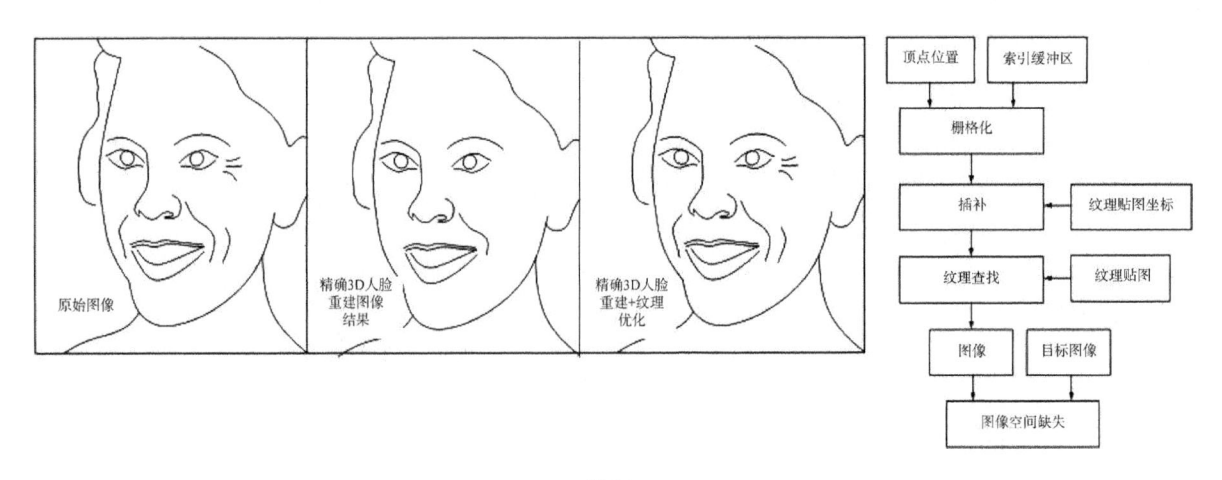

图 11

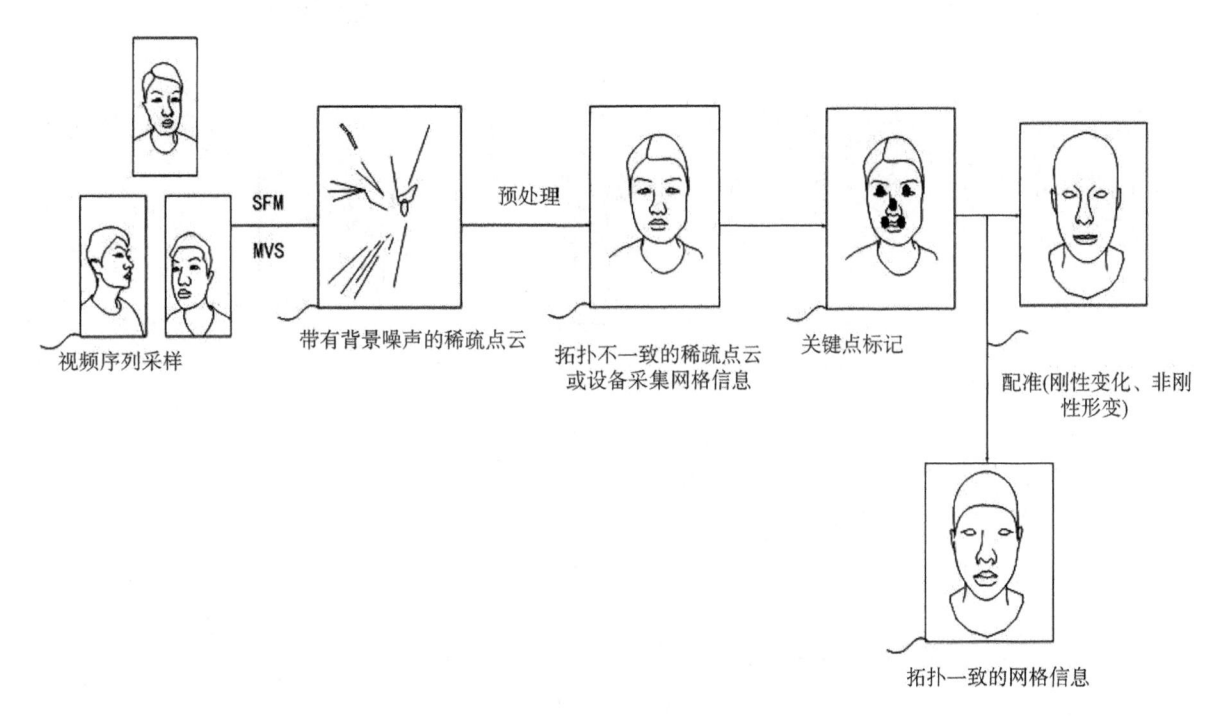

视频序列采样 → SFM/MVS → 带有背景噪声的稀疏点云 → 预处理 → 拓扑不一致的稀疏点云或设备采集网格信息 → 关键点标记 → 配准(刚性变化、非刚性形变) → 拓扑一致的网格信息

图 12

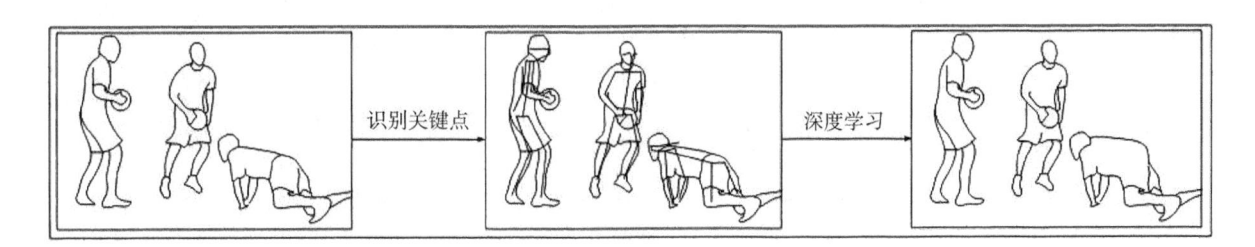

识别关键点 → 深度学习

图 13

说 明 书 附 图

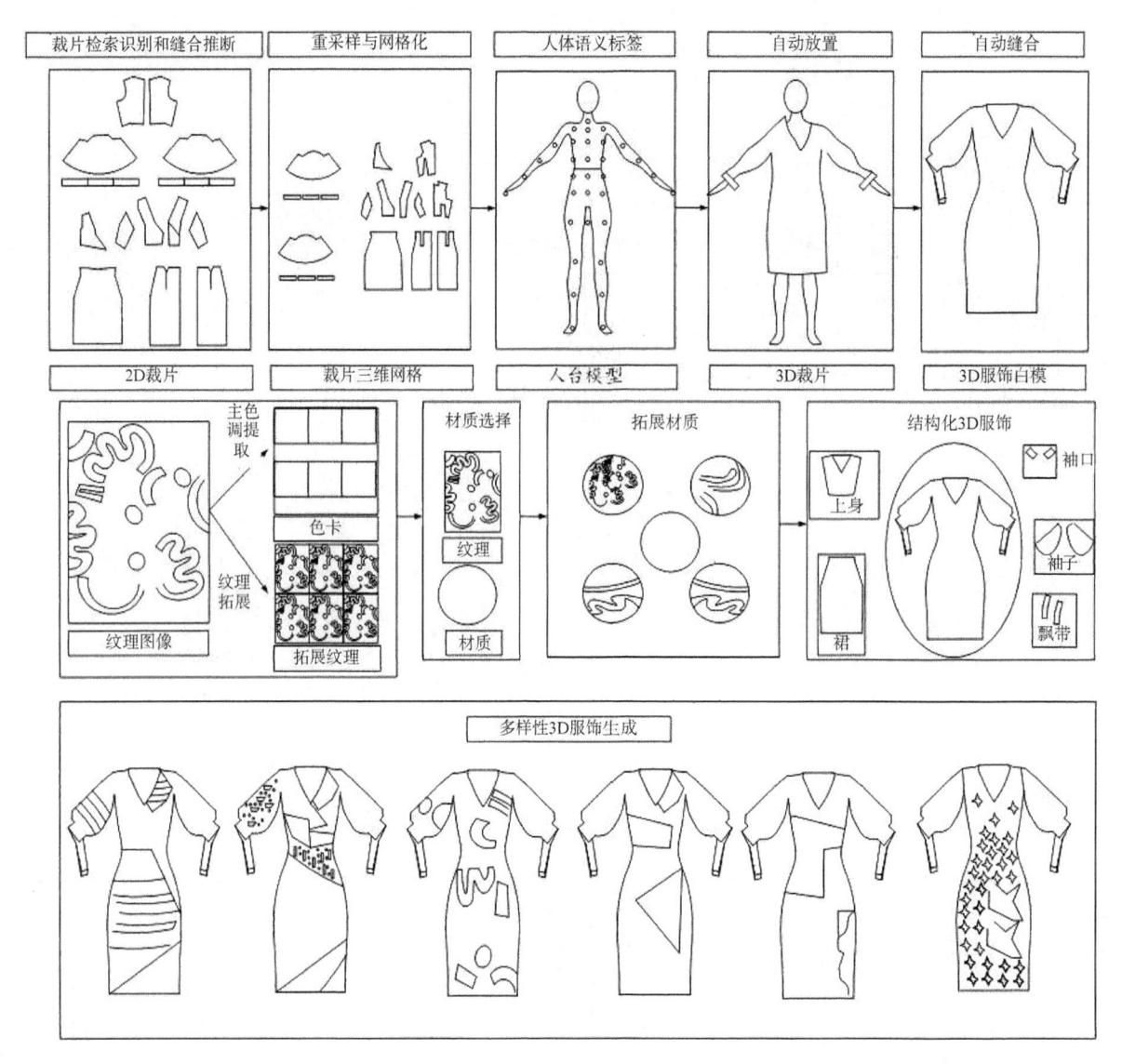

图 14

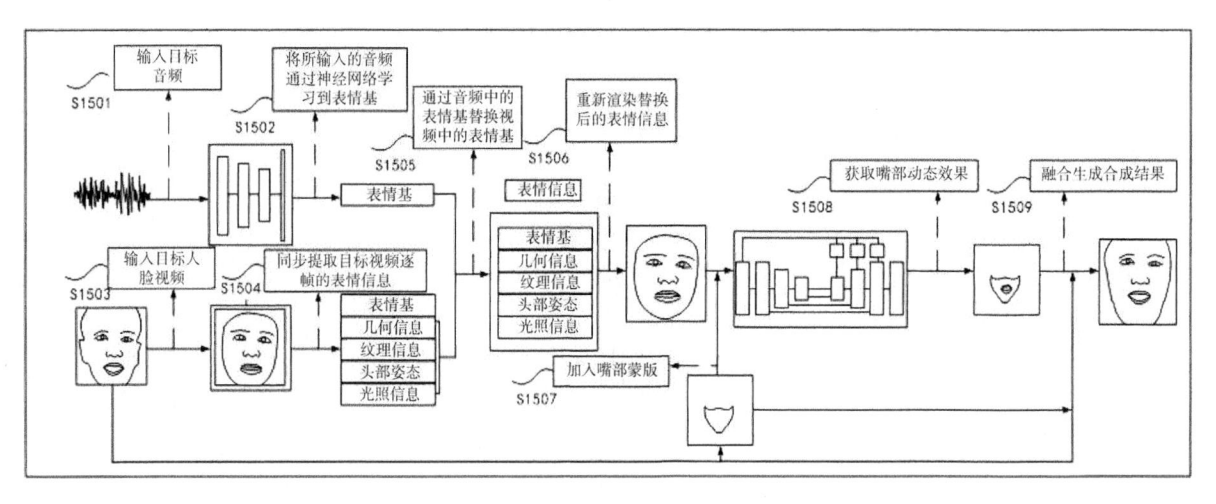

图 15

场景图像

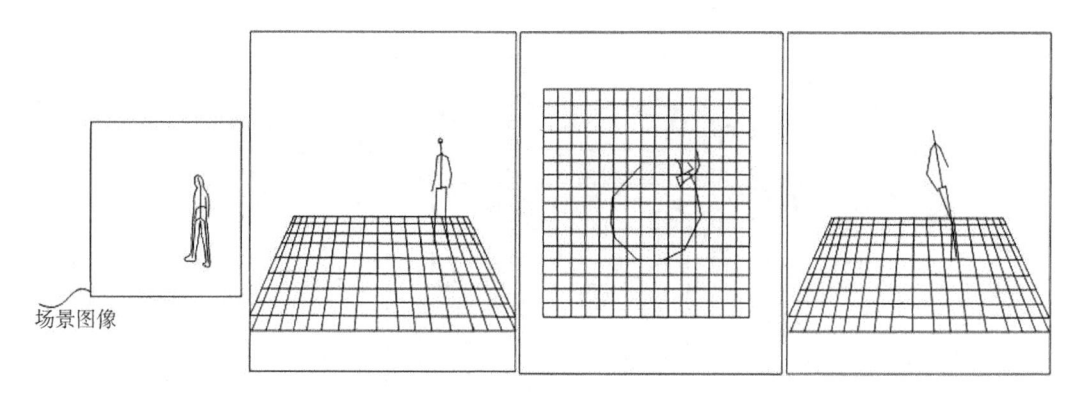

图 16

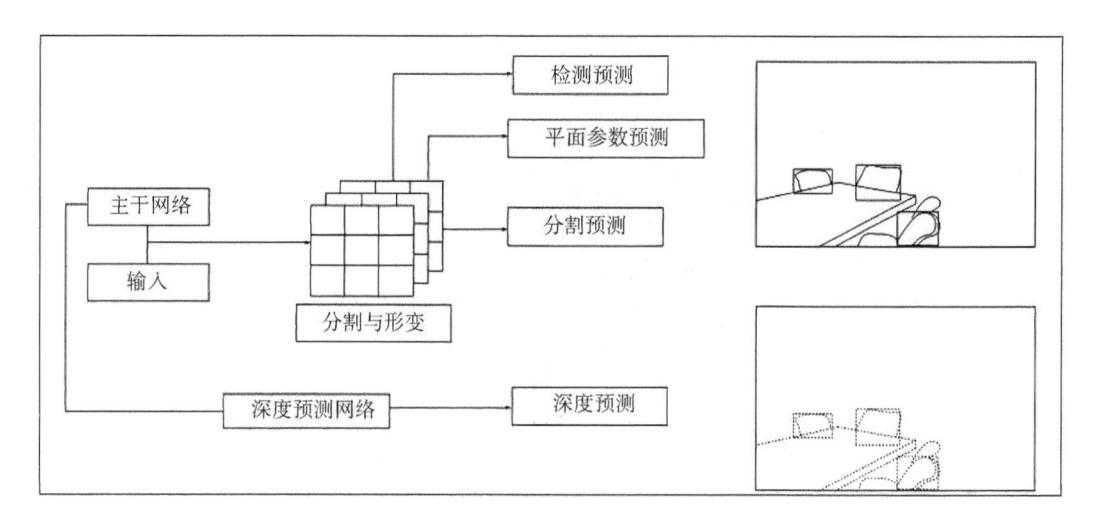

图 17

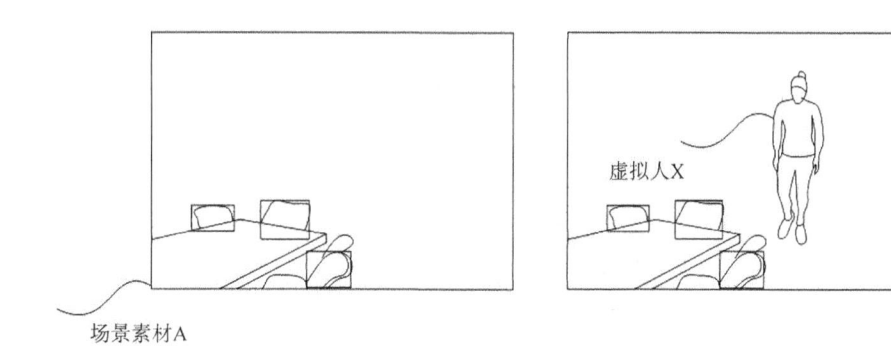

场景素材A　　虚拟人X

图 18

获取单元1902

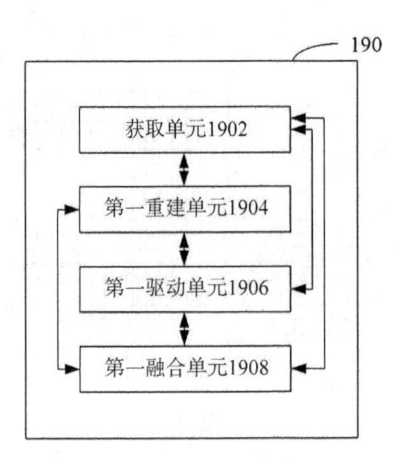

第一重建单元1904

第一驱动单元1906

第一融合单元1908

图 19

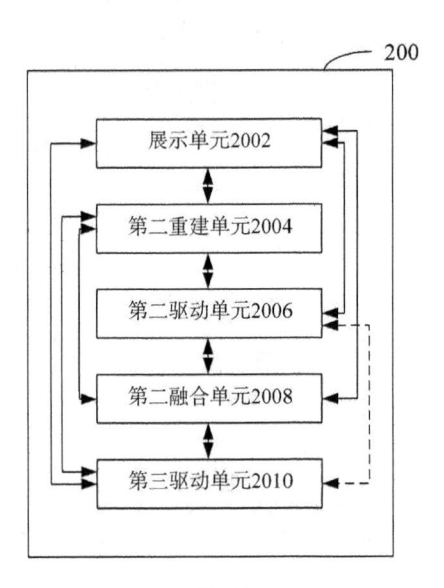

展示单元2002

第二重建单元2004

第二驱动单元2006

第二融合单元2008

第三驱动单元2010

图 20

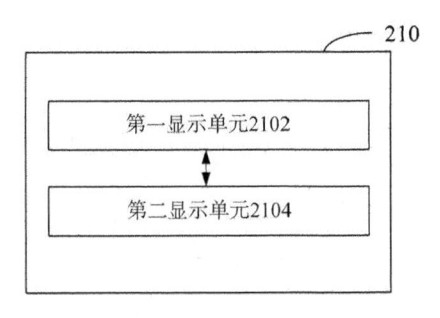

第一显示单元2102

第二显示单元2104

图 21

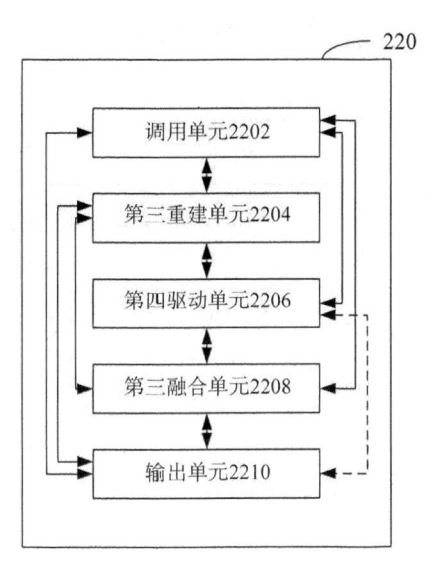

图 22

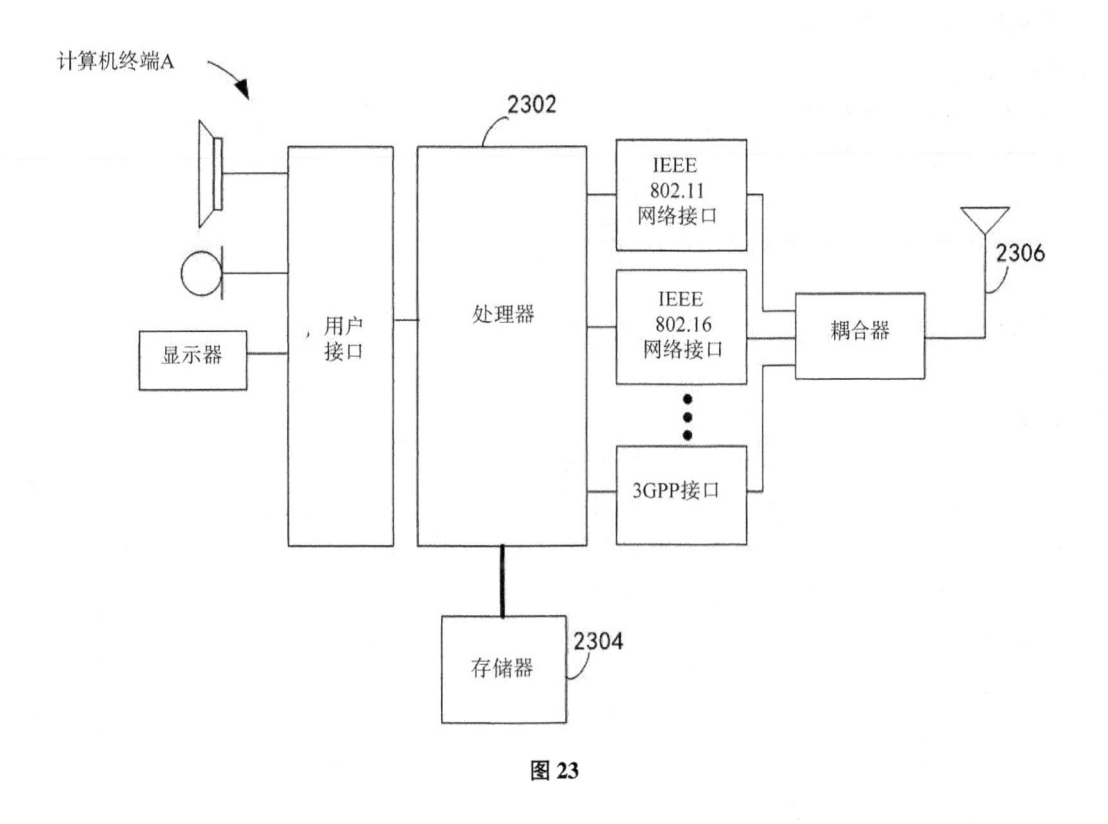

图 23

(19) 国家知识产权局

(12) 发明专利

(10) 授权公告号 CN 111222146 B
(45) 授权公告日 2022.08.12

(21) 申请号 201911111783.X

(22) 申请日 2019.11.14

(65) 同一申请的已公布的文献号
申请公布号 CN 111222146 A

(43) 申请公布日 2020.06.02

(73) 专利权人 京东科技控股股份有限公司
地址 100176 北京市大兴区北京经济技术开发区科创十一街18号C座2层221室

(72) 发明人 姚广东

(74) 专利代理机构 北京律智知识产权代理有限公司 11438
专利代理师 王辉 阚梓瑄

(51) Int.Cl.
G06F 21/60 (2013.01)
G06F 21/62 (2013.01)

(56) 对比文件
CN 101599116 A, 2009.12.09
CN 110399747 A, 2019.11.01
CN 108449318 A, 2018.08.24
CN 110363026 A, 2019.10.22
CN 103067491 A, 2013.04.24
CN 107015996 A, 2017.08.04
WO 0199030 A2, 2001.12.27

审查员 颜佳

(54) 发明名称
权限校验方法、权限校验装置、存储介质与电子设备

(57) 摘要
本公开提供一种权限校验方法、权限校验装置、计算机可读存储介质与电子设备,涉及数据处理技术领域。该方法包括:获取数据请求,所述数据请求包括提出所述数据请求的目标用户名、待请求数据所在的目标路径以及针对所述待请求数据的请求类型;确定所述目标路径对应的位置编码;在所述目标用户名对应的位图中,根据所述位置编码读取权限编码;解析所述权限编码,根据所述请求类型确定关于所述数据请求的权限校验结果。本公开可以实现快速的权限校验和请求响应,并且随着权限信息数量的增多,处理时间不会明显增加,适合于大数据管理的场景。

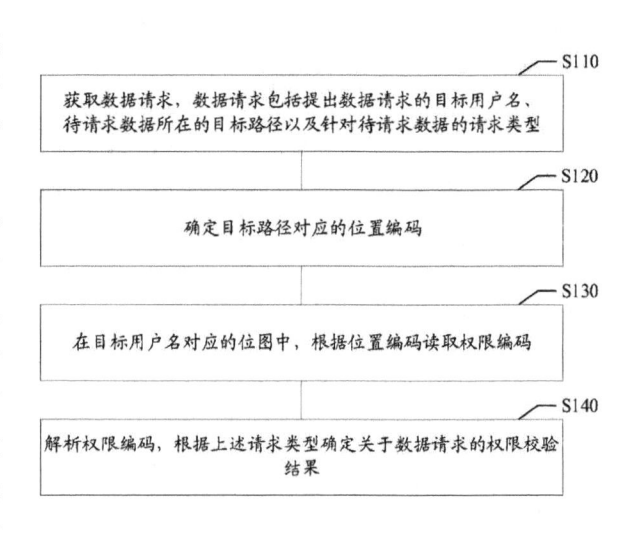

权 利 要 求 书

1. 一种权限校验方法，其特征在于，包括：

获取数据请求，所述数据请求包括提出所述数据请求的目标用户名、待请求数据所在的目标路径以及针对所述待请求数据的请求类型；

确定所述目标路径对应的位置编码；

在所述目标用户名对应的位图中，根据所述位置编码读取权限编码；

解析所述权限编码，根据所述请求类型确定关于所述数据请求的权限校验结果；

其中，当所述请求类型为预设类型，所述预设类型包括读请求或写请求时，所述解析所述权限编码，根据所述请求类型确定关于所述数据请求的权限校验结果，包括：

解析所述权限编码中是否具有所述预设类型对应的预设权限，所述预设权限包括读权限或写权限；

当所述权限编码中具有预设权限时，读取子目录参数的值；

当所述子目录参数为真值时，解析所述权限编码中是否具有递归权限；

当所述权限编码中具有递归权限时，确定所述数据请求具有预设权限；

当所述权限编码中不具有递归权限时，从所述目标路径的末尾删除短路径名，并再次执行确定所述目标路径对应的位置编码的步骤；

当所述子目录参数为假值时，确定所述数据请求具有预设权限；

当所述权限编码中不具有读权限时，从所述目标路径的末尾删除短路径名，并再次执行确定所述目标路径对应的位置编码的步骤。

2. 根据权利要求1所述的方法，其特征在于，所述确定所述目标路径对应的位置编码，包括：

在预先建立的位置编码映射表中查找所述目标路径对应的位置编码。

3. 根据权利要求2所述的方法，其特征在于，所述在预先建立的位置编码映射表中查找所述目标路径对应的位置编码，包括：

提取所述目标路径的短路径名，将所述目标路径的短路径名分别转换为对应的数值，以得到所述目标路径对应的数值序列，记为目标数值序列；

在所述位置编码映射表中查找所述目标数值序列对应的位置编码。

4. 根据权利要求3所述的方法，其特征在于，所述位置编码映射表通过以下方式建立：

统计历史请求中各路径的查询次数，按照查询次数由高到低排列所述各路径；

将所述各路径分别转换为对应的数值序列，并按照各数值序列的排列顺序分别生成各数值序列对应的位置编码，以建立所述位置编码映射表；

其中，所述位置编码映射表包括数值序列和位置编码的对应关系，任意相邻两数值序列所对应的位置编码之间相差预设数值，所述预设数值为权限编码的长度。

5. 根据权利要求3所述的方法，其特征在于，所述将所述目标路径的短路径名分别转换为对应的数值，包括：

在预先建立的数值映射表中查找所述目标路径的短路径名对应的数值。

6. 根据权利要求5所述的方法，其特征在于，所述数值映射表通过以下方式建立：

将历史请求中的路径分割为短路径名；

统计每个短路径名的出现次数以及到根路径的距离，以计算每个短路径名的权重；

按照权重由高到低排列各短路径名，将每个短路径名的序号作为其对应的数值，以建立所述数值映射表。

7. 根据权利要求2所述的方法，其特征在于，所述目标用户名对应的位图通过以下方式获取：

在预先建立的位图映射表中查找所述目标用户名对应的位图。

8. 根据权利要求7所述的方法，其特征在于，所述确定所述目标路径对应的位置编码，还包括：

当在所述位置编码映射表中查找所述目标路径的结果为空时，检测所述目标路径是否包含和所述目标用户名相同的短路径名；

当所述目标路径包含和所述目标用户名相同的短路径名时，将该短路径名替换为第一预设字符，并重新在所述位置编码映射表中查找所述目标路径对应的位置编码。

9. 根据权利要求8所述的方法，其特征在于，如果在查找所述目标路径对应的位置编码时，将所述目标路径中的短路径名替换为第一预设字符，则所述在预先建立的位图映射表中查找所述目标用户名对应的位图，包括：

在所述位图映射表中查找第二预设字符对应的位图，作为所述目标用户名对应的位图。

10. 根据权利要求7所述的方法，其特征在于，所述方法还包括：

当在所述位图映射表中查找所述目标用户名的结果为空时，从所述位图映射表中查找第三预设字符对应的位图，作为所述目标用户名对应的位图。

11. 根据权利要求1所述的方法，其特征在于，所述子目录参数的默认值为假值。

12. 根据权利要求1所述的方法，其特征在于，在从所述目标路径的末尾删除短路径名前，所述方法还包括：

判断所述目标路径是否为根路径；

当所述目标路径是根路径时，确定所述数据请求不具有读权限；

当所述目标路径不是根路径时，执行从所述目标路径的末尾删除短路径名的步骤。

13. 根据权利要求1或12所述的方法，其特征在于，所述方法还包括：

当从所述目标路径的末尾删除短路径名时，将所述子目录参数设为真值。

14. 一种权限校验装置，其特征在于，包括：

数据请求获取模块，用于获取数据请求，所述数据请求包括提出所述数据请求的目标用户名、待请求数据所在的目标路径以及针对所述待请求数据的请求类型；

位置编码确定模块，用于确定所述目标路径对应的位置编码；

权限编码读取模块，用于在所述目标用户名对应的位图中，根据所述位置编码读取权限编码；

权限编码解析模块，用于解析所述权限编码，根据所述请求类型确定关于所述数据请求的权限校验结果；

其中，当所述请求类型为预设类型，所述预设类型包括读请求或写请求时，所述权限编码解析模块通过执行以下方法以得到关于所述数据请求的权限校验结果：

解析所述权限编码中是否具有所述预设类型对应的预设权限，所述预设权限包括读权限或写权限；

当所述权限编码中具有预设权限时，读取子目录参数的值；

当所述子目录参数为真值时，解析所述权限编码中是否具有递归权限；

当所述权限编码中具有递归权限时，确定所述数据请求具有预设权限；

当所述权限编码中不具有递归权限时，从所述目标路径的末尾删除短路径名，并调度所述位置编码确定模块重新确定所述目标路径对应的位置编码；

当所述子目录参数为假值时，确定所述数据请求具有预设权限；

当所述权限编码中不具有读权限时，从所述目标路径的末尾删除短路径名，并调度所述位置编码确定模块重新确定所述目标路径对应的位置编码。

15. 一种计算机可读存储介质，其上存储有计算机程序，其特征在于，所述计算机程序被处理器执行时实现权利要求1至13任一项所述的方法。

16. 一种电子设备，其特征在于，包括：

处理器；以及

存储器，用于存储所述处理器的可执行指令；

其中，所述处理器配置为经由执行所述可执行指令来执行权利要求1至13任一项所述的方法。

说 明 书

权限校验方法、权限校验装置、存储介质与电子设备

技术领域

[0001] 本公开涉及数据处理技术领域，尤其涉及一种权限校验方法、权限校验装置、计算机可读存储介质与电子设备。

背景技术

[0002] 随着大数据时代的来临，数据作为企业或个人所拥有的一种资源，往往包含了隐私信息、技术或商业机密等重要内容，因此需要对数据访问权限进行管理，以防止数据丢失、泄露、被篡改等风险，保障信息安全。

[0003] 相关技术中，为了满足复杂的权限设置，通常采用树型的权限模型进行管理，例如 Hadoop（一款分布式的大数据存储和处理的开源软件）的权限管理工具 Ranger。其将权限信息保存到树的节点上，包含用户、资源、权限之间的关系，在校验时通过遍历树的节点，以查询相应的权限信息。然而，随着用户数量、权限类型或等级的增加，所需保存的权限信息数量成倍级增长，树的节点增多，同时单个节点上保存的用户权限信息增多，导致每次查询时遍历树以及在树的节点上查找具体用户的权限信息耗费较多时间，效率较低。

[0004] 需要说明的是，在上述背景技术部分公开的信息仅用于加强对本公开的背景的理解，因此可以包括不构成对本领域普通技术人员已知的现有技术的信息。

发明内容

[0005] 本公开提供了一种权限校验方法、权限校验装置、计算机可读存储介质与电子设备，进而至少在一定程度上改善相关技术中权限校验耗时较多的问题。

[0006] 本公开的其他特性和优点将通过下面的详细描述变得显然，或部分地通过本公开的实践而习得。

[0007] 根据本公开的第一方面，提供一种权限校验方法，包括：获取数据请求，所述数据请求包括提出所述数据请求的目标用户名、待请求数据所在的目标路径以及针对所述待请求数据的请求类型；确定所述目标路径对应的位置编码；在所述目标用户名对应的位图中，根据所述位置编码读取权限编码；解析所述权限编码，根据所述请求类型确定关于所述数据请求的权限校验结果。

[0008] 可选的，所述确定所述目标路径对应的位置编码，包括：在预先建立的位置编码映射表中查找所述目标路径对应的位置编码。

[0009] 可选的，所述在预先建立的位置编码映射表中查找所述目标路径对应的位置编码，包括：提取所述目标路径的短路径名，将所述目标路径的短路径名分别转换为对应的数值，以得到所述目标路径对应的数值序列，记为目标数值序列；在所述位置编码映射表中查找所述目标数值序列对应的位置编码。

[0010] 可选的，所述位置编码映射表通过以下方式建立：统计历史请求中各路径的查询次数，按照查询次数由高到低排列所述各路径；将所述各路径分别转换为对应的数值序列，并按照各数值序列的排列顺序分别生成各数值序列对应的位置编码，以建立所述位置编码映射表；其中，所述位置编码映射表包括数值序列和位置编码的对应关系，任意相邻两数值序列所对应的位置编码之间相差预设数值，所述预设数值为权限编码的长度。

[0011] 可选的，所述将所述目标路径的短路径名分别转换为对应的数值，包括：在预先建立的数值映射表中查找所述目标路径的短路径名对应的数值。

[0012] 可选的，所述数值映射表通过以下方式建立：将历史请求中的路径分割为短路径名；统计每个短路径名的出现次数以及到根路径的距离，以计算每个短路径名的权重；按照权重由高到低

· 375 ·

排列各短路径名，将每个短路径名的序号作为其对应的数值，以建立所述数值映射表。

[0013] 可选的，所述目标用户名对应的位图通过以下方式获取：在预先建立的位图映射表中查找所述目标用户名对应的位图。

[0014] 可选的，所述确定所述目标路径对应的位置编码，还包括：当在所述位置编码映射表中查找所述目标路径的结果为空时，检测所述目标路径是否包含和所述目标用户名相同的短路径名；当所述目标路径包含和所述目标用户名相同的短路径名时，将该短路径名替换为第一预设字符，并重新在所述位置编码映射表中查找所述目标路径对应的位置编码。

[0015] 可选的，如果在查找所述目标路径对应的位置编码时，将所述目标路径中的短路径名替换为第一预设字符，则所述在预先建立的位图映射表中查找所述目标用户名对应的位图，包括：在所述位图映射表中查找第二预设字符对应的位图，作为所述目标用户名对应的位图。

[0016] 可选的，所述方法还包括：当在所述位图映射表中查找所述目标用户名的结果为空时，从所述位图映射表中查找第三预设字符对应的位图，作为所述目标用户名对应的位图。

[0017] 可选的，当所述请求类型为读请求时，所述解析所述权限编码，得到关于所述数据请求的权限校验结果，包括：解析所述权限编码中是否具有读权限；当所述权限编码中具有读权限时，读取子目录参数的值；当所述子目录参数为真值时，解析所述权限编码中是否具有递归权限；当所述权限编码中具有递归权限时，确定所述数据请求具有读权限；当所述权限编码中不具有递归权限时，从所述目标路径的末尾删除短路径名，并再次执行确定所述目标路径对应的位置编码的步骤；当所述子目录参数为假值时，确定所述数据请求具有读权限；当所述权限编码中不具有读权限时，从所述目标路径的末尾删除短路径名，并再次执行确定所述目标路径对应的位置编码的步骤。

[0018] 可选的，在从所述目标路径的末尾删除短路径名前，所述方法还包括：判断所述目标路径是否为根路径；当所述目标路径是根路径时，确定所述数据请求不具有读权限；当所述目标路径不是根路径时，执行从所述目标路径的末尾删除短路径名的步骤。

[0019] 可选的，所述方法还包括：当从所述目标路径的末尾删除短路径名时，将所述子目录参数设为真值。

[0020] 根据本公开的第二方面，提供一种权限校验装置，包括：数据请求获取模块，用于获取数据请求，所述数据请求包括提出所述数据请求的目标用户名、待请求数据所在的目标路径以及针对所述待请求数据的请求类型；位置编码确定模块，用于确定所述目标路径对应的位置编码；权限编码读取模块，用于在所述目标用户名对应的位图中，根据所述位置编码读取权限编码；权限编码解析模块，用于解析所述权限编码，根据所述请求类型确定关于所述数据请求的权限校验结果。

[0021] 可选的，所述位置编码确定模块，用于在预先建立的位置编码映射表中查找所述目标路径对应的位置编码。

[0022] 可选的，所述位置编码确定模块包括：数值序列转换单元，用于提取所述目标路径的短路径名，将所述目标路径的短路径名分别转换为对应的数值，以得到所述目标路径对应的数值序列，记为目标数值序列；位置编码查找单元，用于在所述位置编码映射表中查找所述目标数值序列对应的位置编码。

[0023] 可选的，所述装置还包括位置编码映射表建立模块，用于执行以下方法以建立所述位置编码映射表：统计历史请求中各路径的查询次数，按照查询次数由高到低排列所述各路径；将所述各路径分别转换为对应的数值序列，并按照各数值序列的排列顺序分别生成各数值序列对应的位置编码，以建立所述位置编码映射表；其中，所述位置编码映射表包括数值序列和位置编码的对应关系，任意相邻两数值序列所对应的位置编码之间相差预设数值，所述预设数值为权限编码的长度。

[0024] 可选的，所述数值序列转换单元，用于在预先建立的数值映射表中查找所述目标路径的短路径名对应的数值。

[0025] 可选的，所述装置还包括数值映射表建立模块，用于执行以下方法以建立所述数值映射表：将历史请求中的路径分割为短路径名；统计每个短路径名的出现次数以及到根路径的距离，以

计算每个短路径名的权重；按照权重由高到低排列各短路径名，将每个短路径名的序号作为其对应的数值，以建立所述数值映射表。

[0026] 可选的，所述权限编码读取模块，用于在预先建立的位图映射表中查找所述目标用户名对应的位图。

[0027] 可选的，所述位置编码确定模块，还用于当在所述位置编码映射表中查找所述目标路径的结果为空时，将所述目标路径中和所述目标用户名相同的短路径名替换为第一预设字符，并重新在所述位置编码映射表中查找所述目标路径对应的位置编码。

[0028] 可选的，所述权限编码读取模块，还用于在所述位置编码确定模块将所述目标路径中的短路径名替换为所述第一预设字符以查找所述位置编码的情况下，在所述位图映射表中查找第二预设字符对应的位图，作为所述目标用户名对应的位图。

[0029] 可选的，所述权限编码读取模块，还用于当在所述位图映射表中查找所述目标用户名的结果为空时，从所述位图映射表中查找第三预设字符对应的位图，作为所述目标用户名对应的位图。

[0030] 可选的，当所述请求类型为读请求时，所述权限编码解析模块，用于执行以下方法以得到关于所述数据请求的权限校验结果：解析所述权限编码中是否具有读权限；当所述权限编码中具有读权限时，读取子目录参数的值；当所述子目录参数为真值时，解析所述权限编码中是否具有递归权限；当所述权限编码中具有递归权限时，确定所述数据请求具有读权限；当所述权限编码中不具有递归权限时，从所述目标路径的末尾删除短路径名，并调度所述位置编码确定模块重新确定所述目标路径对应的位置编码；当所述子目录参数为假值时，确定所述数据请求具有读权限；当所述权限编码中不具有读权限时，从所述目标路径的末尾删除短路径名，并调度所述位置编码确定模块重新确定所述目标路径对应的位置编码。

[0031] 可选的，所述权限编码解析模块，还用于在从所述目标路径的末尾删除短路径名前，判断所述目标路径是否为根路径，当所述目标路径是根路径时，确定所述数据请求不具有读权限，当所述目标路径不是根路径时，从所述目标路径的末尾删除短路径名，并调度所述位置编码确定模块重新确定所述目标路径对应的位置编码。

[0032] 可选的，所述权限编码解析模块，还用于当从所述目标路径的末尾删除短路径名时，将所述子目录参数设为真值。

[0033] 根据本公开的第三方面，提供一种计算机可读存储介质，其上存储有计算机程序，所述计算机程序被处理器执行时实现上述任意一种权限校验方法。

[0034] 根据本公开的第四方面，提供一种电子设备，包括：处理器；以及存储器，用于存储所述处理器的可执行指令；其中，所述处理器配置为经由执行所述可执行指令来执行上述任意一种权限校验方法。

[0035] 本公开的技术方案具有以下有益效果：

[0036] 根据上述权限校验方法、权限校验装置、计算机可读存储介质与电子设备，获取数据请求中的目标用户名、目标路径和请求类型，确定目标路径对应的位置编码，并在目标用户名对应的位图中根据位置编码读取权限编码，通过解析权限编码，以确定是否具有请求类型对应的权限，从而得到关于数据请求的权限校验结果。一方面，采用位图的方式记录权限信息，可以将复杂的权限信息表示为简单的二进制编码形式，并且通过位置编码查找权限编码时，直接查找到位图中相应的位置即可，无需对整个位图进行遍历，算法时间复杂度达到 O（1）级别，有利于实现快速的权限校验和请求响应，具有较高的效率。另一方面，随着权限信息数量的增多，位图长度增加，但查找权限编码的时间不会明显增加，因此特别适合于大数据管理的场景。

[0037] 应当理解的是，以上的一般描述和后文的细节描述仅是示例性和解释性的，并不能限制本公开。

附图说明

[0038] 此处的附图被并入说明书中并构成本说明书的一部分，示出了符合本公开的实施例，并与说明书一起用于解释本公开的原理。显而易见地，下面描述中的附图仅仅是本公开的一些实施例，对于本领域普通技术人员来讲，在不付出创造性劳动的前提下，还可以根据这些附图获得其他的附图。

[0039] 图1示出本示例性实施例中一种权限校验方法的流程图；

[0040] 图2示出本示例性实施例中一种权限校验方法的子流程图；

[0041] 图3示出本示例性实施例中另一种权限校验方法的子流程图；

[0042] 图4示出本示例性实施例中另一种权限校验方法的流程图；

[0043] 图5示出本示例性实施例中一种权限校验装置的结构框图；

[0044] 图6示出本示例性实施例中一种用于实现上述方法的计算机可读存储介质；

[0045] 图7示出本示例性实施例中一种用于实现上述方法的电子设备。

具体实施方式

[0046] 现在将参考附图更全面地描述示例实施方式。然而，示例实施方式能够以多种形式实施，且不应被理解为限于在此阐述的范例；相反，提供这些实施方式使得本公开将更加全面和完整，并将示例实施方式的构思全面地传达给本领域的技术人员。所描述的特征、结构或特性可以以任何合适的方式结合在一个或更多实施方式中。在下面的描述中，提供许多具体细节从而给出对本公开的实施方式的充分理解。然而，本领域技术人员将意识到，可以实践本公开的技术方案而省略所述特定细节中的一个或更多，或者可以采用其他的方法、组元、装置、步骤等。在其它情况下，不详细示出或描述公知技术方案以避免喧宾夺主而使得本公开的各方面变得模糊。

[0047] 此外，附图仅为本公开的示意性图解，并非一定是按比例绘制。图中相同的附图标记表示相同或类似的部分，因而将省略对它们的重复描述。附图中所示的一些方框图是功能实体，不一定必须与物理或逻辑上独立的实体相对应。可以采用软件形式来实现这些功能实体，或在一个或多个硬件模块或集成电路中实现这些功能实体，或在不同网络和/或处理器装置和/或微控制器装置中实现这些功能实体。

[0048] 本公开的示例性实施方式首先提供一种权限校验方法。图1示出了该方法的一种流程，可以包括以下步骤S110至S140：

[0049] 步骤S110，获取数据请求，数据请求包括提出数据请求的目标用户名、待请求数据所在的目标路径以及针对待请求数据的请求类型。

[0050] 例如，用户dwetl请求读取/apps/hive/warehouse/dwd.db/dwd_test_tb/dt=2018-01-01中的数据，可以生成相应的一条数据请求，提交到系统。该数据请求中可以包括目标用户名dwetl，目标路径/apps/hive/warehouse/dwd.db/dwd_test_tb/dt=2018-01-01，请求类型为读请求。本示例性实施方式中，读请求指只读请求（不包括写），此外请求类型还可以是写请求、执行请求，以及读、写、执行三种请求的任意组合等。

[0051] 步骤S120，确定目标路径对应的位置编码。

[0052] 本示例性实施方式通过位图管理权限信息，位置编码可以表示目标路径的权限信息（权限编码）在位图中的位置。关于如何将目标路径转换为位置编码，以下提供两个具体实施方式：

[0053] 方式一

[0054] 可以在预先建立的位置编码映射表中查找目标路径对应的位置编码。其中，位置编码映射表包含每个路径与位置编码的映射关系。可以事先统计所有的路径，为每个路径配置唯一的位置编码，以对应到位图中的位置。在查找位置编码时，在位置编码映射表中查找是否存在目标路径，查找到目标路径后，直接读取其对应的位置编码即可。

[0055] 进一步的,步骤S120可以具体通过以下方式实现:

[0056] 提取目标路径的短路径名,将目标路径的短路径名分别转换为对应的数值,以得到目标路径对应的数值序列,记为目标数值序列;

[0057] 在位置编码映射表中查找目标数值序列对应的位置编码。

[0058] 其中,短路径名是指路径中每一层级的路径名,通常以路径中的"/"作为分割点,例如在路径/apps/hive/warehouse/dwd.db/dwd_test_tb/dt=2018-01-01中,apps、hive、warehouse等都是短路径名。将目标路径的短路径名分别转换为对应的数值,实际形成了数值序列。由于目标路径中包含了大量的字符,将其转换为数值序列的形式,可以提高在位置编码映射表中的查找效率。

[0059] 短路径名转换为数值可以通过Unicode(统一码)或者在词库中进行one-hot编码(独热编码)等方式实现。在一种可选的实施方式中,参考图2所示,可以通过以下步骤S210至S230预先建立数值映射表:

[0060] 步骤S210,将历史请求中的路径分割为短路径名;

[0061] 步骤S220,统计每个短路径名的出现次数以及到根路径的距离,以计算每个短路径名的权重;

[0062] 步骤S230,按照权重由高到低排列各短路径名,将每个短路径名的序号作为其对应的数值,以建立数值映射表。

[0063] 其中,历史请求是指已经结束的数据请求,每条历史请求包含相应的用户名和路径;根路径是指根目录名,是路径中的最上级目录名。收集大量的历史请求,将其中的路径分割为短路径名,形成短路径名的数据集。根据每个短路径名的出现次数以及到根路径的距离计算权重。通常出现次数越多,权重越高;到根路径的距离越近,权重越高。举例说明:假设从历史请求中获取到以下4条完整路径:

[0064] /apps/hive/warehouse/dwd.db

[0065] /apps/hive/warehouse/tmp.db

[0066] /user/dwetl

[0067] /tmp

[0068] 统计其中每个短路径名的出现次数以及到根路径的距离,计算权重,并进行排序,如表1所示。将每个短路径名的序号作为其对应的数值,则形成了映射关系,得到如表1形式的数值映射表。

[0069] 表1

[0070]

短路径名	权重	序号
apps	2+10=12	1
hive	2+10=12	2
warehouse	2+10=12	3
user	1+10=11	4
tmp	1+10=11	5
dwetl	1+9=10	6
dwd.db	1+7=8	7
tmp.db	1+7=8	8

[0071] 需要说明的是,在上述数值映射表中,权重越高的短路径名,对应的数值越小。这样在校验数据请求的权限时,权重高的短路径名出现的概率较高,将其转换为较小的数值,更易于查找和处理。

[0072] 基于上述数值映射表,当校验数据请求的权限时,可以在数值映射表中查找目标路径的

短路径名对应的数值。

[0073] 需要补充的是，对于权重很低的短路径名，可以不在数值映射表中记录其对应的数值信息，例如可以设置预设阈值，将权重高于预设阈值的短路径名筛选出来，为其设置对应的数值（序号），记录在数值映射表中。这样可以减少大量的冷门短路径名的信息，降低数值映射表的数据量，提高查找效率。此外，目标路径中还可能出现新的短路径名，例如新增的文件夹名、数据表名等。以上两种情况可能导致在数据映射表中查找不到一部分短路径名，本示例性实施方式可以以预设填充数值（例如0）作为其对应的数值。

[0074] 举例说明：根据表1将目标路径/apps/hive/warehouse/dwd.db/dwd_test_tb/dt=2018-01-01 转换为对应的数值序列时，在表1中查找到 apps、hive、warehouse 和 dwd.db 对应的数值分别是 1、2、3、7，查找不到短路径名 dwd_test_tb 和 dt=2018-01-01，则以预设填充数值0代替。这样得到该目标路径对应的数值序列为/1/2/3/7/0/0。

[0075] 将目标路径转换为目标数值序列，可以在位置编码映射表中按照数值查找目标路径，相比于查找目标路径本身的字符串，具有更高的查找效率。为了适应这一需求，在一种可选的实施方式中，参考图3所示，可以通过以下步骤S310和S320建立位置编码映射表：

[0076] 步骤S310，统计历史请求中各路径的查询次数，按照查询次数由高到低排列各路径；

[0077] 步骤S320，将各路径分别转换为对应的数值序列，并按照各数值序列的排列顺序分别生成各数值序列对应的位置编码，以建立位置编码映射表。

[0078] 其中，位置编码映射表包括数值序列和位置编码的对应关系。对上述建立位置编码映射表的过程举例说明：假设从历史请求中获取到以下4条完整路径：

[0079] /apps/hive/warehouse/dwd.db

[0080] /apps/hive/warehouse/tmp.db

[0081] /user/dwetl

[0082] /tmp

[0083] 统计每条路径的查询次数，按照由高到低的顺序排列为表2中的顺序；然后根据表1中短路径名的数值，将各路径转换为对应的数值序列；再按照排列顺序为各数值序列设置对应的位置编码。其中，/1/2/3/7 的位置编码为1，表示其对应路径的权限编码在位图中是从第1位开始的；数值序列 1/2/3/8 的权限编码是从位图中的第4位开始的。最终可以得到如表2形式的位置编码映射表，实际应用中可以不保留"路径"一列，仅记录数值序列和位置编码的对应关系。在位置编码映射表中，查询次数高的路径的数值序列排列在靠前的位置，其位置编码较小。这样在位图中按顺序查找权限编码时，易于查找到靠前的位置，从而提高查找效率。

[0084] 表2

[0085]

路径	数值序列	位置编码
/apps/hive/warehouse/dwd.db	/1/2/3/7	1
/apps/hive/warehouse/tmp.db	/1/2/3/8	4
/user/dwetl	/4/6	7
/tmp	/5	10
…	…	…

[0086] 本示例性实施方式中，可以将每条路径（每个数值序列）的权限编码设置为固定长度，例如采用3个bit，第1位表示读权限，第2位表示写权限，第3位表示递归权限，递归权限指是否对路径下的子目录具有相应的权限；101表示具有只读权限和递归权限，即可以读取该路径及其子目录下的数据。由此，在位置编码映射表中，任意相邻两数值序列所对应的位置编码之间相差预设数值，例如表2中相差数值为3，该预设数值为权限编码的长度。

[0087] 方式二

[0088] 可以对全部数据所在的路径预先建立路径查找树：以根路径为根节点，逐级延伸，直到到达叶子节点，叶子节点可以表示数据表所在的位置；然后对每一级的节点编号。由此，每个路径在路径查找树中对应为一条编号路径，可以作为每个路径对应的位置编码。在步骤 S120 中，可以在路径查找树中查找目标路径，将对应节点的编号形成其位置编码。

[0089] 步骤 S130，在目标用户名对应的位图中，根据位置编码读取权限编码。

[0090] 本示例性实施方式可以保存每个用户的权限信息，对应为每个用户生成权限信息的位图。可以参考表 3 所示，预先建立位图映射表，记录每个用户名和位图的对应关系。表 3 中，用户 dwetl 的位图为 101000101，其中，位置编码为 1 的路径（即表 2 中的/apps/hive/warehouse/dwd.db）所对应的权限编码为 101，表示用户 dwetl 对该路径的数据具有只读权限和递归权限；位置编码为 4 的路径（即表 2 中的/apps/hive/warehouse/tmp.db）所对应的权限编码为 000，表示用户 dwetl 对该路径的数据不具有任何权限；位置编码为 7 的路径（即表 2 中的/user/dwetl）所对应的权限编码为 101，表示用户 dwetl 对该路径的数据具有只读权限和递归权限。

[0091] 表3

[0092]

用户名	位图
dwetl	101000101
hdfs	111000111111
mongo	111
…	…

[0093] 由上可知，可以在位图映射表中查找目标用户名，读取其对应的位图，然后根据位置编码找到位图中对应的位置，读取权限编码。

[0094] 步骤 S140，解析权限编码，根据上述请求类型确定关于数据请求的权限校验结果。

[0095] 其中，权限编码的数值表示特定的权限信息，例如在表 3 中，3 个 bit 位的权限编码分别表示读权限、写权限和递归权限，解析出每个数值的含义后，可以得到相应的权限信息，从而确定数据请求是否具有权限，以得到权限校验结果。例如，数据请求中的请求类型为读请求，步骤 S130 得到的权限编码中，读权限的编码位为 1，说明有读权限，则可以确定数据请求的权限校验结果为通过；或者，请求类型为写请求，步骤 S130 得到的权限编码中，写权限的编码位为 0，说明没有写权限，则可以确定数据请求的权限校验结果为不通过。

[0096] 基于图 1 所示的权限校验方法，获取数据请求中的目标用户名、目标路径和请求类型，确定目标路径对应的位置编码，并在目标用户名对应的位图中根据位置编码读取权限编码，通过解析权限编码，以确定是否具有请求类型对应的权限，从而得到关于数据请求的权限校验结果。一方面，采用位图的方式记录权限信息，可以将复杂的权限信息表示为简单的二进制编码形式，并且通过位置编码查找权限编码时，直接查找到位图中相应的位置即可，无需对整个位图进行遍历，算法时间复杂度达到 O（1）级别，有利于实现快速的权限校验和请求响应，具有较高的效率。另一方面，随着权限信息数量的增多，位图长度增加，但查找权限编码的时间不会明显增加，因此特别适合于大数据管理的场景。

[0097] 在文件数据管理与共享的场景中，经常允许用户建立个人路径（文件夹），以用户名进行命名，仅用户本人具有权限。基于此，可以对这类路径集中存储管理，以节约资源，提高效率。在一种可选的实施方式中，可以将个人路径中的用户名替换为第一预设字符，例如可以是 {USER}，则位置编码映射表中可以记录如表 4 所示的一行信息。

[0098] 表4

[0099]

路径	数值序列	位置编码
/user/{USER}	/4/6	7

[0100] 相应的,可以通过以下查找目标路径对应的位置编码:

[0101] 当在位置编码映射表中查找目标路径的结果为空时,检测目标路径是否包含和目标用户名相同的短路径名;

[0102] 当目标路径包含和目标用户名相同的短路径名时,将该短路径名替换为第一预设字符,并重新在位置编码映射表中查找目标路径对应的位置编码。

[0103] 例如,用户dwetl请求读取目标路径/user/dwetl中的数据时,在位置编码映射表中查找不到/user/dwetl,此时检测目标路径中包含的短路径名dwetl和目标用户名相同,将其替换为第一预设字符,如可以得到目标路径为/user/{USER};然后再在位置编码映射表中查找目标路径,可以找到相应的记录,如表4所示的信息,读取其对应的位置编码。同理,用户hdfs请求读取目标路径/user/hdfs中的数据,用户mongo请求读取目标路径/user/mongo中的数据时,都可以在位置编码映射表中找到表4所示的信息。

[0104] 进一步的,也可以在位图映射表中对包含用户名的个人路径进行统一存储管理。例如,用户dwetl对/user/dwetl中数据的权限,用户hdfs对/user/hdfs中数据的权限,用户mongo对/user/mongo中数据的权限,通常都是相同的,那么在位图映射表中可以将权限信息记录为同一条,以减少数据量。在一种可选的实施方式中,可以采用第二预设字符作为上述个人路径位图的用户名,例如可以是{OWNER},则位图映射表中可以记录如表5所示的一行信息。

[0105] 表5

[0106]

用户名	位图
{OWNER}	000000111

[0107] 相应的,在查找目标路径对应的位置编码时,将目标路径中与目标用户名相同的短路径名替换为第一预设字符的情况下,说明目标路径包含个人路径,则可以通过以下步骤查找目标用户名对应的位图:

[0108] 在位图映射表中查找第二预设字符对应的位图,作为目标用户名对应的位图。

[0109] 例如,用户dwetl请求读取目标路径/user/dwetl中的数据时,将目标路径中的dwetl替换为第一预设字符{USER}后,在位置编码映射表中查找到了对应信息,得到位置编码为7;然后在位图映射表中查找目标用户名时,可以无需查找dwetl,而直接查找第二预设字符{OWNER},查找如表5所示的信息,读取其位图,按照位置编码7找到权限编码为111,表示用户dwetl对于/user/dwetl中的数据具有读权限、写权限和递归权限。

[0110] 考虑到可能有访客、新用户或者未开通特别权限的普通用户等提出数据请求,这些用户通常只具有基本权限或公开权限,因此无需单独记录其权限信息。在一种可选的实施方式中,位图映射表中可以记录一类特殊用户,用第三预设字符表示,例如可以是{GUEST}、{PUBLIC}等,则位图映射表中可以记录如表6所示的一行信息。其代表的权限通常是基本权限或公开权限,例如访客仅能读取少数路径中的数据。

[0111] 表6

[0112]

用户名	位图
{GUEST}	000000000100

[0113] 相应的,当在位图映射表中查找目标用户名的结果为空时,说明位图映射表中未单独记录目标用户名的权限信息,可以从位图映射表中查找第三预设字符对应的位图,作为目标用户名对

应的位图。

[0114] 需要说明的是，上述第一、第二、第三预设字符用于在不同的映射表中表示不同的含义，本公开对其具体字符内容不做限定，且第一、第二、第三预设字符也可以是相同的字符，例如第一预设字符和第三预设字符均可以采用{USER}。

[0115] 图4示出当请求类型为读请求时，本示例性实施方式的一种示意性流程，包括：

[0116] 步骤S410，获取数据请求，提取其中的目标用户名和目标路径。

[0117] 步骤S420，根据目标路径确定对应的位置编码。

[0118] 步骤S430，在目标用户名的位图中按照位置编码查找到权限编码。

[0119] 步骤S441，解析权限编码中是否具有读权限，例如可以读取权限编码的第1位数值：若为1，则具有读权限；若为0，则不具有读权限。

[0120] 步骤S442，当权限编码中具有读权限时，读取子目录参数的值。其中，子目录参数是系统内设置的一个变量，用于记录目标路径在权限编码对应的路径下是否具有子目录。举例而言，数据请求中初始的目标路径为/apps/hive/warehouse/dwd.db/dwd_test_tb/dt=2018-01-01，但位图中未记录该路径的权限信息，所记录的最接近的父目录为/apps/hive/warehouse/dwd.db。此时可以查找/apps/hive/warehouse/dwd.db的权限编码，并将子目录参数设为真值（具体可以是True或1等）；如果位图中直接记录了/apps/hive/warehouse/dwd.db/dwd_test_tb/dt=2018-01-01的权限信息，则直接查找该路径的权限编码，并将子目录参数设为假值（具体可以是False或0等）。

[0121] 步骤S443，当子目录参数为真值时，说明实际查找的数据位于当前目标路径的子目录内，目标用户名对于当前目标路径具有读权限，并不意味着其对于下级的子目录也具有读权限，因此需要解析权限编码中是否具有递归权限。例如可以读取权限编码的第3位数值：若为1，则具有递归权限，若为0；则不具有递归权限。

[0122] 步骤S444，当权限编码中具有递归权限时，说明目标用户名对于当前目标路径下级的子目录也具有读权限，因而确定数据请求具有读权限，即权限校验通过。

[0123] 当权限编码中不具有递归权限时，说明目标用户名对于当前目标路径下级的子目录不具有读权限，但可能存在父目录具有递归权限的情况。例如，用户dwetl对于/apps/hive/warehouse/dwd.db具有读权限，不具有递归权限，可能存在用户dwetl对于/apps/hive/warehouse具有读权限且具有递归权限的情况，因而此时无法判断其对于/apps/hive/warehouse/dwd.db/dwd_test_tb/dt=2018-01-01是否具有读权限。基于此，可以执行步骤S445，从目标路径的末尾删除短路径名，即删除位于目标路径末尾的一个短路径名，例如从/apps/hive/warehouse/dwd.db的末尾删除/dwd.db，这样得到新的目标路径，并从步骤S420开始，重复执行上述流程。

[0124] 步骤S446，当子目录参数为假值时，说明当前目标路径即为数据请求中的目标路径，目标用户名对于该路径具有读权限，因而确定数据请求具有读权限，即权限校验通过。

[0125] 当权限编码中不具有读权限时，还可能存在父目录具有递归权限的情况。因此可以执行步骤S445，从目标路径的末尾删除短路径名，并从步骤S420开始，重复执行上述流程。

[0126] 进一步的，上述流程还可以包括以下步骤：

[0127] 步骤S451，当权限编码中不具有读权限时，判断当前的目标路径是否为根路径。

[0128] 步骤S452，当权限编码中具有读权限、不具有递归权限，且子目录参数为真值时，判断当前的目标路径是否为根路径。

[0129] 步骤S453，当目标路径是根路径时，已无法再删除末尾的短路径名，说明通过每一层级的校验，目标用户名均不具有对目标路径的读权限，因而确定数据请求不具有读权限，即权限校验不通过。

[0130] 当目标路径不是根路径时，执行上述步骤S445，并从步骤S420开始，重复执行上述流程。

[0131] 可见，通过图4的流程，可以对数据请求进行循环式校验，减少权限信息遗漏的情况，得

到更加准确的校验结果。应当理解，对于请求类型为写请求等其他情况，处理过程基本相同，只需要将其中解析是否有读权限的步骤变更为解析是否有写权限或其他类型的具体权限即可。

[0132] 在图4的流程中，当从目标路径的末尾删除短路径名时，可以将子目录参数设为真值，以用于下一循环的校验。

[0133] 此外，还可以在执行步骤S120（或S420）时，确定子目录参数的值，以下提供两种具体方案：

[0134] （1）采用数值映射表将目标路径中的短路径名转换为对应的数值，以将目标路径转换为数值序列时，若目标路径中包含未知短路径名，即数值映射表中查找不到的短路径名，可以将其删除。例如根据表1将目标路径/apps/hive/warehouse/dwd.db/dwd_test_tb/dt=2018-01-01转换为对应的数值序列时，在表1中查找到apps、hive、warehouse和dwd.db，但查找不到短路径名dwd_test_tb和dt=2018-01-01，删除后得到新的目标路径为/apps/hive/warehouse/dwd.db。

[0135] 需要说明的是，在删除短路径名时，需要从末尾连续删除（包括位于两个未知短路径名中间的已知短路径名，已知短路径名指数值映射表存在的短路径名），直到剩余的短路径名都是已知短路径名。举例说明，若目标路径为/apps/hive/warehouse/dwd_test_tb/dwd.db/dt=2018-01-01，则应当从末尾删除dt=2018-01-01、dwd.db和dwd_test_tb，得到新的目标路径/apps/hive/warehouse。

[0136] 如果从目标路径中删除了短路径名，则可以将子目录参数设置为真值；如果未删除短路径名就查找到了位置编码，则可以将子目录参数设置为假值。实际应用中，子目录参数的默认值可以是假值。

[0137] （2）采用位置编码映射表查找目标路径对应的位置编码时，可以执行以下循环过程：

[0138] 在位置编码映射表中查找目标路径；

[0139] 当查找到目标路径时，读取目标路径对应的位置编码，循环结束；

[0140] 当未查找到目标路径时，判断目标路径是否为根路径；

[0141] 当目标路径是根路径时，输出查找失败的结果，循环结束；

[0142] 当目标路径不是根路径时，删除目标路径末尾的短路径名，得到新的目标路径，并回到上述在位置编码映射表中查找目标路径的步骤。

[0143] 在上述循环过程中，如果从目标路径中删除了短路径名，则可以将子目录参数设置为真值，如果未删除短路径名，则可以将子目录参数设置为假值。实际应用中，子目录参数的默认值可以是假值。

[0144] 通过设置子目录参数，可以对数据进行递归权限的管理，以满足多层级数据文件或数据表的场景需求，提高效率。

[0145] 本公开的示例性实施方式还提供一种权限校验装置。参考图5所示，该权限校验装置500可以包括：数据请求获取模块510，用于获取数据请求，数据请求包括提出数据请求的目标用户名、待请求数据所在的目标路径以及针对待请求数据的请求类型；位置编码确定模块520，用于确定目标路径对应的位置编码；权限编码读取模块530，用于在目标用户名对应的位图中，根据位置编码读取权限编码；权限编码解析模块540，用于解析权限编码，根据上述请求类型确定关于数据请求的权限校验结果。

[0146] 在一种可选的实施方式中，位置编码确定模块520，可以用于在预先建立的位置编码映射表中查找目标路径对应的位置编码。

[0147] 在一种可选的实施方式中，位置编码确定模块520可以包括：数值序列转换单元，用于提取目标路径的短路径名，将目标路径的短路径名分别转换为对应的数值，以得到目标路径对应的数值序列，记为目标数值序列；位置编码查找单元，用于在位置编码映射表中查找目标数值序列对应的位置编码。

[0148] 在一种可选的实施方式中，权限校验装置500还可以包括位置编码映射表建立模块，用于

执行以下方法以建立位置编码映射表：统计历史请求中各路径的查询次数，按照查询次数由高到低排列各路径；将各路径分别转换为对应的数值序列，并按照各数值序列的排列顺序分别生成各数值序列对应的位置编码，以建立位置编码映射表；其中，位置编码映射表包括数值序列和位置编码的对应关系，任意相邻两数值序列所对应的位置编码之间相差预设数值，预设数值为权限编码的长度。

[0149] 在一种可选的实施方式中，数值序列转换单元，可以用于在预先建立的数值映射表中查找目标路径的短路径名对应的数值。

[0150] 在一种可选的实施方式中，权限校验装置500还可以包括数值映射表建立模块，用于执行以下方法以建立数值映射表：将历史请求中的路径分割为短路径名；统计每个短路径名的出现次数以及到根路径的距离，以计算每个短路径名的权重；按照权重由高到低排列各短路径名，将每个短路径名的序号作为其对应的数值，以建立数值映射表。

[0151] 在一种可选的实施方式中，权限编码读取模块530，可以用于在预先建立的位图映射表中查找目标用户名对应的位图。

[0152] 在一种可选的实施方式中，位置编码确定模块520，还可以用于当在位置编码映射表中查找目标路径的结果为空时，将目标路径中和目标用户名相同的短路径名替换为第一预设字符，并重新在位置编码映射表中查找目标路径对应的位置编码。

[0153] 在一种可选的实施方式中，权限编码读取模块530，还可以用于在位置编码确定模块将目标路径中的短路径名替换为第一预设字符以查找位置编码的情况下，在位图映射表中查找第二预设字符对应的位图，作为目标用户名对应的位图。

[0154] 在一种可选的实施方式中，权限编码读取模块530，还可以用于当在位图映射表中查找目标用户名的结果为空时，从位图映射表中查找第三预设字符对应的位图，作为目标用户名对应的位图。

[0155] 在一种可选的实施方式中，当请求类型为读请求时，权限编码解析模块540，可以用于执行以下方法以得到关于数据请求的权限校验结果：解析权限编码中是否具有读权限；当权限编码中具有读权限时，读取子目录参数的值；当子目录参数为真值时，解析权限编码中是否具有递归权限；当权限编码中具有递归权限时，确定数据请求具有读权限；当权限编码中不具有递归权限时，从目标路径的末尾删除短路径名，并调度位置编码确定模块520重新确定目标路径对应的位置编码；当子目录参数为假值时，确定数据请求具有读权限；当权限编码中不具有读权限时，从目标路径的末尾删除短路径名，并调度位置编码确定模块520重新确定目标路径对应的位置编码。

[0156] 在一种可选的实施方式中，权限编码解析模块540，还可以用于在从目标路径的末尾删除短路径名前，判断目标路径是否为根路径，当目标路径是根路径时，确定数据请求不具有读权限，当目标路径不是根路径时，从目标路径的末尾删除短路径名，并调度位置编码确定模块520重新确定目标路径对应的位置编码。

[0157] 在一种可选的实施方式中，权限编码解析模块540，还可以用于当从目标路径的末尾删除短路径名时，将子目录参数设为真值。

[0158] 上述装置中各模块/单元的具体细节在方法部分实施方式中已经详细说明，未披露的细节内容可以参见方法部分的实施方式内容，因而不再赘述。

[0159] 所属技术领域的技术人员能够理解，本公开的各个方面可以实现为系统、方法或程序产品。因此，本公开的各个方面可以具体实现为以下形式，即：完全的硬件实施方式、完全的软件实施方式（包括固件、微代码等），或硬件和软件方面结合的实施方式，这里可以统称为"电路"、"模块"或"系统"。

[0160] 本公开的示例性实施方式还提供了一种计算机可读存储介质，其上存储有能够实现本说明书上述方法的程序产品。在一些可能的实施方式中，本公开的各个方面还可以实现为一种程序产品的形式，其包括程序代码，当程序产品在电子设备上运行时，程序代码用于使电子设备执行本说

明书上述"示例性方法"部分中描述的根据本公开各种示例性实施方式的步骤。

[0161] 参考图5所示,描述了根据本公开的示例性实施方式的用于实现上述方法的程序产品500,其可以采用便携式紧凑盘只读存储器(CD-ROM)并包括程序代码,并可以在电子设备,例如个人电脑上运行。然而,本公开的程序产品不限于此,在本文件中,可读存储介质可以是任何包含或存储程序的有形介质,该程序可以被指令执行系统、装置或者器件使用或者与其结合使用。

[0162] 程序产品可以采用一个或多个可读介质的任意组合。可读介质可以是可读信号介质或者可读存储介质。可读存储介质例如可以为但不限于电、磁、光、电磁、红外线,或半导体的系统、装置或器件,或者任意以上的组合。可读存储介质的更具体的例子(非穷举的列表)包括:具有一个或多个导线的电连接、便携式盘、硬盘、随机存取存储器(RAM)、只读存储器(ROM)、可擦式可编程只读存储器(EPROM或闪存)、光纤、便携式紧凑盘只读存储器(CD-ROM)、光存储器件、磁存储器件,或者上述的任意合适的组合。

[0163] 计算机可读信号介质可以包括在基带中或者作为载波一部分传播的数据信号,其中承载了可读程序代码。这种传播的数据信号可以采用多种形式,包括但不限于电磁信号、光信号或上述的任意合适的组合。可读信号介质还可以是可读存储介质以外的任何可读介质,该可读介质可以发送、传播或者传输用于由指令执行系统、装置或者器件使用或者与其结合使用的程序。

[0164] 可读介质上包含的程序代码可以用任何适当的介质传输,包括但不限于无线、有线、光缆、RF等等,或者上述的任意合适的组合。

[0165] 可以以一种或多种程序设计语言的任意组合来编写用于执行本公开操作的程序代码,程序设计语言包括面向对象的程序设计语言——诸如Java、C++等,还包括常规的过程式程序设计语言——诸如"C"语言或类似的程序设计语言。程序代码可以完全地在用户计算设备上执行、部分地在用户设备上执行、作为一个独立的软件包执行、部分在用户计算设备上部分在远程计算设备上执行、或者完全在远程计算设备或服务器上执行。在涉及远程计算设备的情形中,远程计算设备可以通过任意种类的网络,包括局域网(LAN)或广域网(WAN),连接到用户计算设备,或者,可以连接到外部计算设备(例如利用因特网服务提供商来通过因特网连接)。

[0166] 本公开的示例性实施方式还提供了一种能够实现上述方法的电子设备。下面参照图6来描述根据本公开的这种示例性实施方式的电子设备600。图6显示的电子设备600仅仅是一个示例,不应对本公开实施方式的功能和使用范围带来任何限制。

[0167] 如图6所示,电子设备600可以以通用计算设备的形式表现。电子设备600的组件可以包括但不限于:至少一个处理单元610、至少一个存储单元620、连接不同系统组件(包括存储单元620和处理单元610)的总线630和显示单元640。

[0168] 存储单元620存储有程序代码,程序代码可以被处理单元610执行,使得处理单元610执行本说明书上述"示例性方法"部分中描述的根据本公开各种示例性实施方式的步骤。例如,处理单元610可以执行图1或图2所示的方法步骤。

[0169] 存储单元620可以包括易失性存储单元形式的可读介质,例如随机存取存储单元(RAM)621和/或高速缓存存储单元622,还可以进一步包括只读存储单元(ROM)623。

[0170] 存储单元620还可以包括具有一组(至少一个)程序模块625的程序/实用工具624,这样的程序模块625包括但不限于:操作系统、一个或者多个应用程序、其它程序模块以及程序数据,这些示例中的每一个或某种组合中可能包括网络环境的实现。

[0171] 总线630可以为表示几类总线结构中的一种或多种,包括存储单元总线或者存储单元控制器、外围总线、图形加速端口、处理单元或者使用多种总线结构中的任意总线结构的局域总线。

[0172] 电子设备600也可以与一个或多个外部设备700(例如键盘、指向设备、蓝牙设备等)通信,还可与一个或者多个使得用户能与该电子设备600交互的设备通信,和/或与使得该电子设备600能与一个或多个其它计算设备进行通信的任何设备(例如路由器、调制解调器等等)通信。这种通信可以通过输入/输出(I/O)接口650进行。并且,电子设备600还可以通过网络适配器660

与一个或者多个网络（例如局域网（LAN），广域网（WAN）和/或公共网络，例如因特网）通信。如图所示，网络适配器660通过总线630与电子设备600的其它模块通信。应当明白，尽管图中未示出，可以结合电子设备600使用其他硬件和/或软件模块，包括但不限于：微代码、设备驱动器、冗余处理单元、外部磁盘驱动阵列、RAID系统、磁带驱动器以及数据备份存储系统等。

[0173] 通过以上的实施方式的描述，本领域的技术人员易于理解，这里描述的示例实施方式可以通过软件实现，也可以通过软件结合必要的硬件的方式来实现。因此，根据本公开实施方式的技术方案可以以软件产品的形式体现出来，该软件产品可以存储在一个非易失性存储介质（可以是CD-ROM、U盘、移动硬盘等）中或网络上，包括若干指令以使得一台计算设备（可以是个人计算机、服务器、终端装置或者网络设备等）执行根据本公开示例性实施方式的方法。

[0174] 此外，上述附图仅是根据本公开示例性实施方式的方法所包括的处理的示意性说明，而不是限制目的。易于理解，上述附图所示的处理并不表明或限制这些处理的时间顺序。另外，也易于理解，这些处理可以是例如在多个模块中同步或异步执行的。

[0175] 应当注意，尽管在上文详细描述中提及了用于动作执行的设备的若干模块或者单元，但是这种划分并非强制性的。实际上，根据本公开的示例性实施方式，上文描述的两个或更多模块或者单元的特征和功能可以在一个模块或者单元中具体化。反之，上文描述的一个模块或者单元的特征和功能可以进一步划分为由多个模块或者单元来具体化。

[0176] 本领域技术人员在考虑说明书及实践这里公开的发明后，将容易想到本公开的其他实施方式。本申请旨在涵盖本公开的任何变型、用途或者适应性变化，这些变型、用途或者适应性变化遵循本公开的一般性原理并包括本公开未公开的本技术领域中的公知常识或惯用技术手段。说明书和实施方式仅被视为示例性的，本公开的真正范围和精神由权利要求指出。

[0177] 应当理解的是，本公开并不局限于上面已经描述并在附图中示出的精确结构，并且可以在不脱离其范围进行各种修改和改变。本公开的范围仅由所附的权利要求来限。

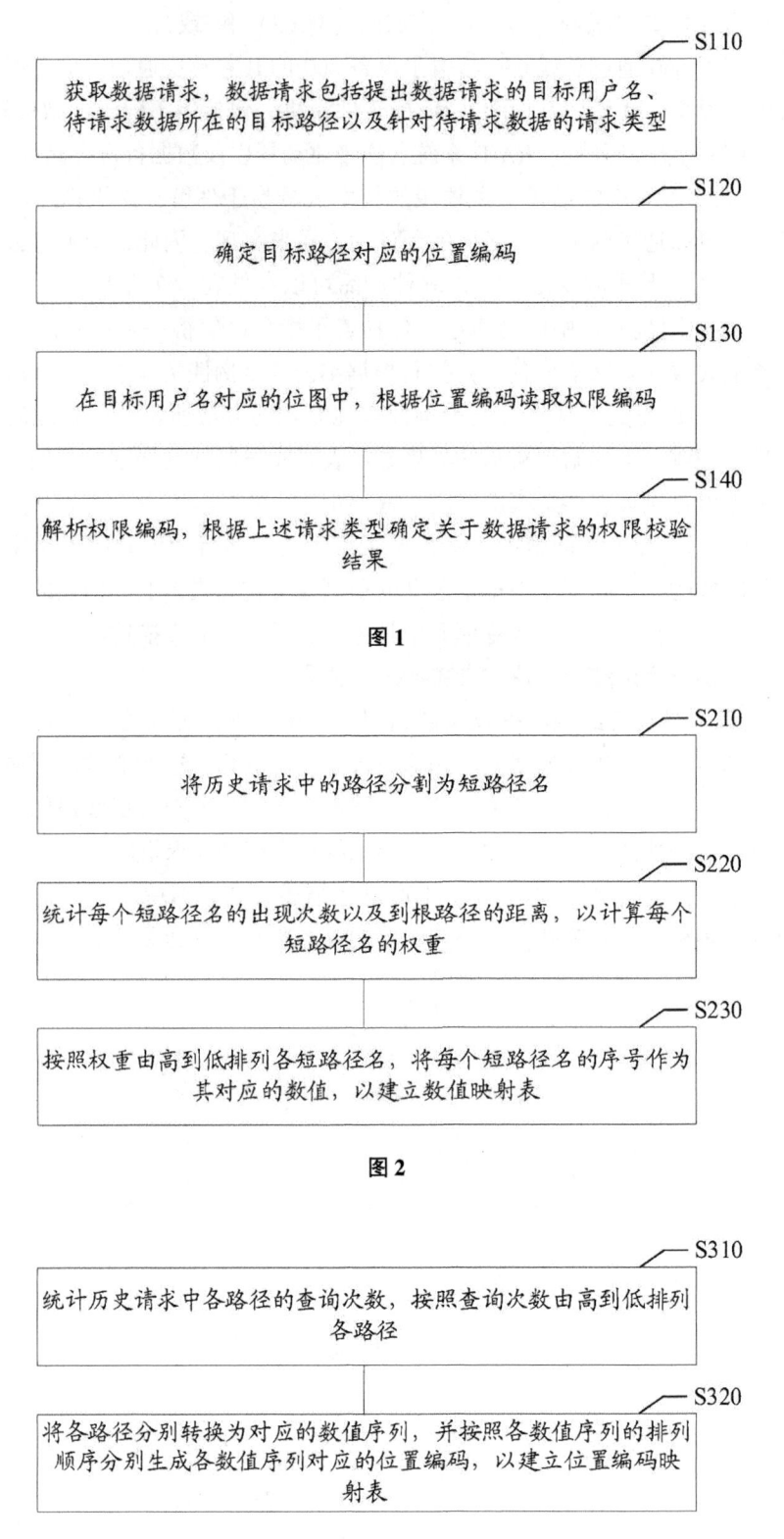

获取数据请求，数据请求包括提出数据请求的目标用户名、待请求数据所在的目标路径以及针对待请求数据的请求类型 —— S110

确定目标路径对应的位置编码 —— S120

在目标用户名对应的位图中，根据位置编码读取权限编码 —— S130

解析权限编码，根据上述请求类型确定关于数据请求的权限校验结果 —— S140

图1

将历史请求中的路径分割为短路径名 —— S210

统计每个短路径名的出现次数以及到根路径的距离，以计算每个短路径名的权重 —— S220

按照权重由高到低排列各短路径名，将每个短路径名的序号作为其对应的数值，以建立数值映射表 —— S230

图2

统计历史请求中各路径的查询次数，按照查询次数由高到低排列各路径 —— S310

将各路径分别转换为对应的数值序列，并按照各数值序列的排列顺序分别生成各数值序列对应的位置编码，以建立位置编码映射表 —— S320

图3

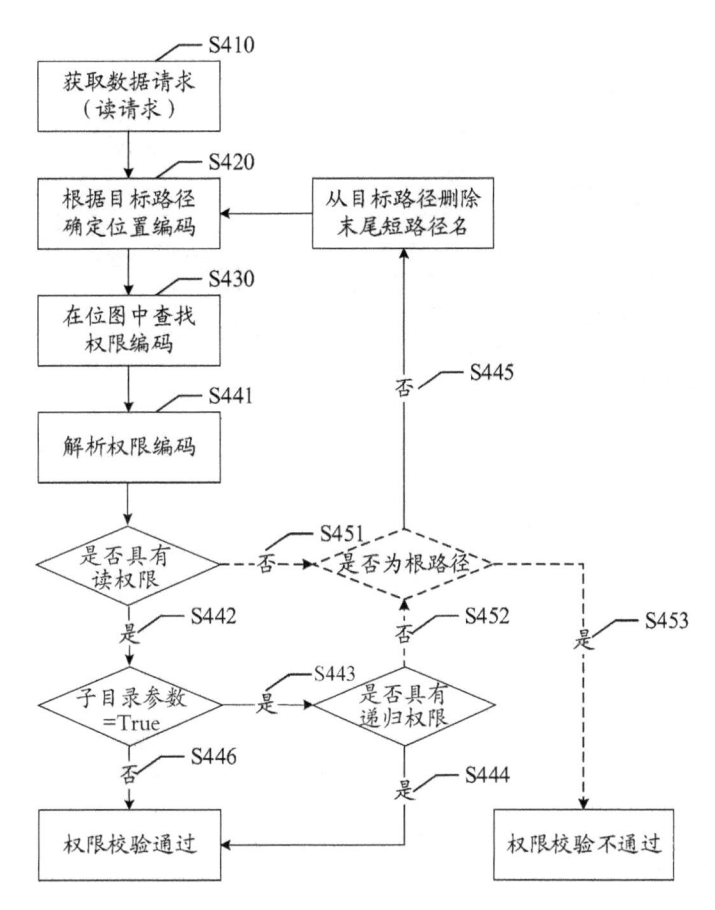

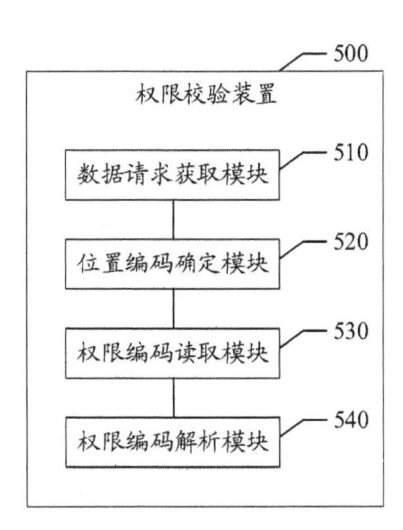

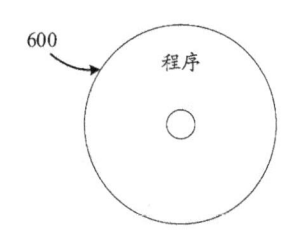

图 4

图 5

图 6

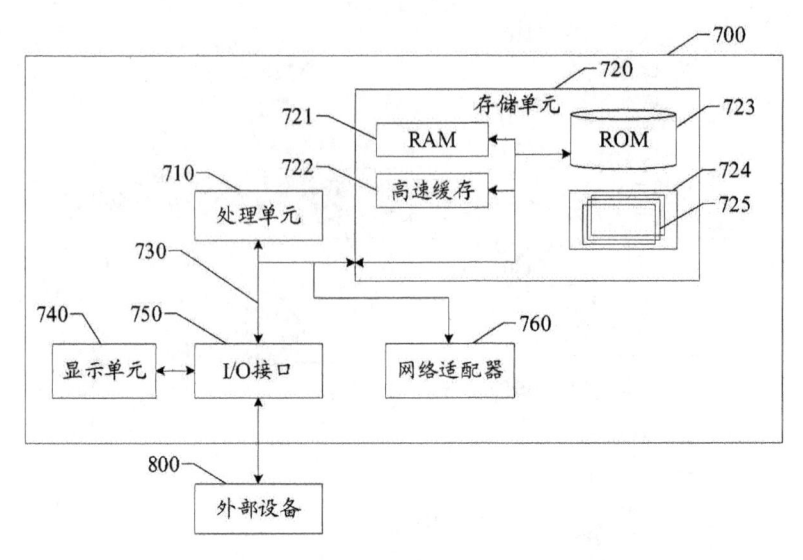

图 7

(19) 国家知识产权局

(12) 发明专利

(10) 授权公告号 CN 114534150 B
(45) 授权公告日 2022.11.04

(21) 申请号 202210220771.6
(22) 申请日 2022.03.08
(65) 同一申请的已公布的文献号
申请公布号 CN 114534150 A
(43) 申请公布日 2022.05.27
(73) 专利权人 中国建筑科学研究院有限公司
地址 100013 北京市朝阳区北三环东路30号
专利权人 建研防火科技有限公司
(72) 发明人 孙旋　相坤　陈景辉　仝玉　刘红润　张建清　李琳
(74) 专利代理机构 北京力致专利代理事务所（特殊普通合伙）11900
专利代理师 陈博旸

(51) Int. Cl.
A62C 31/00 (2006.01)
A62C 31/28 (2006.01)
A62C 37/40 (2006.01)

(56) 对比文件
CN 102085413 A, 2011.06.08
CN 111569335 A, 2020.08.25
DE 102006011458 A1, 2007.09.20
CN 212466906 U, 2021.02.05

审查员 熊维

(54) 发明名称
建筑外墙火灾探测控火方法及系统

(57) 摘要
本发明提供一种建筑外墙火灾探测控火方法及系统，所述方法包括：监测敷设于建筑外墙的感温电缆所采集的各个位置的温度是否达到阈值；当所述温度达到阈值时，根据与所述温度相应的位置信息选定至少两个灭火装置，并设定供水压力和/或流量；根据所述位置信息、选定的灭火装置自身的位置信息、所述压力和/或流量，计算选定的灭火装置的俯仰角度和/或水平回转角度，使其喷射水柱作用于所述位置信息对应的建筑外墙区域；启动选定的灭火装置喷射水柱。

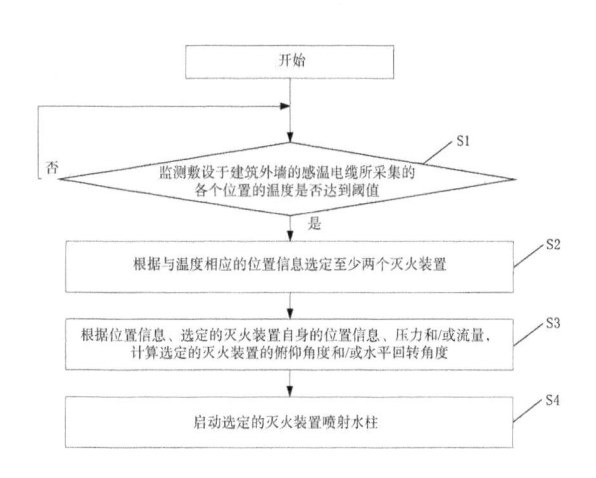

权 利 要 求 书

1. 一种建筑外墙火灾探测控火方法，其特征在于，包括：

监测敷设于建筑外墙的感温电缆所采集的各个位置的温度是否达到阈值；

当所述温度达到阈值时，根据与所述温度相应的位置信息选定至少两个灭火装置，并设定供水压力和/或流量，当有多个位置的所述温度达到阈值时，分别根据相应的所述位置信息选定至少两个灭火装置，使得每个相应的建筑外墙区域有至少两股水柱到达，其中所述阈值有多个，当所述温度达到不同的阈值时，所设定的压力和/或流量不同；

在选定灭火装置后添加占用标识，当监测到相邻或其他位置的温度达到阈值时，在未添加占用标识的灭火装置选定至少两个灭火装置；

根据所述位置信息、选定的灭火装置自身的位置信息、所述压力和/或流量，计算选定的灭火装置的俯仰角度和/或水平回转角度，使其喷射水柱作用于所述位置信息对应的建筑外墙区域，其中计算选定的灭火装置的水平回转角度包括基于预先建立的模型，根据所述位置信息构建达到阈值的位点到选定灭火装置的安装位点处水平线的垂线，获取所述垂线的长度以及垂足到选定灭火装置的安装位点的长度，利用三角函数确定选定灭火装置的水平回转角度；计算选定的灭火装置的俯仰角度包括获取定位角度，所述定位角度是指选定灭火装置与达到阈值的位点的连线与墙面垂线之间的角度，根据所述定位角度和选定灭火装置与墙面的间距计算选定灭火装置的安装位点与达到阈值的位点的距离，基于射流模型，根据灭火装置的压力和/或流量计算所述俯仰角度；

启动选定的灭火装置喷射水柱。

2. 根据权利要求1所述的方法，其特征在于，所述方法还包括：

根据所述位置信息选定水源，控制供水系统使用选定的水源为所述灭火装置供水。

3. 根据权利要求1所述的方法，其特征在于，所述阈值有三个，分别为60℃、70℃、85℃，当所述温度处于60℃~70℃之间时，所述压力为0.02MPa、所述流量为1L/s；当所述温度处于70℃~85℃之间时，所述压力为0.05MPa、所述流量为3L/s；当所述温度超过85℃时，所述压力为0.1MPa、所述流量为5L/s。

4. 根据权利要求3所述的方法，其特征在于，当所述温度达到较低阈值，所选定的灭火装置启动后，持续监测同一位置的所述温度是否达到较高阈值，当达到较高阈值后，重新设定所述供水压力和/或流量并计算所述俯仰角度。

说 明 书

建筑外墙火灾探测控火方法及系统

技术领域

[0001] 本发明涉及消防领域，具体涉及一种建筑外墙火灾探测控火方法及系统。

背景技术

[0002] 随着外墙保温技术在我国的广泛推广和应用，外墙保温火灾频发，特别是高层建筑外墙保温火灾呈现多发态势，已引起了社会各行各界的广泛关注。由外墙保温材料引起的火灾事故不仅造成了巨大的财产损失，还会导致重大人员伤亡，这就使得如何有效控制建筑的外保温火灾蔓延成为当下迫切需要解决的民生问题。

[0003] 我国外保温材料80%采用了有机高分子发泡材料，其材料本身具有一定的可燃性，目前还没有材料能完全替代这类可燃类有机保温材料，导致外保温火灾的持续多发。外保温火灾的特点：1.易形成大面积立体火灾。现阶段使用的材料大多数有燃烧速度快、燃烧放热高、有毒物质产量多等特征。外保温系统不具有阻止火灾蔓延的能力，火灾条件下由于外墙建筑保温材料是连续的导致火灾蔓延的危险性较大，蔓延路径是通过火焰向上蔓延或熔融滴落物向下滴落，导致建筑外立面立体火灾，并通过窗口向室内蔓延，而现有建筑消防设施是无法对这种火灾蔓延进行有效控火或者灭火的。2.火灾救援困难。建筑保温材料燃烧后产生大量有毒有害的烟气，消防救援人员深入火灾现场会受到烟气的阻挡为消防救援工作带来很大的困难。消防救援人员进入火灾现场后的一个重要任务是寻找着火点，而过高浓度的浓烟不利于寻找着火点造成火势蔓延。

[0004] 近年来，对外墙保温系统防火技术的研究和重视程度还远远不够，几乎所有外保温火灾的防火措施提及的内容都是关于系统所采用保温材料的燃烧性能，制定外墙保温系统的防火规范，采用防火构造，加强施工过程中的防火组织与管理等。这些措施只是预防火灾发生，而一旦发生火灾时还需要采取有效的控火措施。目前绝大多数建筑外墙都没有配备专门的防火灭火设备，因此为保障建筑及人员安全，寻求一种适用于外保温火灾探测控火装置显得尤为重要。

发明内容

[0005] 有鉴于此，本发明提供一种建筑外墙火灾探测控火系统，其特征在于，包括供水系统、至少一条感温电缆、多个灭火装置，其中所述感温电缆敷设于建筑外墙，用于采集建筑外墙温度；所述灭火装置设置于建筑外墙，与所述供水系统连接，用于向指定方位喷射水柱；所述灭火装置包括驱动单元，用于调整喷射水柱的俯仰角度和/或水平回转角度。

[0006] 相应地，本发明还提供一种建筑外墙火灾探测控火方法，包括：监测敷设于建筑外墙的感温电缆所采集的各个位置的温度是否达到阈值；当所述温度达到阈值时，根据与所述温度相应的位置信息选定至少两个灭火装置，并设定供水压力和/或流量；根据所述位置信息、选定的灭火装置自身的位置信息、所述压力和/或流量，计算选定的灭火装置的俯仰角度和/或水平回转角度，使其喷射水柱作用于所述位置信息对应的建筑外墙区域；启动选定的灭火装置喷射水柱。

[0007] 本发明提供的建筑外墙火灾探测控火系统可在第一时间探测识别定位建筑外墙的火源位置，借助供水系统将水快速稳定输送至着火位置，通过控制灭火装置实现快速精确扑救。该灭火装置可以实现水射流对于火源的连续、精准覆盖，也可以降低建筑物温度、预防坍塌等次生灾害的发生。同时本系统可以实时监测火场态势，随火场燃烧状态的变化及时调整灭火装置的扑灭打击位置，提升灭火救援的时效性。

[0008] 本发明提供的建筑外墙火灾探测控火方法和系统以整个建筑外墙为一个整体布点，保证建筑外墙上任意一点都有至少两股水柱到达，从至少两个角度对目标位置喷射水柱能够更有效地灭火并避免火势蔓延。

[0009]　通过消防管道将每个灭火装置连通，当外保温发生火灾时，感温电缆火灾探测器快速报警并识别火灾点，通过控制终端控制附近灭火装置的开启以达到快速将外保温火灾控制在小范围内的目的，避免火势蔓延。

[0010]　上述方法和系统通过探测、自动定位、报警、灭火等功能，使得灭火装置能快速对准外保温火灾的火源出水灭火。感温电缆火灾探测器能有效探测建筑外墙保护区的早期火灾，确认火灾发生的部位，并能将火灾现场实时信号传递给控制装置。本方案实现了建筑某区域着火引起建筑外墙着火或者建筑外墙直接着火情况下，有效地灭火的作用，避免火势蔓延，减小损失。

附图说明

[0011]　为了更清楚地说明本发明具体实施方式或现有技术中的技术方案，下面将对具体实施方式或现有技术描述中所需要使用的附图作简单的介绍。显而易见地，下面描述中的附图是本发明的一些实施方式，对于本领域普通技术人员来讲，在不付出创造性劳动的前提下，还可以根据这些附图获得其他的附图。

[0012]　图1为本发明实施例中的建筑外墙火灾探测控火系统示意图；

[0013]　图2为本发明实施例中的外挂式灭火装置的示意图；

[0014]　图3为本发明实施例中的嵌入式灭火装置的示意图；

[0015]　图4为本发明实施例中的建筑外墙火灾探测控火方法的流程图；

[0016]　图5为本发明实施例中计算灭火装置水平回转角度的示意图；

[0017]　图6为本发明实施例中计算灭火装置俯仰角度的示意图。

具体实施方式

[0018]　下面将结合附图对本发明的技术方案进行清楚、完整的描述，显然，所描述的实施例是本发明一部分实施例，而不是全部的实施例。基于本发明中的实施例，本领域普通技术人员在没有做出创造性劳动前提下所获得的所有其他实施例，都属于本发明保护的范围。

[0019]　在本发明的描述中，需要说明的是，术语"中心"、"上"、"下"、"左"、"右"、"竖直"、"水平"、"内"、"外"等指示的方位或位置关系为基于附图所示的方位或位置关系，仅是为了便于描述本发明和简化描述，而不是指示或暗示所指的装置或元件必须具有特定的方位、以特定的方位构造和操作，因此不能理解为对本发明的限制。此外，术语"第一"、"第二"、"第三"仅用于描述目的，而不能理解为指示或暗示相对重要性。

[0020]　在本发明的描述中，需要说明的是，除非另有明确的规定和限定，术语"安装"、"相连"、"连接"应做广义理解，例如，可以是固定连接，也可以是可拆卸连接，或一体地连接；可以是机械连接，也可以是电连接；可以是直接相连，也可以通过中间媒介间接相连，还可以是两个元件内部的连通；可以是无线连接，也可以是有线连接。对于本领域的普通技术人员而言，可以具体情况理解上述术语在本发明中的具体含义。

[0021]　此外，下面所描述的本发明不同实施方式中所涉及的技术特征只要彼此之间未构成冲突就可以相互结合。

[0022]　本实施例提供一种建筑外墙火灾探测控火系统，包括供水系统、至少一条感温电缆和多个灭火装置。如图1所示，感温电缆4敷设于建筑外墙100，用于采集建筑外墙100的温度。说明书附图只是为了辅助解释本技术方案，而非实际应用场景，在实际应用中，可根据需要敷设更多的感温电缆4以覆盖整个建筑外墙，可以直线敷设，也可以迂回平行敷设，优选以正弦波方式敷设。感温电缆可以响应连续线路周围温度，将温度值信号或是温度单位时间内变化量信号，转换为电信号以达到探测火灾的目的。本系统可以使用缆式、空气管式、分布式光纤、光纤光栅、线式多点型等多种类型的感温电缆。

[0023]　图1示出了4个灭火装置，分别为第一灭火装置7、第二灭火装置9、第三灭火装置10、

第四灭火装置11，全部设置于建筑外墙100。这些灭火装置包括驱动单元，用于调整喷射水柱的俯仰角度和/或水平回转角度，俯仰角度是指灭火装置的喷水方向与垂直于建筑外墙100的水平线之间的夹角，水平回转角度是指喷水口的朝向。在具体的实施例中，以喷水口与建筑外墙平行时为0°，仰俯角的可调范围被配置为 -85°~60°；水平回转角被配置为0°~180°。由此灭火装置可根据火情需要，任意调整旋转角度，从而精确地向指定方位喷射水柱。

[0024] 供水系统用于为灭火装置供水，供水系统可包括消防管道、水泵、电磁阀、储水池等。作为优选的实施例，供水系统包括增压水泵1，通过消防管道6与布置在建筑外的第一蓄水池5和灭火装置连接，用于将第一蓄水池5中的水输送至灭火装置。每个灭火装置分别通过电磁阀3与消防管道6连接，各个灭火装置可被独立地控制。第一蓄水池5位于地面或地下，当建筑外墙100的低区着火时，增压水泵1将第一蓄水池5中的水直接传输到发生火灾区域相邻的灭火装置，第一蓄水池5需满足消防水泵满功率工作情况下1小时的用水量。

[0025] 增压水泵1还通过消防管道6与布置在建筑内高层中的第二蓄水池8连接，用于将第一蓄水池5中的水输送至第二蓄水池8。消防水泵2通过消防管道6与第二蓄水池8和灭火装置连接，用于将第二蓄水池8中的水输送至灭火装置。当建筑外墙100发生火灾区域在高区时，消防增压水泵1将建筑附近较大的第一蓄水池5中的水传输到建筑屋顶的第二蓄水池8内，然后开启与发生火灾区域相邻的电磁阀3，最后开启消防水泵2。通过第一蓄水池5和第二蓄水池8为灭火装置供水，消防管道6将水传输和供给到发生火灾区域附近的灭火装置。第二蓄水池8能满足灭火装置满功率工作情况下10分钟的用水量。

[0026] 本实施例提供的建筑外墙火灾探测控火系统可在第一时间探测识别定位建筑外墙的火源位置，借助供水系统将水快速稳定输送至着火位置，通过控制灭火装置实现快速精确扑救。该灭火装置可以实现水射流对于火源的连续、精准覆盖，也可以降低建筑物温度、预防坍塌等次生灾害的发生。同时本系统可以实时监测火场态势，随火场燃烧状态的变化及时调整灭火装置的扑灭打击位置，提升灭火救援的时效性。

[0027] 作为优选的实施例，建筑外墙火灾探测控火系统还包括控制终端，与灭火装置连接，用于通过驱动单元设置俯仰角度和/或水平回转角度，使灭火装置所喷射的水柱作用于预期位置。俯仰角度和水平回转角度可以由人为设定，即人为远程控制；也可以自动设定，如需自动设定，则需要准确定位火灾位置。控制终端还与感温电缆4连接，用于获取敷设区域的温度，根据温度确定建筑外墙的起火位置。控制终端监测感温电缆4敷设线路上的各处温度值，当温度超过阈值时判定该位置起火，然后自动设定灭火装置的回转角度，使喷水口朝向该位置，设定俯仰角度，使水柱准确作用于该位置。

[0028] 本实施例中的控制终端还用于设置灭火装置的供水压力和/或供水流量。比如可以针对不同的温度，设定不同的压力和供水流量。具体地，对于较高温度的位置，即已经起火的位置，可以设定其附近的灭火装置采用较高的压力和流量喷射水柱，以扑灭明火为目的；对于相对较低温度的位置，如外保温材料在内部空间刚刚燃烧的时候为阴燃，该位置未出现明火，可以设定其附近的灭火装置采用较低的压力和流量喷射水柱，只需要将该位置喷湿，以预防火势蔓延为目的，并且可以避免压力和流量过大导致外保温材料脱落造成二次伤害。

[0029] 上述优选方案实现了火灾预警、报警技术和控火装置的联动，实现自动化灭火。并且该控制终端实时监测外保温火灾的态势，随燃烧状态的变化及时调整，有效控制外保温火灾，避免形成建筑外墙立体火灾。

[0030] 另外，环境温度会影响灭火装置的性能，温度过高会使灭火装置内压力剧增而影响安全，温度过低会影响喷射性能。因此本系统的灭火装置有两种可选的安装方式。如图2所示第一种为外挂式，灭火装置包括外挂组件，用于将灭火装置整体外挂于建筑外墙100表面；如图3所示第二种为嵌入式，灭火装置包括嵌入组件，用于将灭火装置整体嵌入安装于建筑外墙100中，并在启动时将灭火装置伸出建筑外墙表面。

[0031] 在夏季高温季节和冬季低温季节，温度无法保持在标准要求的 -20~55℃ 之间时采用嵌入式布置，满足了灭火装置放置温度的要求，保证了自动控制灭火装置的灭火性能。此外，当有遮挡的建筑外墙发生火灾时，采用嵌入式布置方式，控制装置控制灭火装置弹出后进行灭火作业。嵌入式布置的灭火装置不仅结构简单，保证建筑外墙平整和整洁，而且不易失灵和受损、安全可靠性高。当温度变化范围在 -20~55℃ 之间时采用外挂式布置，既能保证灭火性能，又减少了工程成本。

[0032] 下面的实施例提供一种建筑外墙火灾探测控火方法，该方法可以由计算机或服务器等电子设备执行，比如由上述控制终端执行。如图4所示该方法包括如下步骤：

[0033] S1，监测敷设于建筑外墙的感温电缆所采集的各个位置的温度是否达到阈值。以光纤光栅式感温电缆为例，光纤光栅感温电缆主要由光纤光栅感温火灾探测器和光纤光栅感温火灾探测信号处理器组成。采用光栅进行信号检测、光纤进行信号传输，采用分布式测量方式，测量点多。如图1所示，在一个具体的实施例中一条感温电缆4以正弦波形状敷设于建筑外墙，光纤光栅感温电缆实时探测沿光纤光栅感温点的温度变化情况，假设区域A温度起火或阴燃，对光纤中传输的光信号进行解调和分析，可以得到该位置的温度值及其位置信息，比如是感温电流的通道编号、在该通道上的实际长度等。

[0034] S2，根据与温度相应的位置信息选定至少两个灭火装置，并设定供水压力和/或流量。以图1所示的场景为例，假设当前位置A起火，采集到的温度超过阈值，根据位置信息可以选定两个距离最近的灭火装置，比如选定第三灭火装置10和第四灭火装置11，并设定它们的工作水压和流量。

[0035] 为了快速且准确地定位外墙的各个位置和选择灭火装置，可预先建立建筑外墙与消防系统的三维或二维模型，首先解析超阈值位点的位置信息，根据解析结果在模型中准确地标记该位置，如果感温线缆密集敷设，还可以根据多条线缆的温度和位置信息构建出超阈值的区域，进而基于模型计算超阈值位置或区域与各个灭火装置的直线距离，进而实现动态选定。

[0036] 也可以使用其他方式，比如可以预先对各种铺设位置与灭火装置建立关联表，当得到超过阈值的位置时，通过查表的方式选定灭火装置。

[0037] S3，根据位置信息、选定的灭火装置自身的位置信息、压力和/或流量，计算选定的灭火装置的俯仰角度和/或水平回转角度，使其喷射水柱作用于位置信息对应的建筑外墙区域。具体地，水平回转角度是指图1所示方位下灭火装置的朝向，图1中所有灭火装置的朝向是向下的，调整水平回转角度可以使灭火装置朝其他方向喷水水柱。俯仰角度是指图2和图3所示方位下灭火装置的朝向，也就是喷水方向与建筑外墙100的夹角。需要说明的是，如果设置足够多的灭火装置，则不需要它们具备水平回转功能，所以在一些实施例中可以只计算俯仰角度，选定起火位置正上方和/或正下方的灭火装置，通过调整俯仰角度即可使射水柱作用于目标位置。

[0038] 为了节约成本，实际使用时通常设置较少的灭火装置，比如在图1所示宽度方向上每隔50m设置一个灭火装置。下面介绍一种计算水平回转角度的方式。

[0039] 以图5为例，虽然灭火装置与建筑外墙之间有一个固定的安装距离，而在计算水平回转角度时不需关注此距离，只需在建筑外墙的平面上进行计算。首先基于预先建立的模型，根据超过阈值的位置信息构建达到阈值的位点A到选定灭火装置的安装位点B处水平线的垂线AC。在具体的实施例中，建模时需要根据感温线缆的敷设方式准确标记感温线缆与各个灭火装置的位置。

[0040] 然后获取垂线AC的长度以及垂足C到选定灭火装置的安装位点B的长度（连线CB的长度），利用三角函数确定选定灭火装置的水平回转角度γ。

[0041] 在本实施例中由于两个灭火装置安装在同一水平线上，所以构建一条垂线AC可同时用于计算两个灭火装置的水平回转角度。在其他实施例中如果灭火装置不在同一水平线上，则需分别构建相应的垂线并分别计算水平回转角度。

[0042] 确定水平回转角度即可使喷水方向对准目标位置所在的方位，但还需要精准计算俯仰角

度，才能使水柱准确抵达目标位置。下面介绍一种计算俯仰角度的方式。

[0043] 以图6为例，在计算俯仰角度时需要用到灭火装置与建筑外墙的间距，即安装点位 B 到灭火装置位置 E 的连线长度，此为固定值。可选的计算方式有两种，第一种方式为首先获取定位角度 α，即选定灭火装置与达到阈值的位点的连线 AE 与墙面垂线 BE 之间的角度。具体可通过火源探测技术，使灭火装置的喷水头直接对准目标位点，灭火装置中配置角度计，由此读取到定位角度 α 的值；然后根据定位角度 α 和选定灭火装置与墙面的间距（BE 的长度）计算选定灭火装置的安装位点 B 与达到阈值的位点 A 的距离，$BA = BE \cdot \tan\alpha$；再基于射流模型，根据灭火装置的压力和/或流量计算俯仰角度 β，以俯仰角度 β 喷水水柱可达位点 A。

[0044] 另一种方式为，基于预先建立的模型，根据超过阈值的位置信息构建达到阈值的位点 A 到选定灭火装置的安装位点 B 的连线 AB 并计算长度，结合图5和图6所示，可以将图5称为主视图，图6称为侧视图，先在图5所示的方位下计算出连线 AB 的长度；然后根据已知的连线 BE 的长度即灭火装置的安装距离，利用三角函数计算出定位角度 α 的值，再基于射流模型，根据灭火装置的压力和/或流量计算俯仰角度 β。

[0045] S4，启动选定的灭火装置喷射水柱，仍以图1为例，计算好角度后即控制第三灭火装置10和第四灭火装置11按照相应角度旋转，以设定的水压和流量喷射水柱，作用于位置A。

[0046] 本方案以整个建筑外墙为一个整体布点，保证建筑外墙上任意一点都有至少两股水柱到达，从至少两个角度对目标位置喷射水柱能够更有效地灭火并避免火势蔓延。

[0047] 通过消防管道将每个灭火装置连通，当外保温发生火灾时，感温电缆火灾探测器快速报警并识别火灾点，通过控制终端控制附近灭火装置的开启以达到快速将外保温火灾控制在小范围内的目的，避免火势蔓延。

[0048] 本方案通过探测、自动定位、报警、灭火等功能，使得灭火装置能快速对准外保温火灾的火源出水灭火。感温电缆火灾探测器能有效探测建筑外墙保护区的早期火灾，确认火灾发生的部位，并能将火灾现场实时信号传递给控制装置。本方案实现了建筑某区域着火引起建筑外墙着火或者建筑外墙直接着火情况下，有效地灭火的作用，避免火势蔓延，减小损失。

[0049] 在可选的实施例中，本系统还根据上述位置信息选定水源，控制供水系统使用选定的水源为灭火装置供水。在图1所示场景中，一个示例性的控制过程包括：当建筑外墙发生火灾区域在高区时（根据预设的感温电缆编号确定高区或低区），控制装置控制增压水泵1将建筑附近较大的第一蓄水池5中的水传输到建筑屋顶的第二蓄水池8内，然后开启与发生火灾位置相邻的电磁阀3，最后开启消防水泵2。通过第一蓄水池5和第二蓄水池8为该装置供水，消防管道6将水传输和供给到发生火灾区域附近的灭火装置。当低区着火时，控制装置控制增压水泵1将第一蓄水池5中的水直接传输到发生火灾区域相邻的灭火装置。

[0050] 实际应用场景中，发生火灾时可能有多个位置达到阈值，比如起火位置及其上方位置可能同时或先后超过阈值，本系统可以同时监测所有敷设位置，当有多个位置的温度达到阈值时，分别根据相应的位置信息选定至少两个灭火装置，使得每个相应的建筑外墙区域有至少两股水柱到达。

[0051] 比如图1中的A位置先达到阈值，此时选定第三灭火装置10和第四灭火装置11并启动工作；若干秒后，B位置的也达到阈值，此时可选定第一灭火装置7和第二灭火装置9，执行上述步骤S3的计算并启动这两个灭火装置，以设定的水压和流量喷射水柱，作用于位置B。

[0052] 为了避免灭火装置冲突使用，在本实施例中选定灭火装置后为其添加占用标识，当监测到相邻或其他位置的温度达到阈值时，在未添加占用标识的灭火装置选定至少两个灭火装置。

[0053] 在优选的实施例中，为系统设置多个阈值来界定火灾等级，当温度达到不同的阈值时，在步骤S2中所设定的压力和/或流量不同。举例来说，可以设置至少两个等级，如预警和火灾报警，相应地设置两个阈值。对于不同的火灾等级，本系统所要达到的目的不同，比如对于火灾报警，相应的阈值最高，表示相应的位置已经出现明火，所设定的压力和/或流量最大；对于预警，

相应的阈值较低，表示相应的位置未出现明火，温度可能是受到相邻有明火区域的影响而提高，或者为阴燃，此时只需要以阻止火灾蔓延为目的，使用较低的压力和/或流量，将该位置喷湿，一方面能够避免建筑外墙的防火层脱落，预防坍塌等次生灾害的发生，另一方面能够使水资源得到更合理的应用。

[0054]　在具体实施例中阈值有三个，分别为60℃、70℃、85℃，当温度处于60℃～70℃之间时，压力为0.02MPa、流量为1L/s；当温度处于70℃～85℃之间时，压力为0.05MPa、流量为3L/s；当温度超过85℃时，压力为0.1MPa、流量为5L/s。

[0055]　进一步地，本系统还可随着监测位置温度的变化动态调整灭火装置的状态，当温度达到较低阈值，所选定的灭火装置启动后，持续监测同一位置的温度是否达到较高阈值，当达到较高阈值后，重新设定供水压力和/或流量并计算俯仰角度。仍以图1为例，假设初始时监测到A位置的温度达到60℃，此时立即执行上述步骤S2～S4启动第三灭火装置10和第四灭火装置11，之后A位置的温度达到了70℃，进而达到85℃以上，在此过程中将执行两次步骤S2～S4，所选定的灭火装置不变，但设定的压力和流量提高，所以要动态计算俯仰角度，才能保证这两个灭火装置喷水的水柱作用于A位置。

[0056]　针对上述实施例提供的建筑外墙火灾探测控火方法及系统进行了试验，以验证控火、灭火性能，所使用的材料及设施如下：

[0057]　外保温材料：采用市售50mm厚挤塑聚苯板，燃烧性能B1级。

[0058]　外保温安装：安装在试验装置主墙和副墙；设有高度为9m和6m的两个装置。

[0059]　上述灭火装置：设置在18.7m试验平台中，距9m高的外保温试验装置主墙3.8m，副墙2.2m。

[0060]　引火源设计：火源采用液化石油气。

[0061]　以下为试验过程：

[0062]　搭建外保温墙体，敷设外保温材料，布置测试仪器；

[0063]　提前5min开启数据采集装置，使其处于正常工作状态，摄像机开始摄录；

[0064]　点火，预燃10s～20s，使底层的外保温充分燃烧，模拟真实火灾的情况；

[0065]　开启上述系统，控制灭火装置按照设定的试验条件对墙面保温材料实施控火；

[0066]　试验过程中观察并记录如下现象：主墙外保温材料可见持续火焰情况，燃烧残片情况，试样整体或部分出现破损、剥离、垮塌等情况，灭火装置喷射时间，外保温材料表面火焰熄灭的时间；

[0067]　如果灭火装置有效控制了外保温材料的火灾蔓延，可终止试验；如果控火装置未达到预期的控火效果，应终止试验；

[0068]　终止试验后持续观察10min，考察是否发生复燃现象，并记录试验数据；如发生复燃，则实施灭火，此后继续观察10min，并记录试验数据；

[0069]　试验后应观察记录如下情况：外保温材料的破坏情况，包括开裂、熔化、变形以及分层等现象，但不应考虑烟熏黑或褪色的部分，根据检查需要，可拆除样品的某些覆盖物；

[0070]　试验结束，整理试验场地；

[0071]　调试好现场的消火栓、灭火器，准备好隔热毯。

[0072]　试验1

[0073]　如表1所示，当不采取任何灭火措施时，建筑外墙的外保温材料从起火到完全失控，时间为82秒。

[0074]

时间	0s	11s	38s	82s
状态	点燃（室内火状态）	引燃外保温	外保温材料充分预燃	火灾完全失控

[0075]　表1：未采取防火措施情况下的燃烧状态表

[0076] 试验2:

[0077] 如表2所示，与试验1的场景完全相同的情况下，采用上述系统，灭火装置的安装方式为外挂式，从起火到有效控制只需32秒，且终止试验后持续观察10min，无复燃现象。

[0078]

时间	0s	10s	23s	32s
状态	点燃（室内火状态）	引燃外保温	外保温充分燃烧	灭火装置有效控火

[0079] 表2：采用本系统（外挂式灭火装置）控火情况下的燃烧状态表

[0080] 试验3:

[0081] 如表3所示，与试验1的场景完全相同的情况下，采用上述系统，灭火装置的安装方式为嵌入式，从起火到有效控制只需49秒，且终止试验后持续观察10min，无复燃现象。

[0082]

时间	0s	14s	35s	49s
状态	点燃（室内火状态）	引燃外保温	外保温燃烧	灭火装置有效控火

[0083] 表3：采用本系统（嵌入式灭火装置）控火情况下的燃烧状态表

[0084] 试验结果显示，使用本系统和方法可以实现水射流对于火源的连续、精准覆盖，也可以降低建筑物温度、预防坍塌等次生灾害的发生。同时，本系统可以实时监测火场态势，随火场燃烧状态的变化及时调整灭火装置的扑灭打击位置，提升灭火救援的时效性。

[0085] 本系统对外保温火灾进行火灾预警、报警技术和控火装置的联动，实现自动化灭火。并且本系统能够实时监测外保温火灾的态势，随燃烧状态的变化及时调整，有效控制外保温火灾，避免形成建筑外墙立体火灾。

[0086] 本领域内的技术人员应明白，本发明的实施例可提供为方法、系统或计算机程序产品。因此，本发明可采用完全硬件实施例、完全软件实施例或结合软件和硬件方面的实施例的形式。而且，本发明可采用在一个或多个其中包含有计算机可用程序代码的计算机可用存储介质（包括但不限于磁盘存储器、CD-ROM、光学存储器等）上实施的计算机程序产品的形式。

[0087] 本发明是参照根据本发明实施例的方法、设备（系统）和计算机程序产品的流程图和/或方框图来描述的。应理解可由计算机程序指令实现流程图和/或方框图中的每一流程和/或方框，以及流程图和/或方框图中的流程和/或方框的结合。可提供这些计算机程序指令到通用计算机、专用计算机、嵌入式处理机或其他可编程数据处理设备的处理器以产生一个机器，使得通过计算机或其他可编程数据处理设备的处理器执行的指令产生用于实现在流程图一个流程或多个流程和/或方框图一个方框或多个方框中指定的功能的装置。

[0088] 这些计算机程序指令也可存储在能引导计算机或其他可编程数据处理设备以特定方式工作的计算机可读存储器中，使得存储在该计算机可读存储器中的指令产生包括指令装置的制造品，该指令装置实现在流程图一个流程或多个流程和/或方框图一个方框或多个方框中指定的功能。

[0089] 这些计算机程序指令也可装载到计算机或其他可编程数据处理设备上，使得在计算机或其他可编程设备上执行一系列操作步骤以产生计算机实现的处理，从而在计算机或其他可编程设备上执行的指令提供用于实现在流程图一个流程或多个流程和/或方框图一个方框或多个方框中指定的功能的步骤。

[0090] 显然，上述实施例仅仅是为清楚地说明所作的举例，而并非对实施方式的限定。对于所属领域的普通技术人员来说，在上述说明的基础上还可以做出其他不同形式的变化或变动。这里无需也无法对所有的实施方式予以穷举。而由此所引伸出的显而易见的变化或变动仍处于本发明创造的保护范围之中。

说 明 书 附 图

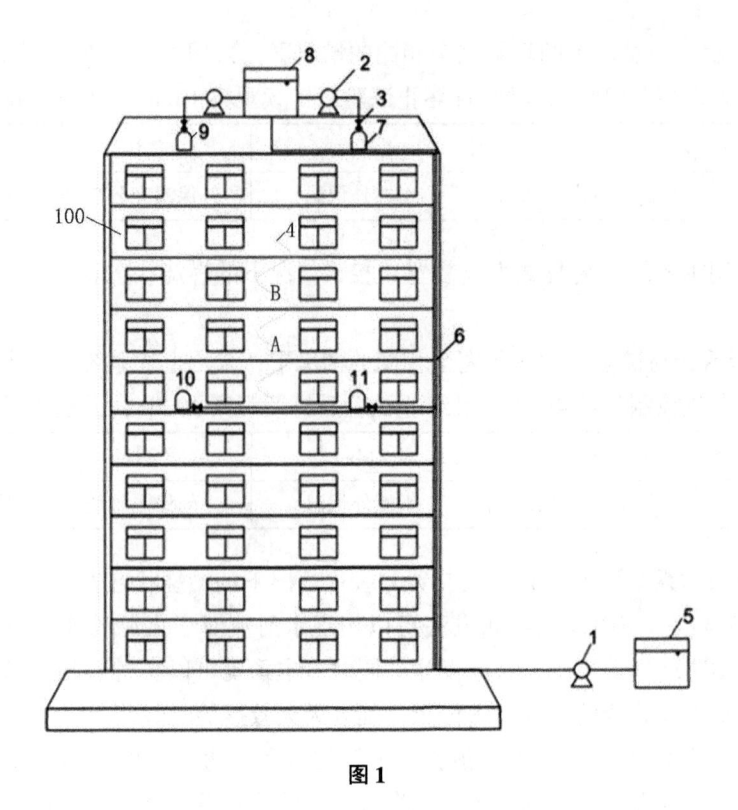

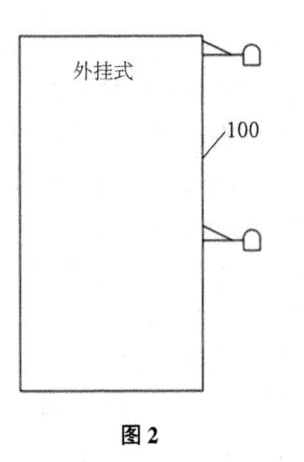

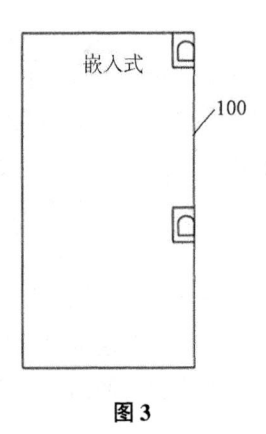

图 1

图 2 外挂式

图 3 嵌入式

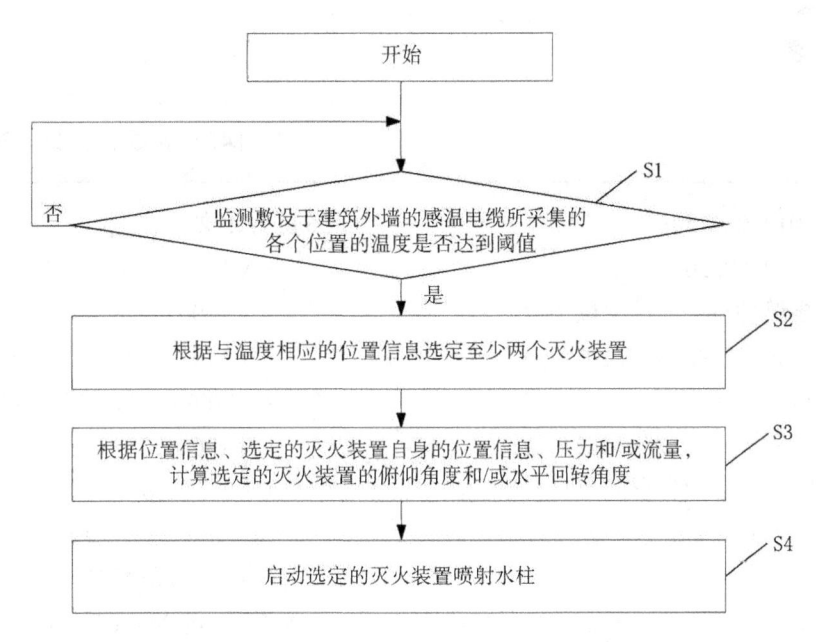

说 明 书 附 图

```
                    ┌──────────┐
                    │   开始    │
                    └────┬─────┘
                         │
              ┌──────────▼──────────┐
         否   │  监测敷设于建筑外墙的感温电缆所采集的  │  S1
        ◄────┤     各个位置的温度是否达到阈值      │
              └──────────┬──────────┘
                         │是
              ┌──────────▼──────────────────────┐
              │ 根据与温度相应的位置信息选定至少两个灭火装置 │ S2
              └──────────┬──────────────────────┘
                         │
              ┌──────────▼──────────────────────────┐
              │ 根据位置信息、选定的灭火装置自身的位置信息、压力和/或流量， │ S3
              │      计算选定的灭火装置的俯仰角度和/或水平回转角度      │
              └──────────┬──────────────────────────┘
                         │
              ┌──────────▼──────────┐
              │     启动选定的灭火装置喷射水柱     │ S4
              └───────────────────┘
```

图 4

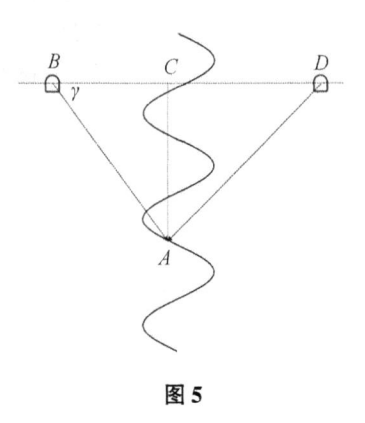

图 5

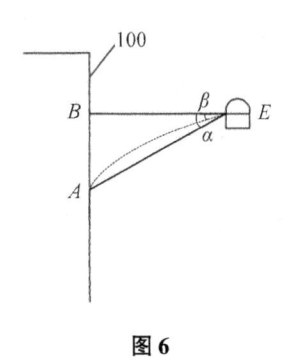

图 6

(19) **中华人民共和国国家知识产权局**

(12) **发明专利**

(10) 授权公告号 CN 110610707 B
(45) 授权公告日 2022.04.22

(21) 申请号 201910891598.0

(22) 申请日 2019.09.20

(65) 同一申请的已公布的文献号
申请公布号 CN 110610707 A

(43) 申请公布日 2019.12.24

(73) 专利权人 科大讯飞股份有限公司
地址 230088 安徽省合肥市高新开发区望江西路666号

(72) 发明人 申凯 张滔

(74) 专利代理机构 北京路浩知识产权代理有限公司 11002
代理人 程琛

(51) Int. Cl.
G10L 15/26 (2006.01)
G10L 15/02 (2006.01)
G10L 25/30 (2013.01)
G06N 3/04 (2006.01)
G06N 3/08 (2006.01)

(56) 对比文件
CN 108615526 A, 2018.10.02
CN 110033758 A, 2019.07.19
CN 110223678 A, 2019.09.10
US 2007136058 A1, 2007.06.14
CN 106847259 A, 2017.06.13
US 2018068653 A1, 2018.03.08
王勇 等. 基于词级DPPM的连续语音关键词检测.《计算机工程》. 2014, 第40卷(第5期), 第247—251页.
刘迪源. 基于BN特征的声学建模研究及其在关键词检索中的应用.《中国优秀硕士学位论文全文数据库 信息科技辑》. 2015, (第09期), 第4—5、14—17、43—51页.

审查员 李春雨

(54) 发明名称
语音关键词识别方法、装置、电子设备和存储介质

(57) 摘要
本发明实施例提供一种语音关键词识别方法、装置、电子设备和存储介质,其中方法包括:提取待识别词对应的语音数据中每一帧的声学状态后验概率分布向量;任一帧的所述声学状态后验概率分布向量包括所述任一帧相对于多个声学状态的后验概率;将所述语音数据中每一帧的所述声学状态后验概率分布向量输入至关键词识别模型,得到所述关键词识别模型输出的所述待识别词对应的关键词识别结果;所述关键词识别模型是基于样本词中每一样本帧的样本声学状态后验概率分布向量,以及所述样本词的关键词标识训练得到的。本发明实施例提供的方法、装置、电子设备和存储介质,能够提高识别精度,避免相似词的误判问题,提高响应准确率,优化用户体验。

权 利 要 求 书

1. 一种语音关键词识别方法，其特征在于，包括：

提取待识别词对应的语音数据中每一帧的声学状态后验概率分布向量；任一帧的所述声学状态后验概率分布向量包括所述任一帧所属的声学状态的后验概率，还包括所述任一帧相对于其余各个声学状态的后验概率；

将所述语音数据中每一帧的所述声学状态后验概率分布向量输入至关键词识别模型，得到所述关键词识别模型输出的所述待识别词对应的关键词识别结果；所述关键词识别模型是基于样本词中每一样本帧的样本声学状态后验概率分布向量，以及所述样本词的关键词标识训练得到的。

2. 根据权利要求 1 所述的语音关键词识别方法，其特征在于，所述关键词识别模型包括词级特征编码层和置信度判决层；

对应地，所述将所述语音数据中每一帧的所述声学状态后验概率分布向量输入至关键词识别模型，得到所述关键词识别模型输出的所述待识别词对应的关键词识别结果，具体包括：

将所述语音数据中每一帧的所述声学状态后验概率分布向量输入至所述词级特征编码层，得到所述词级特征编码层输出的所述待识别词的词级特征向量；

将所述词级特征向量输入至所述置信度判决层，得到所述置信度判决层输出的所述关键词识别结果。

3. 根据权利要求 2 所述的语音关键词识别方法，其特征在于，所述词级特征编码层包括特征编码层、特征计分层和特征融合层；

对应地，所述将所述语音数据中每一帧的所述声学状态后验概率分布向量输入至所述词级特征编码层，得到所述词级特征编码层输出的所述待识别词的词级特征向量，具体包括：

将所述语音数据中任一音素对应的每一帧的所述声学状态后验概率分布向量输入至所述特征编码层，得到所述特征编码层输出的所述任一音素的音素级特征向量；

将所述语音数据中任一音素的所述音素级特征向量输入至所述特征计分层，得到所述特征计分层输出的所述任一音素的特征分值；所述特征分值用于表征所述任一音素的音素级特征向量的分布状态；

将所述语音数据中每一音素的所述音素级特征向量和所述特征分值输入至所述特征融合层，得到所述特征融合层输出的所述待识别词的词级特征向量。

4. 根据权利要求 3 所述的语音关键词识别方法，其特征在于，所述将所述语音数据中任一音素的所述音素级特征向量输入至所述特征计分层，得到所述特征计分层输出的所述任一音素的特征分值，具体包括：

将任一所述音素的统计特征向量以及所述音素级特征向量输入至所述特征计分层，得到所述特征计分层输出的所述任一音素的特征分值；

其中，所述统计特征向量是基于所述任一音素的时长和/或所述任一音素中声学状态的时长确定的。

5. 根据权利要求 3 所述的语音关键词识别方法，其特征在于，所述将所述语音数据中每一音素的所述音素级特征向量和所述特征分值输入至所述特征融合层，得到所述特征融合层输出的所述待识别词的词级特征向量，具体包括：

基于任一所述音素的特征分值，确定所述任一音素的权重；所述任一音素的音素级特征向量的分布状态越分散，则所述任一音素的权重越大；

基于每一所述音素的权重，对所述每一音素的音素级特征向量进行加权，得到所述待识别词的词级特征向量。

6. 根据权利要求 2 所述的语音关键词识别方法，其特征在于，所述将所述词级特征向量输入至所述置信度判决层，得到所述置信度判决层输出的所述关键词识别结果，具体包括：

基于所述词级特征向量，确定所述待识别词的置信度概率；

基于所述置信度概率和预设置信度阈值，确定所述关键词识别结果。

权 利 要 求 书

7. 根据权利要求 6 所述的语音关键词识别方法，其特征在于，当存在多个关键词时，所述置信度判决层包括多分类器；

对应地，所述基于所述词级特征向量，确定所述待识别词的置信度概率，具体包括：

将所述词级特征向量输入至所述多分类器，得到所述多分类器输出的针对每一所述关键词的置信度概率。

8. 一种语音关键词识别装置，其特征在于，包括：

帧级特征确定单元，用于提取待识别词对应的语音数据中每一帧的声学状态后验概率分布向量；任一帧的所述声学状态后验概率分布向量包括所述任一帧所属的声学状态的后验概率，还包括所述任一帧相对于其余各个声学状态的后验概率；

关键词识别单元，用于将所述语音数据中每一帧的所述声学状态后验概率分布向量输入至关键词识别模型，得到所述关键词识别模型输出的所述待识别词对应的关键词识别结果；所述关键词识别模型是基于样本词中每一样本帧的样本声学状态后验概率分布向量，以及所述样本词的关键词标识训练得到的。

9. 根据权利要求 8 所述的语音关键词识别装置，其特征在于，所述关键词识别模型包括词级特征编码层和置信度判决层；

对应地，所述关键词识别单元包括：

词级特征编码子单元，用于将所述语音数据中每一帧的所述声学状态后验概率分布向量输入至所述词级特征编码层，得到所述词级特征编码层输出的所述待识别词的词级特征向量；

置信度判决子单元，用于将所述词级特征向量输入至所述置信度判决层，得到所述置信度判决层输出的所述关键词识别结果。

10. 根据权利要求 9 所述的语音关键词识别装置，其特征在于，所述词级特征编码层包括特征编码层、特征计分层和特征融合层；

对应地，所述词级特征编码子单元包括：

音素级特征编码子单元，用于将所述语音数据中任一音素对应的每一帧的所述声学状态后验概率分布向量输入至所述特征编码层，得到所述特征编码层输出的所述任一音素的音素级特征向量；

特征分值确定子单元，用于将所述语音数据中任一音素的所述音素级特征向量输入至所述特征计分层，得到所述特征计分层输出的所述任一音素的特征分值；所述特征分值用于表征所述任一音素的音素级特征向量的分布状态；

词级特征确定子单元，用于将所述语音数据中每一音素的所述音素级特征向量和所述特征分值输入至所述特征融合层，得到所述特征融合层输出的所述待识别词的词级特征向量。

11. 根据权利要求 10 所述的语音关键词识别装置，其特征在于，所述特征分值确定子单元具体用于：

将任一所述音素的统计特征向量以及所述音素级特征向量输入至所述特征计分层，得到所述特征计分层输出的所述任一音素的特征分值；

其中，所述统计特征向量是基于所述任一音素的时长和/或所述任一音素中声学状态的时长确定的。

12. 一种电子设备，包括存储器、处理器及存储在存储器上并可在处理器上运行的计算机程序，其特征在于，所述处理器执行所述程序时实现如权利要求 1 至 7 中任一项所述的语音关键词识别方法的步骤。

13. 一种非暂态计算机可读存储介质，其上存储有计算机程序，其特征在于，该计算机程序被处理器执行时实现如权利要求 1 至 7 中任一项所述的语音关键词识别方法的步骤。

说 明 书

语音关键词识别方法、装置、电子设备和存储介质

技术领域

[0001] 本发明涉及语音识别技术领域，尤其涉及一种语音关键词识别方法、装置、电子设备和存储介质。

背景技术

[0002] 随着科技的发展，语音唤醒技术在电子设备中的应用越来越广泛，极大程度上便利了用户对电子设备的操作，允许用户与电子设备之间无需手动交互，即可通过语音关键词激活电子设备中相应的处理模块。

[0003] 现有语音唤醒场景下，通常需要支持几十甚至上百个关键词。当前的语音关键词识别方法通常是以声学状态为单位计算置信度得分，并将总分与总分门限进行比较，确定识别结果。将通过上述方法得到的识别结果应用于语音唤醒，相似词汇的总分相近且都高于总分门限时，将会导致错误响应，影响用户体验。

发明内容

[0004] 本发明实施例提供一种语音关键词识别方法、装置、电子设备和存储介质，用以解决现有的语音关键词识别准确性低的问题。

[0005] 第一方面，本发明实施例提供一种语音关键词识别方法，包括：

[0006] 提取待识别词对应的语音数据中每一帧的声学状态后验概率分布向量；任一帧的所述声学状态后验概率分布向量包括所述任一帧相对于多个声学状态的后验概率；

[0007] 将所述语音数据中每一帧的所述声学状态后验概率分布向量输入至关键词识别模型，得到所述关键词识别模型输出的所述待识别词对应的关键词识别结果；所述关键词识别模型是基于样本词中每一样本帧的样本声学状态后验概率分布向量，以及所述样本词的关键词标识训练得到的。

[0008] 优选地，所述关键词识别模型包括词级特征编码层和置信度判决层；

[0009] 对应地，所述将所述语音数据中每一帧的所述声学状态后验概率分布向量输入至关键词识别模型，得到所述关键词识别模型输出的所述待识别词对应的关键词识别结果，具体包括：

[0010] 将所述语音数据中每一帧的所述声学状态后验概率分布向量输入至所述词级特征编码层，得到所述词级特征编码层输出的所述待识别词的词级特征向量；

[0011] 将所述词级特征向量输入至所述置信度判决层，得到所述置信度判决层输出的所述关键词识别结果。

[0012] 优选地，所述词级特征编码层包括特征编码层、特征计分层和特征融合层；

[0013] 对应地，所述将所述语音数据中每一帧的所述声学状态后验概率分布向量输入至所述词级特征编码层，得到所述词级特征编码层输出的所述待识别词的词级特征向量，具体包括：

[0014] 将所述语音数据中任一音素对应的每一帧的所述声学状态后验概率分布向量输入至所述特征编码层，得到所述特征编码层输出的所述任一音素的音素级特征向量；

[0015] 将所述语音数据中任一音素的所述音素级特征向量输入至所述特征计分层，得到所述特征计分层输出的所述任一音素的特征分值；所述特征分值用于表征所述任一音素的音素级特征向量的分布状态；

[0016] 将所述语音数据中每一音素的所述音素级特征向量和所述特征分值输入至所述特征融合层，得到所述特征融合层输出的所述待识别词的词级特征向量。

[0017] 优选地，所述将所述语音数据中任一音素的所述音素级特征向量输入至所述特征计分层，得到所述特征计分层输出的所述任一音素的特征分值，具体包括：

[0018] 将任一所述音素的统计特征向量以及所述音素级特征向量输入至所述特征计分层，得到所述特征计分层输出的所述任一音素的特征分值；

[0019] 其中，所述统计特征向量是基于所述任一音素的时长和/或所述任一音素中声学状态的时长确定的。

[0020] 优选地，所述将所述语音数据中每一音素的所述音素级特征向量和所述特征分值输入至所述特征融合层，得到所述特征融合层输出的所述待识别词的词级特征向量，具体包括：

[0021] 基于任一所述音素的特征分值，确定所述任一音素的权重；所述任一音素的音素级特征向量的分布状态越分散，则所述任一音素的权重越大；

[0022] 基于每一所述音素的权重，对所述每一音素的音素级特征向量进行加权，得到所述待识别词的词级特征向量。

[0023] 优选地，所述将所述词级特征向量输入至所述置信度判决层，得到所述置信度判决层输出的所述关键词识别结果，具体包括：

[0024] 基于所述词级特征向量，确定所述待识别词的置信度概率；

[0025] 基于所述置信度概率和预设置信度阈值，确定所述关键词识别结果。

[0026] 优选地，当存在多个关键词时，所述置信度判决层包括多分类器；

[0027] 对应地，所述基于所述词级特征向量，确定所述待识别词的置信度概率，具体包括：

[0028] 将所述词级特征向量输入至所述多分类器，得到所述多分类器输出的针对每一所述关键词的置信度概率。

[0029] 第二方面，本发明实施例提供一种语音关键词识别装置，包括：

[0030] 帧级特征确定单元，用于提取待识别词对应的语音数据中每一帧的声学状态后验概率分布向量；任一帧的所述声学状态后验概率分布向量包括所述任一帧相对于多个声学状态的后验概率；

[0031] 关键词识别单元，用于将所述语音数据中每一帧的所述声学状态后验概率分布向量输入至关键词识别模型，得到所述关键词识别模型输出的所述待识别词对应的关键词识别结果；所述关键词识别模型是基于样本词中每一样本帧的样本声学状态后验概率分布向量，以及所述样本词的关键词标识训练得到的。

[0032] 优选地，所述关键词识别模型包括词级特征编码层和置信度判决层；

[0033] 对应地，所述关键词识别单元包括：

[0034] 词级特征编码子单元，用于将所述语音数据中每一帧的所述声学状态后验概率分布向量输入至所述词级特征编码层，得到所述词级特征编码层输出的所述待识别词的词级特征向量；

[0035] 置信度判决子单元，用于将所述词级特征向量输入至所述置信度判决层，得到所述置信度判决层输出的所述关键词识别结果。

[0036] 优选地，所述词级特征编码层包括特征编码层、特征计分层和特征融合层；

[0037] 对应地，所述词级特征编码子单元包括：

[0038] 音素级特征编码子单元，用于将所述语音数据中任一音素对应的每一帧的所述声学状态后验概率分布向量输入至所述特征编码层，得到所述特征编码层输出的所述任一音素的音素级特征向量；

[0039] 特征分值确定子单元，用于将所述语音数据中任一音素的所述音素级特征向量输入至所述特征计分层，得到所述特征计分层输出的所述任一音素的特征分值；所述特征分值用于表征所述任一音素的音素级特征向量的分布状态；

[0040] 词级特征确定子单元，用于将所述语音数据中每一音素的所述音素级特征向量和所述特征分值输入至所述特征融合层，得到所述特征融合层输出的所述待识别词的词级特征向量。

[0041] 优选地，所述特征分值确定子单元具体用于：

[0042] 将任一所述音素的统计特征向量以及所述音素级特征向量输入至所述特征计分层，得到

所述特征计分层输出的所述任一音素的特征分值；

[0043] 其中，所述统计特征向量是基于所述任一音素的时长和/或所述任一音素中声学状态的时长确定的。

[0044] 第三方面，本发明实施例提供一种电子设备，包括处理器、通信接口、存储器和总线，其中，处理器、通信接口、存储器通过总线完成相互间的通信，处理器可以调用存储器中的逻辑指令，以执行如第一方面所提供的方法的步骤。

[0045] 第四方面，本发明实施例提供一种非暂态计算机可读存储介质，其上存储有计算机程序，该计算机程序被处理器执行时实现如第一方面所提供的方法的步骤。

[0046] 本发明实施例提供的一种语音关键词识别方法、装置、电子设备和存储介质，基于每一帧的声学状态后验概率分布向量进行关键词识别，相比与现有技术中仅应用帧所属声学状态的后验概率进行关键词识别，声学状态后验概率分布向量具有更加丰富的信息，使得相似发音的词具有更大的区分性，能够有效提高识别精度，避免相似词的误判问题，提高响应准确率，优化用户体验。

附图说明

[0047] 为了更清楚地说明本发明实施例或现有技术中的技术方案，下面将对实施例或现有技术描述中所需要使用的附图作一简单的介绍。显而易见地，下面描述中的附图是本发明的一些实施例，对于本领域普通技术人员来讲，在不付出创造性劳动的前提下，还可以根据这些附图获得其他的附图。

[0048] 图1为本发明实施例提供的语音关键词识别方法的流程示意图；

[0049] 图2为本发明实施例提供的基于关键词识别模型的关键词识别方法的流程示意图；

[0050] 图3为本发明实施例提供的词级特征向量的确定方法的流程示意图；

[0051] 图4为本发明另一实施例提供的语音关键词识别方法的流程示意图；

[0052] 图5为本发明实施例提供的语音关键词识别装置的结构示意图；

[0053] 图6为本发明实施例提供的电子设备的结构示意图。

具体实施方式

[0054] 为使本发明实施例的目的、技术方案和优点更加清楚，下面将结合本发明实施例中的附图，对本发明实施例中的技术方案进行清楚、完整的描述。显然，所描述的实施例是本发明一部分实施例，而不是全部的实施例。基于本发明中的实施例，本领域普通技术人员在没有作出创造性劳动前提下所获得的所有其他实施例，都属于本发明保护的范围。

[0055] 语音作为是人类最自然的交流方式之一，是人机交互的未来趋势。语音唤醒场景下，用户可以通过说出关键词来唤醒电子设备，使电子设备进入到等待语音指令的状态，或使电子设备直接执行相应指令操作。此处，关键词可以是充当人机交互开关的唤醒词，例如"siri"、"蛋蛋你好"，也可以是指示电子设备执行相应指令操作的命令词，例如"上一页"、"下一页"、"关机"等。然而当前的众多电子设备依赖一个非语音输入的开关充当唤醒词的角色，如常见的"即按即说"模式，需要用户手动实现语音收音识别器的显示触发和启动，这一类交互方式需要刻意培养用户习惯，不利于语音交互的普及，在易用性和便利性上都大打折扣；而已存在的"连续监听"的唤醒方案，通常基于每一帧所属的声学状态的后验概率计算置信度得分，并将总分与总分门限进行比较，进行关键词判决，鲁棒性较差，时常将背景噪声误解为关键词，以及将发音与关键词相似的语音误解为关键词导致错误响应，尤其在多关键词场景下，错误响应尤为严重。例如"蛋蛋你好"和"笨蛋你好"、"上一页"和"下一页"，这些词都只有一字之差，对应的语音总分相差较小但均高于划定的总分门限，极易混淆导致错误响应，非常影响用户体验。

[0056] 针对上述问题，本发明实施例提供了一种语音关键词识别方法。图1为本发明实施例提供的语音关键词识别方法的流程示意图。如图1所示，该方法包括：

[0057] 步骤110，提取待识别词对应的语音数据中每一帧的声学状态后验概率分布向量；任一帧的声学状态后验概率分布向量包括该帧相对于多个声学状态的后验概率。

[0058] 此处，待识别词即需要进行关键词识别的词，待识别词对应的语音数据即包含有待识别词的语音数据，该语音数据可以通过拾音设备得到，此处拾音设备可以是智能手机、平板电脑，还可以是智能电器例如音响、电视和空调等，拾音设备在经过麦克风阵列拾音得到语音数据后，还可以对语音数据进行放大和降噪，本发明实施例对此不作具体限定。

[0059] 在得到语音数据后，可以从语音数据中提取每一帧的声学特征，进而得到每一帧的声学状态后验概率分布向量。此处，任一帧的声学状态后验概率分布向量为多维向量，其中包含该帧相对于多个预先设定的声学状态的后验概率。进一步地，任一帧相对于每一声学状态均存在一个后验概率，用于表征该帧属于每一声学状态的概率。假设预先设定的声学状态个数为 N，N 为大于1的正整数，由此得到任一帧的声学状态后验概率分布向量的大小即为 $1 \times N$。

[0060] 此处，语音数据中每一帧的声学状态后验概率分布向量的提取可以基于预先训练的声学模型实现，例如对语音数据进行分帧加窗后，通过快速傅里叶变换FFT提取每一帧的声学特征，例如梅尔频率倒谱系数（Mel Frequency Cepstrum Coefficient，MFCC）特征或感知线性预测（Perceptual Linear Predictive，PLP）特征等，随即将声学特征输入至预先训练好的声学模型中，得到声学模型输出的每一帧的声学状态后验概率分布向量。

[0061] 步骤120，将语音数据中每一帧的声学状态后验概率分布向量输入至关键词识别模型，得到关键词识别模型输出的待识别词对应的关键词识别结果；关键词识别模型是基于样本词中每一样本帧的样本声学状态后验概率分布向量，以及样本词的关键词标识训练得到的。

[0062] 现有技术中，在基于语音数据中的每一帧进行关键词识别时，通常应用的是每一帧所属的声学状态的后验概率。此处，任一帧所属的声学状态的后验概率是一个具体的值。假设任一帧所属的声学状态为 s_i，该帧所属的声学状态的后验概率为 $P(o|s_i)$，在发音不标准的情况下，$P(o|s_i)$ 与该帧相对于其余各个声学状态的后验概率的差距可能较小，该帧也极有可能属于其余声学状态，此时如果仅利用每一帧所属的声学状态的后验概率 $P(o|s_i)$ 进行关键词识别，而忽略其余各个声学状态的后验概率，极易导致词语混淆引发错误响应。

[0063] 而本发明实施例中，任一帧的声学状态后验概率分布向量为 $[P(o|s_1), P(o|s_2), \cdots, P(o|s_i), \cdots, P(o|s_N)]^T$，声学状态后验概率分布向量中不仅包含有该帧所属的声学状态的后验概率 $P(o|s_i)$，还包含有该帧相对于其余各个声学状态的后验概率。步骤120中，基于语音数据中的每一帧的声学状态后验概率分布向量进行关键词识别，相比现有技术中应用语音数据中的每一帧所属的声学状态的后验概率进行关键词识别，能够为关键词的识别提供更加丰富的信息，更能够体现待识别词本身的区分性。

[0064] 此处，关键词识别模型为预先训练好的模型，用于基于输入的语音数据中每一帧的声学状态后验概率分布向量，判断语音数据对应的待识别词是否为关键词，并输出关键词识别结果。此处，关键词识别结果可以为"是"或"否"，"是"用于表征语音数据对应的待识别词为关键词，"否"用于表征语音数据对应的待识别词不是关键词。此外，当存在多个关键词时，关键词识别结果还可以为其中任一关键词或非关键词，本发明实施例对此不作具体限定。

[0065] 另外，在执行步骤120之前，还可以预先训练得到关键词识别模型，具体可通过如下方式训练得到关键词识别模型：首先，收集大量样本词对应的语音数据，并得到每一样本词中每一样本帧的样本声学状态后验概率分布向量，同时确定样本词的关键词标识。其中样本词对应的语音数据可以是从各个场景中得到的，例如车载场景、家居场景、学校场景等，样本词中每一样本音素的样本声学状态后验概率分布向量同样可以基于步骤110得到，样本词的关键词标识用于指示样本词是否为关键词，关键词标识可以是人工标定的。基于样本词中每一样本帧的样本声学状态后验概率分布向量，以及样本词的关键词标识对初始模型进行训练，从而得到关键词识别模型。其中，初始模型可以是单一神经网络模型，也可以是多个神经网络模型的组合，本发明实施例不对初始模型的类

型和结构作具体限定。

[0066] 本发明实施例提供的方法，基于每一帧的声学状态后验概率分布向量进行关键词识别，相比于现有技术中仅应用帧所属声学状态的后验概率进行关键词识别，声学状态后验概率分布向量具有更加丰富的信息，使得相似发音的词具有更大的区分性，能够有效提高识别精度，避免相似词的误判问题，提高响应准确率，优化用户体验。

[0067] 基于上述实施例，该方法中，关键词识别模型包括词级特征编码层和置信度判决层；对应地，图2为本发明实施例提供的基于关键词识别模型的关键词识别方法的流程示意图。如图2所示，步骤120具体包括：

[0068] 步骤121，将语音数据中每一帧的声学状态后验概率分布向量输入至词级特征编码层，得到词级特征编码层输出的待识别词的词级特征向量。

[0069] 具体地，词级特征编码层用于对待识别词对应的语音数据中每一帧的声学状态后验概率分布向量进行编码压缩，进而得到并输出待识别词的词级特征向量。此处，词级特征向量可以是词级特征编码层先将待识别词的每一音素下的每一帧的声学状态后验概率分布向量进行编码压缩，得到每一音素的音素级特征向量，再对每一音素的音素级特征向量进行编码压缩得到的，也可以是直接对语音数据中的全部帧的声学状态后验概率分布向量进行编码压缩得到的，本发明实施例对此不作具体限定。

[0070] 步骤122，将词级特征向量输入至置信度判决层，得到置信度判决层输出的关键词识别结果。

[0071] 具体地，置信度判决层用于确定输入的词级特征向量的置信度，进而判断词级特征向量对应的待识别词是否为关键词，并输出关键词识别结果。此处，置信度判决层可以是基于样本词的样本词级特征向量和关键词标识训练得到的。

[0072] 例如，关键词识别结果可以通过下式得到：

[0073] $S = sigmoid(\boldsymbol{W} \times \boldsymbol{H}_{word} + \boldsymbol{B})$；

[0074] 式中，S即待识别词的关键词识别结果，S为0或1，$sigmoid$为激活函数，$\boldsymbol{H}_{word}$为词级特征向量，$\boldsymbol{W}$和$\boldsymbol{B}$为通过样本词级特征向量和关键词标识训练得到的模型参数。

[0075] 基于上述任一实施例，该方法中，词级特征编码层包括特征编码层、特征计分层和特征融合层；对应地，图3为本发明实施例提供的词级特征向量的确定方法的流程示意图。如图3所示，步骤121具体包括：

[0076] 步骤1211，将语音数据中任一音素对应的每一帧的声学状态后验概率分布向量输入至特征编码层，得到特征编码层输出的该音素的音素级特征向量。

[0077] 具体地，针对语音数据中的任一音素，按照语音数据的音素边界，确定该音素对应的多个帧，并由特征编码层压缩该音素对应的多个帧的声学状态后验概率分布向量，得到该音素的音素级特征向量。需要说明的是，由此得到的音素级特征向量是音素级的声学状态后验概率分布向量，音素级特征向量中包含该音素相对于每一预先设定的声学状态的后验概率，音素级特征向量的大小为$1 \times N$。其中，该音素相对于任一声学状态的后验概率，均是基于该音素中每一帧相对于该声学状态的后验概率得到的。

[0078] 此外，在执行步骤1211之前，可以基于预先训练的声学模型和语言模型对从语音数据中提取的声学特征进行解码，在解码过程中确定语音数据对应的音素，进而得到语音数据的音素边界，以确定语音数据中的各个音素分别对应的帧。

[0079] 步骤1212，将语音数据中任一音素的音素级特征向量输入至特征计分层，得到特征计分层输出的该音素的特征分值；特征分值用于表征该音素的音素级特征向量的分布状态。

[0080] 具体地，音素级特征向量中包含相对于每一预先设定的声学状态的后验概率，特征分值用于表征音素级特征向量中各个声学状态后验概率的分布状态，此处的分布状态可以用方差、标准差等能够体现数据分布离散程度的参数表示。需要说明的是，分布状态可以反映音素对应发音的准

确程度：分布越分散，则发音有误的概率越高；分布越集中，则发音越准确。

[0081] 特征分值与分布状态相关联，可以预先设定音素级特征向量的分布越分散，则特征分值越低；分布越集中，则特征分值越高。或者还可以预先设定音素级特征向量的分布越集中，则特征分值越低；分布越分散，则特征分值越高。本发明实施例对此不作具体限定。

[0082] 特征计分子模块用于评估输入的音素级特征向量的分布状态，并输出对应的特征分值。特征计分子模块可以是预先由样本音素级特征向量及其对应的样本特征分值训练得到的神经网络模型，也可以是预先设定的音素级特征向量的分布状态和特征分值之间的映射关系。

[0083] 步骤1213，将语音数据中每一音素的音素级特征向量和特征分值输入至特征融合层，得到特征融合层输出的待识别词的词级特征向量。

[0084] 具体地，在得到每一音素的特征分值后，将每一音素的音素级特征向量和特征分值输入至特征融合层，以实现各个音素级特征向量的融合，得到词级特征向量。此处，特征融合层可以基于各个音素的特征分值确定各个音素的权重，进而对各个音素的音素级特征向量进行加权压缩，得到词级特征向量；还可以基于各个音素的特征分值确定各个音素的权重，进而对各个音素的音素级特征向量进行加权相加，得到词级特征向量；特征融合层还可以是预先由样本词对应的每一样本音素的样本音素级特征向量、样本特征分值以及样本词级特征向量训练得到的，本发明实施例对此不作具体限定。

[0085] 需要说明的是，基于每一音素的音素级特征向量和特征分值得到的词级特征向量，能够加强分布状态更为分散的音素级特征向量中包含的信息，以避免发音可能有误的音素级特征向量中包含的信息被多数发音准确的音素级特征向量中包含的信息所稀释，从而使得关键词的识别具有更强的区分性。

[0086] 本发明实施例提供的方法，基于特征计分层评估音素级特征向量的分布状态，得到特征分值，通过将每一音素的音素级特征向量和特征分值输入至特征融合层，得到发音有误的信息更为突出的词级特征向量，从而提高语音关键词识别的区分性，能够更好地区分发音相似的语音，避免错误响应。

[0087] 基于上述任一实施例，该方法中，步骤1211具体包括：将任一音素对应的每一帧的声学状态后验概率分布向量输入至由长短时记忆网络构建的特征编码层，得到特征编码层输出的该音素的音素级特征向量。

[0088] 具体地，长短时记忆网络（Long Short Term Memory Network，LSTM）是一种时间循环神经网络。本发明实施例中，将长短时记忆网络应用于特征编码层的构建，以实现帧的声学状态后验概率分布向量的压缩。针对任一音素对应的第t帧，第t帧的隐层输出为$h_t = \text{LSTM}(w_t, h_{t-1})$，其中$h_t$为第$t$帧的隐层向量，$w_t$为第$t$帧的声学状态后验概率分布向量，$h_{t-1}$为第$t-1$帧的隐层向量。在编码结束后，将音素的最后一帧的隐层向量作为音素的音素级特征向量。

[0089] 基于上述任一实施例，该方法中，步骤1212具体包括：将任一音素的统计特征向量以及音素级特征向量输入至特征计分层，得到特征计分层输出的该音素的特征分值；其中，统计特征向量是基于该音素的时长和/或该音素中声学状态的时长确定的。

[0090] 具体地，在执行步骤1212之前，还需要确定任一音素的统计特征向量。在基于预先训练的声学模型和语言模型对从语音数据中提取的声学特征进行解码的过程中，可以确定语音数据对应的音素，以及每一音素中包含的声学状态。由此可以统计得出任一音素的时长，任一音素中各个声学状态的时长，进而得到该音素的统计特征向量。此处，统计特征向量可以是该音素的时长，也可以是该音素中每一声学状态的时长，还可以是该音素中每一声学状态的时长与该音素的时长之比等，本发明实施例对此不作具体限定。

[0091] 对应地，特征计分子模块可以是预先由样本音素的样本统计向量和样本音素级特征向量及其对应的样本特征分值训练得到的神经网络模型，特征分值模型可以包括两层长短时记忆网络和两层深度神经网络，也可以是其余任意类型和结构的神经网络，本发明实施例对此不作具体限定。

[0092] 本发明实施例提供的方法，将统计特征向量作为评估音素特征分值的依据，为特征分值的评估提供更加丰富的信息，以提高后续进行关键词识别的准确性。

[0093] 基于上述任一实施例，该方法中，统计特征向量包括该音素的时长、该音素中声学状态的时长、声学状态的时长均值和声学状态的时长方差中的至少一种。例如，任一音素的统计特征向量可以是由该音素的时长和该音素中各个声学状态时长拼接而成的一维向量，也可以是由该音素中各个声学状态时长的均值和方差拼接而成的一维向量，还可以是由该音素的时长、该音素中各个声学状态时长，以及各个声学状态时长的均值和方差拼接而成的一维向量，本发明实施例对此不作具体限定。

[0094] 基于上述任一实施例，该方法中，步骤1213具体包括：

[0095] 步骤（1），基于任一音素的特征分值，确定该音素的权重；该音素的音素级特征向量的分布状态越分散，则该音素的权重越大。

[0096] 假设音素级特征向量的分布越分散，则特征分值越低，分布越集中，则特征分值越高，则在确定音素的权重时，特征分值与音素的权重负相关，特征分值越低则对应的权重越高；假设音素级特征向量的分布越集中，则特征分值越低，分布越分散，则特征分值越高，则在确定音素的权重时，特征分值与音素的权重正相关。

[0097] 例如，特征分值的取值范围在0至1之间，音素级特征向量的分布越集中，则特征分值越高，对应的权重可以记为 $1-\alpha_p$，其中 α_p 为第 p 个音素的特征分值；又例如，音素级特征向量的分布越分散，则特征分值越高，对应的权重可以记为 $\alpha_p/(\sum_1^P \alpha_p)$ 其中 P 为待识别词所包含的音素总数。

[0098] 步骤（2），基于每一音素的权重，对待识别词所包含的每一音素的音素级特征向量进行加权，得到待识别词的词级特征向量。

[0099] 具体地，词级特征向量可以通过如下公式得到：

[0100] $H_{word} = \sum_1^P \beta_p \times h_p$；

[0101] 式中，H_{word} 为词级特征向量，β_p 为第 p 个音素的权重，h_p 为第 p 个音素的音素级特征向量。

[0102] 基于上述任一实施例，该方法中，步骤122具体包括：

[0103] 步骤1221，基于词级特征向量，确定待识别词的置信度概率。

[0104] 此处，待识别词的置信度概率是指待识别词为关键词的概率。待识别词的置信度概率可以通过将待识别词的词级特征向量与关键词的词级特征向量进行匹配得到，也可以将待识别词的词级特征向量输入到预先训练好的置信度模型中得到，本发明实施例对此不作具体限定。

[0105] 步骤1222，基于置信度概率和预设置信度阈值，确定关键词识别结果。

[0106] 具体地，预设置信度阈值为预先设定的确定待识别词为关键词的最小置信度概率。若置信度概率大于等于预设置信度阈值，则确定待识别词为关键词，若置信度概率小于预设置信度阈值，则确定待识别词不是关键词，并由此确定关键词识别结果。

[0107] 基于上述任一实施例，该方法中，当存在多个关键词时，置信度判决层包括多分类器。对应地，步骤1221具体包括：将词级特征向量输入至多分类器，得到多分类器输出的针对每一关键词的置信度概率。

[0108] 此处，多分类器用于实现待识别词的词级特征向量与每一关键词的词级特征向量的匹配，进而得到待识别词针对每一关键词的置信度概率。若针对多个关键词的置信度概率均大于预设置信度阈值，则选取置信度概率最大的关键词作为关键词识别结果。例如，当前存在A、B、C三个关键词，将待识别词的词级特征向量输入至多分类器中，即可得到多分类器输出的待识别词针对A、B、C的置信度概率，假设预设置信度阈值为80%，待识别词针对A、B、C的置信度概率分别为95%、82%和20%，则确定待识别词的关键词识别结果为关键词A。

[0109] 基于上述任一实施例,图4为本发明另一实施例提供的语音关键词识别方法的流程示意图。如图4所示,该方法包括如下步骤:

[0110] 首先,采集待识别词对应的语音数据,并对语音数据进行分帧加窗,通过FFT变换提取声学特征,将声学特征输入声学模型中,以提取语音数据中每一帧的声学状态后验概率分布向量。假设预先设定的声学状态个数为N,则任一帧的声学状态后验概率分布向量的大小即为$1 \times N$。

[0111] 其次,针对语音数据中的任一音素,按照语音数据的音素边界,确定该音素对应的多个帧,进而确定该音素对应的每一帧的声学状态后验概率分布向量。图4中,声学状态后验概率分布向量上方的大括号用于表示音素与帧的对应关系。此处,音素与帧的对应关系是通过对声学特征进行解码得到的。

[0112] 此后,根据音素与帧的对应关系,统计得出待识别词的每一音素的时长,以及音素中各个声学状态的时长,进而得到每一音素的统计特征向量。此处,统计特征向量是由音素的时长、音素中声学状态的时长、声学状态的时长均值和声学状态的时长方差等统计量拼接而成的一维向量。

[0113] 随即,将待识别词的每一帧的声学状态后验概率分布向量,以及每一音素的统计特征向量输入到关键词识别模型中:

[0114] 将每一音素下每一帧的声学状态后验概率分布向量输入至由长短时记忆网络构建的特征编码层,由特征编码层实现针对每一音素下每一帧的声学状态后验概率分布向量的压缩,将该音素的最后一帧的隐层向量作为该音素的音素级特征向量。假设待识别词包括P个音素,则对应地特征编码层输出P个音素级特征向量h_p,其中$p = 1, 2, \cdots, P$。

[0115] 将音素级特征向量h_p与第p个音素的统计特征向量进行拼接,并输入至关键词识别模型中的特征计分层,由特征计分层评估输入的音素级特征向量的分布状态,并输出对应的特征分值。此处,特征计分层的结构为两层长短时记忆网络+两层深度神经网络。通过特征计分层可以得到每一音素对应的特征分值α_p,α_p的取值在0至1之间,分布越集中的音素特征向量,其对应的音素特征分值越接近1。

[0116] 将由特征编码层输出的P个音素级特征向量h_p与特征计分层输出的P个音素的特征分值α_p输入至关键词识别模型中的特征融合层,由特征融合层基于如下公式对音素级特征向量h_p进行加权,得到并输出词级特征向量H_{word}:

[0117] $H_{\text{word}} = \sum_{1}^{p}(1 - \alpha_p) \times h_p$;

[0118] 将词级特征向量H_{word}输入至关键词识别模型中的置信度判决层,置信度判决层通过下式得到待识别词的关键词识别结果S并输出:

[0119] $S = sigmoid(W \times H_{\text{word}} + B)$;

[0120] 式中,S为0或1,用于表征待识别词为关键词或非关键词;W和B为通过样本词级特征向量和关键词标识训练得到的模型参数。

[0121] 基于上述任一实施例,图4示出的语音关键词识别方法可用于实现唤醒词的识别,进而判断是否根据采集得到的语音数据唤醒电子设备。在执行唤醒词的识别之前,还需要执行如下步骤:

[0122] 将唤醒词作为预先设定的关键词,收集唤醒词以及误唤醒词分别对应的样本语音数据,并标记样本语音数据对应的唤醒词标识。此处,唤醒词标识即关键词为唤醒词时的关键词标识,用于指示对应的样本语音数据为唤醒词或误唤醒词。样本语音数据的总时长约为4000小时,唤醒词以及误唤醒词分别对应的样本语音数据的比例约为1:1,其中误唤醒词对应的样本语音数据需要覆盖多样场景。

[0123] 基于声学模型提取样本语音数据中各帧的样本声学状态后验概率分布向量和样本语音数据对应的唤醒词标识对关键词识别模型进行训练,通过反向梯度传播对关键词识别模型的参数进行更新,训练结束后可用于唤醒词识别的关键词识别模型。具体训练时,损失函数如下式所示:

[0124] $Loss = -\sum_{\text{word}} p(\text{word}) * \log q(\text{word}) - \sum_{\text{phone}} p(\text{phone}) * \log q(\text{phone})$;

[0125] 此处的损失函数包括词级特征向量的损失 $\sum_{word}p(word)*\log q(word)$，以及音素级特征向量的损失 $\sum_{phone}p(phone)*\log q(phone)$。其中 $p(word)$ 和 $q(word)$ 分别为词级特征向量的真实分布和非真实分布，$\sum_{word}p(word)*\log q(word)$ 为词级特征向量的交叉熵；$p(phone)$ 和 $q(phone)$ 分别为音素级特征向量的真实分布和非真实分布，$\sum_{phone}p(phone)*\log q(phone)$ 为音素级特征向量的交叉熵。

[0126] 基于上述任一实施例，图5为本发明实施例提供的语音关键词识别装置的结构示意图。如图5所示，语音关键词识别装置包括帧级特征确定单元510和关键词识别单元520；

[0127] 其中，帧级特征确定单元510用于提取待识别词对应的语音数据中每一帧的声学状态后验概率分布向量；任一帧的所述声学状态后验概率分布向量包括所述任一帧相对于多个声学状态的后验概率；

[0128] 关键词识别单元520用于将所述语音数据中每一帧的所述声学状态后验概率分布向量输入至关键词识别模型，得到所述关键词识别模型输出的所述待识别词对应的关键词识别结果；所述关键词识别模型是基于样本词中每一样本帧的样本声学状态后验概率分布向量，以及所述样本词的关键词标识训练得到的。

[0129] 本发明实施例提供的装置，基于每一帧的声学状态后验概率分布向量进行关键词识别，相比于现有技术中仅应用帧所属声学状态的后验概率进行关键词识别，声学状态后验概率分布向量具有更加丰富的信息，使得相似发音的词具有更大的区分性，能够有效提高识别精度，避免相似词的误判问题，提高响应准确率，优化用户体验。

[0130] 基于上述任一实施例，该装置中，所述关键词识别模型包括词级特征编码层和置信度判决层；

[0131] 对应地，所述关键词识别单元520包括：

[0132] 词级特征编码子单元，用于将所述语音数据中每一帧的所述声学状态后验概率分布向量输入至所述词级特征编码层，得到所述词级特征编码层输出的所述待识别词的词级特征向量；

[0133] 置信度判决子单元，用于将所述词级特征向量输入至所述置信度判决层，得到所述置信度判决层输出的所述关键词识别结果。

[0134] 基于上述任一实施例，该装置中，所述词级特征编码层包括特征编码层、特征计分层和特征融合层；

[0135] 对应地，所述词级特征编码子单元包括：

[0136] 音素级特征编码子单元，用于将所述语音数据中任一音素对应的每一帧的所述声学状态后验概率分布向量输入至所述特征编码层，得到所述特征编码层输出的所述任一音素的音素级特征向量；

[0137] 特征分值确定子单元，用于将所述语音数据中任一音素的所述音素级特征向量输入至所述特征计分层，得到所述特征计分层输出的所述任一音素的特征分值；所述特征分值用于表征所述任一音素的音素级特征向量的分布状态；

[0138] 词级特征确定子单元，用于将所述语音数据中每一音素的所述音素级特征向量和所述特征分值输入至所述特征融合层，得到所述特征融合层输出的所述待识别词的词级特征向量。

[0139] 基于上述任一实施例，该装置中，所述特征分值确定子单元具体用于：

[0140] 将任一所述音素的统计特征向量以及所述音素级特征向量输入至所述特征计分层，得到所述特征计分层输出的所述任一音素的特征分值；

[0141] 其中，所述统计特征向量是基于所述任一音素的时长和/或所述任一音素中声学状态的时长确定的。

[0142] 基于上述任一实施例，该装置中，所述词级特征确定子单元具体用于：

[0143] 基于任一所述音素的特征分值，确定所述任一音素的权重；所述任一音素的音素级特征向量的分布状态越分散，则所述任一音素的权重越大；

[0144] 基于每一所述音素的权重，对所述每一音素的音素级特征向量进行加权，得到所述待识别词的词级特征向量。

[0145] 基于上述任一实施例，该装置中，所述置信度判断子单元包括：

[0146] 置信度确定模块，用于基于所述词级特征向量，确定所述待识别词的置信度概率；

[0147] 关键词识别模块，用于基于所述置信度概率和预设置信度阈值，确定所述关键词识别结果。

[0148] 基于上述任一实施例，该装置中，当存在多个关键词时，所述置信度判决层包括多分类器；

[0149] 对应地，所述置信度确定模块具体用于：

[0150] 将所述词级特征向量输入至所述多分类器，得到所述多分类器输出的针对每一关键词的置信度概率。

[0151] 图6为本发明实施例提供的电子设备的结构示意图。如图6所示，该电子设备可以包括：处理器（processor）610、通信接口（communications interface）620、存储器（memory）630和通信总线640，其中，处理器610、通信接口620、存储器630通过通信总线640完成相互间的通信。处理器610可以调用存储器630中的逻辑指令，以执行如下方法：提取待识别词对应的语音数据中每一帧的声学状态后验概率分布向量；任一帧的所述声学状态后验概率分布向量包括所述任一帧相对于多个声学状态的后验概率；将所述语音数据中每一帧的所述声学状态后验概率分布向量输入至关键词识别模型，得到所述关键词识别模型输出的所述待识别词对应的关键词识别结果；所述关键词识别模型是基于样本词中每一样本帧的样本声学状态后验概率分布向量，以及所述样本词的关键词标识训练得到的。

[0152] 此外，上述的存储器630中的逻辑指令可以通过软件功能单元的形式实现并作为独立的产品销售或使用时，可以存储在一个计算机可读取存储介质中。基于这样的理解，本发明的技术方案本质上或者说对现有技术做出贡献的部分或者该技术方案的部分可以以软件产品的形式体现出来，该计算机软件产品存储在一个存储介质中，包括若干指令用以使得一台计算机设备（可以是个人计算机、服务器，或者网络设备等）执行本发明各个实施例所述方法的全部或部分步骤。而前述的存储介质包括：U盘、移动硬盘、只读存储器（ROM, read-only memory）、随机存取存储器（RAM, random access memory）、磁碟或者光盘等各种可以存储程序代码的介质。

[0153] 本发明实施例还提供一种非暂态计算机可读存储介质，其上存储有计算机程序，该计算机程序被处理器执行时实现以执行上述各实施例提供的方法，例如包括：提取待识别词对应的语音数据中每一帧的声学状态后验概率分布向量；任一帧的所述声学状态后验概率分布向量包括所述任一帧相对于多个声学状态的后验概率；将所述语音数据中每一帧的所述声学状态后验概率分布向量输入至关键词识别模型，得到所述关键词识别模型输出的所述待识别词对应的关键词识别结果；所述关键词识别模型是基于样本词中每一样本帧的样本声学状态后验概率分布向量，以及所述样本词的关键词标识训练得到的。

[0154] 以上所描述的装置实施例仅仅是示意性的，其中所述作为分离部件说明的单元可以是或者也可以不是物理上分开的，作为单元显示的部件可以是或者也可以不是物理单元，即可以位于一个地方，或者也可以分布到多个网络单元上。可以根据实际的需要选择其中的部分或者全部模块来实现本实施例方案的目的。本领域普通技术人员在不付出创造性的劳动的情况下，即可以理解并实施。

[0155] 通过以上的实施方式的描述，本领域的技术人员可以清楚地了解到各实施方式可借助软件加必需的通用硬件平台的方式来实现，当然也可以通过硬件。基于这样的理解，上述技术方案本质上或者说对现有技术做出贡献的部分可以以软件产品的形式体现出来，该计算机软件产品可以存储在计算机可读存储介质中，如ROM/RAM、磁碟、光盘等，包括若干指令用以使得一台计算机设备（可以是个人计算机、服务器，或者网络设备等）执行各个实施例或者实施例的某些部分所述的

方法。

[0156] 最后应说明的是：以上实施例仅用以说明本发明的技术方案，而非对其限制；尽管参照前述实施例对本发明进行了详细的说明，本领域的普通技术人员应当理解：其依然可以对前述各实施例所记载的技术方案进行修改，或者对其中部分技术特征进行等同替换；而这些修改或者替换，并不使相应技术方案的本质脱离本发明各实施例技术方案的精神和范围。

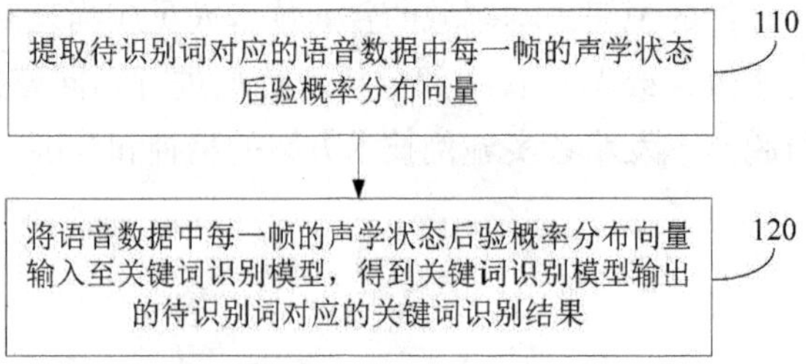

说 明 书 附 图

提取待识别词对应的语音数据中每一帧的声学状态后验概率分布向量 —— 110

将语音数据中每一帧的声学状态后验概率分布向量输入至关键词识别模型，得到关键词识别模型输出的待识别词对应的关键词识别结果 —— 120

图 1

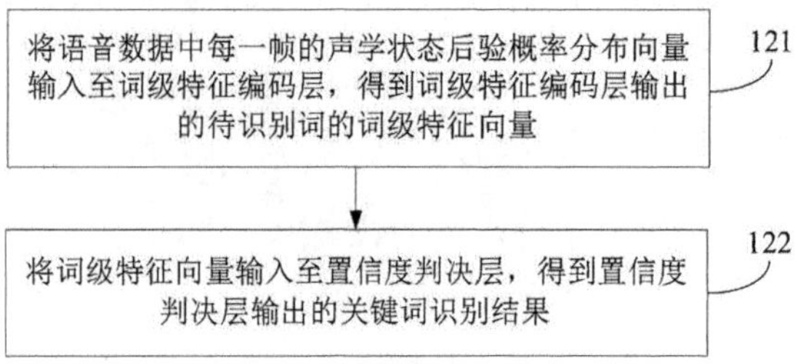

将语音数据中每一帧的声学状态后验概率分布向量输入至词级特征编码层，得到词级特征编码层输出的待识别词的词级特征向量 —— 121

将词级特征向量输入至置信度判决层，得到置信度判决层输出的关键词识别结果 —— 122

图 2

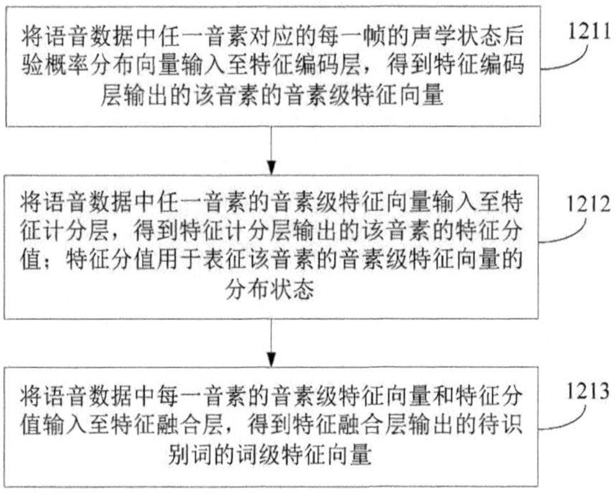

将语音数据中任一音素对应的每一帧的声学状态后验概率分布向量输入至特征编码层，得到特征编码层输出的该音素的音素级特征向量 —— 1211

将语音数据中任一音素的音素级特征向量输入至特征计分层，得到特征计分层输出的该音素的特征分值；特征分值用于表征该音素的音素级特征向量的分布状态 —— 1212

将语音数据中每一音素的音素级特征向量和特征分值输入至特征融合层，得到特征融合层输出的待识别词的词级特征向量 —— 1213

图 3

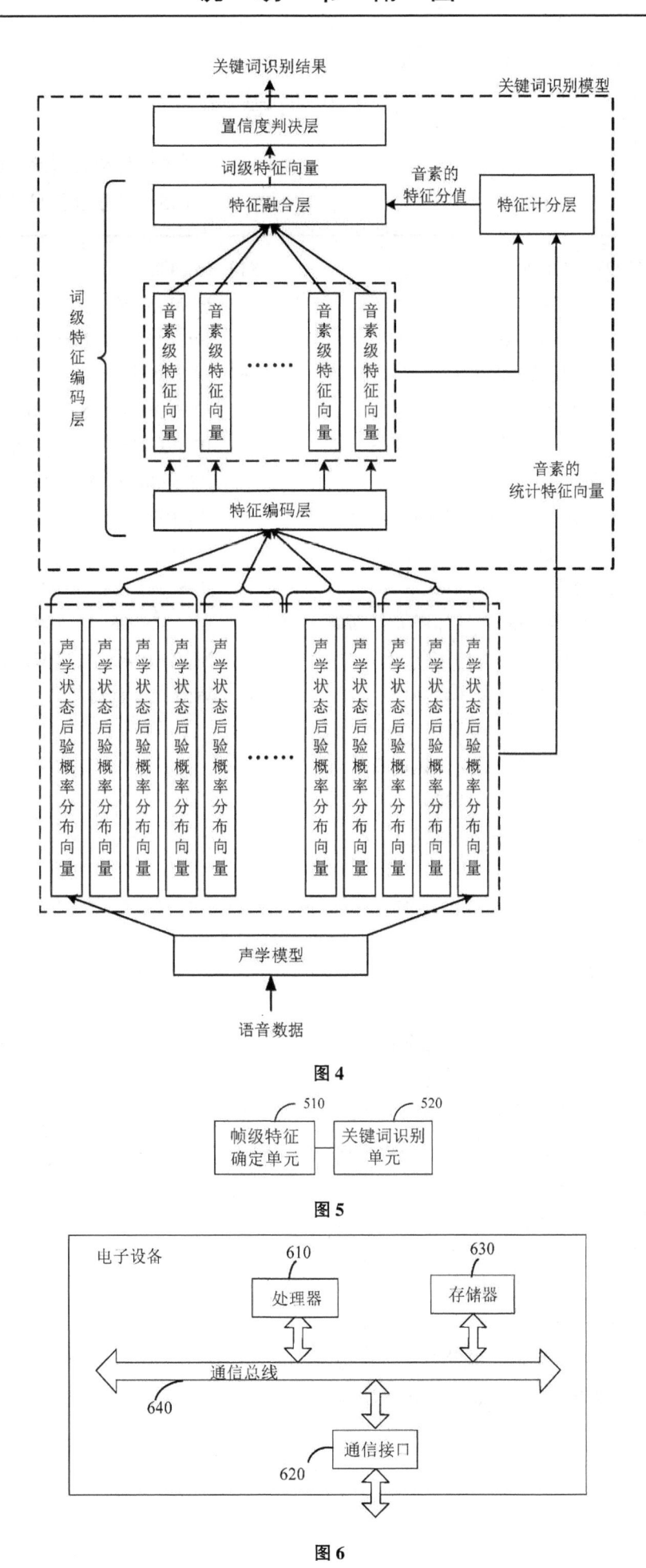

图 4

图 5

图 6

(19) 中华人民共和国国家知识产权局

(12) 发明专利

(10) 授权公告号 CN 114122899 B
(45) 授权公告日 2022.04.05

(21) 申请号 202210103648.6

(22) 申请日 2022.01.28

(65) 同一申请的已公布的文献号
申请公布号 CN 114122899 A

(43) 申请公布日 2022.03.01

(73) 专利权人 苏州长光华芯光电技术股份有限公司
地址 215000 江苏省苏州市高新区昆仑山路189号科技城工业坊-A区2号厂房-1-102、2号厂房-2-203
专利权人 苏州长光华芯半导体激光创新研究院有限公司

(72) 发明人 俞浩　胡欢　王俊　廖新胜　闵大勇

(74) 专利代理机构 北京三聚阳光知识产权代理有限公司 11250
代理人 薛异荣

(51) Int. Cl.
H01S 5/00 (2006.01)
G02B 27/09 (2006.01)

(56) 对比文件
JP S5961984 A，1984.04.09
JP H01315719 A，1989.12.20
US 5986998 A，1999.11.16
CN 107240856 A，2017.10.10
EP 0854473 A2，1998.07.22
JP S61183985 A，1986.08.16
US 5986998 A，1999.11.16
NL 7105465 A，1971.10.26

审查员 沈婷婷

(54) 发明名称
一种波长锁定系统

(57) 摘要
本发明提供一种波长锁定系统，包括：半导体发光结构；外部反馈结构；选择反射镜，位于所述半导体发光结构至所述外部反馈结构的光路中，所述选择反射镜包括偏振反射区和环绕所述偏振反射区的透射区；所述偏振反射区适于将半导体发光结构发射至所述偏振反射区的光束反射为偏振光并将所述偏振光传输至所述外部反馈结构，所述偏振反射区还适于透过所述半导体发光结构发射至所述偏振反射区的部分光束；所述透射区适于透过所述半导体发光结构发射至所述透射区的光束。所述波长锁定系统兼顾输出功率高、输出光束质量高、温漂小且可靠性高。

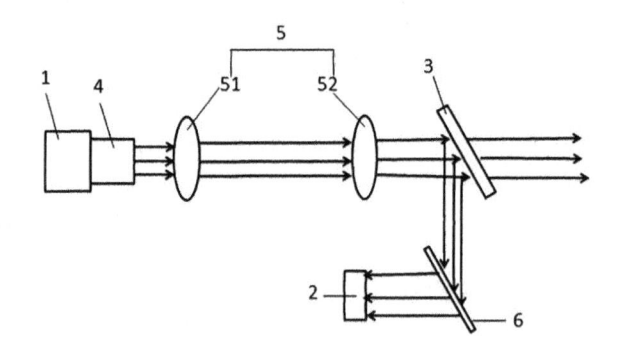

权 利 要 求 书

1. 一种波长锁定系统,其特征在于,包括:

半导体发光结构;

外部反馈结构;

选择反射镜,所述选择反射镜位于所述半导体发光结构至所述外部反馈结构的光路中,所述选择反射镜包括偏振反射区和环绕所述偏振反射区的透射区;所述偏振反射区适于将所述半导体发光结构发射至所述偏振反射区的光束反射为偏振光并将所述偏振光传输至所述外部反馈结构,所述偏振反射区还适于透过所述半导体发光结构发射至所述偏振反射区的部分光束;所述透射区适于透过所述半导体发光结构发射至所述透射区的光束。

2. 根据权利要求1所述的波长锁定系统,其特征在于,所述偏振反射区的形状包括矩形、圆形、椭圆形、三角形或者不规则形。

3. 根据权利要求1所述的波长锁定系统,其特征在于,所述偏振反射区具有外接圆,所述外接圆的直径小于所述半导体发光结构发射至所述选择反射镜表面的光束的直径。

4. 根据权利要求1所述的波长锁定系统,其特征在于,所述偏振光为S偏振光;或者,所述偏振光为P偏振光。

5. 根据权利要求1所述的波长锁定系统,其特征在于,所述偏振反射区的面积为所述透射区的面积的0.1倍~0.6倍。

6. 根据权利要求1所述的波长锁定系统,其特征在于,所述偏振反射区的反射面具有偏振反射膜,所述偏振反射膜对S偏振光或P偏振光的反射率为90%~100%。

7. 根据权利要求6所述的波长锁定系统,其特征在于,所述偏振反射区和所述透射区背向所述反射面的一侧表面具有增透膜,所述增透膜的透过率为98%~100%。

8. 根据权利要求1至7任意一项所述的波长锁定系统,其特征在于,还包括:传能光纤,所述传能光纤具有相对的第一端面和第二端面,所述第一端面与所述半导体发光结构连接;近场成像透镜单元,所述近场成像透镜单元适于将所述第二端面的光斑成像在所述近场成像透镜单元与所述选择反射镜之间。

9. 根据权利要求8所述的波长锁定系统,其特征在于,所述近场成像透镜单元包括第一成像透镜和第二成像透镜,所述第一成像透镜位于所述第二端面和所述第二成像透镜之间的光路中;当所述第一成像透镜的焦距小于所述第一成像透镜背离所述第二端面一侧的第二瑞利区间长度时,所述第二成像透镜的焦距大于所述第一成像透镜背离所述第二端面一侧的第二瑞利区间长度;当所述第一成像透镜的焦距大于或等于所述第一成像透镜背离所述第二端面一侧的第二瑞利区间长度时,所述第二成像透镜的焦距大于所述第一成像透镜的焦距。

10. 根据权利要求9所述的波长锁定系统,其特征在于,所述第一成像透镜的中心至所述第二成像透镜的中心之间的距离为所述第一成像透镜的焦距和所述第二成像透镜的焦距之和;所述第二端面至所述第一成像透镜的中心之间的距离为所述第一成像透镜的焦距;所述第二成像透镜的中心至所述选择反射镜的偏振反射区的中心之间的距离小于或者等于所述第二成像透镜的焦距与所述第二成像透镜背离所述第一成像透镜一侧的第三瑞利区间长度之和。

11. 根据权利要求1至7任意一项所述的波长锁定系统,其特征在于,所述外部反馈结构为体光栅;

或者,所述外部反馈结构包括外腔镜和衍射光栅,所述衍射光栅包括透射式衍射光栅或反射式衍射光栅;所述衍射光栅适于位于所述选择反射镜和所述外腔镜之间的光路中;所述偏振反射区反射的偏振光经过衍射光栅传输至外腔镜。

说 明 书

一种波长锁定系统

技术领域

[0001] 本发明涉及半导体技术领域，具体涉及一种波长锁定系统。

背景技术

[0002] 波长锁定系统通常包括：半导体发光结构、传能光纤、外部反馈结构。外部反馈结构为体布拉格光栅，或外部反馈结构包括衍射光栅和外腔镜。其中，半导体发光结构具有电光转换效率高、结构紧凑、成本低和寿命长等优点，目前广泛被作为光泵浦源。

[0003] 而现有技术中的波长锁定器件位于主光路中，当锁定光学器件为体光栅时体光栅通过大功率激光时受热严重，导致半导体发光结构的输出光束的中心波长漂移严重；锁定光学器件为衍射光栅时由于衍射光栅具有色散效应，导致输出光束质量严重恶化。现有技术中波长锁定系统无法同时兼顾输出功率高、输出光束质量好、温漂小且可靠性高。

发明内容

[0004] 因此，本发明要解决的技术问题在于解决现有技术中波长锁定系统无法兼顾输出功率高、输出光束质量好、温漂小且可靠性高的问题，从而提供一种波长锁定系统。

[0005] 本发明提供一种波长锁定系统，包括：半导体发光结构；外部反馈结构；选择反射镜，所述选择反射镜位于所述半导体发光结构至所述外部反馈结构的光路中，所述选择反射镜包括偏振反射区和环绕所述偏振反射区的透射区；所述偏振反射区适于将所述半导体发光结构发射至所述偏振反射区的光束反射为偏振光并将所述偏振光传输至所述外部反馈结构，所述偏振反射区还适于透过所述半导体发光结构发射至所述偏振反射区的部分光束；所述透射区适于透过所述半导体发光结构发射至所述透射区的光束。

[0006] 可选的，所述偏振反射区的形状包括矩形、圆形、椭圆形、三角形或者不规则形。

[0007] 可选的，所述偏振反射区具有外接圆，所述外接圆的直径小于所述半导体发光结构发射至所述选择反射镜表面的光束的直径。

[0008] 可选的，所述偏振光为S偏振光；或者，所述偏振光为P偏振光。

[0009] 可选的，所述偏振反射区的面积为所述透射区的面积的0.1倍~0.6倍。

[0010] 可选的，所述偏振反射区的反射面具有偏振反射膜，所述偏振反射膜对S偏振光或P偏振光的反射率为90%~100%。

[0011] 可选的，所述偏振反射区和所述透射区背向所述反射面的一侧表面具有增透膜，所述增透膜的透过率为98%~100%。

[0012] 可选的，还包括：传能光纤，所述传能光纤具有相对的第一端面和第二端面，所述第一端面与所述半导体发光结构连接；近场成像透镜单元，所述近场成像透镜单元适于将所述第二端面的光斑成像在所述近场成像透镜单元与所述选择反射镜之间。

[0013] 可选的，所述近场成像透镜单元包括第一成像透镜和第二成像透镜，所述第一成像透镜位于所述第二端面和所述第二成像透镜之间的光路中；当所述第一成像透镜的焦距小于所述第一成像透镜背离所述第二端面一侧的第二瑞利区间长度时，所述第二成像透镜的焦距大于所述第一成像透镜背离所述第二端面一侧的第二瑞利区间长度；当所述第一成像透镜的焦距大于或等于所述第一成像透镜背离所述第二端面一侧的第二瑞利区间长度时，所述第二成像透镜的焦距大于所述第一成像透镜的焦距。

[0014] 可选的，所述第一成像透镜的中心至所述第二成像透镜的中心之间的距离为所述第一成像透镜的焦距和所述第二成像透镜的焦距之和；所述第二端面至所述第一成像透镜的中心之间的距

说 明 书

离为所述第一成像透镜的焦距；所述第二成像透镜的中心至所述选择反射镜的偏振反射区的中心之间的距离小于或者等于所述第二成像透镜的焦距与所述第二成像透镜背离所述第一成像透镜一侧的第三瑞利区间长度之和。

[0015] 可选的，所述外部反馈结构为体光栅；或者，所述外部反馈结构包括外腔镜和衍射光栅，所述衍射光栅包括透射式衍射光栅或反射式衍射光栅；所述衍射光栅适于位于所述选择反射镜和所述外腔镜之间的光路中；所述偏振反射区反射的偏振光经过衍射光栅传输至外腔镜。

[0016] 本发明的技术方案具有以下有益效果：

[0017] 本发明技术方案中的波长锁定系统，在所述半导体发光结构至所述外部反馈结构的光路中设置选择反射镜，所述选择反射镜包括偏振反射区和环绕所述偏振反射区的透射区；所述偏振反射区适于将半导体发光结构发射至所述偏振反射区的光束反射为偏振光并将所述偏振光传输至所述外部反馈结构，所述偏振反射区还适于透过所述半导体发光结构发射至所述偏振反射区的部分光束；所述透射区适于透过所述半导体发光结构发射至所述透射区的光束。所述选择反射镜依赖透射区和偏振反射区的透射作用能将大部分的光透过用于输出，这样使得输出光束的功率损耗降低、输出功率提高。所述选择反射镜依赖偏振反射区仅将少量光束传输至所述外部反馈结构进行波长锁定，因此外部反馈结构的温度变化较小，外部反馈结构对锁定的光束的波长的影响较小，因此降低了选择反射镜输出光束的中心波长漂移。其次，所述选择反射镜依赖偏振反射区仅将少量光束传输至所述外部反馈结构进行波长锁定，这样外部反馈结构反射的反馈光经过选择反射镜的反射回到半导体发光结构中，而不经过透射区的反射，因此反馈光被选择反射镜反射后传输过程的光束面积较小，这样避免烧毁半导体发光结构至选择反射镜之间的传输介质，提高了波长锁定系统的可靠性。再次，由于所述偏振反射区的偏振选择性，偏振反射区还适于透过所述半导体发光结构发射至所述偏振反射区的部分光束，这样选择反射镜输出的光束不仅包括透射区透过的光束，还包括选择反射镜透过的光束，使得选择反射镜输出的光束的中心不是空洞，避免输出光束的质量降低；并且在半导体发光结构至选择反射镜之间的主光路中无色散器件，即在主光路中无体布拉格光栅或衍射光栅，不会因为色散现象导致光束质量恶化。

[0018] 进一步的，所述外部反馈结构包括外腔镜和衍射光栅的组合，所述衍射光栅包括透射式衍射光栅或反射式衍射光栅；所述衍射光栅适于位于所述选择反射镜和所述外腔镜之间的光路中；所述偏振反射区反射的偏振光经过衍射光栅传输至外腔镜。由于所述偏振反射区的光束反射为偏振光，因此衍射光栅只需要对单一偏振的光进行响应，衍射光栅无需对两种偏振态的光同时响应，因此降低了所述衍射光栅的设计难度，进而降低了所述波长锁定系统的成本。其次，衍射光栅的温漂系数较小，对光束的温漂影响较小。

[0019] 进一步的，波长锁定系统还包括传能光纤，由于反馈光在第二端面处的光束面积较小，这样避免进入传能光纤中的反馈光的尺寸超过传能光纤中纤芯的直径而进入传能光纤的包层，避免烧毁传能光纤，提高了波长锁定系统的可靠性。

[0020] 进一步的，所述偏振反射区具有外接圆，所述外接圆的直径小于所述半导体发光结构发射至所述选择反射镜表面的光束的直径，有效避免反馈光烧毁所述传能光纤。

[0021] 进一步，还包括：近场成像透镜单元，所述近场成像透镜单元适于将所述第二端面的光斑成像在所述近场成像透镜单元与所述选择反射镜之间，即第二端面成像，这样能使得传输至选择反射镜表面的光束是平顶光束，而不是高斯光束，使传输至选择反射镜表面的光束的强度分布均匀，这样使得透射区尺寸无需特别大即可透过全部未被反射的光，这样增加了输出光束的功率。

附图说明

[0022] 为了更清楚地说明本发明具体实施方式或现有技术中的技术方案，下面将对具体实施方式或现有技术描述中所需要使用的附图作简单的介绍。显而易见地，下面描述中的附图是本发明的一些实施方式，对于本领域普通技术人员来讲，在不付出创造性劳动的前提下，还可以根据这些附

图获得其他的附图。

[0023] 图1为本发明一实施例提供的波长锁定系统的结构示意图；

[0024] 图2为本发明一实施例提供的选择反射镜的结构示意图；

[0025] 图3为本发明另一实施例提供的波长锁定系统的结构示意图；

[0026] 图4为本发明另一实施例提供的波长锁定系统的结构示意图。

具体实施方式

[0027] 下面将结合附图对本发明的技术方案进行清楚、完整的描述。显然，所描述的实施例是本发明一部分实施例，而不是全部的实施例。基于本发明中的实施例，本领域普通技术人员在没有做出创造性劳动前提下所获得的所有其他实施例，都属于本发明保护的范围。

[0028] 在本发明的描述中，需要说明的是，术语"中心"、"上"、"下"、"左"、"右"、"竖直"、"水平"、"内"、"外"等指示的方位或位置关系为基于附图所示的方位或位置关系，仅是为了便于描述本发明和简化描述，而不是指示或暗示所指的装置或元件必须具有特定的方位、以特定的方位构造和操作，因此不能理解为对本发明的限制。此外，术语"第一"、"第二"、"第三"仅用于描述目的，而不能理解为指示或暗示相对重要性。

[0029] 在本发明的描述中，需要说明的是，除非另有明确的规定和限定，术语"安装"、"相连"、"连接"应做广义理解，例如，可以是固定连接，也可以是可拆卸连接，或一体地连接；可以是机械连接，也可以是电连接；可以是直接相连，也可以通过中间媒介间接相连，可以是两个元件内部的连通。对于本领域的普通技术人员而言，可以具体情况理解上述术语在本发明中的具体含义。

[0030] 此外，下面所描述的本发明不同实施方式中所涉及的技术特征只要彼此之间未构成冲突就可以相互结合。

[0031] 本发明提供一种波长锁定系统，结合参考图1与图2，包括：

[0032] 半导体发光结构1；

[0033] 外部反馈结构；

[0034] 选择反射镜3，所述选择反射镜3位于所述半导体发光结构1至所述外部反馈结构的光路中，所述选择反射镜3包括偏振反射区31和环绕所述偏振反射区的透射区32；所述偏振反射区31适于将半导体发光结构1发射至所述偏振反射区31的光束反射为偏振光并将所述偏振光传输至所述外部反馈结构，所述偏振反射区31还适于透过所述半导体发光结构1发射至所述偏振反射区31的部分光束；所述透射区32适于透过所述半导体发光结构1发射至所述透射区32的光束。

[0035] 本实施例中，所述选择反射镜3依赖透射区32和偏振反射区31的透射作用能将大部分的光透过用于输出，这样使得输出光束的功率损耗降低、输出功率提高。所述选择反射镜3依赖偏振反射区31仅将少量特定形状光束传输至所述外部反馈结构进行波长锁定，因此外部反馈结构的温度变化较小，外部反馈结构对锁定的光束的波长的影响较小，因此降低了选择反射镜3输出光束的中心波长漂移。其次，所述选择反射镜3依赖偏振反射区31仅将少量光束传输至所述外部反馈结构进行波长锁定，这样外部反馈结构反射的反馈光经过选择反射镜3的反射回到半导体发光结构1中，而不经过透射区32的反射，因此反馈光被选择反射镜3反射后传输过程的光束面积较小，这样避免烧毁半导体发光结构1至选择反射镜3之间的传输介质，提高了波长锁定系统的可靠性。再次，由于所述偏振反射区31的偏振选择性，偏振反射区31还适于透过所述半导体发光结构1发射至所述偏振反射区31的部分光束，这样选择反射镜3输出的光束不仅包括透射区32透过的光束，还包括选择反射镜偏振反射区31透过的光束，使得选择反射镜3输出的光束的中心不是空洞，避免输出光束的质量降低；并且在半导体发光结构1至选择反射镜3之间的主光路中无色散器件，即在主光路中无体布拉格光栅或衍射光栅，不会因为色散现象导致光束质量恶化。

[0036] 在一个实施例中，所述偏振反射区31的形状包括矩形、圆形、椭圆形、三角形或者不规

则形；在其他实施例中，所述偏振反射区31的形状还可以包括其他任意形状。

[0037] 在一个实施例中，偏振反射区31对发射至偏振反射区31表面的光束中的S偏振光进行反射，相应的，所述偏振光为S偏振光，偏振反射区31透过P偏振光。

[0038] 在另一个实施例中，偏振反射区31对发射至偏振反射区31表面的光束中的P偏振光进行反射，相应的，所述偏振光为P偏振光，偏振反射区31透过S偏振光。

[0039] 在一个实施例中，所述偏振反射区31的面积为所述透射区32的面积的0.1倍~0.6倍，例如0.1倍、0.3倍、0.6倍；若所述偏振反射区31的面积小于所述透射区32的面积的0.1倍，则所述偏振反射区31反射至所述外部反馈结构的光束过少，使所述波长锁定系统难以进行波长锁定；若所述偏振反射区31的面积大于所述透射区32的面积的0.6倍，则所述偏振反射区31反射至所述外部反馈结构的光束过多，提高输出光束的功率以及降低功率损耗的程度较小。

[0040] 在一个实施例中，所述偏振反射区31的反射面具有偏振反射膜，所述偏振反射膜对S偏振光或P偏振光的反射率为90%~100%，例如98%；若所述偏振反射膜对S偏振光或P偏振光的反射率小于90%，则所述偏振反射区31反射至所述外部反馈结构的光束过少，使所述波长锁定系统难以进行波长锁定。

[0041] 在一个实施例中，所述偏振反射区31和所述透射区32背向所述反射面的一侧表面具有增透膜，所述增透膜的透过率为98%~100%，例如99%；若所述增透膜的透过率小于98%，则偏振反射区31反射至所述外部反馈结构的光束过多，提高输出光束的功率以及降低功率损耗的程度较小。所述增透膜与偏振无关。

[0042] 在一个实施例中，所述波长锁定系统还包括：传能光纤4，所述传能光纤4具有相对的第一端面和第二端面，所述第一端面与所述半导体发光结构1连接。由于反馈光在第二端面处的光束面积较小，这样避免进入所述传能光纤4中的反馈光的尺寸超过所述传能光纤4中纤芯的直径而进入所述传能光纤4的包层，避免烧毁所述传能光纤4，提高了波长锁定系统的可靠性。

[0043] 在一个实施例中，所述波长锁定系统还包括：近场成像透镜单元5，所述近场成像透镜单元5适于将所述第二端面的光斑成像在所述近场成像透镜单元5与所述选择反射镜3之间，即第二端面成像，这样能使得传输至选择反射镜3表面的光束是平顶光束，而并不是高斯光束，使传输至选择反射镜表面的光束的强度分布均匀，透射区尺寸无需特别大即可透过全部未被反射的光，这样增加了输出光束的功率。

[0044] 在一个实施例中，所述近场成像透镜单元5包括第一成像透镜51和第二成像透镜52，所述第一成像透镜51位于所述第二端面和所述第二成像透镜52之间的光路中。

[0045] 所述传能光纤4为多模光纤，所述传能光纤4的纤芯的芯径大于或者等于50μm且小于或者等于2000μm，所述传能光纤4的输出功率为等于或者大于500W。

[0046] 所述传能光纤4至所述第一成像透镜51之间光束的第一束腰 $w_0 = \frac{D}{2}$，D 为所述传能光纤4的纤芯的芯径，即第一束腰大小等于所述传能光纤4的纤芯的半径，光束质量因子 $M^2 = D/2 \cdot NA (\lambda/\pi)$，$NA$ 为所述传能光纤4的数值孔径，λ 为所述半导体发光结构1发射的光束的波长。所述传能光纤4至所述第一成像透镜51的第一瑞利区间 $z_{c1} = \frac{\pi \cdot w_0^2}{M^2 \cdot \lambda}$。

[0047] 所述第一成像透镜51的放大倍率 $M_1 = \frac{f_1}{z_{c1}} = f_1 \cdot \frac{M^2 \cdot \lambda}{\pi \cdot w_0^2}$；所述第一成像透镜51至所述第二成像透镜52区域之间的光束的第二束腰 $w_0' = w_0 \cdot M_1 = f_1 \cdot \frac{M^2 \cdot \lambda}{\pi \cdot w_0}$；所述第一成像透镜51至所述第二成像透镜52区域的第二瑞利区间 $z_{c2} = \frac{\pi \cdot w_0'^2}{M^2 \cdot \lambda} = f_1^2 \cdot \frac{M^2 \cdot \lambda}{\pi \cdot w_0^2}$。

[0048] 所述第二成像透镜52的放大倍率 $M_2 = \frac{f_2}{z_{c2}} = f_2 \cdot \frac{\pi \cdot w_0^2}{f_1^2 \cdot M^2 \cdot \lambda}$；所述第二成像透镜52后的光

束的第三束腰 $w''_0 = w'_0 \cdot M_2 = \frac{f_2}{f_1} \cdot w_0 = \frac{f_2}{f_1} \cdot \frac{D}{2}$，在所述第二成像透镜52后的第三瑞利区间之内光斑的半径大小等于第三束腰 w''_0，所述第二成像透镜52后的第三瑞利区间 $z_{c3} = \frac{\pi \cdot w''^2_0}{M^2 \cdot \lambda} = \left(\frac{f_2}{f_1}\right)^2 \cdot \frac{w_0}{NA} = \left(\frac{f_2}{f_1}\right)^2 \cdot \frac{D}{2 \cdot NA}$。

[0049] 所述第一成像透镜51的焦距为 f_1，所述第二成像透镜52的焦距为 f_2。

[0050] 以所述传能光纤4的纤芯的芯径 D 为600μm、数值孔径 NA 为0.22，半导体发光结构1发射的光束的波长 λ 为780nm，所述近场成像透镜单元5仅包括第一成像透镜51，所述第一成像透镜51的焦距为10mm为例，光束经过所述第一成像透镜51准直后剩余发散角为30mrad，所述第一成像透镜51后的第二瑞利区间为74mm；当所述近场成像透镜单元5包括第一成像透镜51和第二成像透镜52，所述第一成像透镜51的焦距为10mm，第二成像透镜52的焦距为74mm，光束经过所述第二成像透镜52准直后的剩余发散角为30mrad；若所述第二成像透镜52的焦距为50mm，光束经过所述第二成像透镜52准直后的剩余发散角为44mrad；若所述第二成像透镜52的焦距为100mm，光束经过所述第二成像透镜52准直后的剩余发散角为22mrad；若所述第二成像透镜52的焦距为300mm，所述第二成像透镜52之后的第三瑞利区间为1226mm、光束经过所述第二成像透镜52准直后的剩余发散角为7mrad。因此，假设所述第二成像透镜52的焦距小于或等于所述第一成像透镜51的焦距与所述第一成像透镜51背离所述第二端面一侧的第二瑞利区间长度中的最大值时，光束被第二成像透镜52准直后的剩余发散角不变或者更大。由此可以得到所述近场成像透镜单元5需要包括第一成像透镜51和第二成像透镜52，且只有所述第二成像透镜52的焦距大于所述第一成像透镜51的焦距与所述第一成像透镜51背离所述第二端面一侧的第二瑞利区间长度中的最大值时，光束经过所述第二成像透镜52准直后的剩余发散角才会减小。

[0051] 当所述第一成像透镜51的焦距小于所述第一成像透镜51背离所述第二端面一侧的第二瑞利区间长度时，所述第二成像透镜52的焦距大于所述第一成像透镜51背离所述第二端面一侧的第二瑞利区间长度；当所述第一成像透镜51的焦距大于或等于所述第一成像透镜51背离所述第二端面一侧的第二瑞利区间长度时，所述第二成像透镜52的焦距大于所述第一成像透镜51的焦距。

[0052] 假设不设置近场成像透镜单元5时，当传能光纤输出的光束超过第一瑞利区间，即进入远场区域，光束的强度将变为高斯分布，光束的光强分布不均匀。即使半导体发光结构1的出光面处的光束为单一线偏振光，但是该单一线偏振进入传能光纤传输一段距离之后，由于所述传能光纤4在制造过程中的不均匀性、使用中的弯曲、温度分布不均匀等原因，导致传能光纤中存在应力会使得光束的偏振状态发生改变，传能光纤4的第二端面出的光束为混合偏振光。本实施例中，设置选择反射镜，能对照射至选择反射镜的光进行偏振选择。在一个实施例中，所述第一成像透镜51的中心至所述第二成像透镜52的中心之间的距离为所述第一成像透镜51的焦距和所述第二成像透镜52的焦距之和；所述第二端面至所述第一成像透镜51的中心之间的距离为所述第一成像透镜51的焦距；所述第二成像透镜52的中心至所述选择反射镜3的偏振反射区31的中心之间的距离小于或者等于所述第二成像透镜52的焦距与所述第二成像透镜52背离所述第一成像透镜51一侧的第三瑞利区间长度之和。

[0053] 所述第一成像透镜51对所述传能光纤4的第二端面出射的光束进行第一次准直，由于所述第一成像透镜51对所述传能光纤4出射的光束进行第一次准直后的光束的发散角还较大，导致反馈光束难以按原路径返回，因此采用所述第二成像透镜52对所述传能光纤4出射的光束进行第二次准直来减小光束的发散角，使反馈光束按原路径返回，增加输出光束的功率。所述第一成像透镜51和所述第二成像透镜52将所述传能光纤第二端面处的光斑成像在所述第二成像透镜52与所述选择反射镜3之间，所述第二成像透镜52的中心至所述选择反射镜3的偏振反射区31的中心之间的距离小于或者等于所述第二成像透镜52的焦距与所述第二成像透镜52背离所述第一成像透镜51

一侧的瑞利区间长度之和，使传输至所述选择反射镜3的光束的光强为强度分布均匀的平顶分布，这样无需较大的透射区尺寸即可透过全部未被反射的光，这样增加了输出光束的功率。

[0054] 在一个实施例中，所述偏振反射区31具有外接圆，所述外接圆的直径小于所述半导体发光结构1发射至所述选择反射镜3表面的光束的直径，可防止反馈光束返回至所述传能光纤4中时由于反馈光束的尺寸超过所述传能光纤4的芯径而导致反馈光束进入光纤包层，避免反馈光烧毁所述传能光纤4，提高了波长锁定系统的可靠性。

[0055] 所述第一成像透镜51的焦距为 f_1，所述第二成像透镜52的焦距为 f_2，所述传能光纤4的纤芯直径为 D，所述第一成像透镜51与所述第二成像透镜52组成的光学系统放大倍率 $M = f_2/f_1$，所述第二成像透镜52后的光束直径为 $D \cdot M$，因此所述偏振反射区31外接圆的直径在数值上应小于 $D \cdot M$。

[0056] 在一个实施例中，所述外部反馈结构包括外腔镜2和衍射光栅的组合，所述外腔镜2的反射率为95%~99%，例如96%。

[0057] 所述衍射光栅包括透射式衍射光栅或反射式衍射光栅；所述衍射光栅适于位于所述选择反射镜3和所述外腔镜2之间的光路中；所述偏振反射区31反射的偏振光经过衍射光栅传输至外腔镜2。由于所述偏振反射区31将光束反射为偏振光，因此衍射光栅只需要对单一偏振的光进行响应，衍射光栅无需对两种偏振态的光同时响应，因此降低了所述衍射光栅的设计难度，进而降低了所述波长锁定系统的成本。其次，衍射光栅的温漂系数较小，对光束的温漂影响较小，衍射光栅的温漂系数相对于体光栅的温漂系数低一个数量级，因此锁定波长受温度和功率的变化影响极小，可忽略不计。

[0058] 在一个实施例中，继续参考图1，所述衍射光栅为透射式衍射光栅6。在另一个实施例中，参考图3，所述衍射光栅为反射式衍射光栅6'。

[0059] 锁定中心波长仅由衍射光栅的光束入射角、外腔镜和衍射光栅的法线夹角决定，锁定中心波长可通过旋转外腔镜动态调节。反馈光路的波长锁定原理基于衍射光栅色散方程 $m \cdot \lambda = d \cdot [\sin(\theta_i) + \sin(\theta_d)]$，其中 m 为衍射光栅的衍射级次，λ 为衍射光栅的入射光束的波长，d 为衍射光栅的周期 θ_i 为光束入射角 θ_d 为光束衍射角。

[0060] 采用所述衍射光栅进行调节锁定波长时仅需调整所述外腔镜的角度即可调节锁定中心波长并且调节范围大，调节锁定中心波长的范围可达到几十纳米，同时还可实现被动波长锁定，锁定波长的值在宽温度范围内和高输出功率的情况下近似恒定，无需实时调整锁定波长，因此操作简单。

[0061] 在其他实施例中，参考图4，所述外部反馈结构为体光栅2'。

[0062] 显然，上述实施例仅仅是为清楚地说明所作的举例，而并非对实施方式的限定。对于所属领域的普通技术人员来说，在上述说明的基础上还可以做出其他不同形式的变化或变动。这里无需也无法对所有的实施方式予以穷举。而由此所引伸出的显而易见的变化或变动仍处于本发明创造的保护范围之中。

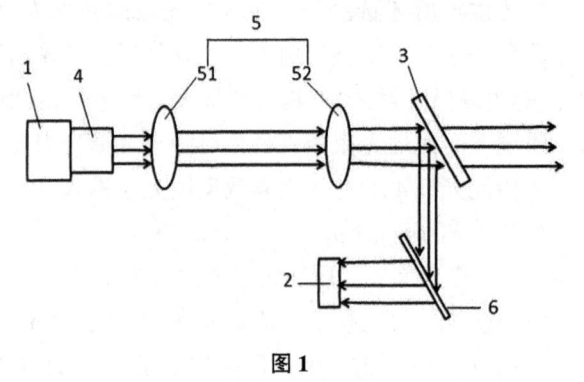

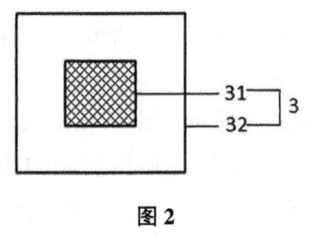

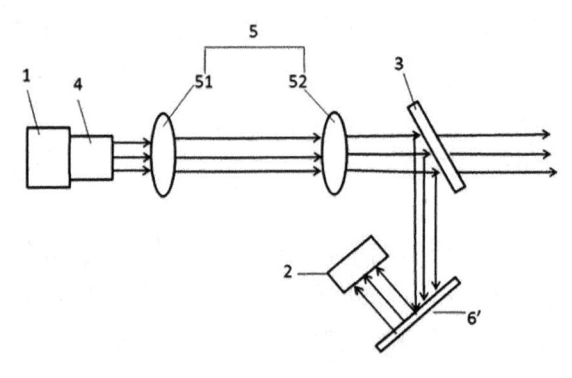

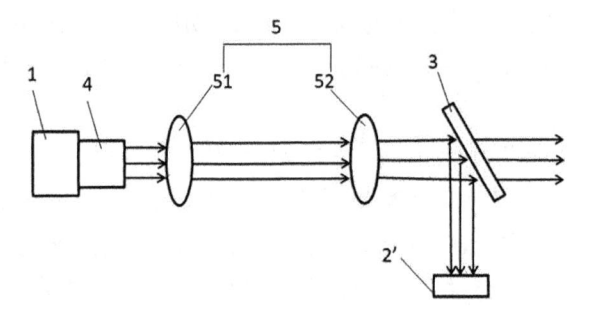

图 1

图 2

图 3

图 4

(19) 国家知识产权局

(12) 发明专利

(10) 授权公告号 CN 112362065 B
(45) 授权公告日 2022.08.16

(21) 申请号 202011309053.3
(22) 申请日 2020.11.19
(65) 同一申请的已公布的文献号
申请公布号 CN 112362065 A
(43) 申请公布日 2021.02.12
(73) 专利权人 广州极飞科技股份有限公司
地址 510000 广东省广州市天河区高普路115号C座
(72) 发明人 郑立强
(74) 专利代理机构 北京超凡宏宇专利代理事务所（特殊普通合伙） 11463
专利代理师 张欣欣
(51) Int. Cl.
G01C 21/20 (2006.01)
G05D 1/10 (2006.01)

(56) 对比文件
CN 107368094 A, 2017.11.21
CN 110057367 A, 2019.07.26
CN 108958288 A, 2018.12.07
CN 109324337 A, 2019.02.12
CN 109307510 A, 2019.02.05
CN 111752294 A, 2020.10.09
CN 111766862 A, 2020.10.13
CN 107289950 A, 2017.10.24
WO 2019127345 A1, 2019.07.04
CN 109933091 A, 2019.06.25

审查员 张茹

(54) 发明名称
绕障轨迹规划方法、装置、存储介质、控制单元和设备

(57) 摘要
本申请的实施例提供了一种绕障轨迹规划方法、装置、存储介质、控制单元和设备，涉及轨迹规划领域。该方法包括：在末端距离大于预设阈值的条件下，根据预设的第一距离值和作业设备的当前作业航段，确定多条第一待选航段；获取每条第一待选航段的作业覆盖度；作业覆盖度表征作业设备在依据待选航段移动的过程中，实际作业范围与原作业范围的重合程度；根据作业覆盖度最高的第一待选航段，确定作业设备的中途绕障轨迹；中途绕障轨迹的终点位于当前作业航段。本申请实施例不仅能够规划出避开障碍物的绕障轨迹，还能够提高作业设备沿该绕障轨迹移动作业过程中的作业覆盖度，提升作业设备的作业效果。

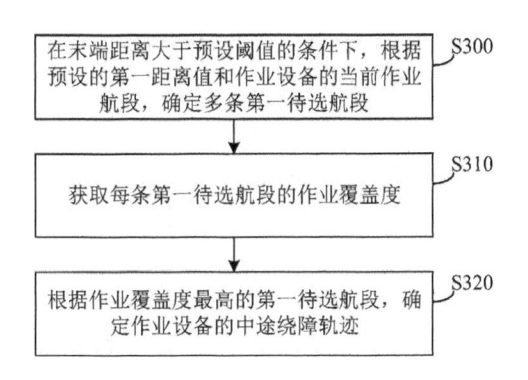

权 利 要 求 书

1. 一种绕障轨迹规划方法，其特征在于，包括：

在末端距离大于预设阈值的条件下，根据预设的第一距离值和作业设备的当前作业航段，确定多条第一待选航段；所述末端距离为所述作业设备与所述当前作业航段的末端点的距离，每条所述第一待选航段均未穿过障碍物范围；

获取每条所述第一待选航段的作业覆盖度；所述作业覆盖度表征所述作业设备在依据待选航段移动的过程中，实际作业范围与原作业范围的重合程度；

根据作业覆盖度最高的第一待选航段，确定所述作业设备的中途绕障轨迹；所述中途绕障轨迹的终点位于所述当前作业航段。

2. 根据权利要求1所述的方法，其特征在于，所述根据预设的第一距离值和作业设备的当前作业航段，确定多条第一待选航段的步骤，包括：

获取障碍物范围；

根据所述第一距离值，确定多条与所述当前作业航段平行且形状一致的离散作业航段；

将未穿过所述障碍物范围的离散作业航段作为第一待选航段，以得到多条第一待选航段。

3. 根据权利要求2所述的方法，其特征在于，所述获取障碍物范围的步骤，包括：

获取通过所述作业设备中的雷达探测到的至少一个目标对象对应的数据；

对所述至少一个目标对象对应的数据进行稀疏处理，得到目标数据；

依据所述目标数据建立所述作业设备的目标地图，其中，所述目标地图包括：原始层和碰撞检测层，所述原始层用于存放原始障碍权值，所述原始障碍权值用于表征所述目标数据对应的位置存在障碍物的概率，所述碰撞检测层用于存放存在所述障碍物的位置的位置信息；

在所述目标地图的碰撞检测层中对所述作业设备进行碰撞检测，以获取障碍物范围。

4. 根据权利要求1所述的方法，其特征在于，所述获取每条所述第一待选航段的作业覆盖度的步骤，包括：

获取所述作业设备的当前位置与每条所述第一待选航段的位置偏离值；

获取所述当前作业航段与每条所述第一待选航段的航段偏离值；

根据所述位置偏离值和所述航段偏离值，确定每条所述第一待选航段的作业覆盖度。

5. 根据权利要求1所述的方法，其特征在于，所述根据作业覆盖度最高的第一待选航段，确定所述作业设备的中途绕障轨迹的步骤，包括：

根据预设的轨迹生成方法和所述作业覆盖度最高的第一待选航段，确定所述作业设备的中途绕障航段；

重复执行所述在末端距离大于预设阈值的条件下，根据预设的第一距离值和作业设备的当前作业航段，确定多条第一待选航段的步骤、所述获取每条所述第一待选航段的作业覆盖度的步骤、所述根据预设的轨迹生成方法和所述作业覆盖度最高的第一待选航段，确定所述作业设备的中途绕障航段的步骤，以获取至少一条中途绕障航段，直至最后获取的中途绕障航段的终点位于所述当前作业航段。

6. 根据权利要求1所述的方法，其特征在于，所述方法还包括：

在所述末端距离小于或等于所述预设阈值的条件下，获取所述当前作业航段的下一航段；

根据预设的第二距离值和所述下一航段，确定多条第二待选航段；每条所述第二待选航段均未穿过障碍物范围；

获取每条所述第二待选航段的作业覆盖度；

根据作业覆盖度最高的第二待选航段，确定所述作业设备的末端绕障轨迹；所述末端绕障轨迹的终点位于所述下一航段。

7. 一种绕障轨迹规划装置，其特征在于，包括：

获取模块，用于在末端距离大于预设阈值的条件下，根据预设的第一距离值和作业设备的当前作业航段，确定多条第一待选航段；所述末端距离为所述作业设备与所述当前作业航段的末端点的距离，每条所述第一待选航段均未穿过障碍物范围；

权 利 要 求 书

所述获取模块，还用于获取每条所述第一待选航段的作业覆盖度；所述作业覆盖度表征所述作业设备在依据待选航段移动的过程中，实际作业范围与原作业范围的重合程度；

规划模块，用于根据作业覆盖度最高的第一待选航段，确定所述作业设备的中途绕障轨迹；所述中途绕障轨迹的终点位于所述当前作业航段。

8. 根据权利要求7所述的装置，其特征在于，所述获取模块，用于获取障碍物范围；

所述获取模块，还用于根据所述第一距离值，确定多条与所述当前作业航段平行且形状一致的离散作业航段；

所述获取模块，还用于将未穿过所述障碍物范围的离散作业航段作为第一待选航段，以得到多条第一待选航段。

9. 根据权利要求8所述的装置，其特征在于，所述获取模块，用于获取通过所述作业设备中的雷达探测到的至少一个目标对象对应的数据；

所述获取模块，还用于对所述至少一个目标对象对应的数据进行稀疏处理，得到目标数据；

所述获取模块，还用于依据所述目标数据建立所述作业设备的目标地图，其中，所述目标地图包括：原始层和碰撞检测层，所述原始层用于存放原始障碍权值，所述原始障碍权值用于表征所述目标数据对应的位置存在障碍物的概率，所述碰撞检测层用于存放存在所述障碍物的位置的位置信息；

所述获取模块，还用于在所述目标地图的碰撞检测层中对所述作业设备进行碰撞检测，以获取障碍物范围。

10. 根据权利要求7所述的装置，其特征在于，所述获取模块，用于获取所述作业设备的当前位置与每条所述第一待选航段的位置偏离值；

所述获取模块，还用于获取所述当前作业航段与每条所述第一待选航段的航段偏离值；

所述获取模块，还用于根据所述位置偏离值和所述航段偏离值，确定每条所述第一待选航段的作业覆盖度。

11. 根据权利要求7所述的装置，其特征在于，所述规划模块，用于根据预设的轨迹生成方法和所述作业覆盖度最高的第一待选航段，确定所述作业设备的中途绕障航段；

所述规划模块，还用于重复执行所述在末端距离大于预设阈值的条件下，根据预设的第一距离值和作业设备的当前作业航段，确定多条第一待选航段的步骤、所述获取每条所述第一待选航段的作业覆盖度的步骤、所述根据预设的轨迹生成方法和所述作业覆盖度最高的第一待选航段，确定所述作业设备的中途绕障航段的步骤，以获取至少一条中途绕障航段，直至最后获取的中途绕障航段的终点位于所述当前作业航段。

12. 根据权利要求7所述的装置，其特征在于，所述获取模块，用于在所述末端距离小于或等于所述预设阈值的条件下，获取所述当前作业航段的下一航段；

所述获取模块，还用于根据预设的第二距离值和所述下一航段，确定多条第二待选航段；每条所述第二待选航段均未穿过障碍物范围；

所述获取模块，还用于获取每条所述第二待选航段的作业覆盖度；

所述规划模块，用于根据作业覆盖度最高的第二待选航段，确定所述作业设备的末端绕障轨迹；所述末端绕障轨迹的终点位于所述下一航段。

13. 一种计算机可读存储介质，其上存储有计算机程序，其特征在于，所述计算机程序被处理器执行时实现权利要求1—6中任一项所述的方法。

14. 一种作业设备控制单元，其特征在于，包括处理器和存储器，所述存储器存储有机器可读指令，所述处理器用于执行所述机器可读指令，以实现权利要求1—6中任一项所述的方法。

15. 一种作业设备，其特征在于，包括：

机体；

动力设备，安装在所述机体，用于为所述作业设备提供动力；

以及作业设备控制单元；所述作业设备控制单元包括处理器和存储器，所述存储器存储有机器可读指令，所述处理器用于执行所述机器可读指令，以实现权利要求1—6中任一项所述的方法。

说　明　书

绕障轨迹规划方法、装置、存储介质、控制单元和设备

技术领域

[0001]　本申请涉及轨迹规划领域，具体而言，涉及一种绕障轨迹规划方法、装置、存储介质、控制单元和设备。

背景技术

[0002]　在植保作业领域，作业设备必须尽可能沿着作业路径移动，以保证足够的作业覆盖度。而植保无人机作业时，总会遇到各种各样的障碍物，如果不对障碍物进行避开，植保无人机会撞到障碍物上，引发安全事故。

[0003]　现有的作业设备的避障方式实际是，寻找从一个点到另一个点的最短避障路径，方法比较复杂，而且在应用到植保作业领域时，植保无人机在避障时，由于是基于一个点到另一个点的最短避障路径移动，作业覆盖度很低。

发明内容

[0004]　本申请的目的包括，提供一种绕障轨迹规划方法、装置、存储介质、控制单元和设备，其能够规划出避开障碍物的绕障轨迹，且提高作业设备沿该绕障轨迹移动作业过程中的作业覆盖度。

[0005]　本申请的实施例可以这样实现：

[0006]　第一方面，本申请实施例提供一种绕障轨迹规划方法，包括：

[0007]　在末端距离大于预设阈值的条件下，根据预设的第一距离值和作业设备的当前作业航段，确定多条第一待选航段；所述末端距离为所述作业设备与所述当前作业航段的末端点的距离，每条所述第一待选航段均未穿过障碍物范围；

[0008]　获取每条所述第一待选航段的作业覆盖度；所述作业覆盖度表征所述作业设备在依据待选航段移动的过程中，实际作业范围与原作业范围的重合程度；

[0009]　根据作业覆盖度最高的第一待选航段，确定所述作业设备的中途绕障轨迹；所述中途绕障轨迹的终点位于所述当前作业航段。

[0010]　在可选的实施方式中，所述根据预设的第一距离值和作业设备的当前作业航段，确定多条第一待选航段的步骤，包括：

[0011]　获取障碍物范围；

[0012]　根据所述第一距离值，确定多条与所述当前作业航段平行且形状一致的离散作业航段；

[0013]　将未穿过所述障碍物范围的离散作业航段作为第一待选航段，以得到多条第一待选航段。

[0014]　在可选的实施方式中，所述获取障碍物范围的步骤，包括：

[0015]　获取通过所述作业设备中的雷达探测到的至少一个目标对象对应的数据；

[0016]　对所述至少一个目标对象对应的数据进行稀疏处理，得到目标数据；

[0017]　依据所述目标数据建立所述作业设备的目标地图，其中，所述目标地图包括：原始层和碰撞检测层，所述原始层用于存放原始障碍权值，所述原始障碍权值用于表征所述目标数据对应的位置存在障碍物的概率，所述碰撞检测层用于存放存在所述障碍物的位置的位置信息；

[0018]　在所述目标地图的碰撞检测层中对所述作业设备进行碰撞检测，以获取障碍物范围。

[0019]　在可选的实施方式中，所述获取每条所述第一待选航段的作业覆盖度的步骤，包括：

[0020]　获取所述作业设备的当前位置与每条所述第一待选航段的位置偏离值；

[0021]　获取所述当前作业航段与每条所述第一待选航段的航段偏离值；

[0022]　根据所述位置偏离值和所述航段偏离值，确定每条所述第一待选航段的作业覆盖度。

[0023] 在可选的实施方式中，所述根据作业覆盖度最高的第一待选航段，确定所述作业设备的中途绕障轨迹的步骤，包括：

[0024] 根据预设的轨迹生成方法和所述作业覆盖度最高的第一待选航段，确定所述作业设备的中途绕障航段；

[0025] 重复执行所述在末端距离大于预设阈值的条件下，根据预设的第一距离值和作业设备的当前作业航段，确定多条第一待选航段的步骤、所述获取每条所述第一待选航段的作业覆盖度的步骤、所述根据预设的轨迹生成方法和所述作业覆盖度最高的第一待选航段，确定所述作业设备的中途绕障航段的步骤，以获取至少一条中途绕障航段，直至最后获取的中途绕障航段的终点位于所述当前作业航段。

[0026] 在可选的实施方式中，所述方法还包括：

[0027] 在所述末端距离小于或等于所述预设阈值的条件下，获取所述当前作业航段的下一航段；

[0028] 根据预设的第二距离值和所述下一航段，确定多条第二待选航段；每条所述第二待选航段均未穿过障碍物范围；

[0029] 获取每条所述第二待选航段的作业覆盖度；

[0030] 根据作业覆盖度最高的第二待选航段，确定所述作业设备的末端绕障轨迹；所述末端绕障轨迹的终点位于所述下一航段。

[0031] 第二方面，本申请实施例提供一种绕障轨迹规划装置，包括：

[0032] 获取模块，用于在末端距离大于预设阈值的条件下，根据预设的第一距离值和作业设备的当前作业航段，确定多条第一待选航段；所述末端距离为所述作业设备与所述当前作业航段的末端点的距离，每条所述第一待选航段均未穿过障碍物范围；

[0033] 所述获取模块，还用于获取每条所述第一待选航段的作业覆盖度；所述作业覆盖度表征所述作业设备在依据待选航段移动的过程中，实际作业范围与原作业范围的重合程度；

[0034] 规划模块，用于根据作业覆盖度最高的第一待选航段，确定所述作业设备的中途绕障轨迹；所述中途绕障轨迹的终点位于所述当前作业航段。

[0035] 在可选的实施方式中，所述获取模块，用于获取障碍物范围；

[0036] 所述获取模块，还用于根据所述第一距离值，确定多条与所述当前作业航段平行且形状一致的离散作业航段；

[0037] 所述获取模块，还用于将未穿过所述障碍物范围的离散作业航段作为第一待选航段，以得到多条第一待选航段。

[0038] 在可选的实施方式中，所述获取模块，用于获取通过所述作业设备中的雷达探测到的至少一个目标对象对应的数据；

[0039] 所述获取模块，还用于对所述至少一个目标对象对应的数据进行稀疏处理，得到目标数据；

[0040] 所述获取模块，还用于依据所述目标数据建立所述作业设备的目标地图，其中，所述目标地图包括：原始层和碰撞检测层，所述原始层用于存放原始障碍权值，所述原始障碍权值用于表征所述目标数据对应的位置存在障碍物的概率，所述碰撞检测层用于存放存在所述障碍物的位置的位置信息；

[0041] 所述获取模块，还用于在所述目标地图的碰撞检测层中对所述作业设备进行碰撞检测，以获取障碍物范围。

[0042] 在可选的实施方式中，所述获取模块，用于获取所述作业设备的当前位置与每条所述第一待选航段的位置偏离值；

[0043] 所述获取模块，还用于获取所述当前作业航段与每条所述第一待选航段的航段偏离值；

[0044] 所述获取模块，还用于根据所述位置偏离值和所述航段偏离值，确定每条所述第一待选航段的作业覆盖度。

[0045] 在可选的实施方式中，所述规划模块，用于根据预设的轨迹生成方法和所述作业覆盖度最高的第一待选航段，确定所述作业设备的中途绕障航段；

[0046] 所述规划模块，还用于重复执行所述在末端距离大于预设阈值的条件下，根据预设的第一距离值和作业设备的当前作业航段，确定多条第一待选航段的步骤、所述获取每条所述第一待选航段的作业覆盖度的步骤、所述根据预设的轨迹生成方法和所述作业覆盖度最高的第一待选航段，确定所述作业设备的中途绕障航段的步骤，以获取至少一条中途绕障航段，直至最后获取的中途绕障航段的终点位于所述当前作业航段。

[0047] 在可选的实施方式中，所述获取模块，用于在所述末端距离小于或等于所述预设阈值的条件下，获取所述当前作业航段的下一航段；

[0048] 所述获取模块，还用于根据预设的第二距离值和所述下一航段，确定多条第二待选航段；每条所述第二待选航段均未穿过障碍物范围；

[0049] 所述获取模块，还用于获取每条所述第二待选航段的作业覆盖度；

[0050] 所述规划模块，用于根据作业覆盖度最高的第二待选航段，确定所述作业设备的末端绕障轨迹；所述末端绕障轨迹的终点位于所述下一航段。

[0051] 第三方面，本申请实施例提供一种计算机可读存储介质，其上存储有计算机程序，所述计算机程序被处理器执行时实现前述实施方式中任一项所述的方法。

[0052] 第四方面，本申请实施例提供一种作业设备控制单元，包括处理器和存储器，所述存储器存储有机器可读指令，所述处理器用于执行所述机器可读指令，以实现前述实施方式中任一项所述的方法。

[0053] 第五方面，本申请实施例提供一种作业设备，包括：

[0054] 机体；

[0055] 动力设备，安装在所述机体，用于为所述作业设备提供动力；

[0056] 以及作业设备控制单元；所述作业设备控制单元包括处理器和存储器，所述存储器存储有机器可读指令，所述处理器用于执行所述机器可读指令，以实现前述实施方式中任一项所述的方法。

[0057] 在本申请实施例中，在确定出多条均未穿过障碍物范围的第一待选航段后，通过获取每条第一待选航段的作业覆盖度，然后根据作业覆盖度最高的第一待选航段确定作业设备的中途绕障轨迹。由于作业覆盖度最高的第一待选航段表征着作业设备在依据该待选航段移动的过程中，实际作业范围与原作业范围的重合程度最高，进而根据该第一待选航段能够确定出作业覆盖度高的中途绕障轨迹，因此，本申请实施例不仅能够规划出避开障碍物的绕障轨迹，还能够提高作业设备沿该绕障轨迹移动作业过程中的作业覆盖度，提升作业设备的作业效果。

附图说明

[0058] 为了更清楚地说明本申请实施例的技术方案，下面将对实施例中所需要使用的附图作简单的介绍。应当理解，以下附图仅示出了本申请的某些实施例，因此不应被看作是对范围的限定，对于本领域普通技术人员来讲，在不付出创造性劳动的前提下，还可以根据这些附图获得其他相关的附图。

[0059] 图1为本申请实施例所提供的作业设备控制单元的结构框图；

[0060] 图2为本申请实施例所提供的作业设备的结构框图；

[0061] 图3为本申请实施例所提供的绕障轨迹规划方法的一种流程图；

[0062] 图4为本申请实施例所提供的作业设备沿预先规划好的弓形航线进行作业的应用场景示意图；

[0063] 图5为本申请实施例所提供的获取第一待选航段K1的作业覆盖度的应用场景示意图；

[0064] 图6为图3所示绕障轨迹规划方法的S300的一种流程图；

[0065] 图 7 为本申请实施例所提供的确定多条第一待选航段的应用场景示意图；

[0066] 图 8 为图 6 所示绕障轨迹规划方法的 S300A 的一种流程图；

[0067] 图 9 为本申请实施例所提供的作业设备的目标地图的示意图；

[0068] 图 10 为图 3 所示绕障轨迹规划方法的 S310 的一种流程图；

[0069] 图 11 为本申请实施例所提供的获取每条第一待选航段的作业覆盖度的应用场景示意图；

[0070] 图 12 为图 3 所示绕障轨迹规划方法的 S320 的一种流程图；

[0071] 图 13 为本申请实施例所提供的确定作业设备的中途绕障轨迹的应用场景示意图；

[0072] 图 14 为本申请实施例所提供的绕障轨迹规划方法的另一种流程图；

[0073] 图 15 为本申请实施例所提供的绕障轨迹规划装置的一种功能模块图。

具体实施方式

[0074] 为使本申请实施例的目的、技术方案和优点更加清楚，下面将结合本申请实施例中的附图，对本申请实施例中的技术方案进行清楚、完整的描述。显然，所描述的实施例是本申请一部分实施例，而不是全部的实施例。通常在此处附图中描述和示出的本申请实施例的组件可以以各种不同的配置来布置和设计。

[0075] 因此，以下对在附图中提供的本申请的实施例的详细描述并非旨在限制要求保护的本申请的范围，而是仅仅表示本申请的选定实施例。基于本申请中的实施例，本领域普通技术人员在没有作出创造性劳动前提下所获得的所有其他实施例，都属于本申请保护的范围。

[0076] 应注意到：相似的标号和字母在下面的附图中表示类似项，因此，一旦某一项在一个附图中被定义，则在随后的附图中不需要对其进行进一步定义和解释。

[0077] 在本申请的描述中，需要说明的是，若出现术语"上"、"下"、"内"、"外"等指示的方位或位置关系为基于附图所示的方位或位置关系，或者是该发明产品使用时惯常摆放的方位或位置关系，仅是为了便于描述本申请和简化描述，而不是指示或暗示所指的装置或元件必须具有特定的方位、以特定的方位构造和操作，因此不能理解为对本申请的限制。

[0078] 此外，若出现术语"第一"、"第二"等仅用于区分描述，而不能理解为指示或暗示相对重要性。

[0079] 需要说明的是，在不冲突的情况下，本申请的实施例中的特征可以相互结合。

[0080] 在本申请实施例的实现过程中，本申请的发明人发现：

[0081] 植保无人机作业时，总会遇到各种各样的障碍物，如果不对障碍物进行避开，植保无人机会撞到障碍物上，引发安全事故。为了解决飞行安全问题，目前有两种方案进行应对：

[0082] 1. 使用高精度的定位设备对障碍物位置进行标识，并添加在植保无人机的任务航线中，规划的航线已经避开了障碍物区域；

[0083] 2. 使用机载传感器对障碍物进行测量，根据测量数据实时绕开障碍物。

[0084] 目前采取上述两种方案互补的方案进行作业，以保证安全。

[0085] 在第二种方案中，目前机载传感器包括视觉传感器、超声波雷达、毫米波雷达以及激光雷达等。由于农业作业环境恶劣复杂，视觉传感器适应能力较差，超声波传感器测量距离较短，激光雷达价格昂贵等原因，目前主流采用毫米波雷达进行障碍物测量。

[0086] 从收发天线来分，毫米波雷达主要有两种：单发单收雷达和多发多收雷达。单发单收雷达只能得到一个目标的距离信息，因此一般使用它的数据来做刹停操作。多发多收雷达能得到多个目标的距离和方位信息，因此可以使用多发多收雷达的数据来做绕行操作。

[0087] 在植保无人机领域，由于作业场景比较特殊，植保无人机必须尽可能沿着作业路径移动，以保证足够的作业覆盖度。传统的避障方式更多地是解决从一个点到另一个点的最短路径问题，方法一般比较复杂，消耗比较多的计算资源。也即是说，现有的作业设备的避障方式实际是，寻找从一个点到另一个点的最短避障路径，方法比较复杂，而且在应用到植保作业领域时，植保无人机在

避障时，由于是基于一个点到另一个点的最短避障路径移动，作业覆盖度很低。

[0088] 进而，为了改善上述现有技术中的种种缺陷，本申请实施例提出了一种绕障轨迹规划方法、装置、存储介质、控制单元和设备，其能够规划出避开障碍物的绕障轨迹，且提高作业设备沿该绕障轨迹移动作业过程中的作业覆盖度。需要说明的是，以上现有技术中的技术方案所存在的种种缺陷，均是发明人经过仔细的实践研究后得出的结果，因此，上述问题的发现过程以及下文中本申请实施例针对上述问题所提出的解决方案，都应该是发明人在实现本申请过程中对本申请做出的贡献。

[0089] 首先，本申请实施例提供了一种作业设备控制单元。请参考图1，为本申请实施例所提供的作业设备控制单元的结构框图。该作业设备控制单元100可以包括：存储器110、处理器120，该存储器110、处理器120可以与通信接口130之间直接地或间接地电性连接，以实现数据的传输以及交互。例如，这些元件相互之间可通过总线和/或信号线实现电性连接。

[0090] 处理器120可以处理与绕障轨迹规划方法有关的信息和/或数据，以执行本申请描述的一个或多个功能。例如，处理器120可以，在末端距离大于预设阈值的条件下，根据预设的第一距离值和作业设备的当前作业航段，确定多条第一待选航段；末端距离为作业设备与当前作业航段的末端点的距离，每条第一待选航段均未穿过障碍物范围；获取每条第一待选航段的作业覆盖度；作业覆盖度表征作业设备在依据待选航段移动的过程中，实际作业范围与原作业范围的重合程度；根据作业覆盖度最高的第一待选航段，确定作业设备的中途绕障轨迹；中途绕障轨迹的终点位于当前作业航段。进而使得作业设备控制单元100能够规划出避开障碍物的绕障轨迹，且提高作业设备沿该绕障轨迹移动作业过程中的作业覆盖度。

[0091] 其中，上述的存储器110可以是但不限于：固态硬盘（Solid State Disk，SSD）、机械硬盘（Hard Disk Drive，HDD）、只读存储器（Read Only Memory，ROM），可编程只读存储器（Programmable Read-Only Memory，PROM），可擦除只读存储器（Erasable Programmable Read-Only Memory，EPROM），随机存取存储器（Random Access Memory，RAM），电可擦除只读存储器（Electric Erasable Programmable Read-Only Memory，EEPROM）等。

[0092] 上述的处理器120可以是但不限于：中央处理器（Central Processing Unit，CPU）、网络处理器（Network Processor，NP）等；还可以是但不限于：专用集成电路（Application Specific Integrated Circuit，ASIC）、数字信号处理器（Digital Signal Processing，DSP）、现场可编程门阵列（Field-Programmable Gate Array，FPGA）或者其他可编程逻辑器件、分立门或者晶体管逻辑器件、分立硬件组件。因此，上述的处理器120可以是一种具有信号处理能力的集成电路芯片。

[0093] 可以理解的是，图1所示的作业设备控制单元100的结构仅为一种示意结构，该作业设备控制单元100还可以包括比图1中所示的结构更多或者更少的组件或模块，或者具有与图1中所示的结构不同的配置或构造。并且，图1中所示的各组件可通过硬件、软件或两者的组合来实现。

[0094] 此外，还应理解的是，根据实际应用时的需求的不同，本申请提供的作业设备控制单元100可以采用不同的配置或构造。例如，本申请所提供的作业设备控制单元100可以是作业设备的控制核心器件（例如植保无人机、无人车、无人船、平地机、农业用拖拉机等内部的控制器），也可以是具有通信、计算和存储功能的电子设备（例如服务器、云平台、计算机、手机、平板等）。

[0095] 因此，当本申请实施例所提供的作业设备控制单元100为作业设备的控制核心器件时，本申请还提供了一种作业设备，其能够规划出避开障碍物的绕障轨迹，且提高作业设备沿该绕障轨迹移动作业过程中的作业覆盖度。其中，由于本申请所提供的方法所应用的作业设备的类型并不仅限于植保无人机，还可以应用于农业用拖拉机、无人车、各种类型的载具、无人船等作业设备。为更好地阐述本申请，下面以作业设备的类型为植保无人机为例，对本申请实施例所提供的作业设备进行阐述。

[0096] 请参照图2，为本申请实施例所提供的作业设备200的结构框图，该作业设备200可以包括机体210、动力设备220以及上述的作业设备控制单元100。

[0097] 其中，动力设备 220 可以安装在上述的机体 210，用于为作业设备 200 提供动力。由于该作业设备可以采用植保无人机的构造，动力设备 220 可以是植保无人机的驱动模块（包括旋翼、电动机等），机体 210 可以是植保无人机的机身。

[0098] 作业设备控制单元 100 的存储器 110 存储有与绕障轨迹规划方法相关的机器可读指令。处理器 120 可以执行该机器可读指令，在末端距离大于预设阈值的条件下，根据预设的第一距离值和作业设备的当前作业航段，确定多条第一待选航段；末端距离为作业设备与当前作业航段的末端点的距离，每条第一待选航段均未穿过障碍物范围；获取每条第一待选航段的作业覆盖度；作业覆盖度表征作业设备在依据待选航段移动的过程中，实际作业范围与原作业范围的重合程度；根据作业覆盖度最高的第一待选航段，确定作业设备的中途绕障轨迹；中途绕障轨迹的终点位于当前作业航段。进而使得作业设备 200 能够规划出避开障碍物的绕障轨迹，且提高作业设备沿该绕障轨迹移动作业过程中的作业覆盖度。

[0099] 需要说明的是，图 2 所示的结构仅为一种示意，该作业设备 200 还可包括比图 2 中所示更多或者更少的组件，或者具有与图 2 所示不同的配置。

[0100] 进一步地，当本申请所提供的作业设备控制单元 100 为具有通信、计算和存储功能的电子设备时，这些电子设备也可以，在末端距离大于预设阈值的条件下，根据预设的第一距离值和作业设备的当前作业航段，确定多条第一待选航段；末端距离为作业设备与当前作业航段的末端点的距离，每条第一待选航段均未穿过障碍物范围；获取每条第一待选航段的作业覆盖度；作业覆盖度表征作业设备在依据待选航段移动的过程中，实际作业范围与原作业范围的重合程度；根据作业覆盖度最高的第一待选航段，确定作业设备的中途绕障轨迹；中途绕障轨迹的终点位于当前作业航段，实现本申请提供的绕障轨迹规划方法。

[0101] 下面，为了便于理解，本申请以下实施例将以图 2 所示的作业设备 200 为例，结合附图，对本申请实施例提供的绕障轨迹规划方法进行阐述。

[0102] 请参照图 3，图 3 示出了本申请实施例提供的绕障轨迹规划方法的一种流程图。该绕障轨迹规划方法可以应用于上述的作业设备 200，该绕障轨迹规划方法可以包括以下步骤：

[0103] S300，在末端距离大于预设阈值的条件下，根据预设的第一距离值和作业设备的当前作业航段，确定多条第一待选航段；末端距离为作业设备与当前作业航段的末端点的距离，每条第一待选航段均未穿过障碍物范围。

[0104] 请参照图 4 所示的应用场景，作业设备 200 沿预先规划好的弓形航线进行作业，该弓形航线包括多个作业航段，分别为 L0L1、L1L2、L3L4 等。

[0105] 作业设备 200 的当前位置为 A，作业设备 200 的当前作业航段为 L0L1，L0L1 的末端点为 L1，则末端距离为 A 与 L1 之间的直线距离。其中，作业设备 200 可以获取当前位置，当前作业航段的末端点的位置，并计算这两个位置之间的距离，以得到上述的末端距离。

[0106] 可以理解的是，末端距离大于预设阈值的条件，表征作业设备 200 与末端点之间还至少有一段大于预设阈值的距离。在一些可行的实施例中，该预设阈值的大小可以由作业设备 200 在进行绕障时的最小绕障距离确定（该最小绕障距离可以是经验值，也可以是依据预设的绕障方法确定的最小绕障距离），进而，末端距离大于预设阈值的条件表征还可表征作业设备 200 还有足够的空间能够在进行绕障后，回归到当前作业航段。

[0107] 在末端距离大于预设阈值的条件下，所确定的多条第一待选航段可以是多条与当前作业航段平行且形状一致的航段，各条航段与当前作业航段之间距离由第一距离值确定，本申请对于如何"根据预设的第一距离值和作业设备的当前作业航段，确定多条第一待选航段"的方式不作限定。

[0108] 上述的障碍物范围可以是，依据障碍物边界向外膨胀预设距离的范围，也可以是，以障碍物的中心点为圆心且包括距离该中心点最远边界点的圆，本申请实施例对此不作限定。

[0109] 由于在当前作业航段上存在障碍物时，作业设备 200 才需要进行绕障轨迹的规划，因此，

在执行本申请实施例提供的绕障轨迹规划方法之前，还可以判断当前作业航段上是否存在障碍物，若存在障碍物，则开始执行上述的 S300。

[0110]　S310，获取每条第一待选航段的作业覆盖度；作业覆盖度表征作业设备在依据待选航段移动的过程中，实际作业范围与原作业范围的重合程度。

[0111]　请参照图 5 所示的应用场景，以获取第一待选航段 K1 的作业覆盖度为例，假设作业设备的作业半径为 R，作业设备 200 在依据 L0L1（当前作业航段）移动的过程中，原作业范围为 S1，作业设备 200 在依据 K1 移动的过程中，实际作业范围为 S2，进而 K1 的作业覆盖度由以下公式确定：

[0112]　作业覆盖度 = (S1 与 S2 的相交范围)/S1。

[0113]　S320，根据作业覆盖度最高的第一待选航段，确定作业设备的中途绕障轨迹；中途绕障轨迹的终点位于当前作业航段。

[0114]　例如，作业设备 200 获取到作业覆盖度最高的第一待选航段后，将该作业覆盖度最高的第一待选航段作为预设的轨迹生成方法的基准航段，将当前作业航段作为目标航段，生成一段绕开障碍物且终点位于当前作业航段的中途绕障轨迹。

[0115]　需要说明的是，本申请实施例所提供的绕障轨迹规划方法既可以应用在三维空间中，也可以应用在二维平面中，本申请实施例对此不作限定。

[0116]　应理解，由于作业覆盖度最高的第一待选航段表征着作业设备在依据该待选航段移动的过程中，实际作业范围与原作业范围的重合程度最高，进而根据该第一待选航段能够确定出作业覆盖度高的中途绕障轨迹，因此，本申请实施例不仅能够规划出避开障碍物的绕障轨迹，还能够提高作业设备沿该绕障轨迹移动作业过程中的作业覆盖度，提升作业设备的作业效果。

[0117]　在一些可能的实施例中，在图 3 所示的绕障轨迹规划方法的基础上，本申请实施例还提供了上述 S300 的一种可行实施方式，请参照图 6。S300 可以包括：

[0118]　S300A，获取障碍物范围；

[0119]　在本申请实施例中，获取障碍物范围的方式可以是：通过网络获取服务器中存储的作业设备 200 当前作业环境中各个障碍物范围的位置，或者，通过视觉传感器、超声波雷达、毫米波雷达以及激光雷达等，识别出作业设备 200 当前作业环境中各个障碍物范围的位置。因此，本申请实施例对此不作限定。

[0120]　S300B，根据第一距离值，确定多条与当前作业航段平行且形状一致的离散作业航段；

[0121]　S300C，将未穿过障碍物范围的离散作业航段作为第一待选航段，以得到多条第一待选航段。

[0122]　下面结合图 7，对上述的 S300A 至 S300C 作进一步阐述。

[0123]　首先，作业设备 200 可以根据第一距离值，并以当前作业航段为参照，离散出多条与当前作业航段平行且形状一致的离散作业航段，这多条离散作业航段分别为 K0、K1、K2、K3、K4。由于 K0、K1、K2 均穿过障碍物范围，而 K3、K4 未穿过障碍物范围，因此，未穿过障碍物范围的离散作业航段包括 K3、K4。进而，作业设备 200 可以将 K3、K4 作为第一待选航段，得到 2 条第一待选航段。

[0124]　在一些可能的实施例中，在图 6 所示的绕障轨迹规划方法的基础上，本申请实施例还提供了上述 S300A 的一种可行实施方式，请参照图 8。S300A 可以包括：

[0125]　S300A-1，获取通过作业设备中的雷达探测到的至少一个目标对象对应的数据；

[0126]　本申请的一个可选的实施例，上述作业设备 200 可以是植保无人机、无人车等其他无人驾驶设备，也可以是普通人力驾驶的农机驾驶设备，上述雷达优选使用毫米波雷达。

[0127]　上述目标对象可以是作业设备行驶路径上的树枝或者树叶等目标物。

[0128]　S300A-2，对至少一个目标对象对应的数据进行稀疏处理，得到目标数据。

[0129]　S300A-3，依据目标数据建立作业设备的目标地图，其中，目标地图包括：原始层和碰

撞检测层，原始层用于存放原始障碍权值，原始障碍权值用于表征目标数据对应的位置存在障碍物的概率，碰撞检测层用于存放存在障碍物的位置的位置信息；

[0130] 图9是本申请实施例提供的一种作业设备的目标地图的示意图。如图9所示，目标地图分为两层，分别为原始层、碰撞检测层。

[0131] 原始层：原始层存放的是原始障碍权值信息。所谓的障碍权值，与某一位置障碍物的概率有关。该位置障碍物存在的概率比较高，则权值比较大；反之，权值比较小。

[0132] 碰撞检测层：碰撞检测层的作用是在路径规划时，方便规划算法进行碰撞检测。碰撞检测层的更新由原始层触发，在原始层中判断为障碍的位置，会更新到碰撞检测层中，同时进行欧氏距离的膨胀操作。所谓欧氏距离的膨胀操作，指的是对障碍周围的位置进行检索，如果该位置与障碍物的距离小于一定距离阈值，则判断为障碍物膨胀区；进行碰撞检测时，如果植保无人机落入障碍物膨胀区内，会被判断为发生了碰撞。

[0133] S300A-4，在目标地图的碰撞检测层中对作业设备进行碰撞检测，以获取障碍物范围。

[0134] 应理解，执行上述步骤S300A-1至S300A-4，通过对作业设备的雷达探测到的数据进行稀疏处理，然后利用稀疏处理后的数据建立包括原始层和碰撞检测层的作业设备的地图，利用建立的作业设备的地图对作业设备进行碰撞检测，从而实现了在存储空间有限的情况下，完成快速建立植保无人机的地图，获取障碍物范围，同时能够快速进行碰撞检测支持植保无人机的避障飞行的技术效果。

[0135] 在一些可能的实施例中，在图3所示的绕障轨迹规划方法的基础上，本申请实施例还提供了上述S310的一种可行实施方式，请参照图10。S310可以包括：

[0136] S310A，获取作业设备的当前位置与每条第一待选航段的位置偏离值；

[0137] S310B，获取当前作业航段与每条第一待选航段的航段偏离值；

[0138] S310C，根据位置偏离值和航段偏离值，确定每条第一待选航段的作业覆盖度。

[0139] 下面结合图11，对上述的S300A至S300C作进一步阐述。

[0140] 图11中的作业设备200的位置为A，作业设备200执行S300后，确定出的多条第一待选航段包括K3、K4。以确定K3的作业覆盖度为例，首先，作业设备200可以获取A与K3之间的位置偏离值，然后，获取L0L1与K3之间的位置偏离值，最后根据如下公式确定K3的作业覆盖度：

[0141] $d\_cost = w\_switch \cdot d\_switch + w\_goal \cdot d\_goal$；

[0142] 其中，d_switch为作业设备的当前位置与第一待选航段的位置偏离值，d_goal为当前作业航段与第一待选航段的航段偏离值，w_switch和w_goal为预设的权重。

[0143] 应理解，由于作业设备的当前位置与第一待选航段的位置偏离值越小，或者，当前作业航段与第一待选航段的航段偏离值越小，则该第一待选航段越靠近作业设备以及当前作业航段，进而该第一待选航段的作业覆盖度越大，因此，根据上述公式确定出的d_cost越小，表示第一待选航段的作业覆盖度越大。

[0144] 在一些可能的实施例中，在图3所示的绕障轨迹规划方法的基础上，本申请实施例还提供了上述S320的一种可行实施方式。请参照图12，S320可以包括：

[0145] S320A，根据预设的轨迹生成方法和作业覆盖度最高的第一待选航段，确定作业设备的中途绕障航段；

[0146] 在一些可能的实施例中，上述的预设的轨迹生成方法可以是最优轨迹生成方法。例如，基于frenet框架的最优轨迹生成方法（Optimal Trajectory Generation for Dynamic Street Scenarios in a Frenet Frame）。

[0147] 例如，作业设备200确定出作业覆盖度最高的第一待选航段后（下面简称为参考航段），可以将作业设备200的坐标系映射到frenet坐标系，即沿参考航段方向的坐标轴s与垂直于坐标轴s的坐标轴d。然后，作业设备200对坐标轴s方向的位置或速度、坐标轴d方向的位置以及时间等维度进行离散采样，得到一组目标位置。然后，作业设备200根据当前位置和该组目标位置生成多

条目标轨迹。之后，作业设备 200 排除多条目标轨迹中与障碍物范围相交的轨迹。然后，作业设备 200 根据如下所示的耗散函数，计算每条目标轨迹的耗散值，选择耗散值最小的轨迹作为作业设备 200 的中途绕障航段。

[0148] $C_d = k_j J_t(d(t)) + k_t T + k_d d_1^2, C_s = k_j J_t(s(t)) + k_t T + k_s [s_1 - s_d]^2$；

[0149] 其中，C_d 表示目标轨迹在坐标轴 d 方向的耗散值，k_j、k_t、k_d 表示的是耗散函数不同部分的权重值；$J_t(d(t))$ 描述的是轨迹的高阶导数积分，表示轨迹的光滑度；T 表示时间；$k_d d_1^2$ 描述的是，轨迹终点与当前作业航段的距离。k_j、k_t、k_s 表示的是耗散函数不同部分的权值；$J_t(s(t))$ 描述的是轨迹的高阶导数积分，表示轨迹的光滑度；T 表示时间，$k_s [s_1 - s_d]^2$ 描述的是，目标轨迹的终点与当前作业航段的末端点的距离。因此，目标轨迹的耗散值的计算方式可以为先计算出目标轨迹的耗散值 C_d 和耗散值 C_s，然后直接累加或按权重累加等方式对耗散值 C_d 和耗散值 C_s 进行累加，即可得出目标轨迹的耗散值。

[0150] 可以理解，C_d 和耗散值 C_s 越小，目标轨迹越光滑，作业设备在该目标轨迹上移动消耗的时间越短，且目标轨迹越贴近当前作业航段。

[0151] 应理解，作业设备 200 通过执行上述的 S320A，可以确定出一条光滑、长度短且贴近当前作业航段的中途绕障航段，进而使得作业设备 200 既能够提高作业设备沿该绕障轨迹移动作业过程中的作业覆盖度，提升作业设备的作业效果，还能够使得作业设备 200 最快返回当前作业航段，完成绕障任务。

[0152] S320B，重复执行 S300、S310、S320A，以获取至少一条中途绕障航段，直至最后获取的中途绕障航段的终点位于当前作业航段。

[0153] 下面结合图 13，对上述的 S320A、S320B 作进一步阐述。

[0154] 作业设备 200 可以按预设周期（例如，10 s）重复执行 S300、S310、S320A，例如，在第一个周期，执行上述 S300、S310、S320A 后，得出中途绕障航段为 RZ1，然后在此基础上，再执行上述 S300、S310、S320A，得出中途绕障航段 RZ2，此时 RZ2 的终点位于当前作业航段，进而完成本申请实施例所提供的绕障轨迹规划方法。

[0155] 其中，S320B 为：重复执行在末端距离大于预设阈值的条件下，根据预设的第一距离值和作业设备的当前作业航段，确定多条第一待选航段的步骤、获取每条第一待选航段的作业覆盖度的步骤、根据预设的轨迹生成方法和作业覆盖度最高的第一待选航段，确定作业设备的中途绕障航段的步骤，以获取至少一条中途绕障航段，直至最后获取的中途绕障航段的终点位于当前作业航段。

[0156] 在一些可能的实施例中，在图 3 所示的绕障轨迹规划方法的基础上，请参照图 14，该绕障轨迹规划方法还包括：

[0157] S330，在末端距离小于或等于预设阈值的条件下，获取当前作业航段的下一航段。

[0158] 请参照图 4 所示的应用场景，作业设备 200 沿预先规划好的弓形航线进行作业，该弓形航线包括多个作业航段，分别为 L0L1、L1L2、L3L4 等。假设当前作业航段为 L0L1，则当前作业航段的下一航段为 L1L2。

[0159] S340，根据预设的第二距离值和下一航段，确定多条第二待选航段；每条第二待选航段均未穿过障碍物范围。

[0160] 应理解，S340 可以参照上述 S300 中的"根据预设的第一距离值和作业设备的当前作业航段，确定多条第一待选航段"的实施方式，在此不再赘述。

[0161] S350，获取每条第二待选航段的作业覆盖度。

[0162] 应理解，S350 可以参照上述 S310 中的实施方式，在此不再赘述。

[0163] S360，根据作业覆盖度最高的第二待选航段，确定作业设备的末端绕障轨迹；末端绕障轨迹的终点位于下一航段。

[0164] 应理解，S360 可以参照上述 S320 中的实施方式，在此不再赘述。

[0165] 还可以理解的是，作业设备 200 通过执行 S330 至 S360，可以实现在末端距离小于或等于

预设阈值的条件下，能够规划出避开障碍物的绕障轨迹，提高作业设备沿该绕障轨迹移动作业过程中的作业覆盖度，提升作业设备的作业效果。并且由于末端绕障轨迹的终点位于下一航段，因此本申请实施例还能够使得作业设备200成功返回至当前作业航段的下一航段。

[0166] 为了执行上述实施例及各个可能的方式中的相应步骤，下面给出一种绕障轨迹规划装置的实现方式，请参阅图15。图15示出了本申请实施例提供的绕障轨迹规划装置的一种功能模块图。需要说明的是，本实施例所提供的绕障轨迹规划装置400，其基本原理及产生的技术效果和上述方法实施例相同，为简要描述，本实施例部分未提及之处，可参考上述的实施例中相应内容。该绕障轨迹规划装置400包括：获取模块410、规划模块420。

[0167] 可选地，上述模块可以软件或固件（Firmware）的形式存储于存储器中或固化于本申请提供的作业设备200的操作系统（Operating System, OS）中，并可由作业设备200中的处理器执行。同时，执行上述模块所需的数据、程序的代码等可以存储在存储器中。

[0168] 获取模块410，用于在末端距离大于预设阈值的条件下，根据预设的第一距离值和作业设备的当前作业航段，确定多条第一待选航段；末端距离为作业设备与当前作业航段的末端点的距离，每条第一待选航段均未穿过障碍物范围；

[0169] 获取模块410，还用于获取每条第一待选航段的作业覆盖度；作业覆盖度表征作业设备在依据待选航段移动的过程中，实际作业范围与原作业范围的重合程度；

[0170] 规划模块420，用于根据作业覆盖度最高的第一待选航段，确定作业设备的中途绕障轨迹；中途绕障轨迹的终点位于当前作业航段。

[0171] 可以理解的是，获取模块410可以用于支持作业设备执行上述S300、S310等，和/或用于本文所描述的技术的其他过程，例如，S300A至S300C，S300A-1至S300A-4，S310A至S310C。规划模块420可以用于支持作业设备执行上述S320等，和/或用于本文所描述的技术的其他过程，例如，S320A至S320B。

[0172] 获取模块410，用于在末端距离小于或等于预设阈值的条件下，获取当前作业航段的下一航段；

[0173] 获取模块410，还用于根据预设的第二距离值和下一航段，确定多条第二待选航段；每条第二待选航段均未穿过障碍物范围；

[0174] 获取模块410，还用于获取每条第二待选航段的作业覆盖度；

[0175] 规划模块420，用于根据作业覆盖度最高的第二待选航段，确定作业设备的末端绕障轨迹；末端绕障轨迹的终点位于下一航段。

[0176] 可以理解的是，获取模块410可以用于支持作业设备执行上述S330、S340、S350等，和/或用于本文所描述的技术的其他过程。规划模块420可以用于支持作业设备执行上述S360等，和/或用于本文所描述的技术的其他过程。

[0177] 基于上述方法实施例，本申请实施例还提供了一种计算机可读存储介质，该计算机可读存储介质上存储有计算机程序，该计算机程序被处理器运行时执行上述绕障轨迹规划方法的步骤。

[0178] 具体地，该存储介质可以为通用的存储介质，如移动磁盘、硬盘等，该存储介质上的计算机程序被运行时，能够执行上述绕障轨迹规划方法，从而解决"现有的作业设备的避障方式，方法比较复杂，作业覆盖度很低"的问题，实现能够规划出避开障碍物的绕障轨迹，且提高作业设备沿该绕障轨迹移动作业过程中的作业覆盖度。

[0179] 综上所述，本申请实施例提供了一种绕障轨迹规划方法、装置、存储介质、控制单元和设备。该方法包括：在末端距离大于预设阈值的条件下，根据预设的第一距离值和作业设备的当前作业航段，确定多条第一待选航段；末端距离为作业设备与当前作业航段的末端点的距离，每条第一待选航段均未穿过障碍物范围；获取每条第一待选航段的作业覆盖度；作业覆盖度表征作业设备在依据待选航段移动的过程中，实际作业范围与原作业范围的重合程度；根据作业覆盖度最高的第一待选航段，确定作业设备的中途绕障轨迹；中途绕障轨迹的终点位于当前作业航段。

[0180] 在本申请实施例中,在确定出多条均未穿过障碍物范围的第一待选航段后,通过获取每条第一待选航段的作业覆盖度,然后根据作业覆盖度最高的第一待选航段确定作业设备的中途绕障轨迹。由于作业覆盖度最高的第一待选航段表征着作业设备在依据该待选航段移动的过程中,实际作业范围与原作业范围的重合程度最高,进而根据该第一待选航段能够确定出作业覆盖度高的中途绕障轨迹,因此,本申请实施例不仅能够规划出避开障碍物的绕障轨迹,还能够提高作业设备沿该绕障轨迹移动作业过程中的作业覆盖度,提升作业设备的作业效果。

[0181] 以上所述,仅为本申请的具体实施方式,但本申请的保护范围并不局限于此,任何熟悉本技术领域的技术人员在本申请揭露的技术范围内,可轻易想到的变化或替换,都应涵盖在本申请的保护范围之内。

说 明 书 附 图

图 1

图 2

在末端距离大于预设阈值的条件下，根据预设的第一距离值和作业设备的当前作业航段，确定多条第一待选航段 —S300

获取每条第一待选航段的作业覆盖度 —S310

根据作业覆盖度最高的第一待选航段，确定作业设备的中途绕障轨迹 —S320

图 3

图 4

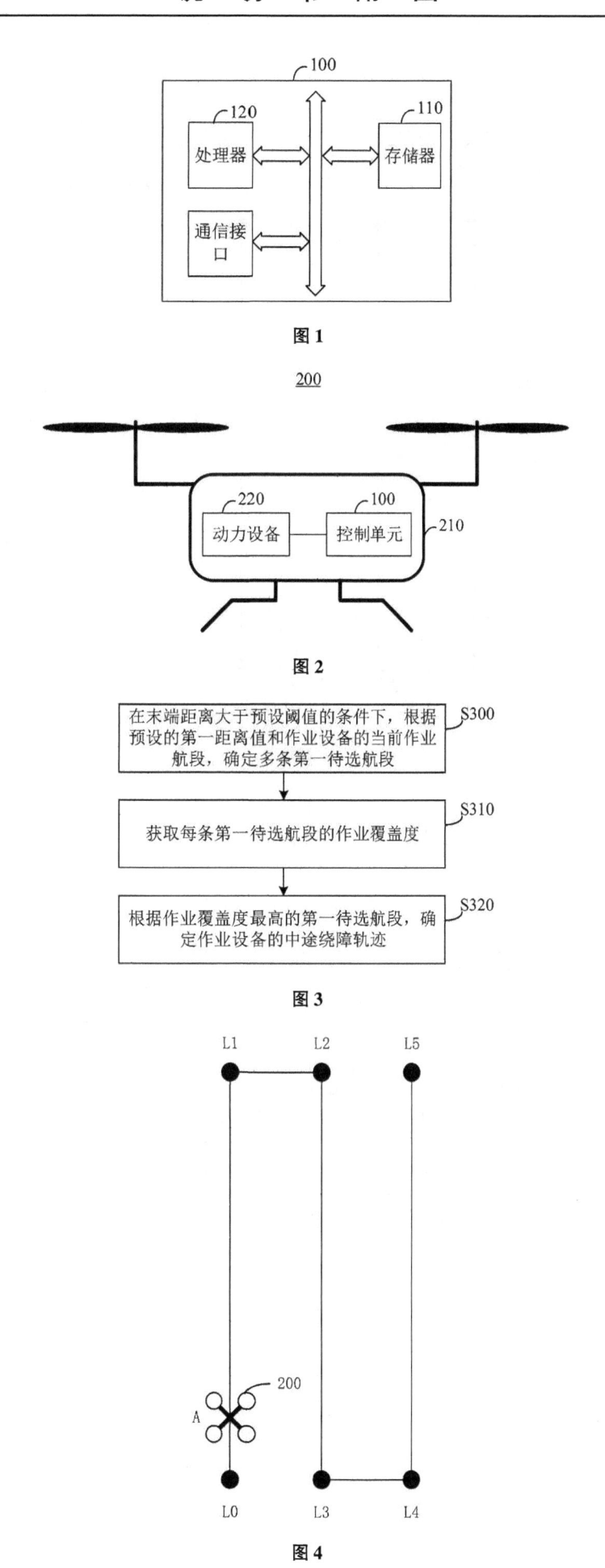

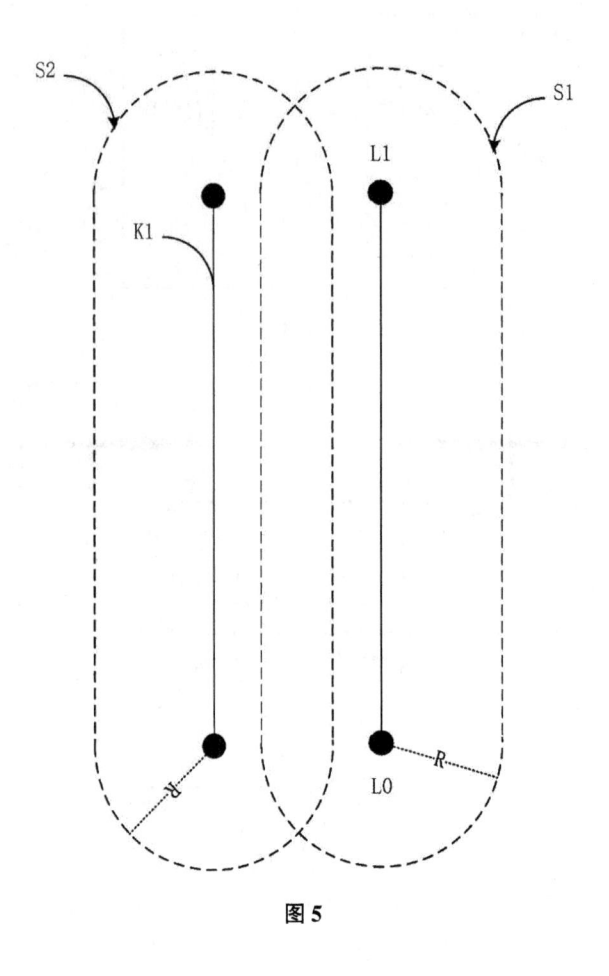

图 5

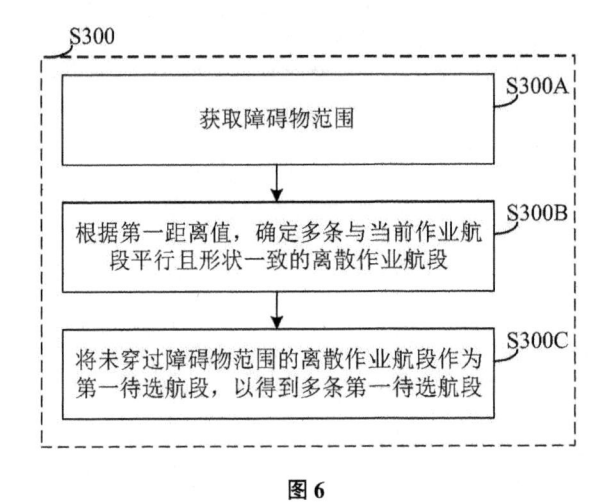

获取障碍物范围 S300A

根据第一距离值，确定多条与当前作业航段平行且形状一致的离散作业航段 S300B

将未穿过障碍物范围的离散作业航段作为第一待选航段，以得到多条第一待选航段 S300C

图 6

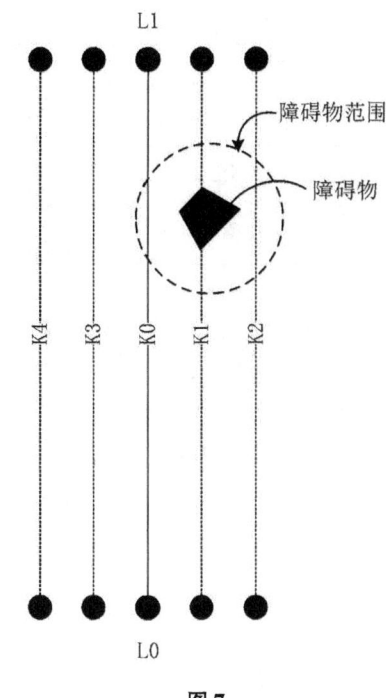

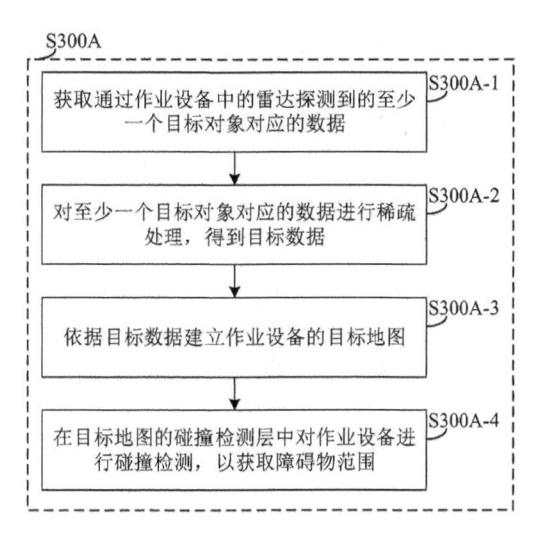

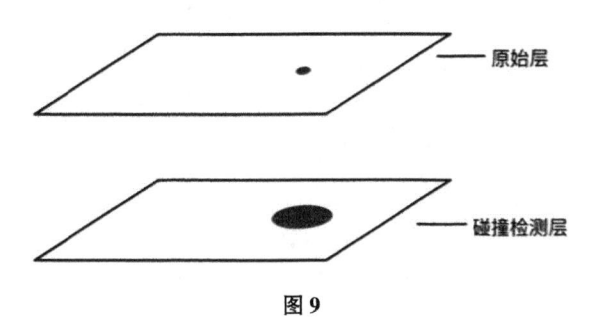

图 7

图 8

图 9

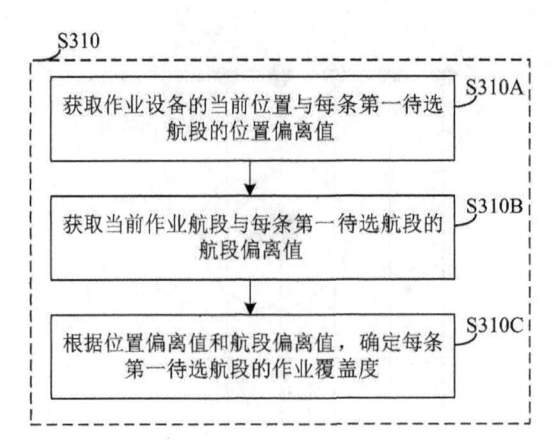

S310
┌─────────────────────────────────────┐
│ 获取作业设备的当前位置与每条第一待选   │─S310A
│ 航段的位置偏离值   │
│   ↓   │
│ 获取当前作业航段与每条第一待选航段的   │─S310B
│ 航段偏离值   │
│   ↓   │
│ 根据位置偏离值和航段偏离值，确定每条   │─S310C
│ 第一待选航段的作业覆盖度   │
└─────────────────────────────────────┘

图 10

图 11

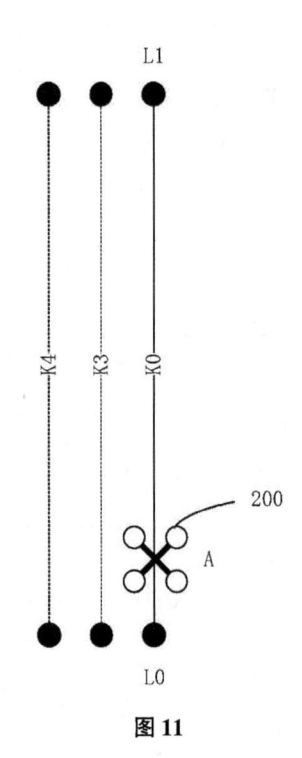

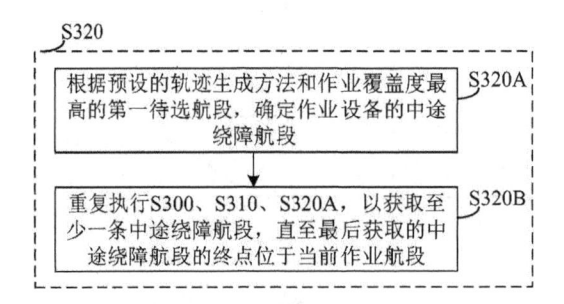

S320
┌─────────────────────────────────────┐
│ 根据预设的轨迹生成方法和作业覆盖度最   │─S320A
│ 高的第一待选航段，确定作业设备的中途   │
│ 绕障航段   │
│   ↓   │
│ 重复执行S300、S310、S320A，以获取至   │─S320B
│ 少一条中途绕障航段，直至最后获取的中   │
│ 途绕障航段的终点位于当前作业航段   │
└─────────────────────────────────────┘

图 12

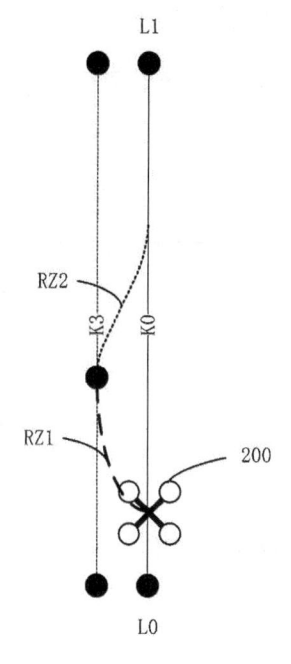

图 13

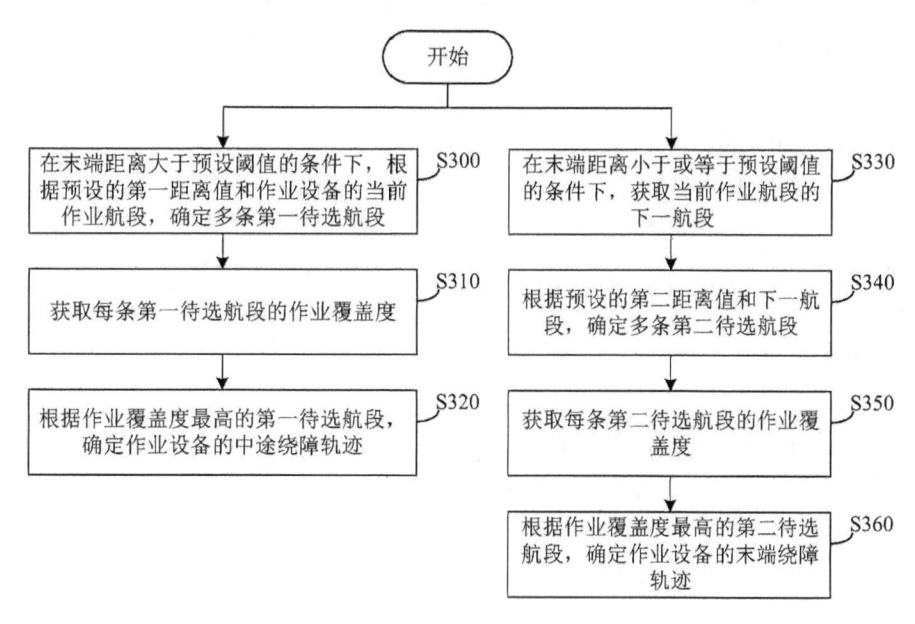

图 14

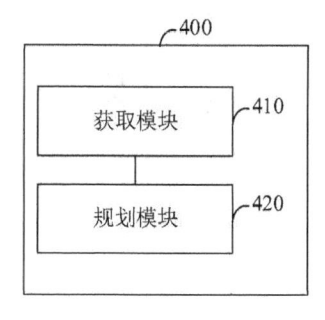

图 15

(19) **中华人民共和国国家知识产权局**

(12) 发明专利

(10) 授权公告号 CN 110831162 B
(45) 授权公告日 2022.04.22

(21) 申请号 201810893426.2
(22) 申请日 2018.08.07
(65) 同一申请的已公布的文献号
申请公布号 CN 110831162 A
(43) 申请公布日 2020.02.21
(73) 专利权人 华为技术有限公司
地址 518129 广东省深圳市龙岗区坂田华
为总部办公楼
(72) 发明人 费永强　郭志恒　谢信乾　毕文平
(74) 专利代理机构 北京同立钧成知识产权代理
有限公司 11205
代理人 孙静　刘芳
(51) Int. Cl.
H04W 72/04 (2009.01)
H04L 5/00 (2006.01)

(56) 对比文件
CN 108023699 A, 2018.05.11
CN 108347776 A, 2018.07.31
EP 2154811 A2, 2010.02.17
CN 105578599 A, 2016.05.11
Qualcomm Incorporated. "Remaining details on SRS". 《3GPP TSG RAN WG1 Meeting 91》. 2017，第1—6部分.
Sony. "Remaining issues on SRS". 《3GPP TSG RAN WG1 Meeting #93》. 2018, 第1—3部分.

审查员　王芬

(54) 发明名称
参考信号传输方法及设备

(57) 摘要
本申请实施例提供一种参考信号传输方法及设备，该方法包括：终端设备根据第一指示信息、第二指示信息和映射规则确定第一频域资源和在所述第一频域资源上发送的第一探测参考信号SRS，其中，所述第一指示信息用于确定第一频域资源，所述第二指示信息用于确定第二频域资源和所述第二频域资源对应的第二SRS，所述映射规则用于确定所述第一频域资源与所述第二频域资源的对应关系；所述终端设备在所述第一频域资源上向网络设备发送所述第一SRS，从而网络设备可以准确获取终端设备的上行信道质量。

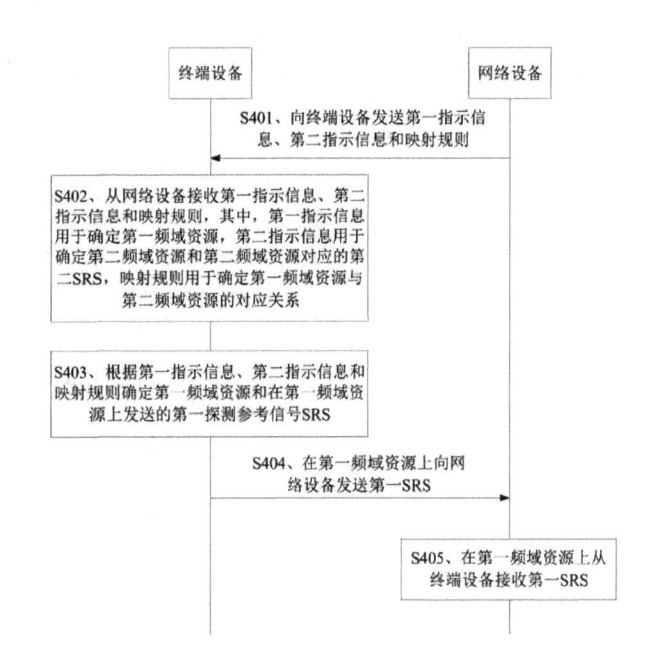

权 利 要 求 书

1. 一种参考信号传输方法，其特征在于，包括：

终端设备根据第一指示信息、第二指示信息和映射规则确定第一频域资源和在所述第一频域资源上发送的第一探测参考信号 SRS，其中，所述第一指示信息用于确定第一频域资源，所述第二指示信息用于确定第二频域资源和所述第二频域资源对应的第二 SRS，所述映射规则用于确定所述第一频域资源与所述第二频域资源的对应关系；

所述终端设备在所述第一频域资源上向网络设备发送所述第一 SRS；

所述第一指示信息用于指示第三频域资源，所述第一频域资源为所述第三频域资源中的资源，所述第二指示信息用于确定第四频域资源中的第二频域资源和所述第二频域资源对应的第二 SRS，所述第三频域资源与所述第四频域资源不同，所述映射规则用于指示所述第三频域资源与所述第四频域资源的对应关系。

2. 根据权利要求 1 所述的方法，其特征在于，所述映射规则为所述第三频域资源所包括的资源单元与所述第四频域资源所包括的资源单元按顺序对应的规则，其中，所述第一频域资源为所述第三频域资源中与所述第二频域资源具有对应关系的频域资源，所述第一 SRS 为所述第一频域资源对应的第二频域资源所对应的 SRS。

3. 根据权利要求 1 所述的方法，其特征在于，所述映射规则为所述第三频域资源所包括的资源单元与所述第二频域资源所包括的，且与所述第三频域资源具有相同频域位置的资源单元对应的规则，其中，所述第一频域资源为所述第三频域资源中与所述第二频域资源具有对应关系的资源，所述第一 SRS 为所述第一频域资源对应的第二频域资源所对应的 SRS。

4. 根据权利要求 1 至 3 任一项所述的方法，其特征在于，所述第一指示信息为与第五频域资源对应的比特位图，所述比特位图中的比特位用于指示所述第五频域资源中的第三频域资源。

5. 根据权利要求 1 至 3 任一项所述的方法，其特征在于，所述第一指示信息包括至少一个资源指示信息，每个所述资源指示信息用于指示一个资源单元或多个连续的资源单元，所述第三频域资源包括各所述资源指示信息所指示的资源单元。

6. 根据权利要求 1 至 3 任一项所述的方法，其特征在于，所述终端设备根据第一指示信息、第二指示信息和映射规则确定在第一频域资源上发送的第一探测参考信号 SRS，包括：

所述终端设备根据所述第一指示信息、所述第二指示信息、所述映射规则和跳频规则，确定在所述第一频域资源上发送的第一 SRS；其中，所述跳频规则用于指示每一跳对应的第二频域资源。

7. 一种参考信号传输方法，其特征在于，包括：

网络设备向终端设备发送第一指示信息、第二指示信息和映射规则，其中，所述第一指示信息用于确定第一频域资源，所述第二指示信息用于确定第二频域资源和所述第二频域资源对应的第二 SRS，所述映射规则用于确定所述第一频域资源与所述第二频域资源的对应关系；

所述网络设备在所述第一频域资源上从所述终端设备接收第一 SRS；

所述第一指示信息用于指示第三频域资源，所述第一频域资源为所述第三频域资源中的资源，所述第二指示信息用于确定第四频域资源中的第二频域资源和所述第二频域资源对应的第二 SRS，所述第三频域资源与所述第四频域资源不同，所述映射规则用于指示所述第三频域资源与所述第四频域资源的对应关系。

8. 根据权利要求 7 所述的方法，其特征在于，所述映射规则为所述第三频域资源所包括的资源单元与所述第四频域资源所包括的资源单元按顺序对应的规则，其中，所述第一频域资源为所述第三频域资源中与所述第二频域资源具有对应关系的频域资源，所述第一 SRS 为所述第一频域资源对应的第二频域资源所对应的 SRS。

9. 根据权利要求 7 所述的方法，其特征在于，所述映射规则为所述第三频域资源所包括的资源单元与所述第二频域资源所包括的，且与所述第三频域资源具有相同频域位置的资源单元对应的规则，其中，所述第一频域资源为所述第三频域资源中与所述第二频域资源具有对应关系的资源，所述第一 SRS 为所述第一频域资源对应的第二频域资源所对应的 SRS。

权 利 要 求 书

10. 根据权利要求 7 至 9 任一项所述的方法，其特征在于，所述第一指示信息为与第五频域资源对应的比特位图，所述比特位图中的比特位用于指示所述第五频域资源中的第三频域资源。

11. 根据权利要求 7 至 9 任一项所述的方法，其特征在于，所述第一指示信息包括至少一个资源指示信息，每个所述资源指示信息用于指示一个资源单元或多个连续的资源单元，所述第三频域资源包括各所述资源指示信息所指示的资源单元。

12. 根据权利要求 7 至 9 任一项所述的方法，其特征在于，所述网络设备向终端设备发送第一指示信息、第二指示信息和映射规则，包括：

所述网络设备向终端设备发送所述第一指示信息、所述第二指示信息、所述映射规则和跳频规则；其中，所述跳频规则用于指示每一跳对应的第二频域资源。

13. 一种终端设备，其特征在于，包括：

处理模块，用于根据第一指示信息、第二指示信息和映射规则确定第一频域资源和在所述第一频域资源上发送的第一探测参考信号 SRS，其中，所述第一指示信息用于确定第一频域资源，所述第二指示信息用于确定第二频域资源和所述第二频域资源对应的第二 SRS，所述映射规则用于确定所述第一频域资源与所述第二频域资源的对应关系；

发送模块，用于在所述第一频域资源上向网络设备发送所述第一 SRS；

所述第一指示信息用于指示第三频域资源，所述第一频域资源为所述第三频域资源中的资源，所述第二指示信息用于确定第四频域资源中的第二频域资源和所述第二频域资源对应的第二 SRS，所述第三频域资源与所述第四频域资源不同，所述映射规则用于指示所述第三频域资源与所述第四频域资源的对应关系。

14. 根据权利要求 13 所述的终端设备，其特征在于，所述映射规则为所述第三频域资源所包括的资源单元与所述第四频域资源所包括的资源单元按顺序对应的规则，其中，所述第一频域资源为所述第三频域资源中与所述第二频域资源具有对应关系的频域资源，所述第一 SRS 为所述第一频域资源对应的第二频域资源所对应的 SRS。

15. 根据权利要求 13 所述的终端设备，其特征在于，所述映射规则为所述第三频域资源所包括的资源单元与所述第二频域资源所包括的，且与所述第三频域资源具有相同频域位置的资源单元对应的规则，其中，所述第一频域资源为所述第三频域资源中与所述第二频域资源具有对应关系的资源，所述第一 SRS 为所述第一频域资源对应的第二频域资源所对应的 SRS。

16. 根据权利要求 13 至 15 任一项所述的终端设备，其特征在于，所述第一指示信息为与第五频域资源对应的比特位图，所述比特位图中的比特位用于指示所述第五频域资源中的第三频域资源。

17. 根据权利要求 13 至 15 任一项所述的终端设备，其特征在于，所述第一指示信息包括至少一个资源指示信息，每个所述资源指示信息用于指示一个资源单元或多个连续的资源单元，所述第三频域资源包括各所述资源指示信息所指示的资源单元。

18. 一种网络设备，其特征在于，包括：

发送模块，用于向终端设备发送第一指示信息、第二指示信息和映射规则，其中，所述第一指示信息用于确定第一频域资源，所述第二指示信息用于确定第二频域资源和所述第二频域资源对应的第二 SRS，所述映射规则用于确定所述第一频域资源与所述第二频域资源的对应关系；

接收模块，用于在所述第一频域资源上从所述终端设备接收第一 SRS；

所述第一指示信息用于指示第三频域资源，所述第一频域资源为所述第三频域资源中的资源，所述第二指示信息用于确定第四频域资源中的第二频域资源和所述第二频域资源对应的第二 SRS，所述第三频域资源与所述第四频域资源不同，所述映射规则用于指示所述第三频域资源与所述第四频域资源的对应关系。

19. 根据权利要求 18 所述的网络设备，其特征在于，所述映射规则为所述第三频域资源所包括的资源单元与所述第四频域资源所包括的资源单元按顺序对应的规则，其中，所述第一频域资源为所述第三频域资源中与所述第二频域资源具有对应关系的频域资源，所述第一 SRS 为所述第一频域资源对应的第二频域资源所对应的 SRS。

20. 根据权利要求 18 所述的网络设备，其特征在于，所述映射规则为所述第三频域资源所包括的资源单元与所述第二频域资源所包括的，且与所述第三频域资源具有相同频域位置的资源单元对应的规则，其中，所述第一频域资源为所述第三频域资源中与所述第二频域资源具有对应关系的资源，所述第一 SRS 为所述第一频域资源对应的第二频域资源所对应的 SRS。

21. 根据权利要求 18 至 20 任一项所述的网络设备，其特征在于，所述第一指示信息为与第五频域资源对应的比特位图，所述比特位图中的比特位用于指示所述第五频域资源中的第三频域资源。

22. 根据权利要求 18 至 20 任一项所述的网络设备，其特征在于，所述第一指示信息包括至少一个资源指示信息，每个所述资源指示信息用于指示一个资源单元或多个连续的资源单元，所述第三频域资源包括各所述资源指示信息所指示的资源单元。

23. 一种终端设备，其特征在于，包括：至少一个处理器和存储器；

所述存储器存储计算机执行指令；

所述至少一个处理器执行所述存储器存储的计算机执行指令，使得所述至少一个处理器执行如权利要求 1 至 6 任一项所述的方法。

24. 一种网络设备，其特征在于，包括：至少一个处理器和存储器；

所述存储器存储计算机执行指令；

所述至少一个处理器执行所述存储器存储的计算机执行指令，使得所述至少一个处理器执行如权利要求 7 至 12 任一项所述的方法。

25. 一种计算机可读存储介质，其特征在于，所述计算机可读存储介质中存储有计算机执行指令，当所述计算机执行指令被执行时，实现如权利要求 1 至 6 任一项所述的方法，或者，实现如权利要求 7 至 12 任一项所述的方法。

说 明 书

参考信号传输方法及设备

技术领域

[0001] 本申请实施例涉及通信技术领域,尤其涉及一种参考信号传输方法及设备。

背景技术

[0002] 探测参考信号(Sounding Reference Signal,SRS)是用于测量上行信道的一种参考信号。由终端设备发送上行的SRS,而网络设备可以基于终端设备发送的SRS进行上行信道测量,对各终端设备在不同频率上的上行信道质量进行估计,以便于为上行资源分配、调制编码配置、多天线传输参数设置等提供参考依据。

[0003] 目前,在新无线接入技术(New Radio,NR)系统中,终端设备用于发送SRS的频域资源为预定义的。具体地,在频域上无论是跳频发送SRS或者是非跳频发送SRS,终端设备用于发送SRS的频域资源均为预定义的资源块(Resource Block,RB)网格上的连续的RB资源。其中,连续的RB资源是从RB颗粒度考虑的,且该连续的RB资源的起始和终止位置也被预先定义好。

[0004] 然而,在NR未来的演进中,为终端设备配置的带宽资源可能包含若干离散的频段,或者包括非规则的可用的频段,这些离散的频段或者非规则的可用的频段无法用预定义的连续的RB资源进行覆盖,导致终端设备无法正常向网络设备发送SRS,或者导致终端设备发送的SRS无法覆盖所有可以用于数据传输的离散的频段或非规则的可用的频段,网络设备无法准确获知终端设备的上行信道质量。

发明内容

[0005] 本申请实施例提供一种参考信号传输方法及设备,网络设备能够准确获知终端设备的上行信道质量。

[0006] 第一方面,本申请实施例提供一种参考信号传输方法,包括:

[0007] 终端设备从网络设备接收第一指示信息、第二指示信息和映射规则,可选地,该映射规则也可以为终端设备与网络设备预先约定的,即网络设备不向终端设备发送该映射规则;

[0008] 终端设备根据第一指示信息、第二指示信息和映射规则确定第一频域资源和在所述第一频域资源上发送的第一探测参考信号SRS,其中,所述第一指示信息用于确定第一频域资源,该第一频域资源可以为离散的频域资源,也可以为连续的频域资源;所述第二指示信息用于确定第二频域资源和所述第二频域资源对应的第二SRS,该第二频域资源为连续的频域资源,即协议规定的可以用来传输SRS的资源,该第二SRS为在该连续的频域资源上承载的SRS;所述映射规则用于确定所述第一频域资源与所述第二频域资源的对应关系;该第一频域资源上承载的第一SRS即为与第一频域资源具有对应关系的第二频域资源对应的SRS;

[0009] 所述终端设备在所述第一频域资源上向网络设备发送所述第一SRS,网络设备可以对承载该第一SRS的信道进行估计,从而准确获知终端设备的上行信道质量。

[0010] 在一种可能的设计中,所述第一指示信息用于指示第三频域资源,所述第一频域资源为所述第三频域资源中的资源,即所述第一频域资源为所述第三频域资源的子集,所述第二指示信息用于确定第四频域资源中的第二频域资源和所述第二频域资源对应的第二SRS,第二频域资源为第四频域资源的子集;所述第三频域资源与所述第四频域资源不同,所述映射规则用于指示所述第三频域资源与所述第四频域资源的对应关系。

[0011] 在一种可能的设计中,所述映射规则为所述第三频域资源所包括的资源单元与所述第四频域资源所包括的资源单元按顺序对应的规则,其中,所述第一频域资源为所述第三频域资源中与所述第二频域资源具有对应关系的频域资源,所述第一SRS为所述第一频域资源对应的第二频域资

源所对应的 SRS。按顺序可以为按照资源单元的序号或索引的自然顺序，再或者，按顺序可以为按照频域资源的频域从低到高的顺序。

[0012] 在一种可能的设计中，所述映射规则为所述第三频域资源所包括的资源单元与所述第二频域资源所包括的，且与所述第三频域资源具有相同频域位置的资源单元对应的规则，其中，所述第一频域资源为所述第三频域资源中与所述第二频域资源具有对应关系的资源，所述第一 SRS 为所述第一频域资源对应的第二频域资源所对应的 SRS。

[0013] 在一种可能的设计中，所述第一指示信息为与第五频域资源对应的比特位图，所述比特位图中的比特位用于指示所述第五频域资源中的第三频域资源。

[0014] 在一种可能的设计中，所述第一指示信息包括至少一个资源指示信息，每个所述资源指示信息用于指示一个资源单元或多个连续的资源单元，所述第三频域资源包括各所述资源指示信息所指示的资源单元。该资源指示信息用于指示 {起始位置，结束位置}、{起始位置，长度}、{长度，结束位置} 等。可选地，该资源指示信息可以为资源指示值（Resource Indication Value，RIV）。该 RIV 值与一段连续的资源单元一一对应。

[0015] 在一种可能的设计中，第一指示信息包括至少一个列表信息，该列表信息用于指示可用的频域资源，第三频域资源包括列表信息中指示的资源。具体地，第一指示信息包括第一列表和第二列表，第一列表包括 N 个元素，每个元素指示一个起始位置，第二列表包括 N 个元素，每个元素指示一个结束位置，第一列表的第 i 个元素和第二列表的第 i 个元素可以确定一段连续的资源单元。当第一列表中的元素与第二列表中的元素均为多个时，则存在多段连续的资源单元，由此，第三频域资源是由至少一段连续的资源单元的并集组成。第一列表和第二列表也可以分别是指示起始位置和长度的列表，或者结束位置和长度的列表。终端设备可以根据第一指示信息中的列表信息确定第三频域资源。

[0016] 在一种可能的设计中，所述第二指示信息包括第一 SRS 带宽指示信息和第二 SRS 带宽指示信息，所述第一 SRS 带宽指示信息用于指示多个 SRS 带宽，所述第二 SRS 带宽指示信息用于指示所述多个 SRS 带宽中的一个。

[0017] 在一种可能的设计中，所述资源单元为资源块 RB、资源块组 RBG、资源粒子 RE，或资源粒子组 REG；所述终端设备从所述网络设备接收小区公共指示信息，该小区公共指示信息中携带第一指示信息、第二指示信息以及映射规则。

[0018] 在一种可能的设计中，所述资源单元为终端设备发送 SRS 的最小 RB 数对应的资源单元或者梳齿等级对应的 RE 数对应的资源单元，所述终端设备从所述网络设备接收用户特定指示信息，该用户特定指示信息中携带第一指示信息、第二指示信息以及映射规则。

[0019] 在一种可能的设计中，所述终端设备根据第一指示信息、第二指示信息和映射规则确定在第一频域资源上发送的第一探测参考信号 SRS，包括：

[0020] 所述终端设备根据所述第一指示信息、所述第二指示信息、所述映射规则和跳频规则，确定在所述第一频域资源上发送的第一 SRS；其中，所述跳频规则用于指示每一跳对应的第二频域资源。

[0021] 第二方面，本申请实施例提供一种参考信号传输方法，包括：

[0022] 网络设备向终端设备发送第一指示信息、第二指示信息和映射规则，其中，所述第一指示信息用于确定第一频域资源，所述第二指示信息用于确定第二频域资源和所述第二频域资源对应的第二 SRS，所述映射规则用于确定所述第一频域资源与所述第二频域资源的对应关系；

[0023] 所述网络设备在所述第一频域资源上从所述终端设备接收所述第一 SRS。

[0024] 在一种可能的设计中，所述第一指示信息用于指示第三频域资源，所述第一频域资源为所述第三频域资源中的资源，所述第二指示信息用于确定第四频域资源中的第二频域资源和所述第二频域资源对应的第二 SRS，所述第三频域资源与所述第四频域资源不同，所述映射规则用于指示所述第三频域资源与所述第四频域资源的对应关系。

[0025] 在一种可能的设计中,所述映射规则为所述第三频域资源所包括的资源单元与所述第四频域资源所包括的资源单元按顺序对应的规则,其中,所述第一频域资源为所述第三频域资源中与所述第二频域资源具有对应关系的频域资源,所述第一SRS为所述第一频域资源对应的第二频域资源所对应的SRS。

[0026] 在一种可能的设计中,所述映射规则为所述第三频域资源所包括的资源单元与所述第二频域资源所包括的,且与所述第三频域资源具有相同频域位置的资源单元对应的规则,其中,所述第一频域资源为所述第三频域资源中与所述第二频域资源具有对应关系的资源,所述第一SRS为所述第一频域资源对应的第二频域资源所对应的SRS。

[0027] 在一种可能的设计中,所述第一指示信息为与第五频域资源对应的比特位图,所述比特位图中的比特位用于指示所述第五频域资源中的第三频域资源。

[0028] 在一种可能的设计中,所述第一指示信息包括至少一个资源指示信息,每个所述资源指示信息用于指示一个资源单元或多个连续的资源单元,所述第三频域资源包括各所述资源指示信息所指示的资源单元。

[0029] 在一种可能的设计中,所述网络设备向终端设备发送第一指示信息、第二指示信息和映射规则,包括:

[0030] 所述网络设备向终端设备发送所述第一指示信息、所述第二指示信息、所述映射规则和跳频规则;其中,所述跳频规则用于指示每一跳对应的第二频域资源。

[0031] 第三方面,本申请实施例提供一种终端设备,包括:

[0032] 处理模块,用于根据第一指示信息、第二指示信息和映射规则确定第一频域资源和在所述第一频域资源上发送的第一探测参考信号SRS,其中,所述第一指示信息用于确定第一频域资源,所述第二指示信息用于确定第二频域资源和所述第二频域资源对应的第二SRS,所述映射规则用于确定所述第一频域资源与所述第二频域资源的对应关系;

[0033] 发送模块,用于在所述第一频域资源上向网络设备发送所述第一SRS。

[0034] 在一种可能的设计中,所述第一指示信息用于指示第三频域资源,所述第一频域资源为所述第三频域资源中的资源,所述第二指示信息用于确定第四频域资源中的第二频域资源和所述第二频域资源对应的第二SRS,所述第三频域资源与所述第四频域资源不同,所述映射规则用于指示所述第三频域资源与所述第四频域资源的对应关系。

[0035] 在一种可能的设计中,所述映射规则为所述第三频域资源所包括的资源单元与所述第四频域资源所包括的资源单元按顺序对应的规则,其中,所述第一频域资源为所述第三频域资源中与所述第二频域资源具有对应关系的频域资源,所述第一SRS为所述第一频域资源对应的第二频域资源所对应的SRS。

[0036] 在一种可能的设计中,所述映射规则为所述第三频域资源所包括的资源单元与所述第二频域资源所包括的,且与所述第三频域资源具有相同频域位置的资源单元对应的规则,其中,所述第一频域资源为所述第三频域资源中与所述第二频域资源具有对应关系的资源,所述第一SRS为所述第一频域资源对应的第二频域资源所对应的SRS。

[0037] 在一种可能的设计中,所述第一指示信息为与第五频域资源对应的比特位图,所述比特位图中的比特位用于指示所述第五频域资源中的第三频域资源。

[0038] 在一种可能的设计中,所述第一指示信息包括至少一个资源指示信息,每个所述资源指示信息用于指示一个资源单元或多个连续的资源单元,所述第三频域资源包括各所述资源指示信息所指示的资源单元。

[0039] 在一种可能的设计中,所述处理模块具体用于根据所述第一指示信息、所述第二指示信息、所述映射规则和跳频规则,确定在所述第一频域资源上发送的第一SRS;其中,所述跳频规则用于指示每一跳对应的第二频域资源。

[0040] 第四方面,本申请实施例提供一种网络设备,包括:

[0041] 发送模块，用于向终端设备发送第一指示信息、第二指示信息和映射规则，其中，所述第一指示信息用于确定第一频域资源，所述第二指示信息用于确定第二频域资源和所述第二频域资源对应的第二 SRS，所述映射规则用于确定所述第一频域资源与所述第二频域资源的对应关系；

[0042] 接收模块，用于在所述第一频域资源上从所述终端设备接收所述第一 SRS。

[0043] 在一种可能的设计中，所述第一指示信息用于指示第三频域资源，所述第一频域资源为所述第三频域资源中的资源，所述第二指示信息用于确定第四频域资源中的第二频域资源和所述第二频域资源对应的第二 SRS，所述第三频域资源与所述第四频域资源不同，所述映射规则用于指示所述第三频域资源与所述第四频域资源的对应关系。

[0044] 在一种可能的设计中，所述映射规则为所述第三频域资源所包括的资源单元与所述第四频域资源所包括的资源单元按顺序对应的规则，其中，所述第一频域资源为所述第三频域资源中与所述第二频域资源具有对应关系的频域资源，所述第一 SRS 为所述第一频域资源对应的第二频域资源所对应的 SRS。

[0045] 在一种可能的设计中，所述映射规则为所述第三频域资源所包括的资源单元与所述第二频域资源所包括的，且与所述第三频域资源具有相同频域位置的资源单元对应的规则，其中，所述第一频域资源为所述第三频域资源中与所述第二频域资源具有对应关系的资源，所述第一 SRS 为所述第一频域资源对应的第二频域资源所对应的 SRS。

[0046] 在一种可能的设计中，所述第一指示信息为与第五频域资源对应的比特位图，所述比特位图中的比特位用于指示所述第五频域资源中的第三频域资源。

[0047] 在一种可能的设计中，所述第一指示信息包括至少一个资源指示信息，每个所述资源指示信息用于指示一个资源单元或多个连续的资源单元，所述第三频域资源包括各所述资源指示信息所指示的资源单元。

[0048] 在一种可能的设计中，所述发送模块具体用于向终端设备发送所述第一指示信息、所述第二指示信息、所述映射规则和跳频规则；其中，所述跳频规则用于指示每一跳对应的第二频域资源。

[0049] 第五方面，本申请实施例提供一种终端设备，包括：至少一个处理器和存储器；

[0050] 所述存储器存储计算机执行指令；

[0051] 所述至少一个处理器执行所述存储器存储的计算机执行指令，使得所述至少一个处理器执行如上第一方面或第一方面各种可能的设计所述的方法。

[0052] 第六方面，本申请实施例提供一种网络设备，包括：至少一个处理器和存储器；

[0053] 所述存储器存储计算机执行指令；

[0054] 所述至少一个处理器执行所述存储器存储的计算机执行指令，使得所述至少一个处理器执行如上第二方面或第二方面各种可能的设计所述的方法。

[0055] 第七方面，本申请实施例提供一种计算机可读存储介质，所述计算机可读存储介质中存储有计算机执行指令，当所述计算机执行指令被执行时，实现如上第一方面或第一方面各种可能的设计所述的方法。

[0056] 第八方面，本申请实施例提供一种计算机可读存储介质，所述计算机可读存储介质中存储有计算机执行指令，当所述计算机执行指令被执行时，实现如上第二方面或第二方面各种可能的设计所述的方法。

[0057] 本申请实施例提供的参考信号传输方法，通过网络设备向终端设备发送第一指示信息、第二指示信息和映射规则；终端设备从网络设备接收第一指示信息、第二指示信息和映射规则，其中，第一指示信息用于确定第一频域资源，第二指示信息用于确定第二频域资源和第二频域资源对应的第二 SRS，映射规则用于确定第一频域资源与第二频域资源的对应关系。该映射规则也可以为终端设备与网络设备预先约定的，即网络设备不向终端设备发送该映射规则，网络设备向终端设备发送第一指示信息、第二指示信息即可。终端设备根据第一指示信息、第二指示信息和映射规则确

定第一频域资源和在第一频域资源上发送的第一 SRS，终端设备在第一频域资源上向网络设备发送第一 SRS，网络设备在第一频域资源上从终端设备接收第一 SRS，在不破坏 SRS 发送机制的基础上，使能了终端设备在不连续或非规则的第一频域资源上发送 SRS，网络设备可以接收终端设备发送的 SRS 用于估算信道质量，从而使得终端设备和网络设备可以在第一频域资源上传输数据，提升了系统传输性能。

附图说明

[0058] 图 1 示出了本申请实施例可能适用的一种网络架构；
[0059] 图 2 为本申请实施例提供的用于发送 SRS 的频域资源的示意图；
[0060] 图 3 为本申请实施例提供的跳频示意图；
[0061] 图 4 为本申请实施例提供的参考信号传输方法的信令流程图；
[0062] 图 5 为本申请实施例提供的比特位图的示意图；
[0063] 图 6 至图 18 为本申请实施例提供的资源映射示意图；
[0064] 图 19 为本申请实施例提供的终端设备的结构示意图；
[0065] 图 20 为本申请实施例提供的网络设备的结构示意图；
[0066] 图 21 为本申请实施例提供的终端设备的硬件示意图；
[0067] 图 22 为本申请实施例提供的网络设备的硬件示意图。

具体实施方式

[0068] 本申请实施例描述的网络架构以及业务场景是为了更加清楚地说明本申请实施例的技术方案，并不构成对于本申请实施例提供的技术方案的限定。本领域普通技术人员可知，随着网络架构的演变和新业务场景的出现，本申请实施例提供的技术方案对于类似的技术问题，同样适用。

[0069] 本申请实施例可以应用于无线通信系统，需要说明的是，本申请实施例提及的无线通信系统包括但不限于：窄带物联网系统（Narrow Band – Internet of Things，NB – IoT）、全球移动通信系统（Global System for Mobile Communications，GSM）、增强型数据速率 GSM 演进系统（Enhanced Data rate for GSM Evolution，EDGE）、宽带码分多址系统（Wideband Code Division Multiple Access，WCDMA）、码分多址 2000 系统（Code Division Multiple Access，CDMA2000）、时分同步码分多址系统（Time Division – Synchronization Code Division Multiple Access，TD – SCDMA），长期演进系统（Long Term Evolution，LTE）以及下一代 5G 移动通信系统 NR。

[0070] 下面结合图 1 对本申请实施例的可能的网络架构进行介绍。图 1 示出了本申请实施例可能适用的一种网络架构。如图 1 所示，本实施例提供的网络架构包括网络设备 101 和终端设备 102。

[0071] 其中，网络设备 101 是一种将终端接入到无线网络的设备，可以是全球移动通信（Global System of Mobile Communication，GSM）或码分多址（Code Division Multiple Access，CDMA）中的基站（Base Transceiver Station，BTS），也可以是宽带码分多址（Wideband Code Division Multiple Access，WCDMA）中的基站（NodeB，NB），还可以是长期演进（Long Term Evolution，LTE）中的演进型基站（Evolved Node B，简称 eNB 或 eNodeB），或者中继站或接入点，或者未来 5G 网络中的网络侧设备（例如基站）或未来演进的公共陆地移动网络（Public Land Mobile Network，PLMN）中的网络设备等，在此并不限定。图 1 示意性地绘出了一种可能的示意，以该网络设备 101 为基站为例进行了绘示。

[0072] 该终端设备 102 可以是无线终端也可以是有线终端，无线终端可以是指向用户提供语音和/或其他业务数据连通性的设备，具有无线连接功能的手持式设备，或连接到无线调制解调器的其他处理设备。无线终端可以经无线接入网（Radio Access Network，RAN）与一个或多个核心网进行通信，无线终端可以是移动终端，如移动电话（或称为"蜂窝"电话）和具有移动终端的计算机，例如，可以是便携式、袖珍式、手持式、计算机内置的或者车载的移动装置，它们与无线接入网交

换语言和/或数据。例如,个人通信业务(Personal Communication Service,PCS)电话、无绳电话、会话发起协议(Session Initiation Protocol,SIP)话机、无线本地环路(Wireless Local Loop,WLL)站、个人数字助理(Personal Digital Assistant,PDA)等设备。无线终端也可以称为系统、订户单元(Subscriber Unit)、订户站(Subscriber Station)、移动站(Mobile Station)、移动台(Mobile)、远程站(Remote Station)、远程终端(Remote Terminal)、接入终端(Access Terminal)、用户终端(User Terminal)、用户代理(User Agent),在此不作限定。

[0073] 图1示意性地绘出了一种可能的示意。其中,网络设备101和终端设备102A—102F组成一个通信系统。在该通信系统中,在终端设备102A—102F可以发送上行数据或信号给网络设备101,网络设备101需要接收终端设备102A—102F发送的上行数据或信号;网络设备101可以发送下行数据或信号给终端设备102A—102F,终端设备102A—102F需要接收网络设备101发送的下行数据或信号。此外,终端设备102D—102F也可以组成一个通信系统。在该通信系统中,网络设备101可以发送下行数据给终端设备102A、终端设备102B、终端设备102E等;终端设备102E也可以发送下行数据或信号给终端设备102D、终端设备102F。

[0074] 在新无线接入技术(New Access Technology,NR)中,网络设备需要获得终端设备的无线通信信道的信息,从而为资源分配、调制编码方法、多天线传输参数设置等提供参考依据。一种获得终端设备的上行信道信息的方法为,终端设备发送探测参考信号(Sounding Reference Signal,SRS),而网络设备通过对接收到的SRS进行检测,从而对各终端设备在不同频率上的上行信道质量进行估计。

[0075] 在NR中,SRS在频域上所占的频域资源是预定义划分好的,终端设备在发送SRS时要在预定义的资源块(Resource Block,RB)上发送。可选地,网络设备可配置终端设备的SRS频域资源。表1用于指示发送SRS的频域资源。

[0076] 表1

[0077]

C_{SRS}	$B_{SRS}=0$		$B_{SRS}=1$		$B_{SRS}=2$		$B_{SRS}=3$	
	$m_{SRS,0}$	N_0	$m_{SRS,1}$	N_1	$m_{SRS,2}$	N_2	$m_{SRS,3}$	N_3
0	4	1	4	1	4	1	4	1
1	8	1	4	2	4	1	4	1
2	12	1	4	3	4	1	4	1
3	16	1	4	4	4	1	4	1
……	……	……	……	……	……	……	……	……
13	48	1	24	2	12	2	4	3
……	……	……	……	……	……	……	……	……
48	192	1	64	3	16	4	4	4

[0078] 其中,B_{SRS}和C_{SRS}为带宽指示信息。为了便于说明,将C_{SRS}称为第一SRS带宽指示信息,将B_{SRS}称为第二SRS带宽指示信息。其中,C_{SRS}用于指示多个SRS带宽,B_{SRS}用于指示C_{SRS}指示的多个SRS带宽中的一个;也可以描述为B_{SRS}用于指示多个SRS带宽,C_{SRS}用于指示B_{SRS}指示的多个SRS带宽中的一个。本实施例对具体的描述不作特别限制,只要C_{SRS}和B_{SRS}可以共同指示一个SRS带宽即可。$m_{SRS,i}$表示在给定C_{SRS}下可配置给终端设备的最小SRS带宽,单位为RB。当$i=1$、2或3时,N_i代表当$B_{SRS}=i$时,$m_{SRS,i-1}$中包括的$m_{SRS,i}$的个数;当$i=0$时,N_i的取值固定为1。例如,以$C_{SRS}=13$的行为例,$N_1=2$,$m_{SRS,0}$指示的带宽为48(单位为RB的个数),$m_{SRS,1}$指示的带宽为24,而48正好分解成2个24;下一列$N_2=2$,因为24分解成2个12;下一列$N_3=3$,因为12分解成3个4。

[0079] 以表1中的$C_{SRS}=13$为例,结合图2对SRS的频域资源进行说明。图2为本申请实施例提供的用于发送SRS的频域资源的示意图。结合表1和图2所示,若配置为$B_{SRS}=0$,则在该配置下,终端设备发送SRS会占满所有48个RB,如图中第一行所示;若配置为$B_{SRS}=1$,则在该配置下,终端设备发送SRS会占48个RB中的低频24个RB或高频24个RB,如图中第二行所示(具体占低频的24个RB或高频的24个RB中的哪一个由其他参数确定);若配置为$B_{SRS}=2$,则在该配置下,终端设备发送SRS会占48个RB中划分成的4个长度为12RB的资源中的一个,如图中第三行所示(具体占哪一个由其他参数确定)对于$B_{SRS}=3$以及$B_{SRS}=4$类似,本实施例此处不再赘述。

[0080] 当 B_{SRS} 不等于 0 时，网络设备可以配置终端设备跳频发送 SRS。图 3 为本申请实施例提供的跳频示意图。如图 3 所示，$C_{SRS}=13$，$B_{SRS}=2$，n_{SRS} 为跳频的计数。通过跳频，可以使得较窄带宽的 SRS 信号遍历可配置的 SRS 的最大带宽的频率范围，从而让网络设备获知各终端设备在整个带宽的信道质量。相比较大带宽的 SRS 信号发送，假设发射总功率不变，较窄带宽的 SRS 信号在单位频率内的功率更大，网络设备的测量更准确，但需要发送更多的次数，获取整个带宽的信道质量所需要的时间较长。

[0081] 可见，NR 中，在频域上，无论跳频或者非跳频，终端发送的 SRS 所占的资源是在预定义的 RB 网格上的、连续的 RB 的资源。其中，本实施例中所涉及的连续和非连续是从 RB 颗粒度考虑的，而不是从资源粒子（Resource Element, RE）的频域颗粒度考虑的。其中，1 个 RB 包括 12 个子载波，1 个 RE 对应 1 个子载波；在子载波或者 RE 颗粒度上，SRS 可以是不连续的，例如 SRS 可以以梳齿（comb）进行发送，梳齿为 2，表示 SRS 每 2 个子载波占 1 个子载波，梳齿为 4，表示 SRS 每 4 个子载波占 1 个子载波；但从 RB 颗粒度上看，SRS 所占的 RB 是连续的。在一个 SRS 配置中，SRS 不能占非连续的 RB 资源；SRS 所占的资源也不能是任意起点、任意长度的 RB 资源，例如在图 2 的配置下，若把 48 个 RB 从低频到高频标记为 RB0—RB47，$B_{SRS}=2$，则在一次发送中，终端设备的 SRS 可能占 RB0—RB11 的资源，但不能占 RB2—RB13 的资源，该 RB2—RB13 即为非规则的频段。

[0082] 然而，在一些场景下，由于技术上（如深衰落频段）或商业因素（如属于不同运营商）的原因，可分配给终端设备的资源是离散的频域资源，或者连续的频谱资源与可配置发送 SRS 的频域资源不同的情况，这里离散的频域资源是从 RB 颗粒度考虑的。例如一个带宽部分（Bandwidth Part, BWP）可能包含若干离散的频段，或者一个载波（carrier）包含若干离散的频段，再或者该资源为非规则的频段 RB2—RB5，使得现有 SRS 的发送无法正常工作，导致网络设备无法准确获知终端设备的上行信道质量。

[0083] 基于此，本发明实施例提供一种参考信号传输方法，该方法通过映射规则，来指示可用 SRS 频域资源与原 SRS 频域资源的对应关系，根据该对应关系，来确定可用 SRS 频域资源上传输的 SRS。下面结合具体的实施例进行详细说明。

[0084] 图 4 为本申请实施例提供的参考信号传输方法的信令流程图。如图 4 所示，该方法包括：

[0085] S401：网络设备向终端设备发送第一指示信息、第二指示信息和映射规则；

[0086] S402：终端设备从网络设备接收第一指示信息、第二指示信息和映射规则，其中，第一指示信息用于确定第一频域资源，第二指示信息用于确定第二频域资源和第二频域资源对应的第二 SRS，映射规则用于确定第一频域资源与第二频域资源的对应关系；

[0087] S403：终端设备根据第一指示信息、第二指示信息和映射规则确定第一频域资源和在第一频域资源上发送的第一探测参考信号 SRS；

[0088] S404：终端设备在第一频域资源上向网络设备发送第一 SRS；

[0089] S405：网络设备在第一频域资源上从终端设备接收第一 SRS。

[0090] 网络设备给终端设备配置用于发送 SRS 的频域资源，终端设备根据配置的 SRS 的频域资源，向该网络设备发送 SRS。网络设备向终端设备发送第一指示信息、第二指示信息和映射规则，以实现对终端设备的资源配置。

[0091] 示例性的，网络设备可以向终端设备发送第一指示信息、第二指示信息和映射规则，终端设备可以从网络设备接收第一指示信息、第二指示信息和映射规则。具体地，网络设备可以同时发送也可以在不同的时间先后发送第一指示信息、第二指示信息和映射规则。或者，网络设备还可以将第一指示信息、第二指示信息和映射规则携带在一个或多个配置信息中发送。

[0092] 例如，该配置信息可以为无线资源控制（Radio Resource Control, RRC）信令，或者也可以是下行控制信息（Downlink Control Information, DCI）。本实施例对网络设备向终端设备发送第一指示信息、第二指示信息和映射规则的具体实现方式不作特别限制。可选地，该映射规则也可以为

终端设备与网络设备预先约定的，即网络设备不向终端设备发送该映射规则，网络设备向终端设备发送第一指示信息、第二指示信息即可。

[0093] 下面对第一指示信息和第二指示信息进行详细说明。

[0094] 其中，该第一指示信息用于确定第一频域资源。该第一频域资源可以为终端设备当前可用的用于发送SRS的资源。该第一频域资源可以为离散的频域资源，也可以为连续的频域资源。可选地，该第一指示信息可以直接指示该第一频域资源。可选地，该第一指示信息用于指示第三频域资源，而该第一频域资源为第三频域资源中的资源，即第一频域资源为第三频域资源的子集。同理，该第三频域资源为终端设备当前可用的用于发送SRS的资源。本实施例对第一指示信息所指示的内容不作特别限制，只要该第一指示信息用于确定第一频域资源，即终端设备可以根据该第一指示信息确定第一频域资源即可。

[0095] 第二指示信息用于确定第二频域资源和第二频域资源对应的第二SRS。示例性的，该第二频域资源和第二频域资源对应的第二SRS可以为根据协议确定的。该第二频域资源为连续的频域资源，即协议规定的可以用来传输SRS的资源，该第二SRS为在该连续的频域资源上承载的SRS。该第二指示信息可以包括用于指示第二频域资源和第二频域资源对应的第二SRS的信息。可选地，第二指示信息也可以用于确定第四频域资源中的第二频域资源和第二频域资源对应的第二SRS，该第二频域资源为第四频域资源的子集，例如，该第二指示信息可以包括用于指示第四频域资源中的前N个资源单元为第二频域资源以及该第二频域资源对应的第二SRS的信息。可选地，该第二指示信息还可以包括其他信息，终端设备根据该第二指示信息，来确定第二频域资源以及第二频域资源对应的第二SRS。

[0096] 示例性的，如上表1所示的实施例，该第二指示信息包括第一SRS带宽指示信息C_{SRS}和第二SRS带宽指示信息B_{SRS}，该第一SRS带宽指示信息用于指示多个SRS带宽，该第二SRS带宽指示信息用于指示第一SRS带宽指示信息指示的多个SRS带宽中的一个。其中，该多个SRS带宽中的一个为第二频域资源。终端设备根据第二指示信息可以确定第二频域资源对应的带宽$m_{SRS,i}$（$i=0,1,2,3$），根据该带宽$m_{SRS,i}$以及其他信息，例如梳齿信息等，可以确定第二SRS。

[0097] 在上述的各实施例中，所述的频域资源为包括至少一个资源单元的频域资源。该资源单元可以为资源块（Resource Block，RB）、资源块组（Resource Block Group，RBG）、资源粒子（Resource Element，RE），或资源粒子组（Resource Element Group，REG）。

[0098] 具体地，当资源单元为RBG时，考虑到SRS带宽总是4RB的整数倍，因此一个RBG中可以包括4个RB；或者，考虑到$m_{SRS,i}$表示在给定C_{SRS}下可配置给终端设备的最小SRS带宽，即用户特定$m_{SRS,i}$个RB，在给定C_{SRS}后SRS带宽总是$m_{SRS,i}$个RB的整数倍，因此RBG可以为$m_{SRS,i}$个RB。相比RB级别的指示，多RB（也即RBG）颗粒度的指示在保证了指示精度的前提下可以节省指示开销。

[0099] 颗粒度也可以是多个RE/REG（RE group）（如2RE，考虑到SRS以梳齿状传输，梳齿等级可以为2或4），或用户特定K_{TC}个RE，其中，K_{TC}表示梳齿等级。相比RE级别的指示，多个RE颗粒度的指示在保证了指示精度的前提下节省了指示开销。

[0100] 应注意，颗粒度为用户特定$m_{SRS,i}$个RB或用户特定K_{TC}个RE，适用于基于带宽部分（Bandwidth Part，BWP）的指示方式（每个终端设备的每个BWP分别配置指示信息和映射规则），因为不同终端设备所配置的最小SRS带宽或梳齿可以是不同的，无法用公共信息进行指示。

[0101] 在本实施例中，以资源单元为RB或RBG为例，进行详细说明，首先以RB为例对上述的第一指示信息的实现方式进行说明。

[0102] 在一种可能的示例中，第一指示信息为与第五频域资源对应的比特位图，比特位图中的比特位用于指示第五频域资源中的第三频域资源。图5为本申请实施例提供的比特位图的示意图。如图5所示，该比特位图可以为小区公共比特位图，即用于指示小区带宽中的第三频域资源。该比特位图还可以为分配给终端设备的带宽部分的比特位图。例如，图5所示的BWP1和BWP2。

[0103] 在图 5 中，阴影部分为可以作为第三频域资源的资源，比特 1 用于指示第三频域资源中的一个资源单元。例如，若终端设备配置在 BWP1 中进行传输，为了指示 BWP1 中可用于发送 SRS 的 RB，可以通过基于 BWP1 的比特位图 {1, 1, 0, 0, 1} 进行指示。若终端设备配置在小区带宽中传输，则可以通过小区公共比特位图 {0, 0, 1, 1, 0, 0, 1, 1, 1, 0, 0, 0, 0, 1, 0, 0} 进行指示。

[0104] 本领域技术人员可以理解，根据第三频域资源的不同，网络设备在向终端设备发送第一指示信息、第二指示信息以及映射规则时，会根据第三频域资源的资源单元而选择小区公共指示信息或用户特定指示信息。例如，对于小区公共比特位图，可以选择公共指示信息，对于 BWP1、BWP2 则可以选择用户特定指示信息。对于公共指示信息和用户特定指示信息的实现方式，本实施例此处不再赘述。

[0105] 在另一种可能的示例中，第一指示信息包括至少一个资源指示信息，每个资源指示信息用于指示一个资源单元或多个连续的资源单元，第三频域资源包括各资源指示信息所指示的资源单元。

[0106] 该资源指示信息可以用于指示 {起始位置，结束位置}、{起始位置，长度}、{长度，结束位置} 等。其中，{起始位置，结束位置} 对应以该起始位置为起点、以结束位置为终点之间的连续的资源；{起始位置，长度} 对应以该起始位置为起点的、指定长度的连续多个资源单元；{长度，结束位置} 对应以该结束位置为终点的、指定长度的连续多个资源单元。可选地，该资源指示信息可以为资源指示值（Resource Indication Value，RIV）。该一个 RIV 值与一段连续的资源单元一一对应。终端设备根据该资源指示值的可以确定起始位置和结束位置等。

[0107] 当 BWP 或小区带宽中存在多段连续的资源可以用于发送 SRS 时，该第一指示信息可以包括多个 RIV，或者多个 {起始位置，结束位置}，或者多个 {起始位置，长度}，所指示的可发送 SRS 的资源为这些多个 RIV 或者多个 {起始位置，结束位置} 或者多个 {起始位置，长度} 所指示的资源的并集。

[0108] 在又一种可能的示例中，第一指示信息包括至少一个列表信息，该列表信息用于指示可用的频域资源，第三频域资源包括列表信息中指示的资源。

[0109] 具体地，第一指示信息可以包括两个列表，例如一个包括 N 个元素的第一列表，每个元素指示一个起始位置，以及一个包括 N 个元素的第二列表，每个元素指示一个结束位置，第三频域资源为由第一列表的第 i 个元素和第二列表的第 i 个元素共同确定的一段连续的 {起始位置，结束位置} 资源组成的并集，$i = 1, 2, \ldots, N$。第一列表和第二列表也可以分别是指示起始位置和长度的列表，或者结束位置和长度的列表。终端设备可以根据第一指示信息中的列表信息确定第三频域资源。

[0110] 下面对映射规则进行详细说明。

[0111] 该映射规则用于确定第一频域资源与第二频域资源的对应关系。

[0112] 在一些场景下，该映射规则可以直接指示第一频域资源与第二频域资源的对应关系。例如，第一指示信息指示的频域资源所包括的资源单元的数量与第二指示信息所指示的频域资源所包括的资源单元的数量一致时，该映射规则可以直接指示第一频域资源与第二频域资源的对应关系。对于其他场景，本实施例此处不再赘述。

[0113] 在另一些场景下，该映射规则用于指示第三频域资源与第四频域资源的对应关系，终端设备根据映射规则，可以确定第一频域资源与第二频域资源的对应关系。

[0114] 一种可能的映射规则

[0115] 在一种可能的实现方式中，映射规则为第三频域资源所包括的资源单元与第四频域资源所包括的资源单元按顺序对应的规则，其中，第一频域资源为第三频域资源中与第二频域资源具有对应关系的频域资源，第一 SRS 为第一频域资源对应的第二频域资源所对应的 SRS。

[0116] 在本实施例中，若第一频域资源为第三频域资源的全集，第二频域资源为第四频域资源

的全集时，则映射规则具体为第一频域资源所包括的资源单元与第二频域资源所包括的资源单元按顺序对应的规则，第一SRS为第一频域资源对应的第二频域资源所对应的SRS。

[0117] 在本实施例中，按顺序可以为按照资源单元的序号或索引的自然顺序，再或者，按顺序可以为按照频域资源的频域从低到高的顺序。

[0118] 例如，以资源单元为RB为例，第四频域资源包括的N个资源单元按从低频到高频的顺序标识为RB_i，$i=0,1,2,\ldots\ldots N-1$，第三频域资源包括的M个资源单元按从低频到高频的顺序标识为RB_j，$j=0,1,2,\ldots\ldots M-1$，且第三频域资源可在第五频域资源中按从低频到高频的顺序标识为RB_{Aj}，$j=0,1,2,\ldots\ldots M-1$，其中Aj表示第三频域资源的第j个资源单元在第五频域资源中的索引；则相应的映射规则为，第四频域资源的第i个资源单元RB_i对应第三频域资源的第i个资源单元的RB_i，且该资源单元在第五频域资源中的索引为Ai，$i=0,1,2,\ldots\ldots \min\{N,M\}-1$。此时，若第二频域资源包括的$K$个资源单元在第四频域资源中标识为$RB_{Bk}$，$k=0,1,2,\ldots\ldots,K-1$，$K\leq N$，其中$Bk$表示第二频域资源的第$k$个资源单元在第四频域资源中对应的资源单元索引，则与第二频域资源对应的第一频域资源所包括的资源单元是在第三频域资源中索引为Bk的资源单元，且该资源单元在第五频域资源中对应索引为A_{Bk}的资源单元，$k=0,1,2,\ldots\ldots \min\{K,M\}-1$，且$Bk\leq M-1$。例如，在下述的图9实施例中，第四频域资源包括$RB_0$、$RB_1$、$RB_2$……$RB_5$，第二频域资源包括$RB_0$、$RB_1$、$RB_2$，且第四频域资源的$RB_3$、$RB_4$、$RB_5$分别与第二频域资源的$RB_0$、$RB_1$、$RB_2$对应（B0=3、B1=4、B2=5）；第五频域资源包括RB_0、RB_1、RB_2……RB_{15}，第三频域资源包括RB_0、RB_1、RB_2、RB_3、RB_4，且第五频域资源的RB_2、RB_3、RB_6、RB_7、RB_8分别与第三频域资源的RB_0、RB_1、RB_2、RB_3、RB_4对应（A0=2、A1=3、A2=6、A3=7、A4=8）；其中，第四频域资源的RB_0、RB_1、RB_2、RB_3、RB_4与第三频域资源的RB_0、RB_1、RB_2、RB_3、RB_4一一对应。在根据映射规则完成映射后，第一频域资源在第五频域资源中为RB_7、RB_8，分别对应第三频域资源的RB_3、RB_4，以及对应第二频域资源的RB_0、RB_1，第一频域资源上发送的SRS为第二频域资源RB_0、RB_1上对应的SRS。对于下述图6至图8以及图9而言，其实现方式类似，本实施例此处不再赘述。在本实施例中，各资源索引以0为起始点，可选地，各资源索引也可以采用1为起始点，该起始点可以为任意的整数，本实施例对各资源索引对应的起始点不作特别限制。

[0119] 在一种可能的情况中，$N=M$，此时第四频域资源中的每个资源单元都与第三频域资源中的每个资源单元一一对应。

[0120] 下面结合图6至图10进行详细说明。其中，每个方格表示4RB宽的资源，有数字的方格为第二频域资源，对应有第二SRS，有阴影的方格对应第三频域资源，资源单元之间的连线表示对应关系，箭线代表映射后第一频域资源上发送的第一SRS。

[0121] 如图6所示，第二频域资源（第四频域资源的全集）与第一频域资源（第三频域资源的全集）的数量相等，根据该映射规则，第二频域资源与第一频域资源按顺序依次对应。例如，1与第一个阴影块（序号为3的资源单元）对应，2与第二个阴影块（序号为4的资源单元）对应、3与第三个阴影块（序号为7的资源单元）对应……，在确定对应关系之后，第二频域资源上承载的第二SRS，则由与该第二频域资源对应的第一频域资源来承载，从而确定了第一频域资源上发送的第一SRS。

[0122] 如图7所示，若配置的第二频域资源（第四频域资源的全集）所包括的资源单元的数量大于第一频域资源（第三频域资源的全集）所包括的资源单元的数量，则第一SRS仅取第二SRS的部分进行发送，例如只在处于低频的资源单元上发送。例如，如图7所示，第二频域资源包括6个资源单元，而该第一频域资源包括5个资源单元，第一频域资源所包括的资源单元与第二频域资源所包括的资源单元按顺序对应，即第一频域资源所包括的所有资源单元与第二频域资源所包括的前5个资源单元按顺序对应，第一SRS为第一频域资源对应的第二频域资源所对应的SRS，即第二频域资源中的前5个资源单元对应的SRS，此时会导致第6个资源单元对应的SRS被丢弃。

[0123] 如图8所示，若配置的第二频域资源（第四频域资源单元的全集）所包括的资源单元的

数量小于第三频域资源所包括的资源单元的数量,则第二 SRS 仅在第三频域资源中的第一频域资源上发送。例如,如图 8 所示,第二频域资源包括 6 个资源单元,第三频域资源包括 7 个资源单元,第三频域资源所包括的资源单元与第二频域资源所包括的资源单元按顺序对应,则第三频域资源中的前 6 个资源单元与第二频域资源所包括的资源单元对应,则该第一频域资源为第三频域资源中的前 6 个频域单元,第一 SRS 则为第一频域资源对应的第二频域资源对应的 SRS。在图 8 中,第三频域资源中的最后一个资源单元中没有发送 SRS。

[0124] 如图 9 所示,第二频域资源为第四频域资源的子集,即第四频域资源的 6 个资源单元中后三个资源单元为第二频域资源。第三频域资源包括 5 个资源单元。第三频域资源所包括的资源单元与第四频域资源所包括的资源单元按顺序对应,则第三频域资源中的后两个资源单元与第二频域资源具有对应关系,即第三频域资源中的后两个频域资源为第一频域资源,第一 SRS 为第一频域资源对应的第二频域资源所对应的 SRS。

[0125] 在本实施例中,若考虑到跳频,则网络设备还可向终端设备发送跳频规则,或者预定义跳频规则,终端设备根据第一指示信息、第二指示信息、映射规则和跳频规则,确定在第一频域资源上发送的第一 SRS;其中,跳频规则用于指示每一跳对应的第二频域资源,跳频的实现方式可参见图 10 所示。

[0126] 如图 10 所示,SRS 的发送在 t 与 $t+1$ 时刻之间、$t+1$ 与 $t+2$ 时刻之间进行了跳频,且在 t 时刻为初始时刻,第二指示信息用于确定 t 时刻第四频域资源中的前两个资源单元为第二频域资源,映射规则用于指示 $t+1$ 时刻第四频域资源中的后两个资源单元为第二频域资源,以及 $t+2$ 时刻第四频域资源中的中间两个资源单元为第二频域资源。第一指示信息则指示了第三频域资源,即图 10 中阴影所指示的资源单元。

[0127] 在 t 时刻、$t+1$ 时刻以及 $t+2$ 时刻,映射规则均可采用上述的图 6 至图 9 所示的方式,映射后得到的结果可如图 10 所示,部分阴影被数字填充,该些被数字填充资源单元即为与第二频域资源对应的第一频域资源,该第一频域资源对应的第二频域资源所对应的 SRS 即为第一 SRS。

[0128] 另一种可能的映射规则

[0129] 映射规则为第三频域资源所包括的资源单元与第二频域资源所包括的,且与第三频域资源具有相同频域位置的资源单元对应的规则,其中,第一频域资源为第三频域资源中与第二频域资源具有对应关系的资源,第一 SRS 为第一频域资源对应的第二频域资源所对应的 SRS。

[0130] 在本实施例中,若第二频域资源为第四频域资源的全集,第一频域资源为第三频域资源的全集时,则映射规则具体为第一频域资源所包括的资源单元与第二频域资源所包括的,且与第一频域资源具有相同频域位置的资源单元对应的规则。

[0131] 在本实施例中,相同频域位置可以为绝对频域相同,即两个资源单元具有相同的频率,或对于同一个频域参考点具有相同的频率偏移;相同频域位置也可以为相对频域相同,其中,相对频域相同是指两个资源单元相对于各自的频域参考点具有相同的相对频率偏移,或具有相同的频域序号或索引。

[0132] 下面结合图 11 至图 16 进行详细说明。其中,每个方格表示 4RB 宽的资源,有数字的方格为第二频域资源,对应有第二 SRS,有阴影的方格对应第三频域资源,资源单元之间的连线表示对应关系,箭线代表映射后第一频域资源上发送的第一 SRS。

[0133] 如图 11 所示,第二频域资源为第四频域资源的全集,第一频域资源为第三频域资源的全集,根据该映射规则,第一频域资源所包括的资源单元与第二频域资源所包括的,且与第一频域资源具有相同频域位置的资源单元对应。由图 11 可知,第二频域资源中序号为 3、4、7、8、9、14 的资源单元与第一频域资源中的资源单元在绝对频域上具有相同频域位置。第一频域资源所对应的第二频域资源所对应的 SRS 即为第一 SRS,即第二频域资源中序号为 3、4、7、8、9、14 的资源单元所对应的 SRS 即为第一 SRS。

[0134] 如图 12 所示,第二频域资源为第四频域资源的子集,第四频域资源所包括的 16 个资源单

元中有 4 个资源单元为第二频域资源。根据该映射规则，第三频域资源所包括的资源单元与第二频域资源所包括的，且与第三频域资源具有相同频域位置的资源单元对应。由图 12 可知，第二频域资源所包括的资源单元中的前两个资源单元与第三频域资源所包括的资源单元在绝对频域上具有相同频域位置。其中，第一频域资源为第三频域资源中与第二频域资源具有对应关系的资源，即第三频域资源中的后两个资源单元为第一频域资源，该第一频域资源对应的第二频域资源所对应的 SRS 即为第一 SRS。

[0135] 如图 13 所示，位于同一虚线上的第三频域资源的资源单元与第四频域资源的资源单元具有相同的绝对频域位置，但本申请实施例同样适用于通过相对频域位置进行对应的场景，此时第三频域资源以及第四频域资源的频率参考点分别如图 13 中的粗箭头所示。第三频域资源所包括的资源单元以及第二频域资源所包括的资源单元相对于各自的频率参考点具有相同的相对频率偏移，或具有相同的频域序号或索引，则具有相同的相对频域位置。由图 13 可知，第三频域资源中的后两个资源单元与第二频域资源的前两个资源单元具有相同的相对频域位置。其中，第一频域资源为第三频域资源中与第二频域资源具有对应关系的资源，即第三频域资源中的后两个资源单元为第一频域资源，该第一频域资源对应的第二频域资源所对应的 SRS 即为第一 SRS。

[0136] 在本实施例中，若考虑到跳频，则网络设备还向终端设备发送跳频规则，或者网络设备和终端设备预定义跳频规则，终端设备根据第一指示信息、第二指示信息、映射规则和跳频规则，确定在第一频域资源上发送的第一 SRS；其中，跳频规则用于指示每一跳对应的第二频域资源。跳频的实现方式可参见图 14 至图 16 所示。

[0137] 如图 14 所示，SRS 的发送在 t 与 $t+1$ 时刻之间、$t+1$ 与 $t+2$ 时刻之间进行了跳频，且在 t 时刻为初始时刻，第二指示信息用于确定 t 时刻第四频域资源中的前四个资源单元为第二频域资源，映射规则用于指示 $t+1$ 时刻第四频域资源中的后四个资源单元为第二频域资源，以及 $t+2$ 时刻第四频域资源中的第 5 至第 8 个资源单元为第二频域资源。第一指示信息则指示了第三频域资源，即图 14 中阴影所指示的资源单元。

[0138] 在 t 时刻、$t+1$ 时刻以及 $t+2$ 时刻，映射规则均可采用上述的图 11 至图 13 所示的方式，映射后得到的结果可如图 14 所示，部分阴影被数字填充，该些被数字填充的资源单元即为第一频域资源，第一频域资源为第三频域资源中与第二频域资源具有对应关系的资源，第一 SRS 为第一频域资源对应的第二频域资源所对应的 SRS。

[0139] 如图 15 所示，其与图 14 所不同的是在跳频时，在某一跳中，可能出现发送 SRS 的频域资源全部都不属于第三频域资源。若不对跳频规则进行优化，则可能发生"在某一跳中完全没有发送 SRS"的情况。在图 15 中，图里第二行（$t+1$ 时刻，$n_{SRS}=k+1$ 跳，n_{SRS} 为跳频计数）对应的跳频发送中由于 SRS 对应的频域资源均为不可发送 SRS 的资源，因此在时刻实际上没有任何 SRS 可发。

[0140] 在这种情况下，实际上是对"可发送 SRS 的时机"的浪费。针对这个问题，在跳频情况下，若终端设备在某次跳频发送中，第三频域资源无法发送任何第二 SRS，则终端设备立即令跳频计数 $n_{SRS}+1$，计算下一跳第三频域资源中用于发送 SRS 的第一频域资源，直到第三频域资源中存在第一频域资源可用于发送至少一部分 SRS 为止（也即，如果 t 时刻对应的 n_{SRS} 对应的 SRS 存在第一频域资源，但在 $n_{SRS}+1$，……，$n_{SRS}+k-1$ 跳中对应 SRS 的资源均不存在第一频域资源，而在 $n_{SRS}+k$ 时存在第一频域资源，则 $t+1$ 时刻终端设备会在与 $n_{SRS}+k$ 对应的第一频域资源上发送对应的 SRS）。如图 16 所示，在 $t+1$ 时刻，跳频计数为 $n_{SRS}=k+2$ 跳，而不是 $n_{SRS}=k+1$ 跳。在本实施例中，去掉了无效的发送时间，节省了发送 SRS 的时机和资源，降低了遍历全带宽的时间，使得网络设备可以更快速地获得终端设备在全带宽中的信道质量。

[0141] 在具体实现过程中，具体的映射规则并不限于上述所描述的映射规则，还可以有其他映射规则，例如，可以对上述的每种映射规则进行推演或变换得到新的映射规则，也可以对上述的两种映射规则结合起来进行推演或变换得到新的映射规则，本实施例对映射规则的具体实现方式不作

特别限制。又或者，终端设备和网络设备可以预先约定本发明中涉及的至少两种规则，网络设备可以通知终端设备使用其中一种规则用于 SRS 的发送。

[0142] 终端设备根据第一指示信息、第二指示信息及映射规则，即可得到第一频域资源及第一频域资源上发送的第一 SRS。本领域技术人员可以理解，该第一 SRS 为第二 SRS 的部分或全部。例如，当第一频域资源所包括的第一资源单元与第二频域资源所包括的第二资源单元具有对应关系，第一资源单元上发送的 SRS 即为第二资源单元对应的 SRS。

[0143] 进一步地，该第一 SRS 也可以为基于第二 SRS 的部分或全部的变换。例如，当第一频域资源所包括的第一资源单元与第二频域资源所包括的第二资源单元具有对应关系，第一资源单元上发送的 SRS 即为第二资源单元对应的 SRS 的变换，如共轭变换、逆序变换等等。

[0144] 本申请实施例提供的参考信号传输方法，通过网络设备向终端设备发送第一指示信息、第二指示信息和映射规则；终端设备从网络设备接收第一指示信息、第二指示信息和映射规则，其中，第一指示信息用于确定第一频域资源，第二指示信息用于确定第二频域资源和第二频域资源对应的第二 SRS，映射规则用于确定第一频域资源与第二频域资源的对应关系。该映射规则也可以为终端设备与网络设备预先约定的，即网络设备不向终端设备发送该映射规则，网络设备向终端设备发送第一指示信息、第二指示信息即可。终端设备根据第一指示信息、第二指示信息和映射规则确定第一频域资源和在第一频域资源上发送的第一 SRS，终端设备在第一频域资源上向网络设备发送第一 SRS，网络设备在第一频域资源上从终端设备接收第一 SRS，在不破坏 SRS 发送机制的基础上，使能了终端设备在不连续或非规则的的第一频域资源上发送 SRS，网络设备可以接收终端设备发送的 SRS 用于估算信道质量，从而使得终端设备和网络设备可以在第一频域资源上传输数据，提升了系统传输性能。

[0145] 在上述实施例的基础上，本申请实施例还适用于上行数据的发送过程。例如本发明也可用于上行数据发送中，如物理上行链路共享信道（Physical Uplink Shared Channel，PUSCH）的发送。在目前，PUSCH 的频域资源分配有两种类型，分别是类型 0 和类型 1。下面分别进行详细说明。

[0146] 类型 0：比特位图 Bitmap 方式的资源分配指示。

[0147] 在类型 0 的频域资源分配中，使用一个比特位图指示 RBG 的资源分配，该比特位图中的每个比特的取值指示了一个 RBG 是否分配给终端设备进行 PUSCH 传输。一个 RBG 中包括的 RB 数与 BWP 的带宽有关。

[0148] 类型 1：资源指示值 RIV 式的资源分配指示。

[0149] 在类型 1 的频域资源分配中，网络设备通过指示终端设备一个 RIV 值来指示分配给该终端的频域资源，该资源是连续的资源单元。

[0150] 在本申请中，上述的映射规则可以用于类型 0 或类型 1 的资源分配中。其中，对于类型 0，虽然它可以指示非连续的 RBG，一定程度上可以适配离散频谱上的数据发送，但是，它的指示颗粒度是 RBG，并且 RBG 颗粒度随着 BWP 带宽的增加而增加，不一定能精确适配离散频谱的实际可用 RB。因此，上述图 4 所示的实施例同样还可以应用到本实施例的类型 0 或类型 1 的资源分配中，用于指示上行数据的发送资源。下面结合图 17 和图 18 所示的实施例进行详细说明。

[0151] 如图 17 和图 18 所示，第四频域资源中有填充色的为第二频域资源，有阴影的为第三频域资源。图 17 采用的映射规则为第三频域资源所包括的资源单元与第四频域资源所包括的资源单元按顺序对应的规则，其中，第一频域资源为第三频域资源中与第二频域资源具有对应关系的频域资源。图 18 采用的映射规则为第三频域资源所包括的资源单元与第二频域资源所包括的，且与第三频域资源具有相同频域位置的资源单元对应的规则，其中，第一频域资源为第三频域资源中与第二频域资源具有对应关系的资源。上述的第一频域资源用于发送上行数据。可选地，该第一频域资源上发送的数据可以为对应的第二资源上所对应的数据。

[0152] 本申请实施例在不破坏上行数据发送机制的基础上，使能了终端设备在不连续或非规则

的第一频域资源上发送上行数据，网络设备可以接收终端设备发送的上行数据，提升了系统传输性能。

[0153]　图19为本申请实施例提供的终端设备的结构示意图。如图19所示，本申请实施例提供的终端设备190包括处理模块1901和发送模块1902。

[0154]　处理模块1901，用于根据第一指示信息、第二指示信息和映射规则确定第一频域资源和在所述第一频域资源上发送的第一探测参考信号SRS，其中，所述第一指示信息用于确定第一频域资源，所述第二指示信息用于确定第二频域资源和所述第二频域资源对应的第二SRS，所述映射规则用于确定所述第一频域资源与所述第二频域资源的对应关系；

[0155]　发送模块1902，用于在所述第一频域资源上向网络设备发送所述第一SRS。

[0156]　可选地，所述第一指示信息用于指示第三频域资源，所述第一频域资源为所述第三频域资源中的资源，所述第二指示信息用于确定第四频域资源中的第二频域资源和所述第二频域资源对应的第二SRS，所述第三频域资源与所述第四频域资源不同，所述映射规则用于指示所述第三频域资源与所述第四频域资源的对应关系。

[0157]　可选地，所述映射规则为所述第三频域资源所包括的资源单元与所述第四频域资源所包括的资源单元按顺序对应的规则，其中，所述第一频域资源为所述第三频域资源中与所述第二频域资源具有对应关系的频域资源，所述第一SRS为所述第一频域资源对应的第二频域资源所对应的SRS。

[0158]　可选地，所述映射规则为所述第三频域资源所包括的资源单元与所述第二频域资源所包括的，且与所述第三频域资源具有相同频域位置的资源单元对应的规则，其中，所述第一频域资源为所述第三频域资源中与所述第二频域资源具有对应关系的资源，所述第一SRS为所述第一频域资源对应的第二频域资源所对应的SRS。

[0159]　可选地，所述第一指示信息为与第五频域资源对应的比特位图，所述比特位图中的比特位用于指示所述第五频域资源中的第三频域资源。

[0160]　可选地，所述第一指示信息包括至少一个资源指示信息，每个所述资源指示信息用于指示一个资源单元或多个连续的资源单元，所述第三频域资源包括各所述资源指示信息所指示的资源单元。

[0161]　可选地，所述处理模块具体用于：根据所述第一指示信息、所述第二指示信息、所述映射规则和跳频规则，确定在所述第一频域资源上发送的第一SRS；其中，所述跳频规则用于指示每一跳对应的第二频域资源。

[0162]　本实施例提供的终端设备，可用于执行上述各实施例中终端设备所执行的方法，其实现原理和技术效果类似，本实施例此处不再赘述。

[0163]　图20为本申请实施例提供的网络设备的结构示意图。如图20所示，本申请实施例提供的网络设备200包括：发送模块2001和接收模块2002。

[0164]　发送模块2001，用于向终端设备发送第一指示信息、第二指示信息和映射规则，其中，所述第一指示信息用于确定第一频域资源，所述第二指示信息用于确定第二频域资源和所述第二频域资源对应的第二SRS，所述映射规则用于确定所述第一频域资源与所述第二频域资源的对应关系；

[0165]　接收模块2002，用于在所述第一频域资源上从所述终端设备接收所述第一SRS。

[0166]　可选地，所述第一指示信息用于指示第三频域资源，所述第一频域资源为所述第三频域资源中的资源，所述第二指示信息用于确定第四频域资源中的第二频域资源和所述第二频域资源对应的第二SRS，所述第三频域资源与所述第四频域资源不同，所述映射规则用于指示所述第三频域资源与所述第四频域资源的对应关系。

[0167]　可选地，所述映射规则为所述第三频域资源所包括的资源单元与所述第四频域资源所包括的资源单元按顺序对应的规则，其中，所述第一频域资源为所述第三频域资源中与所述第二频域

资源具有对应关系的频域资源，所述第一 SRS 为所述第一频域资源对应的第二频域资源所对应的 SRS。

[0168] 可选地，所述映射规则为所述第三频域资源所包括的资源单元与所述第二频域资源所包括的，且与所述第三频域资源具有相同频域位置的资源单元对应的规则，其中，所述第一频域资源为所述第三频域资源中与所述第二频域资源具有对应关系的资源，所述第一 SRS 为所述第一频域资源对应的第二频域资源所对应的 SRS。

[0169] 可选地，所述第一指示信息为与第五频域资源对应的比特位图，所述比特位图中的比特位用于指示所述第五频域资源中的第三频域资源。

[0170] 可选地，所述第一指示信息包括至少一个资源指示信息，每个所述资源指示信息用于指示一个资源单元或多个连续的资源单元，所述第三频域资源包括各所述资源指示信息所指示的资源单元。

[0171] 可选地，发送模块 2001 具体用于：向终端设备发送所述第一指示信息、所述第二指示信息、所述映射规则和跳频规则；其中，所述跳频规则用于指示每一跳对应的第二频域资源。

[0172] 本实施例提供的网络设备，可用于执行上述各实施例中网络设备所执行的方法，其实现原理和技术效果类似，本实施例此处不再赘述。

[0173] 图 21 为本申请实施例提供的终端设备的硬件示意图。如图 21 所示，该终端设备 210 包括至少一个处理器 2101 和存储器 2102。其中

[0174] 存储器 2102，用于存储计算机执行指令；

[0175] 处理器 2101，用于执行存储器存储的计算机执行指令，以实现上述实施例中终端设备所执行的各个步骤。具体可以参见前述方法实施例中的相关描述。

[0176] 可选地，存储器 2102 既可以是独立的，也可以跟处理器 2101 集成在一起。

[0177] 当所述存储器 2102 是独立于处理器 2101 之外的器件时，所述终端设备 210 还可以包括：总线 2103，用于连接所述存储器 2102 和处理器 2101。

[0178] 图 21 所示的终端设备 210 还可以进一步包括通信部件 2103，用于向网络设备发送第一 SRS，或者从网络设备接收配置参数。

[0179] 本实施例提供的终端设备，可用于执行上述各实施例中终端设备所执行的方法，其实现原理和技术效果类似，本实施例此处不再赘述。

[0180] 图 22 为本申请实施例提供的网络设备的硬件示意图。如图 22 所示，该网络设备 220 包括至少一个处理器 2201 和存储器 2202。其中

[0181] 存储器 2202，用于存储计算机执行指令；

[0182] 处理器 2201，用于执行存储器存储的计算机执行指令，以实现上述实施例中网络设备所执行的各个步骤。具体可以参见前述方法实施例中的相关描述。

[0183] 可选地，存储器 2202 既可以是独立的，也可以跟处理器 2201 集成在一起。

[0184] 当所述存储器 2202 是独立于处理器 2201 之外的器件时，所述网络设备 220 还可以包括：总线 2203，用于连接所述存储器 2202 和处理器 2201。

[0185] 图 22 所示的网络设备 220 还可以进一步包括通信部件 2203，用于向终端设备发送配置参数，或者从终端设备接收第一 SRS。

[0186] 本实施例提供的网络设备，可用于执行上述各实施例中网络设备所执行的方法，其实现原理和技术效果类似，本实施例此处不再赘述。

[0187] 在上述的实施例中，应理解，处理器可以是中央处理单元（Central Processing Unit，CPU），还可以是其他通用处理器、数字信号处理器（Digital Signal Processor，DSP）、专用集成电路（Application Specific Integrated Circuit，ASIC）等。通用处理器可以是微处理器或者该处理器也可以是任何常规的处理器等。结合发明所公开的方法的步骤可以直接体现为硬件处理器执行完成，或者用处理器中的硬件及软件模块组合执行完成。

[0188] 存储器可能包含高速 RAM 存储器，也可能还包括非易失性存储 NVM，例如至少一个磁盘存储器。

[0189] 总线可以是工业标准体系结构（Industry Standard Architecture，ISA）总线、外部设备互连（Peripheral Component，PCI）总线或扩展工业标准体系结构（Extended Industry Standard Architecture，EISA）总线等。总线可以分为地址总线、数据总线、控制总线等。为便于表示，本申请附图中的总线并不限定仅有一根总线或一种类型的总线。

[0190] 本申请实施例还提供一种计算机可读存储介质，所述计算机可读存储介质中存储有计算机执行指令，当所述计算机执行指令被执行时，执行如上终端设备所实现的方法。

[0191] 本申请实施例还提供一种计算机可读存储介质，所述计算机可读存储介质中存储有计算机执行指令，当所述计算机执行指令被执行时，执行如上网络设备所实现的方法。

[0192] 本申请实施例还提供一种计算机程序产品，所述计算机程序产品包括计算机程序代码，当所述计算机程序代码在计算机上运行时，使得计算机执行终端设备所实现的方法。

[0193] 本申请实施例还提供一种计算机程序产品，所述计算机程序产品包括计算机程序代码，当所述计算机程序代码在计算机上运行时，使得计算机执行网络设备所实现的方法。

[0194] 本申请实施例提供一种芯片，包括存储器和处理器，所述存储器用于存储计算机执行指令，所述处理器用于从所述存储器中调用并运行所述计算机执行指令，使得所述芯片执行如上终端设备所实现的方法。

[0195] 本申请实施例提供一种芯片，包括存储器和处理器，所述存储器用于存储计算机执行指令，所述处理器用于从所述存储器中调用并运行所述计算机执行指令，使得所述芯片执行如上网络设备所实现的方法。

[0196] 上述的计算机可读存储介质，上述可读存储介质可以是由任何类型的易失性或非易失性存储设备或者它们的组合实现，如静态随机存取存储器（SRAM）、电可擦除可编程只读存储器（EEPROM）、可擦除可编程只读存储器（EPROM）、可编程只读存储器（PROM）、只读存储器（ROM）、磁存储器、快闪存储器、磁盘或光盘。可读存储介质可以是通用或专用计算机能够存取的任何可用介质。

[0197] 一种示例性的可读存储介质耦合至处理器，从而使处理器能够从该可读存储介质读取信息，且可向该可读存储介质写入信息。当然，可读存储介质也可以是处理器的组成部分。处理器和可读存储介质可以位于专用集成电路（Application Specific Integrated Circuits，ASIC）中。当然，处理器和可读存储介质也可以作为分立组件存在于终端设备或网络设备中。

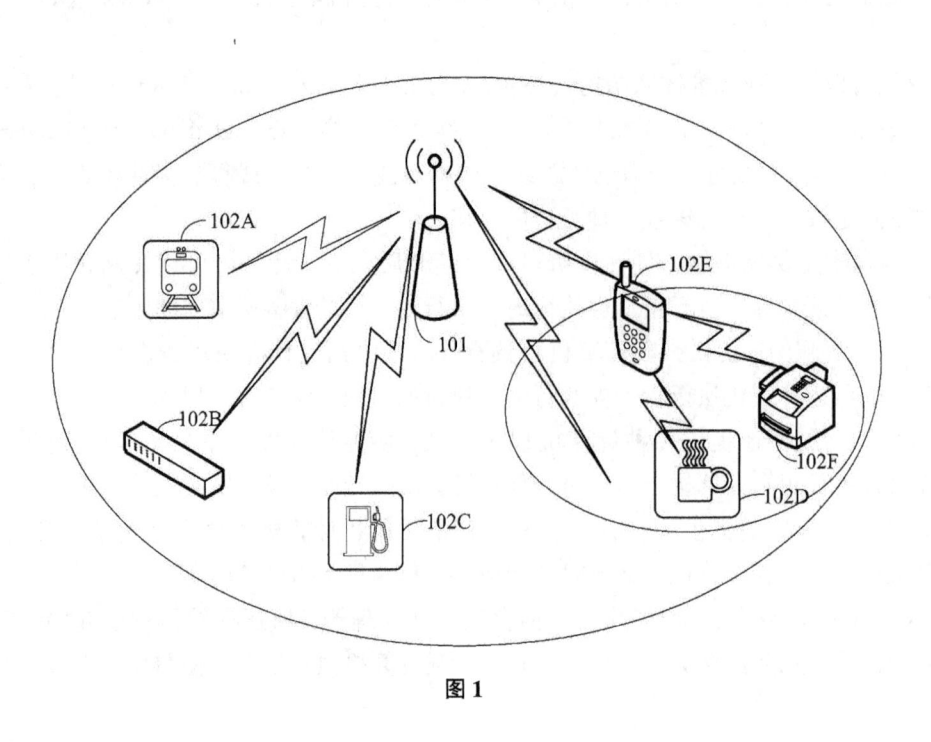

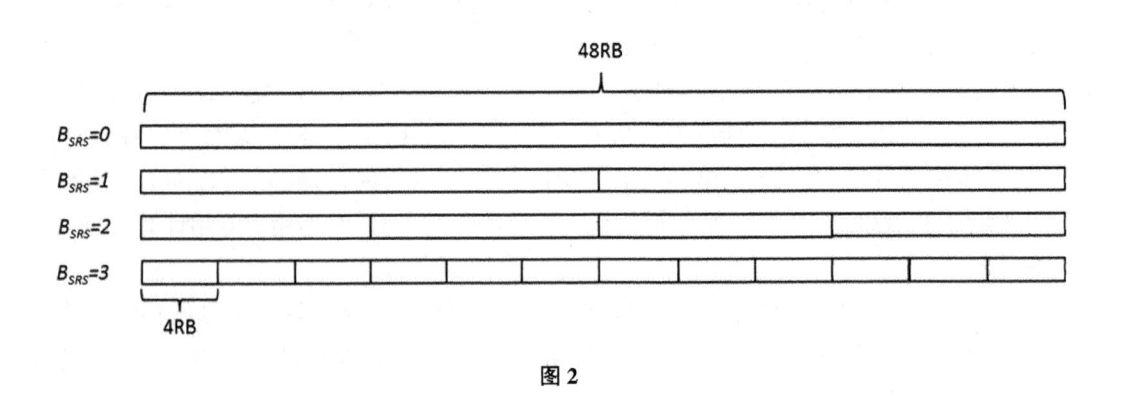

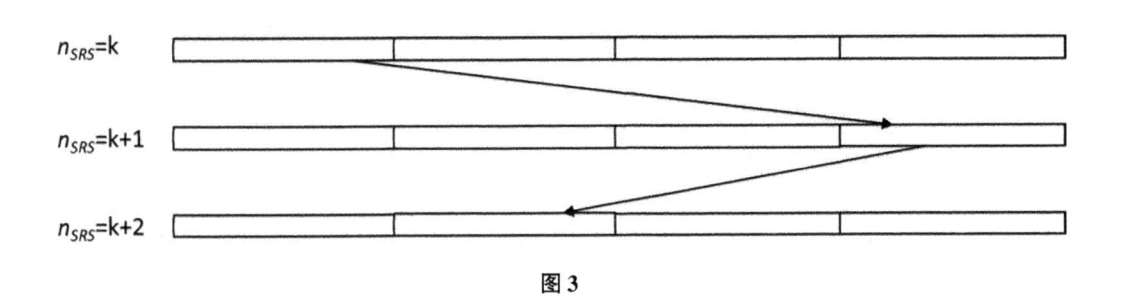

图 1

图 2

图 3

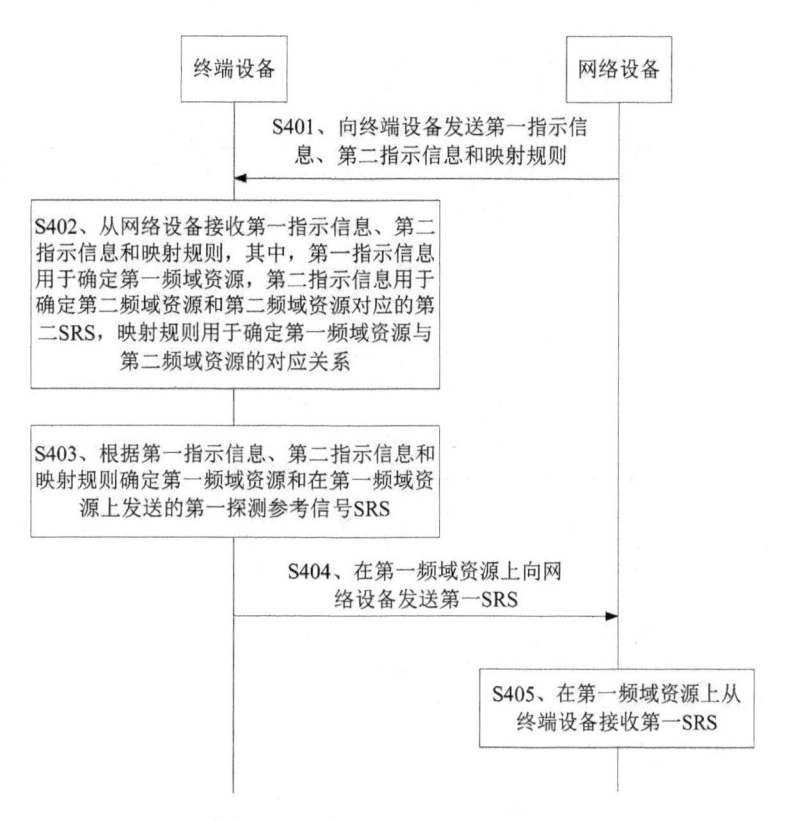

说 明 书 附 图

终端设备   网络设备

S401、向终端设备发送第一指示信息、第二指示信息和映射规则

S402、从网络设备接收第一指示信息、第二指示信息和映射规则，其中，第一指示信息用于确定第一频域资源，第二指示信息用于确定第二频域资源和第二频域资源对应的第二SRS，映射规则用于确定第一频域资源与第二频域资源的对应关系

S403、根据第一指示信息、第二指示信息和映射规则确定第一频域资源和在第一频域资源上发送的第一探测参考信号SRS

S404、在第一频域资源上向网络设备发送第一SRS

S405、在第一频域资源上从终端设备接收第一SRS

图 4

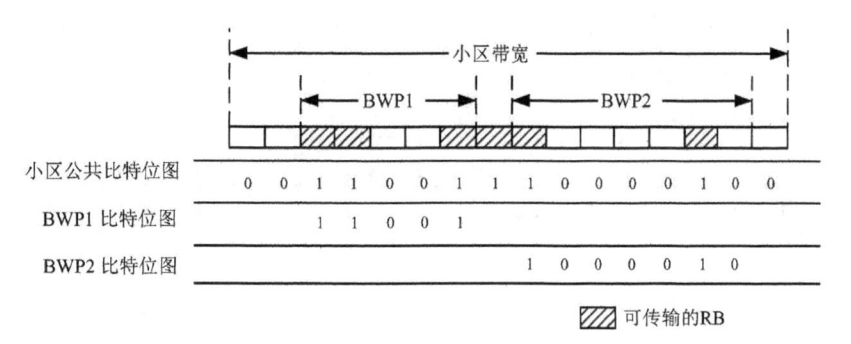

小区带宽　BWP1　BWP2

小区公共比特位图　0 0 1 1 0 0 1 1 1 0 0 0 0 1 0 0

BWP1 比特位图　1 1 0 0 1

BWP2 比特位图　1 0 0 0 0 1 0

▨ 可传输的RB

图 5

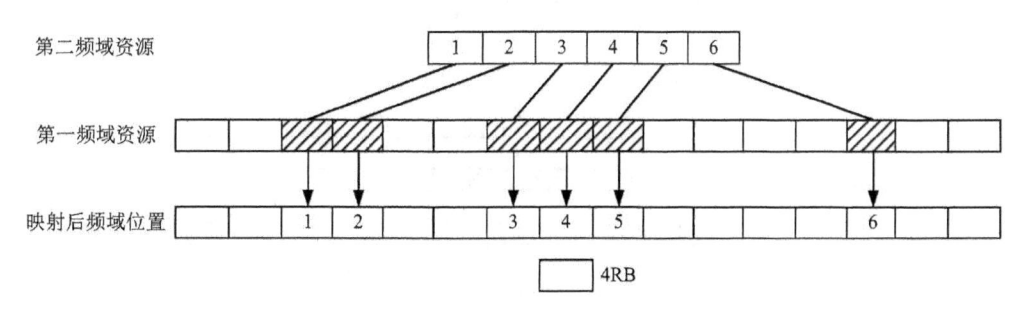

第二频域资源　1 2 3 4 5 6

第一频域资源

映射后频域位置　1 2   3 4 5   6

□ 4RB

图 6

· 467 ·

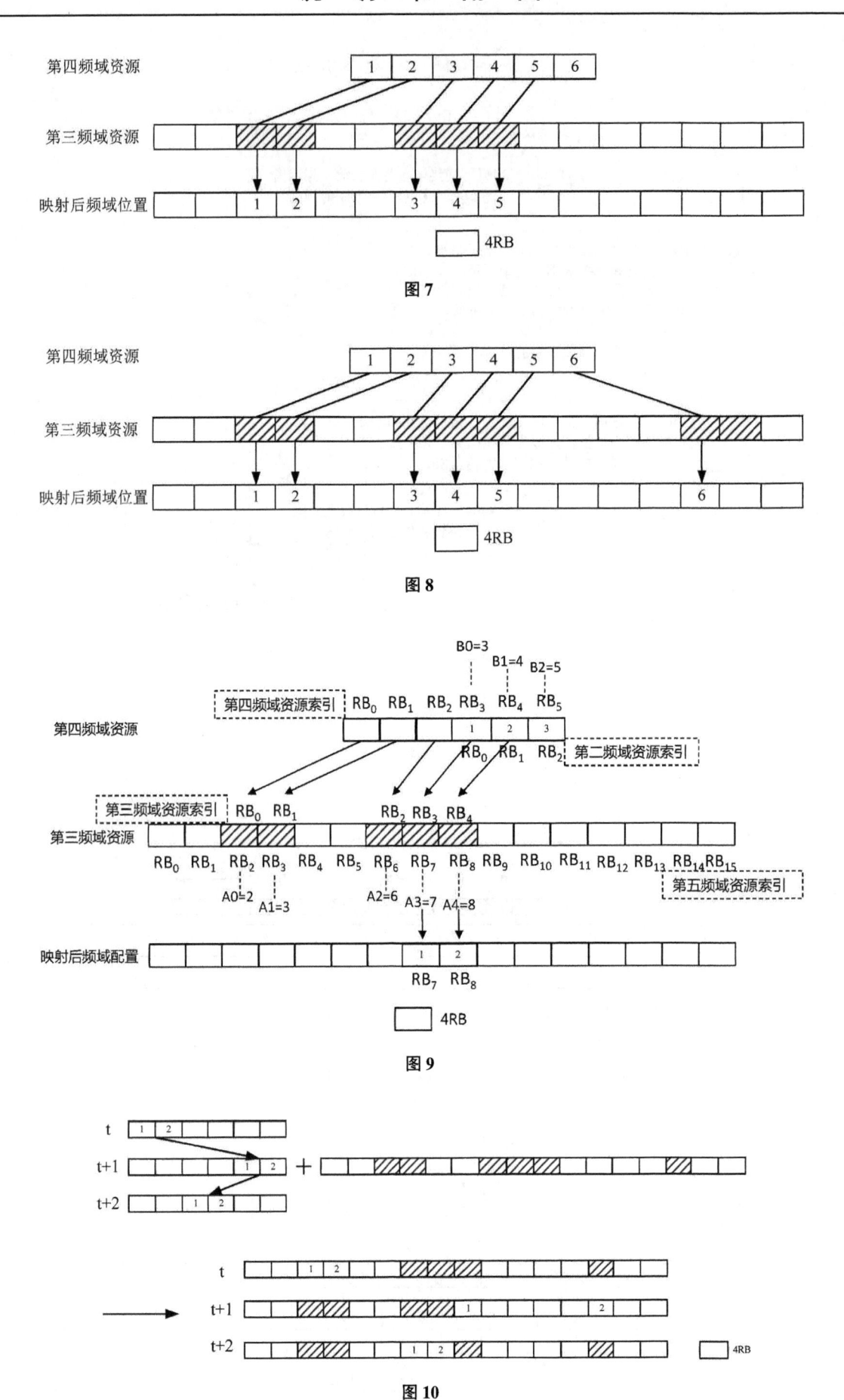

图 7

图 8

图 9

图 10

说 明 书 附 图

图 11

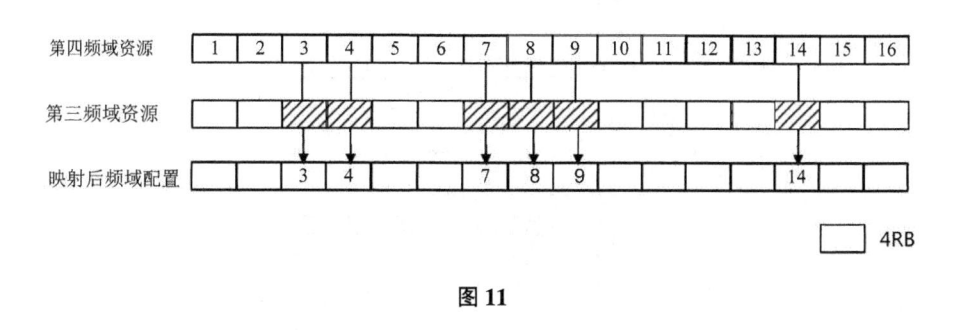

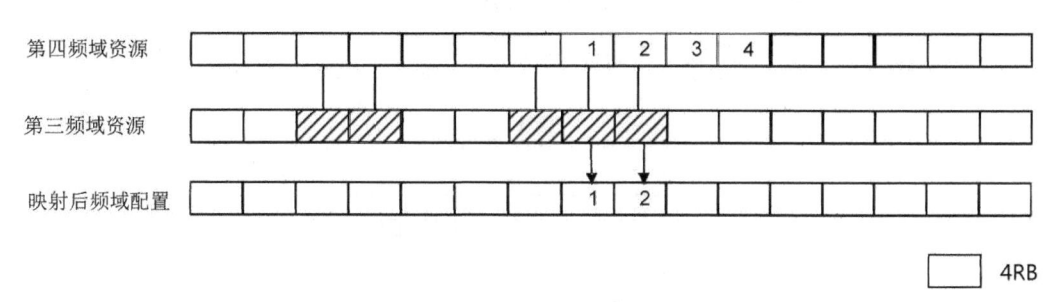

图 12

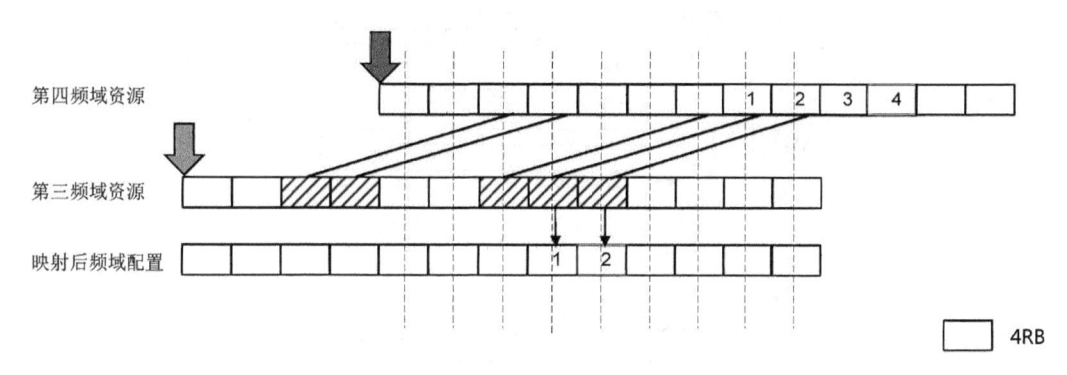

图 13

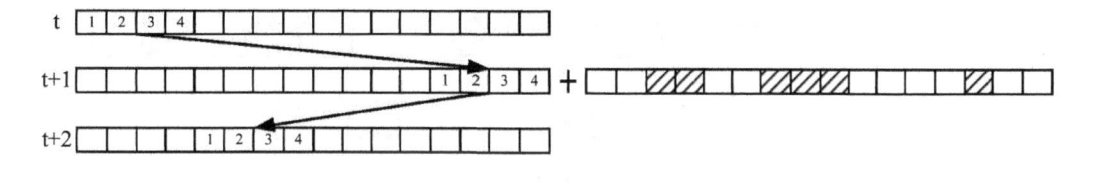

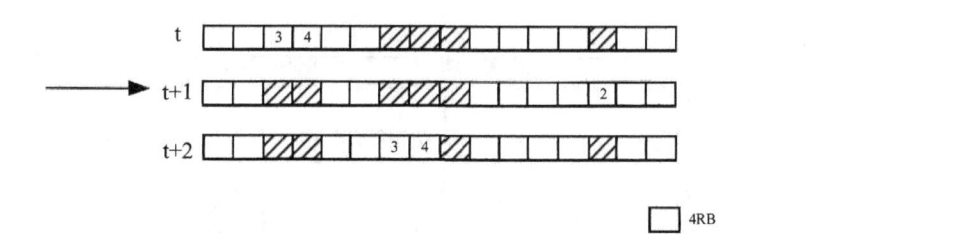

图 14

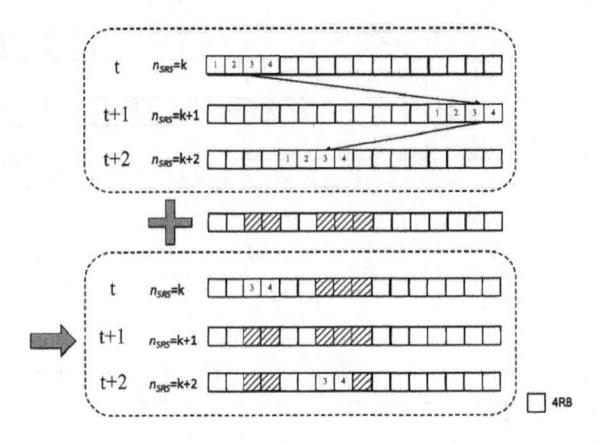

图 15

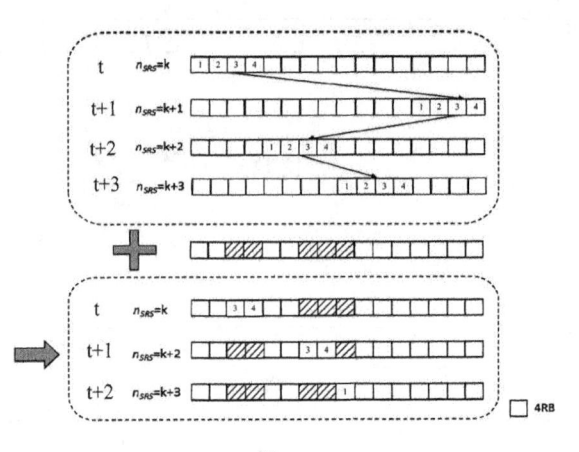

图 16

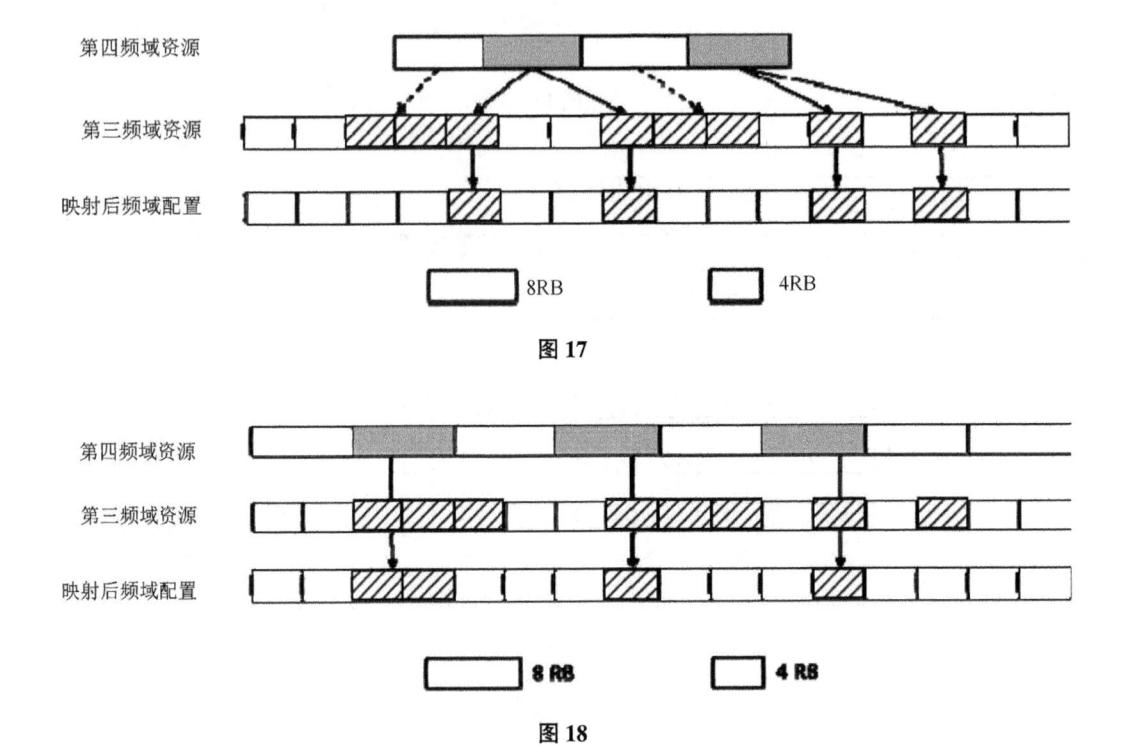

图 17

图 18

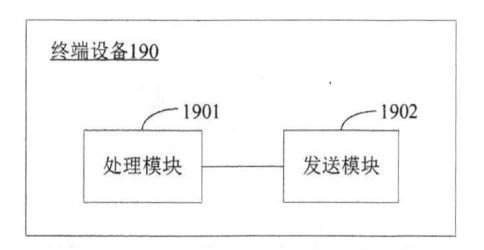

图 19

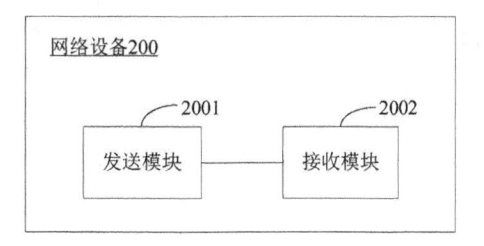

图 20

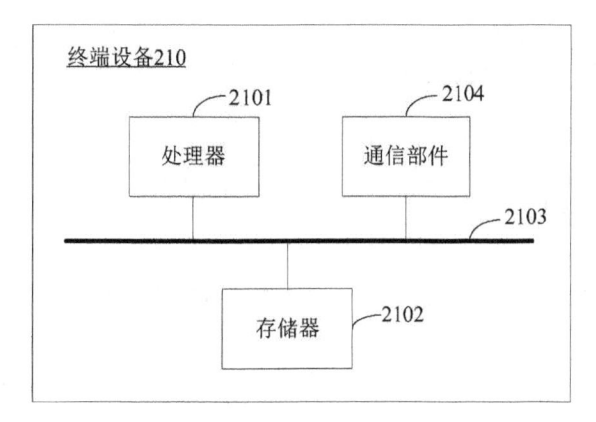

图 21

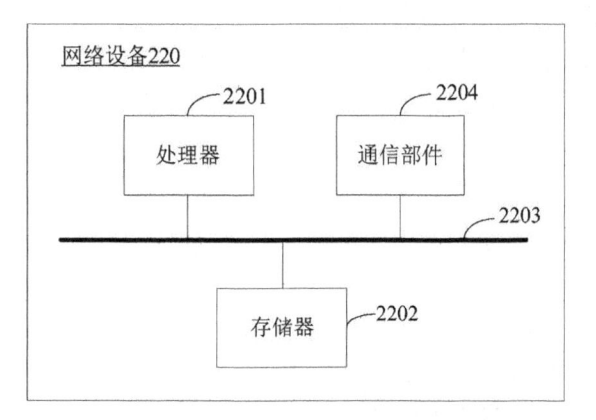

图 22

(19) 国家知识产权局

(12) 发明专利

(10) 授权公告号 CN 114388025 B
(45) 授权公告日 2022.09.13

(21) 申请号 202111645658.4
(22) 申请日 2021.12.30
(65) 同一申请的已公布的文献号
　　　申请公布号 CN 114388025 A
(43) 申请公布日 2022.04.22
(73) 专利权人 中科声龙科技发展（北京）有限公司
　　　地址 100080 北京市海淀区北四环西路9号16层1605
(72) 发明人 张雨生
(74) 专利代理机构 北京安信方达知识产权代理有限公司 11262
　　　专利代理师 栗若木
(51) Int.Cl.
　　　G11C 11/406 (2006.01)

(56) 对比文件
CN 102081964 A, 2011.06.01
审查员 夏玉倩

(54) 发明名称
动态随机存储器刷新电路和刷新方法、工作量证明芯片

(57) 摘要
本申请实施例公开了一种DRAM刷新电路和刷新方法、工作量证明芯片；所述DRAM刷新电路包括：行地址记录单元，用于记录本刷新周期内所述DRAM中被访问过的行；刷新驱动单元，用于被调用进行刷新操作；刷新控制单元，用于在被触发刷新时，根据所述行地址记录单元的记录，调用所述刷新驱动单元对所述DRAM中本刷新周期内未被访问的行进行刷新。本申请实施例可以减少刷新行数，降低DRAM刷新所耗费的时间，应用在芯片中时可以提高芯片工作效率和性能。

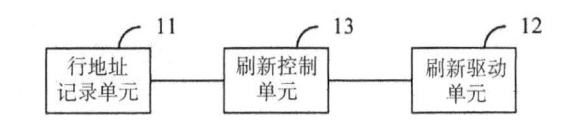

权 利 要 求 书

1. 一种DRAM刷新电路,其特征在于,包括:

行地址记录单元,用于记录本刷新周期内所述DRAM中被访问过的行;

刷新驱动单元,用于被调用进行刷新操作;

行地址拆分单元,用于记录N个分组中各自包含的行;其中,所述DRAM的所有行预先被拆分到N个分组中;

刷新控制单元,用于在被触发刷新时,根据所述行地址记录单元的记录,以及所述行地址拆分单元记录的各分组包含的行,并行判断各分组内是否包含本刷新周期内未被访问的行;对于包含本刷新周期内未被访问的行的分组,调用所述刷新驱动单元对该分组内本刷新周期内未被访问的行进行刷新。

2. 如权利要求1所述的DRAM刷新电路,其特征在于,所述行地址记录单元记录本刷新周期内所述DRAM中被访问过的行包括:

所述行地址记录单元保存有DRAM中所有行各自对应的行标志位,在每个刷新周期开始时复位全部的行标志位;根据对于DRAM的访问请求中所要访问的行,将对应的行标志位置位。

3. 如权利要求2所述的DRAM刷新电路,其特征在于:

所述行地址记录单元为寄存器,所述寄存器的比特数等于所述DRAM中的行数,所述DRAM的行和所述寄存器的比特一一对应。

4. 如权利要求1所述的DRAM刷新电路,其特征在于,所述刷新控制单元根据所述行地址记录单元的记录,以及所述行地址拆分单元记录的各分组包含的行,并行判断各分组内是否包含本刷新周期内未被访问的行包括:

所述刷新控制单元按照行地址拆分单元记录的各分组包含的行,从所述行地址记录单元分别获取各分组对应的行标志位的值;并行对各分组对应的行标志位的值进行逻辑运算,以各分组运算结果分别作为各分组的组标识,得到各分组的组标识;分别根据各分组的组标识的值判断各分组是否包含本刷新周期内未被访问的行。

5. 如权利要求1—4中任一项所述的DRAM刷新电路,其特征在于,还包括:

请求存储单元,用于缓存对于DRAM的访问请求;

行地址译码单元,用于解析访问请求中的行地址并将该行地址从二进制数据译码成十进制数据;

所述行地址记录单元记录本刷新周期内DRAM中被访问过的行包括:

所述行地址记录单元根据行地址译码单元译码得到的十进制的行地址,记录本刷新周期内DRAM中被访问过的行。

6. 如权利要求1—4中任一项所述的DRAM刷新电路,其特征在于,还包括:刷新计时单元,用于记录所述DRAM上一次刷新后的工作时长,当达到刷新阈值时触发所述刷新控制单元刷新,每当刷新周期开始时重新开始计时。

7. 一种工作量证明芯片,其特征在于,包括:DRAM、计算单元、如权利要求1—6中任一项所述的DRAM刷新电路;

所述计算单元用于访问所述DRAM并进行计算;

所述DRAM刷新电路用于对所述DRAM进行刷新。

8. 一种DRAM刷新方法,其特征在于,应用在如权利要求1—6中任一项所述的DRAM刷新电路中,所述DRAM刷新方法包括:

每个刷新周期内分别记录本刷新周期内所述DRAM中被访问过的行;

被触发刷新时,根据所记录的本刷新周期内被访问过的行,对所述DRAM中本刷新周期内未被访问的行进行刷新。

9. 如权利要求8所述的刷新方法,其特征在于,所述根据所记录的本刷新周期内被访问过的行,对所述DRAM中本刷新周期内未被访问的行进行刷新包括:

根据所记录的本周期内DRAM中被访问过的行,以及各分组包含的行,并行判断各分组内是否包含本刷新周期内未被访问的行;

对于包含本刷新周期内未被访问的行的分组,对该分组内未被访问的行进行刷新。

说 明 书

动态随机存储器刷新电路和刷新方法、工作量证明芯片

技术领域

[0001] 本文涉及集成电路领域,尤其涉及一种动态随机存储器刷新电路和刷新方法、工作量证明芯片。

背景技术

[0002] DRAM（Dynamic Random Access Memory,动态随机存储器）是一种较为常见的存储器件。由于现实中晶体管会有漏电的现象,导致电容上所存储的电荷数量并不足以正确地判别数据,进而导致数据毁坏,因此对于DRAM来说,要想维持数据不丢失需要周期性的充电,该充电操作称为刷新。

[0003] DRAM内部由行列存储矩阵构成,由于只提供了统一的译码装置与片选装置,所以执行刷新动作时需停止读写操作,这样势必会影响需要访问DRAM的其他部件的工作效率。除此之外,DRAM刷新的周期与芯片工作温度密切相关。随着温度的升高刷新周期越短,刷新频率越高,将会进一步降低需要访问DRAM的其他部件的工作效率。

发明内容

[0004] 以下是对本申请详细描述的主题的概述。本概述并非为了限制保护范围。

[0005] 本申请实施例提供了一种DRAM刷新电路和刷新方法、工作量证明芯片,可以减少刷新行数,降低DRAM刷新所耗费的时间,应用在芯片中时可以提高芯片工作效率和性能。

[0006] 一方面,本申请实施例提供了一种DRAM刷新电路,包括:

[0007] 行地址记录单元,用于记录本刷新周期内所述DRAM中被访问过的行;

[0008] 刷新驱动单元,用于被调用进行刷新操作;

[0009] 刷新控制单元,用于在被触发刷新时,根据所述行地址记录单元的记录,调用所述刷新驱动单元对所述DRAM中本刷新周期内未被访问的行进行刷新。

[0010] 可选地,所述行地址记录单元记录本刷新周期内DRAM中被访问过的行包括:

[0011] 所述行地址记录单元保存有DRAM中所有行各自对应的行标志位,在每个刷新周期开始时复位全部的行标志位;根据对于DRAM的访问请求中所要访问的行,将对应的行标志位置位。

[0012] 可选地,所述行地址记录单元为寄存器,所述寄存器的比特数等于所述DRAM中的行数,所述DRAM的行和所述寄存器的比特一一对应。

[0013] 可选地,所述的DRAM刷新电路还包括:

[0014] 行地址拆分单元,用于记录N个分组中各自包含的行;其中,所述DRAM的所有行预先被拆分到N个分组中;

[0015] 所述刷新控制单元根据所述行地址记录单元的记录,调用所述刷新驱动单元对DRAM中本刷新周期内未被访问的行进行刷新包括:

[0016] 所述刷新控制单元根据所述行地址记录单元的记录,以及所述行地址拆分单元记录的各分组包含的行,分别判断各分组内是否包含本刷新周期内未被访问的行;对于包含本刷新周期内未被访问的行的分组,调用所述刷新驱动单元对该分组内未被访问的行进行刷新。

[0017] 可选地,所述刷新控制单元根据所述行地址记录单元的记录,以及所述行地址拆分单元记录的各分组包含的行,分别判断各分组内是否包含本刷新周期内未被访问的行包括:

[0018] 所述刷新控制单元按照行地址拆分单元记录的各分组包含的行,从所述行地址记录单元分别获取各分组对应的行标志位的值;并行对各分组对应的行标志位的值进行逻辑运算,以运算结果作为该分组的组标识,得到各分组的组标识;分别根据各分组的组标识的值判断该分组是否包含

本刷新周期内未被访问的行。

[0019] 可选地，所述的DRAM刷新电路还包括：

[0020] 请求存储单元，用于缓存对于DRAM的访问请求；

[0021] 行地址译码单元，用于解析访问请求中的行地址并将该行地址从二进制数据译码成十进制数据；

[0022] 所述行地址记录单元记录本刷新周期内DRAM中被访问过的行包括：

[0023] 所述行地址记录单元根据行地址译码单元译码得到的十进制的行地址，记录本刷新周期内DRAM中被访问过的行。

[0024] 可选地，所述的DRAM刷新电路还包括：刷新计时单元，用于记录所述DRAM上一次刷新后的工作时长，当达到刷新阈值时触发所述刷新控制单元刷新，每当刷新周期开始时重新开始计时。

[0025] 另一方面，本申请实施例还提供了一种工作量证明芯片，包括：DRAM、计算单元、上述的DRAM刷新电路；

[0026] 所述计算单元用于访问所述DRAM并进行计算；

[0027] 所述DRAM刷新电路用于对所述DRAM进行刷新。

[0028] 另一方面，本申请实施例还提供了一种DRAM刷新方法，包括：

[0029] 每个刷新周期内分别记录本刷新周期内所述DRAM中被访问过的行；

[0030] 被触发刷新时，根据所记录的本刷新周期内被访问过的行，对所述DRAM中本刷新周期内未被访问的行进行刷新。

[0031] 可选地，所述根据所记录的本刷新周期内被访问过的行，对所述DRAM中本刷新周期内未被访问的行进行刷新包括：

[0032] 根据所记录的本周期内DRAM中被访问过的行，以及各分组包含的行，分别判断各分组内是否包含本刷新周期内未被访问的行；

[0033] 对于包含本刷新周期内未被访问的行的分组，对该分组内未被访问的行进行刷新。

[0034] 与相关技术相比，本申请实施例对于本刷新周期内访问过的行不再全部进行刷新，因此可以减少刷新的行数，降低DRAM刷新所耗费的时间，这也就意味着可以减少DRAM不能被访问的时间，从而提高访问DRAM的其他部件的有效工作时间，应用在芯片中时可以提高芯片的工作效率和性能。本申请实施例通过对高访问频率且随机性强的场景进行大量研究和分析，发现DRAM的行在一个刷新周期内未被访问的可能性较小，因此针对该场景提出一种突破常规刷新思路的方案，通过记录和判断来将刷新操作局限于本刷新周期内未被访问的行；由于记录和判断后要刷新的行数非常少，因此可以非常大幅度地降低刷新的行数，进行记录和判断所增加的时间开销与所获得的非常大的收益相比可基本忽略不计。

[0035] 在阅读并理解了附图和详细描述后，可以明白其他方面。

附图说明

[0036] 附图用来提供对本申请技术方案的理解，并且构成说明书的一部分，与本申请的实施例一起用于解释本申请的技术方案，并不构成对本申请技术方案的限制。

[0037] 图1是本申请实施例的DRAM刷新电路的示意图；

[0038] 图2是本申请实施例的DRAM刷新方法的流程图；

[0039] 图3是示例一的DRAM刷新电路的示意图；

[0040] 图4是示例二的DRAM刷新方法的流程图；

[0041] 图5是示例二中工作量证明芯片的计算单元随机访问DRAM中的行的时间间隔统计图。

具体实施方式

[0042] 本申请描述了多个实施例，但是该描述是示例性的，而不是限制性的，并且对于本领域

的普通技术人员来说显而易见的是，在本申请所描述的实施例包含的范围内可以有更多的实施例和实现方案。尽管在附图中示出了许多可能的特征组合，并在具体实施方式中进行了讨论，但是所公开的特征的许多其他组合方式也是可能的。除非特意加以限制的情况以外，任何实施例的任何特征或元件可以与任何其他实施例中的任何其他特征或元件结合使用，或可以替代任何其他实施例中的任何其他特征或元件。

[0043] 本申请包括并设想了与本领域普通技术人员已知的特征和元件的组合。本申请已经公开的实施例、特征和元件也可以与任何常规特征或元件组合，以形成独特的发明方案。任何实施例的任何特征或元件也可以与来自其他发明方案的特征或元件组合，以形成另一个独特的发明方案。因此，应当理解，在本申请中示出和/或讨论的任何特征可以单独地或以任何适当的组合来实现。此外，可以在保护范围内进行各种修改和改变。

[0044] 此外，在描述具有代表性的实施例时，说明书可能已经将方法和/或过程呈现为特定的步骤序列。然而，在该方法或过程不依赖于本文所述步骤的特定顺序的程度上，该方法或过程不应限于所述的特定顺序的步骤。如本领域普通技术人员将理解的，其他的步骤顺序也是可能的。因此，说明书中阐述的步骤的特定顺序不应被解释为对实施例的限制。此外，针对该方法和/或过程不应限于按照所写顺序执行它们的步骤，本领域技术人员可以容易地理解，这些顺序可以变化，并且仍然保持在本申请实施例的精神和范围内。

[0045] 另外，在本申请中如涉及"第一"、"第二"等的描述仅用于描述中进行区分，而不能理解为指示或暗示其相对重要性或者隐含指明所指示的技术特征的数量。由此，限定有"第一"、"第二"的特征可以明示或者隐含地包括至少一个该特征。在本申请的描述中，"多个"的含义是至少两个，例如两个、三个等，除非另有明确具体的限定。

[0046] 传统的 DRAM 刷新方法为周期性的集中刷新 DRAM 中的所有行或者周期性的分散刷新 DRAM 中的行。而 DRAM 处于刷新过程中的行是不能被读取的，若对 DRAM 所有行集中刷新，这时就会导致其他部件在刷新期间完全无法访问 DRAM，进而影响其他部件的工作效率；即使采用周期性分散刷新行的方式，在计算单元需要高频率访问 DRAM 的情况下，仍然会降低其他部件的工作效率。

[0047] 在有些应用场景下，需要高频率、密集地访问 DRAM，此时 DRAM 刷新对工作效率造成的影响将会更大；下面将以较为典型的 POW（Proof of Work，工作量证明）芯片为例进行说明，本申请的 DRAM 刷新电路不限于用在工作量证明芯片中，在具有随机访问特性的芯片中或场景下均可适用。

[0048] 以太坊工作量证明算法是具有随机访存特性算法的典型代表。工作量证明被广泛地应用在区块链领域，其典型的特征体现在数字加密货币交易过程中；为了防止被别人篡改交易信息，必须提供一个答案或证实一个特定的艰巨任务，而这个证明很难给出，需要大量运算才能算出。工作量证明芯片在运算过程中需要频繁地进行数据运算，通常由大量的计算单元与存储单元构成。工作量证明芯片需要进行大量的数据存储，受到芯片制造、工艺成熟度、容量以及价格的制约，通常工作量证明芯片内的存储单元由 DRAM 构成。

[0049] 工作量证明芯片中，假设 DRAM 的刷新周期为 Tf，刷新所有行的时间为 Tr，则计算单元的计算效率为 Te，$Te = (Tf - Tr)/Tf = 1 - Tr/Tf$，其中的 $(Tf - Tr)$ 即计算单元实际的计算时间，由于 DRAM 每一行进行刷新所需要的时间是固定的，则刷新的行数越多花费的时间 Tr 就越多，计算单元实际的计算时间缩短的幅度就会越大；由于计算单元需要密集地访问 DRAM，在计算带宽不变的情况下，计算单元在有限的时间范围内，实际的计算时间将决定计算效率。这也就意味着，随着行数的增多，计算单元能够计算的时间就越少，计算单元的计算效率将会下降，进而影响了芯片的性能。

[0050] 另外，随着工作量证明芯片工作温度的提升，Tf 会减小，Tr 不变，则 Te 就会降低。通常温度大于 85 摄氏度，小于 100 摄氏度时 Tf 会减少到 85 摄氏度以下时的一半大小，温度大于 100 摄

氏度时 Tf 会再减半；可以看到，随着温度的升高，计算单元的计算效率将大幅度下降。

[0051] 本申请实施例提供了一种 DRAM 刷新电路，如图 1 所示，包括：

[0052] 行地址记录单元 11，用于记录本刷新周期内 DRAM 中被访问过的行；

[0053] 刷新驱动单元 12，用于被调用进行刷新操作；

[0054] 刷新控制单元 13，用于在被触发刷新时，根据行地址记录单元 11 的记录，调用刷新驱动单元 12 对 DRAM 中本刷新周期内未被访问的行进行刷新。

[0055] 本实施例中，行地址记录单元 11 可以在每个刷新周期开始的时候清空之前的记录，重新开始记录；这样刷新控制单元 13 根据行地址记录单元 11 的记录，可以得知本刷新周期中 DRAM 中的行的访问情况，从而对未被访问的行进行刷新。

[0056] 本实施例中，可以但不限于通过读取操作来对 DRAM 中的行进行刷新；刷新驱动单元 207 可以但不限于包含读取电路；刷新控制单元 13 在确定了本刷新周期未被访问的行后，可以根据这些行的行地址来调用刷新驱动单元 12。

[0057] 本实施例中，对于本刷新周期内访问过的行不再全部进行刷新，因此可以减少刷新的行数，降低 DRAM 刷新所耗费的时间，这也就意味着可以减少 DRAM 不能被访问的时间，从而提高访问 DRAM 的其他部件的有效工作时间，应用在芯片中时可以提高芯片的工作效率和性能。

[0058] 本实施例中通过对高访问频率且随机性强的场景进行研究和分析，发现 DRAM 中的行在一个刷新周期内未被访问的可能性较小，因此针对该场景提出一种突破常规刷新思路的方案，通过记录和判断来将刷新操作局限于本刷新周期内未被访问的行；由于记录和判断后要刷新的行数非常少，因此可以非常大幅度地降低刷新的行数，进行记录和判断所增加的时间开销与所获得的非常大的收益相比可基本忽略不计。

[0059] 本实施例的一个实施方式中，DRAM 刷新电路应用在工作量证明芯片中时，由于 Tr 减少，在 Tf 不变的情况下，Te 可以得到显著提高。特别是，由于工作量证明芯片中计算芯片会频繁访问 DRAM，且随机性很强，因此 DRAM 中所有行在一个刷新周期中被访问过的概率非常高；以 R 行 S 列的 DRAM 为例，理论上计算单元在访问请求次数为 j 的情况下，DRAM 在每个刷新周期内每行被访问过的期望概率为 $p = \dfrac{\sum_{k=1}^{j} a_k}{R} \left(a_0 = 1, a_k = \dfrac{R - \sum_{i=1}^{k-1} a_i}{R} \right)$。假设工作量证明芯片所采用的时钟周期为 5ns，则 16ms 产生的访问请求的次数 $j = 333333$，DRAM 中的行数 $R = 16384$ 行，则最终 DRAM 所有行在一个刷新周期内被访问过的期望概率约等于 0.9999998541201。从理论计算可以得知，访问请求的次数在有限时间内达到一定次数时，DRAM 存在未被访问的行的概率趋于 0。因此在本实施方式中，理论上 DRAM 可以趋于全部行不用刷新。

[0060] 本实施方式以外，其他频繁访问 DRAM 且随机性强的场景类似，由于 DRAM 中的行在刷新周期内未被访问的可能性比较小，或者说一个刷新周期内未被访问的行较少，因此需要刷新的行数将大大减少，可以显著提高访问 DRAM 的部件的工作效率和性能。

[0061] 本实施例中，行地址记录单元 11、刷新驱动单元 12、刷新控制单元 13 可以分别是 DRAM 所在的芯片中的一个硬件模块。

[0062] 一种示例性实施例中，DRAM 刷新电路还可以包括：

[0063] 请求存储单元，用于缓存对于 DRAM 的访问请求；

[0064] 行地址译码单元，用于解析访问请求中的行地址并将该行地址从二进制数据译码成十进制数据；

[0065] 行地址记录单元 11 记录本刷新周期内 DRAM 中被访问过的行包括：

[0066] 行地址记录单元 11 根据行地址译码单元译码得到的十进制的行地址，记录本刷新周期内 DRAM 中被访问过的行。

[0067] 本实施例中，当对于 DRAM 的访问量较大，访问较为频繁时，由于 DRAM 的实际传输效

率有限制，因此需要对访问请求进行缓存。请求存储单元可以但不限于使用 FIFO（First Input First Output，先进先出）存储器；接收到的访问请求会被依次放入 FIFO 中，先接收到的访问请求会先被进行译码。

[0068]　本实施例中，行地址译码单元可以采用译码电路或译码器等硬件实现。

[0069]　本实施例中，DRAM 刷新电路可以复用 DRAM 所在芯片中已有的请求存储单元以及行地址译码单元；访问请求中包含有对 DRAM 的行访问地址和列访问地址，DRAM 所在芯片中可以包括 I/O 单元，计算单元可以通过发送访问请求给 I/O 单元，来访问 DRAM 相应地址上的数据；该 I/O 单元也可以内置在计算单元中，作为计算单元的一部分。在访问前，如果也需要先缓存访问请求，并对访问请求中的行、列地址进行译码，则缓存和译码部分的电路和/或器件，可以供 DRAM 刷新电路复用；或者说，DRAM 刷新电路可以和 I/O 单元共享译码结果。行地址记录单元 11 和 I/O 单元可以并行操作：I/O 单元根据译码出的十进制的行、列地址对 DRAM 进行访问，而行地址记录单元 11 则可以并行的根据译码出的行地址进行记录。

[0070]　一种示例性实施例中，行地址记录单元 11 记录本刷新周期内 DRAM 中被访问过的行可以包括：

[0071]　行地址记录单元 11 保存有 DRAM 中所有行各自对应的行标志位，在每个刷新周期开始时复位全部的行标志位；根据对于 DRAM 的访问请求中所要访问的行，将对应的行标志位置位。

[0072]　本实施例中，复位可以是指无论行标志位的值原先为多少，将值改为"0"；置位可以是指无论行标志位的值原先为多少，将值改为"1"。

[0073]　本实施例的替代方案中，可以在刷新周期开始时将全部行标志位的值改为"1"，而被访问的行对应的行标志位的值则改为"0"；或者，采用别的数值来区分本刷新周期内未被访问和访问过的行；再或者，在刷新周期开始时加载 DRAM 中所有的行地址，对于访问请求涉及的行地址进行删除，这样到刷新阈值到达时，根据剩下的行地址即可得知本刷新周期内未被访问的行。

[0074]　本实施例中，行地址记录单元 11 可以从刷新控制单元 13 获知刷新周期的开始，刷新控制单元 13 调用刷新驱动单元 12 进行刷新后通知行地址记录单元刷新周期开始或直接将行地址记录单元复位。

[0075]　本实施例中，通过行标志位可以方便快捷地记录行是否被访问过，而且判断时的开销较小。

[0076]　本实施例的一种实施方式中，行地址记录单元 11 可以为第一寄存器，该第一寄存器的 bit 数等于 DRAM 中的行数，DRAM 的行和第一寄存器的 bit 可以一一对应。

[0077]　本实施方式中，采用寄存器的 bit 作为行标志位，可以通过十进制的行地址直接定位到相应的 bit，方便快捷且成本较低。

[0078]　本实施方式的替代方案中，可以采用别的方式记录行标志位，比如将 DRAM 中的所有行分为 N 组，每组 M 行，采用一个 $N \times M$ 的矩阵来存储每行的行标志位。再比如，第一寄存器的 bit 数可以大于或等于 DRAM 的行数，这样可以预留一些 bit 位作为备用。

[0079]　一种示例性实施例中，DRAM 刷新电路还可以包括：

[0080]　行地址拆分单元，用于记录 N 个分组中各自包含的行；其中，DRAM 的所有行预先被拆分到 N 个分组中；

[0081]　相应地，刷新控制单元 13 根据行地址记录单元 11 的记录，调用刷新驱动单元 12 对 DRAM 中本刷新周期内未被访问的行进行刷新可以包括：

[0082]　刷新控制单元 13 根据行地址记录单元 11 的记录，以及行地址拆分单元记录的各分组包含的行，分别判断各分组是否包含本刷新周期内未被访问的行；对于包含本刷新周期内未被访问的行的分组，调用刷新驱动单元 12 对该分组内未被访问的行进行刷新。

[0083]　本实施例中，可以对每个分组并行进行判断，因此可以加快判断的速度，减少筛选本刷新周期内未被访问的行所增加的时间开销。

[0084] 本实施例中，行地址拆分单元所记录的可以是每个分组中的行地址，或者每个分组中的行对应的行标志位的序号，比如一个分组中包含地址为 1—100 的行，这 100 个行对应的行标志位在寄存器里为 0—99 个 bit，则所记录的可以是行地址 1—100，也可以是行标志位的序号 0—99。无论采用哪种记录形式，由于行标志位和行是一一对应的，因此都可以清楚分组中包含哪些行，并可以通过行访问记录单元 11 的记录确定这些行哪些在本刷新周期被访问过和/或未被访问。

[0085] 本实施例中，N 的取值可以预先设定，可以根据 DRAM 中的总行数来设定；一般可以将 DRAM 中的所有行尽量平均地拆分到 N 个分组中，N 的大小决定了每个分组中的行数，可以预先确定好每个分组中分别包含哪些行，并记录在行地址拆分单元中。

[0086] 本实施例中，按照分组进行判断时，对于每个分组可以设置独立的判断逻辑，分组中行数越多则判断逻辑需要的越多，完成判断所需要的时间也更多，因此分组中如果行数太多势必会增加每个分组所需要的判断逻辑的成本，且并行所带来的加速收益会大打折扣；但如果分组中的行数太少，N 太大，则会由于 N 太大而造成所有分组的总的判断逻辑过多，大大增加成本。因此 N 的取值可以考虑兼顾成本和加速收益。

[0087] 本实施例的一种实施方式中，可以预先设置 N 和 M，并作为配置参数输入行地址拆分单元，行地址拆分单元可以根据 N 和 M，记录每个分组各自包含的行，从而将 DRAM 里的所有行拆分到不同分组内。比如 DRAM 有 16384 行，N 为 16，M 为 1024，则行地址拆分单元根据 N 和 M，可以将行 0—1023 记录为第一个分组，将 1024—2047 记录为第二个分组……以此类推，直到记录完 16 个分组。

[0088] 本实施例的一种实施方式中，刷新控制单元 13 根据行地址记录单元 11 的记录，以及行地址拆分单元记录的各分组包含的行，分别判断各分组是否包含本刷新周期内未被访问的行可以包括：

[0089] 刷新控制单元 13 按照行地址拆分单元记录的各分组包含的行，从行地址记录单元 11 分别获取各分组对应的行标志位的值，并行对各分组对应的行标志位的值进行逻辑运算，以运算结果作为该分组的组标识，得到各分组的组标识；分别根据各分组的组标识判断该分组是否包含本刷新周期内未被访问的行。

[0090] 本实施方式中，可以但不限于通过逻辑"与"运算得到组标识；被访问过的行的行标志位的值为"1"，未访问的则是"0"，那么分组内多个行标志位进行"与"运算后，只要有任何一行的行标志位是"0"，分组的组标识就是"0"，代表该组内包含本刷新周期内未被访问的行；这样只要通过 N 个简单的数字逻辑电路，就可以并行对 N 个分组完成判断。

[0091] 本实施方式的替代方案中，如果被访问过的行的行标志位的值为"0"，未访问的则是"1"，则可以通过"或"运算得到组标识，即：只要分组内任何一行的行标志位是"1"，则分组的组标识就是"1"，代表该组内包含本刷新周期内未被访问的行。或者，可以直接对每个分组分别遍历行标志位，查找该分组中是否存在具有特定值（即表示本刷新周期内未被访问的值，比如"0"）的行标志位，如果具有则可确定该分组包含未被访问的行。

[0092] 本实施方式可以通过非常简单的逻辑电路实现；对于多个分组，可以用多组逻辑电路分别进行并行计算，得到组标识。

[0093] 一种示例性实施例中，DRAM 刷新电路还可以包括：

[0094] 刷新计时单元，用于记录 DRAM 上一次刷新后的工作时长，当达到刷新阈值时触发刷新控制单元 13 刷新，每当刷新周期开始时（即刷新后）重新开始计时。

[0095] 本实施例中，可以采用计数器实现刷新计时单元，以时钟周期的个数来表示时间长度，每个时钟周期计数器增加 1；刷新控制单元 13 可以通过监视计数器的值来判断是否刷新请求被触发；每个刷新周期开始时将计数器清零，即：每次刷新后重新开始计数。

[0096] 本实施例的替换方案中，可以在刷新控制模块 13 中内置计数器或定时器，以自行在计数器到达刷新阈值或定时器到时后触发刷新。

[0097] 本申请实施例还提供了一种工作量证明芯片，包括：DRAM、计算单元、上述任一实施例中的 DRAM 刷新电路；

[0098] 计算单元用于访问 DRAM 并进行计算；

[0099] DRAM 刷新电路用于对所述 DRAM 进行刷新。

[0100] 其中，DRAM 刷新电路可以部分复用计算单元访问 DRAM 时所使用的器件和/或电路，比如缓存、译码电路等。工作量证明芯片中可以包含一个 I/O 单元，或计算单元本身具备 I/O 功能，以根据访问请求来访问 DRAM 中的行。

[0101] 本申请实施例还提供了一种 DRAM 刷新方法，如图 2 所示，包括步骤 S210—S220：

[0102] S210：每个刷新周期内分别记录本刷新周期内 DRAM 中被访问过的行；

[0103] S220：被触发刷新时，根据所记录的本刷新周期内被访问过的行，对 DRAM 中本刷新周期内未被访问的行进行刷新。

[0104] 本实施例的 DRAM 刷新方法可以但不限于应用在上述任一实施例所提供的 DRAM 刷新电路中。

[0105] 一种示例性实施例中，根据所记录的本刷新周期内被访问过的行，对所述 DRAM 中本刷新周期内未被访问的行进行刷新包括：

[0106] 根据所记录的本周期内 DRAM 中被访问过的行，以及各分组包含的行，分别判断各分组内是否包含本刷新周期内未被访问的行；

[0107] 对于包含本刷新周期内未被访问的行的分组，对该分组内未被访问的行进行刷新。

[0108] 本实施例的一种实施方式中，根据所记录的本周期内 DRAM 中被访问过的行，以及各分组包含的行，分别判断各分组内是否包含本刷新周期内未被访问的行可以包括：

[0109] 按照记录的各分组包含的行，分别获取各分组对应的行标志位的值；

[0110] 并行对各分组对应的行标志位的值进行逻辑运算，以运算结果作为该分组的组标识，得到各分组的组标识；

[0111] 分别根据各分组的组标识的值判断该分组是否包含本刷新周期内未被访问的行。

[0112] 下面用两个示例具体说明上述实施例。

[0113] 示例一

[0114] 本示例提供了一种 DRAM 刷新电路，应用在工作量证明芯片中，用于对工作量证明芯片中的 DRAM 进行刷新；该电路可以设置在工作量证明芯片中，电路中的每个单元可以分别是工作量证明芯片中的一个模块。

[0115] 以 16384 × 64 的 DRAM 矩阵为例进行说明，该 DRAM 矩阵应用在工作量证明芯片中。DRAM 的数据维持时间一般为 64ms（毫秒），若在 64ms 内没有对行进行读写操作，数据就会丢失，所以需要对持续 64ms 未访问的行进行刷新来保证 DRAM 的数据不会发生丢失。

[0116] 本示例中，假设工作量证明芯片的时钟周期为 5ns，如果在 64ms 内集中刷新 16384 行，则会花费 2ms 左右的时间。假设刷新周期 $Tf = 64ms$，刷新 16384 行的时间 $Tr = 2ms$，则计算单元实际计算效率 $Te = (64 - 2)/64 = 96.875\%$。而随着工作量证明芯片工作温度的提升，$Tf$ 会减小，比如温度小于 85 摄氏度时 $Tf = 64ms$，大于 85 摄氏度、小于 100 摄氏度时 $Tf = 32ms$，大于 100 摄氏度时 $Tf = 16ms$；而 Tr 基本不会随温度升高而变化，这样随着温度的升高，Te 会进一步降低。

[0117] 本示例通过降低 Tr 来提高工作量证明芯片的计算效率，进而显著的提升计算效率 Te。如图 3 所示，本示例中 DRAM 刷新电路包括：

[0118] 请求存储单元 301，用于缓存计算单元对于 DRAM 的随机访问请求。

[0119] 在工作量证明芯片中，计算单元会对 DRAM 发起随机访问请求，由于 DRAM 的实际传输效率有限制，因此需要对计算单元的请求进行缓存，以提升整体计算性能。

[0120] 本示例中，请求存储单元 301 可以使用 FIFO 存储器。

[0121] 行地址译码单元 302，用于解析随机访问请求中的行地址并将该行地址从二进制数据译码

成十进制数据。

[0122] 计算单元的随机访问请求中，包含了对DRAM的行列访问地址，需要解析出行地址。16384行则对应14位的二进制行地址。解析出14位二进制行地址后，将其转换为0—16383行对应的十进制行地址编号。

[0123] 行地址记录单元303，用于记录DRAM中被访问过的行。

[0124] 为了节省芯片的资源开销，本示例中用16384bit的第一寄存器作为行地址记录单元303，在第一寄存器中标记被访问过的行，第一寄存器中每个bit和DRAM中每行一一对应，比如第0—16383个bit分别对应DRAM的第1—16384行；通过将解析出的行地址编号在第一寄存器中所对应的bit置1来进行记录。在下个刷新周期开始时，将第一寄存器中所有行标志位清零。如果是本刷新周期已经访问过的行，即第一寄存器中对应的bit已经是1，则可以保持为1或再次置1。

[0125] 行地址拆分单元304，用于记录N个分组各自包含的行。

[0126] 本示例中，可以预先确定要拆分多少个分组，即预先确定N；如果每个分组中包含的行数M相同，则可以直接得到M；可以根据N和M得知每个分组中包含哪些行，并记录在行地址拆分单元304中。

[0127] 本示例中，可以通过行地址编号或寄存器中行标志位的序号来表示每个分组中包含的行。比如假设$N=16$，即：将16384行分为16个分组，每组1024行；则行地址拆分单元304中可以记录16个分组中行标志位的序号分别是：0—1023、1024—2047、……、15360—16383。

[0128] 刷新计时单元306，用于记录DRAM上一次刷新后的工作时长，当达到刷新阈值时触发刷新请求，刷新后重新开始计时。

[0129] 本示例中，可以采用计数器进行记录，以时钟周期的个数来表示时间长度，计数器的值到达刷新阈值时触发刷新请求，将计数器清零，刷新后重新开始计数。

[0130] 刷新驱动单元307，用于执行刷新动作。

[0131] 本示例中，可以但不限于采用读取操作来进行刷新；刷新驱动单元307可以但不限于包含读取电路。

[0132] 刷新控制单元305，用于在刷新请求被触发时，确定一个或多个包含未被访问行的分组，调用刷新驱动单元307对所确定的分组中的M行进行刷新。

[0133] 本示例中，刷新控制单元305可以根据行地址拆分单元304记录的每个分组所包含的行，以及行地址记录单元303中所记录的本刷新周期内被访问过的行，分别判断每个分组是否包含本刷新周期内未被访问的行，并根据判断结果设置组标识的值，比如包含为"0"，不包含（即分组中所有的行都在本刷新周期被访问过）则为"1"。

[0134] 本示例中，刷新控制单元305可以采用组合逻辑来进行判断；比如根据行地址拆分单元304的记录获知第一个分组中包含行标志位0—1023，则从行地址记录单元303中读取0—1023的行标志位的值，并可以通过数字逻辑电路进行"与"操作，将"与"操作的结果作为第一个分组的组标识的值，这样第一个分组中所有的行在本刷新周期内都被访问过，即行标志位0—1023的值都是"1"，则"与"操作的结果为"1"，即：第一个分组的组标识的值是"1"。

[0135] 本示例中，N的大小可变，N越大则每组含有的行数越少，刷新控制单元305需要提供给每个分组的组合逻辑越少；反之，N越小则每组含有的行数越多，刷新控制单元305需要提供给每个分组的组合逻辑越多。

[0136] 本示例中，刷新控制单元305可以采用第二寄存器保存各分组的组标识，根据组标识的值来调用刷新驱动单元307，以刷新组标识为"0"的分组。

[0137] 本示例中，刷新分组是根据行标志位的值，只对本刷新周期未被访问的行进行刷新；比如判断第二个分组里包含未被访问的行，则需要刷新第二个分组，根据第二个分组中所包含的行标志位1024—2047的值进行刷新，对值为"0"的行标志位对应的行进行刷新。

[0138] 示例二

[0139] 本示例提供了一种刷新方法，应用在示例一提供的DRAM刷新电路中，如图4所示，包括：

[0140] 步骤S401：缓存对于DRAM的随机访问请求；本步骤可以但不限于采用FIFO存储器实现。

[0141] 步骤S402：获取随机访问请求，解析出行地址；本步骤可以但不限于采用译码电路实现，可以将随机访问请求中的二进制地址转换为十进制的行地址编号。

[0142] 步骤S401和步骤S402—S404可以并行，即只要有随机访问请求就进行缓存；步骤S402是只要还有缓存的随机访问请求未处理，且目前不在进行刷新，就可以进行解析。

[0143] 步骤S403：记录所解析出的行；本步骤可以但不限于采用bit和DRAM中的行一一对应的第一寄存器来实现，每个bit作为所对应的行的行标志位；通过将被访问过的行所对应的bit置位，来记录该行被访问过；在每个刷新周期开始时，该寄存器中的bit均复位，即每个刷新周期重新进行记录，从而保证置位的bit对应的行是本刷新周期内被访问过的行。

[0144] 步骤S404：判断DRAM在本刷新周期的工作时长是否到达刷新阈值；如果到达则进行步骤S405，如果没有到达则继续循环执行步骤S402—S404；比如刷新周期为64ms，则DRAM在本刷新周期工作时长到达64ms时，判断到达刷新阈值；或刷新阈值略少于刷新周期，比如为63.9ms，留出判断分组是否包含本刷新周期未被访问过的行的时间开销。

[0145] 本步骤中，可以用对时钟周期计数的方式来对工作时长进行判断。

[0146] 步骤S405：对于包含未被访问的行的一个或多个分组，分别对该分组中包含的本刷新周期未被访问过的行进行刷新。

[0147] 本步骤中，可以对预先拆分好的N个分组分别进行判断：根据该分组中包含的行标志位判断该分组是否包含未被访问的行，若该分组包含的至少一个行标志位未被置位，则根据该分组中包含的行对应的bit位，确定未置位的bit对应的行，对所确定的行进行刷新；若该分组不包含未置位的行标志位，也就是说该分组中所有行标志位对应的行均在本刷新周期内被访问过，则不对该分组中任何一行进行刷新。

[0148] 可以看到，本示例中，如果一个分组中的行均在刷新周期中被访问过，则该分组将不会被刷新，被刷新的分组也只是刷新其中未被访问的行；可以看到，本示例中减少了进行刷新的行的个数，因此降低了Tr，在Tf相同的情况下，可以获得更高的计算效率。

[0149] 图5是在预定长度的仿真时间内，计算单元随机访问DRAM中的行的时间间隔统计图，其中横坐标表示同一行的相邻两次被访问的最大时间间隔，比如对于某行，第一次和第二次被访问的时间间隔为15ms，第二次和第三次被访问的时间间隔为18ms，则最大时间间隔为18ms；如果后续访问中，相邻两次被访问的时间间隔超过18ms，则将该时间间隔作为最大时间间隔。图5的纵坐标表示DRAM的所有行中，相邻两次被访问的最大时间间隔为横坐标某个值的行数；比如，最大时间间隔是15ms的行有502个，最大时间间隔为12ms的行有1个。图5中的多个曲线分别对应不同的仿真总时长，在图5下方以图例表示，从左到右的曲线所对应的仿真总时长越来越长；比如在仿真总时长为175s时是图5最左的曲线，同一行相邻两次被访问的时刻之间的最大时间间隔最大值为28.8ms；再比如仿真总时长为1900s时是图5最右的曲线，同一行相邻两次被访问的时刻之间的最大时间间隔最大值为31.1ms。

[0150] 从图5中可以看出随着计算单元对DRAM持续访问时间变大（仿真总时长意味着计算单元对DRAM的持续访问时间），同一行被访问的最大时间间隔趋于稳定，不会超过32ms。

[0151] 本示例中，当正常环境下，刷新周期为64ms，最好的情况是不需要对行进行刷新，即DRAM中的每一行在刷新周期中都被访问过至少一次，即刷新行数为0。即使在工作环境最恶劣的情况下，比如刷新周期为16ms，则本示例中需要刷新的行数约为8000行。采用传统方式进行DRAM刷新时，假设芯片时钟周期为5ns，则刷新16384行需要消耗2ms时间；而本示例在正常环境下刷新的行数极少几乎为0，最恶劣的情况下刷新也只刷新部分行，节省了刷新所带来的时间

消耗。

[0152] 可以看出，与传统的集中刷新方式相比，本示例有效地减少了刷新行数与刷新所带来的时间消耗，提高了计算单元有效的计算时间，改善了系统的整体计算性能。

[0153] 本领域普通技术人员可以理解，上文中所公开方法中的全部或某些步骤、系统、装置中的功能模块/单元可以被实施为软件、固件、硬件及其适当的组合。在硬件实施方式中，在以上描述中提及的功能模块/单元之间的划分不一定对应于物理组件的划分；例如，一个物理组件可以具有多个功能，或者一个功能或步骤可以由若干物理组件合作执行。某些组件或所有组件可以被实施为由处理器，如数字信号处理器或微处理器执行的软件，或者被实施为硬件，或者被实施为集成电路，如专用集成电路。这样的软件可以分布在计算机可读介质上，计算机可读介质可以包括计算机存储介质（或非暂时性介质）和通信介质（或暂时性介质）。如本领域普通技术人员公知的，术语计算机存储介质包括在用于存储信息（诸如计算机可读指令、数据结构、程序模块或其他数据）的任何方法或技术中实施的易失性和非易失性、可移除和不可移除介质。计算机存储介质包括但不限于RAM、ROM、EEPROM、闪存或其他存储器技术、CD-ROM、数字多功能盘（DVD）或其他光盘存储、磁盒、磁带、磁盘存储或其他磁存储装置，或者可以用于存储期望的信息并且可以被计算机访问的任何其他的介质。此外，本领域普通技术人员公知的是，通信介质通常包含计算机可读指令、数据结构、程序模块或者诸如载波或其他传输机制之类的调制数据信号中的其他数据，并且可包括任何信息递送介质。

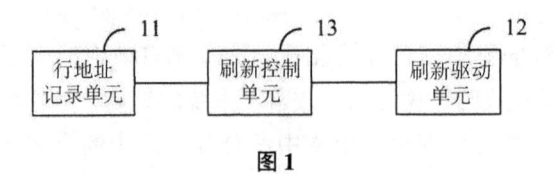

说 明 书 附 图

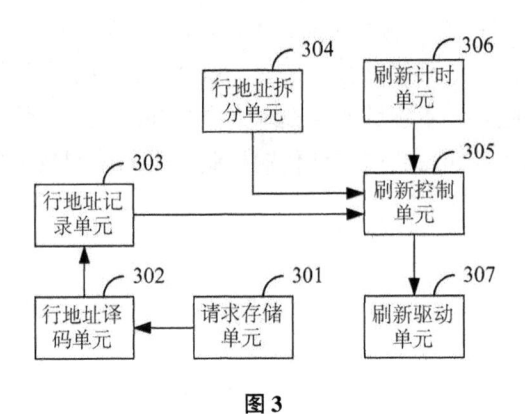

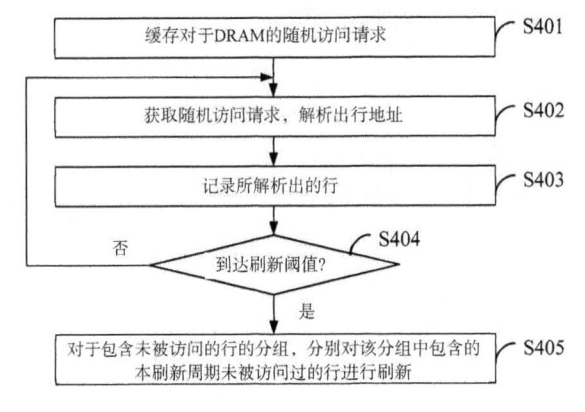

```
┌─────────┐     ┌─────────┐     ┌─────────┐
│ 行地址 11│     │刷新控制13│     │刷新驱动12│
│ 记录单元 │────▶│  单元   │────▶│  单元   │
└─────────┘     └─────────┘     └─────────┘
```

图 1

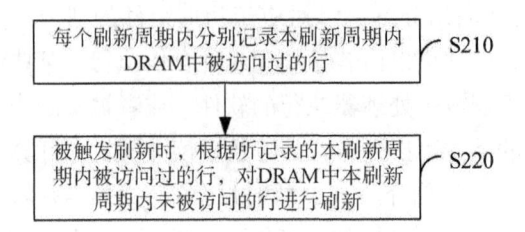

```
┌────────────────────────────────────┐
│ 每个刷新周期内分别记录本刷新周期内  │ S210
│ DRAM中被访问过的行                 │
└────────────────────────────────────┘
                 │
                 ▼
┌────────────────────────────────────┐
│ 被触发刷新时，根据所记录的本刷新周 │ S220
│ 期内被访问过的行，对DRAM中本刷新   │
│ 周期内未被访问的行进行刷新         │
└────────────────────────────────────┘
```

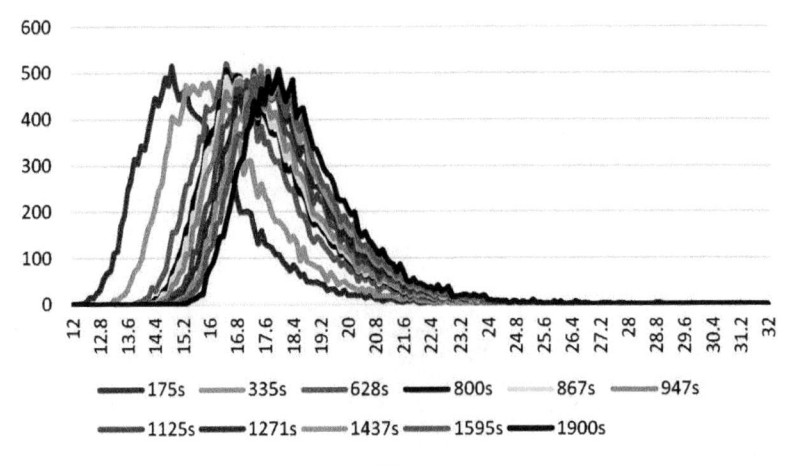

图 2

图 3

图 4

图 5

(19) 国家知识产权局

(12) 发明专利

(10) 授权公告号 CN 111366917 B
(45) 授权公告日 2022.07.15

(21) 申请号 202010175382.7

(22) 申请日 2020.03.13

(65) 同一申请的已公布的文献号
申请公布号 CN 111366917 A

(43) 申请公布日 2020.07.03

(73) 专利权人 北京百度网讯科技有限公司
地址 100085 北京市海淀区上地十街10号百度大厦2层

(72) 发明人 唐逸之 韩承志 谭日成 王智

(74) 专利代理机构 北京同立钧成知识产权代理有限公司 11205
专利代理师 张娜 臧建明

(51) Int. Cl.
G01S 11/12 (2006.01)
G01C 21/16 (2006.01)
G08G 1/16 (2006.01)

(56) 对比文件
CN 110244321 A, 2019.09.17
CN 103955920 A, 2014.07.30
CN 112243518 A, 2021.01.19
CN 109949355 A, 2019.06.28
CN 108038905 A, 2018.05.15
US 2018307922 A1, 2018.10.25
US 2017314930 A1, 2017.11.02
CN 107064955 A, 2017.08.18
CN 102903096 A, 2013.01.30
王辉等. 基于视差的单目视觉障碍检测.《万方数据》. 2005
赵洪田. 一种快速多视图立体匹配方法.《现代计算机》. 2018

审查员 马宁

(54) 发明名称
可行驶区域检测方法、装置、设备及计算机可读存储介质

(57) 摘要
本申请公开了一种可行驶区域检测方法、装置、设备及计算机可读存储介质，涉及自主泊车技术领域。具体实现方案为：通过获取以车载单目相机对车辆周围区域拍摄所采集的匹配图像和目标图像，其中，匹配图像是与目标图像连续的前一帧图像；然后根据匹配图像对目标图像进行三维重建，得到目标图像对应的目标三维点云数据，从而实现对单目相机采集的连续帧图像重建三维点云数据；接着根据目标三维点云数据，确定目标图像的拍摄区域中最近障碍物点，并根据各最近障碍物点，确定目标图像的拍摄区域中的可行驶区域，无需采集三维图像或大量图像样本进行机器学习，降低了对于图像采集方式的依赖，降低了处理难度、提高了检测的准确性和可靠性。

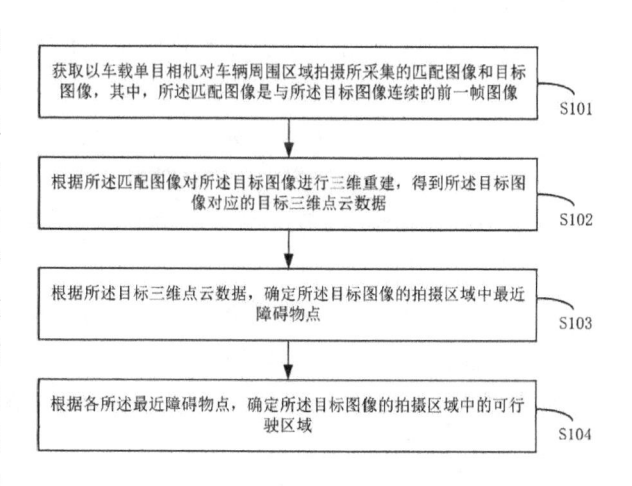

权 利 要 求 书

1. 一种可行驶区域检测方法，其特征在于，包括：

获取以车载单目相机对车辆周围区域拍摄所采集的匹配图像和目标图像，其中，所述匹配图像是与所述目标图像连续的前一帧图像；

根据所述匹配图像对所述目标图像进行三维重建，得到所述目标图像对应的目标三维点云数据；

根据所述目标三维点云数据，确定所述目标图像的拍摄区域中最近障碍物点；

在对所述目标图像的拍摄区域水平切分的均匀分割网络中，根据所述均匀分割网络中各网格单元对相机原点的径向距离，以及所述网格单元方向上的最近障碍物点对相机原点的径向距离，确定各网格单元的加权值；

根据各所述网格单元的初始权值以及所述加权值，确定各所述网格单元的新权值，其中，所述新权值大于或等于最小权阈值，且小于或等于最大权阈值，所述网格单元的初始权值是0或者是在对前一帧图像确定可行驶区域时确定的新权值；

根据所述新权值指示的第一类网格单元或第二类网格单元，确定所述目标图像的拍摄区域中的可行驶区域，其中，所述新权值指示的第一类网格单元与所述相机原点之间有所述最近障碍物点，所述新权值指示的第二类网格单元与所述相机原点之间没有所述最近障碍物点。

2. 根据权利要求1所述的方法，其特征在于，所述根据所述匹配图像对所述目标图像进行三维重建，得到所述目标图像对应的目标三维点云数据，包括：

将所述匹配图像按照所述目标图像的视角投影至预设的多个投影面上，得到多个投影图像，其中，每个所述投影面对应一相对于相机原点的深度；

根据所述目标图像中像素与所述多个投影图像中相应像素的匹配代价，确定所述目标图像中像素的估计深度；

根据所述目标图像中像素的估计深度，获取所述目标图像对应的目标三维点云数据。

3. 根据权利要求2所述的方法，其特征在于，所述投影面包括：$N1$ 个竖直投影平面；

所述 $N1$ 个竖直投影平面平行于相机正对面，且所述相机原点到所述 $N1$ 个竖直投影平面的距离成反比例等差分布，其中，$N1$ 为大于1的整数。

4. 根据权利要求3所述的方法，其特征在于，所述投影面还包括：$N2$ 个水平投影平面和/或 $N3$ 个投影球面；

其中，所述 $N2$ 个水平投影平面平行于相机正下方地面，且所述 $N2$ 个水平投影平面在以所述地面为对称中心的地面分布范围内均匀排列，其中，$N2$ 为大于1的整数；

所述 $N3$ 个投影球面为以所述相机原点为球心的同心球面，且所述 $N3$ 个投影球面的半径成反比例等差分布，其中，$N3$ 为大于1的整数。

5. 根据权利要求2至4任一所述的方法，其特征在于，所述根据所述目标图像中像素与所述多个投影图像中相应像素的匹配代价，确定所述目标图像中像素的估计深度，包括：

获取所述目标图像中像素的目标像素窗口特征；

获取所述多个投影图像中相应像素的投影像素窗口特征；

根据所述目标像素窗口特征和所述投影像素窗口特征，获取所述目标图像中像素与各所述投影图像中相应像素的匹配代价；

将所述匹配代价最小的所述相应像素对应的深度，作为所述目标图像中像素的估计深度，其中，所述相应像素对应的深度，是所述相应像素所在投影面对应的深度。

6. 根据权利要求1所述的方法，其特征在于，所述根据所述目标三维点云数据，确定所述目标图像的拍摄区域中最近障碍物点，包括：

根据所述目标三维点云数据和对所述目标图像的拍摄区域水平切分的极坐标栅格网络，确定所述极坐标栅格网络中各栅格中包含障碍物点的数量，其中，所述障碍物点为对地高度大于预设障碍物高度阈值的目标三维点；

根据所述极坐标栅格网络的各扇形分区中的最近障碍物栅格，确定所述目标图像的拍摄区域中各方向的最近障碍物点，其中，所述最近障碍物栅格是所述扇形分区中与所述相机原点径向距离最近、且所包含障碍物点的数量大于预设数量阈值的栅格。

7. 根据权利要求 6 所述的方法，其特征在于，所述根据所述极坐标栅格网络的各扇形分区中的最近障碍物栅格，确定所述目标图像的拍摄区域中各方向的最近障碍物点，包括：

获取所述最近障碍物栅格中所包含障碍物点的平均位置点；

将各所述最近障碍物栅格对应的平均位置点，作为所述目标图像的拍摄区域中最近障碍物点。

8. 根据权利要求 1、2、3、4、6 或 7 所述的方法，其特征在于，所述匹配图像和目标图像都是鱼眼图像。

9. 一种可行驶区域检测装置，其特征在于，包括：

图像采集模块，用于获取以车载单目相机对车辆周围区域拍摄所采集的匹配图像和目标图像，其中，所述匹配图像是所述目标图像的前一帧图像；

第一处理模块，用于根据所述匹配图像对所述目标图像进行三维重建，得到所述目标图像对应的目标三维点云数据；

第二处理模块，用于根据所述目标三维点云数据，确定所述目标图像的拍摄区域中最近障碍物点；

第三处理模块，用于在对所述目标图像的拍摄区域水平切分的均匀分割网络中，根据所述均匀分割网络中各网格单元对相机原点的径向距离，以及所述网格单元方向上的最近障碍物点对相机原点的径向距离，确定各网格单元的加权值；根据各所述网格单元的初始权值以及所述加权值，确定各所述网格单元的新权值，其中，所述新权值大于或等于最小权阈值，且小于或等于最大权阈值，所述网格单元的初始权值是 0 或者是在对前一帧图像确定可行驶区域时确定的新权值；根据所述新权值指示的第一类网格单元或第二类网格单元，确定所述目标图像的拍摄区域中的可行驶区域，其中，所述新权值指示的第一类网格单元与所述相机原点之间有所述最近障碍物点，所述新权值指示的第二类网格单元与所述相机原点之间没有所述最近障碍物点。

10. 根据权利要求 9 所述的装置，其特征在于，所述第一处理模块，具体用于将所述匹配图像按照所述目标图像的视角投影至预设的多个投影面上，得到多个投影图像，其中，每个所述投影面对应一相对于相机原点的深度；根据所述目标图像中像素与所述多个投影图像中相应像素的匹配代价，确定所述目标图像中像素的估计深度；根据所述目标图像中像素的估计深度，获取所述目标图像对应的目标三维点云数据。

11. 根据权利要求 10 所述的装置，其特征在于，所述投影面包括：$N1$ 个竖直投影平面；所述 $N1$ 个竖直投影平面平行于相机正对面，且所述相机原点到所述 $N1$ 个竖直投影平面的距离成反比例等差分布，其中，$N1$ 为大于 1 的整数。

12. 根据权利要求 11 所述的装置，其特征在于，所述投影面还包括：$N2$ 个水平投影平面和/或 $N3$ 个投影球面；其中，所述 $N2$ 个水平投影平面平行于相机正下方地面，且所述 $N2$ 个水平投影平面在以所述地面为对称中心的地面分布范围内均匀排列，其中，$N2$ 为大于 1 的整数；所述 $N3$ 个投影球面为以所述相机原点为球心的同心球面，且所述 $N3$ 个投影球面的半径成反比例等差分布，其中，$N3$ 为大于 1 的整数。

13. 根据权利要求 10 至 12 任一所述的装置，其特征在于，所述第一处理模块，具体用于获取所述目标图像中像素的目标像素窗口特征；获取所述多个投影图像中相应像素的投影像素窗口特征；根据所述目标像素窗口特征和所述投影像素窗口特征，获取所述目标图像中像素与各所述投影图像中相应像素的匹配代价；将所述匹配代价最小的所述相应像素对应的深度，作为所述目标图像中像素的估计深度，其中，所述相应像素对应的深度，是所述相应像素所在投影面对应的深度。

14. 根据权利要求 9 所述的装置，其特征在于，所述第二处理模块，用于根据所述目标三维点云数据和对所述目标图像的拍摄区域水平切分的极坐标栅格网络，确定所述极坐标栅格网络中各栅格中包含障碍物点的数量，其中，所述障碍物点为对地高度大于预设障碍物高度阈值的目标三维点；根据所述极坐标栅格网络的各扇形分区中的最近障碍物栅格，确定所述目标图像的拍摄区域中各方向的最近障碍物点，其中，所述最近障碍物栅格是所述扇形分区中与所述相机原点径向距离最近，且所包含障碍物点的数量大于预设数量阈值的栅格。

15. 根据权利要求 14 所述的装置，其特征在于，所述第二处理模块，用于获取所述最近障碍物栅格中所包含障碍物点的平均位置点；将各所述最近障碍物栅格对应的平均位置点，作为所述目标图像的拍摄区域中最近障碍物点。

16. 根据权利要求 9、10、11、12、14 或 15 所述的装置，其特征在于，所述匹配图像和目标图像都是鱼眼图像。

17. 一种电子设备，其特征在于，包括：

至少一个处理器；以及

与所述至少一个处理器通信连接的存储器；其中，

所述存储器存储有可被所述至少一个处理器执行的指令，所述指令被所述至少一个处理器执行，以使所述至少一个处理器能够执行权利要求 1 至 8 中任一所述的可行驶区域检测方法。

18. 一种存储有计算机指令的非瞬时计算机可读存储介质，其特征在于，所述计算机指令用于使所述计算机执行权利要求 1 至 8 中任一所述的可行驶区域检测方法。

说 明 书

可行驶区域检测方法、装置、设备及计算机可读存储介质

技术领域

[0001] 本申请实施例涉及图像处理技术领域，具体涉及一种自主泊车技术。

背景技术

[0002] 为了避免车身与障碍物碰撞或者超出道路边界，车辆在自动驾驶和自主泊车过程中都需要进行可行驶区域检测。

[0003] 目前主要是基于有监督深度学习的图像检测或利用三维相机采集三维点云进行可行驶区域检测。但基于有监督深度学习的图像检测需要大量人工标注成本，且在有限数据集上训练的模型难以解决泛化问题。而三维相机结构复杂，制造难度大、检测成本较高。

[0004] 可见，现有的可行驶区域检测方法可靠性不够高。

发明内容

[0005] 本申请的目的是提供一种可行驶区域检测方法、装置、设备及计算机可读存储介质，提高了可行驶区域检测的可靠性。

[0006] 根据本申请的第一方面，提供一种可行驶区域检测方法，包括：

[0007] 获取以车载单目相机对车辆周围区域拍摄所采集的匹配图像和目标图像，其中，所述匹配图像是与所述目标图像连续的前一帧图像；

[0008] 根据所述匹配图像对所述目标图像进行三维重建，得到所述目标图像对应的目标三维点云数据；

[0009] 根据所述目标三维点云数据，确定所述目标图像的拍摄区域中最近障碍物点；

[0010] 根据各所述最近障碍物点，确定所述目标图像的拍摄区域中的可行驶区域。

[0011] 本申请实施例通过对单目相机采集的连续帧图像，重建三维点云数据，并提取最近障碍物点，得到可行驶区域，降低了可行驶区域检测对于图像采集方式的依赖，降低了处理难度、提高了检测的准确性和可靠性。

[0012] 在一些实施例中，所述根据所述匹配图像对所述目标图像进行三维重建，得到所述目标图像对应的目标三维点云数据，包括：

[0013] 将所述匹配图像按照所述目标图像的视角投影至预设的多个投影面上，得到多个投影图像，其中，每个所述投影面对应一相对于相机原点的深度；

[0014] 根据所述目标图像中像素与所述多个投影图像中相应像素的匹配代价，确定所述目标图像中像素的估计深度；

[0015] 根据所述目标图像中像素的估计深度，获取所述目标图像对应的目标三维点云数据。

[0016] 本申请实施例利用匹配图像在不同深度投影面上的投影图像，以代价匹配对目标图像实现深度恢复，转化得到目标三维点云数据，提高了对单目图像进行三维重建的准确性和可靠性，进而提高了可行驶区域检测的准确性和可靠性。

[0017] 在一些实施例中，所述投影面包括：$N1$ 个竖直投影平面；

[0018] 所述 $N1$ 个竖直投影平面平行于相机正对面，且所述相机原点到所述 $N1$ 个竖直投影平面的距离成反比例等差分布，其中，$N1$ 为大于 1 的整数。

[0019] 本申请实施例通过竖直投影平面实现对相机前方区域的深度恢复，提高在弯道等复杂环境下深度恢复的准确性，进而提高对目标图像三维重建的准确性和可靠性。

[0020] 在一些实施例中，所述投影面还包括：$N2$ 个水平投影平面和/或 $N3$ 个投影球面；

[0021] 其中，所述 $N2$ 个水平投影平面平行于相机正下方地面，且所述 $N2$ 个水平投影平面在以

所述地面为对称中心的地面分布范围内均匀排列，其中，N2为大于1的整数；

[0022] 所述N3个投影球面为以所述相机原点为球心的同心球面，且所述N3个投影球面的半径成反比例等差分布，其中，N3为大于1的整数。

[0023] 本申请实施例通过水平投影平面恢复目标图像中地面区域的深度，通过投影球面引入更多法向采样，提高深度恢复的准确性和可靠性。对于目标图像中既不在水平面上又不在竖直面上的点，通过结合投影球面可以增加法向采样能够提高这些点的深度恢复的准确性。另外，引入平行的投影球面还能够对视角大于180度的鱼眼的目标图像提供有利的投影面，提高深度恢复的准确性和可靠性。

[0024] 在一些实施例中，所述根据所述目标图像中像素与所述多个投影图像中相应像素的匹配代价，确定所述目标图像中像素的估计深度，包括：

[0025] 获取所述目标图像中像素的目标像素窗口特征；

[0026] 获取所述多个投影图像中相应像素的投影像素窗口特征；

[0027] 根据所述目标像素窗口特征和所述投影像素窗口特征，获取所述目标图像中像素与各所述投影图像中相应像素的匹配代价；

[0028] 将所述匹配代价最小的所述相应像素对应的深度，作为所述目标图像中像素的估计深度，其中，所述相应像素对应的深度，是所述相应像素所在投影面对应的深度。

[0029] 本申请实施例通过将匹配代价最小的相应像素所对应的深度，作为目标图像中像素的估计深度，提高了对目标图像中像素深度恢复的准确性。

[0030] 在一些实施例中，在所述根据所述目标图像中像素与所述多个投影图像中相应像素的匹配代价，确定所述目标图像中像素的估计深度之前，还包括：

[0031] 根据所述目标图像与所述匹配图像的相机相对位姿，确定所述匹配图像中与所述目标图像中像素一一对应的相应像素；

[0032] 根据所述匹配图像中的所述相应像素，确定各所述投影图像中与所述目标图像中像素一一对应的相应像素。

[0033] 本申请实施例通过相机相对位姿定位匹配图像和目标图像中相对应的像素，提高了对目标图像深度恢复的准确性和可靠性。

[0034] 在一些实施例中，在所述根据所述目标图像与所述匹配图像的相机相对位姿，确定所述匹配图像中与所述目标图像中像素一一对应的相应像素之前，还包括：

[0035] 采集车辆后轮的轮速计数据和车载惯性测量单元IMU数据，其中，所述车辆后轮的轮速计数据指示了所述车载单目相机的水平运动距离，所述车载IMU数据指示了所述车载单目相机的水平运动方向；

[0036] 根据所述车辆后轮的轮速计数据和所述车载IMU数据，确定所述车载单目相机的相机位姿数据；

[0037] 根据所述车载单目相机的相机位姿数据，确定所述目标图像与所述匹配图像的相机相对位姿。

[0038] 本申请实施例由于后轮与车身之间在水平方向无相对转动，后轮的轮速可以直接表征车身的移速，结合车辆后轮的轮速计数据和车载IMU数据得到相机位姿，提高了相机相对位姿的可靠性，进而提高可行驶区域检测的准确性和可靠性。

[0039] 在一些实施例中，所述根据所述目标三维点云数据，确定所述目标图像的拍摄区域中最近障碍物点，包括：

[0040] 根据所述目标三维点云数据和对所述目标图像的拍摄区域水平切分的极坐标栅格网络，确定所述极坐标栅格网络中各栅格中包含障碍物点的数量，其中，所述障碍物点为对地高度大于预设障碍物高度阈值的目标三维点；

[0041] 根据所述极坐标栅格网络的各扇形分区中的最近障碍物栅格，确定所述目标图像的拍摄

区域中各方向的最近障碍物点，其中，所述最近障碍物栅格是所述扇形分区中与所述相机原点径向距离最近，且所包含障碍物点的数量大于预设数量阈值的栅格。

[0042]　本申请实施例利用对相机原点建立的极坐标栅格网络对目标图像的拍摄区域进行空间划分，将各方向扇形分区中可能是障碍物且对相机原点径向距离最小的栅格提取出来，用于确定相机原点各方向的最近障碍物点，提高了最近障碍物点的准确性，进而提高可行驶区域检测的准确性和可靠性。

[0043]　在一些实施例中，所述根据所述极坐标栅格网络的各扇形分区中的最近障碍物栅格，确定所述目标图像的拍摄区域中各方向的最近障碍物点，包括：

[0044]　获取所述最近障碍物栅格中所包含障碍物点的平均位置点；

[0045]　将各所述最近障碍物栅格对应的平均位置点，作为所述目标图像的拍摄区域中最近障碍物点。

[0046]　本申请实施例进一步优化最近障碍物点的位置，提高障碍物点的准确性。

[0047]　在一些实施例中，所述根据各所述最近障碍物点，确定所述目标图像的拍摄区域中的可行驶区域，包括：

[0048]　在对所述目标图像的拍摄区域水平切分的均匀分割网络中，根据所述均匀分割网络中各网格单元相对于所述最近障碍物点的位置，确定各网格单元的加权值；

[0049]　根据各所述网格单元的初始权值以及所述加权值，确定各所述网格单元的新权值，其中，所述新权值大于或等于最小权阈值，且小于或等于最大权阈值，所述网格单元的初始权值是0或者是在对前一帧图像确定可行驶区域时确定的新权值；

[0050]　根据所述新权值指示的第一类网格单元或第二类网格单元，确定所述目标图像的拍摄区域中的可行驶区域，其中，所述新权值指示的第一类网格单元与所述相机原点之间有所述最近障碍物点，所述新权值指示的第二类网格单元与所述相机原点之间没有所述最近障碍物点。

[0051]　本申请实施例通过计算目标图像拍摄区域在均匀分割网络中各网格单元的加权值，对网格单元更新权值，随着连续图像帧的不断更新，不断加权更新网格单元的新权值，不仅能够平滑噪声，还能够起到弥补单帧最近障碍物点漏检的问题，提高了对可行驶区域检测的可靠性。

[0052]　在一些实施例中，所述根据所述均匀分割网络中各网格单元相对于所述最近障碍物点的位置，确定各网格单元的加权值，包括：

[0053]　若所述均匀分割网络中网格单元对相机原点的径向距离，减去所述网格单元方向上的最近障碍物点对相机原点的径向距离的差值，大于或等于距离上限阈值，则所述网格单元的加权值为第一值；

[0054]　若所述最近障碍物点对相机原点的径向距离，减去所述最近障碍物点方向上网格单元对相机原点的径向距离的差值，小于或等于距离下限阈值，则所述网格单元的加权值为第二值；

[0055]　若所述最近障碍物点对相机原点的径向距离，减去所述最近障碍物点方向上网格单元对相机原点的径向距离的差值，小于所述距离上限阈值且大于所述距离下限阈值，则所述网格单元的加权值为第三值，其中，所述第三值是根据所述差值和预设的平滑连续函数确定的值；

[0056]　其中，所述距离上限阈值是所述距离下限阈值的相反数，所述第一值是所述第二值的相反数，所述第三值的绝对值小于所述距离上限阈值的绝对值或所述距离下限阈值的绝对值。

[0057]　本申请实施例实现了对各网格单元加权值的确定，并通过平滑连续函数对差值在距离上限阈值和距离下限阈值之间的网格单元平滑过渡，进一步降低多帧融合加权累积过程中的噪声，提高了对网格单元新权值确定的可靠性，进而提高了对可行驶区域检测的可靠性。

[0058]　在一些实施例中，所述匹配图像和目标图像都是鱼眼图像。

[0059]　本申请实施例通过采用鱼眼图像，实现了增大水平视角（能够超过180度），扩大图像拍摄区域视野范围，提高可行驶区域检测的可靠性。

[0060]　根据本申请的第二方面，提供一种可行驶区域检测装置，包括：

[0061] 图像采集模块，用于获取以车载单目相机对车辆周围区域拍摄所采集的匹配图像和目标图像，其中，所述匹配图像是所述目标图像的前一帧图像；

[0062] 第一处理模块，用于根据所述匹配图像对所述目标图像进行三维重建，得到所述目标图像对应的目标三维点云数据；

[0063] 第二处理模块，用于根据所述目标三维点云数据，确定所述目标图像的拍摄区域中最近障碍物点；

[0064] 第三处理模块，用于根据各所述最近障碍物点，确定所述目标图像的拍摄区域中的可行驶区域。

[0065] 根据本申请的第三方面，提供一种电子设备，包括：

[0066] 至少一个处理器；以及

[0067] 与所述至少一个处理器通信连接的存储器；其中，

[0068] 所述存储器存储有可被所述至少一个处理器执行的指令，所述指令被所述至少一个处理器执行，以使所述至少一个处理器能够执行本申请第一方面及第一方面任一实施例所述的可行驶区域检测方法。

[0069] 根据本申请的第四方面，提供一种存储有计算机指令的非瞬时计算机可读存储介质，所述计算机指令用于使所述计算机执行本申请第一方面及第一方面任一实施例所述的可行驶区域检测方法。

[0070] 上述申请中的一个实施例具有如下优点或有益效果：通过获取以车载单目相机对车辆周围区域拍摄所采集的匹配图像和目标图像，其中，所述匹配图像是与所述目标图像连续的前一帧图像；然后根据所述匹配图像对所述目标图像进行三维重建，得到所述目标图像对应的目标三维点云数据，从而实现对单目相机采集的连续帧图像重建三维点云数据；接着根据所述目标三维点云数据，确定所述目标图像的拍摄区域中最近障碍物点，并根据各所述最近障碍物点，确定所述目标图像的拍摄区域中的可行驶区域，无需采集三维图像或大量图像样本进行机器学习，降低了对于图像采集方式的依赖，降低了处理难度、提高了检测的准确性和可靠性。

[0071] 上述可选方式所具有的其他效果将在下文中结合具体实施例加以说明。

附图说明

[0072] 附图用于更好地理解本方案，不构成对本申请的限定。其中：

[0073] 图1是本申请实施例提供的一种自主泊车的应用场景示意图；

[0074] 图2是本申请实施例提供的一种可行驶区域检测方法流程示意图；

[0075] 图3是本申请实施例提供的一种图2中步骤S102的方法流程示意图；

[0076] 图4是本申请实施例提供的一种在多个投影面上投影匹配深度的示意图；

[0077] 图5是本申请实施例提供的一种竖直投影平面分布的俯视图；

[0078] 图6是本申请实施例提供的一种多类型投影平面分布的侧视图；

[0079] 图7是本申请实施例提供的一种极坐标栅格网络的俯视图；

[0080] 图8是本申请实施例提供的一种目标图像的拍摄区域中最近障碍物点示意图；

[0081] 图9是本申请实施例提供的一种均匀分割网络俯视图；

[0082] 图10是本申请实施例提供的一种可行驶区域示意图；

[0083] 图11是本申请实施例提供的一种可行驶区域检测装置结构示意图；

[0084] 图12是根据本申请实施例的可行驶区域检测方法的电子设备的框图。

具体实施方式

[0085] 以下结合附图对本申请的示范性实施例做出说明，其中包括本申请实施例的各种细节以助于理解，应当将它们认为仅仅是示范性的。因此，本领域普通技术人员应当认识到，可以对这里

描述的实施例做出各种改变和修改,而不会背离本申请的范围和精神。同样,为了清楚和简明,以下的描述中省略了对公知功能和结构的描述。

[0086] 在车辆自动驾驶或自主泊车的场景中,车辆需要对车辆周围的可行驶区域进行检测,以规划安全可行的行驶路径或泊车路径,实现自动驾驶中对障碍物的自动规避或者自动泊车入库。例如是在车库进行自主泊车过程中,需要检测前进或后退方向上的可行驶区域,再根据可行驶区域控制车辆进入车位。参见图1,是本申请实施例提供的一种自主泊车的应用场景示意图。在图1所示的泊车场景中,车辆倒车进入车位时,需要避开空置车位左侧的其他车辆以及右侧的石柱。首先需要采集车辆倒车后方的物体三维信息,识别出其他车辆和石柱的位置,从而准确地获取到车辆倒车时的可行驶区域。

[0087] 现有的可行驶区域检测方法中,通过有监督深度学习的图像检测需要大量的图片样本进行学习,遇到新的障碍物或复杂环境可能存在识别不准确的风险。而利用三维相机采集车辆后方三维点云则需要给车辆配置结构复杂的三维相机,车辆行驶中可能存在检测不可靠的问题。

[0088] 本申请通过提供一种可行驶区域检测方法、装置、设备及计算机可读存储介质,利用车载单目相机实现对可行驶区域的检测,降低检测的难度,提高检测的准确性和可靠性。

[0089] 参见图2,是本申请实施例提供的一种可行驶区域检测方法流程示意图。图2所示方法的执行主体可以是软件和/或硬件的可行驶区域检测装置,具体例如可以是各种类型的终端、车载检测系统、云端等之一或多者的结合。图2所示的方法包括步骤S101至步骤S104,具体如下:

[0090] S101,获取以车载单目相机对车辆周围区域拍摄所采集的匹配图像和目标图像,其中,所述匹配图像是与所述目标图像连续的前一帧图像。

[0091] 车载单目相机可以是安装在车辆前方或者后方。车载单目相机拍摄车辆周围区域,例如可以是对车辆前方区域进行拍摄,也可以是对车辆后方区域进行拍摄。或者,可以根据车辆的前进或后退动作,选择采集车辆前方区域图像或车辆后方区域图像。

[0092] 在车载单目相机采集的连续帧图像中确定目标图像,并将目标图像的前一帧作为匹配图像。这里的目标图像例如可以是车载单目相机实时采集的当前帧图像,但也可以是历史帧图像,本实施例不做限定。

[0093] 其中,车载单目相机可以是采用非广角镜头、广角镜头或者超广角镜头的相机。鱼眼镜头是一种超大视场、大孔径的光学成像系统,一般采用两块或三块负弯月形透镜作为前光组,将物方超大视场压缩至常规镜头要求的视场范围。采用鱼眼镜头的相机拍摄图像,视角例如可达到220°或230°。

[0094] 在一些实施例中,车载单目相机可以是采用鱼眼镜头的相机,其采集的匹配图像和目标图像可以都是鱼眼图像。本实施例可以通过采用鱼眼图像,增大水平视角(例如超过180°),扩大图像拍摄区域视野范围,提高可行驶区域检测的可靠性。

[0095] S102,根据所述匹配图像对所述目标图像进行三维重建,得到所述目标图像对应的目标三维点云数据。

[0096] 目标图像是二维图像,但与其前一帧图像之间可以得到相机的位姿改变,进而可以通过投影进对目标图像生成深度图像,进而实现三维重建。步骤S102的实现方式有多种,下面结合图3和具体实施例进行举例说明。参见图3,是本申请实施例提供的一种图2中步骤S102的方法流程示意图。图3所示方法具体包括步骤S201至S203,具体如下:

[0097] S201,将所述匹配图像按照所述目标图像的视角投影至预设的多个投影面上,得到多个投影图像,其中,每个所述投影面对应一相对于相机原点的深度。

[0098] 参见图4,是本申请实施例提供的一种在多个投影面上投影匹配深度的示意图。如图所示,按照目标图像的视角,将匹配图像投影到多个投影面上,得到具有各种深度的投影图像。可以理解为,对相机预先设置有多个深度的投影面。深度可以理解为是与相机原点所在垂面的距离。不同深度的多个投影面,可以理解为是空间中设置有多个投影面,且每个投影面与相机原点径向距离

（也是与相机原点所在垂面的距离）不相同，由此每个投影面对应了一个深度。当匹配图像被投影到投影面上后，投影面上的投影图像就具有了与该投影面对应的深度，即单个投影图像中所有像素的深度都是其所述投影面的深度。

[0099] 在一些实施例中，上述投影面例如包括 $N1$ 个竖直投影平面，其中，$N1$ 为大于 1 的整数。具体地，$N1$ 个竖直投影平面平行于相机正对面，且所述相机原点到所述 $N1$ 个竖直投影平面的距离成反比例等差分布。在图 1 所示场景中，加入车辆的车载单目相机正对前方车库的墙壁，那么，$N1$ 个竖直投影平面可以理解为是 $N1$ 个与前方车库墙壁平行的空间平面。相机所拍摄图像，近处物体图像分辨率通常大于远处物体图像分辨率，可以理解为远景像素所表示的实际尺寸大于近景像素所表示的实际尺寸。因此，为了提高深度恢复的可靠性，靠近相机原点的竖直投影平面分布密度，大于远离相机原点的竖直投影平面分布密度。另外，障碍物越靠近车辆，可能产生的影响或者危险就越大，在越靠近车辆的区域可以提高深度恢复的精度，以对靠近车辆的区域生成更精确的深度数据。例如 $N1$ 个竖直投影平面的分布密度可以满足：靠近相机原点的分布密度大于远离相机原点的分布密度。参见图 5，是本申请实施例提供的一种竖直投影平面分布的俯视图。图 5 所示相机原点的前方拍摄区域布置有 64 个竖直投影平面（图中未全部示出），且相机原点到各竖直投影平面的距离成反比例等差分布，例如依次是：20/64 米、20/63 米、20/62 米、……、20/3 米、20/2 米、20米。其中，越靠近相机原点，竖直投影平面分布越密集，所恢复深度的精度越大。本实施例通过竖直投影平面实现对相机前方区域的深度恢复，提高在弯道等复杂环境下深度恢复的准确性，进而提高对目标图像三维重建的准确性和可靠性。

[0100] 在另一些实施例中，在上述竖直投影平面的基础上，还可以引入 $N2$ 个水平投影平面和/或 $N3$ 个投影球面作为投影面。其中，水平投影平面可以用于对地面的深度恢复，投影球面可以用于对鱼眼图像中畸变图像的深度恢复。

[0101] 参见图 6，是本申请实施例提供的一种多类型投影平面分布的侧视图。图 6 中示意出了多个相互平行的竖直投影平面、相互平行的水平投影平面以及同球心的投影球面。$N2$ 个水平投影平面平行于相机正下方地面，且所述 $N2$ 个水平投影平面在以所述地面为对称中心的地面分布范围内均匀排列，其中，$N2$ 为大于 1 的整数。以图 6 所示为例，相机标定后，可以确定出相机原点正下方地面所在平面位置，以 4 个水平投影平面均匀分布在相机正下方地面附近 −5cm 到 5cm 的地面分布范围内，用于对接近地面的点的深度进行恢复。其中，水平投影平面的个数也可以是 8 个。本实施例通过水平投影平面，可以恢复目标图像中地面区域像素的深度，提高对地面图像区域深度恢复的准确性和可靠性。

[0102] 上述实施例中，$N3$ 个投影球面为以所述相机原点为球心的同心球面，且所述 $N3$ 个投影球面的半径成反比例等差分布，其中，$N3$ 为大于 1 的整数。继续参见图 6，以相机原点为球心，64 个半径从 0.5m 到 32m 按反比例等差分布，形成投影球面。设置投影球面能够在投影平面的基础上引入更多法向采样，尤其对于目标图像中既不在水平面上又不在竖直面上的像素，通过结合投影球面增加法向采样能够提高这些像素的深度恢复的准确性。另外，在上述目标图像和匹配图像都是鱼眼图像的实施例中，引入平行的 $N3$ 个投影球面，还能够对视角大于 180° 的鱼眼的目标图像提供有利的投影面，提高深度恢复的准确性和可靠性。

[0103] S202，根据所述目标图像中像素与所述多个投影图像中相应像素的匹配代价，确定所述目标图像中像素的估计深度。

[0104] 继续参见图 4，目标图像在各投影图像中都具有相应像素，匹配代价（match cost）越小，则像素特征越相关，由此将匹配代价最小的相应像素所在深度作为目标图像中像素的估计深度，实现对目标图像的深度恢复，可以得到目标图像对应的深度图。

[0105] 在一些实施例中，在进行匹配代价计算之前，可以先根据所述目标图像与所述匹配图像的相机相对位姿，确定所述匹配图像中与所述目标图像中像素一一对应的相应像素。具体可以采用现有的各种追踪算法实现相应像素的追踪，在此不做限定。在匹配图像中的相应像素确定后，可以

根据匹配图像中的所述相应像素，确定各所述投影图像中与所述目标图像中像素一一对应的相应像素。参见图4中每个投影图像都具有与目标图像中像素的相应像素。本实施例通过相机相对位姿定位匹配图像和目标图像中相对应的像素，提高了对目标图像深度恢复的准确性和可靠性。

[0106] 车载单目相机、车辆的车身以及车载惯性测量单元（inertial measurement unit，IMU）之间的位置关系预先标定。根据车身的移动方向和距离，就能确定车载单目相机的相机原点位置、相机拍摄区域、视角等信息。

[0107] 在根据所述目标图像与所述匹配图像的相机相对位姿，确定所述匹配图像中与所述目标图像中像素一一对应的相应像素之前，可以先确定出匹配图像和目标图像之间的相机相对位姿。例如，先采集车辆后轮的轮速计数据和车载IMU数据，其中，所述车辆后轮的轮速计数据指示了所述车载单目相机的水平运动距离，所述车载IMU数据指示了所述车载单目相机的水平运动方向；根据所述车辆后轮的轮速计数据和所述车载IMU数据，可以确定所述车载单目相机的相机位姿数据。车载单目相机拍摄的每一帧图像，都有对应的相机位姿。由此可以根据所述车载单目相机的相机位姿数据，确定匹配图像和目标图像之间的相机相对位姿。本实施例中，由于车辆后轮与车身之间在水平方向无相对转动，后轮的轮速可以直接表征车身的移速，结合车辆后轮的轮速计数据和车载IMU数据得到相机位姿，提高了相机位姿的可靠性，进而提高可行驶区域检测的准确性和可靠性。

[0108] 步骤S202中，具体的实现方式例如可以是先获取所述目标图像中像素的目标像素窗口特征，以及所述多个投影图像中相应像素的投影像素窗口特征。这里的窗口特征例如是以预设大小的采样窗口在目标图像和投影图像上滑动，以窗口内像素特征的均值作为窗口中心像素的窗口特征。该采样窗口的大小可以是7×7、5×5，也可以是1×1，在此不做限定。目标像素窗口特征例如是以目标图像中像素为中心的采样窗口内像素的灰度均值。匹配像素窗口特征例如是以相应像素为中心的采样窗口内像素的灰度均值。然后，根据所述目标像素窗口特征和所述投影像素窗口特征，获取所述目标图像中像素与各所述投影图像中相应像素的匹配代价。例如，对目标图像中像素和投影图像中相应像素以7×7窗口采样得到的灰度均值误差，作为相应像素与目标图像中像素的匹配代价。得到各投影图像中相应像素对目标图像中像素的匹配代价后，可以将所述匹配代价最小的所述相应像素对应的深度，作为所述目标图像中像素的估计深度，其中，所述相应像素对应的深度，是所述相应像素所在投影面对应的深度。本实施例通过将匹配代价最小的相应像素所对应的深度，作为目标图像中像素的估计深度，提高了对目标图像中像素深度恢复的准确性。

[0109] S203，根据所述目标图像中像素的估计深度，获取所述目标图像对应的目标三维点云数据。

[0110] 目标图像中各像素确定估计深度的过程可以并行执行。在目标图像中像素都确定出估计深度后，得到目标图像对应的深度图像。进而将深度图像结合目标图像中各像素的像素位置，可以得到各像素的三维信息，得到目标图像对应的目标三维点云数据。

[0111] 图2所示三维重建的实施例，通过利用匹配图像在不同深度投影面上的投影图像，以代价匹配对目标图像实现深度恢复，转化得到目标三维点云数据，提高了对单目图像进行三维重建的准确性和可靠性，进而提高了可行驶区域检测的准确性和可靠性。

[0112] S103，根据所述目标三维点云数据，确定所述目标图像的拍摄区域中最近障碍物点。

[0113] 目标三维点云数据体现了目标图像的拍摄区域中的三维立体信息，由此可以过滤出障碍物的三维点，并根据相对于相机原点的径向距离再次过滤出用于确定可行驶区域边界的最近障碍物点。

[0114] 在一些实施例中，可以根据所述目标三维点云数据和对所述目标图像的拍摄区域水平切分的极坐标栅格网络，确定所述极坐标栅格网络中各栅格中包含障碍物点的数量，然后根据所述极坐标栅格网络的各扇形分区中的最近障碍物栅格，确定所述目标图像的拍摄区域中各方向的最近障碍物点。

[0115] 具体地，首先可以利用极坐标栅格网络对相机拍摄区域进行空间划分，以便对其中最近

障碍物点进行提取。例如，可以根据所述目标三维点云数据和所述目标图像对应的相机原点位置，确定预设的极坐标栅格网络的各栅格中的目标三维点。相机原点位置例如是预先标定的、用于指示相机原点相对于地面高度、相对于车身位置的信息。参见图7，是本申请实施例提供的一种极坐标栅格网络的俯视图。如图7所示，所述极坐标栅格网络是对目标图像的拍摄区域，以扇形排布的第一类切割面和正对相机且平行排布的第二类切割面叠加分割形成的分割网络，所述第一类切割面的交线与相机原点的对地垂线共线。第一类切割面和第二类切割面都是与地面垂直的平面。参见图7，多个第一类切割面对目标图像的拍摄区域的分割，在俯视图上例如可以形成以相机原点为中心，将水平方向175°划分为128个扇面分区。在此基础上，多个第二类切割面与相机正对面平行分布进行叠加分割。在一些实施例中，越靠近车辆的像素分辨率越高，目标三维点越密集，而且越靠近车辆的障碍物可能产生越大的影响，对靠近相机原点的分割密度应大于远离相机原点的分割密度。靠近相机原点的第二类切割面分布密度大于远离相机原点的第二类切割面的分布密度。例如，第二类切割面按与相机原点的径向距离从0.5m到32m成反比例等差划分出63段形成栅格。

[0116] 继续参见图7，确定预设的极坐标栅格网络的各栅格中的目标三维点后，可以确定各所述栅格中包含障碍物点的数量，其中，所述障碍物点为对地高度大于预设障碍物高度阈值的目标三维点。预设障碍物高度阈值例如可以是4cm、5cm、6cm等车辆可以直接越过的限额高度，例如车辆的底盘高度。然后，在所述第一类切割面分割出的扇形分区中，确定最近障碍物栅格，其中，所述最近障碍物栅格是所述扇形分区中与所述相机原点径向距离最近、且所包含障碍物点的数量大于预设数量阈值的栅格。例如，在以原点为中心向图7所示极坐标栅格网络各方向搜索障碍物点数量大于预设数量阈值的第一个栅格，作为该方向上的最近障碍物栅格。最后可以根据所述最近障碍物栅格，确定所述目标图像的拍摄区域中最近障碍物点。参见图8，是本申请实施例提供的一种目标图像的拍摄区域中最近障碍物点示意图。在图8所示的场景中，车位两侧的其他车辆和石柱都在最近障碍物点以外，在最近障碍物点圈定的相机侧区域中，可以确定出可行驶区域。本实施例利用对相机原点建立的极坐标栅格网络对目标图像的拍摄区域进行空间划分，将各方向扇形分区中可能是障碍物且对相机原点径向距离最小的栅格提取出来，用于确定相机原点各方向的最近障碍物点，提高了最近障碍物点的准确性，进而提高可行驶区域检测的准确性和可靠性。

[0117] 最近障碍物点可以是最近障碍物栅格的中心点或者是根据最近障碍物栅格中目标三维点确定的点。在一些实施例中，可以是获取所述最近障碍物栅格中所包含障碍物点的平均位置点；将各所述最近障碍物栅格对应的平均位置点，作为所述目标图像的拍摄区域中最近障碍物点。本实施例进一步优化最近障碍物点的位置，提高障碍物点的准确性。

[0118] S104，根据各所述最近障碍物点，确定所述目标图像的拍摄区域中的可行驶区域。

[0119] 在最近障碍物点确定后，可以以最近障碍物点作为可行驶区域的边界。而为了提高可行驶区域的可靠性，还可以结合均匀分割网络景进行多帧融合处理，对可行驶区域的边界进行持续优化。

[0120] 在一些实施例中，可以根据所述最近障碍物点和所述目标图像对应的相机原点位置，获取包含所述最近障碍物点的均匀分割网络。其中，所述均匀分割网络是对目标图像的拍摄区域在水平方向以均匀方形网格分割形成的分割网络。参见图9，是本申请实施例提供的一种均匀分割网络俯视图。如图9所示，将水平空间按0.1m×0.1m的网格均匀划分出均匀分割网络，其中的方形网格实际上是对水平方向进行均匀分割的立体网格，每个网格单元实际上是横截面为方形的棱柱体区域。

[0121] 本实施例通过均匀分割网络俯视图对空间进行均匀分割，在对所述目标图像的拍摄区域水平切分的均匀分割网络中，可以根据所述均匀分割网络中各网格单元相对于所述最近障碍物点的位置，确定各网格单元的加权值。具体地，可以根据所述均匀分割网络中各网格单元对相机原点的径向距离，以及所述网格单元方向上的最近障碍物点对相机原点的径向距离，确定各所述网格单元的加权值。参见图9所示，每个箭头代表一个径向方向，对每个径向方向上的网格单元确定各自的

加权值。该加权值的计算是根据网格单元对相机原点的径向距离，和其网格单元所在方向上障碍物点对相机原点的径向距离来确定的。具体在后续实施例中对加权值的计算进行举例说明。在每个网格单元得到加权值时，形成了以最近障碍物点为截断面的截断有向距离场，可以根据相对于截断面的有向距离，对截断有效距离场中各网格单元进行权值计算。得到各网格单元的加权值后，根据各所述网格单元的初始权值以及所述加权值，确定各所述网格单元的新权值，其中，所述新权值大于或等于最小权阈值、且小于或等于最大权阈值，所述网格单元的初始权值是0或者是在对前一帧图像确定可行驶区域时确定的新权值。应当理解地，最大权阈值和最小权阈值是用于对新权值进行限定，避免新权值的无限增大。例如，假设多个连续帧中，车库墙壁对应的网格单元的加权值维持取 +1，那么其新权值增大到10（最大权阈值）后不再增大。

[0122] 然后，可以根据所述新权值指示的第一类网格单元或第二类网格单元，确定所述目标图像的拍摄区域中的可行驶区域，其中，所述新权值指示的第一类网格单元与所述相机原点之间有所述最近障碍物点，所述新权值指示的第二类网格单元与所述相机原点之间没有所述最近障碍物点。可以理解为，根据新权值的数值可以对网格单元实现分类，确定各网格单元是第一类网格单元还是第二类网格单元。例如，可以根据所述网格单元的新权值，确定所述网格单元是第一类网格单元或者第二类网格单元，其中，所述第一类网格单元与所述相机原点之间有所述最近障碍物点，所述第二类网格单元与所述相机原点之间没有所述最近障碍物点。第二类网格单元可以理解为是在最近障碍物点和相机原点之间的网格单元。最后，根据所述第二类网格单元，确定所述目标图像的拍摄区域中的可行驶区域，其中，与所述第一类网格单元相邻的所述第二类网格单元是所述可行驶区域的边界。应理解地，第二类网格单元合并后可以形成目标图像的拍摄区域中的可行驶区域。

[0123] 上述实施例中，在根据各所述网格单元的初始权值以及所述加权值，确定各所述网格单元的新权值之前，还可以先确定所述目标图像对应的各网格单元的初始权值。目标图像各网格单元的初始权值是根据匹配图像和目标图像的相机相对位姿，将匹配图像对应的截断有向距离场旋转平移变换至目标图像对应的截断有向距离场中，确定匹配图像对应的网格单元与目标图像对应的网格单元之间的对应关系。而在匹配图像对应的网格单元所确定的新权值，就是目标图像对应的网格单元的初始权值。

[0124] 假如目标图像是连续帧图像的首帧图像，则初始权值为0。

[0125] 上述实施例通过计算目标图像拍摄区域在均匀分割网络中各网格单元的加权值，对网格单元更新权值，随着连续图像帧的不断更新，不断加权更新网格单元的新权值，不仅能够平滑噪声还能够起到弥补单帧最近障碍物点漏检的问题，提高了对可行驶区域检测的可靠性。

[0126] 在上述实施例中，确定各所述网格单元的加权值的实现方式，例如可以是：

[0127] 若所述均匀分割网络中网格单元对相机原点的径向距离，减去所述网格单元方向上的最近障碍物点对相机原点的径向距离的差值，大于或等于距离上限阈值，则所述网格单元的加权值为第一值。

[0128] 若所述最近障碍物点对相机原点的径向距离，减去所述最近障碍物点方向上网格单元对相机原点的径向距离的差值，小于或等于距离下限阈值，则所述网格单元的加权值为第二值。

[0129] 若所述最近障碍物点对相机原点的径向距离，减去所述最近障碍物点方向上网格单元对相机原点的径向距离的差值，小于所述距离上限阈值且大于所述距离下限阈值，则所述网格单元的加权值为第三值，其中，所述第三值是根据所述差值和预设的平滑连续函数确定的值。

[0130] 其中，所述距离上限阈值是所述距离下限阈值的相反数，所述第一值是所述第二值的相反数，所述第三值的绝对值小于所述距离上限阈值的绝对值或所述距离下限阈值的绝对值。

[0131] 作为一种示例，可以是根据下列公式一，确定指定方向上的网格单元的加权值 $f(c)$：

[0132] $$f(c) = \begin{cases} \sin\left(\dfrac{c-d}{0.3} \cdot \dfrac{\pi}{2}\right), & |c-d| < 0.3 \\ 1, & c-d \geq 0.3 \\ -1, & c-d \leq -0.3 \end{cases} \qquad \text{公式一}$$

[0133] 其中，c 是网格单元对相机原点的径向距离，d 是该网格方向上最近障碍物点对相机原点的径向距离。公式一中，距离上限阈值是 0.3，距离下线阈值是 -0.3，第一值是 1，第二值是 -1，平滑连续函数是预设的三角函数。

[0134] 参见图 10，是本申请实施例提供的一种可行驶区域示意图。图 10 中阴影区域为可行驶区域。如图 10 所示的可行驶区域边界是通过多帧图像的加权值累计加权更新得到的结果，是对图 8 所示最近障碍物点所标记位置的进一步优化。图 10 所示的可行驶区域边界融合了目标图像的最近障碍物所确定的网格单元加权值，以及之前连续帧累计得到的初始权值，具有较高的可靠性。

[0135] 上述实施例实现了对各网格单元加权值的确定，并通过平滑连续函数对差值在距离上限阈值和距离下限阈值之间的网格单元平滑过渡，进一步降低多帧融合加权累积过程中的噪声，提高了对网格单元新权值确定的可靠性，进而提高了对可行驶区域检测的可靠性。

[0136] 图 1 所示实施例通过获取以车载单目相机对车辆周围区域拍摄所采集的匹配图像和目标图像，其中，所述匹配图像是与所述目标图像连续的前一帧图像；然后根据所述匹配图像对所述目标图像进行三维重建，得到所述目标图像对应的目标三维点云数据，从而实现对单目相机采集的连续帧图像重建三维点云数据；接着根据所述目标三维点云数据，确定所述目标图像的拍摄区域中最近障碍物点，并根据各所述最近障碍物点，确定所述目标图像的拍摄区域中的可行驶区域，无需采集三维图像或大量图像样本进行机器学习，降低了对于图像采集方式的依赖，降低了处理难度、提高了检测的准确性和可靠性。

[0137] 参见图 11，是本申请实施例提供的一种可行驶区域检测装置结构示意图。如图 11 所示的可行驶区域检测装置 30 包括：

[0138] 图像采集模块 31，用于获取以车载单目相机对车辆周围区域拍摄所采集的匹配图像和目标图像，其中，所述匹配图像是所述目标图像的前一帧图像。

[0139] 第一处理模块 32，用于根据所述匹配图像对所述目标图像进行三维重建，得到所述目标图像对应的目标三维点云数据。

[0140] 第二处理模块 33，用于根据所述目标三维点云数据，确定所述目标图像的拍摄区域中最近障碍物点。

[0141] 第三处理模块 34，用于根据各所述最近障碍物点，确定所述目标图像的拍摄区域中的可行驶区域。

[0142] 本实施例提供的可行驶区域检测装置，通过获取以车载单目相机对车辆周围区域拍摄所采集的匹配图像和目标图像，其中，所述匹配图像是与所述目标图像连续的前一帧图像；然后根据所述匹配图像对所述目标图像进行三维重建，得到所述目标图像对应的目标三维点云数据，从而实现对单目相机采集的连续帧图像重建三维点云数据；接着根据所述目标三维点云数据，确定所述目标图像的拍摄区域中最近障碍物点，并根据各所述最近障碍物点，确定所述目标图像的拍摄区域中的可行驶区域，无需采集三维图像或大量图像样本进行机器学习，降低了对于图像采集方式的依赖，降低了处理难度、提高了检测的准确性和可靠性。

[0143] 在一些实施例中，第一处理模块 32，具体用于将所述匹配图像按照所述目标图像的视角投影至预设的多个投影面上，得到多个投影图像，其中，每个所述投影面对应一相对于相机原点的深度；根据所述目标图像中像素与所述多个投影图像中相应像素的匹配代价，确定所述目标图像中像素的估计深度；根据所述目标图像中像素的估计深度，获取所述目标图像对应的目标三维点云数据。

[0144] 本实施例利用匹配图像在不同深度投影面上的投影图像，以代价匹配对目标图像实现深度恢复，转化得到目标三维点云数据，提高了对单目图像进行三维重建的准确性和可靠性，进而提高了可行驶区域检测的准确性和可靠性。

[0145] 在一些实施例中，所述投影面包括：$N1$ 个竖直投影平面；所述 $N1$ 个竖直投影平面平行于相机正对面，且所述相机原点到所述 $N1$ 个竖直投影平面的距离成反比例等差分布，其中，$N1$ 为

大于 1 的整数。本实施例通过竖直投影平面实现对相机前方区域的深度恢复，提高在弯道等复杂环境下深度恢复的准确性，进而提高对目标图像三维重建的准确性和可靠性。

[0146] 在一些实施例中，所述投影面还包括：N2 个水平投影平面和/或 N3 个投影球面；其中，所述 N2 个水平投影平面平行于相机正下方地面，且所述 N2 个水平投影平面在以所述地面为对称中心的地面分布范围内均匀排列，其中，N2 为大于 1 的整数；所述 N3 个投影球面为以所述相机原点为球心的同心球面，且所述 N3 个投影球面的半径成反比例等差分布，其中，N3 为大于 1 的整数。本实施例通过水平投影平面恢复目标图像中地面区域的深度，通过投影球面引入更多法向采样，提高深度恢复的准确性和可靠性。对于目标图像中既不在水平面上又不在竖直面上的点，通过结合投影球面可以增加法向采样能够提高这些点的深度恢复的准确性。另外，引入平行的投影球面还能够对视角大于 180 度的鱼眼的目标图像提供有利的投影面，提高深度恢复的准确性和可靠性。

[0147] 在一些实施例中，第一处理模块 32，具体用于获取所述目标图像中像素的目标像素窗口特征；获取所述多个投影图像中相应像素的投影像素窗口特征；根据所述目标像素窗口特征和所述投影像素窗口特征，获取所述目标图像中像素与各所述投影图像中相应像素的匹配代价；将所述匹配代价最小的所述相应像素对应的深度，作为所述目标图像中像素的估计深度，其中，所述相应像素对应的深度，是所述相应像素所在投影面对应的深度。

[0148] 本实施例通过将匹配代价最小的相应像素所对应的深度，作为目标图像中像素的估计深度，提高了对目标图像中像素深度恢复的准确性。

[0149] 在一些实施例中，第一处理模块 32，在所述根据所述目标图像中像素与所述多个投影图像中相应像素的匹配代价，确定所述目标图像中像素的估计深度之前，还用于根据所述目标图像与所述匹配图像的相机相对位姿，确定所述匹配图像中与所述目标图像中像素一一对应的相应像素；根据所述匹配图像中的所述相应像素，确定各所述投影图像中与所述目标图像中像素一一对应的相应像素。

[0150] 本实施例通过相机相对位姿定位匹配图像和目标图像中相对应的像素，提高了对目标图像深度恢复的准确性和可靠性。

[0151] 在一些实施例中，第一处理模块 32，在所述根据所述目标图像与所述匹配图像的相机相对位姿，确定所述匹配图像中与所述目标图像中像素一一对应的相应像素之前，还用于采集车辆后轮的轮速计数据和车载惯性测量单元 IMU 数据，其中，所述车辆后轮的轮速计数据指示了所述车载单目相机的水平运动距离，所述车载 IMU 数据指示了所述车载单目相机的水平运动方向；根据所述车辆后轮的轮速计数据和所述车载 IMU 数据，确定所述车载单目相机的相机位姿数据；根据所述车载单目相机的相机位姿数据，确定所述目标图像与所述匹配图像的相机相对位姿。

[0152] 本实施例由于后轮与车身之间在水平方向无相对转动，后轮的轮速可以直接表征车身的移速，结合车辆后轮的轮速计数据和车载 IMU 数据得到相机位姿，提高了相机位姿的可靠性，进而提高可行驶区域检测的准确性和可靠性。

[0153] 在一些实施例中，第二处理模块 33，用于根据所述目标三维点云数据和对所述目标图像的拍摄区域水平切分的极坐标栅格网络，确定所述极坐标栅格网络中各栅格中包含障碍物点的数量，其中，所述障碍物点为对地高度大于预设障碍物高度阈值的目标三维点；根据所述极坐标栅格网络的各扇形分区中的最近障碍物栅格，确定所述目标图像的拍摄区域中各方向的最近障碍物点，其中，所述最近障碍物栅格是所述扇形分区中与所述相机原点径向距离最近，且所包含障碍物点的数量大于预设数量阈值的栅格。具体地，例如是根据所述目标三维点云数据和所述目标图像对应的相机原点位置，确定预设的极坐标栅格网络的各栅格中的目标三维点，其中，所述极坐标栅格网络是对目标图像的拍摄区域，以扇形排布的第一类切割面和正对相机且平行排布的第二类切割面叠加分割形成的分割网络，所述第一类切割面的交线与相机原点的对地垂线共线；确定各所述栅格中包含障碍物点的数量，其中，所述障碍物点为对地高度大于预设障碍物高度阈值的目标三维点；在所述第一类切割面分割出的扇形分区中，确定最近障碍物栅格，其中，所述最近障碍物栅格是所述扇

形分区中与所述相机原点径向距离最近,且所包含障碍物点的数量大于预设数量阈值的栅格;根据所述最近障碍物栅格,确定所述目标图像的拍摄区域中最近障碍物点。

[0154] 本实施例利用对相机原点建立的极坐标栅格网络对目标图像的拍摄区域进行空间划分,将各方向扇形分区中可能是障碍物且对相机原点径向距离最小的栅格提取出来,用于确定相机原点各方向的最近障碍物点,提高了最近障碍物点的准确性,进而提高可行驶区域检测的准确性和可靠性。

[0155] 在一些实施例中,第二处理模块33,用于获取所述最近障碍物栅格中所包含障碍物点的平均位置点;将各所述最近障碍物栅格对应的平均位置点,作为所述目标图像的拍摄区域中最近障碍物点。

[0156] 本实施例进一步优化最近障碍物点的位置,提高障碍物点的准确性。

[0157] 在一些实施例中,第三处理模块34,用于在对所述目标图像的拍摄区域水平切分的均匀分割网络中,根据所述均匀分割网络中各网格单元相对于所述最近障碍物点的位置,确定各网格单元的加权值;根据各所述网格单元的初始权值以及所述加权值,确定各所述网格单元的新权值,其中,所述新权值大于或等于最小权阈值,且小于或等于最大权阈值,所述网格单元的初始权值是0或者是在对前一帧图像确定可行驶区域时确定的新权值;根据所述新权值指示的第一类网格单元或第二类网格单元,确定所述目标图像的拍摄区域中的可行驶区域,其中,所述新权值指示的第一类网格单元与所述相机原点之间有所述最近障碍物点,所述新权值指示的第二类网格单元与所述相机原点之间没有所述最近障碍物点。例如,具体可以是根据所述最近障碍物点和所述目标图像对应的相机原点位置,获取包含所述最近障碍物点的均匀分割网络,其中,所述均匀分割网络是对目标图像的拍摄区域在水平方向以均匀方形网格分割形成的分割网络;根据所述均匀分割网络中各网格单元对相机原点的径向距离,以及所述网格单元方向上的最近障碍物点对相机原点的径向距离,确定各所述网格单元的加权值;根据各所述网格单元的初始权值以及所述加权值,确定各所述网格单元的新权值,其中,所述新权值大于或等于最小权阈值,且小于或等于最大权阈值,所述网格单元的初始权值是0或者是在对前一帧图像确定可行驶区域时确定的新权值;根据所述网格单元的新权值,确定所述网格单元是第一类网格单元或者第二类网格单元,其中,所述第一类网格单元与所述相机原点之间有所述最近障碍物点,所述第二类网格单元与所述相机原点之间没有所述最近障碍物点;根据所述第二类网格单元,确定所述目标图像的拍摄区域中的可行驶区域,其中,与所述第一类网格单元相邻的所述第二类网格单元是所述可行驶区域的边界。

[0158] 本实施例通过计算目标图像拍摄区域在均匀分割网络中各网格单元的加权值,对网格单元更新权值,随着连续图像帧的不断更新,不断加权更新网格单元的新权值,不仅能够平滑噪声还能够起到弥补单帧最近障碍物点漏检的问题,提高了对可行驶区域检测的可靠性。

[0159] 在一些实施例中,第三处理模块34,具体用于若所述均匀分割网络中网格单元对相机原点的径向距离,减去所述网格单元方向上的最近障碍物点对相机原点的径向距离的差值,大于或等于距离上限阈值,则所述网格单元的加权值为第一值;若所述最近障碍物点对相机原点的径向距离,减去所述最近障碍物点方向上网格单元对相机原点的径向距离的差值,小于或等于距离下限阈值,则所述网格单元的加权值为第二值;若所述最近障碍物点对相机原点的径向距离,减去所述最近障碍物点方向上网格单元对相机原点的径向距离的差值,小于所述距离上限阈值且大于所述距离下限阈值,则所述网格单元的加权值为第三值,其中,所述第三值是根据所述差值和预设的平滑连续函数确定的值;其中,所述距离上限阈值是所述距离下限阈值的相反数,所述第一值是所述第二值的相反数,所述第三值的绝对值小于所述距离上限阈值的绝对值或所述距离下限阈值的绝对值。

[0160] 本实施例实现了对各网格单元加权值的确定,并通过平滑连续函数对差值在距离上限阈值和距离下限阈值之间的网格单元平滑过渡,进一步降低多帧融合加权累积过程中的噪声,提高了对网格单元新权值确定的可靠性,进而提高了对可行驶区域检测的可靠性。

[0161] 在一些实施例中,所述匹配图像和目标图像都是鱼眼图像。本申请实施例通过采用鱼眼

图像，实现了增大水平视角，扩大图像拍摄区域视野范围，提高可行驶区域检测的可靠性。

[0162] 根据本申请的实施例，本申请还提供了一种电子设备和一种可读存储介质。

[0163] 参见图12，是根据本申请实施例的可行驶区域检测方法的电子设备的框图。电子设备旨在表示各种形式的数字计算机，诸如，膝上型计算机、台式计算机、工作台、个人数字助理、服务器、刀片式服务器、大型计算机、和其他适合的计算机。电子设备还可以表示各种形式的移动装置，诸如，个人数字处理、蜂窝电话、智能电话、可穿戴设备和其他类似的计算装置。本文所示的部件、它们的连接和关系以及它们的功能仅仅作为示例，并且不意在限制本文中描述的和/或者要求的本申请的实现。

[0164] 如图12所示，该电子设备包括：一个或多个处理器1201、存储器1202，以及用于连接各部件的接口，包括高速接口和低速接口。各个部件利用不同的总线互相连接，并且可以被安装在公共主板上或者根据需要以其他方式安装。处理器可以对在电子设备内执行的指令进行处理，包括存储在存储器中或者存储器上以在外部输入/输出装置（诸如，耦合至接口的显示设备）上显示GUI的图形信息的指令。在其他实施方式中，若需要，可以将多个处理器和/或多条总线与多个存储器和多个存储器一起使用。同样，可以连接多个电子设备，各个设备提供部分必要的操作（例如，作为服务器阵列、一组刀片式服务器，或者多处理器系统）。图12中以一个处理器1201为例。

[0165] 存储器1202即为本申请所提供的非瞬时计算机可读存储介质。其中，所述存储器存储有可由至少一个处理器执行的指令，以使所述至少一个处理器执行本申请所提供的可行驶区域检测方法。本申请的非瞬时计算机可读存储介质存储计算机指令，该计算机指令用于使计算机执行本申请所提供的可行驶区域检测方法。

[0166] 存储器1202作为一种非瞬时计算机可读存储介质，可用于存储非瞬时软件程序、非瞬时计算机可执行程序以及模块，如本申请实施例中的可行驶区域检测方法对应的程序指令/模块（例如，附图11所示的图像采集模块31、第一处理模块32、第二处理模块33和第三处理模块34）。处理器1201通过运行存储在存储器1202中的非瞬时软件程序、指令以及模块，从而执行服务器的各种功能应用以及数据处理，即实现上述方法实施例中的可行驶区域检测的方法。

[0167] 存储器1202可以包括存储程序区和存储数据区，其中，存储程序区可存储操作系统、至少一个功能所需要的应用程序；存储数据区可存储根据可行驶区域检测的电子设备的使用所创建的数据等。此外，存储器1202可以包括高速随机存取存储器，还可以包括非瞬时存储器，例如至少一个磁盘存储器件、闪存器件或其他非瞬时固态存储器件。在一些实施例中，存储器1202可选包括相对于处理器1201远程设置的存储器，这些远程存储器可以通过网络连接至可行驶区域检测的电子设备。上述网络的实例包括但不限于互联网、企业内部网、局域网、移动通信网及其组合。

[0168] 可行驶区域检测的方法的电子设备还可以包括：输入装置1203和输出装置1204。处理器1201、存储器1202、输入装置1203和输出装置1204可以通过总线或者其他方式连接，图12中以通过总线连接为例。

[0169] 输入装置1203可接收输入的数字或字符信息，以及产生与可行驶区域检测的电子设备的用户设置以及功能控制有关的键信号输入，例如触摸屏、小键盘、鼠标、轨迹板、触摸板、指示杆、一个或者多个鼠标按钮、轨迹球、操纵杆等输入装置。输出装置1204可以包括显示设备、辅助照明装置（例如，LED）和触觉反馈装置（例如，振动电机）等。该显示设备可以包括但不限于，液晶显示器（LCD）、发光二极管（LED）显示器和等离子体显示器。在一些实施方式中，显示设备可以是触摸屏。

[0170] 此处描述的系统和技术的各种实施方式可以在数字电子电路系统、集成电路系统、专用ASIC（专用集成电路）、计算机硬件、固件、软件和/或它们的组合中实现。这些各种实施方式可以包括：实施在一个或者多个计算机程序中，该一个或者多个计算机程序可在包括至少一个可编程处理器的可编程系统上执行和/或解释，该可编程处理器可以是专用或者通用可编程处理器，可以从存储系统、至少一个输入装置和至少一个输出装置接收数据和指令，并且将数据和指令传输至该存

· 501 ·

储系统、该至少一个输入装置和该至少一个输出装置。

[0171] 这些计算程序（也称作程序、软件、软件应用或者代码）包括可编程处理器的机器指令，并且可以利用高级过程和/或面向对象的编程语言和/或汇编/机器语言来实施这些计算程序。如本文使用的，术语"机器可读介质"和"计算机可读介质"指的是用于将机器指令和/或数据提供给可编程处理器的任何计算机程序产品、设备和/或装置［例如，磁盘、光盘、存储器、可编程逻辑装置（PLD）］，包括，接收作为机器可读信号的机器指令的机器可读介质。术语"机器可读信号"指的是用于将机器指令和/或数据提供给可编程处理器的任何信号。

[0172] 为了提供与用户的交互，可以在计算机上实施此处描述的系统和技术，该计算机具有：用于向用户显示信息的显示装置［例如，CRT（阴极射线管）或者LCD（液晶显示器）监视器］；以及键盘和指向装置（例如，鼠标或者轨迹球），用户可以通过该键盘和该指向装置来将输入提供给计算机。其他种类的装置还可以用于提供与用户的交互；例如，提供给用户的反馈可以是任何形式的传感反馈（例如，视觉反馈、听觉反馈或者触觉反馈）；并且可以用任何形式（包括声输入、语音输入或者触觉输入）来接收来自用户的输入。

[0173] 可以将此处描述的系统和技术实施在包括后台部件的计算系统（例如，作为数据服务器），或者包括中间件部件的计算系统（例如，应用服务器），或者包括前端部件的计算系统（例如，具有图形用户界面或者网络浏览器的用户计算机，用户可以通过该图形用户界面或者该网络浏览器来与此处描述的系统和技术的实施方式交互），或者包括这种后台部件、中间件部件或者前端部件的任何组合的计算系统中。可以通过任何形式或者介质的数字数据通信（例如，通信网络）来将系统的部件相互连接。通信网络的示例包括：局域网（LAN）、广域网（WAN）和互联网。

[0174] 计算机系统可以包括客户端和服务器。客户端和服务器一般远离彼此并且通常通过通信网络进行交互。通过在相应的计算机上运行并且彼此具有客户端－服务器关系的计算机程序来产生客户端和服务器的关系。

[0175] 应该理解，可以使用上面所示的各种形式的流程，重新排序、增加或删除步骤。例如，本申请中记载的各步骤可以并行地执行，也可以顺序地执行，也可以不同的次序执行，只要能够实现本申请公开的技术方案所期望的结果，本文在此不进行限制。

[0176] 上述具体实施方式，并不构成对本申请保护范围的限制。本领域技术人员应该明白的是，根据设计要求和其他因素，可以进行各种修改、组合、子组合和替代。任何在本申请的精神和原则之内所作的修改、等同替换和改进等，均应包含在本申请保护范围之内。

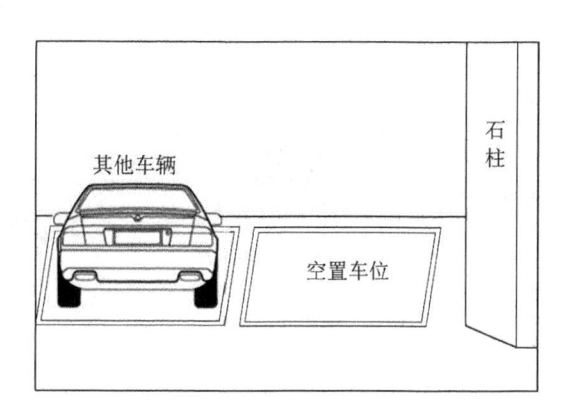

其他车辆　　石柱

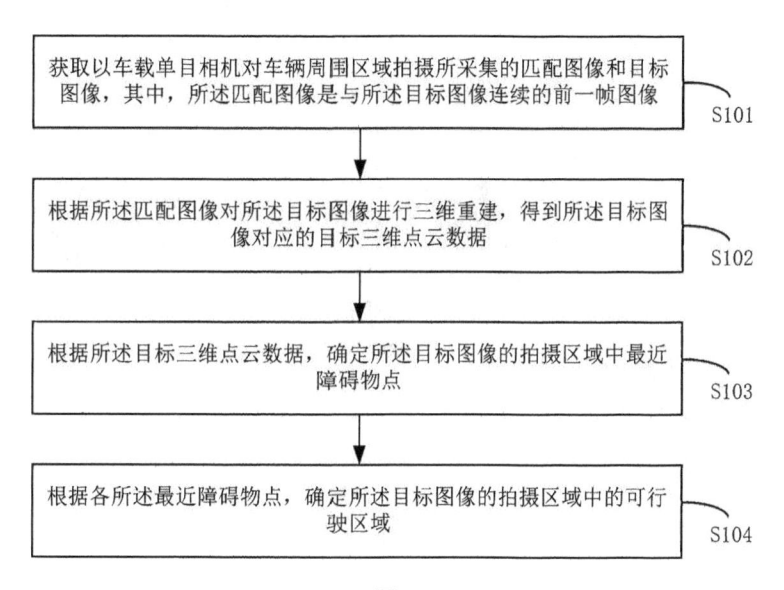

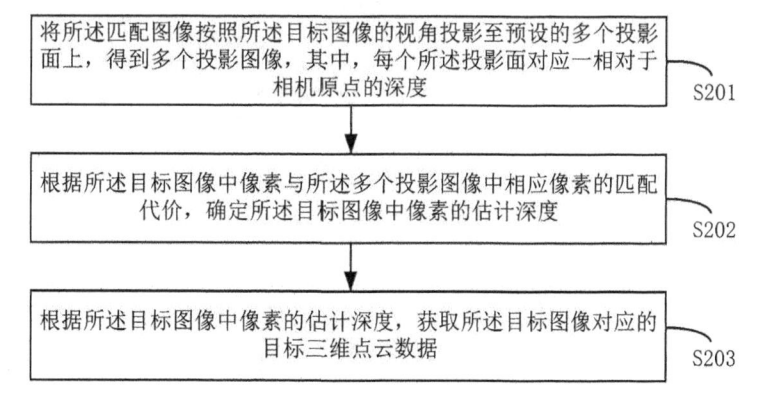

空置车位

图 1

获取以车载单目相机对车辆周围区域拍摄所采集的匹配图像和目标图像，其中，所述匹配图像是与所述目标图像连续的前一帧图像　S101

根据所述匹配图像对所述目标图像进行三维重建，得到所述目标图像对应的目标三维点云数据　S102

根据所述目标三维点云数据，确定所述目标图像的拍摄区域中最近障碍物点　S103

根据各所述最近障碍物点，确定所述目标图像的拍摄区域中的可行驶区域　S104

图 2

将所述匹配图像按照所述目标图像的视角投影至预设的多个投影面上，得到多个投影图像，其中，每个所述投影面对应一相对于相机原点的深度　S201

根据所述目标图像中像素与所述多个投影图像中相应像素的匹配代价，确定所述目标图像中像素的估计深度　S202

根据所述目标图像中像素的估计深度，获取所述目标图像对应的目标三维点云数据　S203

图 3

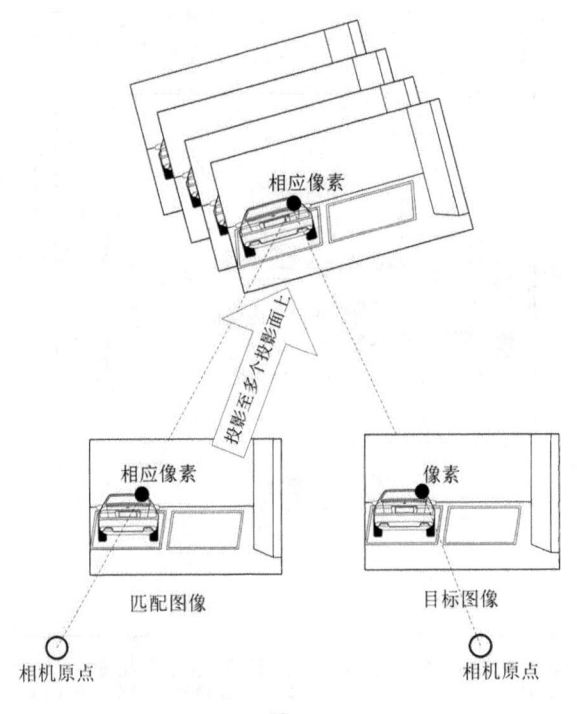

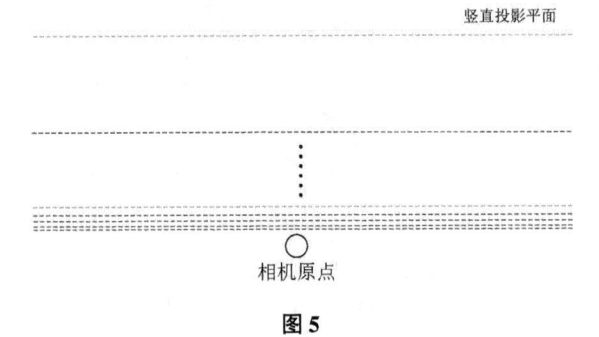

图 4

图 5

图 6

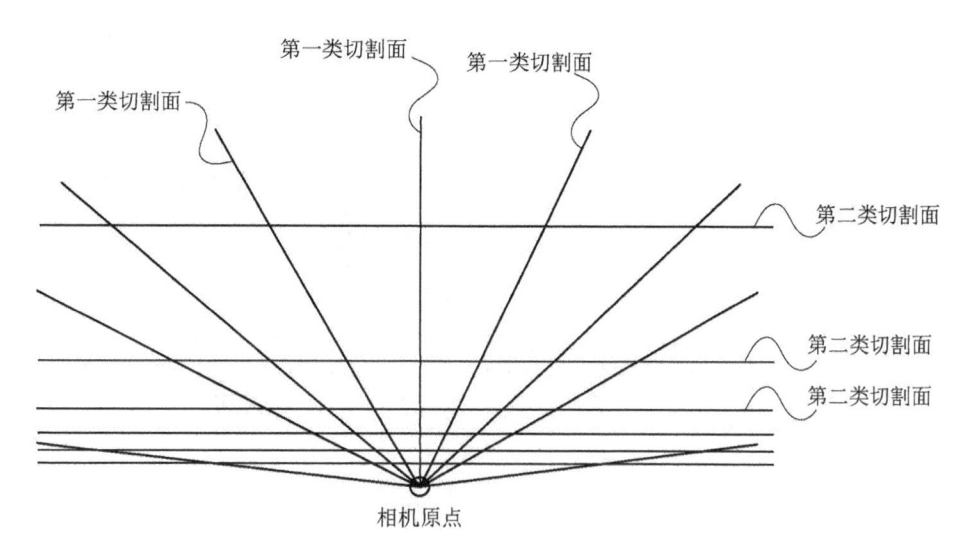

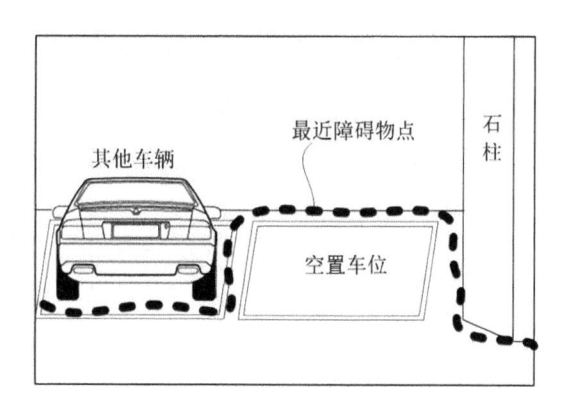

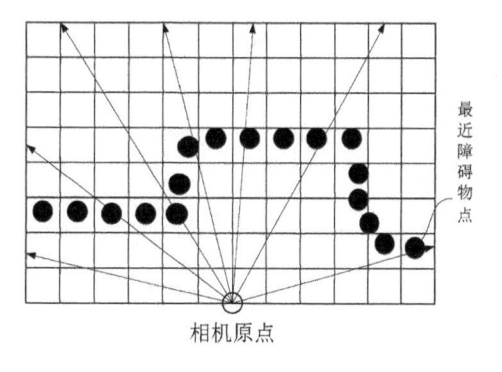

图 7

图 8

图 9

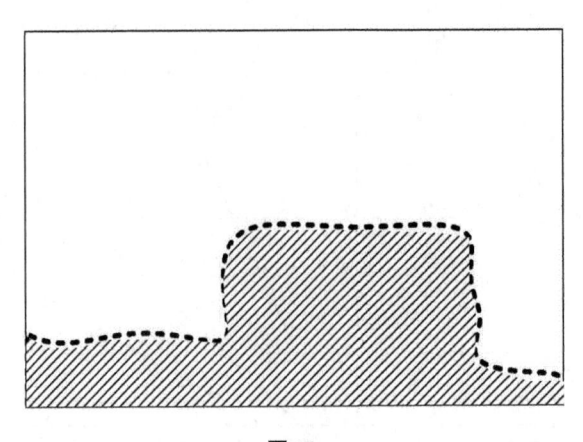

图 10

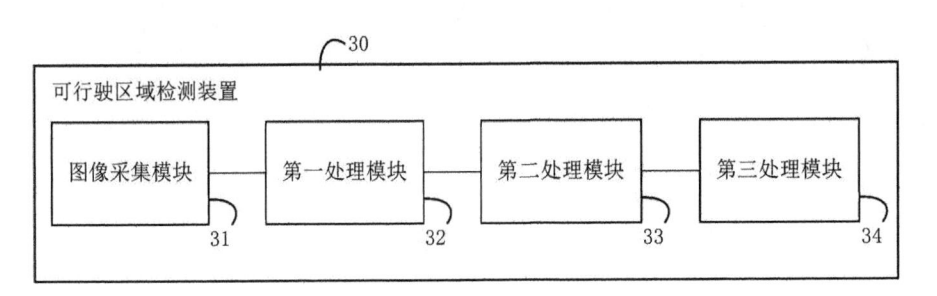

图 11

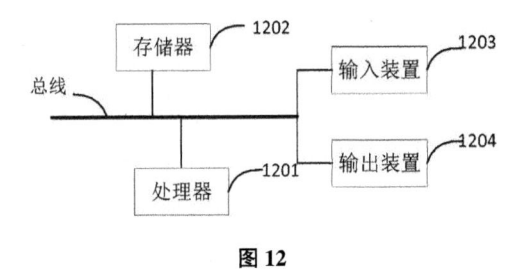

图 12

撰写经验分享篇

关于发明专利"自动泊车控制方法及电子设备"（专利申请号202011537869.1）的撰写经验分享

北京信诺创成知识产权代理有限公司

案件简介

2023年全国典型发明专利撰写案例获评案件"自动泊车控制方法及电子设备"（专利申请号202011537869.1）主要通过车位控制点的确立，给路径跟踪过程提供基于误差修正的控制策略，解决目前泊车成功率和泊车精度不高的技术问题。该案于2020年12月23日申请，经过一次审查意见答复，于2022年5月17日授权公告。

一、以质量为导向开展专利代理工作

撰写前

（一）了解宏观布局

> 对接创新主体需求，规划保驾护航战略
> 以专利运营为目标，助力专利转化运用

该案的专利权人为上汽通用汽车有限公司、泛亚汽车技术中心有限公司。专利权人在汽车研发领域具有深厚的积累和丰富的经验，并且有成熟的车辆试验平台，研发团队能够及时发现汽车在使用过程中可能存在的技术问题。

该案涉及一种自动泊车的控制方法及装置。自动泊车作为车辆智能化的一项重要功能，可以协助驾驶员将车辆停靠于车位中。该系统已被各大汽车企业广泛应用于实际车辆。为此，专利代理师对现有的自动泊车技术进行了梳理，了解现有自动泊车技术的情况。现有的基于360°环视系统的自动泊车方法，均采用开环控制。在车位环境较为理想的情况下，初始车位识别较为精准时，可以实现自动泊车。但当初始车位信息存在偏差时，则会出现概率性泊车偏移车位较多或泊车失败的情况。由此，可以确定，现有技术存在的技术问题，是缺乏对自动泊车路径的修正。

经与创新主体深入沟通，如果该技术方案获得专利，其具有广阔的应用前景，除了能够实际应用到自研车辆中，还存在极大的可能为其他车企应用，具有转化实施的潜力。

（二）提炼交底书发明点

> 理清行业技术链条，深入了解技术前沿
> 掌握行业技术语言，与发明人有效沟通

自动泊车中泊车轨迹是其中的重点。专利代理师在与发明人进行了充分沟通后，了解到该案的技术方案是基于泊车车位上的控制点与泊车路径上的控制点，来进行误差修正。

由于有两种不同类型的控制点，因此，申请文件将泊车车位上的控制点定义为车位控制点，而将泊车轨迹上的控制点定义为路径控制点；同时，为了明确车位控制点和路径控制点的定义，将车位控制点限定为在泊车车位上所选择的点，而将路径控制点的功能限定为用于将泊车轨迹分为多段，并通过多个附图明确了车位控制点和路径控制点。

经过与发明人深入讨论，专利代理师了解到在实际的泊车过程中，车辆可能会出现偏离，即实际的泊车轨迹与规划的泊车轨迹有偏差，因此当车辆到达规划的路径控制点时，其会有一定的偏差。而车位是不变的。因此，误差修正主要为："在车辆到达路径控制点时，基于车位控制点的实际检测位置与基准检测位置的差值，修正泊车路径。"因此，在权利要求1中，将误差修正提炼为"控制车辆从泊车起点开始按照所述泊车轨迹泊入所述车位，每当车辆到达一所述路径控制点，基于所述车位控制点与车辆当前位置的相对位置关系，确定所述车位控制点的实际检测位置，基于所述车位控制点的实际检测位置与基准检测位置的差值，修正下一段泊车轨迹"。

（三）检索现有技术

> 强化专利检索意识，提升专利检索能力
> 提高专利申请门槛，严把专利申请源头

虽然技术人员提供了相关现有技术的说明，但是专利代理师依然需要对现有技术进行检索，以提高专利申请门槛，从申请源头严把专利质量关。具体到该案，检索到现有技术如下：

现有技术1：中国专利"一种基于超声波和视觉传感器相融合的泊车车位检测方法"（专利申请号201810178138.9，公布号CN108281041A）。该方法依靠超声波传感器进行空间车位检测，利用视觉传感器进行线车位计算，针对两种传感器进行车位判定以及在决策级进行数据融合，从而判定车位情况。

现有技术2：中国专利"一种自动泊车的控制方法及自动泊车系统"（专利申请号201811493030.5，公布号CN109501797A）。该专利通过搜索车位空间，判定合格泊车位，进入自动泊车模式。该专利的特点在于允许驾驶员在车辆揉库时踩踏油门踏板测量，满足特殊场景的泊车需求。

现有技术3：中国专利"基于全景视觉辅助系统的自动泊车停车位检测与识别系统"（专利申请号201710864999.8，公布号CN107738612A）。该专利重点在于对车位的识别方面，通过全景视觉检测停车线周长识别车位和进行车位有效判定，依据车位内部灰度变化值差异和障碍物高度完成车位是否为空检测，从而实现高效准确的停车位检测和识别。

现有技术4：中国专利"泊车路径设置方法及系统"（专利申请号201811594913.5，公布号CN109733384A）。该专利重点在于对泊车路径规划方面，通过确定好的泊车车位信息以及泊车初始位姿信息，生成至少包含两个参考点的泊车路径参考点，根据专家经验，为所述泊车路径中的各所述中间参考点预设浮动区域坐标及相应的航向角度阈值，实时检测待泊车辆的当前坐标及当前航向角度，根据所述当前坐标与所述浮动区域坐标的关系以及所述当前航向角度与所述航向角度阈值的关系，更新所述泊车路径。

撰写中

（四）投入足够时间

> 增加撰写时间投入，打造行业工匠精神
> 控制人均代理数量，保障服务质量导向

撰写专利申请文件时，根据方案的技术复杂程度合理分配时间。在撰写过程中，需要针对每一个技术方案是否存在可以扩展的空间与发明人充分沟通，引导发明人思考除交底书中的具体实施例之外是否有可实现的其他替代方案，并在申请文件中详细描述，以支持权利要求范围。针对实施例的记载是否已满足充分公开的要求，尤其是涉及控制算法的，对申请文件逻辑是否完整、未记载的一些内容是否为本领域公知常识等进行确认，以避免公开不充分的情形出现。说明书附图根据需要提供，利用绘图软件绘制，确保文字、线条的清晰度等。专利申请文件在提交前经二次核稿、流程核查步骤进一步检查是否存在质量问题，确保专利申请文件的撰写质量，保障整体的服务质量。

（五）撰写足够页数

> 全面撰写实施方式，严谨描述技术细节
> 明确主题清晰表述，展现完整发明构思

该案的技术方案主要是针对泊车轨迹的修正，因此，对现有技术与该案的区别进行了补充并在背景技术中予以介绍，以突出该案与现有技术的区别。

区别1：针对中国专利"一种基于超声波和视觉传感器相融合的泊车车位检测方法"，该案补充了以下内容："然而，该专利技术方案，只是针对车位进行判断，并未对泊车进行修正，对于初始车位识别较为精准时，可以实现自动泊车。但当初始车位信息存在偏差，则会出现概率性泊车偏移车位较多或泊车失败的情况。"

区别2：针对中国专利"一种自动泊车的控制方法及自动泊车系统"，该案补充了以下内容："然而该专利技术方案需要驾驶员踩踏油门踏板测量，并不能满足自动泊车需求。"

区别3：针对中国专利"基于全景视觉辅助系统的自动泊车停车位检测与识别系统"，该案补充了以下内容："该专利同样未在泊车过程对泊车路径进行修正，当初始车位信息存在偏差，则会出现概率性泊车偏移车位较多或泊车失败的情况。"

区别4：针对中国专利"泊车路径设置方法及系统"，该案补充了以下内容："然而该专利是基于泊车路径参考点的预设浮动区域坐标及相应的航向角度阈值，来更新泊车路径。因此，其必须在开始泊车前为泊车路径参考点选择合适的浮动区域坐标及航向角度阈值。而该浮动区域坐标及航向角度阈值是根据专家经验得到的，因此其具有明显的局限性，专家无法针对所有的车位信息进行判断。一旦车位的情况不符合专家经验，则所设定的浮动区域坐标及航向角度阈值将失效。"

同时，说明书中对该案自动泊车控制方法的各个步骤的相关功能进行了详细说明。例如：

——对启动自动泊车功能进行补充说明。

——对路径控制点进行补充说明，解释为什么在车辆到达路径控制点时，要对泊车路径进行修正。

——对每个权利要求都进行了充分说明，以说明每个权利要求所要保护的技术方案的技术效果。

（六）合理布局权利要求

> 回归专利制度初衷，有力保护有效维权
> 根据实际技术贡献，划定保护范围界限

1. 关于申请人提供的技术方案分析

申请人提供的技术方案，是采用控制系统的方式撰写的，包括图像采集单元、车载中央控制单元和整车单元。图像采集单元采用鱼眼摄像头来采集环视图案，车载中央控制单元从环视图像中提取车位信息和车位控制点坐标。车载中央控制单元包含路径规划模块，该模块隶属于自动泊车系统，用于泊车系统生成泊车路径。路径规划模块计算出分段路径后，根据分段衔接点定义路径控制点。整车单元包含电子辅助转向系统、电子制动控制模块、电子档位控制模块，用于接收车载中央控制单元发送过来的控制信号，并执行车辆控制。

专利代理师根据对现有技术的分析，在独立权利要求中将图像采集单元和整车单元去除，仅保留重要的路径规划模块。同时采用控制方法的撰写方式，一方面突出该案关于泊车路径的实时修正，另一方面将非必要技术特征去除，以获得合适的保护范围。

2. 关于独立权利要求的撰写

该案的独立权利要求如下：

> 1. 一种自动泊车控制方法，其特征在于，包括：
> 响应于自动泊车请求，查找车位，并规划泊入所述车位的泊车轨迹；
> 在所述泊车轨迹上，确定多个路径控制点，所述路径控制点将所述泊车轨迹分为多段；
> 在所述车位上，确定车位控制点，确定所述车位控制点的基准检测位置；
> 控制车辆从泊车起点开始按照所述泊车轨迹泊入所述车位，每当车辆到达一所述路径控制点，基于所述车位控制点与车辆当前位置的相对位置关系，确定所述车位控制点的实际检测位置，基于所述车位控制点的实际检测位置与基准检测位置的差值，修正下一段泊车轨迹。

在独立权利要求撰写中，每个步骤之间都注意前后呼应，通过第一个步骤引入泊车轨迹，然后在第二个步骤和第三个步骤中引入路径控制点和基准检测位置，最后一个步骤则突出如何通过路径控制点和基准检测位置对泊车轨迹进行修正，从而使得独立权利要求本身形成一个完整的技术方案。

3. 关于从属权利要求的撰写

在确定好独立权利要求之后，逐步增加从属权利要求，对独立权利要求中的步骤进行扩展，对整个技术方案进行了多层次保护。

4. 关于权利要求的全面布局

设置了多组独立权利要求，通过多种方式保护该案的技术方案，为该案的技术方案提供了全面保护。

撰写后

（七）完善质检机制

> 严格质量流程管理，机构内部多级质检协同创新主体审稿，及时反馈随时沟通

公司专利代理团队代理了大量汽车领域的专利申请，该案例的申请撰写稿件及审查意见答复稿件由经验丰富的资深专利代理师进一步审核。当技术方案涉及多个领域时，公司会根据技术领域确定由多位资深专利代理师组成质检团队。在质检过程中，质检团队对于专利代理师与发明人沟通过程、权利要求的布局思路、答复审查意见的思路等进一步进行审核，经质检团队确认后专利撰写文件和答复文件方可定稿。由此，能够进一步避免专利撰写过程中可能存在的考虑不周的情况。

公司制定有完整的质检标准表格，由质检团队抽查案件，以扣分制为专利撰写文件和答复文件进行打分，定期汇总质检案件的共性问题，组织团队人员学习。

（八）全面考虑答复方案

> 权衡保护与授权，谨慎制定答复策略
> 避免不必要限缩，实现专利保护目的

在第一次审查意见通知书中，审查员指出所有权利要求均缺乏创造性。

申请人在接收到审查意见时，仔细比较审查员所提出的问题。从审查意见中可以看出，审查员对于该案的路径控制点的理解是有误的。因此，在答复审查意见时，专利代理师经过与发明人的充分沟通后，决定不进行修改，通过意见陈述进行答复，从而避免不必要限缩，实现专利保护目的。

在意见陈述书中，专利代理师基于对比文件1的说明书，指出对比文件1的第一控制点P1的作用是确定泊车规划轨迹。而权利要求1中的路径控制点所起的作用是触发修正下一段泊车轨迹。因此，对比文件1的"第一控制点"与区别技术特征1的"路径控制点"在该申请中所起的作用并不相同，对比文件1的"第一控制点"并不相当于区别技术特征1的"路径控制点"。

同时，基于对比文件1的说明书，专利代理师在意见陈述中指出对比文件1实际公开的是基于时间触发对轨迹的修正，而并不是"每当车辆到达一所述路径控制点修正下一段泊车轨迹"，从而说明对比文件1并没有公开权利要求1。

通过上述答复，审查员接受了专利代理师的意见，并给予该案授权。在第一次审查意见提出全部权利要求缺乏创造性的基础上，专利代理师通过对该案的仔细分析，清楚说明该案与对比文件的区别，在未进行修改的基础上获得了授权，为申请人获得了很好的保护范围，为申请人争取到最大的权益。

二、科学定价

> 推动以质量为导向的专利代理定价机制，提升行业层次
> 建立以质量为标准的代理师收入新模式，吸引优质人才

针对专利代理服务费的定价，公司始终坚持以质量为导向的定价机制，根据技术方案所属领域、技术交底书完备程度、相关技术的竞争状况和应用情况等，合理预估专利代理师完成高质量申请的工作时间，据此作出合理定价，杜绝低价竞争，提升行业层次。

建立健全以质量为标准的专利代理师收入制度：第一，基础提成是以质量为导向的代理服务费为基础，按照一定比例进行提成，实现"质高提多"的模式；第二，对专利代理师的质检结果、创新主体的反馈情况等，会直接影响专利代理师的等级考核，等级越高，提成比例越高；第三，设立"专利质量基金奖"，根据专利代理师承办案件在专利转化、专利获奖、专利确权、专利维权等方面的表现，给予专利代理师相应的奖励。

三、培育高端专利服务

> 开拓国际视野，提前规划海外布局
> 拉通行业链条，打造金牌服务机构

在专利代理服务过程中，专利代理师进一步引导创新主体加强海外布局意识，通过与企业法务团队、市场团队、技术团队多方深入探讨，明确应用该案技术方案的车型是否会推向国外市场或者国外是否有可能应用到该案例的竞品车辆，确定该案是否需要提交国际申请，便于提前规划海外

布局。

我们通过完善服务项目，尝试打通专利服务行业链条：第一，以专利申请、确权、维权等传统项目为基础，积极探索和优化多种项目的服务模式，打造集专利导航、挖掘、申请、确权、维权、转化等为一体的全方位服务机构；第二，整合团队内部资源，结合创新主体优势，紧密贴合创新主体的多元化需求；第三，全面提升团队成员的业务水平，建设高水平、多元化的服务团队。

四、案件代理心得总结

该案在撰写前与发明人进行了详尽的沟通，明确了发明点，并检索到了最接近的现有技术，从而确定了独立权利要求所包含的必要技术特征。在撰写过程中，通过引导发明人提供扩展技术方案，确定从属权利要求的保护范围。因此，该案的权利要求书布局合理且范围合适，用语准确且简练。该案的具体实施例翔实且扩展性强，附图全面且清晰，专利代理师在答复审查意见过程中未盲目认可审查员意见，合理确定区别技术特征，制定合适的答复策略，帮助申请人获得需要的保护范围，使其技术方案得到充分的保护。

关于发明专利"支持交互式观看的视频数据处理方法、设备及系统"（专利申请号202111505299.2）的撰写经验分享

戚乐* 胡琪*

案件简介

2023年全国典型发明专利撰写案例获评案件"支持交互式观看的视频数据处理方法、设备及系统"（专利申请号202111505299.2）主要采用对原始高分辨率视频画面进行网格化分割，然后按照网格分配专用视频编码器的技术，解决目前大量观众进行直播或点播交互式视频观看场景下的服务端视频编码器硬件资源紧张的问题。该案于2021年12月10日申请，经过2次审查意见答复，于2022年4月12日授权公告。

一、以质量为导向开展专利代理工作

撰写前

（一）了解宏观布局

> 对接创新主体需求，规划保驾护航战略
> 以专利运营为目标，助力专利转化运用

随着新兴技术的飞速发展，科技创新主体投入了大量成本进行科技研发，并将专利申请作为一项有效保护其创新成果的手段。专利撰写质量高低直接决定专利申请能否顺利授权、授权后的专利稳定性是否会受到挑战、授权后的专利能否具有商业前景和转化价值以及是否能够在专利侵权诉讼中作为抵御竞争对手的有效武器等。

在撰写前，我们与申请人就企业核心技术点与市场布局、整个行业基本现状、竞争市场的产品形态、发明关键改进点及实施推广难易度等方面进行了深入交流，明确企业对于专利申请的基本需求与布局规划。之后，我们考虑了如何制定有效的专利保护策略，即：判断以发明、实用新型、外观设计中的一类或多类进行专利申请，评估方案中的多项技术点的潜在应用和转化价值，决定是否提交海外申请，基于市场产品现状考虑是以方法、装置、系统、程序介质的其中一种类型进行保护还是全方位进行保护等，从而考虑基于竞争市场的潜在侵权对象提供针对性保护。对于该案，我们最终建议的申请策略为：在一件发明专利申请中撰写具有不同保护范围的独立权利要求，从而覆盖更多潜在的侵权对象，另外通过独立与从属权利要求的层级化布局，在一定程度上压缩竞争对手的规避设计空间。

---

* 所在机构：北京市柳沈律师事务所。

(二) 提炼交底书发明点

> 理清行业技术链条,深入了解技术前沿
> 掌握行业技术语言,与发明人有效沟通

在专利挖掘前,我们通过论坛、公司网站等渠道研究了交互式观看技术的发展现状及未来趋势,从而尽量透彻理解现有技术的局限性及发明改进之处。我们还事先完成基本术语的查询、基本背景知识的学习,避免沟通产生歧义。此外,我们还结合生活中观看直播或剧集点播内容等的生活经验和相关领域的技术知识,提前预想了发明构思的多种可能的应用场景。

带着问题出发,我们从技术细节层面进行了深入挖掘,以尽可能通过通俗易懂的语言传达法律规定,同时尽量使发明人充分理解讲解过程中的专业技术词汇,确保信息传递的一致性和有效性。当然,最重要的是专利代理师与发明人进行了头脑风暴,通过与发明人的多次沟通,在交底书基础上探讨出专利更多的延展可能性和应用场景。其改进点可提炼为以下两个关键方面:

1. 对原始视频画面进行网格划分,然后分配专属编码器

为了解决视频编码器资源紧张的问题,提出视频画面的网格化分割+特定于网格的视频编码器分配的思想,从而以网格为单位对视频数据进行编码,然后按需发送。

2. 按照不同视频画质,维护多种分辨率视频画面

考虑到客户端解码能力有限,进一步提出画质分级思想,对原始视频进行不同层级下采样转换,从而提供与客户端的解码能力相匹配的视频画质下的网格化视频数据。

(三) 检索现有技术

> 强化专利检索意识,提升专利检索能力
> 提高专利申请门槛,严把专利申请源头

考虑到发明人了解的现有技术可能存在局限性,撰写前查新检索有助于评估真正的现有技术状况,避免撰写的权利要求方案直接落入现有技术保护范围,以便从源头上尽量减少低质量或无意义的专利申请。因此,对于挖掘过程中提炼的多项技术改进点如何取舍、如何布局的问题,我们利用了现有技术检索结果作为指引。当然,为了准确评估专利方案是否有申请价值,专利代理师的检索技巧、专业检索工具掌握能力、信息分析能力等方面需要不断提升。

在该案中,我们在常见搜索引擎、专利数据库、相关竞品网页等进行了检索。为了避免权利要求因概括不当而不必要地被在先申请公开的情况,我们也对企业自身的专利申请进行了检索。我们发现:对视频画面进行网格划分相对成熟,但按网格分配视频编码器是没有涉及的;有些文件提到了画质分级,但未将其用到交互式观看场景中;申请人的在先申请完整介绍了交互式观看的操作流程。

基于检索结果,仅以网格化划分作为独立权利要求可能会有新颖性/创造性问题。因此,综合考虑保护范围和创新性,我们考虑基于上述未检索到的要点撰写侧重点不同的两套方法权利要求,并对权利要求进行多层次布局以实现阶梯式保护,以提高授权可能性。

撰写中

(四) 投入足够时间

> 增加撰写时间投入,打造行业工匠精神
> 控制人均代理数量,保障服务质量导向

在技术细节层面与发明人同步之后，如何将发明人的巧思付诸申请文件同样是一项需要投入足够时间和精力的任务。只有投入充足的时间，才能更深入地了解技术方案，更准确地把握发明点，更合理地概括和布局，从而写出更高质量的申请文件。在该案中，我们通过团队协作，充分沟通了技术方案如何合理概括与布局，同时在团队内设置撰写者和审核者两个角色，共同完成撰写。另外，通过分配熟悉技术领域的专利代理师和合理分配时间，确保能以最合理的时间进行深入研究，有效保障了撰写质量。

（五）撰写足够页数

> 全面撰写实施方式，严谨描述技术细节
> 明确主题清晰表述，展现完整发明构思

作为申请文件的重要组成部分，具体实施方式的撰写详细程度决定了技术方案描述的完整性和准确性，因此应保证公开充分、完整、逻辑清楚、用语得当等基本要求，以帮助读者理解整个发明方案。在描述具体实施方式时，除了要详细说明技术方案的各个环节，包括技术特征、技术手段和实施步骤等，还应注意紧扣方案主题并突出发明的核心内容，避免过多的无关信息模糊重点，同时要使用专业术语和规范化的表述方式，确保描述的技术细节准确无误。

总的说来，高质量的说明书撰写不论对于审查员在审查过程中充分理解方案，无效宣告过程中评价权利要求是否具备新颖性/创造性、是否满足其他非"三性"要求，还是在侵权案件中对技术方案理解存在争议时提供参考等方面均具有极大帮助。

对于该案，为了使得申请文件的读者能够直观地理解方案，我们在说明书中按照"技术问题—技术手段—技术效果"的方式清晰全面描述了该申请的各个实施例。例如，如图1所提炼的，申请文件中以足够多的细节描述了核心发明点，即：①视频画面的网格划分及专属编码器分配；②画质分级且每种画质进行网格划分。

上述发明要点在申请文件的实施例1和实施例2中有充分的体现。

（1）实施例1（网格划分+专属编码器划分）

技术问题：服务端按用户分配视频编码器则会存在硬件压力；

技术手段：视频画面的网格划分+按网格划分编码器；

技术效果：减轻服务端的编码器硬件资源紧张问题。

（2）实施例2（画质分级以匹配客户端解码能力）

技术问题：用户解码能力不够造成画面断续；

技术手段：视频画面的画质分级+每级画质进行网格划分；

技术效果：选择合适的画质及网格化视频数据以适配解码能力。

当然，为了尽可能全面描述发明方案的各项细节，说明书中还以类似的方式描述了其他实施例，比如：实施例3和实施例4提供了两种不同的交互式观看流程，从而实现灵活观看方式以减轻服务端压力；实施例5针对用户需要手动指定感兴趣区域的问题，提出基于目标跟踪的动态网格确定，从而减轻用户操作负担；实施例6考虑到对均匀网格划分会造成编码效率低的问题，提出基于感兴趣高低级别的非均匀化网格划分方式，从而合理分配编码器资源。

针对这些实施例，说明书中合理利用附图直观地进行了介绍并给出了翔实的细节，从而直观地展示了技术工作原理和交互流程，并能够保证方案足够明晰且无争议。另外，对技术细节的充分描述也会给后续答复审查意见、侵权/确权程序中的方案解释提供帮助。例如，申请文件中针对专利中的每个应用场景及其实施例，提供了17幅附图，生动形象地对实施例作出了全面透彻的说明，使审查员或公众能够轻松理解其技术方案及带来的技术效果。

撰写经验分享篇

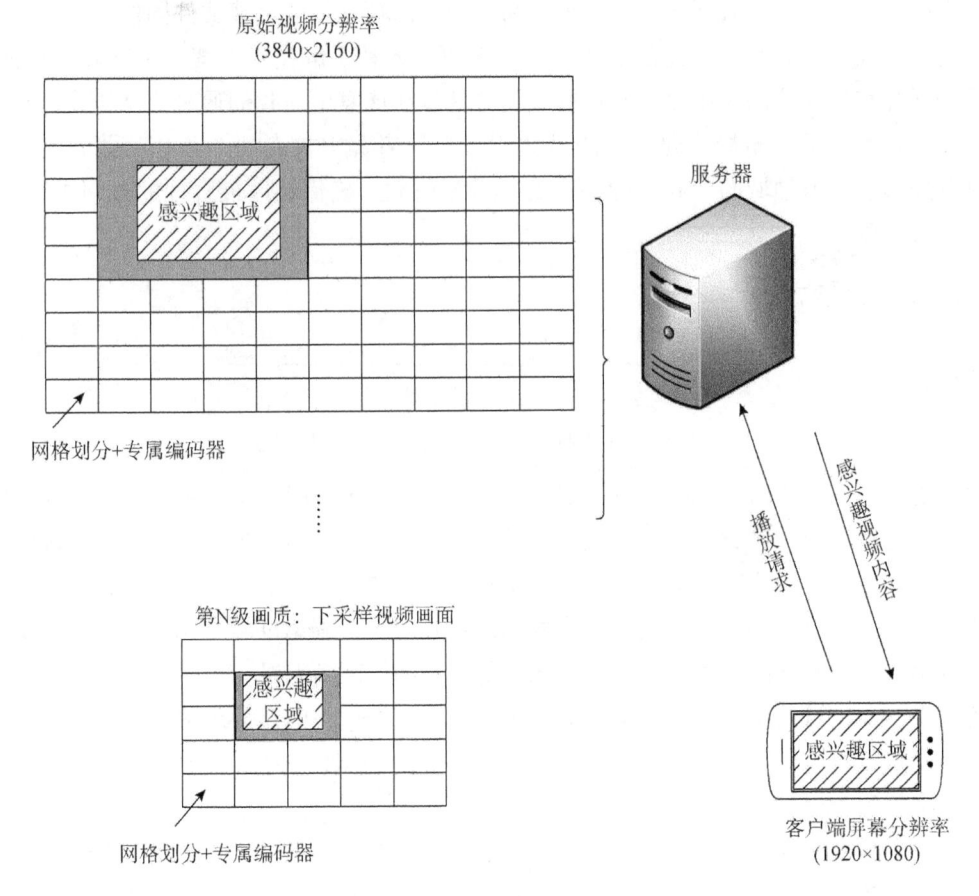

图1 专利技术方案概括示意图

（图中标注：原始视频分辨率(3840×2160)、感兴趣区域、网格划分+专属编码器、第N级画质：下采样视频画面、服务器、播放请求、感兴趣视频内容、客户端屏幕分辨率(1920×1080)）

（六）合理布局权利要求

> 回归专利制度初衷，有力保护有效维权
> 根据实际技术贡献，划定保护范围界限

为了切实有效保护创新成果，需要确保权利要求能够充分保护发明人的技术贡献，同时能够具有前瞻性和恰当的保护范围以提供强有力的保护。因此，在撰写权利要求时，有许多问题需要思考：撰写方法、装置还是其他类型的权利要求？选择哪一项或多项发明点布局到独立权利要求中？从属权利要求可以撰写哪些细节？……

另外，权利要求的范围确定需要考虑已知的现有技术情况、发明改进点的实施方式数量等方面，在避免被认定为存在不合理概括情况或存在明显新颖性/创造性缺陷风险的前提下，应尽量撰写保护范围较宽的独立权利要求。当然，还需要考虑侵权特征抓取难度、理解是否存在争议来考虑权利要求的各项措辞，避免将侵权特征抓取成本过高的技术特征或者存在歧义的技术特征撰写到权利要求中而不必要地增加取证难度和降低证明可靠度。

就该案而言，核心技术点在于服务端，潜在竞争市场中的产品形态也在于云端服务器而非客户端，且实际保护点在于云端视频数据处理的方法步骤。因此，虽然该案涉及客户端与服务端之间的交互，但为了避免基于全面覆盖原则进行多主体方法权利要求侵权判定的困难，该案主要是从服务器端以单端的方法权利要求进行布局，从而考虑基于潜在侵权对象提供针对性保护。同时由于产品权利要求在侵权举证难度方面具有一定优势，因此，还考虑布局装置类型的独立权利要求作为互补。当然，出于保护的完整性，还考虑了包括客户端与云端服务器的系统权利要求的全面布局。

此外，综合考虑与发明人挖掘得到的各项技术改进点及现有技术检索情况，我们评估在视频画面网格化分割的基础上加入"专属视频编码器"这一构思进行专利撰写可以与现有技术形成区别，且其具有合理的保护范围，被视为存在过度概括而得不到支持的可能性较小。另外，在视频画面网格化分割的基础上加入"视频画质分级"这一构思进行专利撰写同样也可以满足基本的要求，且可以进一步提高其新颖性、创造性。因此，我们在独立权利要求中仅体现上述构思，而不将具体分配视频编码器 ID、视频画质具体分级数量等不必要的细节放入独立权利要求中。以此方式，通过撰写具有不同保护范围的独立权利要求，能够形成不同层次的保护，覆盖更多潜在的侵权对象。另外，对独立权利要求和从属权利要求进行层级化布局，不仅可以有效提高专利授权可能性和授权后的稳定性，在一定程度上也能够压缩竞争对手的规避设计空间。

为了避免术语含义不清导致无法界定专利保护范围，进而无法判断被诉产品是否实施技术特征而落入专利范围的问题，该申请在撰写时特别注意了权利要求中的术语均为本领域中具有通常含义的词汇。同时，考虑到侵权比对的难易程度，这些权利要求是从服务端发送/接收/维护的数据的角度进行描述的，而不是从内部处理或底层处理逻辑等角度进行限定，因此可以通过数据抓包分析等方式，较为容易地进行侵权取证。以此合理化布局，能够确保实现申请专利保护的初衷，有力保护、有效维权。

撰写后

（七）完善质检机制

> 严格质量流程管理，机构内部多级质检
> 协同创新主体审稿，及时反馈随时沟通

在专利申请文件撰写完成后，完善质检机制是确保高质量专利申请的关键环节。这不仅可以包括专利代理机构内部的检查机制，也可以包括专利代理师与发明人的交叉检查环节，从而确保申请文件无论是技术层面还是法律层面的描述都是准确的。

在该案中，在专利代理机构内部，我们通过团队协作方式确保撰写文件的实质方面能够经过严格的审查和把关，还通过完整的流程管理体系确保专利申请文件的形式方面在提交过程中不会有遗漏缺失。除此之外，我们还将撰写稿件提供给发明人进行审稿，以便发现和纠正潜在的问题，从而进一步提高专利申请的质量和可靠性。

审查中

（八）全面考虑答复方案

> 权衡保护与授权，谨慎制定答复策略
> 避免不必要限缩，实现专利保护目的

在制定该案的提交策略时，专利代理师选择了通过预审方式提高审查速度，仅用了 3 个月的时间就使该案获得授权。在审查期间，针对审查意见，专利代理师与审查员通过电话充分探讨了该专利申请与对比文件的区别、可能的修改方式等，相比纯书面沟通而言，极高地提升了专利答审过程中的沟通效率。

在具体审查意见答复时，专利代理师在与发明人充分研究后，认为按照播放终端的解码能力以网格为单位进行视频数据分发是该专利与对比文件的明显区别点，并且也是发明构思的一项技术要点。通过在独立权利要求中进一步限定有关播放终端解码能力的特征，该专利授权的权利要求不仅合理体现了技术要点，也通过对说明书的合理概括避免了不必要的限缩，从而具有合理的保护范围，且仍然具有侵权特征抓取的可操作性。

特别指出的是，修改所加入的特征即来源于原始撰写的从属权利要求中的特征以及说明书中描述的技术细节，反映出专利申请文件撰写时对后续授权/确权程序中的风险的可靠预测，也意味着撰写文件中提供了合理的权利要求布局和描述细节，保证了该案授权的可能性和授权速度。同时，该案的顺利授权也是发明人在分析了审查意见后从技术角度给出指导意见、专利代理师从专利法角度挖掘出与对比文件的区别、审查员耐心充分讨论技术方案这三方努力的结果。

二、科学定价

> 推动以质量为导向的专利代理定价机制，提升行业层次
> 建立以质量为标准的代理师收入新模式，吸引优质人才

就该案而言，在专利代理机构内部，秉持客户利益第一和案件质量第一的服务宗旨，并以此为基础，考虑该案的整个撰写团队和流程人员为保证高质量服务所花费的预估成本，来确定合理的案件报价及收费标准，而不是通过价格战的方式获得客户委托。这不仅是为了激发专利代理师更积极地投入高质量专利的申请，也是为了促进行业的良性竞争与长期发展。此外，针对该案的特定技术领域和技术复杂度，专利代理师可能需要花费与预期不同的时间和精力来提供高质量的服务水平，那么就需要评估个案的差异性，基于专利的创新程度、技术复杂性等灵活调整相应的定价标准。该案中撰写团队两位专利代理师参与工作，而且挖掘过程中又不断扩展了许多技术细节，完成的申请文件内容丰富翔实，专利代理师为此花费较多的时间和精力。不仅如此，该案还从授权、确权和维权等多个角度去综合保障撰写质量，因此在采用统一定价基础上进一步结合个案特点，因案而异地预估报价的方式。以此方式，专利代理机构期望通过稳定的高质量的服务质量，而不是降低的收费标准，来吸引客户的信赖委托，并以此不断提升自身的竞争力，带动整个行业的服务质量提升。

此外，除了在整个专利代理机构内部制定客户服务价格标准时需考虑服务质量，对于专利代理师个人，在该案中也收获了与办案所花费时间精力和办案质量成比例的稿酬。就该案而言，在案件撰写完成后，案件的完成质量会在专利代理机构内被进一步综合评估，并以此确定应分配给专利代理师的稿酬系数。如此一来，一方面，专利代理师收获了对于具体案件承办的成就感和执业经验的增长；另一方面，专利代理师收获了与付出服务质量成比例的收入。这意味着专利代理师的收入将不再仅仅依赖于案件数量或处理速度，而是更多地与其代理的专利质量挂钩。对于能够成功提供高质量、高价值专利相关服务的专利代理师，会与更高的收入待遇和奖励相匹配。相信以此方式，能够激励专利代理师发挥其潜力，提供优质的服务质量水平，当然也有助于吸收更多的人才加入专利代理行业中。

三、培育高端专利服务

> 开拓国际视野，提前规划海外布局
> 拉通行业链条，打造金牌服务机构

随着全球化的加速推进和科技的快速发展，开拓国际视野、提前规划海外专利布局已经成为行业发展的必然趋势。借助专利代理机构提供的服务，创新主体可以更好地在海外保护自己的创新成果，同时在面临可能的海外侵权诉讼风险时，将海外专利作为有效的反制武器进行制衡。

因此，作为专业性服务机构，专利代理机构和专利代理师除了能够撰写高质量的中国申请文件，还要不断扩展国际化发展的视野，为客户提供海外布局的整体解决方案。专利代理师需要结合整个行业的现状、主要竞争市场的产品形态、客户的海外运营情况或计划等，了解不同国家和地区的专利法规和政策，为国内创新主体提供优质的涉外知识产权服务和合理的专利战略建议。为此，

专利代理师需要提升自己的国际化服务能力，专利代理机构也需要及时了解市场需求和趋势，并不断优化自己的服务质量和效率，培养一支具有国际竞争力的专利代理人才团队，提高市场竞争力。

在该案撰写完成之初，申请人仅在中国提交了专利申请，但在授权后，及时将其作为优先权提交了 PCT 申请，并且后续还有机会进入各个国家/地区以寻求保护。这表明该案的预审加快了审查程序，为申请人是否在优先权期限内提交 PCT 申请或海外申请给出了及时有效的指引，且中国案件的快速授权结果也为申请人布局海外专利提供了信心。因此，高质量的国内案件代理水平也会促成企业的海外专利布局规划，专利代理师应兼顾国内与国际案件代理能力。

四、案件代理心得总结

专利撰写工作是技术与法律问题的有效统一，而专利代理师是熟悉技术与法律的复合型人才，在服务客户的过程中应当充分发挥这一优势，深入理解发明人的技术意图，并将其转化为精确的法律语言，以确保创新成果得到准确表达，专利申请能够顺利授权并且专利能够具有商业价值。

在该案撰写过程中，专利代理师对深入理解技术和与发明人进行充分沟通的重要性、法律法规研究与运用的准确性、应对审查意见过程中丰富的经验和扎实的专业知识的前瞻性，以及根据客户需求制定和调整申请策略的能动性，都有较为深入的体会。本次参加全国典型发明专利撰写案例评选工作，使得专利代理师有机会对撰写经验进行梳理、总结，有助于提升自身的专业能力，也希望通过上述经验分享为广大从业者提供借鉴和参考，促进全行业共同进步。

关于发明专利"虚拟蹦迪活动数据交换方法、装置、介质及电子设备"（专利申请号202010477827.7）的撰写经验分享

王增鑫*

案件简介

2023年全国典型发明专利撰写案例获评案件"虚拟蹦迪活动数据交换方法、装置、介质及电子设备"（专利申请号202010477827.7）主要采用虚拟现实技术，解决目前虚拟蹦迪活动的数据源有效获取的问题。该案于2020年5月29日申请，经过一次审查意见答复，于2022年4月19日授权公告。

一、以质量为导向开展专利代理工作

撰写前

（一）了解宏观布局

> 对接创新主体需求，规划保驾护航战略
> 以专利运营为目标，助力专利转化运用

该案的申请人就创新技术成果建立了严密的创新保护制度，包括其内部的技术方案产出体系、技术方案可专利性论证体系，以及通过与代理方合作实现的高质量专利生产体系。根据该创新保护制度，该专利从申请人的研发团队产出之后，由申请人的法务团队进行初步检索和论证，论证通过后，再交由专利代理师进行进一步的新颖性、创造性检索，出具相应的检索报告，结合双方对行业竞品的技术现状的认知，规划确定相应的布局思路，交付专利代理师撰写成稿。应当看到，正是通过制度化建立了体系化的专利产出机制，才保证了专利的高质量出品。

专利服务于企业的运营。据此，申请人在提出专利申请之时，均会关联其所运营的业务进行全方位的思考，明确技术方案所涉及的产品业务内容，确立专利申请所要达成的授权目标，以及适应专利转化所需的相关注意事项等，对专利宏观布局进行综合思考和落实。例如，该案在申请之时，申请人便关联考虑到将这个技术应用到其所经营的直播间业务中的其他关联技术方案，为此同步提出其他多件相关专利申请，使布局更为全面和系统。

（二）提炼交底书发明点

> 理清行业技术链条，深入了解技术前沿
> 掌握行业技术语言，与发明人有效沟通

---

* 所在机构：广州利能知识产权代理事务所（普通合伙）。

在该案讨论之时，正值元宇宙概念兴起之际，发明人在其技术方案中重点提出如何在手机端实现的技术方案。专利代理师出于职业敏感，积极与发明人就技术方案展开深入沟通，了解到发明人出于解决如何将现实中的蹦迪活动的表现迁移到虚拟世界的本旨。

推动人类快速进入元宇宙时代需要更多切实可行的技术实现，虚拟蹦迪活动是实现线上线下结合的一种交互方式。该专利技术方案在这种背景下应运而生，涉及一种虚拟蹦迪活动数据交换方法、装置、介质及电子设备。技术上，该专利技术方案通过将终端设备的加速度传感器产生的感应数据转换为蹦迪值，将其提交至服务器实现多用户远程交互，利用现成设备定义了新的交互模式。

据此，专利代理师深入思考之后，向发明人提出诸多扩展建议，例如将技术方案所用的节点从手机扩展到手环、脚环、眼镜之类的可穿戴设备，强化与AR、VR的结合，与直播场景的深度结合等，这些建议得到发明人的采纳，发明人进一步实现相关实施方式，使技术交底书得以丰富完善。与发明人进行技术上的深入沟通，是使专利保护范围更为坚实的基础工作之一，是专利代理工作不可或缺的服务手段。

（三）检索现有技术

> 强化专利检索意识，提升专利检索能力
> 提高专利申请门槛，严把专利申请源头

基于申请人的专利产出机制，对该专利进行检索是必不可少的工作。检索工作并非一站式解决的，而是多方且多步骤进行的。例如，在发明人初次提交技术交底书之后，申请人内部的专利负责人以及该案专利代理师都会进行相应的检索和沟通，为发明人提供相关意见，同时也提供一些现有技术供发明人了解同业竞品的技术现状。发明人在此基础上丰富其技术方案和完善其交底书之后，专利代理师基于新的技术交底情况，再进行进一步的补充检索。如此往返，涉及多次，最终才由双方确认开展专利撰写工作。正是通过这种合作方式，专利代理师帮助申请人确定了一个最大化且较为合理的保护范围，为提升该专利的审查效率、增强该专利权利要求的稳定性打下了坚实的基础。

撰写中

（四）投入足够时间

> 增加撰写时间投入，打造行业工匠精神
> 控制人均代理数量，保障服务质量导向

出于质量把控的需要，该案由两名以上专利代理师全程共同参与，在两名专利代理师之间互相同步同一案件的各项信息。实践中，由一名专利代理师展开专利撰写工作，另一名专利代理师负责对前者产出的专利申请文件进行严格的内部审核。同样的情况也体现在申请人的内部审核环节中，申请人在其系统中设置了发明人审核和专利负责人审核两重节点，两重节点分别侧重技术和法律两方面对专利代理师产出的专利申请文件进行审核，进一步确保该专利的撰写质量。可见，在申请人的专利产出机制的引导下，每一件专利的处理，以更高服务质量为导向，按照一套成熟的机制进行生产，所对应的是更高的时间成本，所体现的是工匠精神，所追求的是高质量专利出品。

（五）撰写足够页数

> 全面撰写实施方式，严谨描述技术细节
> 明确主题清晰表述，展现完整发明构思

专利代理师在撰写该专利时，严格遵循专业要求，在清晰表述每个技术概念的内涵和外延的基础上，应用演绎推理逻辑进行创造性的论述，应用类比推理逻辑进行实施例的扩展，确保每个技术细节都精确描述到位，且每种实施方式都尽可能涵盖，以便将技术方案清晰表述出来，完整展现发明构思，达到本领域技术人员能够实现的程度。

例如，该专利的说明书中，针对该专利的有益效果，严格应用三段论结合权利要求中的技术特征进行四个方面的论证，包括：①论述该专利有效地将线下的蹦迪行为量化虚拟到线上，为实现虚拟蹦迪活动提供必不可少的数据来源，使虚拟蹦迪活动成为可能；②论述该专利深入揭示了利用加速度传感器确认用户事实蹦迪行为的多种实现方式，以及如何使产生的蹦迪值数据具有较强可靠性；③论述该专利为蹦迪值的利用提供了多种解决方案，使虚拟蹦迪活动的虚拟活动场景可以得到更为丰富的信息展示，虚拟蹦迪活动的沉浸感更强，最大限度达到线上虚拟现实场景的效果；④论述该专利建立起虚拟活动场景中的灯光效果与用户事实蹦迪行为之间的关联，既加强了虚拟效果，又进一步挖掘了蹦迪值的技术价值。正是通过这样严谨的论述，才实现了对该专利的撰写质量的坚实支撑。

又如，该专利说明书中，对于权利要求中使用到的蹦迪模型的数据条件，作出如下严谨的扩展以实现对上位化概念的支持：蹦迪模型的数据条件的具体描述，根据对用户蹦迪动作的认知的不同，以及数据筛选条件的轻重缓急，可以演变出无法穷举的多种情况，例如，即使现有较为成熟的计步算法也是不胜枚举，相关的计步算法理论上也适用于该专利中用于构建蹦迪模型、据之描述蹦迪模型的数据条件，从而可以用于确定蹦迪值。也就是说，穷举这些千变万化的办法和算法是不现实的，因此，该专利只要示例性地给出了利用蹦迪模型与感应数据进行匹配从而确定蹦迪值的原理，便应理解为该专利的保护范围理应涵盖所有这些不确定的办法和算法。

除文本上的撰写之外，专利代理师还对技术方案所适用的应用场景进行充分的挖掘，在申请人的实际互联网产品的基础上深度融合说明技术方案的具体实现方式。为便于公众理解，专利代理师还与发明人一起补充了相应的场景附图和抽象附图（参考专利中的图5和图6，如图1和图2所示）进行说明，力求使说理更为清晰，使专利质量更为可靠。

图1　该案专利说明书附图5　　　　图2　该案专利说明书附图6

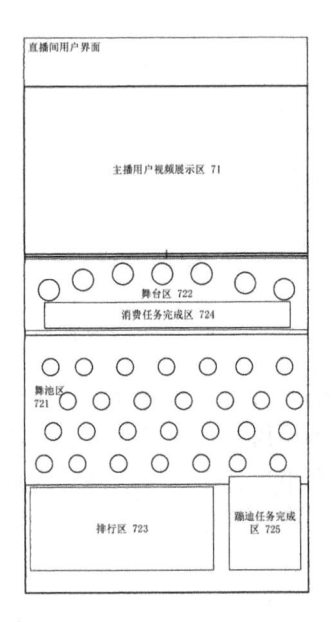

（六）合理布局权利要求

> 回归专利制度初衷，有力保护有效维权
> 根据实际技术贡献，划定保护范围界限

专利制度的初衷是保护工业中的智慧成果，促进科技创新。就专利保护而言，一份专业的权利要求书是实现专利维权的前提。为了确保该专利能够进行有效维权，专利代理师在撰写专利申请文件时，在清晰定义每个技术概念的基础上，也结合检索到的现有技术，界定该专利的技术方案对现有技术所作出的实际贡献，清晰划定方法权利要求的保护范围，以方法权利要求为总纲，体系化地布局其他各个从属权利要求和其他独立权利要求。

具体而言，在横向上，专利代理师为该专利部署了方法、装置、设备、介质等权利要求；在纵向上，专利代理师精炼每个技术特征的深化实现方式，通过多个从属权利要求进行限定。

为确保该专利能有效维权，专利代理师在设计各个技术概念及技术特征时，严格遵从全面覆盖原则，考察每个技术特征的可视化表现，尽量使每个技术概念和技术特征都能以直观的方式进行描述。

以该申请的独立权利要求为例，其内容如下：

一种虚拟蹦迪活动数据交换方法，其特征在于，包括如下步骤：

终端设备持续获取加速度传感器产生的感应数据，将之与预构建的蹦迪模型相匹配，当实现匹配时确定为有效的蹦迪值；

终端设备向远程服务器提交活动参与用户的有效的蹦迪值，以与其他活动参与用户共同实施在线多用户虚拟蹦迪活动；

终端设备动态向用户界面输出所述虚拟蹦迪活动的实施信息，以展示与该虚拟蹦迪活动相关联的至少一个活动任务的完成进度。

根据该权利要求，终端设备、加速度传感器等均是有形部件，感应数据、蹦迪模型等均可通过程序数据固定证据，蹦迪值、虚拟蹦迪活动、活动参与用户、实施信息、完成进度等均可通过图形用户界面直观确定。可见，尽管该专利的技术方案属于方法，但专利代理师在撰写时，已经充分考虑了应用程序表现上的特点，结合特征可视化原则进行相应的撰写，以精炼的语言将合理的保护范围体现到权利要求的文本中，使授权后的该专利更易于维权时固定证据。

对专利权利要求进行合理布局和认真撰写形成了该案的代理亮点，体现为布局时能够有效抽象出易于维权的终端设备侧的技术方案，准确概括必要技术特征，并与蹦迪活动这一具体场景进行有机结合，使得各个权利要求的技术方案均与现有技术构成明显区别；与此相应，在说明书中也以丰富的实施例对各个权利要求进行阐释，从而确保专利质量。

撰写后

（七）完善质检机制

严格质量流程管理，机构内部多级质检协同创新主体审稿，及时反馈随时沟通

专利代理师完成专利撰写之后，根据内部审核机制，同组另一专利代理师对其撰写文本进行严格的审核。审核所针对的内容，并不局限于形式，而是深入专利布局和技术实现层面，在完成审核后交付申请人。在申请人内部审核过程中，专利代理师自然也需配合进行双向审核以便最终完成交互。当申请人定稿之后，双方流程部门构成审核机制中的最后一个关卡，对定稿进行明显形式问题的审核，可以有效减少不符合《专利法》第二十六条第四款的情况，进一步促进撰写质量的提升。在整个审核过程中，多方实时进行充分的沟通，以确保整体作业效率，并均衡案件的效率与质量。

审查中

（八）全面考虑答复方案

> 权衡保护与授权，谨慎制定答复策略
> 避免不必要限缩，实现专利保护目的

在审查过程中，审查员引用了CN106020440A号申请公开作为对比文件，质疑了该申请全部权利要求的创造性。专利代理师认真研究审查意见和对比文件之后，对权利要求1作了适度的限定，也即通过增加"所述虚拟蹦迪活动在直播程序的直播间中举行"强调应用场景与对比文件的差异，在此基础上，撰写意见详尽分析该发明的创造性。

值得指出的是，在该案的答辩中，专利代理师基于该案事先已经完成充分的论证而取得的信心，敢于拒绝审查员的质疑，不轻易退缩合并权利要求，仅仅作了形式上的小修改，便直接争辩，有效地保护了专利权人的合法权益，确保该专利能取得最大的合理授权范围，实现了专利保护的目的。

当然，专利代理师对技术和专利法的精准把握，对于审查意见答复是关键的。正是由于能够精准地辨析该专利的技术方案与对比文件的技术方案之间的差异，以及充分把握各项技术细节所起作用的区别，专利代理师才能为专利申请人据理力争，达成以最大化保护范围授权的目的。

二、科学定价

> 推动以质量为导向的专利代理定价机制，提升行业层次
> 建立以质量为标准的代理师收入新模式，吸引优质人才

高质量发展已成为国家发展的主题之一，高质量专利的概念也推广多年，业内越来越重视对专利质量的追求，正持续以高质量专利为导向开展专利代理服务。因此，在执业实践中，建议业内积极响应国家号召，以高质量专利为追求，根据不同服务需求提供合理定价，根据专利代理师的进阶水平及时调整专利代理师的待遇，有效定位市场中的创新主体，有效排除非正常专利申请的出现，使服务定价和薪酬定位与质量追求挂钩。由是，不仅能广受所服务的客户的好评，而且也有望高度维持专利代理师的从业稳定性，进一步还能吸引科技创新型客户和优质专利代理师，形成良性循环，使业绩逐年提升。

三、培育高端专利服务

> 开拓国际视野，提前规划海外布局
> 拉通行业链条，打造金牌服务机构

专利法是全球各国最为高度一致的法律，意味着专利代理机构的从业视野不应局限于本国。同理，专利的着眼点也不应局限于本国。根据这一理解，对于客户的专利案件，在进行撰写时，专利代理师也应具备全球视野，重点考虑欧洲、美国等国/地区的专利特点，在专利申请文件中未雨绸缪设置预案，并且根据地理、市场、技术等方面适时为客户提供相关的海外各国/地区布局专利相关的建议。

为完善对客户的海外专利布局的支持，建议国内专利代理机构也积极与全球多国的优秀专利代理机构建立合作渠道，及时接受客户布局海外申请的委托，为客户选取合适的海外专利代理机构，优化客户申请外国专利的总体成本，确保海外专利申请顺利进行，及时为客户提交IDS、PPH申请

等，从成本、效率、安全性等方面为客户提供专业保障。

概括来说，专利代理工作首先应重点专注于相应领域的专利代理服务。此外，还应以全球站位来看待专利代理服务，综合技术、法律、市场等多方面的专业服务能力，积极打通代理行业链条，为客户提供高质量专利代理服务，力求将事务所打造成金牌服务机构。

四、案件代理心得总结

"不忘初心，方得终始"。该案获评全国典型发明专利撰写案例，尽管与个案的努力直接相关，但更有赖于以高质量专利为追求的执业理念的实践。专利代理业发展近 40 年来，专利代理机构如雨后春笋般涌现，彼此之间面临越来越大的竞争压力，只有那些能够经受得住各种考验者，静水流深，精耕细作，最终才能脱颖而出，无愧于初心。行业的发展需要更多精品专利代理机构共同努力，期待与更多同行一起，为我国的知识产权事业贡献应尽的力量。

关于发明专利"柔性显示装置及其控制方法"（专利申请号202011179382.0）的撰写经验分享

北京汇思诚业知识产权代理有限公司

案件简介

2023年全国典型发明专利撰写案例获评案件"柔性显示装置及其控制方法"（专利申请号202011179382.0）主要采用显示面板的结构支撑技术，解决目前柔性显示面板支撑不良、使用寿命低的问题。该案于2020年10月29日申请，经过一次审查意见答复，于2022年5月30日授权公告。

一、以质量为导向开展专利代理工作

撰写前

（一）了解宏观布局

> 对接创新主体需求，规划保驾护航战略
> 以专利运营为目标，助力专利转化运用

随着显示技术的发展，柔性显示产品已经成为未来主流趋势之一。现有的柔性显示装置可实现多种应用，例如折叠屏手机、平板、卷曲应用等电子设备。柔性显示装置在应用过程中可以给用户较好的感官体验，增强使用舒适度。该案例的申请人厦门天马微电子有限公司在柔性显示领域进行了大量的研究并进行相关专利布局。

目前，柔性产品仍有一些需要攻克的技术问题。例如，柔性显示装置的显示屏弯折区域在展平状态时会有不平整现象，形成凹凸表面，支撑性缺失，影响使用者的观感体验。对于柔性显示屏抽拉式设备，在显示屏增大的同时，部分显示屏下方由于没有支撑部件，因此存在影响触摸使用、降低显示装置的使用寿命等问题。

（二）提炼交底书发明点

> 理清行业技术链条，深入了解技术前沿
> 掌握行业技术语言，与发明人有效沟通

专利代理师在收到技术交底书后，发现交底书中结合一些附图对发明技术构思进行了简要说明。因提供的附图较为简单，技术方案并不能得到充分、完整的展示。

专利代理师根据经验，为了充分、全面地掌握该发明的技术内容，除邮件沟通之外，还通过与发明人进行面对面沟通，尽量多地从发明人处获取该发明的研发构思。

该案既涉及产品结构又涉及控制方法，属于比较复杂的技术方案。对此专利代理师认为比较高效的方法是与发明人约好时间进行电话沟通或者进行线上视频会议。

在电话沟通中，专利代理师与发明人深入讨论了折叠式和抽拉式显示产品目前需克服的技术问题及产生的原因，并引导发明人讲解解决技术问题的方案及详细讲解技术方案的工作原理。最终与发明人商讨确定该案的主要技术构思是：利用支撑板来承载支撑结构，以及利用支撑结构来配合柔性区的使用状态来对柔性区进行有效支撑。

此后，专利代理师还引导发明人，并与发明人共同对具体实施方式进行扩展和细化。此外，经过沟通发现实现支撑功能的具体实现方式中，还需要设置用于感应显示面板弯折状态的弯折感应器，或者设置用于感应所需支撑高度的高度感应器等方案。

（三）检索现有技术

> 强化专利检索意识，提升专利检索能力
> 提高专利申请门槛，严把专利申请源头

为了撰写出高质量的专利申请文件，专利代理师在提炼完发明点后，对该申请的技术方案作了检索。

对于折叠式显示产品，检索到一篇相关前案（公开号：CN110827691A），其公开了一种显示装置，在可折叠部分存在支撑部件，支撑部件可在同极相斥的作用下抬高位置，由此支撑柔性屏。而该案中设置支撑板承载多个支撑结构，支撑结构的支撑表面的几何中心距支撑板的垂直距离随子柔性区的几何中心距支撑板的垂直距离的变化而变化，实现对柔性区进行有效支撑。经分析确定该案支撑结构和承载板配合的结构及工作方式与前案支撑部件明显不同。

对于抽拉式显示产品，检索到一篇相关前案（公开号：CN110428732A），其公开了一种抽拉式柔性屏幕，设置有活动支撑块，活动支撑块通过弹性件与壳体固定连接，当将柔性屏展开时，活动支撑块自动弹起与柔性屏贴合，对抽拉部分进行支撑。前案提供了一种对柔性屏幕抽拉部分进行支撑的解决方案。但是该案中设置支撑板承载多个支撑结构，在拉出状态时，支撑板和主支撑板之间产生位移，同时支撑结构随柔性区的移动对与支撑结构对应的子柔性区进行支撑。经分析，确定该案支撑结构和承载板配合的结构及工作方式与前案活动支撑块明显不同。

专利代理师经过与检索前案的分析和对比，初步认定该申请具有一定的授权前景。另外，在检索过程中，专利代理师进一步理清了现有技术与该案的分界点，为后续高质量撰写打下了基础。

撰写中

（四）投入足够时间

> 增加撰写时间投入，打造行业工匠精神
> 控制人均代理数量，保障服务质量导向

我们一直致力于打造高质量专利，培养更多的优质专利代理师，打造行业工匠精神。为此需要控制人均代理数量，以保证专利代理师对每件专利增加撰写时间投入，保障服务质量导向。对于一件新申请的撰写，专利代理师通常需要花费一天左右的时间来阅读和分析技术交底书中相关背景技术、为解决技术问题而实施的具体方案以及方案能够带来哪些效果，深入剖析和挖掘方案并充分考虑拓展方案。在此基础上，专利代理师还要经常与发明人、企业专利负责人进行至少一次1小时左右的两方或三方的会议来对齐方案。专利代理师通常需要2—3天来撰写一篇完整的初稿，经过发明人或专利负责人的审核后，有时还需要对初稿进行修改或细化。因此，专利代理师在整个撰写过程中投入了足够的时间，深入思考了保护主题以及发明解决的技术问题，对技术交底书中提供的技术方案进行深度思考后确定主题和布局，进而对整个技术方案展开细致的撰写工作，以确保能够产出一份高质量的撰写文件。

（五）撰写足够页数

> 全面撰写实施方式，严谨描述技术细节
> 明确主题清晰表述，展现完整发明构思

为使技术方案公开充分，且能够让本领域技术人员容易读懂，专利代理师利用绘图工具，将该案对应的多种实现方式均进行了结构及原理的图形绘制。例如，独立权利要求 1 中的柔性区包括多个子柔性区，结合多个附图对子柔性区可能的划分和排列方式进行了列举说明。再如，在说明书中，对"支撑表面的几何中心"进行了解释，来说明如何界定几何中心，并在附图中将几何中心作出标示。

在说明书中对一些技术特征进行了分层次说明，对于权利要求中的上位概念，在说明书中对其下位概念进行描述并尽量进行了多个实施例的列举。如对于"高度调节机构"这一上位概念进行了功能性限定的说明，在具体实施例中不仅对已经在权利要求限定的高度调节结构包括滑柱的方案（权利要求 9 对应附图 8）以及高度调节结构包括连杆的方案（权利要求 10 对应附图 10）分别进行详细的说明，而且还扩展了高度调节结构包括可相对转动的两个调节件的方案并设置了相关附图 9。如此，说明书中实施例更加丰富，对权利要求形成有力支撑。

在说明书中针对每项权利要求所限定的技术方案基本结合有附图进行详细说明，并结合各结构之间相互配合的工作过程对技术方案能够实现的技术效果进行充分、准确的记载。对涉及重要发明点的实施例进行着重描述，保证技术方案完整且描述有轻有重。如此有助于实质审查授权阶段对技术方案的理解。

（六）合理布局权利要求

> 回归专利制度初衷，有力保护有效维权
> 根据实际技术贡献，划定保护范围界限

首先，确定独立权利要求的布局：这两种产品的技术构思相同，但是具体结构不同，无法将两种技术方案进行上位概括。所以，专利代理师经过仔细考虑后，撰写了两套对应产品的独立权利要求，以分别对应于折叠式显示装置和抽拉式显示装置。而且，对于这两种显示装置，还分别撰写了两套相对应的控制方法作为独立权利要求。

其次，确定独立权利要求中体现主要发明点的技术特征：该发明想达到的技术效果是支撑结构在柔性区的使用状态变化时，仍然能够与柔性区实现良好的贴合。为达到这个技术效果，对于折叠式显示装置而言，实际上所采用的技术手段是，控制支撑结构的支撑表面的几何中心距支撑板（支撑板用于承载支撑结构）的垂直距离，随柔性区中的子柔性区的几何中心距支撑板的垂直距离的变化而变化。对于抽拉式显示装置而言，在拉出状态时，支撑结构随柔性区的移动，能够对与支撑结构对应的子柔性区进行支撑。据此来确定独立权利要求 1 和独立权利要求 25 的主要技术特征。

最后，确定从属权利要求的布局：由于该案中支撑结构是关键的结构特征，因此专利代理师在从属权利要求中对其进行了全方位的布局，包括支撑结构与柔性区使用状态的具体配合方式、支撑结构的具体结构、实现支撑结构与柔性区使用状态进行配合所需的其他功能结构等。

例如，在权利要求 3 中，限定了不同弯折角度时，同一支撑表面的几何中心距支撑板的垂直距离不同。在权利要求 4 和权利要求 5 中，限定了利用弯折感应器和支撑控制单元配合实现功能的方案。在权利要求 6 和权利要求 7 中，限定了利用高度感应器和微处理单元配合实现功能的方案。在权利要求 8 中，限定了支撑结构包括上位的高度调节机构，在权利要求 9 和权利要求 10 中限定了高度调节机构的具体结构。在权利要求 11 中,进一步限定了支撑结构还包括角度调节机构;在权利要求 12 和权利要求 13 中,限定了角度调节机构的具体结构。

在与发明人的沟通过程中,专利代理师得知折叠式显示装置是申请人将要布局的主要产品,而抽拉式显示装置的重要性相对较低,因此需要将布局的重点放在折叠式显示装置。

为使方案得到有效保护的同时,方案本身也不会冗长,专利代理师对独立权利要求 25 的抽拉式显示装置对应的从属权利要求,并没有作重点布局。

撰写后

(七) 完善质检机制

> 严格质量流程管理,机构内部多级质检
> 协同创新主体审稿,及时反馈随时沟通

该案在完成初稿之后,由专业小组的组长对全文进行了复核。专利代理师根据组长指出的部分问题进行修正之后,由客户总接口质检负责人对全文进行了复核,经由申请人的发明人和专利负责人核稿,最终形成了定稿文件。经内部形式审核岗对全文进行了形式审核后,递交至国家知识产权局。

审查中

(八) 全面考虑答复方案

> 权衡保护与授权,谨慎制定答复策略
> 避免不必要限缩,实现专利保护目的

在实质审查过程中,审查员发了第一次审查意见通知书,指出独立权利要求 1 不具备新颖性。

对此,专利代理师进行了仔细的分析后,认为"支撑板是刚性支撑板"是该案主要技术构思的关键点。而在对比文件 1 中,第一凹槽所在的位置处的折叠机构会与柔性显示屏一同被折叠,所以折叠机构不是刚性支撑板。在弯折状态时,对比文件 1 中"支撑结构"的支撑表面与折叠结构之间的垂直距离的变化规律和该案中支撑表面的几何中心距第一支撑板的垂直距离变化规律也必然不同,该案的支撑效果是现有技术无法比拟的。

而且,专利代理师还考虑到,如果贸然将未被评述的有授权前景的从属权利要求并入独立权利要求中,可能会导致保护范围缩小较多,应在说明书中寻找能够与对比文件相区别的技术特征,既能够满足创造性要求,又能保证最大的保护范围。

因此,将说明书中记载的"支撑板是刚性支撑板"加入权利要求 1 中,这样不仅不会对权利要求 1 的保护范围进行过多的限缩,还能够实质地区别于对比文件 1,以使修改后的权利要求 1 不仅具备新颖性,还具备创造性。

二、科学定价

> 推动以质量为导向的专利代理定价机制,提升行业层次
> 建立以质量为标准的代理师收入新模式,吸引优质人才

高质量服务是专利代理行业的持续发展的立身之本，科学的定价是专利代理师服务价值的量化体现。为了吸引优质专利代理人才，推动服务质量的提升，我们一直在定价体系上不断尝试。

由于高质量专利的最终呈现都需要每一位资深专利代理师付出足够多的精力和时间，因此按照小时计费方式，是对于客户和专利代理师双方最为合适的定价机制。在更多情况下，国内企业对于小时费定价方式会有不理解和怀疑，因此也会出现在小时计费基础上设置封顶价的方式。

三、培育高端专利服务

> 开拓国际视野，提前规划海外布局
> 拉通行业链条，打造金牌服务机构

该案的申请人在中国完成申请后，以该案作为优先权基础又在美国进行了专利申请，并取得了美国专利的授权。

海外专利作为高价值专利，符合行业的高质量发展方向。在海外获得知识产权保护，可以为企业的产品进入海外市场保驾护航，帮助企业积累海外专利实力。而且，围绕上游产品开展海外专利布局，有助于提高企业对供应商的议价能力及风险控制能力，也有助于企业影响产业规则，进而实现市场主导地位。

我们长期代理该申请人的海外申请业务，为申请人规划海外布局提供了帮助，同时也有助于打造金牌服务机构。

四、案件代理心得总结

专利代理师在理解该案的过程中，积极地与发明人进行沟通，以能够全面、深入、透彻地理解发明构思和实现发明构思的技术手段。在撰写过程中，全面、主次分明地考虑权利要求的布局，在说明书中布局丰富的实施例对权利要求进行支持，从而使申请人的技术方案得到全面合理的保护，为申请人争取了最大的权益。在整个处理过程中，专利代理师深刻体会到高质量撰写对专利稳定性的重要性，保护范围合理且稳定的高质量专利能更加显著地体现专利价值。在今后的工作中，专利代理师会不忘初心，一如既往地对专利代理工作高标准、严要求，为专利代理行业高质量发展添砖加瓦。

关于发明专利"基于栅极外悬量调制晶体管的新型熵源结构及其制造方法"(专利申请号202210031829.2)的撰写经验分享

涂年影[*]

案件简介

2023年全国典型发明专利撰写案例获评案件"基于栅极外悬量调制晶体管的新型熵源结构及其制造方法"(专利申请号202210031829.2)主要采用互补型金属氧化物半导体工艺制造一种具有独特物理形状的新型熵源结构,解决目前应用于信息加密处理中物理不可克隆函数电路的熵源可靠性较差问题。该案于2022年1月12日申请,于2022年4月1日授权公告。

一、以质量为导向开展专利代理工作

> 撰写前

(一)了解宏观布局

> 对接创新主体需求,规划保驾护航战略
> 以专利运营为目标,助力专利转化运用

在案件撰写前需要提前对接创新主体的实际需求,针对大学、科研机构等创新主体,专利代理机构需制定特定的辅导策略。可针对性地对创新主体进行专利业务培训授课,以辅导创新主体明确适合采用何种类型的手段对创新成果进行保护、什么样的科研项目适合申请专利、申请何种类型的专利,从而提前规划并针对不同类型的创新成果施行不同的保护策略。

例如,针对高校专利申请,向学校老师及学生宣导其创新成果中的部分具有重大改进的电路结构、电路加工工艺适合申请专利,而另一部分集成电路的外观排布结构则适合以集成电路布图设计的方式进行保护。

专利代理机构应当与创新主体充分、及时地进行技术交流,适时获取论文发表计划,了解在研的科研项目,以实际产出成果及技术应用前景为基础,以能够进行转化运用的专利技术为导向,针对性地引导创新主体进行专利方案的挖掘,提高挖掘产出的专利案件后期进行运用转化的比率,从而助力创新主体的专利转化运用。

(二)提炼交底书发明点

> 理清行业技术链条,深入了解技术前沿
> 掌握行业技术语言,与发明人有效沟通

---

[*] 所在机构:深圳市精英专利事务所。

理清行业技术链条，有助于理解行业技术发展脉络，从而找准该申请技术方案的改进点及现有技术所存在的技术问题。理解方案的技术内容并准确找到核心发明点，首先需要理解方案的技术问题及技术效果，技术问题反映了现有技术存在的问题及缺陷，而技术效果是解决技术问题所带来的优点及好处，因此技术问题与技术效果是紧密关联的。可对技术问题与技术效果进行结合理解，并根据技术问题及技术效果准确确定方案的核心发明点，从而提高技术交底书的理解效率。

首先判断交底书中存在的技术问题是否客观存在，以产品使用者身份阅读交底书，从产品使用者的角度思考、审视现有技术是否存在交底书中对应描述的技术问题，从而确定技术问题是否客观存在。

同时，还要思考技术问题的产生是由人为因素造成的，还是由技术缺陷造成的。若技术问题的产生掺杂了人为因素，则需要排除人为因素的影响才能准确确定现有技术存在的技术问题。

例如，该案件的交底书中描述有"传统密钥会存储在非易失性存储器中；而非易失性存储器保存的数据在其掉电后并不会消失，但是如果使用暴力拆解芯片外部，使用微小的金属探针即可读取存储器中的数据，进而导致数据泄露"。从一个应用传统加密方式的使用者的角度来看，秘钥确实是存储于非易失性存储器中，依靠已知的信息还原手段即可对非易失性存储器进行拆解并还原其中的数据信息，从而致使秘钥泄露，因此交底书中描述的这一技术问题确实客观存在。而秘钥的泄露并非由于人为因素造成的，其技术缺陷是由于秘钥的存储方式这一客观事实所造成的，因此这一技术问题的产生能够完全排除人为因素并准确确定对应的技术问题。

在进行专利案件处理的过程中，与发明人进行有效沟通，不仅能够有效提高案件质量，还可以有效把控专利案件的处理进程。针对相关老师的科研产出成果，与老师及学生沟通并获取其在研项目、已完成并撰写文稿的项目、已完成并发表论文的项目等，针对相关项目的实际转化运用成果进行挖掘，针对已完成并实际实施的项目进行重点挖掘；明确所发表论文的预计公开时间、未发表论文的预计发表时间，以合理安排所挖掘的专利案件的撰写及提交日期，确保专利案件申请日在论文公开日期之前。同时，提醒老师及学生注意电子资料传输及学术会议中展示资料的保密措施，避免技术资料被提前公开。

(三) 检索现有技术

> 强化专利检索意识，提升专利检索能力
> 提高专利申请门槛，严把专利申请源头

专利检索对比能够分析发明的新颖性及创造性，厘清发明的技术优势，因此对专利进行充分检索分析，有助于提高专利申请的质量。

在此过程中，需要准确地从交底书中总结提炼关键词，灵活运用各类型检索运算符与关键词进行组合，以形成覆盖范围全面、检索限定准确的检索式，并通过对检索得到的专利文件进行筛选以获取目标专利文件进行对比。

在处理类似该案中以高校作为创新主体的专利案件时，还需要重点检索论文文献，通过结合专利文件的检索及论文文献的检索，综合对比判断当前案件的新颖性及创造性，以提高检索分析的准确性。

例如，该案件在进行检索分析时，首先基于发明内容构建基础检索式，通过与老师沟通明确与基础检索式中的关键词对应的同义词、外文词汇，基于同义词及外文词汇对基础检索式进行扩展，并且结合发明所属技术领域确定 IPC/CPC 分类号，以进行针对性检索。在进行专利检索分析的同时，还通过老师提供的参考文献以及我方自行检索到的论文文献对方案内容的新颖性、创造性进行对比分析，从而扩展对案件进行检索分析的全面性及准确性。

在进行专利评估的过程中，要严格把控申请门槛，对不符合专利客体的技术方案要及时向创新主体提出并给予合理解释，对不以保护创新为目的、不以真实发明创造活动为基础的技术方案要及时终止申请。以技术方案的分析判断结果，结合新颖性、创造性及实用性的分析结论，提供准确、客观的评估结论，从源头上把控专利申请的准入条件。

撰写中

（四）投入足够时间

> 增加撰写时间投入，打造行业工匠精神
> 控制人均代理数量，保障服务质量导向

高质量的专利文件离不开充分的分析和细节的打磨，因此需要严格确保专利案件的撰写时间，通过充分利用工作时间，严格把控案件的每一个阶段。通过对交底资料进行详细分析，准确把握技术问题及所能够取得的技术效果，并准确提炼核心发明点；再通过充足时间撰写专利文件并进行细致打磨，从而提升专利撰写的质量。

在对交底书进行深入分析的过程中，由于技术问题与技术效果紧密结合，因此可以根据技术问题对应理解技术效果。可判断交底书中描述的技术效果是否为解决技术问题所能够对应实现的；若技术效果不是针对性地解决技术问题后对应能够实现的，则技术效果与技术问题不匹配，需要进一步确定技术问题是否准确或技术效果是否存在偏差。

例如，该发明为了解决"秘钥的存储方式安全性不足"这一技术问题，通过 PUF 电路中的熵源结构随机生成秘钥以替代在非易失性存储器中存储秘钥，即可对应实现提高秘钥存储的安全性这一技术效果，因此技术效果是针对性地解决技术问题后能够实现的，技术问题与技术效果相匹配。

技术方案实施过程中，不同的技术特征所取得的技术效果的贡献度可能不相同，可根据技术特征对技术效果的贡献度大小进行核心发明点的总结提炼；总体而言，对技术效果的贡献度越大，则该技术特征的核心程度也越高。

要严格把控服务质量，不以盲目追求案件处理数量为基本准则，确保人均案件处理数量在合理范围内。专利代理师应遵循质量优先、服务为本的原则，安排合理时间撰写专利文件，并在撰写过程中进行检查以避免出现形式错误，保证案件处理过程中的服务质量。

（五）撰写足够页数

> 全面撰写实施方式，严谨描述技术细节
> 明确主题清晰表述，展现完整发明构思

说明书中必须以具体实施方式支撑权利要求书的技术特征，说明书需要对权利要求中技术的实现过程进行清楚、准确的解释，以避免出现权利要求得不到说明书支持的问题；同时在说明书撰写过程中需要注意以下细节。

1. 合理描述说明书内容

对权利要求中出现的名词需要在说明书中进行对应解释，部分英文缩写则需要扩展中文含义、英文全称进行补充解释。同样，权利要求中出现的实施方法、操作过程也需要对应进行解释，可通过补充具体实施例的方式对权利要求的实施过程进行解释。

对说明书内容进行描述的方式多种多样，针对计算过程如果用语言文字难以描述清楚，则可增加公式进行描述；通过合理引入公式能够使相关计算过程的描述更加简洁、更加直接。针对批量数据可采用表格的形式进行描述。在引入公式进行描述相关内容时，需要注意检查公式中的参数是否均具有解释、前后公式之间相同的参数是否含义相同、公式之间是否存在冲突等问题。

2. 说明书附图的处理

说明书附图与说明书中的文字内容相互配合，共同对技术方案的具体实现过程进行描述。针对硬件结构，可通过多个视角（如立体视角、俯视视角等）、多种表述方式（如整体结构图、剖面图、爆炸图等）的附图对结构特征进行说明，多个附图进行组合以对硬件结构的整体部分及细节部分进行清楚体现。

3. 说明书中相关参数范围的描述

首先，针对说明书中相关参数范围的描述，需要与权利要求书中的描述相对应；权利要求书中参数范围进行确定的理由及依据可在说明书中进行解释说明，同时注意在说明书中补充论述权利要求书设定相关参数范围的优点。

其次，说明书中在权利要求的参数范围内逐步缩小限定范围，以突出最优实施例；若权利要求书中的参数范围无法得到保护，则可在答复审查意见时补充说明书中较小的限定范围，以使方案获得授权，这一撰写策略使技术特征的保护更加全面、立体。例如，该案中在说明书中以阶梯方式补充描述多个限定范围，从而以层层递进的方式体现最优实施例。

说明书中的方案内容必须围绕案件主题展开并进行清晰的表述，确保方案内容均属于同一个发明构思。同时，为展现完整的发明构思，可在说明书中结合案件主题以实际处理示例的方式对整体技术方案进行展示，提高对技术方案具体实施过程的说明效果。

（六）合理布局权利要求

> 回归专利制度初衷，有力保护有效维权
> 根据实际技术贡献，划定保护范围界限

1. 依据专利核心发明点，确定独立权利要求

在专利文件的撰写过程中，确定权利要求的基本架构是重中之重。通常而言，核心发明点必须置于独立权利要求中，核心发明点也即对发明技术效果具有最直接、最突出贡献的技术点；通过核心发明点来体现专利案件最核心、最重要的技术内容，将次要发明点与核心发明点进行组合，以次要发明点优化核心发明点从而形成不同的保护层级。

根据技术方案所需要解决的技术问题以及能够产生的技术效果，可针对性地确定技术方案的核心目的，而要对应实现该核心目的所针对的技术内容即为该技术方案的核心发明点。将围绕核心发明点的必要技术特征进行组合，即可形成独立权利要求。

在确定权利要求的基本架构时，一定要兼顾避免出现独立权利要求缺乏必要技术特征的问题；在独立权利要求包含必要技术特征的前提下，分析独立权利要求中是否包含核心发明点且排除次要发明点，来实现独立权利要求具有最大的保护范围。

2. 规划权利要求层级架构，布局权利要求技术特征

（1）多项独立权利要求进行组合的考量

针对案件具有多项独立权利要求的情况，需要重点考虑不同独立权利要求对技术方案的贡献程度；将具有最大贡献程度的独立权利要求排列在前，同时考虑权利要求之间的引用关系，做到分层布局、全面保护。

针对该案件中既有硬件结构，又有制造方法的情况，需要综合考虑硬件结构对技术方案中技术效果的实现更重要还是制造方法对技术效果的实现更重要。通常而言，由于硬件结构在专利侵权判定时具有相对优势，权利要求书撰写时可适当偏重描述硬件结构。

该案件中硬件结构相比制造方法更为重要，在确定权利要求组合关系时，则需要将硬件结构的独立权利要求排序在前，制造方法的独立权利要求排序在后。书写权利要求书时还必须注意制造方法中的部件描述必须具有引用基础。

(2) 确定从属权利要求的层级架构

针对硬件结构的从属权利要求，需要明确不同从属权利要求的重要性，将重要性较高的从属权利要求布局为直接引用独立权利要求。通常而言，总体原则是结构类特征的重要性高于尺寸类特征，整体部件的尺寸特征的重要性高于局部结构的尺寸的重要性。

在从属权利要求撰写过程中，需要注意检查从属权利要求之间的特征内容或参数范围是否存在冲突；若存在冲突或不合理之处，则需要对应修改。

撰写后

（七）完善质检机制

> 严格质量流程管理，机构内部多级质检
> 协同创新主体审稿，及时反馈随时沟通

通过严格的质量管理流程对专利申请文件进行形式问题的检查。具体而言，说明书中的内容需要符合撰写格式要求，并且需要通过内部的多层级质检流程落实质检责任。对说明书及权利要求书进行错别字、符号错误检查，以确保说明书及权利要求书中相同指代的名词相一致、确保说明书及权利要求书中相同附图标记的特征描述相一致、确保说明书及权利要求书的描述内容与说明书附图相对应。

完成文件初稿撰写后需要协同创新主体进行审稿，针对其中涉及的具体技术，需要依据发明人的需求进行全文统一修改；针对其中涉及的格式问题，则需要以《专利法》及实施细则为准则，在不超出相关规定的情况下进行合理修改。

例如，针对所完成的初稿文件，除安排内部审核确稿以外，还发给发明人进行审核，对其中涉及的专有名词、技术解释内容、参数符号等进行重点审核，确保文件内容与专业领域的描述相一致。

审查中

（八）全面考虑答复方案

> 权衡保护与授权，谨慎制定答复策略
> 避免不必要限缩，实现专利保护目的

该案在权利要求布局过程中，准确定位了技术问题及该发明所能够取得的技术效果。在明确熵源结构中熵源是由栅极外悬量产生这一发明点后，由于通过栅极外悬量的变化才能够形成熵源，因此栅极外悬量的变化形成熵源是需要在独立权利要求中进行体现的核心发明点。该案件在撰写过程中经过充分分析论证，对权利要求书中的技术特征进行合理布局，在独立权利要求中体现了必要技术特征，且独立权利要求中的核心发明点并未被其他文件资料所公开，因此该案件未进行审查意见答复直接获得授权。

在需要进行审查意见答复的案件中，可结合发明人的意见针对性地修改权利要求，提出答复意见，针对发明人具有较强说服力的意见可以重点采纳，针对说服力不强的意见则需要谨慎采纳；以专业能力对审查意见进行认真分析，谨慎制定行之有效的答复策略并书写答复文件。

在答复审查意见过程中，应当注重区别技术特征的分析对比，确保独立权利要求中具备充分的区别技术特征以体现技术方案的创造性；同时需要避免将过多的区别技术特征或过小的限定参数补充至独立权利有要求，确保权利要求具有合理的保护范围。

二、科学定价

> 推动以质量为导向的专利代理定价机制，提升行业层次
> 建立以质量为标准的代理师收入新模式，吸引优质人才

专利代理机构要制定合理的内部制度，通过内部制度约束、提升专利代理师的案件撰写质量，以提升行业层次。同时对市场定价进行调研，在不断提升专利代理机构的案件撰写质量的同时，做到定价与案件撰写质量匹配。

要建立专利代理师分级制度，让专利代理师的能力与相应等级、收入相匹配；针对案件质量高的专利代理师要相应提升等级，对案件质量低的专利代理师则要适当降低等级，通过合理的分级制度提高资深专利代理师的收入，以鼓励高质量申请并吸引优质人才。

三、培育高端专利服务

> 开拓国际视野，提前规划海外布局
> 拉通行业链条，打造金牌服务机构

要鼓励、引导创新主体以国际视野进行知识产权保护，针对具有较高运营转化价值的专利技术，以技术适用的地域范围为基础，合理运用《巴黎公约》《专利合作条约》《工业品外观设计国际保存海牙协定》进行海外专利布局。

专利代理机构应做好与创新主体的沟通协调。我方机构在实际工作过程中，根据专利申请的时间点适时提醒创新主体提出PCT申请的截止时间、PCT申请进入其他国家的截止时间，以使创新主体根据需求选择在相应截止时间之前是否对专利提出PCT申请或是否进入其他国家申请，提高专利海外布局的处理时效。

针对知识产权服务的特点，除在申请阶段为创新主体提供优质服务之外，还需要扩展专利代理机构的服务品类，提升专利代理机构在知识产权的转化运营及知识产权的维权诉讼上的业务能力及服务质量，为创新主体提供"确权、用权、维权"一站式服务，实现知识产权各服务阶段的无缝衔接，从而打造金牌服务机构。

四、案件代理心得总结

专利代理师在处理案件时，应当保持积极向上的工作态度和严谨客观的工作作风，要以客户的角度换位思考，急人之所急、想人之所想，以热情饱满的态度及扎实的专业技能全心全意为各类创新主体提供优质服务。

专利代理师还应当多了解国家发展政策和科技发展规划，熟悉战略性新兴产业对应的技术领域，结合发展政策及规划阅读相关科学知识，获取当前技术发展的热点，紧跟技术发展潮流，提前储备相应的科学知识，以适应当下科学技术不断发展的趋势。

例如，为提高自身业务水平，可结合《战略性新兴产业重点产品和服务指导目录》《深圳市培育发展新能源产业集群行动计划（2022—2025年）》《深圳知识产权保护中心快速预审服务技术领域》所涉及的产业领域，重点积累新能源汽车产业、节能环保产业、互联网产业及新一代信息技术产业等产业相关的科技知识，基于本地发展规划，了解本地尖端技术及相关支持政策，为创新主体规划申请快速预审、优先审查等加快审查通道，进行专利案件的快速审查，更好地为创新主体提供高效、优质的服务。

关于发明专利"耳机组件及控制方法"
（专利申请号 202110279167.6）的撰写经验分享

夏 彬[*]

案件简介

2023 年全国典型发明专利撰写案例获评案件"耳机组件及控制方法"（专利申请号 202110279167.6）主要采用在耳机和充电盒分别设置多个磁铁和多个电磁铁，且每个耳机具有可控制电磁铁通电的控制电路的技术，通过多个磁铁以及多个电磁铁位置的设定，以及各个电磁铁电流的调节，使得耳机在弹出过程中更平稳，减少耳机在弹出过程中出现歪斜、不能弹出或者弹出过度致使耳机掉落等状况，方便用户拿取耳机。该案于 2021 年 3 月 16 日申请，经过一次审查意见答复，于 2022 年 10 月 11 日授权公告。

一、以质量为导向开展专利代理工作

撰写前

（一）了解宏观布局

> 对接创新主体需求，规划保驾护航战略
> 以专利运营为目标，助力专利转化运用

入耳式无线耳机具有容积小、方便携带/收纳等优点。目前市面上的耳机大都是通过打开充电盒上盖后手动取出，但部分充电盒的耳机槽过深，导致耳机不易取出，使用十分不便。

为解决上述的问题，部分厂商在耳机上设置电磁线圈，通过充电盒给电磁线圈供电从而使耳机弹起，方便取出耳机。

然而，充电盒配置给电磁线圈的电压是固定的，由于每个耳机的重量、重心以及摩擦系数等因素，施加在电磁线圈的电压固定会使耳机弹起速度、弹起方向不可控，从而使得耳机在升起过程中出现歪斜、不能升起或者升起过度致使耳机掉落等问题。另外，电磁铁处于一直供电的情况，会产生不必要的耗电。

（二）提炼交底书发明点

> 理清行业技术链条，深入了解技术前沿
> 掌握行业技术语言，与发明人有效沟通

专利代理师在与发明人沟通后发现：耳机设有磁铁，盒体（耳机腔）设置有电磁铁，电磁铁处

---

[*] 所在机构：上海隆天律师事务所。

于通电状态下与耳机磁铁相排斥，即通过耳机设有的磁铁和电磁铁之间的排斥力达到将耳机弹出至充电盒外的方案已被公开。因此，与现有技术的区别在于上述专利中不仅仅是通过耳机和耳机腔分别设置的磁铁和电磁铁达到耳机与耳机腔的相吸或相斥的效果，更具有新颖性、创造性的技术特征在于通过在盒体设置多个第一电磁铁、多个第二电磁铁，控制主板设置有独立控制多个第一电磁铁和多个第二电磁铁的通电状况的第一控制电路和第二控制电路，实现耳机各个位置上与盒体的相互作用力的大小可控，从而可以控制耳机在弹出过程中的受力，使之更加平稳地升起，减少耳机在弹出过程中出现歪斜、不能弹出或者弹出过度致使耳机掉落等状况。

（三）检索现有技术

> 强化专利检索意识，提升专利检索能力
> 提高专利申请门槛，严把专利申请源头

专利代理师在撰写前作了详尽的文献检索，检索到的最接近的现有技术为专利CN109413535A。该专利公开了一种真无线立体声耳机，耳机主体包括：耳机磁铁；耳机盒包括：电磁铁，用于切换所述电磁铁极性的极性转换电路，以及构成切换开关的盒盖；当盒盖扣合时，电磁铁与所述耳机磁铁相吸；当盒盖打开后，电磁铁与耳机磁铁相斥。该专利技术方案的缺点在于：无论耳机盒是开是关以及耳机盒内有无耳机，都会向极性转换电路提供电流，这会增加耳机盒的耗电量；同时，该专利技术方案没有考虑到将耳机放入耳机盒的时候会出现的问题，比如放入两只耳机本身就有时间差，在放第二个耳机时，可能出现已经转换成排斥的情况，使得耳机浮起导致耳机掉落不易合盖等问题。

针对上述专利技术方案的不足，专利代理师在该案中进一步强调了该案的控制主板设置有独立控制多个第一电磁铁和多个第二电磁铁的通电状况的第一控制电路和第二控制电路，以控制耳机各个位置上与盒体的相互作用力的大小，从而可以控制耳机在弹出过程中的受力；同时，增加了根据耳机角度控制电流的特征，进一步突出了该案所要解决的技术问题和所要达到的技术效果，更好地解决了现有用户取用耳机不便的真实痛点，适于广泛推广应用。

撰写中

（四）投入足够时间

> 增加撰写时间投入，打造行业工匠精神
> 控制人均代理数量，保障服务质量导向

专利代理师撰写时需对背景技术掌握、具体技术方案研读、发明点提炼、说明书撰写以及撰写后质检等各个环节投入的时间作合理的分配。分析具体案件对专利代理师来说是薄弱环节，针对该环节会花费更多的时间，专利代理师尽量将案件的技术方案在广度和深度上进行挖掘。对于一个案件的撰写，没有最多只有更多的时间投入。专利代理师还可以利用时间差，即在写完专利初稿的一定时间后再来审阅自己撰写的文件，相对来说，此时视角会不同，更容易检查出撰写时的不足，也能帮助专利代理师总结撰写中的不足点或认知死角。

（五）撰写足够页数

> 全面撰写实施方式，严谨描述技术细节
> 明确主题清晰表述，展现完整发明构思

专利代理师在说明书中结合附图充分解释了解决技术问题的原理以及技术效果的实现过程，并对各个优选技术特征的选择和技术效果进行了阐述。同时，专利代理师通过与发明人的充分沟通，在说明书中对技术方案进行了充分扩展，以三个实施例为主要实施例，并对其中可替换的技术特征进行了其他可选实施方式的列举。如针对与现有技术的区别点，增加了根据耳机角度控制电流的特征，该案的技术方案检测第一耳机的轴线与水平面的倾斜角度 $\beta 1$（即方向姿态）是为了作为控制主板的输入，从而使控制主板根据输入调节控制各个电磁铁的线圈增加电流大小等，以保证耳机在弹出过程中始终是平稳的。具体的控制各个电磁铁方法可以参见该发明的耳机组件控制方法，如可以采取如下策略：

"检测第一耳机的轴线与水平面的倾斜角度 $\beta 1$，判断所述倾斜角度 $\beta 1$ 大于第二阈值；

"如果倾斜角度 $\beta 1$ 大于第二阈值，则调节各个第一电磁铁的电流大小直至所述倾斜角度 $\beta 1$ 小于第二阈值；以及

"所述一个或多个第二电磁铁通电步骤后，还包括如下步骤：

"检测第二耳机的轴线与水平面的倾斜角度 $\beta 2$，判断所述倾斜角度 $\beta 2$ 大于第三阈值；

"如果倾斜角度 $\beta 2$ 大于第三阈值，则调节各个第二电磁铁的电流大小直至所述倾斜角度 $\beta 2$ 小于第三阈值。"

上述实施例进一步突出了该案发明所要解决的技术问题和所要达到的技术效果，以更好地支撑权利要求的上位概括。

（六）合理布局权利要求

> 回归专利制度初衷，有力保护有效维权
> 根据实际技术贡献，划定保护范围界限

专利代理师在撰写时，首先分析交底书的技术方案，其中主要是通过在耳机组件内增设多个第一电磁铁和多个第二电磁铁，再在控制主板中相应地增设独立控制多个第一电磁铁和多个第二电磁铁的控制电路，以达到通过控制耳机单体对应的多个电磁铁控制耳机单体弹出耳机盒时的姿态，该部分技术实际性改进的是耳机产品本身；进一步地，独立控制耳机单体的第一控制电路和第二控制电路可以与耳机单体姿态传感器结合，实现控制方法上的突破，提升用户体验，即上述专利的技术方案同时实质性改进了耳机组件的控制方法。专利代理师再从侵权可检测性出发，确定以优先保护产品为目的，以耳机组件为主要保护对象，撰写了两套耳机组件的权利要求，一套侧重保护耳机组件的结构组成，另一套在结构组成的基础上结合了电控设计。在构建耳机组件的权利要求时，针对该案发明与现有技术的区别点，将多个所述第一电磁铁和多个所述第二电磁铁的通电状况的第一控制电路和第二控制电路是独立控制的，以及独立设置的第一控制电路和第二控制电路可以与耳机单体姿态传感器结合的技术方案预埋在产品的从属权利要求中。同理，对控制方法也作了独立权利要求和从属权利要求的布局。需注意的是，在布局的同时需考虑在后续说明书撰写时要紧扣权利要求展开，对于突出该案发明所要解决的技术问题的权利要求要重点阐述，以更好地支撑权利要求的上位概括，同时提供详尽的实施例为授权作充分准备。

撰 写 后

（七）完善质检机制

> 严格质量流程管理，机构内部多级质检
> 协同创新主体审稿，及时反馈随时沟通

撰写完成后，由于部分发明人并不了解专利申请文本的架构和表达方式，专利代理师需就撰写的文本再次与发明人沟通，以确保技术方案完整精确，没有遗漏技术细节。同时，在递交至国家知识产权局前，机构内部也有严格的审稿制度，如审阅独立权利要求是否描写完整、是否存在缺少必要技术特征等问题，审阅从属权利要求是否有实施例支撑等。同时，内部审稿可以尽可能地减少文本的形式错误。

审查中

（八）全面考虑答复方案

> 权衡保护与授权，谨慎制定答复策略
> 避免不必要限缩，实现专利保护目的

该案答复了一次审查意见后即获得授权。在第一次审查意见通知书中，审查员引用了3篇对比文件并认为该案的权利要求1不具备《专利法》第22条第3款规定的创造性，权利要求1与对比文件1（CN110225427A）的区别技术特征中的"耳机设有磁铁，盒体设置有电磁铁，电磁铁处于通电状态下相排斥"已经被对比文件2（CN108540592A）公开。

在答复审查意见的过程中，专利代理师分析了审查员的意见，进一步将不同于对比文件2的技术特征并入权利要求1，强化了增加的技术特征与对比文件2不同，即该案中不仅仅是通过耳机和耳机腔分别设置的磁铁和电磁铁达到耳机与耳机腔的相吸或相斥的效果，还通过技术特征"所述盒体设置有多个第一电磁铁、多个第二电磁铁；控制主板设置有独立控制多个所述第一电磁铁和多个所述第二电磁铁的通电状况的第一控制电路和第二控制电路"，控制耳机各个位置上与盒体的相互作用力的大小，从而可以控制耳机在弹出过程中的受力，使之更加平稳地升起，减少耳机在弹出过程中出现歪斜、不能弹出或者弹出过度致使耳机掉落等状况。上述技术方案在对比文件1至3中均未涉及，因此，该案的新权利要求1的技术方案具有突出的实质性特点，审查员认可专利代理师的修改和论述，该案申请获得授权。

二、科学定价

> 推动以质量为导向的专利代理定价机制，提升行业层次
> 建立以质量为标准的代理师收入新模式，吸引优质人才

专利代理师在撰写过程中，会面对不同需求的客户，因此专利撰写的代理费也不尽相同，但高质量的专利撰写始终是专利服务的第一要素，突出发明点以及合理布局权利要求的高质量撰写可以为客户获得最合适的保护范围，同时提高专利申请的授权率。

三、培育高端专利服务

> 开拓国际视野，提前规划海外布局
> 拉通行业链条，打造金牌服务机构

专利代理师要完成一篇高质量专利文件的撰写，需要对该技术领域背景技术进行深入了解，对现有技术进行把握，在此基础上才能很精准地划定发明点对应的技术特征。在撰写时，专利代理师需尽量合理布局权利要求，做到可进可退。同时，需与客户沟通案件是否有海外布局的需求，因为针对可能进行国际申请的专利，对说明书的要求更为严格，且不同的国家和地区的要求或标准有所不同，专利代理师在进行国内案件撰写时就要考虑到预期的目标国家对于不清楚的界定，并进行充

分的准备，避免因为说明书阐述不充分而出现公开不充分的问题。专利代理师在与客户沟通的过程中，可以适当引导客户提前规划海外布局，以免错失海外商机。

四、案件代理心得总结

专利代理师在新手时就应注意培养撰写习惯，好的撰写习惯能够保证基本的文本撰写质量。在具体撰写时，还可以多研读相关专利，从多个角度构思布局，避免一些惯性思维或者撰写套路影响专利保护范围。该案的授权及保护范围与预计相当，得益于精确把握发明点，专利代理师在与技术人员对技术方案充分沟通的前提下检索文献，在充分深刻地了解现有技术的基础上准确地提炼发明点与现有技术的区别技术特征，同时将这些区别技术特征"预埋"在多个从属权利要求中，并在说明书中进一步地详述，为专利的授权作充分的考虑和准备。

关于发明专利"显示信息流的方法、装置、设备和介质"（专利申请号 202111012142.6）的撰写经验分享

北京市汉坤律师事务所

案件简介

2023 年全国典型发明专利撰写案例获评案件"显示信息流的方法、装置、设备和介质"（专利申请号 202111012142.6）主要采用记录应用程序被切换至后台运行时或被关闭时在终端设备上所显示的第一页面，在用户切换回或重新打开应用程序时显示该第一页面并在第一页面后接续显示第二页面的技术，解决目前用户返回信息流显示界面时会打断用户上次浏览信息流的场景的问题。该案于 2021 年 8 月 31 日申请，经过两次审查意见答复，于 2022 年 10 月 28 日授权公告。

一、以质量为导向开展专利代理工作

撰写前

（一）了解宏观布局

> 对接创新主体需求，规划保驾护航战略
> 以专利运营为目标，助力专利转化运用

在专利代理工作的开端，深入理解宏观布局对于确定成功的专利战略至关重要。对于该案"显示信息流的方法、装置、设备和介质"而言，核心目标是满足创新主体在提升用户体验方面的需求，通过技术创新解决信息流浏览中的用户体验中断问题。在这个过程中，我们特别关注了用户行为和产品优化如何影响推荐策略，认识到利用先进的策略和算法来实现个性化、差异化的消费体验是满足用户需求、驱动产品规模增长的关键。

通过与客户紧密合作，我们深刻理解了信息流推荐产品的市场定位和技术挑战，明确了以专利运营为目标、促进专利转化运用的策略重要性。该案专利不仅关注于技术层面的创新，更以如何通过技术改进提升终端用户的浏览连续性和阅读体验为核心，推动了个性化内容生成，为用户打造"千人千面"的信息推荐体验。

我们的策略规划基于深刻的市场洞察和前瞻性的技术展望，旨在保障客户的信息流推荐产品在竞争激烈的市场中占据优势，通过专利保护创新技术，支撑产品的持续成长并为用户提供有价值的信息。在这一过程中，我们强调了对接创新主体需求和规划保驾护航战略的重要性，确保了专利策略的有效实施，进而帮助客户实现了产品的成功落地，为用户提供了引人向上、促进成长的高质量内容体验。

（二）提炼交底书发明点

> 理清行业技术链条，深入了解技术前沿
> 掌握行业技术语言，与发明人有效沟通

在准备"显示信息流的方法、装置、设备和介质"专利申请的初期阶段，专利代理师深入分析了技术交底书，并通过广泛的现有技术检索，与发明人进行了密切且深入的沟通。这一过程的核心是准确提炼和定义发明的核心点，即在信息流显示场景下的创新人机交互技术。这项技术允许应用程序记录用户最后浏览的页面，即使在应用被切换至后台或关闭后，确保用户可以轻松回到历史信息流并继续其阅读。这一方案不仅提升了用户的浏览体验，同时也解决了当前信息流技术中存在的用户体验断层问题，具有较强的实用性和市场潜力。

通过与发明人的沟通，专利代理师不仅深入理解了技术的工作原理和实现方法，而且充分挖掘了技术的潜在应用和扩展方案。这种深入的交流帮助专利代理师掌握了行业的专业术语，更重要的是，使专利代理师能够从技术和市场的角度全面评估发明的创新性和应用价值。

此外，还需要指出，在沟通过程中，发明人结合实际产品所作的演示使专利代理师对该案所涉及的技术及所取得的效果有了更直观、准确且深入的理解。

（三）检索现有技术

> 强化专利检索意识，提升专利检索能力
> 提高专利申请门槛，严把专利申请源头

深入的前期技术检索工作对于保障发明的创新性和规避潜在的侵权风险至关重要。通过全面的现有技术检索，可以确保每一项发明都基于真正的技术创新，从而提高专利申请的质量和成功率。

在准备"显示信息流的方法、装置、设备和介质"专利申请的早期阶段，我们详细检索了与发明相关的专利和非专利文献，目的是全面掌握相关技术领域的最新发展动态和现有技术的状态。这种彻底的技术检索不仅加深了我们对于发明技术背景的理解，而且帮助我们明确了发明的创新点和改进方向。通过对比分析，我们能够精准定位技术方案在技术领域中的独特位置，从而避免重复现有技术，并显著提升发明的技术价值和应用潜力。

我们的专利检索工作还旨在提高专利申请的门槛，确保每一项申请都基于真正的技术创新。这样的策略不仅可提高专利申请的成功率，同时也可为客户在竞争激烈的市场中提供坚实的知识产权保护基础。

总之，通过这一严格的专利检索流程，我们确保了专利申请在提交之前已经经过了全面的技术评估和审查，从而最大限度地保障了专利的可申请性和保护范围，体现了我们以质量为导向开展专利代理工作的承诺。

撰写中

（四）投入足够时间

> 增加撰写时间投入，打造行业工匠精神
> 控制人均代理数量，保障服务质量导向

在撰写"显示信息流的方法、装置、设备和介质"专利申请的过程中，专利代理师增加了撰写时间投入，体现了对专利代理工作的工匠精神。这一策略不仅确保了文档的每一细节都经过精心打磨，而且保证了技术描述的准确性和全面性，从而提升了专利申请的整体质量。

为了维护这种高标准，事务所在撰写案件分配时特意控制每位专利代理师的工作量，确保专利代理师能够有足够的时间深入研究和撰写每一件专利申请。这种做法不仅提高了服务的质量，也确保了在紧张的工作进程中不丢失对细节的关注，进一步提升了客户满意度，为该案的成功申请奠定

撰写经验分享篇

了坚实基础。

（五）撰写足够页数

> 全面撰写实施方式，严谨描述技术细节
> 明确主题清晰表述，展现完整发明构思

在撰写"显示信息流的方法、装置、设备和介质"专利申请的说明书的过程中，专利代理师详细描述了一系列丰富的实施例，每一个实施例均通过精细的文字描述和/或精确的制图来展现。这些实施例围绕核心技术"信息流界面的重现和接续显示"展开，描述了从高级概念到具体应用的不同层面。例如，专利附图中展示了用户界面的布局和接续显示的细节，这不仅包括应用程序如何记录和恢复用户的最后阅读状态，还涉及如何接续显示更多的内容条目。如专利文件中的图4A（见图1）和图4B（见图2）所示，在终端设备上重现上次被切换至后台运行或关闭时所显示的第一页面410，页面底端具有未显示完全的内容条目402，而在接续显示的第二页面420，页面顶端显示有内容条目402，其下方显示有更多的内容条目404。

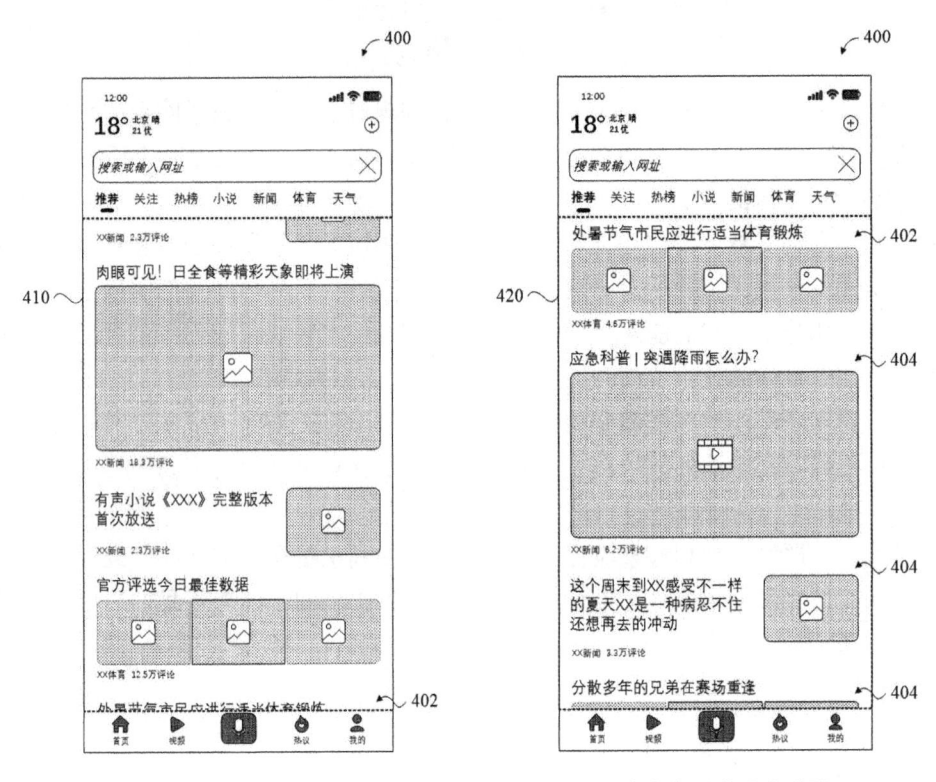

图1 该案专利说明书附图4A　　图2 该案专利说明书附图4B

通过对信息流页面在不同条件下的内容显示进行细致描述，实施例成功支撑了专利的权利要求。附图展示了用户在再次打开应用程序时，如何直接看到上次浏览的页面，并能继续浏览接下来的内容。这些细节的精确描述为权利要求提供了支持，使权利要求具体化并易于理解。

专利文件的撰写风格采取了由广泛到具体、由抽象到详细的顺序，以确保完整展现发明构思。这样的策略使得专利不仅能够保护发明的主要技术思想，而且能够覆盖到可能的变体和改进，增加了专利保护的弹性和广度。

最终，通过细致的实施例和附图描述，专利文件成功地表达了发明的全貌，使审查员、实施者以及其他各方都能够准确理解和评估发明的创新性和技术贡献。这种全面而严谨的撰写方式不仅体现了专利撰写的高标准，也确保了在专利法律框架内对发明的充分保护。

（六）合理布局权利要求

> 回归专利制度初衷，有力保护有效维权
> 根据实际技术贡献，划定保护范围界限

在撰写"显示信息流的方法、装置、设备和介质"专利申请文件时，权利要求的合理布局是专利代理师的核心工作之一。专利代理师严格遵循专利制度的初衷，即有效地保护发明创新并维护权利人的合法利益。为此，专利代理师在撰写权利要求时精心区分了该发明与现有技术的显著差异，保证了专利权利要求清晰体现核心发明构思，同时在技术上具有新颖性、创造性。

在从属权利要求的撰写上，专利代理师进行了多维度和多层次的布局，为该案的保护范围提供了坚固的保障。这种布局考虑了各种潜在的实施变体，确保即使面临未来技术的演进，权利的保护也能得以持续。

尤其值得一提的是，虽然该案涉及复杂的后台软件算法，但在撰写过程中，特别强调了特征的前端可检测性，确保了所有权利要求中的特征都可以在用户与终端设备交互的过程中被直观感知。例如，使用"重现""显示""转换"等关键词来描述用户界面中的操作，避免了权利要求中对不可见的后台处理过程进行限定，而是关注于用户可直接体验的结果。

此外，该案撰写特意避免对用户动作进行具体限定，而是采用了以终端设备的响应为基础的描述方式，如"响应于检测到对显示信息流的应用程序的激活操作"，这样的描述更便于在实际应用中验证和执行。

最后，为了确保专利权利要求中的术语和表述不会造成理解上的混淆，说明书中对每一个专有名词和技术表达都提供了详尽的解释，必要时还辅以附图详细阐释。这不仅提升了文件的可读性，同时也加强了专利文件的法律效力，为发明提供了全方位的保护。

撰写后

（七）完善质检机制

> 严格质量流程管理，机构内部多级质检
> 协同创新主体审稿，及时反馈随时沟通

为确保专利申请文件的质量达到最高标准，我们采取了严格的质量控制流程和内部多级质检机制。每份申请文件在提交前都经过多层次的审查，包括对法律要求的符合性、技术细节的准确性以及文件的清晰度和一致性的严密检查。这一流程不仅强调了专利代理机构内部的严格自检，也保证了每一个环节都符合质量要求。

此外，与创新主体的紧密协作对于提升文件质量同样关键。我们通过定期审稿和实时沟通，确保了创新主体对文件的内容完全认可，同时也加快了对反馈的响应速度。这种协同工作模式保证了文件内容的准确性，同时也增强了专利代理工作的透明度。

这种综合性的质量管理方法确保了即使在工作量大和时间紧迫的情况下，提交的每份专利申请文件都能达到行业内认可的高质量标准。通过这样的机制，我们的专利代理工作保持了高效率和高质量的输出，为客户提供了优质的专利代理服务。

审查中

(八) 全面考虑答复方案

> 权衡保护与授权，谨慎制定答复策略
> 避免不必要限缩，实现专利保护目的

在"显示信息流的方法、装置、设备和介质"专利申请的审查阶段，专利代理师应对审查意见时，采取了全面的答复方案，旨在精确平衡保护与授权之间的关系，并制定了谨慎的答复策略。专利代理师通过详尽的沟通，不仅清晰地阐述了该案发明的核心发明思想及其与现有技术的显著区别，还特别提供了视频证据，这一举措极大地帮助审查员理解了发明的实际操作和技术细节。

这种答复策略旨在避免不必要地限缩专利权利要求的保护范围，确保专利权利既足够宽泛以覆盖潜在的变体，又足够具体以防止他人规避。专利代理师在答复中的清晰表述和额外证据的提供，确保审查员能够充分理解发明的创新性及其在相关技术领域中的应用，这对于争取到合理的保护范围至关重要。

此策略不仅展示了专利代理师在专利法律框架下的专业知识，也反映了专利代理师对技术商业化潜力的深刻理解。最终，专利代理师通过努力，为申请人成功争取到了满足其商业目标和技术实践所需的合理保护范围，确立了专利策略的成功实施，从而实现专利保护的主要目的。

二、科学定价

> 推动以质量为导向的专利代理定价机制，提升行业层次
> 建立以质量为标准的代理师收入新模式，吸引优质人才

科学定价是推动专利代理行业发展的重要举措。我们应该推动以质量为导向的专利代理定价机制，将专利代理费用与服务质量挂钩，以提升行业的整体水平和声誉。同时，我们还应该建立以质量为标准的专利代理师收入新模式，根据其服务质量和客户满意度等指标来确定收入，从而吸引更多的优质人才加入专利代理行业中来，推动行业的发展和进步。

三、培育高端专利服务

> 开拓国际视野，提前规划海外布局
> 拉通行业链条，打造金牌服务机构

培育高端专利服务需要我们开拓国际视野，提前规划海外布局。随着全球化的发展，国际市场的竞争日益激烈，我们需要积极参与国际专利服务市场，探索海外业务发展机会。这包括寻找海外合作伙伴、了解国际专利法律法规、熟悉国际市场需求等方面，从而为我们的专利服务提供更广阔的发展空间。

同时，我们还需要拉通行业链条，打造金牌服务机构。专利服务不仅仅是单一的技术领域，还涉及法律、商业等多个领域。因此，我们需要与相关行业进行合作，拉通行业链条，为客户提供全方位的专利服务。这包括与企业、律师事务所、科技园区等合作，共同为客户提供一站式的专利服务，提升服务水平和品牌影响力。

通过开拓国际视野、提前规划海外布局，以及拉通行业链条、打造金牌服务机构，我们可以培育出高端的专利服务，为客户提供更专业、更全面的服务，实现服务质量的提升和企业的长期发展。

四、案件代理心得总结

该案专利代理师在深入了解技术交底书内容的基础上,通过初步检索现有技术并与发明人进行充分沟通和深度挖掘,确定了该案的核心发明点,即信息流显示场景下的人机交互。在保持原技术方案新颖性、创造性的同时,专利代理师对技术交底书中提出的方案及其扩展方案进行了适当的上位概括,确保该案的权利要求不仅体现了核心发明构思,而且与现有技术具有显著区别。

尽管该案涉及后台软件算法,专利代理师在撰写过程中特别注重特征的前端可检测性,通过使用"重现""显示""转换"等关键词,确保所有特征都在操作手机屏幕的过程中得到明确体现,避免了对后台的过程特征进行限定。此外,该案规避了对用户的动作进行限定,而是从终端设备的角度描述对用户操作的检测,例如"响应于检测到对用于显示信息流的应用程序的激活操作"。对于权利要求中的专有名词和表达,该案说明书提供了详细解释,并在必要时辅以附图进行进一步阐释。

在审查意见答复阶段,专利代理师与审查员进行了充分沟通。专利代理师不仅清晰地阐述了该案发明的核心发明思想以及该案发明与现有技术的区别,还提供了视频证据以帮助审查员更好地理解技术方案,最终成功为申请人争取到了合理的保护范围。

关于发明专利"汽车滑门与加油小门电子互锁方法、系统及汽车"(专利申请号202011320681.1)的撰写经验分享

北京信诺创成知识产权代理有限公司

案件简介

2023年全国典型发明专利撰写案例获评案件"汽车滑门与加油小门电子互锁方法、系统及汽车"(专利申请号202011320681.1)主要采用"监测整车锁止状态和加油小门侧的滑门开启状态,通过控制算法对加油小门进行上解保险控制,实现滑门与加油小门的互锁"等技术手段,解决目前"汽车滑门与加油小门互锁时存在的结构复杂、轻量性差"的问题。该案于2020年11月23日申请,经过一次审查意见答复,于2022年4月29日授权公告。

一、以质量为导向开展专利代理工作

撰写前

(一)了解宏观布局

> 对接创新主体需求,规划保驾护航战略
> 以专利运营为目标,助力专利转化运用

该案的专利权人为:上汽通用汽车有限公司、泛亚汽车技术中心有限公司。专利权人在汽车研发领域具有深厚的积累和丰富的经验,并且有成熟的车辆试验平台,研发团队能够及时发现汽车在使用过程中可能存在的技术问题。

具体到该案,涉及的是"汽车滑门与加油小门电子互锁"方面的改进。该技术方案实际上也是专利权人的研发团队针对其常规带滑门汽车中的滑门控制方案的改进,具体是实现汽车在加油时如何对滑门进行控制才能避免滑门开启撞击到加油小门和油枪。

通常带滑门的汽车为商用车,对比家用轿车来说,商用车的应用会更多涉及正式场合,用户群体也会对用车体验有更高要求,而该技术问题的解决能够极大提升该类车型用户的体验。而且,市面上带滑门的汽车车型越来越多,不同车型的总体功能对比可能不存在大的区别,要实现性能上大的突破需要投入的精力和成本会很高。而对于滑门与加油小门是否会在加油时出现碰撞这类细节的改进,不会带来太多成本的提升,却能提升车辆性能,带滑门的汽车均可应用。所以,如果该技术方案获得专利权,则具有广阔的应用前景,除了能够实际应用到自研车辆中,还存在极大的可能被其他车企应用,具有转化实施的潜力。

（二）提炼交底书发明点

> 理清行业技术链条，深入了解技术前沿
> 掌握行业技术语言，与发明人有效沟通

技术人员根据企业自研车辆试验及来自用户的维修需求，充分了解到已有的控制方案为：当加油小门打开时，加油小门连接的机械机构被触发，通过拉索再带动滑门下支架上的挡块，使挡块立起，阻挡加油小门侧的滑门向后滑动。这就要保证加油小门打开前，滑门位置还未越过挡块位置，否则挡块无法正常立起而无法阻挡加油小门。通过与技术人员充分沟通，由技术人员提供现有技术带滑门车辆在加油过程中的工作状态及问题产生说明的仿真视频，专利代理师掌握了准确的现有技术及存在的技术问题，从而理清行业技术链条，深入了解技术前沿。

技术人员提供的技术交底书中，是以其自研车辆为例进行结构、控制逻辑说明的，其中涉及自研车辆中应用的具体零件、程序代码，而通过沟通，双方确定可将其扩展到全部带滑门的汽车车型中，能够概括出发明点是：采用电子互锁方式，利用加油小门开闭节点与加油小门所在侧的滑门的开闭节点的配合，保证滑门与加油小门在加油时不会发生碰撞。为了能够使该方案应用到全部带滑门的汽车中，专利代理师通过与发明人多次深入、有效的沟通，最后决定将滑门与加油小门的开闭过程与上保险、解保险这类上位概念组合，而避免采用自研车辆中出现的具体部件名称。

（三）检索现有技术

> 强化专利检索意识，提升专利检索能力
> 提高专利申请门槛，严把专利申请源头

虽然技术人员提供了相关现有技术的说明，但是专利代理师依然需要对现有技术进行检索。在检索过程中，根据该方案特性，选定 B60J 5/06（一般车辆 - 门 - 可滑动的、可折叠的）和 B60K 15/05（一般车辆 - 燃料箱入口盖）分类号，将上述分类号结合如"互锁""碰撞"等关键词及扩展，进行检索。通过检索，筛选出最接近的现有技术 CN109484146A，正是专利权人在之前提交的专利申请文件，其中所涉及的关于滑移门的控制方案也恰好是技术人员提供的现有技术方案。因此，基本上认定该对比文件为最接近的现有技术。同时，该对比文件也是审查过程中审查员引用的最接近的对比文件。

由于专利代理师在撰写前期与技术人员就交底书中方案的研发过程进行了详细沟通，充分掌握了最接近的现有技术产生的原因，能更准确地确定该方案解决的技术问题及技术方案的研发路径，能够确定检索关键信息，结合准确的 IPC 分类号的限定，检索到了强相关的现有技术，从而提高了专利申请门槛，从申请源头严把专利质量关。

撰写中

（四）投入足够时间

> 增加撰写时间投入，打造行业工匠精神
> 控制人均代理数量，保障服务质量导向

撰写专利申请文件时，专利代理师会根据方案的技术复杂程度合理分配时间。在撰写过程中，需要针对每一个技术方案是否存在可以扩展的空间与发明人充分沟通，引导发明人思考除交底书中的具体实施例之外是否有可实现的其他替代方案，并在申请文件中详细描述，以支持权利要求范围。对于实施例的记载是否已满足充分公开的要求、未记载的一些内容是否为本领域公知常识等进行确认，尤其是涉及控制算法时，需确认逻辑是否完整，以避免公开不充分的情形出现。说明书附图根据需要提供，利用绘图软件绘制，确保文字、线条的清晰度等。专利申请文件在提交前经二次核稿、流程核查步骤进一步检查是否存在质量问题，确保专利申请文件的撰写质量，保障整体的服务质量。

(五) 撰写足够页数

> 全面撰写实施方式，严谨描述技术细节
> 明确主题清晰表述，展现完整发明构思

在撰写具体实施方式时，为了使每一实施例中的技术方案更易于理解，梳理每一个从属权利要求的技术方案的逻辑是否存在漏洞或者错误，尤其是在方法执行过程中存在多个判断条件，不同判断结果执行不同技术方案支路时，除了对每一实施例在文字上完整记录方案，对于控制步骤复杂的实施例还尽量单独绘制了流程图。

在撰写实施例的过程中，严格避免仅复制权利要求书内容的写法。根据权利要求布局，针对每一条权利要求概括的保护范围提供足够的实施例，尽量做到每一个上位概括后的技术特征能够有两个或更多实施例支持。针对控制方法类的实施例，需要结合被控制对象的动作展开描述，将方法与应用场景结合。如果控制方法的步骤并不必须确定前后顺序，则需要在具体实施例中说明，最好给出步骤顺序改变后的并列技术方案的实施例。

涉及发明点在控制方法的技术方案，在实施例中除针对控制方法的具体实现过程详细进行记载之外，还需要针对与控制方法对应的装置方案的具体实施例进行详细说明。

具体到该案，在申请文件中针对滑门与加油小门的互锁控制过程的不同工作状态的步骤均提供了流程图辅以说明。同时，给出了针对汽车的滑门和加油小门互锁场景的结构示意图，更清晰地指示了该案例方法与被控制对象的控制关系，结合控制步骤对应的控制对象动作，明晰该方案解决技术问题、实现技术效果的过程。

(六) 合理布局权利要求

> 回归专利制度初衷，有力保护有效维权
> 根据实际技术贡献，划定保护范围界限

技术人员针对的是某一种特定应用场景下特定结构存在的技术问题，在专利布局时需要考虑将来可能出现的维权情况。在沟通技术方案时，应主动探讨其他可能会出现该问题的应用场景或结构，以利于进行合理布局，回归专利制度的初衷。

具体到该案，技术方案在提出时针对的是某一种带滑门的特定车型，该车型中滑门的结构、加油小门的结构均是固定的。由于现有技术存在技术问题的根本原因在于"滑门越过挡块时加油小门是否处于打开状态"，本质上不会受到滑门、加油小门的具体结构的影响，因此对发现技术问题的特定车型中的滑门和加油小门结构分别进行扩展，如滑门的锁止和保险状态影响到滑门的滑动，将其概括后记载在权利要求中。而加油小门的打开状态需要执行触发操作后实现，在此情况下，加油小门为电动开启或机械开启时触发操作会有所不同，该方案的从属权利要求中对这两种形式的加油小门分别进行限定。因此，该方案在从属权利要求中，分别对于不同滑门和加油小门的互锁方式进行保护，形成了层次合理的保护网。

通过确定技术问题存在的本质原因，进一步确定出不会影响技术问题解决，但是会对整体方案带来积极效果的技术特征，对这类技术特征进行合理的延展，得到从属权利要求，使技术方案得到更全面的保护。

涉及控制方法改进的方案，为了概括合理的保护范围，从属权利要求中的技术方案通常需要引用在先的权利要求，即从属权利要求本身及其引用的在先权利要求的全部技术特征构成完整的技术方案。

撰写后

（七）完善质检机制

> 严格质量流程管理，机构内部多级质检
> 协同创新主体审稿，及时反馈随时沟通

公司专利代理团队代理了大量汽车领域的专利申请，该案例的申请撰写稿件及审查意见答复稿件由经验丰富的资深专利代理师进一步审核。当技术方案涉及多个领域时，公司会根据技术领域确定由多位资深专利代理师组成质检团队。在质检过程中，质检团队对于专利代理师与发明人沟通过程、权利要求的布局思路、答复审查意见的思路等进一步进行审核，经质检团队确认后专利撰写文件和答复文件方可定稿。由此，能够进一步避免专利撰写过程中可能存在的考虑不周的情况。

公司制定有完整的质检标准表格，由质检团队抽查案件，以扣分制为专利撰写文件和答复文件进行打分，定期汇总质检案件的共性问题，组织团队人员学习。

审查中

（八）全面考虑答复方案

> 权衡保护与授权，谨慎制定答复策略
> 避免不必要限缩，实现专利保护目的

在答复审查意见时，审查员引用的对比文件中，经常会出现与申请保护的技术方案具有相同名称的技术特征。此时需要认真对比该技术特征是否确实是相同的结构部件、与其他部结构部件的连接关系是否相同、解决的技术问题及要实现的功能是否相同，避免仅根据名称或附图中的简要示意就认可审查意见中提出的创造性疑问，避免不必要限缩，实现专利保护目的。

具体到该案，对比文件1中记载了"锁止结构"，该案例中记载了"锁止状态"，审查意见中将"锁止结构"动作后的状态作为该案例中的"锁止状态"。但是经过对比分析，对比文件1中的锁止结构实际上对应于该申请背景技术中的"机械结构"，其动作后有可能导致滑门无法正常锁止的情形。所以，对比文件1实际上还存在该申请背景技术中提出的技术问题。

在答复审查意见时，需认真分析审查员提供的对比文件。虽然从字面表达上看，对比文件可能公开了该案例中的技术特征，但是仔细分析后发现其中的技术特征仅是名称与该案例技术特征相同或相近，二者在结构、功能上均不相同，此时可通过引用对比文件的相关内容结合附图进行分析。

二、科学定价

> 推动以质量为导向的专利代理定价机制，提升行业层次
> 建立以质量为标准的代理师收入新模式，吸引优质人才

针对专利代理服务费的定价，公司始终坚持以质量为导向的定价机制，根据技术方案所属领

域、技术交底书完备程度、相关技术的竞争状况和应用情况等，合理预估专利代理师完成高质量申请的工作时间，据此作出合理定价，杜绝低价竞争，提升行业层次。

公司建立健全以质量为标准的专利代理师收入制度：第一，基础提成是以质量为导向的代理服务费为基础，按照一定比例进行提成，实行"质高提多"的模式；第二，针对专利代理师的质检结果、创新主体的反馈情况等，会直接影响专利代理师的等级考核，等级越高，提成比例越高；第三，公司设立"专利质量基金奖"，根据专利代理师承办案件在专利转化、专利获奖、专利确权、专利维权等方面的表现，给予专利代理师相应的奖励。

三、培育高端专利服务

> 开拓国际视野，提前规划海外布局
> 拉通行业链条，打造金牌服务机构

在专利代理服务过程中，进一步引导创新主体加强海外布局意识，通过与企业法务团队、市场团队、技术团队多方深入探讨，明确应用该案技术方案的车型是否会推向国外市场或者国外是否有可能应用到该案例的竞品车辆，确定该案是否需要提交国际申请，便于提前规划海外布局。

公司通过完善服务项目，尝试打通专利服务行业链条：第一，公司以专利申请、确权、维权等传统项目为基础，积极探索和优化多种项目的服务模式，打造集专利导航、挖掘、申请、确权、维权、转化等为一体的全方位服务机构；第二，整合团队内部资源，结合创新主体优势，紧密贴合创新主体的多元化需求；第三，全面提升团队成员的业务水平，建设高水平、多元化的服务团队。

四、案件代理心得总结

该案例在撰写前与技术人员进行了详尽的沟通，明确发明点，检索到了最接近的现有技术，从而确定了独立权利要求所包含的必要技术特征。在撰写过程中，通过引导技术人员提供扩展技术方案，确定从属权利要求的保护范围。因此，该案例的权利要求书布局合理且范围合适，用语准确且简练。该案例的具体实施例翔实且扩展性强，附图全面且清晰，专利代理师在答复审查意见过程中未盲目认可审查员意见，而是通过合理确定区别技术特征及修改方式，帮助申请人获得需要的保护范围，使其技术得以充分的保护。

关于发明专利"一种 CMOS 图像传感器及其制作方法"（专利申请号 202110379347.1）的撰写经验分享

刘 星[*]

案件简介

2023 年全国典型发明专利撰写案例获评案件"一种 CMOS 图像传感器及其制作方法"（专利申请号 202110379347.1）主要采用将感光单元结构的感光面纵向设置的技术，解决目前光电二极管尺寸难以进一步缩小的问题。该案于 2021 年 4 月 8 日申请，未经过审查意见答复，于 2022 年 6 月 21 日授权公告。

一、以质量为导向开展专利代理工作

撰写前

（一）了解宏观布局

> 对接创新主体需求，规划保驾护航战略
> 以专利运营为目标，助力专利转化运用

在专利申请文件撰写前先要了解宏观布局，主要是分析当前的技术发展趋势和市场需求，以确定专利申请的方向和重点。同时要对接创新主体需求，规划专利运营策略，即需要深入了解创新主体的技术特点和市场定位，明确其专利保护的核心点和潜在价值，并考虑专利的长远价值和应用前景。

具体到该案，通过梳理发明人提供的交底材料，可以确定其核心点在于设计了一种感光面纵向设置的感光单元结构，并给出了采用该感光单元的 CMOS 图像传感器的制作方法，解决了传统光电二极管尺寸难以进一步缩小的问题，能够在保证器件感光性能的同时进一步减小像素尺寸。该专利技术可以广泛应用于自动驾驶、智能手机、数码相机、安防监控、物联网等成像领域，能够促进相关产业发展。后续可通过有效的专利运营，推动该专利技术的商业化应用，实现专利价值的最大化。

（二）提炼交底书发明点

> 理清行业技术链条，深入了解技术前沿
> 掌握行业技术语言，与发明人有效沟通

在提炼交底书发明点之后，需要进一步理清行业技术链条，深入了解技术前沿，掌握行业技术语言，以便实现与发明人有效沟通，更准确地理解发明人的意图和技术细节，避免沟通中的误解和歧义。

具体到该案，专利代理师在通过交底书提炼出发明点为"感光面纵向设置"的基础上，通过查阅相关资料和行业报告，对 CMOS 图像传感器行业的技术链条进行了整体了解，包括其上游材料供

---

[*] 所在机构：上海光华专利事务所（普通合伙）。

应、中游制造工艺和下游应用领域，同时学习了相关专业术语，然后基于预先整理的提问内容与发明人进行电话沟通，对发明点、预期解决的技术问题、能够达到的技术效果以及其他技术细节进行了更加全面的了解，为下一步正式撰写打好基础。

(三) 检索现有技术

> 强化专利检索意识，提升专利检索能力
> 提高专利申请门槛，严把专利申请源头

在专利申请文件撰写前对现有技术进行检索有其重要意义。专利代理师通过强化专利检索意识，提升专利检索能力，有助于提高专利申请门槛，严把专利申请源头，避免提交低质量或无社会效益的专利申请。

具体到该案，专利代理师在对技术方案进行深入了解的基础上，选取了"富勒烯""感光""光电""图像传感器""水平""纵向""隔离"等作为关键词，以不同的检索式组合在事务所内部的检索平台进行了初步检索，并制作了《专利申请初步检索表》，作出"现有技术公开了富勒烯的感光特性，但未找到膜层结构在水平方向上依次排列（感光面纵向）的现有技术，也未找到采用富勒烯层作为光电二极管之间隔离结构的现有技术"的初步检索结论。

撰写中

(四) 投入足够时间

> 增加撰写时间投入，打造行业工匠精神
> 控制人均代理数量，保障服务质量导向

在专利申请文件的撰写过程中，需要投入足够时间来打造高质量的申请文件。其中，一方面可以通过增加撰写时间投入，打造行业工匠精神；另一方面可以通过控制人均代理数量，保障服务质量导向。

具体到该案，专利代理师在前期通过阅读大量的技术文献、专利和背景资料以确保自己对技术背景、现有问题以及发明点的新颖性、创造性和实用性有充分认识的基础上，通过合理分配工作量，投入足够的时间来精细打磨申请文件的每个部分，包括权利要求的布局、技术描述、附图等，确保用词准确、逻辑清晰，充分展示发明构思，并在完成初稿后，留出时间进行自我检查与质检师质检，发现并修正可能存在的问题，提高申请文件的质量。

(五) 撰写足够页数

> 全面撰写实施方式，严谨描述技术细节
> 明确主题清晰表述，展现完整发明构思

在撰写专利申请文件时，需要撰写足够页数，其中，应全面撰写实施方式，严谨描述技术细节，同时明确主题清晰表述，展现完整发明构思。

具体到该案，在全面撰写实施方式、严谨描述技术细节这一方面，专利代理师基于所布局的权利要求层次架构，分别针对产品与方法撰写了多个实施例。其中，基于感光单元感光面纵向设置的发明点，对 CMOS 图像传感器的结构作出了清楚、完整的说明，包括部件之间位置与连接关系、材料选择、结构参数等，详细解释了为何选择这种设置，以及它如何改进或优化现有技术；同时对 CMOS 图像传感器的制作方法的各个步骤进行了详细说明，包括步骤顺序、具体采用的工艺等，确保本领域技术人员能够完全理解整个制作过程。此外，还提供了多幅形象、直观的附图来清楚展示各步骤所得结构。每个附图都配有详细的说明，确保阅读者能够准确理解图中的每一个细节，直观地、形象化地理解权利要求中每个技术特征和整体技术方案,从而不仅确保本领域技术人员能够实现,还有利于侵权行为的判定,维护专利权人权益。

在明确主题清晰表述、展现完整发明构思这一方面,专利代理师在申请文件的开头明确阐述了发明的目的和预期解决的技术问题,便于阅读者快速理解发明的核心价值和重要性;同时采用逻辑清晰的写作结构,包括摘要、背景技术、发明内容、具体实施方式等部分,每个部分都围绕发明点展开,确保内容连贯、逻辑清晰,全面、严谨地展现发明构思。

(六) 合理布局权利要求

> 回归专利制度初衷,有力保护有效维权
> 根据实际技术贡献,划定保护范围界限

在撰写专利申请文件时,合理布局权利要求至关重要。通过回归专利制度初衷和根据实际技术贡献来划定保护范围界限,有利于实现对发明构思的有力保护,并有利于在未来面临侵权风险和维权需求时实现有效维权。

具体到该案,在独立权利要求的布局方面,首先确定主题名称,然后确定独立权利要求的撰写内容。

1. 确定主题名称

该案交底书涉及一种极高像素密度的富勒烯 CMOS 图像传感器。专利代理师通过结合交底材料、初步检索结果及与发明人沟通的内容,确定其核心发明点在于感光单元中富勒烯感光层纵向设置,从而认为对产品权利要求进行布局是必要的。同时,专利代理师认为,在产品的制作过程中实现富勒烯感光层纵向设置的方法也具有重要意义,从而认为也有必要对方法权利要求进行布局。因此,为了实现对专利权人的权利更为全面的保护,专利代理师布局了一个产品主题"一种 CMOS 图像传感器"与一个方法主题"一种 CMOS 图像传感器的制作方法",对应撰写了一个结构类独立权利要求与一个方法类独立权利要求,两个独立权利要求为并列关系,相互不引用。

2. 确定独立权利要求的撰写内容

该案发明所要解决的技术问题是"如何在保证感光性能的同时进一步减小像素尺寸",解决该技术问题需采用的必要技术特征是"富勒烯感光层纵向设置"。由于初步检索中未找到膜层结构在水平方向上依次排列(感光面纵向)的现有技术,在撰写独立权利要求时,专利代理师将"富勒烯感光层"进一步上位概括为"感光层"以争取更大的保护范围。同时,考虑到实际产品本身必不可少的特征,限定了基质层与位于基质层中的感光单元,并将"感光单元包括在水平方向上依次排列的透明电极层、感光层及金属电极层"作为独立权利要求的核心内容,清楚、简要地限定了要求专利保护的范围。

在从属权利要求的布局方面,该案中,感光面纵向设置的感光单元一方面可以作为像素结构中的感光部件,用以替代传统的光电二极管,实现更高的像素密度及其他有益效果;另一方面也可以作为像素结构之间的隔离结构,实现抑制 CMOS 图像传感器的光学串扰及其他有益效果。专利代理师将从属权利要求的架构分为三部分:第一部分围绕像素结构进行布局,第二部分围绕隔离结构进行布局,第三部分围绕共同的特征进行布局。每一部分均包括附加型从属权利要求与详述型从属权利要求,对专利权人的权利进行了全面、有效的保护。

撰写后

(七) 完善质检机制

> 严格质量流程管理,机构内部多级质检
> 协同创新主体审稿,及时反馈随时沟通

在专利申请文件撰写完成后，通过完善的质检机制对申请文件进行质检有着重要意义，有利于提升申请文件的质量和成功申请的概率。具体措施一方面可以是通过严格的质量流程管理，进行机构内部多级质检；另一方面可以是协同创新主体审稿，及时反馈随时沟通。

具体到该案，在申请文件初稿完成后，专利代理师先对照事务所内部的自查表格进行了权利要求书和说明书的形式自查与实质自查，并基于事务所内部的《专利撰写质量评价标准》完善初稿；尔后将初稿上传至事务所内部的质检系统，由撰写与审查经验丰富的质检师质检，发现并修正可能存在的问题，提高申请文件的质量；之后将质检修改后的初稿文件发给客户审核，通过及时反馈与沟通形成定稿并提交至国家知识产权局。

审查中

（八）全面考虑答复方案

> 权衡保护与授权，谨慎制定答复策略
> 避免不必要限缩，实现专利保护目的

在专利审查过程中，答复审查意见和回应质疑是重要的一环。为了确保专利申请得到适当的保护并成功授权，需要仔细研究审查员的意见，理解其关注点和质疑的实质，全面考虑答复方案。在具体答复审查意见过程中，需要权衡专利申请的保护范围和授权的可能性，因为过于宽泛的保护范围可能导致授权困难，而过于狭窄的范围则可能限制专利的商业价值。换句话说，对于审查意见的答复需要权衡保护与授权，谨慎制定答复策略，避免不必要限缩，实现专利保护目的。

具体到该案，在实质审查阶段没有下发审查意见通知书就直接获得授权。这间接说明了该案的新颖性、创造性和实用性得到了审查员认可，且没有明显的法律或技术问题，专利申请文件撰写规范、清晰，技术创新点明确、易于理解，专利申请的质量较高。

当然，即使专利直接授权也不意味着该专利是完美的或没有改进的空间，其仍然可能面临无效宣告请求或其他法律挑战，只是说在前期的撰写过程中提高专利申请文件的撰写质量有利于提高专利权的稳定性。

二、科学定价

> 推动以质量为导向的专利代理定价机制，提升行业层次
> 建立以质量为标准的代理师收入新模式，吸引优质人才

针对专利代理费的科学定价，有必要推动以质量为导向的专利代理定价机制，提升行业层次，并建立以质量为标准的专利代理师收入新模式，吸引优质人才。首先可以明确质量评估标准，2019年公司内部推行《专利撰写质量评价标准》。其设立了专利撰写质量评价的主要原则并提供了法律依据，同时提供了细化的评价流程和要求，不仅作为内部业务标准流程的一部分，也为行业提供了一定的参考与借鉴，有助于推动以质量为导向的专利代理定价机制，提升行业层次。另外，从专利代理机构角度，对于服务质量高、客户满意度高的专利代理机构，可以给予一定的政策扶持，鼓励其继续提升服务质量；从专利代理师角度，可以为其提供定期的专业培训和发展机会，帮助其提升专业技能和知识水平。同时，对于所处理的专利申请质量较高（例如高质量、高授权率）的专利代理师，可以设立奖励和晋升机制，为专利代理师带来更高的收入，激励专利代理师更加注重专利申请的质量，提升整个行业的服务水平。

三、培育高端专利服务

> 开拓国际视野，提前规划海外布局
> 拉通行业链条，打造金牌服务机构

培育高端专利服务需要从多个方面入手，包括开拓国际视野、提前规划海外布局，与国际优秀同行建立紧密联系，了解国际专利的最新动态和发展趋势。

一方面，成长为富有经验的专利代理师需要在内外/外内案件中了解国外专利代理师的撰写思路、撰写规范及撰写风格，并了解对权利要求书、说明书、附图等的修改要求，也就是说，和国外专利代理所合作处理案件有助于国内专利代理师开拓国际视野。在这样的背景下，国内事务所应提前规划海外布局，和美欧日等国家/地区的国外优秀同行建立良好的合作关系。同时，国内专利代理师能够在大量涉外专利案件的往来合作与交流过程中学习各国专利代理经验。另一方面，事务所可以通过定期开展面对企业的培训班，把相关经验甚至教训告知企业的知识产权管理人员与资深研发人员，因为企业研发骨干的专利意识提升也是做好专利工作的必备条件。如此，通过与海外律师事务所、专利代理机构密切合作，并面对企业开展培训交流活动，可以实现对行业链条的拉通，打通服务的各个环节，有助于获得良好的客户口碑，打造金牌服务机构。

四、案件代理心得总结

（一）初步了解发明点和技术背景

通过梳理交底书初步确定其发明点，并通过查阅资料深入了解技术背景，以便更加准确地把握技术创新点和保护需求。

（二）与发明人充分沟通

在初步提炼的发明点以及深入理解技术背景的基础上，基于预先整理的提问内容与发明人进行充分沟通，对发明点、技术问题、技术效果以及其他技术细节进行了更加全面的了解，为下一步正式撰写打好基础。

（三）对现有技术进行检索

在对技术方案进行深入了解的基础上，选取正确的关键词，以不同的检索式组合在检索平台进行检索，初步确定其具备新颖性、创造性。

（四）合理布局权利要求

为了实现对专利权人权利的有力保护，并有利于后续有效维权，专利代理师布局了一个产品主题与一个方法主题，对应撰写了一个结构类独立权利要求与一个方法类独立权利要求；同时将从属权利要求的架构分为三部分，每一部分均包括附加型从属权利要求与详述型从属权利要求。

（五）准确描述技术方案

重点突出了对发明点的描述，详细阐述其原理与优势，全面撰写实施方式，严谨描述技术细节，展现完整发明构思。

总之，专利代理工作具有一定复杂性和挑战性，在未来的工作中，需要不断提高知识产权服务的专业能力和品质，为更多客户提供更加优质的知识产权服务。

关于发明专利"对象的处理方法、系统和处理器"（专利申请号202210745674.9）的撰写经验分享

谢湘宁[*]

案件简介

2023年全国典型发明专利撰写案例获评案件"对象的处理方法、系统和处理器"（专利申请号202210745674.9）主要采用基于重建生物对象的原始图像生成相对应的生物模型，通过驱动该生物模型执行相匹配的动效信息，进而将生物模型融合至虚拟世界的技术，解决对对象进行模拟的效果差的技术问题。该案于2022年6月29日申请，经过一次审查意见答复，于2022年11月15日授权公告。

一、以质量为导向开展专利代理工作

撰写前

（一）了解宏观布局

> 对接创新主体需求，规划保驾护航战略
> 以专利运营为目标，助力专利转化运用

申请文件撰写前，专利代理师需要对创新主体在相关技术领域的产品布局和商业布局有一个相对深入的了解，利于专利撰写的目标导向更加精准和明确。专利代理师通过分析相关技术的发展脉络和趋势，从而确定专利申请文件的布局重点和方向。

同时，重点要结合考虑后期专利运营的目标，即专利代理师不能仅局限在专利技术本身的理解，还要理解专利后期的运营和转化等情况。通过与创新主体沟通，了解创新主体产品的市场布局规划和定位，实现长远考虑专利在后期专利运营策略中的定位，进而明确专利撰写过程中的核心技术特点和价值。

具体到该案例，申请主体的研发团队主要针对元宇宙虚拟化产品的前沿技术进行了深入研究，旨在解决当下虚拟现实场景中因算力局限所导致的一系列问题，除了一定程度提高虚拟现实应用场景下产品的适应性能，重要的是具有一定的商业价值，因此是未来发展的一个重要研究领域。

在技术研发人员与专利代理师进行深入沟通后，明确该案发明作为申请主体未来重点规划的研发产品线。专利代理师重点研究了该案技术所涉及的业务规划和未来技术发展的脉络，从而明确了专利撰写过程中的撰写核心和技术布局的侧重点。

另外，鉴于该技术领域的发展迅速，为了能在产品市场尽快具备一定的知识产权竞争力，在初步判定该案发明具有较高的创造性的情况，商定该案作为预审案件递交。

综上，在撰写前需要对专利技术进行宏观层面的理解和分析，在宏观方向上把握并布局专利撰

---

[*] 所在机构：北京博浩百睿知识产权代理有限责任公司。

写的重心。

(二) 提炼交底书发明点

> 理清行业技术链条，深入了解技术前沿
> 掌握行业技术语言，与发明人有效沟通

准确提炼交底书发明点是申请文件撰写前期的重点，可保证申请文件保护的核心发明点不会偏离。而阅读交底书之后，如何梳理交底书中的技术脉络是专利代理师的基本功，也是保障专利文献质量事半功倍的基础。

针对该案例，专利代理师需要前期了解交底书的结构，包括该方案的核心技术方案、创新点、技术术语解释、应用场景和产品，以及行业内竞争对手的业务或产品、相似方案等。在此基础上，与发明人进行有效沟通，沟通重点主要包括：技术理解的正确性，替换方案、扩展方案的准确性，前沿技术可能的发展态势等。

具体到该案例，专利代理师阅读交底书时需要重点抓住的阅读重点如下：

第一，针对背景技术，需要关注元宇宙热潮和个人领域的数字分身发展的重要性。

第二，针对竞争对手的业务或产品、相似方案及其缺点，专利代理师需要通过网站、书籍、多媒体等渠道收集资料，了解数字分身技术发展脉络，进而明确相关技术对于模型驱动是基于脸部重建和表情系数回归的驱动，但对象模拟效果差。

第三，针对该案的核心业务和应用技术，需要关注对视觉智能开放平台的描述，以及重建人物模型、驱动重建好的模型执行动效信息、将模型融合至虚拟世界等内容。

第四，专利代理师还需要与发明人进行深入沟通，确认基于上述核心业务和应用技术而理解的创新点，并整理问题清单，从而实现与发明人的有效沟通。

（三）检索现有技术

> 强化专利检索意识，提升专利检索能力
> 提高专利申请门槛，严把专利申请源头

专利检索是确定专利核心发明点以及保护范围的重要关键步骤，也是评估专利技术新颖性和创造性的重要依据。需要强调的是，在专利代理师撰写工作中，强化专利检索意识和提升专利检索能力，能够为检索结果的准确性和高效性提供有力保障，也是保证专利质量的重要工作环节。因此，专利代理师需要准备完备的检索工具和确定高质量的检索式，进而完成深入的检索过程。

具体到该案例，专利代理师使用专业的检索工具，并针对核心发明点的不同布局方式和保护重点，确定了几组不同组合的检索式（例如：人脸重建 and 人体重建 and 内容创作；虚拟人 or 虚拟角色 and 驱动 and 场景；图像 or 视频 and 人体重建 and 虚拟人 or 虚拟角色 and 内容创作），进而完成新颖性、创造性检索。针对该发明的核心发明点，检索到与该发明最接近的现有技术即对比文件1（公告号：CN112767531B），其公开了将人体模型的脸部点云渲染为二维图像，检测定位二维人脸界标，对人脸人体模型进行非匹配弱刚性局部配准，但并未涉及该案例的肢体模型和躯干模型。

同时，专利代理师还检索到游戏领域有换脸黑科技，其对于头部模型的处理与该案例中关于头部模型的描述类似，但未涉及该案例的躯干模型与肢体模型。此外，专利代理师还检索了捏脸技术，但未涉及该案例的动效信息，也同样未涉及肢体模型和躯干模型。

专利代理师基于以上检索结果，针对该案的核心发明点，按照较为严格的标准完成了技术特征的比对过程，初步认定该发明的新颖性、创造性较高，符合申请条件，在此基础上建议客户尝试申请以及申请类型。

撰写中

（四）投入足够时间

> 增加撰写时间投入，打造行业工匠精神
> 控制人均代理数量，保障服务质量导向

一份高质量的申请文本，其内容一定是需要进行全面布局和考量。这个过程反映了专利代理师对技术方案的全面深度理解、各个法律条款下的授权考量，以及不同国家法律环境下的风险规避等重要工作。

申请文件的每个组成部分，从权利要求保护主题数量和对象的确定，权利要求技术层次的布局，实施例中关于技术内容的实现、工作原理的完整表述，以及技术实施的产品、业务实施内容、应用场景，到不同类型附图等，都需要进行完整的撰写和布局。显而易见，这些都需要专利代理师花费较多的时间思考、反复沟通以及撰写过程中反复斟酌和尝试，最终形成高质量的专利申请文件。

因此，一份高质量的专利申请文件，只有专利代理师花费必要的时间，以工匠精神去打磨，才能够经得住后续各个法律程序考验。高质量的专利申请文件能够在企业专利运营和实施过程中，精准、高质量地体现相关技术的市场价值，为企业带来实实在在的经济成果。

具体到该案例，专利代理师前期在理解技术方案、确定检索式方面花费了较多时间。同时，为了保证申请文本保护的完备性，从技术方案的变型、替换、规避、应用等不同角度，与发明人和知识产权经理进行了多轮三方沟通，以保证后续撰写过程中具备完备的素材。另外，由于该案涉及虚拟现实场景中不同的产品形态（后期用户需求、技术迭代等因素影响），因此专利代理师在专利说明书附图上也花费了较多时间，尽可能做到直观表达该发明的产品形态。

整个过程均以保障专利服务质量为工作导向，进而完成高质量的申请文件的撰写。

（五）撰写足够页数

> 全面撰写实施方式，严谨描述技术细节
> 明确主题清晰表述，展现完整发明构思

针对实施方式的撰写，除了需要满足"公开充分""权利要求得到说明书的支持"等法律条款，还需要让包括法官、审查员在内的公众能够清楚、完整地理解一件发明专利的技术。因此，保护主题的清晰表达、足够的实施例支持申请的发明构思，以及技术细节的严谨描述等，都是完成法律审查要求的基础。

因此，说明书中布局足够数量的实施例是必要的，至少让公众能够更清楚地理解一件发明专利中每个实施例的实现过程和原理。显而易见，高质量的申请文件具有页数较多的特点。

具体到该案例，申请文本中的实施例从技术方案实现步骤、功能原理、业务能力、应用场景、产品形态、技术细节、技术效果和效益等各个角度进行了完整、完备的表述。该案的技术方案主要是构建了全流程、全链路打通的内容制作平台，从而用户只需提供图像或视频，就可以构建用户的数字分身并驱动融合到真实场景中。基于此，专利代理师进一步明确说明书撰写过程中需要突出的各个技术点，包括：实现人脸技术重建、提升几何 Mesh 的精准度、如何实现人体技术重建、提供端到端的驱动和对更多新姿态的编辑渲染，以及在融合的过程中增加碰撞检测等算法来保证融合效果更自然。

进一步地，在该案例说明书的撰写过程中，专利代理师对权利要求书中记载的主要技术术语或上位概括的术语进行详细的概念解释，还对相关技术细节进行了严谨描述，例如，专利代理师对"重建""驱动""融合"所采用的技术原理、细节进行详细的举例说明，并给出了多种实现方案，以确保对技术方案进行全面撰写。此外，专利代理师还在说明书中增加了多种可选、优选实施方式，以展现发明人提供的完整发明构思。

通过以上完整、全面、详细地对该案的整个技术方案进行串写与逻辑梳理，展现了技术方案的连贯性。

（六）合理布局权利要求

> 回归专利制度初衷，有力保护有效维权
> 根据实际技术贡献，划定保护范围界限

为了保证专利申请文件在后续维权时占据优势，权利要求的布局合理非常重要，涉及的方面至少包括：权利要求主题布局的数量、布局的每个主题的保护对象、独立权利要求保护范围是否合理、从属权利要求布局层次是否合理等。总的来说，合理布局权利要求可以保证专利权人维权时的有效性、维权广度，以及是否可以在维权过程中获取较高或合理的经济价值。

专利代理师在布局权利要求的过程中，需要从多种角度进行考量，包括从应用场景、技术实现方式、侵权判定、其他国家/地区（主要涉及欧洲、美国、日本、韩国）的法律适应性等角度，部署多个不同主题的独立权利要求，以对技术方案进行全面有力保护和有效维权。此外，针对从属权利要求的部署，专利代理师还根据实际技术贡献，合理部署上位、中位、下位从属权利要求，以合理划定不同保护范围界限。

针对该案例，专利代理师在布局权利要求的过程中，从发明点、新颖性、创造性等角度，确定了该案例发明所解决的技术问题为"对对象进行模拟的效果差"，达到的技术效果为"提高对对象进行模拟的效果"，采用的核心技术手段为"基于重建生物对象的原始图像生成相对应的生物模型，通过分别驱动该生物模型中多个部位模型执行相匹配的动效信息，进而将驱动后的生物模型融合至虚拟世界的场景素材中"，基于此部署了多个独立权利要求。

首先，专利代理师考虑到该案例的技术侧方案为保护重点，因此，独立权利要求1限定了对象的处理方法的技术侧方案，并将"头部模型"、"躯干模型"和"肢体模型"上位概括为"多个部位模型"，将"人体3D资产"上位为"生物模型"，必要技术特征为"分别驱动所述生物模型中多个部位模型执行与所述部位模型匹配的动效信息"以及"将驱动后的所述生物模型融合至所述虚拟世界的场景素材中，得到目标动像"，以确保独立权利要求1具有较大的保护范围。

其次，由于该案例的生物模型融合至虚拟世界的场景素材所得到的目标动像，可以应用于申请人倾向保护的虚拟现实（VR）或增强现实（AR）领域中，因此，专利代理师从应用场景的角度，布局了独立权利要求11的VR、AR侧方案。

再次，专利代理师还从侵权判断的角度，以显化的技术特征限定了权利要求12的人机交互方案，以方便后续抓侵权。由于该案例的技术实现的执行主体可以是云端、移动终端、服务器、AR或VR设备等，专利代理师还分别部署了独立权利要求13、14的对象的处理系统。

最后，由于处理器也是专利法允许保护的对象，专利代理师还部署了处理器的独立权利要求15，从而实现对权利要求各个保护主题的全链路布局，满足后续PCT申请进入国家阶段的各种可授权的保护主题的需求。

此外，专利代理师从如何将原始图像重建为生物模型、如何驱动生物模型中的部位模型执行匹配的动效信息、如何将驱动后的生物模型融合至虚拟世界的场景素材等侧重点，以及创造性等角度，对从属权利要求进行布局，实现了对该案技术方案的全方位保护。

整个申请文件的权利要求布局如图1所示。

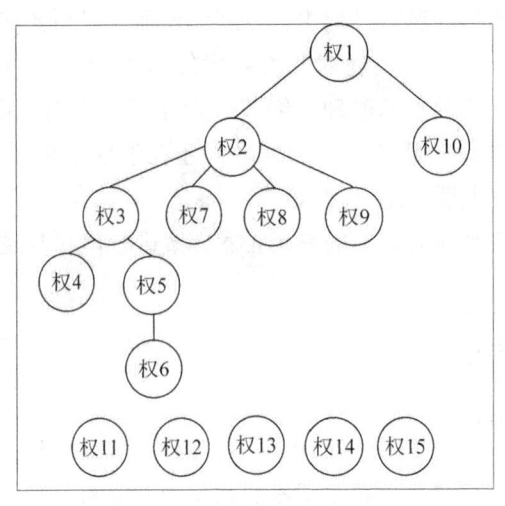

图1 权利要求布局情况

注：图中"权1"代表权利要求1，其余依此类推。

撰写后

（七）完善质检机制

> 严格质量流程管理，机构内部多级质检
> 协同创新主体审稿，及时反馈随时沟通

完善的质检机制是保证专利申请文本质量的重要环节，高质量办案的专利代理机构都具备完善、有效的质检机制，以及质检工具。

针对该案例，在完成初稿撰写后，申请文件需要上传质检系统，进入规定的质检流程，至少需要经过实体问题质检人、形式问题质检人、质检工具的核查，并排查是否满足客户特殊要求，在通过质检流程之后初稿文本才可以发给客户。这其中每个环节的质检内容和标准，核查人都需要按照现有的"质量评价标准清单"来执行。

另外，按照我司质检规则，每一份文本在递交之前，同样需要再次进行"背靠背"的多级质检流程，目标是避免明显的质量问题，例如官方补正等。

同时，质检流程中的核查人也是经过专业培养和筛选后的资深专业专利代理师，以保证质检效果。重要案件由质检专家组中随机抽取的至少两位专家进行"背靠背"审核。

审查中

（八）全面考虑答复方案

> 权衡保护与授权，谨慎制定答复策略
> 避免不必要限缩，实现专利保护目的

专利申请文件都需要经过审查员的审查。专利代理师在答复审查意见的过程中需要关注如下几个重要问题：不能遗漏答复审查提出的不予授权的条款，针对每条审查意见内容进行理性分析，准备证据充足、争辩理由充足的答复文稿，修改文本的范围不能够损害申请人的权益等。同时，谨慎制定合理的答复策略，能够为申请人争取合理、合法的权益，其结果也需要经得住后续程序的考验，例如无效宣告程序，真正实现专利保护的目的。

针对该案的审查意见通知书，专利代理师仔细阅读和分析了审查员的驳回理由和证据，客观评估对比文件的有效性和合理性，在与申请人进行了讨论后，制定答复思路和策略，在递交答复文件之前，与审查员进行了一轮沟通，以便更明确地了解该案的权益范围，以及可以争取的权利范围。

具体到该案例，审查员指出：该案例存在接近的对比文件1（公开号：CN114049468A），其公开了权利要求1的技术方案，权利要求1不具备新颖性。

专利代理师经分析发现，对比文件1公开的技术方案与该案例权利要求1的技术方案有一定相近之处，若直接争辩，则被审查员认可的概率较低。因此，专利代理师尝试其他答复策略。

专利代理师进一步分析，对比文件1公开了技术方案在得到躯干模型后，将服饰纹理渲染至躯干模型，使目标对象配备有服饰的方法，但其并未公开对衣服配置数据进行修改，更未公开将躯干配饰图像和躯干图像相关联，对躯干图像和躯干配饰图像的配饰纹理一起进行重建，也未公开将肢体配饰图像和肢体图像相关联，对肢体图像和肢体配饰图像的配饰纹理一起进行重建的方法或启示性内容。

因此，专利代理师基于上述分析对权利要求1进行修改。修改后的权利要求1与对比文件1完全不同，解决的技术问题和达到的技术效果也不同，且符合申请人实质想保护的技术方案，稳定性较高。

因此，该案例经过国家知识产权局的反复审查确认和验证，最终获得授权。

二、科学定价

> 推动以质量为导向的专利代理定价机制，提升行业层次
> 建立以质量为标准的代理师收入新模式，吸引优质人才

合理的定价是行业健康发展的重要基石之一。通过合理的定价机制，一方面客户可以得到高性价比的专业服务；另一方面专利代理机构可以良性、健康发展，也为行业发展添砖加瓦，例如为行业培养和输送高质量的专业人才。显而易见，要避免恶意的低价竞争，以低价获取案源导致的行业乱象。

公司多年来坚持为高质量客户提供高质量的专业服务，以高质量的专业能力获得客户的认可和信任，进而作为在行业中生存的竞争力。为了达到上述企业目标，一个重要举措即以人为本，吸引并培养优质人才，为优秀的专利代理师提供稳定、公平的收入和工作环境。

总之，健全、公平的以质量为标准的专利代理师收入模式，是专利代理机构长远、健康发展的重要因素。

三、培育高端专利服务

> 开拓国际视野，提前规划海外布局
> 拉通行业链条，打造金牌服务机构

随着国内各个行业的高速发展，尤其高科技企业科技能力的提升、商业版图的扩张，作为为企业产品在市场活动中完成保驾护航的知识产权服务提供商，我们要认识到，专利代理机构需要紧跟客户的发展提供高质量的高端知识产权服务。同时，专利代理机构也应该认识到，高端专利服务是推动行业高质量发展的一个重要动力和抓手，是专利代理机构发展的努力方向之一。

海外布局规划作为高端专利服务的重要组成部分，对外需要提前布局优质的海外服务资源，与海外同行建立紧密的合作关系；对内要培养一批具有海外案件办案能力（包括不同国家知识产权法律法规的学习和办案能力等）的专利代理师。同时，专利代理机构应该具备完善的海外专利服务的

管理模式，这样才具备处理海外知识产权业务的高质量能力。

因此，专利代理机构在具备高质量的基础业务能力的基础上，要积极开展高端专利服务，完成自身全链条知识产权服务能力，打造自己的专业品牌。

四、案件代理心得总结

该案例是具有一定前瞻性，将覆盖到用户生产和工作的方方面面，对推动社会进步有重要意义的专利申请委托。正因如此，专利代理师秉持专业的职业素养，对撰写方式及布局策略进行了详细规划，包括但不限于图像的处理方法的具体撰写、申请时机及布局策略，同时还考虑了后续PCT申请进入国家阶段各种可授权的保护主题等。具体地，从专利申请及授权所需满足的条件出发，针对客户提供的技术方案，为客户提供了技术改进方向，对技术方案进行深度挖掘。同时，从避免被侵权角度考虑，为客户提供了合理、全面的保护范围的专利申请策略。为了能够得到说明书的支持，还建议客户在尽早占领申请日的前提下，利用优先权的12个月的时间补充更充足、更有说服力的实施例以支持相应的保护范围。

该案例最终获得授权，得到申请人认可。能为推动专利代理行业高质量发展尽一份绵薄之力，专利代理师倍感荣幸。

关于发明专利"权限校验方法、权限校验装置、存储介质与电子设备"（专利申请号201911111783.X）的撰写经验分享

北京律智知识产权代理有限公司

案件简介

2023年全国典型发明专利撰写案例获评案件"权限校验方法、权限校验装置、存储介质与电子设备"（专利申请号201911111783.X）主要采用位图记录用户权限信息的技术，解决目前权限信息查找效率低的问题。该案于2019年11月14日申请，经过一次审查意见答复，于2022年8月12日授权公告。

一、以质量为导向开展专利代理工作

撰写前

（一）了解宏观布局

> 对接创新主体需求，规划保驾护航战略
> 以专利运营为目标，助力专利转化运用

该专利的申请人是知名的科技企业，其业务与大数据密不可分。在大数据时代，数据作为一种资源，往往包含隐私、技术或商业机密等重要内容，因此需要对数据访问权限进行管理，以防范数据丢失、泄露、被篡改等风险，保障信息安全。

申请人多年来致力于在大数据与信息安全领域进行研发创新，产生了包括该专利在内的诸多创新成果，并注重以专利等方式对创新成果进行保护。

公司非常了解申请人的业务、产品以及知识产权保护需求，在接受申请人的专利代理委托时即确立了撰写高质量专利文件、切实保护申请人创新成果的服务宗旨。后续工作在此宗旨下开展，致力于为申请人提供优质的专利代理服务。

（二）提炼交底书发明点

> 理清行业技术链条，深入了解技术前沿
> 掌握行业技术语言，与发明人有效沟通

申请人的技术交底书中，指出现有树形权限验证机制效率较低，随着权限数量增多，遍历树以查找权限的时间增加，在树的节点上进行权限验证的时间也增加。据此，申请人提出了基于Bitmap（位图）的权限校验算法，并描述了其实现过程，包括：对所有路径名称切分后根据权重进行编号，存放到Bitmap中；根据路径名称，按照出现次数确定其在Bitmap中的位置；根据Bitmap编码对所

有用户创建 Bitmap 对象并存储；用户访问数据时，基于 Bitmap 进行权限验证。

方案涉及抽象算法，理解难度较大。专利代理师在查询资料和初步理解方案的情况下，与发明人进行沟通，发明人对技术交底书作了进一步解释与完善，如对技术交底书中的数据含义进行了解释，对短路径名称的权重计算方法进行了说明，补充了关于访客的权限管理方案等。专利代理师由此对方案有了较为深入的理解，总结方案的发明点为：为每个用户生成对应的位图，并将位图中的不同位置与不同路径对应，通过位图中的不同位置的权限编码记录用户针对不同路径的权限信息，这样在进行权限验证时，能够根据所要查找的目标路径确定位置编码，并在位图中快速查找到所需的权限编码，以完成权限校验，能够缩短权限查找与校验所需时间，提高效率。

专利代理师通过准确提炼发明点，为后续撰写奠定了良好基础。

（三）检索现有技术

> 强化专利检索意识，提升专利检索能力
> 提高专利申请门槛，严把专利申请源头

专利代理师在理解方案后，检索了相关的现有技术，通过将该方案与现有技术进行对比，对该方案的创造性有了较为准确的认知。其中，方案的主要改进点，即以位图的方式记录权限信息，以位图中不同位置的编码对应路径信息，具备一定的创造性。方案的次要改进点，包括在构建路径与数值序列的对应关系时，将路径拆分为短路径名，将每个短路径名对应为具体的数值，通过统计出现次数、到根路径的距离来计算短路径名的权重，按照权重由高到低排序后分配数值，通过记录递归权限，对子目录的权限信息进行高效管理等，具备相对更高的创造性。

专利代理师由此确信该方案具有较高的技术含量，并判断方案具有可专利性。

撰写中

（四）投入足够时间

> 增加撰写时间投入，打造行业工匠精神
> 控制人均代理数量，保障服务质量导向

以撰写高质量专利为服务宗旨，专利代理师在单个案件上会投入大量的时间进行撰写、修改等工作，精心打磨案件质量。例如，该方案涉及抽象算法，专利代理师在撰写中为准确、清晰表达出发明构思，对相关用语和表述字斟句酌，对于权利要求和实施例的撰写方案反复打磨，整个撰写过程长达数个工作日。

另外，公司一直严格控制专利代理师的人均代理数量，确保专利代理师在每个案件中都能投入足够多的时间，坚持以服务质量为导向，培养专利代理师的行业工匠精神。

（五）撰写足够页数

> 全面撰写实施方式，严谨描述技术细节
> 明确主题清晰表述，展现完整发明构思

技术交底书从算法的角度描述全过程，实际上包括了建立位图和权限验证两个过程。专利代理师认为，权限验证是实际应用中反复执行的过程，而建立位图是前置的一次性配置过程，相比之下，前者更有利于侵权判定，具有更高的保护意义。专利代理师由此确定了核心发明点以及独立权利要求的撰写思路：以"权限校验方法"为核心发明点，描述用户发起数据请求时，通过查询到相应的权限信息，对数据请求进行权限校验的过程，并体现出通过路径对应到位置编码，在位图中按照位置编码查询权限信息，进而撰写了独立权利要求。

专利代理师在从属权利要求中对方案进行多层次、多支线布局，为发明点提供有力支持，同时对创造性贡献相对较高的次要改进点进行重点撰写，使得权利要求书的布局更加立体。

在说明书中，专利代理师以独立权利要求的步骤流程描述权限校验过程，并穿插相关的构建位图、位图映射表、位置编码映射表、数值映射表等的过程，条理清楚、内容全面翔实，对发明涉及的技术方案进行了充分描述，展现了完整的发明构思。专利代理师对权利要求中的上位概念提供多实施例的解释说明，并在技术交底书的基础上，对权利要求的方案进行合理扩展，如扩展了通过建立路径查找树，根据路径在查找树中的各节点编码确定路径对应的位置编码的方案（从属权利要求2—7的平行方案）。

基于发明人在描述算法方案时提供的若干具体实例，专利代理师在撰写中将发明人提供的实例完善后在说明书中进行了充分的描述，辅以大量的图表进行说明，并针对方案的细节内容进行补充，如表5、表6是专利代理师基于技术交底书补充的实例内容。通过具体实例将抽象算法方案落地到一个易于理解的数据访问场景中。此外，算法方案中涉及大量的代码及英文术语，专利代理师在撰写中均采用准确的中文词汇进行描述，并针对技术术语在权利要求或说明书中给出了相应的解释，使得本领域技术人员在阅读该专利时能够较容易地理解方案，提高可读性。

（六）合理布局权利要求

> 回归专利制度初衷，有力保护有效维权
> 根据实际技术贡献，划定保护范围界限

如上所述，专利代理师基于对方案内容的准确深入理解，认识到权限验证是实际应用中反复执行的过程，而建立位图是前置的一次性配置过程，相比之下前者更有利于侵权判定，具有更高的保护意义。专利代理师由此确定以实际应用中执行一次权限校验为脉络撰写独立权利要求，基于对发明点的提炼，在独立权利要求中对方案进行合理上位概括。

专利代理师还在从属权利要求中对方案进行多支线、多层次布局，包括：通过预先建立位置编码映射表的方式实现路径与位置编码的对应（从属权利要求2，中位方案）；将目标路径拆分为短路径名，将短路径名转换为对应的数值，由此将目标路径对应到目标数值序列，进而对应到位置编码（从属权利要求3，下位方案）；按照路径的查询系数排序后确定其数值序列与位置编码的对应关系（从属权利要求4，下位补充方案）；通过预先建立数值映射表的方式实现短路径名与数值的对应（从属权利要求5，中位补充方案）；按照短路径名的出现次数、到根路径的距离计算权重并排序，将序号作为对应数值（从属权利要求6，下位方案）；通过预先建立位图映射表的方式实现用户名与位图的对应（从属权利要求7，中位方案）；查找目标路径结果为空的处理方案（从属权利要求8、9，下位补充方案）；查找目标用户名为空的处理方案（从属权利要求10，下位补充方案）；通过记录递归权限，对子目录的权限信息进行管理的方案（从属权利要求11、12、13，中位和下位补充方案）。由此，专利代理师在撰写的权利要求书中有力地突出了发明点，同时对创造性贡献相对较高的次要改进点进行重点撰写，使得权利要求书的布局更加立体。

同时，专利代理师还撰写了程序装置、存储介质、电子设备的相关权利要求，使得保护主题较为全面。

撰写后

（七）完善质检机制

> 严格质量流程管理，机构内部多级质检
> 协同创新主体审稿，及时反馈随时沟通

公司内部建立有严格的多级审核与质检机制。在该专利申请文件初稿撰写完成后，经过内部审核和讨论，公司决定对权利要求的布局进行适当调整，使得保护层次更加合理，对权利要求与说明书的部分表述进行了优化，以更加准确地表达出算法应用的原理，并通过质检修正了撰写细节问题。

在申请人审核流程中，申请人对专利申请文件初稿基本认可，并非常专业地在若干方面进行了补充与修正，例如指出独立权利要求中应当限定数据请求包括请求类型，将请求类型修正为读、写、执行三种请求以及三种请求的任意组合，针对要解决的技术问题补充了更加详细的描述等。专利代理师据此最终形成专利申请文件定稿，并递交到国家知识产权局。

审查中

（八）全面考虑答复方案

> 权衡保护与授权，谨慎制定答复策略
> 避免不必要限缩，实现专利保护目的

审查员发出第一次审查意见通知书，引用对比文件1（D1，CN101599116A）和对比文件2（D2，CN110399747A），评述权利要求1—10、14—16不具备创造性。其中，认为D2公开了将角色对不同设备的数据访问权限采用比特位图数据结构进行存储，一个设备对应一个比特位存储权限信息，并认为其在D2中的作用与在该申请中相关技术特征所起的作用相同，都是通过位图存储并查找用户所对应的权限。

对此，专利代理师认为：D1仅公开了通过拦截浏览器发起的访问请求，将用户能访问的页面路径信息与本次请求的页面路径匹配，以确定用户所能获得的资源和页面，未公开位图相关内容；虽然D2公开了通过位图来存储用户权限信息，但其位图中关于存储不同设备对应的权限信息的方式与该申请位图中存储不同路径对应的权限信息的方式存在较大差别；D2未公开权限递归管理的内容，由于其中对应权限的设备不存在该申请中路径那样的父子目录关系，故对该申请相关内容不构成技术启示。在综合考虑创造性与保护范围后，专利代理师建议申请人部分采纳审查员的意见，基于说明书将从属权利要求11的方案进行扩展（由"读请求"扩展为"读请求或写请求"）后合并到独立权利要求中，最终获得授权。

二、科学定价

> 推动以质量为导向的专利代理定价机制，提升行业层次
> 建立以质量为标准的代理师收入新模式，吸引优质人才

如前所述，公司在与申请人合作初始，即确立了撰写高质量专利文件、切实保护申请人创新成

果的服务宗旨，全部工作均在此宗旨下开展，致力于为申请人提供优质的代理服务；专利代理师在每个案件中均会投入大量时间进行撰写、修改等工作，精心打磨案件质量；公司一直严控专利代理师人均代理量，保证专利代理师在每个案件中都能投入足够多的时间，以确保专利代理工作的高质量。

公司一直坚持以质量为导向，从不参与低价竞争，为行业良性健康发展、提升行业层次作出了应有的贡献。另外，公司还一直恪守以人才为根本的发展理念，为优秀人才提供有竞争力的薪酬待遇，并在薪酬设计中对服务质量优秀的员工进行奖励，以吸引和留住优质人才。

三、培育高端专利服务

> 开拓国际视野，提前规划海外布局
> 拉通行业链条，打造金牌服务机构

除国内专利申请外，申请人还积极在海外进行知识产权布局，其中在美国、欧洲、日本、韩国、新加坡等国家和地区都进行了专利布局，以为其产品和服务在海外的推广和发展保驾护航。

公司也顺应国内各创新主体在海外进行知识产权布局的需求，发挥自身涉外代理机构的优势，培养出了一大批既精通我国知识产权代理业务，又熟悉海外各主要国家和地区代理实践的复合型涉外知识产权代理人才，每年帮助各创新主体在海外申请大量的专利和商标，并在知识产权维权诉讼中提供协助，为各创新主体在海外的知识产权布局和保护提供了强有力的支持。

四、案件代理心得总结

（一）深入理解技术方案

深入理解技术方案，需要专利代理师查询大量资料，与发明人充分沟通，全面细致思考，把握方案内核。这需要专利代理师突破知识壁垒与舒适圈，不断学习。

（二）权利要求布局全面、合理

专利代理师基于对方案准确和深入的理解，从技术交底书中梳理出建立位图和权限验证两个过程，并基于侵权可诉性等考虑，确定以实际应用中执行一次权限校验为脉络撰写独立权利要求，并在从属权利要求中进行全面布局，有力突出了发明点；同时对创造性贡献相对较高的次要改进点进行重点撰写，使得权利要求布局更加立体。

在实质审查程序中，专利代理师采用了恰当的修改方式，争取较大且合理的保护范围，同时尽快获得授权。

（三）方案描述清楚，公开充分

该专利的方案描述非常清楚，易于理解，满足充分公开的要求。这首先得益于发明人在描述算法时提供了若干实例，专利代理师将其完善后，在说明书中进行了充分描述，辅以大量图表，并针对细节内容进行补充。专利代理师通过具体实例将抽象算法落地到易于理解的数据访问场景中。

专利代理师在权利要求中对方案进行了准确概括，通过多层次布局对主次要改进点均清楚限定。说明书条理清楚、内容翔实，对方案进行了充分描述，对权利要求中上位概念提供多实施例的支持，并合理扩展了实施例。

关于发明专利"一种波长锁定系统"
（专利申请号202210103648.6）的撰写经验分享

北京三聚阳光知识产权代理有限公司

案件简介

2023年全国典型发明专利撰写案例获评案件"一种波长锁定系统"（专利申请号202210103648.6）主要采用在波长锁定系统的光路中设置包括偏振反射区和透射区的选择反射镜的技术，解决目前波长锁定系统无法兼顾输出功率高、输出光束质量好、温漂小且可靠性高的问题。该案于2022年1月28日申请，在申请后未收到审查意见通知书，直接于2022年4月5日授权公告。

一、以质量为导向开展专利代理工作

撰 写 前

（一）了解宏观布局

> 对接创新主体需求，规划保驾护航战略
> 以专利运营为目标，助力专利转化运用

该案的申请人主要从事光电技术和半导体激光领域的研发、生产和销售，其产品线涵盖了光电传感器、激光发生器等多个方面，市场定位是高端光电技术和半导体激光市场。这要求其专利不仅要在技术上领先，还要能满足市场的需求，具有较高的商业价值。专利代理师通过深入研究客户的业务范围、产品线、市场定位以及未来的研发计划，为专利撰写提供有针对性的方向和重点。这种定制化的专利策略，与客户的商业目标和愿景一致，可以帮助客户更好地保护创新成果、拓展市场份额并提升竞争力。

（二）提炼交底书发明点

> 理清行业技术链条，深入了解技术前沿
> 掌握行业技术语言，与发明人有效沟通

在专利申请的前期阶段，专利代理师进行了深入的调研，对半导体激光器领域中波长锁定技术的现状及发展趋势有了全面了解。进一步地，专利代理师通过细致的行业分析，理清了技术链条的细微环节，熟悉并掌握半导体激光器领域的技术细节和专业术语，并对整个行业的技术架构有了清晰的认识。基于这种认识，专利代理师能够判断专利申请的潜力和价值，从而为客户提供专业建议。另外，专利代理师与发明人之间的沟通也是前期工作的重要一环，通过与该案发明人的深入交流，专利代理师更加准确地理解了发明构思，并充分了解了发明人的意图和需求。

通过以上工作，专利代理师准确提炼出交底书的发明点在于波长锁定结构的相关改进。

（三）检索现有技术

> 强化专利检索意识，提升专利检索能力
> 提高专利申请门槛，严把专利申请源头

在提炼出该案发明点基础上，专利代理师依托公司丰富的专利和非专利数据库资源，进行了深入而细致的检索工作。经检索，专利代理师筛选出与该案最接近的一篇现有技术，经过分析和比对，专利代理师发现该案的主要创新点聚焦在系统中选择反射镜的独特设计，特别是其创新的分区设计，即选择反射镜同时包含偏振反射区域与透射区域，以及各个区域的具体设置方式。这些创新点使得其与现有技术的区别度较大，技术创新度高。

撰写中

（四）投入足够时间

> 增加撰写时间投入，打造行业工匠精神
> 控制人均代理数量，保障服务质量导向

高质量的专利撰写需要时间和精力的深度投入。为确保每一件申请都经过仔细研究和精心打磨，公司建立标准化的专利申请流程，简化撰写过程中的烦琐环节，使专利代理师能够将更多的时间和精力专注于撰写工作本身。另外，公司设立相关奖励机制，以鼓励专利代理师提高撰写质量。同时，公司高度重视行业工匠精神的培养，2023年公司邀请了中国科学院半导体研究所多位专家为专利代理师进行了13次半导体技术方面的面授课程培训，大大提升了专利代理师的半导体专业技术能力。公司通过强化培训和指导，帮助专利代理师提升了自身的专业素养。此外，为了保障服务质量，公司严格控制人均代理数量，通过合理分配案件，确保专利代理师有足够的精力处理每件专利申请。这种以质量为导向的工作方式，不仅提升了公司的服务水平，也赢得了客户的信任和口碑。

（五）撰写足够页数

> 全面撰写实施方式，严谨描述技术细节
> 明确主题清晰表述，展现完整发明构思

在撰写说明书时，基于对交底书中技术方案的深入理解，以及与发明人就技术细节的交流和确认，专利代理师将交底材料的内容转化为对整个光束传输原理的全面的文字阐述，通过说明书对产品技术方案、产品工作原理和光束的传输过程进行了准确、完整的描述，详细解读了每个组成部分，包括半导体发光结构、传能光纤、近场成像透镜单元、选择反射镜和外部反馈结构等。专利代理师不仅解释了每个组成部分的基本结构和功能，还明确了各组成部分之间的相互作用和相互影响，从而全面展示整个系统的运作原理，有助于深化阅读者对技术方案的理解。

在说明书的撰写中，专利代理师始终围绕"一种波长锁定系统"这一主题进行描述，同时采用了清晰、简洁的语言进行表述，提升了专利申请的可读性和易理解性。同时，专利代理师对细节的把握非常严谨，例如对于选择反射镜的设计，不仅描述了基本的反射和透射功能，还详细说明了偏振反射区的形状、大小、反射面的特性以及透射区的设置等细节。另外，专利代理师在交底书基础上，对偏振反射区的形状、偏振光类型进行了扩展，对偏振反射区面积、偏振反射膜的反射率、增透膜的设置等方面分别进行了扩展，明确每个区域的特定属性和功能，并着重描述了技术效果，增强了专利申请的技术细节和保护力度。

此外，该案发明人提供的交底材料中给出多个光束传播图，其中截取了整体光路的多个部分分别进行说明，专业性较强，文字内容较少，在理解上存在一定难度。专利代理师与发明人进行深入的交流，就技术细节进行进一步的询问和确认，以确保对发明原理的正确理解。基于对技术方案的深入理解和对发明原理的确认，专利代理师对附图进行了重新绘制，用更为简单明了的方式重新绘制了整个锁定系统以及选择反射镜的结构示意图。所绘制的结构示意图去除了不必要的细节，只保留核心的结构部分，使得整个系统的工作原理一目了然，有助于专利审查员更快地理解发明原理，并且对于未来的专利使用者来说也更具参考价值。

（六）合理布局权利要求

> 回归专利制度初衷，有力保护有效维权
> 根据实际技术贡献，划定保护范围界限

专利代理师在撰写该案的权利要求时，充分考量了该发明的核心技术贡献，并通过精心布局权利要求，确保了保护范围的合理性和梯度性。

专利代理师在撰写独立权利要求时，明确了该发明的创新点在于：在光路中设置选择反射镜，该选择反射镜包括偏振反射区和环绕该偏振反射区的透射区，通过透射区和偏振反射区的透射作用能将大部分的光透过用于输出，偏振反射区仅将少量光束传输至所述外部反馈结构进行波长锁定，并在此基础上划定了合理的保护范围。然后，基于此撰写了完整的独立权利要求，接着对每个技术特征进行了筛选，将对于解决技术问题并非必不可少的技术特征删除，以确保剩余的技术特征均是必要的，保护范围不会因撰写原因被缩小。

在布局从属权利要求时，专利代理师紧密围绕发明点，分层次布局，逐步限缩保护范围，针对偏振反射区的形状、反射率等关键参数进行了详细限定，以进一步提高该发明的创造性贡献。同时，专利代理师还全面考虑了应用场景及实际产品需求，针对传能光纤、近场成像透镜单元和外部反馈结构等组件部署了相应的从属权利要求，以多方位应对可能的侵权场景。

总的来说，该案权利要求布局层次合理，保护范围明确且有层次。专利代理师通过精心撰写和布局权利要求，确保了该发明的核心技术贡献得到全面、有效的保护。

撰写后

（七）完善质检机制

> 严格质量流程管理，机构内部多级质检
> 协同创新主体审稿，及时反馈随时沟通

公司建立了严格的质量管理体系，对案件进行全面的质量监控，定期对专利代理师处理的案件进行递交前和递交后质检。公司通过这种双重的质量保障机制，能够及时发现和纠正任何可能影响案件质量的问题；另外，通过将质量监控的结果以质检报告和质量通报的形式反馈给专利代理师，不仅有助于及时发现和纠正问题，还促使专利代理师在工作中始终保持高度的质量意识进一步确保了案件的质量和规范性。该案的撰写水平是公司对质量严格要求和监控的一个缩影。

(八) 全面考虑答复方案

> 权衡保护与授权，谨慎制定答复策略
> 避免不必要限缩，实现专利保护目的

该案专利代理师于2022年1月14日发出检索报告函，2022年1月21日完成初稿，2022年1月26日提交新申请（在以上过程中，初稿经过与发明人的沟通和确认，知识产权专员审核直接通过，没有经过修改和调整），2022年1月27日收到预审合格通知书，2022年3月9日收到办理登记手续通知书，2022年4月5日获得发明专利证书。该案例的撰写过程高效、规范，为客户显著节省了时间和流程成本。

二、科学定价

> 推动以质量为导向的专利代理定价机制，提升行业层次
> 建立以质量为标准的代理师收入新模式，吸引优质人才

在传统的收入模式下，专利代理师的收入通常与其处理的案件数量成正比，这种"以量取胜"的收入模式会导致专利代理师过于追求数量而忽视质量。公司倡导以质量为核心的专利代理师收入模式，在这种新的收入模式下，专利代理师的收入与其提供的服务质量紧密相关。公司通过定期进行优秀案例评选，及时发现并表彰代理案件质量优秀的专利代理师，并且将专利代理师的质量表现与其绩效考核紧密挂钩。公司通过这种方式，确保每一位专利代理师都能够将质量放在首位，为客户提供更加优质、高效的服务。

三、培育高端专利服务

> 开拓国际视野，提前规划海外布局
> 拉通行业链条，打造金牌服务机构

随着全球化的加速和科技创新的不断发展，越来越多的企业和发明人开始寻求国外专利保护。公司紧跟国外专利申请和保护的最新动态，深入了解不同国家和地区的专利法规和审查标准，掌握国外专利申请的技巧和策略，能够针对客户的商业目标和创新成果，提前规划并设计细致的海外专利布局方案。

虽然目前该案暂未布局海外专利，但公司注重国际化发展，并设有专门的涉外部门，具备进行海外专利布局的能力和资源。一旦客户有需求，公司将迅速启动海外专利布局策略，为客户提供全面的规划和服务，帮助客户在国际市场上充分展示其竞争实力，实现其商业目标和愿景。

四、案件代理心得总结

专利申请文件的撰写质量取决于很多因素，包括专利代理师的专业能力、技术方案的创新性、与发明人沟通的技巧、投入的时间、公司的质量保证制度及培训制度等。在该案中，专利代理师运用自己多年的经验和专业知识，结合客户的实际情况，精准地把握了案件的要点，同时注重与客户的沟通，及时了解他们的需求和反馈，最终快速完成了一份高质量的申请文件撰写。该案中专利代理师展现出的能力，离不开公司对专利代理师持续的培养、培训以及在人员配备方面的精心优化。同时，公司严格的质量管理体系也为专利撰写的规范性和高质量提供了坚实有力的支撑和保障，确保了专利申请的每一步都经过严格的审查和把关，从而保证了专利申请的质量和效率。

关于发明专利"绕障轨迹规划方法、装置、存储介质、控制单元和设备"（专利申请号202011309053.3）的撰写经验分享

张欣欣[*]

案件简介

2023年全国典型发明专利撰写案例获评案件"绕障轨迹规划方法、装置、存储介质、控制单元和设备"（专利申请号202011309053.3）主要采用轨迹规划技术，解决目前作业设备无法兼顾障碍物绕障与作业效率的问题。该案于2020年11月19日申请，未经过审查意见答复，于2022年8月16日授权公告。

一、以质量为导向开展专利代理工作

撰写前

（一）了解宏观布局

> 对接创新主体需求，规划保驾护航战略
> 以专利运营为目标，助力专利转化运用

在2014年中央一号文件《关于全面深化农村改革加快推进农业现代化的若干意见》明确指示"加强农用航空建设"的政策引领下，植保无人机产业步入了快速发展轨道。据央视网报道，2022年全国植保无人机保有量达到16万架，作业面积达14亿亩次。尽管如此，在中国的西南地区，植保无人机的实际应用率仍处于较低水平，这主要是由于当前智能设备的控制技术难以充分适应该地区的复杂地形条件。然而，这种复杂的作业环境同时也意味着巨大的市场潜力，亟待通过技术创新满足提升农业作业效率的需求。

为了切实解决这一问题，并借此契机提高植保无人设备在细分市场的占有率，进一步拓宽市场规模，申请人以专利运营为目标，致力于技术研发与专利布局。具体而言，该案申请文件的撰写不仅要体现技术方案的新颖性和创造性，更需紧密结合实际应用场景，深入理解客户在复杂地形下的技术需求和产品创新布局，从而助力专利技术的有效转化运用，推动植保无人机行业在应对复杂地形挑战时取得突破性进展。

（二）提炼交底书发明点

> 理清行业技术链条，深入了解技术前沿
> 掌握行业技术语言，与发明人有效沟通

---

[*] 所在机构：北京超凡宏宇知识产权代理有限公司。

申请人鉴于植保无人机的实际应用场景，着重于解决工程约束和技术产品化进程中的障碍物规避问题。针对现有技术，一是利用高精度定位设备预先标定并避开障碍物，二是通过机载传感器实时感知并绕过障碍。然而，考虑到特定阶段的植保无人机需沿作业路径作业且保证足够覆盖度的要求，发明人提出了该专利技术方案，强调在特殊作业场景下的应用限制。

技术交底书中明确的两个核心方案是"绕障方案"与"绕行方案"：前者采用耗散函数筛选出适合的绕障轨迹；后者分为中途绕行和末端绕行两个子场景，选择绕行方式依据无人设备在航线中的位置及其与终点的关系，以兼顾作业路径连续性和覆盖率。

综上所述，该案在深入研究无人机技术产品化过程中遇到的实际问题的基础上，紧密结合市场需求与技术可行性，精心设计了涵盖绕障策略与绕行策略在内的技术方案，旨在提供更为实用、高效的植保无人机避障解决方案。专利代理师通过与发明人、专利工程师的有效沟通和合作，系统梳理并细化了上述技术内容。

（三）检索现有技术

> 强化专利检索意识，提升专利检索能力
> 提高专利申请门槛，严把专利申请源头

在强化专利检索意识与提升专利检索能力的战略导向下，专利代理师深谙专利申请前期工作的重要性，通过对发明人提供的技术交底书进行系统梳理与深度挖掘，从航线规划、复杂环境下的智能绕障策略以及耗散函数等关键技术特征出发，精心构建了针对性强、覆盖全面的检索策略和检索式。

实施检索后，专利代理师成功获取了若干关键对比文件，主要的现有技术为对比文件1及对比文件2。其中，对比文件1公开了一种绕障路径的优化与筛选机制，其利用了一种计算函数进行路径的筛选。对比文件2公开了一种无人设备的移动与控制方式。通过严谨的检索与对比分析，专利代理师进一步严格把控专利申请的质量源头，确保每一项提交的专利申请均具备较高的新颖性、创造性和实用性，不仅符合国家不断提高的专利授权门槛要求，也有力推动了我国知识产权质量的整体提升。

撰写中

（四）投入足够时间

> 增加撰写时间投入，打造行业工匠精神
> 控制人均代理数量，保障服务质量导向

专利代理师收到该案委托后，首先对于技术交底书进行了技术方案的梳理，在完成与发明人电话沟通后，经3个工作日完成检索报告的作业，并结合检索结论明确主要发明点与次要发明点。经8个工作日完成初稿撰写，并提交审核老师进行审核。审核老师反馈修改意见后，专利代理师经1个工作日修改，反馈发明人初稿；发明人定稿后，2个工作日内反馈知识产权专员初稿。该案从立案、检索、沟通、撰写发明人初稿至反馈知识产权专员初稿，历时18个工作日。沟通与撰写时间规划较为合理。同时，由于该案涉及客户新产品发布，内部审核的修改以及客户的修改均在1个工作日完成。在保证撰写质量的同时，为客户产品发布的时效性保驾护航。

（五）撰写足够页数

> 全面撰写实施方式，严谨描述技术细节
> 明确主题清晰表述，展现完整发明构思

为了体现发明人对于技术方案创造性的思考、分析过程，说明书首先对发明人的创造性思维过程进行介绍（详见说明书［0079］段至［0088］段记载）。

对于能够执行该案方法流程的硬件设备进行了介绍，以便明确该专利软件流程与实际发布产品的关系（详见说明书［0089］段至［0100］段记载）。

进而，引出附图3，对该案核心的处理流程进行介绍。由于该案涉及具体的应用场景，因此，布局附图4对应用场景以及设计的主要概念［即作业设备200与多个作业航段（例如L0L1、L1L2、L3L4）］进行介绍。

在完成该案核心的处理流程与技术效果推导后，对于核心处理流程中"障碍物"如何识别进行说明。由于该案发明在进行绕障的同时，需要考虑作业效率，因此提出了"作业覆盖度"的概念，以兼顾上述两个维度。为了对该技术概念进行说明，以附图5（见图1）作为示例，进行直观的说明。

在上述示例的基础上，发明人考虑到在实际的应用场景中，障碍物的尺寸往往差异很大。而针对不同尺寸的障碍物对作业航段的选择也千差万别。因此，进一步对"第一待选航段"的选择方式进行介绍（详见说明书［0117］段至［0121］段记载及附图6）。

进一步地，为了对上述示例中如何进行作业航段的离散进行说明，申请文件给出了附图7（见图2）的场景示意图，进行更加直观的展示。

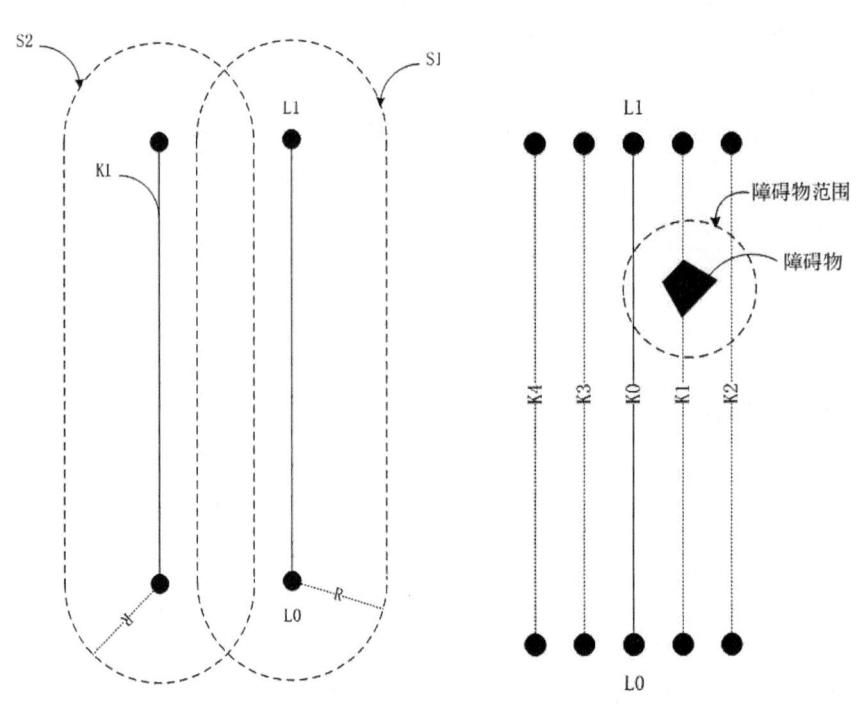

图1　该案专利说明书附图5　　　　图2　该案专利说明书附图7

在附图6的基础上，说明书继续对如何获取"障碍物范围"给出了实现方式（详见说明书［0124］段至［0134］段记载及附图8、附图9）。

进一步地，为了对上述示例中获得的多条"第一待选航段"进行选择，说明书继续布局了选择"第一待选航段"的机制。具体地，附图10给出了作业的主要流程，并且以附图11的场景示意图，对作业设备如何基于位置偏离值来确定合适的航段进行直观说明。

在附图3的基础上，附图12对步骤320进行进一步的说明。其目的在于体现作业设备在作业过程中会重复地确认作业航段上是否存在障碍物以及中途绕障航段的持续规划。相应地，附图13为体现作业设备完成绕障后，如何回归当前作业航段的场景示意图。

最终，由于该案的技术方案在执行过程中需要考虑作业设备位于某一作业航段的中段或末端，因此布局附图14，对于上述两种情况的不同的处理机制进行说明，从而比较完整地对该案流程、与应用场景的关系进行了介绍。

综上所述，该案说明书撰写时既考虑了在各个应用场景中下位技术手段的布局，又通过布置各个示例的场景示意图，对该案中无人设备面临的场景情况、绕障结果进行示例性展示，提高阅读便利性。

（六）合理布局权利要求

> 回归专利制度初衷，有力保护有效维权
> 根据实际技术贡献，划定保护范围界限

1. 权利要求保护主题的布局

由于客户的产品涉及无人机、无人车等多条产品线，考虑到主控单元可以作为独立模块在不同产品上拆卸、组装，因此，在原有传统的方法、装置、电子设备以及存储介质的基础上，单独增加了保护主题"作业设备控制单元"，以便与客户的产品形态进行对应。

2. 独立权利要求1的撰写角度

为了贴合前述的技术问题与权利要求的布局思路，独立权利要求1的描述应同时体现"中途绕行"与"保证成功绕障的同时提高作业的覆盖度"。因此，通过限定条件——末端距离大于预设阈值，以及"末端距离"的定义，来体现"中途绕行"这一场景。同时，通过引入"第一待选航段的作业覆盖度"概念，将绕障路径的选择与作业的覆盖度关联起来，以实现前文定义的技术效果。

3. 从属权利要求的布局思路

从属权利要求分别对核心方案中涉及的技术特征的下位方案、该案产品涉及的应用场景进行针对性布局。具体地，从属权利要求2用于对如何获得"多条第一待选航段"进行下位布局，从属权利要求3用于对如何获得"障碍物范围"进行下位布局，从属权利要求4用于对如何获得"第一待选航段的作业覆盖度"进行下位布局，从属权利要求5用于对如何获得"作业设备的中途绕障轨迹"进行下位布局，从属权利要求6用于对"作业设备位于当前作业航段的末端"这一应用场景对应的处理流程进行补充限定。

综上所述，该案在检索与撰写阶段，基于检索结果、交底书中的技术方案进行充分分析，明确交底书中最能够体现技术效果的技术方案，同时在权利要求表述中将独立权利要求的技术方案与植保无人设备的使用场景进行有机结合，最终获得了较为合理的保护范围。

撰写后

（七）完善质检机制

> 严格质量流程管理，机构内部多级质检
> 协同创新主体审稿，及时反馈随时沟通

该案在完成发明人初稿撰写后，提交给部门审核老师进行发明人初稿返稿前的审核，审核重点在于：①是否基于客户质量标准进行检索；②检索结论是否与当前申请撰写逻辑匹配；③权利要求布局是否合理;④说明书布局是否充分;⑤返稿文本中是否包含能够辅助发明人进行高效审核的提示信息。

该案在完成知识产权专员初稿后,提交给部门审核老师进行知识产权专员初稿返稿前的审核,审核重点在于:①是否基于发明人修改意见进行了全文修改;②返稿文本中是否包含能够辅助知识产权专员进行高效审核的提示信息。

该案在递交转档前,由专利代理师将待递交版本提交形式审查工具审核,并经内部非正常排查系统排查。

审查中

(八) 全面考虑答复方案

> 权衡保护与授权,谨慎制定答复策略
> 避免不必要限缩,实现专利保护目的

由于该案客户的技术方案,通常与设备的具体应用场景具有较强的结合关系,例如该案的绕障轨迹与植保作业任务在技术效果的推导上有直接关联,因此,专利代理师在前期检索过程中,结合对比文件,对该案的发明点与技术效果进行梳理时明确如下撰写原则:技术方案各个保护范围的描述应与应用场景进行关联,使得申请文本的保护范围合理,且与客户产品的实际使用场景更加贴合,从而为审查答复构建有层次的答复空间。

进而,在具体撰写过程中,专利代理师结合上述原则与发明人、知识产权专员针对主要发明点、次要发明点进行了充分沟通。申请文件不仅明确了权利要求的保护范围,同时也对说明书中涉及产品不同使用场景下的技术涉及细节,结合具体的文本示例与附图进行了充分说明。

该案申请初稿撰写后,基于发明人、知识产权专员的审核反馈,进一步明确了较为合理的权利要求保护范围。因此,该案申请在递交后,实质审查中未对权利要求的保护范围进行限缩修改。因此,授权版本的权利要求范围较为合理,与客户产品的实际产品的处理流程、应用场景结合较为紧密。通过充分沟通与高质量的撰写,该案的保护范围在保护与授权之间达到较好的平衡。

二、科学定价

> 推动以质量为导向的专利代理定价机制,提升行业层次
> 建立以质量为标准的代理师收入新模式,吸引优质人才

对于该案客户,结合客户所处领域、知识产权的整体交付需求与目标,确定该客户的新申请案件匹配我司高质量案件交付方案。因此,基于我司高质量案件交付方案,首先搭建领域匹配的专利代理师团队;进而通过交付前期的沟通,确认交付质量标准与专利代理师撰写指引,最终将涵盖交付专利代理师团队、作业标准的项目方案作为以质量为导向的定价基准。

针对高质量案件交付团队设置准入机制:
(1) 专利代理师在相关领域客户获得一定等级或得到正面反馈,由项目负责人选拔推荐。
(2) 每半年进行一次人员准入评定。

针对高质量案件交付团队设置退出机制:
(1) 基于客户有效投诉、员工自愿可退出项目团队。
(2) 专利代理师在一个自然年内,交付案件量低于团队基本要求,原则上退出项目团队。

针对高质量案件交付团队的奖金激励规则:
(1) 季度返稿数量超过目标量,专利代理师可参与奖金激励。
(2) 当季度内各月返稿高质量案件超过目标量,当月可获得奖金激励。

（3）年度案件盘点，基于专利代理师的交付数量与特殊贡献给予项目奖金。

进而，基于专利代理师的准入、退出机制，高价值专利撰写的奖励机制，构成以质量为标准的专利代理师收入新模式。

三、培育高端专利服务

> 开拓国际视野，提前规划海外布局
> 拉通行业链条，打造金牌服务机构

在构建全球视野，积极筹备海外专利战略部署的过程中，我们致力于打造一家具备国际竞争力的金牌服务机构。搭建专业服务团队时，与客户紧密合作，明晰竞争对手态势及产品在全球市场的战略布局信息，以此为基础，对检索报告提出精细化、量化的维度标准和关键词选取要求，旨在确保在专利案件的早期检索阶段，能够全面、精准地将技术方案涉及的技术演进路径、产品特征以及潜在经营风险等关键要素及时传达给发明人和知识产权管理团队。

通过深化市场理解与精准检索分析，我们在帮助进行专利案件布局时，不仅严把撰写质量关，更进一步拉通行业链条，结合高屋建瓴的技术发展趋势、产品规划蓝图及企业运营风险评估等多维度考量，为每一个专利案件提供前瞻性的海外布局策略建议。这一系列工作不仅有助于提升专利价值，更能有效助力企业在国际化进程中抢占先机，稳健拓展海外市场。

四、案件代理心得总结

好的专利源于创新且结合市场需求。申请人凭借深厚的研发实力和无人机领域的经验，创造出独特且具有前瞻性的解决方案，形成了具备高度专利性的发明点。在撰写专利时，充分的检索与沟通至关重要，需获取研发、法务的专业意见，确保权利要求布局合理并结合产品实际应用。撰写时应兼顾技术、专利与市场视角，使专利充分地反映产品的创新优势与应用场景。

未来，我们将不断提升专业服务能力，为客户提供更高质量的知识产权服务，并充分发挥在知识产权服务领域的优势，为推动知识产权高质量发展贡献力量。

关于发明专利"参考信号传输方法及设备"
（专利申请号201810893426.2）的撰写经验分享

北京同立钧成知识产权代理有限公司

案件简介

2023年全国典型发明专利撰写案例获评案件"参考信号传输方法及设备"（专利申请号201810893426.2）主要采用映射规则来指示可用SRS频域资源与原SRS频域资源的对应关系，根据该对应关系来确定可用SRS频域资源上传输的SRS，解决目前网络设备无法准确获知终端设备的上行信道质量的问题。该案于2018年8月7日申请，经过一次审查意见答复，于2022年4月22日授权公告。

一、以质量为导向开展专利代理工作

撰写前

（一）了解宏观布局

> 对接创新主体需求，规划保驾护航战略
> 以专利运营为目标，助力专利转化运用

了解该案涉及的技术所对应的产业链，从而确定所涉及的技术位于产业链中的哪个环节，确定该案所对应的保护主体、保护主体所在产业链的上下游。

了解该案是否存在海外布局需求，从而适应海外布局的目标国家的审查标准，在申请文件中进行全面撰写布局。了解申请人对于与该案相关联的技术的专利申请情况及保护侧重点。

了解该案是否存在相对应的标准提案，以及申请人的无效、诉讼等纠纷业务的相关情况，以进一步结合申请人的需求、标准一致性、易于侵权取证的角度进行撰写方向预判。

结合该案，首先确定该案所在领域为通信技术领域，涉及通信领域中的对参考信号进行传输的环节，保护主题包括终端设备（例如手机、电脑等）、终端设备中的处理芯片、网络设备（基站等）、网络设备中的处理芯片等。

确定了该案后续可能的海外其他国家的布局需求，因此，在申请文件的布局和撰写方式上匹配了多个国家的审查标准。另外，该案涉及通信标准提案，因此，专利代理师在撰写申请文件时，结合后续标准的可能走向以及对标案件的撰写需求，对申请文件进行了全面扩展，尽可能使用与标准相匹配的表述方式，并在提案日之前递交该案。

（二）提炼交底书发明点

> 理清行业技术链条，深入了解技术前沿
> 掌握行业技术语言，与发明人有效沟通

仔细阅读技术材料，并基于技术材料进行自主学习（例如网上查阅资料、阅读相关专利等），以进行充分的基础知识储备，确保最大限度地理解技术材料，掌握撰写必备的行业术语及准确的技术表达。例如，针对该案，充分查阅、收集信息，了解探测参考信号的背景相关知识、现有技术中传输探测参考信号的详细过程以及产生技术问题的详细推导过程；充分理解该案中探测参考信号的传输过程以及该在传输过程中的资源分配相关内容。

基于对技术材料的深入理解，对方案进行梳理，以明确应用场景（终端设备向网络设备传输探测参考信号的场景）、保护主题（终端设备、终端设备中的芯片、网络设备、网络设备中的芯片）、现有技术及技术问题（现有的探测参考信号的传输方法导致网络设备无法准确获知终端设备的上行信道质量）、技术构思（采用映射规则来指示可用 SRS 频域资源与原 SRS 频域资源的对应关系，根据该对应关系来确定可用 SRS 频域资源上传输的 SRS）、技术方案、需与发明人重点沟通的问题等；基于上述梳理，确定沟通提纲，其中，沟通提纲中包括上述梳理得到的内容。

依据沟通提纲与发明人进行技术沟通。在与发明人进行沟通的过程中，把握整体沟通方向，合理地引导发明人回答技术困惑。

（三）检索现有技术

> 强化专利检索意识，提升专利检索能力
> 提高专利申请门槛，严把专利申请源头

在撰写申请文件前进行充分的检索，以避免申请文件的新颖性、创造性受到对比文件的明显影响，进而有效提高专利授权率。

在检索时，先分析技术方案，确定基本检索要素；再确定每个基本要素的基本关键词和分类号；接着对基本关键词进行扩展，得到丰富关键词；最后基于各检索要素以及丰富关键词构建检索式进行检索。

基于检索结果，对该案的技术方案进行充分的挖掘和扩展。

结合该案，可以确定基本检索要素为：通信技术领域 + 关键发明点（采用映射规则来指示可用 SRS 频域资源与原 SRS 频域资源的对应关系，根据该对应关系来确定可用 SRS 频域资源上传输的 SRS），并基于检索要素可以确定基本关键词包括通信、参考信号、映射、资源、信道质量等，确定分类号包括 H04W、H04L 5/00、H04L 1/00 等，对上述关键词进行扩展，例如，确定出各关键词对应的英文描述、英文缩写、近义词等，得到更为丰富的关键词，基于更丰富的关键词构建检索式进行检索。

（四）投入足够时间

> 增加撰写时间投入，打造行业工匠精神
> 控制人均代理数量，保障服务质量导向

专利代理师需要充足的时间阅读及理解技术材料，与技术人员进行技术方面的沟通，并且与专利负责人进行专利方面的沟通，进行现有技术检索，基于检索结果确定权利要求的保护范围、从属权利要求的布局、说明书的撰写以及申请文件调优。

基于该案的技术难度、撰写要求以及与申请人的配合方式，专利代理师在作业之前进行了合理的作业时间规划，包括：2 天左右的时间充分理解技术材料，形成一份完善的沟通提纲，并完成基于沟通提纲与发明人的技术沟通；0.5—1 天的时间进行现有技术检索，并基于检索结果对该方案进行深入挖掘扩展；1—2 天的时间撰写权利要求，并与申请人针对权利要求进行讨论；在权利要求确定之后，再使用 2 天左右的时间撰写说明书，以形成完整的申请文件，针对该申请文件，与申请人进行至少 2 次往复修改及沟通，得到最终的申请文件。

（五）撰写足够页数

> 全面撰写实施方式，严谨描述技术细节
> 明确主题清晰表述，展现完整发明构思

在申请文件的具体实施方式部分，首先介绍该案发明可适用的通信系统，并结合说明书附图 1 介绍该案可适用的网络架构。为了便于更好地理解该案的方案，结合说明书附图 2 和附图 3，对该案发明相关的技术要点以及技术问题的产生过程进行了详细说明，并在此基础上引出了该案的技术构思。

结合说明书附图 4，介绍独立权利要求对应的实施例，其中，为了便于理解，独立权利要求对应实施例从单侧执行主体的交互角度撰写，即独立权利要求实施例对应独立权利要求 1 和独立权利要求 8。独立权利要求实施例包括以下部分：与独立权利要求对应的技术方案，以及该技术方案中各个特征的详细充分的解释说明和独立权利要求对应实施例能带来的技术效果。

整体方案中的第一指示信息、第二指示信息为较为重要的特征。作为标准必要专利，专利代理师在说明书中对该第一指示信息的传输方式、第一指示信息的实现形式进行了多种举例说明，以应对后续通信标准的制定和演进过程。

该案的重点在于映射规则，从属权利要求也针对映射规则进行了较多的说明。该案涉及多种映射规则，为了便于理解该多种映射规则，该案在通过文字说明的基础上，结合说明书附图 6—附图 18 生动形象地对不同的映射规则进行了详细说明，进一步通过附图展示了增益性的内容，便于读者理解该案发明。

此外，针对其他技术点，在实施例中也采用了全面撰写实施方式，例如"资源单元""资源索引的起点""相同频域位置"等，都给出了各种可能的实现方式，以为后续修改权利要求、标准对应性解读等做好充足的准备。

在上述任意一个实施例中，针对权利要求中上位的技术特征，均给出至少 2 种实施方式，以使权利要求可以得到说明书的支持；对不同的特征之间解耦合处理；针对实施例中的任意一种实现方式，若该实现方式具有有益效果，则在实施例中描述相应的有益效果。专利代理师通过上述撰写方式，为后续应对通信标准、应对新颖性和创造性审查而修改申请文件，预留了足够的空间。

在说明书附图中，针对网络架构、独立权利要求、从属权利要求，分别给出了详细的附图。附图能够直观地反映技术领域、技术构思、网络架构、重点方案等，且能够表达比实施例文字记载更多的增益信息，为技术理解、审查过程、侵权取证过程提供更有力的支撑。

（六）合理布局权利要求

> 回归专利制度初衷，有力保护有效维权
> 根据实际技术贡献，划定保护范围界限

关于权利要求布局，需要基于审查阶段、无效宣告阶段以及侵权诉讼阶段对于权利要求的要求，合理地进行权利要求布局。其中，在审查阶段，要求可以逐步限缩权利要求的保护范围以及可以灵活修改权利要求。在无效宣告阶段，要求可以逐步限缩权利要求的保护范围，可以灵活修改权利要求以及保证方案的稳定性。在侵权诉讼阶段，要求可以全面覆盖多种形态、多种可能性的侵权产品。基于上述要求，权利要求架构的布局可以包括如下几部分。

关于主题：基于产业链分布原则、单侧撰写原则以及全面覆盖原则，布局保护主题。例如，该案从终端设备侧和网络设备侧分别部署方法权利要求、装置权利要求，以及计算机可读存储介质权利要求。

关于独立权利要求：基于技术构思撰写独立权利要求，保护范围合理且尽可能权利范围最大化，以确保侵权诉讼阶段独立权利要求可以覆盖侵权产品。并且，基于该案后续对标的需求，在语言描述上，尽可能贴近标准用语，用静态限定的方式描述了标准最终所呈现的内容，尽可能少写通信标准中不可能出现的动作（例如设备的内部实现动作等，这些内容在说明书中进行详细说明）。

关于从属权利要求：一是要求从属权利要求有层次、有中间层，在审查阶段和无效宣告阶段，可以逐步的缩小权利要求的保护范围以及对权利要求进行灵活的修改。例如，权利要求2为权利要求3和权利要求4的中间层，通过权利要求2—权利要求6，有层次地下位第一指示信息和映射规则。二是要求从属权利要求有细化、落地的方案，这样可以确保专利的稳定性良好。例如，通过权利要求5—权利要求6，给出细化的第一指示信息。三是要求从属权利要求的语言与通信标准匹配，进一步采用静态限定的方式，将第一指示信息、第二指示信息以及映射规则呈现出来，这与通信标准最终所呈现的内容形式是一致的。

撰写后

(七) 完善质检机制

> 严格质量流程管理，机构内部多级质检
> 协同创新主体审稿，及时反馈随时沟通

按照申请人的要求，按期完成专利申请文件初稿撰写。在专利代理师撰写完成初稿之后，由资深专利代理师进行严格的质量审核，例如，从技术角度进行审核、从专利角度进行审核。在收到申请人反馈的稿件之后，积极与申请人沟通，进行申请文件的修改。其中，资深专利代理师具有案件领域多年从业经验，且有通信标准案件的无效/诉讼作业经验，对后续实质审查、无效及侵权诉讼过程中可能遇到的形式缺陷，新颖性、创造性如何体现等具有充分的预判。

审查中

(八) 全面考虑答复方案

> 权衡保护与授权，谨慎制定答复策略
> 避免不必要限缩，实现专利保护目的

全面梳理审查意见指出的问题，确定该案存在创造性以及多项权利要求引用多项权利要求的问题。

针对审查意见中引入的对比文件，核对对比文件公开日，以判断审查员引入的对比文件是否合理。例如，该案的审查意见中给出的对比文件用于评价部分权利要求的创造性，因此，需要核对对比文件的公开日是否在该案的申请日之前。

针对创造性问题，对申请文件和对比文件进行通读，以全面理解申请文件和对比文件所要保护的技术方案，并明确权利要求1相对于对比文件的创造性较低，且权利要求2相对于对比文件具备一定的创造性，根据当前标准的情况以及技术人员确认权利要求2的保护范围合理，将权利要求2

合并至权利要求1,以克服权利要求1不具备创造性的问题。

二、科学定价

> 推动以质量为导向的专利代理定价机制,提升行业层次
> 建立以质量为标准的代理师收入新模式,吸引优质人才

提高专利质量,使申请人的利益得到有效保护,提高申请人的整体竞争力,以促进合理的代理定价,进而提升专利代理行业的层次。在合理代理定价的基础上,可以有效地提升专利代理师的整体收入,进而吸引更多的优质人才加入专利代理行业中,具体包括以下两个方面。

专利代理定价考虑因素:技术难度、交底素材成熟度、申请主体技术人员配合度、知识产权管理成熟度、申请主体对申请文件质量需求等。根据上述因素客观确定申请文件的交付时间及匹配的专利代理师,从而进行以质量为导向的科学定价。

专利代理师收入新模式:根据专利代理师从业年限、从业领域下的年代理数量、能够代理的技术难度及服务创新主体的质量,进行分层收入管理、专利代理师人才培养以及级别晋升管理。

三、培育高端专利服务

> 开拓国际视野,提前规划海外布局
> 拉通行业链条,打造金牌服务机构

为了向申请人提供更好的专利服务,在专利申请的各个环节,为申请人提供全球化的专利部署策略,以便申请人能够更加灵活地运用其专利技术。在专利服务过程中,全面了解待保护内容对应的上下游技术、整体行业状况以及专利现状,以为申请人打造坚实的专利壁垒,具体包括以下两个方面。

关于国际视野:全面了解海外布局需求及目标国家,撰写前进行布局预判,了解目标国家审查标准,在申请文件中对权利要求、说明书全面布局;答复审查意见过程中关注海外同族专利的审查进度及审查过程中的答复策略;善于利用优先权、分案等程序为申请主体提供更多策略选择及修改机会。

关于行业链条:充分了解产业生态,明确申请内容在产业链中的环节以及上下游生态,在申请文件中进行兼容性、全面性布局,以对各种可能存在的侵权行为形成全方位保护。

四、案件代理心得总结

为了保证良好的专利质量,需要完善以下各个环节。

撰写前环节:需要了解宏观布局(产业链、海外布局需求、该案相关的专利申请情况、标准/提案情况);具备良好的学习能力以及总结沟通能力,以确保与发明人进行有效的技术沟通;具备良好的检索能力、挖掘能力,并基于检索结论对该案进行充分的挖掘扩展。

撰写环节:预留充足的时间进行案件撰写,基于对通信标准的撰写需求和标准制定过程的深入理解,对权利要求进行合理布局、合理表达;结合权利要求中的静态限定,在实施例中对具体的内部实现过程进行完整清晰的表述,并给出各种可能的技术方案,以应对标准的制定和演进。

维护阶段:在申请文件递交之后,严格进行各类时限监控,并在不同的时间节点向申请人进行相应提示和建议(例如主动修改、分案、进入国家阶段等)。

关于发明专利"动态随机存储器刷新电路和刷新方法、工作量证明芯片"(专利申请号202111645658.4)的撰写经验分享

栗若木*

案件简介

2023年全国典型发明专利撰写案例获评案件"动态随机存储器刷新电路和刷新方法、工作量证明芯片"(专利申请号202111645658.4)主要采用每个周期记录DRAM中被访问过的行,每个周期根据记录刷新未被访问过的行这一技术,解决目前DRAM刷新耗时多而导致芯片效率降低的问题。该案于2021年12月30日申请,经过一次审查意见答复,于2022年9月13日授权公告。

一、以质量为导向开展专利代理工作

撰写前

(一)了解宏观布局

> 对接创新主体需求,规划保驾护航战略
> 以专利运营为目标,助力专利转化运用

专利代理师通过与申请人充分沟通、仔细阅读技术交底文件和查看背景资料得知,该申请技术方案针对的主要应用场景和未来的主要产品形式为工作量证明芯片,并了解到工作量证明芯片是一种在区块链和加密货币领域中广泛使用的芯片,其中包含DRAM和计算单元,计算单元在计算中需要访问DRAM,而DRAM刷新期间计算单元无法进行访问,因此DRAM刷新所花费的时间将直接影响计算单元的计算效率。该申请通过改进DRAM的刷新方式来减少DRAM刷新所花费的时间,进而提高计算单元的计算效率,提升工作量证明芯片性能。基于上述认知,专利代理师从该申请运用到实际生产时的情形和产品链的角度考虑,确定该申请将在保护DRAM刷新的基础上,对工作量证明芯片也加以保护。

(二)提炼交底书发明点

> 理清行业技术链条,深入了解技术前沿
> 掌握行业技术语言,与发明人有效沟通

专利代理师梳理交底书并确定该申请的核心改进点为"每个周期记录DRAM中被访问过的行,每个周期根据记录刷新未被访问过的行"。考虑到该改进点有被质疑成"容易想到"的风险,专利

---

* 所在机构:北京安信方达知识产权代理有限公司。

代理师通过与发明人沟通，从技术构思和硬件改进细节两个方面入手，进行了深入的挖掘。通过挖掘，专利代理师了解到该申请的技术方案是在对高访问频率且随机性强的 DRAM 访问场景（如工作量证明芯片）进行了大量研究和分析的基础上提出的，是一种突破传统思维的实现方案，且为了减少成本和元器件面积以更好地应用于芯片，在硬件上也存在特定改进。另外，专利代理师还在沟通中和发明人确认了交底书中各技术特征在技术方案中所起的作用，更加明确了不同技术特征各自和解决的技术问题之间的关系，为撰写打下了坚实的基础。

（三）检索现有技术

> 强化专利检索意识，提升专利检索能力
> 提高专利申请门槛，严把专利申请源头

专利代理师在撰写前对相应技术作了充分检索。通过检索发现，现有技术中 DRAM 刷新的改进技术方案主要集中在"对 DRAM 中所有行分批次进行刷新"和"分别监视对于 DRAM 中行的访问，有访问时阻断刷新信号生成"这两种设计构思。而该申请的技术方案针对高访问频率且随机性强的 DRAM 访问场景的特点，进行了特定的突破传统思维的设计，以增加硬件与时间开销来进行记录、判断的微小代价，换取了上述场景下 DRAM 刷新时间大幅度降低、芯片性能显著提高的巨大收益。相对于现有技术，该申请具有新颖性和一定的创造性。

撰 写 中

（四）投入足够时间

> 增加撰写时间投入，打造行业工匠精神
> 控制人均代理数量，保障服务质量导向

专利代理师在前期对技术方案进行了充分挖掘和理解的基础上开始进行撰写，在撰写中投入了足够的时间，除了对交底书中不够清楚的内容进行了仔细的整理和完善，还基于和发明人沟通的内容补充了更为具体的实现细节。为了确保技术方案的描述清晰无歧义，专利代理师在申请文件的遣词造句上用心斟酌、反复打磨，并增加具体示例和数据来帮助理解。此外，专利代理师还对技术方案核心改进点与解决的技术问题/达到的技术效果之间的因果逻辑进行了详细阐述，针对其他优化方案也逐一进行了效果分析。

（五）撰写足够页数

> 全面撰写实施方式，严谨描述技术细节
> 明确主题清晰表述，展现完整发明构思

专利代理师在说明书中首先详细介绍了 DRAM 刷新的原理，并分析现有 DRAM 刷新方案的弊端。对于作为主要应用场景和保护主题之一的工作量芯片，将该芯片中和 DRAM 相关的部件与该芯片的特点也体现在申请文件中，从而明确了该申请的设计初衷。

在对技术方案的描述部分，专利代理师首先描述了对应于独立权利要求的、能体现出该申请核心改进点的技术方案；接下来采用不同的示例性实施例逐层次地展开该申请的各种实现细节，并给出各从属权利要求对应的实施例。在逐层次描述的过程中，专利代理师除了给出交底中的最优实施方式，还根据和发明人的沟通补充了基于同一技术构思的、可以解决技术问题/达到技术效果的其他次优实施方式以及可能的变型方案，以更好地支持权利要求。为了能更好地从整体层面理解该申请的方案，专利代理师在逐层次描述方案之后，还给出了两个包含完整实现细节的示例，分别从硬件结构和处理过程的角度对技术方案进行了全局的呈现。

为了使将来答复审查意见时对于创造性的陈述可以有据可循，专利代理师在申请文件中不仅介绍了该申请方案相对于现有技术所解决的技术问题/所具有的技术效果，还根据挖掘的内容分析了为何针对特定应用场景，该申请能采用突破传统思维的构思来达到意想不到的效果。为了加深审查员对该申请构思的理解，专利代理师分别基于该技术方案应用在工作量证明芯片中时的情形，以及上述两个示例，以具体数据的形式对技术效果进行了论证。另外，专利代理师对于各优化方案的效果也都在相应实施例后分别进行了分析，以体现出从属权利要求中附加技术特征的价值。

（六）合理布局权利要求

> 回归专利制度初衷，有力保护有效维权
> 根据实际技术贡献，划定保护范围界限

专利代理师根据该申请的核心改进点和该申请所对应的实际产品，确定了DRAM刷新电路、刷新方法和工作量证明芯片三个保护主题。一方面，专利代理师考虑到DRAM刷新电路为该申请的核心和基础，工作量证明芯片是包含DRAM刷新电路的产品形态，工作量证明芯片的权利要求需要以DRAM刷新电路的权利要求作为基础；另一方面，专利代理师还考虑到该申请的部分创造性体现在硬件的改进上，而方法主题无法限定出这部分改进。综合上述两方面的考虑，专利代理师选用DRAM刷新电路作为第一套权利要求的主题。

为了能充分保护该申请的技术构思，专利代理师基于该申请解决的技术问题"降低DRAM刷新所耗费的时间"和相对于现有技术实际作出贡献的改进点"通过记录本周期访问过的行，刷新本周期未访问的行"，选取解决技术问题不可或缺的技术特征，进行合理上位概括后形成DRAM刷新电路的独立权利要求。

专利代理师根据该申请方案中各特征和技术效果之间的因果逻辑关系，选取有一定创造性价值的优化方案作为从属权利要求的附加技术特征；根据附加技术特征之间的依赖关系，采用并列式结构和链式结构结合的方式布局DRAM刷新电路的从属权利要求；对于过于具体的优化方案，专利代理师在独立权利要求和该具体优化方案（例如权利要求5）之间增设提炼出中间层次（例如权利要求4），从而形成不同层次、不同侧重点和不同保护范围的各从属权利要求。

基于DRAM刷新电路的权利要求，专利代理师相应撰写了工作量证明芯片和DRAM刷新方法的权项。

撰写后

（七）完善质检机制

> 严格质量流程管理，机构内部多级质检
> 协同创新主体审稿，及时反馈随时沟通

完成撰写后，专利代理师首先进行了自检，并采用相关软件对说明书和权利要求中的形式错误进行筛查，然后交由质检部门进行相应层级的质检，根据质检的结果对申请文件进行相应的修改和完善。专利代理师将内部质检合格后的撰写稿发给申请人审核，并根据申请人的返稿和建议进行相应修改；对于申请人返稿中不符合《专利法》规定的修改（比如权利要求中增加"可以""等"），专利代理师与申请人进行沟通，向其说明无法这样修改的原因并取得了申请人的认可，最后在获得申请人确认定稿后向国家知识产权局递交专利申请文件。

审查中

（八）全面考虑答复方案

> 权衡保护与授权，谨慎制定答复策略
> 避免不必要限缩，实现专利保护目的

在收到审查意见时，专利代理师对于审查意见及其提供的对比文件进行了仔细的研读和理解。对于审查意见中列为最接近的现有技术的对比文件1（JPH0757460A），专利代理师研读后发现其技术构思和该申请存在实质差异。对比文件1的技术构思是对于每一行默认要进行刷新并定时产生刷新信号，如果监测到待刷新行被访问，则打断刷新信号的生成。为了进一步体现出该申请的"记录"与对比文件1的"监测"的区别，并体现出该申请是集中刷新方案（对于DRAM中的多行并行进行判断和刷新），而对比文件1是分散的刷新方案（对于每行单独生成刷新信号并判断），专利代理师在答复中选择将权利要求4中的"分组"及其相关特征加入权利要求1，并适应性修改了方法主题的独立权利要求，以期在尽可能保护申请人权益的同时明确体现出和现有技术的差异。

在意见陈述中，专利代理师分析了修改后的权利要求1相较于对比文件1的区别技术特征，以及基于该区别技术特征该申请权利要求1实际解决的技术问题，最后论述了现有技术中并不存在使用该区别技术特征以解决上述技术问题的启示，最终为该申请争取到了授权。

二、科学定价

> 推动以质量为导向的专利代理定价机制，提升行业层次
> 建立以质量为标准的代理师收入新模式，吸引优质人才

该案采取了以质量为导向的专利代理定价机制。申请人通过考核我们的审查通过率、授权率、有效性等指标与我们签订了相应的代理费用标准，以此来衡量和评估该专利的服务质量，以确保该专利具有真正的创新性、实用性和有效性。

该案基于明确的质量指标评估专利代理师工作质量，基于质量指标给予专利代理师高质量工作的绩效奖励，以此激励专利代理师提供高质量的专利代理服务，同时吸引优质人才加入专利代理师队伍。

三、培育高端专利服务

> 开拓国际视野，提前规划海外布局
> 拉通行业链条，打造金牌服务机构

该案在申请之前明确了商业目标和技术发展方向，并制定了与之相符的专利策略。通过研究该专利技术的国际市场潜力，剖析不同地区的商业机会和竞争环境，进行了相应的海外专利布局。我们就该案发明帮助申请人进行了PCT申请和美国专利申请。

四、案件代理心得总结

该专利主要采用"每个周期记录DRAM中被访问过的行，每个周期根据记录刷新未被访问过的行"这一技术，解决DRAM刷新耗时多而导致芯片效率降低的问题。

专利代理师在该发明专利的申请文件撰写过程中，在充分理解交底方案以及背景技术的基础上，充分与发明人沟通后，制定相应的关键词和检索式对技术方案的新颖性、创造性进行检索与分

析，挖掘交底方案所涉技术方案的技术优势，确定技术方案中各技术特征和技术效果之间的因果逻辑关系，提炼出关键发明点作为核心权利要求，辅以多个其他发明点形成不同保护层次的各从属权利要求；另外，在说明书中补充了多个具体实施例以充分支持权利要求，并针对各技术方案给出了相应的效果分析，使得将来答复审查意见时有据可循。在答复审查意见时，专利代理师根据审查员的意见及其提供的对比文件，准备有效的解决方案，有针对性地进一步调整申请文件，在说服审查员认可创造性的同时，也确保恰当的保护范围。

该案根据前期制定的专利策略，进行了相应的海外专利布局。目前已提交 PCT 申请和美国专利申请。